Ereignisdiskrete Systeme

Modellierung und Analyse dynamischer Systeme mit Automaten, Markovketten und Petrinetzen

von

Prof. Dr.-Ing. Jan Lunze

2., überarbeitete Auflage

mit 369 Abbildungen, 93 Anwendungsbeispielen und 128 Übungsaufgaben

Oldenbourg Verlag München

Prof. Dr.-Ing. Jan Lunze ist Inhaber des Lehrstuhls für Automatisierungstechnik und Prozessinformatik an der Ruhr-Universität Bochum.
Email: Lunze@atp.rub.de

MATLAB® ist eingetragenes Warenzeichen der Fa. TheMathWorks, Inc.

Bibliografische Information der Deutschen Nationalbibliothek

Die Deutsche Nationalbibliothek verzeichnet diese Publikation in der Deutschen Nationalbibliografie; detaillierte bibliografische Daten sind im Internet über http://dnb.d-nb.de abrufbar.

© 2012 Oldenbourg Wissenschaftsverlag GmbH
Rosenheimer Straße 145, D-81671 München
Telefon: (089) 45051-0
www.oldenbourg-verlag.de

Lektorat: Dr. Gerhard Pappert
Herstellung: Constanze Müller
Titelbild: Irina Apetrei
Einbandgestaltung: hauser lacour
Gesamtherstellung: Beltz Bad Langensalza GmbH, Bad Langensalza

Dieses Papier ist alterungsbeständig nach DIN/ISO 9706.

ISBN   978-3-486-71885-0
eISBN 978-3-486-72102-7

Vorwort

Dieses Lehrbuch gibt eine Einführung in die Beschreibung und Analyse ereignisdiskreter Systeme. Es zeigt, wie man dynamische Systeme mit wertdiskreten Signalen durch Automaten, Markovketten und Petrinetze darstellen und analysieren kann. Die behandelten Modellformen bilden die Grundlage für vielfältige Beschreibungsmittel, die heute in der Elektronik für die Spezifikation und die Modellierung von Schaltkreisen, in der Automatisierungstechnik für die Analyse diskreter Systeme und den Steuerungsentwurf oder in der Informatik für die Definition von Berechnungsmodellen und die Analyse und Übersetzung von Programmen verwendet werden. Beispiele aus den genannten sowie weiteren Gebieten zeigen das breite Anwendungsfeld der hier behandelten Modelle und Methoden.

Mit der fachübergreifenden Darstellung der Theorie ereignisdiskreter Systeme ist dies – zumindest im deutschsprachigen Bereich – das erste Lehrbuch, das alle grundlegenden Phänomene und Eigenschaften der ereignisdiskreten Dynamik unabhängig vom Anwendungsgebiet beschreibt. Es entstand aus einer Lehrveranstaltung des dritten Semesters des Studienganges Elektrotechnik und Informationstechnik der Ruhr-Universität Bochum, die die Studenten vor ihrer Entscheidung für einen Studienschwerpunkt, der entweder stärker auf die Elektronik, die Informationstechnik oder die Informatik ausgerichtet ist, besuchen. Das breite Interessengebiet dieser Hörer schlägt sich in der Breite der Darstellung nieder.

Die hier vermittelte fachübergreifende Sicht auf ereignisdiskrete Systeme ist für die interdisziplinäre Zusammenarbeit von Ingenieuren und Informatikern wichtig. Das Buch wendet sich deshalb nicht nur an Studenten beider Disziplinen, sondern auch an Ingenieure in der Praxis, die in ihrer Ausbildung der traditionellen Lehre entsprechend nur punktuell mit der ereignisdiskreten Denkweise konfrontiert wurden und sich jetzt für eine breite Einführung in diese wichtige Thematik interessieren.

Inhalt. Nach einer Übersicht über das weite Anwendungsfeld der Theorie ereignisdiskreter Systeme und einer Erläuterung grundlegender systemtheoretischer Begriffe und Methoden gibt das Buch im ersten Teil eine ausführliche Einführung in die Automatentheorie. Dabei werden sowohl die in der Informatik für die Definition regulärer Sprachen verwendeten Σ-Automaten als auch die im ingenieurtechnischen Bereich eingesetzten Automaten mit Eingang und Ausgang behandelt. Automatennetze und Petrinetze erleichtern die Repräsentation nebenläufiger Prozesse.

Der zweite Teil des Buches behandelt Erweiterungen in zwei Richtungen. Einerseits werden nichtdeterministische Zustandsübergänge wahrscheinlichkeitstheoretisch bewertet, so dass Aussagen über die Häufigkeit dieser Übergänge möglich werden. Dabei entstehen diskrete Markovketten und stochastische Automaten als neue Modellformen. Andererseits kann man Verweilzeiten für die Zustände angeben und erhält zeitbewertete Automaten und zeitbewertete Petrinetze, mit denen nicht nur die Folge der von einem System durchlaufenen Zustände, sondern auch die Verweildauern in den Zuständen und die Zeitpunkte der Zustandswechsel beschrieben werden können. Die Kombination beider Erweiterungen macht es bei Semi-Markovprozessen möglich, nichtdeterministische Zustandsübergänge wahrscheinlichkeitstheoretisch zu beschreiben und gleichzeitig Angaben über die Verweilzeit in den Zuständen zu machen.

Aufgaben mit Lösungen dienen zur Wiederholung und zur Festigung des vermittelten Stoffes. Jedes Kapitel schließt mit **Literaturhinweisen** auf die Quellen der Theorie ereignisdiskreter Systeme sowie weiterführende Darstellungen.

Obwohl sich die Theorien der kontinuierlichen und der ereignisdiskreten Systeme bisher weitgehend unabhängig voneinander entwickelt haben, gibt es vielfältige Verbindungen zwischen ihnen. Darauf wird in Beispielen und Analogiebetrachtungen eingegangen. Ingenieurstudenten, die vor allem mit der kontinuierlichen Beschreibung dynamischer Systeme vertraut sind, soll dies einerseits die Parallelität der systemtheoretischen Betrachtungsweise bei beiden Systemklassen verdeutlichen und andererseits die Unterschiede in der mathematischen Behandlung aufzeigen. Für das Verständnis dieses Lehrbuches werden jedoch keine Kenntnisse der Theorie kontinuierlicher Systeme vorausgesetzt. Leser ohne dieses Vorwissen können die kurzen Passagen zu kontinuierlichen Systemen überspringen.

Vorausgesetzt werden lediglich Grundkenntnisse der Matrizenrechnung und der Wahrscheinlichkeitstheorie, wobei in beiden Fällen das Niveau des gymnasialen Mathematikunterrichts ausreicht. Ergänzende Fakten sind in den Anhängen zusammengefasst. Dies gilt auch für die grundlegenden Begriffe der Grafentheorie, die für die Analyse ereignisdiskreter Systeme benötigt werden.

Danksagung. Herr Dr.-Ing. AXEL SCHILD hat bei der Einführung der Lehrveranstaltung, die diesem Buch zugrunde liegt, mitgewirkt und dabei viele interessante Anregungen für Übungsaufgaben gegeben. Herr Dipl.-Ing. YANNICK NKE hat in den letzten Jahren die Übungen gehalten und wesentlich zur Verbesserung der Darstellung beigetragen. Frau ANDREA MARSCHALL gilt mein Dank für die Herstellung der zahlreichen Abbildungen.

2. Auflage. Bei der Überarbeitung des Textes für die zweite Auflage wurden Anregungen meiner Studenten und Fachkollegen, die dieses Buch in ihren Lehrveranstaltungen einsetzen, aufgegriffen. Neue bzw. veränderte Beispiele und Übungsaufgaben sollen das Verständnis weiter verbessern.

JAN LUNZE

Auf der Homepage des Lehrstuhls für Automatisierungstechnik und Prozessinformatik der Ruhr-Universität Bochum `www.atp.rub.de/Buch/ES` gibt es weitere Informationen zum Inhalt dieses Lehrbuches.

Inhaltsverzeichnis

Anhänge

Verzeichnis der Anwendungsbeispiele

Sprachverarbeitung

Fertigungstechnik

• Stanze

• Roboter

• Werkzeugmaschinen mit Warteschlange

Kommunikationstechnik

Zuverlässigkeit technischer Systeme

Verkehrstechnik

• Einrichtungen im Straßenverkehr

• Steuerung einer Verkehrsampel

• Modellierung des Schienenverkehrs

Elektronische Schaltungen

• Schaltungsentwurf und -analyse

Büroautomatisierung

Beispiele aus dem täglichen Leben

Hinweise zum Gebrauch des Buches

Formelzeichen. Die Wahl der Formelzeichen hält sich an folgende Konventionen: Kleine kursive Buchstaben bezeichnen Skalare, z. B. x, a, t. Vektoren sind durch kleine halbfette Buchstaben, z. B. $\boldsymbol{x}$, $\boldsymbol{a}$, und Matrizen durch halbfette Großbuchstaben, z. B. $\boldsymbol{X}$, $\boldsymbol{A}$, dargestellt. Entsprechend dieser Festlegung werden die Elemente der Matrizen und Vektoren durch kursive Kleinbuchstaben (mit Indizes) symbolisiert, beispielsweise mit x_1, x_2, x_i für Elemente des Vektors $\boldsymbol{x}$ und a_{12}, a_{ij} für Elemente der Matrix $\boldsymbol{A}$.

Vektoren sind stets als Spaltenvektoren definiert. Die Transposition von Vektoren und Matrizen wird durch ein hochgestelltes „T" gekennzeichnet ($\boldsymbol{c}^{\mathrm{T}}$).

Mengen sind durch kalligrafische Buchstaben dargestellt, z. B. $\mathcal{Q}$, $\mathcal{P}$.

Folgen sind durch große Buchstaben repräsentiert, wobei kursive Großbuchstaben wie $V(0...k_{\mathrm{e}})$ Folgen skalarer Größen und halbfette Großbuchstaben wie $\boldsymbol{V}(0...k_{\mathrm{e}})$ Folgen von vektoriellen Größen kennzeichnen. Häufig wird der Zeithorizont $0...k_{\mathrm{e}}$ der Folge angegeben.

Bei wahrscheinlichkeitstheoretischen Betrachtungen werden zufällige Variablen mit Großbuchstaben, z. B. X, Y, und die Werte, die diese Zufallsvariablen annehmen können, mit kleinen Buchstaben, z. B. x, y, bezeichnet.

Bei den Indizes wird zwischen Abkürzungen und Laufindizes unterschieden. Bei k_{e} ist der Index „e" die Abkürzung für „Ende" und deshalb steil gesetzt, während bei k_i der Index i beliebige Werte annehmen kann und deshalb kursiv gesetzt ist.

Übungsaufgaben. Die angegebenen Übungsaufgaben sind ihrem Schwierigkeitsgrad entsprechend folgendermaßen gekennzeichnet:

- Aufgaben ohne Markierung dienen der Wiederholung und Festigung des unmittelbar zuvor vermittelten Stoffes. Sie können in direkter Analogie zu den behandelten Beispielen gelöst werden.

- Aufgaben, die mit einem Stern markiert sind, befassen sich mit der Anwendung des Lehrstoffes auf ein praxisnahes Beispiel. Die Lösung dieser Aufgaben nutzt außer dem unmittelbar zuvor erläuterten Stoff auch Ergebnisse und Methoden vorhergehender Kapitel. Die Leser sollten die Bearbeitung dieser Aufgaben damit beginnen, zunächst den prinzipiellen Lösungsweg aufzustellen, und erst danach die Lösungsschritte nacheinander ausführen. Die Lösungen dieser Aufgaben sind im Anhang 1 erläutert.

Ereignisdiskrete Systeme kann man auf sehr unterschiedlichen Abstraktionsebenen modellieren. Sofern der Abstraktionsgrad nicht genau aus der Modellbildungsaufgabe hervorgeht, werden die Beispiele mit einem solchen Detaillierungsgrad behandelt, dass die Modelle einem Unkundigen den Prozessablauf ausreichend genau erklären. Erweiterungen dazu sind natürlich möglich und können ebenso wie die hier angegebenen Modelle zu richtigen Lösungen der betrachteten Aufgaben führen.

MATLAB. Für die Lösung einiger Beispielprobleme wurde das Programmsystem MATLAB[1] eingesetzt. Die MATLAB-Programme, mit denen die in diesem Buch gezeigten Abbildungen hergestellt wurden und die deshalb als Muster für die Lösung ähnlicher Analyseprobleme dienen können, stehen über die Homepage des Lehrstuhls für Automatisierungstechnik und Prozessinformatik der Ruhr-Universität Bochum

```
http://www.atp.rub.de/buch/ES
```

jedem Interessenten zur Verfügung. Dort sind auch die vergrößerten Abbildungen für die Vorlesung zu finden.

---

[1] MATLAB ist eingetragenes Warenzeichen der Fa. The MathWorks, Inc.

1

Einführung in die Modellierung und Analyse ereignisdiskreter Systeme

Dieses Kapitel beschreibt die Grundidee der ereignisdiskreten Systembetrachtung und zeigt anhand von Beispielen aus unterschiedlichen Bereichen, unter welchen Bedingungen die ereignisdiskrete Sicht auf dynamische Systeme sinnvoll bzw. notwendig ist.

1.1 Ereignisdiskrete Systeme

Die technische Entwicklung führt auf immer stärker von Computern geprägte, gesteuerte technische Systeme. Diese Systeme sind durch eine asynchrone Arbeitsweise ihrer Teilsysteme geprägt, für deren Informationskopplungen diskrete Ereignisse eine dominante Rolle spielen. Durch diese Ereignisse löst eine Komponente eine bestimmte Aktivität in einer anderen Komponente aus, stoppt einen Vorgang oder beeinflusst dessen zukünftiges Verhalten. Ereignisse beschreiben dabei beispielsweise das Einschalten eines Systems, die Ankunft eines Telefongesprächs, die Weiterleitung eines Datenpakets oder die Grenzwertüberschreitung einer Temperatur. Darüber hinaus sind viele Entscheidungsregeln diskreter Natur. Sie beschreiben beispielsweise Situationen, in denen Komponenten eines technischen Systems ein- oder ausgeschaltet oder Rechenprozesse gestartet oder gestoppt werden sollen.

Um das Verhalten derartiger Systeme zu verstehen und zu analysieren, muss man Modelle verwenden, die die asynchrone Arbeitsweise der Teilprozesse und den Informationsaustausch durch Ereignisse in den Mittelpunkt rücken. Derartige Modelle werden in der Theorie ereignisdiskreter Systeme entwickelt, deren Grundlagen in diesem Buch ausführlich behandelt werden.

Das Verhalten ereignisdiskreter Systeme ist durch Ereignisfolgen gekennzeichnet. Jedes Ereignis stellt eine plötzliche Änderung eines Eingangs-, Zustands- oder Ausgangssignals dar, wobei idealisierend angenommen wird, dass der Signalwechsel keine Zeit in Anspruch nimmt. Die Signale haben zwischen den abrupten Signalwechseln konstante Werte, die zu einer endlichen Menge diskreter Signalwerte gehören. Der Signalverlauf lässt sich deshalb durch die Folge der nacheinander angenommenen Signalwerte oder die Folge der Ereignisse darstellen, die diese Signalwechsel bewirken. Diese Folgen beschreiben beispielsweise die zeitliche Änderung der Anzahl von Datenpaketen in einer Warteschlange, des Montagezustands eines Werkstücks oder der Menge der bereits ausgeführten Rechenoperationen.

Relationen zwischen diskreten Signalwerten bilden die Grundform der in diesem Buch erläuterten Modelle. Sie lassen sich im Allgemeinen nicht durch analytische Ausdrücke darstellen, so dass man die Tupel zusammengehöriger Signalwerte explizit aufschreiben muss. Grafentheoretische Verfahren bilden deshalb eine Basis für die Analyse des Systemverhaltens, und die Wahrscheinlichkeitstheorie wird verwendet, um bei nichtdeterministischen Zustandsübergängen die Häufigkeit zu beschreiben, mit der das System die einzelnen Zuständsübergänge durchläuft.

Die hier verwendeten Betrachtungsweisen unterscheiden sich grundlegend von den in den Ingenieurwissenschaften seit langem eingesetzten Methoden, die die kontinuierlichen Verhaltensformen technischer und natürlicher Systeme in den Mittelpunkt stellen und Material-, Energie- und Informationsflüsse durch sich stetig ändernde, quantitative Größen wie Druck, Temperatur, Massenflüsse oder Datenraten beschreiben und auf Modelle in Form von Differenzialgleichungen und algebraischen Gleichungen führen.

Der grundsätzliche Unterschied zwischen kontinuierlichen und ereignisdiskreten Systemen liegt im Wertebereich der Signale. Während kontinuierliche Signale einen reellwertigen Wertebereich mit unendlich vielen möglichen Signalwerten haben, besitzen diskrete Signale einen Wertebereich mit vielen einzelnen Werten. Wenn in diesem Buch von kontinuierlichen oder diskreten Signalen oder Systemen gesprochen wird, so beziehen sich diese Attribute stets auf den Wertebereich der Signale. Dies wird hier betont, weil man in der Informationstechnik diese Attribute in Bezug zur Zeit verwendet und unter diskreten Signalen dort reellwertige Signale bezeichnet, die zu diskreten Abtastzeitpunkten betrachtet werden (vgl. Abschn. 2.3.1).

Gründe für die ereignisdiskrete Betrachtungsweise. Ob ein System durch ein kontinuierliches oder ein ereignisdiskretes Modell beschrieben wird, hängt nicht nur vom Charakter der in dem System ablaufenden Prozesse, sondern auch vom Modellbildungsziel ab. Wie die später behandelten Beispiele zeigen werden, ist es in vielen Situationen zweckmäßig, von kontinuierlichen Signalverläufen zu abstrahieren und Signale diskret zu beschreiben. Dieser Situation entsprechend gibt es zwei Gründe für eine ereignisdiskrete Betrachtung dynamischer Systeme:

- *Die Signale haben aus physikalischen oder technischen Gründen einen diskreten Wertebereich*

In dieser Situation hat man bei der Modellierung keine andere Wahl als mit diskreten Signalen zu arbeiten. So springen die internen Signale informationsverarbeitender Systeme in

Abhängigkeit von der eingelesenen Zeichenkette zwischen diskreten Werten hin und her und erzeugen eine wertdiskrete Ausgabefolge. Die ereignisdiskrete Betrachtungsweise ist deshalb in der Informatik sowie in wichtigen Gebieten der Informationstechnik weit verbreitet.

Auch beim Schalten eines Getriebes oder eines Schalters gibt es keine Zwischenwerte und man beschreibt den aktuellen Zustand durch eine ganzzahlige Größe. Bei der Paketvermittlung im Internet wird der Netzzustand durch das Vorhandensein oder Nichtvorhandensein von Datenpaketen beschrieben. In digitalen Schaltungen wird aus Gründen der Robustheit nur mit zwei Signalpegeln gearbeitet und durch die Schaltungstechnik erreicht, dass die kontinuierlichen Übergänge zwischen diesen Signalpegeln in so kurzer Zeit ablaufen, dass sie für die Funktionsweise der Schaltung nicht maßgebend sind. Wenn ein System über Schaltventile gesteuert und das Verhalten über Endlagenschalter beobachtet wird, sind für das Modell ebenfalls nur diskrete Signalwerte maßgebend, obwohl unterlagerte physikalische Vorgänge durchaus in anderen Zusammenhängen kontinuierlich modelliert werden könnten.

- *Diskrete Signale entstehen durch Abstraktion aus kontinuierlichen Signalen.*

In dieser Situation werden bei der Modellierung nur diskrete Beschreibungen genutzt, obwohl die Signale reellwertig sind. Durch die Abstraktion werden die möglichen Zustände des Systems auf eine endliche Menge beschränkt. Damit verbunden ist die Darstellung kontinuierlicher Signaländerungen als Schalten des Signals von einem diskreten Wert zum nächsten, wobei sich der Nachfolgewert des Signals ohne Zeitverzögerung nach dem alten Signalwert einstellt.

Der Grund für diese Abstraktion liegt im Modellierungsziel, das seinerseits durch die betrachtete Analyse- oder Entwurfsaufgabe vorgegeben ist. So wird bei der Steuerung des Multitasking von Rechnern oder der Steuerung von Fertigungssystemen der Zustand des Gesamtprozesses durch die Angabe der bereits abgearbeiteten und der noch zu erledigenden Teilaufgaben beschrieben, weil es bei der Analyse nicht auf Einzelheiten der Teilprozesse, sondern auf deren Zusammenwirken ankommt. Ähnlich beruht bei Batchprozessen der Verfahrenstechnik eine Rezeptsteuerung auf der diskreten Betrachtung der Teilprozesse, bei der beispielsweise der Füllstand in einem Reaktor als „voll" oder „leer" gekennzeichnet wird, weil die vielen kontinuierlichen Zwischenwerte für den Beginn bzw. das Ende der Teilprozesse unwesentlich sind.

Die ereignisdiskrete Betrachtungsweise beruht folglich in vielen Anwendungen auf einer Abstraktion, mit der die Behandlung des Systems auf das für die Lösung einer Aufgabe Wesentliche konzentriert wird. Durch diese Abstraktion wird die Bewegung eines Systems durch Ereignisfolgen bzw. Folgen von diskreten Signalwerten dargestellt. Um die im Modell auftretenden diskreten Signale mit den kontinuierlichen und diskreten Signalen eines technischen Systems in Beziehung zu setzen, muss man den betrachteten Prozess um einen *Ereignisgenerator* erweitern (Abb. 1.1). In diesem Block werden alle Operationen zusammengefasst, die aus den technisch auftretenden wertkontinuierlichen oder diskreten Signalen diskrete Werte- bzw. Ereignisfolgen erzeugen. Dies geschieht im einfachsten Fall durch die Detektion einer Grenzwertüberschreitung mit Hilfe eines Füllstandssensors oder durch das Signalisieren einer

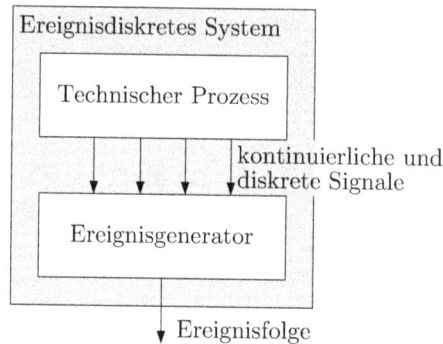

Abb. 1.1: Grundstruktur eines autonomen ereignisdiskreten Systems

Endposition durch einen Endlagenschalter. Der Ereignisgenerator kann aber auch eine Methode zur Situationserkennung nutzen, um aus dem Verlauf eines oder mehrerer Signale das Auftreten eines Ereignisses zu erkennen. Schließlich können Ereignisse auch durch eine Uhr ausgelöst werden (Zeitereignisse).

Für die Modellierung ist wichtig, dass sich das Modell auch auf Ereignisse beziehen kann, die nicht direkt messbar sind. Ein Beispiel hierfür ist der Umschlag von der Haft- zur Gleitreibung, der beim Abbremsen eines Fahrzeugs auftreten kann und durch ein Antiblockiersystem verhindert werden soll.

Beispiel 1.1 *Ereignisdiskrete Arbeitsweise eines Getränkeautomaten*

Die Kaffeezubereitung in einem Getränkeautomaten umfasst eine Reihen von Teilprozessen:

- Becher unter den Auslauf stellen
- Kaffeebohnen abmessen
- Kaffeebohnen mahlen
- Wasser zum Kochen bringen
- Kaffeepulver in einen Filter füllen
- Wasser durch den Kaffeefilter in den Becher laufen lassen.

Diese Prozesse laufen sequenziell oder parallel ab. Beispielsweise muss der Becher unter den Auslauf gestellt werden, bevor das kochende Wasser durch den Filter fließt. Anderseits kann man das Wasser zum Kochen bringen, während man gleichzeitig die Kaffeebohnen mahlt und in den Filter füllt.

Um den Getränkeautomaten so zu steuern, dass die Teilprozesse in der gewünschten Reihenfolge und in der erforderlichen Dauer ablaufen, muss man die Teilprozesse zum richtigen Zeitpunkt starten und stoppen. Das Ein- und Ausschalten der entsprechenden Komponenten des Getränkeautomaten sind Ereignisse, die im Vergleich zu den beschriebenen Teilprozessen in vernachlässigbar kurzer Zeit ablaufen. Das Verhalten des Getränkeautomaten wird durch die Folge dieser Ereignisse beschrieben.

Der Getränkeautomat erfüllt seine Funktion, wenn die Ereignisse in der gewünschten Reihenfolge auftreten. Funktionsstörungen können deshalb daran erkannt werden, dass gewünschte Ereignisse nicht vorkommen, zusätzliche Ereignisse auftreten oder die Ereignisse die falsche Reihenfolge haben. Wenn man die Funktionsweise des Getränkeautomaten verstehen bzw. kontrollieren will, ist die Verhaltensbeschreibung durch eine Folge von Ereignissen zweckmäßig. Gleiches gilt für die Steuerung, die auf gemessene Ereignisse reagiert und Steuerereignisse vorgibt. Beispielsweise meldet die Kaffeemühle der Steuerung durch ein binäres Signal, dass die abgemessene Menge von Kaffeebohnen vollständig gemahlen ist. Nach diesem Ereignis schaltet die Steuerung die Heizung ein. □

1.2 Anwendungsgebiete der Theorie ereignisdiskreter System

Dieser Abschnitt zeigt anhand einer Reihe von Beispielen, in welchen Fachgebieten ereignisdiskrete Systeme verbreitet sind. Dabei wird offensichtlich, dass die ereignisdiskrete Betrachtungsweise dem Grundprinzip der Systemtheorie folgt, von den dynamischen Vorgängen soweit zu abstrahieren, dass das entstehende Modell nur die für die Lösung einer Aufgabe *notwendigen* Informationen erfasst. Bei den im Folgenden behandelten Problemstellungen liefert eine Interpretation der Systeme als Schaltsysteme ausreichend genaue Informationen für die Lösung der betrachteten Analyse- und Entwurfsaufgaben.

1.2.1 Verarbeitung formaler und natürlicher Sprachen

Die Automatentheorie beschreibt die formalen Grundlagen der Informatik. Mit den in den Kapiteln 3 und 4 behandelten deterministischen und nichtdeterministischen Automaten können so fundamentale Fragen wie die nach der Berechenbarkeit von Funktionen oder nach der Komplexität von Algorithmen beantwortet werden.

Ein Grundproblem besteht in der Beantwortung der Frage, ob ein vorgegebenes Wort zu einer bestimmten Sprache gehört, wobei das Wort eine Zeichenkette und die Sprache eine Menge von Zeichenketten darstellt. Dieses Problem tritt beispielsweise bei der lexikalischen Analyse von Programmen auf, bei der ein Compiler nach Schlüsselwörtern wie „begin" oder „end" sucht. Ein Rechner soll das zu untersuchende Wort Zeichen für Zeichen einlesen, verarbeiten und am Ende der Zeichenkette die Antwort ausgeben.

Wie im Kapitel 3 beschrieben wird, kann man dieses Problem dadurch lösen, dass man den Rechner als Automaten darstellt, der seinen inneren Zustand nach dem Einlesen jedes Zeichens ändert und an dessen Endzustand man die Antwort auf die gestellte Frage ablesen kann. Befindet sich der Automat in einem festgelegten Endzustand, so sagt man, dass er die betreffende Zeichenkette akzeptiert. Die Menge aller von einem Automaten akzeptierten Zeichenketten nennt man die Sprache des Automaten.

Beispiel 1.2 *Funktionsweise eines Paritätsprüfers*

Die Zweckmäßigkeit der ereignisdiskreten Betrachtungsweise von informationsverarbeitenden Systemen wird beim Paritätsprüfer offensichtlich. Der Paritätsprüfer liest eine binäre Zahl Zeichen für Zeichen ein und gibt nach jedem Zeichen die Parität der bereits eingelesenen Bitfolge aus (Abb. 1.2). Die Parität hat den Wert 1, wenn die Anzahl der Einsen geradzahlig ist, andernfalls den Wert 0.

Um die Funktionsweise des Paritätsprüfers zu beschreiben, reichen binäre Signale aus, so dass sowohl für die Elemente $v(k)$ der eingelesenen Zeichenkette als auch für die Elemente $w(k)$ der ausgegebenen Zeichenkette die Beziehungen

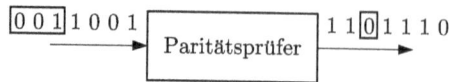

Abb. 1.2: Paritätsprüfung

$$v(k) \in \{0,1\}, \quad w(k) \in \{0,1\}$$

gelten, wobei k die Nummer des betrachteten Zeichens in der eingelesenen bzw. ausgegebenen Zeichenkette repräsentiert. □

Da man Rechner mit einer endlichen Anzahl von Komponenten realisieren will, darf seine Beschreibung nur endliche viele Zustände besitzen, was auf die Behandlung der angegebenen Probleme mit Hilfe von *endlichen Automaten* führt. Eine wichtige Erkenntnis der Automatentheorie ist die Charakterisierung aller Sprachen, die von geeignet gewählten Automaten akzeptiert werden (Abschn. 4.2). Obwohl diese sogenannten regulären Sprachen von einem endlichen Automaten akzeptiert werden, können sie unendlich viele Elemente enthalten.

Wendet man diese Betrachtungen auf Rechnerprogramme an, so fungiert der endliche Automat als ein Berechnungsmodell. Allerdings zeigt eine Analyse, dass man mit regulären Sprachen nur eine sehr eingeschränkte Klasse von Programmen darstellen kann. Um die Berechenbarkeit zu erweitern, muss man endliche Automaten zu Kellerautomaten und zur Turingmaschine erweitern (Abschn. 4.5). Damit hat man die allgemeinste Darstellung eines Berechnungsprozesses gefunden, denn nach dem allgemein akzeptierten Berechenbarkeitsbegriff gilt: Eine Funktion ist genau dann berechenbar, wenn sie mit einer Turingmaschine berechnet werden kann.

Neben der Berechenbarkeitstheorie beschäftigt sich das Gebiet der Computerlinguistik und Sprachtechnologie mit der Darstellung natürlicher Sprachen. In diesem Teilgebiet der Informatik werden Regeln zur Erzeugung und Erkennung natürlicher Sprachen aufgestellt, mit denen man beispielsweise Programme für die Rechtschreibkorrektur und automatische Silbentrennung von Textverarbeitungssystemen schreiben kann.

Mit den in diesem Buch behandelten regulären Sprachen können wichtige Eigenschaften natürlicher Sprachen nachgebildet werden. In der Computerlinguistik werden Erweiterungen vorgenommen, um den Aufbau und die *Grammatik* natürlicher Sprachen besser darstellen zu können. Dies bildet die Grundlage für die maschinelle Sprachverarbeitung mit dem Ziel der Informationsextraktion, des Textverstehens, der Inhaltserschließung elektronischer Dokumente, des maschinellen Übersetzens und dergleichen. Die dabei verwendeten Automaten mit Eingang und Ausgang (E/A-Automaten) lesen nicht nur den Text, sondern ordnen den erkannten Wörtern z. B. ihre grammatische Bedeutung zu. Sie werden in diesem Zusammenhang als *Transduktoren* bezeichnet.

1.2.2 Beschreibung eingebetteter Systeme

Eingebettete Systeme sind Rechner, die in einen technischen Kontext eingebunden sind. Die Rechenprozesse werden durch Ereignisse in der Umgebung des Rechners angestoßen oder beendet und die erhaltenen Ergebnisse wirken auf die Umgebung zurück. Zahlreiche Beispiele treten im täglichen Leben auf, beginnend bei Mobiltelefonen und Spielcomputern bis zu Fahrkartenautomaten und Informationssystemen der Verkehrsbetriebe. Bei den genannten Beispielen umfassen die Interaktionen der in den Geräten vorhandenen Rechner mit der Umgebung auch die Kommunikation mit einem Bediener.

Bei der Verhaltensanalyse eingebetteter Systeme geht es beispielsweise um die Frage, ob es eine Bedienfolge gibt, bei der sich unterschiedliche Rechenprozesse gegenseitig verklemmen können, so dass das Gerät seine Funktion nicht mehr erfüllt. Dafür ist eine ereignisdiskrete Betrachtungsweise zweckmäßig, die sich auf die Interaktionen zwischen dem Rechner und seiner Umgebung konzentriert und diese durch Ereignisse beschreibt, die sich in einer Anfrage oder der Ausgabe der betreffenden Antwort äußern. Dieses Anwendungsgebiet ereignisdiskreter Modelle wird in der Literatur auch unter dem Stichwort *reaktive Systeme* behandelt.

Ein wichtiges Hilfsmittel zur Spezifikation und Modellierung eingebetteter Systeme ist die *Unified modelling language* (UML), zu deren wichtigster Grundlage die im Kapitel 3 behandelten endlichen Automaten gehören. Diese Sprache ist heute ein internationaler Standard, auf dem viele Softwareentwicklungsumgebungen aufbauen.

Aufgabe 1.1   *Arbeitsweise eines Fahrkartenautomaten*

Betrachten Sie einen Fahrkartenautomaten, bei dem die Käufer zwischen verschiedenen Zielen, Fahrtrouten, Reisezeiten, Wagenklassen und Reservierungsmöglichkeiten wählen können. Welche Ereignisse bestimmen den Dialog zwischen dem Fahrkartenautomaten und dem Bediener und wie beeinflussen die Eingaben des Bedieners den weiteren Fortgang des Fahrkartenkaufs? □

1.2.3 Entwurf digitaler Schaltungen und Schaltkreise

Historisch betrachtet ist das Gebiet der digitalen Schaltungen das erste Gebiet, in dem die Theorie ereignisdiskreter Systeme technisch angewendet wurde. Die Veröffentlichungen von MEALY und MOORE, die um 1955 erschienen und diese Theorie entscheidend prägten, entstanden aus einer Betrachtung digitaler Schaltungen, für deren Spezifikation eine Methode erarbeitet werden sollte, mit der man die zu entwerfende Schaltung auch analysieren konnte. Zur damaligen Zeit war das wichtigste Analyseziel die Minimierung der zur Realisierung der Schaltung notwendigen Anzahl von Bauelementen, was auf eine Minimierung der Zustände der die Schaltung beschreibenden Automaten hinausläuft. Das im Abschn. 3.6.4 erläuterte Minimierungsverfahren für deterministische Automaten entstand in diesem Zusammenhang.

Im Unterschied zu anderen Anwendungsfeldern der Automatentheorie gibt es bei elektronischen Schaltungen einen Takt, was die Modellierung vereinfacht. Alle in der Schaltung ablaufenden Prozesse arbeiten synchron. Ein Taktgenerator gibt vor, zu welchem Zeitpunkt die am Eingang der Schaltung anliegenden Signale durch die Schaltung verarbeitet und die Ausgangssignale erzeugt werden.

Da sämtliche in einer elektronischen Schaltung auftretenden Signale binär sind, wurde die Automatentheorie durch das Ziel vorangetrieben, Verfahren für eine automatische Synthese elektronischer Schaltungen zu erarbeiten, durch die eine logische Spezifikation der Funktionsweise der Schaltung in eine kombinatorische bzw. sequenzielle Schaltungen überführt wird.

Bei *kombinatorischen Schaltungen* hängen die Werte der Ausgangssignale nur von den zum selben Zeitpunkt an den Eingängen anliegenden Größen ab. Beispiele dafür sind die in elektronischen Schaltungen häufig vorkommenden logischen Glieder (ODER-Glied, UND-Glied usw.). Diese Schaltungen haben keine Speicher. Bei *sequenziellen Schaltungen* ist das Ergebnis von den Eingaben in Verbindung mit intern gespeicherten Zustandsgrößen der Schaltung abhängig. Die einfachsten sequenziellen Schaltungen sind Flipflops, die die beiden diskreten Zustände 0 und 1 besitzen und in Abhängigkeit von den binären Eingangssignalen zwischen diesen Zuständen hin- und herspringen. Für die Beschreibung derartiger Schaltungen braucht man dynamische Modelle wie die im ersten Teil des Buches eingeführten Automaten.

Die ereignisdiskrete Beschreibung von Schaltungen und Schaltkreisen ist typisch für die oberen Betrachtungsebenen des Schaltkreisentwurfes (z. B. Gatterbeschreibungsebene), bei denen es um die logische Funktion der Bauelemente und Schaltungen geht. Teilschaltungen repräsentieren Logikblöcke, die im Modell unabhängig von ihrer schaltungstechnischen Realisierung als logische Funktionen vorkommen.

Ausgehend von der Darstellung digitaler Schaltungen durch Automaten wurden in den letzten drei Jahrzehnten unterschiedliche Beschreibungssprachen für elektronische Schaltkreise entwickelt, von denen beispielsweise VHDL (*Very High Speed Integrated Circuit Hardware Description Language*) heute auch in anderen Gebieten wie mechatronischen Systemen eingesetzt wird. Ihre theoretische Grundlage ist die Beschreibung diskreter gekoppelter Systeme durch Automatennetze (Kap. 5).

1.2.4 Modellierung und Analyse von Fertigungssystemen

Wichtige Probleme der Projektierung großer Fertigungssysteme betreffen die logistische und zeitliche Planung (*Scheduling*) der Fertigung, wobei der Werkstücktransport bzw. die zeitliche Zuweisung von Ressourcen zu Fertigungsschritten im Mittelpunkt stehen. Zweckmäßigerweise erfolgt die Modellierung ereignisdiskret, wobei bei Montageprozessen jeder Montageschritt als ein Ereignis aufgefasst wird, das den Montagezustand des zu fertigenden Objektes verändert. Obwohl die Bewegung des dafür verwendeten Roboters oder der Werkzeugmaschine kontinuierlich ist, spielt bei der Fertigungsplanung nur ihre diskrete Darstellung eine Rolle.

Für die Analyse der Funktionsfähigkeit einer Fertigungszelle ist sogar eine *logische* Darstellung der auftretenden Ereignisfolge ausreichend, die sich nur auf die Ereignisnamen bezieht und keine Aussagen über die Ereigniszeitpunkte macht, denn es kommt zunächst nur darauf an, dass die Ereignisse in der richtigen Reihenfolge aktiviert werden. Soll auch der Durchsatz bestimmt und optimiert werden, so sind *zeitbewertete* Beschreibungsformen notwendig, die zusätzlich etwas über den zeitlichen Abstand der Ereignisse aussagen.

Beispiel 1.3   *Handlungsplanung von Robotern*

Abbildung 1.3 zeigt einen kleinen Ausschnitt einer Fertigungseinrichtung. Der Roboter soll die auf den Bändern 1 und 2 ankommenden Werkstücke des Typs A bzw. B auf das Ablageband transportieren und zwar so, dass sich die beiden Werkstückarten abwechseln.

Der Roboter kann Elementarbewegungen ausführen, zu denen das Öffnen und Schließen des Greifers und die Bewegung des Greifers zwischen den Bändern gehört. Diese Elementarbewegungen können

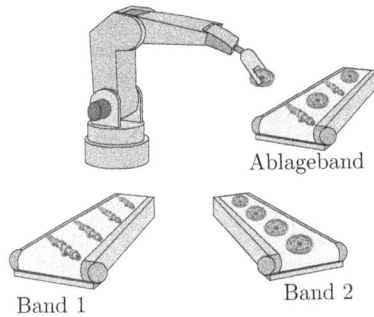

Abb. 1.3: Sortieren von Werkstücken durch einen Roboter

als Ereignisse aufgefasst werden, weil die für den Ablauf dieser Bewegungen notwendige Zeit für die Handlungsplanung nicht von Bedeutung ist. Vor bzw. nach diesen Ereignissen nimmt der Greifer einen der folgenden Zustände z ein:

z	Position des Roboterarms	Zustand des Greifers
1	über Band 1	geöffnet
2	über Band 1	Werkstück A gegriffen
3	über Band 2	geöffnet
4	über Band 2	Werkstück B gegriffen
5	über dem Ablageband	geöffnet
6	über dem Ablageband	Werkstück A oder B gegriffen

Jeder der sechs diskreten Zustände ist durch eine diskrete Position des Roboterarms und den Zustand des Greifers beschrieben.

Bei einer Handlungsplanung muss festgelegt werden, in welcher Reihenfolge die Elementarbewegungen ausgeführt werden, damit der Roboter eine vorgegebene Aufgabe erfüllt. Offensichtlich reicht dafür eine diskrete Betrachtungsweise aus, bei der die Elementarbewegungen die Ereignisse und die Anfangs- und Endpositionen der Elementarbewegungen die Zustände des Roboters repräsentieren. □

1.2.5 Automatisierung diskreter Prozesse

Die Automatisierungstechnik beschäftigt sich mit der Überwachung und Steuerung technischer und nichttechnischer Systeme. Geräte und Anlagen sollen durch Automatisierungseinrichtungen so gesteuert werden, dass sie ihre Funktion erfüllen und Sicherheitsanforderungen genügen. Das Anwendungsgebiet der Automatisierungstechnik hat sich von klassischen Einsatzgebieten der Verfahrenstechnik und Energietechnik auf alle technischen Bereiche ausgeweitet und betrifft nicht nur größere Anlagen und Maschinen, sondern auch viele Konsumgüter. So läuft heute keine Waschmaschine und kein Heizkessel mehr ohne eine elektronische Steuerung und Kraftfahrzeuge sind mit bis zu vierzig vernetzten Steuergeräten ausgestattet.

Viele der zu steuernden Prozesse sind durch diskrete Zustandsübergänge und Ereignisse gekennzeichnet. So wird aus der Sicht der Steuerung, die den Fahrkorb eines Lifts entsprechend den Anforderungen der Nutzer in einer zweckmäßiger Reihenfolge zu den einzelnen Etagen führen soll, der Zustand des Fahrstuhls durch die Etage, in der sich der Fahrkorb befindet, bzw. die Bewegungsrichtung des Fahrkorbes gekennzeichnet. Batchprozesse in der verfahrenstechnischen Industrie sind in einzelne Stufen untergliedert, bei denen Stoffe erhitzt, abgefüllt, chemisch verändert oder mechanisch getrennt werden und deren erfolgreicher Abschluss durch ein Ereignis angezeigt wird. Viele Stellsignale, durch die die Steuerung auf den Prozess einwirkt, sind diskret, weil sie Motoren ein- oder ausschalten oder diskrete Arbeitspunktwechsel veranlassen.

Auch bei der Automatisierung kontinuierlicher Systeme wie Energie- oder Verkehrssystemen kann die ereignisdiskrete Betrachtungsweise zweckmäßig sein, insbesondere bei übergeordneten organisatorischen Aufgaben, die beispielsweise die Einsatzplanung von Kraftwerken oder die Überwachung des Flugverkehrs betreffen und sich mit dem Ein- oder Ausschalten von Kraftwerksblöcken oder der Zuweisung von Flugzeugen zu Flugkorridoren befassen.

Beispiel 1.4 *Ereignisdiskrete Beschreibung eines Batchprozesses*

Der in Abb. 1.4 dargestellte Ausschnitt aus einer verfahrenstechnischen Anlage mit den Behältern B_1, B_2 und B_3 wird durch Öffnen und Schließen der Ventile V_1 bis V_6 gesteuert. Die mit L bzw. T gekennzeichneten Kreise sind Messstellen für Füllstände bzw. Temperaturen. In dieser Anlage soll ein Batchprozess ablaufen, wobei in der Ausgangssituation der Behälter B_3 leer ist, während die Behälter B_1 und B_2 gefüllt sind:

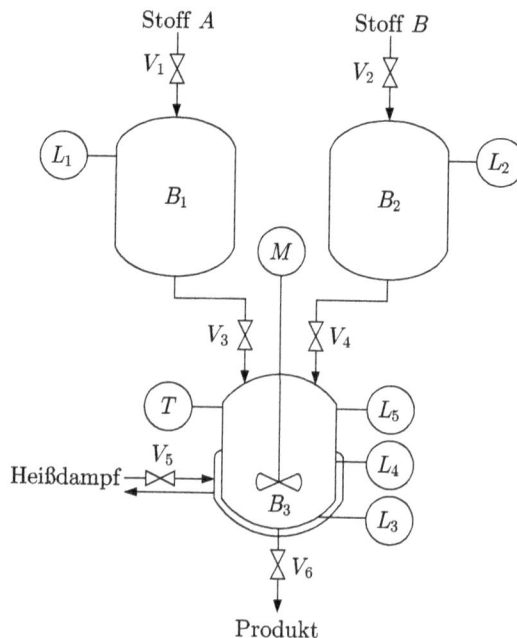

Abb. 1.4: Fließbild eines Batchprozesses

1. Es wird Flüssigkeit aus dem Behälter B_1 in den Behälter B_3 gefüllt, bis der Füllstand die Höhe des Sensors L_4 erreicht hat.

2. Es wird Flüssigkeit aus dem Behälter B_2 in den Behälter B_3 gefüllt, bis der Füllstand die Höhe des Sensors L_5 erreicht hat.

3. Wenn der Behälter B_3 gefüllt ist, wird der Rührer angeschaltet.

4. Wenn der Rührer angeschaltet ist, wird die Heizung angeschaltet und die Flüssigkeit im Behälter B_3 bis zu einer vorgegebenen Temperatur T_{soll} erhitzt.

5. Wenn die Flüssigkeit die Temperatur T_{soll} erreicht hat, werden Heizung und Rührer abgeschaltet und die Flüssigkeit wird aus dem Behälter B_3 abgezogen.

6. Während des Erhitzens der Flüssigkeit im Behälter B_3 werden die Behälter B_1 und B_2 bis zur Höhe der Sensoren L_1 und L_2 aufgefüllt.

Damit diese Teilprozesse in der richtigen Reihenfolge ablaufen, muss man den Prozess mit einer Automatisierungseinrichtung koppeln, die die Füllstände und Temperatur überwacht und die Ventile, die Heizung sowie den Motor des Rührers an- und ausschaltet. Die Steuerung reagiert auf diskrete Ereignisse, die das Erreichen einer vorgegebenen Füllhöhe der Behälter oder der Solltemperatur T_{soll} anzeigen. Diese Ereignisse führen dazu, dass Weiterschaltbedingungen im Steuerungsalgorithmus erfüllt werden und die Steuerung den nächsten Stelleingriff ausgibt. Die Stellgrößen sind diskrete Signale, die die Ventile bzw. die Heizung ansteuern. Für den Entwurf der Steuerung ist es deshalb zweckmäßig, den Batchprozess ereignisdiskret zu betrachten und von den kontinuierlichen Vorgängen, die das Ansteigen bzw. Abfallen von Füllständen in den drei Behältern oder das Ansteigen der Temperatur kennzeichnen, zu abstrahieren.

Ereignisdiskrete Modelle werden für diese Automatisierungsaufgabe einerseits gebraucht, um den zu automatisierenden Prozess zu beschreiben. Das Modell muss beispielsweise aussagen, dass nach dem Öffnen des Ventils V_3 der Füllstand des zunächst leeren Behälters B_3 die Höhe des Sensors L_4 erreicht. Da von den kontinuierlichen Vorgängen abstrahiert wird, erscheint dieser Vorgang als ein diskretes Ereignis, durch das der Behälter B_3 vom Zustand „Füllstand befindet sich auf Höhe des Sensors L_3" in den Zustand „Füllstand befindet sich auf Höhe des Sensors L_4" übergeht. Andererseits werden diskrete Modell gebraucht, um die geforderte Funktionsweise des Prozesses bzw. für eine Sicherheitsanalyse verbotene Zustände und verbotene Zustandsübergänge zu spezifizieren.

Um die Steuerung für den hier beschriebenen Batchprozess entwerfen zu können, reicht ein logisches Modell aus, das nur die Reihenfolge der Ereignisse erfasst (vgl. Beispiele 4.1 und 6.3). Es zeigt sich jedoch, dass dieses Modell nichtdeterministisch sein muss, weil beispielsweise nicht vorhergesagt werden kann, ob beim gleichzeitigen Füllen der Behälter B_1 und B_2 der Behälter B_1 oder der Behälter B_2 zuerst den Zustand „voll" erreicht hat. Wenn man jedoch auch den Durchsatz durch den Batchprozess bestimmen will, so braucht man zusätzliche Informationen über die Dauer der beschriebenen Teilprozesse, die man mit zeitbewerteten Modellen erfassen kann (vgl. Kap. 9).

Verfahrenstechnische Batchprozesse sind ein gutes Beispiel dafür, dass die Entscheidung über eine kontinuierliche oder diskrete Modellierung vom Modellbildungsziel abhängt. Wenn man sich für die Automatisierungsaufgaben der Feldebene interessiert, also für die Geschwindigkeitsregelung von Rührern oder die Temperaturregelung von Reaktoren, so muss man die verfahrenstechnischen Komponenten als kontinuierliche Systeme betrachten und durch Differenzialgleichungen beschreiben. Für die hier betrachtete Rezeptsteuerung, die man in der Hierarchie der Automatisierungsaufgaben der Prozessleitebene zuordnet, spielen jedoch die kontinuierlichen Vorgänge eine untergeordnete Rolle und können bei der Modellierung ignoriert werden. Derselbe Prozess, der für Regelungsaufgaben als kontinuierliches System betrachtet wird, wird jetzt ereignisdiskret beschrieben. □

Diskrete Steuerungen. Die Grundstruktur einer diskreten Steuerung ist in Abb. 1.5 gezeigt. Das zu steuernde System erhält von der Steuereinrichtung zur Zeit k den diskreten Wert $v(k)$ der Stellsignale. In der ereignisdiskreten Betrachtung führt der zu steuernde Prozess daraufhin einen Zustandswechsel durch und gibt die Ausgangsgröße $w(k)$ aus. Die Steuereinrichtung

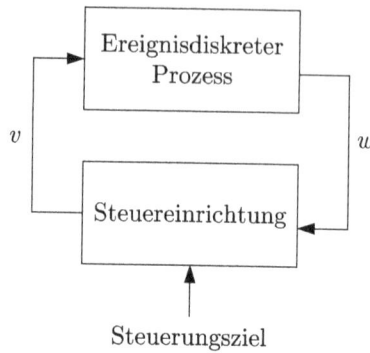

Abb. 1.5: Steuerkreis

bestimmt in Abhängigkeit von der Ausgabe $w(k)$ und vom Steuerungsziel den nächsten Wert der Stellsignale.

Diskrete Modelle werden in diesem Zusammenhang nicht nur für den Entwurf der Steuereinrichtung, sondern auch für den Nachweis der korrekten Funktion des Steuerkreises benötigt. Für sicherheitsrelevante Systeme braucht man dafür sogar einen formalen Nachweis, der als *Verifikation* bezeichnet wird (Absch. 3.5.3). Wichtige Eigenschaften sind die Einhaltung eines Sollverhaltens, die Widerspruchsfreiheit des Steuerungsalgorithmus oder die Lebendigkeit des gesteuerten Systems, für die man das unaufhörliche Weiterschalten des ereignisdiskreten Modells unter allen Betriebsbedingungen nachweisen muss.

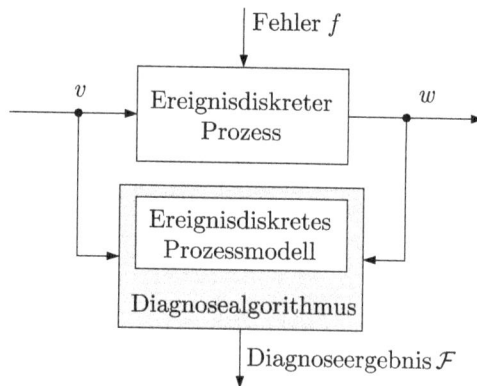

Abb. 1.6: Diagnose ereignisdiskreter Prozesse

Modellbasierte Diagnose. Ein anderes Anwendungsgebiet der Theorie ereignisdiskreter Systeme in der Automatisierungstechnik ist die modellbasierte Fehlerdiagnose, mit der die fehlerfreie Arbeitsweise eines Prozesses bestätigt oder Fehler gefunden werden sollen. Der Diagnosealgorithmus prüft, ob das sich in den Folgen von Eingabe- und Ausgabewerten äußernde

Systemverhalten mit dem Modellverhalten des fehlerfreien Systems übereinstimmt. Wenn dies nicht der Fall ist, kann darauf geschlossen werden, dass der Prozess fehlerhaft arbeitet.

Wie Abb. 1.6 zeigt, ist das ereignisdiskrete Modell ein zentraler Bestandteil des Diagnosealgorithmus. Wenn man nicht nur die Existenz eines Fehlers erkennen, sondern den Fehler sogar identifizieren will, braucht man außer dem Modell des fehlerfreien Systems auch Modelle, die das System unter der Wirkung von Fehlern beschreiben. Das Diagnoseergebnis ist i. Allg. eine Menge $\mathcal{F}$ von Fehlerkandidaten. Dies sind diejenigen Fehler, für die der Prozess für die gemessene Folge von Eingaben $v(k)$ die beobachtete Folge von Ausgaben $w(k)$ erzeugen kann.

1.2.6 Modellierung und Analyse von Kommunikations- und Rechnernetzen

Ein wichtiges Anwendungsgebiet ereignisdiskreter Modelle sind vernetzte Systeme, die aus einer großen Anzahl von verkoppelten Komponenten bestehen, wobei typischerweise jede Komponente nur mit einer vergleichsweise kleinen Anzahl von benachbarten Komponenten in direkter Beziehung steht. Derartige Systeme kommen beispielsweise als Informations-, Rechner- oder Verkehrsnetze vor.

Die strukturelle Beschreibung dieser Netze beruht auf gerichteten Grafen, deren Knoten die Verarbeitungseinheiten (Sende- und Empfangsstationen, Router, Rechner, Verkehrsknotenpunkte) und deren Kanten die Verbindungen zwischen den Verarbeitungseinheiten darstellen. Das Gesamtverhalten des Netzes wird entscheidend durch die begrenzte Verarbeitungsleistung der Knoten und die beschränkte Übertragungskapazität der Verbindungen bestimmt.

Um vernetzte Systeme analysieren zu können, muss man sich auf die wichtigsten Aspekte des Zusammenwirkens der Komponenten beschränken. Dabei spielt die ereignisdiskrete Sicht auf dynamische System eine entscheidende Rolle, denn sie abstrahiert von Einzeheiten der Funktionsweise der Verarbeitungseinheiten und der Kommunikation. So ist für das Verhalten eines Telefonnetzes am wichtigsten, welche Leitungen besetzt und welche frei sind, während der Verbindungsaufbau zwischen den Gesprächspartnern vernachlässigt werden kann.

Charakteristisch für das Verhalten netzförmiger Systeme ist die asynchrone Arbeitsweise der Komponenten, die auf Ereignisse, die Anforderungen an die Verarbeitung oder Kommunikation stellen und beispielsweise durch ein ankommendes Datenpaket ausgelöst werden, reagieren. Dies wird durch den vom Internet bekannten Begriff *asynchronous transfer mode* (ATM-Netz) ausgedrückt. Dem Internetprotokoll entsprechend werden die zu übertragenden Daten in Pakete zerlegt, die einzeln von Netzknoten zu Netzknoten übertragen werden. An jedem Netzknoten werden sie zunächst in eine Warteschlange eingeordnet und später entsprechend der im Kopf der Datenpakete angegebenen Adresse weitergeleitet. Wenn die Warteschlange keinen freien Platz hat, geht das Datenpaket verloren. Ein wichtiges Hilfsmittel für die schnelle und vollständige Übertragung der Daten ist deshalb ein Algorithmus, der die Rate, mit der die sendenden Knoten Datenpakete abschicken, der Netzbelastung anpasst.

Auch das Verhalten der Netzknoten kann ereignisdiskret beschrieben werden. Beispiele für die dort auftretenden Ereignisse sind die Ankunft einer Anfrage auf einem Server, das Zusammenstellen der Antwort und das Absenden der Antwort.

Die Modelle netzförmiger Systeme dienen nicht nur der Analyse des Netzverhaltens, sondern auch der Dimensionierung der Vermittlungsknoten und der Übertragungswege. Entprechend dem diskreten Charakter der Netzbeschreibung und den diskreten Entscheidungsmöglichkeiten, eine Verbindung zwischen zwei Netzknoten zu realisieren oder wegzulassen, wird dieses Entwurfsproblem häufig durch diskrete Optimierungsverfahren gelöst.

Eine besonders enge Kopplung der Komponenten über Datenwege tritt bei *verteilten Systemen* auf. Dieser Begriff wird heute vor allem für Rechner verwendet, deren Software und Daten über mehrere Prozessoren verteilt sind und bei denen die Rechenprozesse in engem Informationsaustausch stehen. Die Aufgabe, den Ablauf der Rechenprozesse in ihrer gegenseitigen Verflechtung zu organisieren, führt zu einer ereignisdiskreten Betrachtungsweise, bei der nur zwischen dem wartenden, arbeitenden und abgeschlossenen Prozess unterschieden wird und bei der die Kommunikation zwischen den Rechnern im Vordergrund steht.

Charakteristisch für das Verhalten netzförmiger Systeme ist die Tatsache, dass sich viele weitgehend unabhängige Prozesse gleichzeitig abspielen (nebenläufige Prozesse) und dass die auftretenden Ereignisse jeweils nur durch einen Teil der Komponenten beeinflusst werden. In den Zustand des Gesamtsystems gehen zu jedem Zeitpunkt viele Komponentenzustände ein, deren Änderungen sich weitgehend unabhängig voneinander vollziehen. Die Teilprozesse beeinflussen sich immer dann direkt, wenn sie gemeinsame Ressourcen nutzen.

Als Konsequenz dessen kann man die das Systemverhalten repräsentierende Ereignisfolge nicht genau vorhersagen. Wenn man beispielsweise die zeitliche Dauer der Teilprozesse nicht genau kennt, können die Ereignisse in unterschiedlicher Reihenfolge auftreten, je nachdem, welche Teilprozesse kürzer oder länger dauern. Das System ist nichtdeterministisch in dem Sinne, dass die für ein Modell zur Verfügung stehenden Informationen nicht ausreichen, um die in der Realität auftretenden Ereignisse in eine eindeutige Ordnung zu bringen. Dieser Nichtdeterminismus ist typisch für ereignisdiskrete Systeme und wird in diesem Buch noch an zahlreichen weiteren Beispielen erläutert.

Beispiel 1.5   *Ereignisdiskrete Beschreibung einer Rechnerkommunikation*

Die Übertragung von Daten zwischen zwei Rechnern über eine Netzwerkverbindung wird durch Protokolle geregelt. Diese legen fest, welche Daten zu welcher Zeit vom Sender bzw. Empfänger gesendet bzw. empfangen werden. Auch wenn die Daten nur vom Sender zum Empfänger zu übertragen sind, ist eine bidirektionale Kopplung notwendig, damit der Sender anhand der erhaltenen bzw. ausgebliebenen Empfangsbestätigung erkennen kann, ob die Daten ordnungsgemäß beim Empfänger angekommen sind.

Zustände:

0 – Rahmen 0 wurde gesendet	E – leer	0 – wartet auf Rahmen 0
1 – Rahmen 1 wurde gesendet	0 – belegt mit Rahmen 0	1 – wartet auf Rahmen 1
	1 – belegt mit Rahmen 1	
	A – belegt mit Bestätigungsrahmen	

Abb. 1.7: Spezifikation eines Netzwerkprotokolls

Zur Illustration der ereignisdiskreten Arbeitsweise von Sender und Empfänger wird hier die Anwendungsschicht des Netzwerkprotokolls betrachtet, bei der die Daten und die Empfangsbestätigung in sogenannten Rahmen übertragen werden. Sender und Empfänger kommunizieren folgendermaßen:

1. Der Sender sendet den Rahmen 0 zum Empfänger.

2. Nach dem fehlerfreien Empfang von Rahmen 0 sendet der Empfänger den Bestätigungsrahmen zum Sender.

3. Der Sender sendet den Rahmen 1 zum Empfänger.

4. Nach dem fehlerfreien Empfang von Rahmen 1 sendet der Empfänger den Bestätigungsrahmen zum Sender.

Alle drei Rahmen können verloren gehen. In diesen Fällen erhält der Sender keine Bestätigung. Um das Ausbleiben der Bestätigung zu erkennen, läuft im Sender eine Uhr, die nach Ablauf einer vorgeschriebenen Zeit ein Ereignis erzeugt.

Bei der Kommunikation wird also nur zwischen gesendeten und nicht gesendeten bzw. erhaltenen und nicht erhaltenen Informationen unterschieden. Diese Betrachtungsweise ist ausreichend, um die ordnungsgemäße Übertragung von Daten zu sichern. □

1.2.7 Analyse von Wartesystemen

Wartesysteme bilden eine Klasse dynamischer Systeme, die in vielen Bereichen der Technik und des täglichen Lebens auftreten. Sie bestehen aus Warteräumen und Bedieneinrichtungen.

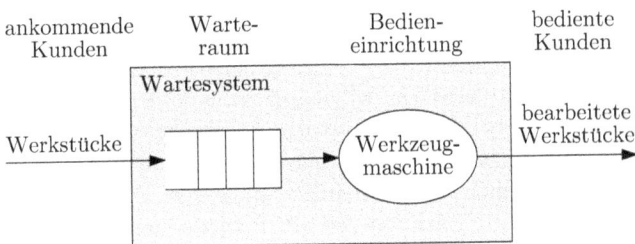

Abb. 1.8: Warteschlange vor einer Werkzeugmaschine

Warteschlagen entstehen durch Ressourcenmangel. Druckaufträge warten in einer Druckerschlange auf den Ausdruck, Kunden warten an Bushaltestellen auf das nächste Fahrzeug, Nachrichten und Daten warten auf das Freiwerden eines Übertragungskanals für die Übermittlung an den Adressaten. Platz für Warteschlangen wird deshalb in Rechnern in Form von Puffern vor Übertragungskanälen oder an Tankstellen vor den Tanksäulen geschaffen. Die genannten Prozesse haben trotz ihrer physikalischen Unterschiede viele systemdynamische Gemeinsamkeiten.

In der Grundform von Wartesystemen warten *Kunden* (Personen, Nachrichten, Aufträge, Waren, Autos) auf eine *Bedienung* (Ausführen eines Auftragen, Übermitteln von Daten, Freigabe einer Straßen usw.). In der in Abb. 1.8 gezeigten Symbolik wird der Warteraum durch „Fächer" dargestellt, in denen die Kunden warten können, und die Bedieneinheit durch einen

Kreis. Anordnungen, die aus einem oder mehreren Warteräumen und einer oder mehreren Bedieneinrichtungen bestehen, werden als *Wartesysteme*, Warte-Bediensysteme oder Bediensysteme bezeichnet.

Wartesysteme können vielfältige Eigenschaften aufweisen. In ihrer einfachsten Form ist
ihr Verhalten dadurch gekennzeichnet, dass die Kunden einzeln ankommen, einzeln bedient
werden und die Bedienzeit nicht von der Warteschlangenlänge abhängt. Der Warteraum ist
als FIFO-Speicher (*first-in first-out*) organisiert, so dass jeweils der Kunde mit der längsten
Wartezeit als nächstes bedient wird. Die in diesem Buch behandelten Beispiele beziehen sich
ausschließlich auf derartige Wartesysteme (Abschn. 9.4).

In der Praxis gibt es jedoch vielfältige Modifikationen dieser Grundform. So können Kunden, die einige Zeit vergebens auf eine Bedienung gewartet haben, die Warteschlange verlassen
oder gegebenenfalls zwischen unterschiedlichen Warteschlangen wechseln. Die Kunden können einzeln oder in Pulks ankommen und möglicherweise in Gruppen bedient werden. Die
Bedienzeit kann von der Warteschlangenlänge abhängen und auch von der Anzahl der bereits
bedienten Kunden. Die Warteschlange kann unterschiedlich organisiert sein, so dass nicht wie
bei den hier betrachteten Schlangen stets derjenige Kunde als nächstes bedient wird, der am
längsten gewartet hat. Schließlich kann die Bedienung aus unterschiedlichen Schritten bestehen, die nacheinander durchlaufen werden, ohne dass dazwischen weitere Warteräume angeordnet sind. Alle diese Erweiterungen dienen dazu, die Theorie den vielfältigen praktischen
Gegebenheiten anzupassen. Wie bei der hier verwendeten Grundform von Wartesystemen ist
die Beschreibung diskret und häufig durch Wahrscheinlichkeitsaussagen über die Anzahl der
ankommenden Kunden und über die Ankunfts- und Bedienzeit geprägt.

Für Wartesysteme ist die ereignisdiskrete Betrachtungsweise zweckmäßig, weil sich die genannten Analyse- und Entwurfsprobleme auf das Vorhandensein einer bestimmten Anzahl von
Kunden beziehen und die kontinuierliche Bewegung der Kunden in und aus der Warteschlage
sowie der kontinuierliche Fortschritt der Bedienung von untergeordneter Bedeutung sind. Die
Warteschlagen haben eine sehr einfache Beschreibung, denn sie sind Zähler mit einem Eingang
und einem Ausgang. Allerdings reicht für die meisten Aufgaben eine logische Beschreibung
der Zustandsübergänge nicht aus. Um Forderungen an den Durchsatz eines Wartesystems, die
Verweilzeit der Kunden und die Reaktionszeit der Bediensysteme erfüllen zu können, muss
man beim Entwurf dieser Systeme mit zeitbewerteten Modellen arbeiten. Da die Ankunfts- und
Bedienprozesse nicht eindeutig vorhergesagt werden können, ist für sie eine stochastische Darstellung zweckmäßig. Aus diesen Gründen sind Markovprozesse eine geeignete Modellform
(Kap. 9).

1.2.8 Zusammenfassung: Charakteristika ereignisdiskreter Systeme

Die in den vorangegangenen Abschnitten beschriebenen Beispiele haben gezeigt, dass es viele
Prozesse gibt, deren Verhalten man in einer für die Modellierungsziele geeigneten Abstraktion
als eine Folge von diskreten Zuständen bzw. Ereignissen beschreiben kann. Alle verwendeten Signale haben einen diskreten Wertebereich. Ihr Wechsel zwischen diskreten Werten wird
als Ereignisse interpretiert. Je nach dem Modellierungsziel interessiert man sich entweder nur
für die Reihenfolge, in der die Ereignisse auftreten (logische Darstellung) oder muss auch die
zeitlichen Abstände der Ereignisse erfassen (zeitbewertete Darstellung).

Bereits diese grundlegende Überlegung zeigt, dass man für ereignisdiskrete Systeme vollkommen andere Modelle benötigt als für kontinuierliche Systeme. Für sprungförmige Signaländerungen kann man einfach keine Differenzialgleichungen aufschreiben!

Im Folgenden werden die charakteristischen **Eigenschaften ereignisdiskreter Systeme** zusammengestellt:

- Das Verhalten ereignisdiskreter Systeme ist durch Ereignisfolgen beschrieben, die bei autonomen Systemen spontane Zustandsänderungen beschreiben und bei gesteuerten Systemen von der Folge von Eingangsereignissen abhängig sind.

- Die Modelle unterscheiden sich bezüglich der Darstellung der Zeit: Logische Modelle sagen aus, *was* sich ereignet. Mit ihnen kann man die Reihenfolge bestimmen, in denen die Ereignisse auftreten. Zeitbewertete Modelle beschreiben, *was* sich *wann* ereignet. Zusätzlich zu den logischen Modellen geben sie Auskunft über die Zeitpunkte, an denen die Ereignisse auftreten. Welche Modellform verwendet werden muss, hängt von dem mit dem Modell zu lösenden Problem ab.

- Das Verhalten ereignisdiskreter Systeme wird durch Teilprozesse bestimmt, die typischerweise asynchron arbeiten und nur bei ausgewählten Ereignissen synchronisiert werden. Für die Modellbildung ist es wichtig zu identifizieren, welche Prozesse parallel und welche sequenziell ablaufen.

- Ereignisdiskrete Systeme können sich nichtdeterministisch verhalten. Der Grund dafür liegt in der mangelnden Kenntnis über das Systemverhalten, aufgrund dessen das Modell zu wenige Informationen enthält, um die von dem betrachteten System erzeugte Ereignisfolge eindeutig festzulegen. Das System selbst befindet sich stets in genau einem Zustand und durchläuft genau eine Zustands- bzw. Ereignisfolge.

Die in diesem Buch behandelten Modelle können bei allen systemdynamischen Fragestellungen eingesetzt werden: Vorhersage und Analyse des Systemverhaltens, Systementwurf zur Erfüllung bestimmter Forderungen an das Systemverhalten. In der Informatik werden die Modelle auch als Berechnungsmodelle eingesetzt, die den Zusammenhang zwischen Spracheigenschaften und Rechenprozessen darstellen. Bei der Realisierung elektronischer Schaltungen dienen diese Modelle der Überprüfung der Vollständigkeit und Widerspruchsfreiheit der Spezifikation.

1.3 Überblick über die Modellformen und Analysemethoden

Modelle ereignisdiskreter Systeme. Die in den folgenden Kapiteln behandelten Modellformen sind in Abb. 1.9 zusammengestellt. Die Pfeile kennzeichnen die wichtigsten Beziehungen zwischen den Modellen.

- **Logische Modelle:** Als grundlegende Modellform ereignisdiskreter Systeme wird im Kapitel 3 der deterministische Automat eingeführt, der das logische Verhalten diskreter Systeme als eine Bewegung in einer endlichen Menge diskreter Zustände beschreibt. Im Kapitel 4

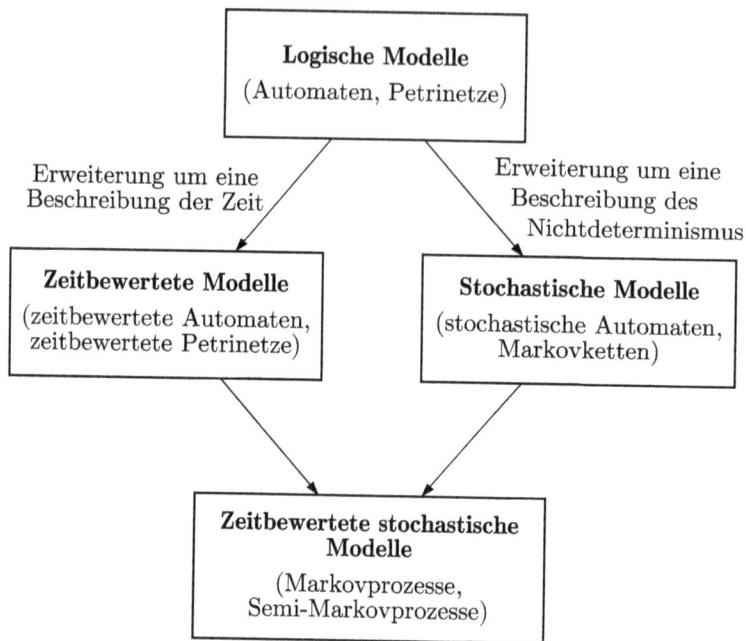

Abb. 1.9: Zusammenhang der in diesem Buch behandelten Modelle
ereignisdiskreter Systeme

wird diese Modellform auf nichtdeterministische Automaten erweitert. Für die kompositionale Modellierung werden in den Kapiteln 5 und 6 Automatennetze bzw. Petrinetze eingeführt, die vor allem bei parallelen Prozessen zu einer Verringerung der Modellkomplexität beitragen.

Die logischen Modelle lassen erkennen, *welche* Zustandsübergänge bzw. Ereignisse eintreten können. Sie ermöglichen die Analyse wichtiger Eigenschaften diskreter Systeme wie die Verklemmung bzw. Lebendigkeit, die Erreichbarkeit von erwünschten bzw. verbotenen Zuständen oder das Auftreten von verbotenen Zustandsfolgen. Logische Modelle sagen jedoch bei nichtdeterministischen Übergängen nichts darüber aus, welche Übergänge häufiger und welche seltener auftreten, und sie ignorieren die Zeitabstände zwischen den Zustandsübergängen. Um auch Aussagen darüber machen zu können, müssen logische Modelle zu stochastischen bzw. zeitbewerteten Modellen erweitert werden.

- **Stochastische Modelle:** Die Erweiterung logischer zu stochastischen Modellen hat das Ziel, die Aussagekraft der Modelle durch Hinzunahme von Informationen darüber zu verbessern, welche Zustände bzw. Zustandsübergänge häufiger und welche seltener auftreten. Dazu wird angenommen, dass das Auftreten der Ereignisse dem Zufall unterliegt und sich die Zustandsübergänge durch ihre Auftretenswahrscheinlichkeiten bewerten lassen. Mit dieser Erweiterung entstehen aus autonomen nichtdeterministischen Automaten autonome stochastische Automaten (Markovketten) sowie aus nichtdeterministischen E/A-Automaten stochastische E/A-Automaten (verdeckte Markovmodelle). Wie Kapitel 7 zeigt, sind diese

Modelle geeignet, um das Verhalten diskreter Systeme bezüglich der Häufigkeit von bestimmten Zuständen, Ereignissen oder Ereignisfolgen zu analysieren, wie es beispielsweise bei der Ermittlung von Fehlerraten notwendig ist.

- **Zeitbewertete Modelle:** Eine alternative Erweiterung logischer Modelle führt auf zeitbewertete Automaten und zeitbewertete Petrinetze, die Aussagen darüber machen, in welchem zeitlichen Abstand die Ereignisse auftreten. Dafür werden Petrinetze um Angaben darüber erweitert, wie lange die Marken in den Prästellen einer Transition liegen müssen, bevor die Transition schalten kann (Kap. 8). Nichtdeterministische Automaten werden um Angaben über die Verweilzeit des Automaten in den einzelnen Zuständen erweitert (Kap. 9). Mit diesen Modellen kann man überprüfen, ob ein Prozess Zeitvorgaben einhält und welche Ereignisse zeitgleich bzw. zeitlich versetzt auftreten.

- **Zeitbewertete stochastische Modelle:** Die Erweiterungen logischer Modelle um eine wahrscheinlichkeitstheoretische Bewertung der Zustandsübergänge und um Aussagen über die Verweilzeit in den Zuständen können kombiniert werden, was auf die im Kapitel 10 behandelten Markovprozesse und Semi-Markovprozesse führt.

Mit den genannten Modellen behandelt das Buch die grundlegenden Beschreibungsformen ereignisdiskreter Systeme. Die Mehrzahl der in der Literatur vorgeschlagenen Modelle gehören entweder unmittelbar zu diesen Modellklassen oder sind Erweiterungen der hier behandelten Modelle und deshalb mit den hier behandelten Kenntnissen verständlich. Ihre Vielfalt resultiert aus der Tatsache, dass Modelle diskreter Systeme eine große algorithmische Komplexität aufweisen und man deshalb daran interessiert ist, die spezifischen Verhaltensformen spezieller Systemklassen für eine Komplexitätsreduktion zu nutzen. Als Ergebnis dessen sind vielfältige Varianten der hier vorgestellten Modelle entwickelt worden, die auf bestimmte Anwendungsgebiete zugeschnitten sind. Kein Modell berücksichtigt alle Aspekte diskreter Verhaltensformen gleichermaßen.

Die hier behandelten Modelle zeigen auch, dass jede Erweiterung der grundlegenden Modellform „Automat" die Aussagekraft der Modelle verbessert und häufig gleichzeitig auch die Komplexität der Darstellung verringert. Damit wird jedoch die Möglichkeit eingeschränkt, die Modelle mit effizienten Methoden zu analysieren. Während es für die hier eingeführten Modelle Analyseverfahren gibt, die die Berechnung aller möglichen Zustandstrajektorien umgehen und aus strukturellen Eigenschaften des Automatengrafen bzw. des Petrinetzes wichtige Eigenschaften der damit beschriebenen Modelle nachweisen, gibt es für viele in der Literatur vorgeschlagene Modellerweiterungen keine derartigen Verfahren. Für diese Modelle kann man das Systemverhalten nur durch Simulationsuntersuchungen bewerten, wobei alle möglichen Verhaltensformen nacheinander durchgerechnet werden.

Diese Bemerkung zeigt, dass man zur Beschreibung diskreter Systeme stets mit dem einfachsten Modell arbeiten soll, mit dem sich die wichtigen Eigenschaften des betreffenden Systems darstellen lassen.

Modellbildungsmethoden. Für die Anwendung der hier eingeführten Modelle ist nicht nur ihre Form, sondern auch der Weg wichtig, auf dem man für ein gegebenes System zu diesen Modellen kommt. Um die Strukturierung des Systems in verkoppelte Teilsysteme bei der

Modellbildung nutzen, verwendet man die *komponentenorientierte Modellbildung* oder kompositionale Modellbildung, die für mehrere Modelltypen behandelt wird (Kap. 5 und 6).

Ein wichtiger Aspekt der komponentenorientierten Modellierung besteht in der Tatsache, dass die dabei entstehenden Modelle das asynchrone Verhalten der Teilprozesse geeignet wiedergeben können. Bei den Teilsystemmodellen nimmt man i. Allg. an, dass die am Eingang auftretenden Ereignisse eine sofortige Zustandsänderung und eine sofortige Ausgabe zur Folge haben, so dass Eingabe, Zustandswechsel und Ausgabe synchron auftreten. Bei der Verkopplung der Teilsysteme wird dann jedoch deutlich, dass die synchronen Signalwechsel der Teilsysteme zu unterschiedlichen Zeitpunkten auftreten, die Teilsysteme also asynchron arbeiten.

Für die Analyse müssen nicht alle Teile des Modells mit demselben Detailliertheitsgrad vorliegen, weil die Genauigkeit, mit der das System im Modell abgebildet sein muss, von der konkreten Analyseaufgabe abhängt. Ein Hilfsmittel, mit dem diese Vorgehensweise umgesetzt werden kann, ist die *hierarchische Modellbildung*, bei der jede Systemkomponente in Modellen mit unterschiedlichem Detailliertheitsgrad auftritt. Dieser Modellbildungsweg wird für Automaten und Petrinetze in den Abschnitten 3.7 und 6.4 behandelt.

Analyseverfahren. Ein Modell erfüllt erst dann seinen Zweck, wenn man mit ihm eine bestimmte Aufgabe lösen kann. In diesem Buch werden Modelle vor allem für die Analyse des Systemverhaltens eingesetzt, wobei unterschiedliche Analyseverfahren behandelt werden.

Ein wichtiges Hilfsmittel für die Analyse ist die Systemdarstellung in Form von gerichteten Grafen, die die strukturellen Eigenschaften des Systems hervorheben. Grafentheoretische Methoden wie die Aufstellung des Erreichbarkeitsgrafen und die Zerlegung der Knotenmenge in Äquivalenzklassen stark zusammenhängender Knoten führen auf Aussagen darüber, welche Verhaltensformen möglich bzw. unmöglich sind. Dabei lässt sich nicht nur ein zyklisches Verhalten, das im Grafen durch geschlossene Pfade erkennbar ist, ablesen sondern auch eine Klassifikation der Zustände in transiente und rekurrente Zustände vornehmen, was direkte Aussagen bezüglich der Häufigkeit zulässt, mit der diese Zustände vom System angenommen werden (Abschn. 3.5 und 6.2).

Andererseits machen es algebraische Repräsentationen der Modelle möglich, wichtige Systemeigenschaften mit algebraischen Mitteln zu erkennen. So kann man die stationäre Verteilung der Zustände einer Markovkette aus der Matrixdarstellung des Modells ableiten und Invarianten für Petrinetze anhand deren algebraischer Darstellung definieren und analysieren.

Beide Hilfsmittel werden für alle eingeführten Modelle eingesetzt, wenn auch mit unterschiedlichem Gewicht.

Aufgabe 1.2* *Ereignisdiskrete Systeme?*

Das Verhalten der folgenden Systeme wird maßgeblich durch kontinuierliche Größen beschrieben. Nennen Sie Gründe dafür, dass man wichtige Eingangs- oder Ausgangsgrößen dieser Systeme dennoch als diskrete Signale behandelt.

System	wichtige kontinuierliche Signale	diskrete Eingangs- oder Ausgangssignale
Stadtbeleuchtung	Tageslicht	Ein- und Ausschalten der Straßenbeleuchtung
Heizung	Vorlauftemperatur	Ein- und Ausschalten des Brenners
Scheibenwaschanlage eines Fahrzeugs	Verschmutzung	Ein- und Ausschalten der Scheibenwaschanlage
Straßenkreuzung	Verkehrsaufkommen an den Zufahrtsstraßen	Ampelschaltung
Batchprozess	Füllstand der Behälter	Alarmmeldungen, Ventile mit diskreten Stellungen
Rechner mit Multitasking	kontinuierlicher Fortgang von Rechenprozessen	Interruptsteuerung, Taskverwaltung
Flugverkehr	Position der Flugzeuge	Zuordnung der Flugzeuge zu Flugkorridoren
Vorlesung	Menge des zu vermittelnden Wissens	Vorlesungsplanung mit vorgegebenem Stundenrhythmus

Welche Ereignisse müssen Sie definieren, um das ereignisdiskrete Verhalten dieser Systeme beschreiben zu können? Welche dieser Ereignisse können direkt gemessen werden (und wie?), welche nicht?

Überlegen Sie sich weitere Beispiele! □

Aufgabe 1.3*   *Fahrgastinformationssystem*

Moderne Straßenbahnen und Busse sind mit Informationssystemen ausgestattet, durch die den Fahrgästen die nächste Haltestelle angekündigt wird. Früher musste der Fahrer rechtzeitig vor der Haltestelle durch einen Knopfdruck die Ansage auslösen; heute geschieht dies automatisch.

Betrachten Sie das Informationssystem als ein ereignisdiskretes System, das auf ein Eingangsereignis mit der Ausgabe des Namens der nächsten Haltestelle reagiert und stellen Sie es in der in Abb. 1.1 gezeigten Form dar. Welche Größen müssen Sie messen und wie können Sie aus diesen Größen das Eingangsereignis für das Informationssystem erzeugen? Beachten Sie dabei, dass bei einer Straßenbahn der Weg zwischen den Haltestellen gemessen werden kann, diese Messung aber mit Messfehlern behaftet ist. Bei einem Bus ist der zwischen zwei Haltestellen zurückgelegte Weg nicht genau bekannt. Außerdem fahren Busse bei Haltestellen durch, wenn kein Fahrgast dort wartet und von den mitfahrenden Fahrgästen nicht signalisiert wird, dass jemand aussteigen will. □

Aufgabe 1.4*   *Handhabung eines Kartentelefons*

Beschreiben Sie den Ablauf des Telefonierens mit einem Kartentelefon, wobei Sie die Tätigkeiten der telefonierenden Person als Eingaben und die vom Telefon an den Nutzer ausgegebenen Informationen als Ausgaben auffassen. Ist es bei diesem Beispiel wichtig, die zeitlichen Abstände der Ereignisse in einem Modell zu erfassen? □

Aufgabe 1.5   *Ereignisdiskrete Beschreibung einer Eisenbahnverbindung*

Durch welche Ereignisse muss der Eisenbahnverkehr zwischen drei Bahnhöfen, die jeweils durch eine eingleisige Strecke verbunden sind, beschrieben werden, damit anhand dieser Beschreibung die Signale gestellt werden können? Welche zeitlichen Angaben sind notwendig, wenn das Modell darüber hinaus für die Fahrplangestaltung genutzt werden soll? □

Literaturhinweise

Eine der ersten Beiträge zur Theorie ereignisdiskreter Systeme stammt von C. E. SHANNON [76], der in einer 1938 erschienenen Arbeit zur Analyse von Relaisschaltungen die Grundlagen der Schaltalgebra legte. Betrachtet wurden dabei zunächst kombinatorische Schaltungen, die keine Speicher besitzen und deshalb statische Systeme darstellen. Die Arbeiten von G. H. MEALY [52] und E. F. MOORE [54] erweiterten die betrachteten Schaltungen um Speicher und führen den Automatenbegriff ein. Sie werden als die grundlegenden Arbeiten der Automatentheorie gewertet (vgl. auch [55]).

Die in der Automatisierungstechnik eingesetzten Methoden der Theorie ereignisdiskreter Systeme sind z. B. in [46] und [50] beschrieben, die auch einen Vergleich zur Automatisierung kontinuierlicher Systeme enthalten. Die Aufgabe 1.4 ist dem Lehrbuch [50] entnommen.

Einige Beispiele für den Einsatz ereignisdiskreter Modellformen in der Sprachverarbeitung sind durch das Vorlesungsskript [26] angeregt worden.

Die Theorie der Warteschlangen (Warteschlangentheorie, Bedientheorie) entstand aus einer Analyse von Telefonnetzen zu Beginn des 20. Jahrhunderts. Der von A. K. ERLANG 1909 publizierte Aufsatz [17] markiert den Ausgangspunkt für eine langjährige Entwicklung, die nach 1950 in vielen theoretischen Arbeiten mündete und erst ab etwa 1980 zu praktisch anwendbaren Methoden und rechnergestützten Werkzeugen führte. Eine Einführung in diese Thematik ausgehend von stochastischen Prozessen gibt [7], eine tiefgründige Darstellung z. B. [25].

Eine Kurzbeschreibung der Sprache VHDL findet sich in [2].

2

Diskrete Signale und Systeme

Zeit, Signal, System und Zustand sind vier Grundbegriffe der Systemtheorie, die in diesem Kapitel in ihrer allgemeinen Bedeutung für kontinuierliche und ereignisdiskrete Systeme eingeführt und für diskrete Systeme ausführlich behandelt werden. Anschließend werden allgemeine Eigenschaften diskreter Systeme zusammengestellt, die durch die später betrachteten Modelle wiedergegeben werden müssen.

2.1 Grundbegriffe der Systemtheorie

In diesem Abschnitt werden wichtige Begriffe der Systemtheorie eingeführt und grundlegende Eigenschaften dynamischer Systeme behandelt, die durch alle später verwendeten Modellformen wiedergegeben werden müssen. Diese Begriffe und Eigenschaften bilden die Grundlage für die systemtheoretische Betrachtungsweise, bei der alle Veränderungen einheitlich durch Zeitfunktionen (Signale) und Abhängigkeiten der Veränderungen untereinander einheitlich als Operatoren (Systeme) dargestellt werden. Damit können Systeme, die physikalisch völlig unterschiedlich beschaffen sind, durch dieselben mathematischen Beziehungen beschrieben und mit denselben Methoden analysiert werden.

Zeit. Dynamische Prozesse sind Vorgänge, bei denen sich der Wert einer oder mehrerer Kenngrößen zeitlich verändert. Die Zeit wirkt dabei als eine ordnende Größe, mit Hilfe derer die vergangenen von gegenwärtigen und zukünftigen Werten der Kenngrößen unterschieden werden. Die Menge der betrachteten Zeitpunkte wird als Zeitachse bezeichnet.

Viele physikalische oder technische Vorgänge führen auf kontinuierliche Veränderungen der betrachteten Kenngrößen, so dass es zweckmäßig ist, die Menge $\mathbb{R}$ der reellen Zahlen als Zeitachse zu verwenden. Man spricht dann von einer reellen Zeit oder einer kontinuierlichen Zeit und verwendet die Zeitvariable t.

Bei ereignisdiskreten Systemen wird von diesen kontinuierlichen Veränderungen abstrahiert und der betrachtete Prozess durch eine Folge abrupter Veränderungen (Ereignisse) dargestellt. Hierfür ist es oft ausreichend, eine diskrete Zeitachse zu verwenden, auf der die Ereignisse hintereinander angeordnet werden. Als Zeitachse fungiert dann die Menge $\mathbb{N}_0^+$ der nichtnegativen ganzen Zahlen. Die Zeit ist ein Zähler mit der Variablen k.

Signal. Signale sind abstrakte Beschreibungen veränderlicher Größen als Zeitfunktionen. Ein Signal s mit der Zeitachse $\mathcal{T}$ und dem Wertebereich $\mathcal{S}$ ist eine Abbildung der Menge $\mathcal{T}$ in die Menge $\mathcal{S}$:

$$s : \mathcal{T} \to \mathcal{S}.$$

Die in der Technik auftretenden Signale werden durch physikalische Größen (Informationsträger) wie eine elektrische Spannung, einen Strom, einen Druck oder einen Weg dargestellt, die einen veränderlichen Parameter (Informationsparameter) besitzen. Beispielsweise ist die Spannung eines Thermoelementes der Informationsträger und deren Amplitude der Informationsparameter, der die Temperatur angibt. In der systemtheoretischen Abstraktion wird die Amplitude der Spannung als Funktion der Zeit dargestellt.

Prozess und System. Unter einem *Prozess* versteht man einen Vorgang, durch den Energie, Materie oder Information umgeformt, transportiert oder gespeichert wird. In der Systemtheorie werden diese Veränderungen einheitlich durch Signale dargestellt, womit von den physikalischen Unterschieden abstrahiert wird. Mit dem Begriff des *Systems* bezeichnet man einen Teil der Welt, in dem sich Prozesse abspielen. Die Begriffe System und Prozess werden häufig synonym verwendet.

Die wichtigste Eigenschaft eines Systems besteht darin, dass es unterschiedliche zeitliche Veränderungen miteinander in Beziehung setzt. So reagiert ein System auf eine äußere Erregung, die durch die Zeitfunktion v dargestellt wird, und erzeugt die Zeitfunktion w. Wichtig ist dabei, dass mit v und w nicht einzelne Werte der Eingangs- bzw. Ausgangsgröße gemeint sind, sondern Zeitfunktionen $v : \mathcal{T} \to \mathcal{V}$ und $w : \mathcal{T} \to \mathcal{W}$ mit derselben Zeitachse $\mathcal{T}$. Um ein System beschreiben zu können, muss man also zuerst die Mengen $\mathcal{F}_v$ und $\mathcal{F}_w$ aller Funktionen v und w festlegen, die als Eingangs- bzw. Ausgangsgröße auftreten können. Das System S wird dann als Abbildung der Menge $\mathcal{F}_v$ in die Menge $\mathcal{F}_w$ aufgefasst

$$S : \mathcal{F}_v \to \mathcal{F}_w \tag{2.1}$$

und S als Systemoperator bezeichnet. Die in den folgenden Kapiteln eingeführten Modelle ereignisdiskreter Systeme sind formale Beschreibungen dieses Systemoperators S. Sie unterscheiden sich vor allem im Hinblick darauf, welche Eigenschaften der Systemoperator haben kann.

Im Folgenden wird das Eingangssignal als eine Folge

$$V = (v(0), v(1), v(2), ..., v(k_e))$$

der Werte dargestellt, die die Eingangsgröße v zu den Zeitpunkten $k = 0, 1, 2, ..., k_e$ annimmt (Eingangsfolge, Eingabefolge). Das System S bildet daraus die Wertefolge

$$W = (w(0), w(1), w(2), ..., w(k_e))$$

der Ausgangsgröße w (Ausgangsfolge, Ausgabefolge). In der Operatorschreibweise wird das System durch die Abbildung

$$W = S \circ V$$

der Eingangsfolge auf die Ausgangsfolge bzw. ausführlich geschrieben durch die Beziehung

$$
\boxed{
\begin{array}{l}
\text{E/A-Beschreibung ereignisdiskreter Systeme:} \\[4pt]
(w(0), w(1), w(2), ..., w(k_e)) = S \circ (v(0), v(1), v(2), ..., v(k_e))
\end{array}
}
\qquad (2.2)
$$

repräsentiert, wobei das Zeichen „$\circ$" die Anwendung des Systemoperators S auf das die Eingangsfolge V kennzeichnet.

Man bezeichnet diese Darstellungsform ereignisdiskreter Systeme als Eingangs-Ausgangsbeschreibung (E/A-Beschreibung). Sie zeigt, dass dynamische Systeme die Folge der Eingaben in die Folge der Ausgaben abbilden. Nur wenn es sich um ein statisches System S_{stat} handelt, kann man die Werte der Ausgangsfolge einzeln aus den zum selben Zeitpunkt anliegenden Werten der Eingangsfolge berechnen:

$$w(k) = S_{\text{stat}} \circ v(k), \quad k = 0, 1, 2, ...$$

Wie in diesen Gleichungen beginnt die Nummerierung der Zeitpunkte meist bei null.

Zustand. Der Zustand eines Systems beschreibt diejenigen Informationen, die man zum gegenwärtigen Zeitpunkt kennen muss, um die zukünftige dynamische Bewegung des Systems vorhersagen zu können. Der Zustand ereignisdiskreter Systeme wird mit z bezeichnet und der Zustand zum Zeitpunkt k mit $z(k)$.

Für die Modellierung dynamischer Systeme ist es wichtig, dass der Zustand $z(k+1)$ zum nächsten Zeitpunkt $k+1$ unter alleiniger Kenntnis des Zustands $z(k)$ und der Eingabe $v(k)$ zum gegenwärtigen Zeitpunkt berechnet werden kann. Das heißt, dass es eine Funktion G gibt, mit der die Beziehung

$$z(k+1) = G(z(k), v(k))$$

gilt. Diese Zustandsraumdarstellung ereignisdiskreter Systeme ist für die Analyse in vielen Situationen zweckmäßiger als die E/A-Beschreibung (2.2). Sie wird deshalb im Abschn. 2.4.2 ausführlich behandelt. Die nachfolgenden Kapitel werden zeigen, dass ein wesentliches Problem der Modellierung dynamischer Systeme darin besteht, den Zustand des Systems geeignet zu definieren, um damit die Vorteile der Zustandsraumdarstellung ausnutzen zu können.

Beispiel 2.1 *Paritätsprüfung*

Die systemtheoretischen Grundbegriffe werden jetzt auf den im Beispiel 1.2 beschriebenen Paritätsprüfer angewendet. Die Parität hat den Wert 1, wenn in der eingelesenen Zeichenkette die Anzahl der Einsen geradzahlig ist, andernfalls den Wert 0.

Für die Beschreibung des Paritätsprüfers verwendet man zweckmäßigerweise eine diskrete Zeitachse, wobei der Zähler k die eingegebenen Zeichen zählt. Damit wird vom Berechnungsvorgang, der die Parität bestimmt, abstrahiert. Am Eingang und Ausgang des Paritätsprüfers treten binäre Signale auf, beispielsweise die in Abb. 1.2 angegebenen Folgen

$$V = (0, 0, 1, 1, 0, 0, 1)$$
$$W = (1, 1, 0, 1, 1, 1, 0).$$

Es ist offensichtlich, dass der vom Paritätsprüfer nach dem Einlesen von k Zeichen ausgegebene Paritätswert nicht nur vom k-ten Zeichen, sondern von der gesamten bereits eingelesenen Zeichenfolge abhängt, also beispielsweise die in Abb. 1.2 markierte Ausgabe „0" nicht nur durch das zur selben Zeit am Eingang anliegende Zeichen „1", sondern durch die Folge „001" bestimmt ist. Es handelt sich beim Paritätsprüfer also um ein dynamisches System.

In der E/A-Beschreibung (2.2) des Paritätsprüfers legt der Systemoperator S fest, wie die Ausgabe $w(k)$ von der bis zur selben Zeit k reichenden Eingabefolge $(v(0), v(1), v(2), ..., v(k))$ gebildet wird. Man kann dies als geschlossenen Ausdruck

$$w(k) = \sum_{i=0}^{k} v(k) \mod 2, \quad k = 0, 1, 2, ..., k_e \tag{2.3}$$

schreiben, wobei „mod 2" (modulo 2) bedeutet, dass das Ergebnis der Rest ist, der bei Division der angegebenen Summe durch die Zahl 2 entsteht. Das Ergebnis der Anwendung $S \circ (v(0), v(1), v(2), ..., v(k_e))$ des Systemoperators S auf die Eingabefolge $(v(0), v(1), v(2), ..., v(k_e))$ erhält man, indem man mit Gl. (2.3) die Ausgabefolge schrittweite für $k = 0, 1, ..., k_e$ berechnet. $\square$

Verhalten. Das Verhalten eines dynamischen Systems ist durch den Verlauf der Eingangs- und Ausgangssignale gekennzeichnet. In diesem sehr allgemeinen Sinne wird der Verhaltensbegriff in vielfältiger Weise verwendet. Man sagt beispielsweise, dass sich zwei Systeme asynchron verhalten, wenn sie ihre Eingangs- und Ausgangssignalwerte zu unterschiedlichen Zeitpunkten verändern, oder ein System sich in vorgegebener Weise verhält, wenn seine Eingangs- und Ausgangsfolgen bestimmte Forderungen erfüllen.

Außer diesem informellen Gebrauch des Wortes Verhalten gibt es in der Systemtheorie eine klare Definition: Das Verhalten $\mathcal{B}$ eines dynamischen Systems S ist die Menge der Paare von Eingangs- und Ausgangsfolgen, für die Gl. (2.2) gilt:

$$\mathcal{B} = \{(V, W) \mid W = S \circ V\}. \tag{2.4}$$

Die beiden Folgen V und W müssen offensichtlich dieselbe Länge haben, damit das Paar (V, W) zur Menge $\mathcal{B}$ gehören kann. Wenn man davon ausgeht, dass sich das System zur Zeit $k = 0$ nicht in einer Ruhelage befindet, sondern einen anderen Anfangszustand haben kann, so enthält das Verhalten $\mathcal{B}$ die Menge aller Eingangs- und Ausgangsfolgen, die bei allen möglichen Anfangszuständen entstehen können. Der Verhaltensbegriff wird an mehreren Stellen in diesem Lehrbuch mit dieser Bedeutung verwendet.

2.2 Blockschaltbild

2.2.1 Elemente des Blockschaltbildes

Die systemtheoretische Betrachtungsweise, dynamische Vorgänge unabhängig von ihrer physikalischen Natur durch Signale und Signalumformungen zu beschreiben, führt auf die grafische Darstellung dynamischer Systeme durch Blockschaltbilder. Das betrachtete System wird durch einen Block symbolisiert, dessen Rahmen in anschaulicher Weise eine Grenze zwischen dem, was zu dem System hinzugerechnet wird, und der in Abb. 2.1 grau gezeichneten Systemumgebung zieht.

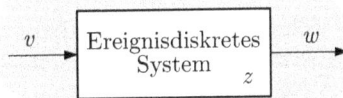

Abb. 2.1: Ereignisdiskretes System

Zwischen dem System und seiner Umgebung gibt es Schnittstellen, über die sich beide gegenseitig beeinflussen. Die Einwirkung der Umgebung auf das System wird durch die Eingangsgröße (Eingang) v beschrieben, die Rückwirkung des Systems auf die Umgebung durch die Ausgangsgröße (Ausgang) w. Der Systemzustand z ist eine interne Größe, die von der Eingangsgröße v beeinflusst wird und auf die Ausgangsgröße w wirkt.

Die Bedeutung der Blöcke und Pfeile in einem Blockschaltbild ist eindeutig festgelegt:

• **Pfeile** stellen Signale dar.

• **Blöcke** kennzeichnen dynamische Systeme.

• Signale haben eine eindeutige **Wirkungsrichtung**, die durch die Pfeile beschrieben wird. Die Blöcke sind rückwirkungsfrei.

Mit diesen Festlegungen unterstützt das Blockschaltbild die systemtheoretische Abstraktion, Stoff-, Energie- und Informationsflüsse einheitlich als Informationsflüsse zu repräsentieren. Alle dynamischen Elemente bewirken Signalumformungen, die durch Blöcke gekennzeichnet sind.

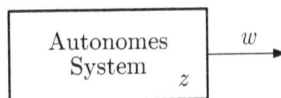

Abb. 2.2: Autonomes System

Systeme, die nicht durch ihre Umgebung beeinflusst werden und deshalb keine Eingangsgröße besitzen, werden als *autonome Systeme* bezeichnet. Im Blockschaltbild fehlt dann der

Pfeil für die Eingangsgröße (Abb. 2.2). Autonome Systeme bewegen sich durch ein spontanes Umschalten ihres Zustands z und erzeugen dabei die Ausgangsgröße w. Wenn man betonen will, dass ein System nicht autonom ist, sondern eine Eingangsgröße besitzt, über die es von seiner Umgebung beeinflusst wird, so spricht man von einem *gesteuerten System*.

Autonome Systeme ergeben sich beispielsweise dann, wenn man technische Systeme zusammen mit ihrer Steuereinrichtung betrachtet. So arbeitet ein Roboter gemeinsam mit der Robotersteuerung als autonomes System, das nach dem Einschalten periodisch eine bestimmte Handlungsfolge abarbeitet, ohne dass jede Bewegung durch eine Eingangsgröße von der Umgebung ausgelöst wird.

2.2.2 Kompositionale Modellbildung

Der Begriff des Systems wird in vielen Wissenschaftsdisziplinen für ein aus mehreren Teilsystemen zusammengesetztes Ganzes verwendet. Dieses Charakteristikum wird bei der Betrachtung dynamischer Systeme durch die Verkopplung von Blöcken über Signale zum Ausdruck gebracht, wie es Abb. 2.3 für ein einfaches Beispiel zeigt.

Bei der Modellbildung ist es zweckmäßig, diese Systemstrukturierung auszunutzen und zunächst die Teilsysteme zu beschreiben und dann aus den Teilsystemen das Gesamtsystem zusammenzusetzen. Diesen Modellierungsweg bezeichnet man als kompositionale Modellbildung.

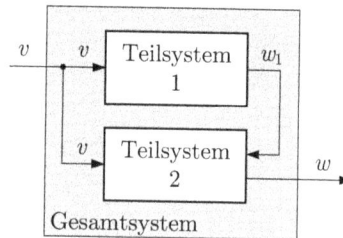

Abb. 2.3: Ein aus zwei Teilsystemen zusammengesetztes Gesamtsystem

Das Blockschaltbild unterstützt diesen Modellbildungsweg, weil man mit ihm die innere Struktur eines Systems explizit beschreiben kann. Abbildung 2.3 zeigt als Beispiel ein aus zwei Teilsystemen bestehendes Gesamtsystem. Aus dem Blockschaltbild ist zu erkennen, dass die Eingangsgröße v des Gesamtsystems als Eingangsgröße des Teilsystems 1 und des Teilsystems 2 wirkt. Der Punkt, aus dem die beiden Pfeile für v abgehen, stellt eine Signalverzweigung dar, durch die die Eingangsgröße des Gesamtsystems als identische Eingangsgrößen an den beiden Teilsysteme wirkt. Das Signal w_1 ist ein Koppelsignal, das nach außen hin nicht „sichtbar" ist. Dieses Beispiel zeigt, dass durch Blockschaltbilder dargestellt wird, aus welchen Teilsystemen das Gesamtsystem besteht, wie diese Teilsysteme untereinander verkoppelt sind, welche Signale von außen auf das Gesamtsystem bzw. vom Gesamtsystem auf die Umgebung wirken und welche Signale intern im Gesamtsystem auftreten.

Bei gekoppelten Systemen ergibt sich der Zustand z des Gesamtsystems aus einer Kombination der Zustände z_i, $(i = 1, 2, ..., N)$ der Teilsysteme. Schreibt man die Teilsystemzustände in einen Vektor, so gehört der Gesamtsystemzustand zum kartesischen Produkt der Zustands-mengen $\mathcal{Z}_i$ der Teilsysteme:

$$z \in \mathcal{Z}_1 \times \mathcal{Z}_2 \times \ldots \times \mathcal{Z}_N.$$

Welche Elemente dieser Menge tatsächlich als Zustand des Gesamtsystems auftreten können, hängt von den Eigenschaften der Teilsysteme und deren Verkopplung ab.

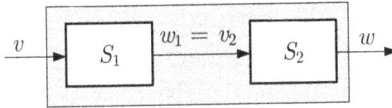

Abb. 2.4: Reihenschaltung zweier Teilsysteme

Reihenschaltung. Eine häufig vorkommende Verknüpfung von Teilsystemen ist die Reihen-schaltung, bei der das Ausgangssignal des ersten Teilsystems als Eingangsgröße des zweiten Teilsystems wirkt (Abb. 2.4). Für die Reihenschaltung kann gut erklärt werden, was die Kopp-lung von Teilsystemen für die Systemoperatoren bedeutet.

Die beiden Teilsysteme sind durch die Operatoren S_1 und S_2 beschrieben:

$$w_1 = S_1 \circ v_1$$
$$w_2 = S_2 \circ v_2.$$

Außerdem können aus dem Blockschaltbild die Koppelbeziehungen

$$v_1 = v$$
$$v_2 = w_1$$
$$w = w_2$$

abgelesen werden. Kombiniert man diese Gleichungen, so erhält man die Beziehung

$$w = S_2 \circ S_1 \circ v,$$

die man für das Gesamtsystem in die Form

$$w = S \circ v$$

bringen kann, wobei

$$S = S_2 \circ S_1 \tag{2.5}$$

den Systemoperator des Gesamtsystems bezeichnet.

Die letzte Beziehung zeigt, dass bei einer Reihenschaltung die Systemoperatoren S_1 und S_2 nacheinander ausgeführt werden, was sich in Abb. 2.4 anschaulich im Signalfluss von der Eingangsgröße durch das Teilsystem 1 und das Teilsystem 2 zur Ausgangsgröße widerspiegelt. Was diese Verkopplung der beiden Operatoren S_1 und S_2 bedeutet und wie man den System-operator S aus Gl. (2.5) bestimmen kann, hängt von der gewählten Modellform ab. Diese Frage wird beispielsweise im Kapitel 5 für Automaten beantwortet, wobei aus den die Teilsysteme beschreibenden Automaten ein Automat für das Gesamtsystem gebildet wird. Dort wird auch auf weitere Kopplungsmöglichkeiten von Teilsystemen wie die Parallelschaltung und die Rückführschaltung eingegangen.

2.2.3 Hierarchische Modellbildung

Die hierarchische Modellbildung dient der Beschreibung von Systemen auf unterschiedlichen Abstraktionsebenen. Beim Übergang von einer Betrachtungsebene zur nächsthöheren werden Teilsysteme zusammengefasst, so dass sie als unstrukturiertes Ganzes erscheinen und bestimmte Details der unteren Ebene nicht mehr sichtbar sind. Insbesondere fallen bei diesem Abstraktionsschritt die Koppelsignale zwischen den Teilsystemen weg. Beim entgegengesetzten Weg der Verfeinerung wird ein System oder Teilsystem in eine Menge verkoppelter Teilsysteme zerlegt.

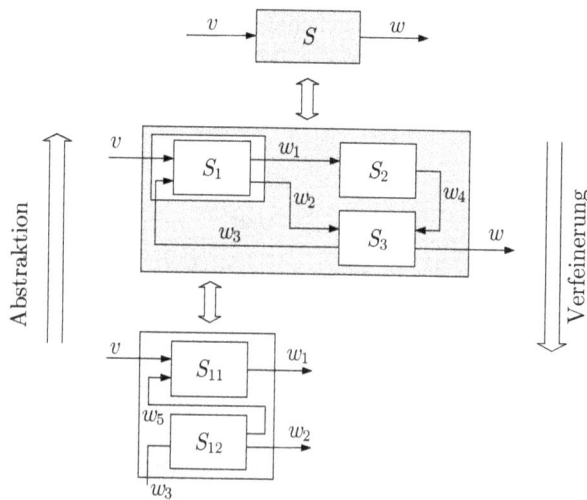

Abb. 2.5: Hierarchische Modellbildung

In Abb. 2.5 führt die Verfeinerung vom Gesamtsystem S zunächst zu den drei Teilsystemen S_1, S_2 und S_3 und das Teilsystem S_1 wird anschließend weiter in S_{11} und S_{12} unterteilt. Offensichtlich eignet sich die detaillierte (unterste) Darstellungsebene für die Analyse von Teilsystemen, während die abstrakte (oberste) Beschreibungsebene die Gesamtsystemsicht wiedergibt. So erkennt man am detaillierten Blockschaltbild beispielsweise, dass das Koppelsignal w_2 zwischen den Teilsystemen S_1 und S_3 nicht direkt von der Eingangsgröße v des Gesamtsystems abhängig ist, was in der mittleren Abstraktionsebene nicht erkennbar ist.

Da man die Verfeinerungs- bzw. Abstraktionsschritte mehrfach hintereinander ausführen kann, entsteht eine Hierarchie von Teilsystemen. Auf dieses Thema wird insbesondere im Kapitel 6 bei der hierarchischen Modellierung mit Petrinetzen eingegangen.

Die kompositionale und die hierarchische Modellbildung dienen zur Umsetzung des Struk-
turierungsprinzips der Systemtheorie, bei dem ein System in Teilsysteme zerlegt wird, die gegebenenfalls ihrerseits weiter in Teilsysteme aufgeteilt werden. Diese Zerlegung wird fortgesetzt, bis man zu elementaren Objekten gelangt, die man als Ganzes analysieren oder entwerfen
kann. Dabei entsteht ein hierarchisch strukturiertes Gesamtsystem. Ein wichtiger Nutzen dieses
Weges liegt in der Komplexitätsreduktion, weil die Teilsysteme einfacher beschreibbar sind als
das Gesamtsystem. Gleichzeitig wird das Verständnis für die dynamischen Vorgänge innerhalb
des Systems verbessert, weil man aus einer strukturierten Systemdarstellung erkennen kann,
wie sich das Verhalten des Gesamtsystems aus den Eigenschaften der Teilsysteme ergibt.

In der Technik wird diese Methode bei vielen Analyse- und Entwurfsaufgaben eingesetzt,
wobei man die Verfeinerungsschritte als *Top-down*-Entwurf und den umgekehrten Weg als
Bottom-up-Entwurf bezeichnet.

2.3 Diskrete Signale

2.3.1 Klassifikation von Signalen

In der Systemtheorie werden Signale als Funktionen

$$s : \mathcal{T} \to \mathcal{S}$$

dargestellt, wobei der Definitionsbereich $\mathcal{T}$ eine Zeitachse und der Wertevorrat $\mathcal{S}$ die Menge
der möglichen Signalwerte repräsentiert. Beide Mengen können entweder einen Teil des reellen
Zahlenraumes $\mathbb{R}$ oder eine Menge diskreter Werte, insbesondere die Menge der ganzen Zahlen,
sein. Daraus ergeben sich vier Kombinationsmöglichkeiten, die in Abb. 2.6 zusammengestellt
sind. Alle vier Signaltypen treten in technischen Anwendungen auf.

Die obere Zeile enthält die für die kontinuierliche Zeit t definierten Signale. Da viele Modelle für das Zeitintervall $t \geq 0$ gelten, sind die betrachteten Signale Funktionen der Form

$$s : \mathbb{R}^+ \to \mathbb{R}.$$

Die Signale der unteren Zeile sind über eine diskrete Menge von Zeitpunkten definiert, typischerweise über die Menge $\mathbb{N}_0^+$ der nichtnegativen ganzen Zahlen. Sie haben die Form

$$s : \mathbb{N}_0^+ \to \mathbb{N}_0^+.$$

Die im Folgenden verwendeten Signale haben einen diskreten Wertebereich und sind in der
rechten Spalte der Abbildung angeordnet. Da nur diskrete Signalwerte möglich sind, springen
diese Signale von einem Wert zu einem anderen. Sind sie für eine kontinuierliche Zeitachse
definiert (oben rechts), so sind die Zeitpunkte t_k der Signaländerungen reellwertig. Bei Verwendung einer diskreten Zeitachse werden die Zeitpunkte, für die die Signalwerte definiert
sind, durchnummeriert (unten rechts). Die Nummer k der Signalwertwechsel können nicht ohne Weiteres mit der Realzeit t_k in Beziehung gesetzt werden.

Wenn im Folgenden von *diskreten Signalen* gesprochen wird, so ist stets ein Signal mit
diskretem Wertebereich gemeint. Wenn auch die Zeitachse diskret ist, wird das Signal in der
Literatur auch als *digitales Signal* bezeichnet.

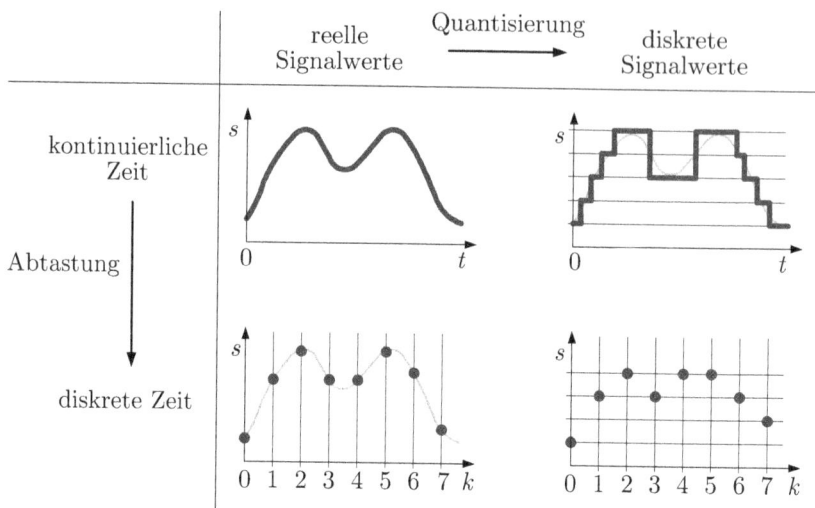

Abb. 2.6: Klassifikation von Signalen

Ob die Zeitachse kontinuierlich oder diskret ist, hängt vom Modellierungsziel ab. In den Kapiteln 3 bis 5 werden die Signale in diskreter Zeit k dargestellt, in den Kapiteln 9 und 8 mit der kontinuierlichen Zeit t.

Die linke Spalte der Abbildung zeigt im Vergleich dazu Signale mit einem reellen Wertebereich. Sie treten bei der Beschreibung physikalischer Vorgänge mit einer kontinuierlichen Zeitachse auf und werden dann als *analoge Signale* bezeichnet (in der Abbildung oben links). Für eine Verarbeitung mit einem Rechner muss man aus dem kontinuierlichen Verlauf einzelne Signalwerte herausgreifen (Abtastung), wodurch aus dem in der Abbildung unten links grau dargestellten kontinuierlichen Signalverlauf das durch die dicken Punkte gekennzeichnete abgetastete Signal entsteht. Wichtig ist, dass die abgetasteten Signalwerte reellwertig sind. Die beiden Signale in der unteren Zeile unterscheiden sich also darin, dass das linke reellwertig und das rechte diskret ist.

Von den für die kontinuierliche Zeit definierten Signalen in der oberen Zeile kommt man zu den Signalen mit diskreter Zeit in der unteren Zeile durch eine *Abtastung*. Die Abtastung wird in der Nachrichtentechnik und der Regelungstechnik häufig in regelmäßigen zeitlichen Abständen durchgeführt. Die Betrachtung ereignisdiskreter Systeme wird zeigen, dass man die Abtastung auch entsprechend dem Zeitverlauf eines Signals vornehmen kann. Jedesmal, wenn ein diskretes Signal seinen Wert ändert, wird der neue Wert als Abtastwert verwendet. Diese Signalwechsel finden i. Allg. nicht in regelmäßigen zeitlichen Abständen statt.

Von reellen Signalwerten kommt man zu diskreten Signalwerten durch eine *Quantisierung* (Wertabtastung). Die möglichen Quantisierungsschritte sind in der rechten Spalte durch waagerechte Linien eingetragen. Das diskrete Signal kann nur die durch diese Linien gekennzeichneten Werte annehmen. Diese Werte müssen nicht durchnummeriert sein, sondern können beliebige symbolische Bezeichnungen erhalten, beispielsweise „niedrig", „normal" und „zu hoch".

Das Überschreiten einer Quantisierungsgrenze wird als ein Ereignis interpretiert, bei dem das Signal einen neuen quantisierten Wert annimmt.

Ein Analog-Digitalwandler (A/D-Wandler) ist ein in der Technik häufig eingesetzter Quantisierer, der ein reellwertiges in ein wertdiskretes Signal überführt. Dabei wird das Quantisierungsintervall durch die Bitbreite des entstehenden Wortes vorgegeben. Da heute vielfach mit sehr kleinen Quantisierungsintervallen gearbeitet wird, unterscheiden sich das ursprünglich reellwertige Signal nicht sehr stark von dem diskreten Signal. Manchmal wird auch die Abtastung zur A/D-Wandlung hinzugerechnet, so dass A/D-Wandler analoge Signale (oben links in der Abbildung) in digitale Signale (unten rechts) überführen.

Bei den im Folgenden betrachteten diskreten Signalen ist der Unterschied zwischen der reellwertigen und der diskreten Signaldarstellung im Vergleich dazu viel größer. Mit der Quantisierung wird in sehr starker Weise vom kontinuierlichen Signalverlauf abstrahiert. Ein Quantisierer gibt beispielsweise anstelle eines reellwertigen Füllstandes eines der beiden Symbole „leer" oder „voll" aus. Allgemeiner bezeichnet man den Systemteil, der symbolische Signalwerte ausgibt, als *Ereignisgenerator* (Abb. 1.1). Ereignisgeneratoren können mehrere Signale gleichzeitig verarbeiten. Wenn beispielsweise ein kritischer Zustand einer verfahrenstechnischen Anlage dadurch gekennzeichnet ist, dass Druck und Temperatur eines Gases vorgegebene Grenzwerte gleichzeitig überschreiten, muss der Ereignisgenerator zwei Signale verarbeiten, um gegebenenfalls einen Alarm auszulösen.

2.3.2 Diskrete Signale und Ereignisse

Ein diskretes Signal kann eine Menge $\mathcal{S}$ diskreter Werte annehmen, die meist endlich viele Elemente umfasst und durchnummeriert ist:

$$\mathcal{S} = \{0, 1, 2, ... M\}.$$

Die angegebenen Zahlen lassen sich nicht numerisch verarbeiten, sondern sind nur Symbole für bestimmte Signalwerte. Anstelle dieser Zahlen kann man auch Bezeichnungen verwenden, die im konkreten Anwendungsfall eine direkte technische Interpretation haben, so dass beispielsweise die Stellung eines Ventils durch ein Signal mit der Wertemenge

$$\mathcal{S} = \{\text{geöffnet, geschlossen}\}$$

oder der Füllstand in einem Behälter mit der Wertemenge

$$\mathcal{S} = \{\text{leer, halbvoll, voll}\}$$

beschrieben wird. Bei digitalen Schaltungen sind nur die Signalwerte 0 und 1 zugelassen und man spricht von einem *binären Signal*.

Die Wertemenge $\mathcal{S}$ kann auch ein Alphabet sein, so dass die Wertefolge des Signals eine Zeichenkette bildet, die man als Wort bezeichnet. Die Menge aller möglichen Signalverläufe nennt man dann eine Sprache. Die Automatentheorie untersucht, welche Sprache ein Automat erzeugt und wie man überprüfen kann, ob ein Text (Symbolfolge) zu dieser Sprache gehört (vgl. Abschn. 3.3).

Im Folgenden wird einheitlich mit folgenden Bezeichnungen gearbeitet (vgl. Abb. 2.1):

$$v \; - \; \text{Eingangsgröße}$$
$$z \; - \; \text{Zustandsgröße}$$
$$w \; - \; \text{Ausgangsgröße.}$$

Diese Signale haben die Wertebereiche

$$v \in \mathcal{V} = \{1, 2, ..., M\} \tag{2.6}$$
$$z \in \mathcal{Z} = \{1, 2, ..., N\} \tag{2.7}$$
$$w \in \mathcal{W} = \{1, 2, ..., R\}, \tag{2.8}$$

die als Eingabealphabet, Zustandsmenge oder Zustandsalphabet bzw. Ausgabealphabet bezeichnet werden.

Im Gegensatz zu analogen Signalen, für die man häufig geschlossene Ausdrücke wie z. B. $y(t) = \sin \omega t$ angeben und damit den gesamten Signalverlauf in kompakter Form erfassen kann, lässt sich die durch diskrete Signale beschriebene Abbildungsvorschrift von der Zeitachse in den Wertebereich des Signals i. Allg. nicht kompakt aufschreiben. Man muss den Signalverlauf als Folge aller nacheinander auftretender Signalwerte notieren, beispielsweise für die Eingangsgröße v in der Form

$$V = (v(0), v(1), v(2), ...).$$

Soll das Signal über einen bestimmten Zeithorizont $[0...k_e]$ betrachtet werden, so schreibt man

$$V(0...k_e) = (v(0), v(1), v(2), ..., v(k_e)).$$

Dabei bezeichnet $v(k)$ den zum Zeitpunkt k gehörenden Signalwert. Diese Schreibweise ist aufwändiger als die in der Literatur ebenfalls gebräuchliche Bezeichnung v_k, weist aber auf die Tatsache hin, dass es sich bei v um eine Funktion handelt, deren Wert für das Argument k hier gemeint ist.

Beziehung zwischen analogen Signalen und deren diskreter Beschreibung. Für technische Anwendung ist es wichtig zu wissen, welcher Zusammenhang zwischen den diskreten Signalen und den am Prozess auftretenden analogen Signalen besteht. Es wird jetzt angenommen, dass die Signale bereits quantisiert sind und deshalb nur diskrete Signalwerte annehmen können. Untersucht werden muss noch, in welchem zeitlichen Zusammenhang die quantisierten Signale mit den sie beschreibenden diskreten Wertefolgen stehen.

Dieser Zusammenhang ist bei abgetasteten Signalen sehr einfach. Abbildung 2.7 zeigt ein binäres Signal, dass zu den durch den Takt vorgegebenen Zeitpunkten aufgezeichnet wird. Das analoge Signal hat den durch die durchgezogene Linie dargestellen Verlauf und die Punkte geben die abgetasteten Werte an. Beispielsweise gilt $v(2) = 1$, weil zum Taktzeitpunkt $k = 2$ der Signalpegel bei 1 liegt. Die in der Abbildung dargestellte Wertefolge heißt

$$V(0...5) = (0, 1, 1, 1, 0, 1).$$

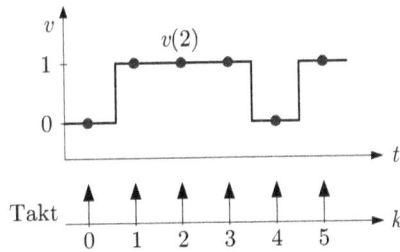

Abb. 2.7: Abgetastetes binäres Signal

Bei nicht getakteten Signalen bestimmen die Signalwechsel diejenigen Zeitpunkte, an denen das Signal den Wert für seine diskrete Beschreibung liefert. Unter einem *Ereignis* versteht man eine Wertänderung des Signals. Sowohl der Zeitpunkt des Auftretens des Ereignisses als auch der Name des Ereignisses werden durch den Signalverlauf bestimmt. In Abb. 2.8 kennzeichnen die Ereignisse e_1 einen Wechsel des Signals vom Wert 0 zum Wert 1 und e_0 den umgekehrten Wechsel. Die Wertefolge des Signals v heißt jetzt

$$V(0...3) = (0, 1, 0, 1).$$

$v(k)$ beschreibt den Signalwert nach dem k-ten Signalwechsel. Der kontinuierliche Verlauf des Signals v wird in $V(0...k_e)$ durch eine Folge von Momentaufnahmen dargestellt, aus denen der Verlauf von v vollständig rekonstruiert werden kann.

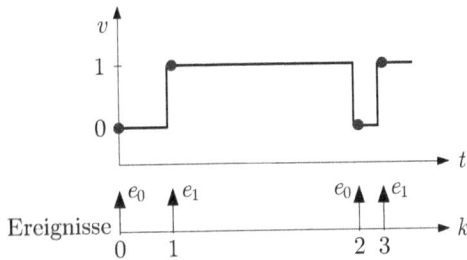

Abb. 2.8: Binäres Signal, das durch Ereignisse beschrieben wird

Man kann den Signalverlauf auch durch die Folge der Ereignisse

$$E(0...k_e) = (e(0), e(1), e(2), ..., e(k_e))$$

aufschreiben, wobei man häufig den Zeitpunkt $k = 0$ der diskreten Zeitachse mit dem Zeitpunkt $t = 0$ der kontinuierlichen Zeitachse gleich setzt und ein nulltes Ereignis einführt, aus dem der Wert des Signals v zum Zeitpunkt $k = 0$ hervorgeht. Der in der Abbildung dargestellte Signalverlauf wird dementsprechend durch die Ereignisfolge

$$E(0...3) = (e_0, e_1, e_0, e_1)$$

beschrieben, die man in die Wertefolge $V(0...3)$ umrechnen kann und umgekehrt.

Im Hinblick auf die später eingeführten nichtdeterministischen Modelle soll an dieser Stelle darauf hingewiesen werden, dass die Ereignisgenerierung durch Störungen verfälscht werden kann. Soll beispielsweise das Überschreiten eines bestimmten Füllvolumens in einem Reaktor durch ein Ereignis angezeigt werden, so können Messfehler das Auslösen des Ereignisses herbeiführen, ohne dass das gewünschte Füllvolumen schon erreicht ist. Störungen haben dabei nicht nur die Wirkung, dass das Ereignis zu spät oder gar nicht erzeugt wird, sondern sie können auch eine zu zeitige Signalisierung des Ereignisses bewirken oder ein Ereignis auslösen, das ohne Wirkung der Störung gar nicht auftreten würde.

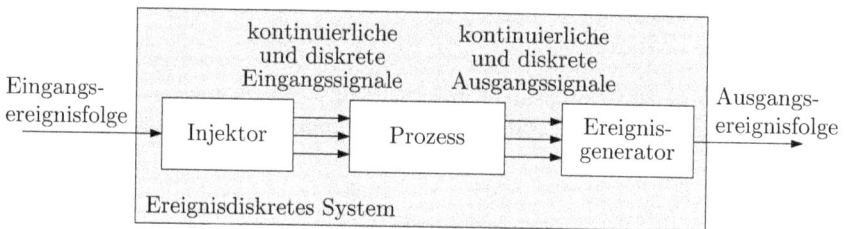

Abb. 2.9: Grundstruktur eines ereignisdiskreten Systems mit Eingang und Ausgang

Wenn man das System mit einer Ereignisfolge ansteuern will, muss man auch die zur Ereignisgenerierung umgekehrte Operation definieren, die aus einer Ereignisfolge ein analoges Signal macht, wofür in Abb. 2.9 der *Injektor* eingeführt ist. Der Injektor transformiert die Eingangsereignisfolge in kontinuierliche oder diskrete Eingangssignale des betrachteten Prozesses. Ein Schalter als Injektor wandelt beispielsweise das Ereignis „Einschalten" in eine sprungförmige Änderung der Eingangsspannung von null auf 230 V.

Ereignisse. Der Zusammenhang zwischen analogen Signalen und deren diskreter Beschreibung weist auf wichtige Merkmale von Ereignissen hin. Ereignisse beschreiben plötzliche Änderungen von Signalen. Da beim Signalwechsel, zumindest in seiner systemtheoretischen Idealisierung, keine Zeit vergeht, werden Ereignisfolgen grafisch als Impulsfolgen dargestellt. Die Zeitpunkte, an denen diese Impulse auftreten, werden nicht durch einen Takt, sondern durch den Signalverlauf bestimmt. Die Namen der Ereignisse werden aus der Richtung des Signalwechsels abgeleitet, was allerdings nicht heißt, dass Ereignisnamen wie in Abb. 2.8 immer eineindeutig bestimmten Signalwechseln zugeordnet sein müssen. Unterschiedlichen Signaländerungen können Ereignisse mit demselben Namen zugeordnet sein.

In allen ereignisdiskreten Modellformen treten Ereignisse im Inneren des Systems auf und verändern den Zustand. Man bezeichnet diese Ereignisse als *Zustandsereignisse* oder interne Ereignisse. Wenn sich die Ereignisse wie bei dem in Abb. 2.8 gezeigten Signal auf ein Eingangssignal beziehen, so werden sie durch die Umgebung des Systems erzeugt. Man spricht dann von externen Ereignissen oder *Eingangsereignissen*. Ereignisse können also sowohl die Bewegung eines Systems auslösen als auch die Zustandsübergänge des Systems als Wirkung auf eine äußere Erregung beschreiben. Der Begriff Ereignis allein weist also noch nicht darauf hin, ob es sich um die Ursache oder die Wirkung eines dynamischen Vorgangs handelt.

2.3.3 Logische und zeitbewertete Werte- und Ereignisfolgen

Ereignisse sind durch ihren Namen und den Zeitpunkt ihres Auftretens bestimmt. Eine wichtige Unterscheidung diskreter Modellformen bezieht sich auf die Art, in der die Auftretenszeitpunkte der Ereignisse dargestellt werden.

Wenn man die Ereignisse wie in Abb. 2.8 durchzählt, so beschreibt die Zeit k die Nummer des betreffenden Ereignisses in der Ereignisfolge. Man spricht dann von einer *logischen* oder einer nicht zeitbewerteten (zeitfreien) Darstellung der Ereignisfolge. Es sei noch einmal darauf hingewiesen, dass die Ereigniszeitpunkte nicht aus einer Abtastung, sondern aus einer Diskretisierung der Signalwerte entstehen und der Zähler k der Ereignisse deshalb nichts mit der aktuellen Zeit t zu tun hat, bei der das Ereignis auftritt. Dennoch wird häufig von einem Zeitpunkt k gesprochen, womit die Nummer des betrachteten Elementes in einer Ereignisfolge gemeint ist.

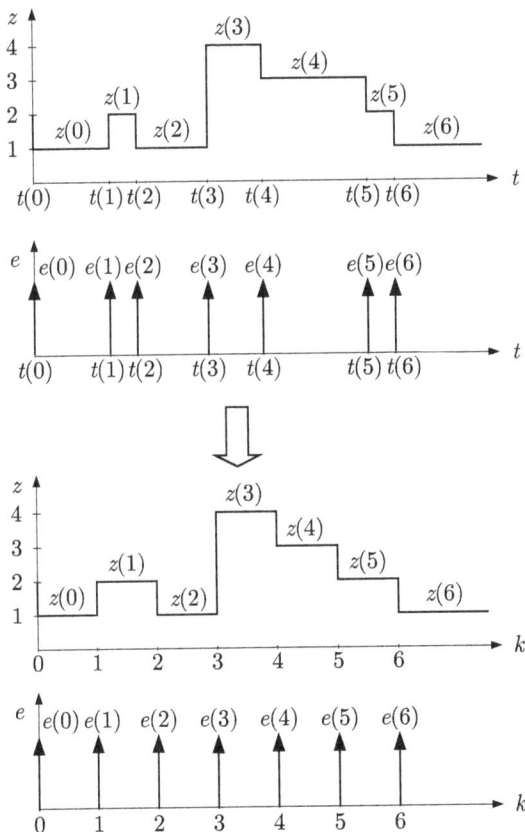

Abb. 2.10: Zeitbewertete Ereignisfolge (oben) und logische Ereignisfolge (unten)

Die logische Ereignisfolge wird in der Form

$$E(0...k_e) = (e(0), e(1), e(2), ..., e(k_e))$$

geschrieben, bei der k_e den Zeithorizont angibt. Auch hier wird die Klammerschreibweise $e(k)$ der Indexschreibweise e_k vorgezogen, weil auch die Ereignisfolge ein Signal $e : \mathbb{N}_0^+ \rightarrow \mathcal{E}$ mit dem Wertevorrat $\mathcal{E}$ ist. Zu dieser Ereignisfolge gehört eine logische Zustandsfolge

$$Z(0...k_e) = (z(0), z(1), z(2), ..., z(k_e)),$$

wobei die Nummerierung so gewählt wird, dass das System den k-ten diskreten Zustand $z(k)$ als Ergebnis des k-ten Ereignisses $e(k)$ annimmt (Abb. 2.10 unten).

Alternativ zur logischen Darstellung kann man die Ereignisse auch in Bezug zu den auf der reellen Zeitachse liegenden Zeitpunkten $t(k)$ beschreiben, an denen sie auftreten (Abb. 2.10 oben). Diese Vorgehensweise führt natürlich auf eine genauere Beschreibung der Ereignisfolge, denn zusätzlich zur logischen Darstellung wird jetzt für jedes Ereignis der Auftretenszeitpunkt vermerkt:

$$E_t(0...t_e) = (e(0), t(0); \ e(1), t(1); \ ... \ e(k_e), t(k_e)).$$

Dabei bezeichnet k_e die Anzahl der im Zeitintervall $[0...t_e]$ auftretenden Ereignisse. Man bezeichnet E_t als *zeitbewertete Ereignisfolge* oder zeitbehaftete Ereignisfolge. In dieser Beschreibung wird das Symbol t nicht nur für die Zeit, sondern auch für die Funktion verwendet, die jeder Ereignisnummer k den Ereigniszeitpunkt $t(k)$ zuordnet.

Es ist offensichtlich, dass man die logische Ereignisfolge aus einer zeitbewerteten Ereignisfolge durch Weglassen der Ereigniszeitpunkte erhält.

2.3.4 Vektorielle Eingangs- und Ausgangssignale

Technische Systeme besitzten i. Allg. mehr als eine Eingangs- und Ausgangsgröße. So werden die Stoffströme in verfahrenstechnischen Prozessen durch mehrere (meist sogar sehr viele) Ventile gesteuert und in Fertigungssystemen werden zahlreiche Motoren angesteuert, um die Werkstücke oder Werkzeuge zu bewegen. Dennoch kann man diese Systeme als ereignisdiskrete Systeme mit einer Eingangsgröße und einer Ausgangsgröße darstellen. Der Grund liegt darin, dass die Signale typischerweise eine endliche Anzahl von Signalwerten haben und man durch eine Kodierung die Eingangs- bzw. Ausgangssignale zu jeweils einem Signal zusammenfassen kann.

Entsprechend Abb. 2.11 hat man dabei zwei Möglichkeiten. Einerseits kann man die Eingangsgrößen als Vektor $v(k)$ zusammenfassen. Bei drei binären Eingangssignalen kann der Systemeingang dann einen von acht möglichen Werten annehmen:

$$v \in \mathcal{V} = \left\{ \begin{pmatrix} 0 \\ 0 \\ 0 \end{pmatrix}, \begin{pmatrix} 0 \\ 0 \\ 1 \end{pmatrix}, \begin{pmatrix} 0 \\ 1 \\ 0 \end{pmatrix}, \begin{pmatrix} 0 \\ 1 \\ 1 \end{pmatrix}, \begin{pmatrix} 1 \\ 0 \\ 0 \end{pmatrix}, \begin{pmatrix} 1 \\ 0 \\ 1 \end{pmatrix}, \begin{pmatrix} 1 \\ 1 \\ 0 \end{pmatrix}, \begin{pmatrix} 1 \\ 1 \\ 1 \end{pmatrix} \right\}. \quad (2.9)$$

In gleicher Weise bilden die Ausgangsgrößen den Vektor $w(k)$. Diese Darstellungsform ist zwar aufwändig; sie stellt jedoch einen sofortigen Bezug zu den Werten der einzelnen Signale her und wird deshalb im Folgenden bei vielen Beispielen verwendet.

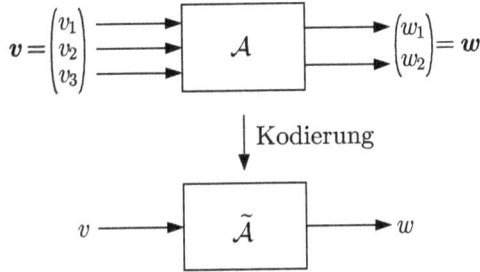

Abb. 2.11: Ereignisdiskretes System mit mehreren Eingangs- und Ausgangsgrößen

Andererseits kann man alle möglichen Kombinationen von Eingangssignalwerten unter Verwendung einer skalaren Größe $v(k)$ kodieren. So können die angegebenen acht Vektoren durchnummeriert werden

$$0, \ 1, \ 2, \ 3, \ 4, \ 5, \ 6, \ 7,$$

wobei man hier zweckmäßigerweise die Nummerierung bei Null beginnt. Diese Darstellungsform wurde bei der Einführung der Wertebereiche für den skalaren Eingang $v(k)$, den skalaren Zustand $z(k)$ und den skalaren Ausgang $w(k)$ in den Gln. (2.6) – (2.8) verwendet. Sie ist einfacher als die erste; für die technische Interpretation der Signalwerte muss man jedoch die Kodierung rückgängig machen.

Für allgemeine Betrachtungen diskreter Systeme zeigt die zweite Möglichkeit, dass es ausreicht, Systeme mit einer Eingangsgröße v, einer Zustandsgröße z und einer Ausgangsgröße w zu untersuchen. Da die Variablen v, z und w i. Allg. für Kombinationen mehrerer diskreter Signalwerte stehen, spricht man nicht mehr von Eingangsgröße, Zustandsgröße und Ausgangsgröße, sondern abstrakter vom Eingang, Zustand bzw. Ausgang. Für einen einzelnen Wert des Eingangs bzw. des Ausgangs werden die Bezeichnungen Eingabe bzw. Ausgabe gebraucht.

Wenn in bestimmten Anwendungsfällen der Wert einzelner Komponenten von Signalvektoren bedeutungslos ist, wird das entsprechende Element durch einen Strich oder einen Stern ersetzt, wie beispielsweise das dritte Element von

$$\begin{pmatrix} 1 \\ 0 \\ - \end{pmatrix} \quad \text{bzw.} \quad \begin{pmatrix} 1 \\ 0 \\ * \end{pmatrix} .$$

Der Strich bzw. Stern hat dieselbe Bedeutung wie das *Don't-care*-Symbol der digitalen Schaltungstechnik.

2.4 Diskrete Systeme

2.4.1 Grundidee der ereignisdiskreten Modellbildung

Unabhängig von der eingesetzten Modellform beruht jede ereignisdiskrete Betrachtungsweise auf derselben grundlegenden Modellvorstellung: Das System kann unterschiedliche diskrete Zustände annehmen und zwischen diesen Zuständen „hin- und herspringen". Die Zustandsänderungen, die spontane innere Ereignisse darstellen oder durch Eingangsereignisse ausgelöst werden, laufen so schnell ab, dass dabei keine Zeit vergeht. Da das System zwischen zwei aufeinander folgenden Ereignissen in einem Zustand verharrt, kann man die Ereignisse als Ursachen für die Bewegung des diskreten Systems interpretieren und von einem *ereignisgetriebenen* System sprechen.

Diese Modellvorstellung hat mehrere Konsequenzen, von denen eine wichtige das zeitliche Verhalten diskreter Systeme betrifft. Da man annimmt, dass sich das System beliebig lange in jedem seiner diskreten Zustände aufhalten kann und während dieser Zeit keinerlei Veränderungen im System stattfinden, spielt die Zeit zwischen aufeinander folgenden Ereignissen eine untergeordnete Rolle. Allein durch das Vergehen von Zeit verändert sich nichts im System. Deshalb beschreiben die in den Kapiteln 3 bis 7 eingeführten Modellformen für ereignisdiskrete Systeme die *logischen* (nicht zeitbewerteten) Zustands- und Ereignisfolgen. Die Frage, wann ein Ereignis auftritt, wird bei diesen Modellen nicht mit einem Zeitpunkt t, sondern mit der Nummer k beantwortet, die das Ereignis innerhalb der Ereignisfolge besitzt. In den genannten Kapiteln tritt als Zeitachse also eine Achse mit dem Zähler k auf.

Viele Systeme können durch derartige Modelle mit einer für die betrachtete Anwendung ausreichenden Genauigkeit beschrieben werden. So spielt bei der Beschreibung der Arbeitsweise eines Rechners die Reihenfolge der Rechenschritte die entscheidende Rolle. Zwischen den jeweiligen Rechenschritten, die als Ereignisse aufgefasst werden, kann der Rechenvorgang beliebig lange ruhen, ohne dass sich das Zwischenergebnis verändert.

Im Gegensatz dazu ist bei kontinuierlichen Systemen die Bewegung an den Fortgang der Zeit t gebunden. Kontinuierliche Systeme mit dem Zustand $x(t)$ und der Eingangsgröße $u(t)$ werden typischerweise durch Differenzialgleichungen der Form

$$\frac{dx(t)}{dt} = g(x(t), u(t)), \quad x(0) = x_0 \tag{2.10}$$

beschrieben. Die angegebene Gleichung sagt aus, welche zeitliche Änderung $\frac{dx}{dt}$ der Systemzustand x zum Zeitpunkt t erfährt. Da diese Änderung i. Allg. nicht gleich null ist, führt das Fortschreiten der Zeit t zwangsläufig zu einer Veränderung des Zustands x. Mit der Eingangsgröße $u(t)$ kann man beeinflussen, in welche Richtung und wie stark sich der Zustand verändert, aber die Zustandsänderung ist nicht ursächlich an das Vorhandensein des Eingangs gebunden. Selbst wenn der Eingang verschwindet ($u(t) = 0$) oder wenn das System gar keinen Eingang besitzt, findet eine Zustandsänderung statt. Man sagt deshalb auch, dass kontinuierliche Systeme *zeitgetrieben* arbeiten. Die Systeme können sich nicht längere Zeit in einem unveränderten Zustand aufhalten. Ausnahmen sind Gleichgewichtszustände, die durch Wertepaare $(\bar{x}, \bar{u})$ beschrieben sind, für die die Beziehung $g(\bar{x}, \bar{u}) = 0$ gilt und in denen der Zustand x beim Wert $\bar{x}$ verharrt.

Zeitbewertete ereignisdiskrete Modelle. In Echtzeitanwendungen reicht es nicht aus, wenn das verwendete Modell nur die Reihenfolge der von einem System durchlaufenen Zustände wiedergibt, sondern man will auch wissen, in welcher Zeit die Zustandsfolge durchlaufen wird. So muss ein Rechner nicht nur die richtigen Berechnungsschritte ausführen, sondern diese auch hinreichend schnell abschließen, um Echtzeitforderungen zu erfüllen.

Es sind deshalb zeitbewertete Modellformen für ereignisdiskrete Systeme entwickelt worden, von denen mit den zeitbewerteten Automaten und den zeitbewerteten Petrinetzen zwei in den Kapiteln 9 und 8 eingeführt werden. Diese Modelle beschreiben nicht nur die vom System durchlaufene Zustandsfolge, sondern geben auch wieder, zu welchen Zeitpunkten $t(k)$ die Zustandswechsel stattfinden. Als Zeitachse tritt in den genannten Kapiteln deshalb die reelle Achse mit der Zeit t auf.

Die Einführung der Zeitbewertung hat entscheidende Konsequenzen für die Handhabbarkeit der Modelle. Die in vielen Anwendungen bereits sehr große algorithmische Komplexität logischer Modelle wird durch die Hinzunahme der Zeitbewertungen weiter gesteigert. Da der diskrete Vorgang des Umschaltens zwischen diskreten Zuständen jetzt mit dem kontinuierlichen Prozess des Fortschreitens der Zeit kombiniert wird, sind zeitbewertete ereignisdiskrete Modelle der erste Schritt zu gemischt kontinuierlich-diskreten Beschreibungsformen, die man in jüngster Zeit auch als *hybride Systeme* bezeichnet. Der kontinuierliche Vorgang des Zeitvergehens kann durch die Differenzialgleichung

$$\frac{\mathrm{d}x(t)}{\mathrm{d}t} = 1, \quad x(0) = t_0$$

beschrieben werden, deren Lösung $x(t) = t - t_0$ die seit der Anfangszeit t_0 vergangene Zeit angibt. Es ist offensichtlich, dass die Analyse zeitbewerteter ereignisdiskreter Systeme eine Verknüpfung der für logische Modellformen entwickelten Analyseverfahren mit den Behandlungsmethoden für (einfache) kontinuierliche Systeme notwendig macht, wie es in der Theorie hybrider dynamischer Systeme gegenwärtig intensiv untersucht wird. Die direkte Erweiterung zeitbewerteter Automaten führt auf hybride Automaten, bei denen jedem diskreten Zustand Differenzialgleichungen zugeordnet sind, die die kontinuierliche Bewegung des Systems beschreiben.

Neben dieser Komplexitätserhöhung des Modells und der Analyseverfahren hat die Einführung der kontinuierlichen Zeitachse für ereignisdiskrete Systeme auch eine wichtige systemtheoretische Konsequenz. Mit diesem Schritt verlieren alle ereignisdiskreten Modelle die Markoveigenschaft, denn bei zeitbewerteten Systemen wird der Zustandswechsel nicht mehr allein durch den aktuellen Zustand und die aktuelle Eingabe, sondern auch von der Zeit bestimmt, die seit dem letzten Zustandswechsel vergangen ist. Zeitbewertete Modelle haben deshalb nur noch die *Semi-Markoveigenschaft*, die im Abschn. 9.2 erläutert wird.

Aufgabe 2.1   *Ereignisdiskrete Prozesse im täglichen Leben*

Entscheiden Sie für folgende Prozesse, ob der zeitliche Abstand der Ereignisse für das bestimmungsgemäße Verhalten wichtig ist:

- *Autofahren als diskreter Prozess:* Tür öffnen – einsteigen – Tür schließen – Gurt anlegen – Motor starten usw.

- *Telefonieren:* Hörer abnehmen – Freizeichen abwarten – Wählen der einzelnen Ziffern der Telefonnummer nacheinander – auf Antwort warten usw.

- *Tee kochen:* Wasser in einen Topf füllen – Wasser zum Kochen bringen – Tee aufgießen – Tee abgießen – Tee in eine Tasse füllen usw.

Welche Ereignisgeneratoren muss man einführen, um von den kontinuierlichen physikalischen Vorgängen zu diesen Ereignissen zu kommen?

Überlegen Sie sich weitere Prozesse des täglichen Lebens, die man zweckmäßigerweise ereignisdiskret beschreibt, und entscheiden Sie, ob für diese Prozesse die logische Beschreibung ausreicht oder eine zeitbewertete Modellform gewählt werden muss. □

2.4.2 Zustandsraumdarstellung

Die E/A-Beschreibung diskreter Systeme in der Form (2.2) ist für die Analyse nicht zweckmäßig, weil man für ihre Anwendung die gesamte Eingangsfolge kennen muss. In diesem Abschnitt wird deshalb eine alternative Darstellung eingeführt, die die Eigenschaft der Kausalität physikalischer Systeme nutzt, derzufolge der Wert der Ausgangsgröße zur Zeit k nicht von den zu zukünftigen Zeitpunkten auftretenden Eingaben beeinflusst wird. Wenn man sich den Einfluss der in der Vergangenheit bis zur Zeit k aufgetretenen Eingaben als Systemzustand merkt, kommt man zum Zustandsraummodell, mit dem man die Ausgabefolge Schritt für Schritt für ansteigende Zeit k berechnen kann.

Kausalität. Eine wichtige Eigenschaft, die viele kontinuierliche und ereignisdiskrete Systeme gleichermaßen besitzen, ist die Kausalität. Das System heißt kausal, wenn die Wirkung der Ursache zeitlich folgt. Das heißt, dass der Wert $w(k)$ des Ausgangssignals zum Zeitpunkt k nicht von Werten des Eingangssignals zu späteren Zeitpunkten $k+1$, $k+2$ usw. beeinflusst werden kann. Es gibt deshalb eine Abbildung S_k, die der Eingabefolge $(v(0), v(1), ..., v(k))$ den Ausgabewert $w(k)$ zuordnet:

$$w(k) = S_k \circ (v(0), v(1), ..., v(k)). \qquad (2.11)$$

Der Index k des Operators stimmt dabei mit dem Zähler k für die Zeit auf der rechten und der linken Seite der Gleichung überein. Diese Darstellung vereinfacht die E/A-Darstellung (2.2), denn für die Berechnung von $w(k)$ braucht man aufgrund der Kausalität nur die Werte der Eingangsgröße bis zur Zeit k und kann durch Anwendung dieser Gleichung für $k = 0, 1, ..., k_e$ die Elemente der Ausgangsfolge nacheinander berechnen.

Zustandsraumkonzept. Die Kausalität dynamischer Systeme macht es möglich, eine rekursive Berechnungsvorschrift für das Systemverhalten anzugeben. Die Grundlage dafür bildet die Definition des Systemzustands z. Da $w(k)$ nicht nur vom aktuellen Wert $v(k)$ der Eingangsgröße, sondern auch von allen vorhergehenden Werten abhängt, fasst man die Wirkung der Folge $(v(0), v(1), ..., v(k-1))$ im Systemzustand $z(k)$ zusammen, so dass anstelle von Gl. (2.11) die Beziehung

$$w(k) = H(z(k), v(k)) \qquad (2.12)$$

gilt. Dies ist zunächst nur eine Umformung von Gl. (2.11) mit Hilfe einer neu eingeführten Funktion H. Wichtig ist, dass man außerdem eine Funktion G finden kann, mit der man für den Zustand $z(k)$ und die Eingabe $v(k)$ den Nachfolgezustand $z(k+1)$ berechnen kann:

$$z(k+1) = G(z(k), v(k)). \tag{2.13}$$

Im Unterschied zum Systemoperator S_k hängen weder G noch H direkt vom Zeitpunkt k ab. Für die Anwendung von Gl. (2.13) muss man den Anfangszustand $z(0)$ kennen, in dem sich das System vor der Ankunft der Eingabe $v(0)$ befindet. Dieser Zustand wird mit z_0 bezeichnet.

Gleichung (2.13) beschreibt, in welchen Zustand $z(k+1)$ das System durch die Wirkung der Eingabe $v(k)$ ausgehend vom Zustand $z(k)$ schaltet, während Gl. (2.12) festlegt, welche Ausgabe $w(k)$ das System dabei erzeugt. Beide Gleichungen zusammen stellen das ereignisdiskrete System im Zustandsraum dar:

$$
\boxed{
\begin{array}{l}
\text{Zustandsraumdarstellung ereignisdiskreter Systeme:} \\[2mm]
z(k+1) = G(z(k), v(k)), \quad z(0) = z_0 \\[2mm]
w(k) = H(z(k), v(k)).
\end{array}
} \tag{2.14}
$$

Die erste Gleichung wird als *Zustandsgleichung*, die zweite als *Ausgabegleichung* bezeichnet. Beides zusammen bilden das *Zustandsraummmodell*.

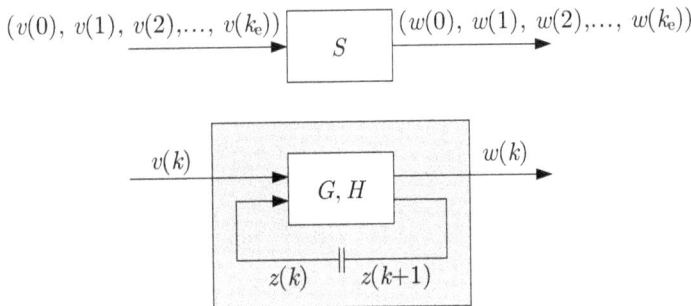

Abb. 2.12: E/A-Beschreibung und Zustandsraumbeschreibung dynamischer Systeme

Das Modell (2.14) beschreibt sehr anschaulich den Charakter dynamischer Systeme. Eine Eingabe $v(k)$ bewirkt die Veränderung des Zustands von seinem alter Wert $z(k)$ zum neuen Wert $z(k+1)$ und beeinflusst gleichzeitig die Ausgabe $w(k)$. In der Literatur wird die Eingabe deshalb auch als Aktion interpretiert. Die Ausgabe hängt nicht nur von der aktuellen Eingabe, sondern auch vom Zustand ab, woran offensichtlich wird, dass dynamische Systeme die Folge der Eingaben in die Folge der Ausgaben transformieren und nur statische Systeme, die gar keinen Zustand haben, die aktuelle Eingabe direkt in die Ausgabe überführen.

Die in den nachfolgenden Kapiteln eingeführten Modelle unterscheiden sich in der Form, die die Funktionen G und H haben. Dabei wird sich herausstellen, dass die Funktionen G und

H für viele Anwendungen nicht als geschlossene analytische Ausdrücke aufgeschrieben werden können, sondern durch Tabellen, Grafen oder Relationen notiert werden müssen. Dennoch haben alle eingeführten Modelle die Form (2.14).

Wenn man den Zustand $z(k)$ kennt, so wird der Nachfolgezustand $z(k+1)$ nur durch zwei Größen, nämlich $v(k)$ und $z(k)$, bestimmt und die Abbildung G mit diesen beiden Argumenten ersetzt den Systemoperator der E/A-Beschreibung, für dessen Anwendung die gesamte bisherige Eingabefolge notwendig ist. Dieser Unterschied zwischen der Operatordarstellung und dem Zustandsraummodell ist in Abb. 2.12 veranschaulicht. Der Doppelstrich im unteren Abbildungsteil ist ein Register, das den eingegebenen Wert $z(k+1)$ im nächsten Zeitpunkt als aktuellen Zustand $z(k)$ an die Funktionen G und H ausgibt.

Für autonome Systeme hat das Zustandsraummodell die einfachere Form

$$z(k+1) \;=\; G(z(k)), \quad z(0) = z_0 \tag{2.15}$$
$$w(k) \;=\; H(z(k)). \tag{2.16}$$

Beispiel 2.1 (Forts.) *Paritätsprüfung*

Die Kausalitätseigenschaft ist beim Paritätsprüfer leicht einzusehen: Der Ausgabewert zum Zeitpunkt k hängt nur von den bis zur Zeit k eingegebenen Ziffern und nicht von den zukünftig eintreffenden Zeichen ab.

Das Zustandsraumkonzept kann man auf sehr anschauliche Weise anwenden. Wenn sich der Paritätsprüfer im Zustand $z(k)$ merkt, welche Parität $w(k-1)$ die bis zum Zeitpunkt $k-1$ eingelesene Zahlenfolge hat

$$z(k) = w(k-1) = \sum_{i=0}^{k-1} v(i) \mod 2,$$

kann er die Parität $w(k)$ der um ein Zeichen verlängerten Folge aus diesem Zwischenergebnis $z(k)$ und der nächsten Eingabe $v(k)$ berechnen:

$$w(k) = (z(k) + v(k)) \mod 2. \tag{2.17}$$

Der Zustand $z(k)$ des Paritätsprüfers ist also gerade gleich der Parität $w(k-1)$ der Zeichenfolge bis zum Zeitpunkt $k-1$. Gleichung (2.3) kann man mit dieser Zustandsdefinition in die Form (2.12), (2.13) überführen:

$$z(k+1) \;=\; (z(k) + v(k)) \mod 2, \quad z(0) = 0 \tag{2.18}$$
$$w(k) \;=\; (z(k) + v(k)) \mod 2. \quad \square \tag{2.19}$$

Beispiel 2.2 *Beschreibung einer sequenziellen Schaltung durch einen E/A-Automaten*

Der Entwurf elektronischer Schaltungen führte in den 1950er Jahren zur ersten breiten Anwendung der Automatentheorie. Der Grund hierfür lag in der Tatsache, dass die Zustandsraumbeschreibung (2.14) direkt in eine sequenzielle Schaltung übersetzt werden kann.

Unter einer sequenziellen Schaltung versteht man eine elektronische Schaltung mit binären Eingangs- und Ausgangssignalen, die über einen internen Speicher verfügt, so dass die aktuellen Werte der

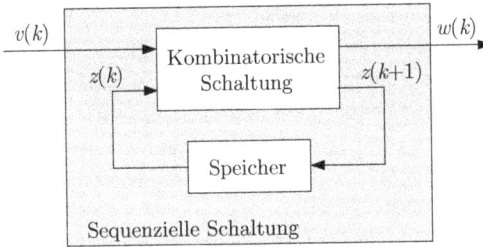

Abb. 2.13: Struktur einer sequenziellen Schaltung

Ausgangssignale von den aktuellen Werten der Eingangssignale und dem aktuellen Speicherinhalt bestimmt werden. Man kann eine derartige Schaltung in die beiden in Abb. 2.13 gezeigten Komponenten zerlegen. Die kombinatorische Schaltung besitzt keinen inneren Speicher und repräsentiert eine boolesche Funktion, die die Eingabe $(v(k), z(k))$ in die Ausgaben $(z(k+1), w(k))$ abbildet. Der Speicher arbeitet wie ein Schieberegister, das den Wert des Signals $z(k+1)$ im nächsten Zeittakt als $z(k)$ an den Eingang der kombinatorischen Schaltung anlegt. Selbstverständlich können alle Signale Vektoren sein.

Vergleicht man den Aufbau einer sequenziellen Schaltung in Abb. 2.13 mit der Darstellung des Zustandsraummodells in Abb. 2.12, so erkennt man, dass die Zustandsraumbeschreibung eines ereignisdiskreten Systems direkt in eine digitale Schaltung übersetzen kann. Der kombinatorische Anteil muss die Funktionen G und H des Automaten nachbilden, der Speicher den Systemzustand für einen Takt speichern. Wenn es also gelingt, das gewünschte Verhalten einer elektronischen Schaltung durch ein Zustandsraummodell (2.14) darzustellen, so weiß man, wie die Schaltung aussehen muss – zumindest auf der hier betrachteten logischen Beschreibungsebene, bei denen alle Signale binär sind. Die Überführung der kombinatorischen Schaltung in eine Schaltung diskreter Bauelemente oder einen integrierten Schaltkreis ist abhängig von der verwendeten Schaltungstechnik und wird heute weitgehend von Algorithmen unterstützt. □

Konsequenzen für die Modellbildung. Da man unter Verwendung des Systemzustands die komplizierte Operatordarstellung durch die wesentlich einfachere rekursive Darstellung (2.14) ersetzen kann, ist der Zustand ein fundamentaler Begriff der Systemtheorie, der bei allen in den folgenden Kapiteln eingeführten Modellen eine zentrale Rolle spielt. Um zum Zustandsraummodell zu kommen, muss man sich bei der Modellbildung stets fragen, welche Informationen für den betrachteten Prozess den Systemzustand ausmachen. Es sind diejenigen Signalwerte, die man an einem bestimmten Zeitpunkt kennen muss, um unter Verwendung der aktuellen und zukünftigen Eingaben das zukünftige Systemverhalten eindeutig berechnen zu können. Diese Tatsache ist in folgender Definition zusammengefasst:

Definition 2.1 (Zustand eines dynamischen Systems)
Der Zustand z eines dynamischen Systems ist die Menge derjenigen Informationen, die man über ein System kennen muss, um das zukünftige Verhalten eindeutig vorhersagen zu können. Die Menge $\mathcal{Z}$ aller Werte, die der Zustand annehmen kann, heißt Zustandsraum oder Zustandsmenge.

Das Systemverhalten wird bei der Zustandsraumdarstellung nicht nur durch die Folge der Ausgaben w, sondern auch durch die Folge $(z(0), z(1), z(2), ...)$ der vom System durchlaufenen Zustände beschrieben. Die Zustandsfolge wird auch als *Zustandstrajektorie* bezeichnet.

Wenn man den Zustand $z(k)$ kennt, kann man das zukünftige Systemverhalten bestimmen, ohne die vergangenen Eingaben $v(\kappa)$, $\kappa < k$ zu kennen. Der Zustand wird deshalb auch als das Gedächtnis eines dynamischen Systems interpretiert. Im Gegensatz dazu sind statische Systeme gedächtnislos, denn bei ihnen ist die aktuelle Ausgabe $w(k)$ nur durch die aktuelle Eingabe $v(k)$ beeinflusst und vorherige Eingaben haben darauf keinen Einfluss.

E/A-Beschreibung und Zustandsraumbeschreibung. Die E/A-Beschreibung (2.2) und die Zustandsraumbeschreibung (2.14) sind zwei Modellformen, die für jedes System angewendet werden können. Sie unterscheiden sich folgendermaßen:

- **E/A-Beschreibung**: Die E/A-Beschreibung stellt einen direkten Zusammenhang zwischen der Eingangsfolge V und der Ausgangsfolge W her und gibt damit das von außen beobachtbare Systemverhalten wieder. Aus ihr geht direkt hervor, welche E/A-Paare (V, W) an einem System auftreten können und welche nicht. Allerdings haben die betrachteten Mengen unendlich viele Elemente.

- **Zustandsraumbeschreibung:** Diese Modelle beschreiben, wie das E/A-Verhalten aufgrund der inneren Vorgänge in einem System zustande kommt. Sie können deshalb einerseits für eine kompakte Repräsentation des Systemverhaltens genutzt werden und dienen andererseits der Ermittlung von Systemeigenschaften aufgrund der inneren Systemstruktur.

Sowohl die verhaltensorientierte Sicht der E/A-Beschreibung als auch die systemtheoretische Sicht der Zustandsraumdarstellung haben für die Modellbildung und Systemanalyse entscheidende Konsequenzen. Die Zustandsraumdarstellung führt auf eine *endliche* Repräsentation des Verhaltens, das typischerweise eine unendliche Anzahl von E/A-Folgen umfasst. Allerdings hat die Verhaltensbeschreibung einen direkten Zusammenhang zu den Forderungen, die an das Verhalten eines diskreten Systems gestellt werden, wie z. B. Forderungen an die von einem System zu durchlaufenden Ereignisfolgen bzw. die verbotenen Ereignisfolgen oder – bei den später behandelten zeitbewerteten Modellen – die mittlere Antwortzeit oder den Durchsatz von Systemen. Für den Entwurf von Systemen, die derartige Forderungen erfüllen sollen, müssen diese Vorgaben für das E/A-Verhalten in Forderungen an die Zustandsraumdarstellung überführt werden.

2.5 Eigenschaften diskreter Systeme

Dieser Abschnitt erläutert die grundlegenden Merkmale diskreter Systeme. Diese Merkmale geben Anhaltspunkte für die Beantwortung der Frage, unter welchen Umständen man ein gegebenes System ereignisdiskret betrachten und mit den in den folgenden Kapiteln eingeführten Modellformen beschreiben soll.

2.5.1 Asynchrone und getaktete Arbeitsweise

Entsprechend der Grundidee der ereignisdiskreten Modellierung wird idealisierend angenommen, dass die Zustandswechsel so schnell ablaufen, dass dabei keine Zeit vergeht und die Bewegung des Systems folglich durch eine Wertefolge für den Zustand beschrieben wird. In jedem der angegebenen Zustände hält sich das System eine mehr oder weniger lange Zeit auf. Wann die Zustandsübergänge stattfinden, wird durch ein Eingangsereignis oder durch das System selbst bestimmt (Abb. 2.14).

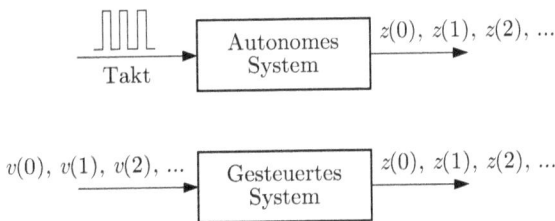

Abb. 2.14: Autonomes und gesteuertes ereignisdiskretes System

Im ersten Fall bezeichnet man das am Eingang des System auftretende Ereignis als *externes Ereignis* und den durch dieses Ereignis ausgelösten Wechsel der Werte innerer Systemgrößen als *steuerbares Ereignis*. Dabei wird bei den logischen Modellen angenommen, dass die Zustandsänderung und die Erzeugung der Ausgabe zu demselben Zeitpunkt passieren, an dem das Eingangsereignis erscheint. Die Bewegung des in Abb. 2.14 unten dargestellten gesteuerten Systems ist deshalb durch die Folge $(v(0), v(1), ...)$ der Eingaben und die Folge $(z(0), z(1), ...)$ der Zustandswerte gekennzeichnet, wobei der Wert $v(k)$ am Eingang zum selbem Zeitpunkt auftritt wie der Wert $z(k)$ am Ausgang.

Wenn zwischen den externen und den gesteuerten Ereignissen eine gewisse Zeit vergeht und diese Zeit im Modell wiedergegeben werden soll, muss man mit einem zeitbewerteten Modell arbeiten, bei dem man neben den Werten $v(k)$ und $z(k)$ auch die Zeitpunkte $t_v(k)$ bzw. $t_z(k)$ angibt, an denen diese Werte auftreten (vgl. Kap. 9 und 8). Bei diesen Modellen kann der k-te Wert am Ausgang später als der k-te Wert am Eingang erscheinen.

Das System kann seinen Zustand aber auch ohne Erregung von außen ändern. Man spricht dann von einem *internen Ereignis* oder autonomen Ereignis. Das Verhalten autonomer Systeme, die keinen Eingang besitzen, ist ausschließlich durch autonome Ereignisse gekennzeichnet.

Für die Analyse ist es zweckmäßig davon auszugehen, dass jede Zustandsänderung durch ein neues Symbol am Eingang ausgelöst wird, auch dann, wenn die Zustandsänderung eigentlich ohne eine äußere Einwirkung erfolgt. Der Vorteil einer gleichartigen Behandlung von gesteuerten und autonomen Ereignissen liegt in der Tatsache, dass der Zeitpunkt der Zustandsänderung einheitlich durch die Umgebung des Systems vorgegeben wird. Im Sinne dieser einheitlichen Behandlung führt man bei autonomen Systemen ein Taktsignal ein, das angibt, *wann* der Automat schaltet (Abb. 2.14 oben). Dabei ist es für die Analyse gleichgültig, ob es diesen Takt im betrachteten Anwendungsfall tatsächlich gibt oder ob er nur im Modell als Ursache für die Zustandsübergänge eingeführt wurde.

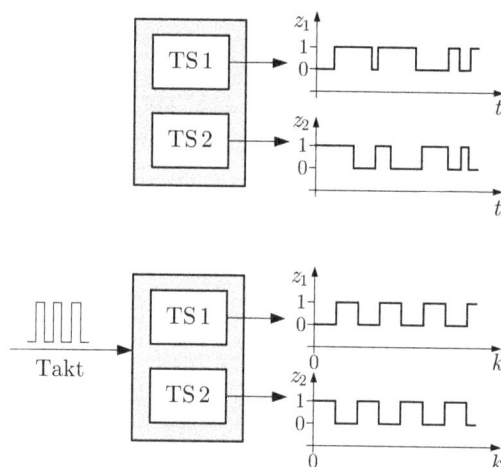

Abb. 2.15: Asynchrones und getaktetes System

Asynchrone Teilsysteme. Ein wichtiges Merkmal gekoppelter diskreter Systeme betrifft die Frage, ob die Zustandswechsel in den Teilsystemen synchron oder asynchron auftreten. Die in Abb. 2.15 oben dargestellten zwei Teilsysteme erzeugen die beiden Zustandsfolgen

$$Z_1 = (z_1(0), z_1(1), z_1(2), ...)$$
$$Z_2 = (z_2(0), z_2(1), z_2(2), ...),$$

die in dieser logischen Darstellung in keiner zeitlichen Relation zueinander stehen. Wenn nur bekannt ist, in welcher Reihenfolge die Zustandswerte von den beiden Teilsystemen angenommen werden, kann man keine Aussage darüber machen, durch welche Paare von Zustandswerten das Verhalten des Gesamtsystems gekennzeichnet ist.

Diese Situation ist typisch für *nebenläufige Prozesse* (parallele Prozesse), bei denen die Teilsysteme asynchron schalten und die Ereignisse in den Teilprozessen in unterschiedlicher relativer Reihenfolge zueinander auftreten können. Dies soll durch das Modell wiedergegeben werden. Zwischen zwei aufeinander folgenden Zustandswechseln des Teilsystems 1 kann das

Teilsystem 2 beliebig oft schalten und umgekehrt. Ein Anwendungsbeispiel hierfür sind parallele Rechenprozesse, bei denen man zwar die Reihenfolge der Rechenschritte in jedem einzelnen Prozess kennt, aber den zeitlichen Bezug zwischen den Rechenschritten der Teilprozesse nicht kennt oder nicht im Modell erfassen will.

Die Möglichkeit, asynchrones Verhalten direkt darstellen zu können, reduziert die Modellkomplexität wie die folgende Überlegung zeigt. Das aus zwei Teilsystemen mit den Zustandsmengen $\mathcal{Z}_1$ und $\mathcal{Z}_2$ bestehende Gesamtsystem kann bei asynchronem Schalten der Teilsysteme im Prinzip jeden Zustand des kartesischen Produktes $\mathcal{Z}_1 \times \mathcal{Z}_2$ annehmen. Ein Modell des Gesamtsystems muss diese Zustandsmenge haben. Bezeichnet man die Anzahl der Elemente der beiden Zustandsmengen mit N_1 und N_2, so hat die Zustandsmenge $\mathcal{Z}_1 \times \mathcal{Z}_2$ des Gesamtsystems $N_1 \cdot N_2$ Elemente. Demgegenüber hat ein Modell, durch das die beiden Teilsysteme getrennt beschrieben sind, nur $N_1 + N_2$ verschiedene Zustände. Dieser Komplexitätsunterschied zwischen einzelnen Modellteilen und einem Modell des Gesamtsystems wird im Kapitel 5 sichtbar, in dem erläutert wird, wie man aus verkoppelten Automaten einen einzelnen Automaten mit demselben Verhalten bildet.

Synchrone Teilsysteme. Das Verhalten von Teilsystemen kann auf verschiedene Weise synchronisiert werden. Führt man wie beispielsweise bei digitalen Schaltungen einen Takt ein, so gibt der Takt für alle Teilsysteme gemeinsam vor, wann der nächste Zustandswechsel eintritt (Abb. 2.15 unten). Anstelle der kontinuierlichen Zeit t betrachtet man bei derartigen Systemen den Taktzähler k als Zeitvariable.

Die zweite Möglichkeit, Teilsysteme durch eine Informationskopplung zu synchronisieren, wird im nächsten Abschnitt behandelt.

Der Begriff des ereignisdiskreten Systems wird in diesem Buch sowohl für asynchron als auch für synchron schaltende Systeme verwendet. Wichtigstes Charakteristikum ist der diskrete Signalraum, mit dem das Verhalten beschrieben wird.

Lebendigkeit. Ein wichtiges Charakteristikum diskreter Systeme betrifft die Frage, ob sich das System in einer unaufhörlichen Bewegung befindet oder ob seine Bewegung nach dem Durchlaufen einer bestimmten Zustandsfolge beendet ist. Für beide Möglichkeiten gibt es Anwendungsbeispiele. So soll ein zyklischer Montageprozess unaufhörlich wiederholt werden, während die Autowäsche in einer Waschstraße nach dem Durchlaufen aller Waschgänge beendet ist und erst nach einer Aufforderung des nächsten Kunden von Neuem beginnt.

Man bezeichnet Systeme, die eine unendlich lange Zustandsfolge erzeugen, als *lebendig* oder *verklemmungsfrei*. Ein wichtiges Analyseproblem betrifft die Frage, ob ein diskretes System diese Eigenschaft besitzt. Für Automaten kann man die Antwort direkt an der Zustandsübergangsfunktion ablesen, während man für Petrinetze zunächst den Erreichbarkeitsgrafen berechnen muss (vgl. Abschn. 3.5 bzw. 6.1).

2.5.2 Kommunikation und Synchronisation

Diskrete Teilsysteme beeinflussen sich durch einen Informationsaustausch untereinander, wobei ein Teilsystem eine Ausgabe erzeugt, die bei einem anderen Teilsystem als Eingabe verarbeitet wird. Dieser Informationsaustausch findet nur zu bestimmten Zeitpunkten statt, die typischerweise nicht durch einen Takt vorgegeben sind, sondern vom aktuellen Zustand der Teilsysteme abhängen. Damit unterscheidet sich die Kopplung diskreter Teilsysteme grundlegend von denen kontinuierlicher Teilsysteme, bei denen die Koppelsignale kontinuierlich auf die Zustandsänderung der angekoppelten Teilsysteme wirken.

Durch die Kommunikation beeinflussen sich diskrete Teilsysteme nicht nur in Bezug auf ihre Bewegungsrichtung im Zustandsraum, sondern ihre Bewegungen werden auch zeitlich synchronisiert. Typischerweise erfolgt die Synchronisation nicht in jedem Bewegungsschritt, sondern das Verhalten der Teilsysteme ist durch Phasen gekennzeichnet, in denen sich die Teilsysteme unabhängig voneinander bewegen und asynchron schalten, und Phasen, in denen die Bewegung synchron erfolgt bzw. der eine Prozess den anderen in der Bewegung ablöst. Nebenläufigkeit und Synchronisation wechseln sich ab.

Eine Synchronisation ist beispielsweise bei Prozessen erforderlich, die gemeinsame Ressourcen nutzen. Die Teilprozesse können nur dann ablaufen, wenn ihnen alle erforderlichen Ressourcen zur Verfügung stehen. Die Kommunikation betrifft in diesem Fall die zeitweise Zuordnung von Ressourcen zu Teilprozessen. Ein Beispiel ist das Multitasking eines Rechners, bei dem die CPU nacheinander für die einzelnen Rechenprozesse zur Verfügung steht.

Ein anderer häufig auftretender Grund für eine Synchronisation resultiert aus der Notwendigkeit, dass mehrere Teilprozesse abgeschlossen sein müssen, bevor ein anderer Teilprozess beginnen kann. So müssen bei einem Batchprozess verschiedene chemische Substanzen für eine Reaktion in unterschiedlichen Behältern vorbereitet und dann in einen gemeinsamen Behälter gefüllt werden, bevor eine Reaktion startet.

Das Synchronisieren von Teilprozessen macht es i. Allg. notwendig, dass Teilprozesse aufeinander warten. Für die Darstellung derartiger Prozesse eignen sich die im Abschn. 6.1 eingeführten Synchronisationsgrafen besonders gut.

2.5.3 Kausalität

Der Begriff der Kausalität wird bei diskreten Systemen mit mehreren Bedeutungen verwendet, die teilweise von der Originalbedeutung, dass die Wirkung durch eine Ursache hervorgerufen wird und folglich beim Ausbleiben der Ursache nicht auftreten kann, weit abweichen (vgl. Abschn. 2.4.2). Mit diesem Begriff kennzeichnet man auch, wie sich die Teilprozesse in einem System gegenseitig beeinflussen.

Die *sequenzielle Kausalität* beschreibt die Aufeinanderfolge von Prozessen durch eine Folge von Zuständen. Jeder Zustand beschreibt die Aktivierung eines oder mehrerer Teilprozesse. Das Verhalten des Gesamtsystems wird damit als eine Folge von aktivierten Teilprozessen aufgefasst. So stellt man mit Petrinetzen die Aufeinanderfolge von Teilprozessen dar und interpretiert die Tatsache, dass der Teilprozess 2 gerade dann beginnt, wenn der Teilprozess 1 aufhört, als kausales Zusammenwirken, obwohl diese Teilprozesse in ihrer physikalischen Realisierung nichts miteinander zu tun haben müssen und lediglich eine Steuerung den Teilprozess 2 einschaltet, sobald der Teilprozess 1 abgeschlossen ist.

2.5.4 Nichtdeterminismus

Determiniertheit technischer Systeme. Dass die Bewegung dynamischer Systeme deterministisch verläuft, ist in vielen Anwendungen eine ganz natürliche Annahme. Das System beginnt seine Bewegung in einem Anfangszustand z_0 und durchläuft unter der Wirkung einer vorgegebenen Eingabefolge eine durch die Systemeigenschaften vollständig bestimmte Zustandsfolge, wobei es gleichzeitig eine eindeutig bestimmte Ausgabefolge erzeugt. Würde man das System bei einer Wiederholung dieses „Experiments" wieder in denselben Ausgangszustand z_0 bringen und mit derselben Eingangsfolge beaufschlagen, so würden dieselben Zustands- und Ausgabefolgen wie vorher auftreten.

Dennoch führt die Betrachtung technischer Systeme in einem diskreten Zustandsraum häufig zu einem nichtdeterministischen Verhalten, für dessen Darstellung nichtdeterministische Modellformen notwendig sind. Der Nichtdeterminismus äußert sich dabei in der Tatsache, dass sich das System von einem Zustand aus in einen von mehreren Nachfolgezuständen bewegen kann. Er entsteht, weil die über das System vorhandenen Informationen nicht ausreichen, um die weitere Bewegung des Systems eindeutig zu bestimmen, und man den Systemzustand deshalb nur durch eine Menge von möglichen Zuständen beschreiben kann.

Der Nichtdeterminismus führt häufig auf die Verständnisschwierigkeit, dass man sich technische Systeme nicht in mehreren gleichzeitig angenommenen Zuständen vorstellen kann. Deshalb sei hier betont, dass es hier nicht darum geht, technische Systeme als nichtdeterministisch zu bezeichnen, wenn sie zu bestimmten Zeitpunkten mehr als einen Zustand gleichzeitig annehmen können, sondern dass man bei der Beschreibung des Systemverhaltens den Zustand nicht eindeutig berechnen kann.

Die eindeutige Vorhersage des Systemverhaltens ist an drei Voraussetzungen gebunden:

- Die Systemeigenschaften müssen vollständig bekannt sein.

- Der Anfangszustand muss genau bekannt sein.

- Die Eingangsfolge muss genau bekannt sein.

Wenn diese Voraussetzungen erfüllt sind, kann man die Zustandsfolge und gegebenenfalls die Ausgangsfolge eindeutig berechnen. Es gibt jedoch vielfältige Gründe dafür, dass diese Voraussetzungen nicht zutreffen:

- Die Systemeigenschaften sind nicht vollständig bekannt, so dass das Modell einem Zustand keinen eindeutigen Nachfolgezustand zuordnen kann.

- Es ist nicht der Anfangszustand, sondern nur eine Menge von möglichen Anfangszuständen bekannt.

- Die Eingangsfolge ist nicht genau bekannt oder das System unterliegt einer weiteren, unbekannten Eingangsfolge (Störung).

In diesen Fällen reichen die Informationen über das Systemverhalten nur dazu aus, für jeden Zeitpunkt eine Menge möglicher Systemzustände zu berechnen. Ein Zustandsübergang wird nichtdeterministisch genannt, wenn für den gegebenen Zustand und die gegebene Eingabe der Nachfolgezustand nicht eindeutig festgelegt werden kann.

Diese Überlegungen zeigen, dass der Nichtdeterminismus keine Eigenschaft des zu beschreibenden technischen Systems ist, sondern eine Konsequenz unvollständiger Kenntnisse über das Systemverhalten.

> Ein System hat ein nichtdeterministisches Verhalten, wenn die über das System vorhandenen Kenntnisse nicht ausreichen, um die Zustands- bzw. Ereignisfolge eindeutig vorherzusagen.

Man kann den Nichtdeterminismus gegebenenfalls beseitigen und zu einer deterministischen Beschreibungsform übergehen, wenn man mehr Kenntnisse über das zu beschreibende System erhält.

Bei den folgenden Beispielen für nichtdeterministische Systeme nimmt die Genauigkeit, mit der das Systemverhalten vorhergesagt werden kann, von oben nach unten zu:

- Würfel: Der Ausgang des nächsten Wurfes ist nicht vorhersagbar.

- Brownsche Bewegung: Die Position der in einem Gas schwebenden Teilchen während ihrer regellosen, zitternden Bewegung ist nicht vorhersagbar.

- Technische Systeme bezüglich ihres Ausfallverhaltens: Der Zeitpunkt des Wechsels vom fehlerfreien zum fehlerbehafteten Zustand ist nicht eindeutig vorhersagbar.

- Parallele Rechenprozesse: Wenn nicht bekannt ist, in welcher Reihenfolge die Prozesse beendet werden, kann die Folge der Ergebnisausgaben nicht eindeutig vorhergesagt werden.

Der Nichtdeterminismus ergibt sich aus dem Charakter der untersuchten Prozesse. Diese wären zwar unter genau definierten Bedingungen reproduzierbar, sie werden jedoch durch eine Vielzahl von Einflussgrößen bestimmt, die entweder nicht bekannt oder nicht erfassbar sind. Unter der Wirkung dieser Einflüsse variiert der Prozessverlauf in gewissen Grenzen, was sich in Unbestimmtheiten bezüglich der erzeugten Ereignisfolgen äußert.

Die beiden letzten Beispiele weisen darauf hin, dass der Nichtdeterminismus häufig aus einer Unsicherheit in Bezug zur zeitlichen Dauer von Prozessen begründet ist. Wenn man die Dauer paralleler Prozesse nicht genau kennt, weiß man nicht, welcher Prozess zuerst beendet wird und kennt folglich auch den Zustand nicht, in den das Gesamtsystem nach dem Abschluss des ersten Prozesses übergeht.

Der Nichtdeterminismus eines Modells kann auch durch eine Komplexitätsreduktion begründet sein. In Kapitel 4 wird gezeigt, dass man anstelle von deterministischen Akzeptoren für dieselben Sprachen auch nichtdeterministische Akzeptoren einsetzen kann, womit sich die Anzahl der zu verwendenden Zustände und Zustandsübergänge erheblich verkleinert.

Zustand nichtdeterministischer Systeme. Entsprechend der Definition 2.1 ist der Zustandsbegriff eng mit dem deterministischen Verhalten dynamischer Systeme verbunden: Kennt man den Zustand, so kann man das zukünftige Verhalten *eindeutig* vorhersagen. Aus der Umkehrung der Zustandsdefinition folgt, dass man das Systemverhalten nicht genau vorhersagen kann, wenn man nicht über alle im Systemzustand enthaltenen Informationen verfügt. Man kann sich dann nur dadurch behelfen, dass man die Menge aller Nachfolgezustände berechnet, die aufgrund dieser Unbestimmtheiten möglich sind. Genau genommen darf man in diesem Zusammenhang nicht mehr von Zuständen sprechen. Bei nichtdeterministischen Systemen erweitert man jedoch den Zustandsbegriff in dem Sinne, dass man unter dem Zustand diejenigen Informationen versteht, die es ermöglichen, eine *Menge* von Nachfolgezustände *eindeutig* zu bestimmen.

Aus dieser Erweiterung folgt eine wichtige Konsequenz in Bezug auf den Zusammenhang von Modellen unterschiedlicher Abstraktionsebenen. Es soll ein System betrachtet werden, das auf einer bestimmten Beschreibungsebene durch ein deterministisches Modell, z. B. einen deterministischen Automaten, repräsentiert wird. Das Modell hat die Zustandsmenge $\mathcal{Z}$. Fasst man Zustände dieser Menge zu neuen (gröberen) Zuständen zusammen, so erhält man eine Zustandsmenge $\hat{\mathcal{Z}}$ mit weniger Elementen. Das mit dieser Zustandsmenge aufgestellte Modell ist i. Allg. nichtdeterministisch, weil es nicht mehr zwischen allen Zuständen des vorherigen Modells unterscheiden kann. An dieser Überlegung sieht man, dass man durch den Übergang zu einer höheren Abstraktionsebene zwangsläufig zu einem nichtdeterministischen Modell kommt.

Der umgekehrte Weg ist ebenfalls denkbar. Gegeben sei ein nichtdeterministisches Modell mit der Zustandsmenge $\hat{\mathcal{Z}}$, das beispielsweise dem Zustand $\hat{z}$ die beiden Nachfolgezustände $\hat{z}_1$ und $\hat{z}_2$ zuweist. Der Zustand $\hat{z}$ erweist sich also als eine zu grobe Beschreibung, als dass ihm ein eindeutiger Nachfolgezustand zugeordnet werden kann. Wenn man diesen Zustand aber in zwei (oder mehrere) Zustände z_1, z_2 aufteilt, so ist es gegebenenfalls möglich, dem Zustand z_1 den eindeutigen Nachfolgezustand $\hat{z}_1$ und dem Zustand z_2 den eindeutigen Nachfolgezustand $\hat{z}_2$ zuzuordnen. Durch eine genauere Darstellung erhält man einen „richtigen" Systemzustand für eine deterministische Systembeschreibung.

Der Nichtdeterminismus entsteht also i. Allg. aus einer Abstraktion, bei der Informationen, die eine eindeutige Bestimmung der Zustandsfolge möglich machen würden, wissentlich oder aus Unkenntnis weggelassen werden. Verbunden damit ist häufig eine Reduktion der Modellkomplexität, wie die Überlegungen des Kapitels 4 zeigen werden.

Dieser Modellbildungsaspekt zeigt auch, dass das System die durch das Modell vorhergesagten Nachfolgezustände nicht alle gemeinsam annehmen kann, sondern genau einen Nachfolgezustand der angegebenen Menge auswählt. Es ist jedoch nicht bekannt, wie diese Auswahl erfolgt. Bei der Vorhersage des Systemverhaltens muss beachtet werden, dass jeder dieser Nachfolgezustände möglich ist.

Der Nichtdeterminismus ist eine grundlegende Eigenschaft diskreter Modellformen und wird in mehreren Kapiteln angesprochen:

- Im nichtdeterministischen Automaten wird der Nichtdeterminismus explizit durch die Möglichkeit erfasst, jedem Zustand eine Menge von Nachfolgezuständen zuzuordnen (Kap. 4).
- In Automatennetzen können die Teilautomaten asynchron schalten, was zu einem nichtdeterministischen Verhalten des Netzes führt (Kap. 5).
- In Petrinetzen kann die Markierungsfolge nichtdeterministisch sein (Kap. 6).
- Bei stochastischen Automaten werden die Unkenntnisse über die möglichen Nachfolgezustände durch Wahrscheinlichkeiten beschrieben, so dass sich die Nachfolgezustände bezüglich der Häufigkeiten ihres Auftretens unterscheiden (Kap. 7).

2.5.5 Komplexität

Die Komplexität spielt eine wichtige Rolle bei der praktischen Einsetzbarkeit der hier behandelten Beschreibungs- und Analysemethoden. Die algorithmische Komplexität kennzeichnet den Speicherplatz und die Rechenzeit, die für die Lösung einer bestimmten Aufgabe notwendig sind. Da beide Werte mit der durch den Parameter N beschriebenen Größe des betrachteten Systems steigen, ist das wichtigste Kennzeichen der Komplexität die Art und Weise, wie die Anzahl der auszuführenden Rechenschritte bzw. der Speicherplatz mit wachsendem N ansteigen, wobei man insbesondere zwischen polynomial und exponentiell steigendem Aufwand unterscheidet. Als Systemgröße N dient typischerweise die Anzahl der Zustände, Eingaben und Ausgaben oder die Anzahl der Teilsysteme. Man beschreibt den Aufwand mit Hilfe des LAND-AUschen Symbols O und sagt beispielsweise, dass der Aufwand die Größe $O(N)$[1] hat, wenn die Anzahl der Rechenschritte linear mit der Systemgröße N ansteigt (für Einzelheiten dieser Komplexitätsabschätzung siehe Anhang 2).

Die große Komplexität der Modelle und Analyseverfahren diskreter Systeme resultiert aus der Vielfalt der möglichen Zustände und Zustandsübergänge sowie aus der Tatsache, dass die in der Zustandsraumdarstellung auftretenden Funktionen G und H nicht durch einfache analytische Ausdrücke darstellbar sind. Als Folge dessen gibt es für viele Analyseprobleme keine analytischen Lösungen, sondern man muss diese Funktionen für alle Elemente ihres Definitionsbereiches getrennt untersuchen.

Komplexität entsteht häufig durch das Zusammenwirken vieler Komponenten. Selbst wenn die Komponenten sehr einfach sind kann das Gesamtverhalten aufgrund der vielfältigen Kombinationsmöglichkeiten der Komponenten eine sehr große Anzahl von Zuständen annehmen.

2.6 Unterschiede und Gemeinsamkeiten diskreter und kontinuierlicher Systeme

In vielen Fachgebieten werden heute kontinuierliche und diskrete Modellformen gleichermaßen eingesetzt, je nachdem, welche Eigenschaften der betrachteten Systeme für die zu lösende Aufgabe maßgebend sind. Im letzten Jahrzehnt sind deshalb diskrete Modellformen verstärkt in Fachgebiete eingezogen, die bisher ausschließlich kontinuierliche Beschreibungsformen verwendet haben. Für diese Gebiete kann die folgende Erläuterung der grundlegenden Unterschiede und Gemeinsamkeiten eine wichtige Hilfe für das Verständnis der Theorie ereignisdiskreter Systeme sein.

Gemeinsamkeiten. Bei beiden Systemklassen handelt es sich um dynamische Systeme, deren Zeitverhalten beschrieben und analysiert wird. Diese Systeme verarbeiten Informationen, indem sie die von außen kommenden Signale (Eingangssignale) entsprechend ihrer dynamischen Eigenschaften auswerten und mit einer bestimmten Reaktion (Ausgangssignale) antworten. Sie besitzen die Eigenschaft der Kausalität, derzufolge die Wirkung am Ausgang eines Systems nur durch die in der Vergangenheit wirkende Ursache am Eingang beeinflusst wird und nicht vom

---

[1] gesprochen: „ein Groß Oh von N"

zukünftigen Verlauf des Eingangs abhängt. Deshalb kann für beide Systemklassen gleichermaßen das Zustandsraumkonzept angewendet werden.

Für die meisten Einsatzgebiete sind die Parallelen zwischen beiden Systemklassen gut mit Hilfe des Blockschaltbildes zu erklären. So ist bei beiden Systemklassen eine hierarchische Zerlegung des betrachteten Systems entsprechend Abb. 2.5 möglich. Die prinzipielle Funktionsweise einer Steuerung oder Fehlerdiagnose lässt sich entsprechend der Abb. 1.5 bzw. 1.6 erklären. Allerdings haben sich in beiden Systemklassen für einige Aufgaben unterschiedliche Begriffe eingebürgert. So wird der geschlossene Kreis in Abb. 1.5 bei kontinuierlichen Systemen als Regelkreis bezeichnet, während für diskrete Systeme weiterhin sehr häufig der Begriff des Steuerkreises verwendet wird, obwohl die Funktionsweise beider Strukturen vergleichbar ist und in beiden Fällen der Begriff des Regelkreises angewendet werden kann.

Unterschiede. Die unterschiedlichen Eigenschaften kontinuierlicher und diskreter Signalräume haben wichtige Konsequenzen bezüglich der mathematischen Grundlagen, auf denen die Modelle und Analyseverfahren aufbauen. Bei kontinuierlichen Systemen lassen sich für die Signale und die Systeme analytische Beschreibungen angeben, deren Analyse mit Methoden der „kontinuierlichen" Mathematik erfolgen kann. Die Elemente der Signalmengen können addiert, mit einer Konstanten multipliziert und auf der Zeitachse verschoben werden. Deshalb kann man spezifische Eigenschaften wie die Linearität von Systemen ausnutzen, Verstärkungsfaktoren definieren und die Zeitverzögerung durch Totzeiten, Zeitkonstanten oder Phasenverschiebungen beschreiben. Die Stabilität ist eine wichtige Eigenschaft kontinuierlicher Systeme.

Alle diese Eigenschaften haben für diskrete Systeme keine Bedeutung oder müssen neu definiert werden, weil diskrete Systeme keine quantifizierbaren, sondern qualitative Eigenschaften haben. So gib es keine Maße für die Größe eines Signals und damit auch nicht für die Verstärkung eines Systems. Das Zeitverhalten logischer Modelle hat keine Parameter, die die Schnelligkeit der beschriebenen Prozesse kennzeichnen. Wie Kapitel 8 zeigt, führt die Einführung von Zeitinformationen auf die Semi-Markoveigenschaft und damit zu grundlegend neuen Problemen bei der Systemdarstellung und -behandlung. Als Konsequenz dessen basiert die Theorie diskreter Systeme auf anderen mathematischen Grundlagen als die Theorie kontinuierlicher Systeme. Die wichtigsten Hilfsmittel kommen aus der diskreten Mathematik: Grafentheorie, Mengenlehre, Wahrscheinlichkeitstheorie.

Ein weiterer, damit eng zusammenhängender Unterschied zwischen kontinuierlichen und diskreten Systemen betrifft den Modellbildungsweg und die Darstellung der Modelle. Kontinuierliche Modelle erhält man oft aus einer Analyse der im System ablaufenden physikalischen Prozesse. Dabei werden die physikalischen Gleichungen dieser Prozesse zu einem Modell zusammengefasst, so dass das Modell aus algebraischen Gleichungen und Differenzialgleichungen der Form (2.10) besteht. Nicht nur diese Modellform, sondern auch die Tatsache, dass die Funktion g auf der rechten Seite der Differenzialgleichung durch einen analytischen Ausdruck darstellbar ist, führt für kontinuierliche Systeme auf ein kompaktes Modell, bei dem die Zustandsänderung $\frac{dx}{dt}$ für alle Werte von $x(t)$ und $u(t)$ in einem Ausdruck erfasst werden.

Dies ist bei einer diskreten Beschreibung vollkommen anders. Entsprechend Abb. 1.1 auf S. 4 soll das Modell nicht nur die in dem System ablaufenden physikalischen Vorgänge, sondern diese in Kombination mit Ereignisgeneratoren beschreiben. Für die Zustandsübergangsfunktion G, die in Gl. (2.14) das Analogon zur Funktion g des kontinuierlichen Modells darstellt, gibt es deshalb für die meisten Systeme keine analytische Darstellung, so dass man nichts anderes tun kann, als die Werte der Funktion G für alle möglichen Argumente $z(k)$ und $v(k)$ einzeln aufzuschreiben, was zu großen Tabellen oder Grafen führt. Die Größe des Modells steigt mit der Größe der Zustandsmenge und den Wertemengen für die Eingabe und Ausgabe, wobei diese Abhängigkeit häufig exponentiellen Charakter hat. Dementsprechend haben viele Analyse- und Entwurfsaufgaben exponentielle Komplexität. Dieser Aspekt der ereignisdiskreten Behandlung dynamischer Systeme wird in den nachfolgenden Kapiteln mehrfach angesprochen.

Kombination kontinuierlicher und diskreter Modellformen. Trotz dieser Unterschiede treten beide Modellarten zunehmend in Kombination auf. Einerseits werden kontinuierliche und diskrete Modelle alternativ für dieselben technischen Systeme verwendet, wenn es um die Lösung von sich ergänzenden Aufgaben geht. Beispielsweise wird ein Reaktor in der verfahrenstechnischen Industrie als kontinuierliches System beschrieben, wenn eine Füllstands- oder Temperaturregelung realisiert werden soll, weil das Modell den kontinuierlichen Verlauf der Regelgrößen bei einer Veränderung der Zu- und Ablaufventile bzw. der Heizleistung wiedergeben soll. Andererseits beschreibt man denselben Reaktor durch ein diskretes Modell, wenn er als Element in einem Batchprozess auftritt, weil dann für die Steuerung nur die diskreten Werte „voll" oder „leer" für den Füllstand bzw. „kalt" oder „warm" für die Temperatur maßgebend sind.

Andererseits gibt es zahlreiche Anwendungen, in denen die beiden Modellformen kombiniert werden müssen, weil es sowohl auf kontinuierliche als auch auf diskrete Zustandsänderungen ankommt. In der Theorie hybrider dynamischer Systeme wurden Modellformen entwickelt, die Automaten mit Differenzialgleichungen verknüpfen, beispielsweise dadurch, dass jedem Zustand des Automaten eine eigene Differenzialgleichung zugeordnet wird. Die hier genannten gravierenden Unterschiede der für beide Modellformen einzusetzenden mathematischen Methoden lassen die Schwierigkeiten erahnen, die die Analyse derartiger Modelle mit sich bringt.

Literaturhinweise

Für ereignisdiskrete Systeme gibt es bisher keine eindeutige Begriffswelt. Die Unterschiede beginnen bereits bei der Verwendung der Bezeichnung ereignisdiskretes System, die in einem Teil der Literatur sehr breit für alle Systeme gebraucht wird, bei denen sprungförmige Zustandsänderungen auftreten können, und die in anderen Literaturstellen auf Systeme eingeengt wird, deren Verhalten durch asynchrone Ereignisse gekennzeichnet ist. In diesem Buch wird dieser Begriff für alle Systeme mit wertdiskreten Signalen verwendet, weil sich der Zustand dieser Systeme nur sprungförmig ändern kann und somit die hier behandelten Modellformen einsetzbar sind, unabhängig davon, ob das Schalten zeitgetaktet oder asynchron erfolgt.

Das Verhalten dynamischer Systeme im Sinne von Gl. (2.4) ist ein zentraler Begriff der Systemtheorie, der ausführlich in [65] erläutert wird.

Es gibt wenige einführende Literatur, die sowohl kontinuierliche als auch diskrete Systeme behandelt und die Unterschiede und Gemeinsamkeiten beider Systemklassen herausstellt. Zu den Ausnahmen gehören [43] und [50].

3

Deterministische Automaten

Automaten bilden die Grundform der Beschreibung ereignisdiskreter Systeme. Die in diesem Kapitel eingeführten Σ-Automaten dienen vor allem zur Beschreibung der von autonomen Systemen erzeugten Ereignisfolgen und zur Definition formaler Sprachen, während deterministische Automaten mit Eingang und Ausgang das Verhalten gesteuerter diskreter Systeme wiedergeben.

3.1 Autonome deterministische Automaten

3.1.1 Definition

In diesem Abschnitt wird die einfachste Modellform für ereignisdiskrete Systeme eingeführt: der autonome deterministische Automat (Abb. 3.1). Da ereignisdiskrete Systeme ohne Eingangsgröße nichts anderes tun können, als ihren Zustand z von einem zum nächsten diskreten Wert zu schalten, benötigt man für die Definition autonomer Automaten lediglich zwei Dinge: eine Zustandsmenge $\mathcal{Z}$ und eine Zustandsübergangsfunktion (Zustandsüberführungsfunktion, Transitionsfunktion) G.

Die Menge $\mathcal{Z}$ beschreibt, welche Zustände der Automat annehmen kann. Häufig werden die Zustände durchnummeriert, so dass $\mathcal{Z}$ eine Menge ganzer Zahlen ist

$$\mathcal{Z} = \{1, 2, 3, ..., N\}, \tag{3.1}$$

die i. Allg. endlich ist und bei der N die Anzahl der Automatenzustände angibt. In den einzelnen Anwendungsfällen können die Zustände auch durch zweckmäßig gewählte Symbole bezeichnet werden, was ihre Zuordnung zu den Prozesszuständen, die sich hinter diesen Automatenzuständen verbergen, erleichtert.

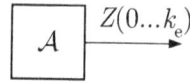

Abb. 3.1: Autonomer Automat

Die Zustandsübergangsfunktion

$$G : \mathcal{Z} \to \mathcal{Z}$$

gibt für jeden Zustand $z \in \mathcal{Z}$ den Nachfolgezustand $z' \in \mathcal{Z}$ an:

$$z' = G(z). \tag{3.2}$$

Da G eine Funktion ist, ordnet sie jedem Zustand z *eindeutig* einen Nachfolgezustand z' zu und man nennt den Automaten *deterministisch*.

Man führt für den Automaten die Kurzbezeichnung

$$\boxed{\text{Autonomer deterministischer Automat:} \quad \mathcal{A} = (\mathcal{Z}, G)} \tag{3.3}$$

ein, die besagt, dass der Automat $\mathcal{A}$ durch das Paar $(\mathcal{Z}, G)$ bestehend aus

- $\mathcal{Z}$ – Zustandsmenge und
- G – Zustandsübergangsfunktion

festgelegt ist. Besitzt die Zustandsmenge $\mathcal{Z}$ endlich viele Elemente, so spricht man von einem *endlichen Automaten*. Im Folgenden werden überwiegend endliche Automaten betrachtet, so dass das Attribut endlich häufig weggelassen wird.

Um die Zustandsfolge des Automaten vorhersagen zu können, muss man den Anfangszustand $z(0)$ kennen. Je nach Anwendungsfall ist $z(0)$ auf einen gegebenen Wert z_0 festgelegt, hängt von der konkreten Analyseaufgabe ab oder ist unbekannt. Festgelegt ist $z(0)$ beispielsweise immer dann, wenn der betrachtete Prozess stets in demselben Ausgangszustand beginnt. In diesem Fall kann man den Wert z_0 des Anfangszustands $z(0)$ zur Definition des Automaten hinzunehmen, so dass der Automat dann als Tripel

$$\boxed{\text{Initialisierter autonomer deterministischer Automat:} \quad \mathcal{A} = (\mathcal{Z}, G, z_0)} \tag{3.4}$$

mit

- z_0 – Anfangszustand: $z(0) = z_0$

geschrieben wird. Derartige Automaten werden als initialisierte (oder initiale) Automaten bezeichnet.

Andererseits kann man ereignisdiskrete Systeme für unterschiedliche Anfangszustände $z(0)$ untersuchen, beispielsweise wenn man feststellen will, ob ein System durch die Festlegung eines geeigneten Anfangszustands eine vorgegebene Zustandsfolge durchlaufen kann. Dann gehört der Anfangszustand nicht zur Definition des Automaten und man arbeitet mit der Darstellung (3.3).

Im Folgenden wird der Anfangszustand einheitlich bei allen behandelten Beschreibungsformen zur Modelldefinition hinzugenommen, auch wenn in bestimmten Anwendungsfällen dieser Zustand nicht eindeutig vorgegeben oder gar unbekannt ist.

Bezeichnet man den Automatenzustand zur Zeit k mit $z(k)$, so wird die Folge der vom Automaten durchlaufenen Zustände durch die Beziehung

$$\boxed{\begin{array}{c} \text{Zustandsraumdarstellung autonomer deterministischer Automaten:} \\[4pt] z(k+1) = G(z(k)), \quad z(0) = z_0 \end{array}} \quad (3.5)$$

dargestellt, die eine Zustandsraumdarstellung (2.14) des autonomen deterministischen Automaten ist.

Die beiden Gleichungen (3.2) und (3.5) beschreiben denselben Sachverhalt. Die erste der beiden Gleichungen wird verwendet, wenn man Eigenschaften der Funktion G untersucht und sich dabei nicht für den Zeitpunkt k interessiert, für den diese Funktion in einem konkreten Zusammenhang angewendet wird. Da die Funktion G im Folgenden nicht explizit von der Zeit k abhängt, spielt für derartige Untersuchungen die Zeit k keine Rolle.[1] Die zweite Gleichung wird für die Vorhersage der vom Automaten durchlaufenen Zustandsfolge eingesetzt. Diese Gleichung zeigt, dass die Funktion G das Verhalten eines dynamischen Systems beschreibt, indem sie dem aktuellen Zustand $z(k)$ den Nachfolgezustand $z(k+1)$ zuordnet, wobei man k schrittweise mit $k = 0$ beginnend um eins erhöht und auf das Ergebnis immer wieder dieselbe Funktion G anwendet.

Darstellung der Zustandsübergangsfunktion. Die Funktion G kann i. Allg. nicht durch einen analytischen Ausdruck beschrieben werden, wie es bei Funktionen mit reellwertigen Definitions- und Wertebereichen häufig der Fall ist und durch das Beispiel $G(z) = 5{,}3z^2 + 2$ veranschaulicht wird. Dies ist aufgrund der diskreten Definitions- und Wertebereiche von G schon deshalb nicht zu erwarten, weil die Zustände symbolische Größen sind und die Zustandsmenge $\mathcal{Z}$ aus Gl. (3.1) nur deshalb etwas mit Zahlen zu tun hat, weil ihre Elemente durchnummeriert wurden. Es ist i. Allg. nicht sinnvoll, diese Nummern zu addieren oder zu multiplizieren.

Man muss deshalb die Funktion G in einer anderen Form darstellen. Eine Möglichkeit dafür ist eine Tabelle, in der die Zustände z mit ihren Nachfolgezuständen z' stehen. Man bezeichnet diese Tabelle als *Automatentabelle*. In dem hier angegebenen Beispiel

---

[1] Bei von der Zeit k abhängigen Zustandsübergangsfunktionen G ist die Zuordnung des Nachfolgezustands z' zu einem Zustand z vom Zeitpunkt k abhängig, an dem der Automat den betreffenden Zustandswechsel ausführt und es gilt $z' = G(z, k)$. Im Folgenden wird stets angenommen, dass die Zustandsübergangsfunktion G zeitinvariant ist, so dass der Zustandswechsel entsprechend Gl. (3.2) von k unabhängig ist.

$$G = \begin{array}{|c|c|}
\hline
z' & z \\
\hline
3 & 1 \\
3 & 2 \\
4 & 3 \\
3 & 4 \\
\hline
\end{array}$$

geht der Automat von den Zuständen 1, 2 und 4 in den Zustand 3 sowie vom Zustand 3 in den Zustand 4 über. Die Anzahl der Zeilen in der Automatentabelle ist gleich der Anzahl N der Zustände.

Zu einer analytischen Darstellung mit Hilfe der booleschen Algebra kann man kommen, wenn man die Zustände binär kodiert, was für das hier betrachtete Beispiel eine Zustandsdarstellung durch zwei binäre Größen z_1 und z_2 notwendig macht. Es gilt dann

$$z = 2z_2 + z_1 + 1 \qquad z_1, z_2 \in \{0, 1\}.$$

Die Funktion G heißt dann

$$G = \begin{array}{|c|c||c|c|}
\hline
z_2' & z_1' & z_2 & z_1 \\
\hline
1 & 0 & 0 & 0 \\
1 & 0 & 0 & 1 \\
1 & 1 & 1 & 0 \\
1 & 0 & 1 & 1 \\
\hline
\end{array} \; .$$

Sie kann als boolescher Ausdruck

$$z_2'\bar{z}_1'\bar{z}_2\bar{z}_1 \lor z_2'\bar{z}_1'\bar{z}_2 z_1 \lor z_2' z_1' z_2 \bar{z}_1 \lor z_2'\bar{z}_1' z_2 z_1 = 1$$

notiert werden, den man als disjunktive Normalform aus der Tabelle ablesen kann und bei dem der Querstrich die Negation anzeigt.

In diese boolesche Form können alle im Weiteren eingeführten Funktionen gebracht werden, wofür allerdings i. Allg. eine große Anzahl von Variablen z_i notwendig ist, weil in den Beispielen typischerweise mehr als vier und in Anwendungen sogar mehrere hundert Zustände vorkommen. Die booleschen Funktionen sind deshalb sehr unübersichtlich. Ihr Vorteil gegenüber anderen Darstellungsformen liegt in ihrem direkten Bezug zu den logischen Operationen, die man bei einer Realisierung der Zustandsübergangsfunktion durch eine elektronische Schaltung verwendet. Da auf Implementierungsprobleme im Folgenden nicht eingegangen wird, spielt die boolesche Darstellung im Weiteren aber keine Rolle.

3.1.2 Automatengraf

Automaten kann man durch einen gerichteten Grafen darstellen, dessen Knoten die Automatenzustände und dessen gerichtete Kanten die durch die Funktion G beschriebene Nachbarschaftsbeziehung der Zustände repräsentieren. Dieser Graf wird als Automatengraf bezeichnet. Alternative Bezeichnungen sind Transitionsdiagramm, Zustandsdiagramm, Zustandsgraf oder Zustandsübergangsgraf. Da jeder Knoten genau einen Zustand beschreibt, verwendet man die Begriffe Knoten und Zustand synonym.

Die Menge der gerichteten Kanten geht aus der Zustandsübergangsfunktion G hervor. Es gibt im Automatengrafen zwischen zwei beliebigen Zuständen $z, z' \in \mathcal{Z}$ genau dann eine gerichtete Kante $z \rightarrow z'$, wenn die Funktion G entsprechend Gl. (3.2) dem Zustand z den Nachfolgezustand z' zuordnet. Der Automatengraf ist deshalb eine weitere Darstellungsform der Funktion G. Man kann aus G den Grafen konstruieren und aus dem Grafen die Funktion G ablesen. Da die grafische Darstellung anschaulicher als die o. a. Automatentabelle ist, werden die in Beispielen verwendeten Automaten häufig als Automatengraf angegeben.

Wenn der Automat initialisiert ist, wird der Anfangszustand z_0 durch einen Pfeil markiert.

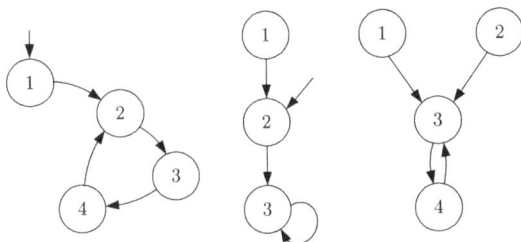

Abb. 3.2: Drei Automatengrafen

Abbildung 3.2 zeigt drei Beispiele. Der linke Graf hat u. a. die Kante $2 \rightarrow 3$, weil die Zustandsübergangsfunktion G dieses Grafen dem Zustand 2 den Nachfolgezustand 3 zuordnet:

$$3 = G(2).$$

Der rechte Graf hat die auf S. 59 angegebene Automatentabelle. Im mittleren Grafen hat der Zustand 3 eine Schlinge, weil $3 = G(3)$ gilt. Die beiden linken Grafen zeigen initialisierte Automaten mit dem Anfangszustand 1 bzw. 2.

3.1.3 Matrixdarstellung

Die Zustandsübergangsfunktion G kann auch als Matrix dargestellt werden, was für die Berechnung der Zustandsfolge auf eine sehr anschauliche Rekursionsbeziehung führt. Dafür wird ein N-dimensionaler binärer Vektor $\boldsymbol{p}(k)$ eingeführt, dessen i-tes Element $p_i(k)$ genau dann gleich eins ist, wenn sich der Automat zur Zeit k im Zustand i befindet:

$$p_i(k) = \begin{cases} 1 & \text{wenn } z(k) = i \text{ gilt} \\ 0 & \text{sonst.} \end{cases} \tag{3.6}$$

Das heißt, dass in jedem Zeitpunkt k im Vektor $\boldsymbol{p}(k)$ genau eine Eins steht. Der Anfangszustand z_0 des Automaten wird durch den Vektor $\boldsymbol{p}_0$ beschrieben.

Die Zustandsübergangsfunktion G wird in eine (N, N)-Matrix $\boldsymbol{G}$ überführt, deren ij-tes Element genau dann gleich eins ist, wenn die Zustandsübergangsfunktion dem Zustand j den Nachfolgezustand i zuordnet:

$$g_{ij} = \begin{cases} 1 & \text{wenn } i = G(j) \text{ gilt} \\ 0 & \text{sonst.} \end{cases} \tag{3.7}$$

Die Matrix G hat in jeder Spalte genau eine Eins. Sie ist die Adjazenzmatrix des Automatengrafen.

Mit diesen Größen kann das Verhalten des autonomen deterministischen Automaten durch folgende Gleichung beschrieben werden:

> Matrixform der Zustandsraumdarstellung autonomer deterministischer Automaten:
> $$p(k+1) = Gp(k), \quad p(0) = p_0. \tag{3.8}$$

Für das o. a. Beispiel erhält man aus der Automatentabelle die Matrix

$$G = \begin{pmatrix} 0 & 0 & 0 & 0 \\ 0 & 0 & 0 & 0 \\ 1 & 1 & 0 & 1 \\ 0 & 0 & 1 & 0 \end{pmatrix}.$$

Der Anfangszustand $z_0 = 1$ führt auf den Vektor

$$p_0 = \begin{pmatrix} 1 \\ 0 \\ 0 \\ 0 \end{pmatrix}.$$

Beispiel 3.1 *Beschreibung einer Verkehrsampel durch einen deterministischen Automaten*

Eine Verkehrsampel schaltet zyklisch zwischen vier Zuständen um, wobei jeder Zustand durch die angeschalteten Lampen charakterisiert ist:

$$\mathcal{Z} = \quad$$

z	Bedeutung (eingeschaltete Lampen)
1	grün
2	gelb
3	rot
4	rot, gelb

Anstelle der Zahlen 1 bis 4 sind die Zustände im Automatengrafen durch die eingeschalteten Lampen dargestellt (Abb. 3.3). Jeder Zustandswechsel stellt ein Ereignis dar, das das Ein- bzw. Ausschalten einer oder mehrerer Lampen kennzeichnet.

Die Zustandsübergangsfunktion des autonomen deterministischen Automaten ist in der folgenden Tabelle dargestellt, wobei zur Veranschaulichung der Tatsache, dass die Zustandsübergänge den Umschaltereignissen entsprechen, in einer zusätzlichen Spalte die Ereignisse vermerkt sind:

$$G = \quad$$

z'	z	Ereignis
2	1	grün ausschalten, gelb einschalten
3	2	gelb ausschalten, rot einschalten
4	3	gelb einschalten
1	4	rot und gelb ausschalten, grün einschalten

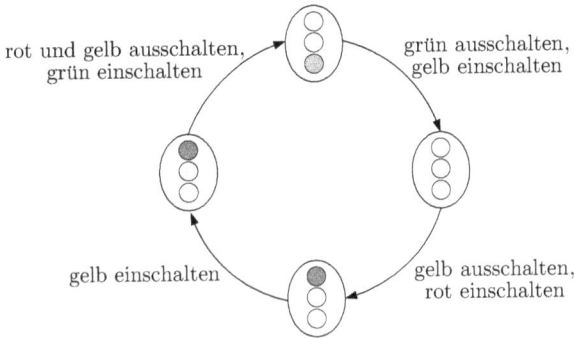

Abb. 3.3: Beschreibung einer Verkehrsampel durch einen deterministischen Automaten

Die zugehörige Matrix G hat folgendes Aussehen:

$$G = \begin{pmatrix} 0 & 0 & 0 & 1 \\ 1 & 0 & 0 & 0 \\ 0 & 1 & 0 & 0 \\ 0 & 0 & 1 & 0 \end{pmatrix}.$$

Die Anordnung der Einsen zeigt das zyklische Verhalten der Ampel. □

3.1.4 Verhalten

Das Verhalten eines autonomen deterministischen Automaten ist für den Zeithorizont k_e durch die vom Automaten angenommenen Zustände $z(0)$, $z(1)$, $z(2)$,..., $z(k_e)$ beschrieben, die man zur Folge

$$Z(0...k_e) = (z(0), z(1), z(2), ..., z(k_e)) \tag{3.9}$$

zusammenfasst. Für einen Anfangszustand $z(0) = z_0$ kann man mit Hilfe der Zustandsgleichung (3.5) diese Zustandsfolge bestimmen. Dabei erhält man für jeden Anfangszustand genau eine Zustandsfolge.

Die Menge aller Zustandsfolgen ist

$$\mathcal{B} = \{(z(0), z(1), ..., z(k_e)) \mid z(0) = z_0, \; z(k+1) = G(z(k)), k = 0, 1, ..., k_e - 1\}. \tag{3.10}$$

Sie repräsentiert für autonome Systeme sinngemäß die in Gl. (2.4) definierte Menge. Für initialisierte Automaten enthält sie für jeden Zeithorizont k_e genau eine Zustandsfolge.

Hat der Automat, dessen Zustandsübergangsfunktion durch die auf S. 59 gezeigte Automatentabelle beschrieben wird, den Anfangszustand 1, so durchläuft er die Zustandsfolge

$$Z(0...5) = (1, 3, 4, 3, 4, 3).$$

Man erhält diese Folge aus Gl. (3.5), die man mit Hilfe der angegebenen Tabelle nacheinander für $k = 0, 1, ..., 4$ anwendet.

Das Verhalten eines Automaten kann man sich sehr anschaulich als eine Bewegung durch den Automatengrafen vorstellen. So erhält man die Folge $Z(0...5)$, wenn man vom Zustand 1 aus den gerichteten Kanten des rechten Grafen in Abb. 3.2 folgt. Jede Kante beschreibt einen Zustandswechsel, der Pfad[2] die gesamte Zustandsfolge $Z(0...5)$.

Verwendet man die Matrixdarstellung, so folgen aus Gl. (3.8) als erste Glieder der Zustandsfolge $Z(0...5)$

$$\boldsymbol{p}(0) = \boldsymbol{p}_0 = \begin{pmatrix} 1 \\ 0 \\ 0 \\ 0 \end{pmatrix}$$

$$\boldsymbol{p}(1) = \boldsymbol{G}\boldsymbol{p}(0) = \begin{pmatrix} 0 & 0 & 0 & 0 \\ 0 & 0 & 0 & 0 \\ 1 & 1 & 0 & 1 \\ 0 & 0 & 1 & 0 \end{pmatrix} \begin{pmatrix} 1 \\ 0 \\ 0 \\ 0 \end{pmatrix} = \begin{pmatrix} 0 \\ 0 \\ 1 \\ 0 \end{pmatrix}$$

$$\boldsymbol{p}(2) = \boldsymbol{G}\boldsymbol{p}(1) = \begin{pmatrix} 0 & 0 & 0 & 0 \\ 0 & 0 & 0 & 0 \\ 1 & 1 & 0 & 1 \\ 0 & 0 & 1 & 0 \end{pmatrix} \begin{pmatrix} 0 \\ 0 \\ 1 \\ 0 \end{pmatrix} = \begin{pmatrix} 0 \\ 0 \\ 0 \\ 1 \end{pmatrix}$$

usw.

Die Einsen in den erhaltenen Vektoren $\boldsymbol{p}(k)$ kennzeichnen den aktuellen Automatenzustand $z(k)$. Den zum Zeitpunkt k angenommenen Zustand kann man auch in direkter Abhängigkeit vom Anfangszustand darstellen:

$$\boldsymbol{p}(k) = \boldsymbol{G}^k \boldsymbol{p}(0). \tag{3.11}$$

Das Verhalten $\mathcal{B}$ im Sinne von Gl. (2.4) wird bei autonomen Systemen durch die Menge aller möglichen Zustandsfolgen $Z(0...k_e)$ ersetzt. Es ist für den initialisierten autonomen Automaten eine Menge, die für jeden Zeithorizont k_e genau eine Folge $Z(0...k_e)$ enthält. Wenn der Anfangszustand des Automaten frei gewählt werden kann, enthält die Menge $\mathcal{B}$ alle Zustandsfolgen, die der Automat beginnend in allen seinen Zuständen durchlaufen kann.

Bestimmung von Vorgängerzuständen. Für einige Analyseaufgaben ist es wichtig zu wissen, aus welchem Zustand $\boldsymbol{p}(k-1)$ der Automat in den Zustand $\boldsymbol{p}(k)$ übergegangen ist. Diesen Zustand kann man ermitteln, wenn man die Kanten des Automatengrafen entgegen der Pfeilrichtung durchläuft. Da die Umkehrung der Pfeilrichtung dem Transponieren der Adjazenzmatrix des Grafen entspricht (vgl. Anhang 2), gilt

$$\boldsymbol{p}(k-1) = \boldsymbol{G}^{\mathrm{T}} \boldsymbol{p}(k).$$

Im Vektor $\boldsymbol{p}(k-1)$ steht mehr als eine Eins, wenn der durch $\boldsymbol{p}(k)$ beschriebene Zustand mehr als einen Vorgängerzustand hat.

---

[2] Da der Begriff Pfad in der Grafentheorie unterschiedlich verwendet wird, sei hier darauf hingewiesen, dass die hier betrachteten Pfade die Knoten des Automatengrafen mehrfach enthalten dürfen (vgl. Anhang 2).

3.1.5 Weitere Eigenschaften

Im Folgenden wird auf einige Eigenschaften von Automaten hingewiesen, die in späteren Abschnitten ausführlicher behandelt werden. Die Erwähnung der Eigenschaften in diesem Abschnitt soll darauf hinweisen, dass diese Eigenschaften auch bei autonomen deterministischen Automaten auftreten und folglich nichts Besonderes der später eingeführten Automaten sind.

Getaktete autonome Automaten. Der Automat durchläuft eine Folge $Z(0...k_e)$ von Zuständen, die durch die Übergangsfunktion G und den Anfangszustand festgelegt ist. Der Zähler k nummeriert die Zustände. Es ist jedoch unklar, was den Automaten dazu bewegt, einen Zustandsübergang auszuführen.

Zur Beantwortung dieser Frage kann man sich auf zwei Standpunkte stellen, die vom Anwendungsfall bestimmt werden. Einerseits interessiert man sich möglicherweise gar nicht für die Umschaltzeitpunkte, weil man den Automaten verwendet, um die Eigenschaften eines gegebenen Systems zu repräsentieren. Dann soll das Modell darstellen, welcher Zustand z' welchem Zustand z folgt, und der Automat wird gar nicht in erster Linie als Generator einer Zustandsfolge verwendet. So werden im Abschn. 3.3 Automaten eingesetzt, um eine vorgegebene Zeichenkette einer bestimmten Sprache zuzuordnen.

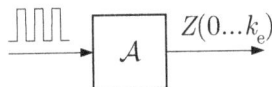

Abb. 3.4: Autonomer Automat mit Takt

Andererseits kann man den Automaten als getaktetes System betrachten, bei dem ein Takt das Kommando „schalte" vorgibt (Abb. 3.4). Dieser Takt kann beispielsweise von einer technischen Anlage kommen, wenn man den Automaten verwendet, um den nächsten Anlagenzustand vorherzusagen. Die Taktzeitpunkte müssen nicht unbedingt einen gleichbleibenden zeitlichen Abstand haben. Bei einer digitalen Schaltung wird der Takt durch eine eingebaute Uhr vorgegeben.

Automaten mit partiell definierter Zustandsübergangsfunktion. Bisher wurde von der Zustandsübergangsfunktion G gefordert, dass sie für jeden Zustand $z \in \mathcal{Z}$ definiert ist und für diesen einen Nachfolgezustand z' festlegt. Als Konsequenz daraus erzeugt der Automat eine unendlich lange Zustandsfolge.

Diese Eigenschaft des Automaten ist nicht immer erwünscht. Wenn man einen einmal durchlaufenen Prozess darstellen will, so ändert der Prozess nach einer bestimmten Zeit seinen Zustand nicht mehr und dies soll auch in der Zustandsfolge des Automaten zum Ausdruck kommen. Entsprechen die Automatenzustände beispielsweise den Montagezuständen eines Gerätes, so ist die Zustandsfolge zu Ende, sobald das Gerät fertig gestellt ist.

Aus diesen und ähnlichen Gründen ist es zweckmäßig, Automaten zu definieren, die einen oder mehrere Zustände besitzen, für die es keinen Nachfolgezustand gibt. Man bezeichnet diese Zustände als *absorbierende* Zustände. Die Funktion G ist für diese Zustände *nicht definiert*. Da, streng genommen, jede Funktion für alle Elemente ihres Definitionsbereiches einen Funktionswert besitzen muss, muss man die absorbierenden Zustände aus dem Definitionsbereich der Funktion G streichen, wodurch man eine mit $\bar{\mathcal{Z}}$ bezeichnete Menge erhält. Die Zustandsübergangsfunktion ist dann eine Funktion mit kleinerem Definitionsbereich:

$$G : \bar{\mathcal{Z}} \longrightarrow \mathcal{Z}.$$

Diese Vorgehensweise ist jedoch sehr umständlich. Man kann sie umgehen, indem man G als *partiell definierte Funktion* (oder unvollständig definierte Funktion) einführt und sich damit die Angabe des Definitionsbereiches $\bar{\mathcal{Z}}$ erspart. Eine partiell definierte Funktion $G : \mathcal{Z} \to \mathcal{Z}$ ordnet also jedem $z \in \mathcal{Z}$ *höchstens* ein Element $z' \in \mathcal{Z}$ zu. Im Unterschied dazu spricht man bei einer Zustandsübergangsfunktion, die jedem Zustand $z \in \mathcal{Z}$ einen Nachfolgezustand zuordnet, von einer *total definierten Funktion* (oder vollständig definierten Funktion). Diese Unterscheidung kann man auf den Automaten übertragen, wobei man bei einer partiell definierten Zustandsübergangsfunktion von einem *partiellen Automaten* spricht, andernfalls von einem *vollständigen Automaten*.

Dass die Funktion G unvollständig definiert ist, erkennt man in der Automatentabelle daran, dass diese Tabelle weniger als N Zeilen hat. Im Automatengrafen gibt es dann einen oder mehrere Knoten, von denen keine Kante ausgeht. In der Matrix $\boldsymbol{G}$ gibt es Nullspalten. Das Ende der Zustandsfolge erkennt man bei Verwendung der Beziehung (3.8) daran, dass der Vektor $\boldsymbol{p}(k)$ keine Eins mehr enthält.

Die Tatsache, dass ein ereignisdiskretes System nach dem Durchlaufen einer Zustandsfolge seinen Zustand nicht mehr verändert (stehen bleibt), weist auf seine ereignisgetriebene Verhaltensweise hin. Wenn kein neues Ereignis auftritt, bleibt der Zustand des Systems erhalten. Dieses Phänomen gibt es bei kontinuierlichen Systemen nicht. Diese Systeme bewegen sich „von der Zeit getrieben" stets weiter, auch wenn dies nicht immer bedeutet, dass sich die Signalwerte ändern. Man spricht dort nicht von einem Ende der Zustandstrajektorie, wenn sich der Zustand über ein bestimmtes Zeitintervall oder gar bis $t \to \infty$ nicht mehr verändert.

Wenn partiell definierte Zustandsübergangsfunktionen die Verwendung des Automaten in Analyse- oder Entwurfsaufgaben erschweren, kann man sie zu vollständig definierten Funktionen erweitern, indem man im Automatengrafen Schlingen um die absorbierenden Zustände legt. Der Automat bleibt dann dort nicht mehr stehen, sondern wiederholt seinen Zustand bis zum Ende des betrachteten Zeithorizonts. Für die so erweiterten Zustandsübergangsfunktionen gilt für alle absorbierenden Zustände z die Beziehung $z = G(z)$.

Gleichgewichtszustände. Man nennt einen Zustand $\bar{z}$ einen Gleichgewichtszustand, wenn die Beziehung

$$\bar{z} = G(\bar{z}) \tag{3.12}$$

gilt. Der Automat springt bei jedem Zustandswechsel in den bereits vorher angenommenen Zustand zurück. Im Automatengrafen sind Gleichgewichtszustände durch Schlingen $\bar{z} \to \bar{z}$ an den Knoten $\bar{z}$ erkennbar.

Die durch Gl. (3.12) beschriebene Eigenschaft muss man von der Situation unterscheiden, bei der die Funktion G für einen Zustand $\tilde{z}$ nicht definiert ist. In diesem Fall ist die Zustandsfolge mit dem Erreichen des Zustands $\tilde{z}$ beendet.

3.1.6 Zustand deterministischer Automaten

Die bisher behandelten Automaten sind deterministisch in dem Sinne, dass es für jeden Zustand z genau einen Nachfolgezustand z' gibt. Diese Eigenschaft wird durch die Tatsache wiedergegeben, dass G eine Zustandsübergangs*funktion* ist, die – wie jede Funktion – jedem Argument z *genau einen* Funktionswert $z' = G(z)$ zuordnet (bis auf die bei partiell definierten Funktionen möglichen Ausnahmen).

Diese Eigenschaft ist eng verknüpft mit dem Begriff des Systemzustands, der entsprechend Definition 2.1 auf S. 45 die Menge derjenigen Informationen ist, die man über ein System kennen muss, um das zukünftige Verhalten eindeutig vorhersagen zu können. Bei einem autonomen deterministischen Automaten (3.3) erfüllt der Zustand z diese Forderung: Wenn der vom Automaten zum Zeitpunkt k angenommene Zustand $z(k)$ bekannt ist, so kann man die gesamte zukünftige Zustandsfolge berechnen. Dabei ist es gleichgültig, welche Zustandsfolge der Automat durchlaufen hat, bevor er zum Zustand $z(k)$ kam. Die Vergangenheit ist bei bekanntem aktuellen Zustand für das zukünftige Verhalten nicht von Bedeutung. So wechselt der in Abb. 3.2 auf S. 61 rechts gezeigte Automat vom Zustand $z(k) = 3$ in den Zustand $z(k+1) = 4$ und zwar unabhängig davon, ob er vom Zustand 1 oder vom Zustand 2 aus in den Zustand 3 gekommen ist. Diese wichtige Systemeigenschaft wird auch bei allen später eingeführten Modellformen eine Rolle spielen und zur Markoveigenschaft für nichtdeterministische Systeme erweitert werden.

Der Zustandsbegriff hat für die Modellbildung die wichtige Konsequenz, dass man sich für den betrachteten Prozess genau überlegen muss, welche Informationen den Prozesszustand ausmachen. Diese Informationen, die in vielen technischen Anwendungen durch eine Menge von aktuellen Signalwerten repräsentiert werden, müssen es gestatten, den weiteren Prozessverlauf eindeutig vorherzubestimmen. Dabei ist man natürlich daran interessiert, nur so viele Informationen wie notwendig zum Zustand zusammenzufassen.

Beispiel 3.1 (Forts.) *Beschreibung einer Verkehrsampel durch einen deterministischen Automaten*

Bei früher verwendeten Ampelsteuerungen trat die Gelbphase (nur Gelb ist angeschaltet) zweimal auf, nämlich einmal wie heute beim Übergang von Grün zu Rot und außerdem beim Übergang von Rot zu Grün. Dies hatte zur Folge, dass aus der eingeschalteten gelben Lampe allein nicht erkennbar war, ob die Ampel als nächstes zu Grün oder zu Rot schaltet, „Gelb" war kein Zustand der Ampel im systemtheoretischen Sinn.

Heute unterscheiden sich die Gelbphasen, weil beim Wechsel von Rot nach Grün nicht Gelb allein, sondern in Kombination mit Rot gezeigt wird. Damit ist jedem Verkehrsteilnehmer klar, ob nach dem Gelb die Kreuzung für ihn freigegeben oder gesperrt wird. Systemtheoretisch interpretiert beschreiben die an der Verkehrsampel verwendeten Farbkombinationen den Zustand der Ampel und der in Abb. 3.3 auf S. 63 gezeigte Automat kann sich auf diese Zustandsbeschreibung stützen. □

Beispiel 3.2 *Kommunikation zwischen Rechnern über ein gemeinsames Netz*

Abbildung 3.5 zeigt, dass die vom Rechner C_1 an den Rechner C_3 übertragenen Datenpakete zwischen den Knoten C und D denselben Kommunikationsweg nutzen wie die vom Rechner C_2 zum Rechner C_4 übermittelten Daten. Für ein Modell, das den Weg der Daten durch das Netz als eine Folge von

Netzknoten beschreiben soll, reicht es deshalb nicht aus, als Zustand der Datenpakete den aktuellen Netzwerkknoten zu definieren. Dann weiß man zwar, dass dem so definierten Zustand A der Zustand C, dem Zustand B ebenfalls der Zustand C und dem Zustand C der Zustand D folgt, aber man kann den Nachfolgezustand von D nicht eindeutig festlegen, weil der Zustand nichts darüber aussagt, welches Ziel das Datenpaket hat.

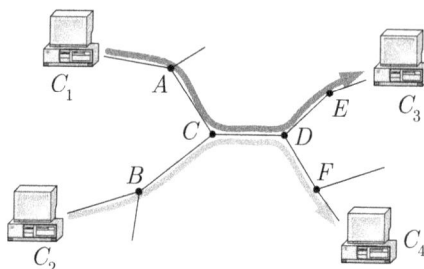

Abb. 3.5: Kommunikation zwischen den Rechnern C_1 und C_3 bzw. C_2 und C_4 über ein gemeinsames Netz

Eindeutig wird der Weg der Datenpakete erst dann, wenn man entweder die Herkunft der Daten oder die Folge der bereits durchlaufenen Netzwerkknoten in die Definition des Systemzustands einfließen lässt. Verfolgt man die zweite Möglichkeit weiter, so beinhaltet der Zustand nicht nur den aktuellen Knoten, sondern auch die beiden zuletzt durchlaufenen. Die Datenpakete können dann folgende Zustände annehmen, wobei ein ε anzeigt, dass weniger als zwei Knoten durchlaufen wurden:

$$z_1 = (A\varepsilon\varepsilon) \qquad z_2 = (CA\varepsilon)$$
$$z_3 = (DCA) \qquad z_4 = (EDC)$$
$$z_5 = (B\varepsilon\varepsilon) \qquad z_6 = (CB\varepsilon)$$
$$z_7 = (DCB) \qquad z_8 = (FDC).$$

Dabei betreffen die Zustände z_1 bis z_4 die Datenpakete, die vom Rechner C_1 zum Rechner C_3 übermittelt werden.

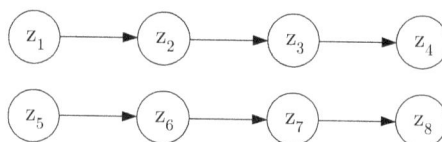

Abb. 3.6: Deterministischer Automat, der die Datenübertragung beschreibt

Diese erweiterte Definition erfüllt die Bedingungen an einen Zustand, denn jedem der angegebenen Zustände kann man genau einen Nachfolgezustand zuordnen. Dabei kommen genau zwei Zustandsfolgen in Betracht

$$z_1 \; \rightarrow \; z_2 \rightarrow z_3 \rightarrow z_4$$
$$z_5 \; \rightarrow \; z_6 \rightarrow z_7 \rightarrow z_8,$$

wobei die erste die Übermittlung der Daten von C_1 nach C_3 und die zweite den Datenweg von C_2 nach C_4 beschreibt. Abbildung 3.6 zeigt den deterministischen Automaten, der diese Zustandsfolgen erzeugt, wenn er entweder den Anfangszustand $z_0 = z_1$ oder $z_0 = z_5$ hat.

Das Beispiel zeigt, wie man durch eine geeignete Definition des Zustands den Determinismus des Systemverhaltens sicherstellen kann. Die naheliegende Vorgehensweise, die aktuelle Position des Datenpakets als Zustand zu verwenden, ist falsch, denn man muss außer der Position auch die bereits durchlaufenen Knoten kennen, um den weiteren Weg eindeutig vorhersagen zu können. Deshalb gehören diese Informationen zum Systemzustand. □

Zustandsorientierte Modellbildung. Bei der Modellierung von dynamischen Systemen durch Automaten steht der Systemzustand im Mittelpunkt, so dass man von einer zustandsorientierten Modellbildung spricht. Man muss sich als erstes überlegen, durch welche Informationen wichtige Systemzustände charakterisiert sind, und für jeden dieser Zustände einen Automatenzustand einführen. Wie bei den hier behandelten Beispielen kommt es auf eine präzise Definition der Zustände an. Da in vielen Anwendungen die Zustände verbal beschrieben werden, führt man Abkürzungen ein, indem man die Zustände durchnummeriert oder durch einfach interpretierbare Symbole repräsentiert.

Die wichtigste Aussage des Automaten ist, welche Zustandsübergänge auftreten und welche nicht. Bei der Verwendung autonomer deterministischer Automaten muss jedem Zustand genau ein Nachfolgezustand zugeordnet werden. Diese Bedingung wird bei nichtdeterministischen Automaten im Kapitel 4 fallen gelassen, aber es bleibt auch dann die Vorgehensweise bestehen, den Zustand und die Zustandsübergänge in den Mittelpunkt der Modellbildung zu stellen.

Aufgabe 3.1 *Modellierung einer Stanze*

Eine Stanze wird zur Abtrennung und Verformung von Blechstücken verwendet und kann zusammen mit ihrer Steuerung als autonomes System aufgefasst werden. Die hier betrachtete Stanze führt zyklisch folgende Arbeitsschritte aus:

1. Einziehen des Bleches von einer Rolle
2. Abtrennen des Bleches
3. Öffnen der Stanze
4. Drehen des abgetrennten Werkstücks
5. Schließen der Stanze zur Umformung des Werkstücks
6. Öffnen der Stanze
7. Transport des Werkstücks aus der Stanze in ein Lager.

Beschreiben Sie den Stanzvorgang durch einen Automaten. □

3.2 Σ-Automaten

3.2.1 Definition

Es ist für zahlreiche Anwendungen zweckmäßig, die Zustandsübergänge mit Ereignisnamen zu versehen, wie dies im Beispiel 3.1 bereits getan wurde. Dies ermöglicht nicht nur, eine für die betrachtete Anwendung aussagekräftige Bezeichnung für die Zustandsübergänge einzuführen, sondern auch, unterschiedliche Zustandsübergänge mit demselben Ereignis zu verknüpfen und mehrere von einem gemeinsamen Zustand ausgehende Zustandsübergänge durch die mit ihnen verknüpften Ereignisse zu unterscheiden. Im Automatengrafen dürfen deshalb jetzt von jedem Knoten mehrere Kanten ausgehen, die allerdings mit unterschiedlichen Ereignisnamen versehen sein müssen. Da die Ereignismenge häufig Σ heißt, werden die so erweiterten Automaten als Σ-Automaten oder als Standardautomaten bezeichnet.

Die zweite Erweiterung betrifft die Festlegung von Endzuständen. In den im Folgenden behandelten Beispielen kommt es oftmals darauf an, dass der Automat seine Zustandsfolge in einem bestimmten Zustand beendet. In der Automatendefinition wird deshalb auch eine Menge möglicher Endzustände festgelegt.

Σ-Automaten sind durch das Quintupel

$$\boxed{\Sigma\text{-Automat:} \quad \mathcal{A} = (\mathcal{Z}, \Sigma, \delta, z_0, \mathcal{Z}_\mathrm{F})} \tag{3.13}$$

mit

- $\mathcal{Z}$ – Zustandsmenge
- Σ – Menge der möglichen Ereignisse (Ereignismenge, Ereignisraum)
- δ – Zustandsübergangsfunktion
- z_0 – Anfangszustand
- $\mathcal{Z}_\mathrm{F}$ – Menge von Endzuständen

beschrieben. Die Ereignisse werden häufig mit σ_i bezeichnet:

$$\Sigma = \{\sigma_1, \sigma_2, ..., \sigma_M\}.$$

Für die Menge der Endzustände gilt $\mathcal{Z}_\mathrm{F} \subseteq \mathcal{Z}$. Ihre Elemente $z_\mathrm{F} \in \mathcal{Z}_\mathrm{F}$ werden auch markierte Zustände genannt.

Die Zustandsübergangsfunktion

$$\delta : \mathcal{Z} \times \Sigma \rightarrow \mathcal{Z}$$

ordnet jedem Zustand $z \in \mathcal{Z}$ und jedem Ereignis $\sigma \in \Sigma$ eindeutig einen Nachfolgezustand $z' \in \mathcal{Z}$ zu:

$$z' = \delta(z, \sigma). \tag{3.14}$$

Im Allgemeinen können nicht alle Ereignisse $\sigma \in \Sigma$ in allen Zuständen auftreten, so dass die Übergangsfunktion δ nur partiell definiert ist[3]. Die Ereignisse, für die im aktuellen Zustand z die Zustandsübergangsfunktion definiert ist, bilden die Menge der aktivierten Ereignisse:

---

[3] Man verwendet die Schreibweise $\delta(z, \sigma)!$ um darzustellen, dass die Funktion δ für die Argumente z und σ definiert ist.

$$\Sigma_{\text{akt}}(z) = \{\sigma \mid \delta(z,\sigma) \text{ ist definiert}\} = \{\sigma \mid \delta(z,\sigma)!\}. \tag{3.15}$$

Für diese Ereignisse kann der Automat in einen der in der Menge

$$\mathcal{Z}'(z) = \{z' \mid z' = \delta(z,\sigma) \text{ für } \sigma \in \Sigma_{\text{akt}}(z)\} \tag{3.16}$$

enthaltenen Nachfolgezustände übergehen.

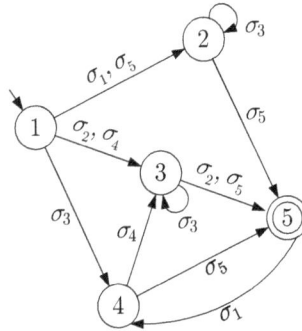

Abb. 3.7: Deterministischer Automat mit Kennzeichnung der Ereignisse

Die Automatentabelle wird gegenüber den autonomen Automaten um eine Spalte für die Ereignisse erweitert. Das zu einem Zustandswechsel $z \rightarrow z'$ gehörende Ereignis σ ist im Automatengrafen als Wichtung an die entsprechende Kante angetragen. Dementsprechend wird der durch Gl. (3.16) ausgedrückte Zusammenhang zwischen z, z' und σ auch in der Form $z \xrightarrow{\sigma} z'$ geschrieben. Der Automatengraf macht die ereignisgetriebene Arbeitsweise diskreter Systeme deutlich: Es sind die Ereignisse, die die Zustandswechsel auslösen. Solange kein Ereignis auftritt, bleibt der Zustand unverändert.

Abbildung 3.7 und die folgende Tabelle zeigen als Beispiel einen Automaten mit

$$\begin{aligned}
\mathcal{Z} &= \{1,2,3,4,5\} \\
\Sigma &= \{\sigma_1, \sigma_2, \sigma_3, \sigma_4, \sigma_5\} \\
z_0 &= 1 \\
\mathcal{Z}_{\text{F}} &= \{5\}
\end{aligned}$$

$$\delta = \begin{array}{|ccc|}
z' & z & \sigma \\
\hline
2 & 1 & \sigma_1 \\
4 & 5 & \sigma_1 \\
3 & 1 & \sigma_2 \\
5 & 3 & \sigma_2 \\
4 & 1 & \sigma_3 \\
2 & 2 & \sigma_3 \\
3 & 3 & \sigma_3 \\
3 & 1 & \sigma_4 \\
3 & 4 & \sigma_4 \\
2 & 1 & \sigma_5 \\
5 & 2 & \sigma_5 \\
5 & 3 & \sigma_5 \\
5 & 4 & \sigma_5 \\
\end{array} .$$

Der Automat kann elf verschiedene Zustandswechsel ausführen, aber es sind nur fünf unterschiedliche Ereignisse definiert. Charakteristisch für den hier betrachteten deterministischen Automaten ist die Tatsache, dass die Funktion δ jedem Paar (z, σ), für das sie definiert ist, genau einen Nachfolgezustand zuordnet. Es handelt sich bei einem Σ-Automaten deshalb auch um einen deterministischen Automaten, obwohl jetzt im Automatengrafen von den Zuständen mehr als eine Kante ausgehen kann.

Bei Σ-Automaten können mehrere Ereignisse denselben Zustandswechsel auslösen, beispielsweise

$$\delta(1, \sigma_1) = 2$$
$$\delta(1, \sigma_5) = 2.$$

Für diese Zustandswechsel muss man, streng genommen, zwischen den betreffenden Zuständen mehrere Kanten in den Automatengrafen eintragen. Der Übersichtlichkeit halber zeichnet man aber nur eine Kante und schreibt die betreffenden Ereignisnamen durch Kommas getrennt hintereinander an diese Kante.

Die Menge $\Sigma_{\text{akt}}(z)$ der aktivierten Ereignisse kann man an den vom Zustand z ausgehenden Kanten des Automatengrafen ablesen. Für den Zustand $z = 2$ erhält man beispielsweise

$$\Sigma_{\text{akt}}(2) = \{\sigma_3, \sigma_5\}.$$

Im Automatengrafen ist der Anfangszustand wie vorher durch einen Pfeil gekennzeichnet. Endzustände werden als Knoten mit doppeltem Rand dargestellt. Die Endzustände bedeuten nicht, dass der Automat seine Bewegung in diesen Zuständen zwangsläufig beendet. Bei dem Beispiel geht der Automat vom Endzustand 5 durch das Ereignis σ_1 in den Zustand 4 über. Die Endzustände werden im Abschn. 3.3 vielmehr dazu verwendet, Ereignisfolgen, nach denen sich der Automat in einem Endzustand befindet, von Ereignisfolgen zu unterscheiden, die den Automaten nicht in einen dieser Zustände überführen.

Bei einer anderer Darstellung der Automatentabelle wird für jede Kombination aus Zustand (Spalte) und Ereignis (Zeile) der Nachfolgezustand in die Tabelle hinein geschrieben:

$\delta =$

σ \ z	1	2	3	4	5
σ_1	2	-	-	-	4
σ_2	3	-	5	-	-
σ_3	4	2	3	-	-
σ_4	3	-	-	3	-
σ_5	2	5	5	5	-

Die Striche zeigen an, dass für die betreffenden Zustands-Ereignis-Kombinationen kein Zustandsübergang definiert ist.

Beispiel 3.3 *Sortieren von Werkstücken durch einen Roboter*

Die Bewegung des in Abb. 1.3 auf S. 9 gezeigten Roboters soll durch einen Automaten beschrieben werden. Der Roboter hat die Aufgabe, die auf den Bändern 1 und 2 ankommenden Werkstücke A bzw. B auf das Ablageband zu transportieren. Eine zum Roboter gehörende Steuerung veranlasst die dafür notwendigen Bewegungen. Der gesuchte Automat soll den Roboter einschließlich seiner Steuereinrichtung als autonomes System darstellen.

Zur Beschreibung der Roboterbewegung werden folgende Zustände und Ereignisse definiert:

$\mathcal{Z} =$

z	Position des Roboterarms	Position des Greifers
1	über Band 1	geöffnet
2	über Band 1	Werkstück A gegriffen
3	über Band 2	geöffnet
4	über Band 2	Werkstück B gegriffen
5	über dem Ablageband	geöffnet
6	über dem Ablageband	Werkstück A oder B gegriffen

$\Sigma =$

σ	Bewegung des Roboterarms	Bewegung des Greifers
σ_1		Werkstück greifen
σ_2	zum Ablageband drehen	
σ_3		Greifer öffnen
σ_4	zum Band 1 drehen	
σ_5	zum Band 2 drehen	

Der Roboter wird durch den Σ-Automaten

$$\mathcal{A} = (\underbrace{\{1,2,3,4,5,6\}}_{\mathcal{Z}}, \underbrace{\{\sigma_1,\sigma_2,\sigma_3,\sigma_4,\sigma_5\}}_{\Sigma}, \delta, \underbrace{5}_{z_0}, \underbrace{\{5\}}_{\mathcal{Z}_{\mathrm{F}}})$$

mit der Zustandsübergangsfunktion

$\delta =$

z'	z	σ
2	1	σ_1
4	3	σ_1
6	2	σ_2
6	4	σ_2
5	6	σ_3
1	5	σ_4
3	5	σ_5

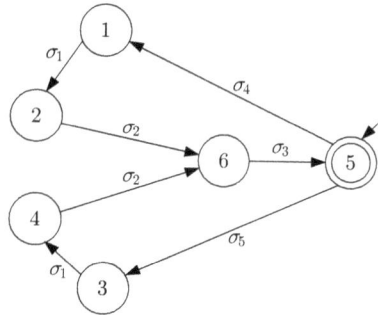

Abb. 3.8: Modell der Roboterbewegung

beschrieben. Der Automatengraf ist in Abb. 3.8 zu sehen. Die Zustandsübergangsfunktion δ hat u. a. folgende Funktionswerte:

$$2 = \delta(1, \sigma_1), \quad \text{d. h. } 1 \xrightarrow{\sigma_1} 2$$
$$6 = \delta(2, \sigma_2), \quad \text{d. h. } 2 \xrightarrow{\sigma_2} 6$$
$$4 = \delta(3, \sigma_1), \quad \text{d. h. } 3 \xrightarrow{\sigma_1} 4.$$

Diese Beziehungen sind durch die rechts neben den Gleichungen bezeichneten Kanten des Automatengrafen dargestellt, wobei die beiden Argumente den Ausgangsknoten der Kante und die Kantenbewertung beschreiben und der Funktionswert den Zielknoten.

Die Funktion δ ist unvollständig definiert, denn es gibt z. B. für das Zustands-Ereignis-Paar $(1, \sigma_2)$ keinen Funktionswert $\delta(1, \sigma_2)$. Wie bei diesem Beispiel ist bei vielen Anwendungen die Funktion δ sogar nur für sehr wenige Argumente $(z, \sigma) \in \mathcal{Z} \times \Sigma$ definiert.

Mehreren Zustandsübergängen sind dieselben Ereignisse zugeordnet, weil sie dieselbe Roboterbewegung repräsentieren. So beschreiben die Zustandsübergänge $1 \xrightarrow{\sigma_1} 2$ und $3 \xrightarrow{\sigma_1} 4$ das Greifen eines Werkstücks, wobei entsprechend der Position des Roboterarms im ersten Fall ein Werkstück A und im zweiten Fall ein Werkstück B vom Greifer erfasst wird. Für die Robotersteuerung, die das Schließen des Greifers veranlasst, ist es unerheblich, ob der Greifer über dem Band 1 oder dem Band 2 geschlossen wird, denn in beiden Fällen muss die Steuerung dasselbe Kommando σ_1 ausgeben.

In der Automatendefinition wurden der Anfangszustand $z_0 = 5$ und die Menge der Endzustände $\mathcal{Z}_F = \{5\}$ festgelegt, was so zu interpretieren ist, dass sich der Roboter beim Einschalten im Zustand 5 befindet und vor dem Ausschalten in diesen Zustand bewegt werden soll.

Diskussion. Das Modell hat ein *deterministisches* Verhalten, wenn der Zustand und das Ereignis bekannt sind, denn beispielsweise bewirkt im Zustand 5 das Ereignis σ_5 den eindeutigen Übergang zum Zustand 1. Wenn ein Beobachter das System ohne Kenntnisse der Ereignisse betrachtet, ist für ihn das Verhalten nichtdeterministisch, denn im Zustand 5 können die Ereignisse σ_4 und σ_5 auftreten, die zu unterschiedlichen Nachfolgezuständen führen. Die Definition des deterministischen Σ-Automaten stützt sich auf die Tatsache, dass jedem Zustands-Ereignispaar der Nachfolgezustand eindeutig zugeordnet ist. $\square$

Ergänzung partiell definierten Zustandsübergangsfunktionen zu total definierten Funktionen. Es wurde bereits darauf hingewiesen, dass die Zustandsübergangsfunktion deterministischer Automaten häufig partiell definiert ist, so dass sie bestimmten Zustands-Ereignispaaren (z, σ) keinen Nachfolgezustand zuordnet. Dies widerspricht der in der Literatur vorkommenden Automatendefinition, die einen Automat nur dann als deterministisch bezeichnet, wenn für *alle* Zustands-Ereignispaare *genau ein* Nachfolgezustand definiert ist.

Es wird jetzt gezeigt, dass zwischen beiden Definitionen kein wesentlicher Unterschied besteht. Die nach der hier verwendeten Definition aufgestellten deterministischen Automaten lassen sich nämlich auf sehr einfache Weise in einen deterministischen Automaten der strengeren Definition umformen. Dazu führt man einen zusätzlichen Knoten ein, in den der erweiterte Automat immer dann übergeht, wenn die Zustandsübergangsfunktion des ursprünglichen Automaten nicht definiert ist. Wenn der erweiterte Automat diesen Zustand erreicht hat, verbleibt er dort, was im Automatengrafen eine Schlinge anzeigt, die für alle Ereignisse durchlaufen wird.

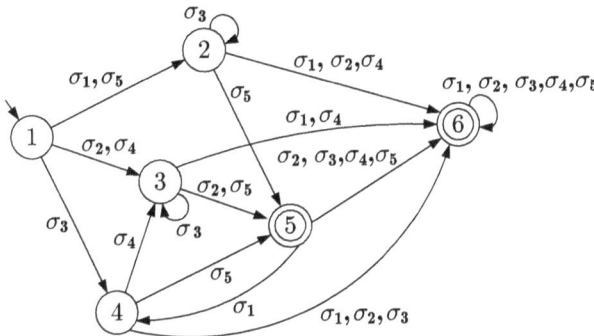

Abb. 3.9: Deterministischer Automat mit total definierter
Zustandsübergangsfunktion

Aus dem in Abb. 3.7 gezeigten Automaten entsteht dabei der Automat in Abb. 3.9. Der neu eingeführte Zustand 6 ist Nachfolgezustand für alle Zustands-Ereignis-Paare, für die im Automaten aus Abb. 3.7 kein Zustandsübergang definiert ist. Wenn der Automat den Zustand 6 angenommen hat, bleibt er in diesem Zustand. Man kann leicht überprüfen, dass jetzt für jeden Zustand und jedes Ereignis ein Nachfolgezustand existiert. Dies äußert sich in der Automatentabelle

		z	1	2	3	4	5	6
	σ							
	σ_1		2	6	6	6	4	6
$\delta =$	σ_2		3	6	5	6	6	6
	σ_3		4	2	3	6	6	6
	σ_4		3	6	6	3	6	6
	σ_5		2	5	5	5	6	6

darin, dass keine Striche mehr vorkommen.

Das Beispiel zeigt, dass es sehr aufwändig ist, die Zustandsübergangsfunktion als total definierte Funktion darzustellen, weil man viele überflüssige Zustandsübergänge einführen muss.

3.2.2 Verhalten

Σ-Automaten können je nach Anwendungsfall in zwei Interpretationen eingesetzt werden. Einerseits kann man sie sich als ein System vorstellen, das von einem Anfangszustand aus durch spontane Zustandsübergänge eine Ereignisfolge erzeugt (Abb. 3.10 oben). Diese Interpretation stimmt mit der für autonome deterministische Automaten entsprechend Abb. 3.1 auf S. 58 überein, nur dass jetzt anstelle der Zustandsfolge die Ereignisfolge das vom Automaten gelieferte Ergebnis ist. Man sagt, dass der Automat ein *Generator* der Zustands- bzw. Ereignisfolgen ist.

Diese Interpretation deterministischer Automaten wird beispielsweise bei der Modellierung einer Werkzeugmaschine eingesetzt, wobei man die Steuerung zur Werkzeugmaschine hinzurechnet und beides zusammen als autonomes System auffasst. Der Automat beschreibt dann die Folge von Ereignissen, die die gesteuerte Werkzeugmaschine erzeugt. Das Schalten findet spontan, also ohne Einwirkung der Umgebung statt, nämlich gerade dann, wenn ein Fertigungsschritt abgeschlossen ist. Wie im Abschn. 2.5.1 erläutert wurde, ist der in der Abbildung als Eingang eingezeichnete Takt nur ein Hilfsmittel, um die Ursache von Zustandsübergängen darzustellen.

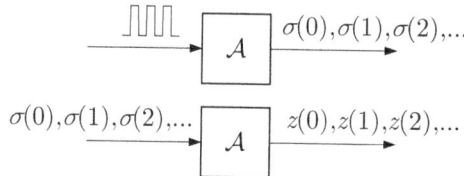

Abb. 3.10: Verwendung von Σ-Automaten als Generator und Akzeptor von Ereignisfolgen

Andererseits kann man den Automaten als ein System auffassen, das eine Ereignisfolge verarbeitet. Ein von der Umgebung des Automaten erzeugtes Ereignis gibt an, *wann* und *wohin* der Automat schaltet. Die Reaktion des Automaten äußert sich in der Zustandsfolge (Abb. 3.10 unten).

Diese Interpretation wird beispielsweise bei der Modellierung eines Netzwerkprotokolls verwendet, bei der das Ankommen eines Datenpakets ein Ereignis ist, das den Übergang der Warteschlange in einen neuen Zustand auslöst. Sie wird auch im nachfolgenden Abschnitt eingesetzt, in dem der Automat als eine Verarbeitungseinheit verwendet wird, die gegebene Ereignisfolgen bezüglich bestimmter Eigenschaften untersucht. Dabei wird gefordert, dass die Ereignisfolge so aufgebaut ist, dass das k-te Ereignis $\sigma(k)$ zur Menge der aktivierten Ereignisse des k-ten Zustands gehört und der Automat folglich den nächsten Zustandswechsel ausführen kann. Der Automat arbeitet dann als *Akzeptor* der Ereignisfolge.

Für beide Interpretationen wird jetzt das Verhalten von Σ-Automaten beschrieben.

Verhalten von Σ-Automaten für eine vorgegebene Ereignisfolge. Bei der in Abb. 3.10 unten dargestellten Situation bewegt sich der Σ-Automat aufgrund einer vorgegebenen Ereignisfolge

$$E(0...k_e) = (\sigma(0), \sigma(1), ..., \sigma(k_e))$$

und durchläuft dabei eine Zustandsfolge

$$Z(0...k_e) = (z(0), z(1), ..., z(k_e + 1)),$$

die im Anfangszustand $z(0) = z_0$ beginnt und durch die Zustandsübergangsfunktion δ festgelegt ist. Es gilt

---

Zustandsraumdarstellung von Σ-Automaten:

$$z(0) = z_0$$
$$z(k + 1) = \delta(z(k), \sigma(k)) \quad \text{für} \quad \sigma(k) \in \Sigma_{\text{akt}}(z(k)), \quad k = 0, 1, ..., k_e.$$

(3.17)

Wird die Bedingung $\sigma(k) \in \Sigma_{\text{akt}}(z(k))$ für einen Zeitpunkt k verletzt, ist von diesem Zeitpunkt an die Bewegung des Automaten nicht mehr definiert.

Da der Σ-Automat ein deterministischer Automat ist, ist jeder Ereignisfolge $E(0...k_e)$ eindeutig eine Zustandsfolge $Z(0...k_e + 1)$ zugeordnet, sofern sie die Bedingung $\sigma(k) \in \Sigma_{\text{akt}}(z(k))$ für $k = 0, 1, ..., k_e$ erfüllt. Im Automatengrafen ist diese Zustandsfolge durch einen im Anfangszustand z_0 beginnenden Pfad beschrieben, an dessen Kanten nacheinander die in $E(0...k_e)$ vorkommenden Ereignisse $\sigma(k)$ stehen. Das Verhalten $\mathcal{B}$ des Σ-Automaten ist deshalb die Menge aller Paare (E, Z), für die die Zustandsgleichung (3.17) gilt:

Verhalten von Σ-Automaten:

$$\mathcal{B} = \{(E(0...k_e), Z(0...k_e + 1)) \mid z(0) = z_0, z(k + 1) = \delta(z(k), \sigma(k)), k = 0, 1, ...k_e\}.$$

(3.18)

Getaktete Σ-Automaten. In der in Abb. 3.10 oben dargestellten Situation erhält der Σ-Automat ein Taktsignal, das ihn zum Schalten auffordert, aber es wird nicht vorgegeben, welchen Zustandswechsel der Automat ausführen soll. Die Bewegung des Automaten ist nicht eindeutig definiert und wird durch die Menge $\mathcal{E}(0...k_e)$ von Ereignisfolgen $E(0...k_e)$ beschrieben, zu denen jeweils eine durch Gl. (3.17) festgelegte Zustandsfolge $Z(0...k_e)$ gehört:

$$\mathcal{E}(0...k_e) = \{(\sigma(0), \sigma(1), ..., \sigma(k_e)) \mid \exists (z(0), z(1), ..., z(k_e + 1)) \tag{3.19}$$
$$\text{mit } z(0) = z_0, z(k + 1) = \delta(z(k), \sigma(k)), k = 0, 1, ...\}.$$

Die Menge $\mathcal{B}_E$ aller für unterschiedliche Zeithorizonte k_e erhaltenen Mengen $\mathcal{E}(0...k_e)$ beschreibt das Verhalten des Σ-Automaten, wenn man ihn als Generator von Ereignisfolgen verwendet. Es ist offensichtlich, dass in dieser Menge dieselben Ereignisfolgen E vorkommen wie in dem oben eingeführten Verhalten $\mathcal{B}$ des Σ-Automaten als Akzeptor.

Im Automatengrafen ist die Menge $\mathcal{E}(0...k_e)$ durch alle in z_0 beginnenden Pfade der Länge k_e bestimmt. Die in $\mathcal{E}(0...k_e)$ vorkommenden Ereignisfolgen stehen an den Kanten dieser

Pfade. Da die Zustandsübergangsfunktion δ des Σ-Automaten jedem Paar (z, σ) einen eindeutigen Nachfolgezustand z' zuordnet, lassen sich die zusammengehörenden Zustands- und Ereignisfolgen ineinander umrechnen.

Die Tatsache, dass der Automat nicht auf eine eindeutige Ereignisfolge führt, sondern auf eine Menge $\mathcal{B}_E$ derartiger Folgen, ist ungewohnt, wenn man den Automaten für Simulationsuntersuchungen einsetzen will, denn dann möchte man für einen gegebenen Anfangszustand ein eindeutiges Systemverhalten berechnen. Die Ursache dafür, dass das Ergebnis nicht eindeutig ist, liegt an der Unkenntnis der Zustandsfolge, die das betrachtete System durchläuft. Deshalb kann man die Bewegung des Systems nicht eindeutig vorausberechnen. Das Ergebnis ist die Menge $\mathcal{B}$ von möglichen Bewegungen.

Der Grund dafür, dass man trotz dieses Nichtdeterminismus die getakteten Σ-Automaten zu den deterministischen Automaten zählt, liegt in der Tatsache, dass die Zustandsübergangsfunktion δ jedem Zustands-Ereignispaar (z, σ) einen *eindeutigen* Nachfolgezustand zuordnet, während bei den in Kapitel 4 eingeführten nichtdeterministischen Automaten anstelle der Zustandsübergangsfunktion eine Zustandsübergangs*relation* steht, die für alle Paare (z, σ) eine Menge von Nachfolgezuständen festlegt.

3.2.3 Modellierung ereignisdiskreter Systeme durch Σ-Automaten

Dieser Abschnitt beschreibt, wie man Σ-Automaten zur Modellierung ereignisdiskreter Systeme einsetzen kann. Bei der Aufstellung eines Σ-Automaten geht man in folgenden Schritten vor:

Algorithmus 3.1 *Beschreibung eines ereignisdiskreten Systems durch einen Σ-Automaten*

Gegeben: Modellierungsziel

1. Definition der Ereignismenge Σ

2. Definition der Zustandsmenge $\mathcal{Z}$

3. Festlegung der Zustandsübergangsfunktion δ, die die Zustandsübergänge und die dabei stattfindenden Ereignisse bestimmt

4. Festlegung des Anfangszustands z_0 und der Menge $\mathcal{Z}_F$ der Endzustände

Ergebnis: Σ-Automat $\mathcal{A} = (\mathcal{Z}, \Sigma, \delta, z_0, \mathcal{Z}_F)$.

Die ersten drei Schritte werden bei vielen Anwendungen mehrfach hintereinander durchlaufen, weil man häufig bei der Festlegung der Zustandsübergangsfunktion merkt, dass zu wenig oder zu viele Zustände eingeführt wurden und das gegebenenfalls Ereignisse genauer erfasst und ein bisher definiertes Ereignis durch mehrere Ereignisse ersetzt werden muss. Die Zustandsübergänge müssen die Forderung erfüllen, dass jedem Zustand für jedes Ereignis, das in diesem Zustand auftreten kann, genau ein Nachfolgezustand zugeordnet ist.

Die Bedeutung, die die Modellelemente „Zustand" und „Ereignis" für das zu beschreibende System haben, ist vom Anwendungsfall abhängig und unterscheidet sich in den einzelnen
Anwendungsfeldern der Automatentheorie sehr deutlich.

- **Zustandsorientierte Modellbildung**: Bei der Modellierung technischer Systeme haben
  die Zustände und Ereignisse eine physikalische Bedeutungen. Die Automatenzustände beschreiben z. B. den Zustand einer Anlage oder einen Prozess, der in der Anlage abläuft,
  während die Ereignisse Veränderungen wie das Zu- oder Abschalten von Teilprozessen oder
  Arbeitspunktwechsel repräsentieren. Die größte Schwierigkeit der Modellbildung liegt häufig in der geeigneten Definition der Automatenzustände (vgl. Abschn. 3.1.6).

- **Sprachorientierte Modellbildung**: In der Sprachverarbeitung steckt die wichtigste Information in den Zustandsübergängen, die Symbole oder Bezeichnungen tragen und deren
  Verknüpfung durch ein Σ-Automaten dargestellt werden soll. Demgegenüber sind die Zustände nur die verbindenden Elemente, die aufeinander folgende Symbole oder Beziehungen zwischen unterschiedlichen Bezeichnungen kennzeichnen. Die Zustände haben keine
  eigene Interpretation und werden durchnummeriert.

Die Anwendung von Σ-Automaten in den Ingenieurwissenschaften und in der Informatik unterscheiden sich vor allem im Hinblick auf die beiden genannten Herangehensweisen
der Modellierung. Trotz dieser Unterschiede wird in beiden Bereichen dieselbe mathematische
Struktur „Σ-Automat" für die Beschreibung ereignisdiskreter Vorgänge verwendet.

Auch die Festlegung des Anfangszustands und der Endzustände geschieht in Abhängigkeit
vom Modellierungsziel. Durch diese Zustände werden beispielsweise der Beginn und das Ende
von Prozessen oder ausgezeichneten Zeichenketten markiert.

Zustand des Σ-Automaten. Wie beim autonomen deterministischen Automaten muss der
Zustand des Σ-Automaten für jeden Anwendungsfall so definiert werden, dass eine Zustandsübergangsfunktion existiert, die den Nachfolgezustand *eindeutig* festlegt. In Erweiterung zum
autonomen deterministischen Automaten steht als Argument der Zustandsübergangsfunktion δ
jetzt das Zustand-Ereignis-Paar (z, σ) (vgl. Gl. (3.14)). Für den zu beschreibenden ereignisdiskreten Prozess müssen deshalb sowohl geeignete Zustände als auch geeignete Ereignisse
bestimmt werden, mit denen der Automat deterministisch ist. Der Determinismus bezieht sich
auf die Tatsache, dass es zu jeder Ereignisfolge, die der Automat erzeugen kann, eine eindeutige
festgelegte Zustandsfolge gibt.

Beispiel 3.4 *Spezifikation eines Netzwerkprotokolls mit Hilfe eines deterministischen Automaten*

Das im Beispiel 1.5 auf S. 14 beschriebene Netzwerkprotokoll wird jetzt durch einen deterministischen
Automaten beschrieben.

Die drei Komponenten Sender, Empfänger und Übertragungskanal haben die in Abb. 1.7 angegebenen Zustände. Der Zustand des Gesamtsystems ist durch die Kombination der Zustände der drei
Komponenten bestimmt, die in der angegebenen Reihenfolge hintereinander geschrieben werden. Der
Zustand $10E$ bedeutet beispielsweise, dass der Sender den Rahmen 1 sendet, der Empfänger den Rahmen 0 erwartet und der Übertragungskanal leer ist. Diese Situation tritt ein, wenn der Rahmen 0 verloren
geht. Insgesamt gibt es $2 \cdot 2 \cdot 4 = 16$ mögliche Zustände, von denen im Folgenden nur 10 gebraucht
werden.

Die Ereignisse sind durchnummeriert und haben folgende Bedeutung:

$\Sigma =$

Ereignis	Bedeutung
0	Ein Rahmen geht auf dem Kanal verloren.
1	Rahmen 0 wurde korrekt übertragen und der Bestätigungsrahmen abgesendet.
2	Der Bestätigungsrahmen wurde erhalten und der Rahmen 1 gesendet.
3	Rahmen 1 wurde korrekt übertragen und der Bestätigungsrahmen gesendet.
4	Der Bestätigungsrahmen wurde erhalten und der Rahmen 0 gesendet.
5	Die wiederholte Übertragung von Rahmen 0 war erfolgreich und der Bestätigungsrahmen wurde gesendet.
6	Die wiederholte Übertragung von Rahmen 1 war erfolgreich und der Bestätigungsrahmen wurde gesendet.
7	Nach Überschreitung der Wartezeit wurde der Rahmen 0 erneut gesendet.
8	Nach Überschreitung der Wartezeit wurde der Rahmen 1 erneut gesendet.

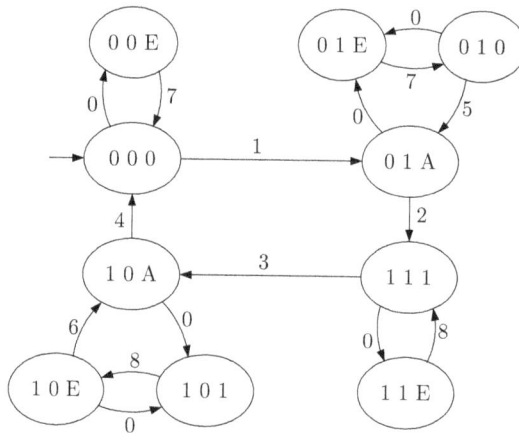

Abb. 3.11: Deterministischer Automat, der das Verhalten des Netzwerks bei der Übertragung eines Datenpakets beschreibt

Damit erhält man den in Abb. 3.11 gezeigten deterministischen Automaten, der das Verhalten des Netzwerks bei einer Datenübertragung beschreibt. □

Komplexität von Automaten. Automaten sind die einfachste Modellform für ereignisdiskrete Systeme, also diejenige Modellform, die die wenigsten Modellelemente besitzt. Jede andere Modellform erweitert die hier erläuterten Grundgedanken, um mehr Eigenschaften darstellen zu können (beispielsweise Zeitverzögerungen) oder um ein bestimmtes Systemverhalten kompakter repräsentieren zu können (beispielsweise parallele Teilprozesse). Deshalb kann man anhand von Automaten die Grundideen der Modellbildung ereignisdiskreter Systeme am besten kennen lernen. Andererseits sind die Analyseverfahren für Automaten einfacher als für alle anderen Modellformen, weil sich die Analyse nur auf die wenigen Modellelemente beziehen muss.

Die sparsame Verwendung von Modellelementen hat jedoch ihren Preis: Modelle in Form von Automaten sind immer sehr groß im Sinne einer großen Anzahl von Zuständen und Zustandsübergängen. Dies gilt besonders, wenn in dem zu beschreibenden System parallele Prozesse ablaufen, wie das folgende Beispiel zeigt. Die im Kapitel 6 eingeführten Petrinetze führen in diesen Fällen zu kompakteren Modellen.

Beispiel 3.5 *Beschreibung eines Parallelrechners durch einen nichtdeterministischen Automaten*

Es wird ein Parallelrechner betrachtet, bei dem vier unabhängige Rechenprozesse gleichzeitig gestartet und auf vier Prozessoren P_1, P_2, P_3 und P_4 abgearbeitet werden. Wenn sämtliche Prozesse abgeschlossen sind, werden die Ergebnisse durch eine weitere Rechnung zusammengefasst. Durch einen Automaten soll beschrieben werden, in welchen Zuständen sich der Parallelrechner zwischen dem gemeinsamen Beginn der vier Prozesse und dem Ende aller Prozesse befinden kann. Der Zustand wird durch den Vektor

$$z = \begin{pmatrix} z_1 \\ z_2 \\ z_3 \\ z_4 \end{pmatrix} \quad \text{mit} \quad z_i = \begin{cases} 1 & \text{der Prozessor } P_i \text{ arbeitet} \\ 0 & \text{der Prozessor } P_i \text{ arbeitet nicht,} \end{cases} \quad i = 1, ..., 4$$

beschrieben.

Es wird mit der Ereignismenge $\Sigma = \{\sigma_0, \sigma_1, \sigma_2, \sigma_3, \sigma_4\}$ gearbeitet, wobei σ_i anzeigt, dass der dem Prozessor P_i zugeordnete Rechenprozess beendet wird. Das Ereignis σ_0 bezeichnet den gleichzeitigen Beginn der vier Rechenprozesse.

Abbildung 3.12 zeigt den Grafen des gesuchten Automaten. Da keine Informationen darüber vorliegen, in welcher Reihenfolge die Prozessoren ihre Arbeit beenden, können die Ereignisse $\sigma_1, ..., \sigma_4$ in jeder möglichen Reihenfolge auftreten. Wie der Automatengraf zeigt, kann deshalb der Parallelrechner jeden der $2^4 = 16$ möglichen Zustände annehmen und es gibt 32 Zustandsübergänge. Der relativ einfache Sachverhalt, dass vier Rechenprozesse in nicht bekannter Reihenfolge beendet sein können, führt auf ein so großes Modell. Man kann sich leicht überlegen, dass zur Beschreibung eines Rechners mit fünf Prozessoren $2^5 = 32$ Zustände und 80 Zustandsübergänge und mit sieben Prozessoren $2^7 = 128$ Zustände und 448 Zustandsübergänge notwendig sind. □

Aufgabe 3.2* *Automatisches Garagentor*

Ein Garagentor soll sich selbsttätig öffnen, wenn ein Signalgeber das Heranfahren eines Fahrzeugs erkennt, und schließen, wenn das Fahrzeug durchgefahren ist.

1. Beschreiben Sie die Bewegung des Garagentors durch einen deterministischen Automaten.

2. Erweitern Sie das Modell so, dass es auch die Bewegung des Motors wiedergibt. Welche für die automatische Steuerung wichtigen Ereignisse beschreiben die Zustandsübergänge? □

Aufgabe 3.3* *Bestimmung des Restes bei der Division durch drei*

Stellen Sie einen Automaten auf, der eine gegebene Zahl von links nach rechts Ziffer für Ziffer einliest und dessen Zustand den Wert des Restes bei der Division der bereits eingelesenen Zahl durch drei angibt. Der Automat folgt also den Regeln, die man bei der schriftlichen Division einer Zahl durch drei anwendet, nur dass nicht das Ergebnis der Division, sondern der dabei entstehende Rest im Automaten gespeichert werden soll. □

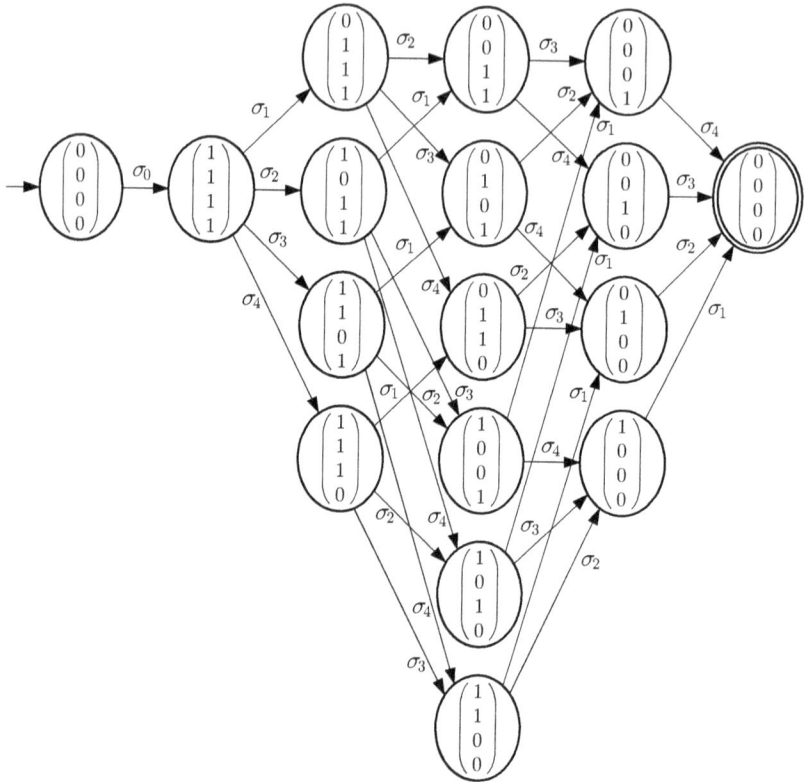

Abb. 3.12: Darstellung der Arbeitsweise eines Parallelrechners mit vier Prozessoren durch einen deterministischen Automaten

---

Aufgabe 3.4*   *Erweiterung des Robotermodells*

Das im Beispiel 3.3 angegebene Modell beschreibt einen Roboter, der wahlweise ein Werkstück vom Band 1 oder Band 2 greift und zum Ablageband transportiert. In welcher Reihenfolge die Werkstücke von den beiden Bändern gegriffen werden, wird nicht dargestellt.

Erweitern Sie das Modell so, dass die Werkstücke abwechselnd von den beiden Bändern gegriffen werden. Überlegen Sie sich dabei zunächst, wie der Zustand des Modells erweitert werden muss, damit die zusätzliche Bedingung an die Arbeitsweise des Roboters berücksichtigt werden kann. Wie muss das Modell erweitert werden, wenn auf dem Ablageband stets zwei Werkstücke vom Band 1 nach einem Werkstück vom Band 2 liegen sollen? □

Aufgabe 3.5*   *Beschreibung von Verwaltungsvorgängen durch einen Σ-Automaten*

Verwaltungen arbeiten ereignisdiskret, denn die Zeit für die Durchführung eines Verwaltungsaktes ist i. Allg. viel kürzer als die Zeit, die für die Übermittlung von Informationen, Anträgen usw. und das Weiterreichen dieser Unterlagen an die nächste zuständige Stelle vergeht. Beschreiben Sie den Einkauf eines Gerätes durch einen Automaten, wobei Sie sich an folgende Verwaltungsvorschriften halten müssen (das Folgende ist nur ein kleiner Auszug aus den tatsächlich zu beachtenden Vorschriften!):

- Vor dem Kauf des Gerätes müssen mindestens drei Angebote eingeholt werden.
- Es ist ein Bestellschein vierfach auszufüllen und mit der Unterschrift des Leiters der Beschaffungsstelle an die Verwaltung zu schicken.
- Die Angebote sind durch die Beschaffungsstelle zu überprüfen. Wenn nicht das billigste Angebot verwendet wird, ist der Bestellvorgang abzubrechen.
- Es ist zu überprüfen, ob für die Bezahlung ausreichend Geld auf dem entsprechenden Konto zur Verfügung steht.
- Es ist ein Begleitschreiben abzufassen und mit einem Exemplar des Bestellformulars an die Lieferfirma zu schicken.

Kennzeichnen Sie diejenigen Zustandsübergänge, die für den Gerätebeschaffer in dem Sinne sichtbar sind, dass er erfährt, ob und wann sie stattfinden. Was passiert, wenn einer der nicht sichtbaren Zustandsübergänge nicht stattfindet (Bearbeiter im Urlaub, Bestellschein abhanden gekommen usw.)? □

3.3 Deterministische Automaten und reguläre Sprachen

3.3.1 Automaten als Akzeptoren und Sprachgeneratoren

Die wichtigste Eigenschaft eines Σ-Automaten ist seine Sprache. Darunter versteht man die Menge aller Ereignisfolgen, die der Automat erzeugen kann, während er vom Anfangszustand zu einem markierten Endzustand übergeht. Man kann diese Eigenschaft nutzen, um entweder mit Hilfe des Σ-Automaten Ereignisfolgen seiner Sprache zu erzeugen oder um zu überprüfen, ob eine gegebene Folge von Ereignissen zur Sprache des Automaten gehört und deshalb zugelassen bzw. akzeptiert wird. Diese bereits anhand von Abb. 3.10 erläuterten Einsatzmöglichkeiten von Σ-Automaten wird hier mit der Begriffswelt der Informatik genauer betrachtet.

Ein breites Anwendungsfeld der nachfolgenden Untersuchung bietet sich in der Informatik, beispielsweise bei der Überprüfung der Syntax und bei der Übersetzung von Programmen. Es wird getestet, ob das als Zeichenfolge interpretierte Programm die Regeln der verwendeten Programmiersprache einhält. Gegebenenfalls werden syntaktische Fehler kenntlich gemacht. Als zweites Anwendungsgebiet sei die Automatisierungstechnik genannt, die die hier beschriebenen Mittel einsetzt, um die von einem Steuerkreis erzeugten Ereignisfolgen darzustellen und zu analysieren. Die Sprache des automatisierten Systems muss vorgegebenen Spezifikationen genügen, damit der ordnungsgemäße Betrieb der Anlage sichergestellt ist.

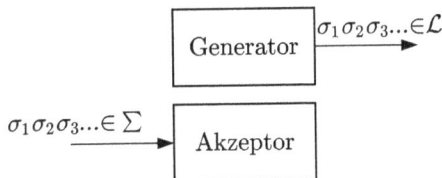

Abb. 3.13: Deterministische Automaten als Akzeptoren und Generatoren von formalen Sprachen

Abbildung 3.13 zeigt den Zusammenhang zwischen deterministischen Automaten und formalen Sprachen in der nachfolgend eingeführten Notation. Einerseits können Automaten verwendet werden um festzustellen, ob eine empfangene Ereignisfolge $\sigma_1\sigma_2\sigma_3...$ zu einer vorgegebenen Sprache $\mathcal{L}$ gehört. Der Σ-Automat wird dabei als ein Automat mit Eingabe interpretiert (Abb. 3.13 unten). Er ist ein passives System, das als *Akzeptor* (Erkenner) der Sprache $\mathcal{L}$ fungiert, indem er zwischen den zu $\mathcal{L}$ gehörenden und den nicht zu $\mathcal{L}$ gehörenden Ereignisfolgen unterscheidet. Der Automat bewegt sich von seinem Anfangszustand in Abhängigkeit von der eingelesenen Ereignisfolge und stoppt nach deren vollständiger Eingabe, wobei er entweder einen Endzustand $z \in \mathcal{Z}_F$ angenommen hat, der die Akzeptanz der Zeichenfolge anzeigt, oder einen Zustand außerhalb der Endzustandsmenge $\mathcal{Z}_F$, was die Zeichenfolge als „nicht akzeptiert" kennzeichnet.

Diese Verwendung von Σ-Automaten wird in der Informatik häufig durch die Abb. 3.14 veranschaulicht, bei der die zu untersuchende Zeichenkette auf einem Eingabeband gespeichert ist und zeichenweise durch den Σ-Automat eingelesen wird. Die Zeichenkette V wird als „akzeptiert" oder „nicht akzeptiert" klassifiziert. Der Σ-Automat $\mathcal{A}$ realisiert also eine Abbildung

$$\phi : \Sigma^* \rightarrow \{\text{akzeptiert, nicht akzeptiert}\}\,, \tag{3.20}$$

mit der man seine Sprache $\mathcal{L}(\mathcal{A})$ in der Form

$$\mathcal{L}(\mathcal{A}) = \{V \in \Sigma^* \mid \phi(V) = \text{akzeptiert}\}$$

dastellen kann. Σ^* ist die Menge aller mit den Elementen $\sigma \in \Sigma$ gebildeten Folgen, ϕ wird als *Automatenabbildung* bezeichnet.

Die Sprache $\mathcal{L}(\mathcal{A})$ des Σ-Automaten ist eine Teilmenge des im Abschn. 3.2.2 eingeführten Verhaltens $\mathcal{B}_E$, das alle durch den Automaten erzeugbaren Ereignisfolgen enthält ohne Rücksicht darauf, ob der Automat einen markierten Endzustand annimmt oder nicht:

$$\mathcal{L}(\mathcal{A}) \subseteq \mathcal{B}_E.$$

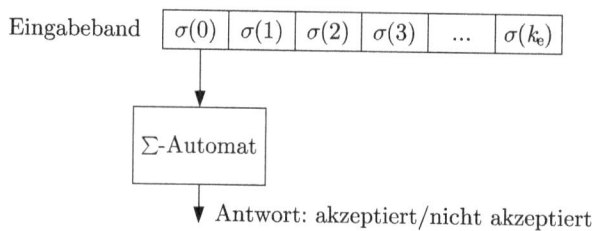

Abb. 3.14: Σ-Automat

Andererseits können Automaten als aktive Systeme verwendet werden, die die zu einer Sprache gehörenden Ereignisfolgen erzeugen (Abb. 3.13 oben). Der Σ-Automat arbeitet dabei als *Generator* der Sprache. Es ist offensichtlich, dass ein Automat, der als Akzeptor für eine Sprache $\mathcal{L}$ wirkt, dieselbe Sprache $\mathcal{L}$ auch generieren kann. Wenn im Folgenden der Einfachheit halber häufig nur von einem Akzeptor der Sprache die Rede ist, so wird damit also gleichzeitig der Fall behandelt, bei dem der Automat als ein Generator der Sprache arbeitet.

Die Bedeutung der Automaten in beiden Anwendungsfällen resultiert aus der Tatsache, dass der Automat eine *endliche* Repräsentation seiner Sprache $\mathcal{L}$ ist, die i. Allg. unendlich viele Elemente besitzt. Anstelle eine Menge mit unendlich vielen Ereignisfolgen zu analysieren, kann man einen Automaten mit einer endlichen Anzahl von Zuständen und Zustandsübergängen untersuchen, was offensichtlich eine erhebliche Komplexitätsreduktion bedeutet.

Dabei stellt sich natürlich die Frage, ob es für alle Sprachen eine endliche Darstellung gibt. Die Antwort darauf wird im Abschn. 4.2 für nichtdeterministische Automaten gegeben. Im Folgenden werden die auch für deterministische Automaten geltenden Begriffe und Zusammenhänge eingeführt.

Bei der Verwendung von Automaten als Akzeptoren bzw. Generatoren von formalen Sprachen treten an die Stelle der bisher verwendeten systemtheoretischen Begriffe Ereignis, Ereignisfolge und Verhalten die in der Informatik gebräuchlichen Bezeichnungen Symbol, Buchstabe, Wort bzw. Sprache, wobei folgende Korrespondenzen bestehen:

$$\text{Ereignis} \;-\; \text{Symbol, Buchstabe, Zeichen}$$
$$\text{Ereignismenge} \;-\; \text{Alphabet}$$
$$\text{Ereignisfolge} \;-\; \text{Wort, Zeichenkette}$$
$$\text{Verhalten} \;-\; \text{Sprache.}$$

Die rechts stehenden Begriffe werden jetzt erläutert und die im Folgenden begonnenen Untersuchungen im Abschn. 4.2 für nichtdeterministische Automaten fortgesetzt. Es wird dort gezeigt, welche Eigenschaften die von einem endlichen Automaten akzeptierten Sprachen, die man als regulär bezeichnet, haben. Dabei wird sich herausstellen, dass es einen direkten Zusammenhang zwischen regulären Sprachen und Automaten gibt. Nach dem Satz von Kleene ist eine Sprache regulär, wenn sie von einem endlichen Automaten erkannt wird, und es gibt für jede reguläre Sprache einen endlichen Automaten, der diese Sprache erkennt.

3.3.2 Formale Sprachen

In diesem Abschnitt werden die für die Definition einer formalen Sprache notwendigen Begriffe eingeführt. Unter einem *Alphabet* versteht man eine endliche, nichtleere Menge, die hier mit Σ bezeichnet wird, weil sie später als Ereignismenge des Automaten Verwendung findet. Jedes Element von Σ wird Symbol, Buchstabe oder Zeichen genannt. Wenn die Menge Σ endlich viele Elemente enthält, was im Folgenden immer der Fall ist, so spricht man von einem endlichen Alphabet.

Unter einer Verkettung oder Konkatenation[4] versteht man die Hintereinanderreihung von endlich vielen Buchstaben oder Buchstabenfolgen, beispielsweise

$$\sigma_2 \sigma_1 \sigma_3 \sigma_1 \sigma_4 \sigma_5 \quad \text{mit } \sigma_i \in \Sigma.$$

---

[4] engl. *to concatenate* – verketten

Die dabei entstehenden Zeichenketten bezeichnet man als *Wörter*. Wörter unterscheiden sich nur in ihrer Darstellung von den im letzten Abschnitt betrachteten Ereignisfolgen wie z. B. $E(0...2) = (\sigma_2, \sigma_1, \sigma_3)$. Die Folgen werden hier kürzer, nämlich ohne Klammern und Kommas, geschrieben. Im Folgenden werden Variablen, die Zeichenketten repräsentieren, durch Großbuchstaben (z. B. V) und Variablen für einzelne Symbole durch kleine Buchstaben (z. B. σ, a, b) dargestellt. Die Zeichenfolge Va besteht demnach aus der Folge V, die um den Buchstaben a verlängert ist. Wenn man die Verkettung von V und a hervorheben will, schreibt man dafür auch $V \cdot a$. Die n-fache Wiederholung des Buchstabens a wird durch a^n abgekürzt.

Für ein endliches Alphabet kann man durch Verkettung von beliebigen, aber endlich vielen Buchstaben eine i. Allg. sehr große Anzahl von Wörtern bilden. Die Menge dieser Wörter wird mit Σ^* bezeichnet.

Außerdem werden das *leere Wort* und das *leere Zeichen* eingeführt, die beide das Symbol ε haben und ebenfalls zu Σ^* gehören. Das leere Zeichen ε kann an beliebiger Stelle in eine Zeichenkette eingefügt oder aus der Zeichenkette gestrichen werden, ohne dass sich die Bedeutung der Zeichenkette verändert. Beispielsweise stellen die Zeichenketten

$$\text{abcd}, \quad \varepsilon\text{abcd}, \quad \varepsilon a \varepsilon b \varepsilon c \varepsilon d \varepsilon$$

dasselbe Wort dar. Wenn man mit $|V|$ die Länge einer Zeichenkette V bezeichnet, so gilt

$$|\text{abcd}| = |\varepsilon\text{abcd}| = |\varepsilon a \varepsilon b \varepsilon c \varepsilon d \varepsilon| = 4.$$

Für die Zustandsübergangsfunktion gilt für alle Zustände $z \in \mathcal{Z}$ die Beziehung

$$\delta(z, \varepsilon) = z, \tag{3.21}$$

d. h., das leere Symbol löst keinen Zustandswechsel aus.

Σ^+ bezeichnet die Menge aller Wörter des Alphabets Σ mit Ausnahme des leeren Wortes ε:

$$\Sigma^+ = \Sigma^* \backslash \{\varepsilon\}.$$

Unter einer *formalen Sprache* $\mathcal{L}$ versteht man eine Teilmenge von Σ^*:

$$\mathcal{L} \subseteq \Sigma^*. \tag{3.22}$$

Wenn man sich auf das Alphabet Σ beziehen will, bezeichnet man $\mathcal{L}$ als formale Sprache über dem Alphabet Σ. Entsprechend dieser Definition sind auch die leere Menge $\emptyset$ sowie die Menge $\{\varepsilon\}$, die nur das leere Symbol enthält, Sprachen. Man beachte dabei, dass $\emptyset$ und $\{\varepsilon\}$ verschiedene Sprachen sind.

Der durch Gl. (3.22) eingeführte Begriff der Sprache ist sehr allgemein, denn er bezieht sich nicht auf bestimmte Bildungsvorschriften, nach denen die zu $\mathcal{L}$ gehörenden Zeichenketten aus den Buchstaben des Alphabets aufgebaut sind. Derartige Bildungsvorschriften werden erst im nächsten Abschnitt eingeführt, in dem es um die Sprache eines Automaten geht.

Wenn im Folgenden von einer Sprache die Rede ist, so ist stets eine formale Sprache gemeint, also eine Menge von Zeichenketten. Mit dem Attribut formal sollen diese Sprachen von den natürlichen Sprachen, die Menschen sprechen, unterschieden werden. Beiden Sprachen ähneln sich in dem Sinne, dass ihre Wörter nach bestimmten Regeln gebildet werden. Durch die *Syntax*[5] wird festgelegt, welche Wörter von Σ^* zu einer Sprache $\mathcal{L}$ gehören. Im Abschn. 4.2.4 werden Automaten aus der Syntax einer gegebenen Sprache $\mathcal{L}$ abgeleitet, so dass man mit diesen Automaten überprüfen kann, ob ein gegebenes Wort zu $\mathcal{L}$ gehört.

Aufgabe 3.6 *Definition einer Sprache*

Bilden Sie die Menge Σ^* und definieren Sie zwei Sprachen über dem Alphabet $\Sigma = \{a, b, c\}$. □

3.3.3 Verallgemeinerte Zustandsübergangsfunktion

Wenn man einen Automaten als Akzeptor einsetzen will, interessiert man sich nur für die Frage, ob er eine gegebene Ereignisfolge als Ganzes verarbeiten kann oder nicht, wobei die dabei durchlaufene Zustandsfolge von untergeordneter Bedeutung ist. Nach dem vollständigen Einlesen der Zeichenkette ist lediglich die Tatsache von Interesse, ob die erzeugte Zustandsfolge in einem Zustand der Menge $\mathcal{Z}_F$ endet oder nicht, wobei nur im ersten Fall die Zeichenfolge akzeptiert wird. Um diese Sachverhalte in Kurzform darstellen zu können, wird in diesem Abschnitt die verallgemeinerte Zustandsübergangsfunktion eingeführt.

Wenn ein Automat ausgehend vom Anfangszustand z_0 eine Zeichenkette

$$V = \sigma(0)\sigma(1)\sigma(2)\dots\sigma(k_e)$$

verarbeitet, so führt er dabei die durch die Zustandsübergangsfunktion festgelegten Zustandsübergänge

$$z(k+1) = \delta(z(k), \sigma(k)), \quad k = 0, 1, \dots, k_e$$

aus und durchläuft die Zustandsfolge $Z(0\dots k_e + 1) = (z(0), z(1), z(2), \dots, z(k_e + 1))$. Die verallgemeinerte Zustandsübergangsfunktion

$$\delta^* : \mathcal{Z} \times \Sigma^* \to \mathcal{Z}$$

soll die $(k_e + 1)$-fache Ausführung der Funktion δ beschreiben, so dass man als Funktionswert $\delta^*(z_0, V)$ denjenigen Zustand erhält, in dem sich der Automat nach dem vollständigen Einlesen der Zeichenkette V mit $k_e + 1$ Symbolen befindet:

$$z_0 \xrightarrow{V} \delta^*(z_0, V).$$

Die Funktion δ^* wird deshalb folgendermaßen definiert:

Verallgemeinerte Zustandsübergangsfunktion:
$$\delta^*(z, \varepsilon) = z$$
$$\delta^*(z_0, Va) = \delta(\delta^*(z_0, V), a).$$

(3.23)

---

[5] Syntax – Lehre vom Satzbau

Die erste Gleichung besagt, dass das leere Symbol keine Zustandsänderung herbeiführt. In der zweiten Gleichung wird die verallgemeinerte Zustandsübergangsfunktion für die Zeichenkette $V \cdot a$ definiert, wobei V eine beliebig Zeichenkette und a ein einzelner Buchstabe ist. Die Gleichung besagt, dass δ^* denselben Zustand liefert, wenn man diese Funktion auf den Anfangszustand z_0 mit der gesamten Zeichenkette $V a$ anwendet oder wenn man zunächst mit δ^* den Zustand nach dem Einlesen der Zeichenkette V bestimmt und dann den Funktionswert der Zustandsübergangsfunktion δ für den erhaltenen Zustand und das letzte Symbol a der Zeichenkette berechnet.

Die rekursive Definition von δ^* sagt also das Erwartete aus: Die Funktion δ^* erzeugt für eine Zeichenkette den Endzustand, in den der Automat vom Anfangszustand z_0 aus übergeht, wenn er die Zeichenkette verarbeitet.[6] Wenn δ für ein dabei vorkommendes Zustands-Ereignis-Paar nicht definiert ist, ist δ^* für die betreffende Zeichenkette V nicht definiert. Aus einer partiell definierten Zustandsübergangsfunktion erhält man folglich eine partiell definierte verallgemeinerte Zustandsübergangsfunktion.

Beispiel 3.6   *Verallgemeinerte Zustandsübergangsfunktion*

Der in Abb. 3.15 gezeigte Automat hat die Zustandsübergangsfunktion

$$\delta = \begin{array}{|c|c|c|} \hline z' & z & \sigma \\ \hline 2 & 1 & a \\ 3 & 2 & b \\ 4 & 2 & c \\ 4 & 3 & c \\ \hline \end{array} \, .$$

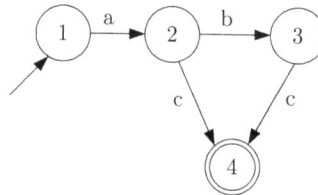

Abb. 3.15: Automat zur Erläuterung der verallgemeinerten
Zustandsübergangsfunktion

Entsprechend der Definition (3.23) erhält man daraus die folgende verallgemeinerte Zustandsübergangsfunktion:

---

[6] Wenn man δ^* auf einen einzelnen Buchstaben a anwendet, so erhält man dasselbe Ergebnis wie bei der Anwendung von δ: $\delta^*(z, a) = \delta(z, a)$. In einem Teil der Literatur wird deshalb nicht zwischen beiden Funktionen unterschieden und die verallgemeinerte Zustandsübergangsfunktion ebenfalls mit δ bezeichnet. Zur Klarheit der Darstellung wird diese Konvention hier nicht übernommen und stets zwischen δ und δ^* unterschieden.

$$\delta^*(1,\varepsilon) = 1$$
$$\delta^*(1,a) = \delta(\delta^*(1,\varepsilon),a) = \delta(1,a) = 2$$
$$\delta^*(1,ab) = \delta(\delta^*(1,a),b) = \delta(2,b) = 3$$
$$\delta^*(1,abc) = \delta(\delta^*(1,ab),c) = \delta(3,b) = 4$$
$$\delta^*(1,ac) = \delta(\delta^*(1,a),c) = \delta(2,c) = 4$$
$$\delta^*(1,aa) = \delta(\delta^*(1,a),a) = \delta(2,a) = \text{nicht definiert}.$$

In Tabellenform zusammengefasst hat δ^* folgendes Aussehen:

$$\delta^* =$$

$\delta^*(z,V)$	z	V
1	1	ε
2	1	a
3	1	ab
4	1	abc
4	1	ac
-	1	aa

Die Funktion δ^* ist für viele Zeichenketten nicht definiert. In der Tabelle ist in der letzten Zeile dafür die Zeichenkette aa als Beispiel angegeben.

Die Funktion δ^* wurde hier nur für den Zustand $z = 1$ aufgeschrieben, weil dies der vorgegebene Anfangszustand des Automaten ist und für die Akzeptanz einer Zeichenkette nur diese Werte der verallgemeinerten Zustandsübergangsfunktion wichtig sind. Die Funktion δ^* ist jedoch durch Gl. (3.23) auch für andere Zustände z definiert.

Für Automaten mit wenigen Zuständen kann man die Werte von δ^* schneller aus dem Automatengrafen ablesen. So gilt die vorletzte der o. a. Zeilen, weil der Automat vom Anfangszustand 1 aus für die Zeichenkette ac die Zustandsfolge $(1, 2, 4)$ durchläuft, woraus sich $\delta^*(1,ac) = 4$ ergibt. □

3.3.4 Sprache deterministischer Automaten

Unter der *Sprache des Automaten* $\mathcal{A}$ versteht man die Menge derjenigen Zeichenketten, für die die verallgemeinerte Zustandsübergangsfunktion definiert ist und auf einen markierten Endzustand führt:

> **Sprache deterministischer Automaten:**
> $$\mathcal{L}(\mathcal{A}) = \{V \mid \delta^*(z_0, V)!, \ \delta^*(z_0, V) \in \mathcal{Z}_F\}.$$

(3.24)

Von der durch Gl. (3.19) definierten Menge $\mathcal{E}$ unterscheidet sich die Sprache $\mathcal{L}$ – abgesehen von den Bezeichnungen – durch die Tatsache, dass sie Zeichenketten unterschiedlicher Länge enthält, und durch die hier zusätzlich erhobene Forderung, dass der letzte Zustand der zu den Zeichenketten V gehörenden Zustandsfolgen in der Menge $\mathcal{Z}_F$ liegen muss. Auf den Automatengrafen bezogen heißt dies, dass es einen Pfad vom Anfangszustand z_0 zu einem Endzustand $z_F \in \mathcal{Z}_F$ gibt, für den die Verkettung der Kantengewichte mit der eingelesenen Zeichenkette übereinstimmt. Man sagt dann auch, dass der Pfad mit dem eingegebenen Wort *beschriftet* ist.

Dieser Bezug der Sprache zum Automatengrafen führt auf eine Aussage in Bezug zur Mächtigkeit der Sprache eines Automaten. Wenn im Automatengrafen nur eine endliche Anzahl von Pfaden vom Anfangszustand zu einem Endzustand führen, so umfasst die Sprache des

Automaten nur eine endliche Anzahl von Zeichenketten. Sobald der Automatengraf Schlingen oder Schleifen besitzt, enthält seine Sprache unendlich viele Zeichenketten. In vielen Anwendungen ist die Anzahl der Elemente einer Automatensprache so groß, dass man die Sprache nicht dadurch analysieren kann, dass man alle ihre Elemente einzeln untersucht. Im Folgenden wird deshalb immer der Akzeptor $\mathcal{A}$ einer Sprache für die Lösung von Analyseaufgaben herangezogen, selbst wenn das Analyseziel als eine Eigenschaft der Sprache $\mathcal{L}(\mathcal{A})$ formuliert wird.

Wenn der Automat in einem Zustand ein Ereignis nicht verarbeiten kann, so ist für die entsprechende Zeichenkette die Funktion δ^* nicht definiert. In diese Situation kommt man sehr häufig, nämlich bei vielen Wörtern aus Σ^*, die nicht zur Sprache des Automaten gehören. Die Tatsache, dass δ^* partiell definiert ist, ist also kein Mangel, sondern eine wichtige Grundlage, um zwischen akzeptierten und nicht akzeptierten Wörtern zu unterscheiden.

Beispiel 3.7   *Sprache eines Automaten*

Die vom Automaten aus Beispiel 3.6 akzeptierten Zeichenketten liest man aus der angegebenen Tabelle in denjenigen Zeilen ab, in denen $\delta^*(1, V) = 4$ ist, weil der Zustand 4 der einzige Endzustand des Automaten ist. Es gilt folglich

$$\mathcal{L} = \{abc, ac\}.$$

Die Sprache des Automaten besteht nur aus zwei Zeichenketten, weil es im Automatengrafen nur zwei Pfade zwischen dem Anfangszustand $z_0 = 1$ und dem Endzustand $z_F = 4$ gibt. $\square$

Beispiel 3.8   *Sprache eines Roboters*

Die Sprache des im Beispiel 3.3 betrachteten Roboters beschreibt dessen Handlungsfolgen. Aus dem Alphabet

$$\Sigma = \{\sigma_1, \sigma_2, \sigma_3, \sigma_4, \sigma_5\}$$

kann die Menge Σ^* aller möglichen Zeichenketten abgeleitet werden:

$$\Sigma^* = \{\varepsilon, \sigma_1, ..., \sigma_5, \sigma_1\sigma_1, \sigma_1\sigma_2, ..., \sigma_1\sigma_5, ..., \sigma_1\sigma_2\sigma_3, ..., \sigma_5\sigma_5\sigma_1, ...\}.$$

Diese Menge hat unendlich viele Elemente, weil die Länge der Wörter nicht beschränkt ist. Wenn man nur die Wörter mit 6 Buchstaben (also 6 Roboterbewegungen hintereinander) betrachten würde, erhielte man bereis eine Menge mit $5^6 = 15625$ Elementen.

Nur ein vergleichsweise kleiner Teil dieser Wörter gehört zur Sprache $\mathcal{L}$ des Roboters. Wie der Automatengraf in Abb. 3.8 auf S. 74 zeigt, müssen die Zeichenketten mit σ_4 oder σ_5 beginnen und mit σ_3 enden. Auch die dazwischen liegenden Ereignisse sind an die durch den Automaten festgelegten Regeln gebunden, so dass nur die Zeichenketten

$$\varepsilon$$

$$\sigma_5\sigma_1\sigma_2\sigma_3$$

$$\sigma_4\sigma_1\sigma_2\sigma_3$$

sowie deren beliebige Verkettungen zur Sprache $\mathcal{L}$ des Roboters gehören. Die Sprache des Roboters hat unendlich viele Elemente, weil es im Automatengrafen Zyklen gibt, die beliebig oft durchlaufen werden können.

Obwohl die Sprache unendlich viele Elemente enthält, umfasst sie nur einen sehr kleinen Teil aller in Σ^* stehenden Zeichenketten. Nicht dazu gehören beispielsweise die Wörter

$$\sigma_5\sigma_1\sigma_3\sigma_2\sigma_3 \quad \text{vgl. die Zustandsfolge } (5, 3, 4, 3, 6, 5) \tag{3.25}$$

$$\sigma_4\sigma_5\sigma_4\sigma_1\sigma_2\sigma_3 \quad \text{vgl. die Zustandsfolge } (5, 1, 3, 1, 2, 5) \tag{3.26}$$

$$\sigma_5\sigma_1\sigma_4\sigma_2\sigma_3 \quad \text{vgl. die Zustandsfolge } (5, 3, 4, 1, 6, 5) \tag{3.27}$$

sowie alle ihre Verkettungen. Durch die Sprache werden aus der Vielzahl der möglichen Ereignisfolgen diejenigen herausgegriffen, die die beabsichtigte Funktionsweise des Roboters beschreiben. □

Wortproblem. Ein grundlegendes Problem, das man mit Hilfe von Automaten lösen kann, ist das Folgende:

Wortproblem: Gegeben sind ein Wort $V \in \Sigma^*$ und eine Sprache $\mathcal{L}$. Es ist zu entscheiden, ob das Wort zur Sprache gehört: $V \overset{?}{\in} \mathcal{L}$.

Aus dem vorher Gesagten geht der prinzipielle Lösungsweg hervor: Für die Sprache $\mathcal{L}$ wird ein Akzeptor gebildet. Das Wort V gehört genau dann zur Sprache $\mathcal{L}$, wenn der Akzeptor einen Pfad vom Startzustand zu einem Endzustand besitzt, der mit V beschriftet ist. Diese Bedingung kann man in linearer Zeit $O(M)$ bezüglich der Wortlänge M überprüfen, indem man die Zeichen von V nacheinander einliest und überprüft, ob es vom aktuellen Zustand eine mit dem eingelesenen Zeichen beschriftete Kante gibt.

Andere Sprachbegriffe. Der Begriff der Sprache von Automaten wird in der Literatur nicht einheitlich gebraucht. Ein Teil der Autoren unterscheidet zwischen der Sprache $\mathcal{L}(\mathcal{A})$ und der *markierten Sprache* $\mathcal{L}_m(\mathcal{A})$ des Automaten $\mathcal{A}$, wobei die Sprache

$$\mathcal{L}(\mathcal{A}) = \{V \mid \delta^*(z_0, V)!\}$$

alle Zeichenketten enthält, für die eine Zustandsfolge definiert ist, unabhängig davon, ob der Automat dabei in einen Endzustand übergeht. Die Teilmenge

$$\mathcal{L}_m(\mathcal{A}) \subseteq \mathcal{L}(\mathcal{A}),$$

für die der Automat entsprechend Gl. (3.24) in einen Endzustand übergeht, heißt markierte Sprache. Der markierten Sprache $\mathcal{L}_m(\mathcal{A})$ entspricht also die Sprache $\mathcal{L}(\mathcal{A})$ nach der hier eingeführten und im Weiteren verwendeten Definition und der Sprache $\mathcal{L}(\mathcal{A})$ das Verhalten $\mathcal{B}_E$.

Aufgabe 3.7* *Fließkommaakzeptor*

Geben Sie den Automatengrafen eines Akzeptors an, der die in Programmiersprachen typischerweise vorkommenden Fließkommazahlen wie 27, -18, $+3.1416$, $-8e-13$, $64.23E+3$ akzeptiert. □

Aufgabe 3.8*   *Sprache des ungesteuerten Roboters*

Im Beispiel 3.8 wurde der Roboter zusammen mit der Robotersteuerung betrachtet, wobei durch die Robotersteuerung bewirkt wird, dass der Roboter zyklisch Teile von den beiden Bändern auf das Ablageband transportiert. Wenn man die Aufgabe hat, die Robotersteuerung zu entwerfen, so betrachtet man zunächst den ungesteuerten Roboter. Ein dafür geeignetes Modell beschreibt alle technisch sinnvollen Verkettungen der im Beispiel 3.8 auf S. 90 definierten Bewegungen (Ereignisse).

Zeichnen Sie den Automatengrafen des ungesteuerten Roboters. Geben Sie Zeichenketten des ungesteuerten Roboters an, die nicht zur Sprache des gesteuerten Roboters gehören. Interpretieren Sie die Funktion der Robotersteuerung als Sprachen des ungesteuerten und des gesteuerten Roboters. □

Aufgabe 3.9*   *Sperrung der Vorwahl 0190*

Um am Telefon den Missbrauch von gebührenpflichtigen Telefonnummern zu verhindern, die mit der Folge 0190 beginnen, soll ein Programm geschrieben werden, dass diese Telefonnummern erkennt und dann den Telefonapparat sperrt. Zum Erkennen der Telefonnummern braucht man einen Akzeptor, dessen Automatengraf aufzustellen ist. □

Aufgabe 3.10*   *Überprüfung der Rechtschreibung*

Ein wichtiger Schritt einer Rechtschreibkorrektur in Textverarbeitungssystemen besteht in dem Vergleich zweier Wörter, von denen eines aus dem zu bearbeitenden Text stammt und das andere ein Vergleichswort aus einem Wörterbuch ist.

Beschreiben Sie den Algorithmus zum Vergleichen zweier Wörter durch einen Automaten, der zwei Endzustände besitzt, von denen einer bei vollständiger Übereinstimmung der Wörter und der andere bei Unterschieden in beiden Wörtern angenommen wird. □

Aufgabe 3.11*   *Sprache eines Fahrstuhls*

Als Bewegungsmöglichkeiten eines Fahrstuhls sollen in dieser Aufgabe das Öffnen und Schließen der Tür und das Bewegen des Fahrkorbs zwischen den Etagen betrachtet werden, wobei folgende Abkürzungen vereinbart werden:

> ö — Öffnen der Tür
>
> s — Schließen der Tür
>
> a — Bewegung des Fahrkorbs um 1 Etage nach oben
>
> b — Bewegung des Fahrkorbs um 1 Etage nach unten.

1. Zeichnen Sie den Grafen eines Automaten, der sämtliche Bewegungsmöglichkeiten des Fahrkorbs für ein mehrstöckiges Haus darstellt.

2. Welche Sprache hat der Automat?

3. Aus Sicherheitsgründen muss die Steuerung des Fahrstuhls dafür sorgen, dass der Fahrkorb nicht bei offener Tür bewegt wird. Reduzieren Sie Ihren Automaten so, dass der Fahrstuhl nur noch die Bewegungen ausführt, die den Sicherheitsbestimmungen entsprechen.

4. Wie reduziert sich dadurch die Sprache des Automaten?

5. Bei einer funktionsgerechten Bewegung des Fahrstuhls wird die Tür nicht mehrfach hintereinander geöffnet und geschlossen und der Fahrkorb nicht hintereinander nach oben und unten bewegt. Enthält die im vierten Schritt aufgestellte Sprache des Fahrstuhls auch nicht funktionsgerechte Bewegungen? □

Aufgabe 3.12 *Akzeptor der Sprache $\mathcal{L} = \Sigma^*$*

Welche Eigenschaften besitzt der Zustandsgraf eines Akzeptors der Sprache $\mathcal{L} = \Sigma^*$? □

3.4 Deterministische E/A-Automaten

3.4.1 Definition

In diesem Abschnitt wird der Automatenbegriff für Systeme mit Eingang und Ausgang erweitert. Der Automat ist dann ein dynamisches System, das die Eingangsfolge

$$V(0...k_e) = (v(0), v(1), ..., v(k_e))$$

erhält, vom Anfangszustand z_0 aus eine Zustandsfolge $Z(0...k_e)$ durchläuft und dabei eine Ausgangsfolge

$$W(0...k_e) = (w(0), w(1), ..., w(k_e))$$

erzeugt. Von außen sichtbar sind i. Allg. nur die Eingangs- und die Ausgangsfolge, während die Zustandsfolge im Inneren des Systems verborgen bleibt. Die wichtigsten Eigenschaften eines Automaten mit Eingang und Ausgang spiegelt sich in den Paaren zusammengehöriger Eingangs- und Ausgangsfolgen wider, die man als Eingangs-Ausgangspaare (E/A-Paare) $(V(0...k_e), W(0...k_e))$ bezeichnet.

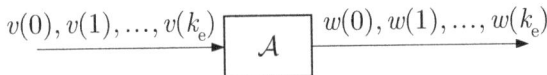

$$v(0), v(1), ..., v(k_e) \quad \boxed{\mathcal{A}} \quad w(0), w(1), ..., w(k_e)$$

Abb. 3.16: Deterministischer Automat mit Eingang und Ausgang

Derartige Automaten werden in der systemtheoretischen Literatur durch das in Abb. 3.16 gezeigte Blockschaltbild dargestellt, während man in der Informatikliteratur auf Automaten mit Eingang und Ausgang kommt, indem man Σ-Automaten nach Abb. 3.14 auf S. 84 um ein Ausgabeband erweitert, wobei der in Abb. 3.17 gezeigte Automat entsteht. Die Bezeichnungen der Signale sind dieselben wie die im Kapitel 1 für ereignisdiskrete Systeme im Allgemeinen angegebenen.

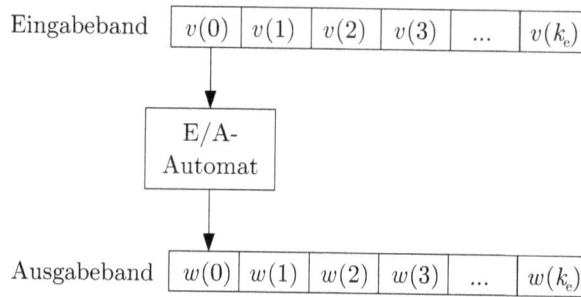

Abb. 3.17: Automat mit Eingang und Ausgang als Erweiterung des
Σ-Automaten

Um den autonomen Automaten zu einem Automaten mit Eingang und Ausgang (E/A-Automat) zu erweitern, muss man die Mengen der möglichen Eingangs- und Ausgangssymbole definieren, die man auch als das Eingangs- bzw. Ausgangsalphabet des Automaten bezeichnet. Die Zustandsübergänge sind jetzt von der aktuellen Eingabe $v(k)$ abhängig, was eine Erweiterung der Zustandsübergangsfunktion G notwendig macht. Außerdem braucht man eine Funktion, die aus dem aktuellen Zustand und der aktuellen Eingabe die Ausgabe $w(k)$ festlegt.

Ein deterministischer E/A-Automat ist somit durch das 6-Tupel

$$\boxed{\begin{array}{c} \text{Deterministischer E/A-Automat:} \\[4pt] \mathcal{A} = (\mathcal{Z}, \mathcal{V}, \mathcal{W}, G, H, z_0) \end{array}} \qquad (3.28)$$

beschrieben mit

- $\mathcal{Z}$ – Zustandsmenge
- $\mathcal{V}$ – Menge der Eingangssymbole (Eingabealphabet)
- $\mathcal{W}$ – Menge der Ausgangssymbole (Ausgabealphabet)
- G – Zustandsübergangsfunktion
- H – Ausgabefunktion
- z_0 – Anfangszustand.

Das dynamische Verhalten wird durch die Zustandsübergangsfunktion

$$G : \mathcal{Z} \times \mathcal{V} \to \mathcal{Z}$$

und die Ausgabefunktion

$$H : \mathcal{Z} \times \mathcal{V} \to \mathcal{W}$$

dargestellt. Es ist durch die beiden Gleichungen

$$\boxed{\begin{array}{l} \text{Zustandsraumdarstellung deterministischer E/A-Automaten:} \\[4pt] z(k{+}1) = G(z(k), v(k)), \quad z(0) = z_0 \\[4pt] w(k) = H(z(k), v(k)) \end{array}} \qquad (3.29)$$

beschrieben. Wenn die Funktionen G und H nur partiell definiert sind, gilt die Gl. (3.29) nur für aktivierte Eingaben $v(k)$

$$v(k) \in \mathcal{V}_{\mathrm{akt}}(z(k)),$$

wobei $\mathcal{V}_{\mathrm{akt}}(z(k))$ in Analogie zur Menge $\Sigma_{\mathrm{akt}}(z(k))$ der aktivierten Ereignisse diejenigen Werte $v \in \mathcal{V}$ enthält, für die die Funktionen G und H im aktuellen Zustand $z(k)$ definiert sind.

Im Unterschied zum Σ-Automaten wird für den E/A-Automaten keine Menge $\mathcal{Z}_{\mathrm{F}}$ von Endzuständen definiert, weil es bei E/A-Automaten auf die Umwandlung einer Eingabefolge in eine Ausgabefolge ankommt. Wenn man mit der speziellen Menge

$$\mathcal{W} = \{\text{akzeptiert, nicht akzeptiert}\}$$

arbeitet, kann man einen E/A-Automaten auch zur Analyse von Sprachen verwenden. Der Anwendungsbereich von E/A-Automaten ist jedoch wesentlich breiter.

Automatentabelle und Automatengraf. Die Automatentabelle stellt die Funktionswerte der beiden Funktionen G und H für jeden Zustand z und jede Eingabe v dar, wobei die Erweiterung gegenüber dem autonomen Automaten so vorgenommen wird, dass der aktuelle Zustand und die aktuelle Eingabe in den rechten beiden Spalten und der Nachfolgezustand z' bzw. die erzeugte Ausgabe w in den linken Spalten stehen, wie das folgende Beispiel zeigt:

$$
G =
\begin{array}{|c|c|c|}
\hline
z' & z & v \\
\hline
2 & 1 & 1 \\
1 & 1 & 2 \\
2 & 2 & 1 \\
3 & 2 & 2 \\
4 & 3 & 1 \\
2 & 3 & 2 \\
1 & 4 & 1 \\
1 & 4 & 2 \\
\hline
\end{array}
\quad , \quad
H =
\begin{array}{|c|c|c|}
\hline
w & z & v \\
\hline
1 & 1 & 1 \\
1 & 1 & 2 \\
1 & 2 & 1 \\
2 & 2 & 2 \\
1 & 3 & 1 \\
1 & 3 & 2 \\
2 & 4 & 1 \\
1 & 4 & 2 \\
\hline
\end{array}
\quad .
$$

Häufig sind die Funktionen G und H partiell definiert, so dass die Automatentabellen nicht für alle möglichen Paare (z, v) Einträge enthalten.

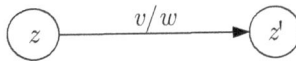

Abb. 3.18: Kante im Grafen eines E/A-Automaten

Auch der Automatengraf muss erweitert werden, weil die Zustandsübergänge jetzt von der Eingabe abhängen und mit einer Ausgabe verknüpft sind. Eingabe und Ausgabe werden an die betreffenden Kanten als E/A-Paar v/w geschrieben, wie es Abb. 3.18 zeigt. Der zu der angegebenen Automatentabelle gehörige Automatengraf ist in Abb. 3.19 zu sehen. Der Zustandsübergang $4 \rightarrow 1$ tritt entweder bei der Eingabe $v = 1$ auf, wobei $w = 2$ ausgegeben wird, oder bei der Eingabe $v = 2$, wobei $w = 1$ als Ausgabe erzeugt wird. Um den Grafen zu vereinfachen, wird anstelle zweier Kanten üblicherweise nur eine Kante mit beiden E/A-Paaren gezeichnet. Wie beim autonomen Automaten ist der Anfangszustand $z_0 = 1$ durch einen Pfeil gekennzeichnet.

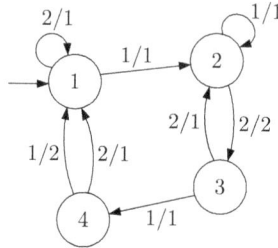

Abb. 3.19: Automatengraf eines deterministischen E/A-Automaten

Verhaltensrelation. Eine zu Gl. (3.29) alternative Darstellungsform des Automaten erhält man durch Einführung der *Verhaltensrelation* $\mathcal{L}$:

$$\mathcal{L} \subseteq \mathcal{Z} \times \mathcal{W} \times \mathcal{Z} \times \mathcal{V}. \tag{3.30}$$

Jedes zur Menge $\mathcal{L}$ gehörende Quantupel (z', w, z, v) besagt, dass der Automat aus dem Zustand z bei der Eingabe v in den Nachfolgezustand z' übergeht und die Ausgabe w erzeugt. Anstelle von Gl. (3.29) kann man die Bewegung des Automaten deshalb auch in der Form

$$(z(k+1), w(k), z(k), v(k)) \in \mathcal{L}$$

schreiben. Der Automat ist deterministisch, wenn zu jedem Paar (z, v) genau ein Tupel (z', w, z, v) zur Menge $\mathcal{L}$ gehört.

Eine zweite Darstellungsform für die Verhaltensrelation soll hier im Hinblick auf die in den Kapiteln 4 und 7 behandelten nichtdeterministischen und stochastischen Automaten eingeführt werden. Sie bezieht sich auf die zur Menge $\mathcal{L}$ gehörenden charakteristische Funktion[7]

$$L : \mathcal{Z} \times \mathcal{W} \times \mathcal{Z} \times \mathcal{V} \rightarrow \{0, 1\}.$$

Die Beziehung $L(z', w, z, v) = 1$ gilt genau dann, wenn das Quantupel (z', w, v, z) zur Menge $\mathcal{L}$ gehört. Folglich kann man die Menge $\mathcal{L}$ unter Verwendung ihrer charakteristischen Funktion in der Form

$$\mathcal{L} = \{(z', w, z, v) \mid L(z', w, z, v) = 1\}$$

schreiben und die Funktion L anstelle der Menge $\mathcal{L}$ für die Darstellung des deterministischen Automaten verwenden. In jedem Zeitschritt gilt für die Bewegung des Automaten die Beziehung

$$L(z(k+1), w(k), z(k), v(k)) = 1. \tag{3.31}$$

---

[7] Die charakteristische Funktion $\chi_{\mathcal{M}}$ einer Menge $\mathcal{M} \subset \mathcal{G}$ ist eine Funktion $\chi_{\mathcal{M}} : \mathcal{G} \rightarrow \{0, 1\}$ mit der Eigenschaft $\chi_{\mathcal{M}}(m) = 1$ für alle $m \in \mathcal{M}$.

Gleichung (3.31) hat eine ungewöhnliche Form, denn man möchte gern eine explizite Darstellung haben, mit der man zu einem gegebenen Zustands-Eingabepaar $(z(k), v(k))$ den neuen Zustand $z(k+1)$ und die Ausgabe $w(k)$ berechnen kann. Da der Automat deterministisch ist, gehört für jedes Paar (z, v) genau ein Tupel (z', w, z, v) zur Menge $\mathcal{L}$. Deshalb kann man eine Funktion

$$F : \mathcal{Z} \times \mathcal{V} \to \mathcal{Z} \times \mathcal{W} \tag{3.32}$$

definieren, die dem Paar (z, v) das entsprechende Paar (z', w) zuordnet:

$$\begin{pmatrix} z' \\ w \end{pmatrix} = F\left(\begin{pmatrix} z \\ v \end{pmatrix} \right) \iff (z', w, z, v) \in \mathcal{L} \tag{3.33}$$

Das Verhalten des Automaten wird dann explizit durch

$$\begin{pmatrix} z(k+1) \\ w(k) \end{pmatrix} = F\left(\begin{pmatrix} z(k) \\ v(k) \end{pmatrix} \right), \quad z(0) = z_0.$$

repräsentiert.

Die Funktion L steht mit den Funktionen G und H in folgender Beziehung:

$$L(z', w, z, v) = 1 \quad \Leftrightarrow \quad z' = G(z, v) \tag{3.34}$$
$$w = H(z, v).$$

Typischerweise lässt sich die Funktion L nicht als analytischer Ausdruck mit den Variablen z', w, z und v schreiben. Wie bei den Funktionen G und H muss man auf eine Tabellendarstellung zurückgreifen, in der alle Quantupel verzeichnet sind, für die die Funktion L den Wert eins hat. Für den Automaten aus Abb. 3.19 ist die Verhaltensrelation demnach durch die folgende Tabelle gegeben:

$$L = \begin{array}{|c|c|c|c|} \hline z' & w & z & v \\ \hline 2 & 1 & 1 & 1 \\ \hline 1 & 1 & 1 & 2 \\ \hline 2 & 1 & 2 & 1 \\ \hline 3 & 2 & 2 & 2 \\ \hline 4 & 1 & 3 & 1 \\ \hline 2 & 1 & 3 & 2 \\ \hline 1 & 2 & 4 & 1 \\ \hline 1 & 1 & 4 & 2 \\ \hline \end{array} \;.$$

Jede Zeile beschreibt ein zur Menge $\mathcal{L}$ gehörendes Element. Beispielsweise besagt das Quantupel

$$z(k+1) = 4, \quad w(k) = 1, \quad z(k) = 3, \quad v(k) = 1,$$

dass der Automat vom Zustand 3 bei der Eingabe 1 in den Zustand 4 übergeht und dabei die Ausgabe 1 erzeugt.

Diese zunächst etwas ungewohnte Darstellung wird hier eingeführt, um eine ähnliche, in den nachfolgenden Kapiteln verwendete Darstellung nichtdeterministischer und stochastischer

Automaten vorzubereiten. Für deterministische Automaten kann man die Funktionen G und H zur Verhaltensrelation L zusammenfassen bzw. aus L durch Streichen der w- bzw. z'-Spalte die Tabellen für G und H bilden. Beide Darstellungsformen sind also äquivalent. Für nichtdeterministische Automaten wird dies nicht mehr möglich sein, so dass man dort mit der Verhaltensrelation L als der allgemeineren Darstellungsform arbeiten muss.

Matrixdarstellung deterministischer Automaten mit Eingang und Ausgang. Für die Matrixdarstellung muss für die Ausgabe ein R-dimensionaler Vektor p_w eingeführt werden, dessen i-tes Element $p_{\mathrm{w}i}$ genau dann gleich eins ist, wenn der Ausgang den Wert i annimmt:

$$p_{\mathrm{w}i}(k) = \begin{cases} 1 & \text{wenn } w(k) = i \text{ gilt} \\ 0 & \text{sonst.} \end{cases}$$

Da die Zustandsübergangsfunktion $G(z, v)$ in Erweiterung des autonomen Automaten jetzt auch von der Eingabe v abhängt, wird die (N, N)-Matrix G für jede Eingabe getrennt gebildet:

$$g_{ij}(v) = \begin{cases} 1 & \text{wenn } i = G(j, v) \text{ gilt} \\ 0 & \text{sonst,} \end{cases} \qquad v \in \mathcal{V}. \tag{3.35}$$

Außerdem wird eine von der Eingabe v abhängige (R, N)-Matrix H eingeführt, deren Element $h_{ij}(v)$ genau dann gleich eins ist, wenn der Automat im Zustand j bei der Eingabe v die Ausgabe i erzeugt:

$$h_{ij}(v) = \begin{cases} 1 & \text{wenn } i = H(j, v) \text{ gilt} \\ 0 & \text{sonst,} \end{cases} \qquad v \in \mathcal{V}. \tag{3.36}$$

Die Matrizen $G(v)$ und $H(v)$ besitzen in jeder Spalte genau eine Eins, sonst Nullen. Diese Eigenschaft gilt für alle Eingaben v, wobei sich aber die Position der Einsen in Abhängigkeit von v verschiebt.

Mit diesen Bezeichnungen kann Gl. (3.29) in folgende Form überführt werden:

Matrixform der Zustandsraumdarstellung deterministischer E/A-Automaten:

$$p(k + 1) = G(v(k))\, p(k), \quad p(0) = p_0$$
$$p_\mathrm{w}(k) = H(v(k))\, p(k). \tag{3.37}$$

Diese Gleichungen besagen, dass die zur aktuellen Eingabe $v(k)$ gehörenden Matrizen $G(v(k))$ und $H(v(k))$ mit dem aktuellen Vektor $p(k)$ multipliziert werden, um den neuen Zustand $p(k+1)$ bzw. die Ausgabe $p_\mathrm{w}(k)$ zu erhalten.

Beispiel 3.9 *Beschreibung eines Paritätsprüfers durch einen E/A-Automaten*

Der im Beispiel 2.1 auf S. 25 beschriebene Paritätsprüfer soll jetzt durch einen deterministischen E/A-Automaten beschrieben werden. Da alle Signale binär kodiert sind, wird der Automat über die Mengen

$$\mathcal{Z} = \{0, 1\}, \quad \mathcal{V} = \{0, 1\}, \quad \mathcal{W} = \{0, 1\}$$

definiert. Die Gln. (2.18) und (2.19) führen auf folgende tabellarische Darstellungen der Zustandsübergangsfunktion G und der Ausgabefunktion H:

$$G = \begin{array}{|c|c|c|} z' & z & v \\ \hline 0 & 0 & 0 \\ 1 & 0 & 1 \\ 1 & 1 & 0 \\ 0 & 1 & 1 \end{array} \qquad H = \begin{array}{|c|c|c|} w & z & v \\ \hline 0 & 0 & 0 \\ 1 & 0 & 1 \\ 1 & 1 & 0 \\ 0 & 1 & 1 \end{array}.$$

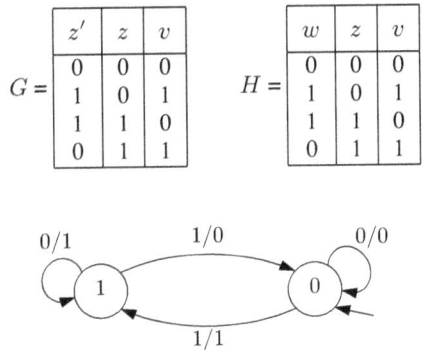

Abb. 3.20: E/A-Automat zur Beschreibung des Paritätsprüfers

Beide zusammen ergeben die Verhaltensrelation

$$L = \begin{array}{|c|c|c|c|} w & z' & z & v \\ \hline 0 & 0 & 0 & 0 \\ 1 & 1 & 0 & 1 \\ 1 & 1 & 1 & 0 \\ 0 & 0 & 1 & 1 \end{array}.$$

Der Automatengraf ist in Abb. 3.20 dargestellt. Der Paritätsprüfer hat den Anfangszustand $z_0 = 0$.

In der Matrixdarstellung hat der Paritätsprüfer folgendes Modell:

$$\boldsymbol{G}(0) = \begin{pmatrix} 1 & 0 \\ 0 & 1 \end{pmatrix}, \quad \boldsymbol{G}(1) = \begin{pmatrix} 0 & 1 \\ 1 & 0 \end{pmatrix}$$

$$\boldsymbol{H}(0) = \begin{pmatrix} 1 & 0 \\ 0 & 1 \end{pmatrix}, \quad \boldsymbol{H}(1) = \begin{pmatrix} 0 & 1 \\ 1 & 0 \end{pmatrix}. \quad \square$$

Aufgabe 3.13 *Modellierung eines Getränkeautomaten*

Ein Getränkeautomat verkauft ein Getränk zum Preis von 1,50 Euro, wobei er Münzen im Wert von 50 Cent, 1 Euro und 2 Euro akzeptiert und den zuviel bezahlten Betrag zurückgibt. Solange nicht der volle Betrag bezahlt ist, kann der Kaufvorgang durch Betätigen einer Taste abgebrochen werden. Geben Sie einen Automaten an, der den Kaufvorgang beschreibt, wobei die Ausgabe des Getränkes und die Geldrückgabe als Ausgaben des Automaten interpretiert werden. $\square$

Aufgabe 3.14 *Beschreibung von „Quick Check-In" durch einen E/A-Automaten*

In vielen Flughafenterminals stehen *Check-in*-Automaten, bei denen Sie sich ohne am Schalter anstehen zu müssen mit Ihrer Flugkarte anmelden und Ihre Bordkarte erhalten können. Beschreiben Sie das Verhalten dieser Geräte durch einen E/A-Automaten, bei dem die Eingaben die Antworten des Fluggastes auf Fragen und die Ausgaben die Fragen des *Check-in*-Automaten an den Fluggast sind. Betrachten Sie dabei folgende Situationen:

- Wenn der Flug mit Zwischenlandung erfolgt, fragt der Automat, ob sich der Fluggast sofort für die gesamte Reise anmelden will, und reagiert entsprechend der gegebenen Antwort.

- Der Fluggast kann Prioritäten für Plätze am Gang, in der Mitte oder am Fenster vorgeben.

- Wenn der Fluggast beim Programm „Miles for More" registriert ist (was zunächst abzufragen ist), wird ihm seine Flugentfernung nach Eingabe der entsprechenden *Card* gutgeschrieben.

- Wenn der Fluggast Gepäck aufgeben will, bekommt er zusätzlich zu seiner Bordkarte einen Gepäckaufgabeschein. □

Aufgabe 3.15*   *Beschreibung einer Parkuhr*

Eine (altmodische) Parkuhr (Abb. 3.21) funktioniert nach dem folgenden Prinzip: Der Nutzer zieht nach dem Einwerfen der Geldstücke (insgesamt maximal 1 Euro) über einen Drehknopf eine mechanische Uhr auf. Danach läuft die eingestellte Parkzeit ab. Bevor die Parkzeit durch das Einwerfen von weiteren Münzen verlängert werden kann, muss die Uhr komplett abgelaufen sein.

In die hier betrachtete Parkuhr kann man 10, 20 und 50-Cent-Stücke sowie 1-Euro-Münzen einwerfen, wobei man pro Minute für das Parken 1 Cent bezahlen muss. Die Uhr zeigt die bis zum Ablauf der Parkzeit verbleibende Zeit in Minuten an. Solange die Parkzeit nicht abgelaufen ist, akzeptiert die Parkuhr kein weiteres Geld.

1. Definieren Sie geeignete Zustände der Parkuhr. Was wirkt als Eingangsgröße, was als Ausgangsgröße? (Hinweis: Interpretieren Sie die in der Parkuhr enthaltene Uhr als eine Komponente, die nach Ablauf jeder Minute den Automaten zu einem spontanen Zustandsübergang veranlasst).

2. Zeichnen Sie den Automatengrafen der Parkuhr und geben Sie die Automatentabelle an?

Abb. 3.21: Parkuhr

3. Bei geeigneter Definition der Zustände und Eingaben kann man die Zustandsübergangsfunktion und die Ausgabefunktion des Automaten als analytische Ausdrücke formulieren. Suchen Sie nach einer derartigen Darstellung. □

Aufgabe 3.16*   *Beschreibung eines Addierers durch einen deterministischen Automaten*

Ein Addierer addiert zwei binär kodierte Zahlen, wobei die einzelnen Stellen nacheinander eingelesen und die Summe zeichenweise ausgegeben wird. Beschreiben Sie den Addierer durch einen Automaten. Können Sie einen arithmetischen Ausdruck für die Zustandsübergangsfunktion G und die Ausgabefunktion H angeben? □

3.4.2 Verhalten

Beginnend in einem Anfangszustand z_0 erzeugt ein deterministischer Automat in Abhängigkeit von seiner Eingabefolge $V(0...k_e)$ eine Zustandsfolge $Z(0...k_e + 1)$ und eine Ausgabefolge $W(0...k_e)$. Wie diese Folgen aussehen, ist durch die Funktionen G und H bzw. L bestimmt. Verwendet man zur Bestimmung der Zustandsfolge die Matrixdarstellung (3.37) von G, so erhält man bei mehrfacher Anwendung die Beziehung

$$\boldsymbol{p}(k) = \boldsymbol{G}(v(k-1)) \cdot \boldsymbol{G}(v(k-2)) \cdot ... \cdot \boldsymbol{G}(v(0)) \cdot \boldsymbol{p}_0. \tag{3.38}$$

Mit dieser Gleichung kann man für jede Eingangsfolge $V(0...k_e)$ die Zustandsfolge $Z(0...k_e)$ berechnen und daraus entsprechend der zweiten Zeile in Gl. (3.37) die Ausgangsfolge $W(0...k_e)$ in der Vektordarstellung

$$\boldsymbol{p}_w(k) = \boldsymbol{H}(v(k))\,\boldsymbol{p}(k)$$

ermitteln. In $Z(0..k_e)$ und $W(0..k_e)$ stehen diejenigen Zustände bzw. Ausgaben, für die das entsprechende Element in den Vektoren $\boldsymbol{p}(k)$ bzw. $\boldsymbol{p}_w(k)$ gleich eins ist.

Wie beim Σ-Automaten wird das Verhalten des E/A-Automaten durch einen Pfad im Automatengrafen beschrieben. Es werden dabei stets diejenigen Kanten zu einem Pfad verknüpft, an denen die in der Eingabefolge festgelegten Symbole $v(k)$ stehen. Die Zustandsfolge entspricht der Folge der Knoten des Pfades und die Ausgabefolge kann an den Kantengewichten abgelesen werden.

Unter dem *Verhalten* eines dynamischen Systems wird in der systemtheoretischen Literatur die Menge $\mathcal{B}$ aller E/A-Paare $(V(0...k_e), W(0...k_e))$ verstanden, die an dem System gemeinsam auftreten können (vgl. Gl. (2.4)). Es gilt

$$\mathcal{B} \subseteq \mathcal{V}^* \times \mathcal{W}^*,$$

wobei $\mathcal{V}^*$ und $\mathcal{W}^*$ die Menge aller Sequenzen $V(0...k_e)$ und $W(0...k_e)$ beliebiger Länge sind[8]. Damit ein Paar $(V(0...k_e), W(0...k_e))$ zur Menge $\mathcal{B}$ gehört, muss eine Zustandsfolge $Z(0...k_e + 1)$ existieren, für die die drei Folgen $V(0...k_e)$, $W(0...k_e)$ und $Z(0...k_e + 1)$ die Verhaltensrelation $\mathcal{L}$ erfüllen:

Verhalten deterministischer E/A-Automaten:

$$\mathcal{B} = \{(v(0), ..., v(k_e)), (w(0), ..., w(k_e)) \mid \exists Z(0...k_e + 1) = (z(0), ..., z(k_e + 1)) :$$

$$z(0) \in \mathcal{Z},\ (z(k+1), w(k), z(k), v(k)) \in \mathcal{L} \text{ für } k = 0, 1, ..., k_e\}.$$

$$\tag{3.39}$$

Der Anfangszustand $z(0)$ und die Länge k_e der Folgen kann in dieser Definition beliebig sein. Natürlich kann man das Verhalten $\mathcal{B}$ auch unter Verwendung der Funktionen G und H bestimmen.

Das Verhalten eines E/A-Automaten ist beispielsweise für die Lösung einer Diagnoseaufgabe maßgebend. Entsprechend der Abb. 1.6 auf S. 12 wird die Diagnoseaufgabe dadurch gelöst, dass man für das am Prozess gemessene E/A-Paar $(V(0...k_e), W(0...k_e))$ überprüft, ob es zum Verhalten des Automaten, der das Nominalverhalten des Prozesses beschreibt, gehört:

---

[8] Für die Bedeutung des Sterns * vgl. die Definition von Σ^* im Abschn. 3.3.2

$$(V(0...k_e), W(0...k_e)) \overset{!}{\in} \mathcal{B}.$$

Wenn dies so ist, bezeichnet man das E/A-Paar mit dem Automaten als *konsistent*. Sind E/A-Paar und Automat nicht konsistent, so bedeutet dies, dass sich der Prozess nicht so verhält, wie es der Automat für das Nominalverhalten vorschreibt, und man folgert bei der Diagnose daraus, dass ein Fehler aufgetreten ist.

Beispiel 3.10   *Verhalten eines E/A-Automaten*

Erhält der in Abb. (3.19) gezeigte Automat die Eingabefolge

$$V(0...3) = (1, 1, 2, 1),$$

so kann man die Automatenbewegung in folgenden Schritten berechnen:

1. $k = 0$, $v(0) = 1$

   Ausgehend vom Anfangszustand $z(0) = 1$ folgt der Automat der Kante $1 \xrightarrow{1/1} 2$ im Automaten-grafen, d. h., es gilt

$$z(1) = G(1, 1) = 2$$
$$w(0) = H(1, 1) = 1.$$

2. $k = 1$, $v(1) = 1$

   Vom aktuellen Zustand $z(1) = 2$ führt der Automat den Zustandsübergang $2 \xrightarrow{1/1} 2$ aus

$$z(2) = G(2, 1) = 2$$
$$w(1) = H(1, 1) = 1,$$

   d. h., er verbleibt im Zustand 2 und gibt das Symbol 1 aus.

3. $k = 2$, $v(2) = 2$: $2 \xrightarrow{2/2} 3$

$$z(3) = G(2, 2) = 3$$
$$w(2) = H(2, 2) = 2.$$

4. $k = 3$, $v(3) = 1$: $3 \xrightarrow{1/1} 4$

$$z(4) = G(3, 1) = 4$$
$$w(3) = H(3, 1) = 1.$$

Diese Ergebnisse führen auf die Folgen

$$Z(0...4) = (1, 2, 2, 3, 4)$$
$$W(0...3) = (1, 1, 2, 1).$$

Die Rechnung zeigt, dass das E/A-Paar $((1, 1, 2, 1), (1, 1, 2, 1))$ zum Verhalten $\mathcal{B}$ des betrachteten Automaten gehört. In gleicher Weise kann man erkennen, dass auch die Paare $((1, 1, 1, 1), (1, 1, 1, 1))$, $((2, 2, 1, 2), (1, 1, 1, 2))$ und $((2, 1, 2, 1), (1, 1, 2, 1))$ zum Verhalten gehören. Insgesamt enthält die Menge $\mathcal{B}$

$$\mathcal{B} = \{((1,1,2,1),(1,1,2,1)),\ ((1,1,1,1),(1,1,1,1)),\ ((2,2,1,2),(1,1,1,2)),$$
$$((2,1,2,1),(1,1,2,1)),\ ((1,2,1,2),(1,2,1,1)),\ ...\}$$

$2^4 = 16$ E/A-Paare der Länge 4, weil die Verhaltensrelation des Automaten für alle 16 verschiedenen Eingabefolgen eine eindeutige Ausgabefolge definiert. Zum Verhalten $\mathcal{B}$ gehören aber auch Folgen aller anderen Längen 0, 1,..., 5, 6,... □

3.4.3 Automatenabbildung

E/A-Automaten bilden die Menge $\mathcal{V}^*$ der Eingangssequenzen auf die Menge $\mathcal{W}^*$ der Ausgangssequenzen ab, was man mit Hilfe der Automatenabbildung

$$\phi : \mathcal{V}^* \rightarrow \mathcal{W}^*$$

in der Form

$$W = \phi(V) \tag{3.40}$$

schreibt. Die Länge der Zeichenketten V und W in Gl. (3.40) stimmen überein, d. h., es gilt

> **E/A-Beschreibung deterministischer E/A-Automaten:**
> $$W(0...k_e) = \phi(V(0...k_e)).$$

Die Automatenabbildung ϕ ist vom Anfangszustand z_0 abhängig. Wenn der Automat nicht initialisiert ist und man die Abhängigkeit der Abbildung ϕ vom Anfangszustand darstellen will, schreibt man ϕ_{z_0} für die Abbildung, die beim Anfangszustand z_0 entsteht. Nicht initialisierte Automaten erzeugen eine Abbildungsfamilie

$$\Phi = \{\phi_z \mid z \in \mathcal{Z}\}.$$

Unter Verwendung der Automatenabbildung kann man das Verhalten in der Form

$$\mathcal{B} = \{(V(0...k_e), W(0...k_e)) \mid W(0...k_e) = \phi(V(0...k_e))\}$$

schreiben. Das heißt, dass das Verhalten $\mathcal{B}$ die Wertetabelle der Automatenabbildung ϕ enthält. Die hier eingeführte Automatenabbildung ist also die Verallgemeinerung der in Gl. (3.20) definierten Funktion ϕ, mit der die Sprache von Σ-Automaten in ähnlicher Form beschrieben werden konnte.

Automatenabbildungen deterministischer Automaten. Eine interessante Frage ist, welche Art von Automatenabbildungen durch deterministische Automaten mit endlichen Zustandsmengen dargestellt werden kann, wenn die betrachteten Eingangs- und Ausgangsfolgen dieselbe Länge haben

$$|V| = |W|. \tag{3.41}$$

Die Antwort gibt der folgende Satz:

Satz 3.1 (Automatenabbildung deterministischer Automaten)
Damit eine Abbildung ϕ zwischen Eingangs- und Ausgangsfolgen derselben Länge durch einen endlichen Automaten darstellbar ist, muss für beliebige Zeichenketten $V_1, V_2 \in \mathcal{V}^*$ die folgende Bedingung erfüllt sein: Das Ergebnis der Automatenabbildung $\phi(V_1 V_2)$ der Zeichenkette $V = V_1 V_2$ muss sich in der Form

$$\phi(V_1 V_2) = \phi(V_1) W_2 \qquad (3.42)$$

zerlegen lassen, wobei $W_2 \in \mathcal{W}^*$ eine Zeichenkette darstellt, die eindeutig durch die Folge V bestimmt ist und sich deshalb durch eine Funktion ψ in folgender Form schreiben lässt:

$$W_2 = \psi(V_1 V_2).$$

Das heißt, dass sich die Abbildung der gesamten Eingangsfolge $V = V_1 V_2$ in eine Verkettung der Abbildung des ersten Teiles V_1 dieser Zeichenkette und des Ergebnisses W_2 darstellen lässt, das eindeutig aus der vollständigen Zeichenkette V entsteht. Die wichtigste Konsequenz des Satzes erkennt man, wenn man die Beziehung (3.42) für unterschiedliche Zeichenketten V_2 anwendet. Die durch die Automatenabbildung ϕ erzeugten Ausgabefolgen $\phi(V_1) W_2$ dürfen sich bei unterschiedlichem V_2 nicht im Anfangsteil $W_1 = \phi(V_1)$ unterscheiden. Die Bedingung (3.42) fordert also die Kausalität der Abbildung (zur Kausalität vgl. S.42). Eine Veränderung der Eingabefolge nach dem k-ten Element kann die Ausgabefolge nur nach deren k-ten Element verändern.

Die Bedingung (3.42) ist notwendig, allerdings nicht hinreichend dafür, dass es für die Funktion ϕ eine Darstellung in Form eines endlichen Automaten gibt.

3.4.4 Mealy-Automat und Moore-Automat

Viele Analyseaufgaben werden vereinfacht, wenn die Ausgabe $w(k)$ nicht von der zur selben Zeit vorhandenen Eingabe $v(k)$ beeinflusst wird. In Abhängigkeit davon, ob der Automat diese Eigenschaft besitzt oder nicht, führt man zwei unterschiedliche Bezeichnungen ein:

- **Mealy-Automat:** Automat, bei dem die Ausgabefunktion H von z und v abhängt:

$$w(k) = H(z(k), v(k)).$$

Bei diesen Automaten wird die Ausgabe $w(k)$ direkt von der zur gleichen Zeit vorkommenden Eingabe $v(k)$ beeinflusst und die Ausgabe ist dem Zustandsübergang $z(k) \rightarrow z(k+1)$ zugeordnet.

- **Moore-Automat:**[9] Automat, dessen Ausgabefunktion H nicht von der Eingangsgröße v abhängt:

$$w(k) = H(z(k)). \tag{3.43}$$

Bei diesen Automaten ist die Ausgabe $w(k)$ dem Zustand $z(k)$ zugeordnet und hängt über den Zustand nur von den vorherigen Eingaben $v(k-1)$, $v(k-2)$ usw. ab.

Die Frage, ob es sich bei einem Automaten um einen Mealy- oder einen Moore-Automaten handelt, kann man anhand der Automatentabelle beantworten. Bei einem Moore-Automaten tritt in der Tabelle für die Ausgabefunktion H in allen Zeilen, die zu einem bestimmten Zustand z gehören, stets derselbe Wert w für die Ausgabe auf. Dies ist in dem auf S. 95 angegebenen Beispiel nicht der Fall, denn in den zu $z = 2$ und $z = 4$ gehörenden Zeilen tritt einmal $w = 1$ und einmal $w = 2$ auf:

$$H = \begin{array}{|c|c|c|} \hline w & z & v \\ \hline \mathbf{1} & 2 & 1 \\ \mathbf{2} & 2 & 2 \\ \vdots & \vdots & \vdots \\ \mathbf{2} & 4 & 1 \\ \mathbf{1} & 4 & 2 \\ \hline \end{array}.$$

Das Beispiel beschreibt also einen Mealy-Automaten. Dasselbe gilt für den im Beispiel 3.9 angegebenen E/A-Automaten zur Beschreibung eines Paritätsprüfers.

Im Automatengrafen erkennt man einen Moore-Automaten an der Tatsache, dass bei allen von einem Zustand ausgehenden Kanten dieselbe Ausgabe steht. Man kann die Ausgabe w deshalb dem Zustandsknoten z zuordnen. In Abb. 3.19 haben die vom Knoten 2 ausgehenden Kanten unterschiedliche Ausgaben, so dass sich auch auf diesem Wege herausstellt, dass es sich bei dem Beispiel um einen Mealy-Automaten handelt.

In der Matrixdarstellung des Moore-Automaten steht eine von v unabhängige Matrix $\boldsymbol{H}$, wodurch sich die zweite Zeile in Gl. (3.37) zu

$$\boldsymbol{p}_{\mathrm{w}}(k) = \boldsymbol{H}\,\boldsymbol{p}(k). \tag{3.44}$$

vereinfacht.

Beispiel 3.11 *Modellierung eines Batchprozesses durch einen Moore- oder Mealy-Automaten*

In technischen Anwendungen treten Moore-Automaten immer dann auf, wenn die Ausgabe Sensorwerte eines technischen Prozesses beschreibt, die in dem dem Automatenzustand zugeordneten Prozesszustand auftreten. Solange sich das System im Zustand $z(k)$ befindet, liegen die der Ausgabe $w(k) = H(z(k))$ zugeordneten Sensorwerte vor. So zeigt das binäre Signal des Sensors L_1 des im Beispiel 1.4 auf S. 10 beschriebenen Batchprozesses den diskreten Füllstand z_1 des Behälters 1 an, der die beiden Werte

---

[9] EDWARD F. MOORE (1925–2003) und GEORGE H. MEALY (1927–2010), amerikanische Mathematiker, zählen zu den Gründern der Automatentheorie, vor allem durch die Arbeiten [52], [54], die während ihrer gemeinsamen Zeit an den Bell Telephone Laboratories um 1956 entstanden.

$$z_1 = \begin{cases} 1 & B_1 \text{ ist gefüllt: } L_1 = 1 \\ 0 & B_1 \text{ ist leer: } L_1 = 0 \end{cases}$$

haben kann. Solange der Behälter einen niedrigen Füllstand hat („Behälter ist leer"), erzeugt der Füllstandssensor den Signalwert 0.

Zeigen hingegen die Sensoren den Zustandsübergang eines technischen Prozesses an, so ist ihr Signalwert dem betreffenden Zustandsübergang des Automaten zugeordnet und bei der Modellierung entsteht demzufolge ein Mealy-Automat. Diese Situation tritt in dem betrachteten Batchprozess auf, wenn anstelle der Füllstände der Durchfluss durch das Ventil V_3 gemessen wird, wobei $w = 1$ anzeigt, dass Flüssigkeit durch die betreffende Rohrleitung fließt und andernfalls $w = 0$ gilt. In einem Modell, in dem die Füllstände z_1 und z_3 in den Behältern B_1 und B_3 nur diskret erfasst werden, wobei

$$z_3 = \begin{cases} 1 & B_3 \text{ ist bis zur Höhe des Sensors } L_4 \text{ gefüllt} \\ 0 & B_3 \text{ ist leer} \end{cases}$$

gilt, gibt der Durchflusssensor genau dann den binären Wert 1 aus, wenn der Batchprozess den Zustandsübergang

$$\begin{pmatrix} z_1(k) = 1 \\ z_3(k) = 0 \end{pmatrix} \rightarrow \begin{pmatrix} z_1(k+1) = 0 \\ z_3(k+1) = 1 \end{pmatrix}$$

ausführt, wobei jetzt angenommen wurde, dass das Füllvolumen im Behälter B_1 ausreicht, um den Behälter B_3 bis zur Höhe des Sensors L_4 zu füllen. Ähnliches gilt, wenn man die Durchflüsse durch die Rohrleitungen mit den anderen Ventilen misst, denn auch in diesen Fällen ist dann der Sensorwert mit einem Zustandsübergang und nicht mit einem Zustand verknüpft. □

Aufgabe 3.17*   *Beschreibung eines Neuronennetzes*

Eine der ersten Anwendungen von Automaten beschäftigte sich mit der Beschreibung und Analyse von Neuronennetzen. Neuronen wurden als Übertragungsglieder mit anregenden Synapsen (Kreisen) und dämpfenden Synapsen (Punkten) beschrieben (Abb. 3.22). Alle Signale können die Werte 0 und 1 annehmen. Für die Bildung der Ausgabe s_i sind nur die Synapsen maßgebend, deren Eingabe den Wert eins hat. Die Ausgabe hat den Wert eins, wenn die Anzahl der anregenden Synapsen mit der Eingabe eins die Anzahl der dämpfenden Synapsen mit der Eingabe eins um mindestens die Wertigkeit der Synapse überschreitet, die als Zahl in den Dreiecken eingetragen ist.

Da die Veränderung der Ausgabe eines Neurons im Neuronennetz die Eingaben anderer Neuronen verändert, wird bei der Analyse des Neuronennetzes der stationäre Zustand $s_i(k)$ der Signale abgewartet, bevor die Eingabe $v(k+1)$ erscheint. Die stationären Werte von $s_i(k)$ bilden gemeinsam den diskreten Zustand $z(k)$ des Netzes.

Beschreiben Sie das in Abb. 3.22 gezeigte Neuronennetz durch einen deterministischen E/A-Automaten, wobei Sie den Automatengrafen und die Automatentabelle angeben. Für den Anfangszustand gilt $z_i(0) = 0$, $(i = 1, 2, 3)$. Entsteht dabei ein Mealy- oder ein Moore-Automat? □

Aufgabe 3.18*   *Beschreibung eines RS-Flipflops*

Ein RS-Flipflop (*Reset-Set Flip-Flop*) besitzt die beiden Zustände 0 und 1 und zwei Eingänge v_1 und v_2, wobei sich der Zustand entsprechend der folgenden Tabelle verändert:

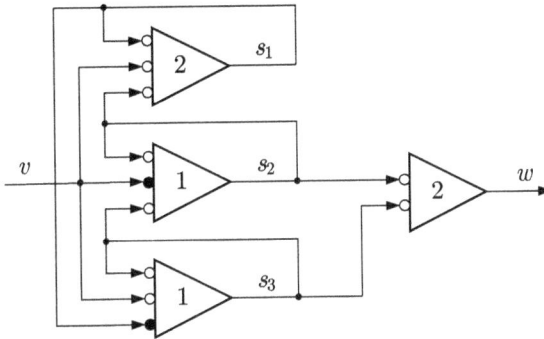

Abb. 3.22: Neuronennetz

v_1	v_2	Wirkung der Eingaben auf den Zustand
0	0	Zustand wird beibehalten
1	1	Zustand wird invertiert
0	1	Zustand 1 wird angenommen bzw. beibehalten
1	0	Zustand 0 wird angenommen bzw. beibehalten

Ausgegeben wird stets der neue Zustand.

Beschreiben Sie den RS-Flipflop durch einen deterministischen E/A-Automaten, wobei Sie die Funktionen G und H als Automatengrafen und als Tabellen angeben. Handelt es sich bei diesem Automaten um einen Moore- oder einen Mealy-Automaten? □

Aufgabe 3.19[*]   *Beschreibung eines JK-Flipflops*

Der JK-Flipflop ist ein getakteter Flipflop mit zwei Eingängen, die mit J und K bezeichnet werden. Diese Eingänge sowie der im Flipflop gespeicherte Wert sind binär. Sind beide Eingänge gleich null, bleibt der Wert des Flipflops erhalten, haben beide den Wert eins, wird der Wert negiert ($0 \rightarrow 1$ bzw. $1 \rightarrow 0$). Ist $J = 0$ und $K = 1$, so wird der Speicherinhalt auf null gesetzt, bei der entgegengesetzten Eingangsbelegung auf eins.

Durch welchen Automaten wird ein JK-Flipflop beschrieben? Geben Sie den Automatengrafen, die Automatentabelle und die Matrixdarstellung an und weisen Sie an einer geeignet gewählten Eingangsfolge nach, dass sich der von Ihnen gewählte Automat wie ein JK-Flipflop verhält. Kann man die Zustandsübergangsfunktion G und die Ausgabefunktion H als analytische Ausdrücke angeben? □

Aufgabe 3.20[*]   *Darstellung von E/A-Automaten*

Betrachten Sie den Automaten

$$\mathcal{A} = (\{1, 2, 3, 4, 5\}, \{1, 2\}, \{1, 2\}, G, H, 1),$$

dessen Verhaltensrelation durch folgende Automatentabelle gegeben ist:

$$
L=\begin{array}{c|c|c|c}
z' & w & z & v \\
\hline
1 & 2 & 2 & 2 \\
2 & 1 & 1 & 1 \\
2 & 2 & 3 & 2 \\
2 & 1 & 4 & 2 \\
3 & 1 & 2 & 1 \\
3 & 2 & 3 & 1 \\
4 & 2 & 1 & 2 \\
5 & 2 & 4 & 1 \\
3 & 1 & 5 & 1 \\
\end{array}.
$$

1. Wie sehen die Funktionen G und H aus?

2. Welche Funktionswerte liefern die Funktionen G und H für $z = 1$, $v = 1$ und $z = 4$, $v = 2$?

3. Zeichnen Sie den Automatengrafen.

4. Ist der Automat vollständig definiert?

5. Geben Sie die Matrixdarstellung des Automaten an.

6. Ist dieser Automat ein Mealy- oder ein Moore-Automat? □

Aufgabe 3.21*   *Warteschlange vor einer Werkzeugmaschine*

Um Unterschiede in der Bearbeitungszeit verschiedener Werkstücke auszugleichen, wird vor einer Werkzeugmaschine ein Puffer angeordnet, auf dem Werkstücke zwischengelagert werden können. Für dieses Beispiel wird angenommen, dass die Warteschlange bis zu drei Werkstücke aufnehmen kann. Sind diese Plätze besetzt, werden die Werkstücke zu anderen Werkzeugmaschinen umgeleitet (Abb. 1.8 auf S. 15).

Beschreiben Sie das Verhalten der Warteschlange durch einen Automaten. Handelt es sich um einen Moore- oder einen Mealy-Automaten? □

3.4.5 Echtzeitautomaten

Obwohl deterministische Automaten keine Informationen über den zeitlichen Abstand der Zustandswechsel enthalten, kann man sie für Echtzeitanwendungen einsetzen. Dabei nutzt man aus, dass Zustandsübergänge der Automaten durch das Auftreten eines neuen Eingangssymbols ausgelöst werden und folglich der Zeitpunkt, an dem das Symbol erscheint, den Zeitpunkt des Zustandsübergangs festlegt.

In Abbildung 3.23 symbolisieren die Pfeile das Auftreten eines neuen Symbols am Eingang bzw. am Ausgang auf der kontinuierlichen Zeitachse t. Bei den in diesem Kapitel behandelten nicht zeitbewerteten Automaten wird davon ausgegangen, dass das ereignisdiskrete System auf die Eingabe mit einer sofortigen Zustandsänderung antwortet und dabei eine Ausgabe erzeugt. Die Zeitpunkte, an denen die Ausgangsereignisse auftreten, stimmen deshalb mit denen der Eingabefolge überein.

Mit dieser Verwendung des Automaten ist es möglich, Zustandsfolgen und Ausgabefolgen in Echtzeit zu bestimmen. Man bezeichnet Automaten, die wie in Abb. 3.23 mit einer über die

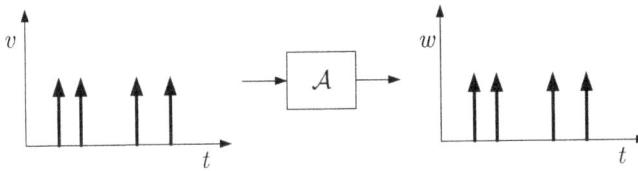

Abb. 3.23: Echtzeitautomat

kontinuierliche Zeitachse definierten Eingabefolge beaufschlagt werden, deshalb als *Echtzeit-automaten*.

Beispiel 3.12 *Steuerung einer Waschmaschine*

Die Steuerung einer Waschmaschine hat die Aufgabe, die Ventile und Motoren einer Waschmaschine so anzusteuern, dass der Waschvorgang nach dem gewählten Programm abläuft. Dafür ist das Steuerungsprogramm über die Signale v und w mit den Komponenten der Waschmaschine verkoppelt, wobei die Eingaben v des Steuerungsprogramms Informationen über den Waschvorgang liefern und die Ausgaben w Steuereingriffe darstellen (Abb. 3.24). Es wird jetzt gezeigt, dass das Steuerungsprogramm durch einen Echtzeitautomaten repräsentiert werden kann.

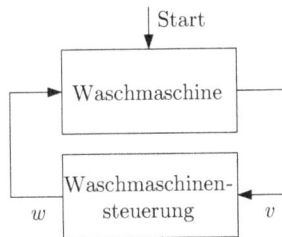

Abb. 3.24: Blockschaltbild einer Waschmaschine

Bei einem sehr einfachen Waschprogramm haben die Eingaben und Ausgaben der Steuerung folgende Bedeutung:

	v	Bedeutung der Eingabe der Waschmaschinensteuerung
$\mathcal{V} =$	1	Die Starttaste wurde gedrückt.
	2	Der Füllvorgang wurde beim Erreichen der vorgegebenen Füllhöhe beendet.
	3	Die Solltemperatur des gewählten Programms ist erreicht.
	4	Der Waschvorgang wurde nach einer vorgegebenen Anzahl von Trommelbewegungen beendet.
	5	Die Waschmaschine ist leergepumpt.
	6	Der Spülvorgang wurde nach einer vorgegebenen Anzahl von Trommelbewegungen beendet.
	7	Das Schleudern wurde nach der vorgegebenen Zeit beendet.

$$\mathcal{W} = \begin{array}{c|l} w & \text{Wirkung der Ausgabe für den Waschvorgang} \\ \hline 1 & \text{Wasserzulaufventil öffnen} \\ 2 & \text{Heizung anschalten} \\ 3 & \text{Waschvorgang beginnen} \\ 4 & \text{Laugenpumpe anschalten} \\ 5 & \text{Spülvorgang beginnen} \\ 6 & \text{Schleudern beginnen} \\ 7 & \text{Programm beenden} \end{array}$$

Die Steuerung ist in Abb. 3.25 als deterministischer E/A-Automat dargestellt. Die von der Steuerung angeschalteten Teilprozesse wie z. B. der Waschvorgang werden durch eine unterlagerte Steuerung in eine Folge von Kommandos für den Motor der Waschtrommel umgeformt.

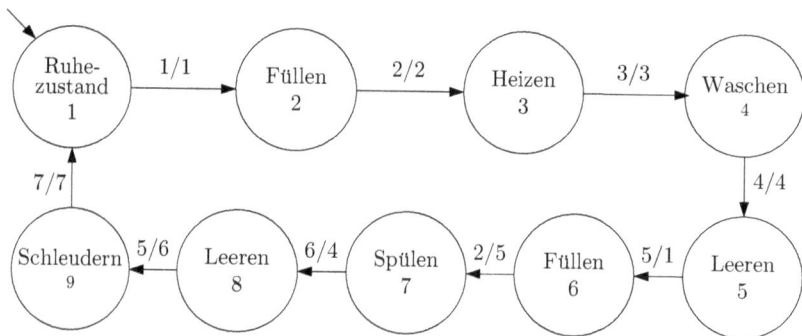

Abb. 3.25: Darstellung der Waschmaschinensteuerung als deterministischer Automat

Das Beispiel zeigt, dass der Steuerungsalgorithmus selbst keine eigene Uhr besitzen muss, um unter Echtzeitbedingungen arbeiten zu können. Er reagiert auf Eingaben durch Änderung seines Zustands und Erzeugung von Ausgaben. Wann dies geschieht, wird durch die zu steuernde Waschmaschine (einschließlich der genannten unterlagerten Steuerungen) vorgegeben.

So wird der Waschvorgang begonnen, nachdem die Waschmaschine bis zur gewünschten Höhe mit Wasser gefüllt ist. Der Zeitpunkt, an dem die entsprechende Zustandsänderung des Steuerungsalgorithmus stattfindet und das Kommando für den Heizvorgang ausgegeben wird, wird durch einen Füllstandssensor vorgegeben. Die Zeitspanne, die der Automat in Abb. 3.25 im Zustand 2 verbringt, ist deshalb durch den Füllvorgang bestimmt und kann bei kleinem Wasserdruck länger sein als bei großem Wasserdruck. Bei anderen Teilprozessen wie beim Waschvorgang oder beim Schleudern wird die Dauer durch eine bestimmte Anzahl von Trommelbewegungen oder durch eine Uhr festgelegt, die beispielsweise zur unterlagerten Steuerung gehört, die die Trommel für das Schleudern auf die notwendige Drehzahl bringt. □

3.5 Analyse deterministischer Automaten

3.5.1 Erreichbarkeitsanalyse

Bei vielen Anwendungen ist es wichtig zu wissen, ob das betrachtete System vom Anfangszustand z_0 aus nach einem oder mehreren Zustandsübergängen jeden beliebigen Zustand $z \in \mathcal{Z}$ annehmen kann. Ob dies möglich ist, wird zunächst für autonome Automaten untersucht, bevor das Analyseverfahren auf E/A-Automaten erweitert wird.

Aufgabe der Erreichbarkeitsanalyse

Gegeben: Deterministischer Automat
             Anfangszustand z_0

Gesucht: Menge $\mathcal{R}(z_0)$ aller von z_0 aus erreichbaren Zustände

---

Erreichbarkeitsanalyse autonomer Automaten.   Im Folgenden wird ermittelt, welche Zustände z ein autonomer Automat mit dem Anfangszustand z_0 annehmen kann, wobei es gleichgültig ist, welcher Zeithorizont $0...k_e$ für den Übergang von z_0 nach z erforderlich ist. Wenn der Zustand z auf einer in z_0 beginnenden Trajektorie liegt, nennt man ihn *von z_0 aus erreichbar*. Im Automatengrafen heißt dies, dass es einen Pfad von z_0 nach z gibt. Insofern stimmt der Begriff der Erreichbarkeit von Automatenzuständen mit dem in der Grafentheorie eingeführten Begriff der Erreichbarkeit von Knoten in einem gerichteten Grafen überein (vgl. Anhang 2). Der *Erreichbarkeitsgraf* ist ein Baum, in dem es vom Anfangszustand z_0 zu jedem erreichbaren Zustand z genau einen Pfad gibt. Dieser Baum ist ein Teilgraf des Automatengrafen.

Die Menge aller vom Anfangszustand z_0 aus erreichbaren Zustände wird mit $\mathcal{R}(z_0)$ bezeichnet. Sie kann schrittweise bestimmt werden, wobei im Folgenden $\mathcal{R}_k(z_0)$ die Menge der von z_0 aus nach höchstens k Zustandsübergängen erreichbaren Zustände darstellt. Wenn man die Menge von Nachfolgezuständen der zur Menge $\tilde{\mathcal{Z}} \subseteq \mathcal{Z}$ gehörenden Zustände mit $\mathrm{Im}(\tilde{\mathcal{Z}})$ (*image*) bezeichnet

$$\mathrm{Im}(\tilde{\mathcal{Z}}) = \{z' = G(z) \mid z \in \tilde{\mathcal{Z}}\},$$

so gelten für die Erreichbarkeitsmengen die folgenden Beziehungen:

Erreichbarkeitsanalyse autonomer deterministischer Automaten:

$$\mathcal{R}_0(z_0) = \{z_0\}$$

$$\mathcal{R}_{k+1}(z_0) = \mathcal{R}_k(z_0) \cup \mathrm{Im}(\mathcal{R}_k(z_0)), \quad k = 0, 1, ..., N-2. \qquad (3.45)$$

Da man in einem Grafen mit N Knoten jeden Knoten z auf einem Pfad mit höchstens $N-1$ Kanten erreicht oder z nicht von z_0 aus erreichbar ist, wird die rekursiv bestimmte Menge $\mathcal{R}_{k+1}(z_0)$ spätestens ab $k = N-1$ nicht mehr größer und enthält alle von z_0 aus erreichbaren Knoten:

$$\mathcal{R}(z_0) = \mathcal{R}_{N-1}(z_0).$$

Es gilt

$$\mathcal{R}_0(z_0) \subseteq \mathcal{R}_1(z_0) \subseteq ... \subseteq \mathcal{R}_{N-1}(z_0)$$
$$\mathcal{R}_k(z_0) = \mathcal{R}_{N-1}(z_0) \qquad \text{für } k \geq N-1.$$

Die Erreichbarkeit kann man auch anhand der Adjazenzmatrix G des Automatengrafen prüfen. Der Zustand i ist vom Zustand j genau dann erreichbar, wenn es eine Zahl k gibt, so dass das ij-te Element der Matrix G^k verschieden von null ist, wobei die Zahl k die Länge eines Pfades von j nach i angibt. Um $\mathcal{R}(z_0)$ mit der Matrixdarstellung des Automaten zu ermitteln, bildet man die Matrix $\bar{G}$ entsprechend

$$\bar{G} = \sum_{k=0}^{N-1} G^k. \tag{3.46}$$

Alle von null verschiedenen Elemente in der zu z_0 gehörenden Spalte von $\bar{G}$ zeigen an, dass der entsprechende Zustand vom Anfangszustand z_0 aus erreichbar ist.

Automaten mit nicht erreichbaren Zuständen. Das Analyseverfahren zeigt, wie man nicht erreichbare Zustände bei einem gegebenen Automaten finden kann. Für die Modellbildung ergibt sich dann die Frage, warum in einem Automaten nicht erreichbare Zustände auftreten, denn bei der Modellierung wird man doch i. Allg. nur solche Zustände definieren, die das betrachtete System auch annehmen kann.

Nicht erreichbare Zustände treten aufgrund eines oder mehrerer der folgenden Gründe auf:

- Wenn man bei der Modellbildung die Automatenzustände in Abhängigkeit von mehreren Signalen definiert, entsteht als Zustandsmenge das kartesische Produkt der für die einzelnen Signale definierten symbolischen Signalwerte (vgl. Abschn. 2.3). Von dieser Zustandsmenge beschreibt häufig nur eine Teilmenge erreichbare Automatenzustände. Die anderen Elemente werden von dem zu modellierenden Objekt aufgrund dessen dynamischer Eigenschaften nicht angenommen und können aus der Zustandsmenge gestrichen werden.

- Wenn ein Automat für unterschiedliche Anfangszustände untersucht wird, so bezieht sich die fehlende Erreichbarkeit auf einen ausgewählten Anfangszustand z_0, wobei die von z_0 aus nicht erreichbaren Zustände von anderen Anfangszuständen z_0' aus erreichbar sein können. Diese Zustände können deshalb nur dann aus dem Automaten gestrichen werden, wenn der Anfangszustand für alle weiteren Untersuchungen festliegt.

- Bei vielen technischen Systemen verhindert eine Steuereinrichtung, dass sich das System in verbotene Zustände bewegt. Die verbotenen Zustände sind also Zustände, die ohne Steuerung erreichbar wären, aber durch die Steuerung nicht erreichbar gemacht werden. Sie können aus dem Modell des Steuerkreises gestrichen werden.

- Darüber hinaus treten natürlich bei der Modellbildung, insbesondere bei Automaten mit vielen Zuständen, ungewollt Zustände auf, die nicht erreichbar sind und deshalb aus der Zustandsmenge entfernt werden können.

Wenn nicht erreichbare Zustände aus dem Automaten gestrichen werden, verkleinert sich sowohl die Zustandsmenge $\mathcal{Z}$ als auch die Zustandsübergangsfunktion G, wodurch ein reduzierter Automat entsteht:

$$\mathcal{A}_{\text{red}} = (\mathcal{Z}_{\text{red}}, G_{\text{red}}, z_0).$$

Der reduzierte Automat $\mathcal{A}_{\text{red}}$, der durch Streichen von nicht erreichbaren Zuständen und den dazu gehörigen Zustandsübergängen entsteht, hat dasselbe Verhalten wie der nicht reduzierte Automat.

Beispielsweise kann bei dem in der Mitte von Abb. 3.2 auf S. 61 gezeigten Automaten der Zustand 1 sowie der Zustandsübergang $1 \rightarrow 2$ gestrichen werden, weil der Zustand 1 vom Anfangszustand $z_0 = 2$ aus nicht erreichbar ist. Der linke Automat lässt sich nicht reduzieren, weil alle Zustände vom Anfangszustand $z_0 = 1$ aus erreichbar sind.

Erreichbarkeitsanalyse von Σ-Automaten. Für Σ-Automaten führt man die Erreichbarkeitsanalyse genauso durch wie für autonome Automaten, wobei man die Benennung der Zustandsübergänge durch Ereignisse ignoriert. In dem durch das Weglassen der Ereignisbezeichnungen an den Kanten entstehenden Automatengrafen gehen von den Knoten häufig mehrere Kanten ab, was für die Analyse keine zusätzlichen Schwierigkeiten mit sich bringt.

Wenn man wissen will, welche Beschriftung die Pfade zwischen zwei Knoten i und j des Automatengrafen besitzen, muss man die für autonome Automaten durchgeführten Betrachtungen mit einer verallgemeinerten Adjazenzmatrix durchführen. In Erweiterung zu Gl. (3.7) bildet man die Adjazenzmatrix G des Grafen des Σ-Automaten, indem man dem Element g_{ji} das Ereignis σ zuordnet, das zum Zustandsübergang $i \xrightarrow{\sigma} j$ gehört:

$$g_{ij} = \begin{cases} \sigma & \text{wenn } i = \delta(j, \sigma) \text{ gilt} \\ 0 & \text{sonst.} \end{cases} \tag{3.47}$$

Das Produkt zweier Adjazenzmatrizen wird so definiert, dass das Produkt der Elemente g_{ik} und g_{kj} als Verkettung $g_{ik}g_{kj}$ und die Summe $g_{ik} + g_{kj}$ als alternatives Auftreten der betreffenden Ereignisse interpretiert wird. Die Multiplikation eines Elementes oder einer Zeichenkette mit einer Null ergibt eine Null. Die Matrix G^0 ist eine Diagonalmatrix mit den Hauptdiagonalelementen ε, die anzeigen, dass jeder Knoten von sich selbst aus ohne einen Zustandsübergang erreichbar ist. In der entsprechend Gl. (3.46) gebildeten Matrix $\bar{G}$ stehen dann als ij-tes Element die Beschriftungen aller Pfade vom Knoten j zum Knoten i, die von rechts nach links zu lesen sind.

Beispiel 3.13 *Pfade im Automatengrafen aus Abb. 3.15*

Die verallgemeinerte Adjazenzmatrix des in Abb. 3.15 auf S. 88 gezeigten Automatengrafen heißt

$$G = \begin{pmatrix} 0 & 0 & 0 & 0 \\ a & 0 & 0 & 0 \\ 0 & b & 0 & 0 \\ 0 & c & c & 0 \end{pmatrix}.$$

Aus Gl. (3.46) erhält man

$$\bar{G} = G^0 + G + G^2 + G^3$$

$$= \begin{pmatrix} \varepsilon & 0 & 0 & 0 \\ 0 & \varepsilon & 0 & 0 \\ 0 & 0 & \varepsilon & 0 \\ 0 & 0 & 0 & \varepsilon \end{pmatrix} + \begin{pmatrix} 0 & 0 & 0 & 0 \\ a & 0 & 0 & 0 \\ 0 & b & 0 & 0 \\ 0 & c & c & 0 \end{pmatrix} + \begin{pmatrix} 0 & 0 & 0 & 0 \\ 0 & 0 & 0 & 0 \\ ab & 0 & 0 & 0 \\ ac & bc & 0 & 0 \end{pmatrix} + \begin{pmatrix} 0 & 0 & 0 & 0 \\ 0 & 0 & 0 & 0 \\ 0 & 0 & 0 & 0 \\ abc & 0 & 0 & 0 \end{pmatrix}$$

$$= \begin{pmatrix} \varepsilon & 0 & 0 & 0 \\ a & \varepsilon & 0 & 0 \\ ab & b & \varepsilon & 0 \\ ac+abc & c+bc & c & \varepsilon \end{pmatrix}.$$

Das heißt beispielsweise, dass es zwischen vom Knoten 1 zum Knoten 4 zwei Pfade gibt, die mit ac bzw. abc beschriftet sind. Vom Knoten 4 zum Knoten 2 gibt es keinen Pfad. Alle vom i-ten Knoten erreichbaren Zustände stehen in der i-ten Spalte von $\bar{G}$. Wenn dort eine Null steht, ist der entsprechende Zustand nicht erreichbar. Steht dort eine Zeichenkette, so ist der Zustand über die angegebene Folge von Ereignissen erreichbar. $\square$

Erreichbarkeitsanalyse von E/A-Automaten. Bei Automaten mit Eingang kann man mit Hilfe einer Erreichbarkeitsanalyse zwei unterschiedliche Fragen beantworten. Erstens kann es interessant sein zu bestimmen, in welche Zustände der Automat bei einer konstanten Eingabe $v(k) = \bar{v}$ übergeht. Das für autonome Automaten beschriebene Vorgehen muss dann auf die Adjazenzmatrix $G(\bar{v})$ angewendet werden. Das Ergebnis ist interessant für Steuerungsprobleme, bei denen ein System bei konstanter Eingabe in einer Teilmenge $\tilde{\mathcal{Z}} \subset \mathcal{Z}$ der Zustandsmenge verbleiben soll.

Zweitens kann man die Frage stellen, in welche Zustände der Automat vom Anfangszustand z_0 aus durch eine geeignet gewählte Eingabefolge V gesteuert werden kann. In diesem Falle ignoriert man im Automatengrafen die an den Kanten eingetragenen Eingaben und arbeitet mit der Adjazenzmatrix

$$\tilde{G} = \max_{v \in \mathcal{V}} G(v),$$

deren Element $\tilde{g}_{ij}$ genau dann ungleich null ist, wenn es mindestens eine Eingabe $v \in \mathcal{V}$ gibt, für die der Automat vom Zustand j in den Zustand i übergeht. Die Erreichbarkeitsanalyse mit der Matrix $\tilde{G}$ zeigt, welche Zustände durch eine geeignet gewählte Steuerfolge von z_0 aus erreicht werden. Welche Steuerfolge dies ist, kann man an den Kantenbewertungen des entsprechenden Pfades ablesen, wenn man zum Automatengrafen mit Kantenbewertungen zurückkehrt.

Erweitert man die Adjazenzmatrix entsprechend Gl. (3.47), wobei anstelle des Ereignisses σ jetzt das beim Zustandswechsel $j \xrightarrow{v/w} i$ auftretende E/A-Paar v/w als Element g_{ij} in die Matrix G eingetragen wird, so kann man untersuchen, für welche Folge von E/A-Paaren der Automat Zustandsfolgen durchläuft.

Reduzierte Automaten. Anhand der Erreichbarkeitsanalyse kann man – ähnlich wie bei autonomen Automaten – für Σ-Automaten und für E/A-Automaten zu einem reduzierten Automaten übergehen, indem man alle vom Anfangszustand aus nicht erreichbaren Zustände sowie die dazu gehörigen Zeilen (z', z, σ) bzw. (z', w, z, v) aus den Automatentabellen für δ und L streicht. Anschließend können gegebenenfalls überflüssige Elemente aus den Mengen Σ, $\mathcal{Z}_F$, $\mathcal{V}$ und $\mathcal{W}$ eliminiert werden. Das Verhalten $\mathcal{B}_{\mathrm{red}}$ des reduzierten Automaten stimmt mit dem Verhalten $\mathcal{B}$ des nicht reduzierten Automaten überein:

$$\mathcal{B}_{\mathrm{red}} = \mathcal{B}.$$

3.5.2 Strukturelle Analyse deterministischer Automaten

Die Verhaltensbeschreibung deterministischer Automaten wird erleichtert, wenn man die Zustände in Abhängigkeit von ihrer gegenseitigen Erreichbarkeit klassifiziert. Diese Analyse wird im Folgenden für alle bisher eingeführten Formen deterministischer Automaten gemeinsam durchgeführt, wobei im Automatengrafen alle möglicherweise vorhandenen Kantenbewertungen ignoriert werden.

Zwei Zustände $\bar{z}$ und z heißen *stark zusammenhängend*, wenn es im Automatengrafen einen Pfad vom Knoten $\bar{z}$ zum Knoten z und einen Pfad vom Knoten z zum Knoten $\bar{z}$ gibt. Weil die Relation „stark zusammenhängend" eine Äquivalenzrelation[10] ist, kann man die Zustandsmenge $\mathcal{Z}$ des Automaten in disjunkte Mengen $\mathcal{Z}_i$ stark zusammenhängender Zustände zerlegen:

$$\mathcal{Z} = \mathcal{Z}_1 \cup \mathcal{Z}_2 \cup ... \cup \mathcal{Z}_q, \quad \mathcal{Z}_i \cap \mathcal{Z}_j = \emptyset \text{ für } i \neq j.$$

Dementsprechend kann man auch den Automatengrafen in q stark zusammenhängende Teilgrafen zerlegen, die nur in jeweils einer Richtung durch Kanten verbunden sind.

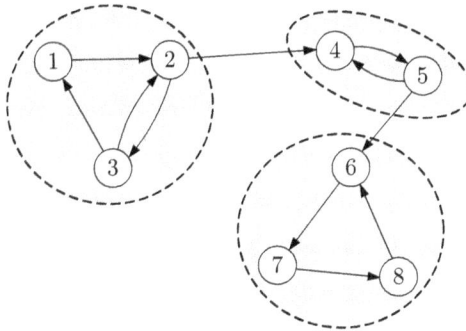

Abb. 3.26: Zerlegung der Zustandsmenge in Teilmengen stark zusammenhängender Zustände

Abbildung 3.26 zeigt ein Beispiel, bei dem die Menge der acht Automatenzustände in drei Teilmengen zerlegt werden kann. Die zur selben Teilmenge gehörenden Zustände sind untereinander stark zusammenhängend, also durch Pfade in alle Richtungen verbunden. Demgegenüber

---

[10] Für eine Erläuterung der grafentheoretischen Begriffe siehe Anhang 2.

gibt es zwischen den Zuständen unterschiedlicher Teilmengen höchstens Pfade in einer Richtung.

Sind alle Zustände der Zustandsmenge $\mathcal{Z}$ untereinander stark zusammenhängend ($q = 1$), so heißt der Automat *irreduzibel* (nicht reduzierbar). Bei derartigen Automaten kann jeder Zustand nach einer endlichen Anzahl von Zustandsübergängen erneut angenommen werden. Die Zustände heißen deshalb *rekurrent* (wiederkehrend). Wenn die Wiederholung eines Zustands periodisch ist, was man an Zyklen im Grafen erkennen kann, heißt der rekurrente Zustand auch *periodisch*. Da in autonomen deterministischen Automaten alle Zustandsübergänge eindeutig bestimmt sind, sind alle rekurrenten Zustände irreduzibler autonomer Automaten periodisch mit derselben Periodenlänge wie beispielsweise die Zustände 3, 6 und 7 in Abb. 3.27. Periodische Zustände sind typisch für zyklische Prozesse.

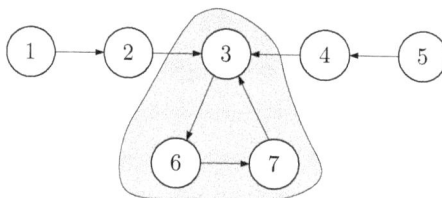

Abb. 3.27: Automat mit periodischer Zustandsmenge

Wenn der Automat reduzibel (reduzierbar) ist ($q > 1$), gibt es mindestens zwei Mengen $\mathcal{Z}_i$ stark zusammenhängender Zustände. Da zwischen diesen Zustandsmengen nur Kanten in einer Richtung existieren können, also z. B. von Knoten der Menge $\mathcal{Z}_1$ zu Knoten der Menge $\mathcal{Z}_2$, aber nicht umgekehrt, gibt es mindestens einen Teilgrafen, der, sobald er einmal durch den Automaten erreicht wird, nicht wieder verlassen wird. Die Zustandsmenge derartiger Teilgrafen heißt *ergodisch*. Besteht ein ergodischer Teilgraf nur aus einem einzelnen Zustand, so wird dieser Zustand *absorbierend* genannt.

Automatenzustände, die nur einmal angenommen werden können, werden als *transiente* (vorübergehende) Zustände bezeichnet. Jeder Automat mit transienten Zuständen muss nach einer bestimmten Anzahl von Zustandsübergängen eine ergodische Zustandsmenge oder einen absorbierenden Zustand erreichen, die bzw. den er nicht wieder verlassen kann.

Ein Automat wird *lebendig* genannt, wenn er eine beliebig lange Zustandsfolge erzeugen kann. Das bedeutet, dass es im Automatengrafen keinen erreichbaren Zustand gibt, von dem keine Kante abgeht. ·

Beispiel 3.14   *Reduzible autonome Automaten*

Der in Abb. 3.27 gezeigte Automat ist reduzierbar mit den Mengen

$$\mathcal{Z}_1 = \{1\} \qquad \mathcal{Z}_2 = \{2\} \qquad \mathcal{Z}_3 = \{3, 6, 7\}$$
$$\mathcal{Z}_4 = \{4\} \qquad \mathcal{Z}_5 = \{5\}.$$

Der Automat kann von der Zustandsmenge $\mathcal{Z}_1$ in die Zustandsmenge $\mathcal{Z}_2$ übergehen, aber nicht umgekehrt. Sobald der Automat einen Zustand der Menge $\mathcal{Z}_3$ angenommen hat, bleibt sein Zustand in dieser Menge. Diese Zustandsmenge ist deshalb ergodisch. Die Zustände 1, 2, 4 und 5 sind transient.

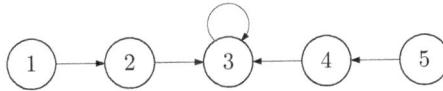

Abb. 3.28: Reduzibler deterministischer Automat

Abbildung 3.28 zeigt einen Automaten mit absorbierendem Zustand 3. Der Automat ist reduzibel, denn jeder Zustand bildet eine eigene stark zusammenhängende Teilmenge. Die Zustände 1, 2, 4 und 5 sind transient. □

Strukturelle Analyse von Σ-Automaten. Bei Σ-Automaten kann man anhand der strukturellen Analyse erkennen, ob der Automat zwingend einen der Endzustände aus der Menge $\mathcal{Z}_F$ annimmt bzw. ob es möglich ist, dass sich der Automat bewegt, ohne jemals einen derartigen Zustand zu erreichen. Als Beispiel wird dafür der in Abb. 3.29 gezeigte Automat mit der Ereignismenge $\Sigma = \{a, b\}$ betrachtet. Die Zustandsmenge lässt sich in folgende stark zusammenhängende Teilmengen zerlegen:

$$\mathcal{Z}_1 = \{1\} \qquad \mathcal{Z}_2 = \{2\}$$
$$\mathcal{Z}_3 = \{6\} \qquad \mathcal{Z}_4 = \{3, 4, 5\}.$$

Die Endzustandmenge $\mathcal{Z}_F$ enthält nur den Zustand 6.

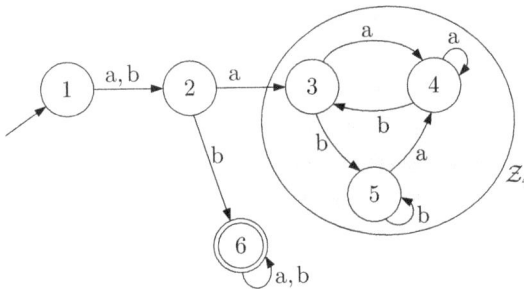

Abb. 3.29: Zerlegung eines Σ-Automaten

Die Zerlegung zeigt, dass der Automat den Endzustand 6 nie mehr erreichen kann, wenn er sich einmal in die Menge $\mathcal{Z}_4$ bewegt hat. Es gibt aber keinen Grund, weshalb der Automat seine Bewegung in dieser Menge abbrechen muss, denn für alle Zustände der Menge $\mathcal{Z}_4$ sind Übergänge für die beiden Ereignisse a und b definiert. Man spricht in einer solchen Situation von einem *Livelock*. Der Automat „lebt", aber er ist in einer „falschen" Zustandsmenge gefangen, von der er nicht zu seinem Ziel (Zustand 6) kommen kann.

Ein Livelock hat Konsequenzen für die Implementierung des Automaten als Akzeptor. Eine Zeichenkette wird von einem Σ-Automaten nur dann akzeptiert, wenn sich der Automat nach dem Einlesen der gesamten Zeichenkette in einem Endzustand befindet. Bei Automaten mit Livelock ist möglicherweise schon nach einem Teil der Zeichenkette absehbar, dass die Zeichenkette nicht akzeptiert werden wird, weil sich der Automat in der Livelock-Menge bewegt.

So kann der hier betrachtete Automat die Zeichenkette aaababa... beliebiger Länge einlesen, aber bereits nach dem Einlesen der Zeichen aa ist bekannt, dass die Zeichenkette nicht zur Sprache des Automaten gehört. Die Verarbeitung der Zeichenkette kann deshalb sehr früh mit dem Ergebnis „nicht akzeptiert" beendet werden.

Aufgabe 3.22*   *Erreichbarkeitsanalyse deterministischer Automaten*

Beschreiben Sie die in Abb. 3.2 auf S. 61 gezeigten Automaten in Matrixform und führen Sie die Erreichbarkeitsanalyse durch. Zerlegen Sie die Zustandsmenge gegebenenfalls in Mengen stark zusammenhängender Zustände. Gibt es für den rechts abgebildeten Automaten einen Anfangszustand, von dem aus alle Zustände erreichbar sind? □

Aufgabe 3.23*   *Analyse eines deterministischen Automaten mit Eingang*

Abbildung 3.30 zeigt einen deterministischen Automaten mit Eingang, wobei die zur Eingabe $v = 1$ gehörenden Kanten durchgezogen und die zu $v = 2$ gehörenden Kanten gestrichelt dargestellt sind.

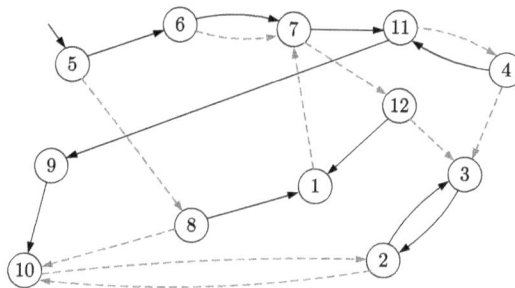

Abb. 3.30: Deterministischer Automat

1. Ist die Zustandsübergangsfunktion vollständig definiert?
2. Sind alle Zustände vom Anfangszustand 5 erreichbar? Gilt Ihr Ergebnis auch dann, wenn der Automat die konstante Eingabe $v = 1$ bzw. $v = 2$ erhält?
3. Zerlegen Sie gegebenenfalls die Zustandsmenge in Mengen stark zusammenhängender Zustände. Gibt es Zustände, von denen aus der Zustand 1 nicht erreichbar ist? □

3.5.3 Verifikation

Unter Verifikation versteht man den formalen Nachweis der Korrektheit eines Modells in Bezug zu einer Spezifikation. Die Verifikationsaufgabe kann folgendermaßen formuliert werden (Abb. 3.31):

Verifikationsproblem

Gegeben: Modell (Verhaltenbeschreibung durch einen deterministischen Automaten)
           Spezifikation (Beschreibung des gewünschten Verhaltens)

Gesucht: Nachweis, dass das Modell die Spezifikation erfüllt.

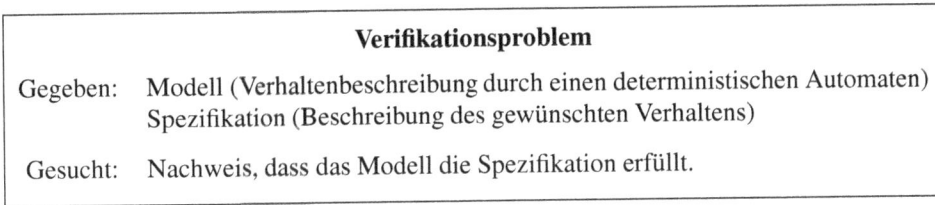

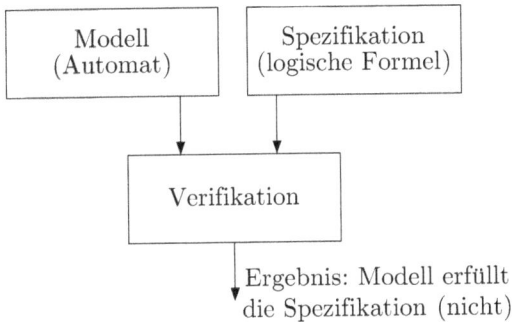

Abb. 3.31: Verifikation von Automaten

Die Spezifikation beschreibt, welche Eigenschaften das Modell haben soll. Sie enthält beispielsweise Festlegungen, welche Zustände der Automat während seiner Bewegung annehmen muss bzw. nicht annehmen darf oder welche Zustandsübergänge in welcher Reihenfolge auftreten sollen. Die Verifikation ist deshalb eine technische Problemstellung, die durch eine Erreichbarkeitsanalyse gelöst wird.

Bei der Bestimmung des Erreichbarkeitsgrafen wird nicht nur die Menge der vom Anfangszustand aus erreichbaren Zustände ermittelt, sondern es werden auch die Pfade angegeben, auf denen die Zustände erreicht werden. In diesem Grafen wird die Einhaltung der Spezifikationen überprüft, wobei gewährleistet ist, dass alle Verhaltensformen des Automaten erfasst werden. Da dieser Test das Modell auf die Einhaltung der Spezifikationen überprüft, wird diese Verifikationsmethode auch im Deutschen *Model checking* (Modellüberprüfung) genannt.

3.6 Beziehungen zwischen Automaten

Dieser Abschnitt vergleicht die Eigenschaften von Automatenpaaren. Vereinfacht ausgedrückt bezeichnet man zwei Automaten als äquivalent, wenn sie dieselben nach außen sichtbaren Eigenschaften besitzen. Dementsprechend heißen zwei Σ-Automaten äquivalent, wenn sie dieselbe Sprache akzeptieren, und zwei E/A-Automaten heißen äquivalent, wenn sie dasselbe Verhalten haben.

Von besonderer Bedeutung ist die Frage, unter welcher Bedingung zwei Automaten dieselben Eigenschaften haben, obwohl sie über unterschiedliche Zustandsmengen definiert sind, denn dies führt auf die Möglichkeit, die Zustandsmenge des Automaten zu verkleinern, ohne seine Eigenschaften zu verändern. Diese Frage wird zunächst für Σ-Automaten beantwortet.

3.6.1 Äquivalenz von Σ-Automaten

Um festzulegen, welche Automaten gleich sind, wird in diesem Abschnitt der Begriff der Äquivalenz von Automaten eingeführt. Es werden zwei Σ-Automaten

$$\mathcal{A}_1 = (\mathcal{Z}_1, \Sigma, \delta_1, z_{10}, \mathcal{Z}_{1F})$$
$$\mathcal{A}_2 = (\mathcal{Z}_2, \Sigma, \delta_2, z_{20}, \mathcal{Z}_{2F})$$

betrachtet, die über derselben Ereignismenge Σ definiert sind. Alle anderen Komponenten der Automatendefinitionen, insbesondere die Zustandsmengen, können sich unterscheiden.

Definition 3.1 (Äquivalenz von Σ-Automaten)
Zwei Σ-Automaten $\mathcal{A}_1$ und $\mathcal{A}_2$ heißen äquivalent ($\mathcal{A}_1 \sim \mathcal{A}_2$), wenn sie dieselbe Sprache akzeptieren:

$$\mathcal{L}(\mathcal{A}_1) = \mathcal{L}(\mathcal{A}_2). \tag{3.48}$$

Diese Definition der Äquivalenz bezieht sich auf die Sprache von Σ-Automaten und nicht auf die Zustandsübergangsfunktion, weil die Sprache die wichtigste von einem Σ-Automaten repräsentierte Eigenschaft eines ereignisdiskreten Systems ist. Deshalb ist es für einen Automaten von untergeordneter Bedeutung, über welcher Zustandsmenge er definiert ist und welche Zustandsfolge er für eine bestimmte Ereignisfolge durchläuft. Maßgebend ist, dass zwei Automaten dasselbe tun, wenn sie dieselben Ereignisfolgen akzeptieren bzw. generieren.

Man stelle sich also den Automaten als einen Block vor, dessen Inneres man nicht kennt und der sich nach dem Einlesen einer Zeichenfolge entweder grün färbt, wenn er die Zeichenfolge akzeptiert, oder rot, wenn der die Zeichenfolge ablehnt. Zwei Automaten werden als äquivalent bezeichnet, wenn sie für jede Zeichenfolge dieselbe Farbe annehmen.

Da die Sprache der in Anwendungen vorkommenden Automaten typischerweise eine unendliche Anzahl von Zeichenketten umfasst, kann man die Gültigkeit von Gl. (3.48) nicht dadurch überprüfen, dass man alle Zeichenketten einzeln betrachtet und testet, ob sie von beiden Automaten akzeptiert werden oder nicht, sondern man muss in die Automaten hineinsehen, um die Äquivalenz festzustellen. Dafür werden im nächsten Abschnitt zwei wichtige Eigenschaften eingeführt.

3.6.2 Homomorphie und Isomorphie

In diesem Abschnitt werden zwei Σ-Automaten

$$\mathcal{A}_1 = (\mathcal{Z}_1, \Sigma_1, \delta_1, z_{10}, \mathcal{Z}_{1F})$$
$$\mathcal{A}_2 = (\mathcal{Z}_2, \Sigma_2, \delta_2, z_{20}, \mathcal{Z}_{2F})$$

verglichen, die sich auch bezüglich ihrer Ereignismengen unterscheiden können. Wenn diese Automaten zur Beschreibung desselben Sachverhaltes aufgestellt wurden, so können ihre

Ereignisse und Zustände unterschiedlich definiert worden sein, sie müssen jedoch dieselben Eigenschaften besitzen. Die Gleichheit der Automaten ist jedoch aufgrund der unterschiedlichen Bezeichnungsweisen nicht sichtbar.

Mit Homomorphie und Isomorphie bezeichnet man die Gleichheit von Automaten bezüglich ihrer Struktur, wobei die Homomorphie zwei Automaten unterschiedlicher Komplexität miteinander vergleicht, während bei der Isomorphie eine Gleichheit bis auf die Bezeichnung der Elemente der Automaten vorliegt. Um die Strukturgleichheit darzustellen, werden zwei Abbildungen zwischen den zu vergleichenden Automaten eingeführt, die man als Homomorphismus bzw. Isomorphismus bezeichnet. Diese Abbildungen existieren immer dann, wenn sich die Automaten zwar in ihren Bezeichnungen, aber nicht in ihren Sprachen unterscheiden.

Homomorphie. Die erste Eigenschaft tritt auf, wenn zwei Automaten mit Zustandsmengen unterschiedlicher Mächtigkeit dieselbe Sprache akzeptieren.

Definition 3.2 (Homomorphie von Σ-Automaten)
Der Automat $\mathcal{A}_2$ heißt homomorphes Bild *des Automaten $\mathcal{A}_1$, wenn es zwei Abbildungen*

$$P : \mathcal{Z}_1 \to \mathcal{Z}_2$$
$$Q : \Sigma_1 \to \Sigma_2$$

gibt, so dass folgende Beziehungen gelten:

$$z_{20} = P(z_{10}) \tag{3.49}$$

$$\mathcal{Z}_{2\mathrm{F}} = \{P(z_1) : z_1 \in \mathcal{Z}_{1\mathrm{F}}\} \tag{3.50}$$

$$P(\delta_1(z_1, \sigma_1)) = \delta_2(P(z_1), Q(\sigma_1)) \qquad \textit{für alle } z_1 \in \mathcal{Z}_1, \sigma_1 \in \Sigma_1. \tag{3.51}$$

Für partiell definierte Zustandsübergangsfunktionen δ_1 und δ_2 ist die Bedingung (3.51) so zu lesen, dass die Funktion δ_2 für genau diejenigen Paare $(P(z_1), Q(\sigma_1))$ definiert ist, die aus Paaren (z_1, σ_1) hervorgehen, für die die Funktion δ_1 definiert ist, und dass für diese Paare die angegebene Gleichheit gilt.

Wenn der Automat $\mathcal{A}_2$ das homomorphe Bild des Automaten $\mathcal{A}_1$ ist und $\Sigma_1 = \Sigma_2$ gilt, so sind $\mathcal{A}_1$ und $\mathcal{A}_2$ äquivalent:

$$\mathcal{L}(\mathcal{A}_1) = \mathcal{L}(\mathcal{A}_2).$$

Wenn Σ_1 über die Abbildung Q in Σ_2 übergeht, so gilt

$$Q(\mathcal{L}(\mathcal{A}_1)) = \mathcal{L}(\mathcal{A}_2),$$

wobei $Q(\mathcal{L})$ bedeutet, dass die Buchstaben der Zeichenketten von $\mathcal{L}$ mit der Abbildung Q in Σ_2 transformiert werden.

Um die Homomorphie zweier autonomer Automaten

$$\mathcal{A}_1 = (\mathcal{Z}_1, G_1, z_{10})$$
$$\mathcal{A}_2 = (\mathcal{Z}_2, G_2, z_{20})$$

nachzuweisen, braucht man nur die Abbildung $P : \mathcal{Z}_1 \to \mathcal{Z}_2$ zwischen den beiden Zustands-mengen. Wenn P entsprechend Gl. (3.49) die Anfangszustände beider Automaten ineinander überführt, dann sichert die Bedingung (3.51), die sich für autonome Automaten auf

$$P(G_1(z_1)) = G_2(P(z_1)) \tag{3.52}$$

reduziert, dass auch alle anderen Automatenzustände ineinander überführt werden:

$$z_2(k) = P(z_1(k)), \quad k = 1, 2, \dots \tag{3.53}$$

Die Gültigkeit dieser Beziehung sieht man aus der folgenden Umformung:

$$
\begin{aligned}
z_2(k) &= G_2(z_2(k-1)) \\
&= G_2(P(z_1(k-1))) \\
&= P(G_1(z_1(k-1))) \\
&= P(z_1(k)).
\end{aligned}
$$

Wenn $\mathcal{A}_2$ ein homomorphes Bild von $\mathcal{A}_1$ ist, kommt man also zu derselben Zustandsfolge

$$Z_2(0\dots k_e) = (z_2(0), z_2(1), \dots, z_2(k_e)),$$

wenn man erst mit dem Automaten $\mathcal{A}_1$ die Zustandsfolge

$$Z_1(0\dots k_e) = (z_1(0), z_1(1), \dots, z_1(k_e))$$

erzeugt und diese dann mit Hilfe von Gl. (3.53) in die Folge Z_2 überführt oder wenn man den Anfangszustand entsprechend Gl. (3.49) transformiert und die Zustandsfolge Z_2 mit dem Automat $\mathcal{A}_2$ berechnet. Gleichung (3.50) hat für autonome Automaten keine Bedeutung.

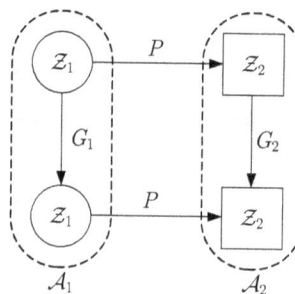

Abb. 3.32: Interpretation von Gl. (3.51)

Die Beziehung (3.51) ist für autonome Automaten durch Abb. 3.32 veranschaulicht. Die Funktionen G_1 und G_2 bilden die Zustandsmengen der betreffenden Automaten in sich selbst ab. Zwischen den Zustandsmengen besteht die Beziehung $z_2 = P(z_1)$. Entsprechend Gl. (3.52) erhält man dasselbe Ergebnis, wenn man auf einen Zustand $z_1 \in \mathcal{Z}_1$ zuerst die Funktion P und dann die Zustandsübergangsfunktion G_2 des Automaten $\mathcal{A}_2$ anwendet oder wenn man erst die

Zustandsübergangsfunktion G_1 verwendet und anschließend die Abbildung P (vgl. die beiden Wege von der oberen linken in die untere rechte Ecke von Abb. 3.32).

Für Σ-Automaten muss man in Gl. (3.51) alle durch die Ereignisse $\sigma \in \Sigma$ ausgelösten Zustandsübergänge betrachten, wobei man den Ereignissen $\sigma_1 \in \Sigma_1$ des Automaten $\mathcal{A}_1$ mit Hilfe einer Abbildung Q Ereignisse $\sigma_2 \in \Sigma_2$ des Automaten $\mathcal{A}_2$ zuordnet.

Beispiel 3.15 *Homomorphie von Σ-Automaten*

Abbildung 3.33 zeigt die beiden Automaten $\mathcal{A}_1$ und $\mathcal{A}_2$, die die folgenden Komponenten besitzen:

$$\mathcal{Z}_1 = \{1, 2, 3, 4\} \qquad \mathcal{Z}_2 = \{A, B, C\}$$

$$\Sigma_1 = \{a, b, c, d\} \qquad \Sigma_2 = \{x, y, z\}$$

$$\delta_1 = \begin{array}{|c|c|c|} \hline z' & z & \sigma \\ \hline 2 & 1 & a \\ 3 & 2 & b \\ 4 & 1 & c \\ 3 & 4 & d \\ \hline \end{array} \qquad \delta_2 = \begin{array}{|c|c|c|} \hline z' & z & \sigma \\ \hline B & A & x \\ B & A & y \\ C & B & z \\ \hline \end{array}$$

$$z_{10} = 1 \qquad z_{20} = A$$

$$\mathcal{Z}_{1F} = \{3\} \qquad \mathcal{Z}_{2F} = \{C\}.$$

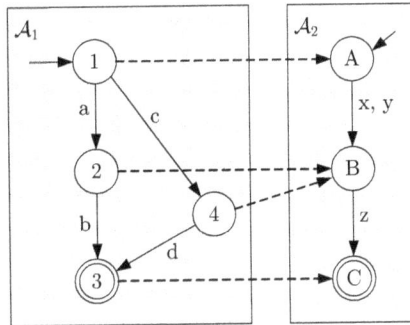

Abb. 3.33: Automat $\mathcal{A}_1$ und sein homomorphes Bild $\mathcal{A}_2$

Der Automat $\mathcal{A}_2$ ist ein homomorphes Bild des Automaten $\mathcal{A}_1$, weil die Bedingungen (3.49) – (3.51) mit den Funktionen

$$P = \begin{array}{|c|c|} \hline P(z) & z \\ \hline A & 1 \\ B & 2 \\ C & 3 \\ B & 4 \\ \hline \end{array} \quad \text{und} \quad Q = \begin{array}{|c|c|} \hline Q(\sigma) & \sigma \\ \hline x & a \\ z & b \\ y & c \\ z & d \\ \hline \end{array}$$

erfüllt sind. Die Funktion P ist in Abb. 3.33 durch die gestrichelten Pfeile gekennzeichnet. Sie ordnet jedem Zustand von $\mathcal{A}_1$ einen Zustand von $\mathcal{A}_2$ zu. Diese Abbildung ist nicht umkehrbar eindeutig, weil die Zustände 2 und 4 des Automaten $\mathcal{A}_1$ in denselben Zustand B des Automaten $\mathcal{A}_2$ abgebildet werden. Auch die Abbildung Q ist nicht umkehrbar, weil das Ereignis z den beiden Ereignissen b und d zugeordnet ist.

Wie man der Definition der Abbildung P entnehmen kann, sind die Bedingungen (3.49) und (3.50) erfüllt. Die Bedingung (3.51) muss man schrittweise für alle Zustands-Ereignispaare (z_1, σ_1) des Automaten $\mathcal{A}_1$ überprüfen, für die die Zustandsübergangsfunktion δ_1 definiert ist. Für $z_1 = 1, \sigma_1 = $ a ist sie erfüllt, weil man für die linke Seite von Gl. (3.51) den Wert B erhält

$$P(\delta_1(1, \mathrm{a})) = P(2) = \mathrm{B}$$

und denselben Wert für die rechte Seite:

$$\delta_2(P(1), Q(\mathrm{a})) = \delta_2(\mathrm{A}, \mathrm{x}) = \mathrm{B}.$$

Auch für die anderen Paare $(z_1 = 1, \sigma_1 = $ c$)$, $(z_1 = 2, \sigma_1 = $ b$)$ und $(z_1 = 4, \sigma_1 = $ d$)$ ist die Bedingung (3.51) erfüllt.

Das Beispiel zeigt, dass Automaten unterschiedlicher Größe dieselbe Sprache besitzen können und dass man mit Hilfe des Homomorphismus P, Q den komplexeren Automaten in den einfacheren überführen und damit die Gleichheit der Sprachen zeigen kann. □

Isomorphie. Wenn die in der Definition 3.2 verwendeten Abbildungen umkehrbar sind, so ist nicht nur $\mathcal{A}_2$ ein homomorphes Bild von $\mathcal{A}_1$, sondern auch $\mathcal{A}_1$ ein homomorphes Bild von $\mathcal{A}_2$. Man sagt dann, dass die Automaten isomorph sind.

Definition 3.3 (Isomorphie von Σ-Automaten)

Die Automaten $\mathcal{A}_1$ und $\mathcal{A}_2$ heißen isomorph, wenn es zwei umkehrbare Abbildungen

$$P : \mathcal{Z}_1 \rightarrow \mathcal{Z}_2$$
$$Q : \Sigma_1 \rightarrow \Sigma_2$$

gibt, für die die Gleichungen (3.49) – (3.51) gelten.

Wenn zwei Automaten isomorph sind, unterscheiden sie sich nur in den Namen ihrer Zustände und Ereignisse und sie haben dieselben dynamischen Eigenschaften, also insbesondere dieselbe Sprache $Q(\mathcal{L}(\mathcal{A}_1)) = \mathcal{L}(\mathcal{A}_2)$. Mit den Zuordnungen P und Q sind die Grafen beider Automaten deckungsgleich.

Die Isomorphie kann man einerseits ausnutzen, um die Äquivalenz zweier gegebener Automaten nachzuweisen. Die Abbildungen P und Q zeigen dann, wie die Namen der Eingaben und Ereignisse einander zugeordnet werden müssen, damit man dasselbe Verhalten erhält. Andererseits kann man zu einem gegebenen Automaten durch geeignete Definition dieser Abbildungen einen isomomorphen Automaten bilden. Dies ist beispielsweise zweckmäßig, wenn man mehrere Automaten zu einem Automatennetz verkoppeln will und dabei die Zustände umbenennen muss, damit im entstehenden Gesamtautomaten jeder Zustand einen eigenen Namen hat.

Zustandshomomorphie und Zustandsisomorphie. In vielen Anwendungen muss man Automaten vergleichen, die über derselben Ereignismenge definiert sind ($\Sigma_1 = \Sigma_2$). Bei der Betrachtung der Homomorphie oder Isomorphie ist in diesen Fällen Q eine Einheitsabbildung ($Q(\sigma) = \sigma$). Wenn es dann eine Abbildung P gibt, mit der die Bedingungen aus der Definition 3.2 erfüllt sind, so spricht man von einer Zustandshomomorphie. Ist diese Abbildung umkehrbar, so sind die Automaten zustandsisomorph. In beiden Fällen sind die Automaten äquivalent:

> Automaten und deren zustandshomomorphes Bild sowie zustandsisomorphe Automaten sind äquivalent: $\mathcal{L}(\mathcal{A}_1) = \mathcal{L}(\mathcal{A}_2)$.

3.6.3 Automaten mit äquivalenten Zuständen

Die Eigenschaften der Homomorphie und Isomorphie wurden im vorhergehenden Abschnitt unter Verwendung zweier Abbildungen P und Q definiert, aber es wurde nichts darüber ausgesagt, wie man derartige Abbildungen finden kann. Diese Frage wird in diesem und dem nachfolgenden Abschnitt beantwortet, indem aus einem Automaten $\mathcal{A}_1$ ein äquivalenter Automat $\mathcal{A}_2$ mit kleinerer Zustandsmenge gebildet wird. Beide Automaten sind über derselben Ereignismenge Σ definiert. Es wird gezeigt, dass der dabei entstehende Automat $\mathcal{A}_2$ das homomorphe Bild von $\mathcal{A}_1$ mit der kleinstmöglichen Zustandsmenge ist und folglich als minimaler Automat bezeichnet wird.

Als erster Schritt dafür wird in diesem Abschnitt die Äquivalenz von Automatenzuständen eingeführt und ein Algorithmus abgeleitet, mit dem Mengen äquivalenter Zustände gefunden werden können.

Definition 3.4 (Äquivalenz von Zuständen)
Zwei Zustände z und $\tilde{z}$ des Σ-Automaten $\mathcal{A} = (\mathcal{Z}, \Sigma, \delta, z_0, \mathcal{Z}_\mathrm{F})$ heißen äquivalent, wenn für jede Zeichenkette $V \in \Sigma^*$ die Äquivalenz

$$\delta^*(z, V) \in \mathcal{Z}_\mathrm{F} \iff \delta^*(\tilde{z}, V) \in \mathcal{Z}_\mathrm{F}. \tag{3.54}$$

gilt. Man schreibt dann $z \sim \tilde{z}$. Andernfalls heißen die Zustände unterscheidbar.

Gleichung (3.54) besagt für den Automatengrafen, dass man genau dann vom Zustand z aus auf einem mit der Zeichenkette V beschrifteten Pfad zu einem Endzustand kommt, wenn dies auch vom Zustand $\tilde{z}$ aus möglich ist. Verwendet man z bzw. $\tilde{z}$ als Anfangszustand des Automaten, so wird die Eingabefolge V entweder für beide Zustände akzeptiert oder für keinen der beiden Zustände. Weder die mit V beschrifteten Pfade noch die Endzustände dieser Pfade müssen dabei übereinstimmen. Für Automaten mit partiell definierten Zustandsübergangsfunktionen ist Gl. (3.54) so zu interpretieren, dass die Zustandsübergangsfunktion für die beiden Paare (z, V) und $(\tilde{z}, V)$ entweder definiert oder nicht definiert ist.

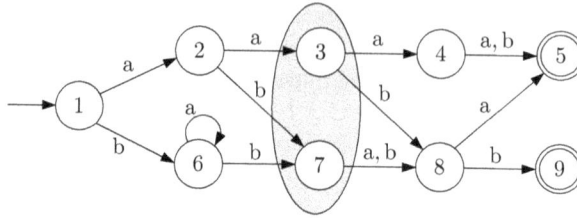

Abb. 3.34: Automat mit den äquivalenten Zuständen 3 und 7

Bei dem in Abb. 3.34 gezeigten Automaten erfüllen die Zustände 3 und 7 die Bedingung (3.54), denn von beiden Zuständen gibt es jeweils genau vier Pfade zu Endknoten, die mit denselben Zeichenketten „aa", „ab", „ba" und „bb" beschriftet sind, sowie jeweils zwei Kanten mit „a" und „b", die nicht zu Endzuständen führen. Außerdem sind die Zustände 4 und 8 äquivalent, die Zustände 2 und 6 jedoch nicht, weil es vom Zustand 2 einen Pfad „aaa" zu einem Endzustand gibt, für den Zustand 6 jedoch nicht.

Die in Definition 3.4 eingeführte Eigenschaft der Äquivalenz von Zustandspaaren führt eine Äquivalenzrelation für die Zustandsmenge $\mathcal{Z}$ ein, denn diese Eigenschaft ist reflexiv ($z \sim z$), symmetrisch (wenn $z \sim \tilde{z}$ gilt, dann gilt auch $\tilde{z} \sim z$) und transitiv (wenn $z_1 \sim z_2$ und $z_2 \sim z_3$ gilt, so ist auch $z_1 \sim z_3$). Folglich kann die Zustandsmenge $\mathcal{Z}$ in Äquivalenzklassen $\mathcal{Z}_i$ zerlegt werden, wobei zwei Zustände genau dann äquivalent sind, wenn sie zur selben Äquivalenzklasse gehören. Für die Äquivalenzklassen gilt

$$\mathcal{Z}_i \cap \mathcal{Z}_j = \emptyset \qquad \text{für alle } i \neq j \tag{3.55}$$

$$\bigcup_i \mathcal{Z}_i = \mathcal{Z}. \tag{3.56}$$

Im Folgenden wird gezeigt, wie man diese Zerlegung finden kann.

Bestimmung äquivalenter Zustände. Bei der Überprüfung der Bedingung (3.54) muss man Zeichenketten V beliebiger Länge betrachten. Man beginnt diese Untersuchungen mit der leeren Zeichenkette ε und verlängert die Zeichenketten schrittweise um je ein Zeichen, bis eine im Folgenden eingeführte Bedingung anzeigt, dass alle äquivalenten Zustände gefunden sind. In jedem Schritt wird die zuvor erhaltene Zerlegung der Zustandsmenge verfeinert.

Man bezeichnet zwei Zustände z und $\tilde{z}$ als k-äquivalent, wenn sie die Bedingung (3.54) für Zeichenketten V erfüllen, die höchstens die Länge k haben, und schreibt dann

$$z \overset{k}{\sim} \tilde{z}.$$

Das heißt, k beschreibt die Anzahl der Zustandsübergänge, bezüglich derer die Äquivalenz nachgewiesen ist. Es wird jetzt schrittweise die k-Äquivalenz der Zustände für $k = 0, 1, \ldots$ untersucht.

Gilt die Beziehung (3.54) für die leere Zeichenkette ε, die entsprechend Gl. (3.21) keinen Zustandswechsel auslöst, so heißen die Zustände z und $\tilde{z}$ *0-äquivalent*:

$$z \overset{0}{\sim} \tilde{z}.$$

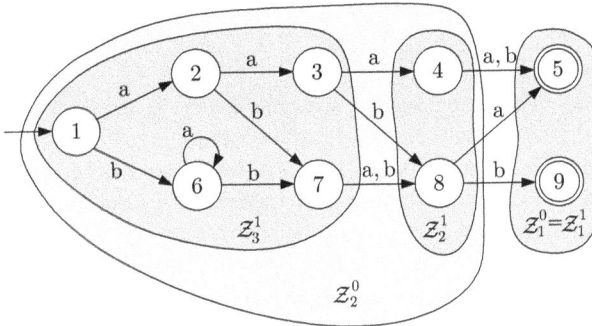

Abb. 3.35: Schrittweise Zerlegung der Zustandsmenge eines Automaten

Die Zerlegung der Zustandsmenge entsprechend der 0-Äquivalenz ist sehr einfach, denn es sind alle Zustände der Endzustandsmenge $\mathcal{Z}_F$ und die der Restmenge $\mathcal{Z} \setminus \mathcal{Z}_F$ untereinander 0-äquivalent:

$$\mathcal{Z}_1^0 = \mathcal{Z}_F \tag{3.57}$$

$$\mathcal{Z}_2^0 = \mathcal{Z} \setminus \mathcal{Z}_F. \tag{3.58}$$

Bei dieser Zerlegung weist die hochgestellte Null darauf hin, dass die Zerlegung die Nulläquivalenz betrifft; der Index nummeriert die Zustandsmengen. Für den Automaten aus Abb. 3.34 führt diese Zerlegung auf die Mengen

$$\mathcal{Z}_1^0 = \{5, 9\}$$
$$\mathcal{Z}_2^0 = \{1, 2, 3, 4, 6, 7, 8\},$$

die in Abb. 3.35 durch die äußeren Ränder gekennzeichnet sind.

Wendet man die Beziehung (3.54) für eine Zeichenkette V an, die höchstens aus einem Buchstaben besteht, so erhält man die Menge der *1-äquivalenten* Zustände ($z \overset{1}{\sim} \tilde{z}$). Da diese Betrachtung auch die zuvor bereits untersuchte Zeichenkette $V = \varepsilon$ einschließt, können zwei Zustände, die nicht 0-äquivalent sind, auch nicht 1-äquivalent sein. Man muss also nur noch die Zustände der Menge $\mathcal{Z}_1^0$ und getrennt davon die Zustände der Menge $\mathcal{Z}_2^0$ auf 1-Äquivalenz untersuchen, wobei die 1-Äquivalenz die bisherige Zerlegung der Zustandsmenge verfeinert.

1-äquivalente Zustände z und $\tilde{z}$ kommen deshalb aus derselben Menge $\mathcal{Z}_1^0$ bzw. $\mathcal{Z}_2^0$ und erfüllen die Forderung

$$\delta(z, \sigma) \in \mathcal{Z}_F \iff \delta(\tilde{z}, \sigma) \in \mathcal{Z}_F$$

für beliebige Ereignisse $\sigma \in \Sigma$. Das heißt, im Automatengrafen führen von ihnen entweder Kanten mit demselben Ereignisnamen zu einem Endzustand oder es gibt keine derartigen Kanten. Andernfalls sind z und $\tilde{z}$ durch einelementige Zeichenketten unterscheidbar und gehören in unterschiedliche Äquivalenzklassen der 1-Äquivalenz. Man muss dann die betreffende 0-Äquivalenzklasse in mindestens zwei 1-Äquivalenzklassen zerlegen.

Für den Automaten aus Abb. 3.35 führen diese Betrachtungen auf die Mengen

$$\mathcal{Z}_1^1 = \{5, 9\}$$

$$\mathcal{Z}_2^1 = \{4, 8\} \tag{3.59}$$

$$\mathcal{Z}_3^1 = \{1, 2, 3, 6, 7\}. \tag{3.60}$$

Die Menge $\mathcal{Z}_1^0$ wurde nicht weiter zerlegt, weil die beiden Zustände 5 und 9 die gemeinsame Eigenschaft haben, dass es von ihnen keine Zustandsübergänge gibt. Die Menge $\mathcal{Z}_2^0$ wurde in die Mengen $\mathcal{Z}_2^1$ und $\mathcal{Z}_3^1$ zerlegt, wobei es von den Zuständen der Menge $\mathcal{Z}_2^1$ Kanten mit den Ereignissen „a" und „b" zu Endzuständen gibt, während von den Zuständen der Menge $\mathcal{Z}_3^1$ keine derartigen Kanten existieren.

Abbildung 3.35 zeigt auch die folgende Interpretation der 1-Äquivalenz: Wenn man zwei 1-äquivalente Zustände nacheinander als Anfangszustand des Automaten verwendet, unterscheiden sich die von dem Automaten akzeptierten Zeichenketten mit höchstens einem Buchstaben nicht. Von den Zuständen 5 und 9 wird die Zeichenkette ε akzeptiert, von den Zuständen 4 und 8 die Zeichenketten a oder b, von allen anderen Zuständen keine Zeichenketten mit höchstens einem Element.

Die bisher für die 0- und 1-Äquivalenz durchgeführte Zerlegung folgt einem Prinzip, das man bei der Betrachtung einer Zeichenkette V der Länge k und der um ein Ereignis σ verlängerten Zeichenkette σV erkennt, wobei σ am Beginn der Zeichenkette eingefügt wurde. Für die Äquivalenz zweier Zustände z und $\tilde{z}$ wird entsprechend Gl. (3.54) gefordert, dass die Beziehung

$$\delta^*(z, \sigma V) \in \mathcal{Z}_F \iff \delta^*(\tilde{z}, \sigma V) \in \mathcal{Z}_F$$

für beliebige Zeichenketten σV gilt. Diese Beziehung ist erfüllt, wenn die Forderung

$$\delta^*(\delta(z, \sigma), V) \in \mathcal{Z}_F \iff \delta^*(\delta(\tilde{z}, \sigma), V) \in \mathcal{Z}_F$$

für beliebige V und beliebige σ erfüllt ist, wenn also die Zustände $\delta(z, \sigma)$ und $\delta(\tilde{z}, \sigma)$ die Äquivalenzbedingung (3.54) für Zeichenketten V der Länge k erfüllen.

> Zwei Zustände z und $\tilde{z}$ sind $(k+1)$-äquivalent, wenn ihre Nachfolgezustände $\delta(z, \sigma)$ und $\delta(\tilde{z}, \sigma)$ k-äquivalent sind:
>
> $$z \overset{k+1}{\sim} \tilde{z} \iff \delta(z, \sigma) \overset{k}{\sim} \delta(\tilde{z}, \sigma) \quad \text{für alle } \sigma \in \Sigma. \tag{3.61}$$

Bildlich gesprochen heißt dies, dass zwei Knoten z und $\tilde{z}$ des Automatengrafen zur selben Zustandsmenge $\mathcal{Z}_i^{k+1}$ der $(k+1)$-ten Zerlegung gehören, wenn sie aus derselben Menge $\mathcal{Z}_j^k$ der k-ten Zerlegung stammen und wenn für jedes Ereignis $\sigma \in \Sigma$ entweder je eine Kante in dieselbe Menge $\mathcal{Z}_l^k$ der k-ten Zerlegung führt oder von beiden Knoten keine dem Ereignis σ zugeordnete Kante abgeht. Es wird dabei nicht gefordert, dass die Kanten für alle Ereignisse $\sigma \in \Sigma$ immer wieder in dieselbe Menge $\mathcal{Z}_l^k$ führen.

Für den Automaten in Abb. 3.35 muss die Menge $\mathcal{Z}_3^1$ zerlegt werden, weil von den Knoten 3 und 7 Kanten in die Menge $\mathcal{Z}_2^1$ führen, während die Kanten von den Knoten 1, 2 und 6 in Knoten der Menge $\mathcal{Z}_3^1$ enden. Die Zustände 1, 2 und 6 sind 2-äquivalent, da ihre Nachfolgezustände in derselben Menge $\mathcal{Z}_3^1$ liegen. Die Zustände 3 und 7 gehören nicht zur selben 2-Äquivalenzklasse, weil für sie die Zustandsübergänge in die Menge $\mathcal{Z}_2^1$ führen. Sie sind jedoch untereinander 2-äquivalent, da ihre Nachfolgezustände für alle Ereignisse a, b $\in \Sigma$ definiert sind und jeweils in

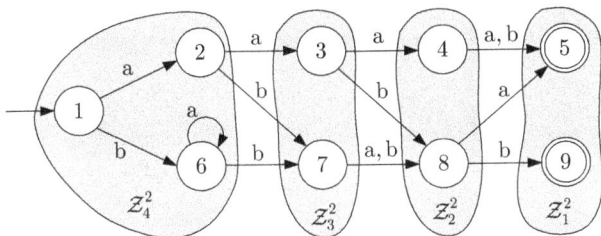

Abb. 3.36: Zerlegung der Zustandsmenge in 2-äquivalente Zustandsmengen

derselben 1-Äquivalenzklasse liegen, nämlich der Menge $\mathcal{Z}_2^1$. Insgesamt erhält man folgende 2-Äquivalenzklassen (Abb. 3.36):

$$\mathcal{Z}_1^2 = \{5, 9\}$$
$$\mathcal{Z}_2^2 = \{4, 8\}$$
$$\mathcal{Z}_3^2 = \{3, 7\} \tag{3.62}$$
$$\mathcal{Z}_4^2 = \{1, 2, 6\} \tag{3.63}$$

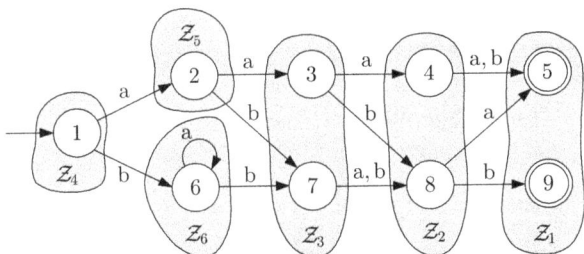

Abb. 3.37: Zerlegung der Zustandsmenge in 3-äquivalente Zustandsmengen

Im nächsten Schritt muss die Menge $\mathcal{Z}_4^2$ weiter zerlegt werden, weil beim Ereignis b der Nachfolgezustand des Zustands 1 in der Menge $\mathcal{Z}_4^2$, für die Zustände 2 und 6 jedoch außerhalb dieser Menge liegt. Auch sind die Zustände 2 und 6 nicht 3-äquivalent, weil ähnliche Überlegungen für das Ereignis a gelten. Die Menge $\mathcal{Z}_4^2$ zerfällt deshalb in drei Mengen mit je einem Zustand (Abb. 3.37):

$$\mathcal{Z}_1^3 = \{5, 9\}$$
$$\mathcal{Z}_2^3 = \{4, 8\}$$
$$\mathcal{Z}_3^3 = \{3, 7\}$$
$$\mathcal{Z}_4^3 = \{1\} \tag{3.64}$$
$$\mathcal{Z}_5^3 = \{2\} \tag{3.65}$$
$$\mathcal{Z}_6^3 = \{6\}. \tag{3.66}$$

Eine weitere Zerlegung ist nicht notwendig, weil jetzt für alle Zustandsmengen die Beziehung (3.61) gilt, also alle 3-äquivalenten Zustandsmengen auch 4-äquivalent sind. Damit ist die Zerlegung beendet, so dass der hochgestellte Zählindex weggelassen und die Zerlegung der Zustandsmenge als

$$\mathcal{Z} = \cup_{i=1}^{6}\mathcal{Z}_i \quad \text{mit} \quad \mathcal{Z}_1 = \{5, 9\}$$
$$\mathcal{Z}_2 = \{4, 8\}$$
$$\mathcal{Z}_3 = \{3, 7\}$$
$$\mathcal{Z}_4 = \{1\}$$
$$\mathcal{Z}_5 = \{2\}$$
$$\mathcal{Z}_6 = \{6\}$$

geschrieben wird.

Allgemein gilt, dass die Zerlegung der Zustandsmenge beendet ist, wenn alle $(k + 1)$-Äquivalenzklassen $\mathcal{Z}_i^{k+1}$ mit den k-Äquivalenzklassen $\mathcal{Z}_i^k$ übereinstimmen. Dies ist spätestens bei $k = N - 1$ der Fall, wobei N die Anzahl der Automatenzustände ist. Bei vielen Anwendungen führt die Zerlegung jedoch schon viel früher zum endgültigen Ergebnis, bei dem hier behandelten Beispiel mit $N = 9$ Zuständen nach 4 Zerlegungen.

Zerlegung der Zustandsmenge anhand der Automatentabelle. Die Bestimmung äquivalenter Zustände wurde bisher anhand des Automatengrafen vorgenommen, wobei die Bedeutung der Äquivalenzeigenschaften deutlich wurde. Um einen einfachen Zerlegungsalgorithmus aufzustellen, wird diese Vorgehensweise jetzt auf die Automatentabelle übertragen.

Die Automatentabelle des Automaten aus Abb. 3.34 lautet:

σ \ z	1	2	3	4	5	6	7	8	9
a	2	3	4	5	-	6	8	5	-
b	6	7	8	5	-	7	8	9	-

Die erste Zerlegung (3.57), (3.58) wird anhand der Endzustandsmenge vorgenommen, wobei die Spalten der Automatentabelle so umsortiert werden, dass die Zustände beider Mengen jeweils nebeneinander stehen. Anschließend werden die im Inneren der Tabelle stehenden Nachfolgezustände durch diejenigen Mengen ersetzt, zu denen die Nachfolgezustände gehören. Anstelle der Zustände 5 und 9 steht dann die Menge $\mathcal{Z}_1^0$ und anstelle der anderen Zustände die Menge $\mathcal{Z}_2^0$. Die Striche bei den Zuständen 5 und 6 bleiben erhalten:

σ \ z	$\mathcal{Z}_1^0$		$\mathcal{Z}_2^0$						
	5	9	1	2	3	4	6	7	8
a	-	-	$\mathcal{Z}_2^0$	$\mathcal{Z}_2^0$	$\mathcal{Z}_2^0$	$\mathcal{Z}_1^0$	$\mathcal{Z}_2^0$	$\mathcal{Z}_2^0$	$\mathcal{Z}_1^0$
b	-	-	$\mathcal{Z}_2^0$	$\mathcal{Z}_2^0$	$\mathcal{Z}_2^0$	$\mathcal{Z}_1^0$	$\mathcal{Z}_2^0$	$\mathcal{Z}_2^0$	$\mathcal{Z}_1^0$

1-äquivalente Zustände erkennt man jetzt daran, dass ihre Nachfolgezustände für alle Ereignisse zu derselben Menge 0-äquivalenter Zustände gehören, dass sich also die Spalten in der Automatentabelle gleichen. Dies ist offensichtlich für die Zustände 4 und 8 der Fall, für die beide Einträge $\mathcal{Z}_1^0$ heißen, und für die Zustände 1, 2, 3, 6, 7, deren Spalten ebenfalls gleich sind.

Deshalb wird die Menge $\mathcal{Z}_2^0$ in die Mengen (3.59) und (3.60) aufgeteilt, was für die Automatentabelle des nächsten Zerlegungsschrittes zwei Folgen hat. Erstens werden die Zustände der Menge $\mathcal{Z}_2^0$ neu sortiert, so dass äquivalente Zustände nebeneinander liegen. Zweitens werden die Nachfolgezustände jetzt durch die 1-Äquivalenzklassen ersetzt:

σ \\ z	$\mathcal{Z}_1^1$		$\mathcal{Z}_2^1$		$\mathcal{Z}_3^1$				
	5	9	4	8	1	2	3	6	7
a	-	-	$\mathcal{Z}_1^1$	$\mathcal{Z}_1^1$	$\mathcal{Z}_3^1$	$\mathcal{Z}_3^1$	$\mathcal{Z}_2^1$	$\mathcal{Z}_3^1$	$\mathcal{Z}_2^1$
b	-	-	$\mathcal{Z}_1^1$	$\mathcal{Z}_1^1$	$\mathcal{Z}_3^1$	$\mathcal{Z}_3^1$	$\mathcal{Z}_2^1$	$\mathcal{Z}_3^1$	$\mathcal{Z}_2^1$

In der neuen Tabelle stimmen die Spalten für die Zustandsmenge $\mathcal{Z}_1^1$ und die Menge $\mathcal{Z}_2^1$ überein, so dass deren Zerlegung abgeschlossen ist. Die Menge $\mathcal{Z}_3^1$ muss weiter zerlegt werden, um die Zustände mit den $\mathcal{Z}_2^1$-Einträgen von den Zuständen mit den $\mathcal{Z}_3^1$-Einträgen zu trennen. Dabei entstehen die Mengen (3.62) und (3.63) sowie die folgende neue Tabelle:

σ \\ z	$\mathcal{Z}_1^2$		$\mathcal{Z}_2^2$		$\mathcal{Z}_3^2$		$\mathcal{Z}_4^2$		
	5	9	4	8	3	7	1	2	6
a	-	-	$\mathcal{Z}_1^2$	$\mathcal{Z}_1^2$	$\mathcal{Z}_1^2$	$\mathcal{Z}_1^2$	$\mathcal{Z}_4^2$	$\mathcal{Z}_3^2$	$\mathcal{Z}_4^2$
b	-	-	$\mathcal{Z}_1^2$	$\mathcal{Z}_1^2$	$\mathcal{Z}_2^2$	$\mathcal{Z}_2^2$	$\mathcal{Z}_4^2$	$\mathcal{Z}_3^2$	$\mathcal{Z}_3^2$

Die Menge $\mathcal{Z}_4^2$ muss weiter zerlegt werden, weil ihre Zustände unterschiedliche Spalten haben. Da sich alle Spalten paarweise unterscheiden, entstehen drei Mengen mit jeweils einem Zustand. Die endgültige Automatentabelle heißt dann

σ \\ z	$\mathcal{Z}_1$		$\mathcal{Z}_2$		$\mathcal{Z}_3$		$\mathcal{Z}_4$	$\mathcal{Z}_5$	$\mathcal{Z}_6$
	5	9	4	8	3	7	1	2	6
a	-	-	$\mathcal{Z}_1$	$\mathcal{Z}_1$	$\mathcal{Z}_2$	$\mathcal{Z}_2$	$\mathcal{Z}_5$	$\mathcal{Z}_3$	$\mathcal{Z}_6$
b	-	-	$\mathcal{Z}_1$	$\mathcal{Z}_1$	$\mathcal{Z}_2$	$\mathcal{Z}_2$	$\mathcal{Z}_6$	$\mathcal{Z}_3$	$\mathcal{Z}_3$

Die Zerlegung ist damit beendet, weil jetzt die Spalten genau derjenigen Zustände gleich sind, die zur selben Äquivalenzklasse gehören. Deshalb wurde in der letzten Automatentabelle der hochgestellte Index weggelassen.

Auf zwei Tatsachen der Zerlegung soll abschließend hingewiesen werden. Wenn im $(k+1)$-ten Schritt eine Menge $\mathcal{Z}_i^k$ nicht zerlegt wurde, wird sie auch in den folgenden Schritten nicht mehr zerlegt. Deshalb veränderte sich bei der Menge $\mathcal{Z}_1^0$ im Beispiel nur noch der hochgestellte Zählindex. Mit anderen Worten:

Sind Zustände k- und $(k+1)$-äquivalent, so sind sie auch $(k+n)$-äquivalent für beliebiges $n \geq 1$.

Das angegebene Verfahren hat keine Probleme mit partiell definierten Zustandsübergangsfunktionen. Die Striche in der Automatentabelle werden wie normale Einträge behandelt. Dies entspricht auch der in Abb. 3.9 auf S. 75 veranschaulichten Ergänzung partiell definierter zu total definierten Zustandsübergangsfunktionen: Dem Strich entspricht der Übergang zu einem zusätzlich eingefügten Zustand.

Die beschriebene Vorgehensweise ist im Algorithmus 3.2 zusammengefasst. Der Algorithmus hat die Komplexität $O(N^2)$, wobei N die Anzahl der Zustände des betrachteten Automaten ist, weil man höchstens N Zerlegungsschritte durchführen und dabei jeweils N Zustände untereinander vergleichen muss.

Algorithmus 3.2 *Bestimmung äquivalenter Zustände deterministischer Automaten*

Gegeben: Deterministischer Automat $\mathcal{A} = (\mathcal{Z}, \Sigma, \delta, z_0, \mathcal{Z}_{\mathrm{F}})$

1. $\mathcal{Z}_1^0 = \mathcal{Z}_{\mathrm{F}}$

   $\mathcal{Z}_2^0 = \mathcal{Z} \backslash \mathcal{Z}_{\mathrm{F}}$

   $k := 0$

2. Sortiere die Spalten der Automatentabelle so, dass die zur selben Menge $\mathcal{Z}_i^k$ gehörenden Zustände nebeneinander liegen.

3. Ersetze in der Automatentabelle die Nachfolgezustände durch die Menge $\mathcal{Z}_i^k$, zu der diese Nachfolgezustände gehören.

4. Überprüfe für alle Mengen $\mathcal{Z}_i^k$, ob die Automatentabelle für alle Zustände, die zur Menge $\mathcal{Z}_i^k$ gehören, gleiche Spalten enthält; wenn ja, beende den Algorithmus.

5. Zerlege die Mengen $\mathcal{Z}_i^k$, die die Bedingung aus dem Schritt 4 nicht erfüllen, in Teilmengen $\mathcal{Z}_j^{k+1}$ mit paarweise gleichen Spalten.

   $k := k + 1$

   Setze mit Schritt 2 fort.

Ergebnis: Zerlegung der Zustandsmenge $\mathcal{Z}$ in Mengen $\mathcal{Z}_i^k$ paarweise äquivalenter Zustände.

Aufgabe 3.24   *Bestimmung äquivalenter Zustände*

Was ändert sich an der Zerlegung der Zustandsmenge des in Abb. 3.35 auf S. 127 gezeigten Automaten, wenn entweder die Zustände 3 und 7 beim Ereignis b nicht in den Zustand 8, sondern in den Zustand 9 übergehen oder wenn der Endzustand 5 bei den Ereignissen a und b in sich selbst übergeht? □

3.6.4 Minimierung deterministischer Automaten

Dieser Abschnitt beschäftigt sich mit der Frage, wie man zu einem Automaten

$$\mathcal{A} = (\mathcal{Z}, \Sigma, \delta, z_0, \mathcal{Z}_{\mathrm{F}})$$

einen äquivalenten Automaten

$$\mathcal{A}_{\mathrm{min}} = (\mathcal{Z}_{\mathrm{min}}, \Sigma_{\mathrm{min}}, \delta_{\mathrm{min}}, z_{\mathrm{min}0}, \mathcal{Z}_{\mathrm{minF}})$$

mit der kleinstmöglichen Zustandsmenge bilden kann. Nachdem im Abschn. 3.5.1 gezeigt wurde, dass nicht erreichbare Zustände das Verhalten des Automaten nicht beeinflussen, und im vorangegangenen Abschnitt ein Algorithmus für die Zerlegung der Zustandsmenge in paarweise äquivalente Zustände entwickelt wurde, ist diese Frage schnell beantwortet:

Um zu einem *minimalen Automaten* zu kommen, muss man

1. die nicht erreichbaren Zustände streichen und
2. paarweise äquivalente Zustände zu einem Zustand zusammenfassen.

Beim Streichen der Zustände müssen natürlich auch die diese Zustände betreffenden Zustandsübergänge gestrichen werden, wodurch sich auch die Ereignismenge Σ reduzieren kann. Bei der Zusammenfassung von äquivalenten Zuständen müssen die Zustandsübergänge zusammengelegt werden, wie es für den Automaten aus Abb. 3.35 auf S. 127 jetzt gezeigt wird.

Wie man am Automatengrafen erkennen kann, sind alle Zustände dieses Automaten vom Anfangszustand 1 aus erreichbar. Die Zustandsmenge kann deshalb nicht reduziert werden. Um zum minimalen Automaten zu kommen, wird die in Abb. 3.37 gezeigte Zerlegung der Zustände in Äquivalenzklassen betrachtet. Jede Äquivalenzklasse wird im minimalen Automaten durch einen Zustand dargestellt, wobei der Übersichtlichkeit halber diese Automatenzustände genauso wie die Mengen $\mathcal{Z}_i$ nummeriert werden. Wenn die Zerlegung der Zustandsmenge $\mathcal{Z}$ aus N_{min} Mengen $\mathcal{Z}_i$, $(i = 1, 2, ..., N_{\mathrm{min}})$ besteht, heißt die Zustandsmenge des minimalen Automaten

$$\mathcal{Z}_{\mathrm{min}} = \{1, 2, ..., N_{\mathrm{min}}\}.$$

Die im ursprünglichen Automaten vorhandenen Zustandsübergänge werden auf die neuen Zustände übertragen. Dabei ist

$$\delta_{\mathrm{min}}(j, \sigma) = i, \tag{3.67}$$

wenn es im ursprünglichen Automaten in der Menge $\mathcal{Z}_j$ einen Zustand z und in der Menge $\mathcal{Z}_i$ einen Zustand z' gibt, für die

$$\delta(z, \sigma) = z' \tag{3.68}$$

gilt. Da in den Zustandsmengen paarweise äquivalente Zustände zusammengefasst wurden, gibt es dann übrigens für *alle* $z \in \mathcal{Z}_j$ ein $z' \in \mathcal{Z}_i$, für das die Beziehung (3.68) erfüllt ist und für kein $z \in \mathcal{Z}_j$ ein z' außerhalb der Menge $\mathcal{Z}_i$, für das Gl. (3.68) erfüllt ist. Die Zustandsübergänge sind also eindeutig definiert. Der minimale Automat ist deterministisch.

Der den Anfangszustand z_0 des ursprünglichen Automaten enthaltene Zustand ist Anfangszustand $z_{\mathrm{min}0}$ des minimalen Automaten. Zustände, die aus Endzuständen des ursprünglichen

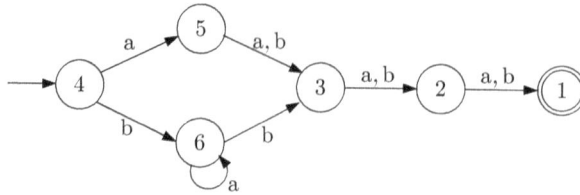

Abb. 3.38: Minimaler Automat, der äquivalent zum Automaten aus Abb. 3.34 ist

Automaten bestehen, sind Endzustände des minimalen Automaten. Für das Beispiel erhält man auf diese Weise den in Abb. 3.38 dargestellten minimalen Automaten.

Ein Vergleich der Abbildungen 3.37 und 3.38 zeigt, dass bei der Bildung des minimalen Automaten beispielsweise die Zustandsübergänge $2 \xrightarrow{a} 3$ und $2 \xrightarrow{b} 7$ in die Zustandsübergänge $5 \xrightarrow{a} 3$ und $5 \xrightarrow{b} 3$ übergehen, die in der Abbildung zu $5 \xrightarrow{a,\,b} 3$ zusammengefasst sind.

Algorithmus 3.3 *Minimierung deterministischer Automaten*

Gegeben:	Deterministischer Automat $\mathcal{A} = (\mathcal{Z}, \Sigma, \delta, z_0, \mathcal{Z}_F)$

1. Streiche alle nicht erreichbaren Zustände und die damit zusammenhängenden Zustandsübergänge, wobei der reduzierte Automat $\mathcal{A}_{\text{red}} = (\mathcal{Z}_{\text{red}}, \Sigma_{\text{red}}, \delta_{\text{red}}, z_{red0}, \mathcal{Z}_{\text{redF}})$ entsteht.

2. Zerlege die Zustandsmenge $\mathcal{Z}_{\text{red}}$ mit Hilfe von Algorithmus 3.2 in Mengen $\mathcal{Z}_i$, $(i = 1, 2, ..., N_{\text{min}})$ äquivalenter Zustände.

3. $\mathcal{Z}_{\text{min}} = \{1, 2, ..., N_{\text{min}}\}$
   $\Sigma_{\text{min}} = \Sigma_{\text{red}}$
   $z_{\text{min}0} = i$ wenn $z_0 \in \mathcal{Z}_i$ ist
   $\mathcal{Z}_{\text{minF}} = \{i \mid \mathcal{Z}_i \cap \mathcal{Z}_F \neq \emptyset\}$

4. Bestimme δ_{min} so, dass Gl. (3.67) mit den dazugehörigen Erläuterungen gilt.

Ergebnis:	Minimaler Automat $\mathcal{A}_{\text{min}} = (\mathcal{Z}_{\text{min}}, \Sigma_{\text{min}}, \delta_{\text{min}}, z_{\text{min}0}, \mathcal{Z}_{\text{minF}})$.

Dass das Ergebnis dieses Algorithmus tatsächlich ein Automat ist, der zu dem gegebenen Automaten äquivalent ist und die kleinstmögliche Anzahl an Zuständen besitzt, ergibt sich aus dem Konstruktionsprinzip. Mit dem Algorithmus 3.2 wird die eindeutige Zerlegung der Zustandsmenge $\mathcal{Z}$ in Teilmengen $\mathcal{Z}_i$ äquivalenter Zustände gefunden. Deshalb sind alle Zustände des Automaten $\mathcal{A}_{\text{min}}$ unterscheidbar und eine weitere Verkleinerung der Zustandsmenge ist ausgeschlossen.

Der Algorithmus 3.3 hat die Komplexität $O(N^2)$, die sich aus der Komplexität des Algorithmus 3.2 ergibt. Der minimale Automat kann also in polynomialer Zeit bestimmt werden.

Beispiel 3.16 *Minimierung des Robotermodells aus Beispiel 3.3*

Der Algorithmus 3.3 wird jetzt angewendet, um das Robotermodell aus Abb. 3.8 auf S. 74 zu minimieren. Man kann erwarten, dass sich das bisher verwendete Modell verkleinern lässt, weil die Roboterbewegungen über den beiden Bändern gleichartig verlaufen und sich die zyklische Bewegung des Roboters nur in der Bewegung vom Ablageband zu einem der beiden Bänder unterscheidet.

Entsprechend dem Algorithmus 3.3 erhält man den minimalen Automaten in folgenden Schritten:

1. Da alle Zustände vom Anfangszustand aus erreichbar sind, lässt sich der Automat nicht reduzieren.

2. Es werden jetzt die Mengen äquivalenter Zustände bestimmt. Im ersten Schritt führt die Zerlegung der Zustandsmenge auf die Partitionierung

$$\mathcal{Z}_1^0 = \{5\}$$
$$\mathcal{Z}_2^0 = \{1, 2, 3, 4, 6\}$$

und die Automatentabelle

σ \ z	$\mathcal{Z}_1^0$ 5	$\mathcal{Z}_2^0$ 1	2	3	4	6
σ_1	-	$\mathcal{Z}_2^0$	-	$\mathcal{Z}_2^0$	-	-
σ_2	-	-	$\mathcal{Z}_2^0$	-	$\mathcal{Z}_2^0$	-
σ_3	-	-	-	-	-	$\mathcal{Z}_1^0$
σ_4	$\mathcal{Z}_2^0$	-	-	-	-	-
σ_5	$\mathcal{Z}_2^0$	-	-	-	-	-

Offenbar stimmen in der Automatentabelle nur die Spalten für die Zustände 1 und 3 sowie 2 und 4 überein, so dass die Zustandsmenge $\mathcal{Z}_2^0$ in drei Mengen zerlegt werden muss, was auf die neue Partitionierung

$$\mathcal{Z}_1^1 = \{5\}$$
$$\mathcal{Z}_2^1 = \{1, 3\}$$
$$\mathcal{Z}_3^1 = \{2, 4\}$$
$$\mathcal{Z}_4^1 = \{6\}$$

und die Automatentabelle

σ \ z	$\mathcal{Z}_1^1$ 5	$\mathcal{Z}_2^1$ 1	3	$\mathcal{Z}_3^1$ 2	4	$\mathcal{Z}_4^1$ 6
σ_1	-	$\mathcal{Z}_3^1$	$\mathcal{Z}_3^1$	-	-	-
σ_2	-	-	-	$\mathcal{Z}_4^1$	$\mathcal{Z}_4^1$	-
σ_3	-	-	-	-	-	$\mathcal{Z}_1^1$
σ_4	$\mathcal{Z}_2^1$	-	-	-	-	-
σ_5	$\mathcal{Z}_2^1$	-	-	-	-	-

führt. In dieser Automatentabelle stimmen jetzt die Spalten überein, die zu Zuständen aus derselben Menge gehören. Die Zerlegung ist damit beendet.

3. Der minimale Automat hat vier Zustände

$$\mathcal{Z}_{\min} = \{1, 2, 3, 4\},$$

die die Zustandsmengen $\mathcal{Z}_1^1$, $\mathcal{Z}_2^1$, $\mathcal{Z}_3^1$ und $\mathcal{Z}_4^1$ repräsentieren. Die Automatentabelle des minimalen Automaten entsteht, wenn man die Spalten für jede Zustandsmenge auf eine Spalte reduziert

σ ＼ z	$\mathcal{Z}_1^1$	$\mathcal{Z}_2^1$	$\mathcal{Z}_3^1$	$\mathcal{Z}_2^1$
σ_1	-	$\mathcal{Z}_3^1$	-	-
σ_2	-	-	$\mathcal{Z}_4^1$	-
σ_3	-	-	-	$\mathcal{Z}_1^1$
σ_4	$\mathcal{Z}_2^1$	-	-	-
σ_5	$\mathcal{Z}_2^1$	-	-	-

und die Mengen durch die entsprechenden Zustände aus $\mathcal{Z}_{\min}$ ersetzt:

σ ＼ $\mathcal{Z}_{\min}$	1	2	3	4
σ_1	-	3	-	-
σ_2	-	-	4	-
σ_3	-	-	-	1
σ_4	2	-	-	-
σ_5	2	-	-	-

Für die Anfangs- und Endzustände gilt

$$z_{\min 0} = 1$$
$$\mathcal{Z}_{\min F} = \{1\}.$$

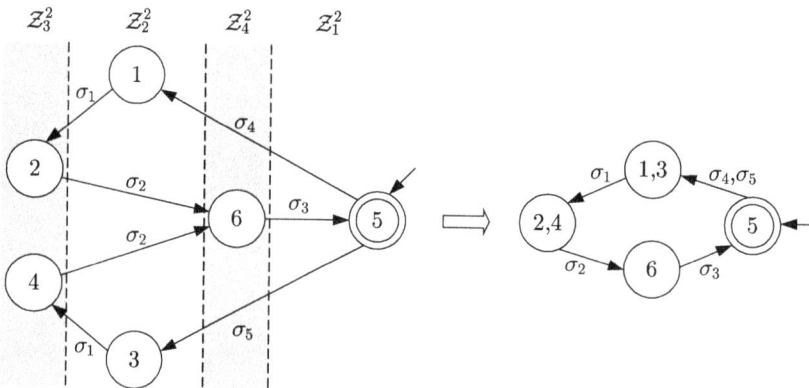

Abb. 3.39: Minimaler Automat, der die Sprache des Roboters akzeptiert

In Abb. 3.39 ist links der gegebene Automat mit der partitionierten Zustandsmenge und auf der rechten Seite der daraus entstandene Minimalautomat zu sehen. Aus den beiden vom Zustand 5 abgehenden Kanten wird im minimalen Automaten eine Kante, die entweder beim Ereignis σ_4 oder beim Ereignis σ_5 durchlaufen wird. $\square$

Eindeutigkeit des minimalen Automaten. Der minimale Automat ist ein homomorphes Bild des ursprünglichen Automaten, wobei die in der Definition 3.2 vorkommende Abbildung $P : \mathcal{Z} \to \mathcal{Z}_{min}$ äquivalenten Zuständen des Automaten $\mathcal{A}$ denselben Zustand des Minimalautomaten $\mathcal{A}_{min}$ zuweist (Abb. 3.40). Die Abbildung Q ist eine Einheitsabbildung, weil ein Automat und der dazu gehörige minimale Automat über derselben Ereignismenge definiert sind.

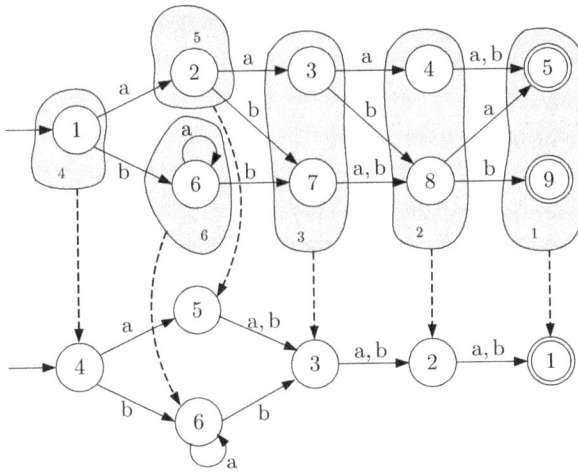

Abb. 3.40: Homomorphie zwischen dem Automaten aus Abb. 3.34 und seinem Minimalautomaten aus Abb. 3.38

Da der Algorithmus 3.3 bis auf die Namensgebung der Zustände des minimalen Automaten keine Freiheiten lässt, kommt man zu folgender Aussage:

Alle zu einer Klasse äquivalenter Automaten gehörenden minimalen Automaten sind isomorph.

Das heißt, dass sich alle zu einem Automaten $\mathcal{A}$ gehörenden minimalen Automaten $\mathcal{A}_{min,i}$ durch Umbenennung ihrer Zustände ineinander überführen lassen. Für je zwei minimale Automaten $\mathcal{A}_{min,i}$ und $\mathcal{A}_{min,j}$ gibt es eine umkehrbare Funktion $P_{ji} : \mathcal{Z}_{min,i} \to \mathcal{Z}_{min,j}$ mit der man den Isomorphismus von $\mathcal{A}_{min,i}$ und $\mathcal{A}_{min,j}$ nachweisen kann.

Diese Tatsache macht es möglich, die Äquivalenz zweier Automaten $\mathcal{A}_1$ und $\mathcal{A}_2$, die über derselbe Ereignismenge definiert sind, zu überprüfen. Dafür bestimmt man für beide Automaten die minimalen Automaten $\mathcal{A}_{min,i}$ und $\mathcal{A}_{min,j}$ und es gilt die folgende Aussage:

Die über derselben Ereignismenge definierten Automaten $\mathcal{A}_1$ und $\mathcal{A}_2$ sind genau dann äquivalent, wenn ihre Minimalautomaten $\mathcal{A}_{min,i}$ und $\mathcal{A}_{min,j}$ isomorph sind.

Komplexität einer Sprache. Es gibt mehrere Möglichkeiten, die Komplexität von Sprachen zu charakterisieren. Eine wichtige Möglichkeit beschreibt die Komplexität der Sprache durch die Anzahl N_{min} der Zustände des minimalen Akzeptors. Damit bewertet man die Größe des Speicherplatzes, der für den Akzeptor notwendig ist.

Es sei betont, dass diese Charakterisierung der Komplexität der Sprache nichts mit der Frage zu tun hat, wie viele Zeichenketten zu dieser Sprache gehören, denn dies hängt für einen gegebenen Automaten nicht nur von der Zustandsmenge, sondern auch von der Zustandsübergangsfunktion ab.

Aufgabe 3.25   *Kompilieren eines Lexikons*

Für die Rechtschreibprüfung und Textanalyse werden große Sammlungen von Wörtern gebraucht, für die das Analyseprogramm als Akzeptor arbeiten muss. Unter dem Kompilieren eines solchen Lexikons versteht man die Umformung der Wörtersammlung in eine einfach verarbeitbare Form. Was dabei passiert, entspricht im Wesentlichen der Minimierung eines Automaten.

Wenn als sehr einfaches Beispiel die drei Wörter „Igel", „Spiegel" und „Regeln" im Lexikon stehen, so kann man einen Akzeptor für die aus diesen drei Elementen bestehende Sprache dadurch aufbauen, dass man im Automatengrafen vom Startknoten drei getrennte Pfade zu einem Endknoten vorsieht, die mit den drei Wörtern beschriftet sind. Der entstehende Automat ist sicherlich kein minimaler Automat, weil die drei Wörter zu einem großen Teil übereinstimmen.

1. Wie sieht der beschriebene Akzeptor aus?

2. Bilden Sie einen minimalen Akzeptor durch Anwendung des Minimierungsalgorithmus 3.3. □

Aufgabe 3.26[*]   *Äquivalenz zweier Automaten*

Überprüfen Sie, ob die in Abb. 3.41 gezeigten Automaten äquivalent sind. □

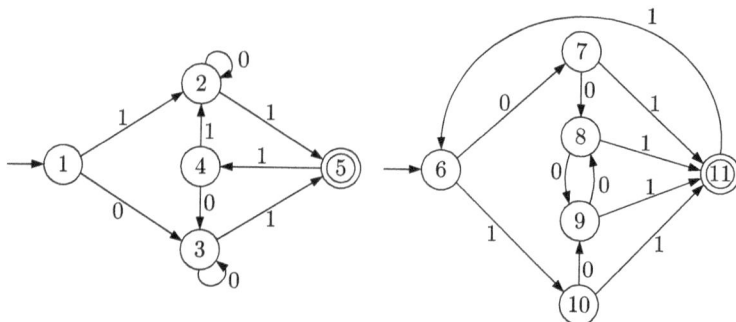

Abb. 3.41: Zwei Automaten, die über dieselbe Ereignismenge $\Sigma = \{0, 1\}$ definiert sind

3.6.5 Erweiterung der Methoden auf E/A-Automaten

Die in den vorherigen Abschnitten für Σ-Automaten eingeführten Begriffe und Algorithmen werden in diesem Abschnitt auf E/A-Automaten erweitert. Diese Erweiterung könnte man einfach dadurch erledigen, dass man die E/A-Paare als Ereignisse $\sigma = v/w$ auffasst (vgl. Abb. 3.18 auf S. 95). Es wird sich jedoch zeigen, dass man bei der Bestimmung äquivalenter Zustände die Eingaben und Ausgaben getrennt betrachten muss, damit sich die Vorgehensweise vereinfacht.

Äquivalenz von E/A-Automaten. Die E/A-Automaten

$$\mathcal{A}_1 = (\mathcal{Z}_1, \mathcal{V}, \mathcal{W}, G_1, H_1, z_{10})$$
$$\mathcal{A}_2 = (\mathcal{Z}_2, \mathcal{V}, \mathcal{W}, G_2, H_2, z_{20})$$

sind über dasselbe Eingangsalphabet $\mathcal{V}$ und dasselbe Ausgangsalphabet $\mathcal{W}$ definiert. Sie erzeugen die Automatenabbildungen

$$\phi_1 : \mathcal{V}^* \rightarrow \mathcal{W}^*$$
$$\phi_2 : \mathcal{V}^* \rightarrow \mathcal{W}^*$$

und haben das Verhalten

$$\mathcal{B}_1 = \{(V, W) \mid W = \phi_1(V)\}$$
$$\mathcal{B}_2 = \{(V, W) \mid W = \phi_2(V)\}.$$

Bei partiell definierten Abbildungen G_1, H_1, G_2, H_2 wird vorausgesetzt, dass die Definitionsbereiche der entsprechenden Funktionen übereinstimmen.

Definition 3.5 (Äquivalenz von E/A-Automaten)
Zwei E/A-Automaten $\mathcal{A}_1$ und $\mathcal{A}_2$ heißen äquivalent, wenn sie dieselbe Automatenabbildung erzeugen:
$$\phi_1 = \phi_2.$$

Man sagt auch, dass äquivalente Automaten unterschiedliche *Realisierungen* derselben Abbildung sind. Diese Definition kann auf nicht initialisierte Automaten erweitert werden, indem man für die Äquivalenz fordert, dass die von den Automaten erzeugten Abbildungsfamilien gleich sind. Äquivalente E/A-Automaten haben dasselbe Verhalten

$$\mathcal{B}_1 = \mathcal{B}_2.$$

Homomorphie von E/A-Automaten. Die Homomorphie von E/A-Automaten hat dieselbe Bedeutung wie die Homomorphie von Σ-Automaten. Zum Vergleich der Automaten

$$\mathcal{A}_1 = (\mathcal{Z}_1, \mathcal{V}_1, \mathcal{W}_1, G_1, H_1, z_{10})$$
$$\mathcal{A}_2 = (\mathcal{Z}_2, \mathcal{V}_2, \mathcal{W}_2, G_2, H_2, z_{20})$$

müssen drei Funktionen P, Q und R eingeführt werden, die die Zustandsmengen, die Eingabealphabete und die Ausgabealphabete beider Automaten in Beziehung zueinander setzen:

Definition 3.6 (Homomorphie von E/A-Automaten)

Der Automat $\mathcal{A}_2$ heißt homomorphes Bild des Automaten $\mathcal{A}_1$, wenn es drei Abbildungen

$$P : \mathcal{Z}_1 \to \mathcal{Z}_2$$
$$Q : \mathcal{V}_1 \to \mathcal{V}_2$$
$$R : \mathcal{W}_1 \to \mathcal{W}_2$$

gibt, so dass folgende Beziehungen gelten:

$$z_{20} = P(z_{10}) \tag{3.69}$$

$$P(G_1(z_1, v_1)) = G_2(P(z_1), Q(v_1)) \tag{3.70}$$

$$R(H_1(z_1, v_1)) = H_2(P(z_1), Q(v_1)). \tag{3.71}$$

Die Bedingung (3.70) besagt, dass die Abbildung $P(z_1') = P(G_1(z_1, v_1))$ des Nachfolgezustands z_1' des Zustands-Eingangspaares (z_1, v_1) auf denselben Zustand z_2' führt wie die Anwendung der Zustandsübergangsfunktion G_2 auf das transformierte Zustands-Eingangspaar $(P(z_1), Q(v_1))$. Die Gleichung (3.71) fordert, dass die Abbildung $R(w_1) = R(H_1(z_1, v_1))$ der für das Zustands-Eingangspaar (z_1, v_1) erhaltenen Ausgabe w_1 auf denselben Wert führt wie die Anwendung der Ausgabefunktion H_2 auf das transformierte Zustands-Eingangspaar $(P(z_1), Q(v_1))$.

Wenn zwei Automaten aus derselben Modellbildungsaufgabe entstehen, so sind typischerweise ihre Eingabe- und Ausgabealphabete dieselben und die Automaten unterscheiden sich nur in ihren Zustandsmengen. Die Abbildungen Q und R sind dann Einheitsabbildungen, und zum Nachweis der Homomorphie zweier Automaten muss man nur nach einer Abbildung P suchen, für die die Gln. (3.69) – (3.71) gelten. Man spricht in diesem Fall von einem *Zustandshomomorphie*. Zwei Automaten, die diese Beziehung erfüllen, stellen dieselbe Automatenabbildung dar und sind folglich äquivalent.

Dies zeigt, dass aufgrund der Homomorphie alle diejenigen E/A-Automaten zu einer Klasse zusammengefasst werden, die dieselbe Automatenabbildung erzeugen. Wenn der nicht initialisierte Automat $\mathcal{A}_2$ das homomorphe Bild des Automaten $\mathcal{A}_1$ ist, dann erzeugen beide Automaten dieselbe Abbildungsfamilie Φ. Werden die beiden Automaten mit den Zuständen z_{10} bzw. $z_{20} = P(z_{10})$ initialisiert, so erzeugen sie dieselbe Abbildung ϕ. Die praktische Bedeutung der Homomorphie liegt in der Tatsache, dass das homomorphe Bild $\mathcal{A}_2$ weniger Zustände und kleinere Eingabe- und Ausgabealphabete haben kann als das Urbild $\mathcal{A}_1$.

Äquivalente Zustände von E/A-Automaten. Bei Σ-Automaten heißen Zustände äquivalent, wenn der Automat mit diesen Zuständen als Anfangszustand dieselben Zeichenketten akzeptiert. Dieser Bedingung entspricht die Forderung, dass ein E/A-Automaten mit den entsprechenden Zuständen als Anfangszustand dieselbe Automatenabbildung erzeugen.

Definition 3.7 (Äquivalenz von Zuständen)
Zwei Zustände z und $\tilde{z}$ des E/A-Automaten $\mathcal{A} = (\mathcal{Z}, \mathcal{V}, \mathcal{W}, G, H, z_0)$ heißen äquivalent ($z \sim \tilde{z}$), wenn

$$\phi_z = \phi_{\tilde{z}} \tag{3.72}$$

gilt. Andernfalls heißen die Zustände unterscheidbar.

Bei der Bestimmung äquivalenter Zustände muss man bei E/A-Automaten sowohl die Ausgabefunktion H als auch die Zustandsüberführungsfunktion G betrachten. Betrachtet man zunächst nur die Ausgabefunktion, so sind zwei Zustände z und $\tilde{z}$ äquivalent, wenn die Ausgabefunktion für alle Eingaben v dasselbe Ergebnis liefert:

$$H(z, v) = H(\tilde{z}, v) \qquad \text{für alle } v \in \mathcal{V}. \tag{3.73}$$

Diese Zustände heißen 0-äquivalent: $z \overset{0}{\sim} \tilde{z}$. Diese Bezeichnung stimmt mit der für Σ-Automaten eingeführten überein, weil in beiden Fällen die Automaten ohne Zustandswechsel betrachtet werden.

Um die 1-äquivalenten Zustände zu finden, wird der zwischen zwei Eingaben stattfindende Zustandswechsel betrachtet. 1-äquivalente Zustände können nur aus derselben Menge 0-äquivalenter Zustände stammen und ihre Nachfolgezustände müssen für alle Eingaben in derselben 0-äquivalenten Zustandsmenge liegen. Das Verfahren, mit dem man die 1-äquivalenten Zustände bestimmt, verläuft also sehr ähnlich zu dem bei Σ-Automaten, wenn man die Eingaben $v \in \mathcal{V}$ als Ereignisse $\sigma \in \Sigma$ interpretiert, und man kann das im Abschn. 3.6.3 ausführlich erläuterte Vorgehen wieder anwenden, wobei die Automatentabelle durch die Wertetabelle der Zustandsübergangsfunktion G ersetzt wird.

Minimierung von E/A-Automaten. Bei der Minimierung von E/A-Automaten

$$\mathcal{A} = (\mathcal{Z}, \mathcal{V}, \mathcal{W}, G, H, z_0)$$

wird ein Automat

$$\mathcal{A}_{\min} = (\mathcal{Z}_{\min}, \mathcal{V}, \mathcal{W}, G_{\min}, H_{\min}, z_{\min 0})$$

gesucht, der die Automatenabbildung ϕ des Automaten $\mathcal{A}$ unter Verwendung der kleinstmöglichen Zustandsmenge darstellt. Die Mengen $\mathcal{V}$ und $\mathcal{W}$ können dabei nur dann reduziert werden, wenn ϕ nicht für alle Elemente aus $\mathcal{V}^*$ definiert ist und nicht alle Ausgaben $w \in \mathcal{W}$ in den Ausgabefolgen von $\mathcal{A}$ vorkommen.

Die Menge $\mathcal{Z}_{\min}$ erhält man aus der beschriebenen Zerlegung der Zustandsmenge $\mathcal{Z}$ in Mengen äquivalenter Zustände. Wenn man diese Mengen durch je einen Zustand aus $\mathcal{Z}_{\min}$ repräsentiert, kann man die Funktionen $G_{\min}$ und $H_{\min}$ aus der zerlegten Automatentabelle ablesen. Der minimale Automat ist bis auf die Benennung seiner Zustände eindeutig.

3.7 Erweiterungen

Dieses Kapitel hat mit Automaten die Grundform ereignisdiskreter Modelle behandelt, die in vielfältiger Weise erweitert werden kann. Hier wird auf zwei Erweiterungsformen eingegangen.

Hierarchische Automaten. Die Einführung hierarchischer Modelle verfolgt das Ziel, Systeme auf unterschiedlichen Abstraktionsebenen darzustellen, so dass man auf der oberen (abstrakteren) Beschreibungsebene nur die wichtigsten, das System als Ganzes betreffenden Eigenschaften wiedergibt und auf der untersten (detailliertesten) Ebene auch lokale Eigenschaften erkennen kann. Eine wichtige Möglichkeit der hierarchischen Modellbildung bieten Automaten durch die Zusammenfassung mehrerer Zustände zu einem Hyperzustand.

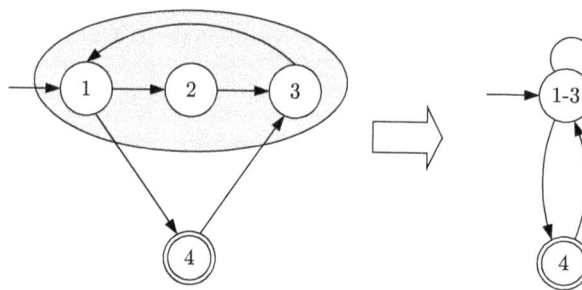

Abb. 3.42: Hierarchische Modellbildung mit Automaten

Abbildung 3.42 zeigt das Prinzip. Links ist der Automat mit allen Zuständen dargestellt. Fasst man die drei gekennzeichneten Zustände zu einem Hyperzustand zusammen, so erhält man den im rechten Teil gezeigten Automatengrafen. Das entstehende Modell ist einfacher in Bezug auf die Anzahl der Zustände und Zustandsübergänge und vermittelt einen groben Überblick über die Eigenschaften des linken Automaten. Allerdings kann man mit dem rechten Modell nicht mehr alle Zustandsübergänge im Einzelnen nachvollziehen, denn die beiden gezeigten Automaten sind nicht äquivalent.

Der Zusammenhang der Zustandsmenge $\{1, 2, 3\}$ mit dem mit „1-3" bezeichneten Hyperzustand ist aus der Abbildung zu erkennen. Der Knoten 1-3 im rechten Modell wird genau dann angenommen, wenn sich der linke Automat *entweder* im Zustand 1 *oder* im Zustand 2 oder im Zustand 3 befindet. Man spricht deshalb auch von einem ODER-Hyperknoten oder ODER-Zustand.

Automaten mit Variablen. Eine in den Programmiersprachen *State charts* und UML (*Unified modelling language*) verwendete Erweiterung betrifft die Einführung von Variablen (Abb. 3.43). Diese Variablen werden bei den Zustandsübergängen verändert (Aktionen) und die Zustandsübergänge können von den Belegungen der Variablen abhängig sein (Bedingungen).

Als Ereignis tritt entweder wie beim Σ-Automaten ein Element einer vorgegebenen Ereignismenge auf oder es kann das gleichzeitige Auftreten von mehreren Ereignissen an die Kanten des Automatengrafen geschrieben werden. Die Bedingung stellt Forderungen an die

$$z \xrightarrow{\text{Ereignis (Bedingung)/Aktion}} z'$$

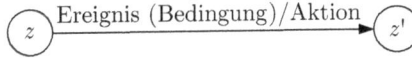

Abb. 3.43: Kante des Automatengrafen eines erweiterten Automaten

Variablenbelegung. Der Zustandsübergang erfolgt nur, wenn sowohl die angegebenen Ereignisse auftreten als auch die Bedingung erfüllt ist. Beim Zustandsübergang werden die als Aktionen angegebenen Wertzuweisungen ausgeführt.

Diese Erweiterung führt dazu, dass der Automat jetzt nicht mehr die in der Zustandsmenge $\mathcal{Z}$ angegebene endliche Menge von Zuständen besitzt, sondern unendliche viele Zustände annehmen kann. Diese Zustände sind jedoch nur zum Teil durch den Automatenzustand z gegeben, denn in den Zustand des Automaten muss ferner einbezogen werden, welche Belegungen die Variablen haben, weil diese das zukünftige Verhalten des Automaten mitbestimmen.

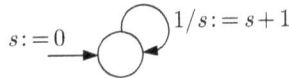

$$s := 0 \longrightarrow \bigcirc \; 1/s := s+1$$

Abb. 3.44: Darstellung eines Zählers

Abbildung 3.44 zeigt als Beispiel das Modell eines Zählers. Ohne die Einführung der Variablen s für den Zählerstand müsste man für jeden möglichen Zählerstand einen eigenen Zustand z definieren. Unter Verwendung der Variablen s ist das Modell viel einfacher. Bei jedem Ereignis „1" wird s um eins erhöht, was durch die Aktion $s := s+1$ an der Schlinge zum Ausdruck gebracht wird. Allerdings ist die Analyse des Modells schwieriger geworden, weil der Modellzustand jetzt durch s bestimmt wird und damit die in diesem Kapitel erläuterten Analyseverfahren wesentlich erweitert werden müssen.

Literaturhinweise

Der Begriff des endlichen Automaten wurde mit Bezug zu Neuronennetzen und Schaltkreisen entwickelt und dort insbesondere als Mittel für die Spezifikation des Schaltkreisverhaltens und die Minimierung der Anzahl der Logikblöcke, die für die Realisierung der Funktion der Schaltung notwendig sind, eingesetzt. Die frühen Arbeiten [23], [52], [54] wurden um 1955 geschrieben. Sie beschäftigen sich mit E/A-Automaten und untersuchen insbesondere den Homomorphismus und die Äquivalenz. Der hier angegebene Minimierungsalgorithmus wurde für E/A-Automaten in [5] vorgeschlagen.

Die Begriffe der Automatentheorie werden nicht einheitlich verwendet. Unterschiede gibt es bereits bei der Bezeichnung des Automaten, der auch Zustandsautomat, abstrakter Automat, Zustandsmaschine usw. genannt wird. Für Σ-Automaten wurde in [14] der Begriff Standardautomat verwendet.

Von einigen Autoren wird – im Unterschied zu der hier verwendeten Begriffsbestimmung – ein Automat nur dann als deterministisch bezeichnet, wenn die Zustandsübergangsfunktion *allen* Zuständen $z \in \mathcal{Z}$ *genau einen* Nachfolgezustand zuordnet, und Automaten mit partiell definierter Zustandsübergangsfunktion werden zu den nichtdeterministischen Automaten gezählt (vgl. Kap. 4). Dies hat jedoch zur Folge, dass man entweder sehr viele unnütze Zustände und Zustandsübergänge einführen muss, um auf deterministische Automaten zu kommen oder überhaupt nur mit nichtdeterministischen Automaten arbeitet. Andererseits werden Σ-Automaten *deterministisch traversierbar* genannt, wenn es für jedes Zustands-Ereignis-Paar (z, σ) höchstens einen Nachfolgezustand gibt. Diese Bezeichnung ist insbesondere in der Literatur zur Computerlinguistik zu finden.

Auch bezüglich der zu einem Automaten gehörenden Sprache gibt es in der Literatur unterschiedliche Definitionen. Von einigen Autoren wird zwischen der von einem Automaten *erzeugten* Sprache $\mathcal{L}$ und der *markierten* Sprache $\mathcal{L}_\mathrm{m}$ unterschieden. Zu $\mathcal{L}$ gehören alle Zeichenketten, für die die verallgemeinerte Zustandsübergangsfunktion δ^* definiert ist, zu $\mathcal{L}_\mathrm{m}$ alle Zeichenketten, für die der Automat in einen Endzustand $z_\mathrm{F} \in \mathcal{Z}_\mathrm{F}$ übergeht. In diesem Zusammenhang findet man auch die Forderung, dass jeder Automat vollständig definiert sein soll, so dass er alle Zeichenketten des gegebenen Alphabets erzeugen kann ($\mathcal{L} = \Sigma^*$). Diese zusätzlichen Unterschiede und Voraussetzungen führen jedoch nur auf komplexere Automaten, ohne etwas an der prinzipiellen Vorgehensweise und dem Potenzial von endlichen Automaten für die Darstellung von Sprachen zu ändern. Hier wurde deshalb der Begriff der Sprache eines Automaten für die Menge der von einem Automaten akzeptierten Zeichenketten eingeführt ($\mathcal{L} = \mathcal{L}_m$, vgl. Abschn. 3.3).

Ein Standardwerk zur Automatentheorie und zu regulären Sprachen ist [30]. Einige einfache Beispiele zur Veranschaulichung der von Automaten akzeptierbaren Sprachklasse sowie die Aufgabe 3.17 wurden mit kleineren Veränderungen aus diesem Buch entnommen.

In der mathematischen Literatur wird die Menge $\mathcal{V}^*$ als Halbgruppe mit der assoziativen Operation „Verkettung von Zeichenfolgen" und ε als Einselement ($\varepsilon v = v = v\varepsilon$) aufgefasst. E/A-Automaten werden dort als Abbildungen einer Eingabehalbgruppe auf eine Ausgabehalbgruppe untersucht [71].

Die Idee zur Modellierung einer Parkuhr stammt aus [43], das Beispiel 1.5 aus einer Übungsaufgabe aus [82], [84].

Die beiden im Abschn. 3.4.4 genannten Formen deterministischer Automaten wurden 1955 bzw. 1956 von G. H. MEALY und E. F. MOORE in [52] bzw. [54] eingeführt. In der späteren Literatur werden Moore-Automaten fälschlicherweise auch in der Form definiert, dass die Ausgabe $w(k)$ nicht aufgrund des aktuellen Zustands $z(k)$, sondern aufgrund des nachfolgenden Zustands $z(k+1)$ erzeugt wird (siehe z. B. [14], [30], [70]). Derartige Automaten sind jedoch Mealy-Automaten, denn $z(k+1)$ und folglich $w(k)$ sind von der Eingabe $v(k)$ abhängig. Die für Analyse- und Entwurfsaufgaben wichtige Eigenschaft der Moore-Automaten besteht aber in der Tatsache, dass $w(k)$ nicht von $v(k)$ beeinflusst wird, was z. B. Vereinfachungen bei der Kombination von Automaten zu Automatennetzen mit sich bringt (vgl. Kap. 5) und bestimmte Analyseaufgaben vereinfacht, was auch der wichtigste Grund für die Definition der beiden Automatenklassen ist. Die hier verwendete Definition entspricht der in der genannten Originalliteratur verwendeten (vgl. auch [89]).

Der Begriff der Automatenabbildung wird ausführlich in [23] behandelt, in der auch der Satz 3.1 zu finden ist.

Das am Ausgang beobachtete Ergebnis hängt von der Folge der Eingangsereignisse (Eingangssymbole) ab und nicht nur vom letzten Symbol – deshalb werden Automaten auch als *sequential machines* (sequenzielle Systeme) bezeichnet [54].

4

Nichtdeterministische Automaten

Die Erweiterung deterministischer zu nichtdeterministischen Automaten macht es möglich, diskrete Systeme darzustellen, deren Verhalten nicht eindeutig vorhergesagt werden kann. Außerdem wird es dadurch möglich, aus der Beschreibung regulärer Sprachen direkt den Automaten abzuleiten, der diese Sprache akzeptiert. Das Kapitel schließt mit einem Ausblick auf die Darstellung von Sprachen durch Grammatiken und die für die Definition aller berechenbaren Funktionen notwendigen Erweiterungen endlicher Automaten zu Kellerautomaten und Turingmaschinen.

4.1 Erweiterung deterministischer Automaten zu nichtdeterministischen Automaten

4.1.1 Zustandsübergangsrelation nichtdeterministischer Automaten

Deterministische Automaten werden zu nichtdeterministischen Automaten erweitert, indem man zulässt, dass sich der Automat von einem Zustand aus in mehr als einen Nachfolgezustand bewegen kann. Abbildung 4.1 zeigt links einen Automatengrafen, bei dem an den Zuständen 3 und 4 nichtdeterministische Zustandswechsel auftreten, durch die der Automat vom Zustand 3 entweder in den Nachfolgezustand 2 oder in den Nachfolgezustand 4 bzw. vom Zustand 4 aus in 1 oder 2 übergehen kann. Dieser Automat entstand aus dem in Abb. 3.2 auf S. 61 links gezeigten deterministischen Automaten durch Hinzufügen der Kanten $3 \rightarrow 2$ und $4 \rightarrow 1$.

Σ-Automaten können in ähnlicher Weise erweitert werden. Der im rechten Teil von Abb. 4.1 gezeigte nichtdeterministische Σ-Automat entstand aus dem in Abb. 3.7 auf S. 71 gezeigten

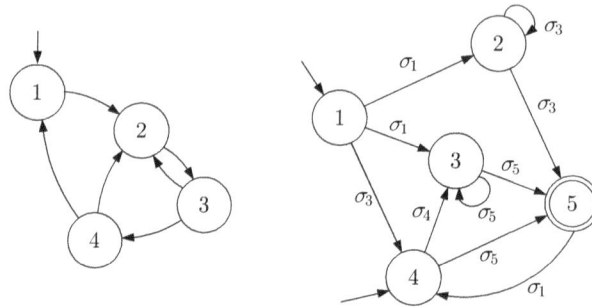

Abb. 4.1: Automatengrafen nichtdeterministischer Automaten

Automaten durch Änderung der Ereignisse, die an den Zustandsübergängen $2 \to 5$ und $3 \to 3$ stehen. Während bei dem deterministischen Automaten jedem Zustands-Ereignispaar (z, σ) genau ein Nachfolgezustand $z' = \delta(z, \sigma)$ zugeordnet ist, gibt es beim nichtdeterministischen Automaten möglicherweise mehr als einen Nachfolgezustand, wie die Zustandsübergänge $2 \overset{\sigma_3}{\to} 2$ und $2 \overset{\sigma_3}{\to} 5$ bzw. $3 \overset{\sigma_5}{\to} 3$ und $3 \overset{\sigma_5}{\to} 5$ zeigen.

Autonome nichtdeterministische Automaten. Ein nichtdeterministischer Automat unterscheidet sich vom deterministischen Automaten also dadurch, dass seine Zustandsübergänge nicht eindeutig festgelegt sind. An die Stelle der Zustandsübergangs*funktion* tritt eine Zustandsübergangs*relation*

$$\mathcal{G} \subseteq \mathcal{Z} \times \mathcal{Z},$$

die alle während der Bewegung des Automaten möglicherweise auftretenden Paare (z', z) von Zuständen und Nachfolgezuständen enthält. Der nichtdeterministische Automat kann vom Zustand z genau dann in den Zustand z' übergehen, wenn $(z', z) \in \mathcal{G}$ gilt.

Alternativ zu dieser Darstellung kann man die möglichen Zustandsübergänge auch durch eine Funktion G beschreiben, die die Zustandsmenge $\mathcal{Z}$ in die Potenzmenge $2^{\mathcal{Z}}$ von $\mathcal{Z}$ abbildet:

$$G : \mathcal{Z} \to 2^{\mathcal{Z}}.$$

Jedem Zustand z ordnet die Funktion G eine Teilmenge von $\mathcal{Z}$ zu: $G(z) \subseteq \mathcal{Z}$. Da auch die leere Menge eine Teilmenge von $\mathcal{Z}$ ist, erfasst sie auch den Fall, dass es für einen Zustand z keinen Nachfolgezustand gibt. Die Funktion G ist deshalb stets total definiert.

Als dritte Möglichkeit kann man die Zustandsübergänge durch die charakteristische Funktion der Menge $\mathcal{G}$ darstellen. Der Übersichtlichkeit halber wird derselbe Buchstabe G für diese Funktion verwendet:

$$G : \mathcal{Z} \times \mathcal{Z} \to \{0, 1\}. \tag{4.1}$$

Dabei gilt

$$G(z', z) = 1 \iff (z', z) \in \mathcal{G}.$$

Im Folgenden wird der Einfachheit halber für alle drei Darstellungsformen dieselbe Bezeichnung Zustandsübergangsrelation verwendet.

Der Anfangszustand nichtdeterministischer Automaten ist nicht wie beim deterministischen Automaten eindeutig festgelegt, sondern es gibt eine Menge $\mathcal{Z}_0$ von möglichen Anfangszuständen, wie es im rechten Teil von Abb. 4.1 gezeigt ist: $\mathcal{Z}_0 = \{1, 4\}$.

Die Definition des autonomen nichtdeterministischen Automaten durch das Tripel

$$\text{Autonomer nichtdeterministischer Automat:} \quad \mathcal{N} = (\mathcal{Z}, G, \mathcal{Z}_0) \qquad (4.2)$$

ist also sehr ähnlich der eines deterministischen Automaten:

- $\mathcal{Z}$ – Zustandsmenge
- G – Zustandsübergangsrelation
- $\mathcal{Z}_0$ – Menge der möglichen Anfangszustände.

Beispiel 4.1 *Beschreibung eines Batchprozesses durch einen nichtdeterministischen Automaten*

Damit in der in Abb. 1.4 auf S. 10 dargestellten Anlage der im Beispiel 1.4 beschriebene Batchprozess abläuft, ist die Anlage mit einer Automatisierungseinrichtung verbunden, die das Öffnen und Schließen der Ventile sowie das Ein- und Ausschalten des Rührers und der Heizung veranlasst. Diese Automatisierungseinrichtung wird jetzt mit zu der zu modellierenden Anlage gerechnet.

Im Folgenden soll ein Modell für den beschriebenen Prozess aufgestellt werden, wobei die kontinuierlichen Veränderungen ignoriert werden und nur zwischen gefüllten und entleerten Behältern und dem kalten bzw. heißen Gemisch unterschieden wird. Für die Behälter und das Gemisch werden folgende diskrete Zustände definiert:

$$\text{Zustand des Behälters } B_1: \quad z_1 = \begin{cases} 1 & B_1 \text{ ist gefüllt.} \\ 0 & B_1 \text{ ist leer.} \end{cases}$$

$$\text{Zustand des Behälters } B_2: \quad z_2 = \begin{cases} 1 & B_2 \text{ ist gefüllt.} \\ 0 & B_2 \text{ ist leer.} \end{cases}$$

$$\text{Zustand des Behälters } B_3: \quad z_3 = \begin{cases} 2 & B_3 \text{ ist bis zur Höhe des Sensors } L_5 \text{ gefüllt.} \\ 1 & B_3 \text{ ist bis zur Höhe des Sensors } L_4 \text{ gefüllt.} \\ 0 & B_3 \text{ ist leer (Füllhöhe unterhalb des Sensors } L_3). \end{cases}$$

$$\text{Zustand des Gemisches in } B_3: \quad z_4 = \begin{cases} 1 & \text{Gemisch ist heiß.} \\ 0 & \text{Gemisch ist kalt.} \end{cases}$$

Damit erhält man für den Batchprozess $2 \cdot 2 \cdot 3 \cdot 2 = 24$ mögliche Zustände

$$z = \begin{pmatrix} z_1 \\ z_2 \\ z_3 \\ z_4 \end{pmatrix}.$$

Das in Abb. 4.2 gezeigte Modell beschreibt den Prozess für den außenstehenden Beobachter, der die Abfolge der einzelnen Zustände erkennen kann, sich aber nicht dafür interessiert, welche Stellgrößen zu welchen Zeitpunkten aktiviert werden, um diese Zustandsfolge zu erzeugen. Der Nichtdeterminismus ergibt sich aus der Tatsache, dass nicht vorhergesagt werden kann, in welcher Reihenfolge der Füllvorgang des Behälters B_1, der Füllvorgang des Behälters B_2 oder der Erwärmungsvorgang der Flüssigkeit im Behälter B_3 beendet werden. Das Modell erfasst alle möglichen Reihenfolgen. $\square$

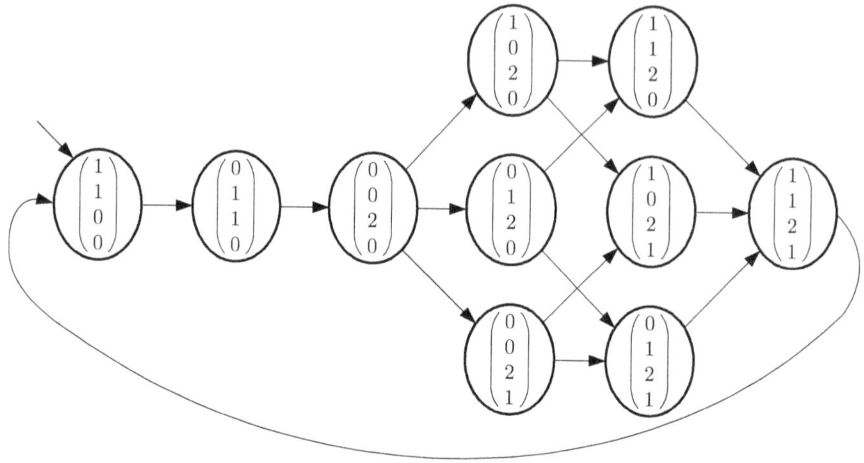

Abb. 4.2: Beschreibung des Batchprozesses durch einen
nichtdeterministischen Automaten

Nichtdeterministischer Σ-Automat. Beim Σ-Automaten muss das aus dem aktuellen Zustand und dem Nachfolgezustand bestehende Paar noch um das Ereignis erweitert werden, das bei diesem Zustandsübergang stattfindet. Für die Zustandsübergangsrelation Δ gilt deshalb

$$\Delta \subseteq \mathcal{Z} \times \mathcal{Z} \times \Sigma,$$

d. h., Δ ist die Menge aller bei der Bewegung des Automaten möglicherweise auftretenden Tripel (z', z, σ). Jedes Tripel

$$(z', z, \sigma) \in \Delta$$

zeigt einen Zustandsübergang $z \xrightarrow{\sigma} z'$ an, bei dem der Automat vom Zustand z beim Ereignis σ in den Zustand z' wechselt. Weil Δ eine Relation ist, ist zugelassen, dass es für denselben Zustand z und dasselbe Ereignis σ mehrere Tripel $(z', z, \sigma) \in \Delta$ mit unterschiedlichen Nachfolgezuständen z' gibt. Bei der Zustandsübergangsfunktion δ der deterministischen Σ-Automaten wurde demgegenüber jedem Paar (z, σ) *ein* Nachfolgezustand z' zugeordnet.

Man kann die Zustandsübergänge des nichtdeterministischen Automaten alternativ durch die erweiterte Zustandsübergangsfunktion δ beschreiben, die ähnlich wie die weiter oben eingeführte Funktion G eine Abbildung in die Potenzmenge $2^{\mathcal{Z}}$ ist:

$$\delta : \mathcal{Z} \times \Sigma \to 2^{\mathcal{Z}}.$$

Der Funktionswert $\delta(z, \sigma)$ ist also eine Teilmenge von $\mathcal{Z}$.

Als dritte Darstellungsmöglichkeit kommt die Verhaltensrelation L in Betracht, die bereits für deterministische E/A-Automaten eingeführt wurde. Sie ist eine Funktion

$$L : \mathcal{Z} \times \mathcal{Z} \times \Sigma \to \{0, 1\},$$

die genau für diejenigen Tripel (z', z, σ) den Wert eins hat, die zur Zustandsübergangsrelation Δ gehören:

$$L(z', z, \sigma) = 1 \iff (z', z, \sigma) \in \Delta.$$

L ist also die charakteristische Funktion der Menge Δ. Zusammenfassend ist jeder nichtdeterministische Σ-Automat durch das Quintupel

$$\boxed{\text{Nichtdeterministischer } \Sigma\text{-Automat:} \qquad \mathcal{N} = (\mathcal{Z}, \Sigma, \Delta, \mathcal{Z}_0, \mathcal{Z}_F)} \qquad (4.3)$$

beschrieben mit

- $\mathcal{Z}$ – Zustandsmenge
- Σ – Ereignismenge
- Δ – Zustandsübergangsrelation
- $\mathcal{Z}_0$ – Menge möglicher Anfangszustände
- $\mathcal{Z}_F$ – Menge von Endzuständen.

Anstelle von Δ kann auch die erweiterte Zustandsübergangsfunktion δ oder die Verhaltensrelation L in der Automatendefinition auftauchen.

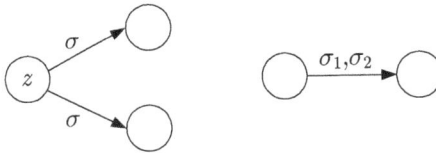

Abb. 4.3: Nichtdeterministischer Zustandsübergang (links) und nichtdeterministische Ereignisfolge (rechts)

Für die Modellbildung sind insbesondere die beiden in Abb. 4.3 gezeigten Formen des Nichtdeterminismus wichtig. Der linke Teil der Abbildung zeigt, dass nichtdeterministische Σ-Automaten für denselben Zustand z und dasselbe Ereignis σ einen nichtdeterministischen Zustandsübergang ausführen können, also die Kenntnis des Paares (z, σ) nicht ausreicht, um die Zustandsbewegung eindeutig vorherzusagen. Im rechten Abbildungsteil ist die Ursache für eine nichtdeterministische Ereignisfolge dargestellt. Auch wenn man den aktuellen und den Nachfolgezustand kennt, weiß man noch nicht, welches Ereignis als nächstes auftritt.

Aufgabe 4.1 *Erweiterung des Modells einer Stanze um nichtdeterministische Zustandsübergänge*

Die in Aufgabe 3.1 betrachtete Stanze hat im Fehlerfall nichtdeterministisches Verhalten. Überlegen Sie sich, in welchen Situationen die Stanze unerwünschte Zustände einnimmt und erweitern Sie das deterministische Modell um die entsprechenden Zustandsübergänge. □

Aufgabe 4.2*   *Mautstation RUBCollect*

Um das Finanzloch zu stopfen, dass der Ruhr-Universität Bochum aufgrund der gekürzten Zuwendung vom Land NRW und dem Ausbleiben der Studienbeiträge entsteht, ist geplant, die Universitätsstraße zur mautpflichtigen Straße zu erklären und vorbeifahrende Fahrzeuge an einer Mautstation abzukassieren. Dabei werden jährliche Mehreinnahmen in Millionenhöhe erwartet.

Bei den jetzigen Planungen wird davon ausgegangen, dass die dreispurige Fahrbahn an der Mautstation auf zwei Spuren verengt wird. Beschreiben Sie das Verhalten der sich bildenden Warteschlangen durch einen nichtdeterministischen Automaten unter der Annahme, dass sich die Fahrzeuge so anstellen, dass sich die Warteschlangenlängen um höchstens zwei Fahrzeuge unterscheiden. Zeichnen Sie den Automatengrafen für Warteschlangen, in denen sich insgesamt höchstens sechs Fahrzeuge befinden.

Schätzen Sie die Anzahl von Zuständen des Automaten ab, der das Verhalten beider Warteschlangen beschreibt, wenn sich bis zu zwanzig Fahrzeuge in der Mautstation befinden (maximal 10 pro Warteschlange) und sich die Warteschlangen aufgrund der unterschiedlichen Abfertigungsgeschwindigkeit um höchstes vier Fahrzeuge unterscheiden. □

4.1.2 Verhalten nichtdeterministischer Automaten

Ein nichtdeterministischer Automat kann jede Zustandsfolge

$$Z(0...k_e) = (z(0), z(1), z(2), ..., z(k_e))$$

durchlaufen, die in einem Anfangszustand $z(0) = z_0 \in \mathcal{Z}_0$ beginnt und bei der aufeinander folgende Zustandspaare $(z(k+1), z(k))$ zur Zustandsübergangsrelation gehören.

Verhalten autonomer nichtdeterministischer Automaten. Für autonome nichtdeterministische Automaten beschreibt die Zustandsübergangsrelation $\mathcal{G}$ bzw. die Funktion G für jeden Zustand z eine Menge möglicher Nachfolgezustände, die mit $\mathcal{Z}'(z)$ bezeichnet wird:

$$\mathcal{Z}'(z) = \{z' \mid (z', z) \in \mathcal{G}\} = G(z). \tag{4.4}$$

Folglich kann der Automat jede Zustandsfolge $\mathcal{Z}(0...k_e)$ durchlaufen, für die

$$\boxed{\begin{array}{l} \text{Zustandsraumdarstellung nichtdeterministischer Automaten:} \\[4pt] \qquad z(0) \in \mathcal{Z}_0 \\[4pt] \qquad z(k+1) \in G(z(k)), \quad k = 0, 1, ... \end{array}} \tag{4.5}$$

gilt. Die Menge dieser Zustandsfolgen beschreibt das Verhalten des nichtdeterministischen Automaten:

$$\mathcal{B} = \{(z(0), z(1), ..., z(k_e)) \mid z(0) \in \mathcal{Z}_0, z(k+1) \in G(z(k)), k = 0, 1, ...\}.$$

Da die Zustandsübergangsrelation nichts darüber aussagt, welchen Zustand $z' \in G(z)$ der Automat auswählt, kann der Automat jede Zustandsfolge $\mathcal{Z}(0...k_e) \in \mathcal{B}$ durchlaufen. Bei der Analyse des Automatenverhaltens kann man deshalb nicht anders vorgehen, als dass man nach Eigenschaften sucht, die alle Folgen $\mathcal{Z} \in \mathcal{B}$ gemeinsam besitzen.

Bei bestimmten Anwendungen stehen nicht die Zustandsübergänge, sondern nur die Mengen der zu den Zeitpunkten $k = 0, 1, \ldots$ angenommenen Zustände im Mittelpunkt, beispielsweise wenn man testen will, ob ein System in einen verbotenen Zustand übergehen kann. Bezeichnet man die zum Zeitpunkt k möglichen Zustände mit $\mathcal{Z}(k)$, so gilt

$$\mathcal{Z}(k + 1) = \cup_{z \in \mathcal{Z}(k)} \mathcal{Z}'(z), \quad \mathcal{Z}(0) = \mathcal{Z}_0. \tag{4.6}$$

Die Folge der Mengen ist damit durch

$$\mathcal{Z}(0 \ldots k_{\mathrm{e}}) = \{\mathcal{Z}(0), \mathcal{Z}(1), \ldots, \mathcal{Z}(k_{\mathrm{e}})\} \tag{4.7}$$

gegeben. Diese Menge ist eindeutig, was verdeutlicht, dass die Zustandsmenge $\mathcal{Z}(k)$ des nichtdeterministischen Automaten diejenigen Informationen enthält, mit der die *Menge* der zum Zeitpunkt $k + 1$ möglichen Zustände *eindeutig* vorhergesagt werden kann. Der Nichtdeterminismus kommt dadurch zum Ausdruck, dass die Mengen $\mathcal{Z}(k)$ mehr als ein Element enthalten. Die Folge $\mathcal{Z}(0 \ldots k_{\mathrm{e}})$ enthält jedoch weniger Informationen als das Verhalten $\mathcal{B}$, weil aus ihr nicht mehr hervorgeht, welche Zustandsübergänge möglich bzw. nicht möglich sind.

Verhalten nichtdeterministischer Σ-Automaten. Beim Σ-Automaten ist jedem Zustandsübergang ein Ereignis zugeordnet, so dass die Menge der möglichen Nachfolgezustände auch vom Auftreten eines Ereignisses σ abhängt:

$$\mathcal{Z}'(z, \sigma) = \{z' \mid (z', z, \sigma) \in \Delta\} = \delta(z, \sigma). \tag{4.8}$$

Dabei muss das Ereignis σ im Zustand z aktiviert sein:

$$\sigma(k) \in \Sigma_{\mathrm{akt}}(z(k)) \tag{4.9}$$

(vgl. Gl. (3.15) auf S. 71). Zu jeder Zustandsfolge $Z(0 \ldots k_{\mathrm{e}})$ gehört deshalb eine Ereignisfolge

$$E(0 \ldots k_{\mathrm{e}}) = (\sigma(0), \sigma(1), \ldots, \sigma(k_{\mathrm{e}})),$$

mit der die Beziehungen

$$\boxed{\begin{array}{l} \text{Zustandsraumdarstellung nichtdeterministischer } \Sigma\text{-Automaten:} \\[4pt] \quad z(0) \in \mathcal{Z}_0 \\[4pt] \quad z(k + 1) \in \delta(z(k), \sigma(k)) \quad \text{für } \sigma(k) \in \Sigma_{\mathrm{akt}}(z(k)), \quad k = 0, 1, \ldots \end{array}} \tag{4.10}$$

gelten. Der Automat wählt seinen Nachfolgezustand $z(k + 1)$ aus der Menge $\delta(z(k), \sigma(k))$ aus, aber es wird nichts darüber ausgesagt, wie diese Auswahl erfolgt. Dadurch entsteht zur Ereignisfolge $E(0 \ldots k_{\mathrm{e}})$ die folgende Menge von Zustandsfolgen:

$$\mathcal{L}_Z(E(0 \ldots k_{\mathrm{e}})) = \{(z(0), z(1), z(2), \ldots, z(k_{\mathrm{e}} + 1)) \mid z(0) \in \mathcal{Z}_0, z(k + 1) \in \delta(z(k), \sigma(k))\}. \tag{4.11}$$

Diese Menge existiert nur für diejenigen Ereignisfolgen, für die die Beziehung (4.9) gilt.

Wie beim deterministischen Automaten gehört zu jeder Zustandsfolge $Z \in \mathcal{L}_Z$ ein Pfad im Automatengrafen und umgekehrt. Die zugehörigen Ereignisfolgen liest man als Kantenbewertungen dieser Pfade ab.

Das Verhalten des nichtdeterministischen Σ-Automaten ist die Menge aller Paare (E, Z) mit $Z \in \mathcal{L}_Z(E)$:

$$\mathcal{B} = \{(E, Z) \mid Z \in \mathcal{L}_Z(E)\}.$$

Alle darin vorkommenden Ereignisfolgen bilden die Menge

$$\mathcal{B}_{\mathrm{E}} = \{E \mid \exists Z : (E, Z) \in \mathcal{B}\}. \tag{4.12}$$

Die Sprache $\mathcal{L}(\mathcal{N})$ des nichtdeterministischen Σ-Automaten ist die Menge aller Ereignisfolgen, für die es eine Zustandsfolge gibt, die in einem Zustand der Menge $\mathcal{Z}_{\mathrm{F}}$ endet:

$$\mathcal{L}(\mathcal{N}) = \{E(0...k_{\mathrm{e}}) \in \mathcal{B}_{\mathrm{E}} \mid \exists Z(0...k_{\mathrm{e}} + 1) \in \mathcal{L}_Z(E(0...k_{\mathrm{e}})) : z(k_{\mathrm{e}} + 1) \in \mathcal{Z}_{\mathrm{F}}\}.$$

Matrixdarstellung nichtdeterministischer Automaten. Wie beim deterministischen Automaten kann man den Zustand zum Zeitpunkt k durch den binären Vektor $\boldsymbol{p}(k)$ beschreiben. Es ist beim nichtdeterministischen Automaten jedoch möglich, dass in diesem Vektor mehrere Einsen auftreten. Die Matrix $\boldsymbol{G}$ hat in der j-ten Spalte mehr als eine Eins, wenn der Zustandsübergang vom Zustand j nichtdeterministisch ist. Für den Σ-Automaten hängt diese Matrix vom aktuellen Ereignis σ ab. Mit diesen Erweiterungen gilt analog zu Gl. (3.8)

Matrixform der Zustandsraumdarstellung nichtdeterministischer Σ-Automaten:

$$\boldsymbol{p}(k + 1) = \boldsymbol{G}(\sigma(k)) \circ \boldsymbol{p}(k), \quad k = 0, 1, 2, ...,$$

$\tag{4.13}$

---

wobei das Symbol $\circ$ eine Matrix-Vektor-Multiplikation darstellt, deren Ergebnis auf eins abgerundet wird, wenn es größer als eins ist. Dies entspricht der Anwendung der Addition und der Multiplikation modulo 2, aber man kann sich diese Operation auch als logische Operation vorstellen. Für den Anfangszustand $\boldsymbol{p}(0) = \boldsymbol{p}_0$ steht im Vektor $\boldsymbol{p}_0$ für alle Zustände $z_0 \in \mathcal{Z}_0$ eine Eins. Die mit Gl. (4.13) berechnete Folge

$$Z(0...k_{\mathrm{e}}) = (\boldsymbol{p}(0), \boldsymbol{p}(1), ..., \boldsymbol{p}(k_{\mathrm{e}}))$$

ist eindeutig. Sie repräsentiert die Mengenfolge (4.7).

Beispiel 4.2 *Verhalten eines nichtdeterministischen Automaten*

Abbildung 4.4 zeigt einen nichtdeterministischen Σ-Automaten mit den nichtdeterministischen Zustandsübergängen $1 \xrightarrow{\sigma_1} 2$ und $1 \xrightarrow{\sigma_1} 3$ sowie $3 \xrightarrow{\sigma_2} 5$ und $3 \xrightarrow{\sigma_2} 6$. Die Zustandsübergänge $2 \xrightarrow{\sigma_1} 4$ und $2 \xrightarrow{\sigma_2} 5$ sind deterministisch, denn die beiden vom Zustand 2 ausgehenden Übergänge sind durch die Ereignisse voneinander unterschieden.

Die Zustandsübergangsrelation führt beispielsweise auf die Mengen von Nachfolgezuständen

$$\mathcal{Z}'(1, \sigma_1) = \{2, 3\}$$
$$\mathcal{Z}'(3, \sigma_2) = \{5, 6\}.$$

Der Einheitlichkeit wegen schreibt man die Nachfolgezustände auch dann als Menge, wenn sie eindeutig sind, beispielsweise

$$\mathcal{Z}'(2, \sigma_2) = \{5\}$$
$$\mathcal{Z}'(6, \sigma_1) = \{1\}.$$

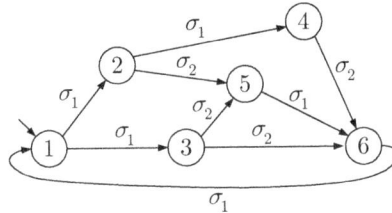

Abb. 4.4: Nichtdeterministischer Σ-Automat

Beginnend im Anfangszustand $z_0 = 1$ kann der Automat folgende Zustandsfolgen durchlaufen:

$$Z(0...5) = (1, 2, 4, 6, 1, 2)$$
$$Z(0...5) = (1, 2, 4, 6, 1, 3)$$
$$Z(0...5) = (1, 2, 5, 6, 1, 3)$$
$$Z(0...5) = (1, 3, 5, 6, 1, 2)$$
$$Z(0...5) = (1, 3, 6, 1, 3, 5)$$
$$\text{usw.}$$

Man kann nicht vorhersagen, welcher dieser Folgen der Automat folgt. Mit den Zustandsfolgen ist eine der Ereignisfolgen

$$E(0...5) = (\sigma_1, \sigma_1, \sigma_2, \sigma_1, \sigma_1)$$
$$E(0...5) = (\sigma_1, \sigma_1, \sigma_2, \sigma_1, \sigma_1)$$
$$E(0...5) = (\sigma_1, \sigma_2, \sigma_1, \sigma_1, \sigma_1)$$
$$E(0...5) = (\sigma_1, \sigma_1, \sigma_2, \sigma_1, \sigma_1)$$
$$\text{usw.}$$

verbunden. Wie man am Automatengrafen erkennen kann, gibt es mehrere Zustandsfolgen, zu denen dieselbe Ereignisfolge gehört, z. B.

$$Z(0...5) = (1, 2, 5, 6, 1, 3)$$
$$Z(0...5) = (1, 3, 5, 6, 1, 2)$$
$$E(0...5) = (\sigma_1, \sigma_2, \sigma_1, \sigma_1, \sigma_1). \quad \square$$

Das nichtdeterministische Verhalten dynamischer Systeme bereitet oft Schwierigkeiten, wenn man versucht sich vorzustellen, was die Menge $\mathcal{L}_{\mathcal{Z}}(E)$ über das Systemverhalten aussagt. Dies gilt insbesondere dann, wenn der Automat ein technisches System beschreibt. Das System kann natürlich nur genau eine Trajektorie durchlaufen, während das Modell mehrere vorgibt.

Wie im Abschn. 2.5.4 erläutert wurde, entsteht der Nichtdeterminismus des Modells aus Unkenntnissen über das Systemverhalten. Für die Vorhersage des Systemverhaltens muss man alle Trajektorien bestimmen, die der nichtdeterministische Automat durchlaufen kann. Wenn das Modell richtig ist, umfasst die dabei erhaltene Menge $\mathcal{L}_Z(E)$ die tatsächliche Trajektorie des technischen Systems. Obwohl man diese Trajektorie nicht eindeutig vorherbestimmen kann, gestattet es das Modell, die möglichen Trajektorien auf die Menge $\mathcal{L}_Z(E)$ einzuschränken.

Ähnlich ist es bei der Verwendung nichtdeterministischer Automaten als Akzeptoren. Eine Zeichenkette wird akzeptiert, wenn eine der möglichen Trajektorien des Automaten in einem Endzustand endet (vgl. Abschn. 4.2). Man kann sich hier vorstellen, dass man immer dann, wenn sich bei einem Zustandsübergang die Anzahl der möglichen Zustände erhöht, Kopien der Automaten herstellt, um mit jeweils einer Kopie des Automaten eine der möglichen Zustandstrajektorien weiterzuverfolgen.

Markoveigenschaft nichtdeterministischer Automaten. Die Markoveigenschaft dynamischer Systeme besagt, dass die Information über den aktuellen Zustand ausreicht, um den Nachfolgezustand eindeutig vorherzusagen. Deshalb haben deterministische Automaten Zustandsübergangs*funktionen*, die jedem aktuellen Zustand z eindeutig einen Nachfolgezustand z' zuordnen. Diese Eigenschaft ist bei nichtdeterministischen Automaten offenbar verletzt, weil die Zustandsübergangs*relation* G bzw. δ jedem Zustand bzw. jedem Zustand-Ereignispaar (z, σ) eine Menge von Nachfolgezuständen zuweist.

Allerdings ist die Menge der Nachfolgezustände entsprechend Gl. (4.4) bzw. (4.8) durch die Zustandsübergangsrelation eindeutig festgelegt. Um diesen Sachverhalt auszudrücken, erweitert man die Markoveigenschaft zur Markoveigenschaft nichtdeterministischer Systeme, derzufolge die Information über den aktuellen Zustand ausreicht, um die Menge derjenigen Zustände eindeutig vorherzusagen, die das betrachtete System als nächstes annehmen kann.

4.2 Nichtdeterministische Automaten und reguläre Sprachen

4.2.1 Nichtdeterministische Automaten als Akzeptoren

Wie bei deterministischen Automaten kann man sich die Fragen stellen, welche Sprache $\mathcal{L}(\mathcal{N})$ ein nichtdeterministischer Automat $\mathcal{N}$ akzeptiert und wie man einen Automaten erhalten kann, der eine vorgegebene Sprache erkennt. Antworten darauf werden in diesem Abschnitt gegeben.

Zunächst muss definiert werden, wann man davon spricht, dass eine Zeichenkette durch einen nichtdeterministischen Automaten *akzeptiert* wird. Die Definition stimmt mit der für deterministische Automaten überein:

> Ein Wort wird akzeptiert, wenn es im Automatengrafen einen Pfad von einem Anfangszustand zu einem Endzustand gibt, der mit diesem Wort beschriftet ist.

Während der Überprüfung eines Wortes auf Akzeptanz tritt die Schwierigkeit auf, dass bei einem nichtdeterministischen Automaten für einen Zustand z und ein Eingabesymbol σ i. Allg. mehr als ein Zustandsübergang $(z', z, \sigma) \in \Delta$ möglich ist. Wenn man überprüfen will, ob ein Wort akzeptiert wird, muss man alle diese Zustandsübergänge berücksichtigen. Beginnend mit der Anfangszustandsmenge $\mathcal{Z}_0$ bestimmt man für jeden Zeitpunkt k die Menge $\mathcal{Z}(k)$ aller möglichen Automatenzustände und rechnet diese entsprechend dem nächsten eingelesenen Buchstaben mit Hilfe der Zustandsübergangsrelation in die Menge $\mathcal{Z}(k+1)$ der Nachfolgezustände um (Erweiterung von Gl. (4.6) für Σ-Automaten). Wenn es für das gegebene Wort wenigstens eine Automatenbewegung gibt, die in einem Endzustand $z \in \mathcal{Z}_\mathrm{F}$ endet, so ist das Wort akzeptiert.

Der Algorithmus, der die Akzeptanz eines Wortes mit m Buchstaben überprüft, hat die Komplexität $O(k \cdot m \cdot N)$, wobei N die Anzahl der Zustände des nichtdeterministischen Automaten beschreibt und k eine obere Schranke für die Anzahl unterschiedlicher Zustandsübergänge darstellt, die für ein einzelnes Zustands-Ereignispaar definiert ist.

Beispiel 4.3 *Akzeptor für Wörter mit der Endung „heit"*

Der in Abb. 4.5 dargestellte Automat ist ein Akzeptor für Wörter mit der Endung „heit". Der Automat hat den eindeutig festgelegten Anfangszustand $z_0 = 1$, d. h., es gilt $\mathcal{Z}_0 = \{1\}$. Als Eingangssymbole sind alle Buchstaben des deutschen Alphabets zugelassen, wobei der Einfachheit halber nicht zwischen Groß- und Kleinbuchstaben unterschieden wird:

$$\Sigma = \{\text{a, b, c, d,..., z, ä, ö, ü}\}.$$

Für alle Buchstaben $\sigma \in \Sigma$ kann der Automat im Zustand 1 verbleiben. Tritt zur Zeit k der Buchstabe „h" auf, so kann der Automat außerdem in den Zustand 2 wechseln. Die Menge der möglichen Zustände ist dann

$$\mathcal{Z}(k+1) = \{1, 2\}.$$

Folgt als nächster Buchstabe ein „e", so ist die Menge der möglichen Automatenzustände

$$\mathcal{Z}(k+2) = \{1, 3\}.$$

Das Wort ist akzeptiert, wenn es nach der Buchstabenfolge „heit" zu Ende ist, denn die Menge $\mathcal{Z}(k+4) = \{1, 5\}$ enthält den Endzustand $5 \in \mathcal{Z}_\mathrm{F}$. Andernfalls bleibt als einziger Automatenzustand der Zustand 1 und die Verarbeitung geht von dort aus weiter: $\mathcal{Z}(k+5) = \{1\}$.

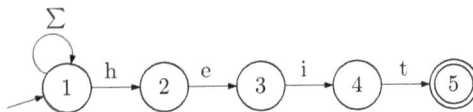

Abb. 4.5: Akzeptor für Wörter mit der Endung „heit"

Der Automat kann sich nach jedem Zeichen im Zustand 1 befinden. Maßgebend für die Akzeptanz eines Wortes mit der Endung „heit" ist die Tatsache, dass es eine Zustandsfolge des Automaten gibt, die im markierten Zustand 5 endet. $\square$

Im Folgenden wird untersucht, wie man auf systematische Weise einen Automaten festlegen kann, der eine vorgegebene Sprache akzeptiert. Wenn die Sprache nur endliche viele

Zeichenketten umfasst, so gibt es eine einfache Lösung: Man drückt jede einzelne Zeichenkette durch einen getrennten Pfad im Automatengrafen aus, der von einem gemeinsamen Anfangszustand zu einem Endzustand führt. Wenn man dabei die Pfadanfänge für Zeichenketten mit gemeinsamen Anfängen (Präfixe, Vorsilben) „übereinander legt", wie dies in Abb. 4.6 für die Sprache

$$\mathcal{L}_1 = \{a, abc, abbc, abbbc\}$$

getan ist, kann man die Anzahl der Automatenzustände reduzieren. Ob man diese Vereinfachung durchführt oder nicht ist jedoch gleichgültig für die allgemeingültige Aussage:

Zu jeder Sprache mit einer endlichen Anzahl von Wörtern gibt es einen Akzeptor mit endlicher Zustandsmenge.

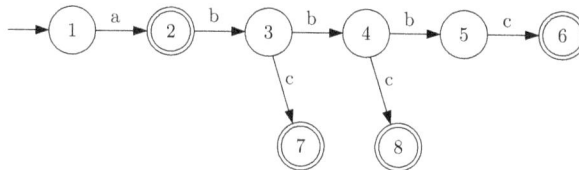

Abb. 4.6: Automat, der die Sprache $\mathcal{L}_1$ akzeptiert

Interessanter ist die Frage, ob es für Sprachen, die unendlich viele Zeichenketten umfassen, ebenfalls endliche Automaten gibt, die diese Sprachen akzeptieren oder generieren. Diese Frage ist insofern bedeutungsvoll, als dass man bei einer positiven Antwort mit dem *endlichen* Automaten eine Darstellungsform für eine *unendlich* große Menge von Zeichenketten gefunden hätte und man die betreffende Sprache folglich anhand dieser endlichen Repräsentation analysieren könnte. Das folgende Beispiel zeigt, dass es sowohl unendliche Sprachen gibt, für die man einen endlichen Akzeptor finden kann, als auch unendliche Sprachen, für die dies nicht möglich ist.

Beispiel 4.4   *Sprachen mit und ohne endlichem Akzeptor*

Ein Beispiel für eine Sprache, die einen endlichen Akzeptor besitzt, ist die Menge aller Zeichenketten, die mit „a" beginnen, dann beliebig viele Buchstaben „b" besitzen und mit „c" enden:

$$\mathcal{L}_2 = \{ac, abc, abbc, abbbc, abbbbc, ...\} = \{ab^n c \mid n \geq 0\}.$$

Abbildung 4.7 zeigt einen endlichen Akzeptor für diese Sprache. $\mathcal{L}_2$ ist also eine Sprache mit unendlich vielen Elementen, für die ein endlicher Akzeptor existiert.

Es gibt jedoch auch Sprachen, für die man keinen endlichen Automaten finden kann. Beispielsweise umfasst die Sprache

$$\mathcal{L}_3 = \{ab, aabb, aaabbb, ...\} = \{a^n b^n \mid n \geq 0\}. \tag{4.14}$$

alle Zeichenketten $a^n b^n$, bei denen sich an eine Folge von n Symbolen „a" eine Kette von n Symbolen „b" anschließt, wobei n eine beliebige ganze Zahl ist. Diese Sprache hat unendlich viele Elemente und

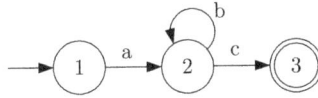

Abb. 4.7: Automat, der die Sprache $\mathcal{L}_2$ akzeptiert

es gibt für sie keinen endlichen Akzeptor. Der Grund dafür liegt in der Tatsache, dass sich der gesuchte Akzeptor die Anzahl der in einer zu überprüfenden Zeichenkette vorkommenden Symbole „a" merken muss, um entscheiden zu können, ob die Zeichenkette die richtige Anzahl von „b"s besitzt.

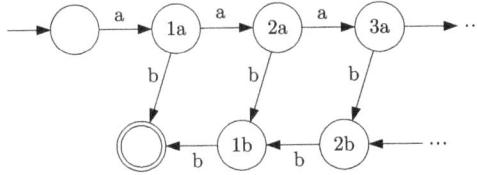

Abb. 4.8: Automat, der die Sprache $\mathcal{L}_3$ akzeptiert

Eine mögliche Repräsentation dieser Sprache ist in Abb. 4.8 zu sehen. Obwohl beim Aufbau dieses Akzeptors „sparsam" mit neuen Zuständen umgegangen wurde, indem unterschiedliche Zeichenketten so lange wie möglich über denselben Pfad dargestellt werden, hat der Automat unendlich viele Zustände. In den Zuständen mit den Namen 1a, 2a, 3a usw. ist gespeichert, dass in der eingelesenen Zeichenkette bisher 1, 2, 3 usw. „a"s vorkamen, in den Zuständen 1b, 2b, 3b usw., dass noch 1, 2 bzw. 3 „b"s folgen müssen. □

Diese Beispiele zeigen, dass ein wichtiges Problem darin besteht zu ermitteln, welche Art von Sprachen durch einen endlichen Automaten dargestellt werden können und welche nicht. Die Antwort wird im Folgenden schrittweise entwickelt, wobei zunächst Automaten mit ε-Übergängen eingeführt werden, die es möglich machen, für eine gegebene Sprache auf systematische Art einen Akzeptor aufzustellen. Dann wird der Begriff der regulären Sprachen definiert und gezeigt, dass genau für diese Sprachklasse endliche Akzeptoren existieren. Reguläre Sprachen werden durch reguläre Ausdrücke beschrieben, aus denen man den Aufbau eines der betreffenden Sprache zugeordneten Akzeptors ablesen kann.

4.2.2 Nichtdeterministische Automaten mit ε-Übergängen

Das im Abschn. 3.3.2 eingeführte leere Symbol ε kann man an beliebiger Stelle in eine Zeichenkette einfügen, ohne die Bedeutung der Zeichenkette und folglich die Zugehörigkeit des Wortes zu einer Sprache zu verändern. Diese Tatsache wird in den nachfolgenden Abschnitten ausgenutzt, um die von nichtdeterministischen Automaten akzeptierten Sprachen genauer zu beschreiben. Es wird zwar anschließend gezeigt, dass die Klassen von Sprachen für Alphabete mit leerem Symbol ε und ohne leeres Symbol ε übereinstimmen. Die Beschreibung dieser Sprachen ist unter Verwendung des leeren Symbols ε jedoch einfacher und besser durchschaubar.

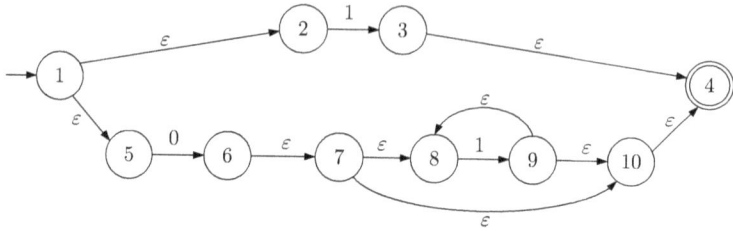

Abb. 4.9: Nichtdeterministischer Automat mit ε-Übergängen

Im Folgenden wird angenommen, dass das leere Symbol ε zu allen betrachteten Alphabeten Σ gehört. Das Zeichen ε kann deshalb an den Kanten des Automatengrafen erscheinen.

Abbildung 4.9 zeigt ein Beispiel für einen nichtdeterministischen Automaten mit ε-Übergängen. Der Automat unterscheidet sich auf den ersten Blick nicht von den bisher betrachteten nichtdeterministischen Σ-Automaten. Der Unterschied liegt in der speziellen Bedeutung des Symbols ε, das die vom Automaten akzeptierte Sprache nicht verändert. Der in Abb. 4.9 gezeigte Automat akzeptiert alle Zeichenketten, die entweder aus einer einzelnen „1" bestehen (oberer Teil des Automatengrafen) oder sich aus einer „0" gefolgt von einer beliebigen Anzahl von „1" zusammensetzen:

$$\mathcal{L} = \{1, 0, 01, 011, 0111, ...\} = \{1, 01^n \mid n \geq 0\}.$$

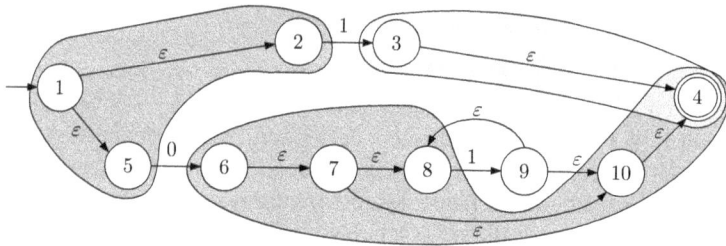

Abb. 4.10: Automat aus Abb. 4.9 mit Kennzeichnung der ε-Hüllen der Zustände 1, 3 und 6

ε-**Hülle.** Da die Verschiebung des Automatenzustands über ε-Kanten nichts an der Akzeptanz von Zeichenketten verändert, kann sich der Automat anstelle in einem Zustand z auch in jedem anderen Zustand befinden, der von z aus auf ε-Übergängen erreichbar ist. Man definiert deshalb die ε-*Hülle* eines Zustands z als die Menge derjenigen Zustände, in die der Automat von z aus auf ε-Kanten oder ε-Pfaden übergehen kann, wobei der Zustand z selbst mit eingeschlossen wird. Für den Automaten aus Abb. 4.9 gilt beispielsweise

$$\varepsilon\text{-Hülle}(1) = \{1, 2, 5\}$$
$$\varepsilon\text{-Hülle}(3) = \{3, 4\}$$

$$\varepsilon\text{-Hülle}(5) = \{5\}$$
$$\varepsilon\text{-Hülle}(6) = \{4, 6, 7, 8, 10\}$$

(vgl. Abb. 4.10). Wie das vierte Beispiel zeigt, sind in diese Betrachtungen auch Automatenbewegungen über mehrere ε-Kanten eingeschlossen.

Für die Bestimmung der von einem Automaten akzeptierten Sprache ist nicht der aktuelle Zustand, sondern die ε-Hülle dieses Zustands maßgebend. So kann als erstes Symbol in den vom abgebildeten Automaten akzeptierten Zeichenketten entweder eine „0" oder eine „1" stehen, denn von der ε-Hülle des Anfangszustands $z_0 = 1$ gehen Kanten mit den Bewertungen 0 bzw. 1 aus.

Die Klasse der von nichtdeterministischen Automaten akzeptierten Sprachen wird durch die Einführung der ε-Übergänge nicht verändert. Man kann zeigen, dass es zu jedem Automaten mit ε-Übergängen einen nichtdeterministischen Automaten ohne derartige Übergänge gibt, der dieselbe Sprache akzeptiert. Dies soll hier nicht bewiesen, sondern nur an einem Beispiel gezeigt werden.

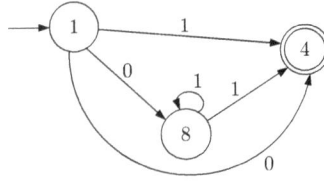

Abb. 4.11: Äquivalenter Automat zu Abb. 4.9

Beispiel 4.5 *Automat, der zu einem Automaten mit ε-Übergängen äquivalent ist*

Abbildung 4.11 zeigt einen Automaten ohne ε-Übergänge, der dieselbe Sprache wie der in Abb. 4.9 gezeigte Automat akzeptiert (beide Automaten sind also äquivalent im Sinne von Definition 3.1). Dieser Automat entsteht nicht durch alleiniges Weglassen der ε-Kanten, sondern man muss durch neu eingeführte Kanten sicherstellen, dass im Automatengrafen Pfade mit denselben Kantengewichten wie in dem Automatengrafen mit ε-Übergängen auftreten. So muss die Kante $1 \xrightarrow{0} 4$ eingeführt werden, weil der gegebene Automat auf dem Pfad $1 \xrightarrow{\varepsilon} 5 \xrightarrow{0} 6 \xrightarrow{\varepsilon} 7 \xrightarrow{\varepsilon} 10 \xrightarrow{\varepsilon} 4$ das Symbol „0" akzeptiert. Diese Kante würde nicht im Grafen vorkommen, wenn man Abb. 4.11 lediglich durch Streichen von ε-Kanten aus Abb. 4.10 gewonnen hätte. $\square$

4.2.3 Reguläre Sprachen

Dieser Abschnitt führt den Begriff der regulären Sprache ein. Die Bedeutung dieses Begriffes ergibt sich aus dem folgenden Satz:

Satz 4.1 (Satz von Kleene)
Falls eine Sprache regulär ist, so kann sie von einem endlichen Automaten akzeptiert werden; falls eine Sprache von einem endlichen Automaten akzeptiert wird, so ist sie regulär.

Dieser wichtige Zusammenhang wird in den folgenden Schritten bewiesen:

1. In diesem Abschnitt wird der Begriff der regulären Sprachen eingeführt.
2. Im Abschn. 4.2.4 wird gezeigt, dass man für jede reguläre Sprache auf systematischem Weg einen endlichen Akzeptor bilden kann.
3. Im Abschn. 4.2.7 wird eine Methode angegeben, um aus dem Automatengrafen eines beliebigen Automaten die reguläre Sprache zu bestimmen, die der Automat akzeptiert.

Um angeben zu können, wie reguläre Sprachen aufgebaut sind, müssen zunächst drei Operationen für Sprachen eingeführt werden: die Vereinigung, die Verkettung und die Hüllenbildung. Man bezeichnet sie als reguläre Operationen, weil man bei der Anwendung dieser Operationen auf reguläre Sprachen wieder eine reguläre Sprache erhält, wie man in den nachfolgenden Erläuterungen sehen wird.

Vereinigung von Sprachen. Da Sprachen Mengen von Zeichenketten sind, kann man die aus der Mengenlehre bekannte Vorschrift zur Bildung der Vereinigungsmenge anwenden. Die Sprache $\mathcal{L}_1 \cup \mathcal{L}_2$ enthält alle Zeichenketten, die entweder in der Sprache $\mathcal{L}_1$ oder in der Sprache $\mathcal{L}_2$ oder in beiden Sprachen vorkommen:

$$\mathcal{L}_1 \cup \mathcal{L}_2 = \{V \mid V \in \mathcal{L}_1 \text{ oder } V \in \mathcal{L}_2\}.$$

Die Bildung der Vereinigungsmenge ist eine reguläre Operation, weil die Vereinigung zweier regulärer Sprachen wieder eine reguläre Sprache ist.

Verkettung von Sprachen. Die im Abschn. 3.3.2 eingeführte Verkettungsoperation kann man nicht nur auf Symbole, sondern auch auf Zeichenketten und Sprachen anwenden. Wenn V_1 und V_2 zwei Wörter darstellen, dann besteht ihre Verkettung im Hintereinanderschreiben dieser Wörter. So wird aus den beiden Wörtern

$$V_1 = \text{zusammen}$$
$$V_2 = \text{setzen}$$

durch Verkettung das neue Wort

$$V_1 V_2 = \text{zusammensetzen}.$$

Die zu verkettenden Zeichenketten können natürlich beliebig gewählt werden und müssen nicht wie in diesem Beispiel ein deutsches Wort ergeben.

Bei der Verkettung werden die beiden betrachteten Wörter ohne Zwischenraum hintereinander geschrieben. Wenn man allerdings die Verkettungsoperation hervorheben will, kann man sie durch einen Punkt · kennzeichnen. Dies ist zweckmäßig, wenn man die Verkettung einer Zeichenkette V mit einem Buchstaben a betonen will:

$$V \cdot a = Va.$$

Hier ist Va kein neuer Variablenname, sondern die Verkettung von V und a. Entsprechend dieser Darstellung wird die Verkettung auch als Produkt von Wörtern bezeichnet.

Die Verkettung der Sprachen $\mathcal{L}_1$ und $\mathcal{L}_2$ führt auf die Sprache $\mathcal{L}_1 \mathcal{L}_2$

$$\mathcal{L}_1\mathcal{L}_2 = \{V_1V_2 \mid V_1 \in \mathcal{L}_1, V_2 \in \mathcal{L}_2\}, \tag{4.15}$$

die alle Zeichenketten enthält, die durch Hintereinanderreihung beliebiger Zeichenketten V_1 und V_2 der beiden Sprachen $\mathcal{L}_1$ bzw. $\mathcal{L}_2$ entstehen. Dabei muss man beachten, dass die Zeichenketten V_1 und V_2 beliebig lang sein können und insbesondere auch unterschiedliche Länge haben dürfen. So ergibt die Verkettung der Sprachen

$$\begin{aligned}\mathcal{L}_1 &= \{\text{ein, zwei, drei }\} \\ \mathcal{L}_2 &= \{\text{fach, mal, silbig }\}\end{aligned}$$

die Sprache

$$\begin{aligned}\mathcal{L}_1\mathcal{L}_2 = \{&\text{einfach, einmal, einsilbig,} \\ &\text{zweifach, zweimal, zweisilbig,} \\ &\text{dreifach, dreimal, dreisilbig }\}.\end{aligned}$$

Die Verkettung einer Sprache $\mathcal{L}$ mit der Sprache $\{\varepsilon\}$ bzw. der leeren Menge ist folgendermaßen definiert:

$$\begin{aligned}\mathcal{L} \cdot \{\varepsilon\} &= \mathcal{L} \\ \mathcal{L} \cdot \emptyset &= \emptyset.\end{aligned}$$

Die Verkettung von Sprachen ist eine reguläre Operation, weil die Verkettung zweier regulärer Sprachen wieder eine reguläre Sprache ergibt.

Kleenesche Hülle. Mit $\mathcal{L}^i$ bezeichnet man die i-fache Verkettung der Sprache $\mathcal{L}$, wobei

$$\begin{aligned}\mathcal{L}^0 &= \{\varepsilon\} \\ \mathcal{L}^i &= \mathcal{L}\mathcal{L}^{i-1} \qquad \text{für } i \geq 1\end{aligned}$$

gilt. Die Menge, die alle möglichen Verkettungen der Sprache $\mathcal{L}$ umfasst, heißt *Kleenesche Hülle $\mathcal{L}^*$* (oder reflexiver und transitiver Abschluss):

$$\mathcal{L}^* = \bigcup_{i=0}^{\infty} \mathcal{L}^i. \tag{4.16}$$

Diese Menge enthält alle Zeichenketten, die durch Aneinanderreihung einer beliebigen Anzahl von Wörtern der Sprache $\mathcal{L}$ entstehen. Den hochgestellten Stern bezeichnet man auch als *Kleeneoperator* oder Hüllenoperator und die Operation $(\cdot)^*$ als Hüllenbildung. Dieser Definition des Hüllenoperators entspricht auch die bereits im Abschn. 3.3.2 eingeführte Bezeichnung Σ^* für die Menge aller Zeichenketten, die mit dem Alphabet Σ gebildet werden können.

Dem ebenfalls im Abschn. 3.3.2 eingeführten Symbol Σ^+ entsprechend wird hier außerdem die Sprache $\mathcal{L}^+$ definiert, die auch transitiver Abschluss oder transitive Hülle von $\mathcal{L}$ genannt wird:

$$\mathcal{L}^+ = \bigcup_{i=1}^{\infty} \mathcal{L}^i. \tag{4.17}$$

Sie unterscheidet sich von $\mathcal{L}^*$ nur dadurch, dass die leere Zeichenkette ε nicht zu $\mathcal{L}^+$ gehört, sofern sie kein Element von $\mathcal{L}$ ist. Offenbar gilt

$$\mathcal{L}^* = \mathcal{L}^+ \cup \{\varepsilon\}.$$

Für den Hüllenoperator gelten folgende Beziehungen

$$(\mathcal{L}^*)^* = \mathcal{L}^*$$
$$\emptyset^* = \{\varepsilon\}$$
$$\{\varepsilon\}^* = \{\varepsilon\},$$

die man zur Vereinfachung von Ausdrücken einsetzen kann.

Aus einer regulären Sprache $\mathcal{L}$ entsteht durch Hüllenbildung wieder eine reguläre Sprache $\mathcal{L}^*$.

Beschreibung regulärer Sprachen durch reguläre Ausdrücke. Jetzt wird der Begriff der regulären Sprache definiert, wobei Sprachen über dem Alphabet Σ betrachtet werden. Um zu definieren, was reguläre Sprachen sind, muss man festlegen, nach welchen Regeln die in regulären Sprachen vorkommenden Zeichenketten aus dem gegebenen Alphabet Σ gebildet werden dürfen.

Diese Bildungsregeln werden durch *reguläre Ausdrücke* dargestellt, so dass eine Menge, deren Elemente nach der durch einen regulären Ausdruck repräsentierten Regeln gebildet werden, eine reguläre Sprache ist. Auf den ersten Blick erscheint es etwas umständlich, zur Definition von regulären Sprachen nun erst noch reguläre Ausdrücke einzuführen. Dieser Schritt wird sich jedoch schnell als zweckmäßig erweisen, weil reguläre Ausdrücke *endlich* lange Beschreibungen für Sprachen mit *unendlich* vielen Elementen sind.

Was ein regulärer Ausdruck ist, wird im Folgenden rekursiv definiert. Die ersten drei Regeln geben die elementaren regulären Ausdrücke an:

1. $\emptyset$ ist ein regulärer Ausdruck.
2. ε ist ein regulärer Ausdruck.
3. σ ist für jedes $\sigma \in \Sigma$ ein regulärer Ausdruck.

Derartigen regulären Ausdrücken, die im Folgenden stets durch kleine Buchstaben wie z. B. r, s, t dargestellt werden, entsprechen *reguläre Mengen*, die mit $\mathcal{L}(r)$, $\mathcal{L}(s)$ bzw. $\mathcal{L}(t)$ bezeichnet werden. Da diese Mengen reguläre Sprachen darstellen, sind die Begriffe reguläre Menge und reguläre Sprache Synonyme, von denen im Folgenden der Begriff der regulären Sprache bevorzugt wird.

Die folgende Tabelle zeigt, welchen Mengen $\mathcal{L}(r)$ die elementaren regulären Ausdrücke r entsprechen:

regulärer Ausdruck	reguläre Sprache
$r = \emptyset$	$\mathcal{L}(r) = \emptyset$
$r = \varepsilon$	$\mathcal{L}(r) = \{\varepsilon\}$
$r = \sigma$	$\mathcal{L}(r) = \{\sigma\}$

Mit dem regulären Ausdruck $r = \emptyset$ wird also die triviale Sprache $\mathcal{L}(\emptyset) = \emptyset$ beschrieben, die keine Zeichenkette enthält. $r = \varepsilon$ bezeichnet die Sprache, in der nur das leere Zeichen vorkommt. Durch den regulären Ausdruck $r = \sigma$ beschreibt man die Sprache $\mathcal{L}(\sigma) = \{\sigma\}$, die als einzige Zeichenkette das Symbol σ enthält.

Die folgende Regel gibt an, wie aus regulären Ausdrücken weitere reguläre Ausdrücke gebildet werden können:

4. Wenn s und t reguläre Ausdrücke sind, so sind auch $r = (s + t)$, $r = (st)$ und $r = (s^*)$ reguläre Ausdrücke.

Um die Verkettungsoperation $\cdot$ hervorzuheben, schreibt man wieder $st = s \cdot t$.

Zu diesen regulären Ausdrücken gehören folgende reguläre Sprachen:

regulärer Ausdruck	reguläre Sprache
$r = (s + t)$	$\mathcal{L}(s + t) = \mathcal{L}(s) \cup \mathcal{L}(t)$
$r = (st)$	$\mathcal{L}(st) = \mathcal{L}(s)\mathcal{L}(t)$
$r = (s^*)$	$\mathcal{L}(s^*) = \mathcal{L}^*(s)$

Die Operationen $+$, $\cdot$ und $*$ bedeuten also, dass aus den zu s und t gehörenden Mengen $\mathcal{L}(s)$ bzw. $\mathcal{L}(t)$ die Vereinigungsmenge $\mathcal{L}(s) \cup \mathcal{L}(t)$, die Verkettung $\mathcal{L}(s)\mathcal{L}(t)$ entsprechend Gl. (4.15) bzw. die Kleenesche Hülle $\mathcal{L}^*(s)$ nach Gl. (4.16) gebildet werden.

Man bezeichnet die Operation $+$ auch als Disjunktion, weil die in der regulären Sprache $\mathcal{S} \cup \mathcal{T}$ vorkommenden Wörter aus der Menge $\mathcal{S}$ *oder* aus der Menge $\mathcal{T}$ stammen. Anstelle des Zeichens „$+$" wird in der Literatur für die disjunktive Verknüpfung auch das Zeichen „$|$" verwendet.

Man kann die angegebenen vier Regeln folgendermaßen zusammenfassen:

Reguläre Sprachen entstehen durch die Operationen der Vereinigung, der Verkettung und der Hüllenbildung aus den Symbolen des gegebenen Alphabets Σ.

Reguläre Sprachen sind also Mengen von Zeichenketten, die beginnend mit den einzelnen Symbolen eines gegebenen Alphabets durch die Anwendung der drei regulären Operationen $+$, $\cdot$ und $*$ gebildet werden. Damit wird im Nachhinein auch klar, warum die angegebenen drei Operationen als regulär bezeichnet wurden: Ihre Anwendung auf reguläre Sprachen $\mathcal{L}_1$ und $\mathcal{L}_2$ ergibt reguläre Sprachen $\mathcal{L}_1 \cup \mathcal{L}_2$, $\mathcal{L}_1 \cdot \mathcal{L}_2$ bzw. $\mathcal{L}^*$. Im nächsten Abschnitt wird gezeigt, dass man die reguläre Sprachen beschreibenden regulären Ausdrücke nutzen kann, um endliche Akzeptoren regulärer Sprachen zu finden.

Aus diesen Bildungsregeln für reguläre Sprachen kann man auch sehen, dass jede endliche Menge $\mathcal{L} = \{l_1, l_2, ..., l_n\}$ eine reguläre Sprache darstellt, denn diese Sprache kann durch den regulären Ausdruck $r = l_1 + l_2 + ... + l_n$ dargestellt werden. Dies beweist das auf S. 156 beschriebene Ergebnis, dass es für jede endliche Menge einen Akzeptor gibt, aus einer anderen Sicht:

Endliche Sprachen sind regulär.

Insbesondere ist auch jedes endliche Alphabet Σ eine reguläre Sprache.

Beispiel 4.6   *Reguläre Ausdrücke und reguläre Mengen*

Für das Alphabet $\Sigma = \{0, 1\}$ erhält man mit Hilfe der angegebenen Regeln u. a. folgende reguläre Ausdrücke:

$$\emptyset, \quad \varepsilon, \quad 0, \quad 1, \quad (01), \quad (0+1), \quad (0^*), \quad (0+(01)), \tag{4.18}$$
$$((0^*)+(10)), \quad ((1+0)0), \quad (1+(0(1^*))).$$

Jeder Ausdruck beschreibt eine reguläre Sprache. So repräsentiert der Ausdruck $(1 + (0(1^*)))$ die Menge von Zeichenketten, die entweder aus einer einzigen Eins bestehen oder mit „0" beginnen und dann eine beliebige Anzahl von „1" enthalten. Zu diesem Ausdruck gehört die Sprache

$$\mathcal{L}(1 + ((0(1^*)))) = \{1, 0, 01, 011, 0111, 01111, ...\} = \{1, 01^n \mid n \geq 0\}. \tag{4.19}$$

Das Beispiel zeigt, dass aufgrund der Hüllenoperation die zu einem regulären Ausdruck endlicher Länge gehörende reguläre Sprache unendliche viele Elemente enthalten kann. □

Die Schreibweise regulärer Ausdrücke kann man vereinfachen, wenn man folgende Prioritäten für die Operationen festlegt

$$* \quad \text{vor} \quad \cdot \quad \text{vor} \quad +$$

und dann die Klammern und den Punkt $\cdot$ weglässt. Die in Gl. (4.18) angegebenen Ausdrücke heißen kürzer geschrieben

$$\emptyset, \quad \varepsilon, \quad 0, \quad 1, \quad 01, \quad 0+1, \quad 0^*, \quad 0+01, \quad 0^*+10, \quad (1+0)0, \quad 1+01^*.$$

Da reguläre Ausdrücke eine Kurzschreibweise für Mengen sind, kann man zwischen beide Darstellungen das Gleichheitszeichen setzen:

$$\mathcal{L} = \mathcal{L}(1 + 01^*) = \{1, 0, 01, 011, 0111, ...\}$$
$$\mathcal{R} = \mathcal{L}(s+t) = \mathcal{L}(s) \cup \mathcal{L}(t).$$

In der Literatur wird auch das Symbol $\mathcal{L}(\cdot)$ weggelassen und es werden alle in der Mengenlehre definierten Operationen direkt auf die regulären Ausdrücke angewendet:

$$\mathcal{L} = 0^* + 01 = 0^* \cup 01.$$

Beispiel 4.7   *Darstellung von Elementen der natürlichen Sprache*

Viele Elemente unserer natürlichen Sprache kann man durch reguläre Ausdrücke darstellen. Das Alphabet Σ enthält alle lateinischen Buchstaben und die Umlaute, wobei hier nur die kleinen Buchstaben von Interesse sind.

Durch den regulären Ausdruck

$$(\text{analysier} + \text{realisier})(\text{e} + \text{st} + \text{t} + \text{en})$$

wird die reguläre Sprache

$$\mathcal{L} = \{\text{analysiere, analysierst, analysiert, analysieren,}$$
$$\text{realisiere, realisierst, realisiert, realisieren}\}$$

definiert. □

Kombination regulärer Sprachen. Aus zwei oder mehreren regulären Sprachen entstehen durch Verknüpfungen wiederum reguläre Sprachen. Die wichtigsten dieser Verknüpfungen werden hier angegeben. Wenn die über dem Alphabet Σ definierten Sprachen $\mathcal{L}_1$ und $\mathcal{L}_2$ regulär sind, dann sind auch die folgenden Sprachen regulär:

$$\text{Vereinigung:} \quad \mathcal{L} = \mathcal{L}_1 \cup \mathcal{L}_2 \tag{4.20}$$

$$\text{Durchschnitt:} \quad \mathcal{L} = \mathcal{L}_1 \cap \mathcal{L}_2 \tag{4.21}$$

$$\text{Differenz:} \quad \mathcal{L} = \mathcal{L}_1 \backslash \mathcal{L}_2 \tag{4.22}$$

$$\text{Komplement:} \quad \bar{\mathcal{L}}_1 = \Sigma^* \backslash \mathcal{L}_1 \tag{4.23}$$

$$\text{Verkettung:} \quad \mathcal{L} = \mathcal{L}_1 \cdot \mathcal{L}_2. \tag{4.24}$$

Diese Gleichungen zeigen, dass man aus zwei regulären Sprachen wieder eine reguläre Sprache erhält, wenn man die aus der Mengelehre bekannten Operationen $\cup$ (Vereinigung), $\cap$ (Durchschnitt), $\backslash$ (Differenz) und $\bar{}$ (Komplementbildung bezüglich Σ^*) auf diese Mengen anwendet. Auch die Verkettung zweier regulärer Sprachen führt wieder auf eine reguläre Sprache. Für die Komplementbildung sieht man diese Tatsache ein, wenn man sich überlegt, dass man einen Akzeptor für die Sprache $\bar{\mathcal{L}}$ erhält, wenn man die Endzustände des Akzeptors der Sprache $\mathcal{L}$ zu Nichtendzuständen erklärt und umgekehrt. Der Nachweis der Regularität der Sprachen (4.20) – (4.22) wird in Aufgabe 5.6 auf S. 225 wieder aufgegriffen.

Aufgabe 4.3[*]   *Operationen mit Sprachen*

Gegeben ist das Alphabet $\Sigma = \{a, b, c\}$.

1. Sind
$$\mathcal{L}_1 = \{\varepsilon, a, abb\} \quad \text{und} \quad \mathcal{L}_2 = \{c\}$$
reguläre Sprachen über diesem Alphabet?

2. Bilden Sie die Kleeneschen Hüllen von $\mathcal{L}_1$ und $\mathcal{L}_2$.

3. Wie sehen die Mengen $\mathcal{L}_1 \cup \mathcal{L}_2$ und $\mathcal{L}_1 \mathcal{L}_2$ aus? □

Aufgabe 4.4   *Lexikalische Analyse von Programmen*

Die lexikalische Analyse ist der erste Schritt jeder Übersetzung einer höheren Programmiersprache. Da die Kennwörter vieler Programmiersprachen durch reguläre Ausdrücke beschrieben werden, kann man für ihre Erkennung endliche Automaten einsetzen. Geben Sie die regulären Ausdrücke an, die die Mengen folgender Bezeichner darstellen:

- Hinter einem Großbuchstaben dürfen höchstens fünf Großbuchstaben oder Ziffern stehen.

- Hinter einem Groß- oder Kleinbuchstaben dürfen beliebig viele Groß- oder Kleinbuchstaben oder Ziffern stehen. □

Aufgabe 4.5[*]   *Reguläre Ausdrücke*

Beschreiben Sie folgende Mengen von Zeichenketten durch reguläre Ausdrücke:

1. alle Zeichenketten aus $\Sigma = \{0, 1\}$, die nach beliebig vielen Nullen und Einsen mit 001 enden,

2. Telefonnummern, die mit 0049 beginnen,

3. Zahlen mit und ohne Vorzeichen und mit beliebig vielen Dezimalstellen nach dem Komma,

4. Wörter mit der Endung „heit".

Wodurch unterscheiden sich die Zeichenketten, die durch die regulären Ausdrücke 0^*, $(00)^*$ und $0(0)^*$ beschrieben werden? □

Aufgabe 4.6[*]   *UNIX-Kommando für die Suche von Zeichenketten*

Beim Betriebssystem UNIX kann man mit dem Befehl `egrep -i` `'...'` in einer Datei nach der Zeichenkette `'...'` suchen. Da zwischen den Apostrophen ein beliebiger regulärer Ausdruck stehen darf, kann man nach mehreren Wörtern gleichzeitig suchen.

Wie heißen die Befehle zur Suche nach folgenden Zeichenketten:

- Zeichenketten, in denen die Wörter „regulärer Ausdruck" in allen möglichen Zusammenhängen vorkommen,

- Zeichenketten, in denen das Wort „Modellbildung" vorkommt, wobei auch alle möglichen Abtrennungen gefunden werden sollen, in denen der Abtrennstrich gefolgt vom Zeilenendesymbol „$" steht,

- Zeichenketten, in denen ganze Zahlen vorkommen,

- Zeichenketten, in denen „Automat n" vorkommt, wobei n eine von null verschiedene Ziffer ist.

Beachten Sie, dass in der UNIX-Notation in regulären Ausdrücken anstelle von „+" das Zeichen „|" verwendet wird. □

Aufgabe 4.7[*]   *Reguläre Sprachen*

Sind die folgenden Behauptungen wahr oder falsch?

1. $100 \in \mathcal{L}(0^*1^*0^*1^*)$

2. $\mathcal{L}(b^*a^*) \cap \mathcal{L}(a^*b^*) = \mathcal{L}(a^*) \cup \mathcal{L}(b^*)$

3. $\mathcal{L}(x^*y^*) \cap \mathcal{L}(z^*) = \emptyset$

4. $(p^*q)^*p^* = (p^*(qp)^*)^*$

5. annasusanna $\in \mathcal{L}((sus)^*(anna)^*)$

6. Geben Sie reguläre Ausdrücke für Sprachen über dem Alphabet $\{a, b, c\}$ an, deren Zeichenketten eine der folgenden Bedingungen erfüllt:
   - $\mathcal{L}_1$:   Die Zeichenketten enthalten mindestens ein „b".
   - $\mathcal{L}_2$:   Die Zeichenketten enthalten genau zwei „b".
   - $\mathcal{L}_3$:   Die Zeichenketten enthalten mindestens zwei „b".
   - $\mathcal{L}_4$:   Die Zeichenketten enthalten die Buchstabenfolge „abba". □

Aufgabe 4.8[*]   *Reguläre Ausdrücke als Sprache*

Reguläre Ausdrücke sind Zeichenketten. Alle möglichen Zeichenketten, die einem regulären Ausdruck entsprechen, bilden also eine Sprache. Über welchem Alphabet ist diese Sprache definiert und durch welchen regulären Ausdruck ist sie beschrieben? □

Aufgabe 4.9   *Programmierung eines Spam-Filters*

Viele E-Mail-Systeme geben die Möglichkeit, Filter zum Aussortieren unerwünschter Reklame-E-Mails (*spams*) zu programmieren. Dabei muss der Nutzer einen regulären Ausdruck für Textstellen angeben, die eine E-Mail als Spam identifizieren. Geben Sie derartige Ausdrücke für die von Ihnen unerwünschten E-Mails an. □

4.2.4 Akzeptoren für reguläre Sprachen

Es wird jetzt gezeigt, dass es zu jeder regulären Sprache einen Akzeptor in Form eines nichtdeterministischen Automaten mit ε-Übergängen gibt. Dafür werden zunächst die Akzeptoren beschrieben, die zu den Bildungsregeln 1. bis 4. für reguläre Ausdrücke gehören.

Abbildung 4.12 zeigt die Korrespondenzen zwischen den regulären Ausdrücken auf der rechten Seite und den Akzeptoren für die Sprachen, die durch diese Ausdrücke beschrieben sind, auf der linken Seite. Die oberen drei Zeilen betreffen reguläre Ausdrücke, die nur aus einem einzelnen Zeichen bestehen:

1. Für den regulären Ausdruck $r = \emptyset$ enthält die zugehörige Sprache keine Zeichenkette. Der Automat kann für diese Sprache überhaupt nicht vom Anfangszustand z_0 in den Endzustand z_F übergehen.

2. Für den regulären Ausdruck $r = \varepsilon$ geht der Akzeptor ohne Zustandsübergang in den Endzustand über, so dass die leere Zeichenkette das einzige akzeptierte Wort ist.

3. Wenn als regulärer Ausdruck ein Symbol $\sigma \in \Sigma$ auftritt, so wechselt der Automat vom Anfangs- in den Endzustand, wenn das zu akzeptierende Wort aus dem einzelnen Symbol σ besteht.

Der untere Teil von Abb. 4.12 zeigt, wie der Akzeptor eines zusammengesetzten regulären Ausdrucks aus den Akzeptoren der Teilausdrücke aufgebaut wird:

4.1 Der Ausdruck $r = s + t$ beschreibt die Sprache $\mathcal{L}(s + t)$, deren Zeichenkette entweder die durch s *oder* die durch t beschriebenen Eigenschaften erfüllen. Um einen Akzeptor für diese Sprache zu bilden, nimmt man die Akzeptoren für die Sprachen $\mathcal{L}(s)$ und $\mathcal{L}(t)$ und schaltet sie parallel. Das heißt, vom Anfangszustand z_0 geht der Automat in einen der Anfangszustände z_{10} oder z_{20} der beiden Akzeptoren über, ohne ein Eingabesymbol zu verarbeiten. Wenn das betrachtete Wort entsprechend dem regulären Ausdruck s aufgebaut ist, wird es durch den Akzeptor $\mathcal{A}_s$ der Sprache $\mathcal{L}(s)$ verarbeitet, der dabei vom Zustand z_{10} in den Zustand z_{1F} übergeht. Dabei kann er der Länge der Zeichenkette s entsprechend eine Reihe von Zwischenzustände annehmen, was durch den gestrichelten Pfeil ausgedrückt

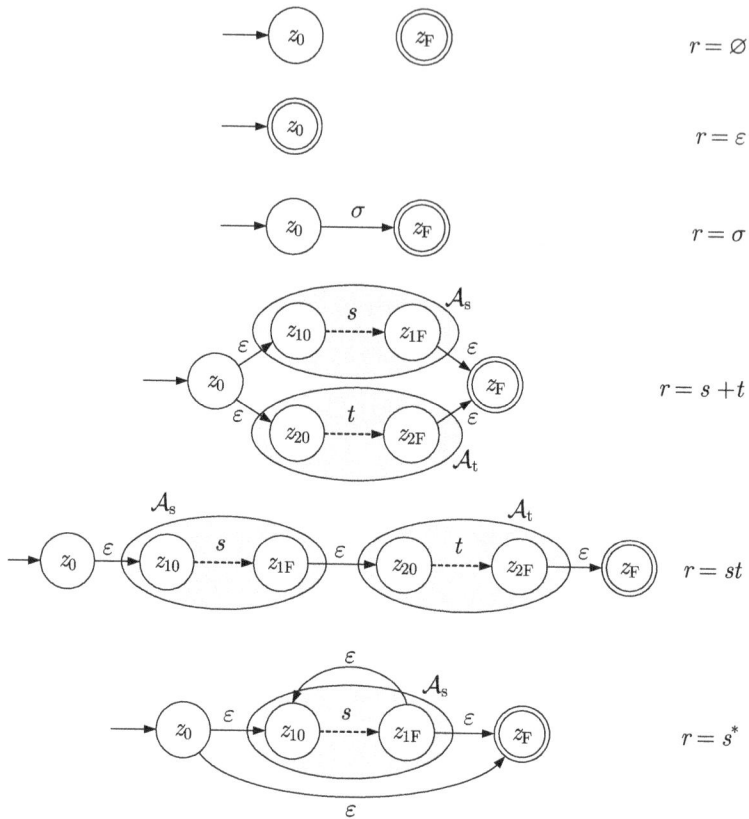

Abb. 4.12: Akzeptoren für reguläre Mengen

wird. Dasselbe passiert im unteren Zweig, wenn das zu untersuchende Wort entsprechend dem regulären Ausdruck t aufgebaut ist. Anschließend schaltet der gesuchte Akzeptor in seinen Endzustand z_F, wofür kein Eingabesymbol verbraucht wird.

4.2 Für die durch st beschriebene Sprache $\mathcal{L}(st)$ erhält man einen Akzeptor, indem man die Akzeptoren $\mathcal{A}_s$ und $\mathcal{A}_t$ der Sprachen $\mathcal{L}(s)$ und $\mathcal{L}(t)$ verkettet.

4.3 Die durch den Ausdruck s^* beschriebene Sprache wird von einem Automaten akzeptiert, bei dem der Akzeptor $\mathcal{A}_s$ der Sprache $\mathcal{L}(s)$ beliebig oft durchlaufen wird. Da zu der durch s^* beschriebenen Sprache auch die leere Zeichenkette ε gehört, gibt es eine direkte Kante vom Anfangs- zum Endzustand.

Nach diesen Regeln werden Akzeptoren für reguläre Sprachen schrittweise gebildet. Die elementaren Bausteine sind die Akzeptoren der Symbole des betrachteten Alphabets Σ.

Beispiel 4.8 *Akzeptor für die reguläre Sprache* $1 + 01^*$

Die Regeln zur Bildung eines Akzeptors werden jetzt genutzt, um einen Akzeptor für die Sprache $1{+}01^*$ zu entwickeln. Zunächst werden die Akzeptoren $\mathcal{A}_0$ und $\mathcal{A}_1$ für die beiden in der Menge $\Sigma = \{0, 1\}$ enthaltenen Zeichen gebildet. Diese bestehen entsprechend der dritten Zeile von Abb. 4.12 aus je einem Anfangs- und Endzustand, die durch einen Zustandsübergang für das Symbol 0 bzw. 1 verbunden sind.

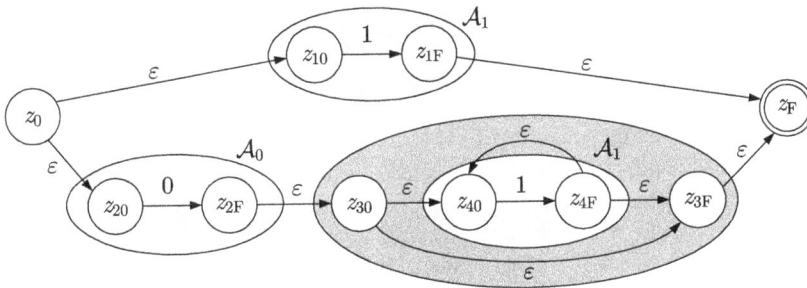

Abb. 4.13: Akzeptor für die Sprache $1 + 01^*$

Die Akzeptoren $\mathcal{A}_0$ und $\mathcal{A}_1$ müssen jetzt entsprechend dem Ausdruck $1 + 01^*$ miteinander verknüpft werden. Abbildung 4.13 zeigt das Ergebnis. Der gesuchte Akzeptor besteht aus zwei Zweigen, von denen der obere dem Teilausdruck „1+" des gegebenen regulären Ausdrucks entspricht. Wenn sich der Automat entlang dieses Zweiges bewegt, kann er nur ein einzelnes Symbol „1" akzeptieren.

Damit sich der Automat entlang des unteren Zweiges bewegt, muss die zu verarbeitende Zeichenfolge mit „0" beginnen. Vom Zustand z_{30} aus kann der Akzeptor anschließend eine beliebige Anzahl von Symbolen „1" verarbeiten, bevor er in den Endzustand z_F übergeht.

Der in Abb. 4.13 gezeigte Automat akzeptiert die Sprache $1 + 01^*$, also alle Elemente der in Gl. (4.19) angegebenen Menge.

Sprachorientierte Modellbildung. Das Beispiel zeigt das typische Vorgehen bei der sprachorientierten Modellierung. Im Mittelpunkt stehen die Zustandsübergänge, durch die bestimmte Zeichenfolgen gebildet bzw. ausgeschlossen werden sollen. Die eingeführten Zustände haben keine eigene Bedeutung und sind deshalb nur geeignet nummeriert. Wenn Zustände eliminiert werden, ohne dass sich dabei die vom Automaten akzeptierte Sprache ändert, verändert sich nichts an der Bedeutung des Modells. ☐

Nach diesen Bildungsvorschriften entstehen endliche Automaten mit ε-Übergängen, die reguläre Sprachen akzeptieren. Die Operationen $+$, $\cdot$ und $*$ für reguläre Ausdrücke, die zur Vereinigung oder Verkettung zweier regulärer Sprachen bzw. zur Hüllenbildung führen, übertragen sich direkt auf die zugehörigen Automaten:

- Die durch den regulären Ausdruck $s + t$ beschriebene Sprache wird durch einen Automaten akzeptiert, der aus der „Vereinigung" der Akzeptoren $\mathcal{A}_s$ und $\mathcal{A}_t$ der Sprachen $\mathcal{L}(s)$ und $\mathcal{L}(t)$ entsteht. Man wendet deshalb die Operation „+" auf die Automaten an und bezeichnet den durch die Vereinigung von $\mathcal{A}_s$ und $\mathcal{A}_t$ entstehenden Automaten als $\mathcal{A}_s + \mathcal{A}_t$.

- Man spricht von einer Verkettung der Automaten $\mathcal{A}_s$ und $\mathcal{A}_t$, wenn man diese durch eine ε-Kante verknüpft, wie es in der fünften Zeile von Abb. 4.12 gezeigt ist. Auch hier überträgt man die Verkettungsoperation von den regulären Ausdrücken auf die Automaten und bezeichnet den entstehenden Automaten als $\mathcal{A}_s \cdot \mathcal{A}_t$ oder kürzer als $\mathcal{A}_s \mathcal{A}_t$.

- Die Hülle des Automaten $\mathcal{A}_s$ entsteht durch Hinzufügen von zwei Zuständen und vier ε-Kanten entsprechend der letzten Zeile von Abb. 4.12. Das Ergebnis wird mit $\mathcal{A}_s^*$ bezeichnet.

Satz von Kleene. Mit diesem direkten Zusammenhang zwischen den Bildungsvorschriften für reguläre Ausdrücke und den Verknüpfungen der diese Ausdrücke repräsentierenden Automaten ist gezeigt, dass man zu jedem regulären Ausdruck einen Automaten finden kann, der die zugehörige Sprache akzeptiert (Satz 4.1 auf S. 159). Diese Automaten haben ε-Übergänge, die aber eliminiert werden können.

Der Satz von Kleene sagt außerdem, dass es *nur* für die durch reguläre Ausdrücke beschriebenen Sprachen endliche Akzeptoren gibt. Dieser Teil des Satzes wird hier nicht bewiesen, jedoch im Folgenden erläutert.

Etwas anders formuliert besagt diese wichtigste Erkenntnis des Satzes von Kleene, dass Mengen mit unendlich vielen Elementen genau dann durch einen endlichen Automaten dargestellt werden können, wenn sie durch die wiederholte Anwendung der regulären Operationen aus den Elementen eines Alphabets gebildet werden können. Wie das behandelte Konstruktionsverfahren für die Akzeptoren der durch reguläre Ausdrücke beschriebenen Sprachen gezeigt hat, entsprechen diesen Operationen gerade die drei Möglichkeiten, Automaten miteinander zu verknüpfen:

- Der Bildung der Vereinigungsmenge zweier Sprachen entspricht die „Parallelschaltung" der Akzeptoren dieser Sprachen (vierte Zeile in Abb. 4.12).

- Der Verkettung von Sprachen entspricht die „Reihenschaltung" der Akzeptoren dieser Sprachen (fünfte Zeile in Abb. 4.12).

- Der Hüllenbildung entspricht die Verknüpfung des Endzustands mit dem Anfangszustand des Akzeptors (sechste Zeile in Abb. 4.12).

Andere Verknüpfungen von Automaten gibt es nicht, wie man sich anhand des Automatengrafen überlegen kann. Folglich beschreiben die regulären Operationen die einzig möglichen Mengenoperationen, die man durch die Verknüpfung von Automaten darstellen kann.

Komplexität des Akzeptors. Die angegebenen Bildungsvorschriften für den Akzeptor einer regulären Sprache zeigen, dass die Anzahl der eingeführten Zustände sehr groß werden kann. Man kann sogar zeigen, dass die Anzahl der Zustände exponentiell mit der Länge des regulären Ausdrucks wachsen kann. Dabei ist jedoch zu beachten, dass diese Bildungsvorschriften nicht auf minimale Automaten führen, wie auch das folgende Beispiel zeigt.

Beispiel 4.8 (Forts.) *Akzeptor für die reguläre Sprache* $1 + 01^*$

Der in Abb. 4.13 gezeigte Automat ist nicht der Automat mit der kleinsten Zustandsmenge, der die gegebene Sprache $1 + 01^*$ akzeptiert. Einerseits können verschiedene ε-Übergänge gestrichen werden, die zur Kopplung der Akzeptoren der Teilzeichenketten eingeführt wurden. So können beispielsweise die Zustände z_{2F} und z_{30} durch einen Zustand ersetzt werden, ohne dass sich etwas an der akzeptierten Sprache ändert. Andererseits kann der hier mit einer größeren Anzahl von ε-Übergängen versehene Automat durch einen äquivalenten Automaten ohne ε-Übergänge ersetzt werden. Da der Automat aus Abb. 4.13 isomorph zu dem in Abb. 4.9 ist und für diesen in Abb. 4.11 ein äquivalenter Automat angegeben wurde, ist offensichtlich, dass die hier untersuchte reguläre Sprache durch den viel einfacheren Automaten in Abb. 4.11 akzeptiert wird. Dieser Automat kann allerdings nicht ohne weiteres aus dem regulären Ausdruck $1 + 01^*$ abgelesen werden. □

Aufgabe 4.10*   *Spezifikation der Roboterbewegung durch einen regulären Ausdruck*

Betrachten Sie das im Beispiel 3.3 auf S. 73 beschriebene Problem, mit einem Roboter Werkstücke auf ein Ablageband zu platzieren. In Erweiterung dessen sollen die Werkstücke jetzt abwechselnd von beiden Bändern auf das Ablageband transportiert werden. Beschreiben Sie die geforderte Roboterbewegung durch einen regulären Ausdruck. Wie sieht der Automat mit ε-Übergängen aus, den man aus diesem Ausdruck ableiten kann? Vereinfachen Sie diesen Automaten und vergleichen Sie ihn mit dem in Abb. 3.8 auf S. 74 gezeigten Automaten. □

Aufgabe 4.11   *Sprache der Fußballschiedsrichter*

Ein Fußballschiedsrichter muss sich mit sehr einfachen Symbolen verständlich machen. Über welchem Alphabet ist die Sprache definiert, welche Wörter werden typischerweise verwendet und mit welchem Akzeptor müssen die Spieler ausgerüstet sein, damit sie diese Sprache verstehen? Bilden Sie den Akzeptor so, dass für jedes Wort ein eigener Endzustand angenommen wird und ordnen Sie jedem Endzustand die vom Schiedsrichter erwartete Handlung der Spieler zu. □

4.2.5 Pumping-Lemma

In diesem Abschnitt werden die Eigenschaften regulärer Sprachen noch etwas genauer untersucht, wobei gezeigt wird, wie Zeichenketten regulärer Sprachen aufgebaut sind und welche Eigenschaften reguläre Sprachen *nicht* besitzen können. Dabei geht es wieder um Sprachen, die unendlich viele Zeichenketten umfassen.

Dass reguläre Sprachen unendlich viele Elemente enthalten können, wird nur durch die vierte Bildungsregel für reguläre Ausdrücke erreicht, durch die bereits gebildete Ausdrücke unendlich oft miteinander verkettet werden können. Im Grafen des zugehörigen Akzeptors erkennt man die wiederholte Verkettung von Zeichenfolgen an in sich geschlossenen Pfaden.

Die Notwendigkeit von Wiederholungen bestimmter Zeichenfolgen innerhalb der Wörter einer Sprache kann man sogar quantifizieren. Wenn ein Automat mit N Zuständen eine Zeichenkette V der Länge $|V| > N$ akzeptieren soll, muss sein Graf mindestens eine Schleife enthalten, denn der Automat muss bei N Zustandsübergängen mindestens einen Zustand zweimal annehmen. Diese Schleife kann der Automat beim Akzeptieren eines Wortes sooft wie notwendig durchlaufen. Gibt es mehrere Schleifen mit gemeinsamen Knoten, so können deren Beschriftungen in beliebiger Reihenfolge beliebig oft in den Wörtern der Sprache auftreten. Dieser Sachverhalt wird in dem folgenden Satz zusammengefasst, der in englischsprachigen

Texten als *Pumping Lemma* bezeichnet wird, weil man dort das wiederholte Einfügen von Zeichenfolgen als „Pumpen" bezeichnet.

Satz 4.2 (Pumping-Lemma)

Für jede reguläre Sprache $\mathcal{L}$ gibt es eine Zahl p, so dass Zeichenketten $V \in \mathcal{L}$ mit der Länge $|V| \geq p$ aus den ersten p Buchstaben „gepumpt" werden können. Das heißt, dass jedes dieser Wörter V entsprechend

$$V = XYZ \tag{4.25}$$

so in Zeichenketten X, Y und Z zerlegt werden kann, dass folgende Bedingungen erfüllt sind:

$$|Y| \geq 1 \tag{4.26}$$

$$|XY| \leq p \tag{4.27}$$

$$XY^n Z \in \mathcal{L} \text{ für alle } n \geq 0. \tag{4.28}$$

Das Pumping-Lemma gibt notwendige Bedingungen dafür an, dass eine Sprache regulär ist. Wenn man zeigen kann, dass diese Bedingungen *nicht* erfüllt sind, so weiß man, dass die betreffende Sprache *irregulär* ist.

Die im Pumping-Lemma angegebenen Zeichenketten X, Y und Z findet man im Grafen des Akzeptors der betreffenden Sprache als Beschriftung des Pfades vom Anfangszustand zu einem Zustand z, einer Schleife um den Zustand z sowie eines Pfades vom Zustand z zu einem Endzustand wieder. Da die Schleife um den Zustand z beliebig oft durchlaufen werden kann, gehören alle Zeichenketten der Form $XY^n Z$ mit beliebigem ganzzahligen n zur Sprache $\mathcal{L}$.

Entsprechend der Aussage des Pumping-Lemmas ist die Zahl p eine Kenngröße der Sprache $\mathcal{L}$, mit der die Beziehung (4.27) für alle Zeichenketten $V \in \mathcal{L}$ gilt. Die Zerlegung (4.25) sieht bei jeder Zeichenkette V natürlich anders aus.

Beispiel 4.4 (Forts.)   *Sprachen mit und ohne endlichem Akzeptor*

Die Sprache

$$\mathcal{L}_2 = \mathcal{L}(ab^*c) = \{ab^n c \mid n \geq 0\}$$

wird durch den regulären Ausdruck ab^*c beschrieben und ist folglich regulär. Für sie kann man sich die Bedeutung des Pumping-Lemmas klar machen. Für $p = 2$ gibt es die geforderte Zerlegung (4.25) der Elemente

$$V = ab^n c$$

der Sprache $\mathcal{L}_2$ mit

$$X = a, \quad Y = b, \quad Z = c, \tag{4.29}$$

für die die Bedingungen (4.26) – (4.28) gelten:

$$|Y| = |b| = 1$$
$$|XY| = |ab| = 2 = p$$
$$XY^n Z = ab^n c \in \mathcal{L}_2 \text{ für alle } n \geq 0.$$

Der Zerlegung (4.29) der Zeichenketten entspricht im Automatengrafen des Akzeptors der Zerlegung der Pfade vom Anfangszustand zum Endzustand in die Kanten a, b und c, von denen die Kante b beliebig oft durchlaufen werden kann (Abb. 4.7 auf S. 157). Die Schlinge am Zustand 2 ermöglicht es, Zeichenketten beliebiger Länge zu erzeugen.

Da das Pumping-Lemma nur notwendige, aber keine hinreichenden Bedingungen für die Regularität einer Sprache enthält, kann man aufgrund der angegebenen Analyse der Sprache $\mathcal{L}_2$ mit Hilfe des Pumping-Lemmas allein noch nicht zu dem Schluss kommen, dass die Sprache regulär ist. Für das Beispiel ist die Regularität jedoch aufgrund der Darstellung von $\mathcal{L}_2$ durch den regulären Ausdruck ab^*c offensichtlich.

Das Pumping-Lemma wird jetzt verwendet, um zu zeigen, dass die Sprache

$$\mathcal{L}_3 = \{a^n b^n \mid n \geq 1\} \qquad\qquad (4.30)$$

nicht regulär ist. Dafür werden alle möglichen Zerlegungen der Zeichenkette $V = a^n b^n$ entsprechend Gl. (4.25), die die Bedingung (4.26) erfüllen, untersucht:

- Wählt man $X = \varepsilon$, $Y = a^i$ für ein $i \leq n$ und $Z = a^{n-i} b^n$, dann hat die Zeichenkette

$$XY^2 Z = a^i a^i a^{n-i} b^n = a^{n+i} b^n$$

  mehr Buchstaben „a" als „b", was der Forderung (4.28) widerspricht.

- Dasselbe Argument führt bei der Zerlegung $X = a^n b^{n-i}$, $Y = b^i$, $Z = \varepsilon$ zur Verletzung der Forderung (4.28).

- Zerlegt man die Zeichenkette $a^n b^n$ so, dass Y sowohl a's als auch b's enthält, dann sind in $XY^2 Z$ die Buchstaben nicht richtig sortiert.

Dies zeigt, dass es keine Zerlegung von $V = a^n b^n$ in der durch das Pumping-Lemma geforderten Weise gibt und folglich die Sprache $\mathcal{L}_3$ irregulär ist.

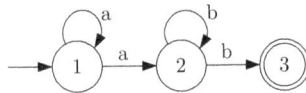

Abb. 4.14: Akzeptor der Sprache $\mathcal{L}_4$

Im Unterschied dazu ist die Sprache

$$\mathcal{L}_4 = \{a^n b^m \mid n \geq 1, m \geq 1\} = \mathcal{L}(a^* b^*) \qquad\qquad (4.31)$$

regulär, denn sie lässt sich durch den rechts angegebenen regulären Ausdruck darstellen. Sie erfüllt das Pumping-Lemma, wenn man die Zeichenkette $V = a^n b^m$ für eine feste Zahl $n \geq 1$ in

$$X = a^n, \quad Y = b^{m-1}, \quad Z = b$$

und für eine feste Zahl $m \geq 1$ in

$$X = a, \quad Y = a^{n-1}, \quad Z = b^m$$

zerlegt. Im Automatengrafen des Akzeptors treten diesen beiden Zerlegungen entsprechend Schleifen mit den Beschriftungen „b" bzw. „a" auf (Abb. 4.14).

Diskussion. Aus dem Vergleich der Sprachen $\mathcal{L}_3$ und $\mathcal{L}_4$ erkennt man die Einschränkung, die die Forderung nach Regularität der Sprache mit sich bringt. In den Zeichenketten beider Sprachen kommen

die Buchstaben „a" und „b" in beliebig großer Anzahl vor, was man durch die regulären Ausdrücke a*
bzw. b* darstellen kann. Es ist jedoch nicht möglich, durch einen regulären Ausdruck den Sachverhalt
auszudrücken, dass die Buchstaben „a" und „b" in derselben Anzahl n auftreten sollen. Aufgrund der
Bildungsregeln für reguläre Mengen kann man die Sprache $\mathcal{L}_3$ nur durch die Aufzählung der Elemente
darstellen:

$$\mathcal{L}_3 = \mathcal{L}(\ ab + aabb + aaabbb + aaaabbbb + ...).$$

Dies ist kein endlicher Ausdruck und folglich auch kein regulärer Ausdruck. Die Sprache $\mathcal{L}_3$ ist dem-
zufolge irregulär und der aus dieser Darstellung gebildete Akzeptor nicht endlich (Abb. 4.8 auf S. 157).
Auf den Automatengrafen bezogen ist die Bedingung (4.28) des Pumping-Lemmas also dadurch
begründet, dass Schleifen in einem Automaten beliebig oft durchlaufen werden können. Besitzt der
Automatengraf mehrere Schleifen, so kann man die Anzahl der Durchläufe einer Schleife nicht von der
Anzahl der Durchläufe einer anderen Schleife abhängig machen. Wenn der Automat aus Abb. 4.14 den
Zustand 2 angenommen hat, „weiß" er nicht mehr, wie oft er die Schlinge um den Zustand 1 durchlaufen
hat. Um sich diese Anzahl zu merken, besitzt der in Abb. 4.8 auf S. 157 dargestellte Akzeptor unendlich
viele Zustände (und ist deshalb kein endlicher Automat), wobei die Zustände 1a, 2a und 3a genau
dann angenommen werden, wenn der Buchstabe „a" einmal, zweimal bzw. dreimal in der Zeichenkette
auftritt. Dementsprechend schließen sich an diese Zustände Pfade der Länge eins, zwei bzw. drei zu
Endzuständen an, die mit „b" beschriftet sind. □

Entscheidbarkeit regulärer Sprachen. Das Pumping-Lemma hat mehrere Konsequenzen in
Bezug auf die Analyse regulärer Sprachen. Für die zu einem Automaten mit N Zuständen
gehörende Sprache $\mathcal{L}$ ist das Pumping-Lemma mit einer Zahl $p \leq N$ erfüllt. Das heißt, dass
es zu jeder Zeichenkette $V \in \mathcal{L}$ mit der Länge $|V| > p$ mindestens eine kürzere Zeichenkette
$\tilde{V}$ sowie unendliche viele längere Zeichenketten gibt, die ebenfalls zur Sprache $\mathcal{L}$ gehören.
Hat man die Zeichenkette V entsprechend den Bedingungen des Pumping-Lemmas zerlegt,
so erhält man die kürzere Zeichenkette durch Weglassen von Y und die längeren durch die
Wiederholung von Y.

Deshalb kann man die Analyse einer regulären Sprache, die unendlich viele Elemente besitzt, auf die Analyse einer endlichen Anzahl von Zeichenketten zurückführen. So sind die
beiden durch die Automaten $\mathcal{A}_1$ und $\mathcal{A}_2$ akzeptierten Sprachen gleich, wenn es in den Grafen
beider Automaten schleifenfreie Pfade mit denselben Beschriftungen sowie denselben Schleifen gibt. Da es in endlichen Automaten nur eine endliche Anzahl derartiger Pfade und Schleifen
geben kann, ist die Analyse nach einer endlichen Anzahl von Schritten beendet. Man sagt deshalb, dass reguläre Sprachen *entscheidbar* sind und meint damit, dass es einen Algorithmus
gibt, der Fragen wie die nach der Gleichheit von regulären Sprachen nach einer endlichen Anzahl von Schritten beantwortet.

Im Einzelnen sind folgende Probleme für reguläre Sprachen $\mathcal{L}$ entscheidbar:

- **Wortproblem**: Es ist zu entscheiden, ob ein gegebenes Wort V zu $\mathcal{L}$ gehört ($V \overset{?}{\in} \mathcal{L}$).

- **Leerheitsproblem**: Es ist zu entscheiden, ob die Sprache leer ist ($\mathcal{L} \overset{?}{=} \emptyset$).

- **Äquivalenzproblem**: Es ist zu entscheiden, ob zwei Sprachen $\mathcal{L}_1$ und $\mathcal{L}_2$ gleich sind
  ($\mathcal{L}_1 \overset{?}{=} \mathcal{L}_2$).

- **Durchschnittsproblem**: Es ist zu entscheiden, ob zwei Sprachen $\mathcal{L}_1$ und $\mathcal{L}_2$ gemeinsame
  Elemente enthalten ($\mathcal{L}_1 \cap \mathcal{L}_2 \overset{?}{\neq} \emptyset$).

Aufgabe 4.12 *Sprache der Palindrome*

Unter Palindromen versteht man Wörter, die von links nach rechts wie von rechts nach links gelesen denselben Sinn ergeben. Beispiele sind „Uhu", „Ebbe", „Kajak", „Reittier" oder „Rentner". Ist die Sprache aller Palindrome regulär? □

4.2.6 Vergleich der Sprachen von deterministischen und nichtdeterministischen Automaten

Im Folgenden soll die Frage beantwortet werden, inwieweit sich die von deterministischen und nichtdeterministischen Automaten akzeptierten Sprachen unterscheiden. Auf den ersten Blick vermutet man, dass man bei nichtdeterministischen Automaten mehr Freiheitsgrade zur Festlegung der Zustandsübergangsrelation hat und deshalb durch nichtdeterministische Automaten Sprachen akzeptiert werden, für die man keinen Akzeptor in Form eines deterministischen Automaten finden kann. Als Begründung dieser Vermutung kann man anführen, dass Zustandsübergangsfunktionen spezielle Formen von Zustandsübergangsrelationen sind, nämlich solche, die jedem aktuellen Zustand genau einen Nachfolgezustand zuordnen (bzw. bei partiell definierten Funktionen höchstens einen Nachfolgezustand). Folglich ist die Klasse der deterministischen Automaten kleiner als die der nichtdeterministischen und gleiches gilt für die Menge der von den Automaten akzeptierten Sprachen.

Diese Vermutung ist jedoch falsch.

Zu jedem nichtdeterministischen endlichen Automaten gibt es einen deterministischen endlichen Automaten, der dieselbe Sprache akzeptiert.

Man sagt deshalb auch, dass die Klasse der deterministischen Automaten *äquivalent* zur Klasse der nichtdeterministischen Automaten ist, wobei sich dieser Äquivalenzbegriff wieder auf die akzeptierten Sprachen bezieht (vgl. Def. 3.1).

Bevor in allgemeiner Form angegeben wird, wie man den zu einem nichtdeterministischen Automaten äquivalenten deterministischen Automaten konstruieren kann, soll anhand eines Beispiels der Grundgedanke dieses Weges erläutert werden.

Beispiel 4.9 *Deterministischer Akzeptor für Wörter mit der Endung „heit"*

Es soll ein deterministischer Automat gefunden werden, der zu dem in Abb. 4.5 auf S. 155 gezeigten nichtdeterministischen Automaten äquivalent ist. Der wichtigste Schritt besteht in der Definition von Automatenzuständen, für die keine nichtdeterministischen Zustandsübergänge notwendig sind, damit der deterministische Automat dieselben Zeichenketten akzeptiert wie der gegebene nichtdeterministische Automat. Zu einer solchen Zustandsdefinition kommt man für den Automaten aus Abb. 4.5, wenn man die Funktion dieses Automaten analysiert. Da der Automat alle Wörter mit der Endung „heit" akzeptieren soll, muss er sich beim Einlesen eines Wortes die letzten vier Buchstaben merken. Die folgenden Überlegungen werden zeigen, dass er dazu fünf Zustände benötigt.

Der Endzustand ist dadurch gekennzeichnet, dass das Eingabewort die vier Buchstaben „heit" besitzt und nach dem Einlesen dieser Buchstaben das Wort zu Ende ist (vgl. Abb. 4.15). Der Vorgängerzustand wird eingenommen, wenn die letzten drei Buchstaben die Folge „hei" bilden. Kennzeichnet man einheitlich die Automatenzustände durch die vier zuletzt gelesenen Buchstaben, so ist nach dem Einlesen der Buchstabenfolge „hei" der viertletzte Buchstabe belanglos und wird durch einen Stern symbolisiert. Auf diese Weise bildet man die Zustandsmenge

$$\mathcal{Z} = \{****, ***h, **he, *hei, heit\}.$$

Die Zustandsübergänge ermittelt man nun so, dass der Automat die Zustände in der in $\mathcal{Z}$ angegebenen Reihenfolge durchläuft, wenn die Buchstabenfolge „heit" auftritt. Geht das Wort weiter, so springt der Automat beim Folgebuchstaben „h" in den Zustand $***h$ zurück und bei allen anderen Buchstaben in den Ausgangszustand $****$. In ähnlicher Weise ermittelt man die anderen Zustandsübergänge. Der gesuchte deterministische Automat ist in Abb. 4.15 zu sehen.

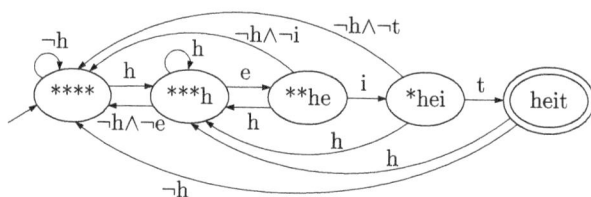

Abb. 4.15: Deterministischer Automat, der dieselbe Sprache akzeptiert wie der in Abb. 4.5 gezeigte nichtdeterministische Automat

An den Kanten stehen die Eingabesymbole, wobei das Negationszeichen so zu interpretieren ist, dass alle anderen Buchstaben außer dem an der Kante stehenden auftreten können. So tritt der Zustandsübergang

$$\text{heit} \xrightarrow{\neg h} ****$$

für alle Eingaben außer dem Buchstaben „h" auf und ist deshalb durch $\neg h$ markiert. Der Zustandsübergang

$$**\text{he} \xrightarrow{\neg h \wedge \neg i} ****$$

tritt ein, wenn die Eingabe nicht der Buchstabe „h" oder der Buchstabe „i" ist.

Der erhaltene Automat ist deterministisch. Die wichtigste Grundlage dafür, dass die Zustandsübergänge eindeutig sind, bildet eine geeignete Definition der Zustände. Die jetzt verwendeten Zustände geben den Fortschritt in Bezug zur Akzeptanz der Zeichenkette an, während die im nichtdeterministischen Automaten in Abb. 4.5 verwendeten Zustände ohne Bezug dazu eingeführt wurden. □

Konstruktion eines deterministischen Automaten, der zu einem nichtdeterministischen Automaten äquivalent ist. Gegeben ist der nichtdeterministische Automat

$$\mathcal{N} = (\mathcal{Z}, \Sigma, \Delta, \mathcal{Z}_0, \mathcal{Z}_{\mathrm{F}}),$$

der die Sprache $\mathcal{L}(\mathcal{N})$ akzeptiert. Gesucht ist ein deterministischer Automat

$$\mathcal{A} = (\tilde{\mathcal{Z}}, \Sigma, \tilde{\delta}, \tilde{z}_0, \tilde{\mathcal{Z}}_{\mathrm{F}}),$$

mit derselben Sprache

$$\mathcal{L}(\mathcal{A}) = \mathcal{L}(\mathcal{N}).$$

Beide Automaten haben dieselbe Ereignismenge Σ. Alle anderen Elemente beider Automaten-definitionen unterscheiden sich jedoch.

Die Zustandsmenge $\tilde{\mathcal{Z}}$ des zu bestimmenden deterministischen Automaten $\mathcal{A}$ ist die Po-tenzmenge der Zustandsmenge $\mathcal{Z}$ des gegebenen nichtdeterministischen Automaten $\mathcal{N}$:

$$\tilde{\mathcal{Z}} = 2^{\mathcal{Z}}. \tag{4.32}$$

Für das Verständnis der folgenden Überlegungen ist wichtig, dass die Zustände $\tilde{z} \in \tilde{\mathcal{Z}}$ von $\mathcal{A}$ Mengen von Zuständen von $\mathcal{N}$ entsprechen.

Da man bei der Überprüfung eines gegebenen Wortes auf Akzeptanz durch den nichtde-terministischen Automaten von jedem Anfangszustand der Menge $\mathcal{Z}_0$ ausgehen muss, ist der Anfangszustand $\tilde{z}_0$ des deterministischen Automaten gleich dem Element von $\tilde{\mathcal{Z}}$, das die Men-ge $\mathcal{Z}_0$ repräsentiert: $\tilde{z}_0 = \mathcal{Z}_0$.

Welche Zustände aus der Menge $2^{\mathcal{Z}}$ tatsächlich für den deterministischen Automaten ge-braucht werden und wie die Zustandsübergänge zwischen diesen Zuständen aussehen, erfährt man durch die folgenden Berechnungsschritte, bei der man Teilmengen von Zuständen des nichtdeterministischen Automaten betrachtet und untersucht, in welchen Menge von Nachfolg-ezuständen der nichtdeterministische Automat $\mathcal{N}$ für die Eingangssymbole $\sigma \in \Sigma$ übergeht. Da alle Teilmengen der Zustandsmenge $\mathcal{Z}$ von $\mathcal{N}$ durch die Zustände von $\mathcal{A}$ repräsentiert wer-den, erhält man daraus die Zustandsübergänge $\tilde{z} \xrightarrow{\sigma} \tilde{z}'$ von $\mathcal{A}$. Die Zustandsübergangsfunktion wird deshalb folgendermaßen festgelegt:

$$\tilde{\delta}(\tilde{z}, \sigma) = \tilde{z}' \quad \text{mit } \tilde{z}' = \{z' \mid (z', z, \sigma) \in \Delta \text{ für ein } z \in \tilde{z}\}. \tag{4.33}$$

In dieser Gleichung stellen $\tilde{z}$ und $\tilde{z}'$ Zustände von $\mathcal{A}$ dar, während z und z' Elemente der Zustandsmenge $\mathcal{Z}$ von $\mathcal{N}$ sind.

Die Zustandsübergangsfunktion $\tilde{\delta}$ wird entsprechend Gl. (4.33) gebildet, indem man zuerst nacheinander für alle Ereignisse $\sigma \in \Sigma$ untersucht, in welche Menge $\tilde{z}'$ von Nachfolgezustän-den der nichtdeterministische Automat aus allen seinen Anfangszuständen $z_0 \in \mathcal{Z}_0$ übergeht. Als Ergebnis dieses Schrittes kennt man alle Zustände, die der deterministische Automat vom Anfangszustand aus in einem Zustandsübergang erreicht. Nun wiederholt man diese Untersu-chungen für diese Zustände des deterministischen Automaten.

Im Automatengrafen von $\mathcal{A}$ heißt dies: Ausgehend vom Anfangszustand $\tilde{z}_0$ werden Kanten zu weiteren Zuständen $\tilde{z}'$ von $\mathcal{A}$ gebildet. Solange dabei neue Zustände in den Automaten-grafen eingeführt werden, muss anschließend die Zustandsübergangsfunktion für diese neuen Zustände entsprechend Gl. (4.33) gebildet werden. Der Algorithmus endet, wenn es im Au-tomatengrafen keinen Zustand gibt, dem noch nicht auf diese Weise die Nachfolgezustände zugewiesen wurden. Dies passiert sehr häufig, bevor alle Zustände der Potenzmenge $2^{\mathcal{Z}}$ in den Automatengrafen eingeführt wurden. Die Zustandsmenge $\tilde{\mathcal{Z}} = 2^{\mathcal{Z}}$ des deterministischen Au-tomaten $\mathcal{A}$ kann dementsprechend reduziert werden.

Der zu einem endlichen nichtdeterministischen Automaten gebildete deterministische Au-tomat hat in jedem Fall eine endliche Zustandsmenge. Zur Menge $\tilde{\mathcal{Z}}_F$ der Endzustände von $\mathcal{A}$ gehören alle Zustände $\tilde{z}$, die mit der Menge der Endzustände von $\mathcal{N}$ eine nicht verschwindende Schnittmenge haben:

$$\tilde{\mathcal{Z}}_F = \{\tilde{z} \mid \tilde{z} \cap \mathcal{Z}_F \neq \emptyset\}. \tag{4.34}$$

Algorithmus 4.1 *Bildung eines äquivalenten deterministischen Automaten für einen nicht-deterministischen Automaten*

Gegeben: Nichtdeterministischer Automat $\mathcal{N} = (\mathcal{Z}, \Sigma_i, \Delta, \mathcal{Z}_0, \mathcal{Z}_F)$

Initialisierung: $\tilde{z}_0 = \mathcal{Z}_0$; $\tilde{\mathcal{Z}} = \{\tilde{z}_0\}$

Schleife: Untersuche alle Zustände $\tilde{z} \in \tilde{\mathcal{Z}}$ in den Schritten 1 und 2:

1. Bestimme für alle $\sigma \in \Sigma$ die Menge

$$\tilde{z}' = \{z' \mid (z', z, \sigma) \in \Delta \text{ für ein } z \in \tilde{z}\}$$

und setze $\tilde{\delta}(\tilde{z}, \sigma) = \tilde{z}'$.

2. Wenn $\tilde{z}'$ noch nicht zur Menge $\tilde{\mathcal{Z}}$ gehört, erweitere die Menge um diesen Zustand

$$\tilde{\mathcal{Z}} := \tilde{\mathcal{Z}} \cup \{\tilde{z}'\}.$$

3. Setze $\tilde{\mathcal{Z}}_F = \{\tilde{z} \in \tilde{\mathcal{Z}} \mid \tilde{z} \cap \mathcal{Z}_F \neq \emptyset\}$

Ergebnis: Deterministischer Automat $\mathcal{A} = (\tilde{\mathcal{Z}}, \Sigma, \tilde{\delta}, \tilde{z}_0, \tilde{\mathcal{Z}}_F)$.

Beispiel 4.3 (Forts.) *Deterministischer Akzeptor für Wörter mit der Endung „heit"*

Der deterministische Akzeptor soll jetzt mit dem Algorithmus 4.1 ermittelt werden, also ohne die inhaltlichen Überlegungen, die im ersten Teil dieses Beispiels zu dem in Abb. 4.15 auf S. 176 gezeigten Automaten geführt haben. Für den nichtdeterministischen Automaten gilt

$$\begin{aligned} \mathcal{Z} &= \{1, 2, 3, 4, 5\} \\ \mathcal{Z}_0 &= \{1\} \\ \mathcal{Z}_F &= \{5\}. \end{aligned}$$

Die Zustände des gesuchten deterministischen Automaten gehören zur Menge

$$\tilde{\mathcal{Z}} = 2^{\mathcal{Z}} = \{\{1\}, \{2\}, ..., \{5\}, \{1, 2\}, \{1, 3\}, ..., \{1, 2, 3\}, \{1, 2, 4\}, ..., \{1, 2, 3, 4, 5\}\},$$

die $2^5 - 1 = 31$ Elemente besitzt. Es wird sich jedoch zeigen, dass nur fünf Zustände tatsächlich gebraucht werden.

Der Anfangszustand des deterministischen Automaten ist

$$\tilde{z}_0 = \mathcal{Z}_0 = \{1\}.$$

Algorithmus 4.1 führt auf die folgenden Ergebnisse:

1. Es wird zuerst der Anfangszustand $\tilde{z}_0 = \{1\}$ untersucht. Für alle Symbole außer „h" bleibt der nichtdeterministische Automat im Zustand $\{1\}$, was mit der im ersten Teil des Beispiels eingeführten Abkürzung $\neg h$ als

$$\tilde{\delta}(\{1\}, \neg h) = \{1\}$$

geschrieben wird. Für den Buchstaben „h" ist die Menge von Nachfolgezuständen des nichtdeterministischen Automaten durch

$$\tilde{z}' = \{z' \mid (z', 1, h) \in \Delta\} = \{1, 2\}$$

gegeben. Deshalb hat die Zustandsübergangsfunktion des deterministischen Automaten den Wert

$$\tilde{\delta}(\{1\}, h) = \{1, 2\}.$$

Damit ist der in Abb. 4.16 gezeigte Teil des Automatengrafen bestimmt. Die beiden benötigten Zustände des deterministischen Automaten sind dort mit $\tilde{z}_1$ und $\tilde{z}_2$ bezeichnet:

$$\tilde{z}_1 = \{1\}$$
$$\tilde{z}_2 = \{1, 2\}.$$

Die Zustandsübergangsfunktion ist vollständig für den Zustand $\tilde{z}_1$ definiert.

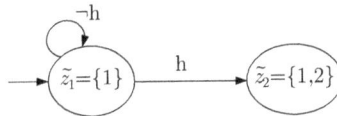

Abb. 4.16: Teil des deterministischen Akzeptors, der nach dem ersten Schritt erhalten wurde

2. Es wird jetzt die Zustandsübergangsfunktion für den Zustand $\tilde{z}_2$ ermittelt, wofür die Bewegung des nichtdeterministischen Automaten aus den Zuständen 1 und 2 betrachtet wird. Für den Buchstaben „e" geht der nichtdeterministische Automat aus dem Zustand 2 in den Zustand 3 über oder verbleibt im Zustand 1. Folglich führt Gl. (4.33) auf

$$\tilde{\delta}(\{1, 2\}, e) = \tilde{z}' \quad \text{mit } \tilde{z}' = \{z' \mid (z', z, e) \in \Delta \text{ für ein } z \in \{1, 2\}\} = \{1, 3\}.$$

Mit der Abkürzung

$$\tilde{z}_3 = \{1, 3\}$$

gilt also

$$\tilde{\delta}(\tilde{z}_2, e) = \tilde{z}_3.$$

Tritt der Buchstabe „h" auf, so sind für den nichtdeterministischen Automaten die Zustandsübergänge $1 \xrightarrow{h} 1$ oder $1 \xrightarrow{h} 2$ möglich, so dass sich der nichtdeterministische Automat dann im Zustand 1 oder 2 befindet:

$$\tilde{\delta}(\tilde{z}_2, h) = \{1, 2\} = \tilde{z}_2.$$

Für alle anderen Buchstaben hat der nichtdeterministische Automat den eindeutigen Nachfolgezustand 1, weil für den Zustand 2 kein Zustandsübergang definiert ist. Deshalb gilt für den deterministischen Automaten

$$\tilde{\delta}(\tilde{z}_2, \neg e \wedge \neg h) = \{1\} = \tilde{z}_1$$

(Abb. 4.17).

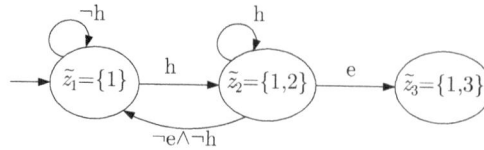

Abb. 4.17: Teil des deterministischen Akzeptors, der nach dem zweiten
Schritt erhalten wurde

3. Jetzt ist $\tilde{\delta}$ für den neu definierten Zustand $\tilde{z}_3$ festzulegen. Von den Zuständen 1 und 3 kann der nichtdeterministische Automat bei der Eingabe „i" die Zustandsübergänge $1 \xrightarrow{i} 1$ und $3 \xrightarrow{i} 4$ ausführen. Sein Zustand liegt folglich in der Menge $\tilde{z}_4 = \{1, 4\}$ und es gilt

$$\tilde{\delta}(\tilde{z}_3, i) = \tilde{z}_4.$$

Für die Eingabe „h" sind die Zustandsübergänge $1 \xrightarrow{h} 1$ und $1 \xrightarrow{h} 2$ möglich, so dass der deterministische Automat in den Zustand $\tilde{z}_2$ übergehen muss:

$$\tilde{\delta}(\tilde{z}_3, h) = \tilde{z}_2.$$

Für alle anderen Buchstaben kann der nichtdeterministische Automat nur in den Zustand 1 übergehen:

$$\tilde{\delta}(\tilde{z}_3, \neg i \wedge \neg h) = \tilde{z}_1.$$

4. Dieselben Überlegungen wie bisher führen für den Zustand $\tilde{z}_4$ auf folgendes Ergebnis, das sich auch auf den neu einzuführenden Zustand $\tilde{z}_5 = \{1, 5\}$ bezieht:

$$\tilde{\delta}(\tilde{z}_4, t) = \tilde{z}_5$$
$$\tilde{\delta}(\tilde{z}_4, h) = \tilde{z}_2$$
$$\tilde{\delta}(\tilde{z}_4, \neg h \wedge \neg t) = \tilde{z}_1.$$

5. Schließlich muss die Zustandsübergangsfunktion $\tilde{\delta}$ noch für $\tilde{z}_5$ festgelegt werden (Abb. 4.18):

$$\tilde{\delta}(\tilde{z}_5, h) = \tilde{z}_2$$
$$\tilde{\delta}(\tilde{z}_5, \neg h) = \tilde{z}_1.$$

Da im letzten Schritt kein neuer Zustand für den deterministischen Automaten eingeführt wurde und für alle vorhandenen Zustände die Funktion $\tilde{\delta}$ bereits definiert ist, ist der Automat vollständig festgelegt. Der Zustand $\tilde{z}_5$ ist der einzige Endzustand, denn nur in seiner Definition kommt der Endzustand 5 des nichtdeterministischen Akzeptors vor:

$$\tilde{\mathcal{Z}}_\mathrm{F} = \{\tilde{z}_5\}.$$

Diskussion. Von den 31 möglichen Zuständen des deterministischen Automaten werden nur 5 gebraucht. Alle anderen Zustände sind vom Anfangszustand aus nicht erreichbar und tauchen deshalb im Automatengrafen nicht auf.

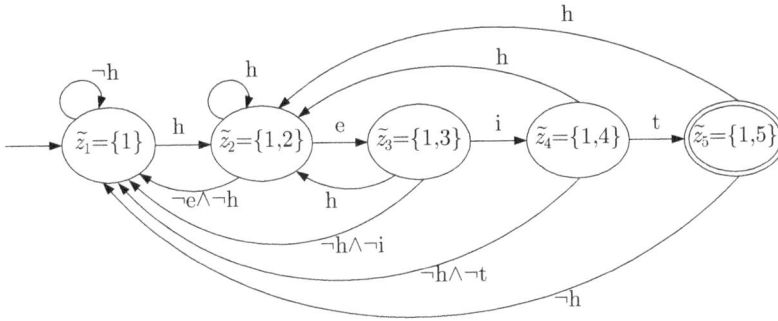

Abb. 4.18: Deterministischer Akzeptor für Wörter mit der Endung „heit"

Der hier erhaltene Automat ist isomorph zu dem in Abb. 4.15 gezeigten Automaten, denn man muss nur die Zustände umbenennen, um beide Automaten ineinander zu überführen. Während im ersten Teil des Beispiels die Automatenzustände anhand der Funktionsweise des nichtdeterministischen Akzeptors festgelegt wurden, entstanden die jetzt verwendeten Zustände durch die Anwendung des Algorithmus 4.1 ohne inhaltliche Überlegungen. In diesem Algorithmus ist die Ermittlung einer geeigneten Zustandsmenge für den deterministischen Akzeptor implizit enthalten.

Der erhaltene Automat ist deterministisch. Wenn man ein Wort daraufhin überprüfen will, ob es die Endung „heit" besitzt, so muss man den Automaten nur im Anfangszustand starten und die eindeutigen Zustandsübergänge verfolgen, die durch die Eingabesymbole vorgeschrieben sind. Endet diese Folge, wenn der Automat den Endzustand $\tilde{z}_5$ angenommen hat, so besitzt das überprüfte Wort die gewünschte Endung.

Die Überprüfung einer gegebenen Zeichenkette auf Akzeptanz mit Hilfe eines deterministischen Automaten ist viel einfacher, weil sich der deterministische Automat nach jedem eingelesenen Symbol in genau einem Zustand befindet, während man beim nichtdeterministischen Automaten die Bewegung von mehreren möglichen Zuständen aus weiter verfolgen muss. Allerdings erkauft man sich diese Vereinfachung durch eine größere Komplexität des Automaten. Ein Vergleich der Abbildungen 4.18 und 4.5 zeigt, dass der deterministische Automat in diesem Beispiel zwar dieselbe Anzahl von Zuständen, aber 13 anstelle von 5 Zustandsübergängen besitzt. Bei umfangreicheren Beispielen ist der Unterschied wesentlich größer.

Das Beispiel weist deshalb auf beide Aspekte eines Vergleiches von deterministischen und nichtdeterministischen Automaten hin. Beide Modellklassen sind zwar äquivalent bezüglich der durch sie akzeptierten oder erzeugten Sprachen, aber der deterministische Automat ist komplexer in Bezug auf die Anzahl der Zustände und Zustandsübergänge, während der i. Allg. kleinere nichtdeterministische Automat mit kleinerer Zustandsmenge einen komplexeren Algorithmus erfordert, um ein Wort auf Akzeptanz zu überprüfen. □

Zusammenfassung. In diesem und dem vorhergehenden Kapitel wurden deterministische Automaten, nichtdeterministische Automaten sowie nichtdeterministische Automaten mit ε-Übergängen als Akzeptoren eingesetzt. Diese Klassen von Automaten sind äquivalent in dem Sinne, dass sie dieselbe Klasse von Sprachen, nämlich reguläre Sprachen, akzeptieren. Die nichtdeterministischen Automaten mit ε-Übergängen wurden eingeführt, um die Konstruktionsvorschriften für Akzeptoren einer gegebenen Sprache zu erleichtern. Es wurde gezeigt, dass diese Automaten in solche ohne ε-Übergänge transformiert werden können, ohne dass sich die akzeptierte Sprache verändert. Andererseits wurde beschrieben, wie für nichtdeterministische Automaten deterministische Automaten mit derselben Sprache konstruiert werden können. Diese Automaten besitzen i. Allg. mehr Zustände und Zustandsübergänge als die äquivalenten nichtdeterministischen Automaten. Wenn man nichtdeterministische Zustandsübergänge zulässt, erweitert man also nicht die Klasse der akzeptierten Sprachen, ermöglicht aber eine Vereinfachung der Darstellung des betrachteten Sachverhaltes.

Insgesamt zeigen diese Untersuchungen, dass Automaten eine Beschreibungsform für Ereignisfolgen bzw. Zeichenketten sind, die den Gesetzen regulärer Sprachen genügen. Um irreguläre Sprachen darstellen zu können, müssen erweiterte Modellformen verwendet werden. Erweiterte Automaten (Abschn. 4.5) oder Petrinetze (Kap. 6) bieten Möglichkeiten dafür.

Aufgabe 4.13 *Äquivalenz von nichtdeterministischem und deterministischem Automaten*

Zeigen Sie, dass die beiden in Abb. 4.19 dargestellten Automaten dieselbe Sprache akzeptieren. □

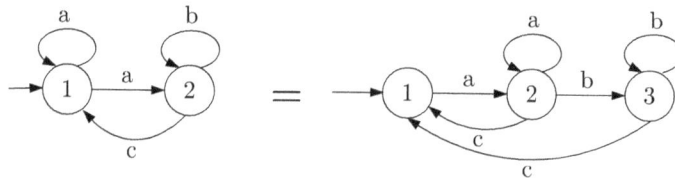

Abb. 4.19: Äquivalenz zwischen deterministischem und nichtdeterministischem Automaten

4.2.7 Ableitung des regulären Ausdrucks aus dem Automatengrafen

Bisher wurde gezeigt, wie man für einen regulären Ausdruck einen Automaten finden kann, der die durch den Ausdruck definierte Sprache akzeptiert. Für verschiedene Anwendungen ist auch der umgekehrte Weg wichtig, der sich mit der Frage befasst, wie man aus einem Automatengrafen den regulären Ausdruck ablesen kann, der die vom Automaten akzeptierte Sprache beschreibt. Diese Frage wird im Folgenden beantwortet, womit gleichzeitig die Behauptung aus dem Satz von Kleene bewiesen wird, dass die Sprache jedes nichtdeterministischen Automaten regulär ist.

Abbildung 4.20 stellt das Problem für ein Beispiel dar. Gegeben ist der im linken Teil der Abbildung gezeigte Automatengraf eines nichtdeterministischen Automaten. Das im Folgenden beschriebene Vorgehen beruht auf einer schrittweisen Elimination aller Automatenzustände, bis der Automatengraf nur noch aus dem Anfangs- und dem Endzustand besteht, wie es im rechten Teil der Abbildung zu sehen ist. Bei der Elimination eines Zustands werden die Beschriftungen der verbleibenden Kanten so verändert, dass sich die vom Automaten akzeptierte Sprache nicht verändert. Dafür wird zugelassen, dass die Kanten des Automatengrafen jetzt nicht nur wie bisher mit einzelnen Buchstaben, sondern auch mit regulären Ausdrücken beschriftet werden.

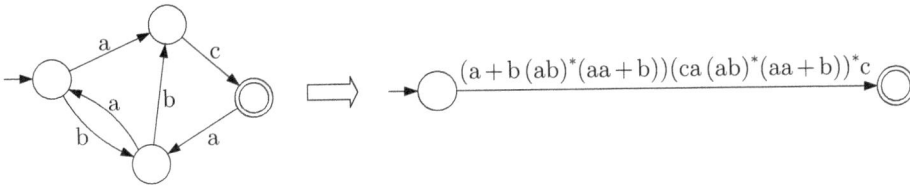

Abb. 4.20: Lösungsweg

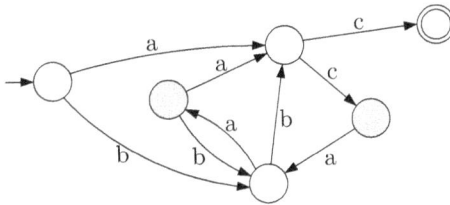

Abb. 4.21: Einführung eines separaten Anfangs- und Endzustands

Um auf den im rechten Teil von Abb. 4.20 gezeigten Automaten zu kommen, muss der Automatengraf zunächst so umgeformt werden, dass der Startzustand keine einlaufenden Kanten und der Endzustand keine auslaufenden Kanten besitzt. Dies kann man durch Einführung neuer Zustände erreichen, wie es in Abb. 4.21 für das Beispiel getan wurde. Die neu eingeführten Zustände sind in der Abbildung grau hervorgehoben.

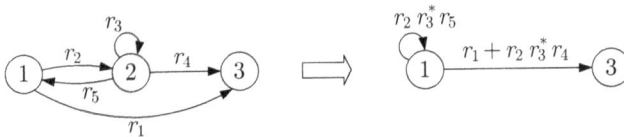

Abb. 4.22: Prinzip der Zustandselimination

Das Prinzip der Elimination eines Zustands ist in Abb. 4.22 gezeigt. Alle Kanten des linken Automaten sind mit regulären Ausdrücken r_i beschriftet. Wenn man den Zustand 2 eliminiert, so muss man den regulären Ausdruck $r_2 r_3^* r_4$, den der Automat auf dem Weg vom Zustand 1 zum Zustand 3 akzeptiert, als direkte Kante zwischen den Zuständen 1 und 3 einführen. Da es in dem hier betrachteten Automatengrafen bereits eine derartige Kante gibt, wird dieser Ausdruck zur Beschriftung der bereits vorhandenen Kante hinzugefügt, woraus sich die neue Beschriftung $r_1 + r_2 r_3^* r_4$ ergibt. Außerdem akzeptiert der Automat auf dem Pfad

$$1 \xrightarrow{r_2} 2 \xrightarrow{r_3} 2... \xrightarrow{r_3} 2 \xrightarrow{r_5} 1$$

den Ausdruck $r_2 r_3^* r_5$. Deshalb muss eine Schlinge für den Zustand 1 mit diesem Ausdruck eingeführt werden.

Das Eliminationsprinzip wird jetzt auf den Automaten in Abb. 4.21 angewendet. Zunächst werden die beiden grau gekennzeichneten Zustände gestrichen. Das Streichen des linken Zustands führt auf die Schlinge mit der Beschriftung „ab" sowie die Erweiterung der Beschriftung

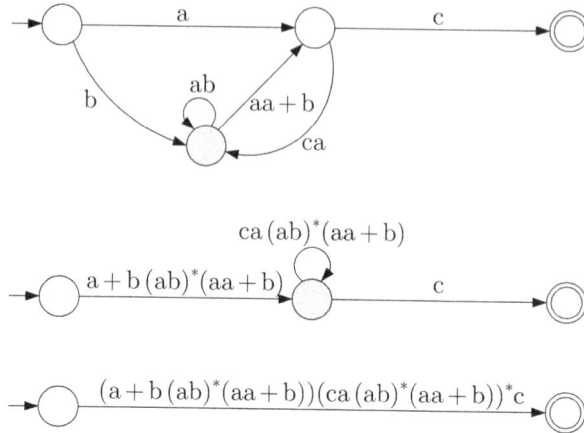

Abb. 4.23: Schrittweise Elimination von Zuständen

der bereits vorhandenen Kante auf „aa+b". Nach dem Streichen des rechten Zustands erhält man eine neue Kante mit dem Ausdruck „ca". Die zwei weiteren Eliminationsschritte führen zu dem gesuchten Grafen, dessen einzige Kante den regulären Ausdruck

$$(a + b(ab)^*(aa + b))(ca(ab)^*(aa + b))^*c$$

enthält. Dieser Ausdruck beschreibt die vom Automaten akzeptierte reguläre Sprache.

Beispiel 4.10   *Sprache eines Fahrstuhls*

Es wird ein Fahrstuhl in einem dreistöckigen Haus betrachtet, dessen Bewegungen durch Ereignisse dargestellt werden, aus deren Namen man die Bewegungsrichtung erkennt. Das Ereignis σ_{ij} beschreibt die Bewegung von der Etage j zur Etage i. Der Fahrstuhl steht zu Beginn im Erdgeschoss (Etage 0).

Die Folgen von möglichen Ereignissen müssen der Bedingung genügen, dass dem Ereignis σ_{ij} nur eines der beiden Ereignisse $\sigma_{i+1,i}$ oder $\sigma_{i-1,i}$ folgen kann. Diese Bedingung erfüllt der in Abb. 4.24 gezeigte Automat.

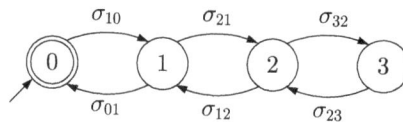

Abb. 4.24: Automat, der die Bewegung eines Fahrstuhls beschreibt

Es soll jetzt der reguläre Ausdruck ermittelt werden, der die Sprache des Fahrstuhls für eine Rundfahrt beschreibt, nach der sich der Fahrstuhl wieder im Erdgeschoss befindet. Dafür werden zwei neue Zustände eingeführt, um die Schleifen um den Anfangs- und Endzustand zu eliminieren (Abb. 4.25). Die gleichzeitig eingeführten ε-Übergänge verändern die Sprache des Automaten nicht.

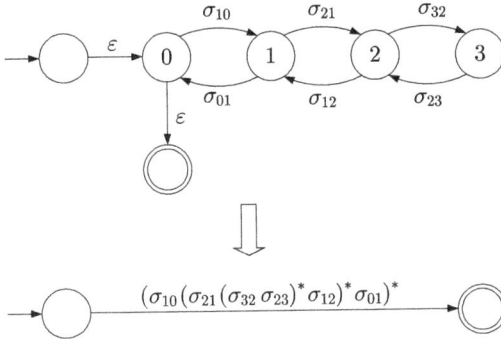

Abb. 4.25: Ableitung des regulären Ausdrucks für den Fahrstuhl

Jetzt werden nacheinander die Zustände 3, 2, 1 und 0 eliminiert, wobei man zunächst eine Schlinge um den Zustand 2 mit der Beschriftung $(\sigma_{32}\sigma_{23})^*$, dann eine Schlinge um den Zustand 1 mit $(\sigma_{21}(\sigma_{32}\sigma_{23})^*\sigma_{12})^*$ und eine Schlinge um den Zustand 0 mit dem regulären Ausdruck

$$(\sigma_{10}(\sigma_{21}(\sigma_{32}\sigma_{23})^*\sigma_{12})^*\sigma_{01})$$

erhält, der durch die verbleibenden ε-Kanten nicht mehr erweitert wird und auf die Beschreibung

$$(\sigma_{10}(\sigma_{21}(\sigma_{32}\sigma_{23})^*\sigma_{12})^*\sigma_{01})^*$$

für die Sprache des Fahrstuhls führt. □

Aufgabe 4.14[*]   *Automaten und deren Sprachen*

1. Betrachten Sie die Menge der Zeichenketten, die mit einer oder mehreren Einsen beginnen, dann möglicherweise eine beliebige (gegebenenfalls verschwindende) Anzahl von Nullen besitzen, gefolgt von der Zeichenkette 11. Die Zeichenketten enden mit einer weiteren Eins, sofern sie vorher Nullen enthalten, andernfalls mit einer Null. Beschreiben Sie diese Sprache durch einen regulären Ausdruck und zeichnen Sie den Grafen eines deterministischen Automaten, der diese Sprache akzeptiert.

2. Bilden Sie mit dem im Abschn. 4.2.4 angegebenen Verfahren einen Automaten, der die Sprache $R^*U^*B^*$ akzeptiert und formen Sie diesen Automaten in einen deterministischen Automaten um. Finden Sie einen Akzeptor, der keine ε-Übergänge besitzt? □

Aufgabe 4.15[*]   *Beschreibung der Roboterbewegung durch einen regulären Ausdruck*

Welche Sprache erzeugt das im Beispiel 3.3 auf S. 73 eingeführte Modell der Roboterbewegung, das in Abb. 3.8 dargestellt ist? Wenden Sie das in diesem Abschnitt erläuterte Verfahren an und vergleichen sie das Ergebnis mit dem regulären Ausdruck, den sie direkt aus dem Automatengrafen ablesen können. □

4.3 Nichtdeterministische E/A-Automaten

In Analogie zu den deterministischen E/A-Automaten werden nichtdeterministische Automaten mit Eingang v und Ausgang w durch das Quintupel

$$\boxed{\begin{array}{c} \text{Nichtdeterministischer E/A-Automat:} \\[4pt] \mathcal{N} = (\mathcal{Z}, \mathcal{V}, \mathcal{W}, \mathcal{L}, \mathcal{Z}_0) \end{array}} \qquad (4.35)$$

mit

- $\mathcal{Z}$ – Zustandsmenge
- $\mathcal{V}$ – Eingabealphabet
- $\mathcal{W}$ – Ausgabealphabet
- $\mathcal{L}$ – Verhaltensrelation
- $\mathcal{Z}_0$ – Menge möglicher Anfangszustände

beschrieben. Die Verhaltensrelation

$$\mathcal{L} \subseteq \mathcal{Z} \times \mathcal{W} \times \mathcal{Z} \times \mathcal{V}$$

gibt an, in welchen Nachfolgezustand z' der Automat wechseln und welche Ausgabe w er erzeugen kann, wenn er im Zustand z die Eingabe v erhält:

$$(z', w, z, v) \in \mathcal{L}.$$

Anstelle der Mengendarstellung $\mathcal{L}$ kann mit der charakteristischen Funktion von $\mathcal{L}$

$$L : \mathcal{Z} \times \mathcal{W} \times \mathcal{Z} \times \mathcal{V} \to \{0, 1\}$$

gearbeitet werden, für die die Beziehung

$$\mathcal{L} = \{(z', w, z, v) \mid L(z', w, z, v) = 1\}$$

gilt. Die Zustandsübergänge sind dann durch die Quantupel (z', w, z, v) repräsentiert, für die die Beziehung

$$L(z', w, z, v) = 1$$

erfüllt ist. Wie beim deterministischen Automaten verwendet man die Bezeichnung Verhaltensrelation auch für die charakteristische Funktion L.

Im Unterschied zum deterministischen Automaten, bei dem diese Relation in Gl. (3.30) eingeführt wurde, gibt es jetzt zu einem gegebenen Paar (z, v) möglicherweise mehrere Quantupel (z', w, z, v), die zu $\mathcal{L}$ gehören. Der Nichtdeterminismus von E/A-Automaten kann sich sowohl darin äußern, dass der Automat für ein Paar (z, v) in mehr als einen Nachfolgezustand z' übergehen kann, als auch darin, dass der Automat bei einem bestimmten Zustandsübergang eine von mehreren möglichen Ausgaben w erzeugt.

Verhalten nichtdeterministischer E/A-Automaten. Die Zustands- und Ausgangsfolgen eines nichtdeterministischen Automaten sind für eine vorgegebene Eingangsfolge $V(0...k_{\mathrm{e}})$ durch die Beziehung

> Zustandsraumdarstellung nichtdeterministischer E/A-Automaten:
>
> $$z(0) \in \mathcal{Z}_0$$
>
> $$L(z(k+1), w(k), z(k), v(k)) = 1, \quad k = 0, 1, \ldots$$

(4.36)

oder die äquivalenten Beziehungen

$$z(0) \in \mathcal{Z}_0$$
$$(z(k+1), w(k), z(k), v(k)) \in \mathcal{L}, \quad k = 0, 1, \ldots, k_e$$

beschrieben. Wendet man eine dieser Beziehungen auf einen Anfangszustand $z_0 \in \mathcal{Z}_0$ und eine Eingangsfolge

$$V(0 \ldots k_e) = (v(0), v(1), v(2), \ldots, v(k_e))$$

an, so erhält man eine Menge von möglichen Zustands- und Ausgabefolgen

$$Z(0 \ldots k_e) = (z(0), z(1), z(2), \ldots, z(k_e))$$
$$W(0 \ldots k_e) = (w(0), w(1), w(2), \ldots, w(k_e)).$$

Jeweils vier zusammengehörende Elemente dieser drei Folgen erfüllen die Verhaltensrelation $\mathcal{L}$, wobei allerdings nicht wie beim deterministischen Automaten eine Gleichung diese Größen eindeutig bestimmt, sondern die Verhaltensrelation mehrere Werte zulässt.

Das Verhalten $\mathcal{B}$ nichtdeterministischer E/A-Automaten ist die Menge aller E/A-Paare $(V(0 \ldots k_e), W(0 \ldots k_e))$, für die es eine Zustandsfolge $Z(0 \ldots k_e + 1)$ gibt, so dass die drei Folgen die Gl. (4.36) erfüllen:

$$\mathcal{B} = \{(v(0), \ldots, v(k_e)), (w(0), \ldots, w(k_e)) \mid \exists Z(0 \ldots k_e + 1) = (z(0), \ldots, z(k_e + 1)) :$$
$$z(0) \in \mathcal{Z}_0 \text{ und } (z(k+1), w(k), z(k), v(k)) \in \mathcal{L} \text{ für } k = 0, 1, \ldots, k_e\}.$$

Beispiel 4.11 *Nichtdeterministischer E/A-Automat*

Für den in Abb. 4.26 gezeigten Automaten ist im Zustand $z = 1$ bei der Eingabe $v = 1$ der Nachfolgezustand $z' = 2$ eindeutig bestimmt, aber die Ausgabe kann $w = 1$ oder $w = 2$ sein. Erhält der Automat die Eingabe $v = 2$, so ist der Zustandswechsel nichtdeterministisch, wobei der Automat entweder in den Zustand $z' = 1$ oder den Zustand $z' = 2$ übergeht. In beiden Fällen erzeugt er die Ausgabe $w = 1$, die somit eindeutig dem Paar $(z = 1, v = 2)$ zugeordnet ist.

Im Zustand $z = 2$ kann bei der Eingabe $v = 1$ weder der Nachfolgezustand noch die Ausgabe eindeutig angegeben werden. Allerdings führt der Automat bei der Eingabe $v = 2$ von diesem Zustand einen deterministischen Übergang zum Zustand 3 aus. $\square$

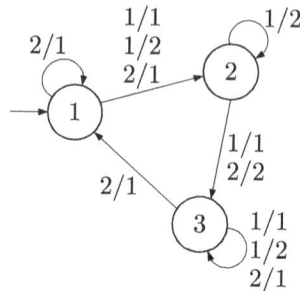

Abb. 4.26: Nichtdeterministischer Automat mit Eingang und Ausgang

Außer durch den Automatengrafen kann die Verhaltensrelation L durch eine Tabelle dargestellt werden, die für den Automaten aus Abb. 4.26 folgendermaßen aussieht:

$$
L =
\begin{array}{|c|c|c|c|}
\hline
z' & w & z & v \\
\hline
2 & 1 & 1 & 1 \\
2 & 2 & 1 & 1 \\
1 & 1 & 1 & 2 \\
2 & 1 & 1 & 2 \\
2 & 2 & 2 & 1 \\
3 & 1 & 2 & 1 \\
3 & 2 & 2 & 2 \\
3 & 1 & 3 & 1 \\
3 & 2 & 3 & 1 \\
1 & 2 & 3 & 1 \\
3 & 2 & 3 & 1 \\
\hline
\end{array}
.
$$

Der Nichtdeterminismus äußert sich beispielsweise in den ersten beiden Zeilen, durch die dem
Zustands-Eingangspaar $(z = 1, v = 1)$ zwei mögliche Ausgaben $w = 1$ oder $w = 2$ zugeordnet
sind.

Wie beim deterministischen Automaten kann die Funktion L partiell definiert sein, so dass
die Automatentabelle nicht für alle Paare $(z, v) \in \mathcal{Z} \times \mathcal{V}$ eine Zeile enthält.

**Beziehungen zwischen der Verhaltensrelation, der Zustandsübergangsrelation und der
Ausgaberelation.** Bei nichtdeterministischen E/A-Automaten ist die Verhaltensrelation die
einzige Darstellungsform. Während man bei den deterministischen Automaten noch zwischen
der Zustandsübergangsfunktion und der Verhaltensrelation wählen konnte, weil man entsprechend Gl. (3.34) auf S. 97 beide Beschreibungsformen ineinander umrechnen kann, verliert man
bei nichtdeterministischen E/A-Automaten Informationen über die dynamischen Eigenschaften, wenn man versucht, die Nachfolgezustände und die Ausgaben durch getrennte Funktionen
G und H darzustellen (siehe Beispiel 4.12). Die Verhaltensrelation L beschreibt den Automaten genauer als die aus L gebildeten Relationen G und H. Diese Tatsache wird im Folgenden
erläutert.

Wenn man die Ausgabe des Automaten ignoriert und sich nur für die Zustandsübergänge interessiert, so kann man den Automaten (4.35) auf einen Σ-Automaten (4.3) ohne Ausgabe reduzieren, dessen Verhalten durch eine Zustandsübergangsrelation beschrieben wird, wobei den Ereignissen des Σ-Automaten die Eingabe des E/A-Automaten entsprechen. Um die folgenden Betrachtungen direkt mit den entsprechenden Untersuchungen im Kapitel 3 vergleichen zu können, wird die Zustandsübergangsrelation jetzt mit G bezeichnet. Sie ist eine Funktion

$$G : \mathcal{Z} \times \mathcal{V} \to 2^{\mathcal{Z}},$$

die jedem Zustands-Eingangspaar (z, v) eine Menge $G(z, v) \subseteq 2^{\mathcal{Z}}$ möglicher Nachfolgezustände zuordnet. Es gilt deshalb

$$z(k + 1) \in G(z(k), v(k)), \tag{4.37}$$

wobei hier im Vergleich zu Gl. (4.39) anstelle des Gleichheitszeichens das $\in$-Zeichen steht. Will man andererseits für einen Zustand z und eine Eingabe v nur die Ausgabe w bestimmen, so kann man die Funktion

$$H : \mathcal{Z} \times \mathcal{V} \to 2^{\mathcal{W}}$$

definieren, die jedem Paar (z, v) die Menge möglicher Ausgabewerte zuordnet. Für diese Funktion gilt

$$w(k) \in H(z(k), v(k)). \tag{4.38}$$

Die beiden Funktionen G und H kann man folgendermaßen aus der Verhaltensrelation L ermitteln. Für ein Tripel (z', z, v) gilt genau dann die Beziehung

$$z' \in G(z, v),$$

wenn es eine Ausgabe $w \in \mathcal{W}$ gibt, für die $L(z', w, z, v) = 1$ gilt:

$$G(z, v) = \{z' \mid \exists w : L(z', w, z, v) = 1\}.$$

Die Funktion G kann folglich durch eine Tabelle dargestellt werden, die man aus der Tabelle für L durch Streichen der w-Spalte und gegebenenfalls durch Eliminieren wiederholt auftretender Zeilen erhält, wobei für das Beispiel

$$G = \begin{array}{|c|c|c|}
\hline
z' & z & v \\
\hline
2 & 1 & 1 \\
1 & 1 & 2 \\
2 & 1 & 2 \\
2 & 2 & 1 \\
3 & 2 & 1 \\
3 & 2 & 2 \\
3 & 3 & 1 \\
1 & 3 & 1 \\
\hline
\end{array}$$

entsteht.

Ein Tripel w, z, v gehört zur Ausgaberelation H

$$w \in H(z, v),$$

wenn es einen Zustand $z' \in \mathcal{Z}$ gibt, so dass die Bedingung $L(z', w, z, v) = 1$ erfüllt ist. Das heißt, es gilt

$$H(z, v) = \{w \mid \exists z' : L(z', w, z, v) = 1\}.$$

Die Tabellendarstellung von H erhält man aus der für L durch Streichen der z'-Spalte:

$$H = \begin{array}{|c|c|c|} \hline w & z & v \\ \hline 1 & 1 & 1 \\ 2 & 1 & 1 \\ 1 & 1 & 2 \\ 2 & 2 & 1 \\ 1 & 2 & 1 \\ 2 & 2 & 2 \\ 1 & 3 & 1 \\ 2 & 3 & 1 \\ \hline \end{array}.$$

Die getrennte Darstellung des Zustandswechsels und der Ausgabe durch die beiden Gleichungen (4.37) und (4.38) ist „schwächer" als die gemeinsame Darstellung nach Gl. (4.36) in dem Sinne, dass man nicht für beliebige Verhaltensrelationen L zwei Funktionen G und H finden kann, so dass beide Darstellungsformen denselben Automaten beschreiben. Mit anderen Worten:

Wenn man aus einer gegebenen Verhaltensrelation L die beiden Funktionen G und H bestimmt, so verliert man Informationen.

Im allgemeinen Fall muss man deshalb mit der Verhaltensrelation rechnen. Diese Tatsache wird durch das folgende Beispiel verdeutlicht, wobei gleichzeitig gezeigt wird, für welche Art von Zustandsübergängen sich beide Beschreibungsformen unterscheiden.

Beispiel 4.12 *Vergleich der beiden Darstellungsformen nichtdeterministischer E/A-Automaten*

Die beiden Darstellungen nichtdeterministischer Automaten werden für das in Abb. 4.26 gezeigte Beispiel für den Fall verglichen, dass sich der Automat im Zustand $z = 2$ befindet und die Eingabe $v = 1$ erhält. Mit der Verhaltensrelation L bekommt man aus Gl. (4.36) zwei mögliche Quantupel

$$L(2, 2, 2, 1) = 1$$
$$L(3, 1, 2, 1) = 1.$$

Das heißt, der Automat geht entweder in den Zustand $z' = 2$ über und erzeugt dabei die Ausgabe $w = 2$ oder er geht in den Zustand $z' = 3$ über und generiert die Ausgabe $w = 1$.

Unter Verwendung der Zustandsübergangsrelation G erhält man dieselbe Information über die Nachfolgezustände

$$G(2, 1) = \{2, 3\}$$

und mit der Ausgaberelation H die beiden möglichen Ausgabewerte

$$H(2, 1) = \{1, 2\}.$$

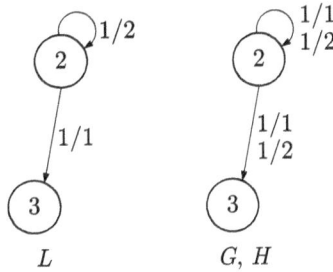

Abb. 4.27: Vergleich der Darstellungen eines nichtdeterministischen Automaten durch die Verhaltensrelation L bzw. die Funktionen G und H

Im Unterschied zur Verhaltensrelation kann man aus den Beziehungen (4.37) und (4.38) jedoch nicht erfahren, dass die Ausgabe $w = 1$ nur beim Übergang $2 \to 3$ auftritt und die Ausgabe $w = 2$ beim Übergang $2 \to 2$. Die Verhaltensrelation beschreibt den Automaten also bei all denjenigen Zustandsübergängen genauer, die sich durch die Ausgabewerte und die Nachfolgezustände gleichzeitig unterscheiden.

Wenn man die aus beiden Darstellungen resultierenden Bewegungen des Automaten im Grafen darstellt, erhält man Abb. 4.27. Der linke Teil der Abbildung zeigt einen Ausschnitt aus Abb. 4.26. Im rechten Teil sind die Bewegungen des Automaten gezeigt, die man mit Hilfe der Funktionen G und H erhält. Unter Verwendung der Funktionen G und H ist es offensichtlich nicht möglich, den durch L beschriebenen Sachverhalt darzustellen.

Andererseits sind beide Beschreibungsformen beispielsweise dann gleichwertig, wenn die Nichtdeterminiertheit der Ausgabe bei ein und demselben Zustandsübergang auftritt wie in diesem Beispiel beim Übergang $1 \to 2$ unter der Eingabe 1. In diesem Fall gibt es nur einen Nachfolgezustand, aber die Ausgabe ist nichtdeterministisch. Ein anderer Fall, bei dem L mit G und H gleichwertig ist, liegt vor, wenn die Ausgabe unabhängig davon ist, welchen Nachfolgezustand sich der Automat aus der durch G beschriebenen Menge aussucht, was bei dem Beispiel die Zustandsübergänge $1 \to 2$ und $1 \to 3$ unter der Eingabe 2 betrifft. $\square$

Nichtdeterministischer Mealy- und Moore-Automat.   Die Bezeichnungen Mealy- und Moore-Automat sind für nichtdeterministische E/A-Automaten nur für die Automatendarstellung mit den Funktionen G und H gebräuchlich und in Bezug zur Ausgaberelation H definiert, wobei sich der Moore-Automat wiederum dadurch auszeichnet, dass der aktuelle Eingang keinen direkten Einfluss auf den aktuellen Ausgang hat:

- **Nichtdeterministischer Mealy-Automat:** Automat, bei dem die Ausgabe von z und v abhängt:
$$w(k) \in H(z(k), v(k)).$$

- **Nichtdeterministischer Moore-Automat:** Automat, dessen Ausgabe nicht vom aktuellen Eingang abhängt:
$$w(k) \in H(z(k)).$$

Der Funktionswert von H ist in beiden Fällen eine Teilmenge des Ausgabealphabets $\mathcal{W}$.

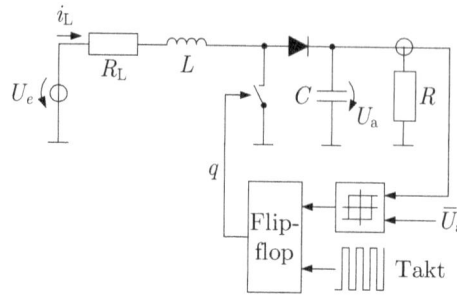

Abb. 4.28: Gleichspannungswandler

Aufgabe 4.16[*] *Ereignisdiskrete Beschreibung eines Gleichspannungswandlers*

Gleichspannungswandler transformieren eine Gleichspannung U_e in eine höhere oder niedrigere Spannung U_a. Hier werden Hochsetzsteller betrachtet, bei denen die Ausgangsspannung größer als die Eingangsspannung ist.

Das Funktionsprinzip beruht auf einem ständigen Umschalten eines Schalters zwischen den Positionen $q = 0$ (Schalter geöffnet) und $q = 1$ (Schalter geschlossen), wobei das Öffnen durch das Erreichen eines bestimmten Stromes i_L und das Schließen durch einen Takt ausgelöst wird. Typischerweise durchläuft der Gleichspannungswandler zwischen zwei aufeinander folgenden Taktzeitpunkten die Folge $0 \rightarrow 1 \rightarrow 0$ (Abb. 4.28).

Das beschriebene Funktionsprinzip hat zur Folge, dass bei bestimmten Belastungen R des Wandlers ein Umschalten ausfallen kann, wobei allerdings gesichert sein soll, dass dieses Umschalten dann im nächsten Takt nachgeholt wird.

Beschreiben Sie das ereignisdiskrete Verhalten durch einen autonomen Automaten, dessen Ausgang den Schalterzustand q angibt. Wenn das Umschalten ausbleibt, soll dies in der Ausgangsfolge durch die Symbolfolge $0, 0$ bzw. $1, 1$ erkennbar sein.

Ist der Automatenzustand mit dem Schalterzustand identisch? □

4.4 Analyse nichtdeterministischer Automaten

4.4.1 Erreichbarkeitsanalyse

Die im Abschn. 3.5.1 für deterministische Automaten beschriebene Erreichbarkeitsanalyse kann direkt für nichtdeterministische Automaten übernommen werden. Anstelle des eindeutig festgelegten Anfangszustands z_0 tritt jetzt die Menge $\mathcal{Z}_0$ von möglichen Anfangszuständen. Die Funktion $\text{Im}(\tilde{\mathcal{Z}})$ zur Bestimmung aller Nachfolger der Zustände der Menge $\tilde{\mathcal{Z}}$ beruht für den autonomen nichtdeterministischen Automaten (4.2) auf der Zustandsübergangsrelation G, die jedem Zustand $z \in \tilde{\mathcal{Z}}$ die Teilmenge $G(z)$ der Zustandsmenge $\mathcal{Z}$ zuordnet:

$$\text{Im}(\tilde{\mathcal{Z}}) = \cup_{z \in \tilde{\mathcal{Z}}} G(z).$$

Damit kann die Erreichbarkeitsmenge $\mathcal{R}(\mathcal{Z}_0)$ mit der in Gl. (3.45) angegebenen Rekursion bestimmt werden

$$
\boxed{
\begin{aligned}
&\text{Erreichbarkeitsanalyse autonomer nichtdeterministischer Automaten:} \\
&\mathcal{R}_0(\mathcal{Z}_0) = \mathcal{Z}_0 \\
&\mathcal{R}_{k+1}(\mathcal{Z}_0) = \mathcal{R}_k(\mathcal{Z}_0) \cup \mathrm{Im}(\mathcal{R}_k(\mathcal{Z}_0)), \quad k = 0, 1, ..., N-2,
\end{aligned}
}
\tag{4.39}
$$

die spätestens für $k = N - 2$ ihren Fixpunkt

$$
\mathcal{R}_{k+1}(\mathcal{Z}_0) = \mathcal{R}_k(\mathcal{Z}_0) = \mathcal{R}(\mathcal{Z}_0)
$$

erreicht, der gleich der gesuchten Erreichbarkeitsmenge $\mathcal{R}(\mathcal{Z}_0)$ ist.

Strukturelle Analyse. Die in der strukturellen Analyse deterministischer Automaten eingeführten Begriffe und Ergebnisse können für nichtdeterministische Automaten sinngemäß übernommen werden, wobei hier die Definitionen auf den nichtdeterministischen Charakter der Zustandsübergänge Rücksicht nehmen müssen:

- Ein Zustand z heißt *transient*, wenn es einen Zustand z' gibt, der von z aus erreichbar ist, aber von dem aus z nicht erreicht werden kann.
- Ein Zustand z heißt *rekurrent*, wenn von jedem Zustand z', der von z aus erreichbar ist, ein Übergang zurück zu z möglich ist.

Wenn die Zustände stark zusammenhängend sind, so ist nicht gesichert, dass alle diese Zustände bei der Bewegung des Automaten tatsächlich angenommen werden, denn der Automat kann aufgrund nichtdeterministischer Übergänge bestimmte Zustände „auslassen", obwohl sie vom Anfangszustand aus erreichbar sind. Die strukturelle Analyse zeigt dann zwar, dass diese Zustände erreichbar sind, aber der Automat nimmt möglicherweise nicht sie, sondern andere Zustände an.

4.4.2 Homomorphie und Isomomorphie nichtdeterministischer Automaten

Unter Homomorphie bzw. Isomorphie nichtdeterministischer Automaten versteht man dasselbe wie bei deterministischen Automaten: Zwei Σ-Automaten, die über unterschiedliche Zustands- und Ereignismengen definiert sind, haben dasselbe Verhalten, wenn ihre Zustands- und Ereignismengen so ineinander abgebildet werden können, dass die Bewegung des einen Automaten durch eine entsprechende Bewegung des anderen Automaten ausgedrückt werden kann. Das homomorphe Bild kann dabei weniger Zustände oder Ereignisse als das Urbild besitzen, während isomorphe Automaten gleich mächtige Zustands- und Ereignismengen haben.

Formal wurden diese Eigenschaften für Σ-Automaten durch die Definitionen 3.2 und 3.3 auf S. 124 und für E/A-Automaten durch die Definition 3.6 auf S. 140 festgelegt, die drei Abbildungen P, Q und R verwenden. Unter den dort angegebenen Bedingungen an diese Abbildungen sind die nichtdeterministischen E/A-Automaten

$$
\begin{aligned}
\mathcal{N}_1 &= (\mathcal{Z}_1, \mathcal{V}_1, \mathcal{W}_1, L_1, \mathcal{Z}_{10}) \\
\mathcal{N}_2 &= (\mathcal{Z}_2, \mathcal{V}_2, \mathcal{W}_2, L_2, \mathcal{Z}_{20})
\end{aligned}
$$

isomorph, wenn die Gleichung

$$L_1(z_1', w_1, z_1, v_1) = L_2(P(z_1'), R(w_1), P(z_1), Q(v_1))$$

für alle möglichen Werte der Argumente gilt.

Die Grundlage für die Bestimmung geeigneter Abbildungen P und Q war bei deterministischen Automaten die Suche nach äquivalenten Zuständen, für die im Abschn. 3.6.3 ein
Verfahren angegeben wurde. Diese Methode kann auch hier angewendet werden, ist jedoch
wesentlich komplexer, weil der Nichtdeterminismus der Zustandsübergänge Wahlmöglichkei-
ten bietet, die alle zu untersuchen sind. In Anwendungen hilft oft eine Analyse des durch die
beiden betrachteten Automaten beschriebenen Systems, diese Abbildungen zu finden, wie das
folgende Beispiel zeigt.

Beispiel 4.13   *Äquivalente Beschreibungen von Warteschlangen*

Wie man die Homomorphie zwischen zwei nichtdeterministische Automaten anhand einer Analyse
des Systemverhaltens erkennen kann, wird am Beispiel zweier Wartesysteme gezeigt. Abbildung 4.29
zeigt links ein Wartesystem mit einer Warteschlange und rechts ein Wartesystem mit zwei parallelen
Warteschlangen. Der Zustand des linken Wartesystems wird durch die Anzahl der Kunden in der Warteschlange beschrieben

$$\mathcal{Z}_1 = \{0, 1, 2, 3, 4, 5\},$$

während sich der Zustand des rechten Systems aus der Kundenanzahl in beiden Warteschlangen zusammensetzt, woraus man insgesamt 12 mögliche Zustände erhält:

$$\mathcal{Z}_2 = \left\{ \begin{pmatrix} 0 \\ 0 \end{pmatrix}, \begin{pmatrix} 1 \\ 0 \end{pmatrix}, \begin{pmatrix} 2 \\ 0 \end{pmatrix}, \begin{pmatrix} 3 \\ 0 \end{pmatrix}, \begin{pmatrix} 0 \\ 1 \end{pmatrix}, \dots \begin{pmatrix} 3 \\ 2 \end{pmatrix} \right\}.$$

Für beide Wartesysteme werden die zwei Ereignisse betrachtet, bei denen ein neuer Kunde zur Warteschlange hinzukommt ($\sigma = 1$) bzw. ein Kunde aus der Warteschlange in die Bedieneinrichtung
wechselt ($\sigma = -1$). Der Fall, dass gleichzeitig ein neuer Kunde ankommt und ein Kunde abgefertigt
wird, kann durch die Ereignisfolge $(1, -1)$ dargestellt werden.

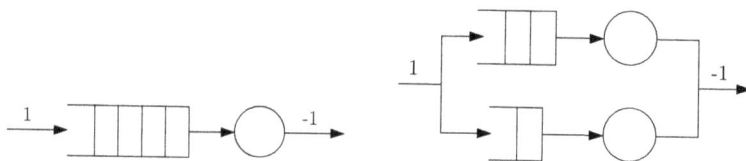

Abb. 4.29: Warteschlange mit 5 Plätzen (links) und Parallelbetrieb von zwei
Maschinen mit getrennten Warteschlangen (rechts)

Abbildung 4.30 zeigt einen deterministischen Automaten, der das linke Wartesystem beschreibt.
Bei vollständig gefüllter Warteschlange ($z = 5$) werden neue Kunden abgewiesen.

Für das Wartesystem mit zwei Warteschlangen erhält man einen nichtdeterministischen Automaten,
bei dem alle Zustandsübergänge von links nach rechts die Ankunft eines Kunden und die Zustandsübergänge von rechts nach links das Ereignis betreffen, dass ein Kunde das Wartesystem verlässt. Die
Schlinge am rechten Knoten beschreibt das Abweisen von Kunden, wenn beide Warteschlangen voll
sind.

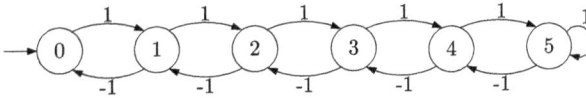

Abb. 4.30: Deterministischer Automat zur Beschreibung der Warteschlange
aus Abb. 4.29 (links)

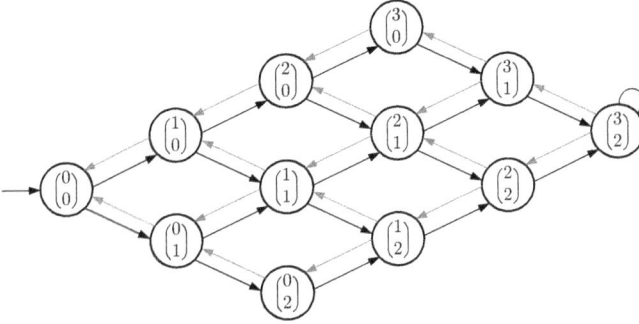

Abb. 4.31: Nichtdeterministischer Automat, der den Parallelbetrieb von zwei
Maschinen beschreibt

Trotz der strukturellen Unterschiede der beiden Wartesysteme und der dafür aufgestellten Modelle verhalten sich beide Systeme gleichartig, wenn man sie von außen betrachtet: Es können bis zu fünf Kunden auf die Bedienung warten und die von außen sichtbaren Ereignisse beschreiben das Eintreffen eines neuen Kunden bzw. das Verlassen eines bedienten Kunden. Dass die Abfertigung von Kunden bei zwei Bedieneinrichtungen möglicherweise schneller als bei einem Wartesystem mit einer Bedieneinrichtung erfolgt, kann durch die Modelle nicht wiedergegeben werden, weil sie nur die logische Zustandsfolge beschreiben.

Insofern ist es naheliegend zu vermuten, dass die beiden aufgestellten Automaten dasselbe Verhalten haben. Da der nichtdeterministische Automat mehr Zustände als der deterministische hat, kann man die Vermutung als Frage formulieren, ob der deterministische Automat ein homomorphes Bild des nichtdeterministischen Automaten ist.

Um diese Frage zu beantworten, muss man nach einer Abbildung $P : \mathcal{Z}_2 \rightarrow \mathcal{Z}_1$ suchen, für die die in der Definition 3.2 angegebenen Bedingungen erfüllt sind. Die Abbildung P findet man, wenn man sich überlegt, dass es für das äußere Verhalten beider Systeme lediglich von Bedeutung ist, wie viele Kunden sich in den Systemen aufhalten, und die Aufteilung der Kunden auf die beiden Warteschlangen des in Abb. 4.29 rechts gezeigten Systems dafür bedeutungslos ist. P bildet folglich jeden Zustand $(z_1, z_2)^{\mathrm{T}}$ in den Zustand $z_1 + z_2$ des Systems mit einer Warteschlange ab:

$$P\left(\begin{pmatrix} z_1 \\ z_2 \end{pmatrix} \right) = z_1 + z_2 \quad \text{für} \quad \begin{pmatrix} z_1 \\ z_2 \end{pmatrix} \in \mathcal{Z}_2.$$

Man kann sich anhand der in Abb. 4.32 gezeigten Automatengrafen davon überzeugen, dass für diese Abbildung die Bedingungen der Definition 3.2 erfüllt sind und der Automat aus Abb. 4.30 folglich ein homomorphes Bild des nichtdeterministischen Automaten aus Abb. 4.31 ist. $\square$

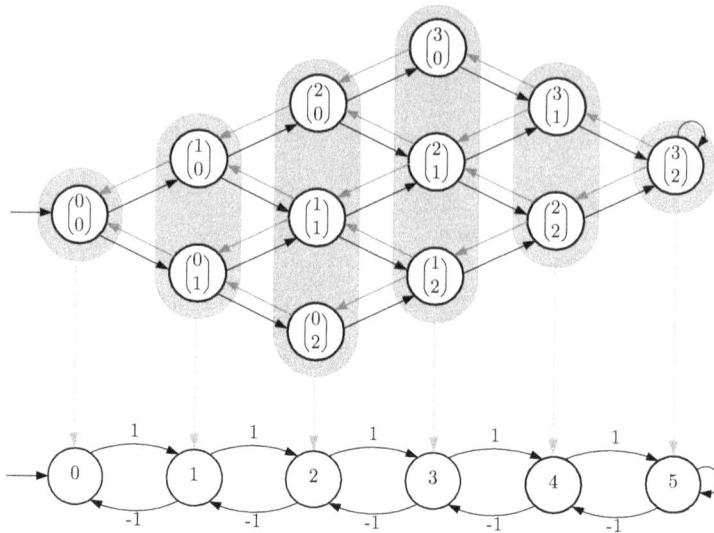

Abb. 4.32: Homomorphismus zwischen den Modellen aus Abb. 4.30 und 4.31

4.4.3 Minimierung nichtdeterministischer Automaten

Die Minimierung nichtdeterministischer Automaten ist ein wesentlich komplexeres Problem als die Minimierung deterministischer Automaten, für die im Abschn. 3.6.4 ein Algorithmus mit polynomialer Komplexität angegeben wurde. Während bei deterministischen Automaten der minimale Automat eindeutig ist bis auf Isomorphie, ist er bei nichtdeterministischen Automaten nicht eindeutig. Abbildung 4.33 zeigt zwei Automaten mit derselben Zustandsmenge und unterschiedlicher Zustandsübergangsrelation. Offenbar unterscheiden sich beide Automaten, haben dieselbe Anzahl von Zuständen und akzeptieren dieselbe Sprache, die aus beliebigen Folgen der Buchstaben „a" und „b" bestehen, die mit einem „a" enden.

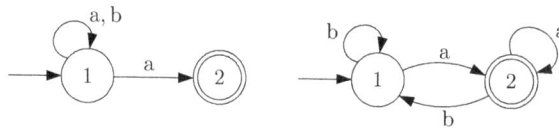

Abb. 4.33: Zwei äquivalente minimale nichtdeterministische Automaten

Die zusätzliche Schwierigkeit der Minimierung nichtdeterministischer Automaten erkennt man, wenn man das im Abschn. 3.6.4 für deterministische Automaten entwickelte Minimierungsverfahren auf nichtdeterministische Automaten anwenden will. Den Kern dieses Verfahrens bildet der Algorithmus 3.2 für die Bestimmung äquivalenter Zustände, bei dem im Schritt 5 die Zustandsmenge $\mathcal{Z}_i^k$ in Teilmengen $\mathcal{Z}_j^{k+1}$ zerlegt wird. Dieser Zerlegungsschritt ist für deterministische Automaten eindeutig, weil die Zustandsübergangsfunktion jedem Zustand einen eindeutigen Nachfolgezustand zuordnet, der in der Automatentabelle im Schritt 3 des Algorithmus durch die Teilmenge $\mathcal{Z}_i^k$ ersetzt wird, zu die dieser Zustand gehört.

An dieser Stelle tritt beim nichtdeterministischen Automaten die zusätzliche Schwierigkeit auf, dass die Zustandsübergangsrelation jedem Zustand eine Menge von Nachfolgezuständen zuordnet und die Elemente dieser Menge i. Allg. nicht zur selben Teilmenge $\mathcal{Z}_i^k$ gehören. Folglich muss man im Schritt 3 jedem Zustand mehrere derartige Teilmengen zuordnen und die Zerlegung im Schritt 5 des Algorithmus ist nicht mehr eindeutig. Um den minimalen nichtdeterministischen Automaten zu finden, muss man alle Zerlegungsmöglichkeiten in Betracht ziehen, weil die unterschiedlichen Zerlegungen auf Automaten mit einer unterschiedlich großen Zustandsmenge führen können. Da die Anzahl der Zerlegungsmöglichkeiten exponentiell mit der Größe der Zustandsmenge steigt, hat der Minimierungsalgorithmus für nichtdeterministische Automaten exponentielle Komplexität. Eine genauere Analyse zeigt, dass dieses Minimierungsproblem sogar NP-vollständig ist. Daran ändert sich auch nichts, wenn man eine obere Schranke für den Grad des Nichtdeterminismus angeben kann, also beispielsweise weiß, dass jeder Zustand höchstes m Nachfolgezustände besitzt.

Ein möglicher Weg besteht natürlich darin, einen nichtdeterministischen Automaten zunächst durch einen äquivalenten deterministischen Automaten zu ersetzen und auf diesen den Algorithmus 3.3 anzuwenden. Damit wird jedoch das Komplexitätsproblem nur verlagert: Da die Zustandsmenge des deterministischen Automaten entsprechend Gl. (4.32) aus der Potenzmenge der Zustandsmenge des nichtdeterministischen Automaten entsteht, steckt die Komplexität bei diesem Weg der Minimierung des nichtdeterministischen Automaten in der Größe der Zustandsmenge.

4.5 Formale Sprachen und Grammatiken

4.5.1 Zielstellung

Die Behandlung nichtdeterministischer Automaten hat gezeigt, dass diese Modellform einerseits mächtig genug ist, um für vielfältige Aufgaben eingesetzt zu werden. Für diese Modellform sind viele Analyseaufgaben mit endlichem Aufwand lösbar, weil die endliche Anzahl von Eingaben, Zuständen und Ausgaben nur endlich viele Kombinationsmöglichkeiten zulässt.

Andererseits hat das Pumping-Lemma eine grundlegende Einschränkung der durch endliche Automaten darstellbaren Verhaltensformen ereignisdiskreter Systeme offenbart. Es stellt sich deshalb die Frage, wie man die Modellform des abstrakten Automaten erweitern kann, um diese Einschränkung zu beseitigen.

In diesem Abschnitt soll ein Ausblick auf „höhere" Automaten gegeben werden. Dabei wird offensichtlich werden, dass mit diesen Erweiterungen die Klasse der durch Automaten darstellbaren ereignisdiskreten Systeme vergrößert wird, gleichzeitig aber Einschränkungen bezüglich der Analyse in Kauf genommen werden müssen. Während das Verhalten von nichtdeterministischen Automaten gut verständlich ist, aber beispielsweise das Verhalten von Computern nicht nachbilden kann, wird die nachfolgend eingeführte Turingmaschine zeigen, wie man mit einem unendliche großen Speicher rechnen kann, aber das Verhalten ist nicht mehr intuitiv zu verstehen.

Um die wünschenswerten Erweiterungen von Automaten erkennen zu können, wird mit der Darstellung von Sprachen durch Grammatiken im Abschn. 4.5.2 zunächst eine weitere Modellform eingeführt. Es wird sich zeigen, dass Grammatiken insofern nichts Neues bringen, als dass sie auf reguläre Sprachen führen und folglich durch endliche Automaten darstellbar sind und umgekehrt. Aber es wird offensichtlich, welche Erweiterungsmöglichkeiten durch Grammatiken möglich sind, um mit Kellerautomaten und Turingmaschinen allgemeinere als reguläre Sprachen zu definieren.

4.5.2 Darstellung regulärer Sprachen durch Typ-3-Grammatiken

Dieser Abschnitt zeigt, wie man reguläre Sprachen durch Bildungsregeln für die zu ihnen gehörenden Zeichenketten definieren kann. Diese Bildungsregeln beschreiben die Grammatik der Sprache. Neben endlichen Automaten und regulären Ausdrücken ist dies die dritte Möglichkeit, reguläre Sprachen zu repräsentieren.

Außer dem Alphabet Σ, über dem die Sprache definiert ist, braucht man zur Darstellung der Bildungsregeln Variable, die im Folgenden durch Großbuchstaben repräsentiert und zur Menge $\mathcal{N}$ zusammengefasst werden. Um die Variablen von den Buchstaben des Alphabets Σ zu unterscheiden, werden jetzt sämtliche Elemente von Σ als Kleinbuchstaben oder Ziffern geschrieben.

Die Bildungsregeln für die Zeichenketten regulärer Sprachen haben die Form

$$\mathcal{P} : \begin{cases} A \to a & \text{mit } A \in \mathcal{N}, a \in \Sigma \\ A \to aB & \text{mit } A, B \in \mathcal{N}, a \in \Sigma. \end{cases} \qquad (4.40)$$

Die erste Regel bedeutet, dass die Variable A durch den Buchstaben a ersetzt werden kann, während nach der zweiten Regel die Variable A durch den Buchstaben a gefolgt von der Variablen B ersetzt werden kann. Die Regeln werden auch *Ableitungsregeln* oder *Produktionen* genannt. Sie können in beliebiger Reihenfolge auf eine gegebene Zeichenkette angewendet werden.

Eine reguläre Sprache wird durch eine Menge von Regeln der Form (4.40) dargestellt. Beginnend mit einer Startvariablen erzeugt man durch die Anwendung dieser Regeln Zeichenketten, die aus Buchstaben des Alphabets Σ und Variablen aus der Menge $\mathcal{N}$ bestehen. Die durch die Regeln definierte Sprache setzt sich aus allen so gebildeten Zeichenketten zusammen, die nur Buchstaben des Alphabets enthalten. Diese Repräsentation regulärer Sprachen lässt sich zu einer

$$\boxed{\text{Typ-3-Grammatik:} \quad \mathcal{G} = (\mathcal{N}, \Sigma, \mathcal{P}, S)} \qquad (4.41)$$

zusammenfassen mit

- $\mathcal{N}$ – Variablenmenge
- Σ – Alphabet
- $\mathcal{P}$ – Menge der Ableitungsregeln der Form (4.40) oder (4.40)
- $S \in \mathcal{N}$ – Startvariable,

wobei sich der Typ der Grammatik auf die im Abschn. 4.5.3 behandelte Einteilung von Grammatiken bezieht. Die durch die Grammatik $\mathcal{G}$ definierte Sprache wird mit $\mathcal{L}(\mathcal{G})$ bezeichnet.

Beispiel 4.14 *Typ-3-Grammatik*

Es wird die Grammatik

$$\mathcal{G} = (\{S, T\}, \{0, 1\}, \mathcal{P}, S)$$

mit folgenden Ableitungsregeln betrachtet:

$$\mathcal{P}: \begin{cases} S \to 0 \\ S \to 1 \\ S \to 0T \\ T \to 1 \\ T \to 1T. \end{cases} \tag{4.42}$$

Die dadurch definierte Sprache $\mathcal{L}(\mathcal{G})$ erhält man, wenn man die Startvariable S entsprechend einer der Regeln (4.42) ersetzt, wodurch man die Zeichenketten

$$0, \quad 1, \quad 0T$$

erhält. Die ersten beiden Wörter enthalten keine Variablen und gehören folglich zur Sprache $\mathcal{L}(\mathcal{G})$. Die dritte Zeichenkette enthält die Variable T, die entsprechend der vierten oder fünften Regel durch „1" oder „1T" ersetzt werden kann, womit man die Zeichenketten

$$01, \quad 01T$$

erhält. Das Wort 01 gehört zur Sprache $\mathcal{L}(\mathcal{G})$, während man auf die Variable T der zweiten Zeichenkette wiederum die vierte oder fünfte Regel anwenden kann. Auf diese Weise bekommt man als weitere Elemente der Sprache $\mathcal{L}(\mathcal{G})$ die Zeichenketten

$$011, \quad 0111, \quad 01111, \quad \text{usw.}$$

Das Ergebnis stimmt mit der Sprache, die im Beispiel 4.8 auf S. 169 durch den regulären Ausdruck $1 + 01^*$ dargestellt wurde, überein. Das Beispiel zeigt, dass Grammatiken eine Darstellungsform von Sprachen sind, die die Bildungsregeln der Sprache in den Vordergrund stellt. □

Wie in diesem Beispiel werden durch die Anwendung der Ableitungsregeln (4.40) und (4.40) schrittweise immer längere Zeichenketten gebildet, wobei die Zeichenketten stets nach rechts erweitert werden. Man spricht deshalb auch von einer *rechtslinearen Grammatik*. Die im Folgenden gezeigte Äquivalenz von Typ-3-Grammatiken und regulären Sprachen gilt auch, wenn anstelle der Regel (4.40) mit der Regel

$$A \to Ba \qquad \text{mit } A, B \in \mathcal{N}, \, a \in \Sigma \tag{4.43}$$

gearbeitet wird, bei der sämtliche Zeichenketten links erweitert werden (linkslineare Grammatik).

Äquivalenz von Typ-3-Grammatiken und endlichen Automaten. Es wird jetzt der folgende Zusammenhang zwischen Typ-3-Grammatiken und regulären Sprachen gezeigt:

> Jede Typ-3-Grammatik beschreibt eine reguläre Sprache und für jede reguläre Sprache gibt es eine Typ-3-Grammatik.

Zum Beweis dieses Satzes wird im Folgenden erläutert, wie aus einem endlichen Automaten eine Grammatik abgeleitet werden kann, die dieselbe Sprache wie der Automat definiert, und wie andersherum der Akzeptor einer durch eine Typ-3-Grammatik definierten Sprache gefunden werden kann.

Im ersten Fall ist der Σ-Automat

$$\mathcal{A} = (\mathcal{Z}, \Sigma, \delta, Z_0, \mathcal{Z}_\mathrm{F})$$

mit der Zustandsmenge

$$\mathcal{Z} = \{Z_0, Z_1, Z_2, ..., Z_N\}$$

gegeben, der ohne Beschränkung der Allgemeinheit deterministisch ist. Die Sprache $\mathcal{L}(\mathcal{A})$ dieses Automaten wird durch die Grammatik

$$\mathcal{G} = (\mathcal{Z}, \Sigma, \mathcal{P}, S)$$

beschrieben, deren Variablenmenge $\mathcal{Z}$ mit der Zustandsmenge $\mathcal{Z}$ des Automaten übereinstimmt und deren Zustände deshalb durch Großbuchstaben dargestellt sind. Die Startvariable S stimmt mit der Variablen Z_0 überein, die dem Anfangszustand des Automaten zugeordnet ist.

Die zur Menge $\mathcal{P}$ gehörenden Ableitungsregeln werden folgendermaßen aus der Zustandsübergangsfunktion δ des Automaten gebildet:

$$\mathcal{P} : \begin{cases} \text{Wenn } Z' = \delta(Z,a) \text{ gilt mit } Z' \notin \mathcal{Z}_\mathrm{F}, & \text{dann enthält } \mathcal{P} \text{ die Regel } Z \to aZ'. \\ \text{Wenn } Z' = \delta(Z,a) \text{ gilt mit } Z' \in \mathcal{Z}_\mathrm{F}, & \text{dann enthält } \mathcal{P} \text{ die Regel } Z \to a. \end{cases} \tag{4.44}$$

Dementsprechend wird für jeden Zustand $Z \in \mathcal{Z}$ und jeden Buchstaben $a \in \Sigma$ die Bewegung des Automaten zum Nachfolgezustand Z' – sofern dieser Zustandswechsel definiert ist – als Verlängerung der Zeichenkette um den Buchstaben a interpretiert. Wenn Z' zur Menge $\mathcal{Z}_\mathrm{F}$ der Endzustände des Automaten gehört, kann Z entsprechend der zweiten Regel durch a ersetzt und damit die Zeichenkette abgeschlossen werden. Die Zeichenkette hat dann keine Variable mehr und gehört zur Sprache $\mathcal{L}(\mathcal{A})$.

Beim umgekehrten Weg ist die Grammatik

$$\mathcal{G} = (\mathcal{N}, \Sigma, \mathcal{P}, S)$$

gegeben und es wird nach einem Automaten gesucht, der die Sprache $\mathcal{L}(\mathrm{G})$ akzeptiert. Der im Folgenden beschriebene Akzeptor ist ein nichtdeterministischer Automat

$$\mathcal{N} = (\mathcal{Z}, \Sigma, \Delta, Z_0, \mathcal{Z}_\mathrm{F})$$

mit der Zustandsmenge

$$\mathcal{Z} = \mathcal{N} \cup \{X\},$$

bei der X ein zusätzlicher Zustand ist ($X \notin \mathcal{N}$). Ferner gilt

$$\mathcal{Z}_0 = \{S\}$$
$$\mathcal{Z}_F = \{X\},$$

d. h., der einzige Anfangszustand wird durch das Startsymbol S und der einzige Endzustand durch X repräsentiert. Die Zustandsübergangsrelation des nichtdeterministischen Automaten wird folgendermaßen gebildet:

Wenn die Regel $A \to aB$ zu $\mathcal{P}$ gehört   dann gilt $(B, A, a) \in \Delta$.   (4.45)

Wenn die Regel $A \to a$ zu $\mathcal{P}$ gehört   dann gilt $(X, A, a) \in \Delta$.   (4.46)

Der Automat kann also für jede Regel (4.40) den entsprechenden Zustandsübergang $A \overset{a}{\to} B$ ausführen und geht für Regeln des Typs (4.40) durch $A \overset{a}{\to} X$ in seinen Endzustand über.

Die Gleichheit der durch eine Typ-3-Grammatik bzw. durch den dazu gehörenden endlichen Automaten beschriebene Sprache ergibt sich also daraus, dass es für jedes Wort

$$a_1 a_2 a_3 ... a_n \in \mathcal{L}(\mathcal{A}) = \mathcal{L}(\mathcal{G})$$

einerseits eine Variablenfolge

$$S, Z_1, Z_2, Z_3, ..., Z_n$$

gibt, so dass unter Verwendung der Regeln

$$\mathcal{P}: \begin{cases} S & \to & a_1 Z_1 \\ Z_1 & \to & a_2 Z_2 \\ & \vdots & \\ Z_{n-1} & \to & a_{n-1} Z_n \\ Z_n & \to & a_n \end{cases}$$

die Folge von Wörtern

$$S, a_1 Z_1, a_1 a_2 Z_2, ..., a_1 a_2 ... a_{n-1} Z_{n-1}, a_1 a_2 ... a_n$$

entsteht, von denen das letzte zur Sprache $\mathcal{L}$ gehört, und dass es andererseits eine Zustandsfolge

$$S, Z_1, Z_2, Z_3, ..., Z_{n-1}, X$$

gibt, die der Automat beim Einlesen des Wortes $a_1 ... a_n$ durchlaufen kann, weil die Beziehungen

$$(Z_1, S, a_1) \in \Delta$$
$$(Z_2, Z_1, a_2) \in \Delta$$
$$\vdots$$
$$(Z_{n-1}, Z_{n-2}, a_{n-1}) \in \Delta$$
$$(X, Z_{n-1}, a_n) \in \Delta$$

gelten und der letzte Zustand der Endzustand des Automaten ist.

Beispiel 4.14 (Forts.) *Typ-3-Grammatik*

Aus den Regeln (4.42) erhält man entspechend der Gln. (4.45) und (4.46) die Zustandsübergangsrelation

$$
\Delta =
\begin{array}{|c|c|c|}
\hline
z' & \sigma & z \\
\hline
X & S & 0 \\
X & S & 1 \\
T & S & 0 \\
X & T & 1 \\
T & T & 1 \\
\hline
\end{array} ,
$$

bei der jede Zeile einer Ableitungsregel entspricht. Der Graf des Automaten

$$
\mathcal{N} = (\{S, T, X\}, \{0, 1\}, \Delta, \{S\}, \{X\}),
$$

ist in Abb. 4.34 zu sehen.

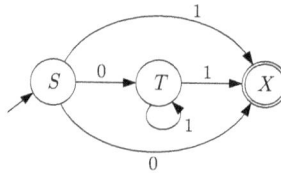

Abb. 4.34: Akzeptor der durch die Grammatik aus Beispiel 4.14
beschriebenen regulären Sprache

Ist andererseits der in Abb. 4.34 gezeigte Automat gegeben, so erhält man die zugehörige Grammatik entsprechend den Beziehungen (4.44), wobei die fünf Kanten des Grafen auf die Regeln (4.42) führen. □

Aufgabe 4.17 *Typ-3-Grammtik*

Die in Gl. (4.31) auf S. 173 definierte Sprache ist regulär. Geben Sie eine Typ-3-Grammatik an, die diese Sprache erzeugt. □

4.5.3 Chomsky-Hierarchie formaler Sprachen

Im Abschn. 4.5.2 wurde gezeigt, dass man reguläre Sprachen durch die Angabe ihrer Grammatik definieren kann. Wegen der Einschränkung auf Typ-3-Grammatiken mussten die Ableitungsregeln die Form (4.40) oder (4.40) aufweisen. In diesem Abschnitt soll gezeigt werden, wie man die Klasse der regulären Sprachen erweitern kann, wenn man diese Einschränkung fallen lässt. Dabei wird auch untersucht, wie man die Klasse der Automaten erweitern muss, um Akzeptoren für die durch allgemeinere Grammatiken repräsentierten Sprachen zu finden. Zur Vereinfachung werden nur Sprachen betrachtet, die das leere Wort ε nicht enthalten.

Grammatiken werden durch Quantupel

$$\mathcal{G} = (\mathcal{N}, \Sigma, \mathcal{P}, S) \qquad (4.47)$$

mit den im Abschn. 4.5.2 eingeführten Bezeichnungen

- $\mathcal{N}$ – Variablenmenge (Nichtterminalalphabet)
- Σ – Alphabet (Terminalalphabet)
- $\mathcal{P}$ – Menge der Ableitungsregeln
- $S \in \mathcal{N}$ – Startvariable

definiert. Anstelle von Variablenmenge spricht man auch vom Nichtterminalalphabet und bezeichnet das Alphabet Σ im Unterschied dazu als Terminalalphabet und dessen Buchstaben als Terminalzeichen. Der einzige Unterschied zwischen der hier angegebenen Definition einer Grammatik und der Definition (4.41) besteht darin, dass jetzt die Beschränkung der Ableitungsregeln auf die Formen (4.40) und (4.40) weggelassen wurde. In der allgemeinsten Form heißen die Regeln $L \rightarrow R$ und besagen, dass eine Zeichenfolge $L \in (\mathcal{N} \cup \Sigma)^+$ durch eine Zeichenfolge $R \in (\mathcal{N} \cup \Sigma)^+$ ersetzt werden kann. Als linke Seite L oder rechte Seite R sind beliebige Folgen von Variablen und Buchstaben erlaubt.

Ableitung von Zeichenketten. Die Regel $L \rightarrow R$ kann auf eine Zeichenkette V angewendet werden, wenn V entweder mit der linken Seite L der Regel übereinstimmt oder wenn V die Zeichenkette L als einen Teil enthält. Die Regelanwendung bedeutet, dass die Zeichenkette L durch die Zeichenkette R ersetzt wird. Voraussetzung ist also die Zerlegung von V in der Form

$$V = XLY$$

und das Ergebnis heißt dann

$$W = XRY.$$

Dafür schreibt man auch $V \Rightarrow W$ und sagt: „V geht in W über." Wendet man mehrere Regeln nacheinander an, um eine Zeichenkette V in die Zeichenkette W zu überführen, so schreibt man $V \overset{*}{\Rightarrow} W$ und sagt, dass W aus V *abgeleitet* werden kann. Mit diesen Vereinbarungen kann man die Sprache der Grammatik $\mathcal{G}$ als

$$\mathcal{L}(\mathcal{G}) = \{V \in \Sigma^* \mid S \overset{*}{\Rightarrow} V\} \qquad (4.48)$$

schreiben, denn diese Sprache umfasst alle Zeichenketten, die nur Buchstaben des Alphabets Σ enthalten und die durch eine endliche Anzahl von Regelanwendungen aus dem Startsymbol S abgeleitet werden können.

Es sei angemerkt, dass das Ableiten von Zeichenketten ein nichtdeterministischer Prozess ist, weil es häufig mehrere Regeln mit derselben linken Seite L gibt, so dass auf jede Zeichenkette, die L enthält, mehrere Regeln alternativ angewendet werden können.

Hierarchie von Sprachklassen. Zwischen den Grammatiken in der allgemeinsten Form (4.47) einerseits und den Typ-3-Grammatiken (4.41) andererseits gibt es noch zwei Arten von Grammatiken, mit denen man eine aus insgesamt fünf Mengen bestehende Hirarchie formaler Sprachen erhält, die als Chomsky-Hierarchie[1] bezeichnet wird. Die nachfolgende Charakterisierung

---

[1] A. *Noam Chomski*, amerikanische Linguist, Begründer der Sprachtheorie

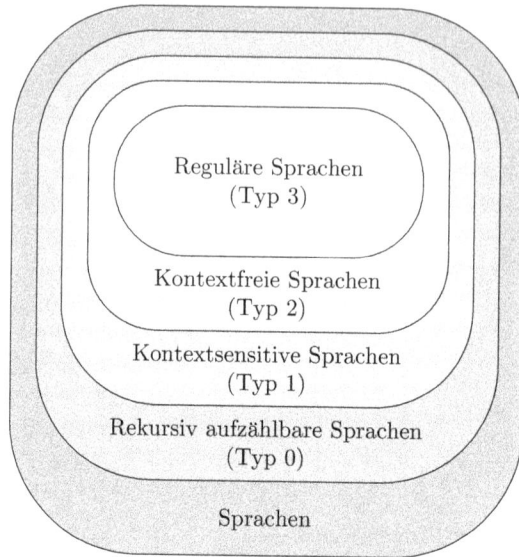

Abb. 4.35: Chomsky-Hierarchie formaler Sprachen

der dabei vorkommenden Grammatiken bezieht sich auf die allgemeine Darstellung $L \rightarrow R$ der Regeln (siehe auch Tabelle 4.1 und Abb. 4.35):

- **Typ-3: Rechtslineare Grammatiken.** Bei diesen Grammatiken sind nur Regeln zugelassen, bei denen L eine einzelne Variable und R eine Folge von Terminalsymbolen ist, die von einer Variablen gefolgt sein kann. In der einfachsten Form haben die Regeln die Gestalt (4.40) oder (4.40). Diese Grammatiken definieren reguläre Sprachen, deren Akzeptoren endliche Automaten sind.

- **Typ-2: Kontextfreie Grammatiken.** Es sind alle Regeln zugelassen, bei denen L eine einzelne Variable und R eine beliebige Folge von Variablen und Terminalsymbolen ist:

$$A \rightarrow X \quad \text{mit } A \in \mathcal{N},\ X \in (\mathcal{N} \cup \Sigma)^+. \tag{4.49}$$

Diese Grammatiken definieren kontextfreie Sprachen, deren Akzeptoren Kellerautomaten sind (vgl. Abschn. 4.5.4).

- **Typ-1: Kontextsensitive Grammatiken.** Regeln dieser Grammatiken haben die Form

$$UAV \rightarrow UXV \quad \text{mit } A \in \mathcal{N}, \quad U, V, X \in (\mathcal{N} \cup \Sigma)^+. \tag{4.50}$$

Im Unterschied zur Regel (4.49) wird die Variable A nur dann gegen die Zeichenfolge X getauscht, wenn A in Kombination mit U und V innerhalb der Zeichenfolge UAV auftritt. U und V sind Folgen von Variablen und Terminalsymbolen. Sie bilden den *Kontext*, in dem A vorkommt, und stehen auch bei der abgeleiteten Zeichenkette UXV rechts bzw. links von X. Die Akzeptoren dieser Sprachklasse sind linear beschränkte Turingmaschinen.

- **Typ-0: Phrasenstrukturgrammatiken.** Bei diesen Grammatiken gibt es keine Einschränkungen für die Zeichenketten R und L der Regeln. Die so definierten Sprachen gehören zur Klasse der rekursiv aufzählbaren Sprachen, also zur Klasse aller mit einer Grammatik beschreibbaren Sprachen. Die Akzeptoren sind Turingmaschinen.

Tabelle 4.1. Sprachklassen und ihre Akzeptoren

Hierarchieebene	Sprachklasse	Akzeptoren
Typ 3	reguläre Sprachen	endliche Automaten
Typ 2	kontextfreie Sprachen	Kellerautomaten
Typ 1	kontextsensitive Sprachen	linear beschränkte Turingmaschinen
Typ 0	rekursiv aufzählbare Sprachen	Turingmaschinen

Je weniger Beschränkungen den Grammatiken auferlegt werden, umso größer ist die Sprachklasse. Bezeichnet man mit $\mathcal{L}_i$ die Menge der zu Grammatiken des Typs i gehörenden Sprachen, so gilt

$$\text{Chomsky-Hierarchie:} \qquad \mathcal{L}_3 \subset \mathcal{L}_2 \subset \mathcal{L}_1 \subset \mathcal{L}_0 \subset 2^{\Sigma^*}. \qquad (4.51)$$

Diese Beziehung bezeichnet man als Chomsky-Hierarchie der rekursiv aufzählbaren Sprachen. Ganz rechts steht die Potenzmenge 2^{Σ^*} von Σ^*, die gleich der Menge aller über dem Alphabet Σ möglichen Sprachen ist. Wie Gl. (4.51) zeigt, ist jede Sprachklasse eine echte Obermenge der Sprachklasse des nächsthöheren Typs.

Tabelle 4.2. Entscheidbare Probleme

Hierarchie-ebene	Wortproblem	Leerheitsproblem	Äquivalenzproblem	Schnittproblem
Typ 3	√	√	√	√
Typ 2	√	√		
Typ 1	√			
Typ 0				

Die Vergrößerung der Sprachklasse hat einerseits natürlich zur Folge, dass Sprachen definiert werden können, die nicht in den kleineren Sprachklassen vorkommen. Gleichzeitig werden jedoch die Analyseverfahren komplizierter und die Menge der entscheidbaren Probleme verringert sich. Tabelle 4.2 zeigt, wie von den Typ-3-Sprachen zu den Typ-0-Sprachen die Entscheidbarkeit der auf S. 174 definierten Probleme abnimmt. Nur die durch einen Haken in der

Tabelle markierten Probleme sind für die betrachtete Sprachklasse entscheidbar. Gleichzeitig nimmt die Komplexität der Algorithmen zu, mit denen die entscheidbaren Probleme gelöst werden können. So ist für Typ-1-Sprachen das Wortproblem entscheidbar, aber NP-hart. Deshalb muss man sehr genau zwischen der Allgemeingültigkeit einer Sprache und der Lösbarkeit bzw. Komplexität der Lösung von Analyseaufgaben abwägen.

In der Informatik werden vor allem Typ-1- und Typ-2-Sprachen verwendet, insbesondere für die Syntaxanalyse von Programmen und für den Compilerbau. Die Backus-Naur-Form (BNF) und die Syntaxdiagramme zur Definition von Programmiersprachen basieren auf Typ-2-Sprachen.

4.5.4 Kontextfreie Sprachen

Die erste Erweiterung regulärer Sprachen führt auf kontextfreie Sprachen. Sie soll die größte Beschränkung regulärer Sprachen beseitigen, derzufolge es nicht zugelassen ist, dass der Aufbau des hinteren Teiles einer Zeichenkette vom vorderen Teil abhängt, wie beispielsweise bei der Sprache

$$\mathcal{L}_3 = \{a^n b^n \mid n \geq 1\},$$

deren Zeichenketten dieselbe Anzahl an Buchstaben „a" und „b" haben. Derartige Beziehungen innerhalb von Zeichenketten sind jedoch typisch für Programmiersprachen. In Programmen muss jede IF-Anweisung durch END beendet und jeder mit einer öffnenden Klammer beginnende Ausdruck durch eine schließende Klammer gleicher Art abgeschlossen werden. Auch in technischen Anwendungen gehören Teile oder Bewegungsabläufe paarweise zusammen wie das Öffnen und Schließen von Schaltern oder Ventilen in zyklischen Prozessen.

Die genannte Beschränkung von regulären Sprachen und Typ-3-Grammatiken kann man beseitigen, indem man zulässt, dass die rechte Seite der Regeln eine beliebige Folge von Variablen und Terminalsymbolen ist, also insbesondere zwei oder mehrere Variablen enthalten darf. Die Nützlichkeit dieser Erweiterung soll am Beispiel der Sprache korrekter Klammerausdrücke veranschaulicht werden.

Beispiel 4.15 *Sprache der korrekten arithmetischen Klammerausdrücke*

Programme enthalten häufig geklammerte Ausdrücke wie beispielsweise den arithmetische Ausdruck

$$((7+9)*(6+8*(3+2))+1). \tag{4.52}$$

Es soll jetzt eine Sprache definiert werden, die neben den runden Klammern „(" und „)" die arithmetischen Operationen + und $*$ zulässt und der Einfachheit halber nur einstellige ganze Zahlen enthalten darf.

Die Grammatik

$$\mathcal{G} = (\{S, T\}, \Sigma, \mathcal{P}, S)$$

dieser Sprache ist über dem Alphabet

$$\Sigma = \{+, *, (,), 1, 2, 3, ..., 9, 0\}$$

definiert. Die Menge $\mathcal{P}$ enthält folgende Regeln:

$$\mathcal{P} : \begin{cases} S \to T & \text{Jeder korrekte Klammerausdruck ist ein Term.} \\ T \to Z & \text{Ein Term kann eine Ziffer sein.} \\ T \to T * T & \text{Ein Term kann ein Produkt zweier Terme sein.} \quad . \\ T \to (T + T) & \text{Ein Term kann eine Summe zweier Terme sein.} \\ Z \to 1|2|3|...9|0 & \text{Eine Ziffer kann } 1, 2,..., 0 \text{ sein.} \end{cases}$$

Wenn man T als Term (Zahl, Summe, Produkt) und Z als Zahl interpretiert, erhalten die angegebenen Regeln die rechts stehenden Interpretationen. Die Notation $1|2|3...$ ersetzt einzelne Regeln der Form $Z \to 1$, $Z \to 2$,..., $Z \to 0$, wobei der Strich $|$ als „oder" zu interpretieren ist.

Charakteristisch für Typ-2-Sprachen ist, dass die rechten Seiten der Ableitungsregeln mehr als eine Variable enthalten und dass die Variablen in Terminalsymbole eingeschlossen sein dürfen wie bei $(T + T)$. Beides ist bei regulären Sprachen nicht zugelassen. Mit den Regeln einer Typ-2-Grammatik kann man festlegen, dass einer öffnenden Klammer stets eine schließende Klammer folgt und dass vor und nach den Operationszeichen $+$ und $*$ je ein Term stehen muss. □

Beispiel 4.16 *Beschreibung der Sprache $\mathcal{L}_3$ durch eine kontextfreie Grammatik*

Es wird jetzt gezeigt, dass die Sprache

$$\mathcal{L}_3 = \{a^n b^n \mid n \geq 1\}$$

kontextfrei ist. Dass sie nicht regulär ist, wurde bereits im Beispiel 4.4 nachgewiesen.

Die Sprache $\mathcal{L}_3$ wird durch die Grammatik

$$\mathcal{G} = (\{S\}, \{a, b\}, \mathcal{P}, S)$$

mit

$$\mathcal{P} : \begin{cases} S & \to & ab \\ S & \to & aSb \end{cases}$$

erzeugt. Mit der zweiten Regel wird die Variable S durch die Folge aSb ersetzt, wodurch erzwungen wird, dass bei jeder Anwendung der Regel die Zeichenkette um genau einen Buchstabe „a" und einen Buchstabe „b" erweitert wird und dass diese Buchstaben an der richtigen Stelle stehen. Mit einer rechtslinearen Grammatik wäre dies nicht möglich, weil die Zeichenkette dort nur nach rechts erweitert werden kann.

Dieses Beispiel zeigt auch, dass entsprechend Gl. (4.51) die Menge der kontextfreien Sprachen eine echte Obermenge der Menge der regulären Sprachen ist. □

Kellerautomaten. Es soll jetzt beschrieben werden, wie Akzeptoren für kontextfreie Sprachen aufgebaut sind. Die notwendige Erweiterung endlicher Automaten geht von der Überlegung aus, dass sich der Akzeptor kontextfreier Sprachen etwas über den bereits eingelesenen Teil der zu prüfenden Zeichenkette merken muss, beispielsweise die Anzahl der öffnenden Klammern, die noch nicht durch schließende Klammern abgeschlossen sind (Beispiel 4.15) bzw. die Anzahl der bereits eingelesenen Buchstaben „a" (Beispiel 4.16). Deshalb liegt die Idee nahe, den Automaten um einen internen Speicher zu erweitern, in dem die noch nicht abgeschlossenen Ausdrücke abgelegt werden. Dieser Speicher wird als Kellerspeicher (Stack) organisiert, in dem die öffnenden Klammern beim Einlesen übereinander gestapelt und später wieder aus dem Speicher entfernt werden, wenn die dazu gehörende schließende Klammer als Eingabe des Automaten erscheint. Wenn der Kellerspeicher nach dem Einlesen des gesamten Wortes leer ist, wird das Wort akzeptiert.

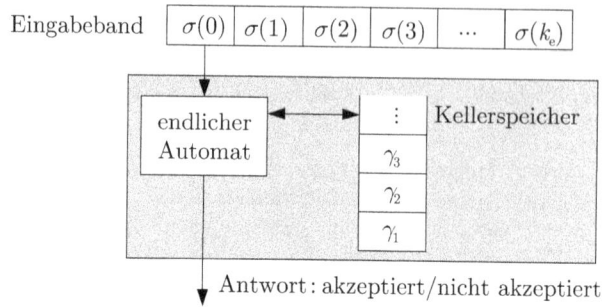

Antwort: akzeptiert/nicht akzeptiert

Abb. 4.36: Kellerautomat

Der durch diese Erweiterung endlicher Automaten entstehende Kellerautomat (der in der englischsprachigen Literatur anschaulich als *push-down automaton* bezeichnet wird) ist in Abb. 4.36 zu sehen. In jedem Arbeitstakt liest der Automat ein Eingabesymbol und das oberste Symbol des Kellerspeichers, ändert seinen Zustand und verändert den Kellerspeicherinhalt durch Löschen oder Ersetzen des obersten Zeichens. Das Eingabewort ist akzeptiert, wenn der Kellerspeicher nach dem vollständigen Einlesen leer ist.

Kellerautomaten sind definiert durch Quintupel

$$\text{Kellerautomat:} \qquad \mathcal{K} = (\mathcal{Z}, \Sigma, \Gamma, \delta, z_0) \tag{4.53}$$

mit

- $\mathcal{Z}$ – Zustandsmenge
- Σ – Eingabealphabet
- Γ – Arbeitsalphabet (Kelleralphabet)
- δ – Zustandsübergangsfunktion
- z_0 – Anfangszustand .

Die Zustandsübergangsfunktion

$$\delta : \mathcal{Z} \times (\Sigma \cup \{\epsilon\}) \times \Gamma \to \mathcal{Z} \times \Gamma^*$$

bestimmt für den aktuellen Zustand $z \in \mathcal{Z}$, die aktuelle Eingabe $\sigma \in \Sigma$ und das oberste Symbol $\gamma \in \Gamma$ im Kellerspeicher den Nachfolgezustand z' sowie die (möglicherweise leere) Zeichenkette, durch die das oberste Kellerspeicherelement ersetzt wird. Dabei lässt man auch spontane Zustandsübergänge zu, die ohne das Einlesen eines Eingabesymbols stattfinden ($\sigma = \varepsilon$) und nur den Kellerspeicherinhalt ändern. Deshalb braucht man bei Kellerautomaten keine Menge von Endzuständen, sondern kann über die Akzeptanz eines Wortes allein anhand des leeren Kellerspeichers entscheiden.

Die Erweiterung endlicher Automaten um den Kellerspeicher führt dazu, dass der aktuelle Zustand des Kellerautomaten nicht mehr nur durch $z \in \mathcal{Z}$, sondern auch durch den Kellerspeicherinhalt bestimmt wird. Es gilt:

Eine Sprache ist genau dann kontextfrei, wenn es einen Kellerautomaten gibt, der diese Sprache akzeptiert.

Aufgabe 4.18 *Ableitung korrekter Klammerausdrücke*

Zeigen Sie, wie man mit Hilfe der im Beispiel 4.15 angegebenen Grammatik den arithmetischen Ausdruck (4.52) ableiten kann. Welcher Kellerautomat akzeptiert diese Sprache? □

Aufgabe 4.19 *Syntaxprüfung eines Programms*

Beschreiben Sie die Konstrukte der FOR- und WHILE-Schleifen in der Programmiersprache C durch eine kontextfreie Grammatik. □

Aufgabe 4.20 *Beschreibung einer Programmiersprache in Backus-Naur-Form*

Die Backus-Naur-Form ist eine kompakte Notation für kontextfreie Sprachen. So werden WHILE- und IF-Anweisungen durch die Ausdrücke

$$<\text{Anweisung}> ::= <\text{While-Anweisung}> \mid <\text{If-Anweisung}>$$

$$<\text{While-Anweisung}> ::= \texttt{WHILE} <\text{Bedingung}> \texttt{DO} <\text{Anweisung}> \texttt{END}$$

$$<\text{If-Anweisung}> ::= \texttt{IF} <\text{Bedingung}> \texttt{THEN} <\text{Anweisung}> \texttt{END}$$

$$<\text{Bedingung}> ::= <\text{Ausdruck}> <\text{Relationszeichen}> <\text{Ausdruck}>$$

$$<\text{Relationszeichen}> ::= = \mid < \mid \leq \mid > \mid \geq$$

$$\vdots$$

definiert. Dabei stellen die $<...>$-Ausdrücke Variablen und die Folgen von Großbuchstaben Terminalsymbole im Sinne einer Grammatik dar. Der Strich | trennt alternative rechte Seiten der Regeln.

Wie kann man die angegebenen Ausdrücke als Ableitungsregeln einer kontextfreien Grammatik deuten? Vervollständigen Sie die angegebene Definition von WHILE- und IF-Anweisungen in Backus-Naur-Form und als Ableitungsregeln. □

Aufgabe 4.21 *Wissenschaftliche Texte in LaTeX*

Wissenschaftliche Texte wie der vorliegende werden üblicherweise mit dem Satzprogramm LaTeX geschrieben. Dabei muss der Autor zwischen dem Text und mathematischen Formeln unterscheiden. Die Umschaltung in den mathematischen Modus und zurück in den Textmodus erfolgt durch die Einklammerung des mathematischen Textes in Dollarzeichen ($...$) bzw. in eckige Klammern mit vorangestelltem Backslash (\[...\]), wobei die angegebenen Zeichen stets paarweise auftreten müssen.

1. Beschreiben Sie die Sprache, die der LaTeX-Interpreter akzeptiert, wobei Sie zur Vereinfachung nur die beiden beschriebenen Umschaltungen beachten.

2. Stellen Sie einen Automaten auf, der einen vorgegebenen Text bezüglich der angegebenen Syntax-regeln untersucht. □

Aufgabe 4.22   *Grammatik der Fahrstuhlbewegung*

Betrachten Sie eine „Rundfahrt" mit einem Fahrstuhl vom Erdgeschoss zu anderen Stockwerken und wieder zurück zum Erdgeschoss. Bei diesen Bewegungen muss der Fahrstuhl genauso viele Aufwärts-wie Abwärtsbewegungen machen. Wie kann man dies durch eine kontextfreie Grammatik beschreiben? Vergleichen Sie dieses Modell mit dem aus Beispiel 4.10. □

4.5.5 Turingmaschinen

Um Akzeptoren für Typ-1- und Typ-0-Sprachen zu erhalten, müssen die Kellerautomaten zur Turingmaschine[2] erweitert werden, wobei die Beschränkung von Kellerautomaten, nur auf das oberste Symbol im Kellerspeicher zugreifen zu können, beseitigt wird. Die Turingmaschine besitzt ein unendlich langes Band, von dem der endliche Automat lesen und auf das der Automat schreiben kann (Abb. 4.37). Die Zustandsübergangsfunktion bestimmt deshalb nicht nur den neuen Zustand und die auf das Band zu schreibenden Zeichen, sondern auch die Bewegung des Lese/Schreibkopfes.

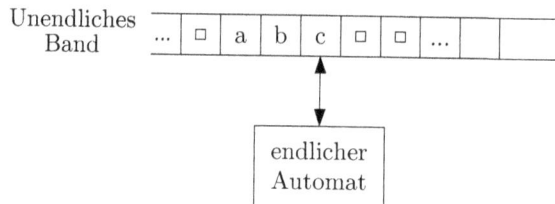

Abb. 4.37: Turingmaschine

Turingmaschinen sind durch das 7-Tupel

$$\text{Turingmaschine:} \quad \mathcal{T} = (\mathcal{Z}, \Sigma, \Gamma, \delta, z_0, \square, \mathcal{Z}_{\text{F}}) \tag{4.54}$$

bestimmt mit

- $\mathcal{Z}$ – Zustandsmenge
- Σ – Eingabealphabet
- Γ – Arbeitsalphabet

---

[2] ALAN M. TURING (1912–1954), englischer Mathematiker, begründete mit der Berechenbarkeits-theorie 1927 die theoretischen Grundlagen der Informatik und schuf mit der nach ihm benannten Turingmaschine die Grundstruktur elektronischer Rechner.

- δ – Zustandsübergangsfunktion
- z_0 – Anfangszustand
- $\square$ – Leerzeichen
- $\mathcal{Z}_{\mathrm{F}}$ – Menge der Endzustände.

Die Elemente des Arbeitsalphabets $\Gamma \supset \Sigma$ sind die Zeichen, die auf dem Band stehen können. Das spezielle Zeichen $\square \in \Gamma \backslash \Sigma$ kennzeichnet leere Felder des Eingabebandes. Die Zustandsübergangsfunktion

$$\delta : \mathcal{Z} \times \Gamma \to \mathcal{Z} \times \Gamma \times \{R, L, N\}$$

bestimmt für den aktuellen Zustand $z \in \mathcal{Z}$ und das gelesene Zeichen $\gamma \in \Gamma$ den Nachfolgezustand $z' \in \mathcal{Z}$, das zu schreibende Zeichen $\gamma' \in \Gamma$ sowie die Bewegung des Lese/Schreibkopfes, der um einen Schritt nach links (L), einen Schritt nach rechts (R) oder gar nicht (N) bewegt werden kann.

Turingmaschinen sind Akzeptoren von Typ-0-Sprachen. Für Typ-1-Sprachen reichen linear beschränkte Turingmaschinen aus, die ein Band beschränkter Länge besitzen. Der Schreibkopf verlässt weder beim Lesen noch bei Schreiben dieses Band.

Turing-Berechenbarkeit. Die Bedeutung der Turingmaschine geht für die Informatik weit über die Tatsache hinaus, dass mit diesem verallgemeinerten Automaten ein Akzeptor für die allgemeinste Sprachklasse gefunden wurde. ALAN TURING entwickelte die nach ihm benannte Maschine mit der Zielstellung, ein Berechnungsmodell zu schaffen, das jeden beliebigen Berechnungsprozess nachbilden kann. Nach der These von CHURCH ist ihm dies gelungen. Alle bis heute vorgeschlagenen Berechenbarkeitsdefinitionen beziehen sich darauf, dass die Berechnung mit einer Turingmaschine durchgeführt werden kann. Damit ist die Turingmaschine das allgemeine Modell für die logische Beschreibung ereignisdiskreter Systeme. Jedes zusätzliche Element wie beispielsweise ein zweites oder drittes Eingabeband vereinfacht die Darstellung von Berechnungsvorgängen, erweitert aber nicht die Klasse der durch das Modell darstellbaren Verhaltensformen.

Unter einer berechenbaren Funktion versteht man intuitiv eine Funktion, für die man ein Programm schreiben kann, mit dem ein Rechner für alle Argumente aus dem Definitionsbereich der Funktion den Funktionswert ermittelt. Um diesen intuitiven Berechenbarkeitsbegriff mathematisch exakt zu fassen, muss man festlegen, wie der Berechnungsprozess ablaufen kann. Dies wird in der Literatur mit Bezug auf die Turingmaschine getan, so dass man von einer Turing-Berechenbarkeit spricht. Turingmaschinen werden also nicht definiert, um sie tatsächlich zu bauen, sondern um die Grenzen der Berechenbarkeit auszuloten. Nach der CHURCHschen These stimmt der mathematisch genau definierte Begriff der Turing-Berechenbarkeit mit dem intuitiven Berechenbarkeitsbegriff überein. Alles, was mit heutigen Rechnern berechnet werden kann, erfüllt folglich die beschriebene Definition.

Vereinfacht gesagt, nennt man eine Funktion $f : \Sigma^* \to \Sigma^*$ *berechenbar* (oder turing-berechenbar), wenn es eine Turingmaschine gibt, so dass für alle $V, W \in \Sigma^*$ mit $W = f(V)$ die Turingmaschine aus dem Anfangszustand, bei dem die Eingabefolge V auf dem Band steht, in einen Endzustand übergeht, in dem auf dem Band das Ergebnis W steht.

Diese Definition des Begriffes Berechenbarkeit hat einen direkten Zusammenhang zur Akzeptanz von Sprachen, denn man kann für jede Sprache $\mathcal{L}$ eine Funktion $f : \Sigma^* \to \{0, 1\}$ so definieren, dass

$$f(W) = \begin{cases} 1 & \text{wenn } W \in \mathcal{L} \\ 0 & \text{sonst} \end{cases} \tag{4.55}$$

gilt.

Mit dieser Definition der Berechenbarkeit ist man in der Lage herauszufinden, was *nicht* berechenbar ist. Dazu gehören Funktionen, die ähnlich der in Gl. (4.55) definierten angeben, ob ein bestimmter Sachverhalt erfüllt ist oder nicht. Die Tatsache, dass ein gegebenes Problem nicht entscheidbar ist, äußert sich beispielsweise in der Tatsache, dass der Rechner unendliche lange weiterrechnet, ohne ein Ergebnis auszugeben. Entsprechend Tabelle 4.2 ist das Leerheitsproblem für Typ-1-Sprachen nicht entscheidbar. Das heißt, dass es keinen Algorithmus gibt, der für eine beliebige vorgegebene Typ-1-Sprache $\mathcal{L}$ nach einer endlichen Anzahl von Rechenschritten den Wert der Funktion

$$f(\mathcal{L}) = \begin{cases} 1 & \text{wenn } \mathcal{L} = \emptyset \\ 0 & \text{sonst} \end{cases}$$

berechnet. Bei der Untersuchung der Frage, warum dies nicht gelingen kann, kommt man bei Entscheidungsproblemen häufig zu Schleifen, bei denen beispielsweise die Regeln einer Grammatik immer wieder ineinander eingesetzt werden müssen, um auf den Funktionswert zu kommen. Wenn es unter bestimmten Bedingungen kein definiertes Ende dieser Schleifen gibt, läuft der Algorithmus unendlich lange, ohne ein Ergebnis zu produzieren.

Literaturhinweise

Die Äquivalenz von deterministischem und nichtdeterministischem Automaten wird beispielsweise in [3] und [14] ausführlich beschrieben. Der dabei entstehende Automat wird in [14] als Beobachter bezeichnet, weil sein Zustand zu jedem Zeitpunkt k eine Menge von Zuständen angibt, in der sich der nichtdeterministische Automat zum selben Zeitpunkt befindet. Diese Beobachterdefinition ist jedoch sehr einschränkend, weil bei ihr von einem bekannten Anfangszustand ausgegangen wird. Demgegenüber wird das Zustandsbeobachtungsproblem typischerweise für Systeme betrachtet, deren Anfangszustand unbekannt ist (vgl. [9], [50]).

Das im Abschn. 4.2.4 behandelte Konstruktionsprinzip von Akzeptoren als Automaten mit ε-Übergängen aus regulären Ausdrücken wurde erstmals in [48] publiziert.

Die Aufgabe 4.7 entstand in Anlehnung an ähnliche Aufgaben in [14], die Aufgabe 4.4 aus einer Erläuterung lexikalischer Analyseverfahren in [30].

Wie man sich anhand von [79] überzeugen kann, kommen die in der Informatikliteratur häufig als Beispiele für nicht reguläre Sprachen herangezogenen Palindrome in erheblicher Zahl in der deutschen Sprache vor.

5

Automatennetze

Die Verkopplung von Automaten führt auf Automatennetze. Dieses Kapitel beschreibt mehrere Kompositionsoperatoren, mit denen aus Automaten für die Teilsysteme ein Automat für das verkoppelte Gesamtsystem gebildet werden kann, und erläutert deren Eigenschaften und Eignung für unterschiedliche Anwendungsgebiete.

5.1 Kompositionale Modellbildung diskreter Systeme

Bei der kompositionalen Modellbildung wird ein gegebenes System nicht als Ganzes durch einen Automaten beschrieben, sondern es werden zunächst die Teilsysteme getrennt voneinander betrachtet und durch Automaten dargestellt. Die dabei erhaltenen Teilsystemmodelle werden anschließend zum Modell des Gesamtsystems verkoppelt. Um diesen in vielen Anwendungsgebieten verbreiteten Modellbildungsweg für ereignisdiskrete Systeme anwenden zu können, muss geklärt werden, wie man die Automaten der Teilsysteme zu einem Automaten für das Gesamtsystem zusammenfügen kann. Die dafür notwendigen Kompositionsoperatoren werden in diesem Kapitel eingeführt.

Die Behandlung von Automatennetzen erweitert die Kenntnisse über ereignisdiskrete Systeme in mehrere Richtungen:

- Die Kompositionsoperatoren zeigen, wie Automaten bei der kompositionalen Modellbildung verkoppelt werden können.

Entsprechend der beiden Automatentypen gliedert sich das Kapitel in zwei Teile. Im Abschn. 5.2 wird die Zusammenschaltung von Σ-Automaten behandelt. Die Verkopplung erfolgt hier über die gemeinsamen Ereignisse, deren Auftreten die Bewegung der Teilsysteme synchronisiert. Im Abschn. 5.3 werden E/A-Automaten betrachtet, bei denen die Kopplung dadurch erfolgt, dass Ausgaben eines Automaten als Eingaben eines anderen Automaten auftreten.

- Durch die Verkopplung von Automaten entstehen neue Phänomene des ereignisdiskreten Systemverhaltens. Insbesondere wird das asynchrone Verhalten von Teilsystemen deutlich, das mit Einzelautomaten nur auf Kosten eines sehr großen Zustandsraumes dargestellt werden kann.

Automatennetze zeigen besonders anschaulich das asynchrone Verhalten von Teilsystemen, weil jetzt das Verhalten eines Systems nicht nur gegenüber der Umgebung, sondern auch in Bezug zu anderen Teilsystemen untersucht wird. Die Ereignisfolge des Gesamtsystems setzt sich aus den Ereignisfolgen der Teilsysteme zusammen, wobei bei asynchronem Verhalten die zeitliche Aufeinanderfolge der Ereignisse nicht festgelegt ist. Das asynchrone Verhalten zeigt sich deshalb in der Tatsache, dass bestimmte Ereignisse in beliebiger Reihenfolge zueinander auftreten können.

- Die Modellkomplexität wird reduziert, denn die Darstellung eines Systems durch gekoppelte Automaten ist weniger aufwändig als eine äquivalente Darstellung durch einen einzelnen Automaten.

Wenn man das Automatennetz durch einen einzigen Automaten darstellt (monolithisches Modell), hat man eine exponentielle Komplexität bezüglich der Anzahl der Zustände der Teilsysteme. Wenn N Komponentenmodelle jeweils n Zustände haben, so braucht man für das monolithische Modell bis zu n^N Zustände. Behält man die Modelle der Teilsysteme bei, so besitzt das Modell $N \cdot n$ Zustände.

Algorithmus 5.1 *Kompositionale Modellbildung*

Gegeben: Gesamtsystem.

1. Zerlegung des Gesamtsystems in N Komponenten.

2. Beschreibung der Komponenten durch Automaten $\mathcal{A}_i$, $(i = 1, 2, ..., N)$.

3. Beschreibung der Kopplungen zwischen den Komponenten.

4. Bildung des Modells des Gesamtsystems.

Ergebnis: Automatennetz, das das Gesamtsystem beschreibt.

Das Modell des Gesamtsystems besteht aus den Komponentenmodellen und den Kopplungen. Es kann nach den in diesem Kapitel zu behandelnden Regeln in ein monolithisches Modell des Gesamtsystems überführt werden. Man wird die Regeln aber i. Allg. nicht verwendet, um den Gesamtautomaten tatsächlich zu bilden, weil dabei der Vorteil der kompositionalen Darstellung verloren geht, sondern die Regeln dienen nur zur Festlegung der Eigenschaften des Gesamtmodells.

5.2 Zusammenschaltung von Σ-Automaten

5.2.1 Modellierungsziel

In diesem Abschnitt wird untersucht, wie Teilsysteme, die durch Σ-Automaten beschrieben sind, zu einem Gesamtsystem verschaltet werden können (Abb. 5.1). Dabei werden mit dem Automatenprodukt und mit der parallelen Komposition zwei Verkopplungsmöglichkeiten eingeführt. Da man diese Verkopplungen schrittweise auf mehr als zwei Automaten anwenden kann, genügt es hier, die Verkopplungen für ein Automatenpaar zu erläutern.

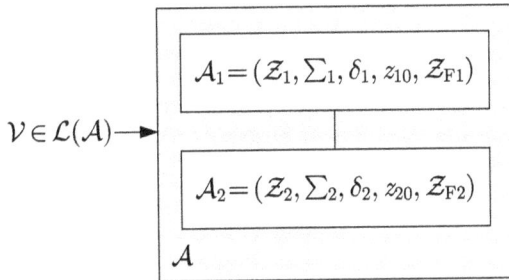

Abb. 5.1: Zusammenschaltung zweier Σ-Automaten

Gegeben sind die deterministischen Σ-Automaten

$$\mathcal{A}_1 = (\mathcal{Z}_1, \Sigma_1, \delta_1, z_{10}, \mathcal{Z}_{F1})$$
$$\mathcal{A}_2 = (\mathcal{Z}_2, \Sigma_2, \delta_2, z_{20}, \mathcal{Z}_{F2}),$$

gesucht ist ein Σ-Automat

$$\mathcal{A} = (\mathcal{Z}, \Sigma, \delta, z_0, \mathcal{Z}_F),$$

dessen Beschreibungsgrößen $\mathcal{Z}$, Σ, δ, z_0 und $\mathcal{Z}_F$ aus den entsprechenden Größen von $\mathcal{A}_1$ und $\mathcal{A}_2$ gebildet werden. Der Produktautomat $\mathcal{A}_\times = \mathcal{A}_1 \times \mathcal{A}_2$ und die parallele Komposition $\mathcal{A}_\| = \mathcal{A}_1 \| \mathcal{A}_2$ unterscheiden sich in der Art und Weise, in der die Bestimmungsgrößen beider Kompositionsautomaten, insbesondere deren Zustandsübergangsfunktionen, aus denen der Automaten $\mathcal{A}_1$ und $\mathcal{A}_2$ hervorgehen. Ihr unterschiedliches Verhalten resultiert daraus, dass die Kopplungen unterschiedliche Forderungen an die Synchronisation der beiden Komponenten stellen.

Da die Zustände der beiden Teilautomaten im Prinzip in jeder möglichen Kombination zueinander auftreten können, ist die Zustandsmenge des Kompositionsautomaten bei beiden hier behandelten Verkopplungsmöglichkeiten das kartesische Produkt der Zustandsmengen der Komponenten:

$$\mathcal{Z} = \mathcal{Z}_1 \times \mathcal{Z}_2. \tag{5.1}$$

Deshalb schreibt man den Zustand von $\mathcal{A}$ als Vektor

$$z = \begin{pmatrix} z_1 \\ z_2 \end{pmatrix}$$

oder als geordnetes Paar (z_1, z_2). Dementsprechend gilt für den Anfangszustand

$$z_0 = \begin{pmatrix} z_{10} \\ z_{20} \end{pmatrix}. \tag{5.2}$$

Es wird definiert, dass sich das Gesamtsystem in einem markierten Endzustand befindet, wenn beide Automaten in einem ihrer Endzustände sind. Folglich gilt

$$\mathcal{Z}_{\mathrm{F}} = \mathcal{Z}_{\mathrm{F1}} \times \mathcal{Z}_{\mathrm{F2}}. \tag{5.3}$$

Ohne Kopplung bewegen sich die beiden gegebenen Automaten unabhängig voneinander. Das heißt, dass das Umschalten von einem Zustand in den nächsten bei beiden Automaten in beliebiger Reihenfolge zueinander geschieht. Die Kopplung führt dazu, dass die Automaten bestimmte Ereignisse synchron erzeugen bzw. verarbeiten müssen. Damit verbunden ist, dass die Sprache der beiden synchronisierten Automaten kleiner ist als die Sprache, die beide Automaten gemeinsam ohne Kopplung erzeugen bzw. akzeptieren würden.

Der resultierende Automat $\mathcal{A}$ kann, wie jeder Σ-Automat, entweder als Akzeptor oder als Generator der Sprachen $\mathcal{L}(\mathcal{A}_1 \times \mathcal{A}_2)$ bzw. $\mathcal{L}(\mathcal{A}_1 \| \mathcal{A}_2)$ genutzt werden. In Abb. 5.1 weist die Verbindung zwischen den Automaten $\mathcal{A}_1$ und $\mathcal{A}_2$ auf die Synchronisation der Automaten hin, während der Pfeil von außen zeigt, dass der durch die Kopplung entstehende Automat $\mathcal{A}$ Zeichenketten V der Sprache $\mathcal{L}(\mathcal{A})$ akzeptiert (oder generiert).

5.2.2 Produkt von Automaten

Bei der in diesem Abschnitt behandelten Zusammenschaltung beeinflussen sich die Komponenten durch die Synchronisation ihrer gemeinsamen Ereignisse. Jede Komponente kann also nicht mehr allein entscheiden, ob und wann sie schaltet.

Das Produkt zweier Automaten

$$\mathcal{A}_\times = \mathcal{A}_1 \times \mathcal{A}_2$$

beschreibt die Kopplung der Σ-Automaten $\mathcal{A}_1$ und $\mathcal{A}_2$, bei der die Automaten nur noch gleichzeitig aufgrund der in den beiden Alphabeten Σ_1 und Σ_2 gemeinsam auftretenden Ereignisse schalten.

Alle anderen Ereignisse treten im Produktautomaten $\mathcal{A}_\times$ nicht mehr auf. In der Literatur wird das Automatenprodukt deshalb auch als *vollständige synchrone Komposition* bezeichnet.

Der Produktautomat

$$\mathcal{A}_\times = (\mathcal{Z}, \Sigma_\times, \delta_\times, z_0, \mathcal{Z}_{\mathrm{F}}), \tag{5.4}$$

hat das Alphabet

$$\Sigma_\times = \Sigma_1 \cap \Sigma_2. \tag{5.5}$$

Die Zustandsübergangsfunktion $\delta_\times$ ist nur für Ereignisse $\sigma \in \Sigma_\times$ definiert, für die die beiden Zustandsübergangsfunktionen δ_1 und δ_2 definiert sind und den Nachfolgezustand

$$\begin{pmatrix} z_1' \\ z_2' \end{pmatrix} = \begin{pmatrix} \delta_1(z_1, \sigma) \\ \delta_2(z_2, \sigma) \end{pmatrix}$$

festlegen. Private Ereignisse der Komponenten kommen im Produkt nicht vor.

$$\text{Produktautomat: } \delta_\times\left(\begin{pmatrix} z_1 \\ z_2 \end{pmatrix}, \sigma\right) = \begin{cases} \begin{pmatrix} \delta_1(z_1, \sigma) \\ \delta_2(z_2, \sigma) \end{pmatrix} & \text{wenn } \delta_1(z_1, \sigma)! \text{ und} \\ & \delta_2(z_2, \sigma)! \\ \text{nicht definiert} & \text{sonst.} \end{cases} \quad (5.6)$$

Typischerweise zeigt eine Analyse des Produktautomaten, dass der Automat nicht erreichbare Zustände besitzt und möglicherweise bestimmte Ereignisse nicht auftreten können. Man kann dann den Automaten durch Streichen dieser Zustände und Ereignisse sowie der zugehörigen Zustandsübergänge reduzieren, ohne seine Sprache zu verändern.

Beispiel 5.1 *Produkt zweier Σ-Automaten*

Abbildung 5.2 zeigt zwei Automaten, deren Produkt gebildet werden soll. Für die Automaten gilt

$$\mathcal{Z}_1 = \{1, 2, 3\}, \quad \Sigma_1 = \{a, b, c\}, \quad z_{10} = 1, \quad \mathcal{Z}_{F1} = \{3\}$$
$$\mathcal{Z}_2 = \{1, 2\}, \quad \Sigma_2 = \{a, b, d, e\}, \quad z_{20} = 1, \quad \mathcal{Z}_{F2} = \{2\},$$

so dass sich für den Produktautomaten folgende Komponenten ergeben:

$$\mathcal{Z} = \left\{ \begin{pmatrix} 1 \\ 1 \end{pmatrix}, \begin{pmatrix} 2 \\ 1 \end{pmatrix}, \begin{pmatrix} 3 \\ 1 \end{pmatrix} \begin{pmatrix} 1 \\ 2 \end{pmatrix}, \begin{pmatrix} 2 \\ 2 \end{pmatrix}, \begin{pmatrix} 3 \\ 2 \end{pmatrix} \right\}$$

$$\Sigma_\times = \{a, b\}, \quad z_0 = \begin{pmatrix} 1 \\ 1 \end{pmatrix}, \quad \mathcal{Z}_F = \left\{ \begin{pmatrix} 3 \\ 2 \end{pmatrix} \right\}.$$

Zur Unterscheidung von gemeinsamen und privaten Ereignissen sind die Übergänge für private Ereignisse in den Automatengrafen gestrichelt dargestellt.

Die Zustandsmenge des Produktautomaten ist in Abb. 5.3 so dargestellt, dass ein Schalten des Automaten $\mathcal{A}_1$ einer waagerechten und das Schalten von $\mathcal{A}_2$ einer senkrechten Bewegung entspricht. Für das Produkt sind in beiden Automaten nur die Ereignisse a und b maßgebend, so dass man die anders markierten Kanten für die folgenden Betrachtungen aus dem Automatengrafen streichen kann.

Für alle Zustände des Produktautomaten wird jetzt anhand der entsprechenden Zustände der beiden zu verknüpfenden Automaten untersucht, ob ein gemeinsames Ereignis ein Schalten hervorrufen kann. Der Zustand $(1, 1)^T$ des Produktautomaten entspricht der Situation, in der beide Automaten in ihren mit 1 bezeichneten Zuständen sind. In diesen Zuständen kann bei beiden Automaten sowohl das Ereignis „a" als auch das Ereignis „b" auftreten. Für das Ereignis „a" führt der Automat $\mathcal{A}_1$ die Zustandsänderung $1 \xrightarrow{a} 1$ aus und der Automat $\mathcal{A}_2$ die Bewegung $1 \xrightarrow{a} 2$. Entsprechend der oberen Zeile in Gl. (5.6) gilt

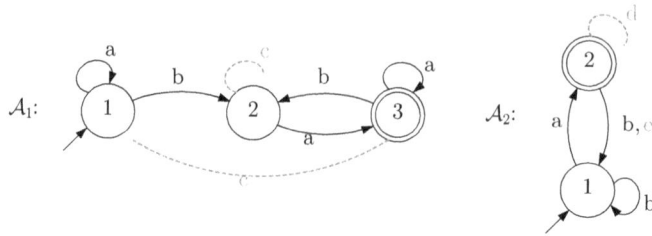

Abb. 5.2: Zwei Σ-Automaten

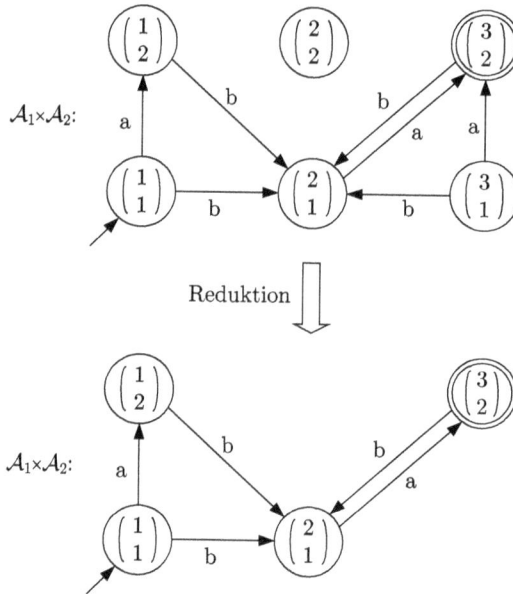

Abb. 5.3: Produkt der Σ-Automaten aus Abb. 5.2

$$\delta_\times \left(\begin{pmatrix} 1 \\ 1 \end{pmatrix}, a \right) = \begin{pmatrix} \delta_1(1, a) \\ \delta_2(1, a) \end{pmatrix} = \begin{pmatrix} 1 \\ 2 \end{pmatrix}.$$

Diese Zustandsänderung ist in Abb. 5.3 durch die Kante

$$\begin{pmatrix} 1 \\ 1 \end{pmatrix} \xrightarrow{\ a\ } \begin{pmatrix} 1 \\ 2 \end{pmatrix}$$

beschrieben. Beim Ereignis „b" geht der Automat $\mathcal{A}_1$ in den Zustand 2 über, während der Automat $\mathcal{A}_2$ im Zustand 1 verbleibt:

$$\begin{pmatrix} 1 \\ 1 \end{pmatrix} \xrightarrow{\ b\ } \begin{pmatrix} 2 \\ 1 \end{pmatrix}.$$

Durch ähnliche Überlegungen werden auch alle anderen Kanten des in Abb. 5.3 gezeigten Produktautomaten bestimmt. Dabei muss man beachten, dass der Produktautomat vom Zustand $(2, 2)^{\mathrm{T}}$ aus keine Bewegung ausführen kann, obwohl der Automat $\mathcal{A}_1$ vom Zustand 2 aus beim Ereignis „a" zum Zustand

3 wechseln kann. Es wird jedoch für die gemeinsamen Ereignisse gefordert, dass auch der Automat $\mathcal{A}_2$ einen Zustandsübergang ausführt, was er aber vom Zustand 2 für das Ereignis „a" nicht kann. Deshalb trifft die zweite Zeile von Gl. (5.6) zu: Es ist kein Zustandsübergang definiert.

In dem in Abb. 5.3 oben gezeigten Automaten, der aus diesen Überlegungen entsteht, sind die Zustände $(2,2)^{\mathrm{T}}$ und $(3,1)^{\mathrm{T}}$ vom Anfangszustand aus nicht erreichbar und werden beim Übergang zum reduzierten Automaten weggelassen, ohne dass sich die Sprache des Automaten verändert. Das Endergebnis ist in Abb. 5.3 unten zu sehen. □

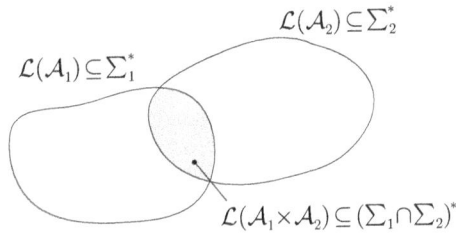

Abb. 5.4: Sprache des Produktautomaten

Sprache des Produktautomaten. Den Automaten $\mathcal{A}_1$ und $\mathcal{A}_2$ sind die Sprachen $\mathcal{L}(\mathcal{A}_1)$ und $\mathcal{L}(\mathcal{A}_2)$ zugeordnet. Da im Produkt beide Automaten stets aufgrund eines gemeinsamen Ereignisses synchron schalten, akzeptiert bzw. generiert der Produktautomat alle diejenigen Zeichenketten, die in beiden Sprachen vorkommen. Es gilt folglich (Abb. 5.4)

$$\text{Sprache des Produktautomaten:} \qquad \mathcal{L}(\mathcal{A}_1 \times \mathcal{A}_2) = \mathcal{L}(\mathcal{A}_1) \cap \mathcal{L}(\mathcal{A}_2). \qquad (5.7)$$

Mit anderen Worten: Der Produktautomat ist eine Repräsentation für den Durchschnitt zweier Sprachen. In der Literatur findet man für das Produkt zweier Automaten deshalb auch die Bezeichnung Durchschnitt zweier Automaten.

Durch die Bildung des Produktautomaten kann man aus diesem Grund überprüfen, ob zwei gegebene Sprachen disjunkt sind. Dies ist genau dann der Fall, wenn die Sprache des Produktautomaten der Akzeptoren beider Sprachen leer ist.

Spezialfälle. Wenn die Bedingung

$$\mathcal{L}(\mathcal{A}_1) \subseteq \mathcal{L}(\mathcal{A}_2)$$

erfüllt ist, dann hat der Produktautomat die Sprache

$$\mathcal{L}(\mathcal{A}_1 \times \mathcal{A}_2) = \mathcal{L}(\mathcal{A}_1).$$

Dieser Fall tritt insbesondere dann auf, wenn für die Alphabete der beiden Automaten die Relation $\Sigma_1 \subseteq \Sigma_2$ gilt, also der eine Automat nur ausgewählte Ereignisse des anderen Automaten erzeugen kann und keine privaten Ereignisse besitzt.

Haben die Automaten $\mathcal{A}_1$ und $\mathcal{A}_2$ keine gemeinsamen Ereignisse

$$\Sigma_1 \cap \Sigma_2 = \emptyset,$$

so enthält die Sprache des Produktautomaten keine Zeichenkette und es sind zwei Fälle zu unterscheiden. Wenn nur einer oder keiner der beiden Anfangszustände der Automaten zu den Endzustandsmengen der Komponenten gehört, ist die Sprache des Produktautomaten leer

$$\mathcal{L}(\mathcal{A}_1 \times \mathcal{A}_2) = \emptyset.$$

Gilt andererseits die Beziehung

$$\begin{pmatrix} z_{10} \\ z_{20} \end{pmatrix} \in \mathcal{Z}_\mathrm{F},$$

so enthält die Sprache des Produktautomaten als einziges Element das leere Zeichen:

$$\mathcal{L}(\mathcal{A}_1 \times \mathcal{A}_2) = \{\varepsilon\}.$$

Anwendungsgebiet des Automatenproduktes. Das Automatenprodukt ist die Operation, die Teilautomaten zu einem Gesamtautomaten zusammenzufügt, wenn die Bewegung des Gesamtsystems ein synchrones Schalten aller Komponenten aufgrund gemeinsamer Ereignisse erfordert. Diese Situation tritt bespielsweise in der Automatisierungstechnik auf, wenn das zu steuernde System und die Automatisierungseinrichtung in einer Rückkopplungsstruktur angeordnet sind, aufgrund derer sie sich nur bei gemeinsamen Ereignissen bewegen können (Abb. 1.5 auf S. 12). Für den Entwurf der Steuerung verwendet man ein Modell $\mathcal{A}$ des zu steuernden Prozesses sowie einen Automaten $\mathcal{A}_\mathrm{spez}$, der angibt, wie sich der Steuerkreis verhalten soll und der deshalb als Spezifikationsautomat bezeichnet wird. Der Produktautomat $\mathcal{A} \times \mathcal{A}_\mathrm{spez}$ kann nur diejenigen Ereignisfolgen des Prozesses $\mathcal{A}$ erzeugen, die der Spezifikation $\mathcal{A}_\mathrm{spez}$ entsprechen. Das folgende Beispiel veranschaulicht dieses wichtige Einsatzgebiet des Automatenproduktes.

Beispiel 5.2   *Verhinderung gefährlicher Zustände in einem Batchprozess*

In dem in Abb. 5.5 gezeigten Behälter einer verfahrenstechnischen Anlage soll Flüssigkeit für eine Weiterverarbeitung in einem nachgeschalteten Reaktor auf eine vorgegebene Temperatur erhitzt werden. Für die Steuerung sind nur die diskreten Füllstände „leer" und „voll" und die Schaltzustände „an" oder „aus" der Heizung maßgebend. Aus der Kombination dieser Größen ergeben sich die vier in Abb. 5.6 als z_1 bis z_4 bezeichneten Zustände des Behälters.

Zustandsänderungen entstehen durch Öffnen und Schließen des Zulauf- bzw. Ablaufventils bzw. durch An- oder Abschalten der Heizung. Die entsprechenden Ereignisse werden als „füllen", „leeren", „Heizung einschalten" bzw. „Heizung ausschalten" bezeichnet. Für das hier verwendete nicht zeitbewertete Modell ist es belanglos, dass die Ereignisse des Füllens und Leerens des Behälters mehr Zeit beanspruchen als das Ein- bzw. Ausschalten der Heizung. Durch eine unterlagerte Regelung sei gesichert, dass der Behälter beim Füllen nicht überläuft und dass die Temperatur der Flüssigkeit nicht über einen Grenzwert erhöht wird. Abbildung 5.6 zeigt einen deterministischen Automaten $\mathcal{A}$, der das Reaktorverhalten bei allen möglichen Ereignissen beschreibt.

Sicherheitsüberwachung. Aus Sicherheitsgründen muss gewährleistet sein, dass die Heizung nur dann eingeschaltet werden kann, wenn der Behälter gefüllt ist. Diese Vorgabe beschränkt die möglichen

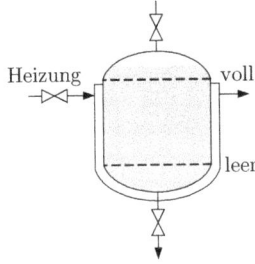

Abb. 5.5: Reaktor

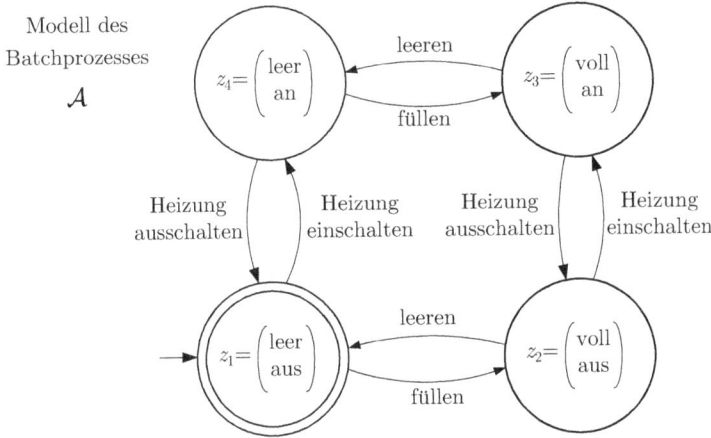

Abb. 5.6: Darstellung des Reaktorverhaltens durch einen deterministischen
Automaten

Verhaltensformen auf diejenigen des in Abb. 5.7 links gezeigten Automaten $\mathcal{A}_{\text{Spez}}$. Dieser Automat stellt die Spezifikationen für einen aus Sicherheitsgründen eingeschränkten Betrieb des Batchprozesses dar. Seine Zustände sind als z_A, z_B und z_C bezeichnet.

Damit liegen zwei Modelle für das Verhalten des Behälters vor. Der Automat $\mathcal{A}$ beschreibt, welche Zustandsänderungen der Behälter ausführen *kann*, der Automat $\mathcal{A}_{\text{Spez}}$, welche Zustandsänderungen der Behälter ausführen *darf*. Wenn man durch einen Automaten beschreiben will, welche technisch möglichen Zustandsänderungen erlaubt sind, muss man das Produkt beider Automaten bilden.

Das Ergebnis ist der in Abb. 5.7 rechts dargestellte Automat. Seine Zustände beschreiben Kombinationen der Zustände der beiden gegebenen Automaten. Da für den Behälter und die Spezifikation die Relation $\mathcal{L}(\mathcal{A}) \supset \mathcal{L}(\mathcal{A}_{\text{Spez}})$ gilt, hat der Produktautomat dieselbe Sprache wie der Spezifikationsautomat:

$$\mathcal{L}(\mathcal{A} \times \mathcal{A}_{\text{Spez}}) = \mathcal{L}(\mathcal{A}_{\text{Spez}}).$$

Erwartungsgemäß ist der Produktautomat mit dem Automaten isomorph, den man durch Streichen der verbotenen Zustandsübergänge aus dem Automaten $\mathcal{A}$ erhält. Das Ergebnis könnte man für dieses sehr einfach Beispiel natürlich auf diesem Wege direkt aus dem Automaten $\mathcal{A}$ ableiten. Bei größeren Beispielen ist der Weg über eine explizite Spezifikation der erlaubten Zustandsübergänge und die Bildung des Produktautomaten der weniger fehleranfällige Weg, denn Fehler können jetzt nur bei der Aufstellung des Behältermodells und der Spezifikation gemacht werden, während der Produktautomat mit Hilfe eines entsprechenden Algorithmus gebildet wird.

Spezifikation
$\mathcal{A}_{\text{Spez}}$

Produktautomat
$\mathcal{A} \times \mathcal{A}_{\text{Spez}}$

$z_C = \begin{pmatrix} \text{voll} \\ \text{an} \end{pmatrix}$

$z_{P3} = \begin{pmatrix} z_3 \\ z_C \end{pmatrix}$

Heizung
ausschalten   Heizung
einschalten

Heizung
ausschalten   Heizung
einschalten

leeren

$z_A = \begin{pmatrix} \text{leer} \\ \text{aus} \end{pmatrix}$ $z_B = \begin{pmatrix} \text{voll} \\ \text{aus} \end{pmatrix}$

füllen

leeren

$z_{P1} = \begin{pmatrix} z_1 \\ z_A \end{pmatrix}$ $z_{P2} = \begin{pmatrix} z_2 \\ z_B \end{pmatrix}$

füllen

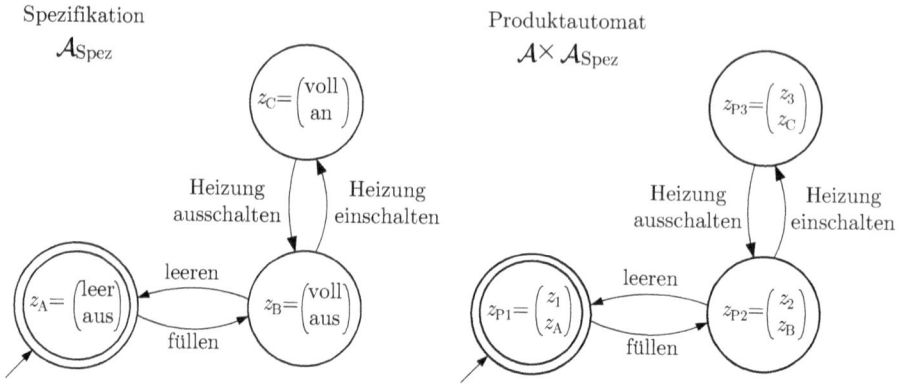

Abb. 5.7: Spezifikationsautomat (links) und Produktautomat (rechts) für die
Sicherheitsüberwachung

Man kann den Produktautomaten beispielsweise einsetzen, um eine Sicherheitsüberwachung des Behälters zu programmieren. Der Überwachungsalgorithmus überprüft die von einer Steuerung vorgegebenen Stelleingriffe im Hinblick darauf, ob sie die Sicherheitsspezifikationen erfüllen. Wenn sich der Überwachungsalgorithmus beispielsweise im Zustand z_{P1} befindet, verbietet er den Steuereingriff „Heizung einschalten". Wird vorher durch die Steuerung das Kommando „füllen" gegeben, so geht der Überwachungsalgorithmus in den Zustand z_{P2} über und gestattet dort den Steuereingriff „Heizung einschalten".

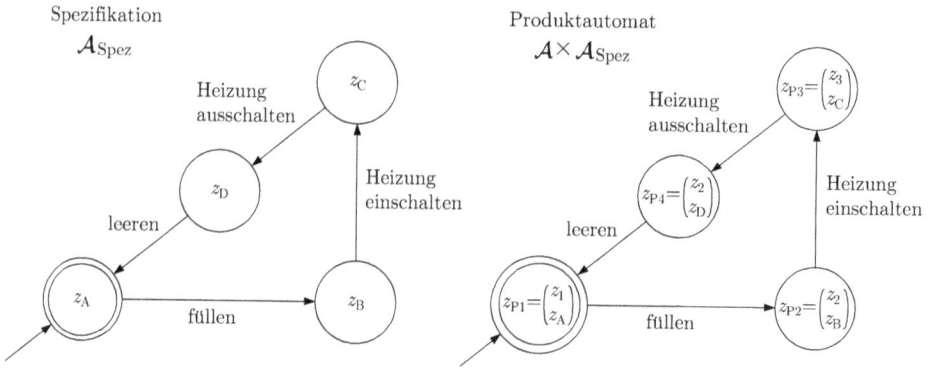

Spezifikation
$\mathcal{A}_{\text{Spez}}$

Produktautomat
$\mathcal{A} \times \mathcal{A}_{\text{Spez}}$

z_C

$z_{P3} = \begin{pmatrix} z_3 \\ z_C \end{pmatrix}$

Heizung
ausschalten

Heizung
einschalten

z_D

Heizung
ausschalten

Heizung
einschalten

$z_{P4} = \begin{pmatrix} z_2 \\ z_D \end{pmatrix}$

leeren

leeren

z_A füllen z_B

$z_{P1} = \begin{pmatrix} z_1 \\ z_A \end{pmatrix}$ füllen $z_{P2} = \begin{pmatrix} z_2 \\ z_B \end{pmatrix}$

Abb. 5.8: Spezifikationsautomat (links) und Produktautomat (rechts) für die
Steuerung des Batchprozesses

Steuerung des Batchprozesses. Durch die Sicherheitsüberwachung werden kritische Zustände vermieden, aber es wird noch nicht erreicht, dass der Behälter seine Funktion im betrachteten verfahrenstechnischen Prozess erfüllt. Um eine dementsprechende Steuerung zu erhalten, muss die vom Behälter zyklisch zu durchlaufende Ereignisfolge spezifiziert werden (Abb. 5.8 links). Bildet man jetzt den

Produktautomaten, so erhält man das rechts abgebildete Ergebnis, dessen Bewegung das gewünschte Behälterverhalten beschreibt.

Der Produktautomat entsteht nicht allein durch eine entsprechende Verkettung der Kanten des Automaten $\mathcal{A}$ bzw. das Herausstreichen unerwünschter Kanten aus $\mathcal{A}$. Der Behälter durchläuft während eines Produktionszyklus den Zustand z_2 zweimal. Im Produktautomaten wird zwischen dem ersten und dem zweiten Durchlaufen dieses Zustands dadurch unterschieden, dass z_2 einmal in Kombination mit dem Zustand z_B und einmal mit dem Zustand z_D der Spezifikation auftritt. $\square$

Aufgabe 5.1 *Entwurf einer Robotersteuerung*

Das Verhalten des im Beispiel 3.3 auf S. 73 beschriebenen Roboters ist in Abb. 3.8 auf S. 74 durch einen deterministischen Automaten $\mathcal{A}$ dargestellt. Es soll jetzt eine Robotersteuerung entworfen werden, die dafür sorgt, dass der Roboter die Werkstücke A und B abwechselnd von den Bändern 1 und 2 holt und auf das Ablageband legt.

1. Beschreiben Sie das erwünschte Verhalten durch einen Automaten $\mathcal{A}_{\text{Spez}}$.

2. Bilden Sie das Automatenprodukt $\mathcal{A} \times \mathcal{A}_{\text{Spez}}$.

3. Interpretieren Sie das Ergebnis in Bezug auf die Funktion der Robotersteuerung. Beachten Sie dabei, dass die Robotersteuerung nicht die in den Modellen vorkommenden Zustände als Messinformation erhält, sondern Gelenkwinkel, und dass die Robotersteuerung durch Ein- und Ausschalten der Gelenkantriebe und des Greifers reagieren muss. Wie passen diese Sensorinformationen und Kommandos zu den in den Modellen verwendeten Ereignissen? $\square$

Aufgabe 5.2 *Entwurf einer Ampelsteuerung*

An einer Baustelle muss der Verkehr einspurig vorbeigeführt werden. Für die Verkehrsregelung wird auf jeder Seite der Baustelle eine Ampel installiert, die den Verkehr regelt.

1. Beschreiben Sie das Verhalten der beiden Ampeln durch je einen Automaten und bilden Sie daraus einen Automaten, der das Verhalten beider Ampeln für den Fall darstellt, dass die Ampeln unabhängig voneinander schalten.

2. Spezifizieren Sie das gewünschte Verhalten des Gesamtsystems durch einen Automaten.

3. Wie verhält sich die Ampelschaltung, wenn eine Steuerung die Ampeln entsprechend der Spezifikation schaltet? $\square$

Aufgabe 5.3 *Steuerung eines CD-Laufwerks*

Die Steuerung eines CD-Laufwerks zum Lesen und Beschreiben von CDs muss die folgenden Operationen in funktionsgerechter Reihenfolge auslösen:

$$\Sigma = \begin{array}{|c|l|}
\hline
\text{Ereignis} & \text{Bedeutung} \\
\hline
\text{ö} & \text{Öffnen des Laufwerks} \\
\text{s} & \text{Schließen des Laufwerks} \\
\text{l} & \text{Lesen} \\
\text{s} & \text{Schreiben} \\
\text{w} & \text{Warten} \\
\hline
\end{array} \ .$$

Die Aktionen „Lesen", „Schreiben" und „Warten" sind nur bei geschlossenem Laufwerk technisch möglich. Beschreiben Sie das Verhalten des CD-Laufwerks durch einen Automaten $\mathcal{A}$.

Beim Betrieb des CD-Laufwerks soll aus Sicherheitsgründen eine Schreiboperation erst dann ausgeführt werden, wenn vorher durch eine Leseoperation erkannt wurde, dass sich eine CD im Laufwerk befindet. Den dabei ermittelten Beladungszustand des Laufwerks speichert die Steuerung, im Ausgangszustand ist er unbekannt.

Wenn detektiert wurde, dass keine CD im Laufwerk liegt, so ist „Öffnen" die einzige mögliche Aktion der Steuerung. Da bei offenem Laufwerk nicht erkannt werden kann, was ein Nutzer macht, muss nach dem Schließen des Laufwerks der Beladezustand erneut detektiert werden.

Beschreiben Sie durch einen Spezifikationsautomaten $\mathcal{A}_{\text{spez}}$ die erlaubten Operationen. (Hinweis: Wenn Sie bei der Bildung des Spezifikationsautomaten feststellen, dass Sie Ereignisse des Automaten $\mathcal{A}$ in mehrere unterschiedliche Ereignisse zerlegen müssen, dann müssen Sie diese Zerlegung auch im Automaten $\mathcal{A}$ ausführen, damit gleiche Ereignisse in beiden Automaten den gleichen Namen haben.)

Bilden Sie den Produktautomaten und interpretieren Sie Ihr Ergebnis. □

Aufgabe 5.4*   *Spezifikation eines Batchprozesses*

Betrachten Sie den im Beispiel 1.4 auf S. 10 dargestellten Batchprozess, wobei zur Vereinfachung jetzt der Rührer ausgeschaltet bleiben soll. Die Steuerung kann die folgende Ereignisse in dem Batchprozess auslösen.

$$\Sigma = \begin{array}{|c|l|}
\hline
\text{Ereignis} & \text{Bedeutung} \\
\hline
e_1 & \text{Stoff } A \text{ wird aus dem Behälter } B_1 \text{ in den Behälter } B_3 \text{ gefüllt.} \\
e_2 & \text{Stoff } B \text{ wird aus dem Behälter } B_2 \text{ in den Behälter } B_3 \text{ gefüllt.} \\
e_3 & \text{Die Heizung wird angeschaltet.} \\
e_4 & \text{Die Heizung wird ausgeschaltet.} \\
e_5 & \text{Der Behälter } B_3 \text{ wird geleert.} \\
\hline
\end{array}$$

Dabei wird angenommen, dass unterlagerte Regelungen dafür sorgen, dass bei den Ereignissen e_1 und e_2 ein bestimmtes Volumen der beiden Stoffe abgefüllt wird, so dass beim ersten Ereignis der Behälter B_3 halbvoll und bei einer Wiederholung eines von beiden Ereignissen der Behälter voll gefüllt wird. Diese Regelungen sind Teil des Injektors, der in Abb. 2.9 auf S. 36 zur Ankopplung kontinuierlicher Prozesse an Eingangsereignisse eingeführt wurde. Der Behälter B_3 wird beim Ereignis e_5 vollständig entleert.

1. Beschreiben Sie das Verhalten des Batchprozesses für alle technisch möglichen Kombinationen von Ereignisfolgen durch einen Automaten $\mathcal{A}_{\text{R}}$. Ist dieser Automat deterministisch?

2. Eine Sicherheitsvorschrift fordert, dass die Heizung nur bei halb oder vollständig gefülltem Behälter B_3 angeschaltet werden darf und dass der Behälter B_3 nur entleert werden darf, wenn die Heizung abgeschaltet ist. Stellen Sie durch einen Automaten $\mathcal{A}_{\text{S}}$ dar, welche Ereignisfolgen zugelassen sind.

3. Bilden Sie den Produktautomaten $\mathcal{A}_{\text{R}} \times \mathcal{A}_{\text{S}}$ und kontrollieren Sie, dass der durch diesen Automaten dargestellte Prozess die Sicherheitsvorschriften einhält.

4. Der Batchprozess soll eine der folgenden Ereignisfolgen zyklisch durchlaufen:

$$e_1 \rightarrow e_2 \rightarrow e_3 \rightarrow e_4 \rightarrow e_5$$
$$e_2 \rightarrow e_1 \rightarrow e_3 \rightarrow e_4 \rightarrow e_5.$$

Beschreiben Sie diese Folgen durch einen Automaten $\mathcal{A}_{\text{B}}$.

5. Bilden Sie den Produktautomaten $\mathcal{A}_R \times \mathcal{A}_B$ und kontrollieren Sie, dass der Prozess in einer gewünschten Weise abläuft. □

Aufgabe 5.5*   *Akzeptor für Zeichenketten mit der Endung 11*

Gesucht ist ein Akzeptor für die Sprache über dem Alphabet $\Sigma = \{0, 1\}$, deren Zeichenketten aus einer geradzahligen Anzahl von Buchstaben bestehen und mit der Buchstabenfolge 11 enden. Bilden Sie diesen Akzeptor, indem Sie zunächst zwei unabhängige Akzeptoren für Zeichenketten mit geradzahliger Anzahl von Buchstaben bzw. Zeichenketten mit der Endung 11 aufstellen und anschließend den Produktautomaten bilden.

    Wie sieht der Automat aus, der Zeichenketten akzeptiert, die *entweder* eine geradzahlige Buchstabenanzahl *oder* die Endung 11 haben (oder beides)? □

Aufgabe 5.6   *Abgeschlossenheit regulärer Sprachen bezüglich der Mengenoperationen*

Betrachten Sie Sprachen über demselben Alphabet Σ. Kombiniert man zwei reguläre Sprachen $\mathcal{L}_1$ und $\mathcal{L}_2$ mit den bekannten Mengenoperationen $\cap$ (Durchschnitt), $\cup$ (Vereinigung), $\setminus$ (Differenz) oder $\bar{}$ (Komplement bezüglich Σ^*), dann erhält man wieder eine reguläre Sprache (vgl. S. 165). Man sagt deshalb, dass die Menge der regulären Sprachen abgeschlossen ist bezüglich dieser Mengenoperationen. Beweisen Sie diese Tatsache, indem sie aus den Akzeptoren der Sprachen $\mathcal{L}_1$ und $\mathcal{L}_2$ die Akzeptoren der Sprachen $\mathcal{L}_1 \cap \mathcal{L}_2$, $\mathcal{L}_1 \cup \mathcal{L}_2$, $\mathcal{L}_1 \setminus \mathcal{L}_2$ bzw. $\bar{\mathcal{L}_1}$ bilden.

    Hinweis: Entsprechend Gl. (5.7) erhält man den Akzeptor für $\mathcal{L}_1 \cap \mathcal{L}_2$ durch die Bildung des Produktes der Akzeptoren von $\mathcal{L}_1$ und $\mathcal{L}_2$. Zeigen Sie, dass sich die Akzeptoren der anderen betrachteten Sprachen vom Produkt nur um die Festlegung der Menge der Endzustände unterscheiden. □

5.2.3 Parallele Komposition

Die parallele Komposition von Automaten hat wie das Produkt das Ziel, die beiden gegebenen Automaten $\mathcal{A}_1$ und $\mathcal{A}_2$ zu synchronisieren, nur geschieht dies jetzt auf weniger strenge Weise.

Die parallele Komposition

$$\mathcal{A}_{||} = \mathcal{A}_1 || \mathcal{A}_2$$

ist eine Erweiterung des synchronen Produktes, bei der es den Automaten gestattet ist, Zustandsübergänge asynchron auszuführen, wenn diese Übergänge mit privaten Ereignissen verknüpft sind.

Deshalb kommen im Alphabet des Kompositionsautomaten

$$\mathcal{A}_{||} = (\mathcal{Z}, \Sigma_{||}, \delta_{||}, z_0, \mathcal{Z}_F) \tag{5.8}$$

auch die privaten Ereignisse der Komponenten vor:

$$\Sigma_{||} = \Sigma_1 \cup \Sigma_2. \tag{5.9}$$

Da die Zustände der Komponenten wiederum in jeder möglichen Kombination zueinander auftreten können, gelten die Beziehungen (5.1) – (5.3) wie beim Automatenprodukt. Für die Bewegung der Automaten wird in Bezug auf gemeinsame Ereignisse $\sigma \in \Sigma_1 \cap \Sigma_2$ wie beim synchronen Produkt gefordert, dass beide Komponenten einen Zustandsübergang ausführen. Private Ereignisse $\sigma \in \Sigma_1 \backslash \Sigma_2$ bzw. $\sigma \in \Sigma_2 \backslash \Sigma_1$ können unabhängig voneinander stattfinden und führen zu selbstständigen Bewegungen der Komponenten.

Bei der Bildung der Zustandsübergangsfunktion $\delta_{||}$ des Kompositionsautomaten muss man deshalb für jedes Zustandspaar (z_1, z_2) sowie jedes Ereignis σ vier Fälle unterscheiden:

- $\sigma \in \Sigma_1 \cap \Sigma_2$: Wenn sowohl $\delta_1(z_1, \sigma)$ als auch $\delta_2(z_2, \sigma)$ definiert ist, schalten beide Komponenten und es gilt

$$\delta_{||}\left(\begin{pmatrix} z_1 \\ z_2 \end{pmatrix}, \sigma \right) = \begin{pmatrix} \delta_1(z_1, \sigma) \\ \delta_2(z_2, \sigma) \end{pmatrix}.$$

Andernfalls ist $\delta_{||}((z_1 \ z_2)^{\mathrm{T}}, \sigma)$ nicht definiert.

- $\sigma \in \Sigma_1 \backslash \Sigma_2$: Wenn $\delta_1(z_1, \sigma)$ definiert ist, schaltet der Automat $\mathcal{A}_1$ aufgrund eines privaten Ereignisses, während der andere Automat in seinem Zustand verbleibt:

$$\delta_{||}\left(\begin{pmatrix} z_1 \\ z_2 \end{pmatrix}, \sigma \right) = \begin{pmatrix} \delta_1(z_1, \sigma) \\ z_2 \end{pmatrix}.$$

Andernfalls ist $\delta_{||}((z_1 \ z_2)^{\mathrm{T}}, \sigma)$ nicht definiert.

- $\sigma \in \Sigma_2 \backslash \Sigma_1$: Wenn $\delta_2(z_2, \sigma)$ definiert ist, schaltet der Automat $\mathcal{A}_2$ aufgrund eines privaten Ereignisses, während der andere Automat in seinem Zustand verbleibt:

$$\delta_{||}\left(\begin{pmatrix} z_1 \\ z_2 \end{pmatrix}, \sigma \right) = \begin{pmatrix} z_1 \\ \delta_2(z_2, \sigma) \end{pmatrix}.$$

Andernfalls ist $\delta_{||}((z_1 \ z_2)^{\mathrm{T}}, \sigma)$ nicht definiert.

Diese Definition von $\delta_{||}$ kann folgendermaßen zusammengefasst werden:

Parallele Komposition:

$$\delta_{||}\left(\begin{pmatrix} z_1 \\ z_2 \end{pmatrix}, \sigma \right) = \begin{cases} \begin{pmatrix} \delta_1(z_1, \sigma) \\ \delta_2(z_2, \sigma) \end{pmatrix} & \text{wenn } \delta_1(z_1, \sigma)! \text{ und } \delta_2(z_2, \sigma)! \\[2ex] \begin{pmatrix} \delta_1(z_1, \sigma) \\ z_2 \end{pmatrix} & \text{wenn } \sigma \notin \Sigma_2 \text{ und } \delta_1(z_1, \sigma)! \\[2ex] \begin{pmatrix} z_1 \\ \delta_2(z_2, \sigma) \end{pmatrix} & \text{wenn } \sigma \notin \Sigma_1 \text{ und } \delta_2(z_2, \sigma)! \\[2ex] \text{nicht definiert} & \text{sonst.} \end{cases} \qquad (5.10)$$

Der Unterschied zum Produktautomaten liegt also darin, dass das unabhängige Schalten der Automaten für die privaten Ereignisse zugelassen wird und damit nebenläufige Prozesse beschrieben werden können. Die Synchronisation wirkt nur bei gemeinsamen Ereignissen.

Spezialfälle. Zwei Spezialfälle sollen zur weiteren Charakterisierung der parallelen Komposition hier angegeben werden. Wenn beide Automaten dasselbe Alphabet haben ($\Sigma_1 = \Sigma_2$), so ist die parallele Komposition identisch zum Automatenprodukt, denn es gibt keine privaten Ereignisse:

$\|$ Für $\Sigma_1 = \Sigma_2$ gilt $\mathcal{A}_1 \| \mathcal{A}_2 = \mathcal{A}_1 \times \mathcal{A}_2$.

Haben die Automaten andererseits disjunkte Alphabete ($\Sigma_1 \cap \Sigma_2 = \emptyset$), so bewegen sich die Automaten in der parallelen Komposition vollkommen unabhängig voneinander.

Beispiel 5.3 *Parallele Komposition zweier Σ-Automaten*

Es wird jetzt die parallele Komposition der beiden Σ-Automaten aus Abb. 5.2 betrachtet. Dabei kann von dem nicht reduzierten, in Abb. 5.3 oben gezeigten Produkt ausgegangen werden, denn für die gemeinsamen Ereignisse verhält sich der Kompositionsautomat genauso wie der Produktautomat (bevor dieses aus Gründen der Erreichbarkeit reduziert wurde).

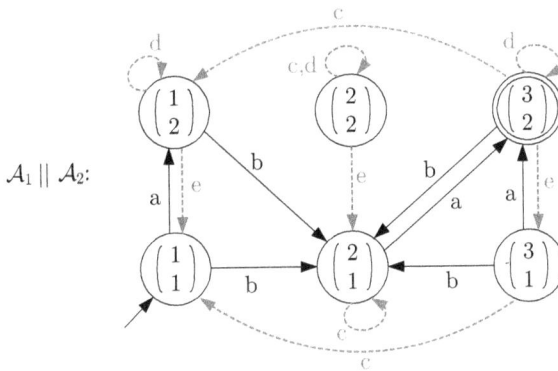

Abb. 5.9: Parallele Komposition der Σ-Automaten aus Abb. 5.2

Zusätzliche Kanten entstehen durch das asynchrone Schalten der beiden Komponenten. So schaltet der Automat $\mathcal{A}_1$ für das private Ereignis „c", wenn er sich entweder im Zustand 2 oder im Zustand 3 befindet. Dabei ist es gleichgültig, in welchem Zustand der Automat $\mathcal{A}_2$ ist. Die beiden c-Kanten im Automatengrafen von $\mathcal{A}_1$ führen deshalb auf vier Kanten im Automatengrafen der parallelen Komposition:

$$\begin{pmatrix} 2 \\ 2 \end{pmatrix} \xrightarrow{c} \begin{pmatrix} 2 \\ 2 \end{pmatrix}, \quad \begin{pmatrix} 2 \\ 1 \end{pmatrix} \xrightarrow{c} \begin{pmatrix} 2 \\ 1 \end{pmatrix}, \quad \begin{pmatrix} 3 \\ 2 \end{pmatrix} \xrightarrow{c} \begin{pmatrix} 1 \\ 2 \end{pmatrix}, \quad \begin{pmatrix} 3 \\ 1 \end{pmatrix} \xrightarrow{c} \begin{pmatrix} 1 \\ 1 \end{pmatrix}.$$

Auf ähnliche Weise ermittelt man die Zustandsübergänge für die privaten Ereignisse „d" und „e" des Automaten $\mathcal{A}_2$.

Das Ergebnis ist in Abb. 5.9 zu sehen. Aus diesem Automat kann der Zustand $(2, 2)^{\mathrm{T}}$ gestrichen werden, weil er vom Anfangszustand aus nicht erreichbar ist. Der im Produkt gestrichene Zustand $(3, 1)^{\mathrm{T}}$ ist bei der parallelen Komposition aufgrund der zusätzlichen Kanten jedoch erreichbar. □

Es wird jetzt untersucht, wie sich die Sprache $\mathcal{L}(\mathcal{A}_1 \| \mathcal{A}_2)$ des Kompositionsautomaten aus den Sprachen der beiden Komponenten $\mathcal{A}_1$ und $\mathcal{A}_2$ zusammensetzt. Der Zusammenhang ist nicht so einfach darzustellen wie beim Produkt und es muss zunächst der Begriff der Projektion einer Sprache eingeführt werden.

Natürliche Projektion. Es werden im Folgenden Sprachen über dem Alphabet Σ und über einer Teilmenge $\Sigma_1 \subseteq \Sigma$ dieses Alphabets betrachtet. Unter der *Projektion* P_{Σ_1} versteht man eine Funktion

$$P_{\Sigma_1} : \Sigma^* \to \Sigma_1^*,$$

die aus einer gegebenen Zeichenkette des Alphabets Σ diejenigen Buchstaben entfernt, die nicht zum Alphabet Σ_1 gehören. Das Ergebnis ist folglich eine Zeichenkette des Alphabets Σ_1. Diese Projektion, die auch als natürliche Projektion bezeichnet wird, ist folgendermaßen definiert:

$$P_{\Sigma_1}(\varepsilon) = \varepsilon$$
$$P_{\Sigma_1}(\sigma) = \begin{cases} \sigma & \text{wenn } \sigma \in \Sigma_1 \\ \varepsilon & \text{sonst} \end{cases}$$
$$P_{\Sigma_1}(V\sigma) = P_{\Sigma_1}(V) \cdot P_{\Sigma_1}(\sigma) \quad \text{für } V \in \Sigma^*, \ \sigma \in \Sigma. \tag{5.11}$$

Entsprechend der dritten Zeile wird P_{Σ_1} zeichenweise angewendet, wobei die zweite Zeile aussagt, dass alle nicht zum Alphabet Σ_1 gehörenden Buchstaben durch ε ersetzt werden.

Unter der inversen Projektion $P_{\Sigma_1}^{-1}$ einer Zeichenkette des Alphabets Σ_1 bezüglich des Alphabets $\Sigma \supseteq \Sigma_1$ versteht man das Hinzufügen von Zeichen aus Σ, die nicht zu Σ_1 gehören und folglich bei einer Projektion auf Σ_1 wieder gestrichen werden. Sie ist eine Abbildung

$$P_{\Sigma_1}^{-1} : \Sigma_1^* \to 2^{\Sigma^*}$$

mit der folgenden Definition:

$$P_{\Sigma_1}^{-1}(W) = \{V \in \Sigma^* \mid P_{\Sigma_1}(V) = W\}. \tag{5.12}$$

Die inverse Projektion fügt also beliebig viele Zeichen, die es nicht im Alphabet Σ_1 gibt, an beliebigen Stellen in die Zeichenkette $W \in \Sigma_1^*$ ein. Sie führt deshalb für jede Zeichenkette $W \in \Sigma_1^*$ auf eine *Menge* von Zeichenketten $V \in \Sigma^*$. $P_{\Sigma_1}^{-1}$ ist folglich eine Abbildung in die Potenzmenge 2^{Σ^*} von Σ^*, die jeder Zeichenkette $W \in \Sigma_1^*$ eine sehr große Menge von Zeichenketten $V \in \Sigma^*$ zuordnet.

Die Operationen Projektion und inverse Projektion, die hier für Zeichenketten definiert wurde, können auf Sprachen erweitert werden, indem man sie auf alle Elemente der Sprachen anwendet. Dabei heben sich beide Operationen erwartungsgemäß auf, wenn sie in der Reihenfolge

$$P_{\Sigma_1}(P_{\Sigma_1}^{-1}(\mathcal{L}_1)) = \mathcal{L}_1 \qquad (5.13)$$

stehen, wobei $\mathcal{L}_1 \subseteq \Sigma_1^*$ eine Sprache über dem Alphabet Σ_1 ist. Die durch die inverse Projektion eingefügten Zeichen werden durch die anschließende Projektion wieder gelöscht, so dass wieder die Sprache $\mathcal{L}_1$ entsteht.

In der entgegengesetzten Reihenfolge führen diese Operationen jedoch zu einer größeren Sprache:

$$P_{\Sigma_1}^{-1}(P_{\Sigma_1}(\mathcal{L})) \supseteq \mathcal{L}. \qquad (5.14)$$

Hier wird eine Sprache $\mathcal{L} \subseteq \Sigma^*$ zunächst auf das Alphabet Σ_1 projiziert und anschließend werden beliebige Buchstaben der Menge $\Sigma \setminus \Sigma_1$ an beliebigen Stellen in die resultierenden Zeichenketten eingefügt. Das Einfügen muss sich nicht auf die Positionen und die Buchstaben beziehen, die zuvor gelöscht wurden. Deshalb entsteht eine Obermenge der eingangs betrachteten Menge $\mathcal{L}$. Das folgende Beispiel illustriert diese Tatsache.

Beispiel 5.4 *Natürliche Projektion einer Sprache*

Es sei

$$\mathcal{L} = \{abc, c, cb\}$$

als Sprache über dem Alphabet $\Sigma = \{a, b, c\}$ gegeben. Die Projektion dieser Sprache auf das Alphabet $\Sigma_1 = \{a, b\}$ ergibt

$$P_{\Sigma_1}(\mathcal{L}) = \{ab, \varepsilon, b\}.$$

Wendet man hierauf die inverse Projektion an, so erhält man

$$
\begin{aligned}
P_{\Sigma_1}^{-1}(P_{\Sigma_1}(\mathcal{L})) &= P_{\Sigma_1}^{-1}(\{ab\}) \cup P_{\Sigma_1}^{-1}(\{\varepsilon\}) \cup P_{\Sigma_1}^{-1}(\{b\}) \\
&= \mathcal{L}(c^* a\, c^* b\, c^* + c^* + c^* bc^*) \\
&= \{ab, cab, cacb, cacbc, acbc, ..., c, cc, ..., b, cb, bc, ...\},
\end{aligned}
$$

wobei zur Darstellung des Ergebnisses in der vorletzten Zeile reguläre Ausdrücke verwendet wurden. Das Ergebnis entsteht dadurch, dass vor, zwischen und nach allen Buchstaben der Wörter aus $P_{\Sigma_1}(\mathcal{L})$ beliebig viele „c" eingefügt werden. Offenbar gilt Gl. (5.14).

In umgekehrter Reihenfolge kann man diese Operationen auf die Sprache

$$\mathcal{L}_1 = \{ab, \varepsilon, b\}$$

anwenden, die über dem Alphabet Σ_1 definiert ist. Dabei erhält man zunächst die über dem Alphabet Σ definierte Sprache

$$P_{\Sigma_1}^{-1}(\mathcal{L}_1) = \mathcal{L}(c^* a\, c^* b\, c^* + c^* + c^* b\, c^*).$$

Die Projektion auf das Alphabet Σ_1 eliminiert die soeben eingeführten „c"s, so dass entsprechend Gl. (5.13) die Sprache $\mathcal{L}_1$ zurückerhalten wird:

$$P_{\Sigma_1}(P_{\Sigma_1}^{-1}(\mathcal{L}_1)) = \mathcal{L}(ab + \varepsilon + b) = \{ab, \varepsilon, b\}. \;\square$$

Sprache des Kompositionsautomaten. Unter Verwendung der natürlichen Projektion kann jetzt die Sprache des Automaten $\mathcal{A}_\|$ beschrieben werden, der durch parallele Komposition aus den Automaten $\mathcal{A}_1$ und $\mathcal{A}_2$ entsteht und dessen Alphabet $\Sigma_\| = \Sigma_1 \cup \Sigma_2$ als Menge Σ bei der Anwendung der Projektion verwendet wird. Es gilt

> Sprache des Kompositionsautomaten: $\mathcal{L}(\mathcal{A}_1 \| \mathcal{A}_2) = P_{\Sigma_1}^{-1}(\mathcal{L}(\mathcal{A}_1)) \cap P_{\Sigma_2}^{-1}(\mathcal{L}(\mathcal{A}_2)).$

$$\hspace{11cm} (5.15)$$

Der Ausdruck $P_{\Sigma_1}^{-1}(\mathcal{L}(\mathcal{A}_1))$ ergibt eine Menge von Zeichenketten, die aus der Sprache des Automaten $\mathcal{A}_1$ durch Hinzufügen von Zeichen aus der Menge $\Sigma_2 \setminus \Sigma_1$ entsteht. Dementsprechend ergibt der Ausdruck $P_{\Sigma_2}^{-1}(\mathcal{L}(\mathcal{A}_2))$ eine Menge von Zeichenketten, die aus der Sprache des Automaten $\mathcal{A}_2$ durch Hinzufügen privater Ereignisse des Automaten $\mathcal{A}_1$ entstehen. Die Sprache des Kompositionsautomaten ist die Durchschnittsmenge dieser beiden Mengen, also die Menge derjenigen Zeichenketten, bei denen beide Automaten für gemeinsame Ereignisse synchron schalten und zwischendurch die Teilautomaten für ihre privaten Ereignisse asynchrone Zustandswechsel ausführen.

Zur Vereinfachung der Schreibweise definiert man als parallele Komposition $\mathcal{L}_1 \| \mathcal{L}_2$ der Sprache $\mathcal{L}_1$ über dem Alphabet Σ_1 mit der Sprache $\mathcal{L}_2$ über dem Alphabet Σ_2 diejenige Sprache, die bei der parallelen Komposition der Akzeptoren dieser beiden Sprachen entsteht:

$$\mathcal{L}_1 \| \mathcal{L}_2 = P_{\Sigma_1}^{-1}(\mathcal{L}_1) \cap P_{\Sigma_2}^{-1}(\mathcal{L}_2). \hspace{2cm} (5.16)$$

Da die parallele Komposition Einschränkungen in der Bewegung der Teilautomaten mit sich bringt, ist die Sprache des Kompositionsautomaten, wenn man sie auf das Alphabet eines Teilautomaten projiziert, kleiner als die Sprache des betreffenden Teilautomaten. Es gilt

$$\mathcal{L}(\mathcal{A}_i) \supseteq P_{\Sigma_i}(\mathcal{L}(\mathcal{A}_1 \| \mathcal{A}_2)), \quad i = 1, 2.$$

Anwendungsgebiet der parallelen Komposition. Die parallele Komposition von zwei oder mehreren Automaten ist die geeignete Kompositionsvorschrift, wenn die in allen Alphabeten gemeinsam auftretenden Ereignisse nur dann auch im Gesamtsystem auftreten, wenn sie in allen Teilsystemen gleichzeitige Zustandsübergänge auslösen und wenn sich die Teilsysteme darüber hinaus im Gesamtsystem asynchron entsprechend ihrer privaten Ereignisse bewegen können.

Eine wichtige Problemklasse, für die man die Teilsysteme auf diese Weise koppeln muss, ist die Klasse der Ressourcenzuteilungsprobleme. Diese zeichnen sich dadurch aus, dass sich die Teilsysteme entsprechend ihrer eigenen Dynamik asynchron bewegen, solange sie keine Ressourcen beanspruchen, die auch anderen Teilsystemen zugeteilt sein können. Im folgenden Beispiel ist ein Roboter eine solche Ressource, die immer nur eine von zwei Maschinen bedienen kann.

Beispiel 5.5   *Ressourcenzuteilung in der Fertigungszelle*

In einer Fertigungszelle sollen die auf zwei Bändern ankommenden Werkstücke durch einen Roboter auf zwei Maschinen verteilt werden (Abb. 5.10). Da nur ein Roboter für beide Maschinen zur Verfügung steht, muss eine Maschine gegebenenfalls warten, bis der Roboter frei ist, um das nächste Werkstück zu liefern.

Das Modell des Gesamtsystems wird jetzt in zwei Schritten aufgestellt, wobei im ersten Schritt die drei Automaten $\mathcal{M}_1$, $\mathcal{M}_2$ und $\mathcal{R}$ aufgestellt werden, die die beiden Maschinen und den Roboter getrennt beschreiben, und im zweiten Schritt die drei Automaten zum Modell des Gesamtsystems zusammengefügt werden. Abbildung 5.11 zeigt die drei Automaten, die als Ergebnis des ersten Schrittes entstehen. Die Ereignisse haben für $i = 1, 2$ folgende Bedeutung:

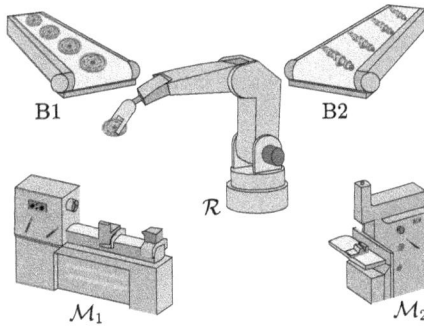

Abb. 5.10: Fertigungszelle mit zwei Bändern, zwei Maschinen und einem
Roboter

	Ereignis	Bedeutung
$\Sigma_i =$	R_i	Der Roboter bringt ein Werkstück zur Maschine i.
	$\bar{R}_i$	Der Roboter hat die Maschine i beliefert und geht in den Warte-zustand über.
	F_i	Die Maschine i hat die Bearbeitung eines Werkstücks beendet.

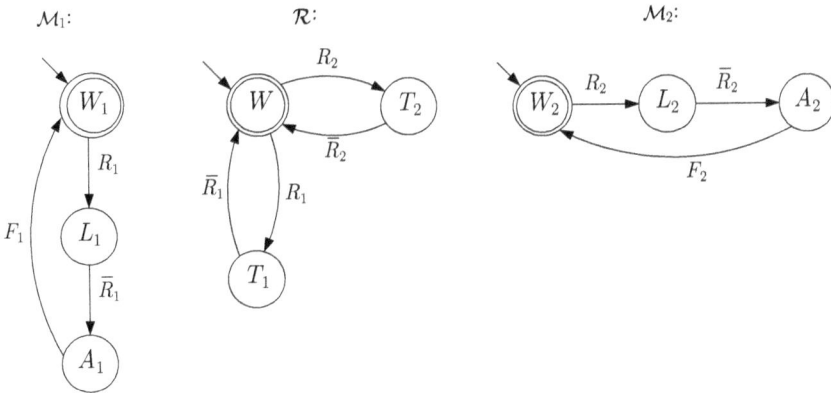

Abb. 5.11: Beschreibung der Maschinen und des Roboters durch
deterministische Σ-Automaten

Von diesen Ereignissen treten R_1 und $\bar{R}_1$ in den Beschreibungen des Roboters und der Maschine 1 auf, während R_2 und $\bar{R}_2$ in den Modellen des Roboters und der Maschine 2 vorkommen. Die Zustände der drei Automaten haben folgende Bedeutungen:

	Zustand	Bedeutung	
$\mathcal{Z}_i =$	W_i	Die Maschine i befindet sich im Wartezustand.	$, \quad i = 1, 2$
	L_i	Die Maschine i wird mit einem Werkstück beladen.	
	A_i	Die Maschine i bearbeitet das Werkstück.	

$$\mathcal{Z}_{\mathrm{R}} = \begin{array}{|c|l|} \hline \text{Zustand} & \text{Bedeutung} \\ \hline W & \text{Der Roboter befindet sich im Wartezustand.} \\ T_1 & \text{Der Roboter belädt die Maschine 1.} \\ T_2 & \text{Der Roboter belädt die Maschine 2.} \\ \hline \end{array}$$

Das Gesamtmodell wird jetzt in zwei Schritten als parallele Komposition der drei Automaten gebildet. Die parallele Komposition ist die dafür geeignete Operation, weil die Maschinen die privaten Ereignisse F_1 und F_2 ausführen können, ohne sich untereinander und den Roboter zu beeinflussen. Andererseits sind jeweils eine Maschine und der Roboter gemeinsam an den Ereignissen beteiligt, bei denen der Roboter eine der beiden Maschinen mit dem nächsten Werkstück belädt.

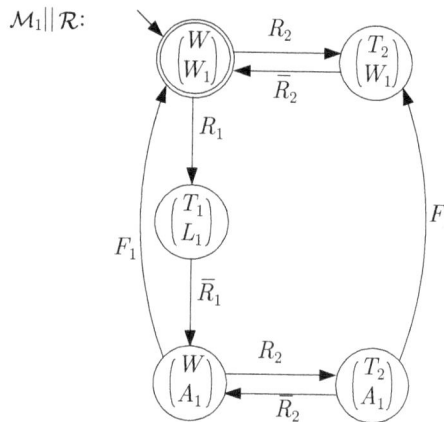

Abb. 5.12: Parallele Komposition der Automaten $\mathcal{M}_1$ und $\mathcal{R}$

Die parallele Komposition des Automaten $\mathcal{M}_1$ der Maschine 1 und des Automaten $\mathcal{R}$ des Roboters führt auf den in Abb. 5.12 gezeigten Kompositionsautomaten. Der Zustand dieses Automaten ist als Vektor notiert, dessen erste Komponente den Zustand des Roboters und dessen zweite Komponente den Maschinenzustand angibt. Die mit R_1 und $\bar{R}_1$ beschrifteten Zustandsübergänge betreffen den Beladevorgang der Maschine 1 durch den Roboter, bei denen beide Geräte beteiligt sind und sich synchron verhalten. Die Ereignisse R_2 und $\bar{R}_2$ treten in dem Modell auf, obwohl sie zum Beladevorgang für die Maschine 2 gehören, weil das Modell auch die Bewegungen des Roboters wiedergibt, die nichts mit der Maschine 1 zu tun haben.

Die parallele Komposition des Automaten $\mathcal{M}_1 \| \mathcal{R}$ mit dem Automaten $\mathcal{M}_2$ führt auf den in Abb. 5.13 gezeigten Automaten, dessen Zustand in der dritten Komponente die Zustände der Maschine 2 enthält. In der „senkrechten" Bewegung beschreibt der Automat den Beladevorgang der Maschine 1 und in der „waagerechten" Bewegung das Beladen von Maschine 2. Beide Maschinen können die mit den Ereignissen F_1 bzw. F_2 zusammenhängenden Zustandsübergänge unabhängig von den anderen Komponenten ausführen.

Diskussion. Die parallele Komposition ist eine kommutative Operation, d. h., man kann die drei Automaten $\mathcal{M}_1$, $\mathcal{M}_2$ und $\mathcal{R}$ in beliebiger Reihenfolge kombinieren und kommt dabei zum selben Ergebnis. Bildet man zunächst $\mathcal{M}_1 \| \mathcal{M}_2$, so erhält man einen Automaten, in dem sämtliche Bewegungen der beiden Maschinen in beliebiger Reihenfolge vorkommen, weil die Ereignismengen beider Automaten disjunkt sind

$\mathcal{M}_1\|\mathcal{R}\|\mathcal{M}_2$:

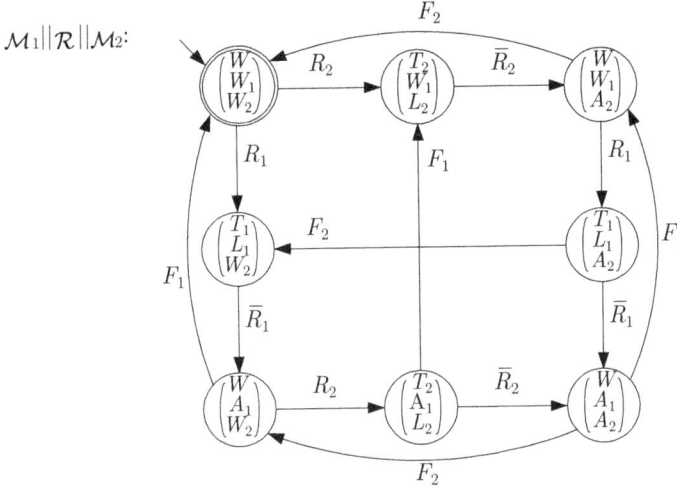

Abb. 5.13: Parallele Komposition der Automaten, die beide Maschinen und den Roboter beschreiben

$$\Sigma_{\mathcal{M}_1} \cap \Sigma_{\mathcal{M}_2} = \emptyset.$$

Dies spiegelt die Tatsache wider, dass die Bewegung der beiden Maschinen nur über den Roboter gekoppelt ist. Die Synchronisation erfolgt also erst beim zweiten Kompositionsschritt, bei dem der Automat $(\mathcal{M}_1\|\mathcal{M}_2)\|\mathcal{R}$ des Gesamtsystems gebildet wird. $\square$

Aufgabe 5.7*   *Verhalten zweier Werkzeugmaschinen mit Warteschlangen*

Es werden zwei Werkzeugmaschinen betrachtet, die aufeinander folgende Bearbeitungsschritte ausführen. Zur Zwischenlagerung besitzen beide Maschinen je eine Warteschlange mit drei bzw. zwei Plätzen (Abb. 5.14). Wenn die linke Warteschlange voll besetzt ist, werden weitere Werkstücke abgewiesen. Ist die rechte Warteschlange gefüllt, wartet die Maschine M_1 nach der Bearbeitung eines Werkstücks auf das Freiwerden eines Platzes in der Warteschlange vor M_2, auf den das bearbeitete Werkstück dann abgelegt wird.

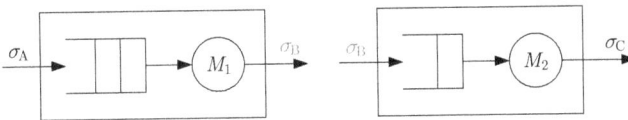

Abb. 5.14: Zwei Werkzeugmaschinen mit Warteschlangen

Beschreiben Sie die beiden Maschinen mit ihren Warteschlangen unabhängig voneinander durch je einen Automaten. Welcher Kompositionsoperator muss verwendet werden, um aus diesen Automaten ein Modell des Gesamtsystems zu bilden? Wenden Sie diesen Kompositionsoperator an und überprüfen Sie das Ergebnis im Hinblick darauf, dass es die beiden gekoppelten Maschinen richtig beschreibt. $\square$

Aufgabe 5.8   *Parallele Komposition von Automaten mit disjunkten Alphabeten*

Die Sprachen $\mathcal{L}_1$ und $\mathcal{L}_2$ seien über disjunkte Alphabete Σ_1 und Σ_2 definiert. Welche Sprache akzeptiert der Automat, der durch die parallele Komposition der Akzeptoren der beiden Sprachen entsteht? □

5.2.4 Eigenschaften der Kompositionsoperatoren

Die hier eingeführten Kompositionsoperatoren behandeln beide Automaten gleichberechtigt, so dass es auch gleichgültig ist, in welcher Reihenfolge man die Automaten miteinander verknüpft. Dies schlägt sich in der Kommutativität der Operationen nieder:

$$\mathcal{A}_1 \times \mathcal{A}_2 = \mathcal{A}_2 \times \mathcal{A}_1$$
$$\mathcal{A}_1 \| \mathcal{A}_2 = \mathcal{A}_2 \| \mathcal{A}_1.$$

Außerdem sind beide Operatoren assoziativ:

$$(\mathcal{A}_1 \times \mathcal{A}_2) \times \mathcal{A}_3 = \mathcal{A}_1 \times (\mathcal{A}_2 \times \mathcal{A}_3)$$
$$(\mathcal{A}_1 \| \mathcal{A}_2) \| \mathcal{A}_3 = \mathcal{A}_1 \| (\mathcal{A}_2 \| \mathcal{A}_3).$$

Wenn man wie bei einer Master-Slave-Beziehung Automaten so kombinieren will, dass ein Automat die Ereignisse vorgibt und der zweite entsprechend dieser Ereignisse schaltet, muss man sich bei der Verwendung der hier behandelten Operatoren damit behelfen, die Ereignisse entsprechend zu benennen und im Slave-Automaten die privaten Ereignisse zu streichen. Da dies aufwändig ist, sind in der Literatur weitere Kompositionsoperatoren definiert worden, die die hier geschilderte sowie weitere Priorisierungen bei der Zusammenschaltung beachten. Bei diesen Operatoren sind die zu verknüpfenden Automaten nicht mehr gleichberechtigt und die Operatoren sind nicht mehr kommutativ und assoziativ.

Das Prinzip, Kopplungen über Ereignisse desselben Namens herzustellen, hat einen wesentlichen Nachteil bei der Modellbildung. Man kann die Komponentenmodelle nicht mehr unabhängig voneinander aufstellen, weil man bereits bei der Modellierung der Teilsysteme die Kopplungen im Blick haben und zwischen privaten und gemeinsamen Ereignissen unterscheiden muss. Ein Ausweg besteht darin, die Komponenten zunächst mit disjunkten Ereignismengen darzustellen und hinterher die Gleichheit von ausgewählten Ereignissen einzuführen.

5.3 Zusammenschaltung von E/A-Automaten

5.3.1 Modellierungsziel

Bei der Zusammenschaltung von E/A-Automaten erfolgt die Kopplung der Komponenten über die diskreten Eingangs- und Ausgangssignale, wobei das Ausgangssignal des einen Automaten als Eingangssignal eines anderen Automaten wirkt (Abb. 5.15). Die Konsequenzen der Kopplungen schlagen sich in den Eigenschaften des E/A-Automaten nieder, der die Verkopplung der Komponenten als Ganzes beschreibt.

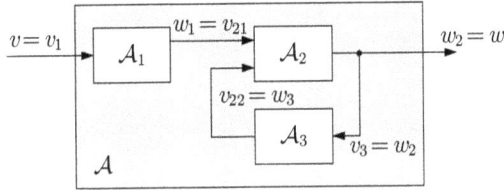

Abb. 5.15: Zusammenschaltung von E/A-Automaten

Dies wird hier für die Verkopplung zweier deterministischer Automaten

$$\mathcal{A}_1 = (\mathcal{Z}_1, \mathcal{V}_1, \mathcal{W}_1, G_1, H_1, z_{10})$$
$$\mathcal{A}_2 = (\mathcal{Z}_2, \mathcal{V}_2, \mathcal{W}_2, G_2, H_2, z_{20})$$

zum Gesamtautomaten

$$\mathcal{A} = (\mathcal{Z}, \mathcal{V}, \mathcal{W}, G, H, z_0)$$

erläutert. Die angegebenen Kompositionsregeln können nacheinander auf mehrere E/A-Automaten angewendet werden, so dass die Beschränkung auf zwei Automaten keine Einschränkung der Allgemeinheit bedeutet. Auch eine Verallgemeinerung für nichtdeterministische Automaten ist möglich.

Mit der Reihenschaltung und der Rückführschaltung werden in den nächsten zwei Abschnitten die zwei wichtigsten Verschaltungsmöglichkeiten von E/A-Automaten behandelt. Anschließend wird gezeigt, wie die Zusammenschaltung von E/A-Automaten im allgemeinsten Fall aussieht.

5.3.2 Reihenschaltung

Bei der Reihenschaltung der Automaten $\mathcal{A}_1$ und $\mathcal{A}_2$ gemäß Abb. 5.16 wirkt die Ausgabe des Automaten $\mathcal{A}_1$ als Eingabe des Automaten $\mathcal{A}_2$:

$$v_2(k) = w_1(k). \tag{5.17}$$

Dies bedeutet, dass man bei der Berechnung des Gesamtautomaten $\mathcal{A}$ von der Vorstellung ausgehen muss, dass zunächst der Automat $\mathcal{A}_1$ in Abhängigkeit von dessen Eingabe $v_1(k)$ schaltet, dabei die Ausgabe $w_1(k)$ erzeugt und anschließend der Automat $\mathcal{A}_2$ einen Zustandsübergang entsprechend seiner Eingabe $v_2(k)$ ausführt. Trotz dieses Nacheinanders werden beide Zustandsübergänge im Automaten $\mathcal{A}$ als synchrone Übergänge beschrieben. Die Vorstellung von einem kurzzeitigen Nacheinander der Zustandsübergänge ist übrigens nur für Mealy-Automaten notwendig, denn bei Moore-Automaten steht die Ausgabe $w(k)$ in keinem direkten Zusammenhang zur Eingabe $v(k)$ und ist deshalb bereits vor dem Erscheinen der Eingabe $v(k) = w_1(k)$ bekannt.

Die Reihenschaltung der Automaten $\mathcal{A}_1$ und $\mathcal{A}_2$ wird durch die Operation $\circ$ dargestellt

$$\mathcal{A} = \mathcal{A}_2 \circ \mathcal{A}_1,$$

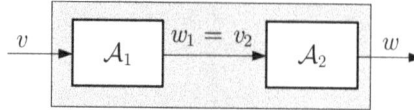

Abb. 5.16: Reihenschaltung zweier Automaten

wobei der in Signalrichtung zuerst erreichte Automat $\mathcal{A}_1$ „hinten" steht (vgl. Gl. (2.5) auf S. 29).

Wie bei der Kopplung von Σ-Automaten wird als Zustandsmenge des Kompositionsautomaten das kartesische Produkt der Zustandsmengen der Komponenten angesetzt

$$\mathcal{Z} = \mathcal{Z}_1 \times \mathcal{Z}_2,$$

auch wenn aus dieser Menge später nicht erreichbare Zustände gestrichen werden können. Die Zustände des Automaten $\mathcal{A}$ haben deshalb die vektorielle Darstellung

$$\boldsymbol{z} = \begin{pmatrix} z_1 \\ z_2 \end{pmatrix}.$$

Für den Anfangszustand gilt

$$\boldsymbol{z}_0 = \begin{pmatrix} z_{10} \\ z_{20} \end{pmatrix}.$$

Die gesuchte Zustandsübergangsfunktion G des Automaten $\mathcal{A}$ dient zur Berechnung des Zustands $\boldsymbol{z}(k+1)$ entsprechend der Beziehung

$$\boldsymbol{z}(k+1) = \begin{pmatrix} z_1(k+1) \\ z_2(k+1) \end{pmatrix} = G\left(\begin{pmatrix} z_1(k) \\ z_2(k) \end{pmatrix}, v(k) \right).$$

Aus den beiden Teilautomaten $\mathcal{A}_1$ und $\mathcal{A}_2$ kennt man die Nachfolgezustände $z_1(k+1)$ und $z_2(k+1)$

$$z_1(k+1) = G_1(z_1(k), v_1(k))$$
$$z_2(k+1) = G_2(z_2(k), v_2(k)),$$

deren Berechnung sich aufgrund der Verkopplung (5.17) und der Ausgabegleichung des Automaten $\mathcal{A}_1$

$$w_1(k) = H_1(z_1(k), v_1(k))$$

folgendermaßen umformen lässt:

$$z_1(k+1) = G_1(z_1(k), v(k))$$
$$z_2(k+1) = G_2(z_2(k), H_1(z_1(k), v(k))).$$

Für die Ausgabefunktion H des Kompositionsautomaten $\mathcal{A}$ erhält man auf demselben Wege die Beziehung

$$w(k) = H_2(z_2(k), H_1(z_1(k), v(k))).$$

Reihenschaltung $\mathcal{A}_2 \circ \mathcal{A}_1$ von E/A-Automaten:

$$G\left(\begin{pmatrix} z_1 \\ z_2 \end{pmatrix}, v\right) = \begin{cases} \begin{pmatrix} G_1(z_1, v) \\ G_2(z_2,\, H_1(z_1, v)) \end{pmatrix} & \text{wenn } G_1(z_1, v)!,\, G_2(z_2, H_1(z_1, v))! \\[2ex] \text{nicht definiert} & \text{sonst.} \end{cases}$$

$$H\left(\begin{pmatrix} z_1 \\ z_2 \end{pmatrix}, v\right) = \begin{cases} H_2(z_2,\, H_1(z_1, v)) & \text{wenn } H_2(z_2, H_1(z_1, v))! \\[2ex] \text{nicht definiert} & \text{sonst.} \end{cases}$$

(5.18)

Wenn $\mathcal{A}_1$ ein Moore-Automat ist, entfällt der Eingang $v(k)$ als Argument der Funktion H_1.

Die Reihenschaltung ist assoziativ

$$(\mathcal{A}_1 \circ \mathcal{A}_2) \circ \mathcal{A}_3 = \mathcal{A}_1 \circ (\mathcal{A}_2 \circ \mathcal{A}_3),$$

aber nicht kommutativ:

$$\mathcal{A}_1 \circ \mathcal{A}_2 \neq \mathcal{A}_2 \circ \mathcal{A}_1.$$

Beispiel 5.6 *Modellierung eines Schieberegisters*

Betrachtet wird ein Schieberegister mit drei Speicherzellen und binärem Eingangs- und Ausgangssignal (Abb. 5.17). In jedem Zeittakt wird der Speicherinhalt der rechten (letzten) Speicherzelle ausgegeben, der Inhalt der beiden linken Zellen in die jeweils rechts benachbarten Zelle geschrieben und die Eingabe in die erste Speicherzelle übertragen. Am Anfang steht in allen Speicherzellen eine Null.

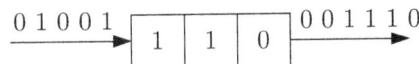

$$0\ 1\ 0\ 0\ 1 \quad \boxed{1\ \vert\ 1\ \vert\ 0} \quad 0\ 0\ 1\ 1\ 0$$

Abb. 5.17: Schieberegister mit drei Speichern

Jede Speicherzelle kann durch einen E/A-Automaten $\mathcal{A}_i$, $(i = 1, 2, 3)$ mit zwei Zuständen beschrieben werden. Die drei Automaten sind wie in Abb. 5.18 gezeigt miteinander verkoppelt.

Die Zusammenfassung der beiden linken Komponenten des Schieberegisters führt auf den Automaten

$$\mathcal{A}_{12} = (\mathcal{Z}_{12}, \mathcal{V}, \mathcal{W}_2, G_{12}, H_{12}, z_{120}) = \mathcal{A}_2 \circ \mathcal{A}_1$$

mit der Zustandsmenge

$$\mathcal{Z}_{12} = \mathcal{Z}_1 \times \mathcal{Z}_2,$$

deren Elemente die Speicherinhalte der beiden linken Zellen wiedergeben. Im Automatengrafen sind diese Zustände durch die Symbole 00, 01, 10 und 11 veranschaulicht, wobei beim Zustand 01 in der linken Speicherzelle eine Null und in der mittleren Zelle eine Eins steht.

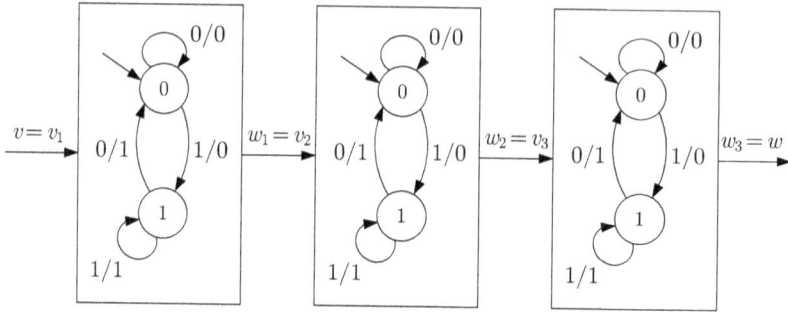

Abb. 5.18: Darstellung des Schieberegisters als Reihenschaltung dreier
E/A-Automaten

Die Zustandsübergangsfunktion G_{12} und die Ausgabefunktion H_{12} werden entsprechend Gl. (5.18) bestimmt. Für $z_1(k) = 1$, $z_2(k) = 0$ und $v(k) = 0$ erhält man

$$G_{12}\left(\begin{pmatrix} 1 \\ 0 \end{pmatrix}, 0\right) = \begin{pmatrix} G_1(1,0) \\ G_2(0, H_1(1,0)) \end{pmatrix}$$

$$= \begin{pmatrix} G_1(1,0) \\ G_2(0,1) \end{pmatrix}$$

$$= \begin{pmatrix} 0 \\ 1 \end{pmatrix}$$

wobei man die Werte für $G_1(1,0) = 0$, $H_1(1,0) = 1$ und $G_2(0,1) = 1$ aus den Grafen der Teilautomaten abliest. Für den Wert der Ausgabefunktion ergibt sich

$$H_{12}\left(\begin{pmatrix} 1 \\ 0 \end{pmatrix}, 0\right) = H_2(0, H_1(1,0))$$

$$= H_2(0,1)$$

$$= 0.$$

Dementsprechend gibt es im Grafen des Automaten $\mathcal{A}_{12}$ die Kante $10 \xrightarrow{0/0} 01$. Die anderen Werte der Funktionen G_{12} und H_{12} und damit die anderen Kanten des Automatengrafen ermittelt man in derselben Weise. Man beachte, dass an den Kanten des Automatengrafen die Paare v/w_2 stehen, weil die betrachtete Reihenschaltung die Eingabe v und die Ausgabe w_2 besitzt.

Der Gesamtautomat entsteht, wenn man den Automaten aus Abb. 5.19 mit dem Teilautomaten für die rechte Speicherzelle kombiniert:

$$\mathcal{A} = \mathcal{A}_3 \circ \mathcal{A}_{12}.$$

Das Ergebnis ist in Abb. 5.20 zu sehen. Der Zustand beschreibt den Inhalt der drei Speicherzellen, wobei die Werte der linken, mittleren und rechten Zelle direkt nebeneinander geschrieben wurden. An den Kanten des Automatengrafen steht die Eingabe v und die Ausgabe w des Schieberegisters. Die internen Signale v_2, v_3, w_1 und w_2 sind nicht mehr zu sehen. $\square$

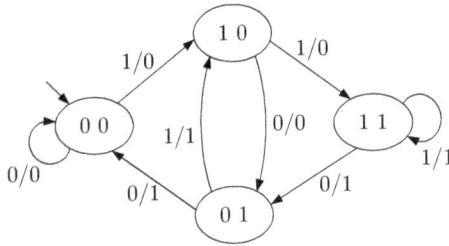

Abb. 5.19: Zusammenfassung der beiden linken E/A-Automaten des Schieberegisters zum Automaten $\mathcal{A}_{12}$

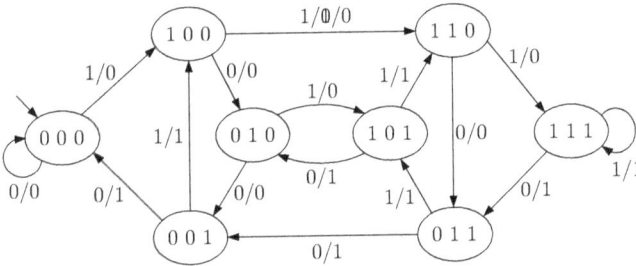

Abb. 5.20: Darstellung des gesamten Schieberegisters als deterministischer E/A-Automat

5.3.3 Rückführautomat

Als zweite Verkopplungsart von E/A-Automaten wird der Automat $\mathcal{A}_1$ betrachtet, dessen Ausgabe w_1 gemäß Abb. 5.21 auch als Eingabe v_1 wirkt:

$$v_1(k) = w_1(k). \tag{5.19}$$

Als Ergebnis entsteht ein autonomer Automat

$$\mathcal{A} = (\mathcal{Z}, \mathcal{W}, G, H, z_0),$$

der gegenüber der Definition (3.3) um einen Ausgang erweitert ist und der dieselbe Zustandsmenge und denselben Anfangszustand wie der Automat $\mathcal{A}_1$ hat:

$$\mathcal{Z} = \mathcal{Z}_1$$
$$z_0 = z_{10}.$$

Rückführung eines Moore-Automaten. Die Berechnung von $\mathcal{A}$ wird zunächst für einen Moore-Automaten mit der Ausgabefunktion

$$w_1(k) = H_1(z_1(k))$$

behandelt. Setzt man diese Beziehung entsprechend Gl. (5.19) in die Zustandsübergangsfunktion G_1 des Automaten $\mathcal{A}_1$ ein, so erhält man für den Zustand $z(k)$ die Beziehung

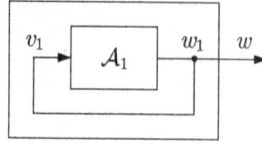

Abb. 5.21: Rückführautomat

$$z(k+1) = G_1(z(k), H_1(z(k))).$$

Die Zustandsübergangsfunktion G und dementsprechend die Ausgabefunktion H des Rückführautomaten ergeben sich aus den Funktionen G_1 und H_1 des Automaten $\mathcal{A}_1$ also entsprechend der Beziehung

$$\boxed{\text{Rückführung eines Moore-Automaten}: \quad \begin{aligned} G(z) &= G_1(z, H_1(z)) \\ H(z) &= H_1(z), \end{aligned}} \tag{5.20}$$

wobei der Zeitzähler k weggelassen wurde, weil er bei der Berechnung von G keine Rolle spielt. Der Rückführautomat existiert für beliebige Moore-Automaten $\mathcal{A}_1$.

Beispiel 5.7 *Rückführung eines Moore-Automaten*

Der im linken Teil der Abb. 5.22 gezeigte Automat $\mathcal{A}_1$ ist ein Moore-Automat mit

$$H_1 = \begin{array}{|c|c|} \hline w_1 & z_1 \\ \hline 1 & 1 \\ 2 & 2 \\ 1 & 3 \\ \hline \end{array}.$$

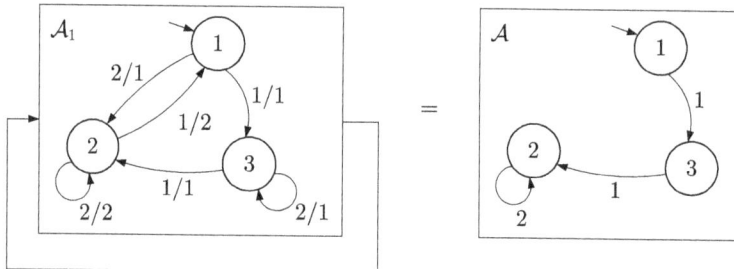

Abb. 5.22: Moore-Automat mit Rückkopplung

Die Zustandsübergangsfunktion des Rückführautomaten kann man entsprechend Gl. (5.20) berechnen:

$$\begin{aligned} G(1) &= G_1(1, H_1(1)) = G_1(1,1) = 3 \\ G(2) &= G_1(2, H_1(2)) = G_1(2,2) = 2 \\ G(3) &= G_1(3, H_1(3)) = G_1(3,1) = 2. \end{aligned}$$

Der Graf dieses Automaten ist im rechten Teil von Abb. 5.22 gezeigt. Da der Rückführautomat keinen Eingang hat, sind die Kanten nur mit der Ausgabe bewertet.

Vergleicht man die beiden Automatengrafen in Abb. 5.22, so wird offensichtlich, dass der rechte Graf aus dem linken dadurch entsteht, dass man alle Kanten streicht, deren E/A-Paar v_1/w_1 nicht die Rückführbedingung (5.19) erfüllt. $\square$

Rückführung eines Mealy-Automaten. Die Berechnung wird aufwändiger, wenn der Automat $\mathcal{A}_1$ ein Mealy-Automat ist, weil dann die Ausgabe

$$w_1(k) = H_1(z_1(k), v_1(k))$$

von der zur selben Zeit anliegenden Eingabe $v_1(k)$ abhängt, die ihrerseits aufgrund der Rückführung gleich $w_1(k)$ sein muss. Setzt man die Koppelbeziehung (5.19) in die Ausgabegleichung des Mealy-Automaten ein, so erhält man die Beziehung

$$w_1(k) = H_1(z(k), w_1(k)),$$

in der die Ausgabe $w_1(k)$ auf beiden Seiten der Gleichung steht und hier schon der Zustand $z(k)$ des Rückführautomaten eingesetzt wurde. Ob diese Gleichung eine Lösung $w_1(k)$ besitzt, hängt von den Eigenschaften der Funktion H_1 ab. Diese Eigenschaften sind vom betrachteten Zeitpunkt k unabhängig, so dass man den Zeitindex weglassen und die Gleichung

$$w_1 = H_1(z, w_1), \tag{5.21}$$

betrachten kann.

Die Existenz des Rückführautomaten hängt von der eindeutigen Lösbarkeit dieser Gleichung ab, denn wenn die Gleichung mehrere Lösungen besitzt, gibt es für einen Zustand z mehrere mögliche Werte für das Rückführsignal und dementsprechend mehrere mögliche Zustandsübergänge. Der Rückführautomat ist dann kein deterministischer, sondern ein nichtdeterministischer Automat. Mit der Wohldefiniertheit führt man deshalb eine Eigenschaft ein, die sichert, dass aus einem deterministischen Automaten durch die Rückführung wieder ein deterministischer Automat entsteht.

Definition 5.1 *Ein Rückführautomat heißt wohldefiniert, wenn die implizite Gleichung (5.21) für alle Zustände $z \in \mathcal{Z}_1$ des Automaten $\mathcal{A}_1$ genau eine Lösung $w_1 \in \mathcal{W}_1$ besitzt.*

Wenn der Rückführautomat wohldefiniert ist, gibt es eine Funktion H, die jedem Zustand z genau einen Wert w_1 zuordnet, so dass das Paar (z, w_1) die Gl. (5.21) erfüllt:

$$w_1 = H(z). \tag{5.22}$$

Diese Funktion ist die gesuchte Ausgabefunktion des Rückführautomaten. Die Zustandsübergangsfunktion erhält man dann durch Einsetzen von H in G_1:

$$
\boxed{
\begin{array}{l}
\text{Rückführung eines Mealy-Automaten :} \\[4pt]
G(z) = G_1(z, H(z)) \quad \text{mit der Funktion } H \text{ aus Gl. (5.22)}
\end{array}
}
\tag{5.23}
$$

Für den Automatengrafen bedeutet dies, dass von jedem Zustand z genau eine Kante ausgeht, die mit dem E/A-Paar v_1/w_1 mit $v_1 = w_1$ beschriftet ist, wobei beide Werte mit w_1 aus Gl. (5.22) übereinstimmten. Streicht man alle anderen Kanten aus dem Grafen, so erhält man den Grafen des Rückführautomaten.

Beispiel 5.8 *Rückführung eines Mealy-Automaten*

Die Eigenschaften des in Abb. 5.23 gezeigten Automaten hängen von den Werten a und b ab, die die Ausgaben bei den Zustandsübergängen $1 \rightarrow 2$ und $1 \rightarrow 3$ beschreiben. Die Ausgabefunktion hat folgende Wertetabelle:

$$
H_1 =
\begin{array}{|c|c|c|}
\hline
w_1 & z_1 & v_1 \\
\hline
a & 1 & 1 \\
b & 1 & 2 \\
2 & 2 & 1 \\
2 & 2 & 2 \\
1 & 3 & 1 \\
1 & 3 & 2 \\
\hline
\end{array}
\quad .
$$

Für die Zustände 2 und 3 sind die Funktionswerte von H_1 gegenüber dem Beispiel 5.7 unverändert geblieben; sie müssen hier nur mit dem zusätzlichen Argument v_1 aufgeführt werden.

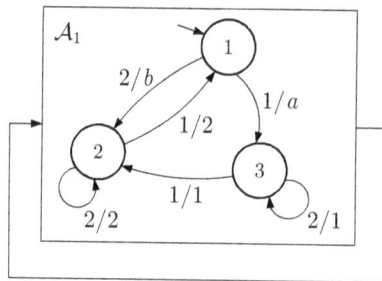

Abb. 5.23: Mealy-Automat mit Rückkopplung

Der Rückführautomat ist genau dann wohldefiniert, wenn

$$
a = b = 1 \quad \text{oder} \quad a = b = 2
\tag{5.24}
$$

gilt. Auf den Automatengrafen bezogen gibt es in beiden Fällen genau eine vom Zustand 1 ausgehende Kante, die durch ein E/A-Paar v_1/w_1 mit $v_1 = w_1$ bewertet ist. Im ersten Fall stimmt der Automat $\mathcal{A}_1$ mit dem aus Abb. 5.22 überein und es entsteht wieder der dort angegebene Rückführautomat $\mathcal{A}$. Im zweiten Fall erfüllt die Kante $1 \xrightarrow{2/2} 2$ die Bedingung (5.21) und der Graf des Rückführautomaten enthält anstelle der Kante $1 \rightarrow 3$ die Kante $1 \rightarrow 2$.

Diskussion. Bei diesem einfachen Beispiel führt die Existenzbedingung für den Rückführautomaten dazu, dass der Automat $\mathcal{A}_1$ wiederum ein Moore-Automat ist. Dies liegt an der Tatsache, dass es sich hier um ein sehr einfaches Beispiel mit den kleinen Mengen $\mathcal{V}_1 = \mathcal{W}_1 = \{1, 2\}$ und vollständig definierten Funktionen G_1 und H_1 handelt. Bei umfangreicheren Beispielen kann der rückgeführte Automat ein Mealy-Automat sein. Die Existenzbedingung für den Rückführautomaten fordert lediglich, dass es von jedem Zustand aus genau einen Zustandsübergang gibt, dessen E/A-Paar die Bedingung $v_1 = w_1$ erfüllt. $\square$

Anwendungsgebiet der Rückführautomaten. Rückführautomaten entstehen bei der kompositionalen Modellbildung überall dort, wo in dem zu beschreibenden System eine Informationsrückkopplung von einem in Signalrichtung weiter hinten liegenden Teilsystem auf ein weiter vorn liegendes Teilsystem besteht. Dabei liegen häufig mehrere Teilsystem zwischen dem Anfangs- und dem Endpunkt der Rückkopplung. Wenn man die Reihenschaltung dieser Teilsysteme zusammenfasst, erhält man für das rückgekoppelte System die in Abb. 5.21 gezeigte Struktur, auf die die in diesem Abschnitt behandelten Kompositionsregeln angewendet werden müssen.

In diesem Zusammenhang stellt sich die Frage, warum es vorkommen kann, dass der dabei entstehende Rückführautomat nicht wohldefiniert ist. Die Ursache dafür ist häufig in der Abstraktion begründet, mit der dynamische Systeme durch ereignisdiskrete Modelle dargestellt werden. Dabei kann es vorkommen, dass bei der Betrachtung der isolierten Teilsysteme die verwendete Beschreibung plausibel erscheint, sich jedoch bei der Verkopplung der Teilsysteme herausstellt, dass die gewählte Abstraktion auf Widersprüche zwischen den Aussagen der Teilsysteme führt, was sich darin äußert, dass Gl. (5.21) nicht für alle Zustände eine eindeutige Lösung besitzt. Dies ist vor allem dann der Fall, wenn die zeitliche Aufeinanderfolge der Erzeugung von Eingaben und Ausgaben bei der Modellbildung verloren gegangen ist, weil bei den hier betrachteten nicht zeitbewerteten Automaten das Erscheinen der Eingabe, der Zustandswechsel und die Erzeugung der Ausgabe zum selben Zeitpunkt vor sich gehen. Wenn aus diesen Gründen die Ausgabe $w(k)$ demselben Zeitpunkt k zugeordnet wird wie die Eingabe $v(k)$, obwohl in dem betrachteten technischen System eine Zeit zwischen dem Erscheinen der Eingabe und der Ausgabe vergeht, entsteht die durch Gl. (5.21) wiedergegebene direkte Abhängigkeit zwischen der Eingabe und der Ausgabe des Modells aus einer Abstraktion bei der Modellbildung.

Dasselbe Problem tritt übrigens auch bei der Modellbildung kontinuierlicher System durch Differenzialgleichungen auf, wenn man zur Reduzierung der Modellkomplexität bestimmte Zeitverzögerungen aus dem Modell herauslässt und sich deshalb im Modell direkte Abhängigkeiten zwischen der Eingangsgröße und der Ausgangsgröße ergeben. Diese Abhängigkeiten sind nicht durch Differenzialgleichungen, sondern durch algebraische Gleichungen beschrieben. Aufgrund der Rückkopplung $v = w$ entsteht dann – genauso wie bei dem hier betrachteten Rückführautomaten – eine direkte Abhängigkeit der Ausgangsgröße $w_1(t)$ von sich selbst, was in Analogie zu Gl. (5.21) als

$$w_1(t) = H_1(z(t), w_1(t))$$

geschrieben werden kann. Man spricht dabei von einer *algebraischen Schleife*, die eindeutig lösbar sein muss, damit die Rückkopplung des kontinuierlichen Systems wohldefiniert ist.

Für ereignisdiskrete Systeme wird dieses Problem im folgenden Beispiel illustriert.

Beispiel 5.9 *Modellierung einer Zweipunkt-Füllstandsregelung*

Es wird die in Abb. 5.24 gezeigte Füllstandsregelung betrachtet. Der durch das Symbol LC (*level control*) gekennzeichnete Regler ist ein Zweipunktregler, der das Schaltventil öffnet ($v = 1$), wenn der Füllstand h eine untere Schranke h_{min} unterschritten hat, und das Ventil schließt ($v = 0$), wenn der Füllstand eine obere Schranke h_{max} überschritten hat. Wenn der Volumenstrom aus dem Behälter konstant ist, so ergibt sich für das geregelte System der im rechten Teil der Abbildung gezeigte Füllstandsverlauf $h(t)$.

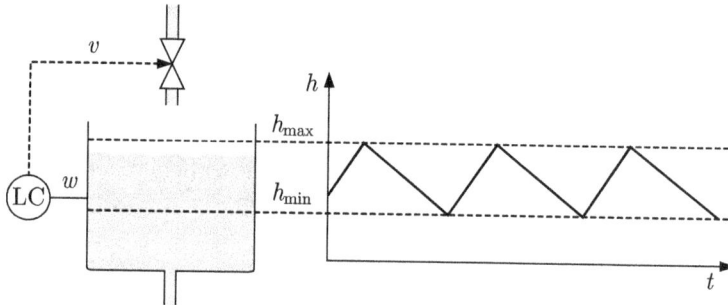

Abb. 5.24: Füllstandsregelung

Wenn man für eine ereignisdiskrete Betrachtung das Erreichen der oberen Schranke durch die Ausgabe $w = 1$ und das Erreichen des unteren Füllstandsgrenzwertes durch die Ausgabe $w = 0$ kennzeichnet, so erwartet man, dass das ereignisdiskrete Modell die Ausgabefolge

$$W(0...4) = (0, 1, 0, 1, 0) \tag{5.25}$$

erzeugt.

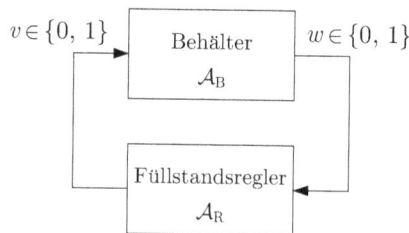

Abb. 5.25: Blockschaltbild der Füllstandsregelung

Das ereignisdiskrete Modell des Füllstandsregelkreises soll jetzt aus einem Behältermodell $\mathcal{A}_B$ und einem Modell $\mathcal{A}_R$ für den Füllstandsregler zusammengesetzt werden, die sich in der in Abb. 5.25 dargestellten Rückkopplungsschaltung befinden. Die beiden Modelle werden unabhängig voneinander aufgestellt, wobei das Behältermodell eine Abbildung der Eingabefolge $V(0...k_e)$ in die Ausgabefolge $W(0...k_e)$ darstellt, während der Regler die Ausgabefolge $W(0...k_e)$ des Behälters in die Eingabefolge $V(0...k_e)$ abbildet.

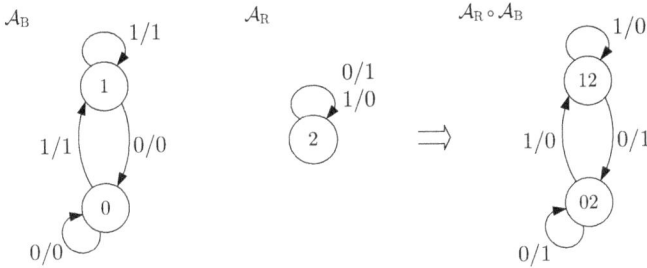

Abb. 5.26: Erstes Modell der Füllstandsregelung

Das in Abb. 5.26 links gezeigte Behältermodell $\mathcal{A}_B$ gibt den Sachverhalt wieder, dass nach dem Öffnen des Ventils ($v = 1$) der Füllstand ansteigt und die obere Schranke h_{max} erreicht, wodurch das Modell in den Zustand $z = 1$ übergeht und die Ausgabe $w = 1$ erzeugt, die das Erreichen der oberen Füllstandsschranke anzeigt ($0 \xrightarrow{1/1} 1$). Bleibt in dieser Situation das Ventil geöffnet, so wird das Überschreiten der oberen Füllstandsschranke weiterhin angezeigt ($1 \xrightarrow{1/1} 1$). Schließt man hingegen das Ventil ($v = 0$), so fällt der Füllstand bis unter die untere Schranke, weshalb die Ausgabe $w = 0$ erzeugt wird ($1 \xrightarrow{0/0} 0$). Lässt man dann das Ventil weiterhin geschlossen, bleibt der Füllstand unterhalb der Höhe h_{min} ($0 \xrightarrow{0/0} 0$). Das Modell ist offenbar in der Lage, bei einem Regler, der nach dem Erreichen der oberen Füllstandsschranke das Ventil schließt und nach dem Abfall des Füllstandes unter die untere Schranke das Ventil öffnet, die erwartete Wertefolge (5.25) zu erzeugen.

Der Zweipunktregler reagiert nach der einfachen Tabelle

v	w
0	1
1	0

,

was in Abb. 5.26 durch einen Automaten mit einem Zustand dargestellt ist.

Bildet man die Reihenschaltung $\mathcal{A}_R \circ \mathcal{A}_B$ von Behältermodell und Regler, so erhält man den im rechten Teil von Abb. 5.26 gezeigten Grafen, dessen Zustände 02 und 12 die Kombination der Zustände des Behältermodells mit dem Zustand des Reglers symbolisieren. Es handelt sich um einen Mealy-Automaten, für den der zugehörige Rückführautomat nicht wohldefiniert ist, weil es keine Kanten mit dem E/A-Paar w/w gibt.

Die Diskrepanz zwischen den Tatsachen, dass die betrachtete Zweipunktregelung offenbar funktioniert, für sie aber kein Modell in Form eines Rückführautomaten existiert, ist durch die ereignisdiskrete Abstraktion begründet, die der Beschreibung beider Komponenten des Regelkreises zugrunde liegt. Bei dem hier aufgestellten Behältermodell wurde außer Acht gelassen, dass zwischen dem Öffnen des Ventils (Vorgabe $v = 1$ durch den Regler) und dem Erreichen des oberen Füllstandsgrenzwertes (Antwort $w = 1$ durch den Behälter) einige Zeit vergeht. Das E/A-Paar $1/1$ an der Kante $0 \rightarrow 1$ des Automatengrafen des Behälters lässt zu, dass beide Signale zeitgleich auftreten. Gleiches gilt für das Paar $0/0$ an der Kante $1 \rightarrow 0$. Würde man nur den Behälter allein analysieren, so wäre das Fehlen der Information über das zeitliche Nacheinander von Eingabe und Ausgabe akzeptabel. Problematisch wird es erst, wenn das Behältermodell mit dem Reglermodell gekoppelt wird, das korrekterweise ohne Zeitverzögerung auf die Eingabe $w = 1$ mit der Ausgabe $v = 0$ antwortet und umgekehrt.

Die fehlende zeitliche Information kann man dadurch in das nicht zeitbehaftete Behältermodell einführen, dass man zwei neue Ausgaben definiert:

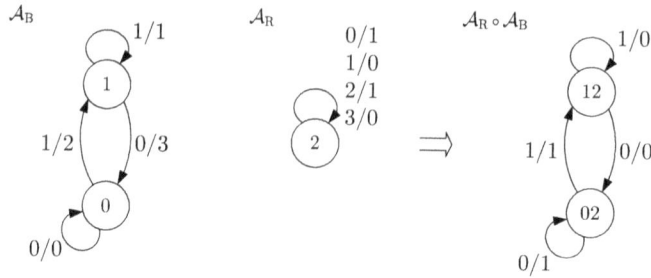

Abb. 5.27: Zweites Modell der Füllstandsregelung

w	Bedeutung
2	Der Füllstand steigt.
3	Der Füllstand sinkt.

Man kann dann die Tatsache, dass nach dem Öffnen des Ventils eine gewissen Zeit vergeht, in der der Füllstand steigt, bevor er den oberen Grenzwert erreicht, durch einen Zustandsübergang im Behältermodell nachbilden. Erst wenn sich das Behältermodell im Zustand $z = 1$ befindet, was das Erreichen und Überschreiten der Füllhöhe h_{max} wiedergibt, wird die Ausgabe $w = 1$ erzeugt. Ähnliches gilt für das Behälterverhalten bei geschlossenem Ventil. Das mit dieser Erweiterung erhaltene Behältermodell ist im linken Teil von Abb. 5.27 zu sehen. Das Reglermodell wurde um zwei E/A-Paare für die neu eingeführten Ausgaben erweitert.

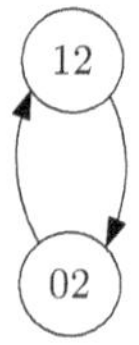

Abb. 5.28: Rückkopplungsautomat zur Beschreibung der Füllstandsregelung

Die Reihenschaltung $\mathcal{A}_R \circ \mathcal{A}_B$ der neuen Modelle ist wiederum ein Mealy-Automat. Allerdings gibt es von jedem Zustand jetzt genau eine Kante mit einem E/A-Paar der Form w/w. Der zugehörige Rückführautomat existiert also und führt auf das in Abb. 5.28 gezeigte Modell des Regelkreises. Wenn man an diesem Modell den Zustandsübergang $02 \rightarrow 12$ mit der Ausgabe $w = 1$ und den anderen Zustandsübergang mit der Ausgabe $w = 0$ beschriftet, erzeugt dieser Automat die erwartete Ausgabefolge (5.25). □

Aufgabe 5.9   *Berechnung zweier Rückführautomaten*

Abbildung 5.29 zeigt zwei rückgekoppelte Automaten. Überprüfen Sie, ob die Automaten wohldefiniert sind und bilden Sie die Rückführautomaten, sofern sie existieren. Geben Sie dabei die in Gl. (5.22) definierte Funktion H an. Welche Ausgabefolge erzeugen die Rückführautomaten? □

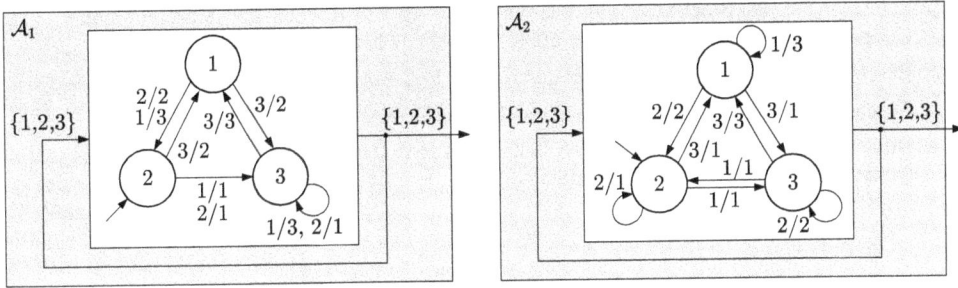

Abb. 5.29: Zwei rückgekoppelte Automaten

Aufgabe 5.10 *Beschreibung einer gesteuerten Rolltreppe durch einen Rückführautomaten*

Die Steuerung einer Rolltreppe hat die Aufgabe, die Rolltreppe anzuschalten, wenn der von einer Lichtschranke ausgesendete Impuls anzeigt, dass eine Person die Rolltreppe benutzen will. Die Rolltreppe soll abgeschaltet werden, wenn sie zeitweise nicht benutzt wird. Als Blockschaltbild dargestellt ist die Steuerung, die die Impulse von der Lichtschranke als Eingaben erhält und mit „Motor an" oder „Motor aus" als Ausgabe antwortet oder nichts tut, was durch das leere Symbol ε dargestellt wird (Abb. 5.30).

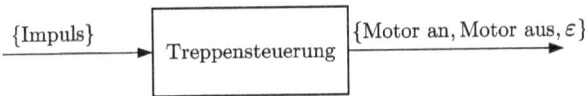

Abb. 5.30: Rolltreppensteuerung

Die Treppensteuerung besteht aus zwei Komponenten. Die erste Komponente, die den eigentlichen Steuerungsalgorithmus enthält, schaltet die Treppe ein, wenn sie ausgeschaltet ist und die Lichtschranke einen Impuls abgibt. Gleichzeitig schaltet die Steuerung eine Uhr ein. Wenn die Treppe bereits eingeschaltet ist und die Lichtschranke einen erneuten Impuls erzeugt, wird die Uhr auf null zurückgesetzt. Wenn die Uhr abgelaufen ist, schaltet die Steuerung die Treppe aus.

Die Uhr wird verwendet um den Zeitpunkt festzustellen, ab dem die Treppe frei ist und der Motor abgeschaltet werden kann. Die Uhr kann deshalb als ereignisdiskretes System aufgefasst werden, die nach Ablauf einer vorgegebenen Zeitspanne stehen bleibt und die Ausgabe „Uhr aus" erzeugt.

Beschreiben Sie den Steuerungsalgorithmus und die Uhr durch jeweils einen Automaten. Koppeln Sie beide Automaten zum Modell der Treppensteuerung. Stellen Sie ein Modell der Treppe auf und bilden Sie den Rückführautomaten, der den Steuerkreis repräsentiert. Erfüllt dieser Automat die Spezifikationen? □

Aufgabe 5.11 *Steuerung eines Schweißroboters*

Ein Roboter schweißt Teile einer Karosserie zusammen, indem er den Greifer schrittweise entlang der Karosseriekante bewegt, die Schweißelektroden auf die Karosserie presst, bis der Schweißpunkt hergestellt ist, und den Greifer wieder öffnet, um die Elektroden zur nächsten Position zu bewegen. Das Öffnen und Schließen des Greifers sowie die Bewegung des Greifers entlang der Karosseriekante sind Elementarschritte, die von einer unterlagerten Regelung auf Kommando der Steuerung realisiert werden.

1. Zeichnen Sie das Blockschaltbild, das die Kopplung von Roboter und Steuereinrichtung zeigt. Geben Sie an, welche Wertebereiche die Koppelsignale haben.

2. Beschreiben Sie den Schweißroboter durch einen E/A-Automaten.

3. Beschreiben Sie die Steuereinrichtung durch einen E/A-Automaten.

4. Bilden Sie einen Automaten, der den gesteuerten Roboter beschreibt und stellen Sie fest, ob das Gesamtsystem das geforderte Verhalten hat. □

Aufgabe 5.12   *Modellierung eines Fahrkartenautomaten*

Das Verhalten eines Fahrkartenautomaten hängt von den Wünschen des Bedieners ab. Fahrkartenautomat und Bediener zusammen bilden ein autonomes, rückgekoppeltes System.

1. Stellen Sie den Fahrkartenautomaten durch einen deterministischen Automaten dar, der auf Eingaben bezüglich des Fahrzieles, der Wagenklasse und der Berücksichtigung der Bahncard reagiert und dessen Ausgabe die entsprechenden Fragen an den Benutzer und die gedruckte Fahrkarte beschreiben. Berücksichtigen Sie aus Aufwandsgründen nur drei Fahrziele (A, B, C), zwei Wagenklassen (1. Klasse, 2. Klasse) und zwei Möglichkeiten bezüglich der Bahncard (keine Bahncard, Bahncard 50).

2. Beschreiben Sie zwei Kunden, die unterschiedliche Fahrkarten lösen wollen.

3. Bilden Sie die beiden Rückführautomaten, die aus dem Modell des Fahrkartenautomaten und je einem der beiden Kunden besteht.

4. Welche Ausgabefolge erzeugen beide Rückführautomaten. Interpretieren Sie diese Folgen als Ablauf des Fahrkartenkaufs. □

5.3.4 Allgemeine Automatennetze

Die bisher behandelten speziellen Zusammenschaltungen von E/A-Automaten haben gezeigt, dass sich die Komponenten in E/A-Automatennetzen über ihre Ausgaben direkt beeinflussen, wobei durch die Kopplungsstruktur festlegt wird, welches Ausgangssignal mit welchem Eingangssignal gleich gesetzt wird. Diese Herangehensweise kann man für die in Abb. 5.31 gezeigte allgemeine Kopplungsstruktur erweitern. In dieser Darstellung haben die Komponenten besondere Koppeleingänge s_i und Koppelausgänge r_i, die über den Koppelblock K miteinander verknüpft sind. Diese Struktur ist für die im Algorithmus 5.1 beschriebene kompositionalen Modellbildung besonders gut geeignet, weil die Komponentenmodelle getrennt von der Beschreibung der Verkopplung gebildet werden können.

Die Beschreibung der Komponenten ist deshalb folgendermaßen erweitert:

$$\mathcal{A}_i = (\mathcal{Z}_i, \mathcal{V}_i, \mathcal{S}_i, \mathcal{W}_i, \mathcal{R}_i, F_i, G_i, H_i, z_{i0}) \tag{5.26}$$

mit

- $\mathcal{S}_i$ – Alphabet des Koppeleingangs
- $\mathcal{R}_i$ – Alphabet des Koppelausgangs
- F_i – Koppelausgabefunktion $F_i : \mathcal{Z}_i \times \mathcal{V}_i \times \mathcal{S}_i \to \mathcal{R}_i$

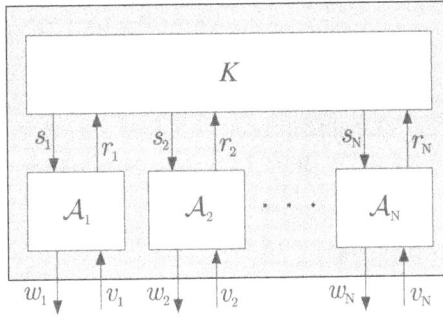

Abb. 5.31: Automatennetz in allgemeiner Darstellung

- G_i – Zustandsübergangsfunktion $G_i : \mathcal{Z}_i \times \mathcal{V}_i \times \mathcal{S}_i \rightarrow \mathcal{Z}_i$.
- H_i – Ausgabefunktion $H_i : \mathcal{Z}_i \times \mathcal{V}_i \times \mathcal{S}_i \rightarrow \mathcal{W}_i$.

Die durch die Zustandsübergangsfunktion beschriebene Bewegung des i-ten Teilsystems hängt jetzt auch von der aktuellen Koppeleingangsgröße r_i ab.

Der Koppelblock K legt fest, wie die Koppeleingänge s_i, $(i = 1, 2, ..., N)$ von den Koppelausgängen r_j, $(j = 1, 2, ..., N)$ abhängen. Da man alle dynamischen Elemente des Gesamtsystems den Komponenten zuordnen kann, können die Kopplungen statisch formuliert werden, so dass die $s_i(k)$ nur von den $r_j(k)$ mit demselben Zeitindex k abhängen. Im einfachsten Fall werden bestimmte Signale gleich gesetzt. Wenn eine Komponente von mehreren anderen beeinflusst wird, kann man vektorielle Koppeleingänge verwenden und diese elementweise mit Koppelausgängen anderer Teilsysteme gleich setzen.

Das Verhalten des Automatennetzes mit N Komponenten und einem Koppelblock ergibt sich durch Einsetzen der Koppelbeziehungen und der Koppelausgabefunktionen in die Zustandsübergangsfunktionen der Teilsysteme. Wenn man zunächst annimmt, dass die Funktionen F_i der Komponenten nicht von den Koppeleingängen abhängen

$$F_i : \mathcal{Z}_i \times \mathcal{V}_i \rightarrow \mathcal{R}_i$$

(„Moore-Eigenschaft" bezüglich der Koppelsignale), dann gibt es keine direkten Rückkopplungen vom Koppelausgang eines Teilsystems über den Koppelblock und andere Komponenten zurück zum selben Teilsystem. Das Automatennetz ist wohldefiniert und man kann die Modellgleichungen so umformen, dass die Koppeleingänge s_i aller Komponenten nur noch von den Zuständen z_j und den Eingaben v_j der anderen Komponenten abhängen:

$$s_i(k) = \tilde{K}_i(\boldsymbol{z}(k), \boldsymbol{v}(k)), \quad i = 1, 2, ..., N. \tag{5.27}$$

In dieser Beziehung stehen die Vektoren $\boldsymbol{z}(k)$ und $\boldsymbol{v}(k)$ für den Zustand und die Eingaben des Gesamtsystems. Damit erhält man für jede Komponente die Zustandsübergangsfunktion

$$z_i(k+1) = G_i(z_i(k), v_i(k), \tilde{K}_i(\boldsymbol{z}(k), \boldsymbol{v}(k))),$$

die das Komponentenverhalten unter dem Einfluss aller anderen Komponenten innerhalb des Automatennetzes beschreibt.

Wenn die Funktionen F_i auch vom Koppeleingang s_i abhängt, kann es direkte Rückkopplungen im Automatennetz geben. Das Automatennetz als Ganzes stellt nur dann einen deterministischen E/A-Automaten dar, wenn es wohldefiniert ist und es folglich Funktionen $\tilde{K}_i$, $(i = 1, 2, ..., N)$ gibt, mit denen entsprechend Gl. (5.27) die Koppeleingänge s_i aus dem aktuellen Gesamtsystemzustand und der aktuellen Eingabe berechnet werden können.

5.3.5 Asynchrone Automatennetze

In den bisher behandelten Zusammenschaltungen von E/A-Automaten schalteten alle Automaten synchron, weil ein Eingangsereignis $v(k - 1) \rightarrow v(k)$ bei E/A-Automaten zu einem sofortigen Zustandswechsel $z(k) \rightarrow z(k + 1)$ und zu einer sofortigen Ausgabe $w(k)$ führt. Der Signalwechsel $w(k - 1) \rightarrow w(k)$ beeinflusst andere Automaten als Eingangsereignis. Da Zeitverzögerungen für die Übertragung der Ereignisse durch die Koppelsignale vernachlässigt werden, schalten alle in einem Automatennetz verknüpften E/A-Automaten synchron.

Um mit dem asynchronen Schalten von Komponenten ein typisches Phänomen ereignisdiskreter Systeme bei E/A-Automaten nachbilden zu können, muss man der Frage nachgehen, wie man in Netzen von E/A-Automaten die bei Σ-Automaten durch die parallele Komposition ermöglichte asynchrone Arbeitsweise einführen kann. Einen Lösungsweg erhält man aus der Interpretation der E/A-Paare als Ereignisse: $\sigma = v/w$. Dann hat der E/A-Automat $\mathcal{A}_i$ des Automatennetzes die Ereignismenge

$$\Sigma_i = \mathcal{V}_i \times \mathcal{W}_i.$$

Die asynchrone Arbeitsweise einer parallelen Komposition von Σ-Automaten ist möglich, weil sich die Kopplung der Automaten dort nur auf die gemeinsamen Ereignisse der verkoppelten Automaten bezieht und Automatenbewegungen mit privaten Ereignissen unabhängig von anderen Komponenten möglich sind. Ein Schlüssel für die asynchrone Arbeitsweise von E/A-Automatennetzen liegt also in der Aufteilung der E/A-Paare in private und gemeinsame E/A-Paare der verkoppelten Automaten.

Für die Reihenschaltung $\mathcal{A}_2 \circ \mathcal{A}_1$ der Automaten $\mathcal{A}_1$ und $\mathcal{A}_2$ heißt dies, dass die Koppelgleichung $v_2(k) = w_1(k)$ nicht für alle Werte $v_2 \in \mathcal{W}_1$ einen Zustandsübergang im Automaten $\mathcal{A}_2$ auslöst. Ein privater Zustandsübergang des Automaten $\mathcal{A}_1$ führt dann auf eine Ausgabe $w_1 \in \mathcal{W}_1$, die als Eingabe des Automaten $\mathcal{A}_2$ keine Wirkung nach sich zieht und für die deshalb für alle Zustände z die Beziehungen

$$z = G_2(z, w_1)$$
$$\varepsilon = H_2(z, w_1)$$

gelten. Die Ausgabe ε zeigt, dass sich der Automat $\mathcal{A}_2$ nicht bewegt hat. Im Automatengrafen von $\mathcal{A}_2$ gibt es also für alle privaten Ausgaben w_1, die aufgrund der Kopplung als Eingaben des Automaten $\mathcal{A}_2$ wirken, um jeden Zustand $z_2 \in \mathcal{Z}_2$ eine Schlinge mit der Beschriftung w_1/ε.

Um einen Spielraum für asynchrone Bewegungen der Komponenten zu schaffen, müssen also die Eingangs- und Ausgangsalphabete um das leere Zeichen ε erweitert werden. Wenn man darstellen will, dass ein System auf das leere Zeichen am Eingang keinen Zustandsübergang ausführt und keine Ausgabe erzeugt, so gelten für die Zustandsübergangsfunktion und die Ausgabefunktion in Erweiterung von Gl. (3.21) auf S. 86 die Beziehungen

$$z = G(z, \varepsilon) \tag{5.28}$$

$$\varepsilon = H(z, \varepsilon). \tag{5.29}$$

Auf die leere Eingabe schaltet der Automat nicht und reagiert mit dem leeren Symbol als Ausgabe. Für den Automatengrafen hat dies zur Folge, dass jeder Zustand z eine Schleife mit der Bewertung ε/ε erhält.

Andererseits kann man spontane Ereignisse dadurch zulassen, bei denen ein Automat ohne Eingabe ($v = \varepsilon$) einen Zustandsübergang ausführt und dabei die Ausgabe w erzeugt:

$$z' = G(z, \varepsilon) \tag{5.30}$$

$$w = H(z, \varepsilon). \tag{5.31}$$

Im Automatengrafen gibt es dafür die Kante $z \xrightarrow{\varepsilon/w} z'$.

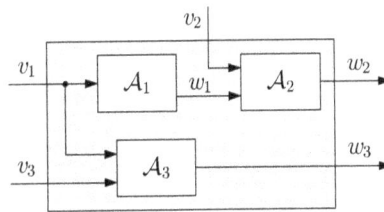

Abb. 5.32: Automatennetz

Beispiel 5.10 *Modellierung eines eingebetteten Systems*

Als Beispiel für ein asynchron arbeitendes rückgekoppeltes System wird ein eingebettetes System betrachtet, das mit einem Messglied verkoppelt ist. Aktivitäten des Messglieds werden durch eine Anforderung A vom Rechner ausgelöst. Nach der Durchführung einer Messung wird der Messwert als Ausgabe M an den Rechner gesendet (Abb. 5.33). Rechner und Messglied arbeiten asynchron, denn die Aktivität des verkoppelten Systems liegt entweder beim Rechner, der den letzten Messwert verarbeitet, oder beim Messglied, das den angeforderten neuen Messwert ermittelt. Zur Darstellung der asynchronen Arbeitsweise werden bei beiden Komponenten die Eingabe und Ausgabe ε eingeführt.

Für die Beschreibung beider Komponenten werden folgende Zustände eingeführt:

$$\mathcal{Z}_{\mathrm{R}} = \begin{array}{|c|l|} \hline z & \text{Bedeutung} \\ \hline 0 & \text{Der Rechner verarbeitet den letzten Messwert.} \\ \hline 1 & \text{Der Rechner wartet auf den nächsten Messwert.} \\ \hline \end{array}$$

$$\mathcal{Z}_{\mathrm{M}} = \begin{array}{|c|l|} \hline z & \text{Bedeutung} \\ \hline 0 & \text{Das Messglied wartet auf eine Messwertanforderung.} \\ \hline 1 & \text{Das Messglied bestimmt den Messwert.} \\ \hline \end{array} \quad .$$

Damit können die Automaten $\mathcal{A}_{\mathrm{M}}$ und $\mathcal{A}_{\mathrm{R}}$, die das Messglied und den Rechner beschreiben, aufgestellt werden (Abb. 5.34). Beide Automaten führen spontane Zustandsübergänge entlang der Kanten

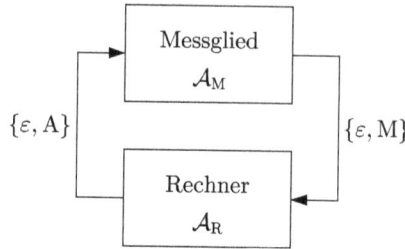

Abb. 5.33: Kopplung von Messglied und Rechner

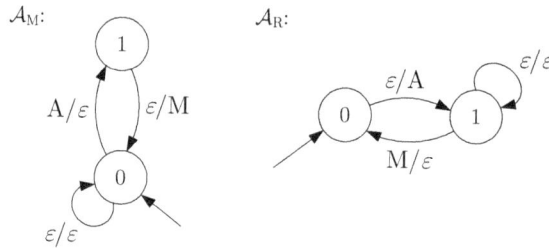

Abb. 5.34: Automaten, die das Verhalten des Rechners und des Messglieds
beschreiben

aus, an denen die Eingabe ε steht. Beispielsweise ist das Messglied für die Dauer des Messvorgangs in Zustand 1, sendet dann ohne Anforderung von außen den Messwert zum Rechner (Ausgabe M) und geht in den Zustand 0 über.

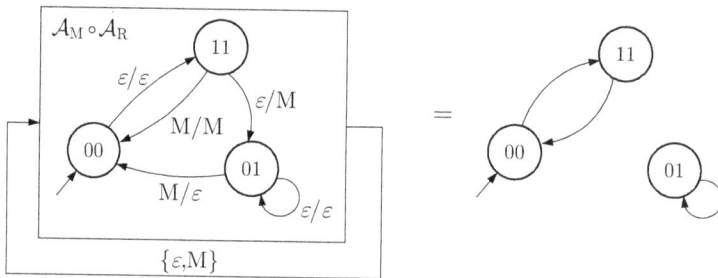

Abb. 5.35: Reihenschaltung $\mathcal{A}_M \circ \mathcal{A}_R$ (links) und Rückführautomat (rechts)

Zur Bildung des Rückführautomaten wird zunächst die Reihenschaltung $\mathcal{A}_M \circ \mathcal{A}_R$ berechnet, die in Abb. 5.35 links zu sehen ist. Es handelt sich hierbei um einen Moore-Automaten, denn alle vom selben Zustand ausgehenden Kanten haben dieselbe Ausgabe. Der Rückführautomat existiert und entsteht durch das Streichen aller Kanten mit einer Bewertung v/w mit $v \neq w$. Das im rechten Teil von Abb. 5.35 gezeigte Ergebnis führt vom Anfangszustand $z_0 = 00$ die Zustandsfolge $00, 11, 00, 11, \ldots$ aus, die die sich untereinander abwechselnden Aktivitäten des Rechners und des Messglieds darstellt. Der Zustand 01 ist nicht erreichbar. Die Schlinge an diesem Zustand zeigt, dass das System in diesem Zustand verharren würde, wenn das System beim Einschalten diesen Zustand als Anfangszustand annehmen würde. □

Literaturhinweise

Einfache Verkopplungen von Automaten wurden bereits mit dem Entstehen der Automatentheorie untersucht, beispielsweise die Reihenschaltung von E/A-Automaten in [21]. Dennoch wird die kompositionale Modellbildung mit Automaten bisher nur in sehr wenigen Lehrbüchern und Monographien behandelt. Die Verkopplung von Σ-Automaten ist in [14] beschrieben, einfache Verkopplungen von E/A-Automaten in [43]. In [40] wird auf umfangreichere Netze von E/A-Automaten eingegangen, die beim Entwurf sequenzieller Schaltungen entstehen.

Die Bezeichnung der Kompositionsoperationen für Σ-Automaten ist nicht einheitlich und unglücklicherweise auch noch widersprüchlich. Die hier als synchrones Produkt eingeführte Zusammenschaltung heißt in [14] Produkt, in [28] strenge Synchronisation und in [90] *Meet*. Die parallele Komposition heißt auch in [14] so, aber in [28, 90] synchrone Komposition.

Wie das Beispiel 5.2 gezeigt hat, spielt das Automatenprodukt eine entscheidende Rolle beim Entwurf von Steuerungen, durch die entweder gefährliche Zustände einer Anlage verhindert oder eine vorgegebene Zustandsfolge erzwungen werden soll. Dabei wird der betrachtete Prozess durch einen Automaten $\mathcal{A}$ und das erwünschte Verhalten durch einen Spezifikationsautomaten $\mathcal{A}_{\mathrm{Spez}}$ repräsentiert. Man erhält den Automaten des aus dem Prozess und der Steuereinrichtung entstehenden Kreises als Automatenprodukt $\mathcal{A} \times \mathcal{A}_{\mathrm{Spez}}$. Diese Methode wurde in der Literatur ausführlich unter dem Stichwort *Supervisory Control Theory* behandelt, wobei [66] als die grundlegende Arbeit dieser Theorie gilt.

In Erweiterung der im Beispiel behandelten Situation muss man bei vielen Anwendungen zwischen den durch die Steuereinrichtung beeinflussbaren (steuerbaren) Ereignissen und den nicht beeinflussbaren Ereignissen unterscheiden, was zu einer Zerlegung $\Sigma = \Sigma_{\mathrm{u}} \cup \Sigma_{\mathrm{c}}$ der Ereignismenge führt. Die Steuereinrichtung kann die „steuerbaren" Ereignisse aus der Menge Σ_{c} verhindern, hat aber keinen Einfluss auf die „nicht steuerbaren" Ereignisse aus der Menge Σ_{u}. Da es unter diesen Bedingungen möglich ist, dass das gesteuerte System über nicht beeinflussbare Ereignisse in verbotene Zustände gelangt, muss die Steuerung auch Zustandsübergänge (Ereignisse) verhindern, die zwar nicht direkt, jedoch über weitere nicht steuerbare Ereignisse zu unerwünschten Zustands- bzw. Ereignisfolgen führen. Es ist deshalb das Entwurfsziel, eine minimal restriktive Steuerung zu finden, die einerseits die Einhaltung der durch den Automaten $\mathcal{A}_{\mathrm{Spez}}$ repräsentierten Spezifikationen garantiert und andererseits das Verhalten des gesteuerten Systems so wenig wie möglich einschränkt.

Gekoppelte Automaten bilden die Grundlage der Modellierung ereignisdiskreter Systeme durch *state charts*, einer Darstellungsform, die die Nebenläufigkeit von Prozessen durch die Kopplung von Automaten erfasst. Diese Repräsentationsform ist die Grundlage rechnergestützter Werkzeuge wie beispielsweise die MATLAB-Toolbox *stateflow* oder UML. In diesen Werkzeugen ist die kompositionale Modellierung um eine hierarchische Strukturierung der Modelle erweitert.

Die im Abschn. 5.3.4 eingeführte allgemeine Kopplungsstruktur von E/A-Automatennetzen wurde in [51] eingeführt. Dort ist auch gezeigt, dass man bei einer entsprechenden Interpretation der Eingänge und Ausgänge als Ereignisse mit dem E/A-Automatennetz die beim synchronen Produkt bzw. bei der parallelen Komposition festgelegten Kompositionsregeln für Σ-Automaten nachbilden kann. Unterschiedliche Kompositionsoperatoren für Σ-Automaten schlagen sich dann in unterschiedlichen Definitionen der Koppelausgabefunktion und des Koppelblocks nieder. Die Wohldefiniertheit von Automatennetzen ist ausführlich in [58] untersucht worden.

Die Aufgabe 5.9 ist [50] entnommen.

6

Petrinetze

Petrinetze erweitern die mit Automaten eingeführte Modellvorstellung für parallele Prozesse, deren unabhängigen Zustandsübergänge durch die Bewegung mehrerer Marken nachgebildet werden. Wichtige Systemeigenschaften werden aus einer Erreichbarkeitsanalyse und aus Invarianten des Netzes abgeleitet.

6.1 Autonome Petrinetze

6.1.1 Grundidee

Automaten sind die grundlegende Modellform für ereignisdiskrete Systeme, die auf einer Beschreibung des Systems durch Zustände und Zustandsübergänge beruht. Diese Modellform wird in diesem und den nachfolgenden Kapiteln erweitert, um bestimmte Eigenschaften ereignisdiskreter Systeme besser darstellen zu können. Wie im Beispiel 3.5 auf S. 81 anhand eines Parallelrechners gezeigt wurde, erhält man sehr komplexe Automaten, wenn in dem zu beschreibenden System parallele Prozesse ablaufen, die in nicht vorherbestimmbarer Reihenfolge neue Zustände erreichen, so dass das Modell alle möglichen Zustandsübergänge erfassen muss. Bei vier parallelen Rechenprozessen waren für die Darstellung durch einen Automaten bereits 16 Zustände, bei sieben Teilprozessen 128 Zustände notwendig.

Die in diesem Kapitel behandelten Petrinetze[1] ermöglichen es, nebenläufige Prozesse mit wesentlich weniger Modellelementen zu beschreiben, als dies mit Automaten möglich ist. Die

---

[1] benannt nach dem deutschen Mathematiker CARL ADAM PETRI (1926 –2010), der diese Netze 1962 einführte

Modellkomplexität wird dadurch reduziert, dass der Systemzustand in mehrere Teilzustände aufgeteilt wird, die sich – zumindest teilweise – unabhängig voneinander (asynchron) verändern können. Der Gesamtzustand wird durch die Menge der zu einem Zeitpunkt eingenommenen Teilzustände beschrieben.

6.1.2 Definition

In diesem Abschnitt werden autonome Petrinetze behandelt, also Petrinetze ohne Eingangsgrößen. Es wird zunächst die Netztopologie beschrieben, die durch die grafische Darstellung des Netzes veranschaulicht wird. Anschließend wird die Netzdynamik eingeführt, die sich im Fluss von Marken durch das Netz äußert.

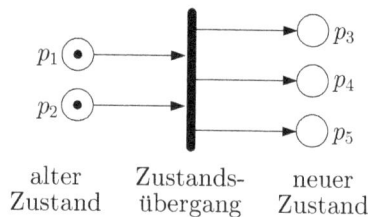

Abb. 6.1: Elemente eines Petrinetzes

Netztopologie. Wie Abb. 6.1 zeigt, sind Petrinetze Grafen mit zwei Arten von Knoten:

- **Stellen** (Plätze), die durch Kreise dargestellt werden und den Systemzustand beschreiben,
- **Transitionen**, die durch schwarze Rechtecke dargestellt werden und Zustandsübergänge (Ereignisse) beschreiben.

Die Mengen dieser Netzelemente bezeichnet man mit $\mathcal{P}$ bzw. $\mathcal{T}$. Markierte Stellen sind in den Abbildungen durch einen Punkt (Marke) gekennzeichnet. Das dynamische Verhalten des Petrinetzes wird durch die Bewegung der Marken entlang der gerichteten Kanten beschrieben, die sich nach den im nächsten Abschnitt angegebenen Regeln vollzieht.

Petrinetze sind bipartite Grafen, also Grafen, bei denen sich die beiden Knotenarten „Stellen" und „Transitionen" stets abwechseln, wenn man den Graf entlang der gerichteten Kanten durchläuft (vgl. Anhang 2). Man unterscheidet deshalb zwischen

- **Präkanten**, den Kanten $p_i \rightarrow t_j$ von Stellen p_i zu Transitionen t_j und
- **Postkanten**, den Kanten $t_i \rightarrow p_j$ von Transitionen t_i zu Stellen p_j.

Die Mengen dieser Kanten bezeichnet man mit $\mathcal{P}re$ bzw. $\mathcal{P}ost$.

Formal kann man mit diesen Bezeichnungen ein Petrinetz als Tupel

$$\boxed{\text{Autonomes Petrinetz:}\quad \mathcal{PN} = (\mathcal{P}, \mathcal{T}, \underbrace{\mathit{Pre}, \mathit{Post}}_{\mathcal{F}})} \qquad (6.1)$$

mit

- $\mathcal{P}$ – Menge der Stellen
- $\mathcal{T}$ – Menge der Transitionen
- Pre – Menge der Präkanten
- Post – Menge der Postkanten

schreiben, wobei die Beziehungen

$$\mathit{Pre} \subseteq \mathcal{P} \times \mathcal{T}$$
$$\mathit{Post} \subseteq \mathcal{T} \times \mathcal{P}$$

gelten. Die Mengen Pre und Post fasst man zur Flussrelation

$$\mathcal{F} = \mathit{Pre} \ \cup \ \mathit{Post} \subseteq (\mathcal{P} \times \mathcal{T}) \ \cup \ (\mathcal{T} \times \mathcal{P})$$

zusammen, die sämtliche Kanten des Petrinetzes enthält.

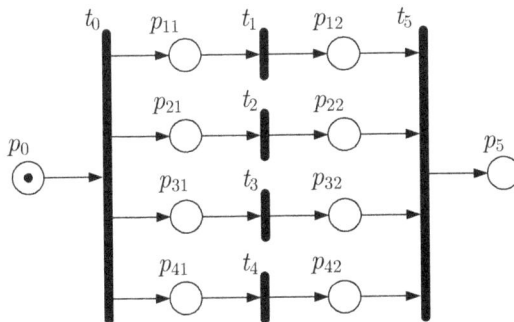

Abb. 6.2: Darstellung der Arbeitsweise eines Parallelrechners mit vier Prozessoren durch ein Petrinetz

Beispiel 6.1 *Beschreibung eines Parallelrechners durch ein Petrinetz*

Abbildung 6.2 beschreibt den Parallelrechner aus dem Beispiel 3.5 als Petrinetz, bei dem – wie später genauer erläutert wird – die Stellen p_{11} und p_{12}, p_{21} und p_{22}, p_{31} und p_{32} sowie p_{41} und p_{42} zusammen mit den dazwischen liegenden Transitionen die vier parallelen Rechenprozesse darstellen. Das Beispiel zeigt, dass von Transitionen mehrere Kanten ausgehen oder mehrere Kanten in Transitionen münden können. Gleiches gilt für Stellen, wie spätere Beispiele noch zeigen werden.

Mit dem in Gl. (6.1) eingeführten Formalismus ist das abgebildete Petrinetz durch die Mengen

$$\mathcal{P} = \{p_0, \, p_{11}, \, p_{12}, \, p_{21}, \, p_{22}, p_{31}, p_{32}, p_{41}, p_{42}, p_5\}$$
$$\mathcal{T} = \{t_0, \, t_1, \, t_2, \, t_3, \, t_4, \, t_5\}$$
$$\mathcal{P}re = \{p_0 \to t_0, \, p_{11} \to t_1, \, p_{12} \to t_5, \, p_{21} \to t_2, \, p_{22} \to t_5, ..., p_{42} \to t_5\}$$
$$\mathcal{P}ost = \{t_0 \to p_{11}, \, t_0 \to p_{21}, \, t_0 \to p_{31}, \, t_0 \to p_{41}, \, t_1 \to p_{12}, ..., t_5 \to p_5\}$$

repräsentiert, bei denen die Kanten in der anschaulichen Form $p_i \to t_j$ bzw. $t_j \to p_i$ notiert wurden. Diese Darstellung weist darauf hin, dass man Petrinetze durch die Mengen $\mathcal{P}$, $\mathcal{T}$, $\mathcal{P}re$ und $\mathcal{P}ost$ definieren und dementsprechend behandeln kann und nicht zwangsläufig an die grafische Darstellung gebunden ist, was bei den Beispielen der besseren Anschaulichkeit halber jedoch getan wird. □

Unter den *Prästellen* (Vorgängerstellen) einer Transition t versteht man diejenigen Stellen, von denen aus eine gerichtete Kante zur Transition t führt. Die Menge der Prästellen bezeichnet man als Vorbereich einer Transition und kennzeichnet sie mit dem Symbol $\bullet t$. Für das Petrinetz in Abb. 6.2 gilt

$$\bullet t_1 = \{p_{11}\}$$
$$\bullet t_5 = \{p_{12}, p_{22}, p_{32}, p_{42}\}.$$

Poststellen (Nachfolgestellen) einer Transition t sind die Stellen, zu denen von der Transition t gerichtete Kanten führen. Ihre Menge heißt Nachbereich $t\bullet$, also beispielsweise

$$t_0 \bullet = \{p_{11}, p_{21}, p_{31}, p_{41}\}$$
$$t_1 \bullet = \{p_{12}\}.$$

Die Marken fließen von den Prästellen über eine Transition auf die Poststellen.

Bezüglich der Stellen bezeichnet man die davorliegenden Transitionen, von denen Marken auf die Stelle fließen können, als *Eingangstransitionen* und die dahinterliegenden als *Ausgangstransitionen*.

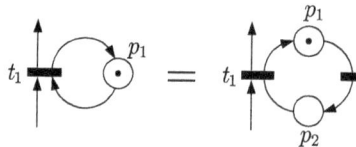

Abb. 6.3: Schlinge (links), die durch Einführung einer zusätzlichen Stelle und einer Transition eliminiert wird (rechts)

Im Folgenden wird vorausgesetzt, dass die betrachteten Petrinetze keine Schlingen besitzen, durch die eine Stelle über eine Transition mit sich selbst verbunden ist. Diese Voraussetzung kann man dadurch erfüllen, dass man Schlingen durch Einführung einer zusätzlichen Transition und einer zusätzlichen Stelle eliminiert, wie es in Abb. 6.3 gezeigt ist. Petrinetze ohne Schlingen werden als *reine Netze* bezeichnet.

Markierung. Der aktuelle Netzzustand ist durch eine Markierung festgelegt. Darunter versteht man eine Abbildung $M : \mathcal{P} \to \{0, 1\}$, die jeder Stelle entweder die Zahl 1 (Stelle ist markiert) oder die Zahl 0 (Stelle ist nicht markiert) zuweist. Um die Darstellung zu vereinfachen, wird im Folgenden die Markierung M als die Menge der markierten Stellen notiert. So hat beispielsweise das Petrinetz in Abb. 6.1 die Markierung $M = \{p_1, p_2\}$.

Das dynamische Verhalten von Petrinetzen äußert sich im Markenfluss, der durch Schaltregeln festgelegt ist. Der Ausgangspunkt ist eine Initialmarkierung M_0, die angibt, welche Stellen zum Zeitpunkt $k = 0$ markiert sind. In der grafischen Darstellung des Netzes ist die Initialmarkierung durch schwarze Punkte in den betreffenden Stellen angegeben. Ein initialisiertes Petrinetz ist folglich durch das Quintupel

$$\text{Initialisiertes Petrinetz:} \quad \mathcal{PN} = (\mathcal{P}, \mathcal{T}, \mathcal{P}re, \mathcal{P}ost, M_0) \qquad (6.2)$$

beschrieben.

6.1.3 Verhalten

Schaltregel. Die Netzdynamik entsteht dadurch, dass sich die Marken entlang der gerichteten Kanten von den Prästellen über Transitionen zu den Poststellen bewegen, was als Schalten oder Feuern von Transitionen bezeichnet wird. Dabei gilt folgende Regel:

Schaltregel: Eine Transition t ist *aktiviert*, wenn

1. alle Prästellen $p \in \bullet t$ markiert und
2. alle Poststellen $p \in t\bullet$ nicht markiert sind.

Beim Schalten aktivierter Transitionen wird allen Prästellen die Marke entzogen und alle Poststellen werden markiert.

Eine aktivierte Transition kann schalten, muss es aber nicht („Kann"-Schaltregel). Mehrere aktivierte Transitionen können gleichzeitig schalten, wenn sie disjunkte Mengen von Prästellen und Poststellen haben.

Die Schaltregel hat zur Folge, dass sich beim Schalten die Anzahl der sich im Netz befindenden Marken verändert. Betrachtet man beispielsweise das in Abb. 6.2 gezeigte Netz, so ist die Transition t_0 aktiviert, weil die einzige Prästelle p_0 markiert und alle Poststellen nicht markiert sind. Beim Schalten wird der Stelle p_0 die Marke entzogen und es werden die Stellen p_{11}, p_{21}, p_{31} und p_{41} markiert. Im Netz befinden sich nach dem Schalten also vier Marken.

Bei der Analyse eines Petrinetzes darf man sich die Marken also nicht als physikalisch existente Objekte vorstellen, deren Anzahl entsprechend eines „Markenerhaltungssatzes" unverändert bleiben muss. Es geht hier um die Folge von Mengen markierter Stellen, wobei sich die Anzahl der gleichzeitig markierten Stellen bei jedem Schalten ändern kann.

Die Menge der bei der Markierung M aktivierten Transitionen wird mit $\mathcal{T}_{akt}(M)$ bezeichnet. Da das Schalten der Transitionen Ereignisse beschreibt, entspricht die Menge der aktivierten Transitionen eines Petrinetzes der Menge der aktivierten Ereignisse eines Automaten. Wie der nichtdeterministische Automat sagt auch das Petrinetz nichts darüber aus, welche Transition

Abb. 6.4: Kontakt

$t \in \mathcal{T}_{\text{akt}}(M)$ als nächstes schaltet. Petrinetze haben folglich i. Allg. ein nichtdeterministisches Verhalten.

Die in Abb. 6.4 gezeigte Situation, bei der sowohl die Prästelle als auch die Poststelle der Transition t markiert sind, nennt man einen *Kontakt*. Dieser Begriff beschreibt anschaulich, dass hintereinander laufende Marken über eine Transition in direktem Kontakt zueinander stehen. Die Schaltregel besagt, dass in dieser Situation die Transition t nicht aktiviert ist. Die Markierung von Poststellen blockiert also den Markenfluss von den Prästellen einer Transition.

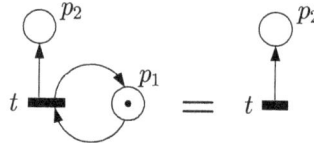

Abb. 6.5: Ständig aktivierte Transition

Aus diesem Grund ist es nicht möglich, Transitionen dadurch ständig zu aktivieren, dass man sie wie in Abb. 6.5 links mit einer Schlinge versieht. Durch diese Schlinge soll erreicht werden, dass, sobald die Stelle p_2 frei ist, die Transition t eine neue Marke für die Stelle p_2 liefern kann. Um daraus ein reines Netz zu machen, wird die Stelle p_1 weggelassen und eine Transition ohne Prästellen als ständig aktivierte Transition interpretiert.

Zustandsraumdarstellung von Petrinetzen. Der Markenfluss ändert die Markierung des Petrinetzes. Durch den Zähler k wird das Schalten der Transitionen gezählt. $M(k)$ bezeichnet die Markierung nach dem k-ten Markierungswechsel. Es wird jetzt untersucht, wie aus einer Markierung M unter Beachtung der Schaltregel die Nachfolgemarkierung M' entsteht. Die dabei erhaltene Beziehung wird später rekursiv zur Erzeugung der Markierungsfolge angewendet.

Entsprechend der Schaltregel erhält man beim Schalten der Transition t aus der aktuellen Markierung $M(p)$ der Stelle p die Nachfolgemarkierung $M'(p)$ nach folgender Vorschrift:

$$M'(p) = \begin{cases} M(p) - 1 & \text{wenn } p \in \bullet t \\ M(p) + 1 & \text{wenn } p \in t \bullet \\ M(p) & \text{sonst.} \end{cases} \qquad (6.3)$$

Wendet man Gl. (6.3) für alle Stellen $p \in \mathcal{P}$ an, so bekommt man die aus der Markierung M beim Schalten der Transition t entstehende Nachfolgemarkierung M'. Diesen Übergang kann man mit Hilfe einer Funktion

$$\delta : \mathcal{M} \times \mathcal{T} \to \mathcal{M}$$

darstellen, wobei $\mathcal{M}$ die Menge aller möglichen Markierungen ist:

$$M' = \delta(M, t). \tag{6.4}$$

Diese Funktion hat für das Petrinetz dieselbe Bedeutung wie die Zustandsübergangsfunktion δ für Σ-Automaten. Sie ist für alle Paare (M, t) mit $t \in \mathcal{T}_{\mathrm{akt}}(M)$ definiert und damit in Bezug zu ihrem Definitionsbereich $\mathcal{M} \times \mathcal{T}$ nur partiell definiert, weil typischerweise die Beziehung $\mathcal{T}_{\mathrm{akt}}(M) \subset \mathcal{T}$ für alle Markierungen M gilt. Die Änderung der Markierung kann alternativ zu Gl. (6.4) in der Form $M \xrightarrow{t} M'$ geschrieben werden.

Die Menge $\mathcal{T}_{\mathrm{akt}}$ kann man jetzt in Analogie zu Gl. (3.15) folgendermaßen definieren:

$$\mathcal{T}_{\mathrm{akt}}(M) = \{t \mid \delta(M, t) \text{ ist definiert}\} = \{t \mid \delta(M, t)!\}. \tag{6.5}$$

Damit erhält man die folgende Darstellung des Petrinetzes, die in Analogie zu gleichartigen Darstellungen von Automaten als Zustandsraumdarstellung bezeichnet wird:

> Zustandsraumdarstellung von Petrinetzen:
>
> $$M(k+1) = \delta(M(k), t(k)) \quad \text{für } t(k) \in \mathcal{T}_{\mathrm{akt}}(M(k)), \quad k = 0, 1, \dots \tag{6.6}$$
>
> $$M(0) = M_0.$$

Die Funktion δ ist implizit durch das Petrinetz definiert, denn man kann für jede Markierung M und aktivierte Transition t mit Hilfe des Petrinetzes die Nachfolgemarkierung M' bestimmen. Eine explizite Darstellung von δ wird im Abschn. 6.2.1 als Ergebnis einer Erreichbarkeitsanalyse angegeben.

Setzt man Gl. (6.5) in Gl. (6.6) ein, so erhält die Zustandsraumdarstellung die Form

$$M(k+1) = \delta(M(k), t(k)) \quad \text{für } t(k) \in \{t \mid \delta(M(k), t)!\}$$

$$M(0) = M_0,$$

aus der explizit hervorgeht, dass alle möglichen Nachfolgemarkierungen nur von der aktuellen Markierung M abhängen.

Verhalten von Petrinetzen. Wie bei Automaten muss man bei der Verhaltensbeschreibung von Petrinetzen zwei Situationen unterscheiden. Wenn man die Schaltfolge

$$T(0 \dots k_{\mathrm{e}}) = (t(0), t(1), \dots, t(k_{\mathrm{e}}))$$

der Transitionen für einen Zeithorizont k_{e} kennt, weil man diese beispielsweise als die von einem technischen System erzeugte Ereignisfolge misst, so ist die Markierungsfolge

$$M(0 \dots k_{\mathrm{e}}) = (M(0), M(1), \dots, M(k_{\mathrm{e}} + 1))$$

eindeutig durch die Netzeigenschaften bestimmt, denn es gilt

$$M(k+1) = \delta(M(k), t(k)), \tag{6.7}$$

wobei die Transitionenfolge die Bedingung

$$t(k) \in \mathcal{T}_{\text{akt}}(M(k)), \quad k = 0, 1, ..., k_e \tag{6.8}$$

erfüllen muss (vgl. Gln. (3.17) und (3.19) auf S. 77).

Interessiert man sich anderseits für das Verhalten des Petrinetzes, so betrachtet man die Menge aller möglichen Transitionenfolgen. Welche Folgen auftreten können, ist eindeutig durch die Anfangsmarkierung und die Netzeigenschaften bestimmt. Zu jeder Markierung $M(k)$ gibt es eine Menge von möglichen Nachfolgemarkierungen, die mit $\mathcal{M}'$ bezeichnet wird:

$$\mathcal{M}'(M) = \{M' \mid M' = \delta(M, t) \text{ für ein } t \in \mathcal{T}_{\text{akt}}(M)\}. \tag{6.9}$$

Das Verhalten $\mathcal{B}$ des Petrinetzes ist die Menge aller Transitionenfolgen

$$\mathcal{B} = \{(t(0), t(1), ..., t(k_e)) \mid \exists (M(0), M(1), ..., M(k_e + 1)) \text{ mit } M(0) = M_0,$$
$$M(k+1) = \delta(M(k), t(k)) \text{ für } t(k) \in \mathcal{T}_{\text{akt}}(M(k)), k = 0, 1, ...\}. \tag{6.10}$$

Alternativ dazu kann man auch das Verhalten als die Menge der möglichen Markierungsfolgen auffassen:

$$\mathcal{B}_{\text{M}} = \{(M(0), M(1), ..., M(k_e + 1)) \mid M(0) = M_0,$$
$$M(k+1) = \delta(M(k), t(k)) \text{ für } t(k) \in \mathcal{T}_{\text{akt}}(M(k))\}. \tag{6.11}$$

Da die Funktion δ jedem Paar (M, t) genau eine Nachfolgemarkierung M' zuordnet, können die Mengen $\mathcal{T}(0...k_e)$ und $\mathcal{M}(0...k_e)$ ineinander umgerechnet werden.

Die Schaltregel lässt zu, dass mehrere aktivierte Transitionen gleichzeitig schalten. Wenn man diese Möglichkeit in der Funktion δ erfassen will, muss man diese Funktion so erweitern, dass sie Markierungsänderungen für Mengen von Transitionen beschreibt. Der Einfachheit halber kann man aber das gleichzeitige Schalten mehrerer Transitionen als Schaltfolge der einzelnen Transitionen behandeln. Da das Petrinetz nichts über den zeitlichen Abstand der Schaltvorgänge aussagt, ist die Schaltfolge dem gleichzeitigen Schalten mehrerer Transitionen gleichwertig.

Beispiel 6.2   *Verhalten eines Parallelrechners*

Das in Abb. 6.2 gezeigte Petrinetz hat die Anfangsmarkierung $M_0 = \{p_0\}$, für die die Transition t_0 aktiviert ist

$$\mathcal{T}_{\text{akt}}(M_0) = \{t_0\},$$

denn die einzige Prästelle von t_0 ist markiert und alle Poststellen p_{11}, p_{21}, p_{31} und p_{41} sind nicht markiert. Beim Schalten der Transition t_0 verschwindet die Marke von der Stelle p_0 und die vier Stellen p_{11}, p_{21}, p_{31} und p_{41} erhalten je eine Marke, wofür man in der bereits eingeführten Notation

$$\{p_0\} \xrightarrow{t_0} \{p_{11}, p_{21}, p_{31}, p_{41}\}$$

schreibt. Bei dieser Markierungsänderung hat sich die Anzahl der im Netz vorhandenen Marken verändert.

Jetzt sind die Transitionen t_1, t_2, t_3 und t_4 aktiviert:

$$\mathcal{T}_{\text{akt}}(M(1)) = \{t_1, t_2, t_3, t_4\}.$$

Die Schaltregel gibt nicht vor, welche dieser Transitionen schaltet und ob mehrere Transitionen gleichzeitig schalten. Man erhält deshalb mehrere mögliche Markierungsfolgen:

$$\{p_0\} \rightarrow \{p_{11}, p_{21}, p_{31}, p_{41}\} \rightarrow \{p_{12}, p_{21}, p_{31}, p_{41}\} \rightarrow \{p_{12}, p_{22}, p_{31}, p_{41}\}$$
$$\rightarrow \{p_{12}, p_{22}, p_{32}, p_{41}\} \rightarrow \{p_{12}, p_{22}, p_{32}, p_{42}\} \rightarrow \{p_5\}$$

$$\{p_0\} \rightarrow \{p_{11}, p_{21}, p_{31}, p_{41}\} \rightarrow \{p_{11}, p_{21}, p_{32}, p_{41}\} \rightarrow \{p_{11}, p_{21}, p_{32}, p_{42}\}$$
$$\rightarrow \{p_{12}, p_{21}, p_{32}, p_{42}\} \rightarrow \{p_{12}, p_{22}, p_{32}, p_{42}\} \rightarrow \{p_5\}$$

$$\{p_0\} \rightarrow \{p_{11}, p_{21}, p_{31}, p_{41}\} \rightarrow \{p_{12}, p_{22}, p_{31}, p_{41}\} \rightarrow \{p_{12}, p_{22}, p_{32}, p_{41}\}$$
$$\rightarrow \{p_{12}, p_{22}, p_{32}, p_{42}\} \rightarrow \{p_5\}$$

usw.

Die letzte Markierungsfolge ist kürzer, weil bei einem Übergang zwei Transitionen gleichzeitig schalten.

Anhand der Markierungsfolgen kann man nachvollziehen, wie das in Abb. 6.2 gezeigte Petrinetz die Arbeitsweise des Parallelrechners beschreibt. Die vier parallelen Prozesse beginnen, wenn die Transition t_0 schaltet. Marken in den Stellen p_{11}, p_{21}, p_{31} und p_{41} bedeuten, dass der erste, zweite, dritte bzw. vierte Rechenprozess aktiv ist. Das Schalten der Transition t_1 zeigt an, dass der erste Rechenprozess beendet wird, wodurch die Stelle p_{11} die Marke verliert, während die Stelle p_{12} markiert wird. In gleicher Weise repräsentiert das Schalten der Transitionen t_2, t_3 und t_4 das Beenden der drei anderen Rechenprozesse. Erst wenn die vier Stellen p_{12}, p_{22}, p_{32} und p_{42} markiert sind und folglich keiner der vier Rechenprozesse mehr läuft, ist die gesamte Rechnung beendet, was durch eine Marke auf der Stelle p_5 symbolisiert wird.

Dieses Beispiel zeigt den Vorteil von Petrinetzen gegenüber Automaten bei der Beschreibung nebenläufiger Prozesse. Die parallelen Prozesse werden durch parallele Pfade im Petrinetz dargestellt. Da im Grafen mehrere Marken auftreten können, die sich mit unterschiedlicher Geschwindigkeit bewegen, sind für die Darstellung der 16 möglichen Zustände des Parallelrechners nur 10 Stellen notwendig. Bei sieben parallelen Prozessen ist der Unterschied noch größer, denn die 128 Zustände können durch $1 + 7 \cdot 2 + 1 = 16$ Stellen beschrieben werden. $\square$

Zustandsraum. Bei Petrinetzen wird der Systemzustand durch alle zu einem Zeitpunkt markierten Stellen beschrieben, in Abb. 6.1 also zur Zeit $k = 0$ durch die Stellen p_1 und p_2. Jede Marke kennzeichnet dabei nur einen Teil des aktuellen Zustands. Da die Marken gemeinsam den Zustand charakterisieren, spricht man auch von UND-Zuständen, im Unterschied zu den ODER-Zuständen der hierarchischen Modellierung (vgl. Abschn. 3.7). In einem Netz mit N Stellen kann es 2^N unterschiedliche Markierungen (Zustände) geben. Welche Markierungen davon aufgrund der Netztopologie und der Anfangsmarkierung tatsächlich möglich sind, wird bei der Erreichbarkeitsanalyse bestimmt (Abschn. 6.2.1).

Da in großen Netzen zu jedem Zeitpunkt nur ein Teil der Marken die Position ändert, verändert sich in einem Petrinetz immer nur ein Teil des Gesamtzustands, was die Darstellung nebenläufiger Prozesse erleichtert. Bei einem Automaten kann man den aktuellen Zustand natürlich auch durch eine Marke kennzeichnen. Der wichtige Unterschied zum Petrinetz besteht in der Beschränkung, dass beim Automaten zu jedem Zeitpunkt nur genau ein Zustand markiert sein kann und sich folglich in jedem Zeitschritt der Gesamtzustand ändert. Dies gilt auch für nichtdeterministische Automaten, die ebenfalls zu jedem Zeitpunkt nur genau einen Zustand annehmen können und sich vom deterministischen Automaten nur dadurch unterscheiden, dass man nicht eindeutig bestimmen kann, welchem Pfad die Marke durch den Automatengrafen nimmt.

Für die Modellbildung mit Petrinetzen bedeutet dies, dass man – anders als bei Automaten – nicht den gesamten Zustandsraum explizit definieren muss, sondern diejenigen Situationen festlegt, in denen Teilprozesse beginnen bzw. enden. Das Eintreten dieser Situationen wird durch das Markieren einer oder mehrerer Stellen dargestellt. Der Zustandsraum ist in diesem Sinne die Menge aller gleichzeitig markierten Situationen.

Der in der Netztheorie gebräuchliche Begriff *Bedingungs-Ereignis-Netz* (B/E-Netz) für die hier eingeführten Petrinetze weist auf den beschriebenen Modellbildungsweg hin, Bedingungen zu definieren, unter denen Ereignisse eintreten können. Das Schalten von Transitionen beschreibt das Auftreten von Ereignissen, die Prästellen der Transitionen beschreiben die Bedingungen, unter denen die durch die Transitionen repräsentierten Ereignisse aktiviert sind.

6.1.4 Matrixdarstellung

Um zu einer analytischen Beschreibung von Petrinetzen zu kommen, müssen die Stellen und Transitionen nummeriert werden. Es wird der Vektor p eingeführt, dessen Länge N mit der Anzahl der Stellen des Netzes übereinstimmt. Ähnlich wie beim Automaten ist das i-te Element p_i gleich eins, wenn die Stelle p_i markiert ist, andernfalls gleich null. p heißt *Markierungsvektor*. Aus $p(k)$ kann man ablesen, welche Stellen zum Zeitpunkt k eine Marke besitzen.

Um den Markierungsvektor $p(k+1)$ aus dem Vorgänger $p(k)$ berechnen zu können, führt man außerdem den *Transitionsvektor* (Schaltvektor) t ein, dessen Länge durch die Anzahl der Transitionen vorgegeben ist und deren i-tes Element gleich eins ist, wenn die Transition t_i schaltet. Alle anderen Elemente sind gleich null. Da mehrere Transitionen gleichzeitig schalten können, kann $t(k)$ mehr als ein von null verschiedenes Element besitzen.

Die Netztopologie wird durch die *Netzmatrix* N wiedergegeben, die die Verschiebung der Marken beim Schalten der Transitionen angibt. Die Stellen des Netzes sind den Zeilen der Matrix N und die Transitionen den Spalten zugeordnet. Das Element n_{ij} hat den Wert $+1$, wenn es eine Kante von der Transition t_j zur Stelle p_i gibt und folglich beim Schalten der Transition t_j eine Marke über die Kante $t_j \rightarrow p_i$ auf den Platz p_i fließt. Es hat den Wert -1, wenn eine Kante von der Stelle p_i zur Transition t_j führt, auf der beim Schalten der Transition t_j die Marke von p_i abfließt. Diese Definition der Matrixelemente kann man sich abgekürzt in der Form

$$n_{ij} = \begin{cases} +1 & \text{wenn } t_j \rightarrow p_i \\ -1 & \text{wenn } p_i \rightarrow t_j \\ 0 & \text{sonst} \end{cases}$$

merken. Bezogen auf die grafische Darstellung des Petrinetzes als bipartiter Graf ist N die Inzidenzmatrix, also die Matrix, die die Zusammengehörigkeit der Elemente beider Knotenmengen beschreibt (vgl. Anhang 2).

Die Netzmatrix ist nur für reine Netze eine zur grafischen Darstellung äquivalente Beschreibung, weil bei Schlingen von der Stelle p_i über die Transition t_j zurück zur Stelle p_i das zugehörige Element n_{ij} gleich null sein muss, um den Markenfluss richtig zu erfassen, und die Schlinge deshalb nicht in der Netzmatrix erscheint. Bevor man zur Matrixrepräsentation eines Petrinetzes übergeht, muss man deshalb Schlingen eliminieren (vgl. Abb. 6.3).

Mit diesen Größen kann man das Petrinetz durch folgende Beziehung darstellen:

Matrixform der Zustandsraumdarstellung von Petrinetzen:

$$p(k + 1) = p(k) + N\,t(k) \quad \text{für } t(k) \in \mathcal{T}_{\mathrm{akt}}(p(k)), \ k = 0, 1, \dots$$

$$p(0) = p_0$$

(6.12)

Diese Gleichung ist äquivalent zu Gl. (6.3). Sie beschreibt, wie man den Markierungsvektor $p(k + 1)$ aus der Vorgängermarkierung $p(k)$ berechnen kann, wenn die im Schaltvektor $t(k)$ angegebenen Transitionen zum Zeitpunkt k schalten. Die Gleichung gilt auch, wenn in $t(k)$ das gleichzeitige Schalten mehrerer Transitionen steht.

Der Vektor $t(k)$ kann nicht beliebig gewählt werden, weil er der Schaltregel genügen muss, derzufolge die schaltenden Transitionen zur Menge $\mathcal{T}_{\mathrm{akt}}(p(k))$ der aktivierten Transitionen gehören müssen. Da die Markierung M jetzt durch den Vektor $p(k)$ dargestellt wird, wurde das bisherige Argument $M(k)$ der Menge $\mathcal{T}_{\mathrm{akt}}$ durch $p(k)$ ersetzt. Beim gleichzeitigen Schalten mehrerer Transitionen dürfen die Transitionen keine gemeinsamen Prä- oder Poststellen besitzen.

Bestimmung aktivierter Transitionen. Ob der Vektor $t(k)$ die Bedingung $t(k) \in \mathcal{T}_{\mathrm{akt}}(p(k))$ erfüllt, kann man analytisch überprüfen. Dazu wird die Netzmatrix in zwei binäre Matrizen

$$N = N^+ - N^-$$

zerlegt, bei der die Matrix N^+ die $+1$-Elemente von N übernimmt und die Matrix N^- an denjenigen Stellen eine $+1$ besitzt, an denen in N eine -1 steht. Die Matrix N^+ beschreibt also die Kanten $t_j \to p_i$ von Transitionen zu Stellen und die Matrix N^- die Kanten $p_i \to t_j$ von Stellen zu Transitionen. Der Transitionsvektor $t(k)$ muss die beiden Bedingungen

$$p(k) \geq N^- t(k) \tag{6.13}$$

$$1 \geq p(k) + N^+ t(k), \tag{6.14}$$

erfüllen, von denen die erste sichert, dass auf allen Prästellen der schaltenden Transitionen eine Marke liegt und diese Marke nur über *eine* schaltende Transition abgezogen wird, während die Bedingung (6.14) fordert, dass die Poststellen der schaltenden Transitionen unmarkiert sind. 1 ist ein N-dimensionaler Vektor, deren sämtliche Elemente gleich eins sind. Es gilt

$$\mathcal{T}_{\mathrm{akt}}(p(k)) = \{t(k) \,|\, t(k) \text{ erfüllt die Bedingungen (6.13), (6.14)}\}.$$

Wenn bei der aktuellen Markierung nur eine Transition aktiviert ist, sind die Bedingungen (6.13), (6.14) für genau einen Transitionsvektor t erfüllt. Sind mehrere Transitionen aktiviert, die keine gemeinsamen Prästellen oder Poststellen haben, so ist $\mathcal{T}_{\mathrm{akt}}(p(k))$ die Menge aller Transitionsvektoren, die das Schalten der aktivierten Transitionen einzeln und in beliebiger Kombination beschreiben. Die aktivierten Transitionen stellen unabhängige Ereignisse dar, denn das Schalten einer oder mehrerer dieser Transition verändert nichts am Aktivierungszustand der anderen Transitionen. Beispiele hierfür sind die Transitionen t_1, t_2, t_3 und t_4 im Modell des Parallelrechners (Abb. 6.2).

Konflikte zwischen den Transitionen treten auf, wenn die Transitionen auf dieselben Marken zugreifen oder gleiche Poststellen haben. Dann führt das Schalten einer dieser Transitionen zu einer neuen Markierung, in der die anderen Transitionen möglicherweise nicht mehr aktiviert sind. Ein Beispiel zeigt der als Auswahl bezeichnete Ausschnitt eines Petrinetzes in Abb. 6.9. Bei der Markierung der Stelle sind die beiden rechts gezeigten Transitionen aktiviert. Schaltet eine von beiden Transitionen, so ist anschließend die andere Transition nicht mehr aktiv. In der Menge $\mathcal{T}_{\mathrm{akt}}$ tritt deshalb der Schaltvektor, der das gleichzeitige Schalten beider Transitionen kennzeichnet, nicht auf.

Beispiel 6.2 (Forts.) *Verhalten eines Parallelrechners*

Die Netzmatrix des in Abb. 6.2 auf S. 257 gezeigten Petrinetzes hat folgendes Aussehen, wobei zur Erläuterung der Einträge die Zeilen und Spalten mit den entsprechenden Stellen und Transitionen gekennzeichnet sind:

$$N = \begin{array}{c} \\ p_0 \\ p_{11} \\ p_{12} \\ p_{21} \\ p_{22} \\ p_{31} \\ p_{32} \\ p_{41} \\ p_{42} \\ p_5 \end{array} \begin{array}{cccccc} t_0 & t_1 & t_2 & t_3 & t_4 & t_5 \\ \left(\begin{array}{cccccc} -1 & 0 & 0 & 0 & 0 & 0 \\ 1 & -1 & 0 & 0 & 0 & 0 \\ 0 & 1 & 0 & 0 & 0 & -1 \\ 1 & 0 & -1 & 0 & 0 & 0 \\ 0 & 0 & 1 & 0 & 0 & -1 \\ 1 & 0 & 0 & -1 & 0 & 0 \\ 0 & 0 & 0 & 1 & 0 & -1 \\ 1 & 0 & 0 & 0 & -1 & 0 \\ 0 & 0 & 0 & 0 & 1 & -1 \\ 0 & 0 & 0 & 0 & 0 & 1 \end{array}\right) \end{array}.$$

Der Eintrag -1 in der oberen linken Ecke besagt, dass eine Kante $p_0 \to t_0$ existiert, über die die Stelle p_0 beim Schalten der Transition t_0 ihre Marke verliert. In der ersten Spalte stehen in den Zeilen für p_{11}, p_{21}, p_{31} und p_{41} je eine 1, weil diese Stellen beim Schalten der Transition t_0 markiert werden. Die weiteren Matrixelemente erhält man aus ähnlichen Überlegungen.

Das Verhalten des Netzes bei einer Initialmarkierung der Stelle p_0, die durch den Vektor

$$p(0) = (1\ 0\ 0\ 0\ 0\ 0\ 0\ 0\ 0\ 0)^{\mathrm{T}}$$

beschrieben ist, erhält man durch Anwendung der Gl. (6.12) folgendermaßen. Bei der Initialmarkierung ist nur die Transition t_0 aktiviert, so dass der einzig mögliche Transitionsvektor im ersten Element eine Eins besitzt:

$$t(0) = \begin{pmatrix} 1 \\ 0 \\ 0 \\ 0 \\ 0 \\ 0 \end{pmatrix} \begin{array}{l} t_0 \\ t_1 \\ t_2 \\ t_3 \\ t_4 \\ t_5 \end{array}.$$

Dieser Transitionsvektor erfüllt die Bedingungen (6.13) und (6.14), denn es gilt

$$\boldsymbol{p}(0) = \begin{pmatrix} 1 \\ 0 \\ 0 \\ 0 \\ 0 \\ 0 \\ 0 \\ 0 \\ 0 \\ 0 \end{pmatrix} \geq \boldsymbol{N}^{-}\,\boldsymbol{t}(0) = \begin{pmatrix} 1\ 0\ 0\ 0\ 0\ 0 \\ 0\ 1\ 0\ 0\ 0\ 0 \\ 0\ 0\ 0\ 0\ 0\ 1 \\ 0\ 0\ 1\ 0\ 0\ 0 \\ 0\ 0\ 0\ 0\ 0\ 1 \\ 0\ 0\ 0\ 1\ 0\ 0 \\ 0\ 0\ 0\ 0\ 0\ 1 \\ 0\ 0\ 0\ 0\ 1\ 0 \\ 0\ 0\ 0\ 0\ 0\ 1 \\ 0\ 0\ 0\ 0\ 0\ 0 \end{pmatrix} \cdot \begin{pmatrix} 1 \\ 0 \\ 0 \\ 0 \\ 0 \\ 0 \end{pmatrix} = \begin{pmatrix} 1 \\ 0 \\ 0 \\ 0 \\ 0 \\ 0 \\ 0 \\ 0 \\ 0 \\ 0 \end{pmatrix}$$

$$\boldsymbol{1} = \begin{pmatrix} 1 \\ 1 \\ 1 \\ 1 \\ 1 \\ 1 \\ 1 \\ 1 \\ 1 \\ 1 \end{pmatrix} \geq \boldsymbol{p}(0) + \boldsymbol{N}^{+}\,\boldsymbol{t}(0) = \begin{pmatrix} 1 \\ 0 \\ 0 \\ 0 \\ 0 \\ 0 \\ 0 \\ 0 \\ 0 \\ 0 \end{pmatrix} + \begin{pmatrix} 0\ 0\ 0\ 0\ 0\ 0 \\ 1\ 0\ 0\ 0\ 0\ 0 \\ 0\ 1\ 0\ 0\ 0\ 0 \\ 1\ 0\ 0\ 0\ 0\ 0 \\ 0\ 0\ 1\ 0\ 0\ 0 \\ 1\ 0\ 0\ 0\ 0\ 0 \\ 0\ 0\ 0\ 1\ 0\ 0 \\ 1\ 0\ 0\ 0\ 0\ 0 \\ 0\ 0\ 0\ 0\ 1\ 0 \\ 0\ 0\ 0\ 0\ 0\ 1 \end{pmatrix} \cdot \begin{pmatrix} 1 \\ 0 \\ 0 \\ 0 \\ 0 \\ 0 \end{pmatrix} = \begin{pmatrix} 1 \\ 1 \\ 0 \\ 1 \\ 0 \\ 1 \\ 0 \\ 1 \\ 0 \\ 0 \end{pmatrix}.$$

Damit führt Gl. (6.12) auf die Nachfolgemarkierung

$$\boldsymbol{p}(1) = \boldsymbol{p}(0) + \boldsymbol{N}\,\boldsymbol{t}(0) = \begin{pmatrix} 1 \\ 0 \\ 0 \\ 0 \\ 0 \\ 0 \\ 0 \\ 0 \\ 0 \\ 0 \end{pmatrix} + \begin{pmatrix} -1 & 0 & 0 & 0 & 0 & 0 \\ 1 & -1 & 0 & 0 & 0 & 0 \\ 0 & 1 & 0 & 0 & 0 & -1 \\ 1 & 0 & -1 & 0 & 0 & 0 \\ 0 & 0 & 1 & 0 & 0 & -1 \\ 1 & 0 & 0 & -1 & 0 & 0 \\ 0 & 0 & 0 & 1 & 0 & -1 \\ 1 & 0 & 0 & 0 & -1 & 0 \\ 0 & 0 & 0 & 0 & 1 & -1 \\ 0 & 0 & 0 & 0 & 0 & 1 \end{pmatrix} \cdot \begin{pmatrix} 1 \\ 0 \\ 0 \\ 0 \\ 0 \\ 0 \end{pmatrix} = \begin{pmatrix} 0 \\ 1 \\ 0 \\ 1 \\ 0 \\ 1 \\ 0 \\ 1 \\ 0 \\ 0 \end{pmatrix},$$

bei der die Stellen p_{11}, p_{21}, p_{31} und p_{41} markiert sind.

Bei der Markierung $\boldsymbol{p}(1)$ sind die vier Transitionen t_1, t_2, t_3 und t_4 aktiviert und können in beliebiger Folge schalten, weil der Vektor

$$\boldsymbol{t}(1) = \begin{pmatrix} 0 \\ t_1 \\ t_2 \\ t_3 \\ t_4 \\ 0 \end{pmatrix}$$

für beliebige $t_1, t_2, t_3, t_4 \in \{0,\ 1\}$ die Bedingungen (6.13) und (6.14) erfüllt:

$$
p(1) \;=\; \begin{pmatrix} 0 \\ 1 \\ 0 \\ 1 \\ 0 \\ 1 \\ 0 \\ 1 \\ 0 \\ 0 \end{pmatrix} \;\geq\; N^- \, t(1) \;=\; \begin{pmatrix} 0 \\ t_1 \\ 0 \\ t_2 \\ 0 \\ t_3 \\ 0 \\ t_4 \\ 0 \\ 0 \end{pmatrix}
$$

$$
\mathbf{1} \;=\; \begin{pmatrix} 1 \\ 1 \\ 1 \\ 1 \\ 1 \\ 1 \\ 1 \\ 1 \\ 1 \\ 1 \end{pmatrix} \;\geq\; p(1) + N^+ \, t(1) \;=\; \begin{pmatrix} 0 \\ 1 \\ t_1 \\ 1 \\ t_2 \\ 1 \\ t_3 \\ 1 \\ t_4 \\ 0 \end{pmatrix} .
$$

Nimmt man als Beispiel den Transitionsvektor

$$
t(1) \;=\; \begin{pmatrix} 0 \\ 0 \\ 1 \\ 1 \\ 0 \\ 0 \end{pmatrix} ,
$$

so erhält man die Nachfolgemarkierung

$$
p(2) \;=\; p(1) + N\, t(1) \;=\; \begin{pmatrix} 0 \\ 1 \\ 0 \\ 1 \\ 0 \\ 1 \\ 0 \\ 1 \\ 0 \\ 0 \end{pmatrix} + \begin{pmatrix} -1 & 0 & 0 & 0 & 0 & 0 \\ 1 & -1 & 0 & 0 & 0 & 0 \\ 0 & 1 & 0 & 0 & 0 & -1 \\ 1 & 0 & -1 & 0 & 0 & 0 \\ 0 & 0 & 1 & 0 & 0 & -1 \\ 1 & 0 & 0 & -1 & 0 & 0 \\ 0 & 0 & 0 & 1 & 0 & -1 \\ 1 & 0 & 0 & 0 & -1 & 0 \\ 0 & 0 & 0 & 0 & 1 & -1 \\ 0 & 0 & 0 & 0 & 0 & 1 \end{pmatrix} \cdot \begin{pmatrix} 0 \\ 0 \\ 1 \\ 1 \\ 0 \\ 0 \end{pmatrix} \;=\; \begin{pmatrix} 0 \\ 1 \\ 0 \\ 0 \\ 1 \\ 0 \\ 1 \\ 1 \\ 0 \\ 0 \end{pmatrix} .
$$

Jetzt sind die Transition t_1 und t_4 aktiviert, so dass als nächstes mit einem Transitionsvektor gerechnet werden muss, in dem eine dieser Transitionen oder beide schalten. Wenn nach dem Schalten dieser Transition und später der Transition t_5 die Stelle p_5 markiert ist, gibt es keine aktivierte Transition, so dass die Bewegung des Petrinetzes aufhört. □

Berechnung der Markierung nach einer Schaltfolge. Mit Hilfe von Gl. (6.12) kann man die Markierung $p(k_e + 1)$, die das Petrinetz nach einer Schaltfolge

$$
\mathcal{T}\,(0...k_e) = (t(0),\, t(1),\, ...,\, t(k_e))
$$

besitzt, in einem Schritt ausrechnen:

$$p(k_e + 1) = p(0) + N\,t(0...k_e). \tag{6.15}$$

Dabei beschreibt der Vektor $t(0...k_e)$ die gesamte Schaltfolge

$$t(0...k_e) = \sum_{k=0}^{k_e} t(k), \tag{6.16}$$

wobei $t(k)$ die Vektordarstellung der zur Zeit k schaltenden Transition $t(k)$ ist. Der Vektor $t(0...k_e)$ erfüllt die Bedingungen (6.13), (6.14) nicht, denn in der durch diesen Vektor ausgedrückten Schaltfolge sind nicht alle Transitionen gleichzeitig aktiviert.

6.1.5 Modellierung ereignisdiskreter Systeme durch Petrinetze

Petrinetze eigenen sich für die Beschreibung von Systemen, in denen Teilprozesse sequenziell oder parallel ablaufen, weil das Zusammenspiel der Teilprozesse direkt in geeignete Netzelemente abgebildet werden kann. Auf die wichtigsten Aspekte der Modellbildung wird in diesem Abschnitt eingegangen.

Bedingungs-Ereignis-Netze. Die hier eingeführten Petrinetze zeichnen sich dadurch aus, dass jede Stelle höchstes eine Marke besitzen und dass über alle Kanten höchstens eine Marke fließen kann. Diese Netze werden als Bedingungs-Ereignis-Netze (B/E-Netze) bezeichnet.

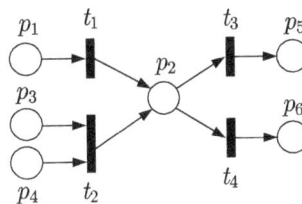

Abb. 6.6: Erläuterung des Begriffes B/E-Netz

Diese Bezeichnung kommt von einer Interpretation der Netzelemente, bei der die Stellen Bedingungen und die Transitionen Ereignisse repräsentieren. Die durch die Stelle p dargestellte Bedingung ist erfüllt, wenn die Stelle p markiert ist, weswegen im Folgenden kürzer von „der Bedingung p" gesprochen wird. Das der Transition t zugeordnete Ereignis findet statt, wenn die Transition t „feuert", weshalb man auch vom „Ereignis t" spricht. Bei der Interpretation der Bedingungen und Ereignisse für eine konkrete Anwendung ordnet man den Stellen typischerweise Prozesseigenschaften zu, die über einen längeren Zeitraum gültig sind, während Ereignisse kurzzeitig ablaufende Erscheinungen repräsentieren.

Durch die im Petrinetz enthaltenen Kanten wird beschrieben, welche Bedingungen für welche Ereignisse notwendig bzw. hinreichend sind. In dem in Abb. 6.6 gezeigten Netz ist die

Bedingung p_1 notwendig und hinreichend für das Auftreten des Ereignisses t_1. Gleiches gilt für die Bedingungen p_3 und p_4 zusammen in Bezug auf das Ereignis t_2. Die Bedingung p_2 ist nur notwendig, aber nicht hinreichend für die Ereignisse t_3 und t_4, weil bei Erfüllung dieser Bedingung nur jeweils eines der beiden Ereignisse auftritt.

Bei der Modellbildung muss man die im betrachteten System auftretenden Ereignisse definieren und die Bedingungen beschreiben, unter denen diese Ereignisse stattfinden bzw. die nach dem Auftreten der Ereignisse erfüllt sind. Das Petrinetz erhält man dann direkt als Darstellung dieser Zusammenhänge zwischen Bedingungen und Ereignissen.

Prozessorientierte Modellbildung. Bei der Modellierung technischer Systeme nutzt man Bedingungen und Ereignisse häufig, um das Zusammenwirken von Teilprozessen zu beschreiben. Petrinetze eignen sich für eine derartige prozessorientierte Modellbildung.

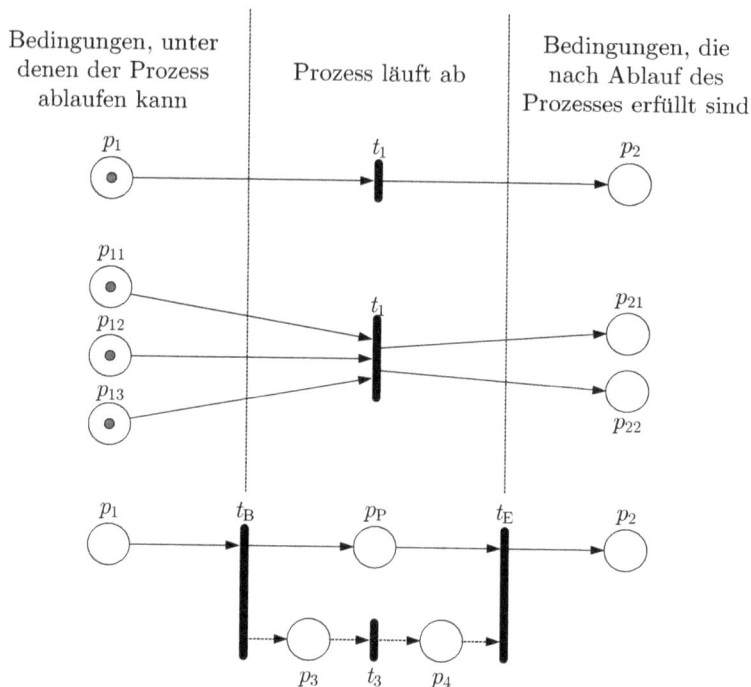

Abb. 6.7: Prozessorientierte Modellierung mit Petrinetzen

Jeder Teilprozess wird durch drei Elemente beschrieben:

- Bedingungen, die erfüllt sein müssen, damit der Teilprozess ablaufen kann,
- den Prozessablauf,
- Bedingungen, die nach dem Ablauf des Teilprozesses erfüllt sind.

Wie diese drei Elemente in ein Petrinetz übertragen werden, hängt vom Zusammenhang des betrachteten Teilprozesses mit anderen Teilprozessen zusammen. Die in Abb. 6.7 oben angegebene Beschreibung nutzt je eine Stelle für die vor bzw. nach dem Ablauf des Teilprozesses erfüllten Bedingungen und der Teilprozess ist durch die Transition t_1 repräsentiert. Wenn die Stelle p_1 markiert ist, kann der Teilprozess ablaufen, was dem Schalten der Transition t_1 entspricht. Danach ist die Stelle p_2 markiert.

Wenn die vor dem Beginn des betrachteten Teilprozesses zu erfüllenden Bedingungen von mehreren anderen Teilprozessen geschaffen werden, muss man mehrere Stellen einführen, wie es im mittleren Teil von Abb. 6.7 getan wurde. Dort kann der durch die Transition t_1 dargestellte Teilprozess erst ablaufen, wenn drei vorherige Teilprozesse dafür gesorgt haben, dass die drei durch die Stellen p_{11}, p_{12} und p_{13} repräsentierten Bedingungen erfüllt sind, was im Petrinetz durch jeweils eine Marke auf diesen Stellen gekennzeichnet wird. Der Teilprozess schafft dann die Voraussetzungen für zwei Nachfolgeprozesse, die erst ablaufen können, wenn die durch die Stellen p_{21} und p_{22} repräsentierten Bedingungen erfüllt sind.

Wenn während des Ablaufes eines Teilprozesses weitere für die Modellbildung wichtige Erscheinungen auftreten, kann der Teilprozess nicht durch das Schalten einer Transition dargestellt werden, sondern es muss eine weitere Stelle eingeführt werden, deren Markierung den Ablauf des Teilprozesses anzeigt. Im unteren Teil der Abb. 6.7 ist diese Stelle p_P genannt. Das Schalten der Transition t_B kennzeichnet den Beginn des Teilprozesses, der Ablauf des Teilprozesses wird durch die Markierung der Stelle p_P angezeigt, und das Schalten der Transition t_E kennzeichnet das Ende des Teilprozesses.

Diese gegenüber den ersten beiden Darstellungen genauere Beschreibung des Teilprozesses ist beispielsweise notwendig, wenn man bestimmte Ereignisse im Modell erfassen will, die während des laufenden Teilprozesses auftreten bzw. die gemeinsam mit dem Teilprozess die Vorbedingungen für weitere Prozesse schaffen. Die in der Abbildung eingetragenen zusätzlichen Stellen p_3 und p_4 und die weitere Transition t_3 können einen zweiten, parallel ablaufenden Prozess beschreiben, wobei die durch die Stelle p_2 repräsentierte Bedingung erst dann erfüllt ist, wenn beide Teilprozesse abgeschlossen sind.

Wie viele Stellen und Transitionen man für die Darstellung eines Teilprozesses im Petrinetz einführen muss, hängt also nicht nur davon ab, wie detailliert man einen Teilprozess darstellen will, sondern auch von der Kopplung dieses Teilprozesses mit anderen Teilprozessen.

Parallele und sequenzielle Prozesse. Teilprozesse können sequenziell oder parallel ablaufen. In einer Sequenz wird durch den Abschluss eines Teilprozesses die Voraussetzung für den Beginn eines anderen Teilprozesses geschaffen. Im Petrinetz wird dies als Folge von Transitionen und Stellen dargestellt, wobei das Netz für jedes durch eine Transition t repräsentierte Ereignis festlegt, welche anderen Ereignisse vor dem Ereignis t stattgefunden haben müssen bzw. nach dem Ereignis t stattfinden können. So erhält man das in Abb. 6.8 gezeigte Petrinetz, wenn man durch das Schalten der Transition t_1 das Beenden des ersten Teilprozesses und durch das Schalten der Transition t_2 den Beginn des darauf folgenden Teilprozesses beschreiben will.

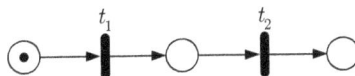

Abb. 6.8: Kausalität in Petrinetzen

In der Literatur bezeichnet man die durch das Netz wiedergegebene Tatsache, dass bestimmte Ereignisse vor anderen stattfinden müssen, als sequenzielle Kausalität der Ereignisse. Man muss jedoch beachten, dass diese Form der Kausalität nicht gleichbedeutend damit ist, dass ein Prozess einen anderen im Sinne einer Ursache-Wirkungbeziehung nach sich zieht. Es ist deshalb besser, von der Logik der Prozesse anstelle von deren kausaler Relation zu sprechen.

Charakteristisch für sequenzielle Prozesse ist die Tatsache, dass stets nur einer der Teilprozesse aktiv ist. Der Zustandsmenge $\mathcal{Z}$ eines Systems, in dem eine Kette von N sequenziellen Prozessen abläuft, ist deshalb die Vereinigungsmenge der Zustandsmengen $\mathcal{Z}_i$ der Teilprozesse:

$$\mathcal{Z} = \mathcal{Z}_1 \cup \mathcal{Z}_2 \cup \ldots \cup \mathcal{Z}_N. \tag{6.17}$$

Im Petrinetz wird der aktuelle Zustand durch die Markierung der zugehörigen Stelle angezeigt. Wenn die sequenziellen Teilprozesse durchlaufen werden, wandert die Marke nacheinander zu den Stellen, die den Zustand der Teilprozesse repräsentieren.

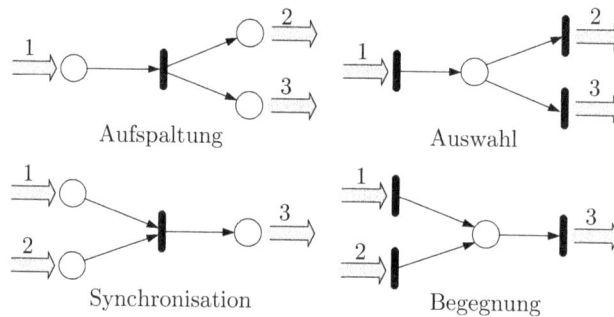

Abb. 6.9: Vier Standardsituationen in Petrinetzen

Parallele Prozesse werden im Petrinetz durch parallele Pfade dargestellt, auf denen sich die Marken unabhängig voneinander bewegen. Zwischen den parallelen Prozessen gibt es keine Kausalität. Die in den parallelen Pfaden liegenden Transitionen schalten in beliebiger Reihenfolge, wobei nach dem Schalten aller Transitionen unabhängig von deren Reihenfolge dieselbe Endmarkierung entsteht.

Der Zustand des Gesamtprozesses wird deshalb durch die Zustände aller Teilprozesse gebildet, so dass für die Zustandsmenge des Gesamtsystems die Beziehung

$$\mathcal{Z} = \mathcal{Z}_1 \times \mathcal{Z}_2 \times \ldots \times \mathcal{Z}_N \tag{6.18}$$

gilt.

Bei der prozessorientierten Modellbildung entsteht ein Modell, in dem sich sequenzielle und parallele Prozesse abwechseln. Im Petrinetz treten deshalb häufig die vier in Abb. 6.9 dargestellten Standardsituationen auf. Die grauen Pfeile symbolisieren Teilprozesse, die im vollständigen Petrinetz durch weitere Stellen und Transitionen beschrieben sind. Hier kommt es jetzt nur auf die Beziehungen zwischen den Teilprozessen an.

- Bei der **Aufspaltung** (Verzweigung) folgen dem Teilprozess 1 die beiden parallel ablaufenden Teilprozesse 2 und 3. Im Petrinetz sind nach dem Schalten der Transition die beiden rechten Stellen markiert, die die Aktivierung dieser Teilprozesse anzeigen. Die Markierung der linken Stelle bedeutet, dass die Voraussetzungen für den Beginn der beiden parallelen Teilprozesse erfüllt sind. In diesem Sinne beschreibt die Stelle p_0 in Abb. 6.2 die Situation, dass sämtliche Daten für den Beginn von vier parallelen Rechenprozessen vorhanden sind, und die Transition t_0 symbolisiert den Beginn der vier Rechenprozesse.

- Bei der **Auswahl** folgt dem Teilprozess 1 einer der beiden Teilprozesse 2 oder 3. Die Marke kann von der Stelle nur entweder über die obere oder über die untere Transition wandern. Das Netz verhält sich nichtdeterministisch, denn es sagt nichts darüber aus, welche der beiden Transitionen schaltet. Die Stelle beschreibt deshalb eine Situation, von der aus jeder der beiden Teilprozesse einzeln beginnen kann.

- Bei der **Synchronisation** müssen zwei oder mehrere Teilprozesse abgeschlossen sein, bevor ein Nachfolgeprozess beginnt. Die abgebildete Transition kann nur schalten, wenn beide Prästellen markiert sind.

- Bei der **Begegnung** wird einer der beiden Teilprozesse 1 oder 2 vom Teilprozess 3 abgelöst. Die Stelle kann nur entweder von der oberen oder von der unteren Transition markiert werden.

Netze ohne Auswahl und Aufspaltung werden als schlichte Netze bezeichnet. Die in Abb. 6.9 gezeigten Netzelemente haben nicht nur eine unterschiedliche Wirkung in Bezug zum Markenfluss, sondern sie unterscheiden sich auch im Hinblick auf ihre Wirkung auf die Anzahl der Marken. Während sich in den rechts dargestellten Netzelementen nichts an der Markenanzahl ändert, führt die Aufspaltung zu einer Vervielfachung und die Synchronisation zu einer Verschmelzung mehrerer Marken.

Bei der Aufstellung von Petrinetzen für gekoppelte Prozesse muss man zwischen dem Markenfluss, der die Abfolge der Teilprozesse beschreibt, und dem Informationsfluss, durch den die Prozesse gekoppelt sind, unterscheiden. Beide müssen nicht zwangsläufig dieselbe Richtung haben. Der Grund liegt darin, dass nicht immer der Abschluss des Teilprozesses 1 den Beginn des Teilprozesses 2 auslöst, sondern in technischen Anlagen auch der Beginn des Teilprozesses 2 dafür sorgen kann, dass der Teilprozess 1 beendet wird. In diesem Falle fließt die Information vom Teilprozess 2 zum Teilprozess 1, während im zugehörigen Petrinetz die Marke vom Teilprozess 1 zum Teilprozess 2 fließt.

Nichtdeterminismus. Eine wichtige Eigenschaft von Petrinetzen besteht in der Tatsache, dass sie nichtdeterministisches Systemverhalten in sehr einfacher Weise beschreiben können. Dies ist die Grundlage dafür, dass die Beschreibung paralleler Prozesse durch Petrinetze wesentlich einfacher ist als durch Automaten.

Nichtdeterministisches Verhalten kann einerseits dadurch entstehen, dass eine markierte Stelle mehrere Transitionen aktiviert, was als Auswahl oder Konflikt bezeichnet wird. Es kann nur eine der aktivierten Transitionen schalten und es ist durch die Schaltregel nicht festgelegt, welche Transition dies ist (linker Teil von Abb. 6.10). Man spricht von einem Konflikt, weil das Schalten einer dieser Transitionen Marken von der Prästelle der anderen Transition abzieht, so dass diese Transitionen dann nicht mehr aktiviert sind.

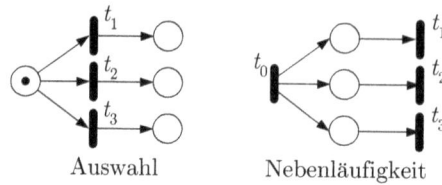

Abb. 6.10: Nichtdeterministische Elemente in einem Petrinetz

Andererseits entsteht ein Nichtdeterminismus, wenn mehrere Transitionen unabhängig voneinander schalten können, wie es im rechten Teil der Abbildung gezeigt ist. Hier können unterschiedliche Markierungsfolgen dadurch entstehen, dass die Transitionen in unterschiedlicher Reihenfolge schalten.

Modellkomplexität. Da der Zustand des durch ein Petrinetz dargestellten Systems durch die Menge der gleichzeitig markierten Stellen beschrieben wird, kann man mit relativ wenigen Netzelementen eine sehr große Zustandsmenge repräsentieren. Dabei hängt die Anzahl der Systemzustände nicht nur von der Stellenanzahl, sondern auch von der Netztopologie ab.

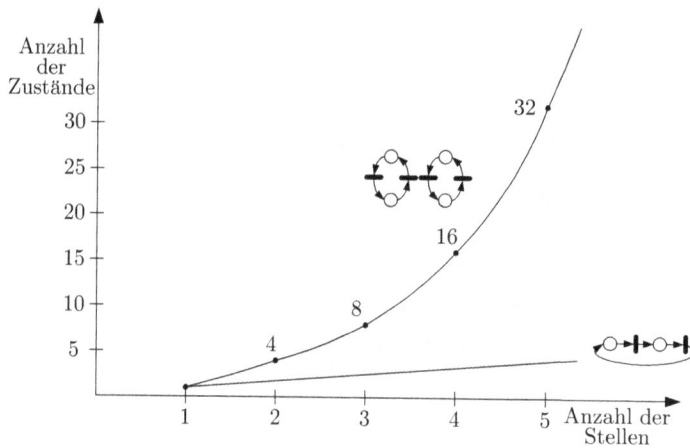

Abb. 6.11: Anzahl der mit einem Petrinetz darstellbaren Systemzustände

Abbildung 6.11 zeigt, dass für eine sequenzielle Anordnung der Stellen die Anzahl der Systemzustände gleich der Anzahl der Stellen ist und sich deshalb nur linear mit der Stellenanzahl erhöht (untere Grenze). Diese Kurve entspricht auch der mit Automaten erreichbaren Modellkomplexität. Der andere Grenzfall wird erreicht, wenn im Petrinetz nur je zwei Stellen durch Transitionen verbunden sind, so dass ein Netz mit N Stellen 2^N Zustände annehmen kann. Die Anzahl der durch ein Netz dargestellten Zustände liegt im grau gekennzeichneten Bereich. Je mehr nebenläufige Prozesse auftreten, desto näher liegt die Anzahl der Zustände an der oberen Grenze.

6.1.6 Synchronisationsgrafen und Zustandsmaschinen

In diesem Abschnitt werden zwei spezielle Klassen von Petrinetzen eingeführt, die man als Synchronisationsgrafen bzw. Zustandsmaschinen bezeichnet.

Synchronisationsgrafen. Wenn jede Stelle genau eine Eingangstransition und eine Ausgangstransition besitzt, bezeichnet man das Petrinetz als Synchronisationsgrafen. Das Netz besteht dann aus Sequenzen von Stellen und Transitionen, die durch Aufspaltung und Synchronisation miteinander verknüpft sind, aber Auswahl und Begegnung sind nicht zugelassen (vgl. Abb. 6.9). Abbildung 6.12 zeigt ein Beispiel.

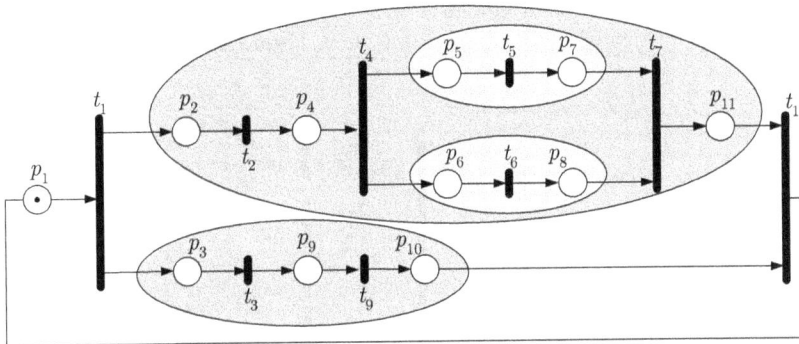

Abb. 6.12: Synchronisationsgraf

Synchronisationsgrafen entstehen vor allem bei der Modellierung von Systemen, in denen mehrere Prozesse parallel ablaufen. Wenn ein zyklischer Prozess aus zwei Teilprozessen besteht, erhält man das in Abb. 6.12 gezeigte Petrinetz mit den zwei dunkelgrau unterlegten parallelen Pfaden zwischen den Transitionen t_1 und t_{11}. Der oben gezeigte Teilprozess ist weiter zerlegt, wobei die hellgrau gekennzeichneten Teilprozesse wiederum parallel zueinander ablaufen. Das Ende der Teilprozesse wird durch die gemeinsamen Transitionen t_{11} bzw. t_7 synchronisiert, woraus auch die Bezeichnung dieser speziellen Petrinetze resultiert.

Synchronisationsgrafen eignen sich also vor allem zur Beschreibung von Systemen, deren Bewegung sich aus einer genau bekannten Folge von Teilschritten zusammensetzt, wobei einige Teilschritte parallel ablaufen können. Diese Teilschritte können eine unterschiedliche Dauer haben, so dass sie zu unterschiedlichen Zeiten beendet sind, wobei sich diese Zeiten bei zyklisch durchlaufenen Synchronisationsgrafen auch von Zyklus zu Zyklus verändern können. Charakteristisch für Systeme, die durch Synchronisationsgrafen beschrieben werden, ist die Tatsache, dass die Folge von Teilprozessen an bestimmten Stellen synchronisiert wird, wobei die früher beendeten Teilprozesse auf die später beendeten Teilprozesse warten und erst nach Abschluss aller der Folgeprozess beginnt.

Beispiel 6.3   *Beschreibung eines Batchprozesses durch ein Petrinetz*

Der im Beispiel 1.4 auf S. 10 betrachtete Batchprozess wird jetzt durch ein Petrinetz dargestellt. Ausgangspunkt für die Modellbildung ist deshalb nicht wie beim Automaten die Folge von Zuständen, in denen sich der Batchprozess befindet, sondern die Folge von Teilprozessen, die dabei ablaufen. Es sind dies die folgenden Teilprozesse:

$$
\mathcal{P} =
$$

Stelle	Teilprozess
p_1	Der Stoff A wird aus dem Behälter B_1 in den Behälter B_3 gefüllt.
p_2	Der Stoff B wird aus dem Behälter B_2 in den Behälter B_3 gefüllt.
p_4	Der Stoff A wird in den Behälter B_1 gefüllt.
p_6	Der Stoff B wird in den Behälter B_2 gefüllt.
p_8	Der Rührer wird eingeschaltet.
p_9	Das Gemisch wird im Behälter B_3 erhitzt.
p_{10}	Gemisch wird aus dem Behälter B_3 abgezogen.

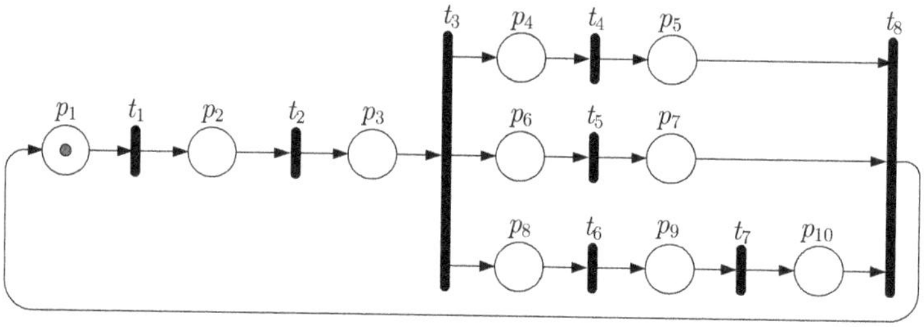

Abb. 6.13: Beschreibung des Batchprozesses durch ein Petrinetz

Wenn im Petrinetz die betreffende Stelle markiert ist, läuft der zugeordnete Prozess ab. Da die Prozesse synchronisiert werden, gibt es im Petrinetz darüber hinaus Stellen, die das Ende einzelner Prozesse anzeigen:

Stelle	Bedeutung
p_3	Der Behälter B_3 ist gefüllt.
p_5	Der Behälter B_1 ist gefüllt.
p_7	Der Behälter B_2 ist gefüllt.

Das Schalten der Transitionen kennzeichnet den Beginn oder das Ende der beschriebenen Teilprozesse:

$$
\mathcal{T} =
$$

Transition	Beginn bzw. Ende eines Teilprozesses
t_1	Der Füllstand im Behälter B_3 hat die Höhe des Sensors L_4 erreicht.
t_2	Der Füllstand im Behälter B_3 hat die Höhe des Sensors L_5 erreicht.
t_3	Die Füllvorgänge der Behälter B_1 und B_2 sowie das Rühren und Erhitzen des Gemisches beginnen.
t_4	Der Füllstand im Behälter B_1 hat die Höhe des Sensors L_1 erreicht.
t_5	Der Füllstand im Behälter B_2 hat die Höhe des Sensors L_2 erreicht.
t_6	Der Rührer ist eingeschaltet.
t_7	Das Gemisch im Behälter B_3 hat die vorgegebene Temperatur erreicht.
t_8	Der Füllstand im Behälter B_3 ist auf die Höhe des Sensors L_3 gefallen.

Das entstehende Petrinetz, das in Abb. 6.13 zu sehen ist, ist ein Synchronisationsgraf. Beim Schalten der Transition t_3 beginnen die Füllprozesse der Behälter B_1 und B_2 sowie das Erhitzen des Gemisches. Erst wenn diese drei Teilprozesse beendet sind, schaltet die Transition t_8 und der Batchprozess beginnt von vorn. In diesem Moment sind die Behälter B_1 und B_2 gefüllt und das erhitzte Gemisch ist aus dem Behälter B_3 abgezogen.

Eine genauere Analyse des Petrinetzes zeigt, dass das Ende des Prozesses „Einschalten des Rührers" und der Beginn des Prozesses „Erhitzen des Gemisches" nicht durch getrennte Stellen, sondern gemeinsam durch die Stelle p_9 dargestellt werden. Wenn man beides voneinander trennen will, ersetzt man die Stelle p_9 durch die Stellen p_{91} und p_{92}, wobei die diese beiden Stellen verbindende Transition den Übergang vom Teilprozess „Einschalten des Rührers" zum Teilprozess „Erhitzen des Gemisches" repräsentiert. Je nach dem Zweck, für den das Modell aufgestellt wird, ist eine derart detaillierte Darstellung des Batchprozesses zweckmäßig oder nicht.

Wenn man sich die Bedeutung der Stellen und Transitionen ansieht, so erkennt man, welche Messgrößen das Schalten der Transitionen anzeigen bzw. welche Signale geschaltet werden müssen, damit die durch die Stellen dargestellten Prozesse beginnen bzw. enden. Diese Tatsache wird im Beispiel 6.6 ausgenutzt, um das gezeigte Petrinetz als Steuerungsalgorithmus einzusetzen. □

Zustandsmaschinen. Eine andere spezielle Klasse von Petrinetzen ist dadurch ausgezeichnet, dass jede Transition genau eine Prästelle und eine Poststelle besitzt. Derartige Petrinetze werden als Zustandsmaschinen bezeichnet. Die Bezeichnung kommt vom englischen Begriff *state machine* für Automaten. Wie die Wahl des Begriffes nahe legt, kann man tatsächlich aus jedem Automaten durch Einfügen von Transitionen in jeden Zustandsübergang eine Zustandsmaschine machen (Abb. 6.14). Für Zustandsmaschinen besitzt die Netzmatrix N in jeder Spalte genau eine $+1$ und eine -1.

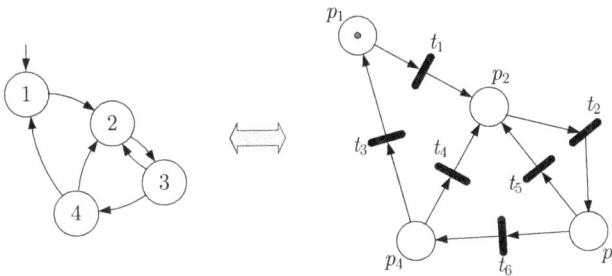

Abb. 6.14: Nichtdeterministischer Automat aus Abb. 4.1 und äquivalentes Petrinetz

Aufgrund ihrer Äquivalenz zu Automaten eignen sich Zustandsmaschinen schlecht für die Darstellung paralleler Prozesse, denn in ihnen kommen nur die Elemente „Auswahl" und „Begegnung" vor (Abb. 6.9), bei denen sich die Anzahl der Marken nicht verändert. Wenn die Anfangsmarkierung eine einzige Marke enthält, so ist die Markierung zu jedem Zeitpunkt durch genau eine Marke beschrieben und die einzige markierte Stelle beschreibt dann den Systemzustand vollständig, wie es auch bei Automaten der Fall ist.

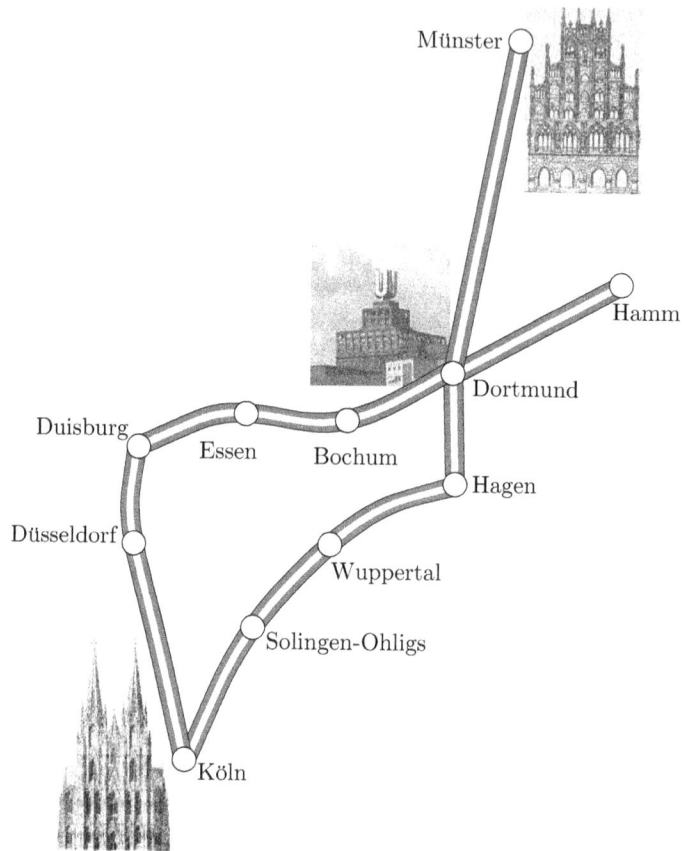

Abb. 6.15: Ausschnitt aus dem IC-Netz der Deutschen Bahn

Aufgabe 6.1*   *Eisenbahnverkehr auf der Strecke Dortmund-Köln*

Der in Abb. 6.15 dargestellte Ausschnitt des IC-Netzes der Deutschen Bahn zeigt, dass es zwischen Dortmund und Köln zwei Verbindungen gibt. Stündlich treffen sich zwei Züge aus Münster bzw. Hamm auf dem Dortmunder Hauptbahnhof und fahren über die beiden gezeigten Strecken nach Köln. Auf dem Kölner Hauptbahnhof treffen sie sich erneut, bevor sie Köln in Richtung Frankfurt bzw. Bonn verlassen.

Beschreiben Sie den IC-Verkehr auf diesem Streckenabschnitt durch ein Petrinetz. Wie muss das Modell erweitert werden, wenn man auch den Verkehr in der entgegengesetzten Richtung planen will und dabei beachten muss, dass die Strecke von Dortmund nach Münster kurz vor Münster eingleisig ist? □

Aufgabe 6.2*   *Innenausbau eines Hauses*

Als Bauleiter sollen Sie den Innenausbau eines Hauses planen, wobei zur Vereinfachung nur folgende Gewerke berücksichtigt werden sollen:

- Elektroinstallation: Leitungen verlegen; Schalter und Steckdosen montieren (Elektrofeininstallation)
- Heizungsinstallation: Leitungen verlegen; Heizkörper installieren
- Putzerarbeiten
- Estrich verlegen
- Malerarbeiten, Innentüren einbauen
- Fußboden verlegen: Fliesen verlegen, Teppichböden verlegen.

Überlegen Sie sich, welche Arbeiten sequenziell bzw. parallel ausgeführt werden können und zeichnen Sie ein Petrinetz, das die Arbeitsfolge beschreibt. □

Aufgabe 6.3   *Modellierung einer Tankstelle*

Beschreiben Sie die Vorgänge beim Tanken an einer Tankstelle mit zwei Zapfsäulen und einem Kassierer durch ein B/E-Netz. Sehen Sie vor jeder Zapfsäule zwei Warteplätze für Fahrzeuge vor. Ankommende Fahrzeuge belegen diese Warteplätze möglichst gleichmäßig. Wenn nur ein Warteplatz besetzt ist, aber die andere Zapfsäule zuerst frei wird, fährt das Fahrzeug zur frei werdenden Zapfsäule.

Wie verändert sich das Netz, wenn mehr als zwei Zapfsäulen, mehr als zwei Warteplätze und mehr als ein Kassierer vorhanden sind? □

Aufgabe 6.4   *Zubereitung von Currywurst*

Beschreiben Sie das Zubereiten von Currywurst durch ein Petrinetz. Welche Prozesse lassen sich parallelisieren? □

6.1.7 Beziehungen zwischen Petrinetzen und Automaten

Automaten und Petrinetze (in der hier eingeführten Form) beschreiben dieselbe Klasse ereignisdiskreter Systeme. In diesem Abschnitt werden die Analogien in beiden Beschreibungsformen zusammengefasst. Unterschiede gibt es bezüglich der Komplexität der Modelle und hinsichtlich der Frage, welche Sachverhalte man explizit mit diesen Modellformen darstellen kann. Darauf wird im zweiten Teil des Abschnitts eingegangen.

Ähnlichkeiten von Automaten und Petrinetzen. Zu einer weitgehenden Übereinstimmung beider Modellformen kommt man, wenn man das Schalten von Transitionen als Ereignisse auffasst. Bei Σ-Automaten führt das Ereignis σ zum Zustandswechsel $z \xrightarrow{\sigma} z'$, was im Automatengrafen durch eine entsprechende Kante symbolisiert ist (Abb. 6.16 (oben)). Beim Petrinetz führt das Schalten der Transition t zum Markierungswechsel $M \xrightarrow{t} M'$, der – wie im Abschnitt 6.2.1 erläutert werden wird – im Erreichbarkeitsgrafen des Petrinetzes durch eine Kante dargestellt werden kann (Abb. 6.16 (unten)).

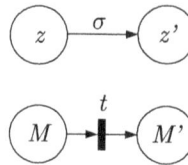

Abb. 6.16: Darstellung von Ereignissen in Σ-Automaten und
Zustandsmaschinen

Die daraus folgenden Analogien sind hier tabellarisch zusammengefasst:

Σ-**Automat**	**Petrinetz**
Zustandsübergangsfunktion: $$\delta : \mathcal{Z} \times \Sigma \to \mathcal{Z}$$	Zustandsübergangsfunktion: $$\delta : \mathcal{M} \times \mathcal{T} \to \mathcal{M}$$
Berechnung des Nachfolgezustands: $$z' = \delta(z, \sigma) \text{ nach Gl. (3.14)}$$	Berechnung der Nachfolgemarkierung: $$M' = \delta(M, t) \text{ nach Gl. (6.4)}$$
aktivierte Ereignisse: Σ_{akt} nach Gl. (3.15)	aktivierte Transitionen: $\mathcal{T}_{\text{akt}}$ nach Gl. (6.5)
Menge der Nachfolgezustände: $$\mathcal{Z}'(z) \text{ nach Gl. (3.16)}$$	Menge der Nachfolgemarkierungen: $$\mathcal{M}'(M) \text{ nach Gl. (6.9)}$$
Der Automat beschreibt zusammengehörige Zustands- und Ereignisfolgen	Das Petrinetz beschreibt zusammengehörige Markierungs- und Transitionenfolgen
Die Sprache des Automaten ist die Menge aller möglichen Ereignisfolgen	Die Sprache des Petrinetzes ist die Menge aller möglichen Transitionenfolgen

Man kann deshalb jedes Petrinetz in einen äquivalenten Automaten überführen und umgekehrt, wobei die Äquivalenz zwischen beiden Modellformen bedeutet, dass beide Modelle dasselbe Verhalten haben, also jede Ereignisfolge des Automaten durch eine Transitionenfolge des Petrinetzes dargestellt werden kann und umgekehrt. Dieser Äquivalenzbegriff stimmt übrigens mit dem im Abschn. 3.6.1 für Automaten verwendeten Begriff überein, denn wie die Gleichheit der Sprache von Automaten wird hier die Gleichheit der Mengen von Ereignisfolgen des Automaten und des Petrinetzes gefordert. Für Zustandsmaschinen ist diese Äquivalenz in Abb. 6.14 gezeigt. Für allgemeine Petrinetze geht der äquivalente Automat aus einer Erreichbarkeitsanalyse hervor (vgl. S. 287).

Unterschiede im Modellbildungsweg. Ein wichtiger Unterschied bei der Modellbildung besteht in der Tatsache, dass der Automat eine zustandsorientierte Modellbildung unterstützt, während man bei Petrinetzen die prozessorientierte Modellierung bevorzugt. Wenn man die einzelnen Zustände des zu beschreibenden Systems definiert und die Zustandsübergänge identifiziert hat, kann man den Automaten direkt angeben. Demgegenüber stellen Petrinetze das dynamische Verhalten des Systems als eine Folge von Teilprozessen dar. Wenn man die Teilprozesse zusammen mit den Bedingungen für den Beginn der Prozesse und die Ergebnisse zum Ende der Prozesse zusammengestellt hat, kann man das Petrinetz aufstellen, wobei die Stellen die Bedingungen für den Start bzw. die Ergebnisse der Teilprozesse beschreiben und die Transitionen die aktivierten Teilprozesse.

Dieser Unterschied führt dazu, dass man bei Petrinetzen besser erkennen kann, welche Ereignisse (bzw. Teilprozesse) sequenziell und welche parallel auftreten. Als Beispiel wird das in Abb. 6.17 gezeigte System betrachtet. Das im linken Abbildungsteil gezeigte Petrinetz ist äquivalent zu dem im rechten Teil dargestellten Automaten. Aus dem Automaten ist nicht sofort erkennbar, dass die Transitionen bzw. Ereignisse t_1 und t_3 parallel (also in beliebiger Reihenfolge) aktiviert werden können, während t_3 und t_4 stets sequenziell auftreten. Die Parallelität kann man nur erkennen, wenn man durch eine Analyse des Automaten erfährt, dass der Automat vom Zustand $(1010)^{\mathrm{T}}$ sowohl die Ereignisfolge t_1, t_3 als auch die Folge t_3, t_1 generieren kann. Im Petrinetz ist die Parallelität der Transitionen t_1 und t_3 daraus ersichtlich, dass durch das Schalten der Transition t_2 die Stellen p_1 und p_3 markiert werden und folglich die beiden betrachteten Transitionen aktiviert sind und in beliebiger Reihenfolge schalten können.

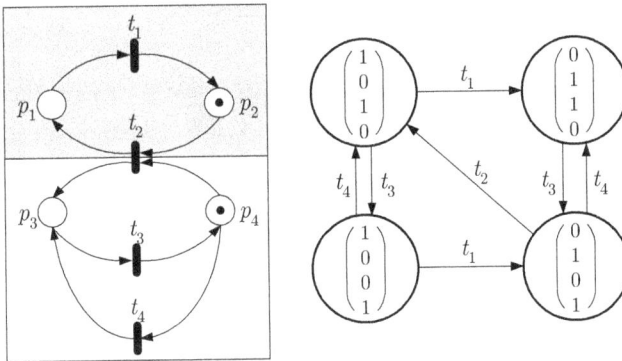

Abb. 6.17: Petrinetz und äquivalenter Automat

Typisch ist die Verwendung von Automaten bei einer zustandsorientierten Modellbildung. Dabei werden den Zuständen des Automaten die Zustände des zu beschreibenden Systems zugeordnet, also diejenigen Signalwerte, die über eine längere Zeit erhalten bleiben. Die Zustandsübergänge des Automaten beschreiben dann die Veränderungen in dem System, die typischerweise in kurzer Zeit ablaufen und deshalb als Ereignisse interpretiert werden. Als Ausgänge des Automaten werden häufig diejenigen Signalwerte verwendet, die man messen kann bzw. die von dem System als Steuergrößen für ein anderes System ausgegeben werden. Bei Anwendungen der Informatik können die Ausgaben auch Aktivitäten sein, die von einem Programm ausgehen, beispielsweise die Aktivitäten „Sende Informationen" oder „Warte auf eine Antwort" eines Webbrowsers.

Aufgabe 6.5   *Darstellung der Ressourcenzuteilung in der Fertigungszelle durch ein Petrinetz*

Beschreiben Sie den im Beispiel 5.5 auf S. 230 als Automatennetz dargestellten Vorgang, mit einem Roboter zwei Werkzeugmaschinen mit neuen Werkstücken zu versorgen, durch ein Petrinetz. Vergleichen Sie sowohl die Modellbildungsprozesse als auch die erhaltenen Modelle miteinander. □

6.2 Analyse von Petrinetzen

6.2.1 Erreichbarkeitsanalyse

Bei der Erreichbarkeitsanalyse werden alle Markierungen M bestimmt, die von der Initialmarkierung M_0 aus durch das Schalten aktivierter Transitionen entstehen können. Bei einem Netz mit N Stellen sind bis zu 2^N verschiedene Markierungen möglich. Aufgrund der Netzdynamik ist die Anzahl der tatsächlich auftretenden Markierungen jedoch i. Allg. wesentlich kleiner.

Eine Markierung $M(k)$ heißt von der Anfangsmarkierung M_0 aus erreichbar, wenn es eine Schaltfolge $t(0...k_e)$ gibt, die die Initialmarkierung M_0 in die Markierung $M(k)$ überführt. Die Menge dieser Markierungen wird im Erreichbarkeitsgrafen veranschaulicht.

Der *Erreichbarkeitsgraf* ist ein gerichteter Graf $\mathcal{G} = (\mathcal{M}, \mathcal{V})$, dessen Knoten $M \in \mathcal{M}$ die erreichbaren Markierungen des Petrinetzes darstellen und in dem es vom Knoten M zum Knoten M' genau dann eine mit der Transition t bewertete gerichtete Kante gibt, wenn im Petrinetz die Beziehung $M' = \delta(M, t)$ gilt, wobei t eine bei der Markierung M aktivierte Transition ist.

Der folgende Algorithmus führt eine Breite-zuerst-Suche aus, bei der zu jeder neuen Markierung alle Folgemarkierungen bestimmt werden. Die Folgemarkierungen werden in einer Liste $\mathcal{L}_0$ der noch nicht untersuchten Markierungen gespeichert und später in derselben Weise untersucht. Die Liste ist als FIFO-Speicher (*first-in first-out*) organisiert, so dass die zuerst eingetragenen Markierungen als erstes weiter verarbeitet werden.

Algorithmus 6.1 *Bestimmung des Erreichbarkeitsgrafen eines Petrinetzes*

Gegeben: Petrinetz mit Anfangsmarkierung M_0

1.   Initialisiere den Erreichbarkeitsgrafen mit dem Knoten M_0
     $$\mathcal{L}_0 := \{M_0\}$$

2.   Wähle das älteste Element M aus $\mathcal{L}_0$ aus.

3.   Bestimme die Menge aller aktivierten Transitionen $\mathcal{T}_{akt}(M)$ entsprechend der Bedingungen (6.13), (6.14).

4.   Bestimme alle Nachfolgemarkierungen $M' = \delta(M,t)$ mit $t \in \mathcal{T}_{akt}(M)$.

5.   Erweitere den Erreichbarkeitsgrafen um die Kanten $M \xrightarrow{t} M'$ für alle erhaltenen Markierungen M'.
     Wenn dabei neue Knoten in den Grafen eingetragen werden müssen, trage deren Markierungen M' in die Menge $\mathcal{L}_0$ ein.

6.   Wenn $\mathcal{L}_0 \neq \emptyset$ setze mit Schritt 2 fort.

Ergebnis: Erreichbarkeitsgraf.

Der Erreichbarkeitsgraf zeigt, welche Markierungen in einem Petrinetz ausgehend von der gegebenen Anfangsmarkierung überhaupt auftreten können und durch Schalten welcher Transition eine Markierung M in eine Nachfolgemarkierung M' übergeht. Er ist deshalb eine Darstellungsform für die Zustandsübergangsfunktion δ des Petrinetzes. Anstelle der bildhaften Repräsentation des Erreichbarkeitsgrafen kann man die Zustandsübergangsfunktion auch als Tabelle mit den Tripeln (M', M, t) notieren.

Erreichbarkeitsmenge. Die Erreichbarkeitsanalyse kann man mit Hilfe der analytischen Darstellung (6.12) des Petrinetzes durchführen, wofür man den Begriff der Erreichbarkeitsmenge $\mathcal{R}(M_0)$ einführt und die Markierung $M(k)$ wieder durch den zugehörigen Vektor $p(k)$ repräsentiert. Mit $\mathcal{R}_k(p_0)$ bezeichnet man die Menge der von der Initialmarkierung p_0 nach höchstens k Zustandsübergängen erreichbaren Markierungen. Offenbar gilt

$$\mathcal{R}_0(p_0) = \{p_0\}. \tag{6.19}$$

Nach dem Schalten einer Transition erhält man die Markierungen $p(1)$, die sich entsprechend Gl. (6.12) in der Form

$$p(1) = p(0) + Nt(0) \qquad \text{mit } t(0) \in \mathcal{T}_{akt}(p(0))$$

darstellen lassen. Wenn man die Menge aller Nachfolgemarkierungen der Markierungsmenge $\mathcal{M}$ mit $\text{Im}(\mathcal{M})$ bezeichnet

$$\text{Im}(\mathcal{M}) = \{p' = p + Nt \text{ mit } p \in \mathcal{M} \text{ und } t \in \mathcal{T}_{akt}(p)\},$$

so erhält man die Beziehung

$$\mathcal{R}_1(\boldsymbol{p}_0) = \mathcal{R}_0(\boldsymbol{p}_0) \cup \mathrm{Im}(\mathcal{R}_0(\boldsymbol{p}_0)).$$

Diese rekursive Darstellung kann man für beliebige Zeitpunkte k in der Form

$$\mathcal{R}_{k+1}(\boldsymbol{p}_0) = \mathcal{R}_k(\boldsymbol{p}_0) \cup \mathrm{Im}(\mathcal{R}_k(\boldsymbol{p}_0)) \tag{6.20}$$

schreiben:

$$
\boxed{
\begin{array}{l}
\text{Erreichbarkeitsanalyse von Petrinetzen:} \\[4pt]
\mathcal{R}_0(\boldsymbol{p}_0) = \{\boldsymbol{p}_0\} \\[4pt]
\mathcal{R}_{k+1}(\boldsymbol{p}_0) = \mathcal{R}_k(\boldsymbol{p}_0) \cup \mathrm{Im}(\mathcal{R}_k(\boldsymbol{p}_0)), \quad k = 0, 1, ..., M-2
\end{array}
}
\tag{6.21}
$$

Offenbar gilt die Beziehung

$$\mathcal{R}_0(\boldsymbol{p}_0) \subseteq \mathcal{R}_1(\boldsymbol{p}_0) \subseteq \mathcal{R}_2(\boldsymbol{p}_0) \subseteq ... \subseteq \mathcal{R}_{M-1}(\boldsymbol{p}_0) = \mathcal{R}(\boldsymbol{p}_0),$$

wobei $M = 2^N$ die Maximalzahl der mit N Stellen erzeugbaren Zustände des Petrinetzes bezeichnet. Die angegebene Folge von Erreichbarkeitsmengen erzeugt man, beginnend mit der Menge $\mathcal{R}_0(\boldsymbol{p}_0)$ aus Gl. (6.19), mit der Beziehung (6.20), wobei man die gesuchte Erreichbarkeitsmenge $\mathcal{R}(\boldsymbol{p}_0)$ erhalten hat, sobald sich bei einem Rekursionsschritt nichts mehr ändert ($\mathcal{R}_{k+1}(\boldsymbol{p}_0) = \mathcal{R}_k(\boldsymbol{p}_0)$). Dies ist nach spätestens $M-1$ Schritten der Fall.

Da jedes Element $\bar{\boldsymbol{p}}$ der Erreichbarkeitsmenge $\mathcal{R}(\boldsymbol{p}_0)$ durch eine hinreichend häufige Anwendung der Beziehung (6.12) entsteht, gibt es für jedes $\bar{\boldsymbol{p}} \in \mathcal{R}(\boldsymbol{p}_0)$ einen Vektor $\bar{\boldsymbol{t}}$, mit dem die Beziehung

$$\bar{\boldsymbol{p}} = \boldsymbol{p}_0 + \boldsymbol{N}\bar{\boldsymbol{t}} \tag{6.22}$$

gilt. Dieser Vektor $\bar{\boldsymbol{t}}$ fasst die Folge von Transitionen zusammen, die schalten müssen, damit $\boldsymbol{p}_0$ in $\bar{\boldsymbol{p}}$ übergeht.

Diese Überlegungen zeigen, dass ein Petrinetz nur dann eine Markierung $\bar{\boldsymbol{p}}$ haben kann, wenn es einen Transitionsvektor $\bar{\boldsymbol{t}}$ gibt, mit dem Gl. (6.22) gilt. Den Vektor $\bar{\boldsymbol{t}}$ kann man im Erreichbarkeitsgrafen am Pfad vom Knoten $\boldsymbol{p}_0$ zum Knoten $\bar{\boldsymbol{p}}$ ablesen. Das Element $\bar{t}_i$ von $\bar{\boldsymbol{t}}$ beschreibt die Anzahl von Kanten mit der Bewertung t_i auf diesem Pfad. Die Existenz eines solchen Vektors $\bar{\boldsymbol{t}}$ ist jedoch nur notwendig und nicht hinreichend für die Erreichbarkeit der Markierung $\bar{\boldsymbol{p}}$, weil die Wahl des Schaltvektors auch durch die Schaltregel beeinflusst wird. Der Vektor $\bar{\boldsymbol{t}}$ erfüllt die Bedingungen (6.13), (6.14) i. Allg. nicht.

Analyse des Petrinetzes anhand des Erreichbarkeitsgrafen. Man spricht von einer *Verklemmung* (*deadlock*), wenn der Markenfluss im Petrinetz zum Stillstand kommt, weil es für eine erreichte Markierung keine aktivierten Transitionen gibt. Derartige Markierungen sind im Erreichbarkeitsgrafen als Blattknoten (Knoten ohne abgehende Kante) erkennbar. Gibt es keine derartigen Markierungen, so heißt das Petrinetz *schwach lebendig*.

Eine Transition heißt tot, wenn sie bei keiner Folgemarkierung der Anfangsmarkierung M_0 aktiviert ist. Diese Transitionen kann man nicht allein aufgrund der Netztopologie erkennen, weil es auch von der Anfangsmarkierung abhängt, ob für jede Transition während der Bewegung des Petrinetzes die in der Schaltregel genannten Bedingungen erfüllt sind.

Für die Lebendigkeit eines Petrinetzes im weiteren Sinne fordert man, dass es zu jeder Markierung mindestens eine Nachfolgemarkierung gibt und sich das Petrinetz also ständig weiter bewegen kann. Diese Eigenschaft besagt nicht, dass es keine toten Transitionen gibt, denn die Bewegung kann ja in einem Teil des Netzes stattfinden, während sich in einem anderer Teil des Netzes niemals schaltende Transitionen befinden.

Eine Transition t heißt *lebendig*, wenn sie von allen erreichbaren Markierungen aus aktiviert werden kann. Im Erreichbarkeitsgrafen gibt es von jedem Knoten einen Pfad, in dem es eine Kante gibt, die mit der Transition t beschriftet ist.

Beispiel 6.4 *Erreichbarkeitsanalyse eines Petrinetzes*

Abbildung 6.18 zeigt das Petrinetz mit der Initialmarkierung $M_0 = \{p_1, p_8\}$, dessen Erreichbarkeit analysiert werden soll. Entsprechend Algorithmus 6.1 wird zunächst die Initialmarkierung M_0 als Knoten des Erreichbarkeitsgrafen gezeichnet und dessen Nachfolgemarkierungen bestimmt. Da bei der Initialmarkierung nur die Transition t_1 aktiviert ist, erhält man als einzigen Nachfolgezustand die Markierung $M' = \{p_2, p_8\}$. Der Erreichbarkeitsgraf wird deshalb um die Kante

$$\{p_1, p_8\} \xrightarrow{t_1} \{p_2, p_8\}$$

erweitert.

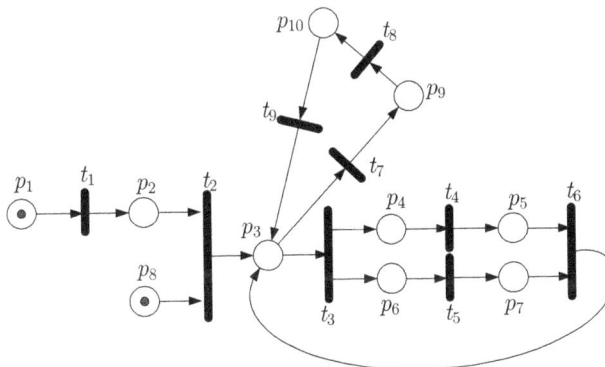

Abb. 6.18: Petrinetz

Bei der Markierung $\{p_2, p_8\}$ kann nur die Transition t_2 schalten, wobei die Nachfolgemarkierung $\{p_3\}$ entsteht, wofür die Kante

$$\{p_2, p_8\} \xrightarrow{t_2} \{p_3\}$$

in den Erreichbarkeitsgrafen eingetragen wird. Bei der Markierung p_3 sind die beiden Transitionen t_3 und t_7 aktiviert, so dass im Erreichbarkeitsgrafen vom Knoten $\{p_3\}$ zwei Kanten ausgehen.

Entsprechend dem Algorithmus erhält man den in Abb. 6.19 gezeigten Grafen. Wenn man die Nachfolgemarkierung von $\{p_{10}\}$ bestimmt, erhält man die Markierung $\{p_3\}$, die bereits im Erreichbarkeitsgrafen vorkommt. Es wird deshalb kein neuer Knoten erzeugt, sondern eine Kante

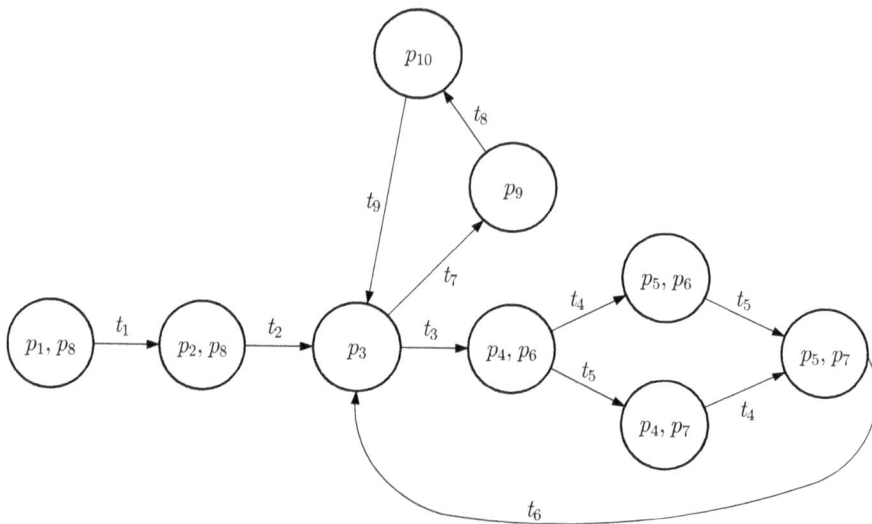

Abb. 6.19: Erreichbarkeitsgraf des Petrinetzes aus Abb. 6.18

$$\{p_{10}\} \xrightarrow{t_9} \{p_3\}$$

zu dem bereits vorhandenen Knoten $\{p_3\}$ gezeichnet. Ähnliches passiert, wenn man die Nachfolgemarkierung von $\{p_5, p_7\}$ bestimmt.

Die im Petrinetz auftretenden Konflikte und Nebenläufigkeiten führen dazu, dass von den Markierungen $\{p_3\}$ und $\{p_4, p_6\}$ mehrere Kanten ausgehen. Bei der Bewegung des Petrinetzes darf nur jeweils eine der angegebenen Transition schalten. Das gleichzeitige Schalten mehrerer Transitionen wird durch einen Pfad im Erreichbarkeitsgrafen dargestellt.

Der Erreichbarkeitsgraf stellt die Zustandsübergangsfunktion δ des Petrinetzes dar, die in der folgenden Tabelle aufgeführt ist:

$$\delta = \begin{array}{|c|c|c|} \hline M' & M & t \\ \hline \{p_2, p_8\} & \{p_1, p_8\} & t_1 \\ \{p_3\} & \{p_2, p_8\} & t_2 \\ \{p_4, p_6\} & \{p_3\} & t_3 \\ \{p_9\} & \{p_3\} & t_7 \\ \{p_5, p_6\} & \{p_4, p_6\} & t_4 \\ \{p_4, p_7\} & \{p_4, p_6\} & t_5 \\ \{p_5, p_7\} & \{p_4, p_7\} & t_4 \\ \{p_5, p_7\} & \{p_4, p_7\} & t_5 \\ \{p_3\} & \{p_5, p_7\} & t_6 \\ \{p_{10}\} & \{p_9\} & t_8 \\ \{p_3\} & \{p_{10}\} & t_9 \\ \hline \end{array}.$$

Diese Zustandsübergangsfunktion des Petrinetzes kann als Zustandsübergangsfunktion eines zum gegebenen Petrinetz äquivalenten Σ-Automaten mit dem Anfangszustand $\{p_1, p_8\}$ aufgefasst werden.
□

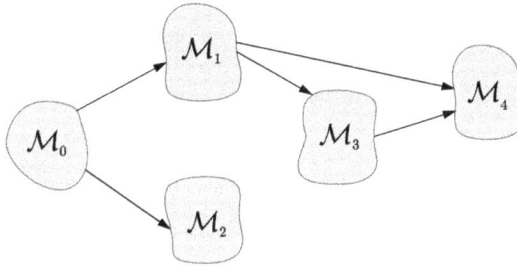

Abb. 6.20: Partitionierung des Erreichbarkeitsgrafen

Stark zusammenhängende Komponenten des Erreichbarkeitsgrafen. Im Folgenden wird der Erreichbarkeitsgraf analysiert, um wichtige Eigenschaften des Petrinetzes zu erkennen. Entsprechend den im Anhang 2 angegebenen grafentheoretischen Methoden kann man den Erreichbarkeitsgrafen in stark zusammenhängende Komponenten zerlegen. Zwei Markierungen M_1 und M_2 heißen stark zusammenhängend, wenn es im Erreichbarkeitsgrafen sowohl einen Pfad von M_1 nach M_2 als auch einen Pfad von M_2 nach M_1 gibt. Indem man stark zusammenhängende Knoten zu Mengen $\mathcal{M}_i$ zusammenfasst, erhält man eine Partitionierung der Menge $\mathcal{M}$ der erreichbaren Markierungen, wobei es für jedes Paar $\mathcal{M}_i$, $\mathcal{M}_j$ nur entweder einen Übergang von Markierungen aus $\mathcal{M}_i$ in Markierungen aus $\mathcal{M}_j$ oder einen Übergang in entgegengesetzter Richtung geben kann (Abb. 6.20).

Wenn der Erreichbarkeitsgraf stark zusammenhängend ist und jede Transition an mindestens einer Kante vorkommt, ist das Petrinetz lebendig. Diese Bedingung ist hinreichend, aber nicht notwendig, weil bei einem reduzierbaren Erreichbarkeitsgrafen die Lebendigkeit dadurch gesichert sein kann, dass in der stark zusammenhängenden Komponente des Erreichbarkeitsgrafen, der die ergodische Zustandsmenge darstellt, jede Transition an mindestens einer Kante vorkommt.

Beispiel 6.4 (Forts.) *Erreichbarkeitsanalyse eines Petrinetzes*

Die Zerlegung des in Abb. 6.19 gezeigten Erreichbarkeitsgrafen in stark zusammenhängende Komponenten führt auf Abb. 6.21. Die Knoten $\{p_1, p_8\}$ und $\{p_2, p_8\}$ erfüllen mit keinen anderen Knoten die Relation „stark zusammenhängend" und bilden je eine eigene Komponente. Alle anderen Markierungen sind stark zusammenhängend.

Die Analyse zeigt, dass das Petrinetz die Anfangsmarkierung nicht wieder erreichen kann. Wenn die Markierung $\{p_3\}$ auftritt, so bewegt sich das Netz in einem von zwei Zyklen, innerhalb derer jede Markierung wiederholt angenommen werden kann. Das Petrinetz ist also schwach lebendig. Es ist jedoch nicht lebendig im engeren Sinne, weil die Transitionen t_1 und t_2 nur einmal schalten und dann nie wieder aktiviert sind. □

Überführung von Petrinetzen in Automaten. Die Konstruktionsvorschriften für den Erreichbarkeitsgrafen führen dazu, dass an jeder Kante genau eine schaltende Transition steht und die Knoten die durch das Schalten dieser Transitionen hervorgerufene Markierungsänderung veranschaulichen. Man kann deshalb den Erreichbarkeitsgrafen als Automatengrafen eines Σ-Automaten interpretieren. Das Schalten der Transitionen symbolisiert die Ereignisse. Damit ist

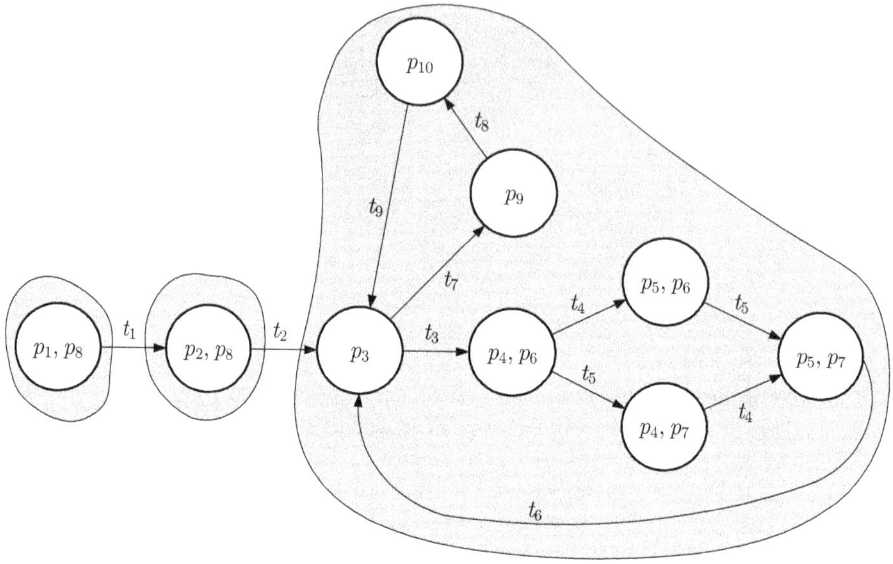

Abb. 6.21: Zerlegung des Erreichbarkeitsgrafen aus Abb. 6.19 in stark
zusammenhängende Komponenten

ein Weg gefunden, um aus einem Petrinetz einen äquivalenten Σ-Automaten abzuleiten. Da
bereits gezeigt wurde, dass man durch das Eintragen von Transitionen in alle Zustandsübergänge eines Σ-Automaten auf ein spezielles Petrinetz, nämlich eine Zustandsmaschine, kommt,
ist hiermit die Äquivalenz von Σ-Automaten und Petrinetzen (in der hier eingeführten Grundform) gezeigt. Alle Systeme, die man mit einem Automaten beschreiben kann, kann man also
auch mit einem Petrinetz beschreiben und umgekehrt. Das Petrinetz bietet allerdings die bereits
mehrfach angesprochenen Vorteile bezüglich der Komplexität, die das Modell bei parallelen
Prozessen aufweist.

Beispiel 6.5 *Erreichbarkeitsanalyse eines Batchprozesses*

Das im Beispiel 6.3 auf S. 276 entwickelte Petrinetz zur Beschreibung eines Batchprozesses führt auf
den in Abb. 6.22 gezeigten Erreichbarkeitsgrafen. Da die Menge der aktivierten Transitionen bei einer
Markierung der Stellen p_1, p_2 und p_3 nur jeweils eine Transition enthält, geht von den entsprechenden
Knoten im Erreichbarkeitsgrafen nur jeweils eine Kante aus. Nach dem Schalten der Transition t_3 sind
die drei Stellen p_4, p_6 und p_8 markiert und drei Transitionen aktiviert:

$$\mathcal{T}_{\mathrm{akt}}(\{p_4, p_6, p_8\}) = \{t_4, t_5, t_6\}.$$

Von dem betreffenden Knoten gehen deshalb drei Kanten aus, denen das wahlweise Schalten der drei
angegebenen Transitionen zugeordnet ist.

Der Prozess ist zyklisch, denn nach der Markierung $M = \{p_5, p_7, p_{10}\}$ folgt wieder die Initialmarkierung $M_0 = \{p_1\}$.

Aus Abb. 6.22 kann man die Zustandsübergangsfunktion folgendermaßen ablesen:

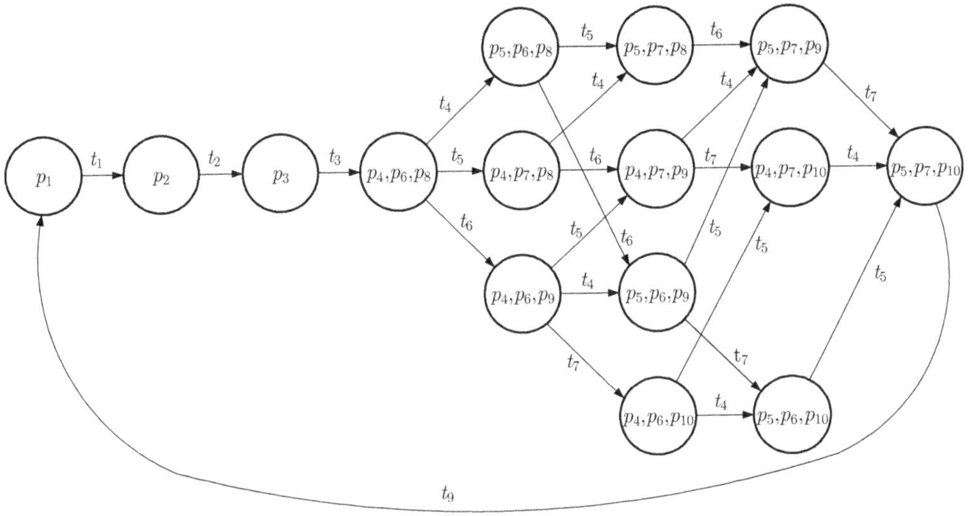

Abb. 6.22: Erreichbarkeitsgraf des Batchprozesses

$$\delta = \begin{array}{|c|c|c|} \hline M' & M & t \\ \hline p_2 & p_1 & t_1 \\ p_3 & p_2 & t_2 \\ p_4, p_6, p_8 & p_3 & t_3 \\ p_5, p_6, p_8 & p_4, p_6, p_8 & t_4 \\ p_4, p_7, p_8 & p_4, p_6, p_8 & t_5 \\ p_4, p_6, p_9 & p_4, p_6, p_8 & t_6 \\ & \text{usw.} & \\ \hline \end{array} \quad .$$

Diskussion. Die in diesem Abschnitt erläuterte Äquivalenz von Petrinetzen und Automaten legt die Vermutung nahe, dass der Erreichbarkeitsgraf aus Abb. 6.22 mit dem Grafen des im Beispiel 4.1 auf S. 147 gebildeten nichtdeterministischen Automaten für denselben Batchprozess identisch sein muss. Ein Vergleich der Abbildungen 6.22 und 4.2 auf S. 148 lässt sofort erkennen, dass diese Vermutung falsch ist. Worin liegt hier der Trugschluss?

Die Äquivalenz von Petrinetz und Automaten bedeutet, dass man jeden Automaten durch Einfügen von Transitionen in die Zustandsübergänge in ein äquivalentes Petrinetz überführen kann und andersherum zu jedem Petrinetz durch die Bildung des Erreichbarkeitsgrafen einen gleichwertigen Automaten findet. Die Äquivalenz bedeutet nicht, dass man die auf unterschiedlichen Modellbildungswegen erhaltenen Modelle in Form eines Automaten bzw. eines Petrinetzes direkt ineinander überführen kann. Während Automaten typischerweise durch eine zustandsorientierte Modellbildung aufgestellt werden, erhält man Petrinetze aus einer prozessorientierten Modellierung. Die auf beiden Wegen eingeführten Zustände bzw. Situationen und Prozesse müssen nicht so genau übereinstimmen, dass man die beiden Modelle auf den beschriebenen formalen Wegen ineinander umrechnen kann.

Für den Batchprozess wurden im Beispiel 6.3 das Anschalten des Rührers und der Heizung als zwei aufeinander folgende Teilprozesse aufgefasst, die zwischen den Transitionen t_3, t_6 und t_7 liegen, während beim Automaten im Beispiel 4.1 beides zusammen als Auslöser eines Zustandsüberganges behandelt wurde. Außerdem wurde bei der Aufstellung des Petrinetzes zwischen der Beendigung des zweiten Füllvorgangs des Behälters B_3 (dargestellt durch die Transition t_2) und dem Beginn der beiden

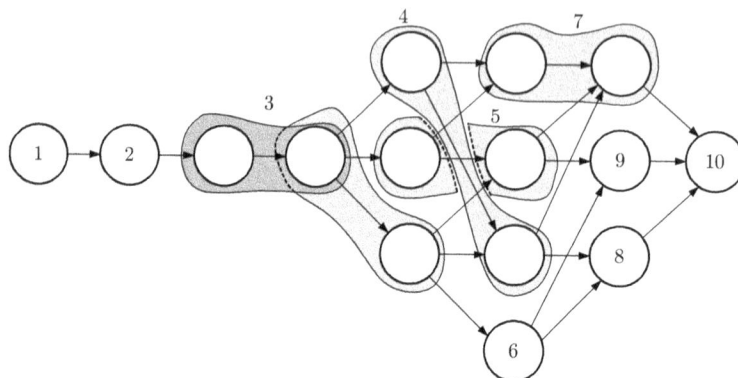

Abb. 6.23: Zusammenfassung von Knoten im Erreichbarkeitsgrafen des
Batchprozesses

Füllvorgänge der Behälter B_1 und B_2 sowie des Rührens (Transition t_3) unterschieden. Hebt man diese Unterschiede dadurch auf, dass man im Erreichbarkeitsgrafen die entsprechenden Knoten zusammenfasst, so erhält man den Grafen in Abb. 6.23, der zum Automatengrafen in Abb. 4.2 identisch ist. Die Äquivalenz von Automaten und Petrinetz gilt also für die mit gleichem Detailliertheitsgrad modellierten Systeme. □

Aufgabe 6.6* *Erreichbarkeitsanalyse des Parallelrechners*

Das Verhalten eines Parallelrechners mit vier parallelen Rechenprozessen kann durch das in Abb. 6.2 auf S. 257 dargestellte Petrinetz beschrieben werden. Stellen Sie den Erreichbarkeitsgrafen dieses Petrinetzes auf und vergleichen Sie diesen Grafen mit dem in Abb. 3.12 auf S. 82 gezeigten Automaten für den Parallelrechner. □

6.2.2 Invarianten

In diesem Abschnitt werden Eigenschaften von Petrinetzen definiert, die sich aus der analytischen Netzbeschreibung (6.12) ergeben. Sie sind unabhängig von der Anfangsmarkierung des Netzes und hängen folglich nur von der Netztopologie ab. Man bezeichnet sie deshalb auch als strukturelle Eigenschaften.

T-Invarianten. Die Erreichbarkeitsanalyse hat gezeigt, dass es Markierungen gibt, die das Petrinetz nach einer Reihe von Zeitschritten erneut annimmt. Bei zyklischen Vorgängen werden diese Markierungen sogar periodisch immer wieder erreicht. Im Folgenden soll das Vorhandensein derartiger Zyklen aufgedeckt werden ohne den Erreichbarkeitsgrafen zu bilden.

Unter *Transitionsinvarianten* (T-Invarianten) versteht man Mengen von Transitionen, durch deren Schalten eine bestimmte Markierung $\bar{p}$ reproduziert wird. Zur Vereinfachung der Betrachtungen kann man annehmen, dass diese Markierung zum Zeitpunkt $k = 0$ angenommen wird ($p(0) = \bar{p}$). Dann soll es eine Zeit $\bar{k}$ geben, zu der dieselbe Markierung wiederum auftritt:

$$p(\bar{k}) = p(0) = \bar{p}.$$

In Gl. (6.12) eingesetzt soll also gelten

$$p(\bar{k}) = p(0) + N \sum_{k=0}^{\bar{k}-1} t(k)$$

$$\bar{p} = \bar{p} + N \sum_{k=0}^{\bar{k}-1} t(k)$$

und folglich

$$\text{T-Invariante } t: \qquad N\,t = 0, \tag{6.23}$$

wobei sich der Vektor t entsprechend

$$t = \sum_{k=0}^{\bar{k}-1} t(k) \tag{6.24}$$

aus den $\bar{k}$ Schaltvektoren $t(0)$, $t(1)$,..., $t(\bar{k}-1)$ zusammensetzt. Das i-te Element des Vektors t zeigt, wie oft die Transition t_i schalten muss, damit eine Markierung $\bar{p}$ reproduziert wird. Ganzzahlige nichtnegative Lösungen t der Gl. (6.23) heißen T-Invarianten.

T-Invarianten beschreiben Schleifen im Erreichbarkeitsgrafen eines Petrinetzes. Wenn das Petrinetz ein gesteuertes System beschreibt, wie z. B. den Batchprozess aus Beispiel 6.3, dann kann man anhand der T-Invarianten überprüfen, ob die Steuerung richtig entworfen wurde und den gewünschten zyklischen Prozess erzeugt.

Entsprechend den Überlegungen zu Gl. (6.22) ist die Existenz einer oder mehrerer T-Invarianten nur eine notwendige Bedingung dafür, dass eine Anfangsmarkierung $p(0)$ nach $\bar{k}$ Schritten reproduziert wird. Man muss für die Reproduzierbarkeit noch die Schaltregel prüfen. Deshalb bedeutet die Existenz einer T-Invarianten auch nicht, dass beliebige Anfangsmarkierungen reproduziert werden.

Es besteht ein direkter Zusammenhang zwischen der Existenz von T-Invarianten und der Lebendigkeit des Petrinetzes. Damit das Netz lebendig ist, sich also unendlich lange bewegt, muss es mindestens eine Transitionenmenge geben, nach deren Schalten eine vorher bereits erhaltene Markierung wiederhergestellt ist. Jedes lebendige Netz besitzt also mindestens eine T-Invariante. Umgekehrt weiß man, dass ein Netz, das keine T-Invarianten besitzt, nicht lebendig ist.

Da die T-Invarianten die Lösung der linearen Gleichung (6.23) sind, kann es keine, eine oder unendlich viele Lösungen geben. Wenn t_1 und t_2 zwei T-Invarianten sind, so ist auch ihre Summe $t_1 + t_2$ eine T-Invariante. Man interessiert sich deshalb nur für diejenigen ganzzahligen Lösungen von Gl. (6.23), die nicht als Linearkombination anderer Lösungen darstellbar sind. Diese Lösungen werden als elementare Lösungen bezeichnet. Sie kennzeichnen – sofern sie die Schaltbedingung erfüllen – die elementaren Zyklen des Petrinetzes.

S-Invarianten. Bei der Bewegung eines Petrinetzes verändert sich die Anzahl der Marken, wenn bei Verzweigungen aus einer Marke mehrere Marken entstehen oder bei einer Synchronisation mehrere Marken zu einer Marke verschmelzen. *Stelleninvarianten* (S-Invarianten) sind

Mengen von Stellen, deren gewichtete Markenanzahl sich beim Schalten des Petrinetzes nicht verändert. Es wird nicht gefordert, dass jede Stelle einzeln eine konstante Markenanzahl aufweist, sondern dass die Gesamtzahl der Marken in der betrachteten Stellenmenge beim Schalten konstant bleibt. Beim Zusammenzählen der Marken werden die Stellenmarkierungen mit dem ganzzahligen Gewicht multipliziert, das durch die S-Invariante angegeben wird.

S-Invarianten werden durch Zeilenvektoren s^{T} beschrieben, für die die Beziehung

$$s^{\mathrm{T}}p(k+1) = s^{\mathrm{T}}p(k)$$

gilt. Diese Beziehung fordert, dass sich die gewichtete Summe

$$\sum_{i=1}^{N} s_i p_i(k)$$

über die Zeit k nicht verändert. In Gl. (6.12) eingesetzt erhält man daraus die Bedingung

$$s^{\mathrm{T}}Nt(k) = 0,$$

was für alle Transitionsvektoren $t(k)$ erfüllt ist, wenn

$$\boxed{\text{S-Invariante } s: \qquad s^{\mathrm{T}}N = 0^{\mathrm{T}}} \qquad (6.25)$$

gilt. Jede ganzzahlige nichtnegative Lösung s, $(s \neq 0)$ dieser Gleichung ist eine S-Invariante des Petrinetzes mit der Netzmatrix N.

Das Element s_i des Vektors s gibt das Gewicht an, mit dem die Markierung der Stelle p_i in die Summenbildung eingeht. Damit wird dem Umstand Rechnung getragen, dass sich beim Schalten von Transitionen mit unterschiedlicher Anzahl von Prä- und Poststellen die Anzahl der Marken im Netz zwangsläufig ändert. So gibt es nach dem Schalten einer Transition mit zwei Prästellen und einer Poststelle anstatt der zwei Marken in den beiden Prästellen nur noch eine Marke in der Poststelle. Wenn man aber die Marken der Poststelle mit zwei und die der Prästellen mit eins gewichtet, bleibt die gewichtete Markensumme bei diesem Schaltvorgang konstant.

Die Menge aller Stellen, deren Markierung mit einem positiven Gewicht in die Summenbildung eingeht, wird als Trägermenge der S-Invarianten bezeichnet. Bei der Lösung von Gl. (6.25) ist man an S-Invarianten mit disjunkten Trägermengen interessiert. Sie entstehen aus S-Invarianten, die nicht das Vielfache oder die Summe anderer S-Invarianten sind. Wenn die Trägermengen aller S-Invarianten sämtliche Stellen des Petrinetzes enthalten, ist das Netz lebendig.

Lösung der Gln. (6.23), (6.25). T- und S-Invarianten erhält man als Lösungen der linearen Gleichungen (6.23) und (6.25), in denen N für ein Petrinetz mit N Stellen und M Transitionen eine (N, M)-Matrix ist. Die Lösungen sind ein M-dimensionaler Vektor t bzw. ein N-dimensionaler Vektor s.

Wenn die Matrix N den Rang r hat

$$\text{Rang } N = r,$$

dann gibt es $M - r$ minimale T-Invarianten und $N - r$ minimale S-Invarianten. Diese Lösungen kann man beispielsweise mit dem gaußschen Algorithmus bestimmen, bei dem die Matrix $\boldsymbol{N}$ durch elementare Operationen mit den Zeilen des betreffenden Gleichungssystems in eine Dreiecksform zerlegt wird, so dass dann die Elemente des Lösungsvektors nacheinander berechnet werden können. Da nur ganzzahlige Lösungen gesucht sind, verwendet man beim gaußschen Algorithmus ganzzahlige Multiplikatoren.

Aufgabe 6.7   *Analyse einer Ampelsteuerung*

Die in Abb. 6.24 links gezeigte Straßeneinmündung hat zwei Fußgängerampeln, die den Verkehr auf den beiden Einbahnstraßen bei Bedarf anhalten, damit Fußgänger an den schraffierten Stellen die Straßen überqueren können. Der rechte Teil der Abbildung zeigt ein Petrinetz, das die Ampelsteuerung beschreibt, durch die die Ampeln für die ankommenden Fahrzeuge in die Farbe der markierten Stelle geschaltet sind. Die Anfangsmarkierung entspricht also dem Zustand, bei dem beide Ampeln den Fahrzeugverkehr freigeben.

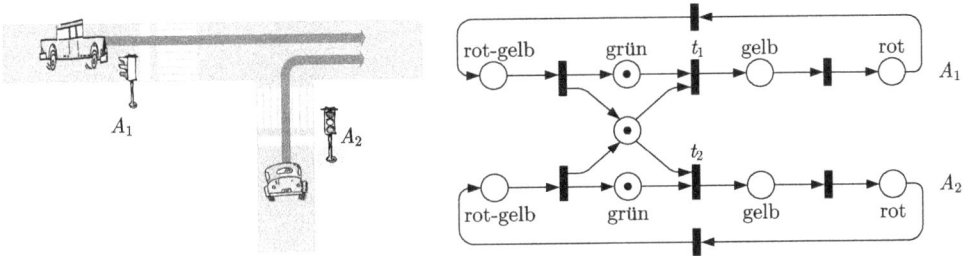

Abb. 6.24: Steuerung einer Verkehrsampel

Dass die Ampeln auf den Bedarf reagieren, äußert sich in der Tatsache, dass die Transitionen t_1 und t_2 nur schalten, wenn sie aktiviert sind und wenn durch einen Fußgänger an der Ampel ein Druckknopf betätigt wurde (was im Modell nicht zu erkennen ist). Um den Verkehr nicht durch Fußgänger an beiden Seiten der Einmündung zu blockieren, soll die Ampelsteuerung die Forderung erfüllen, dass nicht beide Ampeln gleichzeitig den Fahrzeugverkehr blockieren. Überprüfen Sie anhand des Erreichbarkeitsgrafen und durch Berechnung der entsprechenden Invariante, ob die gezeigte Ampelsteuerung diese Forderung erfüllt. □

Aufgabe 6.8*   *Buszuteilung bei der Übertragung von Messwerten*

Es wird die Übertragung von Daten auf zwei Kommunikationswegen A und B betrachtet, wobei der Weg A für eine Reihe ständig anfallender Daten und der Weg B für die Übertragung eines Messwertes genutzt wird. Da beide Wege über denselben Bus führen, muss für die Übertragung auf beiden Wegen der Bus frei sein. Zusätzlich muss bei der Übertragung des Messsignals der Sensor bereit sein.

Abbildung 6.25 zeigt ein Petrinetz, das den Kommunikationskanal beschreibt. Die Stellen haben folgende Bedeutung:

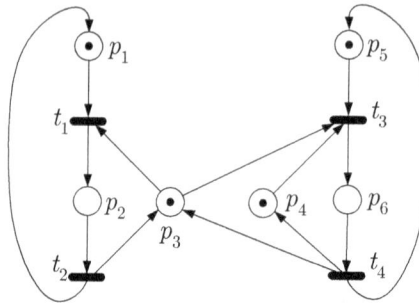

Abb. 6.25: Petrinetz zur Darstellung der Signalübertragung

$$\mathcal{P} = \begin{array}{|c|l|}
\hline
\text{Stelle} & \text{Bedeutung} \\
\hline
p_1 & \text{Daten sollen über den Bus übertragen werden.} \\
p_2 & \text{Daten werden über den Bus übertragen.} \\
p_3 & \text{Der Bus ist frei.} \\
p_4 & \text{Der Sensor ist bereit.} \\
p_5 & \text{Es soll ein Messwert über den Bus übertragen werden.} \\
p_6 & \text{Ein Messwert wird über den Bus übertragen.} \\
\hline
\end{array}$$

1. Zeichnen Sie den Erreichbarkeitsgrafen des Petrinetzes aus Abb. 6.25.

2. Geben Sie einen Automaten an, dessen Verhalten äquivalent zu dem des gegebenen Petrinetzes ist.

3. Wie lautet die Netzmatrix des Petrinetzes?

4. Besitzt das Petrinetz S- und T-Invarianten? Interpretieren Sie Ihr Ergebnis. □

Aufgabe 6.9* *Kollisionsverhütung bei Kränen*

Auf einer Baustelle sind drei Kräne im Einsatz, deren Arbeitsbereiche sich zum Teil überlappen (Abb. 6.26 (links)). Aus Sicherheitsgründen ist es unerlässlich, eine zentrale Steuerung einzusetzen, die eine Kollision der Kräne verhindert. Diese Steuerung wurde mit Hilfe eines Petrinetzes entworfen, dessen Stellen den in Abb. 6.26 (rechts) bezeichneten Kollisionsbereichen entsprechen. Dabei müssen zwei Stellen p_{S1} und p_{S2} eingeführt werden, die das Gedächtnis der Steuerung darstellen. Einer der Kräne A und B darf nur dann in den Kollisionsbereich A2 bzw. B3 fahren, wenn die Stelle p_{S1} markiert ist. Gleiches gilt für die Kräne B und C bezüglich deren Kollisionsbereiche und der Stelle p_{S2}.

Das Ergebnis des Steuerungsentwurfes ist das in Abb. 6.27 gezeigte Petrinetz. Berechnen Sie die S- und T-Invarianten dieses Netzes und überprüfen Sie mit deren Hilfe, ob die Steuerung wie gefordert die Kollision der Kräne verhindert. □

Aufgabe 6.10 *Beschreibung eines Flugplatzes durch ein Petrinetz*

Beschreiben Sie das Starten und Landen von Flugzeugen auf einem Flugplatz mit einer Rollbahn durch ein Petrinetz. Nach den Bestimmungen im Flugverkehr erhält ein Flugzeug erst dann Landeerlaubnis, wenn das vorher gelandete Flugzeug die Rollbahn verlassen hat. Gegebenenfalls muss das ankommende

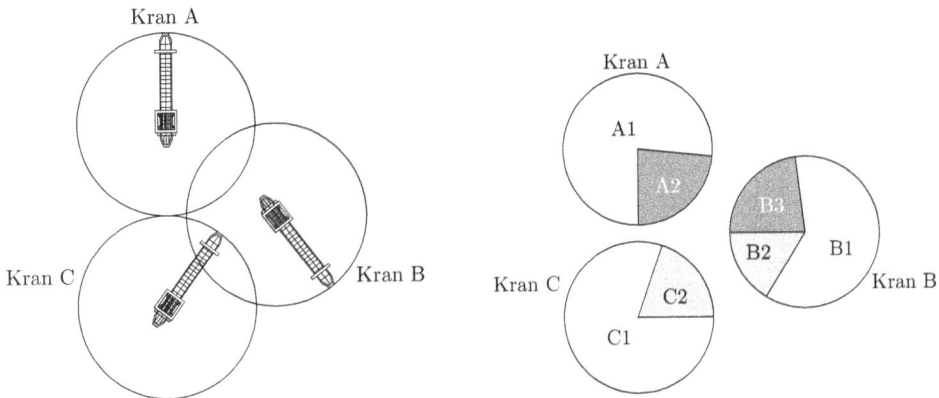

Abb. 6.26: Anordnung der Kräne auf der Baustelle (Draufsicht, links) und Kollisionsbereiche (rechts)

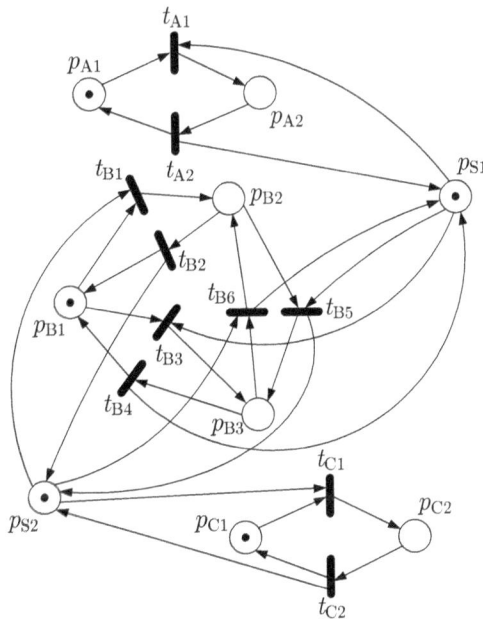

Abb. 6.27: Modell der gesteuerten Kräne

Flugzeug auf eine Warteschleife geschickt werden. Der Einfachheit halber wird angenommen, dass startende Flugzeuge sofort eine Starterlaubnis erhalten, wenn sie sich auf der Rollbahn befinden.

Weisen Sie durch eine entsprechende Analyse des von Ihnen aufgestellten Petrinetzes nach, dass die genannten Bestimmungen des Flugverkehrs eingehalten werden, wenn sich die Flugzeuge in der durch Ihr Petrinetz vorgegebenen Weise verhalten. □

6.3 Interpretierte Petrinetze

Unter der Interpretation eines Petrinetzes versteht man die Abbildung der Mengen der Stellen und Transitionen in technische Sachverhalte, die in den hier verwendeten Beispielen durch Symbole bzw. Signalwerte repräsentiert werden. Damit wird dem mathematischen Werkzeug „Petrinetz" eine problemspezifische Bedeutung zugewiesen. Dies ist in gewissem Maße bereits bei den bisher behandelten Beispielen geschehen und wird in diesem Abschnitt genutzt, um die Sprache von Petrinetzen zu definieren bzw. dem Petrinetz Eingänge und Ausgänge zuzuweisen und es damit möglich zu machen, dass Petrinetze gesteuerte Systeme repräsentieren können, deren Verhalten äußeren Einflussgrößen unterliegt.

6.3.1 Sprache von Petrinetzen

Wie bei deterministischen und nichtdeterministischen Automaten kann man das Verhalten von Petrinetzen durch die von dem Netz erzeugte Sprache repräsentieren. Dafür interpretiert man das Schalten von Transitionen als Ereignisse, deren Folgen die Sprache des Petrinetzes bilden. Dabei erhält man ein bewertetes Petrinetz, dessen Bewertungsfunktion

$$l : \mathcal{T} \to \Sigma$$

jeder Transition einen Buchstaben $\sigma \in \Sigma$ eines Alphabetes Σ zuordnet. Ferner legt man eine Menge $\mathcal{M}_F$ von Endmarkierungen fest, so dass man die Definition einer Sprache direkt von Automaten übernehmen kann: Man betrachtet die einer Schaltfolge $T(0...k_e) = (t(0), t(1), ..., t(k_e))$ zugeordnete Buchstabenfolge

$$E(0...k_e) = (l(t(0)), l(t(1)), ..., l(t(k_e)))$$

und zählt diese Folge zur Sprache des Petrinetzes, wenn die Transitionenfolge in einer Markierung $M(k_e + 1) \in \mathcal{M}_F$ endet. Wie bei einem Automaten gibt es von der Anfangsmarkierung M_0 aus mehrere Markierungsfolgen in Endmarkierungen und dementsprechend mehrere Transitionenfolgen $T(0...k_e)$. Dass die Transitionenfolge T zu einer Endmarkierung M aus der Menge $\mathcal{M}_F$ führt, kann man durch die Schreibweise

$$M_0 \xrightarrow{T} M \in \mathcal{M}_F$$

ausdrücken. Die Sprache $\mathcal{L}(\mathcal{PN})$ eines Petrinetzes $\mathcal{PN}$ setzt sich aus allen Wörtern $E(0...k_e)$ zusammen, die zu derartigen Markierungsfolgen gehören:

Sprache des Petrinetzes:

$$\mathcal{L}(\mathcal{PN}) = \{(l(t(0)), l(t(1)), ..., l(t(k_e))) \mid M_0 \xrightarrow{T} M \in \mathcal{M}_F\}.$$

(6.26)

Zur Sprache $\mathcal{L}(\mathcal{PN})$ gehören Zeichenfolgen mit beliebigem Zeithorizont k_e.

Da die hier betrachtete Klasse von Petrinetzen äquivalent der Klasse der endlichen Automaten ist, kann sie dieselbe Sprache erzeugen bzw. akzeptieren und bietet insofern nichts Neues. Die im Abschn. 6.4 behandelten Erweiterungen führen jedoch auf Petrinetze, mit denen auch Systeme beschrieben werden können, die nicht durch endliche Automaten darstellbar sind und folglich auch bestimmte Klassen nichtregulärer Sprachen darstellen können.

6.3.2 Steuerungstechnisch interpretierte Petrinetze

Die in diesem Abschnitt verwendete Interpretation ordnet den Transitionen Schaltausdrücke zu, die von der Eingabe v abhängen und den Wert eins haben müssen, damit die Transitionen schalten können. Die Ausgabe w des Petrinetzes wird in Abhängigkeit von der Markierung erzeugt (Abb. 6.28). Man spricht dabei von einer *steuerungstechnischen Interpretation* des Petrinetzes bzw. von einem *steuerungstechnisch interpretierten Petrinetz*, weil die Netzelemente in direkte Beziehungen zu Sensor- und Aktorsignalen gebracht werden.

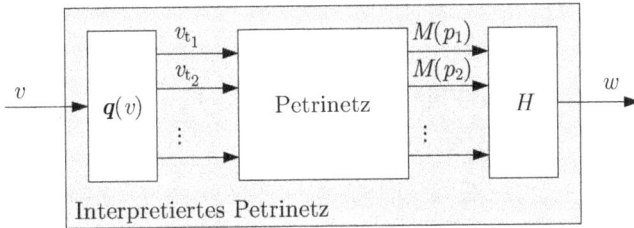

Abb. 6.28: Steuerungstechnisch interpretiertes Petrinetz

Schaltausdrücke. In einem steuerungstechnisch interpretierten Petrinetz werden die Transitionen t_i mit Schaltausdrücken

$$v_i = q_{t_i}(v), \quad i = 1, 2, ..., M$$

versehen. $q_{t_i}(v)$ ist die zur Transition t_i gehörende Funktion $q_{t_i} : \mathcal{V} \to \{0, 1\}$, deren Funktionswert in Abhängigkeit von der Eingabe v den Wert null oder eins annimmt. Wenn $q_{t_i}(v) = 1$ ist, sagt man auch, dass der Schaltausdruck *erfüllt* ist.

Schreibt man die Schaltausdrücke aller Transitionen in einem Vektor untereinander, so erhält man die Vektorfunktion

$$\boldsymbol{q} : \mathcal{V} \to \{0, 1\}^M$$

mit

$$\boldsymbol{q}(v) = \begin{pmatrix} q_{t_1}(v) \\ q_{t_2}(v) \\ \vdots \\ q_{t_M}(v) \end{pmatrix}.$$

Für jede Eingabe v weist diese Funktion jeder Transition den aktuellen Wert des zugehörenden Schaltausdrucks zu, was in Abb. 6.28 durch den linken Block veranschaulicht wird.

Durch die Wahl der Schaltausdrücke kann man erreichen, dass Schaltausdrücke mehrerer Transitionen bei derselben Eingabe erfüllt sind. In den Beispielen werden die Schaltausdrücke aber i. Allg. nur bei einem Eingabewert gleich eins sein. Um für diesen Fall die Darstellung zu vereinfachen, wird dieser Wert mit einem zusätzlichen Pfeil direkt an die Transition geschrieben, wie es Abb. 6.29 zeigt. In dieser Darstellung ist der Schaltausdruck der Transition t_1 erfüllt, wenn für die Eingabe $v = 0$ gilt.

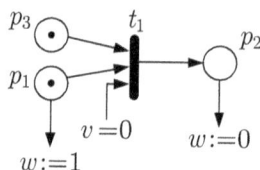

Abb. 6.29: Elemente eines interpretierten Petrinetzes

Da die Schaltausdrücke den Markenfluss beeinflussen, muss die Schaltregel erweitert werden:

> **Schaltregel für Petrinetze mit Eingang und Ausgang:** Eine Transition t ist aktiviert, wenn
>
> 1. alle Prästellen $p \in \bullet t$ markiert sind,
> 2. alle Poststellen $p \in t \bullet$ nicht markiert sind und wenn
> 3. der Schaltausdruck $q_t(v)$ erfüllt ist.

Die Menge $\mathcal{T}_{\mathrm{akt}}$ der aktivierten Transitionen ist deshalb nicht nur von der aktuellen Markierung $M(k)$, sondern auch von der Eingabe $v(k)$ abhängig:

$$\mathcal{T}_{\mathrm{akt}}(M(k), v(k)) = \{t \mid \delta(M(k), t) \text{ ist definiert und } q_t(v(k)) = 1\}. \tag{6.27}$$

Ausgaben des Petrinetzes. Die zweite Erweiterung betrifft die Ausgabe. Das Petrinetz erhält eine Ausgabefunktion

$$H : \mathcal{M} \to \mathcal{W},$$

die jeder Markierung einen Ausgabewert $w \in \mathcal{W}$ zuordnet. Da der Zustand des Petrinetzes von der Markierung aller Stellen abhängt, geht in die Ausgabefunktion der gesamte Markierungsvektor ein, was in Abb. 6.28 durch den rechten Block veranschaulicht wird.

In den hier behandelten Beispielen hängt die Ausgabe nur von der Markierung einzelner Stellen ab bzw. es wird mit einer vektoriellen Ausgabe gearbeitet, deren Elemente jeweils nur von der Markierung einzelner Stellen bestimmt werden. Das Erzeugen der Ausgabewerte wird deshalb, wie es in Abb. 6.29 gezeigt ist, als Anweisungen an die Stellen geschrieben. Wenn in dem gegebenen Beispiel die Stelle p_2 markiert wird, wird die Ausgabe auf den Wert null gesetzt ($w := 0$).

Damit erweitert sich die Zustandsraumdarstellung (6.6) des Petrinetzes folgendermaßen:

> Zustandsraumdarstellung von interpretierten Petrinetzen:
> $$M(k + 1) = \delta(M(k), t(k)) \quad \text{für } t(k) \in \mathcal{T}_{\mathrm{akt}}(M(k), v(k)), \quad M(0) = M_0$$
> $$w(k) = H(M(k)).$$
> $\tag{6.28}$

In der Ausgabegleichung kommt der Eingang v nicht vor, weil die Eingänge die Transitionen beeinflussen, die Ausgabe aber aus der aktuellen Markierung abgeleitet wird (vgl. Moore-Automaten).

Anwendungsgebiet interpretierter Petrinetze. Die Erweiterung von Petrinetzen um Schaltausdrücke und eine Ausgabefunktion erweitert das Anwendungsgebiet von Petrinetzen für die Beschreibung technischer Systeme wesentlich. Das interpretierte Petrinetz kann einerseits zur Darstellung eines technischen Systems mit dem Eingang v und dem Ausgang w eingesetzt werden. Andererseits kann es einen Steuerungsalgorithmus beschreiben, bei dem die Eingabe des Petrinetzes die Ausgabe des zu steuernden technischen Prozesses und die Ausgabe des Petrinetzes die Steuereingriffe beschreiben (siehe Beispiel 6.6).

Mit dieser Erweiterung ist eine Unterscheidung zwischen spontanen und gesteuerten Zustandsübergängen möglich. Spontane Zustandsübergang werden durch Transitionen ohne Schaltausdruck dargestellt, während gesteuerte Zustandsänderungen durch das Schalten von Transitionen mit Schaltausdruck repräsentiert werden. Dabei kann die Steuerung offenbar gesteuerte Zustandsänderungen unterdrücken, aber nicht erzwingen, denn das Schalten einer Transition hängt nicht nur vom Wert des Schaltausdrucks, sondern auch von der Markierung des Netzes ab.

Interpretierte Petrinetze machen es also möglich, das Verhalten von ereignisdiskreten Systemen zu erfassen, deren Verhalten durch eine Folge von spontanen und gesteuerten Zustandsänderungen beschrieben ist. Das System bewegt sich autonom (ohne äußere Anregung), bis es einen Zustand erreicht, den es nur durch eine äußere Anregung verlassen kann. Die äußere Anregung wird durch eine Eingabe gekennzeichnet, für die der Schaltausdruck aktivierter Transitionen erfüllt wird.

Beispiel 6.6 *Steuerung eines Batchprozesses durch ein Petrinetz*

Das in Abb. 6.13 auf S. 276 gezeigte Petrinetz wird jetzt so erweitert, dass es als Steuerungsalgorithmus für den im Beispiel 1.4 auf S. 10 beschriebenen Batchprozess eingesetzt werden kann. Wie in Abb. 6.30 gezeigt ist, soll der Steuerungsalgorithmus anhand der von den fünf Sensoren L_1 bis L_5 sowie dem Temperatursensor T gelieferten binären Signalen erkennen, wann die einzelnen Teilprozesse abgeschlossen sind und durch Umschalten der Ventile V_1 bis V_6 sowie das Ein- und Ausschalten des Motors M die nächsten Teilprozesse aktivieren. Wenn die angegebenen Signale den Wert 1 haben, haben die Füllstände die Höhe der Sensoren bzw. die vorgegebene Temperatur erreicht bzw. sind die Ventile geöffnet und der Motor läuft. Andernfalls haben die Signale den Wert 0.

Da man mit den angegebenen Sensoren erkennen kann, wann die einzelnen Teilprozesse abgeschlossen sind, gehen die Sensorsignale in die Schaltbedingungen ein, die in Abb. 6.31 den Transitionen zugeordnet sind. Den Stellen sind Schalthandlungen zugeordnet, die auf die Aktoren (Ventile, Motor) wirken und die Teilprozesse in Gang setzen. Die Transitionen t_3 und t_6 haben keine Schaltausdrücke, weil die ihren Prästellen zugeordneten Schalthandlungen sehr schnell ablaufen und nicht durch ein Sensorsignal überwacht werden.

Beispielsweise wird durch die der Stelle p_1 zugeordneten Schalthandlungen $V_6 := 0$ und $V_3 := 1$ das Ventil V_6 geschlossen und das Ventil V_3 geöffnet, so dass der leere Behälter B_3 mit dem Stoff A gefüllt wird. Wenn die durch den Sensor L_4 bestimmte Füllhöhe erreicht ist, schaltet die Transition t_1. Durch die Schalthandlungen $V_3 := 0$, $V_4 := 1$, die der nunmehr markierten Stelle p_2 zugeordnet sind, wird der Behälter B_3 weiter mit dem Stoff B gefüllt.

Es ist offensichtlich, dass man das Petrinetz direkt als Steuerungsalgorithmus verwenden kann. Die Messgrößen zeigen an, wann eine Transition schalten muss, damit die nächsten, der dann markierten Stelle zugehörigen Schalthandlungen ausgeführt werden. □

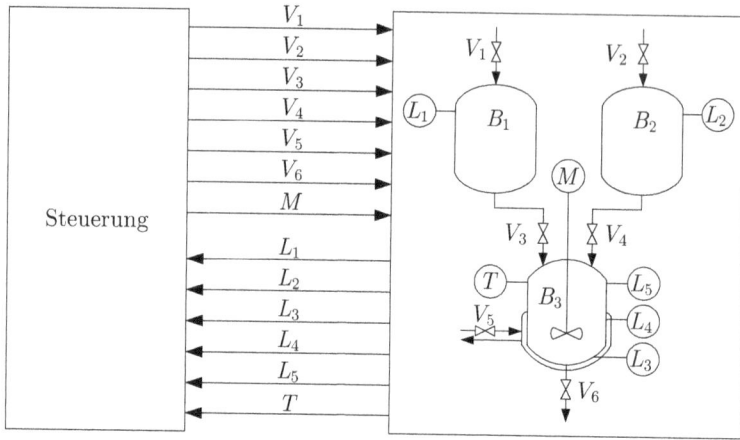

Abb. 6.30: Steuerung des Batchprozesses

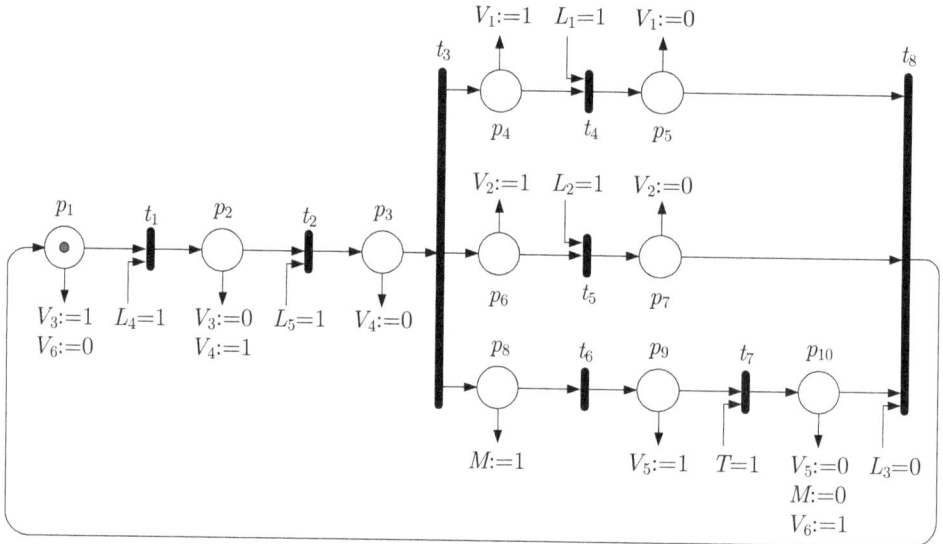

Abb. 6.31: Steuerungsalgorithmus für den Batchprozess

Matrixdarstellung. Die Matrixdarstellung (6.12) autonomer Petrinetze gilt auch für interpretierte Petrinetze, denn sie ist nur von der Netzstruktur abhängig. Verändert wird jedoch die Darstellung der Menge der aktivierten Transitionen. Der Transitionsvektor, der zum Zeitpunkt k schaltet, muss zu der in Gl. (6.27) definierten Menge $\mathcal{T}_{\mathrm{akt}}$ gehören, was in der in Gl. (6.12) verwendeten Notation als

$$t(k) \in \mathcal{T}_{\mathrm{akt}}(p(k), v(k)), \quad k = 0, 1, ..., k_{\mathrm{e}} \tag{6.29}$$

geschrieben wird.

> **Matrixform der Zustandsraumdarstellung interpretierter Petrinetze:**
>
> $$\boldsymbol{p}(k+1) = \boldsymbol{p}(k) + \boldsymbol{N}\,\boldsymbol{t}(k) \quad \text{für } \boldsymbol{t}(k) \in \mathcal{T}_{\text{akt}}(\boldsymbol{p}(k), v(k)), \quad \boldsymbol{p}(0) = \boldsymbol{p}_0 \qquad (6.30)$$
>
> $$w(k) = H(\boldsymbol{p}(k))$$

Das interpretierte Petrinetz hat dieselbe Netzmatrix $\boldsymbol{N}$ wie das autonome Petrinetz und somit auch dieselben S- und T-Invarianten. Die Frage, ob Schaltfolgen die durch die Invarianten beschriebenen Eigenschaften tatsächlich besitzen, hängt von der Eingangsgröße v ab, die Transitionenfolgen verhindern kann.

Steuerbare und nicht steuerbare Transitionen. Transitionen, denen ein Schaltausdruck zugeordnet ist, werden *steuerbar* genannt, denn man kann ihr Schalten durch eine entsprechende Festlegung der Eingabe v verhindern.

Für die Steuerbarkeit aller Transitionen eines Petrinetzes müssen die Transitionen nicht nur durch einen Schaltausdruck beeinflussbar sein, sondern es muss auch gesichert sein, dass sich die Schaltausdrücke von gleichzeitig aktivierten Transitionen so unterscheiden, dass man durch die geeignete Wahl der Eingabe das Schalten aller bis auf einer Transition verhindern kann. Diese Bedingung ist z. B. dann erfüllt, wenn sich die Schaltausdrücke dieser Transitionen auf unterschiedliche Eingaben beziehen.

Für Transitionen mit identischen Schaltausdrücken ist die Steuerbarkeit gesichert, wenn auf Grund der Dynamik des Petrinetzes diese Transitionen nie gleichzeitig die Markierungsbedingung der Schaltregel erfüllen können. Wenn diese Bedingungen für sämtliche Transitionen erfüllt sind, sagt man, dass das Petrinetz steuerbar ist.

6.4 Erweiterungen

6.4.1 Petrinetze mit Test- und Inhibitorkanten

Die erste Erweiterung von Petrinetzen, die in diesem Abschnitt behandelt wird, ändert nichts an der Mächtigkeit der Petrinetze in Bezug auf die darstellbare Klasse dynamischer Systeme, sondern reduziert den Aufwand der Darstellung bestimmter Sachverhalte und damit die Modellkomplexität. Es werden Test- und Inhibitorkanten als Abkürzungen für bestimmte Konstrukte in Petrinetzen zugelassen.

Die Motivation für diese Erweiterung resultiert aus der Tatsache, dass bei der Beschreibung ereignisdiskreter Systeme häufig die Situation auftritt, dass das Schalten einer Transition von der Markierung anderer Stellen abhängt, ohne dass sich das Schalten der Transition auf die Markierung dieser Stellen auswirken soll. Dabei können zwei Situationen auftreten:

- Die aktivierte Transition t_2 soll nicht schalten, wenn die Stelle p_1 markiert ist.

- Die aktivierte Transition t_2 soll nur dann schalten, wenn die Stelle p_1 markiert ist.

Beiden Situationen ist gemeinsam, dass eine beim Schalten der Transition t_2 nicht beteiligte Stelle p_1 die Aktivierung von t_2 beeinflussen soll. Die erste Situation lässt sich einfacher durch die im Folgenden eingeführten Inhibitorkanten darstellen, die zweite durch die anschließend erläuterten Testkanten.

Inhibitorkanten. Eine Inhibitorkante (Verhinderungskante) von einer Stelle p_1 zur Transition t_2 verbietet das Schalten der Transition t_2, wenn die Stelle p_1 markiert ist (Abb. 6.32). Sie stellt eine Abkürzung für ein Konstrukt des Petrinetzes dar, das auch mit den bisher eingeführten Elementen darstellbar wäre und im rechten Teil der Abbildung gezeigt ist. Anstelle der Inhibitorkante muss eine markierte Stelle p_4 eingeführt werden, deren Marke beim Schalten der Transition t_3 abgezogen wird. Diese Kopplung stellt sicher, dass die Transition t_2 nicht mehr schaltbar ist, wenn die Stelle p_1 durch das Schalten der Transition t_3 markiert wird. Erst wenn die Marke von der Stelle p_1 über die Transition t_1 verschwunden ist und dabei die Stelle p_4 wieder markiert wurde, ist die Transition t_2 wieder aktiviert, vorausgesetzt, dass die Stelle p_2 markiert ist.

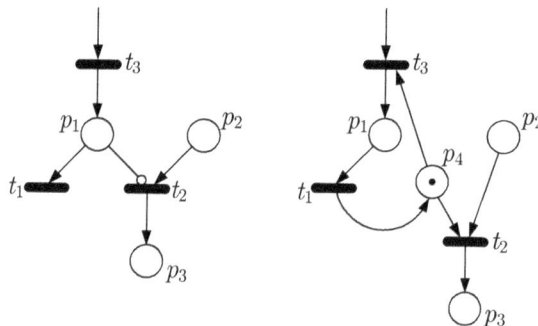

Abb. 6.32: Definition einer Inhibitorkante

Beispiel 6.7 *Darstellung einer Priorisierung mit Hilfe einer Inhibitorkante*

Mit Hilfe einer Inhibitorkante kann man das vorrangige Schalten einer Transition sehr bequem darstellen. In Abb. 6.33 ist links ein Ausschnitt aus einem Petrinetz gezeigt, bei dem die beiden Transitionen t_1 und t_2 aktiviert sind. Nur eine der beiden Transitionen kann schalten. Wäre nur die Stelle p_2 markiert, so könnte nur die Transition t_2 schalten. Es soll nun dargestellt werden, dass immer dann, wenn beide Stellen markiert sind, die Transition t_1 schaltet und im Fall der alleinigen Markierung der Stelle p_2 die Transition t_2.

Ohne die Verwendung einer Inhibitorkante ist dies schwierig. Mit Inhibitorkante ist die Lösung im rechten Teil der Abbildung dargestellt. Die Inhibitorkante verbietet das Schalten der Transition t_2, wenn die Stelle p_1 markiert ist. Deshalb schaltet, wie gefordert, die Transition t_1, wenn beide Stellen markiert sind. □

Testkanten. Eine Testkante von einer Stelle p_1 zur Transition t_2 soll darstellen, dass die Transition t_2 nur schalten kann, wenn die Stelle p_1 markiert ist, dass sich beim Schalten jedoch die Markierung der Stelle p_1 nicht verändern soll (Abb. 6.34). Der im linken Teil der Abbildung

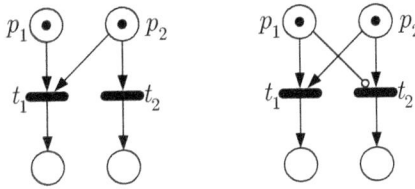

Abb. 6.33: Darstellung einer Priorisierung des Schaltens einer Transition mit
Hilfe einer Inhibitorkante

gezeigte Teil des Petrinetzes ist äquivalent zu dem im rechten Teil dargestellten Ausschnitt.
Beim Schalten der Transition t_2 verändert sich in beiden Darstellungen die Markierung der
Stelle p_1 nicht, denn vor und nach dem Schalten der Transition ist die Stelle p_1 markiert. Wenn
man ein reines Netz zeichnen will, bei dem die direkte Rückführung der Marke von der Stelle
p_1 über die Transition t_2 zurück zur Stelle p_1 verboten ist, muss man im rechten Teil die gestrichelt eingetragene zusätzliche Stelle mit der zusätzlichen Transition einführen (vgl. Abb. 6.3),
wodurch die explizite Darstellung der Testkante noch aufwändiger wird. Wichtiger als die Reduktion der Netzelemente ist jedoch, dass die Verwendung der Testkante direkt die Bedeutung
der verwendeten Netzelemente zeigt.

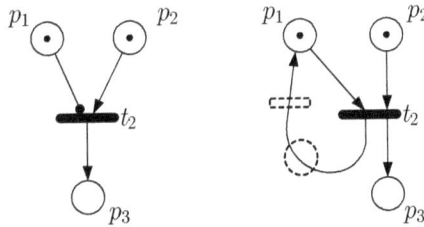

Abb. 6.34: Definition einer Testkante

Beispiel 6.8 *Beschreibung einer Füllstandsregelung durch ein Petrinetz mit Testkanten*

Bei der im Beispiel 5.9 auf S. 244 dargestellten Füllstandsregelung bewirkt das Öffnen des Zuflussven-
tils ein Ansteigen des Füllstandes und das Schließen des Ventils ein Abfallen. In Abb. 6.35 sind diese
Füllstandsänderungen durch die Stellen p_3 und p_4 dargestellt. Die Stellen p_1 und p_2 kennzeichnen das
geöffnete bzw. das geschlossene Ventil. Da offenbar ein direkter Zusammenhang zwischen diesen vier
Situationen besteht, ohne dass im ungeregelten Betrieb des Reaktors die Änderung des Füllstandes etwas an der Ventilstellung ändert, ist der Markenfluss zwischen den Stellen p_1 und p_2 unabhängig von
der Markierung der Stellen p_3 und p_4, bestimmt diese Markierung jedoch.
   Für die Darstellung dieses Sachverhaltes eigenen sich Testkanten, wie es Abb. 6.35 zeigt. Wenn die
Stelle p_4 markiert ist („Füllstand fällt") und die Stelle p_1 markiert wird („Ventil ist geöffnet"), so lässt
die Testkante das Schalten der Transition t_4 zu, wodurch die Stelle p_3 („Füllstand steigt") markiert wird.
Dabei verändert sich die Markierung der Stelle p_1 nicht. Geht die Marke durch Schalten der Transition
t_2 von der Stelle p_1 zur Stelle p_2 („Ventil ist geschlossen"), was durch eine Regelung bewirkt werden

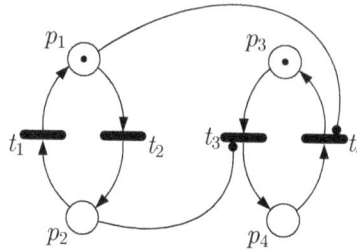

Abb. 6.35: Darstellung eines Verhaltens der Regelstrecke der
Füllstandsregelung

kann, die durch den hier weggelassenen Teil des Petrinetzes ausgelöst wird, so wandert die Marke aufgrund derselben Überlegungen von der Stelle p_3 zur Stelle p_4 („Füllstand fällt").

Das Beispiel zeigt, dass die Verwendung von Testkanten nicht nur die Anzahl der Stellen, Transitionen und Kanten im Petrinetz verringert, sondern den zu beschreibenden Sachverhalt auch klarer darzustellen gestattet. □

Schaltregel. Test- und Inhibitorkanten beeinflussen den Markenfluss, weil jetzt die Aktivierung einer Transition nicht nur von ihren Prä- und Poststellen, sondern auch von allen Stellen abhängt, mit denen sie über Test- oder Inhibitorkanten verbunden ist.

Schaltregel für Petrinetze mit Test- und Inhibitorkanten: Eine Transition t ist aktiviert, wenn

1. alle Prästellen $p \in \bullet t$ markiert,
2. alle Poststellen $p \in t\bullet$ nicht markiert,
3. alle mit einer Testkante verbundenen Stellen markiert
4. alle mit einer Inhibitorkante verbundenen Stellen nicht markiert sind.

Aus der dementsprechend gebildeten Menge $\mathcal{T}_{akt}(M)$ aktivierter Transitionen kann jede Transition schalten.

Aufgabe 6.11*   *Beschreibung des Datenflusses in einem Programm durch ein Petrinetz*

Petrinetze können zur Darstellung des Datenflusses bei Berechnungen eingesetzt werden, wobei markierte Stellen das Vorhandensein von Daten und Transitionen die mit den Daten ausgeführten Operationen beschreiben. Stellen Sie ein Petrinetz auf, bei dem aus den drei gegebenen Größen x, y und z schrittweise der arithmetische Ausdruck $e = (x + y) * (x - y) + (z - y)/y$ berechnet wird. Achten Sie darauf, dass die Division nicht durchführbar ist, wenn der Nenner verschwindet. In diesem Fall muss der Datenfluss gestoppt werden. □

6.4.2 Petrinetze mit Stellen- und Kantenbewertungen

Bei den bisher behandelten Petrinetzen (B/E-Netzen) darf sich zu jedem Zeitpunkt auf jeder Stelle höchstens eine Marke befinden und über die Kanten zwischen den Stellen und Transitionen kann höchstens eine Marke wandern. Diese Beschränkungen werden jetzt fallengelassen. Es werden Kapazitäten für die Stellen und Gewichte für die Kanten eingeführt, die angeben, wie viele Marken sich höchstens auf einer Stelle befinden können bzw. wie viele Marken sich beim Schalten des Petrinetzes entlang der Kanten bewegen.

Diese Erweiterung ist zweckmäßig, um Systeme mit Kapazitätsbeschränkungen möglichst kompakt durch Petrinetze darstellen zu können. Wenn man beispielsweise ein Wartesystem mit fünf Warteplätzen betrachtet und den Fluss einer Marke als Bewegung eines Kunden interpretiert, dann braucht man bei B/E-Netzen fünf Stellen für die fünf Warteplätze. Da die Marken nicht die individuellen Kunden, sondern die Anzahl der Marken lediglich die Anzahl der Kunden wiedergeben sollen, ist es bezüglich des Verhaltens des Wartesystems gleichgültig, in welcher Reihenfolge die Marken aus der Warteschlange in die Bedieneinrichtung wandern. Bei den im Folgenden eingeführten erweiterten Netzen kann man für die Warteschlange *eine* Stelle mit der Kapazität 5 einführen, so dass sich auf dieser Stelle bis zu fünf Marken befinden können. Dies führt offensichtlich zu einem Petrinetz mit weniger Stellen.

Die so erweiterten Petrinetze nennt man

$$\boxed{\text{Stellen-Transitionen-Netz (S/T-Netz):} \qquad \mathcal{PN} = (\mathcal{P}, \mathcal{T}, \mathcal{F}, K, W, M_0).} \qquad (6.31)$$

Es ist durch folgende Komponenten beschrieben:

- $\mathcal{P}$ – Menge von Stellen
- $\mathcal{T}$ – Menge von Transitionen
- $\mathcal{F}$ – Flussrelation
- K – Kapazitätsfunktion der Stellen
- W – Kantengewicht
- M_0 – Anfangsmarkierung.

Die Funktion $K : \mathcal{P} \to \mathbb{N}_0^+$ beschreibt die Stellenkapazität, also die maximale Anzahl von Marken, die sich gleichzeitig auf der Stelle befinden dürfen. Die Funktion $W : \mathcal{F} \to \mathbb{N}_0^+$ weist jeder Kante ein ganzzahliges Kantengewicht zu. Das Kantengewicht gibt an, wie viele Marken über die betreffende Kante von einer Stelle abwandern bzw. auf eine Stelle fließen. Wenn nichts anderes angegeben ist, gilt $K(p) = \infty$ für Stellen $p \in \mathcal{P}$ und $W(p, t) = 1$ sowie $W(t, p) = 1$ für Transitionen $t \in \mathcal{T}$ und Stellen $p \in \mathcal{P}$. Gelten diese Werte für alle Stellen und Transitionen, so entspricht das Netz dem im Abschn. 6.1 eingeführten Petrinetz und wird, wenn es außerdem schlingenfrei und schlicht ist, als Bedingungs-Ereignis-Netz (B/E-Netz) bezeichnet.

Verhalten von S/T-Netzen. Wie bisher heißt eine Transition aktiviert, wenn durch das Schalten eine zulässige Folgemarkierung entsteht. Dies bedeutet bei S/T-Netzen, dass durch das Schalten der Transition die Markenanzahl auf keiner Stelle negativ oder die Stellenkapazität überschritten wird. Es reicht jetzt also nicht mehr aus, dass die Prästellen markiert und die Poststellen nicht markiert sind.

Schaltregel für S/T-Netze: Eine Transition t ist *aktiviert*, wenn

1. alle Prästellen $p \in \bullet t$ mindestens die durch das Gewicht der Kante $p \to t$ vorgegebene Markenanzahl $W(p,t)$ enthalten und

2. alle Poststellen $p \in t \bullet$ mindestens die durch das Gewicht der Kante $t \to p$ vorgegebene Markenanzahl $W(t,p)$ aufnehmen können.

Beim Schalten aktivierter Transitionen wird allen Prästellen die durch die Kantengewichte bestimmte Anzahl von Marken entzogen und alle Poststellen erhalten zusätzlich so viele Marken, wie es die Kantengewichte festgelegen.

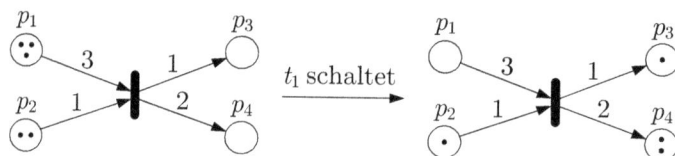

Abb. 6.36: S/T-Netz ohne Kapazitätsbeschränkungen der Stellen

Die Anwendung dieser Schaltregel auf das in Abb. 6.36 gezeigte S/T-Netz führt von der links dargestellten Markierung zur rechts dargestellten. Die Bewertung der Kanten von den Prästellen zur Transition schreiben vor, dass beim Schalten von der Stelle p_1 drei und von der Stelle p_2 eine Marke entfernt wird. Die Stellen p_3 und p_4 erhalten eine bzw. zwei Marken. Wie bei B/E-Netzen gilt kein „Markenerhaltungssatz": Die Summe der von den Prästellen abgezogenen Marken unterscheidet sich von der Summe der auf die Poststellen platzierten Marken.

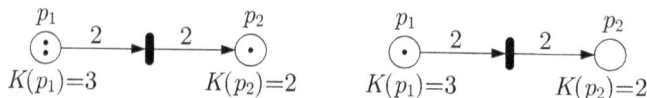

Abb. 6.37: S/T-Netz

Abbildung 6.37 zeigt, dass Kapazitätsbeschränkungen und Kantenbewertungen das Schalten einer Transition verhindern können. Im linken Teil der Abbildung kann die Transition nicht schalten, weil durch das Schalten zwei Marken zur Stelle p_2 transportiert würden. Zusammen mit der sich bereits in der Stelle p_2 befindenden Marke würde dies zu einer Überschreitung der Stellenkapazität $K(p_2) = 2$ führen. Infolgedessen schaltet die Transition nicht.

Im rechten Teil der Abbildung kann die Transition nicht schalten, weil auf der Stelle p_1 zu wenige Marken liegen. Die Kantenbewertung der Kante von der Stelle zur Transition schreibt vor, dass zwei Marken von der Stelle p_1 entnommen werden, wenn die Transition schaltet. Da sich dort derzeit nur eine Marke befindet, kann die Transition nicht schalten.

Matrixdarstellung. Die Matrixdarstellung (6.12) von B/E-Netzen kann für S/T-Netze übernommen werden, wenn man die Kantengewichte bei der Bildung der Netzmatrix N berücksichtigt. Es wird wiederum davon ausgegangen, dass das Netz keine Schlingen besitzt. Dann gilt für die Elemente n_{ij} der Netzmatrix N

$$n_{ij} = W(t_j, p_i) - W(p_i, t_j).$$ \hfill (6.32)

Das Element n_{ij} beschreibt also die Veränderung der Markenanzahl in der Stelle p_i beim Schalten der Transition t_j. Wenn es sich bei p_i um eine Poststelle der Transition t_j handelt, so wird beim Schalten von t_j die Anzahl der Marken in der Stelle p_i um $W(t_j, p_i)$ erhöht. Ist p_i eine Prästelle von t_j, so vermindert sich die Markenanzahl um $W(p_i, t_j)$.

Die Kapazitätsbeschränkung wird durch die Netzmatrix nicht wiedergegeben. Sie muss bei der Bestimmung der Menge $\mathcal{T}_{\mathrm{akt}}$ der aktivierten Transitionen berücksichtigt werden (vgl. Schaltregel).

Beispiel 6.9 *Beschreibung eines Wartesystems durch ein Petrinetz mit Kapazitätsbeschränkungen*

Petrinetze mit Kapazitätsbeschränkungen haben ein unmittelbares Anwendungsfeld bei allen Prozessen, bei denen es für ganzzahlige Variablen eine Obergrenze gibt, die durch die Kapazitätsbeschränkung erfasst wird. So kann ein Wartesystem mit einer Warteschlange der Länge k durch das in Abb. 6.38 gezeigte Petrinetz beschrieben werden. Die Transition t_1, deren Schalten die Ankunft eines neuen Kunden repräsentiert, kann so viele Marken liefern, bis die Kapazitätsbeschränkung $K(p_1) = k$ der Stelle p_1 ausgeschöpft ist.

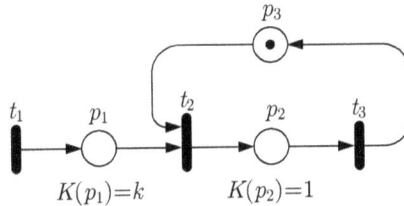

Abb. 6.38: Beschreibung eines Wartesystems durch ein Petrinetz mit Kapazitätsbeschränkung

Abbildung 6.38 zeigt das Petrinetz mit folgenden Bedeutungen:

$$\mathcal{P} =$$

Stelle	Bedeutung der markierten Stelle
p_1	Jede Marke kennzeichnet einen wartenden Kunden.
p_2	Die Bedieneinheit ist besetzt.
p_3	Die Bedieneinheit ist frei.

$$\mathcal{T} =$$

Transition	Bedeutung der schaltenden Transition
t_1	Ein Kunde kommt an.
t_2	Ein Kunde geht aus der Warteschlange zur Bedieneinheit.
t_3	Ein Kunde verlässt nach der Bedienung das Wartesystem.

Solange Kunden in der Warteschlange auf eine Bedienung warten, wechselt nach dem Freiwerden der Bedieneinrichtung ein Kunde aus der Warteschlage zur Bedieneinrichtung und die Bedienung beginnt.

Die Kapazität der Stelle p_2 ist hier gleich eins, weil es sich um ein Wartesystem mit einer Bedieneinrichtung handelt. Das Petrinetz kann auf Wartesysteme mit l Bedieneinrichtungen erweitert werden, indem die Stelle p_2 die Kapazitätsbeschränkung $K(p_2) = l$ erhält und die Anfangsmarkierung der Stelle p_3 l Marken zuweist.

Die Netzmatrix erhält man entsprechend Gl. (6.32):

$$N = \begin{array}{c} \\ p_1 \\ p_2 \\ p_3 \end{array} \begin{array}{ccc} t_1 & t_2 & t_3 \\ \begin{pmatrix} 1 & -1 & 0 \\ 0 & 1 & -1 \\ 0 & -1 & 1 \end{pmatrix} \end{array}.$$

Für ein B/E-System mit derselben Flussrelation würde man dieselbe Netzmatrix erhalten, weil das Netz keine Kantenbewertungen besitzt ($W(t,p) = 1$ und $W(p,t) = 1$ für alle vorkommenden Kanten $t \to p$ bzw. $p \to t$).

Das Petrinetz hat ein nichtdeterministisches Verhalten, weil es nichts über die Reihenfolge aussagt, in der Kunden zur Warteschlange hinzukommen bzw. nach der Bedienung das Wartesystem verlassen. Aussagen darüber kann man erst treffen, wenn man den zeitlichen Abstand der ankommenden Kunden und die Bedienzeiten kennt (vgl. Beispiel 8.1). $\square$

Eigenschaften von S/T-Netzen. Die Erweiterung von Petrinetzen um Kapazitätsbeschränkungen und Kantengewichte führen auf neue Phänomene und Eigenschaften, die mit B/E-Netzen nicht darstellbar waren bzw. nicht auftraten. Auf zwei von ihnen soll hier hingewiesen werden.

Wenn die Anzahl der Marken für eine oder mehrere Stellen nicht beschränkt ist ($K(p) = \infty$), muss man bei der Analyse des Netzes die Sicherheit des Netzes als neue Eigenschaft untersuchen. Ein Petrinetz heißt *sicher*, wenn die Anzahl der Marken auf allen Stellen vorgegebene obere Schranken nicht überschreiten. Für Stellen mit Kapazitätsbeschränkungen ist diese Eigenschaft aufgrund der Schaltregel gegeben. Für die anderen Stellen muss eine Analyse der Netzdynamik entscheiden, ob die Anzahl der Marken auf einer Stelle über alle Grenzen wachsen kann. Dies ist bei zyklischen Prozessen der Fall, wenn in jedem Zyklus die Anzahl der auf die Stelle wandernden Marken größer ist als die Anzahl der abgezogenen Marken.

Nur wenn die Anzahl der Marken für alle Stellen endlich ist, kann das S/T-Netz durch eine Erreichbarkeitsanalyse in einen äquivalenten Automaten überführt werden. Diese Äquivalenz bedeutet, dass das S/T-Netz in ein B/E-Netz mit demselben Verhalten umgeformt werden kann und folglich sichere S/T-Netze dieselbe Klasse ereignisdiskreter Systeme beschreiben können wie B/E-Netze und endliche Automaten. Der Vorteil der in diesem Abschnitt behandelten Erweiterung der Petrinetze liegt dann vor allem in der kompakteren Darstellung der Systeme.

Zu einer neuen Systemklasse kommt man, wenn man die Markenanzahl auf den Stellen nicht beschränkt. Die Erweiterung der Systemklasse führt dazu, dass derartige S/T-Netze irreguläre Sprachen darstellen können, wie das folgende Beispiel zeigt.

Beispiel 6.10   *S/T-Netz mit nicht regulärer Sprache*

Das in Abb. 6.39 dargestellte S/T-Netz erzeugt die irreguläre Sprache

$$\mathcal{L} = \{\mathrm{a}^n \mathrm{b}^n \mid n \geq 0\}.$$

Solange die Marke durch die mit a bezeichnete Transition von der Stelle p_0 zurück zur Stelle p_0 wandert, erzeugt das Netz den Buchstaben a und sammelt Marken auf der Stelle p_1. Nachdem die Zeichenfolge a^n erzeugt wurde, liegen n Marken auf der Stelle p_1.

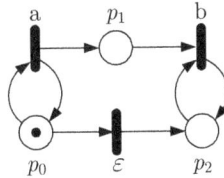

Abb. 6.39: Beispiel für ein S/T-Netz mit nicht regulärer Sprache

Wird die Marke von der Stelle p_0 über die Transition ε zur Stelle p_2 befördert, so kann die Transition a nicht mehr schalten. Die n Marken auf der Stelle p_1 werden jetzt nacheinander beim Schalten der Transition b von der Stelle p_1 abgezogen, so dass das Netz n-mal den Buchstaben b ausgibt. Anschließend ist keine Transition mehr aktiviert.

Das S/T-Netz kann diese von keinem endlichen Automaten erzeugbare Sprache generieren, weil die Kapazität der Stelle p_1 nicht beschränkt ist. Es gibt deshalb keinen *endlichen* Automaten, der diesem Netz äquivalent ist. □

Aufgabe 6.12   *Überwachung des Leistungsbedarfes einer verfahrenstechnischen Anlage*

Der Verbrauch elektrischer Leistung darf bei einer Anlage aufgrund einer vertraglichen Regelung 50 kW nicht überschreiten. Der Leistungsbedarf der einzelnen Aggregate im angeschalteten Zustand überschreitet die in der folgenden Tabelle gegebenen Grenzwerte nicht:

Aggregat	Maximaler Leistungsbedarf
Heizung	40 kW
Kühler	10 kW
Antrieb	10 kW
Lüfter	10 kW
Trockner	20 kW

Zeichnen Sie ein S/T-Netz, das zur Überwachung des Leistungsbedarfes eingesetzt werden kann. Das Ein- und Ausschalten der Aggregate soll durch Transitionen dargestellt werden, die nur dann aktiviert sind, wenn nach dem Einschalten des betreffenden Aggregates der Leistungsgrenzwert der gesamten Anlage nicht überschritten wird.

Wie muss man das Netz verändern, wenn sich die vertragliche Regelung ändert bzw. wenn zusätzliche Aggregate installiert werden? □

6.4.3 Hierarchische Petrinetze

Petrinetze eignen sich sehr gut, um die im Abschn. 2.2.3 erläuterten Prinzipien einer hierarchischen Modellbildung umzusetzen. Durch die Verfeinerung einer Stelle oder einer Transition kann man den durch ein Netzelement auf der höheren Abstraktionsebene dargestellten Vorgang genauer darstellen. Abbildung 6.40 zeigt ein Beispiel.

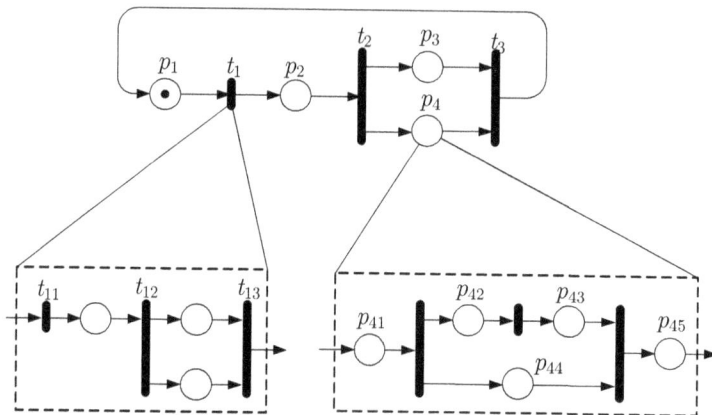

Abb. 6.40: Hierarchisches Petrinetz

Wie in der Abbildung zu sehen ist, werden Transitionen durch *transitionsberandete Netze* und Stellen durch *stellenberandete Netze* ersetzt. Damit wird erreicht, dass sich der Markenfluss im übergeordneten Netz in den detaillierten Netzen fortsetzt. Fließt im übergeordneten Netz von Abb. 6.40 eine Marken von der Stelle p_1 über die Transition t_1 zur Stelle p_2, so kann man auf der detaillierteren Beschreibungsebene genauer erkennen, was beim Schalten der Transition t_1 passiert. Die Marke fließt zunächst über die Transition t_{11} und markiert die darauffolgende Stelle. Dann schalten nacheinander die Transitionen t_{12} und t_{13}. Die rechts aus dem Teilnetz herausfließende Marke ist im übergeordneten Netz die Marke, die auf der Stelle p_2 erscheint.

In ähnlicher Form ist das stellenberandete Netz zu interpretieren, das die Stelle p_4 des übergeordneten Netzes ersetzt. Sobald die Stelle p_4 markiert ist, beginnt im detaillierten Netz der Markenfluss von der Stelle p_{41} zur Stelle p_{45}.

Man könnte natürlich die detaillierteren Beschreibungen direkt in das übergeordnete Netz einsetzen. Dies führt auf ein detailliertes Modell, das alle Informationen enthält, dessen Verhalten jedoch schwer zu überblicken ist. Die hierarchische Modellierung verfolgt das Ziel, Übersicht durch eine grobe Darstellung mit Detaildarstellungen für eine genauere Analyse von Teilsystemen oder Teilprozessen zu verbinden. Aus diesem Grund ist die in der Abbildung gezeigte Systemdarstellung auf mehreren Abstraktionsebenen zweckmäßig.

Bei der Verwendung hierarchischer Modelle wird man typischerweise mit dem groben Modell beginnen und das Systemverhalten zunächst durch ein Grundmuster von Teilprozessen darstellen. Diejenigen Teile des Netzes, die man bei einer Analyse oder einem Entwurf genauer darstellen muss, wird man dann durch Verfeinerung von Stellen oder Transitionen erfassen, wobei die Verfeinerungsschritte auf die gezeigten stellen- bzw. transitionsberandeten Teilnetze führen. Natürlich kann man bei einer Analyse auch den umgekehrten Weg wählen und eine detaillierte Darstellung durch schrittweises Zusammenfassen von Teilnetzen zu Stellen oder Transitionen so vereinfachen, dass man einen Überblick über die wichtigsten dynamischen Eigenschaften des beschriebenen Prozesses erhält (Vergröberung).

Aufgabe 6.13[*]   *Modellierung einer Autowaschanlage*

Beschreiben Sie den Waschvorgang in einer Autowaschanlage durch ein hierarchisches Petrinetz.

Für Nichtautobesitzer bzw. Selbstwäscher wird hier die Funktion einer Autowaschanlage kurz beschrieben: Bei der Grundwäsche (billigstes Programm) fährt das Waschgestell viermal von vorn nach hinten und von hinten nach vorn über das Auto, wobei das Auto beim ersten Mal mit Seifenlauge eingesprüht wird, beim zweiten und dritten Mal das Fahrzeug durch zwei seitliche und eine quer liegende Bürste gewaschen wird und beim vierten Mal ein im Gestell angebrachter Fön das Auto trocknet. Die großen Bürsten werden bei der Bewegung des Gestells entlang der Karosserie geführt, was durch eine Druckregelung erreicht wird. Beim zweiten Waschvorgang hält das Gestell an den Vorderrädern und an den Hinterrädern, um mit kleinen, sich drehenden Bürsten die Räder zu waschen.

Das Petrinetz auf der obersten Betrachtungsebene soll den Waschvorgang mit den vier aufeinander folgenden Schritten zeigen, während die untergeordneten Netze diese Schritte im Detail beschreiben. □

Literaturhinweise

Lehrbücher über Petrinetze haben häufig automatisierungstechnischen Hintergrund wie beispielsweise [1, 27, 37, 62, 78], die alle schon vor mehr als 20 Jahren erschienen sind, aber weiterhin als Einführungen empfohlen werden können. Eine Einführung in die Prozessinformatik unter Nutzung von Petrinetzen als durchgängiges Beschreibungsmittel gibt [73].

Vielfältige Erweiterungen der hier behandelten Netzklassen führen auf gefärbte Petrinetze, bei denen zwischen Marken unterschiedlicher „Farbe" (Attribute) unterschieden wird, oder auf stochastische Petrinetze, deren Schalten dem Zufall unterliegt [35].

Als wichtige Anwendungsgebiete von Petrinetzen sollen hier der Entwurf von Mikrorechnern [19] sowie automatisierungstechnische Fragestellungen [53] erwähnt werden. In diesem Zusammenhang werden weitere Petrinetzeigenschaften wie die Steuerbarkeit und Beobachtbarkeit eingeführt.

Eine Methode zur Analyse der Lebendigkeit von Petrinetzen unter Verwendung von T-Invarianten ist in [41] beschrieben (siehe auch [53]).

7

Markovketten und stochastische Automaten

Dieses Kapitel erweitert die bisher eingeführten Modellformen um Aussagen über die Häufigkeit, mit der die Zustände angenommen oder Zustandsänderungen ausgeführt werden. Dafür werden zunächst die wichtigsten Begriffe der Wahrscheinlichkeitsrechnung zusammengefasst. Markovketten entstehen aus autonomen nichtdeterministischen Automaten, wenn die Häufigkeit der Zustandsübergänge durch bedingte Wahrscheinlichkeiten beschrieben werden. Die Erweiterung dieser Methode auf E/A-Automaten führt auf stochastische Automaten, für die als wichtige Analysemethode der Viterbi-Algorithmus erläutert wird.

7.1 Modellierungsziel

Nichtdeterministische Automaten und Petrinetze sind Modellformen für ereignisdiskrete Systeme mit nichtdeterministischen Zustandsübergängen. Für alle nichtdeterministischen Übergänge erhält man mit diesen Modellen Mengen von Nachfolgezuständen, deren Elemente für das Systemverhalten gleichberechtigt sind, denn es gibt keine Anhaltspunkte, um den tatsächlich angenommenen Zustand aus diesen Mengen auszuwählen.

Nichtdeterministische Zustandsübergänge treten aus zwei Gründen auf: Entweder ist nicht bekannt, nach welchen Kriterien das ereignisdiskrete System einen von mehreren möglichen Zustandsübergängen auswählt oder dieser Auswahlvorgang ist so kompliziert, dass er nicht im Modell wiedergegeben werden soll. Unter diesen Umständen kann man die Unkenntnis über den Ausgang des Auswahlvorgangs aber dadurch mindern, dass man angibt, wie häufig die

Wahl auf den einen oder den anderen Zustandsübergang im Mittel ausfällt. Für die Darstellung dieser Information eignet sich die Wahrscheinlichkeitsrechnung.

Die Möglichkeit, zwischen häufig und selten angenommenen Nachfolgezuständen zu unterscheiden, wird an einem Zustandsübergang offensichtlich, bei dem entweder der für die Funktionsfähigkeit des Gerätes richtige Nachfolgezustand oder ein Fehlerzustand angenommen wird. Man kann zwar nicht vorhersagen, ob in einem konkreten Zeitpunkt der Normaloder der Fehlerzustand angenommen wird, aber man weiß, dass die Wahrscheinlichkeit für den Fehlerzustand (hoffentlich) viel geringer ist als die für den Nominalzustand.

Der Nutzen einer derartigen Modellerweiterung ist offensichtlich: Vorhersage- und Analyseaufgaben führen nicht nur auf eine Menge möglicher Lösungen, sondern geben auch Auskunft darüber, wie häufig die einzelnen Elemente der Lösungsmenge auftreten. Diese zusätzlichen Aussagen sind hilfreich beim Systementwurf. So kann man ein Informationsnetz so auslegen, dass es kostengünstig betrieben werden kann und trotzdem die Wahrscheinlichkeit für eine Netzüberlastung und den damit verbundenen Datenverlust akzeptabel ist.

Als Modelle nichtdeterministischer Systeme, die Aussagen über die Wahrscheinlichkeit einzelner Zustandsübergänge machen, werden in diesem Kapitel Markovketten und stochastische Automaten behandelt. Diese Modelle nutzen Methoden der Wahrscheinlichkeitsrechnung, insbesondere für den Umgang mit Zufallsvariablen und bedingten Wahrscheinlichkeitsverteilungen, die zunächst im Abschn. 7.2 zusammengefasst werden.

7.2 Methoden der Wahrscheinlichkeitsrechnung

In der Wahrscheinlichkeitstheorie werden Prozesse betrachtet, deren Verlauf man nicht genau vorhersehen kann. Man kennt zwar die Menge der möglichen Ergebnisse, kann aber nicht sagen, welches Ergebnis in einem konkreten Fall („Experiment") eintritt. Ziel der Untersuchungen ist es, die Häufigkeit, mit der die einzelnen Ergebnisse auftreten, für eine Vorhersage des Ergebnisses zu nutzen.

Die Quelle für die Unsicherheit über das Ergebnis eines Experiments wird im Folgenden durch einen Würfel symbolisiert. Bei einem Würfel weiß man, dass das Ergebnis eines der Ereignisse $\boxed{\cdot}$, $\boxed{\cdot\,\cdot}$, $\boxed{\cdot\,\cdot\,\cdot}$, $\boxed{::}$, $\boxed{:\,\cdot\,:}$ und $\boxed{:::}$ ist, aber man kann nicht vorhersagen, welches dieser Ereignisse auftreten wird. In technischen Systemen treten – bildlich gesprochen – „Würfel" mit mehr oder weniger als sechs möglichen Ereignissen überall dort auf, wo der Prozessverlauf durch unbekannte Einflussgrößen wie Fehler oder Störungen oder durch unbekannte oder vernachlässigte physikalische Gesetze beeinflusst wird.

7.2.1 Zufallsvariable

Das Ergebnis eines Experiments soll im Folgenden durch eine Zufallsvariable (zufällige Variable, Zufallsgröße) X beschrieben werden. Um diesen Begriff zu verstehen, stelle man sich ein Experiment vor, dessen Ergebnisse in der Menge $\mathcal{X}$ (Grundmenge, Stichprobenraum) liegen, beim Würfel also in

$$\mathcal{X} = \{\boxed{\cdot}, \boxed{\cdot\,\cdot}, \boxed{\cdot\,\cdot\,\cdot}, \boxed{::}, \boxed{:\,\cdot\,:}, \boxed{:::}\}.$$

Bei jedem Versuch erhält man als Ergebnis einen Wert $x \in \mathcal{X}$, den man der zufälligen Variablen X zuweist (Abb. 7.1).

> Eine Zufallsvariable ist eine Variable, deren Wert durch ein zufälliges Experiment bestimmt wird.

Im Folgenden wird mit der Konvention gearbeitet, dass die Zufallsvariable durch einen großen Buchstaben und ihre möglichen Werte durch kleine Buchstaben (oder Würfelsymbole) bezeichnet werden.

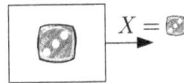

Abb. 7.1: Zufallsexperiment, das der Zufallsvariablen X einen Wert zuweist

Die bei ereignisdiskreten Systemen auftretenden Zufallsvariablen sind diskret, weil sie sich auf diskrete Zustände oder Ereignisse beziehen. Die Grundmenge $\mathcal{X}$ ist i. Allg. endlich, so dass ihre Elemente durchnummeriert werden, wenn die betrachtete Anwendung keine andere Beschreibung der Ereignisse nahelegt: $\mathcal{X} = \{1, 2, ..., N\}$ oder $\mathcal{X} = \{\mathrm{x}_1, \mathrm{x}_2, ..., \mathrm{x}_{n_X}\}$. Um zu kennzeichnen, dass im zweiten Fall die Elemente x keine Variablen, sondern bestimmte Sachverhalte oder Ereignisse darstellen, wird das „x" steil gesetzt. Demgegenüber bezeichnet das kursive x, das ein beliebiges Element von $\mathcal{X}$ beschreibt, eine Variable (z. B. im Ausdruck $x \in \mathcal{X}$).

Die Wahrscheinlichkeitsfunktion

$$\mathrm{Prob} : \mathcal{X} \to [0, 1]$$

weist jedem Wert x der Zufallsvariablen X einen Wert aus dem Intervall $[0, 1]$ zu, der die Wahrscheinlichkeit dafür beschreibt, dass das betrachtete Zufallsexperiment der zufälligen Variablen X den Wert x zuordnet.[1] Dabei bedeutet beispielsweise

$$\mathrm{Prob}\,(X = \boxed{\cdot\cdot}) = \frac{1}{6},$$

dass das Ereignis $\boxed{\cdot\cdot}$ mit der Wahrscheinlichkeit von $\frac{1}{6}$ eintritt. Wenn aus dem Zusammenhang klar ist, auf welche Zufallsvariable sich die Wahrscheinlichkeitsfunktion Prob bezieht, wird die Zufallsvariable weggelassen, so dass man kürzer

$$\mathrm{Prob}\,(\boxed{\cdot\cdot}) = \frac{1}{6}$$

schreibt.

---

[1] Der Name Prob der Wahrscheinlichkeitsfunktion leitet sich aus dem englischen Begriff *probability* ab. In der mathematischen Literatur wird auch kürzer P geschrieben, was hier zur Vermeidung von Verwechslungen mit anderen Bedeutungen von P nicht getan wird.

Da die Zufallsvariable bei jedem Experiment genau einen Wert aus der Menge $\mathcal{X}$ annimmt, gilt

$$\sum_{x \in \mathcal{X}} \text{Prob}\,(X = x) = 1, \tag{7.1}$$

beim Würfel also

$$\text{Prob}\,(X = \boxed{\cdot}) + \text{Prob}\,(X = \boxed{\cdot\,\cdot}) + \text{Prob}\,(X = \boxed{\cdot\,\cdot\,\cdot}) +$$
$$\text{Prob}\,(X = \boxed{::}) + \text{Prob}\,(X = \boxed{:\cdot:}) + \text{Prob}\,(X = \boxed{:::}) = 1.$$

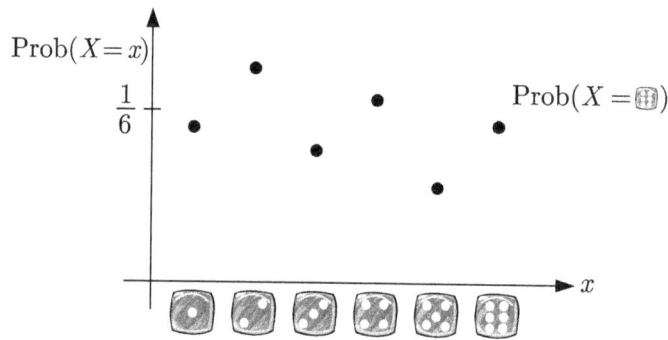

Abb. 7.2: Wahrscheinlichkeitsverteilung für einen Würfel

Wenn man nicht den Wert der Funktion Prob für ein gegebenes Argument x, sondern die Funktion als Ganzes betrachtet, so spricht man von der *Wahrscheinlichkeitsverteilung* Prob (X), dem Verteilungsgesetz oder kürzer von der *Verteilung* von X. Da man für Prob $(X = x)$, $(x \in \mathcal{X})$ häufig keinen analytischen Ausdruck angeben kann, muss man die Wahrscheinlichkeitsverteilung durch eine Tabelle angeben, z. B.

x	$\boxed{\cdot}$	$\boxed{\cdot\,\cdot}$	$\boxed{\cdot\cdot\cdot}$	$\boxed{::}$	$\boxed{:\cdot:}$	$\boxed{:::}$
Prob $(X = x)$	0,160	0,202	0,158	0,168	0,148	0,164

Bildlich lässt sich die Wahrscheinlichkeitsverteilung darstellen, wenn man die Elemente $x \in \mathcal{X}$ auf der Abszisse und die Werte Prob $(X = x)$ auf der Ordinate eines Koordinatensystems anordnet, wie es für einen (nicht besonders guten) Würfel in Abb. 7.2 getan wurde. Die Verteilung zeigt also, mit welcher relativen Häufigkeit die einzelnen Ereignisse eintreten, wobei man auch weiß, dass die Summe aller angegebenen Werte stets gleich eins ist.

Mehrdimensionale Zufallsvariablen. Wenn das Ergebnis eines Experiments nicht nur durch eine, sondern durch mehrere Größen beschrieben wird, so können diese zu einer mehrdimensionalen Zufallsgröße zusammengefasst und gegebenenfalls als Zufallsvektor dargestellt werden.

Im Folgenden wird mit zwei Zufallsvariablen X und Y gearbeitet, weil eine Verallgemeinerung auf mehr als zwei Variablen ohne Probleme möglich ist. Die Grundmengen der beiden Zufallsgrößen heißen

$$\mathcal{X} = \{x_1, x_2, ..., x_{n_X}\}$$
$$\mathcal{Y} = \{y_1, y_2, ..., y_{n_Y}\}.$$

Bei jedem Experiment wird der Zufallsvariablen X ein Wert $x \in \mathcal{X}$ und der Zufallsvariablen Y ein Wert $y \in \mathcal{Y}$ zugewiesen (Abb. 7.3).

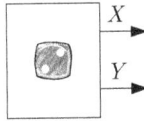

Abb. 7.3: Zufallsprozess, der zwei Ereignisse erzeugt

Die Wahrscheinlichkeitsfunktion Prob ordnet jetzt jedem Paar (x, y) einen Wert aus dem Intervall $[0, 1]$ zu:

$$\text{Prob} : \mathcal{X} \times \mathcal{Y} \to [0, 1].$$

Die Wahrscheinlichkeit $\text{Prob}(X = x, Y = y)$ beschreibt die relative Häufigkeit, mit der die beiden Werte x und y gemeinsam auftreten. Diese Wahrscheinlichkeit wird deshalb auch als *Verbundwahrscheinlichkeit* bezeichnet. Die Summe aller Werte ergibt eins:

$$\sum_{x \in \mathcal{X}} \sum_{y \in \mathcal{Y}} \text{Prob}(X = x, Y = y) = 1. \tag{7.2}$$

Um die Verbundwahrscheinlichkeit anzugeben, verwendet man am besten eine Tabelle, in der die Zeilen zu den Werten x der Variablen X und die Spalten zu den Werten y der Zufallsgröße Y gehören:

X \ Y	y_1	y_2	...	y_{n_Y}
x_1	$\text{Prob}(X = x_1, Y = y_1)$	$\text{Prob}(X = x_1, Y = y_2)$	...	$\text{Prob}(X = x_1, Y = y_{n_Y})$
x_2	$\text{Prob}(X = x_2, Y = y_1)$	$\text{Prob}(X = x_2, Y = y_2)$	...	$\text{Prob}(X = x_2, Y = y_{n_Y})$
$\vdots$	$\vdots$	$\vdots$		$\vdots$
x_{n_X}	$\text{Prob}(X = x_{n_X}, Y = y_1)$	$\text{Prob}(X = x_{n_X}, Y = y_2)$	...	$\text{Prob}(X = x_{n_X}, Y = y_{n_Y})$

Beispiel 7.1 *Qualitätskontrolle einer Leiterkartenfertigung*

Bei der Qualitätskontrolle in einer Leiterkartenfertigung werden die als fehlerhaft erkannten Leiterkarten bezüglich zweier Merkmale sortiert (Abb. 7.4). Einerseits wird zwischen Fehlern, die durch eine fehlerhafte Lötverbindung entstanden sind, und Fehlern bei der Bestückung unterschieden, durch die ein falsches oder ein falsch positioniertes Bauelement eingebaut wird. Andererseits werden die Fehler bezüglich ihres Ortes klassifiziert und dementsprechend bestimmten Bauelementegruppen zugeordnet, wobei zwischen Fehlern an Widerständen und an Kondensatoren unterschieden wird.

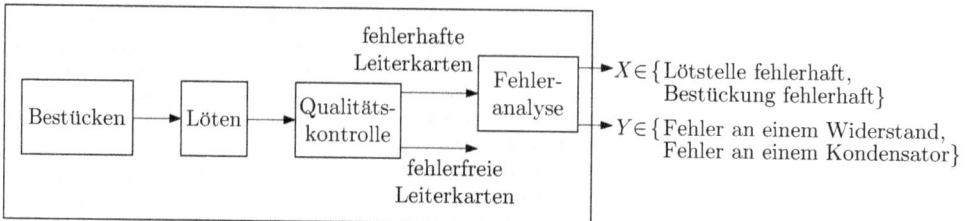

Abb. 7.4: Leiterkartenfertigung

Zur Beschreibung des Kontrollergebnisses werden zwei Zufallsgrößen eingeführt

$$\mathcal{X} = \{x_1 = \text{Lötstelle fehlerhaft}, \ x_2 = \text{Bestückung fehlerhaft}\}$$
$$\mathcal{Y} = \{y_1 = \text{Fehler an einem Widerstand}, \ y_2 = \text{Fehler an einem Kondensator}\},$$

aus denen sich vier mögliche Ereignisse ergeben:

$$(x_1, y_1), \ (x_1, y_2), \ (x_2, y_1), \ (x_2, y_2).$$

Eine Auswertung der bei der Qualitätskontrolle erhobenen Daten führt auf die folgende Wahrscheinlichkeitsverteilung:

X \ Y	$y_1 = $ Fehler an einem Widerstand	$y_2 = $ Fehler an einem Kondensator
$x_1 = $ Lötstelle fehlerhaft	0,37	0,43
$x_2 = $ Bestückung fehlerhaft	0,12	0,08

Die angegebene Tabelle erfüllt die Forderung (7.2):

$$\text{Prob}\,(X = x_1, Y = y_1) + \text{Prob}\,(X = x_2, Y = y_1)$$
$$+\ \text{Prob}\,(X = x_1, Y = y_2) + \text{Prob}\,(X = x_2, Y = y_2)$$
$$=\ 0{,}37 + 0{,}12 + 0{,}43 + 0{,}08 = 1.$$

Diese Zahl darf man nicht falsch interpretieren. Sie bedeutet nicht, dass die Leiterkarten mit der Wahrscheinlichkeit eins fehlerbehaftet sind, denn es wird nicht die gesamte Leiterkartenproduktion betrachtet, sondern es werden nur die fehlerhaften Leiterkarten bezüglich der Fehlerursache unterschieden (Abb. 7.4). Bei diesen Leiterkarten tritt natürlich mit der Wahrscheinlichkeit eins einer der betrachteten Fehlerkombinationen auf. □

Randverteilung. Ignoriert man bei dem in Abb. 7.3 gezeigten Experiment den Wert für Y, so betrachtet man wieder einen Prozess mit einer Zufallsvariablen, für den man eine Wahrscheinlichkeitsverteilung über $\mathcal{X}$ angeben kann. Diese Wahrscheinlichkeitsverteilung kann man aus der des zweidimensionalen Prozesses dadurch berechnen, dass man die Wahrscheinlichkeiten für das Auftreten eines bestimmten Ereignisses x für alle Werte von y addiert:

$$\text{Prob}(X=x) = \sum_{y \in \mathcal{Y}} \text{Prob}(X=x, Y=y), \quad x \in \mathcal{X}. \tag{7.3}$$

Wenn man diese Wahrscheinlichkeitsverteilung für alle möglichen Werte von x betrachtet, wird sie als *Randverteilung* bezeichnet.

Stellt man die Wahrscheinlichkeitsverteilung in Form einer Tabelle dar, so erhält der Begriff der Randverteilung eine zusätzliche Bedeutung: Summiert man die Zeilen und Spalten, so erhält man die beiden Randverteilungen auf dem Rand der Tabelle.

Beispiel 7.1 (Forts.) *Qualitätskontrolle in einer Leiterkartenfertigung*

Wenn man sich nur dafür interessiert, ob der Fehler in der Leiterkartenfertigung durch den Lötvorgang oder durch den Bestückungsvorgang hervorgerufen wurde, so kann man die Unterscheidung der Fehlerfälle bezüglich der betroffenen Bauelementegruppe ignorieren. Man erhält folgende Werte für die Randverteilung von X:

$$
\begin{aligned}
\text{Prob}(X = \text{Lötstelle fehlerhaft}) &= \text{Prob}(X = x_1) \\
&= \text{Prob}(X = x_1, Y = y_1) + \text{Prob}(X = x_1, Y = y_2) \\
&= 0{,}37 + 0{,}43 \\
&= 0{,}80
\end{aligned}
$$

$$
\begin{aligned}
\text{Prob}(X = \text{Bestückung fehlerhaft}) &= \text{Prob}(X = x_2) \\
&= \text{Prob}(X = x_2, Y = y_1) + \text{Prob}(X = x_2, Y = y_2) \\
&= 0{,}12 + 0{,}08 \\
&= 0{,}20.
\end{aligned}
$$

Der Fehler liegt also viel häufiger in einer fehlerhaften Lötstelle als in einer fehlerbehafteten Bestückung. Wenn man sich andererseits für die den Fehler verursachende Bauelementegruppe interessiert, muss man die Randverteilung bezüglich Y berechnen.

Beide Randverteilungen sind in der folgenden Tabelle als Randspalte bzw. Randzeile eingetragen.

X \ Y	y_1	y_2	Σ
x_1	0,37	0,43	0,80
x_2	0,12	0,08	0,20
Σ	0,49	0,51	

Die grau unterlegte Spalte führt auf die Randwahrscheinlichkeit

$$\text{Prob}(Y = y_2) = 0{,}43 + 0{,}08 = 0{,}51.$$

Die Summe über die Randspalte bzw. Randzeile ergibt wiederum eins, denn beide Ränder beschreiben Wahrscheinlichkeitsverteilungen über jeweils eine Zufallsgröße. □

7.2.2 Erwartungswert

Bei vielen wahrscheinlichkeitstheoretischen Untersuchungen nimmt die Zufallsvariable quantitative Größen an. So können die in einer Zeiteinheit übertragenen Datenpakete gezählt und durch die Zustandsvariable

$$X \in \mathcal{X} = \{0, 1, 2, 3, ...\}$$

beschrieben werden. Selbst beim Würfelspiel kann man sich für die geworfene Punktezahl oder die Summe der Werte mehrerer Würfel interessieren, so dass der Stichprobenraum nicht mehr durch die Symbole $\boxed{\cdot}$, $\boxed{\cdot\cdot}$ usw., sondern durch die Zahlen $\{1, 2, 3, 4, 5, 6\}$ gegeben ist. Die das Ereignis beschreibende Zahl ist dann nicht mehr nur ein Symbol, sondern ein Zahlenwert, auf den man die üblichen arithmetischen Operationen anwenden kann.

Für Experimente mit derart quantifizierbarem Ergebnis ist der Erwartungswert als derjenige Wert definiert, den man im Mittel bei vielen Experimenten erhält:

$$\boxed{\text{Erwartungswert}: \quad E(X) = \sum_{x \in \mathcal{X}} x \cdot \text{Prob}\,(X = x).}$$

(7.4)

Bei einem guten Würfel erscheinen alle Werte mit gleicher Wahrscheinlichkeit:

$$\text{Prob}\,(X = x) = \frac{1}{6}, \quad x \in \{1, 2, 3, 4, 5, 6\}.$$

Deshalb ergibt ein Wurf mit diesem Würfel im Mittel die Punktzahl

$$E(X) = 1\frac{1}{6} + 2\frac{1}{6} + 3\frac{1}{6} + 4\frac{1}{6} + 5\frac{1}{6} + 6\frac{1}{6} = \frac{21}{6} = 3{,}5.$$

7.2.3 Bedingte Wahrscheinlichkeitsverteilung

Im Folgenden wird der Zusammenhang zwischen den Werten der beiden Zufallsvariablen X und Y mit den Grundmengen $\mathcal{X}$ bzw. $\mathcal{Y}$ untersucht. In jedem Experiment werden den beiden Variablen Werte $x \in \mathcal{X}$ bzw. $y \in \mathcal{Y}$ zugewiesen. Wenn dies, wie es in Abb. 7.5 gezeigt ist, durch zwei getrennte Würfel passiert, so haben die beiden Zufallsvariablen nichts miteinander zu tun und man kann nicht aus dem Wert der einen Zufallsvariablen auf den Wert der anderen Variablen schließen.

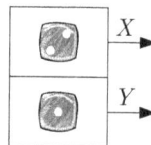

Abb. 7.5: Zufallsprozess mit zwei unabhängigen Zufallsvariablen

In technischen Anwendungen hat man es jedoch häufig mit Zufallsprozessen zu tun, bei denen die Zufallsvariablen Sachverhalte beschreiben, die miteinander in Beziehung stehen. Dann gibt es nicht zwei getrennte Würfel wie in Abb. 7.5, sondern das Ergebnis wird durch einen Würfel erzeugt (Abb. 7.3) oder durch mehrere Würfel, die sich beim Wurf gegenseitig beeinflussen. In welchem Zusammenhang die Zufallsvariablen stehen, wird durch die bedingte Wahrscheinlichkeit beschrieben, die im Folgenden ausführlich behandelt wird, weil sie für das Verständnis der weiteren Abschnitte dieses Kapitels von großer Bedeutung ist.

Bei jedem Experiment liefert das in Abb. 7.5 gezeigte System zwei Ergebnisse, nämlich den Wert x der Zufallsvariablen X und den Wert y der Zufallsvariablen Y. Wenn man die bedingte Wahrscheinlichkeit der Zufallsgröße X betrachtet, so stellt man an die Zufallsgröße Y eine Bedingung der Form $Y = y$ und betrachtet nur noch diejenigen Experimente, bei denen Y den gegebenen Wert y besitzt. Alle anderen Experimente werden ignoriert. Die Wahrscheinlichkeitsverteilung, die sich für X unter dieser Bedingung ergibt, wird mit $\mathrm{Prob}\,(X = x \mid Y = y)$ bezeichnet.

In Analogie zur bedingten Wahrscheinlichkeit von Ereignissen ist die bedingte Wahrscheinlichkeit dafür, dass die Zufallsgröße X den Wert x annimmt, unter der Bedingung, dass die Zufallsgröße Y den Wert y hat, folgendermaßen definiert:

$$
\boxed{\text{Bedingte Wahrscheinlichkeit:}\quad \mathrm{Prob}\,(X = x \mid Y = y) = \frac{\mathrm{Prob}\,(X = x, Y = y)}{\mathrm{Prob}\,(Y = y)}\\[2mm]
\text{für } \mathrm{Prob}\,(Y = y) > 0.}
\tag{7.5}
$$

Wie die zweite Zeile in Gl. (7.5) zeigt, ist die bedingte Wahrscheinlichkeit nur für Werte $y \in \mathcal{Y}$ definiert, die bei den Experimenten auftreten können.

Herleitung der Gl. (7.5). Die Beziehung (7.5) kann man sich leicht anhand der Interpretation der Wahrscheinlichkeit als relative Häufigkeit für das Auftreten von Ereignissen klarmachen. Man will mit $\mathrm{Prob}\,(X = x \mid Y = y)$ die relative Häufigkeit berechnen, dass unter allen Experimenten, bei denen die Zufallsgröße Y den Wert y hat, die Zufallsgröße X den Wert x besitzt. Es werden also nur diejenigen Experimente betrachtet, bei denen $Y = y$ gilt. Deren absolute Häufigkeit sei mit $k_{Y=y}$ bezeichnet. Unter diesen Experimenten hat die Zufallsgröße X den Wert x mit der Häufigkeit $k_{X=x \mid Y=y}$. Also berechnet sich die gesuchte Wahrscheinlichkeit bei einer sehr großen Anzahl von Experimenten aus dem Quotienten

$$
\mathrm{Prob}\,(X = x \mid Y = y) = \frac{k_{X=x \mid Y=y}}{k_{Y=y}}.
\tag{7.6}
$$

Nun wird die Definition der Verbundwahrscheinlichkeit $\mathrm{Prob}\,(X = x, Y = y)$ betrachtet. Sie beschreibt für eine große Anzahl n von Experimenten die relative Häufigkeit, mit der die Zufallsgröße X den Wert x und gleichzeitig die Zufallsvariable Y den Wert y hat:

$$
\mathrm{Prob}\,(X = x, Y = y) = \frac{k_{X=x, Y=y}}{n}
$$

Die Zahl $k_{X=x, Y=y}$ bezeichnet dabei die absolute Häufigkeit, mit der die Zufallsgrößen die angegebenen Werte annehmen. n ist die Anzahl aller durchgeführten Experimente, also auch derjenigen, bei denen Y nicht den Wert y hat. Andererseits beschreibt die Wahrscheinlichkeit $\mathrm{Prob}\,(Y = y)$ die relative Häufigkeit, mit der Y bei den n durchgeführten Experimenten den Wert y hat:

$$\text{Prob}\,(Y=y) = \frac{k_{Y=y}}{n}.$$

Setzt man nun die drei angegebenen Gleichungen ineinander ein, so erhält man für die bedingte Wahrscheinlichkeit den gesuchten Ausdruck (7.5).

Die in der zweiten Zeile von Gl. (7.5) angegebene Bedingung muss erfüllt sein, weil andernfalls die geforderte Bedingung $Y = y$ in gar keinem Experiment auftritt, $k_{Y=y} = 0$ gilt und folglich der Quotient (7.6) nicht existiert.

Zur Unterscheidung von Verbundwahrscheinlichkeit und bedingter Wahrscheinlichkeit sei noch einmal hervorgehoben, dass $\text{Prob}\,(X = x, Y = y)$ die Wahrscheinlichkeit angibt, dass X den Wert x *und* Y den Wert y hat, während $\text{Prob}\,(X = x \mid Y = y)$ die Wahrscheinlichkeit ist, dass X den Wert x hat, *wenn* Y den Wert y besitzt.

In der Tabelle, die die Verbundwahrscheinlichkeit $\text{Prob}\,(X = x, Y = y)$ beschreibt, wird bei der bedingten Wahrscheinlichkeitsverteilung nur diejenige Spalte betrachtet, für die die Bedingung $Y = y$ erfüllt ist. Die Summe aller in dieser Spalte stehenden Wahrscheinlichkeiten ist gleich $\text{Prob}\,(Y=y)$, also gerade gleich dem Nenner in Gl. (7.5). Die bedingte Wahrscheinlichkeit ist deshalb für jeden Wert x der Quotient aus dem in der Zeile für x stehenden Wert $\text{Prob}\,(X=x \mid Y=y)$ und dem Wert der Randwahrscheinlichkeit $\text{Prob}\,(Y=y)$.

Dieser Rechenweg ist in der folgenden Tabelle für die Bedingung $Y = y_2$ veranschaulicht. Die links stehende Spalte stimmt mit der entsprechenden Spalte aus der Verbundwahrscheinlichkeitstabelle überein. Die Summe der Spaltenelemente ergibt $\text{Prob}\,(Y=y_2)$. Rechts stehen die bedingten Wahrscheinlichkeiten.

X $\diagdown$ Y	y_2		
x_1	$\text{Prob}\,(X=x_1, Y=y_2)$	$\rightarrow$	$\text{Prob}\,(X=x_1 \mid Y=y_2) = \frac{\text{Prob}\,(X=x_1, Y=y_2)}{\text{Prob}\,(Y=y_2)}$
x_2	$\text{Prob}\,(X=x_2, Y=y_2)$	$\rightarrow$	$\text{Prob}\,(X=x_2 \mid Y=y_2) = \frac{\text{Prob}\,(X=x_2, Y=y_2)}{\text{Prob}\,(Y=y_2)}$
$\vdots$	$\vdots$	$\vdots$	
x_{n_X}	$\text{Prob}\,(X=x_{n_X}, Y=y_2)$	$\rightarrow$	$\text{Prob}\,(X=x_3 \mid Y=y_2) = \frac{\text{Prob}\,(X=x_{n_X}, Y=y_2)}{\text{Prob}\,(Y=y_2)}$
Σ	$\text{Prob}\,(Y=y_2)$		

Beispiel 7.1 (Forts.)   *Qualitätskontrolle in einer Leiterkartenfertigung*

Eine bedingte Wahrscheinlichkeitsverteilung muss man berechnen, wenn man sich den Fehlern an Kondensatoren widmet und feststellen will, ob diese Fehler vor allem durch das Löten oder durch die Bestückung begründet sind. Man fordert dann die Bedingung

$$Y = y_2 = \text{Fehler an einem Kondensator}.$$

Dies bedeutet, dass man nur noch die zweite Spalte der Verbundwahrscheinlichkeitsverteilung in Betracht zieht, die auf S. 319 grau unterlegt ist. Die Randwahrscheinlichkeit

$$\text{Prob}\,(Y=y_2) = 0{,}51,$$

mit der die einem Kondensator zuzuordnenden Fehler auftreten, steht in dieser Spalte ganz unten. Um die bedingten Wahrscheinlichkeiten zu bestimmen, muss man entsprechend Gl. (7.5) die in der Spalte eingetragenen Werte durch diese Randwahrscheinlichkeit dividieren:

X \ Y	y_2	Σ	
x_1	0,43	$\rightarrow$	$\text{Prob}\,(X=x_1 \mid Y=y_2) = \frac{0,43}{0,51} = 0,84$
x_2	0,08	$\rightarrow$	$\text{Prob}\,(X=x_2 \mid Y=y_2) = \frac{0,08}{0,51} = 0,16$
Σ	0,51	1	

Das Ergebnis zeigt, dass Fehler an Kondensatoren vor allem beim Lötvorgang auftreten, während die Bestückung für Kondensatoren offenbar gut funktioniert.

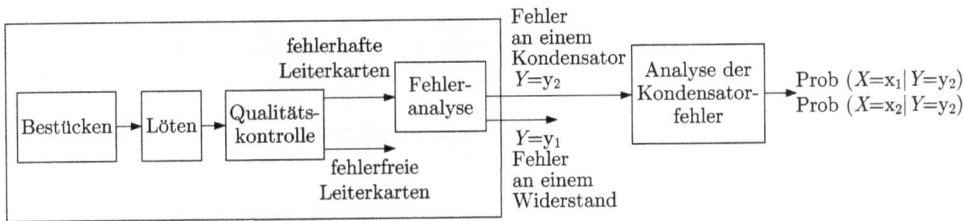

Abb. 7.6: Berechnung der bedingten Wahrscheinlichkeit
$$\text{Prob}\,(X=x \mid Y=y_2)$$

Dass die Werte der bedingten Wahrscheinlichkeiten (rechte Spalte) wesentlich größer sind als die Werte der Verbundwahrscheinlichkeiten (linke Spalte) hängt damit zusammen, dass jetzt nur noch eine kleinere Zahl von fehlerbehafteten Leiterkarten betrachtet wird, nämlich nur noch die, bei denen ein Fehler an einem Kondensator aufgetreten ist (Abb. 7.6). Alle anderen fehlerbehafteten Karten werden außer Acht gelassen. Die Summe der ermittelten bedingten Wahrscheinlichkeiten ist deshalb gleich eins.

Diskussion. Das Beispiel der Leiterkartenherstellung kann auch noch für eine andere Überlegung genutzt werden. Man könnte meinen, dass in der Tabelle mit den Verbundwahrscheinlichkeiten für die einzelnen Fehlerfälle viel zu große Werte stehen, denn es handelt sich um Wahrscheinlichkeiten für die Herstellung fehlerbehafteter Leiterkarten. Üblicherweise würde man bei einer gut funktionierenden Fertigung viel kleinere Werte erwarten.

Der Trugschluss liegt hier jedoch in der Bezugsgröße. Mit der angegebenen Verbundwahrscheinlichkeit wurde nicht die Wahrscheinlichkeit dafür bestimmt, dass eine der hergestellten Karten fehlerhaft ist. Diese Anzahl ist hoffentlich sehr klein und somit auch die Wahrscheinlichkeit, dass bei der Qualitätskontrolle eine Leiterkarte als fehlerbehaftet aussortiert wird. Bei den bisherigen Betrachtungen wurden jedoch nur die fehlerhaften Karten untersucht, also nur Karten, die mit der Wahrscheinlichkeit von eins einen Fehler aufweisen. Diese Karten wurden in Bezug zur Quelle der Fehler klassifiziert. Damit wurde eigentlich eine bedingte Wahrscheinlichkeit bestimmt, nämlich die Wahrscheinlichkeit dafür, dass eine der betrachteten vier Fehlerkombinationen eintritt unter der Bedingung, dass die Leiterkarte fehlerbehaftet ist. Alle fehlerfreien Karten wurden nicht berücksichtigt, weil sie die Bedingung fehlerhaft zu sein nicht erfüllen.

Dass damit streng genommen eine bedingte Wahrscheinlichkeit berechnet wurde, ohne dies zu kennzeichnen, wird aus folgender Überlegung klar. Betrachtet man das Ergebnis der Qualitätskontrolle, so muss man zunächst zwischen den fehlerfreien und den fehlerbehafteten Leiterkarten unterscheiden (Abb. 7.7). Dies wird durch die Zufallsgröße Z beschrieben, die den Wert 0 hat, wenn eine Karte fehlerfrei ist und den Wert 1 für fehlerbehaftete Karten. Nur wenn $Z = 1$ gilt, wird die Karte weiter bezüglich

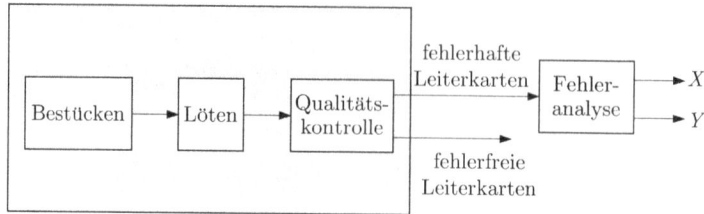

Abb. 7.7: Betrachtung aller produzierten Leiterkarten

der Fehlerursachen untersucht, wobei den Zufallsgrößen X und Y Werte zugewiesen werden. Die für X und Y angegebenen Wahrscheinlichkeiten gelten deshalb unter der Bedingung, dass $Z = 1$ gilt. Sie sind also bedingte Wahrscheinlichkeiten in Bezug auf das „Experiment" Leiterkartenherstellung. Als unbedingte Wahrscheinlichkeiten bekäme man bei einer gut funktionierenden Fertigung sehr kleine Werte für die Wahrscheinlichkeit $\mathrm{Prob}\,(Z = 1)$ und folglich noch kleinere Werte für die Verbundwahrscheinlichkeiten $\mathrm{Prob}\,(X = x, Y = y, Z = 1)$, was dem erwarteten Ergebnis entspricht. □

Eigenschaften der bedingten Wahrscheinlichkeitsverteilung. Da die Zufallsvariablen bei jedem Experiment nur genau einen Wert aus ihrer Grundmenge annehmen können und damit die Wahrscheinlichkeit, dass einer dieser Werte auftritt, gleich eins ist, gilt:

$$\sum_{x \in \mathcal{X}} \mathrm{Prob}\,(X = x \mid Y = y) = 1 \qquad \text{für alle } y \in \mathcal{Y}. \tag{7.7}$$

Anwendung der bedingten Wahrscheinlichkeit. Aus der Beziehung (7.5) kann man die Wahrscheinlichkeitsverteilung $\mathrm{Prob}\,(X)$ berechnen, wenn die Wahrscheinlichkeitsverteilung $\mathrm{Prob}\,(Y)$ und die bedingte Wahrscheinlichkeitsverteilung $\mathrm{Prob}\,(X \mid Y)$ gegeben sind. Durch Umstellung dieser Beziehung bekommt man die Verbundwahrscheinlichkeit

$$\mathrm{Prob}\,(X = x, Y = y) = \mathrm{Prob}\,(X = x \mid Y = y) \cdot \mathrm{Prob}\,(Y = y)$$

(Satz von Bayes), aus der man die gesuchte Wahrscheinlichkeitsverteilung als Randverteilung erhält:

$$\mathrm{Prob}\,(X = x) = \sum_{y \in \mathcal{Y}} \mathrm{Prob}\,(X = x \mid Y = y) \cdot \mathrm{Prob}\,(Y = y), \quad x \in \mathcal{X}. \tag{7.8}$$

7.2.4 Wahrscheinlichkeitsverteilungen mit mehr als zwei Zufallsgrößen

Die Betrachtungen der vorhergehenden Abschnitte kann man auf Probleme erweitern, in denen mehr als zwei Zufallsgrößen auftreten. Die Verbundwahrscheinlichkeit der Zufallsgrößen X_1, X_2,..., X_n mit den Wertebereichen

$$\mathcal{X}_1 = \{x_{11}, x_{12}, ..., x_{1, n_{X_1}}\}$$
$$\mathcal{X}_2 = \{x_{21}, x_{22}, ..., x_{2, n_{X_2}}\}$$
$$\text{usw.}$$

heißt dann

$$\text{Prob}\,(X_1 = x_1, X_2 = x_2, ..., X_n = x_n), \quad x_i \in \mathcal{X}_i.$$

Aus dieser Verbundwahrscheinlichkeit kann man n Randwahrscheinlichkeitsverteilungen für die Zufallsgrößen X_i ($i = 1, 2, ..., n$) bilden. Die Berechnungsvorschrift für die Randverteilung von X_1 zeigt das Prinzip:

$$\text{Prob}\,(X_1 = x_1) \;=\; \sum_{x_2 \in \mathcal{X}_2} \sum_{x_3 \in \mathcal{X}_3} ... \sum_{x_n \in \mathcal{X}_n} \text{Prob}\,(X_1 = x_1, X_2 = x_2, ..., X_n = x_n).$$

Man muss also die Verbundwahrscheinlichkeit für einen festen Wert x_1 der Zufallsvariablen X_1 über alle möglichen Wertekombinationen der anderen Zufallsgrößen $X_2, X_3, ..., X_n$ summieren. Wenn man die Randwahrscheinlichkeit für X_2 ausrechnen will, bleibt der Wert x_2 der Zufallsgröße X_2 konstant und in der Summe müssen alle Wertekombinationen der Zufallsgrößen $X_1, X_3, X_4, ..., X_n$ eingesetzt werden.

Auf ähnliche Weise kann man auch die Verbundwahrscheinlichkeit einer Auswahl von Zufallsgrößen ermitteln. Will man beispielsweise die Verbundwahrscheinlichkeit der Zufallsvariablen $X_3, X_4, ..., X_n$ bestimmen, bei der die Werte der zwei anderen zufälligen Variablen X_1 und X_2 keine Rolle spielen, so muss man über alle möglichen Werte von X_1 und X_2 summieren:

$$\text{Prob}\,(X_3 = x_3, X_4 = x_4, ..., X_n = x_n)$$
$$= \sum_{x_1 \in \mathcal{X}_1} \sum_{x_2 \in \mathcal{X}_2} \text{Prob}\,(X_1 = x_1, X_2 = x_2, ..., X_n = x_n). \tag{7.9}$$

Unter allen bedingten Wahrscheinlichkeiten, die man für Wahrscheinlichkeitsverteilungen mit n Zufallsgrößen bilden kann, spielen im Folgenden vor allem solche eine Rolle, bei denen man Bedingungen an $n - 1$ Zufallsgrößen stellt. In Erweiterung der Definitionsgleichung (7.5) definiert man beispielsweise die bedingte Wahrscheinlichkeit für die Zufallsvariable X_1 unter Bedingungen an $X_2, X_3, ..., X_n$ folgendermaßen:

$$\text{Prob}\,(X_1 = x_1 \mid X_2 = x_2, X_3 = x_3, ..., X_n = x_n)$$
$$= \frac{\text{Prob}\,(X_1 = x_1, X_2 = x_2, X_3 = x_3, ..., X_n = x_n)}{\text{Prob}\,(X_2 = x_2, X_3 = x_3, ..., X_n = x_n)}, \quad x_1 \in \mathcal{X}_1. \tag{7.10}$$

Die Werte $x_2, x_3, ..., x_n$ sind durch die gegebene Bedingung an die Zufallsgrößen $X_2, X_3, ..., X_n$ festgelegt, wobei

$$\text{Prob}\,(X_2 = x_2, X_3 = x_3, ..., X_n = x_n) > 0$$

gelten muss.

Mit diesen bedingten Wahrscheinlichkeiten ist es möglich, die Verbundwahrscheinlichkeit in einer häufig verwendeten Weise zu zerlegen. Durch Umstellung von Gl. (7.10) erhält man

$$\text{Prob}\,(X_1 = x_1, X_2 = x_2, X_3 = x_3, ..., X_n = x_n)$$
$$= \text{Prob}\,(X_1 = x_1 \mid X_2 = x_2, X_3 = x_3, ..., X_n = x_n) \cdot \text{Prob}\,(X_2 = x_2, X_3 = x_3, ..., X_n = x_n).$$

Setzt man nun eine entsprechende Zerlegung von $\text{Prob}\,(X_2 = x_2, X_3 = x_3, ..., X_n = x_n)$ in diese Gleichung ein, so entsteht der Ausdruck

$$\text{Prob}\,(X_1 = x_1, X_2 = x_2, X_3 = x_3, ..., X_n = x_n)$$
$$= \text{Prob}\,(X_1 = x_1 \mid X_2 = x_2, X_3 = x_3, ..., X_n = x_n)$$
$$\cdot \text{Prob}\,(X_2 = x_2 \mid X_3 = x_3, ..., X_n = x_n)$$
$$\cdot \text{Prob}\,(X_3 = x_3, ..., X_n = x_n)$$

und nach weiteren ähnlichen Umformungen schließlich

$$\text{Prob}\,(X_1 = x_1, X_2 = x_2, X_3 = x_3, ..., X_n = x_n) \tag{7.11}$$
$$= \text{Prob}\,(X_1 = x_1 \mid X_2 = x_2, X_3 = x_3, ..., X_n = x_n)$$
$$\cdot \text{Prob}\,(X_2 = x_2 \mid X_3 = x_3, ..., X_n = x_n)$$
$$\cdot ... \cdot \text{Prob}\,(X_n = x_n).$$

Dieser Ausdruck wird als *Kettenregel der Wahrscheinlichkeitsrechnung* bezeichnet.

Wenn man sich an die Schreibweise der Wahrscheinlichkeitsrechnung gewöhnt hat, muss man nicht bei jeder Beziehung aufschreiben, dass den Zufallsvariablen konkrete Werte zugewiesen werden, sondern man weiß, dass die angegebenen Beziehungen für alle bzw. vorgegebene Werte x_i der Zufallsvariablen X_i gelten. Die Kettenregel kann man dann verkürzt als

$$\text{Prob}\,(X_1, X_2, X_3, ..., X_n)$$
$$= \text{Prob}\,(X_1 \mid X_2, X_3, ..., X_n) \cdot \text{Prob}\,(X_2 \mid X_3, ..., X_n) \cdot ... \cdot \text{Prob}\,(X_n).$$

schreiben, was wesentlich übersichtlicher ist als Gl. (7.11).

7.2.5 Unabhängigkeit von Zufallsgrößen

Zwei Zufallsgrößen heißen stochastisch unabhängig, wenn ihre Wahrscheinlichkeitsverteilungen nicht davon abhängen, welchen Wert die andere Zufallsgröße in dem betreffenden Experiment annimmt. Dies ist gerade dann der Fall, wenn die in Abb. 7.5 gezeigte Situation vorliegt, bei der die Werte der beiden Zufallsgrößen X und Y durch zwei unabhängige Würfel festgelegt werden.

Die Verbundwahrscheinlichkeit der beiden Zufallsgrößen erhält man in diesem Falle aus dem Produkt der beiden Einzelwahrscheinlichkeiten:

Stochastisch unabhängige Zufallsgrößen:
$$\text{Prob}\,(X = x, Y = y) = \text{Prob}\,(X = x) \cdot \text{Prob}\,(Y = y) \qquad \text{für alle } x \in \mathcal{X}, \ y \in \mathcal{Y}. \tag{7.12}$$

Die bedingte Wahrscheinlichkeit $\text{Prob}\,(X = x \mid Y = y)$ ist dann gar nicht von der Bedingung $Y = y$ abhängig und es gilt

$$\text{Prob}\,(X = x \mid Y = y) = \text{Prob}\,(X = x) \tag{7.13}$$
$$\text{Prob}\,(Y = y \mid X = x) = \text{Prob}\,(Y = y).$$

Die in der Tabelle auf S. 319 angegebene Verbundwahrscheinlichkeit erfüllt diese Bedingung nicht, denn aus der unteren rechten Ecke erhält man das Produkt

$$\mathrm{Prob}\,(X=\mathrm{x}_2)\cdot\mathrm{Prob}\,(Y=\mathrm{y}_2)=0{,}20\cdot0{,}51=0{,}102,$$

während die Verbundwahrscheinlichkeit den Wert

$$\mathrm{Prob}\,(X=\mathrm{x}_2,Y=\mathrm{y}_2)=0{,}08$$

hat. Nur für stochastisch unabhängige Zufallsgrößen kann man aus den Randverteilungen die Verbundwahrscheinlichkeiten (im Inneren der betrachteten Tabelle) bestimmen.

Die Situation, dass X und Y stochastisch unabhängig sind, kann man sich wieder anhand von Abb. 7.5 klar machen. Wenn die beiden Würfel unabhängig voneinander arbeiten, sind beide Zufallsvariable stochastisch unabhängig. Beeinflussen sich beide Würfel gegenseitig, so sind die beiden Zufallsgrößen nicht stochastisch unabhängig und in dem Wert der einen Variablen stecken Informationen über den Wert der anderen.

In technischen Anwendungen liegt eine derartige Beeinflussung vor, wenn die durch die Zufallsvariablen beschriebenen Sachverhalte in einem kausalen Zusammenhang stehen. Die Zufallsvariablen beschreiben Ereignisse, die in demselben Prozess auftreten. Ihre bedingten Wahrscheinlichkeiten kennzeichnen, welchen Zusammenhang die physikalischen Vorgänge in dem betrachteten Prozess zwischen den Ereignissen herstellen. Man muss sich jedoch davor hüten, bedingte Wahrscheinlichkeiten *stets* als kausale Abhängigkeiten zu interpretieren.

Für Wahrscheinlichkeitsverteilungen mit mehr als zwei Zufallsgrößen gilt in Erweiterung zu Gl. (7.12) die Beziehung

$$\begin{aligned}\mathrm{Prob}\,&(X_1=x_1, X_2=x_2, ..., X_n=x_n)\\ &=\mathrm{Prob}\,(X_1=x_1)\cdot\mathrm{Prob}\,(X_2=x_2)\cdot...\cdot\mathrm{Prob}\,(X_n=x_n)\end{aligned}\qquad(7.14)$$

für alle $x_i \in \mathcal{X}_i$, wenn alle Zufallsgrößen untereinander stochastisch unabhängig sind.

Aufgabe 7.1 *Zwei unabhängige Würfel*

Schreiben Sie die Tabelle mit den Verbundwahrscheinlichkeiten der Zufallsgrößen X und Y für den Fall auf, dass die beiden zufälligen Variablen durch zwei unabhängige Würfel bestimmt werden. Berechnen Sie die Randwahrscheinlichkeiten und überprüfen Sie die Gültigkeit der Bedingung (7.13). □

Aufgabe 7.2*** *Erweiterte Qualitätskontrolle der Leiterkartenfertigung*

Zur Verbesserung der Leiterkartenfertigung soll auch zwischen Fehlern an „großen" und „kleinen" Kondensatoren unterschieden werden. Deshalb wird die Fehleranalyse jetzt so verfeinert, dass die Zufallsvariable Y mit drei Werten belegt werden kann:

$$\begin{aligned}\mathcal{Y} = \{&\mathrm{y}_1 = \text{Fehler an einem Widerstand,}\\ &\mathrm{y}_2 = \text{Fehler an einem Kondensator } C < 1\mu\mathrm{F,}\\ &\mathrm{y}_3 = \text{Fehler an einem Kondensator } C \geq 1\mu\mathrm{F}\}.\end{aligned}$$

1. Stellen Sie eine Tabelle auf, die die Verbundwahrscheinlichkeit der Zufallsgrößen X und Y beschreibt.

2. Wie verändern sich die Randwahrscheinlichkeiten der Zufallsgrößen X und Y im Vergleich zu den im Beispiel 7.1 angegebenen Werten?

3. Treten die Fehler entsprechend Ihrer Tabelle häufiger bei kleinen oder bei großen Kondensatoren auf?

4. Modifizieren Sie die Verbundwahrscheinlichkeitsverteilung so, dass sowohl für große als auch für kleine Kondensatoren die wesentliche Fehlerquelle beim Löten liegt und nicht bei der Bestückung.

5. Wie muss die Tabelle mit den Verbundwahrscheinlichkeiten aussehen, wenn die Fehler stochastisch unabhängig sind? □

Aufgabe 7.3*   *Ladegerät eines Laptops*

Wenn man die Batterien eines Laptops über ein Ladegerät auflädt, zeigt eine Kontrolllampe an, dass die Batterie geladen wird. Wenn der Ladevorgang beendet ist, blinkt diese Lampe.

Bei einer Analyse des Ladevorgangs wird das Vorhandensein eines Ladestroms durch die Zustandsvariable X und das Leuchten der Kontrolllampe durch die Zustandsvariable Y beschrieben.

1. Wie sieht die Tabelle der Verbundwahrscheinlichkeiten aus, wenn die Kontrolllampe fehlerfrei funktioniert?

2. Wie verändert sich die Tabelle, wenn bei 0,05% aller Ladevorgänge die Kontrolllampe defekt ist?

3. Sind die beiden Zufallsvariablen stochastisch unabhängig? □

Aufgabe 7.4*   *Auswertung einer Bibliotheksdatenbank*

In Fachbibliotheken stehen heute nicht mehr nur Bücher, sondern auch CDs, auf denen Fachbeiträge gespeichert sind. Die Bibliotheksdatenbank enthält deshalb einen Verweis darauf, um welches Medium (Buch oder CD) es sich bei einem gefundenen Eintrag handelt. Außerdem werden die Einträge nach Themen gegliedert, so dass man beispielsweise nach allen Quellen zum Thema Automatentheorie suchen kann. Bei jeder Suche wird angezeigt, wie viele Einträge die Suchkriterien erfüllen. In einer Eingabemaske können mehrere Kriterien gleichzeitig angegeben werden, so dass man z. B. nach CDs über das Thema Automatentheorie suchen kann.

Es soll ermittelt werden, ob sich der Anteil an CDs an den in eine Fachbibliothek aufgenommenen Quellen für das Gebiet Automatentheorie von dem der anderen Themen unterscheidet. Mit welchen Suchkriterien müssen Sie die Suche ausführen und wie müssen Sie die Ergebnisse auswerten? □

7.3 Markovketten

Dieser Abschnitt zeigt, wie nichtdeterministische Automaten erweitert werden können, so dass zu jedem Zeitpunkt außer der Menge der möglichen Systemzustände auch die Wahrscheinlichkeiten dafür angegeben werden können, mit denen sich das betrachtete System in diesen Zuständen befindet. Bei der durch diese Erweiterung entstehenden Modellform wird i. Allg. nicht zwischen den Zustandswechseln und den Ereignissen unterschieden, bei denen die Zustandswechsel auftreten. Deshalb bezieht sich diese Erweiterung auf autonome nichtdeterministische Automaten, aus denen autonome stochastische Automaten entstehen, die in der Literatur häufig als Markovketten bezeichnet werden. Beide Bezeichnungen werden hier synonym verwendet.

7.3.1 Nichtdeterministische Automaten mit Wahrscheinlichkeitsbewertung

Im Abschn. 4.1 wurde gezeigt, dass bei einem autonomen nichtdeterministischen Automaten

$$\mathcal{N} = (\mathcal{Z}, G, \mathcal{Z}_0)$$

die Zustandsübergangsrelation G für den aktuellen Zustand z eine Menge $\mathcal{Z}'$ von Nachfolgezuständen z' festlegt. Der Automat schaltet in einen Zustand

$$z' \in \mathcal{Z}'(z) = G(z),$$

wobei nicht bekannt ist, welchen dieser Zustände er annimmt. Diese Beschreibungsform soll jetzt so erweitert werden, dass man die Wahrscheinlichkeit berechnen kann, mit der der Automat die einzelnen Zustände aus der Menge $\mathcal{Z}'$ auswählt. Damit soll auch die Möglichkeit geschaffen werden, die Wahrscheinlichkeit zu ermitteln, mit denen der Automat eine seiner möglichen Zustandsfolgen $Z(0...k_e)$ durchläuft.

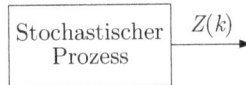

Abb. 7.8: Stochastischer Prozess

Stochastischer Prozess. Den Ausgangspunkt für die angestrebte Erweiterung bildet die Darstellung ereignisdiskreter Systeme als *stochastische Prozesse*[2]. Das bedeutet, dass man den Systemzustand als eine Zufallsvariable $Z(k)$ auffasst, also als eine Größe, deren Wert nicht nur durch die Dynamik des betrachteten ereignisdiskreten Systems, sondern auch durch den Zufall bestimmt wird (Abb. 7.8). Da sich der Zustand von Zeitschritt zu Zeitschritt ändert, hängt der Wert der Zufallsvariablen von der Zeit k ab, was eine Erweiterung gegenüber den im Abschn. 7.2.1 eingeführten Zufallsgrößen darstellt. Mit jedem neuen Zeitpunkt $k = 0, 1, ...$ macht der stochastische Prozess ein neues „Experiment" und erzeugt zufällig den Wert der Variablen $Z(k)$, bis zum Zeithorizont k_e also die Folge

$$Z(0...k_e) = (Z(0), Z(1), ..., Z(k_e)).$$

Was dies bedeutet, wird anhand des bereits in Abschn. 4.1 betrachteten nichtdeterministischen Automaten erläutert, dessen Graf in Abb. 7.9 gezeigt ist. Bei jedem Experiment durchläuft der Automat eine von mehreren möglichen Zustandsfolgen, beispielsweise beim ersten Mal die Folge $Z(0...5) = (1, 2, 4, 6, 1, 2)$ und beim zweiten Mal die Folge $Z(0...5) = (1, 3, 6, 1, 3, 5)$ (vgl. S. 153). Das bedeutet, dass beim ersten Versuch den stochastischen Variablen $Z(0)$, $Z(1)$,..., $Z(5)$ die Werte

---

[2] In der mathematischen Literatur werden stochastische Prozesse entsprechend ihrer Parametermenge und ihrer Wertemenge mit unterschiedlichen Namen belegt. Der hier untersuchte stochastische Prozess mit diskreter Wertemenge für den Parameter k und diskreter Menge für den Wert X heißt dort auch *Zufallsfolge* oder *zufällige Kette*.

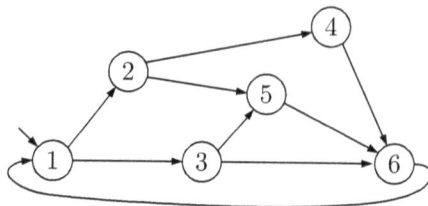

Abb. 7.9: Nichtdeterministischer Automat

$$Z(0...5) = (\quad 1, \qquad 2, \qquad 4, \qquad 6, \qquad 1, \qquad 2 \quad)$$
$$\downarrow \qquad \downarrow \qquad \downarrow \qquad \downarrow \qquad \downarrow \qquad \downarrow$$
$$Z(0) = 1,\ Z(1) = 2,\ Z(2) = 4,\ Z(3) = 6,\ Z(4) = 1,\ Z(5) = 2$$

zugeordnet werden und beim zweiten Versuch die Werte

$$Z(0) = 1,\ \ Z(1) = 3,\ \ Z(2) = 6,\ \ Z(3) = 1,\ \ Z(4) = 3,\ \ Z(5) = 5.$$

Offensichtlich hat Z zu allen Zeitpunkten k dieselbe Grundmenge $\mathcal{Z} = \{1, 2, 3, 4, 5, 6\}$. Jede Trajektorie $Z(0...k_\mathrm{e})$ nennt man eine *Realisierung* des stochastischen Prozesses.

Für die Zufallsvariable $Z(k)$ soll nun die Wahrscheinlichkeitsverteilung $\mathrm{Prob}\,(Z(k))$ betrachtet werden. Diese Wahrscheinlichkeitsverteilung gibt für alle möglichen Zustände $z \in \mathcal{Z}$ an, mit welcher Wahrscheinlichkeit $\mathrm{Prob}\,(Z(k) = z)$ sich der Prozess zur Zeit k im Zustand z befindet. Damit wird der nichtdeterministische Automat aus Abb. 7.9 um die Wahrscheinlichkeitsangaben für jeden Zustand erweitert, wie es Abb. 7.10 zeigt.

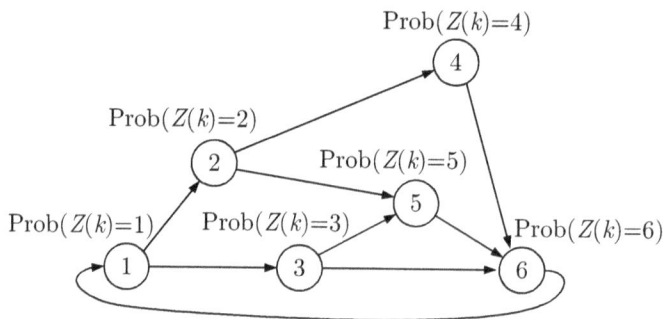

Abb. 7.10: Beschreibung des Zustands eines nichtdeterministischen
Automaten als Zufallsvariable

Die Bewegung des Systems erkennt man an der Veränderung der Wahrscheinlichkeitsverteilung $\mathrm{Prob}\,(Z(k))$ für fortschreitende Zeit $k = 0, 1, ...$ Für den Zeithorizont $0...k_\mathrm{e}$ entsteht eine Folge von $(k_\mathrm{e} + 1)$ Wahrscheinlichkeitsverteilungen

$$Z(0...k_\mathrm{e}) = (\mathrm{Prob}\,(Z(0)), \mathrm{Prob}\,(Z(1)), ..., \mathrm{Prob}\,(Z(k_\mathrm{e}))), \tag{7.15}$$

wobei $\mathrm{Prob}\,(Z(k))$ die Wahrscheinlichkeitsverteilung für die Zufallsgröße Z zum Zeitpunkt k, also die Werte aller Wahrscheinlichkeiten

$$\mathrm{Prob}\,(Z(k) = z), \quad z \in \mathcal{Z}$$

bezeichnet. Die in Gl. (7.15) angegebene Folge $Z(0...k_{\mathrm{e}})$ beschreibt die Zustandstrajektorie des stochastischen Prozesses. Da der Zufall bei der Bestimmung der durchlaufenen Zustände mitspielt, kann die Zustandstrajektorie nicht durch eine Folge konkreter Zustandswerte angegeben werden, sondern nur durch eine Folge von Wahrscheinlichkeitsverteilungen.

Die Eigenschaft (7.1) jeder Wahrscheinlichkeitsverteilung kann hier als

$$\sum_{z \in \mathcal{Z}} \mathrm{Prob}\,(Z(k) = z) = 1, \quad k = 0, 1, \dots \tag{7.16}$$

geschrieben werden. Sie besagt, dass sich der Automat zu jedem Zeitpunkt k mit der Wahrscheinlichkeit eins in einem seiner Zustände befindet. Die Verteilung $\mathrm{Prob}\,(Z(k))$ gibt also an, wie sich die Wahrscheinlichkeits„masse" eins auf die einzelnen Zustände $z \in \mathcal{Z}$ aufteilt.

Stochastischer Automat. Es wird jetzt untersucht, um welche Informationen man einen nichtdeterministischen Automaten erweitern muss, damit man die Folge (7.15) von Wahrscheinlichkeitsverteilungen berechnen kann. Durch diesen Schritt wird der autonome nichtdeterministische Automat zu einem autonomen stochastischen Automaten erweitert.

Die für unterschiedliche Zeitpunkte k_1 und k_2 geltenden Wahrscheinlichkeitsverteilungen $\mathrm{Prob}\,(Z(k_1))$ und $\mathrm{Prob}\,(Z(k_2))$ sind nicht stochastisch unabhängig, sondern hängen voneinander ab. Für das Beispiel ist der Anfangszustand vorgegeben. Folglich hat das System für den Zeitpunkt $k = 0$ die Wahrscheinlichkeitsverteilung

$$\begin{aligned}
\mathrm{Prob}\,(Z(0) = 1) &= 1 \\
\mathrm{Prob}\,(Z(0) = 2) &= 0 \\
\mathrm{Prob}\,(Z(0) = 3) &= 0 \\
\mathrm{Prob}\,(Z(0) = 4) &= 0 \\
\mathrm{Prob}\,(Z(0) = 5) &= 0 \\
\mathrm{Prob}\,(Z(0) = 6) &= 0.
\end{aligned}$$

Aus dem Automatengrafen kann man ablesen, dass zur Zeit $k = 1$ nur einer der beiden Zustände 2 oder 3 angenommen werden kann, was auf

$$\mathrm{Prob}\,(Z(1) = z) = 0 \quad \text{für } z \in \{1, 4, 5, 6\}$$

führt.

Wie groß $\mathrm{Prob}\,(Z(1) = 2)$ und $\mathrm{Prob}\,(Z(1) = 3)$ ist, hängt davon ab, mit welcher Wahrscheinlichkeit das System die Zustandsübergänge $1 \to 2$ und $1 \to 3$ ausführt. Die betreffenden Zustandsübergangswahrscheinlichkeiten $\mathrm{Prob}\,(Z(1) = z' \mid Z(0) = z)$ für $z = 1$ und $z' = 2$ bzw. $z' = 3$ sind die wichtigsten Informationen, um die man den nichtdeterministischen Automaten erweitern muss, um einen stochastischen Automaten zu erhalten. Die bedingte Wahrscheinlichkeit $\mathrm{Prob}\,(Z(1) = z' \mid Z(0) = z)$ gibt an, mit welcher Wahrscheinlichkeit der

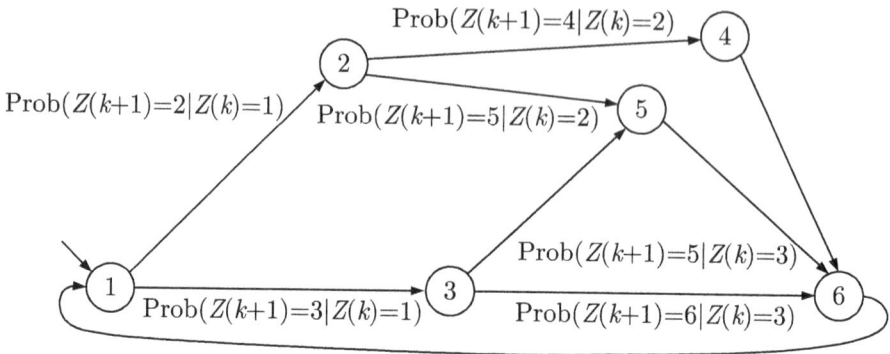

Abb. 7.11: Erweiterung des nichtdeterministischen Automaten zum
stochastischen Automaten

Automat in den Zustand z' übergeht, wenn er sich gegenwärtig im Zustand z befindet. Sie muss
für alle Zustandspaare (z', z) bekannt sein.

Für nichtdeterministische Zustandsübergänge geben die bedingten Wahrscheinlichkeiten
an, welcher Übergang häufiger und welcher weniger häufig durchlaufen wird, wenn der Automat sehr oft, beginnend in seinem Anfangszustand, den Automatengrafen durchläuft. Wenn
beispielsweise der Automat den Zustandsübergang $1 \rightarrow 2$ in zwei Dritteln aller Versuche ausführt, so heißen die betreffenden bedingten Wahrscheinlichkeiten

$$\mathrm{Prob}\,(Z(1){=}2 \mid Z(0){=}1) \;=\; \frac{2}{3}$$
$$\mathrm{Prob}\,(Z(1){=}3 \mid Z(0){=}1) \;=\; \frac{1}{3}.$$

Diese bedingten Wahrscheinlichkeiten sind im Automatengrafen in Abb. 7.11 als Kantenbewertung an die betreffenden Zustandsübergänge geschrieben.

Wenn für ein gegebenes Paar (z', z) der Zustandsübergang $z \rightarrow z'$ unmöglich ist, so gilt
$\mathrm{Prob}\,(Z(1) = z' \mid Z(0) = z) = 0$. Diese Zustandspaare sind im Automatengrafen daran zu
erkennen, dass sie nicht über eine Kante von z nach z' verbunden sind. Beispielsweise gilt für
den Automaten aus Abb. 7.9

$$\mathrm{Prob}\,(Z(1){=}1 \mid Z(0){=}1) \;=\; 0$$
$$\mathrm{Prob}\,(Z(1){=}4 \mid Z(0){=}1) \;=\; 0$$
$$\mathrm{Prob}\,(Z(1){=}5 \mid Z(0){=}1) \;=\; 0$$

$$\text{usw.}$$

Für deterministische Zustandsübergänge $z \rightarrow z'$ ist die bedingte Wahrscheinlichkeit gleich
eins:

$$\mathrm{Prob}\,(Z(1){=}6 \mid Z(0){=}4) \;=\; 1$$
$$\mathrm{Prob}\,(Z(1){=}6 \mid Z(0){=}5) \;=\; 1$$
$$\mathrm{Prob}\,(Z(1){=}1 \mid Z(0){=}6) \;=\; 1.$$

Die Erweiterung eines autonomen nichtdeterministischen Automaten zu einem autonomen stochastischen Automaten erfolgt also dadurch, dass die Zustandsübergangsrelation G des nichtdeterministischen Automaten durch die bedingte Wahrscheinlichkeitsverteilung

$$G : \mathcal{Z} \times \mathcal{Z} \to [0, 1]$$

ersetzt wird. Die Funktion G gibt für jedes Zustandspaar (z', z) die bedingte Wahrscheinlichkeit

$$G(z', z) = \mathrm{Prob}\,(Z(k+1) = z' \mid Z(k) = z) \tag{7.17}$$

dafür an, dass sich das System zum Zeitpunkt $k + 1$ im Zustand z' befindet, wenn es zum Zeitpunkt k im Zustand z war. Sie erweitert die Darstellung (4.1) auf S. 146 der Zustandsübergangsrelation nichtdeterministischer Automaten.

Im Folgenden werden nur Systeme betrachtet, bei denen sich diese bedingte Wahrscheinlichkeit mit der Zeit k nicht verändert, so dass für alle Paare (z', z) die Beziehung

$$\begin{aligned} \mathrm{Prob}\,(Z(1) = z' \mid Z(0) = z) &= \mathrm{Prob}\,(Z(2) = z' \mid Z(1) = z) \\ &= \dots = \mathrm{Prob}\,(Z(k+1) = z' \mid Z(k) = z) \end{aligned}$$

gilt. Der stochastische Automat bzw. die Markovkette heißt deshalb *homogen*.

Um zu kennzeichnen, dass es sich bei $G(z', z)$ um eine bedingte Wahrscheinlichkeit handelt, wird anstelle von $G(z', z)$ mit der Bezeichnung $G(z' \mid z)$ gearbeitet. Damit gilt zusammenfassend

---

Zustandsübergangswahrscheinlichkeit einer Markovkette :

$$G(z' \mid z) = \mathrm{Prob}\,(Z(k+1) = z' \mid Z(k) = z), \quad z', z \in \mathcal{Z}, \; k = 0, 1, \dots \tag{7.18}$$

Wie jede bedingte Wahrscheinlichkeitsverteilung erfüllt G die Bedingung (7.7), die hier als

$$\sum_{z' \in \mathcal{Z}} \mathrm{Prob}\,(Z(1) = z' \mid Z(0) = z) = 1 \quad \text{für alle } z \in \mathcal{Z} \tag{7.19}$$

geschrieben wird. Auf den Automatengrafen bezogen bedeutet diese Eigenschaft, dass sich die Gewichte aller von einem Zustandsknoten ausgehenden Kanten zu eins addieren.

Der Anfangszustand des stochastischen Automaten wird durch die Wahrscheinlichkeitsverteilung $\mathrm{Prob}\,(Z(0))$ beschrieben. Häufig ist bereits für den ersten Zeitpunkt $k = 0$ der Zustand nicht exakt bekannt, aber man kennt eine Funktion $p_0(z)$, für die die Beziehung

$$\mathrm{Prob}\,(Z(0) = z) = p_0(z), \quad z \in \mathcal{Z}$$

gilt.

Damit wird ein stochastischer Automat bzw. eine Markovkette durch das Tripel

---

Markovkette (autonomer stochastischer Automat) : $\quad \mathcal{S} = (\mathcal{Z}, G, p_0(z))$ \hfill (7.20)

---

beschrieben mit

- $\mathcal{Z}$ – Zustandsmenge
- G – Zustandsübergangswahrscheinlichkeitsverteilung
- $p_0(z)$ – Wahrscheinlichkeitsverteilung des Anfangszustands.

Ist die Zustandsmenge $\mathcal{Z}$ endlich, so werden der stochastische Automat bzw. die Markovkette *endlich* genannt. Im Unterschied zu der im Kapitel 10 eingeführten Art von Markovketten sind die hier betrachteten Modelle über die diskrete Zeitachse definiert, so dass man sie als *diskrete Markovketten* bezeichnet, wenn diese Tatsache hervorgehoben werden soll.

Eingebetteter nichtdeterministischer Automat. Vergleicht man die formale Beschreibung $\mathcal{S} = (\mathcal{Z}, G, p_0(z))$ des stochastischen Automaten mit der Beschreibung $\mathcal{N} = (\mathcal{Z}, G, \mathcal{Z}_0)$ des nichtdeterministischen Automaten, so erkennt man, dass die Zustandsüberführungsrelation G durch die Zustandsübergangswahrscheinlichkeit G ersetzt wurde. Die Menge $\mathcal{Z}_0$ möglicher Anfangszustände wird durch die Wahrscheinlichkeitsverteilung $p_0(z)$ des Anfangszustands vorgegeben. Aufgrund der in der erweiterten Beschreibung enthaltenen zusätzlichen Informationen wird das Verhalten des ereignisdiskreten Systems genauer beschrieben.

Bei einer entgegengesetzten Betrachtungsweise kann man aus einem stochastischen Automaten einen nichtdeterministischen Automaten machen, wenn man die Wahrscheinlichkeitsaussagen ignoriert und nur zwischen vorhandenen und nicht vorhandenen Zustandsübergängen unterscheidet. Aus der Zustandsübergangswahrscheinlichkeitsverteilung $G(z' \mid z)$ entsteht dann die Zustandsübergangsrelation $G(z', z)$ entsprechend der Beziehung

$$G(z', z) = \begin{cases} 1 & \text{wenn } G(z' \mid z) > 0 \\ 0 & \text{sonst,} \end{cases} \qquad z', z \in \mathcal{Z}.$$

Mit derselben Überlegung erhält man aus der Wahrscheinlichkeitsverteilung $\mathrm{Prob}\,(Z(0))$ des Anfangszustands die Menge

$$\mathcal{Z}_0 = \{z \mid p_0(z) > 0\}.$$

Der Automat $\mathcal{N}(\mathcal{Z}, G, \mathcal{Z}_0)$ wird als der im stochastischen Automaten $\mathcal{S}(\mathcal{N}, G, p_0(z))$ eingebettete nichtdeterministische Automat bezeichnet.

Modellierung technischer Systeme durch Markovketten. Markovketten sind eine in der Technik häufig eingesetzte Modellform, wenn es um die Beschreibung nicht eindeutig bekannter Zusammenhänge geht. Der Algorithmus 7.1 zeigt, wie man derartige Modelle aufstellt. Es ist zweckmäßig, im zweiten Schritt zunächst die möglichen Zustandsübergänge festzulegen, bevor man im dritten Schritt nach Wahrscheinlichkeitsverteilungen dafür sucht. Als Ergebnis des zweiten Schrittes erhält man den eingebetteten nichtdeterministischen Automaten, den man im dritten Schritt zum stochastischen Automaten erweitert.

Algorithmus 7.1 *Beschreibung eines ereignisdiskreten Systems durch eine Markovkette*

Gegeben: Modellierungsziel, technischer Prozess

1.   Definition der Zustandsmenge $\mathcal{Z}$

2.   Festlegung aller möglicher Zustandsübergänge

3.   Festlegung der Übergangswahrscheinlichkeiten $G(z' \,|\, z)$ für die nichtdeterministischen Zustandsübergänge

4.   Festlegung der Anfangszustandswahrscheinlichkeitsverteilung $p_0(z)$

Ergebnis: Markovkette $\mathcal{S} = (\mathcal{Z}, G, p_0(z))$.

Beispiel 7.2   *Modellierung eines Batchprozesses als Markovkette*

Der im Beispiel 1.4 auf S. 10 eingeführte Batchprozess wird jetzt durch einen stochastischen Automaten beschrieben. Zur Erweiterung des in Abb. 4.2 auf S. 148 gezeigten nichtdeterministischen Automaten werden Informationen über die Zuflüsse und die Behältergrößen herangezogen, so dass man abschätzen kann, welcher der drei Vorgänge „Behälter B_1 wird gefüllt", „Behälter B_2 wird gefüllt" und „Gemisch wird im Behälter B_3 erhitzt" i. Allg. am schnellsten abläuft. Dementsprechend werden die in Abb 7.12 gekennzeichneten Zustandsübergangswahrscheinlichkeiten $G(z' \,|\, z)$ gewählt, wobei man die genauen Werte aus zweckmäßigen Annahmen über das Anlagenverhalten oder für eine konkrete Anlage durch wiederholte Experimente ermittelt.

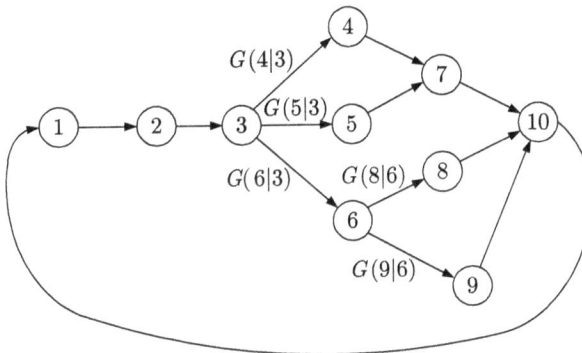

Abb. 7.12: Beschreibung des Batchprozesses durch einen stochastischen Automaten

Abbildung 7.12 zeigt den autonomen stochastischen Automaten, der durch Erweiterung des nichtdeterministischen Automaten aus Abb. 4.2 entsteht. Übergangswahrscheinlichkeiten sind nur an den nichtdeterministischen Zustandsübergängen vermerkt, weil alle anderen Zustandsübergänge mit der Wahrscheinlichkeit 1 stattfinden. □

7.3.2 Berechnung der Zustandswahrscheinlichkeitsverteilung

Es wird jetzt gezeigt, wie man für eine gegebene Markovkette die Folge von Wahrscheinlichkeitsverteilungen

$$Z(0...k_e) = (\text{Prob}\,(Z(0)), \text{Prob}\,(Z(1)), ..., \text{Prob}\,(Z(k_e)))$$

berechnen kann. Das erste Element dieser Folge ist als A-priori-Wahrscheinlichkeitsverteilung $p_0(z)$ für den Anfangszustand gegeben. Das zweite Element kann man mit Hilfe der Beziehung (7.8) aus $\text{Prob}\,(Z(0))$ und der Zustandsübergangswahrscheinlichkeit G berechnen:

$$\begin{aligned}
\text{Prob}\,(Z(1)=z') &= \sum_{z \in \mathcal{Z}} \text{Prob}\,(Z(1)=z' \mid Z(0)=z) \cdot \text{Prob}\,(Z(0)=z) \\
&= \sum_{z \in \mathcal{Z}} G(z' \mid z) \cdot \text{Prob}\,(Z(0)=z), \quad z' \in \mathcal{Z}.
\end{aligned} \tag{7.21}$$

Um die Wahrscheinlichkeitsverteilung für den Zustand $Z(1)$ zu erhalten, muss man diese Formel für alle $z' \in \mathcal{Z}$ anwenden.

Verschiebt man in Gl. (7.21) den Zeitindex k um eins, so bekommt man die Beziehung

$$\begin{aligned}
\text{Prob}\,(Z(2)=z') &= \sum_{z \in \mathcal{Z}} \text{Prob}\,(Z(2)=z' \mid Z(1)=z) \cdot \text{Prob}\,(Z(1)=z) \\
&= \sum_{z \in \mathcal{Z}} G(z' \mid z) \cdot \text{Prob}\,(Z(1)=z), \quad z' \in \mathcal{Z},
\end{aligned} \tag{7.22}$$

mit der man aus der zuvor berechneten Wahrscheinlichkeitsverteilung $\text{Prob}\,(Z(1))$ die Wahrscheinlichkeitsverteilung $\text{Prob}\,(Z(2))$ bestimmen kann[3]. Verallgemeinert man dies für einen beliebigen Zeitpunkt k, so erhält man eine rekursive Darstellung der Wahrscheinlichkeitsverteilung $\text{Prob}\,(Z(k+1))$ in Abhängigkeit von der Wahrscheinlichkeitsverteilung $\text{Prob}\,(Z(k))$ des Zustands zum vorhergehenden Zeitpunkt, die als CHAPMAN-KOLMOGOROV-*Gleichung*[4] bezeichnet wird:

Zustandsraumdarstellung diskreter Markovketten:
(Chapman-Kolmogorov-Gleichung)

$$\text{Prob}\,(Z(k+1)=z') = \sum_{z \in \mathcal{Z}} G(z' \mid z) \cdot \text{Prob}\,(Z(k)=z) \tag{7.23}$$

Diese Gleichung führt für $k = 1, 2, ...$ auf die gesuchte Beschreibung

$$Z(0...k_e) = (\text{Prob}\,(Z(0)), \text{Prob}\,(Z(1)), ..., \text{Prob}\,(Z(k_e))) \tag{7.24}$$

---

[3] Unter welchen Bedingungen man dies tun darf, wird im Abschn. 7.3.3 behandelt.

[4] benannt nach SYDNEY CHAPMAN (1888–1970) britischer Mathematiker und Geophysiker, ANDREJ NIKOLAJEWITSCH KOLMOGOROV (1903–1987), russischer Mathematiker, die diese Gleichung unabhängig voneinander aufgestellt haben.

der Zustandstrajektorie. Diese Folge zeigt, mit welcher Wahrscheinlichkeit jeder Zustand $z \in \mathcal{Z}$ zu den Zeitpunkten $k = 0, 1, ..., k_e$ von der Markovkette angenommen wird.

Die Darstellung (7.24) beschreibt die Zustandswahrscheinlichkeitsverteilungen für jeden Zeitpunkt k des betrachteten Zeitintervalls. Diese Darstellung der Bewegung der Markovkette enthält jedoch keine Informationen mehr darüber, welcher Zustand z', der zur Zeit $k + 1$ eine positive Wahrscheinlichkeit hat ($\mathrm{Prob}\,(Z(k+1) = z') > 0$), welchem Vorgängerzustand z mit $\mathrm{Prob}\,(Z(k) = z) > 0$ folgen kann. Diese Information steckt in der Zustandsübergangswahrscheinlichkeit G, aber nicht mehr in der angegebenen Beschreibung der Trajektorie. Derselbe Umstand trat bereits beim nichtdeterministischen Automaten auf, wenn mit diesem Modell die Folge (4.7) von Zustandsmengen bestimmt.

Interpretation der Chapman-Kolmogorov-Gleichung. Abbildung 7.13 zeigt einen Ausschnitt aus einem Automatengrafen, der alle zum Knoten z' führenden Kanten enthält. Zur Zeit k befindet sich die Markovkette mit den Wahrscheinlichkeiten $\mathrm{Prob}\,(Z(k) = z_1)$, $\mathrm{Prob}\,(Z(k) = z_2)$ und $\mathrm{Prob}\,(Z(k) = z_3)$ in den drei Zuständen z_1, z_2 und z_3. Berechnet werden soll die Wahrscheinlichkeit $\mathrm{Prob}\,(Z(k+1) = z')$, mit der sich die Markovkette zum Zeitpunkt $k + 1$ im Zustand z' befindet.

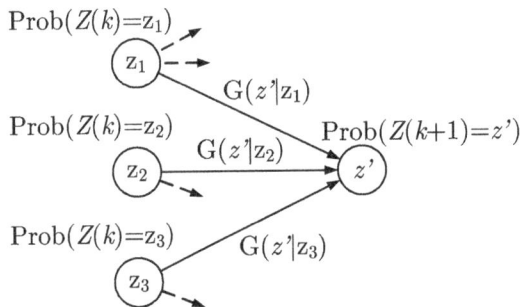

Abb. 7.13: Interpretation der Chapman-Kolmogorov-Gleichung

Entsprechend der Chapman-Kolmogorov-Gleichung (7.23) erhält man diese Wahrscheinlichkeit, indem man die Wahrscheinlichkeiten $\mathrm{Prob}\,(Z(k) = z_1)$, $\mathrm{Prob}\,(Z(k) = z_2)$ und $\mathrm{Prob}\,(Z(k) = z_3)$ mit den entsprechenden Kantengewichten $G(z' \,|\, z_1)$, $G(z' \,|\, z_2)$ bzw. $G(z' \,|\, z_3)$ des Automatengrafen multipliziert und die drei Produkte addiert:

$$\mathrm{Prob}\,(Z(k+1) = z') = G(z' \,|\, z_1) \cdot \mathrm{Prob}\,(Z(k) = z_1) + G(z' \,|\, z_2) \cdot \mathrm{Prob}\,(Z(k) = z_2) +$$
$$G(z' \,|\, z_3) \cdot \mathrm{Prob}\,(Z(k) = z_3).$$

Diese Gleichung kann man sich sehr einfach anhand von Abb. 7.13 merken: Den Wert des Knotens z', der durch die Wahrscheinlichkeit $\mathrm{Prob}\,(Z(k+1) = z')$ ausgedrückt wird, erhält man durch Multiplikation aller Kantengewichte mit dem Wert des Startknotens der entsprechenden Kante. Alle diese Produkte müssen addiert werden. Dieselbe Regel gilt übrigens bei jedem Signalflussgrafen.

Bei der Beschreibung von Markovketten ist zugelassen, dass ein Zustand z mit einer positiven Wahrscheinlichkeit $G(z \mid z)$ in sich selbst übergeht. Wenn dies für den Zustand z' in Abb. 7.13 der Fall wäre, so besäße der Knoten z' eine Schlinge mit der Bewertung $G(z' \mid z')$ und die Aufenthaltswahrscheinlichkeit $\mathrm{Prob}\,(Z(k) = z')$ zum Zeitpunkt k leistete den Beitrag $G(z' \mid z') \cdot \mathrm{Prob}\,(Z(k) = z')$ zur Wahrscheinlichkeit $\mathrm{Prob}\,(Z(k + 1) = z')$.

Beispiel 7.3 *Berechnung der Zustandsfolge einer Markovkette*

Die in Abb. 7.14 gezeigte Markovkette entstand durch Erweiterung des nichtdeterministischen Automaten aus Abb. 7.9 um Übergangswahrscheinlichkeiten. Da der Anfangszustand bekannt ist, gilt $\mathrm{Prob}\,(Z(0) = 1) = 1$ und $\mathrm{Prob}\,(Z(0) \neq 1) = 0$.

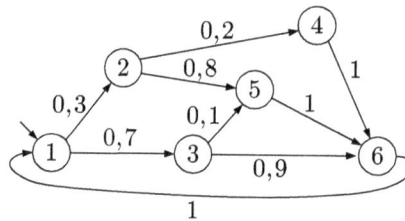

Abb. 7.14: Markovkette

Für den Zeitpunkt $k = 1$ erhält man die Zustandswahrscheinlichkeitsverteilung mit Hilfe der Chapman-Kolmogorov-Gleichung folgendermaßen. Man muss für jeden Zustand die Gewichte der einlaufenden Kanten mit den Werten der Knoten multiplizieren, von denen die Kanten ausgehen. Da für $k = 0$ nur der Knoten 1 einen nicht verschwindenden Wert hat, spielen bei dieser Berechnung nur die beiden von diesem Knoten ausgehenden Kanten eine Rolle und es gilt

$$\begin{aligned}
\mathrm{Prob}\,(Z(1) = 2) &= \mathrm{Prob}\,(Z(1) = 2 \mid Z(0) = 1) \cdot \mathrm{Prob}\,(Z(0) = 1) \\
&= 0{,}3 \cdot 1 = 0{,}3
\end{aligned}$$

$$\begin{aligned}
\mathrm{Prob}\,(Z(1) = 3) &= \mathrm{Prob}\,(Z(1) = 3 \mid Z(0) = 1) \cdot \mathrm{Prob}\,(Z(0) = 1) \\
&= 0{,}7 \cdot 1 = 0{,}7.
\end{aligned}$$

Für $k = 2$ ist für die Knoten 4 und 6 die Berechnung ähnlich einfach, nur für den Knoten 5 ergeben sich zwei Summanden, weil die beiden Vorgängerknoten 2 und 3 für $k = 1$ mit nicht verschwindender Wahrscheinlichkeit angenommen werden:

$$\begin{aligned}
\mathrm{Prob}\,(Z(2) = 5) &= \mathrm{Prob}\,(Z(2) = 5 \mid Z(1) = 2) \cdot \mathrm{Prob}\,(Z(1) = 2) \\
&\quad + \mathrm{Prob}\,(Z(2) = 5 \mid Z(1) = 3) \cdot \mathrm{Prob}\,(Z(1) = 3) \\
&= 0{,}8 \cdot 0{,}3 + 0{,}1 \cdot 0{,}7 = 0{,}31.
\end{aligned}$$

Mit dem eingebetteten nichtdeterministischen Automaten kann man die Folge von Zustandsmengen

$$\mathcal{Z}(0) = \{1\}, \quad \mathcal{Z}(1) = \{2, 3\}, \quad \mathcal{Z}(2) = \{4, 5, 6\}, \ldots$$

berechnen. Mit der Markovkette erhält man die zusätzlichen Informationen, mit welchen Wahrscheinlichkeiten die in diesen Mengen enthaltenen Zustände angenommen werden. □

Matrixdarstellung von Markovketten. Wie für deterministische und nichtdeterministische Automaten kann man auch für stochastische Automaten einen Vektor $p(k)$ einführen, der beschreibt, in welchen Zuständen sich der Automat zur Zeit k befindet. Dabei wird wieder vorausgesetzt, das die Zustandsmenge

$$\mathcal{Z} = \{1, 2, ..., N\}$$

durchnummeriert ist, so dass das i-te Element $p_i(k)$ mit dem Zustand i in Zusammenhang gebracht werden kann. Für stochastische Automaten beschreibt $p_i(k) \in [0, 1]$ die Wahrscheinlichkeit, mit der sich der Automat im Zustand i befindet:

$$p_i(k) = \mathrm{Prob}\,(Z(k){=}i).$$

Ordnet man nun die Zustandsübergangswahrscheinlichkeiten

$$g_{ij} = \mathrm{Prob}\,(Z(k+1){=}i \mid Z(k){=}j)$$

in der (N, N)-Matrix G an

$$G = \begin{pmatrix} g_{11} & g_{12} & \cdots & g_{1N} \\ g_{21} & g_{22} & \cdots & g_{2N} \\ \vdots & \vdots & & \vdots \\ g_{N1} & g_{N2} & \cdots & g_{NN} \end{pmatrix}, \tag{7.25}$$

so kann man die Chapman-Kolmogorov-Gleichung in folgender Matrixform schreiben

| Matrixform der Zustandsraumdarstellung diskreter Markovketten: (Chapman-Kolmogorov-Gleichung) $p(k+1) = Gp(k), \quad p(0) = p_0.$ | (7.26) |

Dabei ist p_0 die vektorielle Darstellung der gegebenen Wahrscheinlichkeitsverteilung für den Zustand $Z(0)$.

Mit der Form (7.26) kann die diskrete Markovkette als zeitdiskretes lineares System interpretiert werden, dessen Zustandsraummodell in Gl. (A3.11) angegeben ist. Die für lineare kontinuierliche Systeme entwickelten Analysemethoden sind somit hier anwendbar.

G nennt man die Übergangsmatrix der Markovkette. Sie ist eine stochastische Matrix, denn aufgrund der Eigenschaft (7.19) der Zustandsübergangswahrscheinlichkeiten ist die Summe der Matrixelemente in allen Spalten gleich eins:

$$\sum_{i=1}^{N} g_{ij} = 1 \qquad \text{für alle } j = 1, ..., N.$$

Die Matrixdarstellung zeigt, dass es sich bei einer Markovkette aus der Sicht der Theorie der kontinuierlichen Systeme um ein zeitdiskretes lineares System handelt und folglich Analysemethoden, die für derartige kontinuierliche Systeme entwickelt wurden, hier angewendet werden können. Die Kenntnis dieser Methoden wird im Folgenden nicht vorausgesetzt.

Die mit der Gl. (7.26) berechnete Folge der Vektoren $p(k)$ wird mit $P(0...k_e)$ bezeichnet:

$$P(0...k_{\mathrm{e}}) = (\boldsymbol{p}(0), \boldsymbol{p}(1), ..., \boldsymbol{p}(k_{\mathrm{e}})).$$

Sie ist eine zu Gl. (7.24) äquivalente Darstellung der Bewegung des Automaten.[5]

Die Matrixdarstellung zeigt auch, dass man die Wahrscheinlichkeitsverteilung $\boldsymbol{p}(k)$ für den Zeitpunkt k direkt aus der Anfangswahrscheinlichkeitsverteilung $\boldsymbol{p}_0$ berechnen kann:

$$\boxed{\text{Bewegungsgleichung diskreter Markovketten:} \quad \boldsymbol{p}(k) = \boldsymbol{G}^k \boldsymbol{p}(0)} \qquad (7.27)$$

(vgl. auch Gl. (A3.13)). Dies ist die übersichtlichste Form der Bewegungsgleichung für Markovketten. Schreibt man diese Gleichung in der ursprünglichen wahrscheinlichkeitstheoretischen Notation

$$\mathrm{Prob}\,(Z(k)\!=\!i) = \sum_{j=1}^{N} \tilde{g}_{ij}\,\mathrm{Prob}\,(Z(0)\!=\!j),$$

in der $\tilde{g}_{ij}$ das ij-te Element der Matrix $\boldsymbol{G}^k$ darstellt, so sieht man, dass die Elemente der Matrix $\boldsymbol{G}^k$ die Übergangswahrscheinlichkeiten vom Zustand i in den Zustand j innerhalb von k Zeitschritten beschreiben (k-Schritt-Übergangswahrscheinlichkeit):

$$\tilde{g}_{ij} = \mathrm{Prob}\,(Z(k)\!=\!i \mid Z(0)\!=\!j).$$

Man kann mit der Bewegungsgleichung (7.27) deshalb aus einer Wahrscheinlichkeitsverteilung zum Zeitpunkt $m \geq 0$ direkt die Wahrscheinlichkeitsverteilung für die k Zeitschritte späteren Zustände berechnen:

$$\boldsymbol{p}(k + m) = \boldsymbol{G}^k \boldsymbol{p}(m). \qquad (7.28)$$

Beispiel 7.3 (Forts.) *Berechnung der Zustandsfolge einer Markovkette*

Für die Markovkette aus Abb. 7.14 erhält man die folgende Matrix und Anfangszustand

$$\boldsymbol{G} = \begin{pmatrix} 0 & 0 & 0 & 0 & 0 & 1 \\ 0,3 & 0 & 0 & 0 & 0 & 0 \\ 0,7 & 0 & 0 & 0 & 0 & 0 \\ 0 & 0,2 & 0 & 0 & 0 & 0 \\ 0 & 0,8 & 0,1 & 0 & 0 & 0 \\ 0 & 0 & 0,9 & 1 & 1 & 0 \end{pmatrix}, \quad \boldsymbol{p}_0 = \begin{pmatrix} 1 \\ 0 \\ 0 \\ 0 \\ 0 \\ 0 \end{pmatrix}.$$

Für $k = 1$ und $k = 2$ folgen aus Gl. (7.26) die Beziehungen

---

[5] Traditionell wird in der mathematischen Literatur anstelle des Spaltenvektors $\boldsymbol{p}$ ein Zeilenvektor π eingeführt, so dass Gl. (7.26) die Form $\pi(k\!+\!1) = \pi(k)\varPi$ hat. Diese Gleichung kann man aus der hier angegebenen Beziehung (7.26) erhalten, wenn man beide Seiten transponiert. Dies zeigt, dass die dort verwendete Matrix $\varPi$ mit der *transponierten* Matrix $\boldsymbol{G}^{\mathrm{T}}$ übereinstimmt. Diesen Unterschied in der Bezeichnungsweise muss man bei der Interpretation aller aus der Chapman-Kolmogorov-Gleichung abgeleiteten Beziehungen beachten. Er hat außerdem zur Konsequenz, dass in der Mathematik unter einer stochastischen Matrix eine Matrix verstanden wird, deren Zeilensumme gleich eins ist, während alle hier betrachteten Matrizen die Eigenschaft haben, dass die Spaltensumme gleich eins ist.

$$p(1) = \begin{pmatrix} 0 & 0 & 0 & 0 & 0 & 1 \\ 0{,}3 & 0 & 0 & 0 & 0 & 0 \\ 0{,}7 & 0 & 0 & 0 & 0 & 0 \\ 0 & 0{,}2 & 0 & 0 & 0 & 0 \\ 0 & 0{,}8 & 0{,}1 & 0 & 0 & 0 \\ 0 & 0 & 0{,}9 & 1 & 1 & 0 \end{pmatrix} \begin{pmatrix} 1 \\ 0 \\ 0 \\ 0 \\ 0 \\ 0 \end{pmatrix} = \begin{pmatrix} 0 \\ 0{,}3 \\ 0{,}7 \\ 0 \\ 0 \\ 0 \end{pmatrix}$$

$$p(2) = \begin{pmatrix} 0 & 0 & 0 & 0 & 0 & 1 \\ 0{,}3 & 0 & 0 & 0 & 0 & 0 \\ 0{,}7 & 0 & 0 & 0 & 0 & 0 \\ 0 & 0{,}2 & 0 & 0 & 0 & 0 \\ 0 & 0{,}8 & 0{,}1 & 0 & 0 & 0 \\ 0 & 0 & 0{,}9 & 1 & 1 & 0 \end{pmatrix} \begin{pmatrix} 0 \\ 0{,}3 \\ 0{,}7 \\ 0 \\ 0 \\ 0 \end{pmatrix} = \begin{pmatrix} 0 \\ 0 \\ 0 \\ 0{,}06 \\ 0{,}31 \\ 0{,}63 \end{pmatrix}.$$

Entsprechend Gl. (7.27) kann man beispielsweise für $k = 14$ folgende Zustandswahrscheinlichkeitsverteilung ermitteln:

$$p(14) = G^{14} p_0 = \begin{pmatrix} 0{,}326 & 0{,}259 & 0{,}213 & 0{,}208 & 0{,}208 & 0{,}370 \\ 0{,}111 & 0{,}132 & 0{,}083 & 0{,}078 & 0{,}078 & 0{,}063 \\ 0{,}259 & 0{,}308 & 0{,}194 & 0{,}181 & 0{,}181 & 0{,}145 \\ 0{,}013 & 0{,}015 & 0{,}025 & 0{,}026 & 0{,}026 & 0{,}016 \\ 0{,}064 & 0{,}078 & 0{,}131 & 0{,}137 & 0{,}137 & 0{,}080 \\ 0{,}227 & 0{,}208 & 0{,}354 & 0{,}370 & 0{,}370 & 0{,}326 \end{pmatrix} \begin{pmatrix} 1 \\ 0 \\ 0 \\ 0 \\ 0 \\ 0 \end{pmatrix} = \begin{pmatrix} 0{,}326 \\ 0{,}111 \\ 0{,}259 \\ 0{,}013 \\ 0{,}064 \\ 0{,}227 \end{pmatrix}.$$

Wie man sieht, kann sich dass System nach 14 Zustandsübergängen in jedem seiner Zustände befinden, allerdings mit sehr unterschiedlicher Wahrscheinlichkeit. □

Beispiel 7.4 *Modellierung der Warteschlange vor einer Werkzeugmaschine als Markovkette*

Die in Abb. 1.8 auf S. 15 gezeigte Warteschlange wird als System mit der Taktzeit T betrachtet, wobei folgende Annahmen getroffen werden:

- Zwischen zwei Taktzeitpunkten kommt höchstes ein neues Werkstück zur Warteschlange hinzu und es wird der Bearbeitungsvorgang von höchstens einem Werkstück abgeschlossen.

- Der mittlere zeitliche Abstand der neu eintreffenden Werkstücke ist $2{,}5\,T$.

- Die mittlere Bearbeitungszeit für das Werkstück durch die Werkzeugmaschine beträgt $1{,}667\,T$.

  Die Warteschlange wird als Markovprozess beschrieben, wobei die Anzahl der Werkstücke in der Warteschlange als Zustand gewählt wird:

$$Z(k) \in \mathcal{Z} = \{0, 1, 2, 3\}.$$

Aus der ersten Annahme folgt, dass sich der Zustand der Warteschlange in jedem Zeittakt um höchstens den Wert eins verändert. Aus der zweiten Annahme geht hervor, dass neue Werkstücke in jedem Takt mit der Wahrscheinlichkeit

$$p_{\mathrm{W}} = \frac{1T}{2{,}5T} = 0{,}40$$

eintreffen. Die dritte Annahme führt zu der Aussage, dass der Bearbeitungsvorgang zwischen zwei aufeinander folgenden Taktzeitpunkten mit der Wahrscheinlichkeit

$$p_{\mathrm{M}} = \frac{1T}{1{,}667T} = 0{,}6$$

abgeschlossen ist. Daraus wird ersichtlich, dass mit der Wahrscheinlichkeit

$$1 - p_W = 0{,}6$$

kein Werkstück eintrifft und mit der Wahrscheinlichkeit

$$1 - p_M = 0{,}4$$

die Bearbeitung des Werkstücks nicht abgeschlossen ist.

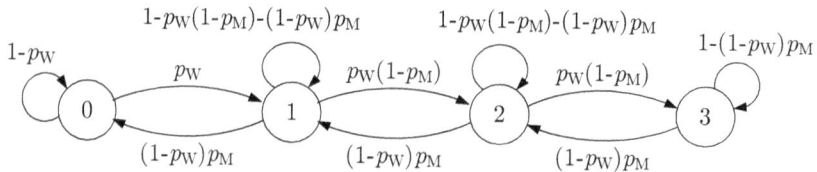

Abb. 7.15: Markovkette, die die Warteschlange vor der Werkzeugmaschine beschreibt

Aus diesen Angaben erhält man die in Abb. 7.15 gezeigte Markovkette in folgenden Schritten:

- Der Zustandsübergang $0 \rightarrow 1$ erfolgt mit der Ankunftswahrscheinlichkeit p_W eines neuen Werkstücks. Folglich bleibt die Warteschlange mit der Wahrscheinlichkeit $1 - p_W$ leer.

- Die Zustandsübergänge $1 \rightarrow 2$ und $2 \rightarrow 3$ finden statt, wenn ein neues Werkstück eintrifft und gleichzeitig kein neues Werkstück aus der Warteschlange in die Werkzeugmaschine befördert wird. Da die Ankunft eines neuen Werkstücks von der Beendigung der Bearbeitung eines anderen Werkstücks stochastisch unabhängig ist, erhält man für diese Wahrscheinlichkeit den Term $p_W(1 - p_M)$.

- Die Warteschlange wird um 1 Element kürzer (Zustandsübergänge $3 \rightarrow 2$, $2 \rightarrow 1$, $1 \rightarrow 0$), wenn die Bearbeitung eines Werkstücks abgeschlossen ist und nicht gleichzeitig ein neues Werkstück ankommt. Die Wahrscheinlichkeit dafür beträgt $(1 - p_W)p_M$.

- Mit der verbleibenden Wahrscheinlichkeit von $1 - p_W(1 - p_M) - (1 - p_W)p_M$ bleibt die Wartschlange in den Zuständen 1 und 2.

- Der Zustand 3 wird beibehalten, solange die Werkzeugmaschine kein neues Werkstück braucht. Dieser Fall tritt mit der Wahrscheinlichkeit $1 - (1 - p_W)p_M = (1 - p_M) + p_W p_M$ auf.

Der Markovprozess hat die Zustandsübergangsmatrix

$$
G =
\begin{pmatrix}
1 - p_W & (1 - p_W)p_M & 0 & 0 \\
p_W & 1 - p_W(1 - p_M) - (1 - p_W)p_M & (1 - p_W)p_M & 0 \\
0 & p_W(1 - p_M) & 1 - p_W(1 - p_M) - (1 - p_W)p_M & (1 - p_W)p_M \\
0 & 0 & p_W(1 - p_M) & 1 - (1 - p_W)p_M
\end{pmatrix}
$$

$$
=
\begin{pmatrix}
0{,}60 & 0{,}36 & 0 & 0 \\
0{,}40 & 0{,}48 & 0{,}36 & 0 \\
0 & 0{,}16 & 0{,}48 & 0{,}36 \\
0 & 0 & 0{,}16 & 0{,}64
\end{pmatrix}.
$$

Wenn man die Analyse mit einer leeren Warteschlange beginnen will, wählt man

$$p_0 = \begin{pmatrix} 1 \\ 0 \\ 0 \\ 0 \end{pmatrix}.$$

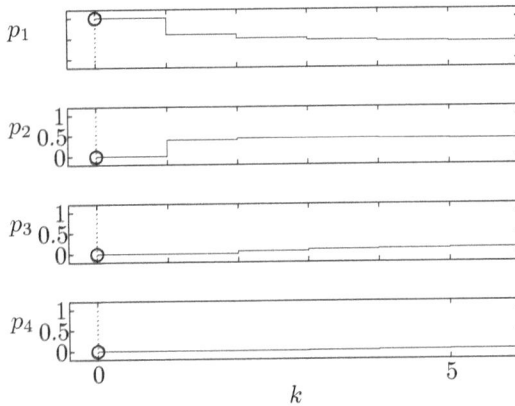

Abb. 7.16: Verhalten des Wartesystems

Das mit der Markovkette vorhergesagte Verhalten des Wartesystems ist in Abb. 7.16 gezeigt. Die Wahrscheinlichkeit, dass sich kein Kunde in der Warteschlange befindet, sinkt vom Anfangswert 1 auf einen stationären Endwert, während die Wahrscheinlichkeiten für ein, zwei und drei Kunden ansteigen. Dass drei Kunden warten und demzufolge ein neu hinzukommender abgewiesen wird, ist wenig wahrscheinlich. □

Intensitätsmatrix. Eine weitere Kenngröße von Markovketten ist die Intensitätsmatrix Q, die vor allem im Vergleich mit kontinuierlichen Markovketten (Kapitel 10) gebraucht wird. Durch Umstellung von Gl. (7.26) erhält man die Beziehung

$$p(k+1) - p(k) = \underbrace{(G - I)}_{Q} p(k). \tag{7.29}$$

Die Intensitätsmatrix Q beschreibt, wie sich die Zustandswahrscheinlichkeitsverteilung bezogen auf die aktuelle Verteilung bei einem einmaligen Schalten der Markovkette verändert.

7.3.3 Markoveigenschaft

Auf den ersten Blick erscheint es ganz natürlich, dass man die Zustandswahrscheinlichkeit $\text{Prob}(Z(k))$ einer Markovkette entsprechend der Chapman-Kolmogorov-Gleichung (7.23) rekursiv aus der Verteilung zum vorherigen Zeitpunkt k und den Übergangswahrscheinlichkeiten

$\mathrm{Prob}\,(Z(k+1)\mid Z(k))$ berechnet. In diesem Abschnitt wird diese Beziehung genauer untersucht, wobei sich herausstellen wird, dass die angegebene Rekursion nur für Systeme richtig ist, die die Markoveigenschaft besitzen.

Für den Zeitpunkt $k=1$ stimmt die aus der Chapman-Kolmogorov-Gleichung erhaltene Beziehung

$$\mathrm{Prob}\,(Z(1)\!=\!z') = \sum_{z\in\mathcal{Z}} \mathrm{Prob}\,(Z(1)\!=\!z'\mid Z(0)\!=\!z)\cdot\mathrm{Prob}\,(Z(0)\!=\!z)$$

mit der Eigenschaft (7.8) bedingter Wahrscheinlichkeiten überein. Für $k=1$ ist die Chapman-Kolmogorov-Gleichung also immer gültig.

Für den Zeitpunkt $k=2$ erhält man aus Gl. (7.23)

$$\mathrm{Prob}\,(Z(2)\!=\!z') = \sum_{z\in\mathcal{Z}} \mathrm{Prob}\,(Z(2)\!=\!z'\mid Z(1)\!=\!z)\cdot\mathrm{Prob}\,(Z(1)\!=\!z)$$

und nach dem Einsetzen der ersten Gleichung

$$\begin{aligned}
&\mathrm{Prob}\,(Z(2)\!=\!z_2)\\
&= \sum_{z_1\in\mathcal{Z}} \mathrm{Prob}\,(Z(2)\!=\!z_2\mid Z(1)\!=\!z_1) \sum_{z_0\in\mathcal{Z}} \mathrm{Prob}\,(Z(1)\!=\!z_1\mid Z(0)\!=\!z_0)\cdot\mathrm{Prob}\,(Z(0)\!=\!z_0),
\end{aligned}$$

wobei jetzt die Werte der drei Zustände anders bezeichnet werden mussten. Das auf der rechten Seite stehende Produkt der beiden Summen stellt die bedingte Wahrscheinlichkeit für den Zustandsübergang in den Zustand $Z(2)=z_2$ unter der Bedingung dar, dass für den Anfangszustand $Z(0)=z_0$ gilt:

$$\begin{aligned}
&\mathrm{Prob}\,(Z(2)\!=\!z_2\mid Z(0)\!=\!z_0)\\
&= \sum_{z_1\in\mathcal{Z}} \mathrm{Prob}\,(Z(2)\!=\!z_2\mid Z(1)\!=\!z_1)\cdot\mathrm{Prob}\,(Z(1)\!=\!z_1\mid Z(0)\!=\!z_0). \quad (7.30)
\end{aligned}$$

Es wird jetzt untersucht, ob diese Beziehung immer richtig ist. Da sie sich auf die drei Zustände $Z(0)$, $Z(1)$ und $Z(2)$ bezieht, wird die Verbundwahrscheinlichkeit $\mathrm{Prob}\,(Z(2), Z(1), Z(0))$ dieser drei Größen betrachtet. Entsprechend der Kettenregel (7.11) gilt

$$\begin{aligned}
&\mathrm{Prob}\,(Z(2)\!=\!z_2, Z(1)\!=\!z_1, Z(0)\!=\!z_0)\\
&= \mathrm{Prob}\,(Z(2)\!=\!z_2\mid Z(1)\!=\!z_1, Z(0)\!=\!z_0)\cdot\mathrm{Prob}\,(Z(1)\!=\!z_1\mid Z(0)\!=\!z_0)\\
&\quad\cdot\mathrm{Prob}\,(Z(0)\!=\!z_0),
\end{aligned}$$

woraus man die Randverteilung

$$\begin{aligned}
&\mathrm{Prob}\,(Z(2)\!=\!z_2, Z(0)\!=\!z_0)\\
&= \sum_{z_1\in\mathcal{Z}} \mathrm{Prob}\,(Z(2)\!=\!z_2\mid Z(1)\!=\!z_1, Z(0)\!=\!z_0)\cdot\mathrm{Prob}\,(Z(1)\!=\!z_1\mid Z(0)\!=\!z_0)\\
&\qquad\cdot\mathrm{Prob}\,(Z(0)\!=\!z_0),
\end{aligned}$$

und daraus die bedingte Wahrscheinlichkeit

$$\text{Prob}\,(Z(2)\!=\!z_2 \mid Z(0)\!=\!z_0) \tag{7.31}$$

$$= \frac{\displaystyle\sum_{z_1 \in \mathcal{Z}} \text{Prob}\,(Z(2)\!=\!z_2 | Z(1)\!=\!z_1, Z(0)\!=\!z_0)\cdot\text{Prob}\,(Z(1)\!=\!z_1 | Z(0)\!=\!z_0)\cdot\text{Prob}\,(Z(0)\!=\!z_0)}{\text{Prob}\,(Z(0)\!=\!z_0)}$$

$$= \sum_{z_1 \in \mathcal{Z}} \text{Prob}\,(Z(2)\!=\!z_2 \mid Z(1)\!=\!z_1, Z(0)\!=\!z_0) \cdot \text{Prob}\,(Z(1)\!=\!z_1 \mid Z(0)\!=\!z_0)$$

berechnen kann. Diese Beziehung stimmt offenbar nur dann mit der aus der Chapman-Kolmogorov-Gleichung erhaltenen Beziehung (7.30) überein, wenn

$$\text{Prob}\,(Z(2)\!=\!z_2 \mid Z(1)\!=\!z_1, Z(0)\!=\!z_0) = \text{Prob}\,(Z(2)\!=\!z_2 \mid Z(1)\!=\!z_1), \quad z_1, z_2, z_3 \in \mathcal{Z}$$

gilt. Das heißt, der Zustand $Z(2)$ darf für einen gegebenen Zustand $Z(1)$ nicht vom Zustand $Z(0)$ abhängig sein.

Wenn man dieselben Betrachtungen für Zeitpunkte $k \geq 2$ durchführt, so sieht man, dass der Zustand $Z(k + 1)$ i. Allg. von allen vorherigen Zuständen abhängig ist, so dass man die bedingte Wahrscheinlichkeit

$$\text{Prob}\,(Z(k + 1)\!=\!z_{k+1} \mid Z(k)\!=\!z_k, ..., Z(1)\!=\!z_1, Z(0)\!=\!z_0)$$

kennen muss, um die Verteilung von $Z(k + 1)$ berechnen zu können. Aus der Chapman-Kolmogorov-Gleichung kann man jedoch in Erweiterung von Gl. (7.30) den Ausdruck

$$\text{Prob}\,(Z(k + 1)\!=\!z_{k+1} \mid Z(k)\!=\!z_k, ..., Z(0)\!=\!z_0) =$$
$$\sum_{z_k, z_{k-1}, ..., z_1} \text{Prob}\,(Z(k + 1)\!=\!z_{k+1} \mid Z(k)\!=\!z_k) \cdot \text{Prob}\,(Z(k)\!=\!z_k \mid Z(k - 1)\!=\!z_{k-1}) \cdot$$
$$... \cdot \text{Prob}\,(Z(1)\!=\!z_1 \mid Z(0)\!=\!z_0)$$

ableiten, in den nur die bedingten Wahrscheinlichkeiten $\text{Prob}\,(Z(k + 1)\!=\!z_{k+1} \mid Z(k)\!=\!z_k)$ von zeitlich benachbarten Zuständen für $k = 0, 1, ...$ eingehen. Dieser Widerspruch kann nur aufgelöst werden, wenn man für alle Zustände fordert, dass sie nur von dem jeweils vorherigen Zustand stochastisch abhängig und von allen weiter zurückliegenden Zuständen stochastisch unabhängig sind. Diese Bedingung wird Markoveigenschaft genannt:

> **Markoveigenschaft:**
> $$\text{Prob}\,(Z(k + 1)\!=\!z_{k+1} \mid Z(k)\!=\!z_k, ..., Z(0)\!=\!z_0) = \text{Prob}\,(Z(k + 1)\!=\!z_{k+1} \mid Z(k)\!=\!z_k)$$

$$\tag{7.32}$$

Ein System besitzt diese Eigenschaft, wenn es die Beziehung (7.32) für beliebige Zustandsfolgen $(z_0, z_1, ..., z_{k+1})$ erfüllt, die mit positiver Wahrscheinlichkeit auftreten:

$$\text{Prob}\,(Z(k + 1)\!=\!z_{k+1} \mid Z(k)\!=\!z_k, ..., Z(0)\!=\!z_0) > 0.$$

Die Tatsache, dass der Zustandsübergang $Z(k) \rightarrow Z(k + 1)$ nicht von den vorherigen Zuständen $Z(k - 1), Z(k - 2)$ usw. abhängt, zeigt, dass eine Markovkette *kein Gedächtnis* hat. Sie merkt sich die vorherigen Zustände nicht, sondern entscheidet sich für den Zustand $Z(k+1)$ nur in Abhängigkeit davon, in welchem Zustand $Z(k)$ sie sich gerade befindet.

Die Eigenschaft, dass die Markovkette kein Gedächtnis hat, bedarf einer genauen Erläuterung. Das Gedächtnis bezieht sich in der hier wiedergegebenen und in vielen Lehrbüchern erwähnten Interpretation der Markoveigenschaft (7.32) auf die *vorherigen* Zustände, nicht auf den aktuellen Zustand. Der aktuelle Zustand $Z(k)$ ist selbstverständlich für die zukünftige Bewegung des Systems ausschlaggebend.

Die Frage, ob ein System ein Gedächtnis besitzt oder nicht, wird in Lehrbüchern zur Systemtheorie häufig mit einem ganz anderen Bezug gestellt. Dort wird das Vorhandensein eines Gedächtnisses als eine grundlegende Eigenschaft dynamischer Systeme herausgestellt und nur statische Systeme werden in diesem Zusammenhang als gedächtnislos bezeichnet. In dieser Betrachtungsweise ist der Zustand eines Systems die Menge derjenigen Informationen, die sich das System über seine vergangene Bewegung merkt, um den zukünftigen Zustand zu bestimmen (vgl. Definition 2.1 auf S. 45). Gedächtnislos sind statische Systeme, deren Ausgang zum Zeitpunkt k nur von dem zum selben Zeitpunkt k anliegenden Wert der Eingangsgröße abhängt.

Dieser Vergleich zweier Betrachtungsweisen zeigt, dass der Begriff Gedächtnis in der Literatur zu dynamischen Systemen in unterschiedlicher Weise gebraucht wird, was zu Verwechslungen Anlass geben kann.

Beispiel 7.5 *Markoveigenschaft von drei Würfeln*

Um die Beziehung (7.32) zu erläutern, wird die Zustandsfolge $(Z(0), Z(1), Z(2))$ eines Systems betrachtet. Im ersten Fall wird angenommen, dass die Werte der drei Zufallsvariablen unabhängig voneinander ausgewürfelt werden, wie es Abb. 7.17 zeigt. Zur Vereinfachung der folgenden Betrachtungen wird angenommen, dass die Würfel anstelle der Werte $\boxed{\cdot}$ bis $\boxed{\vdots}$ nur die Werte $\boxed{\cdot}$ bis $\boxed{\cdot\cdot\cdot}$ und diese je zweimal besitzen.

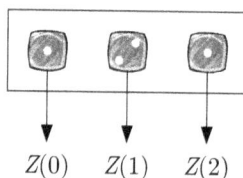

$$Z(0) \quad Z(1) \quad Z(2)$$

Abb. 7.17: Drei unabhängige Würfel

Da sich die Würfel nicht gegenseitig beeinflussen, ist die Kenntnis des Ergebnisses des Wurfes mit dem Würfel 1 bedeutungslos für die anderen Würfel. Die drei Ereignisse sind stochastisch unabhängig und für ihre Verbundwahrscheinlichkeitsverteilung gilt deshalb entsprechend Gl. (7.14)

$$\text{Prob}\,(Z(0) = z_0, Z(1) = z_1, Z(2) = z_2) = \text{Prob}\,(Z(0) = z_0) \cdot \text{Prob}\,(Z(1) = z_1) \cdot \text{Prob}\,(Z(2) = z_2).$$

Damit ist die Markoveigenschaft (7.32) erfüllt, denn

$$\text{Prob}\,(Z(2) = z_2 \mid Z(1) = z_1, Z(0) = z_0) = \frac{\text{Prob}\,(Z(2) = z_2, Z(1) = z_1, Z(0) = z_0)}{\text{Prob}\,(Z(1) = z_1, Z(0) = z_0)}$$

$$= \frac{\text{Prob}\,(Z(2)=z_2) \cdot \text{Prob}\,(Z(1)=z_1) \cdot \text{Prob}\,(Z(0)=z_0)}{\text{Prob}\,(Z(1)=z_1) \cdot \text{Prob}\,(Z(0)=z_0)}$$

$$= \text{Prob}\,(Z(2)=z_2).$$

Hier hängt die Wahrscheinlichkeitsverteilung für den Zustand $Z(2)$ noch nicht einmal vom Vorgängerzustand $Z(1)$ ab. Als Ergebnis erhält man eine Markovkette, die von jedem Zustand $Z(0)$ in jeden Zustand $Z(1)$ mit derselben Wahrscheinlichkeit von $\frac{1}{3}$ übergeht. Gleiches gilt für den Übergang vom Zustand $Z(1)$ in den Zustand $Z(2)$. In Abb. 7.18 sind alle Kanten mit derselben Wahrscheinlichkeit von $\frac{1}{3}$ bewertet.

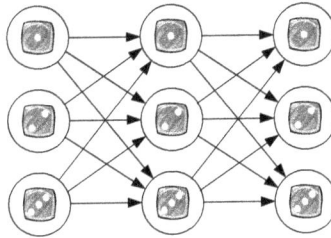

Abb. 7.18: Markovkette, die das Verhalten der drei unabhängigen Würfel
beschreibt

Die Würfel werden jetzt verändert. Wenn der erste Würfel zu dem Ergebnis ⊡ oder ⊡ führt, so werden auf dem zweiten Würfel zwei Einsen bzw. Zweien durch Dreien ersetzt. Damit beeinflusst das Ergebnis des ersten Wurfes die Wahrscheinlichkeitsverteilung des Ergebnisses des zweiten Würfels. Dieselben Veränderungen werden am dritten Würfel in Abhängigkeit vom Ergebnis des zweiten Wurfes vorgenommen (Abb. 7.19).

Durch die Veränderung der beiden Würfel ändert sich das Verhalten des Systems. Der in Abb. 7.20 gezeigte Graf enthält weniger Kanten als der Graf in Abb. 7.18, denn es ist beispielsweise ausgeschlossen, dass die beiden ersten Würfe jeweils eine Eins oder jeweils eine Zwei ergeben. Die dünn gezeichneten Kanten haben wie bisher die Wahrscheinlichkeit $\frac{1}{3}$, die dick gezeichneten Kanten die Übergangswahrscheinlichkeit von $\frac{2}{3}$. Offensichtlich hängt damit die Wahrscheinlichkeitsverteilung für $Z(1)$ vom Zustand $Z(0)$ ab. Beispielsweise gilt

$$\text{Prob}\,(Z(1)=\boxed{\cdot} \mid Z(0)=\boxed{\cdot}) = 0$$

$$\text{Prob}\,(Z(1)=\boxed{\cdot} \mid Z(0)=\boxed{\cdot\cdot}) = \frac{1}{3}$$

$$\text{Prob}\,(Z(1)=\boxed{\cdot} \mid Z(0)=\boxed{\cdot\cdot}) = \frac{1}{3}.$$

Man muss deshalb das Ergebnis des ersten Wurfes kennen, wenn man den zweiten Wurf vorhersagen will.

Dasselbe gilt für den Zusammenhang zwischen dem zweiten und dem dritten Wurf. Man muss das Ergebnis des zweiten Wurfes kennen, um die Wahrscheinlichkeitsverteilung über die möglichen Ergebnisse des dritten Wurfes richtig festlegen zu können. Allerdings ist dabei das Ergebnis des ersten Wurfes bedeutungslos, was wahrscheinlichkeitstheoretisch durch die Beziehung

$$\text{Prob}\,(Z(2)=z_2 \mid Z(1)=z_1, Z(0)=z_0) = \text{Prob}\,(Z(2)=z_2 \mid Z(1)=z_1) \qquad (7.33)$$

zum Ausdruck gebracht wird. Der Prozess besitzt demzufolge die Markoveigenschaft. Man muss das vorherige Ergebnis kennen, um die Wahrscheinlichkeitsverteilungen über die Nachfolgeereignisse richtig festlegen zu können.

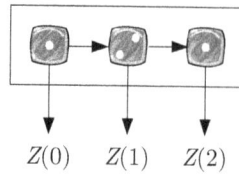

Abb. 7.19: Würfel, von denen jeder das Verhalten des nachfolgenden Würfels beeinflusst

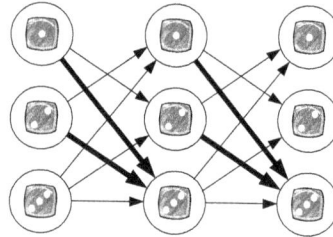

Abb. 7.20: Markovkette zur Beschreibung von drei Würfeln, von denen jeder das Verhalten des nachfolgenden beeinflusst

Anders sieht es aus, wenn sowohl das Ergebnis des ersten Wurfes als auch das Ergebnis des zweiten Wurfes den dritten Würfel beeinflussen (Abb. 7.21). Werden beispielsweise die Ergebnisse ⊡ oder ⊡ der ersten beiden Würfe beim dritten Würfel gegen eine ⊡ ausgetauscht, so muss man beide Ergebnisse kennen, um die Wahrscheinlichkeitsverteilung für den dritten Wurf bestimmen zu können.

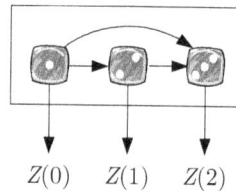

Abb. 7.21: Drei Würfel, von denen die ersten beiden das Verhalten des dritten beeinflussen

Wenn man den jeweils letzten Wurf als aktuellen Prozesszustand interpretiert, so besitzt dieser Prozess die Markoveigenschaft nicht. Allein aus der Kenntnis von $Z(1) = $ ⊡ kann man die Wahrscheinlichkeitsverteilung für $Z(2)$ nicht vorhersagen, weil man dann nicht weiß, ob die Zwei des dritten Würfels aufgrund des Ergebnisses des ersten Wurfes in eine Drei ausgetauscht wurde oder nicht. Gleichung (7.33) gilt deshalb nicht.

Zu einer Markovkette kommt man nur, wenn man einen erweiterten Zustandsraum verwendet, in dem der Zustand als $\tilde{Z}$ bezeichnet wird. Der Zustand $\tilde{Z} = Z(0)$ beschreibt wie bisher das Ergebnis des ersten Wurfes, aber der Zustand $\tilde{Z}(1) = (Z(0), Z(1))$ stellt nicht mehr das Ergebnis des zweiten Wurfes allein, sondern die Ergebnisse des ersten und zweiten Wurfes dar. Wenn man diese Folge kennt, weiß man, welche Veränderungen am dritten Würfel vorgenommen wurden, und kann die Übergangswahrscheinlichkeiten zwischen dem Zustand $\tilde{Z}(1)$ und dem Zustand $\tilde{Z}(2)$ berechnen.

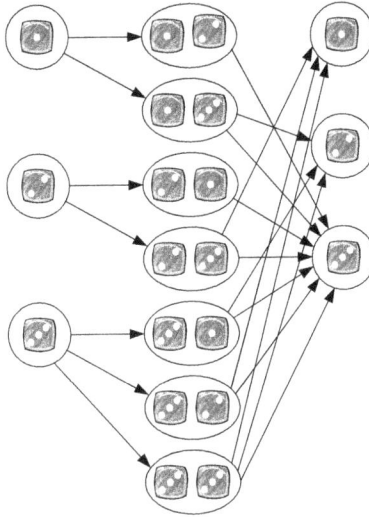

Abb. 7.22: Markovkette mit erweitertem Zustand zur Beschreibung der drei
Würfel aus Abb. 7.21

Der durch die Zustandserweiterung entstandene Markovprozess hat die in Abb. 7.22 gezeigte Struktur. Da man bei einem Markovprozess die Zustände üblicherweise in einer für alle Zeitpunkte k einheitlichen Form beschreibt, muss man auch die Zustände $Z(0)$ und $Z(2)$ durch die Ergebnisse zweier benachbarter Würfe beschreiben. Da es beim ersten Wurf noch keinen Vorgänger gibt, kann man für den Vorgänger das leere Element ε einsetzen. Diese Modifikation des Zustands dient jedoch nur der einheitlichen Beschreibung und wurde hier zur Vereinfachung weggelassen.

Diskussion. In technischen Anwendungen repräsentieren die Würfel Unbestimmtheiten innerhalb einer Prozesskette (Abb. 7.23). Dabei beeinflusst das Ergebnis $Z(0)$ des ersten Teilprozesses naturgemäß die Ergebnisse $Z(1)$ und $Z(2)$ der nachfolgenden Teilprozesse, wobei sich in Abhängigkeit vom Ergebnis $Z(0)$ des ersten Teilprozesses sowohl die möglichen Ergebnisse des zweiten Teilprozesses als auch die Wahrscheinlichkeitsverteilung über diese Ergebnismenge verändern.

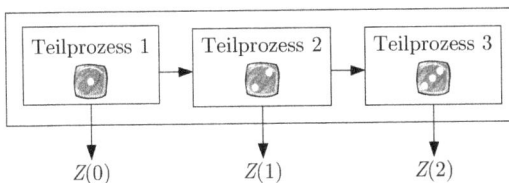

Abb. 7.23: Technischer Prozess mit drei unsicheren Teilprozessen

Man erhält allerdings nur dann eine Markovkette, wenn sich nur die jeweils unmittelbar aufeinander folgenden Teilprozesse direkt beeinflussen. Wie im Würfelbeispiel darf der erste Teilprozess den „Würfel" innerhalb des zweiten Teilprozesses verändern, aber nicht den „Würfel" im dritten Teilprozess. Für Anwendungen kommt es deshalb darauf an, die Unbestimmtheiten bezüglich ihrer gegenseitigen

Abhängigkeit zu untersuchen und einen geeigneten Zustand zu definieren, für den die Markoveigenschaft (7.32) gilt. □

Die Markoveigenschaft ist für die Modellbildung von grundsätzlicher Bedeutung. Wenn man den Zustand eines Prozesses so wählt, dass der Prozess die Markoveigenschaft besitzt, hat das Modell die einfachstmögliche Form, bei der ein Zustand nur von dem unmittelbar vorhergehenden Zustand abhängt. Man muss deshalb nur die Zustandsübergangswahrscheinlichkeit $\text{Prob}(Z(k+1) = z' \mid Z(k) = z) = G(z' \mid z)$ ermitteln. Kennt man diese Zustandsübergangswahrscheinlichkeit für alle Paare (z, z'), so kann man das Verhalten der Markovkette für einen beliebigen Zeithorizont berechnen. Obwohl die Zustandsübergangswahrscheinlichkeit nur beschreibt, wie ein einzelner Zustandsübergang aussieht, ist ihre Kenntnis ausreichend, um beliebig viele aufeinander folgende Zustandsübergänge zu berechnen. Man spricht bei der Zustandsübergangswahrscheinlichkeit $G(z' \mid z)$ deshalb von der *Einschritt-Übergangswahrscheinlichkeit*, wenn man betonen will, dass sich diese Wahrscheinlichkeit nur auf zwei zeitlich benachbarte Zustände bezieht. Die Markoveigenschaft gestattet es, aus diesen Einschrittbetrachtungen die Mehrschritt-Übergangswahrscheinlichkeiten zu berechnen (vgl. Gl. (7.28).

Beispielsweise gibt die Zweischritt-Übergangswahrscheinlichkeit $\text{Prob}(Z(2) = z_2 \mid Z(0) = z_0)$ die Wahrscheinlichkeit für den Zustand zum Zeitpunkt $k = 2$ in Abhängigkeit vom Zustand zum Zeitpunkt $k = 0$ an. Vereinfacht man die Beziehung (7.31) unter Verwendung der Markoveigenschaft, so erhält man

$$\text{Prob}(Z(2) = z_2 \mid Z(0) = z_0)$$
$$= \sum_{z_1 \in \mathcal{Z}} \text{Prob}(Z(2) = z_2 \mid Z(1) = z_1) \cdot \text{Prob}(Z(1) = z_1 \mid Z(0) = z_0)$$
$$= \sum_{z_1 \in \mathcal{Z}} G(z_2 \mid z_1) \cdot G(z_1 \mid z_0).$$

Diese Gleichung zeigt, dass die Zweischritt-Übergangswahrscheinlichkeit aus der Einschritt-Übergangswahrscheinlichkeit G berechnet werden kann. Gleiches gilt für die Übergangswahrscheinlichkeit zwischen weiter entfernt liegenden Zuständen.

Beispiel 7.6 *Datenübertragung zwischen zwei Rechnern*

Zwei Rechner tauschen Daten in Paketen über ein Netz aus, wobei pro Zeiteinheit ein Datenpaket abgeschickt wird. Die Zufallsvariable $X(k)$ beschreibt, ob das k-te Datenpaket ordnungsgemäß übertragen wird oder aufgrund einer Überlastung des Netzes verloren geht:

$$X(k) = \begin{cases} 0 & \text{Das Paket wurde ordnungsgemäß übertragen.} \\ 1 & \text{sonst.} \end{cases}$$

Für die Übertragung der Datenpakete sind deshalb zwei Zustände des Übertragungskanals maßgebend:

$$Z(k) = \begin{cases} 0 & \text{Der Übertragungskanal überträgt Datenpakete ordnungsgemäß.} \\ 1 & \text{Der Übertragungskanal ist überlastet, so dass Datenpakete verloren gehen.} \end{cases}$$

Eine Auswertung der Übertragungseigenschaften des Rechnernetzes ergab folgende Aussagen:

- Wenn das k-te Datenpaket verloren geht, so geht mit 90%-iger Wahrscheinlichkeit auch das $(k+1)$-te Paket verloren.

- Wenn der Übertragungskanal nicht überlastet ist, so überträgt er mit 80%-iger Wahrscheinlichkeit auch das nächste Datenpaket ordnungsgemäß.

Diese Aussagen sollen in einem Modell der Datenübertragung zusammengefasst werden, wobei der wichtigste Modellbildungsschritt in der geeigneten Wahl des Modellzustands besteht, mit dem das Modell die Markoveigenschaft besitzt.

Die Aussagen über das zeitliche Verhalten des Übertragungskanals lassen sich in folgenden bedingten Wahrscheinlichkeiten zusammenfassen:

$$\text{Prob}\,(Z(k+1)=1 \mid Z(k)=1) \;=\; 0{,}9$$
$$\text{Prob}\,(Z(k+1)=0 \mid Z(k)=0) \;=\; 0{,}8.$$

Wegen der Eigenschaft (7.7) der bedingten Wahrscheinlichkeiten und der Tatsache, dass der Übertragungskanal nur zwei Zustände hat, erhält man daraus zwei weitere bedingten Wahrscheinlichkeiten:

$$\text{Prob}\,(Z(k+1)=1 \mid Z(k)=0) \;=\; 0{,}2$$
$$\text{Prob}\,(Z(k+1)=0 \mid Z(k)=1) \;=\; 0{,}1.$$

Außerdem geht aus der Modellierungsaufgabe hervor, dass der Wert der Zufallsvariablen X mit dem Zustand Z der Markovkette übereinstimmt ($X(k) = Z(k)$) und deshalb im Folgenden nur noch $Z(k)$ betrachtet werden muss.

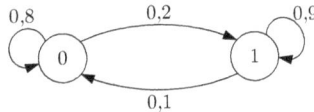

Abb. 7.24: Graf des stochastischen Automaten, der den Übertragungskanal zwischen zwei Rechnern beschreibt

Die angegebenen bedingten Wahrscheinlichkeiten führen auf einen stochastischen Automaten, dessen Graf in Abb. 7.24 angegeben ist. Wenn man nicht weiß, in welchem Zustand sich der Übertragungskanal zu Beginn der Untersuchungen befindet, kann man eine Gleichverteilung annehmen:

$$\text{Prob}\,(Z(0)=0) = \text{Prob}\,(Z(0)=1) = \frac{1}{2}. \;\; \Box$$

Aufgabe 7.5 *Bestimmung der Übergangswahrscheinlichkeiten für einen Prozess mit drei Würfeln*

Betrachten Sie den in Abb. 7.19 gezeigten Prozess, bei dem sich die Würfel entsprechend der im Beispiel 7.5 angegebenen Regeln gegenseitig beeinflussen. Bestimmen Sie die Übergangswahrscheinlichkeiten, die an den Kanten der in Abb. 7.22 gezeigten Markovkette stehen. $\Box$

Aufgabe 7.6*   *Verbesserung des Warteschlangenmodells aus dem Beispiel 7.4*

Die im Beispiel 7.4 angegebene Markovkette beschreibt das Verhalten von Warteschlange und Werkzeugmaschine offenbar für den Fall nicht richtig, in dem die Warteschlange leer ist und die Werkzeugmaschine auf ein Werkstück wartet. Dann kann das ankommende Werkstück sofort zur Werkzeugmaschine transportiert werden und die Warteschlange verbleibt im Zustand 0. Wie muss man das Modell verändern, um diesen Sachverhalt zu berücksichtigen?

Erweitern Sie das Modell, wenn die Warteschlange zwei Maschinen gleichzeitig bedient. Geben Sie sinnvolle Voraussetzungen für diese Struktur an und stellen Sie die Übergangswahrscheinlichkeiten in Abhängigkeit von den Maschinenparametern dar. □

Aufgabe 7.7   *„Mensch ärgere dich nicht!"*

Mit welcher Wahl des Zustands $Z(k)$ besitzen Würfelspiele wie z. B. „Mensch ärgere dich nicht!" die Markoveigenschaft? Kennen Sie Würfelspiele, die die Markoveigenschaft nicht besitzen? □

7.3.4 Verhalten von Markovketten

Ausgehend von der Markoveigenschaft wird in diesem Abschnitt das Verhalten $\mathcal{B}$ stochastischer Automaten untersucht. Die Menge $\mathcal{B}$ besteht aus allen Zustandsfolgen

$$Z(0...k_e) = (z_0, z_1, z_2, ..., z_{k_e}), \quad z_1, ..., z_{k_e} \in \mathcal{Z}$$

die der Automat mit positiver Wahrscheinlichkeit durchläuft. Zu berechnen ist die Wahrscheinlichkeit

$$\text{Prob}\,(Z(k_e) = z_{k_e}, ..., Z(2) = z_2, Z(1) = z_1, Z(0) = z_0),$$

die auch als $\text{Prob}\,(Z(0...k_e))$ bezeichnet wird.

Die Kettenregel (7.11) der Wahrscheinlichkeitsrechnung führt auf folgende Darstellung der gesuchten Wahrscheinlichkeit:

$$\text{Prob}\,(Z(k_e) = z_{k_e}, ..., Z(2) = z_2, Z(1) = z_1, Z(0) = z_0)$$
$$= \text{Prob}\,(Z(k_e) = z_{k_e} \mid Z(k_e - 1) = z_{k_e-1}, ..., Z(2) = z_2, Z(1) = z_1, Z(0) = z_0)$$
$$\cdot \text{Prob}\,(Z(k_e - 1) = z_{k_e-1} \mid Z(k_e - 2) = z_{k_e-2}, ..., Z(2) = z_2, Z(1) = z_1, Z(0) = z_0)$$

$$\vdots$$

$$\cdot \text{Prob}\,(Z(2) = z_2 \mid Z(1) = z_1, Z(0) = z_0)$$
$$\cdot \text{Prob}\,(Z(1) = z_1 \mid Z(0) = z_0)$$
$$\cdot \text{Prob}\,(Z(0) = z_0).$$

Diese Beziehung lässt sich wesentlich vereinfachen, weil man entsprechend der Markoveigenschaft für jeden Zustandsübergang nur je einen zeitlich vorhergehenden Zustand betrachten muss:

$$\text{Prob}\,(Z(k_e)\!=\!z_{k_e}, ..., Z(2)\!=\!z_2, Z(1)\!=\!z_1, Z(0)\!=\!z_0)$$
$$= \text{Prob}\,(Z(k_e)\!=\!z_{k_e} \mid Z(k_e - 1)\!=\!z_{k_e-1})$$
$$\cdot \text{Prob}\,(Z(k_e - 1)\!=\!z_{k_e-1} \mid Z(k_e - 2)\!=\!z_{k_e-2})$$
$$\vdots$$
$$\cdot \text{Prob}\,(Z(2)\!=\!z_2 \mid Z(1)\!=\!z_1)$$
$$\cdot \text{Prob}\,(Z(1)\!=\!z_1 \mid Z(0)\!=\!z_0)$$
$$\cdot \text{Prob}\,(Z(0)\!=\!z_0).$$

In diesem Produkt kommen die Zustandsübergangswahrscheinlichkeiten für die in der Zustandstrajektorie benachbarten Zustände vor. Die Wahrscheinlichkeit dafür, dass die Markovkette die vorgegebene Trajektorie durchläuft, ist also durch das Produkt aller dieser Übergangswahrscheinlichkeiten sowie der Wahrscheinlichkeit für den Anfangszustand z_0 bestimmt.

Mit den bereits eingeführten Abkürzungen erhält man eine besser lesbare Darstellung dieses Sachverhaltes:

$$\text{Prob}\,(Z(0...k_e)\!=\!(z_0, z_1, ..., z_{k_e})) = G(z_{k_e} \mid z_{k_e-1}) \cdot ... \cdot G(z_2 \mid z_1) \cdot G(z_1 \mid z_0) \cdot p_0(z_0). \quad (7.34)$$

Das Verhalten des Automaten bekommt man damit aus

$$\mathcal{B} = \{Z(0...k_e) \mid \text{Prob}\,(Z(0...k_e)) > 0\}.$$

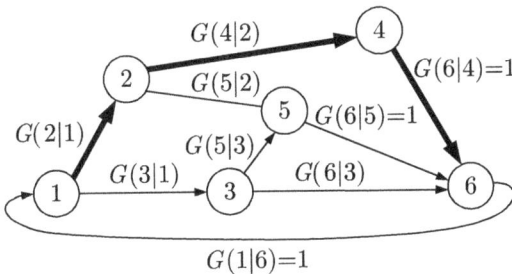

Abb. 7.25: Berechnung der Wahrscheinlichkeit für die Zustandstrajektorie
$Z(0...3) = (1, 2, 4, 6)$

Im Automatengrafen kann man das zu berechnende Produkt aus dem Gewicht des Pfades von z_0 nach z_{k_e} über die Zustände $z_1, z_2, ..., z_{k_e-1}$ ermitteln. Für den in Abb. 7.25 gezeigten Grafen wird die Trajektorie $Z(0...3) = (1, 2, 4, 6)$ durch den dick eingetragenen Pfad beschrieben. Dieser Pfad hat das Gewicht

$$G(6 \mid 4) \cdot G(4 \mid 2) \cdot G(2 \mid 1),$$

das man noch mit der Wahrscheinlichkeit $\text{Prob}\,(Z(0)\!=\!1)$ multiplizieren muss, um die Wahrscheinlichkeit für die angegebene Zustandsfolge zu erhalten:

$\mathrm{Prob}\,(Z(3)\!=\!6, Z(2)\!=\!4, Z(1)\!=\!2, Z(0)\!=\!1) = G(6\,|\,4)\cdot G(4\,|\,2)\cdot G(2\,|\,1)\cdot \mathrm{Prob}\,(Z(0)\!=\!1).$

Wie in dieser Gleichung werden im Folgenden Zustandsfolgen für aufsteigende Zeit k von links nach rechts geschrieben $(z(0), z(1), ..., z(k_e))$, aber die zugehörigen Übergangswahrscheinlichkeiten in umgekehrter Folge notiert

$$(G(z(k_e)\,|\,z(k_e-1))\cdot G(z(k_e-1)\,|\,z(k_e-2))\cdot ... \cdot G(z(1)\,|\,z(0))).$$

Sprache einer Markovkette. Erweitert man die Markovketten um Ereignisse, die man den Zustandsübergängen zuweist, so kann man den Begriff der Sprache von nichtdeterministischen Automaten direkt für stochastische Automaten übernehmen: die Sprache ist die Menge aller Ereignisfolgen, für die die zugehörige Zustandsfolge mit positiver Wahrscheinlichkeit auftritt. Allerdings gibt es in der Literatur auch einige davon abweichende Sprachdefinitionen. So zählt man eine Zeichenkette nur dann zur Sprache des Automaten, wenn die mit dieser Zeichenfolge beschriftete Zustandsfolge mit einer gegebenen Mindestwahrscheinlichkeit auftritt, oder man bezieht sich direkt auf die Zustandsfolge und definiert die Sprache einer Markovkette als die Menge aller Zustandsfolgen, die die Markovkette mit positiver Wahrscheinlichkeit durchläuft.

Berechnung der Zustandswahrscheinlichkeit. Aus der Wahrscheinlichkeit für einen Pfad kann man noch eine weitere Beziehung für die bereits früher betrachtete Zustandswahrscheinlichkeit errechnen. Die Wahrscheinlichkeit $\mathrm{Prob}\,(Z(k_e) = z_{k_e})$ erhält man als Randwahrscheinlichkeit von $\mathrm{Prob}\,(Z(0...k_e))$:

$$\mathrm{Prob}\,(Z(k_e) = z_{k_e}) = \qquad\qquad\qquad\qquad\qquad (7.35)$$
$$\sum_{z_{k_e-1}\in\mathcal{Z}} ... \sum_{z_0\in\mathcal{Z}} G(z_{k_e}\,|\,z_{k_e-1})\cdot ... \cdot G(z_2\,|\,z_1)\cdot G(z_1\,|\,z_0)\cdot p_0(z_0)$$

Auf den Automatengrafen bezogen heißt das, dass man über alle Pfade summieren muss, die von einem mit positiver Wahrscheinlichkeit $\mathrm{Prob}\,(Z(0) = z_0)$ auftretenden Zustand z_0 ausgehen und in k_e Schritten im Zustand z_{k_e} enden.

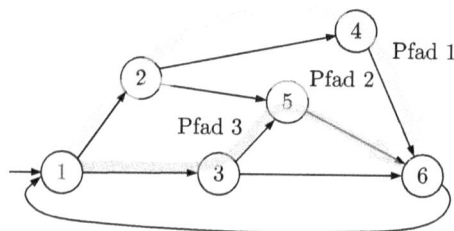

Abb. 7.26: Berechnung der Aufenthaltswahrscheinlichkeit $\mathrm{Prob}\,(Z(3)\!=\!6)$

Beispiel 7.7 *Zustandswahrscheinlichkeit einer Markovkette*

Wenn für den in Abb. 7.26 gezeigten Automaten mit dem Anfangszustand 1 die Wahrscheinlichkeit $\text{Prob}\,(Z(3) = 6)$ bestimmt werden soll, so müssen alle Pfade vom Knoten 1 zum Knoten 6 betrachtet werden, die drei Kanten enthalten. Es sind dies die angegebenen drei Pfade mit den Pfadgewichten

$$G(6\,|\,4) \cdot G(4\,|\,2) \cdot G(2\,|\,1), \quad G(6\,|\,5) \cdot G(5\,|\,2) \cdot G(2\,|\,1), \quad G(6\,|\,5) \cdot G(5\,|\,3) \cdot G(3\,|\,1).$$

Multipliziert mit $\text{Prob}\,(Z(0) = 1) = 1$ ergibt ihre Summe das gesuchte Ergebnis:

$$\text{Prob}\,(Z(3) = 6) = G(6\,|\,4) \cdot G(4\,|\,2) \cdot G(2\,|\,1) + G(6\,|\,5) \cdot G(5\,|\,2) \cdot G(2\,|\,1) + G(6\,|\,5) \cdot G(5\,|\,3) \cdot G(3\,|\,1).$$

Wenn sich die Markovkette zur Zeit $k = 0$ mit positiver Wahrscheinlichkeit in den beiden Zuständen 1 und 2 befindet, müssen alle von diesen Knoten ausgehenden Pfade untersucht werden. Für den Zeithorizont $k_e = 2$ sind dies für die Bestimmung von $\text{Prob}\,(Z(2) = 6)$ drei Pfade: $1 \to 3 \to 6$, $2 \to 4 \to 6$ und $2 \to 5 \to 6$, so dass sich das Ergebnis auch hier aus drei Summanden zusammensetzt. $\square$

Wahrscheinlichkeitsfluss. Diese Berechnungen zeigen, dass man die Bewegung eines autonomen stochastischen Automaten als einen Wahrscheinlichkeitsfluss interpretieren kann. Die Wahrscheinlichkeitmasse eins verteilt sich über die einzelnen Zustände und wandert bei jedem Takt entlang der Kanten des Automatengrafen, wobei bei jedem Zustandswechsel eine vollständige Umverteilung der Wahrscheinlichkeitsmasse erfolgt. Der Wert $G(z'\,|\,z)$ gibt an, welcher Anteil der aktuellen Wahrscheinlichkeit $\text{Prob}\,(Z(k) = z)$ im Zustand z in die Wahrscheinlichkeit $\text{Prob}\,(Z(k+1) = z')$ des Zustands z' zum Nachfolgezeitpunkt $k+1$ eingeht. Nur wenn $G(z\,|\,z) \neq 0$ gilt, wandert ein Anteil an der Wahrscheinlichkeitsmasse $\text{Prob}\,(Z(k) = z)$ beim Zustandswechsel zurück zum Zustand z.

Es wird sich in diesem und den folgenden Kapiteln zeigen, dass diese Vorstellung von einem Wahrscheinlichkeitsfluss eine sehr gute Hilfe bei der Modellierung ereignisdiskreter Systeme mit nichtdeterministichen Zustandsübergängen ist. Bei stochastischen Automaten findet ein Wahrscheinlichkeitsfluss zu diskreten Zeitpunkten statt, bei den später behandelten zeitbewerteten Automaten und bei Semi-Markovprozessen ist dieser Fluss kontinuierlich.

7.3.5 Strukturelle Eigenschaften

Die für deterministische und nichtdeterministische Automaten eingeführte Klassifikation der Automatenzustände kann ohne Veränderungen auf stochastische Automaten übernommen werden:

- **Erreichbare Zustände:** Der Zustand i ist vom Zustand j erreichbar, wenn es eine Zahl k gibt, für die das Element $\tilde{g}_{ij}$ der Matrix $\boldsymbol{G}^k$ von null verschieden ist.

- **Irreduzible Markovkette:** Wenn alle Zustände untereinander erreichbar sind, so heißt die Markovkette irreduzibel. Dann gibt es für jedes Paar $i, j \in \mathcal{Z}$ mit $i \neq j$ eine Zahl k, für die das Element $\tilde{g}_{ij}$ der Matrix $\boldsymbol{G}^k$ von null verschieden ist.

- **Stark zusammenhängende Zustände:** Zwei Zustände i und j heißen stark zusammenhängend, wenn es im Automatengrafen einen Pfad von i nach j und von j nach i gibt. Wenn die Zustandsmenge $\mathcal{Z}$ stark zusammenhängend ist, ist die Markovkette irreduzibel.

- **Reduzible Markovkette:** Wenn die Markovkette nicht irreduzibel ist, so heißt sie reduzibel (reduzierbar). Dann kann die Zustandsmenge in disjunkte Teilmengen $\mathcal{Z}_i$ von untereinander stark zusammenhängenden Zuständen zerlegt werden:

$$\mathcal{Z} = \mathcal{Z}_1 \cup \mathcal{Z}_2 \cup ... \cup \mathcal{Z}_q.$$

Dies bedeutet, dass man durch eine Vertauschung entsprechender Zeilen und Spalten die Matrix G in die Blockdreiecksform

$$G = \begin{pmatrix} G_{11} & O & \cdots & O \\ G_{21} & G_{22} & \cdots & O \\ \vdots & \vdots & & \vdots \\ G_{q1} & G_{q2} & \cdots & G_{qq} \end{pmatrix}.$$

transformieren kann.

- **Rekurrente und transiente Zustände:** Ein Zustand z heißt rekurrent, wenn er mit positiver Wahrscheinlichkeit von jedem Zustand, in den die Markovkette von z aus übergehen kann, wieder erreicht wird. Andernfalls heißt er transient. Das heißt, bei transienten Zuständen z existiert mindestens ein Zustand, von dem aus z nicht wieder erreichbar ist.

- **Absorbierender Zustand:** Der Zustand z einer Markovkette ist absorbierend, wenn $G(z \mid z) = 1$ gilt. Dann hat der Zustand z im Automatengrafen eine Schlinge mit dem Gewicht 1. Eine Markovkette wird absorbierend genannt, wenn sie mindestens einen absorbierenden Zustand besitzt.

Aufgabe 7.8*   *Analyse einer Markovkette*

Analysieren Sie die in Abb. 7.27 gezeigte Markovkette in folgenden Schritten:

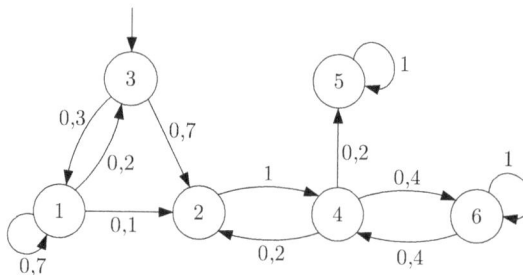

Abb. 7.27: Eine Markovkette?

1. Schreiben Sie die Definition dieser Markovkette auf.

2. Überprüfen Sie die Abbildung in Hinblick auf allgemeingültige Eigenschaften von Markovketten und korrigieren Sie gegebenenfalls vorhandene Fehler.

3. Zerlegen Sie die Zustandsmenge in stark zusammenhängende Teilmengen und klassifizieren Sie die Zustände. □

7.3.6 Verweilzeit der Markovkette in einem Zustand

Wenn in einer Markovkette positive Übergangswahrscheinlichkeiten von Zuständen i in diese Zustände zurück auftreten

$$G(i \mid i) \neq 0,$$

die im Automatengrafen als Schlingen um den Knoten i zu erkennen sind, dann stellt sich die Frage, wie lange die Markovkette in einem solchen Zustand i verbleibt. Die folgende Untersuchung, die auch als Transientenanalyse bezeichnet wird, gibt darauf eine Antwort.

Mit V_i wird die der Anzahl der Zeitschritte bezeichnet, die der Zustand i beibehalten wird. V_i ist eine Zufallsgröße mit dem Wertebereich $\mathcal{V}_i = \{0, 1, 2, ...\}$. Wenn der Zustand i im Zeitschritt k angenommen wird, so ist die Wahrscheinlichkeit dafür, dass der Zustand i über $n-1$ Schritte beibehalten wird, gleich der Wahrscheinlichkeit, dass sich dieser Zustand in der weiteren Zustandstrajektorie n mal wiederholt:

$$\mathrm{Prob}\,(V_i = n) = \mathrm{Prob}\,(Z(k+n) \neq i, Z(k+n-1) = i, ..., Z(k+1) = i \mid Z(k) = i).$$

Für $n = 1$ erhält man

$$\mathrm{Prob}\,(V_i = 1) = \mathrm{Prob}\,(Z(k+1) \neq i \mid Z(k) = i) = (1 - G(i \mid i))$$

und für $n = 2$

$$\begin{aligned}
\mathrm{Prob}\,(V_i = 2) &= \mathrm{Prob}\,(Z(k+2) \neq i, Z(k+1) = i \mid Z(k) = i) \\
&= \mathrm{Prob}\,(Z(k+2) \neq i \mid Z(k+1) = i, Z(k) = i) \cdot \mathrm{Prob}\,(Z(k+1) = i \mid Z(k) = i) \\
&= \mathrm{Prob}\,(Z(k+2) \neq i \mid Z(k+1) = i) \cdot \mathrm{Prob}\,(Z(k+1) = i \mid Z(k) = i) \\
&= (1 - G(i \mid i))\, G(i \mid i),
\end{aligned}$$

wobei die erste Umformung aus der Kettenregel (7.11) folgt und die zweite Umformung wegen der Markoveigenschaft möglich ist. Für beliebiges n erhält man auf diesem Weg die Beziehung

$$\mathrm{Prob}\,(V_i = n) = G(i \mid i)^{n-1}(1 - G(i \mid i)), \tag{7.36}$$

d. h., die Zufallsgröße V_i hat eine geometrische Verteilung. Je größer n ist, umso kleiner ist die Wahrscheinlichkeit, dass der Markovprozess genau n-mal hintereinander den Zustand i annimmt. Gilt $G(i \mid i) = 0$, so kann der Automat nicht im Zustand i verbleiben und es gilt konsequenterweise $\mathrm{Prob}\,(V_i = n) = 0$ für alle $n \geq 1$ und $\mathrm{Prob}\,(V_i = 0) = 1$.

Die Größe $\mathrm{Prob}\,(V_i = n)$ ist die Wahrscheinlichkeit, mit der der Automat genau $n - 1$ Zeitschritte im Zustand i verbleibt und anschließend weiter schaltet. Für viele Analyseaufgaben ist es oft wichtiger festzustellen, mit welcher Wahrscheinlichkeit der Zustand höchstens bzw. mindestens n-mal hintereinander auftritt. Zur Bestimmung der ersten Kenngröße muss man die Wahrscheinlichkeit $\mathrm{Prob}\,(V_i = k)$ für $k \leq n$ summieren

$$\mathrm{Prob}\,(V_i \leq n) = \sum_{k=1}^{n} \mathrm{Prob}\,(V_i = k),$$

für die zweite Kenngröße erfolgt die Summation für $k > n$:

$$\mathrm{Prob}\,(V_i \geq n) = \sum_{k=n+1}^{\infty} \mathrm{Prob}\,(V_i = k).$$

Unter Verwendung der Summenformel für geometrische Reihen lässt sich die zweite Summe zusammenfassen, so dass man für das Verbleiben des Automaten im Zustand i über n Zeitschritte hinaus die Beziehung

$$\mathrm{Prob}\,(V_i \geq n) = \sum_{k=n+1}^{\infty} G(i\,|\,i)^{k-1}(1 - G(i\,|\,i)) = G(i\,|\,i)^n$$

und daraus für die Wahrscheinlichkeit, dass der Zustand i nicht länger als n Schritte beibehalten wird, die Gleichung

$$\mathrm{Prob}\,(V_i \leq n) = 1 - \mathrm{Prob}\,(V_i \geq n) = 1 - G(i\,|\,i)^n$$

erhält.

Beispiel 7.8 *Mittlere Übertragungszeit für Datenpakete im WLAN*

Nimmt man an, dass die Übertragung eines Datenpakets über ein Funknetz (WLAN) mit der Wahrscheinlichkeit $p > 0$ gelingt, so kann man das Netzverhalten durch die in Abb. 7.28 gezeigte Markovkette beschreiben. Dabei bezeichnet der Zustand 1 die Tatsache, dass das Datenpaket nicht übertragen ist und der Zustand 2 den Fakt, dass das Datenpaket übertragen wurde.

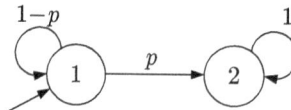

Abb. 7.28: Markovkette zur Beschreibung der Datenübertragung in einem Netz

Zum Zeitpunkt $k = 0$ befindet sich die Markovkette im Zustand 1. Wenn das Datenpaket bereits im ersten Versuch richtig übertragen wurde, schaltet die Markovkette in den Zustand 2 und verbleibt dort mit der Wahrscheinlichkeit $G(2\,|\,1) = p$. Andernfalls bleibt der Automat im Zustand 1 und es wird erneut versucht, das Datenpaket zu übertragen. Dabei gilt

$$G(1\,|\,1) = 1 - p.$$

Entsprechend Gl. (7.36) gilt

$$\text{Prob}\,(V_1 = n) = G(1\,|\,1)^{n-1}(1 - G(1\,|\,1)) = (1-p)^{n-1}p,$$

wobei V_1 die Anzahl der Versuche beschreibt, die nötig sind, um das Datenpaket zu übertragen. Die Wahrscheinlichkeit, dass man für die Übertragung n Versuche braucht, nimmt exponentiell ab. Für $n \to \infty$ werden die Daten mit Sicherheit übertragen, denn es ist

$$\lim_{n \to \infty} \text{Prob}\,(V_1 = n) = 0.$$

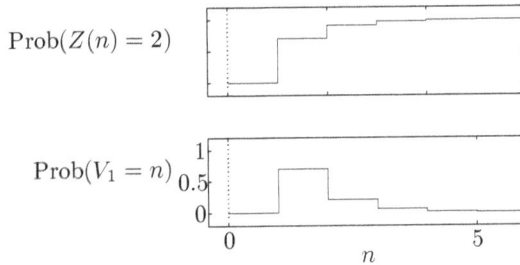

Abb. 7.29: Verhalten des Funknetzes

Abbildung 7.29 zeigt das Verhalten des Netzes bei $p = 0{,}7$. Obwohl eine relativ kleine Erfolgsrate angenommen wurde, nähert sich die Wahrscheinlichkeit für eine erfolgreiche Übertragung entsprechend der oberen Kurve sehr schnell einem Wert nahe eins. Die untere Kurve zeigt die Wahrscheinlichkeit $\text{Prob}\,(V_1 = n)$, dass man für die Übertragung n Versuche benötigt.

Allerdings muss man fast niemals so lange probieren, denn der Erwartungswert liegt bei $\frac{1}{p}$, was bedeutet, dass im Mittel $\frac{1}{p}$ Versuche notwendig sind (im Beispiel $\frac{1}{p} = 1{,}42$). Diesen Erwartungswert erhält man aus

$$
\begin{aligned}
E(V_1) &= \sum_{n=1}^{\infty} n(1-p)^{n-1}p \\
&= p \sum_{n=1}^{\infty} n q^{n-1} \quad \text{für } q = 1 - p \\
&= p \sum_{n=1}^{\infty} \frac{\mathrm{d}q^n}{\mathrm{d}q} \\
&= p \frac{\mathrm{d}}{\mathrm{d}t} \sum_{n=1}^{\infty} q^n,
\end{aligned}
$$

wobei die letzte Umformung möglich ist, da die Reihe für $0 \le q < 1$ gleichmäßig konvergiert. Aus dieser Darstellung von $E(V_1)$ erhält man den angegebenen Wert:

$$p \frac{\mathrm{d}}{\mathrm{d}q} \sum_{n=1}^{\infty} q^n = p \frac{\mathrm{d}}{\mathrm{d}q} \frac{1}{1-q} = \frac{p}{(1-q)^2} = \frac{1}{p}. \quad \square$$

7.3.7 Stationäre Wahrscheinlichkeitsverteilung

Im Folgenden wird untersucht, wie sich Markovketten für sehr lange Zeiträume verhalten, theoretisch also für $k \to \infty$. Dabei ist es interessant zu wissen, ob sich die Markovkette dann mit der Wahrscheinlichkeit eins in einem bestimmten Zustand befindet oder ob sich die Wahrscheinlichkeitsmasse über mehrere Zustände verteilt und ob man dafür einen Grenzwert $\bar{p}$ angeben kann, in den die Folge der Zustandswahrscheinlichkeitsverteilungen konvergiert:

$$\boldsymbol{p}(0),\ \boldsymbol{p}(1),\ \boldsymbol{p}(2),\ldots \overset{?}{\longrightarrow} \bar{\boldsymbol{p}}.$$

Wenn der Grenzwert $\bar{p}$ existiert, wird er *stationäre Wahrscheinlichkeitsverteilung* oder Gleichgewichtsverteilung genannt.

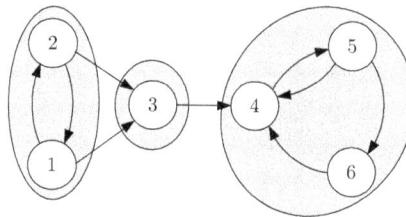

Abb. 7.30: Reduzible Markovkette

Es muss jedoch zunächst untersucht werden, für welche Markovketten es diesen Grenzwert gibt. Diese Vorüberlegungen beginnen mit einer strukturellen Analyse der Markovkette. Gibt es genau einen absorbierenden Zustand, der vom Anfangszustand erreichbar ist, so geht der Automat mit Wahrscheinlichkeit eins für hinreichend große Zeit in diesen Zustand über. Transiente Zustände werden zeitweise mit einer positiven Wahrscheinlichkeit angenommen, aber für hinreichend große Zeit ist die Aufenthaltswahrscheinlichkeit in diesen Zuständen gleich null.

Wenn die Markovkette reduzibel ist, so verteilt sich die Zustandswahrscheinlichkeit für große Zeit k in der in Richtung der Kanten „letzten" Menge stark zusammenhängender Zustände. Die Markovkette aus Abb. 7.30 geht für große Zeit in die Menge mit den Zuständen 4, 5 und 6 über und bleibt dort. Die Aufenthaltswahrscheinlichkeit für die Zustände 1 und 2 fließt dabei schrittweise über den Zustand 3 in diese „letzte" Menge ab, woraus $p_1(k) \to 0$, $p_2(k) \to 0$ und $p_3(k) \to 0$ für $k \to \infty$ folgt. Es kann bei einer Markovkette mehrere „letzte" Zustandsmengen geben, über die sich die Aufenthaltswahrscheinlichkeit dann verteilt.

Damit konzentriert sich die Frage nach einer stationären Wahrscheinlichkeitsverteilung auf die „letzte" stark zusammenhängende Zustandsmenge. Die folgenden Betrachtungen beschränken sich deshalb auf irreduzible Markovketten, die gegebenenfalls innerhalb einer größeren Markovkette durch Elimination der anderen, in Flussrichtung der Wahrscheinlichkeit vorher liegenden Zustandsmengen entstanden ist.

Existenz einer stationären Verteilung. Die Frage ist nun, ob für alle irreduziblen Markovketten eine stationäre Wahrscheinlichkeitsverteilung existiert. Dies kann man erwarten, weil bei irreduziblen Markovketten alle Zustände stark zusammenhängend sind und sich die Wahrscheinlichkeitsmasse eins deshalb über diese Zustände ausbreiten kann.

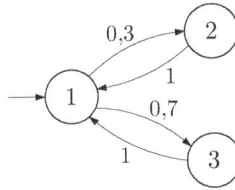

Abb. 7.31: Periodische Markovkette

Diese Vermutung ist nicht ganz richtig. Die in Abb. 7.31 gezeigte irreduzible Markovkette ist ein Beispiel dafür, dass es nicht immer eine stationäre Wahrscheinlichkeitsverteilung gibt. Für sie gilt

$$\boldsymbol{G} = \begin{pmatrix} 0 & 1 & 1 \\ 0{,}3 & 0 & 0 \\ 0{,}7 & 0 & 0 \end{pmatrix}$$

und $\mathrm{Prob}\,(Z(0)=1) = 1$. Damit erhält man folgendes Verhalten:

$$\boldsymbol{p}(0) = \begin{pmatrix} 1 \\ 0 \\ 0 \end{pmatrix}, \quad \boldsymbol{p}(1) = \begin{pmatrix} 0 \\ 0{,}3 \\ 0{,}7 \end{pmatrix}, \quad \boldsymbol{p}(2) = \begin{pmatrix} 1 \\ 0 \\ 0 \end{pmatrix}, \quad \boldsymbol{p}(3) = \begin{pmatrix} 0 \\ 0{,}3 \\ 0{,}7 \end{pmatrix} \text{ usw.}$$

Das heißt, die Zustände werden periodisch angenommen. Man spricht deshalb von einer *periodischen Markovkette*. Für derartige Ketten existiert offenbar kein Grenzwert $\bar{\boldsymbol{p}}$ der Folge $\boldsymbol{p}(0)$, $\boldsymbol{p}(1),...$

Periodisches Verhalten auszuschließen ist allerdings die einzige Einschränkung, die man bei irreduziblen Markovketten machen muss:

Für jede endliche irreduzible aperiodische Markovkette gibt es eine stationäre Wahrscheinlichkeitsverteilung $\bar{\boldsymbol{p}}$.

Für viele technische Systeme reicht die folgende hinreichende Bedingung aus, um periodische Vorgänge in Markovketten auszuschließen:

Wenn für einen Zustand z einer irreduziblen Markovkette die Bedingung $G(z\,|\,z) > 0$ erfüllt ist und im Automatengrafen folglich der Zustand z eine Schlinge besitzt, so ist die Markovkette aperiodisch.

Die folgenden Betrachtungen beziehen sich auf derartige Markovketten.

Da die von jetzt ab betrachtete Markovkette irreduzibel ist, kann sie von jedem Anfangszustand ausgehend nach höchstens N Zeitschritten jeden anderen Zustand annehmen. Der Zustand der Markovkette ist folglich bei beliebigem Anfangszustand über die gesamte Zustandsmenge verteilt.

Berechnung der stationären Verteilung. Die stationäre Verteilung erhält man aus der rekur-
siven Darstellung (7.26)

$$p(k + 1) = Gp(k), \quad p(0) = p_0$$

der Markovkette. Die stationäre Verteilung wird für hinreichend großes k erreicht, wenn

$$p(k + 1) = p(k) = \bar{p}$$

gilt. Folglich kann man $\bar{p}$ aus der Gleichung

$$(G - I)\bar{p} = 0$$

berechnen, in der die Intensitätsmatrix $Q = G - I$ steht. Diese Gleichung repräsentiert ein
lineares Gleichungssystem mit N Gleichungen für die N unbekannten Elemente des Vektors
$\bar{p}$. Es existiert eine nichttriviale Lösung, weil G eine stochastische Matrix ist und deshalb einen
Eigenwert bei eins besitzt. Deshalb ist die Intensitätsmatrix $G - I$ singulär. Den Vektor $\bar{p}$ erhält
man als Eigenvektor der Matrix $G - I$ zum Eigenwert $\lambda\{G\} = 1$. Da $\bar{p}$ eine Wahrscheinlichkeitsverteilung beschreibt, muss das erhaltene Ergebnis noch normiert werden, so dass

$$\sum_{i=1}^{N} \bar{p}_i = 1$$

gilt. Damit erhält man die stationäre Wahrscheinlichkeitsverteilung $\bar{p}$ aus

---

Stationäre Wahrscheinlichkeitsverteilung in Markovketten:
$$(G - I)\bar{p} = 0, \quad \sum_{i=1}^{N} \bar{p}_i = 1.$$

(7.37)

Die Werte $\bar{p}_i$ der stationären Verteilung lassen sich folgendermaßen interpretieren. Da die
Markovkette in jedem Zeitpunkt ihren Zustand wechselt, sich dabei aber im stationären Zustand
nichts an der Wahrscheinlichkeitsverteilung verändert, beschreibt $\bar{p}_i$ den Zeitanteil, in dem sich
die Markovkette im Zustand i befindet. Je größer dieser Wert ist, desto länger befindet sich
die Markovkette in diesem Zustand und desto größer ist die Wahrscheinlichkeit, dass man die
Markovkette in einem zufällig ausgewählten Zeitpunkt k in diesem Zustand antrifft.

Beispiel 7.9 *Stationäre Wahrscheinlichkeitsverteilung einer Markovkette*

Die in Abb. 7.31 gezeigte Markovkette wird nichtperiodisch, wenn man beispielsweise um den Knoten 2
eine Schlinge einträgt (Abb. 7.32). Dann existiert eine stationäre Wahrscheinlichkeitsverteilung.
    Gleichung (7.37) führt auf den Vektor

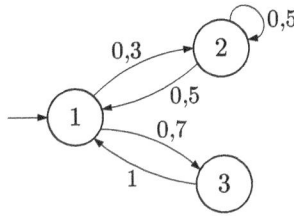

Abb. 7.32: Nichtperiodische Markovkette

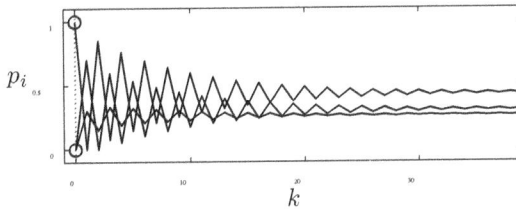

Abb. 7.33: Zustandswahrscheinlichkeitsverteilung der Markovkette aus
Abb. 7.32

$$\bar{p} = \begin{pmatrix} 0,435 \\ 0,261 \\ 0,304 \end{pmatrix},$$

dessen Elemente den Endwerten des in Abb. 7.33 gezeigten Verlaufs der Zustandwahrscheinlichkeiten
entsprechen. □

Aufgabe 7.9*   *Vereinfachung der Einkommensteuererklärung*

Im nächsten Wahlkampf will eine große deutsche Volkspartei Wählerstimmen fangen, indem sie eine
drastische Vereinfachung der Einkommensteuererklärung verspricht („Bierdeckelprinzip"). In die Einkommensteuererklärung soll jede Bürgerin und jeder Bürger zukünftig nur noch die entsprechenden
Beträge eintragen – auf jeden Nachweis für die Richtigkeit der Eintragungen wird verzichtet, womit die
aufwändige Beschaffung entsprechender Quittungen und Rechnungen von Nachbarn und Verwandten
entfällt. Auch wird es dann beispielsweise möglich sein, kleine Vorräume im Keller als Arbeitszimmer
geltend zu machen.

Um Betrugsversuchen vorzubeugen, werden β Prozent der Einkommensteuererklärungen zufällig
ausgewählt und die Bürgerinnen und Bürger dieser Erklärungen aufgefordert, die jetzt im Regelfall
notwendigen Belege nachzureichen. Sollten bei der Prüfung gravierende Fehler entdeckt werden, so
wird von den Antragstellerinnen und Antragstellern in den nachfolgenden fünf Jahren als Strafe und
Abschreckung eine Steuererklärung in der heutigen aufwändigen Form gefordert, die jeden Betrug aus-
schließt.

Auf Anfrage von Wählerinnen und Wählern erklärten die Wahlkämpferinnen und Wahlkämpfer,
dass sie annehmen, dass nur 8,7 Prozent der Bürgerinnen und Bürger, die im Vorjahr noch eine wahr-
heitsgemäße Steuererklärung abgegeben haben, im nächsten Jahr versuchen werden zu betrügen. Für β
werden sie in dem Fall, dass sie in einer großen Koalition regieren müssen, den Wert 18,52 durchset-
zen. Sollten sie die absolute Mehrheit erreichen und allein regieren können, würde β auf den Wert 8,7
festgelegt, was eine drastische Vereinfachung der Bürokratie bedeutet.

Würden Sie diese Partei wählen?

Hinweis: Nehmen Sie an, dass bereits im ersten Jahr nach der Einführung des neuen Steuerrechts die ersten Antragstellerinnen und Antragsteller betrügen werden und berechnen Sie den Anteil der gefälschten Steuererklärungen für die ersten sieben Jahre. Welchen stationären Wert erreicht diese Zahl? □

Aufgabe 7.10*   *Analyse einer einfachen Markovkette*

Betrachten Sie die in Abb. 7.34 gezeigte Markovkette, deren Anfangszustand mit der Wahrscheinlichkeit 1 den Wert $Z(0) = 1$ hat.

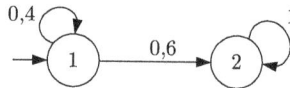

Abb. 7.34: Markovkette mit zwei Zuständen

1. Wie sieht die Zustandsübergangsmatrix dieser Markovkette aus?

2. Mit welcher Wahrscheinlichkeit befindet sich die Markovkette zur Zeit k, ($k = 0, 1, ..., 5$) im Anfangszustand? Wie verändert sich diese Wahrscheinlichkeit für $k \to \infty$.

3. Berechnen Sie die stationäre Verteilung und vergleichen Sie das Ergebnis mit dem aus dem zweiten Aufgabenteil.

4. Mit welcher Wahrscheinlichkeit durchläuft die Markovkette die Zustandsfolge $Z(0...4)$ $= (1, 1, 1, 2, 2)$? Vergleichen Sie das Ergebnis mit der Wahrscheinlichkeit dafür, das die Markovkette die Zustandsfolge $Z(0...4) = (1, 1, 2, 2, 2)$ durchläuft. Woraus resultiert der Unterschied? □

Aufgabe 7.11*   *Analyse des Durchsatzes einer Werkzeugmaschine*

Analysieren Sie die im Beispiel 7.4 angegebene Warteschlange zur Beantwortung folgender Fragen:

1. Woran erkennen Sie, dass für die angegebene Warteschlange eine stationäre Verteilung existiert?

2. Berechnen Sie die stationäre Verteilung der Zustände der Warteschlange und interpretieren Sie das Ergebnis in Bezug auf die Arbeitsweise der Werkzeugmaschine.

3. Wie verändern sich die Parameter der Warteschlange und folglich die stationäre Verteilung, wenn die Bearbeitung mit zwei Werkzeugmaschinen erfolgt, die eine gemeinsame Warteschlange mit der Kapazität 3 haben?

4. Wie verändert sich die Auslastung der beiden Werkzeugmaschinen, wenn die Kapazität der Warteschlange auf vier erhöht wird? □

Aufgabe 7.12   *Zuverlässigkeit eines Prozessrechners*

Ein Prozessrechner steuert eine Anlage, die rund um die Uhr betrieben und stündlich bezüglich ihrer Funktion kontrolliert wird. Dabei soll nur zwischen der vollen Funktionsfähigkeit des Rechners und seinem Ausfall unterschieden werden. Aufgrund von kurzzeitigen Unterbrechungen der Stromversorgung oder technischen Defekten fällt der Rechner aus, wobei Stromunterbrechungen mit einer Wahrscheinlichkeit von 0,001 pro Stunde und technische Defekte mit der Wahrscheinlichkeit 0,0001 pro Stunde auftreten. Nach einer Stromunterbrechung schaltet sich der Rechner selbstständig wieder ein, kann aber seine Funktionsfähigkeit nur dann wieder erreichen, wenn kein Datenverlust aufgetreten ist. Ein Datenverlust tritt bei 10% der Stromunterbrechungen auf. Nach technischen Defekten bleibt der Rechner ausgeschaltet.

1. Beschreiben Sie die Funktionsfähigkeit des Rechners durch eine Markovkette.

2. Welche strukturellen Eigenschaften hat das Modell und welche Aussagen über die Zuverlässigkeit können Sie daraus folgern?

3. Mit welcher Wahrscheinlichkeit befindet sich der Prozessrechner bei der eintausendsten Funktionskontrolle im nicht funktionsfähigen Zustand? □

Aufgabe 7.13[*]   *Vermittlung von Telefongesprächen*

Die Nutzung eines Telefons wird zu diskreten Abtastzeitpunkten $t = kT$, $(k = 0, 1, ...)$ betrachtet, wobei in dem jeweils dazwischen liegenden Zeitabschnitt folgendes passieren kann:

- In jedem Zeitabschnitt kommt höchstens ein Telefonanruf an. Dies passiert mit der Wahrscheinlichkeit α.

- Wenn das Telefon besetzt ist, wird der Telefonanruf abgewiesen, andernfalls angenommen.

- Jedes Telefongespräch dauert länger als 1 Zeitabschnitt.

- Ein Telefongespräch wird mit der Wahrscheinlichkeit β im betrachteten Zeitabschnitt beendet.

- Wenn das Telefongespräch in demselben Zeitabschnitt beendet wird, in dem auch ein neues Telefongespräch ankommt, so wird das neue Telefongespräch angenommen.

Lösen Sie folgende Aufgaben:

1. Beschreiben Sie den Telefonapparat durch eine Markovkette.

2. Welche Eigenschaften besitzt diese Markovkette?

3. Mit welcher Wahrscheinlichkeit erreicht man den Besitzer des Telefons, wenn der beschriebene Prozess sehr lange abläuft?

4. Wie verhält sich das System bei $\alpha \to 1$ bzw. $\beta \to 1$? □

Aufgabe 7.14   *Wettervorhersage*

Die Aussage „Morgen wird das Wetter so, wie es heute war" trifft mit 80% Wahrscheinlichkeit zu.

1. Beschreiben Sie unter Nutzung dieser Erkenntnis und weiterer sinnvoller Annahmen die Entwicklung des Wetters durch eine diskrete Markovkette. Charakterisieren Sie dabei das Wetter der Einfachheit halber durch die drei Attribute „Regenwetter", „Sonnenschein" und „trübes Wetter".

2. Mit welcher Wahrscheinlichkeit regnet es übermorgen (zu Ihrer Gartenparty), wenn heute die Sonne scheint und sich das Wetter entsprechend Ihrem Modell verhält?

3. Welche stationäre Verteilung des Wetters erhalten Sie aus Ihrem Modell? Was bedeutet dies für die Vorhersage des Wetters in genau einem Jahr? Entspricht dieses Ergebnis Ihren Erwartungen an Ihr Modell? □

7.4 Stochastische Automaten

7.4.1 Definition

Im Folgenden werden autonome stochastische Automaten auf stochastische Automaten mit Eingang und Ausgang erweitert. In der Literatur zu Markovketten spricht man von gesteuerten Markovketten, wenn die Zustandsübergangsverteilung von einer Eingabe abhängt, oder von verdeckten Markovmodellen (*hidden Markov models*), wenn nicht der Zustand, sondern eine Ausgangsgröße gemessen wird. Da der Begriff des stochastischen Automaten umfassender ist und sich sowohl auf Eingänge als auch auf Ausgänge bezieht, wird im Folgenden weitgehend mit dem Automatenbegriff gearbeitet.

Gesteuerte stochastische Prozesse. Um einen nichtdeterministischen Automaten mit Eingang und Ausgang zu einem stochastischen Automaten zu erweitern, muss das betrachtete System wiederum als stochastischer Prozess aufgefasst werden. In Erweiterung zum vorhergehenden Abschnitt haben die hier untersuchten stochastischen Prozesse einen Eingang und einen Ausgang (Abb. 7.35). Eingang, Zustand und Ausgang werden wieder durch den Zufall bestimmt, so dass für diese drei Größen die Zufallsvariablen V, Z und W eingeführt werden. Die Grundmengen dieser stochastischen Größen sind wie immer die Mengen

$$\mathcal{V} = \{1, 2, ..., M\}$$
$$\mathcal{Z} = \{1, 2, ..., N\}$$
$$\mathcal{W} = \{1, 2, ..., R\}.$$

Abb. 7.35: Stochastischer Prozess mit Eingang und Ausgang

Bei der Nutzung stochastischer Automaten zur Beschreibung dynamischer Systeme geht man üblicherweise davon aus, dass im Zeitpunkt k die Wahrscheinlichkeitsverteilung der Eingangsgröße

$$\text{Prob}\,(V(k)=v), \quad v \in \mathcal{V}$$

gegeben ist. Dies lässt offen, dass in einigen Anwendungen das Eingangssymbol v exakt bekannt ist, so dass $\mathrm{Prob}\,(V = v)$ für dieses v den Wert eins und für alle anderen Elemente von $\mathcal{V}$ den Wert null hat. Mit den folgenden Betrachtungen lassen sich aber auch Systeme mit unsicheren Eingaben behandeln. Ferner ist die Wahrscheinlichkeitsverteilung $p_0(z)$ des Anfangszustands bekannt. Der Automat soll beschreiben, wie sich unter diesen Voraussetzungen die Verteilungen für den Zustand $Z(k)$ und die Ausgabe $W(k)$ über die Zeit k ändern.

Stochastischer Automat mit Eingang und Ausgang. In Erweiterung des autonomen stochastischen Automaten in Gl. (7.20) wird ein stochastischer Automat mit Eingang und Ausgang durch ein Quintupel bestimmt

$$\text{Stochastischer E/A-Automat}: \quad \mathcal{S} = (\mathcal{Z}, \mathcal{V}, \mathcal{W}, L, p_0(z)) \qquad (7.38)$$

mit

- $\mathcal{Z}$ – Zustandsmenge
- $\mathcal{V}$ – Menge der Eingangssymbole
- $\mathcal{W}$ – Menge der Ausgabesymbole
- L – Verhaltensrelation
- $p_0(z)$ – Wahrscheinlichkeitsverteilung für den Anfangszustand.

Die Verhaltensrelation L ist die bedingte Wahrscheinlichkeit dafür, dass sich der Automat zum Zeitpunkt k im Zustand z befindet und für die Eingabe v in den Nachfolgezustand z' übergeht und dabei die Ausgabe w erzeugt:

$$L(z', w, z, v) = \mathrm{Prob}\,(Z(k+1) = z', W(k) = w \mid Z(k) = z, V(k) = v). \qquad (7.39)$$

Offenbar ist sie die Erweiterung der von Markovketten bekannten bedingten Wahrscheinlichkeit

$$G(z' \mid z) = \mathrm{Prob}\,(Z(k+1) = z \mid Z(k) = z)$$

für Automaten mit Eingang und Ausgang. Im Bedingungsteil steht hier zusätzlich die Eingabe, denn diese ist für die betrachtete Bewegung des Automaten vorgegeben. Außer der Wahrscheinlichkeit des Nachfolgezustands bestimmt die Verhaltensrelation L jetzt auch die Wahrscheinlichkeit für die Ausgabe.

L ist eine Funktion

$$L : \mathcal{Z} \times \mathcal{W} \times \mathcal{Z} \times \mathcal{V} \longrightarrow [0, 1],$$

die die angegebene bedingte Wahrscheinlichkeitsverteilung repräsentiert. Um diese Tatsache hervorzuheben, wird im Folgenden mit dem Symbol $L(z', w \mid z, v)$ anstelle von $L(z', w, z, v)$ gearbeitet. Als bedingte Wahrscheinlichkeitsverteilung besitzt L die folgenden Eigenschaften:

$$0 \leq L(z', w \mid z, v) \leq 1, \quad \forall z', z \in \mathcal{Z},\ v \in \mathcal{V},\ w \in \mathcal{W}$$

$$\sum_{z' \in \mathcal{Z}} \sum_{w \in \mathcal{W}} L(z', w \mid z, v) = 1, \quad \forall (z, v) \in \mathcal{Z} \times \mathcal{V}. \qquad (7.40)$$

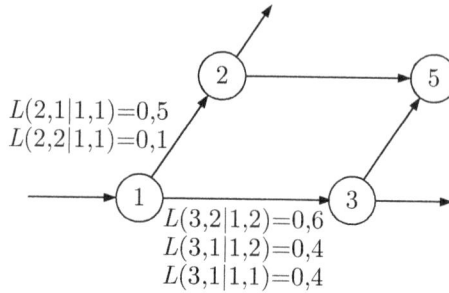

Abb. 7.36: Ausschnitt aus dem Grafen eines stochastischen Automaten mit
Eingang und Ausgang

Im Automatengrafen werden die Kanten mit den zugehörigen Werten der Verhaltensrelation
gewichtet. Im Allgemeinen gehören mehrere Werte von L zu demselben Zustandsübergang und
werden untereinander an die betreffende Kante geschrieben.

Beispiel 7.10 *Stochastische E/A-Automaten*

Abbildung 7.36 zeigt einen stochastischen E/A-Automaten, der den Zustandsübergang $1 \rightarrow 2$ für die
Eingabe $v = 1$ ausführt, wobei er entweder die Ausgabe $w = 1$ oder $w = 2$ erzeugt. Die Übergangswahrscheinlichkeiten unterscheiden sich:

$$L(2,1\,|\,1,1) = \mathrm{Prob}\,(Z(k+1)\!=\!2, W(k)\!=\!1 \mid Z(k)\!=\!1, V(k)\!=\!1) = 0{,}5$$
$$L(2,2\,|\,1,1) = \mathrm{Prob}\,(Z(k+1)\!=\!2, W(k)\!=\!2 \mid Z(k)\!=\!1, V(k)\!=\!1) = 0{,}1.$$

Der Zustandsübergang $1 \rightarrow 3$ geschieht bei der Eingabe $v = 2$, wobei gleichzeitig mit unterschiedlicher
Wahrscheinlichkeit die Ausgabe $w = 1$ oder $w = 2$ generiert wird:

$$L(3,1\,|\,1,2) = \mathrm{Prob}\,(Z(k+1)\!=\!3, W(k)\!=\!1 \mid Z(k)\!=\!1, V(k)\!=\!2) = 0{,}6$$
$$L(3,2\,|\,1,2) = \mathrm{Prob}\,(Z(k+1)\!=\!3, W(k)\!=\!2 \mid Z(k)\!=\!1, V(k)\!=\!2) = 0{,}4.$$

Außerdem ist dieser Zustandsübergang bei der Eingabe $v = 1$ möglich, wobei die Ausgabe $w = 1$
erscheint:

$$L(3,1\,|\,1,1) = \mathrm{Prob}\,(Z(k+1)\!=\!3, W(k)\!=\!1 \mid Z(k)\!=\!1, V(k)\!=\!1) = 0{,}4.$$

In diesem Beispiel ist der Zustandsübergang für die Eingabe $v = 1$ nichtdeterministisch, denn es kann
bei dieser Eingabe sowohl der Zustand 2 als auch der Zustand 3 angenommen werden. Geht der Automat
zum Zustand 2, so kann er entweder die Ausgabe $w = 1$ oder die Ausgabe $w = 2$ erzeugen. Bei
der Eingabe $v = 2$ ist der Zustandsübergang eindeutig festlegt, aber die Ausgaben 1 und 2 werden
mit unterschiedlicher Wahrscheinlichkeit erzeugt. Der Nichtdeterminismus liegt hier also allein in der
Ausgabe.

Die angegebenen Werte der Verhaltensrelation erfüllen die Bedingung (7.40) für den Zustand 1,
denn es gilt

$$\sum_{z' \in \mathcal{Z}} \sum_{w \in \mathcal{W}} L(z',w\,|\,1,1) = L(2,1\,|\,1,1) + L(2,2\,|\,1,1) + L(3,1\,|\,1,1)$$

$$= 0{,}5 + 0{,}1 + 0{,}4 = 1$$

$$\sum_{z' \in \mathcal{Z}} \sum_{w \in \mathcal{W}} L(z', w \mid 1, 2) = L(3, 2 \mid 1, 2) + L(3, 1 \mid 1, 2)$$

$$= 0{,}6 + 0{,}4 = 1. \ \square$$

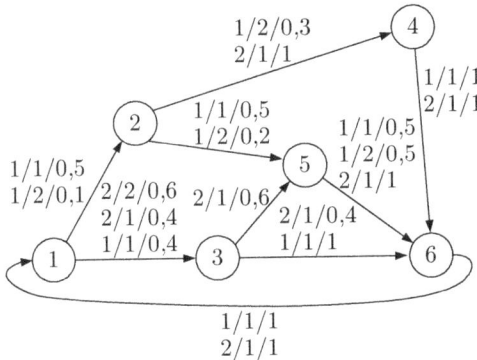

Abb. 7.37: Beispiel für einen stochastischen Automaten mit Eingang und
Ausgang

In den folgenden Abbildungen werden die Angaben über die Verhaltensrelation in vereinfachter Form an die Kanten geschrieben. Hinter die von deterministischen und nichtdeterministischen Automaten gebräuchliche Kantenbewertung v/w (Eingabe/Ausgabe) wird der entsprechende Wert der Verhaltensrelation geschrieben. Abbildung 7.37 zeigt ein Beispiel, in dessen
linkem Teil dieselben Angaben wie in Abb. 7.36 zu finden sind.

Wie bei homogenen Markovketten wird für stochastische E/A-Automaten angenommen,
dass sich die dynamischen Eigenschaften zeitlich nicht ändern. Das heißt, dass die durch L
beschriebenen Übergangswahrscheinlichkeiten vom Zeitpunkt k unabhängig sind:

$$\text{Prob}\,(Z(k+1) = z', W(k) = w \mid Z(k) = z, V(k) = v) =$$
$$\text{Prob}\,(Z(1) = z', W(0) = w \mid Z(0) = z, V(0) = v) = L(z', w \mid z, v), \quad k = 0, 1, \ldots$$

Aufgabe 7.15 *Modellierung eines Apparates in einem Batchprozess*

Der in Abb. 7.38 gezeigte Apparat soll innerhalb eines Batchprozesses verwendet werden, um eine Flüssigkeit mit einem bestimmten Volumen für die in einem nachgeschalteten Reaktor ablaufende Reaktion
zu speichern und später in diesen Reaktor umzufüllen. Das Flüssigkeitsvolumen wird mit den beiden
Füllstandssensoren L_1 und L_2 überwacht, die den Wert eins ausgeben, wenn der Füllstand über der Sen-
sorposition liegt, andernfalls den Wert null. Das Füllen und Entleeren des Apparates erfolgt über die
beiden diskret arbeitenden Ventile V_1 und V_2, die sich nur im vollständig geöffneten oder vollständig
geschlossenen Zustand befinden können und nicht gleichzeitig geöffnet werden.

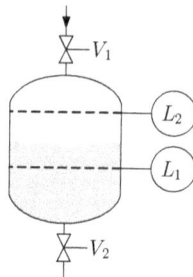

Abb. 7.38: Ausschnitt eines Batchprozesses

Der Apparat wird als ereignisdiskretes System betrachtet, dessen Flüssigkeitsvolumen $Q(t)$ in einem der drei Intervalle

$$Q(t) \geq \bar{Q}$$
$$\bar{Q} > Q(t) \geq \underline{Q}$$
$$Q(t) < \underline{Q}$$

liegt. Die Füllstandssensoren sind so angebracht, dass sie bei ruhigem Flüssigkeitsstand genau dann umschalten, wenn das Flüssigkeitsvolumen den Wert $\bar{Q}$ bzw. $\underline{Q}$ besitzt. Während eines Füll- oder Entleerungsvorgangs reagieren die Füllstandssensoren zu spät oder zu früh, weil die Flüssigkeit keine ebene Oberfläche hat.

Beschreiben Sie den Apparat durch einen stochastischen E/A-Automaten, wobei Sie den Apparat als zeitdiskretes System auffassen, dessen Eingangs- und Ausgangsgrößen zu den Abtastzeitpunkten $t = kT$ verändert bzw. abgelesen werden. Die Abtastzeit T ist so klein gewählt, dass der Füll- bzw. Entleerungsvorgang gut erfasst wird. Das hat zur Folge, dass bei geöffnetem Ventil V_1 mehrere Abtastintervalle vergehen, bis der Füllstand von der Höhe des Sensors L_1 zur Füllhöhe L_2 angestiegen ist. Nach Überschreiten der Füllhöhe L_1 wird der Füllvorgang beendet, nach Unterschreiten der Füllhöhe L_2 der Entleerungsvorgang. $\square$

7.4.2 Verhalten

In diesem Abschnitt wird gezeigt, wie für eine vorgegebene Eingangsfolge

$$V(0...k_e) = (v(0), v(1), ..., v(k_e))$$

die Folgen der Zustände und Ausgaben berechnet werden können. Als Ergebnis entstehen bei einem stochastischen Automaten naturgemäß keine eindeutigen Folgen

$$Z(0...k_e) = (z(0), z(1), ..., z(k_e))$$
$$W(0...k_e) = (w(0), w(1), ..., w(k_e)),$$

sondern nur Wahrscheinlichkeitsverteilungen.

Berechnung der Zustandsfolge. Es wird jetzt berechnet, mit welcher Wahrscheinlichkeit der stochastische Automat die Zustände $Z(k) = z$, $(z \in \mathcal{Z})$ annimmt. Da die Verhaltensrelation die bedingte Wahrscheinlichkeit für den neuen Zustand $Z(k+1) = z'$ und die Ausgabe $W(k) = w$ nicht getrennt, sondern als Paar bestimmt, ist das Verhalten des stochastischen E/A-Automaten durch die Folge der Verbundwahrscheinlichkeitsverteilung über beide Größen bestimmt:

$$\text{Prob}\,(Z(k+1) = z', W(k) = w).$$

Zum Zeitpunkt $k = 0$ ist der Zustand des Automaten durch die gegebene Verteilung $p_0(z)$ bestimmt und der Automat erhält die Eingabe $V(0) = v_0$. Die gesuchte Verbundwahrscheinlichkeit des Zustands $Z(1)$ und der Ausgabe $W(0)$ kann man als Randverteilung aus einer Verbundwahrscheinlichkeit bestimmen, die außer diesen beiden Größen auch den Anfangszustand und die Eingabe zur Zeit 0 umfasst:

$$\text{Prob}\,(Z(1) = z', W(0) = w) = \sum_{z \in \mathcal{Z}} \sum_{v \in \mathcal{V}} \text{Prob}\,(Z(1) = z', W(0) = w, Z(0) = z, V(0) = v).$$

Diese Verbundwahrscheinlichkeit kann man entsprechend der Kettenregel (7.11) zerlegen

$$\text{Prob}\,(Z(1) = z', W(0) = w, Z(0) = z, V(0) = v)$$
$$= \text{Prob}\,(Z(1) = z', W(0) = w \mid Z(0) = z, V(0) = v) \cdot \text{Prob}\,(Z(0) = z \mid V(0) = v)$$
$$\cdot \text{Prob}\,(V(0) = v),$$

wobei sich der mittlere Ausdruck vereinfacht, weil der Anfangszustand $Z(0)$ von der Eingabe $V(0)$ stochastisch unabhängig ist. Damit erhält man

$$\text{Prob}\,(Z(1) = z', W(0) = w)$$
$$= \sum_{z \in \mathcal{Z}} \sum_{v \in \mathcal{V}} \text{Prob}\,(Z(1) = z', W(0) = w \mid Z(0) = z, V(0) = v) \cdot \text{Prob}\,(Z(0) = z)$$
$$\cdot \text{Prob}\,(V(0) = v).$$

Der erste Term hinter dem Summenzeichen ist die Verhaltensrelation. Sie wird hier für bekannte Eingabe $V(0) = v_0$ eingesetzt. Dementsprechend hat die Wahrscheinlichkeitsverteilung $\text{Prob}\,(V(0) = v)$ genau für diesen Wert v_0 den Wert eins und verschwindet für alle anderen Werte. Damit entfällt die Summation über v und man erhält die Beziehung

$$\text{Prob}\,(Z(1) = z', W(0) = w) = \sum_{z \in \mathcal{Z}} L(z', w \mid z, v_0) \cdot \text{Prob}\,(Z(0) = z).$$

Für die nächsten Zeitpunkte kann man dieselben Überlegungen anstellen. Für den Zeitpunkt k erhält man dann die Beziehung

---

Zustandsraumdarstellung stochastischer E/A-Automaten:

$$\text{Prob}\,(Z(k+1) = z', W(k) = w) = \sum_{z \in \mathcal{Z}} L(z', w \mid z, v_k) \cdot \text{Prob}\,(Z(k) = z)$$
$$\text{Prob}\,(Z(k+1) = z') = \sum_{w \in \mathcal{W}} \text{Prob}\,(Z(k+1) = z', W(k) = w)$$
$$\text{Prob}\,(W(k) = w) = \sum_{z' \in \mathcal{Z}} \text{Prob}\,(Z(k+1) = z', W(k) = w),$$

(7.41)

wenn man eine für stochastische E/A-Automaten erweiterte Markoveigenschaft verwendet. Mit der ersten Gleichung kann man für jeden Zeitpunkt k für alle möglichen Kombinationen von $z' \in \mathcal{Z}$ und $w \in \mathcal{W}$ die Wahrscheinlichkeit $\mathrm{Prob}\,(Z(k+1)=z', W(k)=w)$ bestimmen. Die zweite und dritte Zeile zeigen, dass man daraus die Zustandswahrscheinlichkeitsverteilungen für den Zustand zum Zeitpunkt $k+1$ und für die Ausgabe zur Zeit k als Randwahrscheinlichkeiten erhält. Das Gleichungssystem (7.41) ist eine Zustandsraumdarstellung stochastischer Automaten, denn es beschreibt in rekursiver Form die möglichen Zustands- und Ausgabefolgen, die der Automat für eine gegebene Eingangsfolge erzeugen kann.

Beispiel 7.11 *Verhalten eines stochastischen Automaten*

Es wird der in Abb. 7.37 gezeigte Automat für den Anfangszustand 1 und die Eingangsfolge

$$V(0...3) = (1,1,2,1)$$

betrachtet. Der Anfangszustand ist durch die Wahrscheinlichkeitsverteilung

$$\mathrm{Prob}\,(Z(0)=z) = \begin{cases} 1 \text{ für } z=1 \\ 0 \text{ sonst} \end{cases}$$

beschrieben.

Für $k=0$ erhält der Automat die Eingabe $v(0)=v_0=1$. Damit erhält man aus der Bewegungsgleichung (7.41) die Beziehung

$$\mathrm{Prob}\,(Z(1)=z', W(0)=w) = \sum_{z \in \mathcal{Z}} L(z',w \mid z,v_0) \cdot \mathrm{Prob}\,(Z(0)=z)$$

$$= L(z',w \mid 1,1) \qquad \text{für } z' \in \{1,2,3,4,5,6\} \text{ und } w \in \{1,2\}.$$

Für die einzelnen Wertepaare (z',w) ergeben sich daraus folgende Wahrscheinlichkeiten:

$$\mathrm{Prob}\,(Z(1)=1, W(0)=1) = L(1,1 \mid 1,1) = 0$$
$$\mathrm{Prob}\,(Z(1)=2, W(0)=1) = L(2,1 \mid 1,1) = 0{,}5$$
$$\mathrm{Prob}\,(Z(1)=3, W(0)=1) = L(3,1 \mid 1,1) = 0{,}4$$
$$\mathrm{Prob}\,(Z(1)=4, W(0)=1) = L(4,1 \mid 1,1) = 0$$
$$\mathrm{Prob}\,(Z(1)=5, W(0)=1) = L(5,1 \mid 1,1) = 0$$
$$\mathrm{Prob}\,(Z(1)=6, W(0)=1) = L(6,1 \mid 1,1) = 0$$
$$\mathrm{Prob}\,(Z(1)=1, W(0)=2) = L(1,2 \mid 1,1) = 0$$
$$\mathrm{Prob}\,(Z(1)=2, W(0)=2) = L(2,2 \mid 1,1) = 0{,}1$$
$$\mathrm{Prob}\,(Z(1)=3, W(0)=2) = L(3,2 \mid 1,1) = 0$$
$$\mathrm{Prob}\,(Z(1)=4, W(0)=2) = L(4,2 \mid 1,1) = 0$$
$$\mathrm{Prob}\,(Z(1)=5, W(0)=2) = L(5,2 \mid 1,1) = 0$$
$$\mathrm{Prob}\,(Z(1)=6, W(0)=2) = L(6,2 \mid 1,1) = 0.$$

Das heißt, dass der stochastische Automat drei Zustandsübergänge ausführen kann:

Zustandsübergang $1 \to 2$ mit der Ausgabe $w=1$ mit der Wahrscheinlichkeit 0,5

Zustandsübergang $1 \to 2$ mit der Ausgabe $w=2$ mit der Wahrscheinlichkeit 0,1

Zustandsübergang $1 \to 3$ mit der Ausgabe $w=1$ mit der Wahrscheinlichkeit 0,4.

Als Randwahrscheinlichkeit erhält man für $\text{Prob}\,(Z(1) = z')$ mit $z' \in \{1, 2, 3, 4, 5, 6\}$ folgende Werte:

$$\text{Prob}\,(Z(1) = 1) = \text{Prob}\,(Z(1) = 1, W(0) = 1) + \text{Prob}\,(Z(1) = 1, W(0) = 2) = 0 + 0 = 0$$
$$\text{Prob}\,(Z(1) = 2) = \text{Prob}\,(Z(1) = 2, W(0) = 1) + \text{Prob}\,(Z(1) = 2, W(0) = 2) = 0{,}5 + 0{,}1 = 0{,}6$$
$$\text{Prob}\,(Z(1) = 3) = \text{Prob}\,(Z(1) = 3, W(0) = 1) + \text{Prob}\,(Z(1) = 3, W(0) = 2) = 0{,}4 + 0 = 0{,}4$$
$$\text{Prob}\,(Z(1) = 4) = 0$$
$$\text{Prob}\,(Z(1) = 5) = 0$$
$$\text{Prob}\,(Z(1) = 6) = 0,$$

so dass sich der Automat mit den angegebenen Wahrscheinlichkeiten in den Zuständen 2 oder 3 befindet.

Für $k = 1$ erhält der Automat die Eingabe $v(1) = v_1 = 1$. Die Bewegungsgleichung führt damit auf die Beziehung

$$\text{Prob}\,(Z(2) = z', W(1) = w) = \sum_{z \in \mathcal{Z}} L(z', w \mid z, v_1) \cdot \text{Prob}\,(Z(1) = z)$$
$$= L(z', w \mid 2, 1) \cdot 0{,}6 + L(z', w \mid 3, 1) \cdot 0{,}4$$
$$\text{für } z' \in \{1, 2, 3, 4, 5, 6\} \text{ und } w \in \{1, 2\},$$

bei der nur über die beiden Zustände 2 und 3, in denen sich der Automat zur Zeit $k = 1$ befindet, summiert werden muss. Daraus erhält man folgende Wahrscheinlichkeiten, von denen nur die nicht verschwindenden aufgeschrieben sind:

$$\text{Prob}\,(Z(2) = 5, W(1) = 1) = 0{,}6\, L(5, 1 \mid 2, 1) + 0{,}4\, L(5, 1 \mid 3, 1) = 0{,}6 \cdot 0{,}5 = 0{,}3$$
$$\text{Prob}\,(Z(2) = 6, W(1) = 1) = 0{,}6\, L(6, 1 \mid 2, 1) + 0{,}4\, L(6, 1 \mid 3, 1) = 0{,}4 \cdot 1 = 0{,}4$$
$$\text{Prob}\,(Z(2) = 4, W(1) = 2) = 0{,}6\, L(4, 2 \mid 2, 1) + 0{,}4\, L(4, 1 \mid 3, 1) = 0{,}6 \cdot 0{,}3 = 0{,}18$$
$$\text{Prob}\,(Z(2) = 5, W(1) = 2) = 0{,}6\, L(5, 2 \mid 2, 1) + 0{,}4\, L(5, 1 \mid 3, 1) = 0{,}6 \cdot 0{,}2 = 0{,}12.$$

Der Automat ist jetzt in den Zustand 4, 5 oder 6 gewechselt und hat dabei die Ausgabe 1 oder 2 erzeugt. Die Zustandswahrscheinlichkeit erhält man wieder als Randverteilung der angegebenen Verbundverteilung:

$$\text{Prob}\,(Z(2) = 4) = \text{Prob}\,(Z(2) = 4, W(1) = 2) = 0{,}18$$
$$\text{Prob}\,(Z(2) = 5) = \text{Prob}\,(Z(2) = 5, W(1) = 1) + \text{Prob}\,(Z(2) = 5, W(1) = 2)$$
$$= 0{,}3 + 0{,}12 = 0{,}42$$
$$\text{Prob}\,(Z(2) = 6) = \text{Prob}\,(Z(2) = 6, W(1) = 1) = 0{,}4.$$

Aus dieser Wahrscheinlichkeitsverteilung entsteht durch Anwendung der Bewegungsgleichung als nächstes die Verbundwahrscheinlichkeit $\text{Prob}\,(Z(3) = z', W(2) = w)$ für alle z' und alle w. $\square$

Verhalten stochastischer Automaten. Zum Verhalten $\mathcal{B}$ eines stochastischen Automaten gehören alle E/A-Paare $(V(0...k_e), W(0...k_e))$, die mit positiver Wahrscheinlichkeit am stochastischen Automaten auftreten können. Dieses Verhalten wird bei initialisierten stochastischen Automaten für die vorgegebene Wahrscheinlichkeitsverteilung des Anfangszustands bestimmt

$$\mathcal{B} = \{(V(0...k_e), W(0...k_e)) \mid \text{Prob}\,(W(0...k_e) \mid V(0...k_e)) > 0\},$$

man könnte es jedoch in Erweiterung dessen auch für beliebige Wahrscheinlichkeitsverteilungen des Anfangszustands definieren.

Die Bestimmung von $\mathrm{Prob}\left(W(0...k_e) \mid V(0...k_e)\right)$ aus der Verhaltensrelation erfolgt ähnlich wie die oben behandelte Berechnung der Zustandswahrscheinlichkeiten. Für den einfachsten Fall, bei dem das E/A-Paar nur aus zwei einelementigen Folgen besteht, erhält man

$$\mathrm{Prob}\left(W = (w_0) \mid V = (v_0)\right) = \frac{\mathrm{Prob}\left(w(0) = w_0, v(0) = v_0\right)}{\mathrm{Prob}\left(v(0) = v_0\right)}$$

$$= \frac{\sum_{z(0)=z_0} \sum_{z(1)=z_1} \mathrm{Prob}\left(z(1) = z_1, w(0) = w_0, z(0) = z_0, v(0) = v_0\right)}{\mathrm{Prob}\left(v(0) = v_0\right)}$$

$$= \frac{\sum_{z(0)=z_0} \sum_{z(1)=z_1} \mathrm{Prob}\left(z(1) = z_1, w(0) = w_0 \mid z(0) = z_0, v(0) = v_0\right)}{\mathrm{Prob}\left(v(0) = v_0\right)} \cdot \mathrm{Prob}\left(z(0) = z_0, v(0) = v_0\right)}{\mathrm{Prob}\left(v(0) = v_0\right)}$$

$$= \frac{\sum_{z(0)=z_0} \sum_{z(1)=z_1} \mathrm{Prob}\left(z(1) = z_1, w(0) = w_0 \mid z(0) = z_0, v(0) = v_0\right)}{\cdot \mathrm{Prob}\left(z(0) = z_0\right) \cdot \mathrm{Prob}\left(v(0) = v_0\right)}}{\mathrm{Prob}\left(v(0) = v_0\right)}$$

$$= \sum_{z(0)=z_0} \sum_{z(1)=z_1} L(z_1, w_0 \mid z_0, v_0) \cdot \mathrm{Prob}\left(z(0) = z_0\right),$$

wobei bei der vorletzten Umformung die Tatsache ausgenutzt wurde, dass die Eingangsgröße vom aktuellen Zustand stochastisch unabhängig ist.

Will man die bedingte Wahrscheinlichkeit für längere Zeichenketten berechnen, so erhält man auf gleichem Wege die Beziehung

$$\mathrm{Prob}\left(W(0...k_e) = (w_0, w_1, ..., w_{k_e}) \mid V(0...k_e) = (v_0, v_1, ..., v_{k_e})\right) \tag{7.42}$$

$$= \sum_{z(0)=z_0} \sum_{z(1)=z_1} ... \sum_{z(k_e+1)=z_{k_e+1}} L(z_{k_e+1}, w_{k_e} \mid z_{k_e}, v_{k_e}) \cdot ... \cdot L(z_1, w_0 \mid z_0, v_0)$$
$$\cdot \mathrm{Prob}\left(z(0) = z_0\right).$$

Aufgabe 7.16   *Bewegungsgleichung eines stochastischen Automaten*

Führen Sie die Berechnung des Beispiels 7.11 für die nächsten zwei Zeitschritte weiter. □

Aufgabe 7.17   *Markoveigenschaft stochastischer Automaten*

Wie muss die Markoveigenschaft (7.32) für stochastische Automaten mit Eingang und Ausgang erweitert werden, damit das Verhalten stochastischer Automaten durch die Beziehung (7.41) beschrieben wird? □

7.4.3 Stochastischer Operator

In Erweiterung der im Abschn. 3.4.3 definierten Automatenabbildung, die jeder Eingangsfolge die durch den deterministischen Automaten erzeugte Ausgangsfolge zuordnet, wird für stochastische Automaten der stochastische Operator eingeführt. Kern der Definition dieses Operators ist die bedingte Wahrscheinlichkeitsverteilung

$$\phi : \mathcal{V}^* \to \mathcal{W}^*,$$

die die Eigenschaften

$$\sum_{W \in \mathcal{W}^*} \phi(W \mid V) = 1$$
$$\phi(W \mid V) \geq 0$$

besitzt. Wie bei der Verhaltensrelation wird hier $\phi(W \mid V)$ anstelle von $\phi(W, V)$ geschrieben, um den Charakter dieser Funktion als Wahrscheinlichkeitsverteilung deutlich zu machen:

$$\phi(W \mid V) = \mathrm{Prob}\,(W \mid V).$$

Man kann also mit dem stochastischen Operator die Wahrscheinlichkeit bestimmen, mit der der stochastische Automat einer Eingabefolge V die Ausgabefolge W zuordnet. Die Folgen V und W können beliebige Länge k_e haben.

In der Literatur wird nicht ϕ, sondern das Tripel

$$\boxed{\text{stochastischer Operator:} \quad I = (\mathcal{V}, \mathcal{W}, \phi)} \tag{7.43}$$

als stochastischer Operator bezeichnet, was jedoch nur auf einen formalen Unterschied zur Automatenabbildung führt, bei der das Eingabe- und das Ausgabealphabet nur implizit zur Definition gehören.

Mit der Definition (7.43) ist noch nichts darüber ausgesagt, ob ein beliebig gewählter stochastischer Operator durch einen stochastischen Automaten dargestellt werden kann. Da die Beziehung zwischen der Eingabefolge und der Ausgabefolge eines stochastischen Automaten von der Anfangszustandswahrscheinlichkeitsverteilung $p_0(z)$ abhängt, kann jeder Automat durch Veränderung dieser Verteilung sehr unterschiedliche stochastische Operatoren repräsentieren. Welche Bedingung andererseits ein stochastischer Operator erfüllen muss, damit er durch einen stochastischen Automaten darstellbar ist, wird durch den folgenden Satz beschrieben:

Satz 7.1 *Ein stochastischer Operator* $I = (\mathcal{V}, \mathcal{W}, \phi)$ *ist genau dann durch einen stochastischen Automaten darstellbar, wenn die folgenden Bedingungen erfüllt sind:*

- *Es gilt* $\phi(W \mid V) = 0$*, wenn* $|V| \neq |W|$ *ist (also die Eingangs- und die Ausgangsfolge nicht gleich lang sind).*

- *Aus* $\phi(W_1 \mid V_1) = 0$ *folgt* $\phi(W_1 W_2 \mid V_1 V_2) = 0$ *für alle* $|V_2| = |W_2|$*.*

- *Für jedes feste Paar* (V_1, W_1) *mit* $|V_1| = |W_1|$ *und* $\phi(W_1 \mid V_1) \neq 0$ *bildet der Quotient*

$$\phi_{V_1 W_1}(W_2 \mid V_2) = \frac{\phi(W_1 W_2 \mid V_1 V_2)}{\phi(W_1 \mid V_1)}$$

eine bedingte Wahrscheinlichkeitsverteilung über der Menge $\mathcal{W}^*$*, die für jedes* $V_2 \in \mathcal{V}^*$ *definiert ist.*

Dieser Satz erweitert die im Satz 3.1 für die Existenz einer Automatenabbildung beschriebenen Bedingungen so, dass es möglich ist, die durch einen stochastischen Operator definierten bedingten Wahrscheinlichkeitsverteilungen für die Eingangs- und Ausgangsfolgen auf die Form (7.42) zu bringen.

7.4.4 Spezielle stochastische Automaten

Dieser Abschnitt führt einige spezielle stochastische E/A-Automaten ein, die sich für die Modellierung und Analyse in verschiedenen Anwendungsgleichungen bewährt haben.

Stochastischer Mealy-Automat. Eine Erweiterung des in Kapitel 4 eingeführten nichtdeterministischen Mealy-Automaten auf stochastische E/A-Automaten erhält man durch folgende Überlegung. Charakteristisch für den Mealy-Automat ist, dass man die Ausgabe unabhängig vom Nachfolgezustand berechnen kann, obwohl beide Größen sowohl durch den aktuellen Zustand als auch durch die aktuelle Eingabe bestimmt werden. Diese Unabhängigkeit des Zustandsüberganges $Z(k) \rightarrow Z(k+1)$ von der Ausgabe $W(k)$ kann man anhand der beiden Randverteilungen

$$G(z' \mid z, v) = \sum_{w \in \mathcal{W}} L(z', w \mid z, v) \tag{7.44}$$

$$H(w \mid z, v) = \sum_{z' \in \mathcal{Z}} L(z', w \mid z, v) \tag{7.45}$$

überprüfen, die wie die beiden Funktionen G und H des deterministischen Mealy-Automaten die Beziehung zwischen dem aktuellen Zustand z und der aktuellen Eingabe v einerseits und dem Nachfolgezustand z' bzw. der Ausgabe w andererseits her. Sie beschreiben die Wahrscheinlichkeitsverteilungen

$$G(z' \mid z, v) = \mathrm{Prob}\,(Z(1)\!=\!z' \mid Z(0)\!=\!z, V(0)\!=\!v) \qquad (7.46)$$

$$H(w \mid z, v) = \mathrm{Prob}\,(W(0)\!=\!w \mid Z(0)\!=\!z, V(0)\!=\!v) \qquad (7.47)$$

und haben deshalb folgende Eigenschaften

$$\sum_{z' \in \mathcal{Z}} G(z' \mid z, v) = 1 \qquad (7.48)$$

$$\sum_{w \in \mathcal{W}} H(w \mid z, v) = 1. \qquad (7.49)$$

Mit ihnen kann das Verhalten des stochastischen Automaten bei gegebener Eingangsfolge durch die beiden Gleichungen

$$\mathrm{Prob}\,(Z(k+1)\!=\!z') = \sum_{z \in \mathcal{Z}} G(z' \mid z, v) \cdot \mathrm{Prob}\,(Z(k)\!=\!z)$$

$$\mathrm{Prob}\,(W(k)\!=\!w) = \sum_{z \in \mathcal{Z}} H(w \mid z, v) \cdot \mathrm{Prob}\,(Z(k)\!=\!z)$$

dargestellt werden. Diese Gleichungen beschreiben jedoch nur dann denselben Automaten wie die Gl. (7.41), wenn sich die Verhaltensrelation L aus G und H berechnen lässt:

Stochastischer Mealy-Automat:

$$L(z', w \mid z, v) = G(z' \mid z, v) \cdot H(w \mid z, v) \quad \text{für alle } z', z \in \mathcal{Z},\ v \in \mathcal{V},\ w \in \mathcal{W}. \qquad (7.50)$$

Im Allgemeinen bietet die Beschreibung des Automatenverhaltens durch die Verhaltensrelation L eine größere Flexibilität als eine Beschreibung mit Hilfe der beiden Verteilungen G und H. Das ist durch die wahrscheinlichkeitstheoretische Tatsache begründet, dass man aus einer Verteilung zwar die Randverteilung berechnen, aber nicht umgekehrt aus den Randverteilungen G und H die Verteilung L zurückgewinnen kann. Beim stochastischen Mealy-Automaten ist diese Flexibilität nicht gegeben, weil sich die Verhaltensrelation in eine bedingte Wahrscheinlichkeitsverteilung für den Nachfolgezustand und eine bedingte Wahrscheinlichkeitsverteilung für den Ausgang aufspalten lässt. Die Ausgabefunktion $H(w \mid z, v)$ kann dem Zustand z zugeordnet werden, weil ihr Wert nicht davon abhängt, in welchen Nachfolgezustand z' der Automat übergeht. z' und w sind also stochastisch unabhängig bei gegebenem (z, v).

Wenn die Ausgabefunktion nicht vom Eingang abhängt, ist der Automat ein

Stochastischer Moore-Automat:

$$L(z', w \mid z, v) = G(z' \mid z, v) \cdot H(w \mid z) \quad \text{für alle } z', z \in \mathcal{Z},\ v \in \mathcal{V},\ w \in \mathcal{W}. \qquad (7.51)$$

Gesteuerte Markovkette. Wenn man bei dem betrachteten ereignisdiskreten System den Zustand beobachten kann, so muss die Markovkette nur um den Eingang erweitert werden, während für den Ausgang $W(k) = Z(k)$ gilt. Man spricht dann von einer gesteuerten Markovkette.

Für derartige Systeme reduziert sich die Verhaltensrelation $L(z', w \mid z, v)$ stochastischer Automaten auf die Zustandsübergangsfunktion $G(z' \mid z, v)$ aus Gl. (7.46).

Das Verhalten gesteuerter Markovketten kann man berechnen, wenn man die Chapman-Kolmogorov-Gleichung für Systeme mit dem Eingang v erweitert. Für die Eingabefolge

$$V(0...k_e) = (v(0), v(1), ...v(k_e)) \tag{7.52}$$

berechnet man die Zustandswahrscheinlichkeitsverteilung $\mathrm{Prob}\,(Z(k){=}z)$ aus der Beziehung

$$\mathrm{Prob}\,(Z(k{+}1){=}z') = \sum_{z \in \mathcal{Z}} G(z' \mid z, v_k) \cdot \mathrm{Prob}\,(Z(k){=}z), \tag{7.53}$$

wobei $V(k) = v_k$ die Eingabe zum Zeitpunkt k ist.

Wenn man die erhaltenen Wahrscheinlichkeiten wieder in Vektoren $\boldsymbol{p}(k)$ und die Werte der Zustandsüberführungsfunktion $G(z' \mid z, v)$ für feste Werte v in Matrizen

$$\boldsymbol{G}(v) = \begin{pmatrix} G(1 \mid 1, v) & G(1 \mid 2, v) & \cdots & G(1 \mid N, v) \\ G(2 \mid 1, v) & G(2 \mid 2, v) & \cdots & G(2 \mid N, v) \\ \vdots & \vdots & & \vdots \\ G(N \mid 1, v) & G(N \mid 2, v) & \cdots & G(N \mid N, v) \end{pmatrix}$$

zusammenfasst, so gilt für die gesteuerte Markovkette die rekursive Darstellung

$$\boxed{\begin{array}{c} \text{Matrixform der Zustandsraumdarstellung gesteuerter Markovketten} \\ \boldsymbol{p}(k+1) = \boldsymbol{G}(v(k))\,\boldsymbol{p}(k), \quad \boldsymbol{p}(0) = \boldsymbol{p}_0. \end{array}} \tag{7.54}$$

Das Verhalten wird dann für die Eingangsfolge (7.52) durch die Beziehung

$$\boldsymbol{p}(k) = \boldsymbol{G}(v(k-1)) \cdot \boldsymbol{G}(v(k-2)) \cdot ... \cdot \boldsymbol{G}(v(0)) \cdot \boldsymbol{p}_0$$

beschrieben. Bis auf die Tatsache, dass sich die Zustandsübergangswahrscheinlichkeit in Abhängigkeit von der Eingabe $v(k)$ ändert, sind die Berechnungsvorschriften und die Eigenschaften gesteuerter Markovketten dieselben wie die autonomer stochastischer Automaten.

Verdeckte Markovmodelle. Wenn der stochastische Mealy-Automat keinen Eingang hat, beschreibt er eine verdeckte Markovkette (*hidden Markov model*, HMM). Das System wird dann durch die Zustandsübergangswahrscheinlichkeit $G(z' \mid z)$ und die Wahrscheinlichkeitsverteilung $H(w \mid z)$ für die Ausgabe beschrieben:

$$\boxed{\text{Verdecktes Markovmodell:} \quad \mathcal{HMM} = (\mathcal{Z}, \mathcal{W}, G, H, p_0(z))}$$

mit

- $\mathcal{Z}$ – Zustandsmenge
- $\mathcal{W}$ – Menge der Ausgangssymbole

- G – Zustandsübergangswahrscheinlichkeitsverteilung
- H – Ausgangswahrscheinlichkeitsverteilung
- $p_0(z)$ – Wahrscheinlichkeitsverteilung des Anfangszustands.

Die Funktion G wird als *Übergangsmodell* bezeichnet, da sie die Zustandsübergänge beschreibt:

$$\mathrm{Prob}\,(Z(k+1)\!=\!z') = \sum_{z\in\mathcal{Z}} G(z'\,|\,z) \cdot \mathrm{Prob}\,(Z(k)\!=\!z) \tag{7.55}$$

Weil diese Zustandsübergänge von außen nicht sichtbar sind, haben diese Markovketten das Attribut verdeckt. Man sagt auch, dass Gl. (7.55) den *Hintergrundprozess* beschreibt. Von außen sichtbar ist nur die Ausgabe, die mit Hilfe der Funktion H berechnet wird:

$$\mathrm{Prob}\,(W(k)\!=\!w) = \sum_{z\in\mathcal{Z}} H(w\,|\,z) \cdot \mathrm{Prob}\,(Z(k)\!=\!z). \tag{7.56}$$

Gleichung (7.56) stellt das *Sensormodell* dar, das beschreibt, mit welcher Wahrscheinlichkeitsverteilung die Ausgabe für eine gegebene Zustandswahrscheinlichkeitsverteilung erzeugt wird. Übergangsmodell und Sensormodell sind über die Wahrscheinlichkeitsverteilung des aktuellen Zustands gekoppelt (Abb. 7.39).

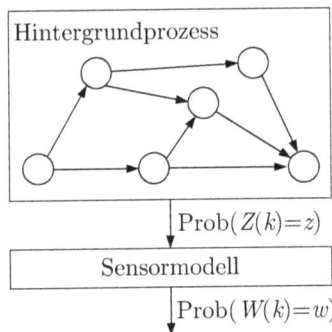

Abb. 7.39: Strukturbild einer verdeckten Markovkette

Um ein gegebenes ereignisdiskretes System als verdeckte Markovkette zu modellieren, muss man also erstens die zufälligen Zustandswechsel mit Hilfe der Funktion G beschreiben und zweitens ein Sensormodell angeben, dass aussagt, wie in einem Zustand z die Ausgabe w zufällig erzeugt wird. Beide Funktionen zusammen beschreiben das Modell.

Der Vorteil gegenüber der Verwendung von stochastischen Automaten ohne Eingabe liegt in der Tatsache, dass G und H getrennt spezifiziert werden können. Würde man die Verhaltensrelation L (ohne Eingang) verwenden, so müsste man die Wahrscheinlichkeitsverteilung für die Zustandsübergänge und die dabei entstehenden Ausgaben gemeinsam angeben, was zwar eine größere Vielfalt an Bewegungsmöglichkeiten für das Modell mit sich bringt, aber auch entsprechend mehr Informationen über die Systemdynamik erfordert.

Beispiel 7.12   *Verhalten einer verdeckten Markovkette*

Es wird die in Abb. 7.40 gezeigte verdeckte Markovkette mit dem Anfangszustand $Z(0) = 1$ betrachtet. Die Kantengewichte geben den Wert von $G(z' \mid z)$ für den betreffenden Zustandsübergang $z \to z'$ an. Im Sensormodell ist angegeben, mit welcher Wahrscheinlichkeit die Ausgaben $w = 1$ und $w = 2$ erzeugt werden, wenn sich die Markovkette in den betreffenden Zuständen befindet.

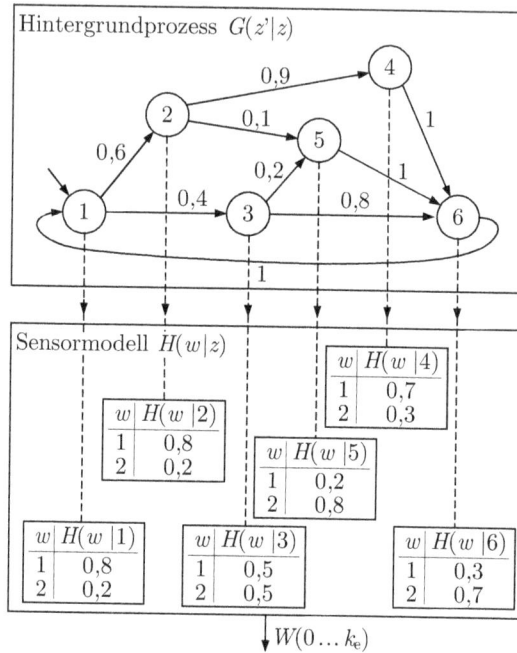

Abb. 7.40: Beispiel für eine verdeckte Markovkette

Mit den Gln. (7.55) und (7.56) kann berechnet werden, welche Zustandswahrscheinlichkeit das System im k-ten Zeitschritt hat und mit welchen Wahrscheinlichkeiten es die beiden möglichen Ausgaben erzeugt. Für $k = 0$ gilt

$$\text{Prob}\,(Z(0)\!=\!1) = 1$$

und folglich

$$\text{Prob}\,(W(0)\!=\!1) \;=\; 0{,}8$$
$$\text{Prob}\,(W(0)\!=\!2) \;=\; 0{,}2.$$

Für $k = 1$ erhält man aus Gl. (7.55) für die Zustandswahrscheinlichkeitsverteilung

$$\text{Prob}\,(Z(1)\!=\!2) \;=\; 0{,}6$$
$$\text{Prob}\,(Z(1)\!=\!3) \;=\; 0{,}4.$$

Für alle anderen Werte von z verschwindet $\text{Prob}\,(Z(1) = z)$. Mit diesen Werten führt Gl. (7.56) auf folgende Ausgaben:

$$\begin{aligned}
\text{Prob}\,(W(1)\!=\!1) &= H(1\,|\,2)\cdot\text{Prob}\,(Z(1)\!=\!2) + H(1\,|\,3)\cdot\text{Prob}\,(Z(1)\!=\!3)\\
&= 0{,}8\cdot 0{,}6 + 0{,}5\cdot 0{,}4\\
&= 0{,}68
\end{aligned}$$

$$\begin{aligned}
\text{Prob}\,(W(1)\!=\!2) &= H(2\,|\,2)\cdot\text{Prob}\,(Z(1)\!=\!2) + H(2\,|\,3)\cdot\text{Prob}\,(Z(1)\!=\!3)\\
&= 0{,}2\cdot 0{,}6 + 0{,}5\cdot 0{,}4\\
&= 0{,}32,
\end{aligned}$$

wobei in der Zwischenrechnung nur Zustände mit positiver Aufenthaltswahrscheinlichkeit berücksichtigt wurden.

Für $k = 2$ geht der Hintergrundprozess in folgende Zustände mit positiver Wahrscheinlichkeit über:

$$\text{Prob}\,(Z(2)\!=\!4) = G(4\,|\,2)\cdot\text{Prob}\,(Z(1)\!=\!2) = 0{,}9\cdot 0{,}6 = 0{,}54$$

$$\begin{aligned}
\text{Prob}\,(Z(2)\!=\!5) &= G(5\,|\,2)\cdot\text{Prob}\,(Z(1)\!=\!2) + G(5\,|\,3)\cdot\text{Prob}\,(Z(1)\!=\!3)\\
&= 0{,}1\cdot 0{,}6 + 0{,}2\cdot 0{,}4 = 0{,}14
\end{aligned}$$

$$\text{Prob}\,(Z(2)\!=\!6) = G(6\,|\,3)\cdot\text{Prob}\,(Z(1)\!=\!3) = 0{,}8\cdot 0{,}4 = 0{,}32.$$

Damit erhält man folgende Ausgaben:

$$\begin{aligned}
\text{Prob}\,(W(2)\!=\!1) &= H(1\,|\,4)\cdot\text{Prob}\,(Z(2)\!=\!4) + H(1\,|\,5)\cdot\text{Prob}\,(Z(2)\!=\!5)\\
&\quad + H(1\,|\,6)\cdot\text{Prob}\,(Z(2)\!=\!6)\\
&= 0{,}7\cdot 0{,}54 + 0{,}2\cdot 0{,}14 + 0{,}3\cdot 0{,}32\\
&= 0{,}502
\end{aligned}$$

$$\begin{aligned}
\text{Prob}\,(W(2)\!=\!2) &= H(2\,|\,4)\cdot\text{Prob}\,(Z(2)\!=\!4) + H(2\,|\,5)\cdot\text{Prob}\,(Z(2)\!=\!5)\\
&\quad + H(2\,|\,6)\cdot\text{Prob}\,(Z(2)\!=\!6)\\
&= 0{,}3\cdot 0{,}54 + 0{,}8\cdot 0{,}14 + 0{,}7\cdot 0{,}32\\
&= 0{,}498.
\end{aligned}$$

Das Ergebnis zeigt, dass für $k = 2$ die beiden Ausgaben mit fast derselben Wahrscheinlichkeit erscheinen, obwohl sich das System zu diesem Zeitpunkt in drei verschiedenen Zuständen befinden kann, bei denen die Wahrscheinlichkeitsverteilung $H(w\,|\,z)$ sehr unterschiedlich ist. $\square$

Wahrscheinlichkeit der Ausgangsfolge. Da bei verdeckten Markovketten nur die Ausgangsfolge beobachtet werden kann, ist es für das Verhalten derartiger Systeme interessant zu wissen, mit welcher Wahrscheinlichkeit eine bestimmte Ausgangsfolge erzeugt wird, wobei es für Vorhersageaufgaben unwichtig ist, auf welchen Zustandsfolgen diese Ausgabefolge entsteht. Für Markovketten ist aus Gl. (7.34) bekannt, dass sich die Wahrscheinlichkeit für das Auftreten einer vorgegebenen Zustandsfolge $Z(0...k_\mathrm{e}) = (z_0, z_1, ..., z_{k_\mathrm{e}})$ folgendermaßen berechnet:

$$\begin{aligned}
&\text{Prob}\,(Z(0...k_\mathrm{e})\!=\!(z_0, z_1, ..., z_{k_\mathrm{e}}))\\
&\quad = G(z_{k_\mathrm{e}}\,|\,z_{k_\mathrm{e}-1})\cdot ...\cdot G(z_2\,|\,z_1)\cdot G(z_1\,|\,z_0)\cdot p_0(z_0).
\end{aligned}$$

Da in jedem Zustand die Wahrscheinlichkeitsverteilung über die Ausgabewerte durch die Funktion $H(w\,|\,z)$ beschrieben ist, erhält man für die Zustandsfolge $Z(0...k_\mathrm{e})$ die Ausgabefolge

$$W(0...k_e) = (w_0, w_1, ..., w_{k_e})$$

mit der folgenden bedingten Wahrscheinlichkeit:

$$\text{Prob}\,(W(0...k_e) = (w_0, w_1, ..., w_{k_e}) \mid Z(0...k_e) = (z_0, z_1, ..., z_{k_e})) = \qquad (7.57)$$
$$H(w_{k_e} \mid z_{k_e}) \cdot ... \cdot H(w_1 \mid z_1) \cdot H(w_0 \mid z_0).$$

In dieser Gleichung werden die Wahrscheinlichkeiten dafür miteinander multipliziert, dass im k-ten Zustand z_k der Wert w_k der Ausgabefolge auftritt. Das Produkt wird für $k = 0, 1, ..., k_e$ gebildet. Will man berechnen, mit welcher Wahrscheinlichkeit die gegebene Ausgabefolge bei einer beliebigen Zustandsfolge auftritt, so muss man die angegebene bedingte Wahrscheinlichkeit mit der Wahrscheinlichkeit für das Auftreten der im Bedingungsteil stehenden Zustandsfolge multiplizieren und dann über alle möglichen Zustandsfolgen summieren:

$$\text{Prob}\,(W(0...k_e) = (w_0, w_1, ..., w_{k_e})) \qquad (7.58)$$

$$= \sum_{z_0, z_1, ..., z_{k_e} \in \mathcal{Z}} H(w_{k_e} \mid z_{k_e}) \cdot ... \cdot H(w_1 \mid z_1) \cdot H(w_0 \mid z_0) \cdot \text{Prob}\,(Z(0...k_e) = (z_0, z_1, ..., z_{k_e}))$$

$$= \sum_{z_0, z_1, ..., z_{k_e} \in \mathcal{Z}} H(w_{k_e} \mid z_{k_e}) \cdot ... \cdot H(w_1 \mid z_1) \cdot H(w_0 \mid z_0) \cdot$$
$$\cdot G(z_{k_e} \mid z_{k_e-1}) \cdot ... \cdot G(z_1 \mid z_0) \cdot \text{Prob}\,(Z(0) = z_0).$$

Aufgabe 7.18*   *Schreiben eines SMS-Textes*

Beim Schreiben eines SMS-Textes werden 8 Tasten zur Kodierung der 26 Buchstaben des Alphabets verwendet, wobei man mit einer Taste unterschiedliche Buchstaben erzeugt, indem man die Taste mehrfach schnell hintereinander drückt. Wenn der Text schnell geschrieben wird, entstehen Fehler, wenn eine Taste einmal zu viel oder zu wenig gedrückt wird bzw. der Druck nicht ausreichend stark war.

1. Beschreiben Sie den Vorgang des SMS-Textverfassens durch eine verdeckte Markovkette, deren Zustände die gewünschten Buchstaben und deren Ausgabe die tatsächlich erzeugten Buchstaben darstellt. Zur Vereinfachung wird angenommen, dass nicht zwischen Groß- und Kleinbuchstaben unterschieden wird. Setzen Sie für die Fehlerraten sinnvolle Wahrscheinlichkeitsverteilungen ein.

2. Mit welcher Wahrscheinlichkeit entsteht anstelle des gewünschten Textes „KLAUSUR BESTANDEN" der Text „KKBTSTQ BESTANDEN"? □

7.4.5 Viterbi-Algorithmus zur Lösung von Detektionsproblemen

Detektionsproblem für verdeckte Markovmodelle. In diesem Abschnitt wird das Problem behandelt, für eine gegebene Ausgangsfolge $W(0...k_e)$ diejenige Zustandstrajektorie $Z(0...k_e)$ zu bestimmen, die ein verdecktes Markovmodell mit der größten Wahrscheinlichkeit durchlaufen ist, während es die beobachtete Ausgangsfolge erzeugte. Dieses Problem tritt in vielen technischen Anwendungen auf, wenn die Bewegung eines dynamischen Systems aus einer gestörten Messwertfolge rekonstruiert werden soll. Dabei gibt der Messwert $w(k)$ keinen eindeutigen Aufschluss über den zum selben Zeitpunkt k aufgetretenen Zustand, sondern man kennt lediglich die Wahrscheinlichkeitsverteilung, mit der der erhaltene Messwert $w(k)$ bei allen Zuständen $z(k) \in \mathcal{Z}$ erscheint. Darüber hinaus weiß man etwas darüber, wie sich der Prozesszustand von Zeitschritt zu Zeitschritt verändert. Wenn man aus diesen beiden Informationen einen Hintergrundprozess und ein Sensormodell aufstellt, erhält man ein verdecktes Markovmodell, für das man das folgende Problem lösen muss:

Detektionsproblem für verdeckte Markovmodelle

Gegeben: Versteckte Markovkette
                Ausgabefolge $W(0...k_{\mathrm{e}}) = (w_0, w_1, ..., w_{k_{\mathrm{e}}})$

Gesucht: Zustandsfolge $Z(0...k_{\mathrm{e}}) = (z_0, z_1, ..., z_{k_{\mathrm{e}}})$,
              die die Wahrscheinlichkeit $\mathrm{Prob}\,(Z(0...k_{\mathrm{e}}) \mid W(0...k_{\mathrm{e}}))$ maximiert.

Die zu maximierende bedingte Wahrscheinlichkeit berechnet sich aus

$$\mathrm{Prob}\,(Z(0...k_{\mathrm{e}}) = (z_0, z_1, ..., z_{k_{\mathrm{e}}}) \mid W(0...k_{\mathrm{e}}) = (w_0, w_1, ..., w_{k_{\mathrm{e}}}))$$

$$= \frac{\mathrm{Prob}\,(Z(0...k_{\mathrm{e}}) = (z_0, z_1, ..., z_{k_{\mathrm{e}}}),\ W(0...k_{\mathrm{e}}) = (w_0, w_1, ..., w_{k_{\mathrm{e}}}))}{\mathrm{Prob}\,(W(0...k_{\mathrm{e}}) = (w_0, w_1, ..., w_{k_{\mathrm{e}}}))}.$$

Da die Ausgangsfolge vorgegeben ist, steht für jede in Frage kommende Zustandsfolge im Nenner des Quotienten derselbe Wert. Deshalb kann man anstelle des Quotienten auch den Zähler allein maximieren und erhält dabei dasselbe Ergebnis. In der Standardnotation von Optimierungsproblemen stellt also der Zähler die Gütefunktion J dar:

$$J((z_0, z_1, ..., z_{k_{\mathrm{e}}})) = \mathrm{Prob}\,(Z(0...k_{\mathrm{e}}) = (z_0, z_1, ..., z_{k_{\mathrm{e}}}),\ W(0...k_{\mathrm{e}}) = (w_0, w_1, ..., w_{k_{\mathrm{e}}})).$$

$$(7.59)$$

Für gegebene Werte $w_0, w_1, ..., w_{k_{\mathrm{e}}}$ ist diejenige Zustandsfolge

$$Z^*(0...k_{\mathrm{e}}) = (z_0^*, z_1^*, ..., z_{k_{\mathrm{e}}}^*)$$

gesucht, für die diese Gütefunktion den größtmöglichen Wert J^* annimmt:

$$J^* = \max_{(z_0, z_1, ..., z_{k_{\mathrm{e}}})} J. \tag{7.60}$$

Es ist jedoch nicht der Wert J^* der Gütefunktion selbst, sondern die Zustandstrajektorie von Interesse ist, für die dieser Gütewert entsteht. Dafür schreibt man

$$(z_0^*, z_1^*, ..., z_{k_{\mathrm{e}}}^*) = \arg\min J.$$

Die Gütefunktion beschreibt die Verbundwahrscheinlichkeit für das Auftreten einer Zustandsfolge und der gegebenen Ausgabefolge. Ihren Wert erhält man aus der Beziehung

$$J((z_0, z_1, ..., z_{k_{\mathrm{e}}})) \tag{7.61}$$
$$= H(w_{k_{\mathrm{e}}} \mid z_{k_{\mathrm{e}}}) \cdot ... \cdot H(w_1 \mid z_1) \cdot H(w_0 \mid z_0) \cdot$$
$$G(z_{k_{\mathrm{e}}} \mid z_{k_{\mathrm{e}}-1}) \cdot ... \cdot G(z_2 \mid z_1) \cdot G(z_1 \mid z_0) \cdot p_0(z_0)$$

(vgl. Gl. (7.58)). Die letzte Zeile in Gl. (7.61) beschreibt die Wahrscheinlichkeit dafür, dass die Markovkette die Zustandsfolge $Z(0...k_e) = (z_0, z_1, ..., z_{k_e})$ durchläuft. In der darüber stehenden Zeile wird die Wahrscheinlichkeit berechnet, dass bei dieser Zustandsfolge die gegebene Ausgabefolge $W(0...k_e) = (w_0, w_1, ..., w_{k_e})$ generiert wird. Es soll nun diejenige Zustandsfolge ermittelt werden, bei der das Produkt beider Zeilen maximal ist.

Naive Lösung. Eine denkbare, jedoch für Markovketten mit umfangreicher Zustandsmenge nicht durchführbare Vorgehensweise besteht darin, dass man alle für den Zeithorizont $0...k_e$ möglichen Zustandsfolgen erzeugt, für diese Folgen den Gütewert berechnet und schließlich diejenige Zustandsfolge heraussucht, für die der Gütewert am größten ist. Dieses Vorgehen wird jetzt anhand der Markovkette aus Abb. 7.40 gezeigt, um einerseits das zu lösende Optimierungsproblem zu veranschaulichen und andererseits das im Folgenden beschriebene zweckmäßigere Vorgehen zu motivieren.

Beispiel 7.13 *Naive Lösung des Detektionsproblems*

Das in Abb. 7.40 gezeigte verdeckte Markovmodell hat den Anfangszustand $z_0 = 1$:

$$p_0(z) = \begin{cases} 1 & \text{für } z = 1 \\ 0 & \text{sonst.} \end{cases}$$

Es wird angenommen, dass das betrachtete System die Ausgabefolge

$$W(0...3) = (1, 1, 2, 1)$$

erzeugt hat. Damit interessieren im Folgenden nur Zustandsfolgen, auf denen diese Ausgabefolge möglich ist.

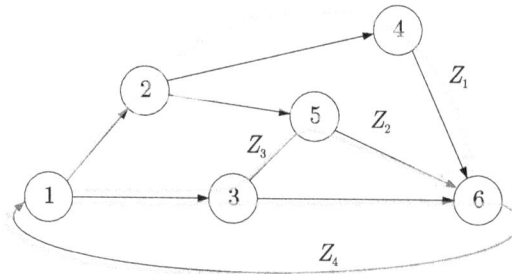

Abb. 7.41: Vier mögliche Zustandsfolgen der betrachteten Markovkette

Für den Zeithorizont $0...3$ kann man aus dem Automatengrafen des Hintergrundprozesses ausgehend vom bekannten Anfangszustand folgende Zustandsfolgen ablesen:

$$\begin{aligned} Z_1 &= (1, 2, 4, 6) \\ Z_2 &= (1, 2, 5, 6) \\ Z_3 &= (1, 3, 5, 6) \\ Z_4 &= (1, 3, 6, 1). \end{aligned}$$

Diese Folgen sind in Abb. 7.41 gezeigt. Da in jedem Zustand die beiden möglichen Ausgaben $w = 1$ und $w = 2$ erzeugt werden können, fällt keine dieser vier Zustandsfolgen schon deshalb aus der Betrachtung heraus, weil auf ihr die gegebene Ausgangsfolge gar nicht möglich ist. Die Auswahl der besten Folge kann deshalb nur anhand der Gütewerte getroffen werden.

Entsprechend Gl. (7.59) wird der Gütewert für die erste Zustandsfolge folgendermaßen berechnet:

$$
\begin{aligned}
&J((1,2,4,6)) \\
&= (H(w_3 \,|\, z_3) \cdot H(w_2 \,|\, z_2) \cdot H(w_1 \,|\, z_1) \cdot H(w_0 \,|\, z_0)) \cdot \\
&\quad (G(z_3 \,|\, z_2) \cdot G(z_2 \,|\, z_1) \cdot G(z_1 \,|\, z_0)) \cdot p_0(z_0) \\
&= (H(1 \,|\, 6) \cdot H(2 \,|\, 4) \cdot H(1 \,|\, 2) \cdot H(1 \,|\, 1)) \cdot (G(6 \,|\, 4) \cdot G(4 \,|\, 2) \cdot G(2 \,|\, 1)) \cdot p_0(1) \\
&= (0{,}3 \cdot 0{,}3 \cdot 0{,}8 \cdot 0{,}8) \cdot (1 \cdot 0{,}9 \cdot 0{,}6) \cdot 1 \\
&= 0{,}0311.
\end{aligned}
$$

In analoger Weise erhält man für die drei anderen Zustandsfolgen die nachstehenden Werte:

$$
\begin{aligned}
J((1,2,5,6)) &= (0{,}3 \cdot 0{,}8 \cdot 0{,}8 \cdot 0{,}8) \cdot (1 \cdot 0{,}1 \cdot 0{,}6) \cdot 1 = 0{,}00921 \\
J((1,3,5,6)) &= (0{,}3 \cdot 0{,}8 \cdot 0{,}5 \cdot 0{,}8) \cdot (1 \cdot 0{,}2 \cdot 0{,}4) \cdot 1 = 0{,}00768 \\
J((1,3,6,1)) &= (0{,}8 \cdot 0{,}7 \cdot 0{,}5 \cdot 0{,}8) \cdot (1 \cdot 0{,}8 \cdot 0{,}4) \cdot 1 = 0{,}0719.
\end{aligned}
$$

Folglich ist die Zustandsfolge $Z^*(0...3) = Z_4 = (1,3,6,1)$ diejenige Folge, die für die beobachtete Ausgangsfolge mit der höchsten Wahrscheinlichkeit auftritt. $\square$

Komplexität dieses Vorgehens. Bei dieser Vorgehensweise muss man i. Allg. sehr viele unterschiedliche Zustandsfolgen betrachten. Wie groß diese Anzahl N_Z werden kann, zeigt folgende Abschätzung. Nimmt man an, dass jeder Zustand im Mittel a Nachfolgezustände hat, so sind beim Zeithorizont k_e insgesamt

$$
N_Z = N \cdot a^{k_e}
$$

unterschiedliche Trajektorien zu untersuchen, wobei N die Mächtigkeit der Zustandsmenge bezeichnet. Bei einer Warteschlange, bei der jeder Knoten drei mögliche Nachfolger hat (vgl. Abb. 7.15 auf S. 342), muss man für einen Zeithorizont $k_e = 5$ bereits

$$
N_Z = 3^5 = 243
$$

Zustandsfolgen untersuchen. Wenn jeder Zustand fünf Nachfolgezustände hat, was bei Modellen mit einigen hundert Zuständen nicht viel ist, so muss man bei demselben Zeithorizont bereits 3125 Folgen berechnen und bewerten. Im schlechtesten Fall $a = N$ hat diese Vorgehensweise die Komplexität

$$
O(N, k_e) = N \cdot N^{k_e},
$$

die exponentiell mit dem Zeithorizont k_e steigt.

Entfaltung des Automatengrafen. Der Viterbi-Algorithmus[6] beruht auf einer Interpretation des Optimierungsproblems (7.60) als ein Problem der Grafensuche, das für die in Abb. 7.42

---

[6] 1967 von ANDREW J. VITERBI vorgeschlagen, amerikanischer Kommunikationstechniker italienischer Herkunft.

gezeigte verdeckte Markovkette in Abb. 7.43 dargestellt ist. Jeder Pfad durch den Grafen in Abb. 7.43 repräsentiert eine Zustandsfolge, in der die durch die Knoten symbolisierten Zustände z zu den auf der Zeitachse angegebenen Zeitpunkten k angenommen werden. Die vom Automatengrafen des Markovmodells in sehr kompakter Form dargestellten Bewegungsmöglichkeiten werden durch diesen Grafen explizit angegeben. Man bezeichnet diesen Grafen als *Entfaltung* des Automatengrafen.

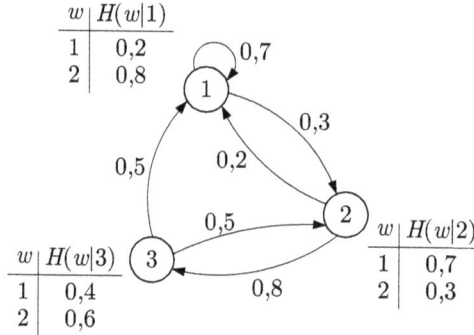

Abb. 7.42: Verdeckte Markovkette zur Erläuterung des Viterbi-Algorithmus

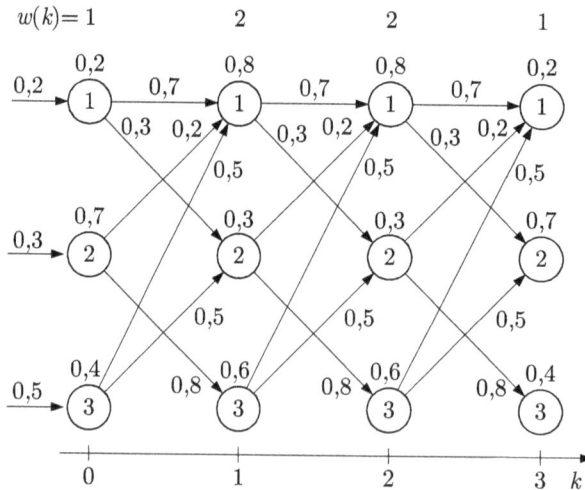

Abb. 7.43: Grafische Darstellung der Zustandsfolgen für eine Markovkette
mit drei Zuständen

Die in Abb. 7.43 eingetragenen Zustandsübergänge ergeben sich aus der Zustandsübergangswahrscheinlichkeitsverteilung $G(z' \mid z)$ des Hintergrundprozesses. Da die Funktion G von der Zeit k unabhängig ist, erhält man ein regelmäßiges Gitter. Die Kanten sind mit den Werten der zugehörigen Zustandsübergangswahrscheinlichkeit bewertet.

Die ganz links gezeigten Pfeile geben die Wahrscheinlichkeitsverteilung $\text{Prob}(z_0)$ für den Anfangszustand wieder. Sie kennzeichnen bei diesem Beispiel alle Zustände als mögliche Anfangszustände:

z	$\text{Prob}(Z(0) = z) = p_0(z)$
1	0,2
2	0,3
3	0,5

(7.62)

Das Detektionsproblem wird für die folgende Ausgangsfolge betrachtet:

$$W(0...3) = (1, 2, 2, 1).$$

Die bedingten Wahrscheinlichkeiten $H(w(k) \mid z(k))$ stehen in Abbildung 7.43 an den Zustandsknoten, beispielsweise der Wert $0{,}7 = H(1 \mid 2)$ am Knoten $z(0) = 2$, weil $w(0) = 1$ der erste Wert der Ausgangsfolge ist.

Aus dem Gitter in Abb. 7.43 ergibt sich der Gütewert jeder Zustandsfolge als Produkt der an den Kanten und den Knoten des entsprechenden Pfades stehenden Werte. Als Beispiel erhält man den Gütewert für die Zustandsfolge $Z(0...3) = (3, 2, 3, 1)$ aus

$$
\begin{aligned}
J((3,2,3,1)) &= (H(1\mid 1)\,H(2\mid 3)\,H(2\mid 2)\,H(1\mid 3)) \cdot \\
&\quad \cdot (G(1\mid 3)\,G(3\mid 2)\,G(2\mid 3)) \cdot p_0(3) \\
&= (0{,}2 \cdot 0{,}6 \cdot 0{,}3 \cdot 0{,}4) \cdot (0{,}5 \cdot 0{,}8 \cdot 0{,}5) \cdot 0{,}5 \\
&= 0{,}0014.
\end{aligned}
$$

Grundidee des Viterbi-Algorithmus. Eine vereinfachte Bestimmung des besten Pfades durch das von einer verdeckten Markovkette aufgespannte Gitter beruht auf der Idee, die sehr aufwändige Berechnung der Gütewerte aller Zustandsfolgen der Länge k_e dadurch zu umgehen, dass man beginnend mit $k = 0$ die besten Pfade der Länge $k + 1$ aus den besten Pfaden der Länge k ermittelt. Dafür bezeichnet man den Gütewert des besten Pfades der Länge k, der im Zustand z endet, mit $J_k(z)$:

$$
\begin{aligned}
J_k(z) = \max_{z_0, z_1, \ldots, z_{k-1}} \; & H(w_k \mid z) \cdot \ldots \cdot H(w_1 \mid z_1) \cdot H(w_0 \mid z_0) \cdot \\
& \cdot G(z \mid z_{k-1}) \cdot \ldots \cdot G(z_2 \mid z_1) \cdot G(z_1 \mid z_0) \cdot p_0(z_0).
\end{aligned}
$$

Die Maximierung erfolgt für jeden Zustand z über alle Vorgängerzustände $z_0, z_1, \ldots, z_{k-1}$, wobei die Werte $w_0, \ldots, w_{k_e}$ durch die Ausgabefolge vorgegeben sind.

Um die Güteberechnung rekursiv durchzuführen, wird jetzt angenommen, dass die Werte $J_k(z)$ der Pfade der Länge k für alle Zustände $z \in \mathcal{Z}$ bekannt sind, und das Problem betrachtet, aus diesen Werten und der Markovkette die Werte $J_{k+1}(z')$ für die Pfade der Länge $k + 1$ für alle Nachfolgezustände $z' \in \mathcal{Z}$ des Zustands z zu berechnen. Aus Gl. (7.61) erkennt man, dass man $J_{k+1}(z')$ folgendermaßen darstellen kann

$$J_{k+1}(z') = \max_z \left(J_k(z) \cdot H(w_{k+1} \mid z') \cdot G(z' \mid z)\right),$$

denn der Gütewert der Pfade der Länge $k + 1$ unterscheidet sich vom Gütewert des in diesem Pfad enthaltenen Pfades der Länge k nur um die beiden Faktoren $H(w_{k+1} \mid z') \cdot G(z' \mid z)$, die die Wahrscheinlichkeiten des letzten Zustandsüberganges $z \to z'$ und der Beobachtung w_{k+1} im Zustand z' beschreiben. Da der Wert $H(w_{k+1} \mid z')$ unabhängig von der Maximierung über den Zustand z ist, kann er nach vorn gezogen werden:

$$J_{k+1}(z') = H(w_{k+1} \mid z') \cdot \max_z \left(J_k(z) \cdot G(z' \mid z)\right). \tag{7.63}$$

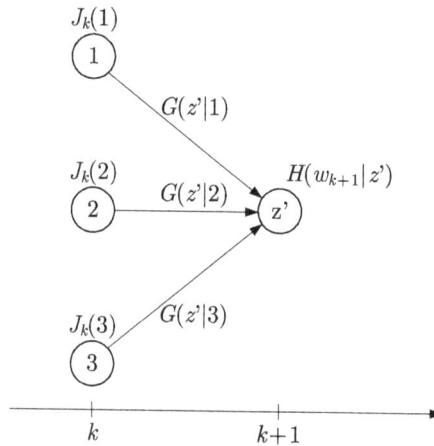

Abb. 7.44: Grundidee des Viterbi-Algorithmus

Die Lösung des Problems (7.63) ist in Abb. 7.44 für eine Markovkette mit drei Zuständen veranschaulicht. Bekannt seien die Gütewerte $J_k(1)$, $J_k(2)$ und $J_k(3)$. Durch $G(z' \mid 1)$, $G(z' \mid 2)$ und $G(z' \mid 3)$ sind die Wahrscheinlichkeiten beschrieben, mit denen die Markovkette von den Zuständen 1, 2 bzw. 3 in den Nachfolgezustand z' übergeht. Die Wahrscheinlichkeit, mit der die Ausgabe w_{k+1} im Zustand z' beobachtet wird, ist $H(w_{k+1} \mid z')$. Für die Lösung des Problems (7.63) muss das größte Produkt der den Zuständen 1, 2 und 3 zugeordneten Gütewerte und der Zustandsübergangswahrscheinlichkeiten zum Zustand z' bestimmt werden:

$$J_{k+1}(z') = H(w_{k+1} \mid z') \cdot \max\{J_k(1) \cdot G(z' \mid 1),\ J_k(2) \cdot G(z' \mid 2),\ J_k(3) \cdot G(z' \mid 3)\}.$$

Wenn man das Problem (7.63) gelöst hat, kennt man nicht nur den Gütewert des besten Pfades der Länge $k + 1$ zum Zustand z', sondern man weiß auch, über welche letzte Kante $z \to z'$ dieser Pfad zum Zustand z' führt. Da man sich diesen Zustand z für die Ermittlung der besten Zustandsfolge merken muss, führt man die Funktion ϕ_{k+1} ein, die jedem Zustand $z' \in \mathcal{Z}$ den aus der Lösung des Optimierungsproblems (7.63) resultierenden Vorgängerzustand z zuordnet:

$$\phi_{k+1}(z') = \arg\max_z \left(J_k(z) \cdot G(z' \mid z)\right). \tag{7.64}$$

Wenn für das Beispiel in Abb. 7.44 das Produkt $J_k(3) \cdot G(z' \mid 3)$ größer als die beiden anderen Produkte ist, weiß man, dass die Kante $3 \rightarrow z'$ zum besten Pfad zum Zustand z' gehört und es gilt

$$\phi_{k+1}(z') = 3.$$

In der grafischen Darstellung streicht man dann die beiden anderen Kanten.

Das Optimierungsproblem (7.63) muss für alle Zustände $z' \in \mathcal{Z}$ gelöst werden. Als Ergebnis erhält man die Funktionswerte von $J_{k+1}(z')$ und von $\phi_{k+1}(z')$ für alle $z' \in \mathcal{Z}$.

Die rekursive Bestimmung der besten Pfade beginnt mit den Pfaden der Länge 0, für die man die Gütewerte entsprechend

$$J_0(z) = H(w_0 \mid z) \cdot p_0(z) \tag{7.65}$$

berechnet. Zusammengefasst bestimmt man die besten Pfade der Länge k nach folgender Rekursionsvorschrift:

$$
\boxed{
\begin{array}{l}
\text{Rekursive Berechnung der Gütewerte für alle } z, z' \in \mathcal{Z}: \\[4pt]
J_0(z) = H(w_0 \mid z) \cdot p_0(z) \\[4pt]
\left.
\begin{array}{l}
J_{k+1}(z') = H(w_{k+1} \mid z') \cdot \max_z \left(J_k(z) \cdot G(z' \mid z) \right) \\[4pt]
\phi_{k+1}(z') = \arg \max_z \left(J_k(z) \cdot G(z' \mid z) \right)
\end{array}
\right\} \; k = 0, 1, \dots, k_e - 1.
\end{array}
}
\tag{7.66}
$$

Viterbi-Algorithmus. Der Viterbi-Algorithmus besteht aus drei Schritten:

1. Entsprechend der Rekursion (7.66) werden die Gütewerte der besten Pfade der Länge k_e zu allen Zuständen $z(k_e) = z$, $z \in \mathcal{Z}$ definiert. Dabei wird bei jedem Rekursionsschritt entsprechend Gl. (7.64) auch die Funktion ϕ_k bestimmt, die jedem Zustand $z' \in \mathcal{Z}$ den auf dem besten Pfad liegenden Vorgängerknoten z zuordnet.

2. Den Gütewert J^* des besten Pfades erhält man als Maximalwert der Gütewerte $J_{k_e}(z)$

$$J^* = \max_z J_{k_e}(z) \tag{7.67}$$

und den Endknoten des besten Pfades als Argument der Lösung dieses Optimierungsproblems:

$$z_{k_e}^* = \arg \max_z J_{k_e}(z). \tag{7.68}$$

3. Der beste Pfad $Z^*(0 \dots k_e)$ (Viterbi-Pfad) wird im Zustand $z_{k_e}^*$ beginnend rückwärts mit Hilfe der Funktionen ϕ_k bestimmt:

$$z_{k-1}^* = \phi_k(z_k^*), \quad k = k_e, k_e - 1, \dots, 1. \tag{7.69}$$

Dieses Vorgehen ist im Algorithmus 7.2 zusammengefasst.

Algorithmus 7.2 *Viterbi-Algorithmus zur Lösung von Detektionsproblemen*

Gegeben:	Verdecktes Markovmodell
	Ausgangsfolge $W(0...k_e) = (w_0, w_1, ..., w_{k_e})$
Initialisierung:	Bestimme $J_0(z)$ für alle $z \in \mathcal{Z}$ entsprechend Gl. (7.66)
Rekursion:	Für $k = 0, 1, ..., k_e - 1$
	Bestimme $J_{k+1}(z')$ und $\phi_{k+1}(z')$ für alle $z' \in \mathcal{Z}$ entsprechend Gl. (7.66)
Pfadende:	Bestimme J^* aus Gl. (7.67) und $z^*_{k_e}$ aus Gl. (7.68)
Pfad:	Bestimme den optimalen Pfad rückwärts entsprechend Gl. (7.69)
Ergebnis:	Lösung des Detektionsproblems $Z^*(0...k_e) = (z^*_0, z^*_1, ..., z^*_{k_e})$.

Beispiel 7.14 *Anwendung des Viterbi-Algorithmus*

Das Detektionsproblem soll für die in Abb. 7.42 gezeigte verdeckte Markovkette mit der Wahrscheinlichkeitsverteilung (7.62) für den Anfangszustand für die Ausgangsfolge

$$W(0...3) = (1, 2, 2, 1)$$

gelöst werden. Entsprechend dem Algorithmus 7.2 erhält man das Ergebnis in folgenden Schritten:

1. **Initialisierung**: Aus der Wahrscheinlichkeitsverteilung (7.62) und den Funktionswerten $H(w_0 \mid z)$ für $z = 1, 2, 3$ erhält man

$$J_0(1) = H(1 \mid 1) \cdot p_0(1) = 0{,}2 \cdot 0{,}2 = 0{,}04$$
$$J_0(2) = H(1 \mid 2) \cdot p_0(2) = 0{,}7 \cdot 0{,}3 = 0{,}21$$
$$J_0(3) = H(1 \mid 3) \cdot p_0(3) = 0{,}4 \cdot 0{,}5 = 0{,}20.$$

2. **Rekursion**:
   - Für $k = 0$ und $z' = 1$ bestimmt man zunächst $\max_z (J_0(z) \cdot G(1 \mid z))$:

$$\max_z (J_0(z) \cdot G(1 \mid z)) = \max\{J_0(1) \cdot G(1 \mid 1), \ J_0(2) \cdot G(1 \mid 2), \ J_0(3) \cdot G(1 \mid 3)\}$$
$$= \max\{0{,}04 \cdot 0{,}7, \ 0{,}21 \cdot 0{,}2, \ 0{,}20 \cdot 0{,}5\}$$
$$= 0{,}10.$$

Das heißt, der beste Pfad der Länge 1 zum Zustand $z' = 1$ geht vom Zustand 3 aus und hat den Gütewert

$$J_1(1) = H(2 \mid 1) \cdot J_0(3) \cdot G(1 \mid 3) = 0{,}80 \cdot 0{,}20 \cdot 0{,}5 = 0{,}08.$$

Damit ist auch der Wert der Funktion $\phi_1(1)$ festgelegt:

$$\phi_1(1) = 3.$$

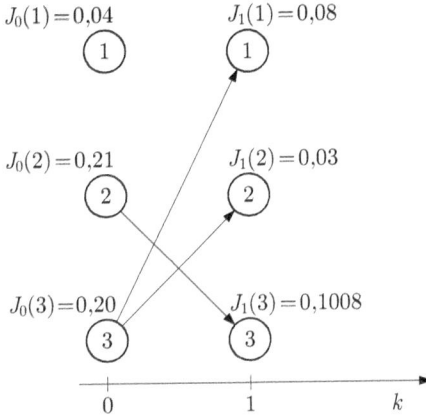

Abb. 7.45: Ergebnis des Viterbi-Algorithmus nach dem ersten Schritt

In gleicher Weise erhält man die Gütewerte und Vorgängerknoten der beiden anderen Zustände:

$$J_1(2) = 0{,}0300 \quad \text{mit } \phi_1(2) = 3$$
$$J_1(3) = 0{,}1008 \quad \text{mit } \phi_1(3) = 2.$$

Das Ergebnis ist in Abb. 7.45 zusammengefasst. Der beste Pfad der Länge 1 zum Zustand 1 geht vom Anfangszustand 3 aus und führt auf den Gütewert $J_1(1) = 0{,}08$. Ähnliche Aussagen können für die beiden anderen Zustände gemacht werden. Offensichtlich ist bereits nach dem ersten Schritt bekannt, dass die Lösung des Detektionsproblems nicht mit dem Zustand 1 beginnt.

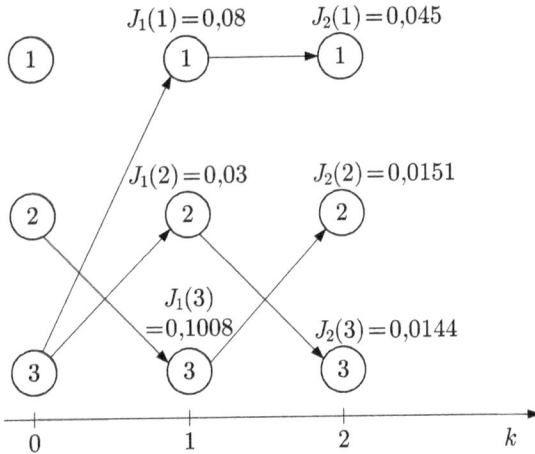

Abb. 7.46: Ergebnis des Viterbi-Algorithmus nach dem zweiten Schritt

- Für $k = 1$ bestimmt man auf demselben Weg nacheinander folgende Gütewerte und Vorgängerzustände (vgl. Abb. 7.46):

$$J_2(1) = 0{,}0450 \quad \text{mit } \phi_2(1) = 1$$
$$J_2(2) = 0{,}0151 \quad \text{mit } \phi_2(2) = 3$$
$$J_2(3) = 0{,}0144 \quad \text{mit } \phi_2(3) = 2.$$

- Für $k = 2$ erhält man schließlich (vgl. Abb. 7.47)

$$J_3(1) = 0{,}0063 \quad \text{mit } \phi_3(1) = 1$$
$$J_3(2) = 0{,}0094 \quad \text{mit } \phi_3(2) = 1$$
$$J_3(3) = 0{,}0048 \quad \text{mit } \phi_3(3) = 2.$$

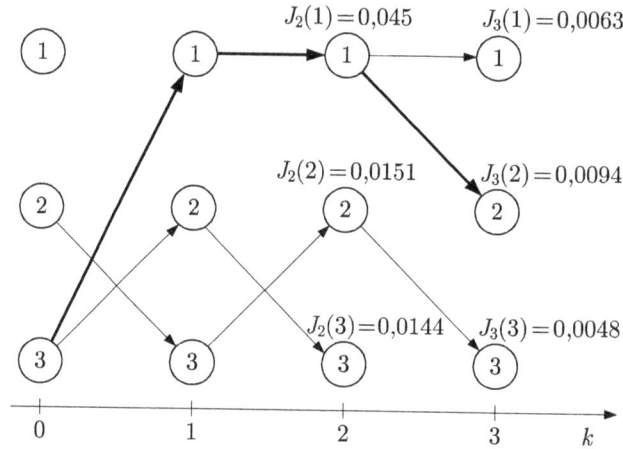

Abb. 7.47: Lösung des Detektionsproblems

3. **Pfadende**: Der beste Pfad endet im Knoten 2 und hat den Gütewert 0,0071:

$$J^* = 0{,}0094, \quad z_3^* = 2.$$

4. **Pfad**: Das Zurückverfolgen des Pfades vom Endzustand $z_{k_e}^* = 2$ führt auf das Ergebnis

$$\phi_3(2) = 1 = z_2^*$$
$$\phi_2(1) = 1 = z_1^*$$
$$\phi_1(1) = 3 = z_0^*$$

und folglich auf die Zustandsfolge

$$Z^*(0...3) = (3, 1, 1, 2),$$

die in Abb. 7.47 hervorgehoben ist.

Komplexitätsvergleich. Die Verringerung der Komplexität des Detektionsproblems durch die rekursive Güteberechnung geht für das Beispiel aus folgendem Vergleich hervor:
- Beim naiven Vorgehen werden 24 Pfade der Länge 3 erzeugt, für deren Güteberechnung $24 \cdot 8 = 192$ Multiplikationen auszuführen sind.

- Beim Viterbi-Algorithmus werden im Initialisierungsschritt 3 Pfade der Länge 0 durch 3 Multiplikationen bewertet. In den drei Rekursionsschritten werden jeweils 9 alternative Pfade durch je eine Multiplikation bewertet und die drei Gütewerte durch je eine weitere Multiplikation bestimmt. Dies ergibt insgesamt $3 + 12 + 12 + 12 = 39$ Multiplikationen.

Damit ergibt sich bei diesem einfachen Beispiel bereits eine Reduktion der Komplexität näherungsweise um den Faktor $\frac{1}{5}$. Ähnliches gilt für den Speicherplatzbedarf. □

Komplexität des Viterbi-Algorithmus. Der entscheidende Vorteil des Viterbi-Algorithmus gegenüber der Berechnung und Bewertung aller möglicher Pfade der Länge k_e liegt in der Tatsache, dass man bei der Bestimmung der besten Pfade in jedem Rekursionsschritt nur jeweils N Pfade um eine Kante erweitern muss, wobei N wieder die Anzahl der Zustände der Markovkette ist. Dafür sind höchstens N^2 Multiplikationen für die Bestimmung des in Gl. (7.66) enthaltenen Maximums und anschließend N weitere Multiplikationen für die Bestimmung der Gütewerte notwendig. Demnach ergibt sich eine polynomiale Komplexität $N^2 + N$ pro Rekursionsschritt. Da insgesamt k_e Rekursionsschritte notwendig sind, ist die Gesamtkomplexität durch

$$O(N, k_e) = k_e(N^2 + N)$$

gegeben. Diese Komplexität steigt nur linear mit dem Zeithorizont k_e.

Anwendungsgebiete. Der hier behandelte Algorithmus wurde von A. J. VITERBI für die Dekodierung von Faltungscodes entwickelt. Faltungscodes werden bei der Datenübertragung über einen stark gestörten Kanal angewendet, um die Störungen zu eliminieren, beispielsweise bei Mobiltelefonen und in der Raumfahrt (Abb. 7.48). Dabei werden die Buchstaben einer Zeichenkette nicht einzeln kodiert, sondern es werden Teile der Zeichenkette zu einem Code verknüpft. Anschließend wird die Zeichenkette in einem Schieberegister um einige Zeichen weiter geschoben und die Kodierung mit dem dann im Schieberegister enthaltenen Teil der Zeichenkette wiederholt.

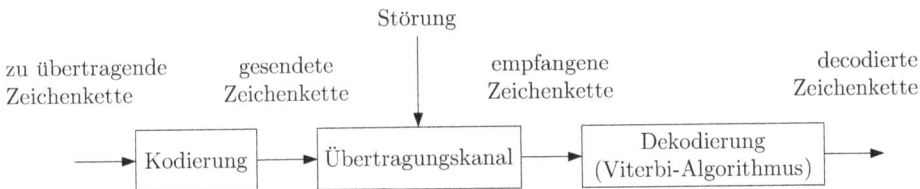

Abb. 7.48: Anwendung des Viterbi-Algorithmus in der Nachrichtenübertragung

Wichtig ist, dass durch diese Kodierung eine Redundanz erzeugt wird, die eine Fehlerkorrektur ermöglicht. Da nicht die übertragenen Zeichen unabhängig voneinander, sondern Teile der zu übertragenden Zeichenkette gemeinsam kodiert werden, sind nacheinander übertragene Zeichen voneinander abhängig, was man durch einen Hintergrundprozess beschreiben kann. Das Sensormodell der verdeckten Markovkette gibt an, mit welcher Wahrscheinlichkeit ein Zeichen bei der Übertragung verändert wird. Zur Rekonstruktion der kodierten Zeichenkette muss man deshalb den Viterbi-Pfad für die empfangene Zeichenkette bestimmen.

Wie dieses Dekodierungsproblem lassen sich viele technische Probleme in das in diesem Abschnitt behandelte Detektionsproblem überführen. Wichtige Anwendungsgebiete sind neben der Nachrichtenübertragung die Spracherkennung und Mustererkennung.

Aufgabe 7.19   *Lösung eines Detektionsproblems*

Es wird das in Abb. 7.40 gezeigte verdeckte Markovmodell betrachtet, dessen Anfangszustand bekannt ist ($z_0 = 1$) und das die Ausgabefolge

$$W(0...3) = (1, 1, 2, 1)$$

erzeugt hat. Berechnen Sie die bestmögliche Zustandsfolge mit dem Viterbi-Algorithmus. $\square$

Aufgabe 7.20   *Verhalten eines Bioprozesses*

In der Biotechnologie laufen Prozesse häufig so ab, dass die Ausbeute über die Prozesszeit zunächst wenig, später kräftig ansteigt, ein Maximum erreicht und anschließend wieder absinkt. Bei der Prozessführung ist man daran interessiert, den Prozess dann abzubrechen, wenn die Ausbeute am höchsten ist (Abb. 7.49).

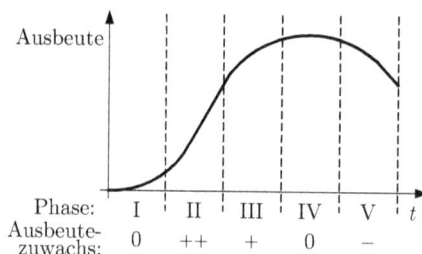

Abb. 7.49: Typischer Verlauf der Ausbeute eines Bioprozesses

Die Abbildung zeigt einen typischen Prozessverlauf. Aufgrund veränderter Umweltbedingungen unterscheiden sich aufeinander folgende Prozessverläufe sowohl in der Dauer der einzelnen Phasen als auch in der Quantität des hergestellten Stoffes.

Die Ausbeute kann man nicht direkt messen, sondern es müssen Indikatoren wie beispielsweise das produzierte Biogas verwendet werden, um festzustellen, in welcher Phase sich der Prozess befindet. Die von den Indikatoren gelieferten Werte (0, ++ usw.) sind in der Abbildung für die fünf Phasen angegeben. In regelmäßigen Zeitabständen werden die Indikatorwerte bestimmt, damit aus der Folge dieser Werte auf die erreichte Phase geschlossen und der Prozess beim Übergang von der Phase IV in die Phase V abgebrochen wird.

1. Beschreiben Sie den Prozessverlauf durch einen nichtdeterministischen Automaten. Es wird so häufig gemessen, dass in jeder Phase wenigstens ein Messwert liegt.

2. Erweitern Sie das Modell zu einer Markovkette, indem Sie die folgenden Aussagen über die Aufeinanderfolge der Phasen in Bezug zu den regelmäßig durchgeführten Messungen auswerten:

$$\text{Prob}\,(Z(k+1) = II \mid Z(k) = I) \;=\; 0{,}5$$
$$\text{Prob}\,(Z(k+1) = III \mid Z(k) = II) \;=\; 0{,}3$$
$$\text{Prob}\,(Z(k+1) = IV \mid Z(k) = III) \;=\; 0{,}8$$
$$\text{Prob}\,(Z(k+1) = V \mid Z(k) = IV) \;=\; 0{,}8.$$

3. Erweitern Sie die Markovkette um ein Sensormodell, wobei Sie berücksichtigen, dass die Messung mit einer Wahrscheinlichkeit von 20% nicht auf den in Abb. 7.49 der aktuellen Prozessphase zugeordneten Wert, sondern auf den benachbarten Messwert führt, also anstelle von „0" den Wert „+" oder „-" ausgibt.

4. Berechnen Sie aus der gemessenen Folge von Indikatorwerten

$$0, 0, ++, ++, ++, +, 0, +, -, 0, -, -$$

den Prozessverlauf. Wann muss der Prozess abgebrochen werden?

5. Wie verändert sich das Ergebnis, wenn die im Sensormodell enthaltenen Wahrscheinlichkeitsangaben verändert werden, weil sich herausgestellt hat, dass die Indikatoren nicht mit 20%, sondern mit 30% Wahrscheinlichkeit einen falschen Wert ausgeben? □

Aufgabe 7.21[*]   *Dekodierung einer über einen gestörten Kanal übertragenen Zeichenkette*

In dieser Aufgabe wird ein sehr einfacher Faltungscode betrachtet, bei dem jeweils zwei benachbarte binäre Zeichen zu zwei zu übertragenden Zeichen zusammengefasst werden, so dass entsprechend Abb. 7.50 nach jedem eingelesenen Zeichen ein Zeichenpaar übertragen wird.

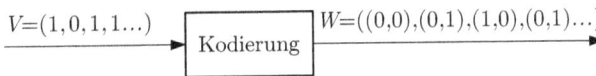

$$V = (1, 0, 1, 1 \ldots) \longrightarrow \boxed{\text{Kodierung}} \longrightarrow W = ((0{,}0),(0{,}1),(1{,}0),(0{,}1)\ldots)$$

Abb. 7.50: Kodierung mit einem einfachen Faltungscode

Der Kodierungsalgorithmus kann durch den deterministischen Automaten $\mathcal{A} = (\mathcal{Z}, \mathcal{V}, \mathcal{W}, G, H, z_0)$ mit

$$\mathcal{Z} \;=\; \{(0,0),(0,1),(1,0),(0,0)\}$$
$$\mathcal{V} \;=\; \{0,1\}$$
$$\mathcal{W} \;=\; \mathcal{Z}$$
$$z_0 \;=\; (0,0)$$

dargestellt werden, dessen Graf in Abb. 7.51 gezeigt wird. Der Automat liest die Zeichenkette zeichenweise ein und fasst die jeweils letzten beiden Zeichen zu dem zu übertragenden Zeichenpaar zusammen. Da hier mit einem Moore-Automaten gearbeitet wird, der für die Dekodierung zu einer verdeckten Markovkette erweitert werden kann, heißt das erste übertragene Zeichen stets $w = (0, 0)$.

Für die Zeichenkette

$$V = (1, 0, 1, 1, \ldots)$$

durchläuft der Automat die Zustandsfolge

$$Z = ((0, 0),\ (0, 1),\ (1, 0),\ (0, 1), \ldots) \tag{7.70}$$

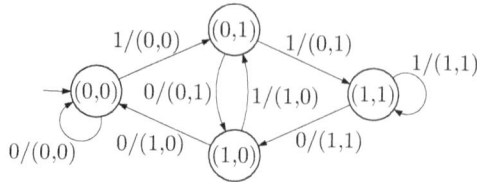

Abb. 7.51: Determininistischer E/A-Automat, der eine Zeichenkette nach dem beschriebenen Faltungscode codiert

und erzeugt dabei die Ausgabe

$$W = ((0, 0), \ (0, 1), \ (1, 0), \ (0, 1), ...) . \tag{7.71}$$

Die Zeichenkette W wird über einen stark gestörten Kanal übertragen, so dass der gesendete Vektor nur mit einer Wahrscheinlichkeit von 50% unverändert empfangen wird. Mit 20% Wahrscheinlichkeit wird ein Bit der jeweils zwei Bit umfassenden Nachricht verändert, mit 10% Wahrscheinlichkeit beide Bit, wobei die Störung bewirkt, dass anstelle des gesendeten Zeichens „1" das Zeichen „0" empfangen wird oder umgekehrt. Anstelle der gesendeten Zeichenkette (7.71) erhält der Empfänger beispielsweise die Zeichenfolge

$$W_1 = ((0, 0), \ (1, 0), \ (1, 0), \ (0, 1), ...) ,$$

bei der das zweite Zeichenpaar vollständig verändert wurde, oder die Zeichenfolge

$$W_2 = ((0, 0), \ (0, 0), \ (1, 1), \ (0, 1), ...) ,$$

bei der im zweiten und im dritten Zeichenpaar jeweils ein Bit verändert wurde.

Der Dekodierungsalgorithmus beruht auf einer verdeckten Markovkette, die aus dem den Kodierungsalgorithmus beschreibenden deterministischen Automaten unter Verwendung der gegebenen Informationen über die Störung entsteht. Dabei wird angenommen, dass sich in der zu sendenden Zeichenkette die Zeichen 0 und 1 beliebig abwechseln. Kann man mit dem Viterbi-Algorithmus aus den empfangenen Signalen W_1 und W_2 die gesendete Zeichenkette rekonstruieren? $\square$

Literaturhinweise

Markovketten bilden eine Modellform mit vielfältigen Anwendungemöglichkeiten. Dementsprechend breit ist die Literatur dazu. Im ingenieurtechnischen Bereich werden Markovketten vor allem bei Detektionsproblemen eingesetzt. Der dabei verwendete Viterbi-Algorithmus wurde erstmals in [85] beschrieben. Aufgrund der großen Anwendungsmöglichkeiten gibt es in der gegenwärtigen Literatur vielfältige Erweiterungen, beispielsweise für stochastische Automaten, bei denen die Ausgaben nicht allein vom Zustand, sondern auch vom Zustandsübergang abhängen, oder für die Rekonstruktion der Zustandsfolge $Z(0...k_e + 1)$, die auch den nach der letzten Ausgabe angenommenen Endzustand einbezieht.

Die Definition (7.50) des stochastischen Mealy-Automaten ist [12] entnommen. In derselben Monografie werden der stochastische Operator und die Sprache stochastischer Automaten ausführlich behandelt.

Im Gebiet der künstlichen Intelligenz werden Markovketten als temporales Wahrscheinlichkeitsmodell verwendet. Ihre Verarbeitung führt auf unterschiedliche Formen der probabilistischen Inferenz [69].

Bedingte Wahrscheinlichkeiten werden bei der Beschreibung technischer Systeme häufig zur Darstellung von Ursache-Wirkungsbeziehungen verwendet. Dies darf jedoch nicht zu dem Umkehrschluss führen, dass bedingte Wahrscheinlichkeiten stets kausale Wirkungsabhängigkeiten darstellen. Der komplexe Zusammenhang zwischen kausalen Abhängigkeiten und Korrelationen wird ausführlich in [61] behandelt.

Zeitbewertete Petrinetze

In diesem Kapitel werden Petrinetze um Zeitbewertungen der Stellen bzw. Transitionen erweitert. Auf eine kompakte algebraische Beschreibung kommt man für zeitbewertete Synchronisationsgrafen mit Hilfe der Max-plus-Algebra.

8.1 Ziele der Modellerweiterung

Die bisher behandelten Modelle können nur die Reihenfolge darstellen, in der ein dynamisches System seine diskreten Zustände durchläuft, aber sie können nichts über die aktuellen Zeitpunkte aussagen, an denen die Zustandsübergänge stattfinden. Die in diesem und dem nachfolgenden Kapitel behandelten Erweiterungen von Petrinetzen und Automaten führen auf zeitbewertete Modelle ereignisdiskreter Systeme, mit denen dies möglich ist.

Aussagen über die absolute Zeit t, zu der die Zustandsübergänge eines ereignisdiskreten Systems stattfinden, sind wichtig, wenn man beispielsweise wissen möchte,

- zu welchem Zeitpunkt ein Materiallager einen Sollbestand unterschreiten wird,

- zu welchem Zeitpunkt die Warteschlange vor einer Werkzeugmaschine abgebaut oder ein Verkehrsstau aufgelöst sein wird,

- zu welchem Zeitpunkt mit einem Ausfall einer Anlage gerechnet werden muss.

In diesen Situationen reicht es nicht mehr vorherzusagen, dass das System irgendwann einen bestimmten Zustand einnehmen wird, sondern man braucht auch Informationen über den aktuellen Zeitpunkt, von dem ab dieser Zustand auftritt. Anstelle der diskreten Zeitachse, auf der bei der nicht zeitbewerteten Systemdarstellung die Zustandsübergänge gezählt wurden, tritt nun die kontinuierliche Zeitachse.

Dieses Kapitel behandelt die Erweiterung von Petrinetzen um Angaben über die Verweilzeit der Markierungen. Es gibt prinzipiell zwei Möglichkeiten, den Markenfluss zeitlich zu beeinflussen:

- Es werden **Verweilzeiten für die Transitionen** vorgegeben. Bevor eine Transition schaltet, müssen sämtliche Prästellen gemeinsam für das für die Transition vorgegebene Zeitintervall markiert sein. Die Uhren werden hier den Transitionen zugeordnet.

- Es werden **Verweilzeiten für die Stellen** vorgegeben. Bevor eine Transition aktiviert ist, müssen die Prästellen über die für sie vorgegebenen Zeitintervalle markiert sein. Die Uhren, die diese Verweilzeiten messen, werden den Stellen zugeordnet.

Die folgenden Abschnitte untersuchen beide Möglichkeiten. In beiden Fällen wird die Schaltregel so erweitert, dass Bedingungen bezüglich einer Mindestzeit der Markierung erfüllt sein müssen, bevor eine Transition aktiviert ist. Damit verliert das Petrinetz seine Markoveigenschaft, so dass zeitbewertete Petrinetze nur die Semi-Markoveigenschaft besitzen. Ihr Verhalten hängt nicht mehr nur von der aktuellen Markierung, sondern auch von der Zeitdauer ab, für die das Netz diesen Markierungszustand bereits besitzt.

Von besonderer Bedeutung sind deshalb zeitbewertete Petrinetze, deren Zeitverhalten in kompakter Form notiert werden kann, so dass die Netze nicht nur für Simulationsuntersuchungen genutzt, sondern auch algebraischen Analyseverfahren zugänglich sind. Zeitbewertete Synchronisationsgrafen, die im Abschnitt 8.3 behandelt werden, stellen eine derartige Netzklasse dar. Ihr Zeitverhalten kann mit der Max-plus-Algebra beschrieben und analysiert werden.

8.2 Petrinetze mit zeitbewerteten Transitionen

Bei der in diesem Abschnitt behandelten Petrinetzklasse wird jeder Transition t eine Verweilzeit τ_t zugeordnet, die in der grafischen Darstellung des Petrinetzes als Symbol oder Zahlenwert an die Transition geschrieben wird. Wenn diese Verweilzeit den Wert null hat, wird sie in der grafischen Darstellung weggelassen.

Damit wird das in Gl. (6.2) definierte Petrinetz um eine Zeitbewertung erweitert:

$$\boxed{\text{Zeitbewertetes Petrinetz:} \quad \mathcal{PN} = (\mathcal{P}, \mathcal{T}, \mathcal{F}, T, M_0)} \tag{8.1}$$

mit

- $\mathcal{P}$ – Menge der Stellen
- $\mathcal{T}$ – Menge der Transitionen
- $\mathcal{F}$ – Flussrelation (Menge der Präkanten und Postkanten)
- T – Zeitbewertung $T : \mathcal{T} \rightarrow \mathbb{R}^+$
- M_0 – Anfangsmarkierung.

Die Zeitbewertung weist jeder Transition $t \in \mathcal{T}$ einen nichtnegativen Zahlenwert zu, der die Verweilzeit der Transition darstellt. Wenn mit symbolischen Werten gearbeitet wird, so wird der Wert für die Transition t mit τ_t bezeichnet:

$$\tau_t = T(t).$$

Für das zeitbewertete Petrinetz muss die bekannte Schaltregel folgendermaßen erweitert werden:

Schaltregel für zeitbewertete Petrinetze: Eine Transition t ist zur Zeit $\tilde{t}$ *aktiviert*, wenn

1. alle Prästellen $p \in \bullet t$ mindestens seit dem Zeitpunkt $\tilde{t} - \tau_t$ markiert und

2. alle Poststellen $p \in t\bullet$ mindestens seit dem Zeitpunkt $\tilde{t} - \tau_t$ nicht markiert sind.

Beim Schalten aktivierter Transitionen wird allen Prästellen die Marke entzogen und alle Poststellen werden markiert.

Die Aktivierung von Transitionen wird also gegenüber der Schaltregel für nicht zeitbewertete Petrinetze um die Verweilzeit τ_t verzögert. Die Transition kann anschließend schalten, muss es aber nicht. Die angegebenen Zeiten beschreiben also Mindestverweildauern.

Bei der Modellbildung kann die Zeitbewertung der Transitionen eingesetzt werden, um die Zeitdauer des Teilprozesses darzustellen, der mit dem Schalten der Transition t beendet wird. Verwendet man das Petrinetz, um eine zeitbewertete Sprache zu definieren, so beschreibt die Verweilzeit τ_t die Lebensdauer des der Transition t zugeordneten Ereignisses.

Beispiel 8.1 *Beschreibung eines Wartesystems durch ein zeitbewertetes Petrinetz*

Wie das Beispiel 6.9 auf S. 307 gezeigt hat, sind Petrinetze ohne Zeitbewertung für die Modellierung von Wartesystemen schlecht geeignet, weil diese Modellform nichts über die zeitliche Reihenfolge der Ereignisse aussagt und deshalb keine Schlussfolgerungen in Bezug auf die Warteschlagenlänge zulässt. Dieser Mangel lässt sich durch die Einführung einer Zeitbewertung beseitigen.

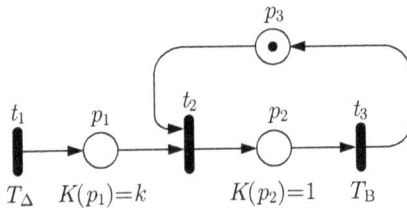

Abb. 8.1: Beschreibung eines Wartesystems durch ein zeitbewertetes Petrinetz

Abbildung 8.1 zeigt ein zeitbewertetes Petrinetz, das aus dem Petrinetz in Abb. 6.38 durch die Einführung der beiden Zeitbewertungen T_Δ und T_B hervorgeht. Die angegebenen Zeiten kennzeichnen den mittleren Abstand der Ankunftszeitpunkte und die mittlere Bedienzeit. Mit dieser Erweiterung zeigt das Petrinetz, wie weit die Warteschlange typischerweise gefüllt wird, denn jetzt geht aus dem Modell hervor, wie oft ein neuer Kunde in die Warteschlange kommt und wie lange die Bedienung eines Kunden dauert. □

Relative und absolute Vorgaben für die Schaltzeitpunkte. Die Einführung der Verweilzeiten für Transitionen verzögern das Schalten von Petrinetzen. Diese Verzögerung ist relativ zu dem Zeitpunkt definiert, an dem alle Prästellen einer Transition markiert sind. Damit können beispielsweise bei Steuerungsaufgaben Ansprechverzögerungen oder Laufzeiten modelliert werden.

In einigen Anwendungen möchte man erreichen, dass die Bewegung des Petrinetzes absoluten Zeitvorgaben angepasst werden kann, beispielsweise wenn man bei einer Zeitplansteuerung zu einer festgelegten Uhrzeit einen Prozess starten will. Man kann dies in einem autonomen Petrinetz dadurch erreichen, dass man die Uhr durch ein Teilnetz modelliert, das nach festgelegten Zeiten schaltet, dabei bestimmte Stellen in dem restlichen Netz markiert und damit das Verhalten des Gesamtnetzes mit einer Uhr synchronisiert. Erweitert man das zeitbewertete Petrinetz um Eingänge, so kann man die Schaltausdrücke der Transitionen auch vom Verhalten einer Uhr außerhalb des Petrinetzes abhängig machen.

Ein Beispiel, bei dem man im Modell sowohl relative als auch absolute Zeiten verwenden muss, ist die Beschreibung des Eisenbahnverkehrs. Die Verweilzeiten der Transitionen beschreiben, wie lange ein Zug für das Durchfahren eines bestimmten Gleisabschnittes benötigt. Diese Zeit beginnt zu laufen, wenn der Gleisabschnitt frei ist, was durch die Markierung der entsprechenden Stellen gekennzeichnet wird. Auf den Bahnhöfen soll der Zugverkehr mit dem Fahrplan synchronisiert werden. Dieser schreibt absolute Zeiten für die Zugabfahrt vor.

Erweiterungen der Zeitbewertung. Man kann die hier beschriebene Zeitbewertung von Petrinetzen in verschiedene Richtungen erweitern:

- Die Verweilzeit τ kann durch obere und untere Schranken gegeben sein. So kann man beispielsweise den Präkanten (p_i, t) der Transition t obere und untere Schranken $\bar{\tau}_{p_i t}$ und $\underline{\tau}_{p_i t}$ für die Verweilzeit zuordnen, die in der Literatur als Retardierung bzw. Limitierung bezeichnet werden. Die Aktivierungszeit der Transition t wird dann durch die Markierungszeitpunkte aller Prästellen zusammen mit diesen oberen und unteren Schranken bestimmt, die zusammen ein Ungleichungssystem für die Verweilzeit ergeben.

- Die Verweilzeit wird als stochastische Größe mit vorgegebener Verteilungsdichte betrachtet.

Semi-Markoveigenschaft zeitbewerteter Petrinetze. Die Verwendung einer Uhr zur Bestimmung der zeitbewerteten Zustandsfolge hat eine entscheidende systemtheoretische Konsequenz, die hier gleich für alle zeitbewerteten Modelle gemeinsam formuliert wird:

|| Zeitbewertete Modelle besitzen nur die Semi-Markoveigenschaft.

Es sei daran erinnert, dass die Markoveigenschaft besagt, dass der nachfolgende Zustandsübergang allein und eindeutig durch den aktuellen Zustand bestimmt wird. Dies gilt für zeitbewertete Petrinetzen nicht mehr, denn außer der aktuellen Markierung muss man die Dauer dieses Markierungszustands kennen, um den nächsten Markierungswechsel eindeutig bestimmen zu können. Man braucht die dem zeitbewerteten Petrinetz zugerechnete Uhr, um entscheiden zu können, was als nächstes passiert.

Die Markoveigenschaft, die auch als Gedächtnislosigkeit bezeichnet wird, hatte zur Folge, dass man sich nicht merken musste, von welchem Vorgängerzustand das System den aktuellen Zustand eingenommen hat, weil die Information über den aktuellen Zustand ausreichte, um den Nachfolgezustand zu bestimmen. Jetzt sieht man, dass die Gedächtnislosigkeit zwei Aspekte hat, nämlich den örtlichen Aspekt (im Sinne der Position in der Zustandsmenge) und den zeitlichen:

- Bei einem System mit Markoveigenschaft ist es irrelevant, welche Vorgängerzustände das System vor dem aktuellen Zustand angenommen hat.

- Bei einem System mit Markoveigenschaft ist es irrelevant, wie lange sich der Prozess schon im aktuellen Zustand befindet.

Die zweite Eigenschaft wird bei zeitbewerteten Petrinetzen (sowie bei den später behandelten zeitbewerteten Automaten und Semi-Markovprozessen) verletzt. Bei diesen Modellen muss man die Aufenthaltszeit im aktuellen Zustand messen. Da aber die erste Eigenschaft erhalten bleibt, spricht man von der *Semi-Markoveigenschaft* zeitbewerteter Modelle.

Die Semi-Markoveigenschaft erschwert die Analyse, aber sie führt häufig zu einer genaueren Beschreibung des Systemverhaltens. Wenn in einem nicht zeitbewerteten Petrinetz zwei oder mehrere Transitionen gleichzeitig aktiviert sind, kann man nicht entscheiden, welche dieser Transitionen als nächstes schaltet. Das Petrinetz verhält sich nichtdeterministisch. Wenn man jedoch Informationen über die Verweilzeiten hat, kann man die Schaltmöglichkeiten der betrachteten Transitionen einschränken, so dass sich aus dem nichtdeterministischen Verhalten des nicht zeitbewerteten Petrinetzes möglicherweise sogar ein deterministisches Verhalten des zeitbewerteten Netzes ergibt.

8.3 Zeitbewertete Synchronisationsgrafen

8.3.1 Zeitbewertete Synchronsationsgrafen ohne Eingang

Dieser Abschnitt beschäftigt sich mit zeitbewerteten Synchronisationsgrafen. Synchronisationsgrafen wurden im Kapitel 6 als eine Modellform eingeführt, die sich zur Darstellung parallel ablaufender Prozesse eignet. Bei einer Synchronisation wird der Beginn eines Teilprozesses durch die Beendigung aller Vorgängerprozesse bestimmt. Diese Modellform wird hier um Zeitbewertungen erweitert.

Abbildung 8.2 zeigt ein Beispiel. Die Markierung der Stelle p_i bedeutet, dass der i-te Teilprozess aktiv ist. Seine Dauer wird durch τ_i beschrieben. Demzufolge kann die der Stelle p_i folgende Transition nicht früher als τ_i Zeiteinheiten nach der Markierung der Stelle p_i schalten. In der Abbildung schaltet die Transition t_1 also τ_1 Zeiteinheiten nach der Markierung der Stelle p_1, wobei die Stellen p_2 und p_3 markiert werden.

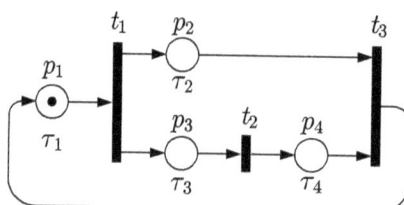

Abb. 8.2: Zeitbewerteter Synchronisationsgraf

Dieselbe Überlegung führt auf die Aussage, dass die Marke nach τ_3 Zeiteinheiten von der Stelle p_3 zur Stelle p_4 wandert. Da die Transition t_3 zwei Teilprozesse synchronisiert, ist ihr Schaltzeitpunkt durch den länger andauernden der beiden Teilprozesse bestimmt.

Durch die Zeitbewertung der Stellen wird das in Gl. (6.2) definierte Petrinetz folgendermaßen erweitert:

$$\text{Zeitbewerteter Synchronisationsgraf:} \quad \mathcal{PN} = (\mathcal{P}, \mathcal{T}, \mathcal{F}, T, M_0) \tag{8.2}$$

mit

- $\mathcal{F}$ – Flussrelation eines Synchronisationsgrafen
- T – Zeitbewertung $T : \mathcal{P} \rightarrow \mathbb{R}^+$.

Im Unterschied zu den zeitbewerteten Petrinetzen in Gl. (8.1) ordnet die Funktion T hier jeder Stelle $p \in \mathcal{P}$ eine Mindestmarkierungszeit $T(p)$ zu, die im Folgenden mit

$$\tau_i = T(p_i)$$

bezeichnet wird. Die Flussrelation unterliegt den Einschränkungen von Synchronisationsgrafen: Jede Stelle besitzt genau eine Vorgängertransition und eine Nachfolgetransition.

Schaltregel für zeitbewertete Synchronisationsgrafen: Eine Transition t ist zur Zeit $\tilde{t}$ aktiviert, wenn

1. alle Prästellen $p_i \in \bullet t$ seit dem Zeitpunkt $\tilde{t} - \tau_i$ markiert sind und
2. alle Poststellen $p \in t\bullet$ nicht markiert sind.

Beim Schalten aktivierter Transitionen werden allen Prästellen die Marken entzogen und alle Poststellen werden markiert.

Wenn der Synchronisationsgraf eine „minimale" Anfangsmarkierung besitzt, bei der in jedem Zyklus nur eine Stelle markiert ist, so können sich die Marken nicht aufgrund eines Kontaktes gegenseitig behindern und die zweite Bedingung der Schaltregel ist stets erfüllt. Im Folgenden wird angenommen, dass diese Bedingung erfüllt ist.

Algebraische Darstellung. Das Verhalten zeitbewerteter Synchronisationsgrafen kann algebraisch dargestellt werden. Dafür werden die Variablen x_i eingeführt, die die Markierungszeitpunkte der i-ten Stelle beschreiben. $x_i(k)$ ist der Zeitpunkt, an dem die Stelle i zum k-ten Mal markiert wird. Für die Anfangsmarkierung in Abb. 8.2 gilt $x_1(0) = 0$.

Die folgenden Betrachtung gilt für die „Muss"-Schaltregel, bei der Transitionen schalten, sobald sie aktiviert sind. In dem in Abb. 8.2 gezeigten Beispiel werden die Stellen p_2 und p_3 zum ersten Mal τ_1 Zeiteinheiten nach p_1 markiert. Also gilt

$$x_2(1) = x_1(0) + \tau_1$$
$$x_3(1) = x_1(0) + \tau_1.$$

Dieselbe Überlegung führt auf

$$x_4(1) = x_3(1) + \tau_3.$$

Bei der Transition t_3 muss man beachten, dass der Schaltzeitpunkt durch die Dauer der beiden durch die Stellen p_2 und p_4 gekennzeichneten Teilprozesse bestimmt wird, wobei der länger andauernde den Schaltzeitpunkt festlegt:

$$x_1(1) = \max\{x_2(1) + \tau_2,\ x_4(1) + \tau_4\}.$$

Die vier Gleichungen für die Markierungszeitpunkte der vier Stellen lassen sich folgendermaßen zusammenfassen:

$$\begin{pmatrix} x_1(1) \\ x_2(1) \\ x_3(1) \\ x_4(1) \end{pmatrix} = \begin{pmatrix} \max\{x_2(1) + \tau_2,\ x_4(1) + \tau_4\} \\ x_1(0) + \tau_1 \\ x_1(0) + \tau_1 \\ x_3(1) + \tau_3 \end{pmatrix}. \tag{8.3}$$

Um auf eine rekursive Beschreibung zu kommen, mit der die ersten Markierungszeitpunkte aller vier Stellen in Abhängigkeit von der Anfangsmarkierung berechnet werden können, werden die zweite, dritte und vierte Zeile noch in die erste und vierte Zeile eingesetzt, wobei

$$\begin{pmatrix} x_1(1) \\ x_2(1) \\ x_3(1) \\ x_4(1) \end{pmatrix} = \begin{pmatrix} \max\{x_1(0) + \tau_1 + \tau_2,\ x_1(0) + \tau_1 + \tau_3 + \tau_4\} \\ x_1(0) + \tau_1 \\ x_1(0) + \tau_1 \\ x_1(0) + \tau_1 + \tau_3 \end{pmatrix}.$$

entsteht. Wiederholt man dieselben Überlegungen für einen beliebigen Zeitschritt k, so erhält man die rekursive Darstellung

$$\begin{pmatrix} x_1(k+1) \\ x_2(k+1) \\ x_3(k+1) \\ x_4(k+1) \end{pmatrix} = \begin{pmatrix} \max\{x_1(k) + \tau_1 + \tau_2,\ x_1(k) + \tau_1 + \tau_3 + \tau_4\} \\ x_1(k) + \tau_1 \\ x_1(k) + \tau_1 \\ x_1(k) + \tau_1 + \tau_3 \end{pmatrix}. \tag{8.4}$$

Das Beispiel zeigt, dass man zeitbewertete Synchronsationsgrafen durch ein Gleichungssystem für die Markierungszeitpunkte der Stellen beschreiben kann. Dabei treten mit der Addition und der Maximumbildung zwei Operationen auf, deren Verwendung durch die Struktur des

Synchronisationsgrafen vorgeschrieben ist. Bei zwei aufeinander folgenden Stellen, die wie die Stellen p_3 und p_4 direkt durch eine Transition verbunden sind, muss man zum Markierungszeitpunkt der ersten Stelle die Zeitbewertung der zweiten Stelle addieren, um auf den Markierungszeitpunkt der zweiten Stelle zu kommen. Bei einer synchronisierenden Transition wie der Transition t_3 in Abb. 8.2 kommt die Maximumbildung über alle im Vorbereich der Transition liegenden Stellen hinzu.

Beispiel 8.2 *Verhalten eines zeitbewerteten Sychronisationsgrafen*

Für den in Abb. 8.2 gezeigten Synchronisationsgrafen gelten folgende Parameter:

$$\tau_1 = 1, \quad \tau_2 = 2, \quad \tau_3 = 1, \quad \tau_4 = 2.$$

Zum Zeitpunkt $t = 0$ ist die Stelle p_1 markiert und es wird angenommen, dass der durch diese Stelle repräsentierte Prozess zur Zeit $t = 0$ beginnt, so dass noch keine Zeit von dem durch τ_1 beschriebenen Zeitintervall abgelaufen ist. Unter dieser Bedingung gilt Gl. (8.4):

$$\begin{pmatrix} x_1(k+1) \\ x_2(k+1) \\ x_3(k+1) \\ x_4(k+1) \end{pmatrix} = \begin{pmatrix} \max\{x_1(k)+3,\ x_1(k)+4\} \\ x_1(k)+1 \\ x_1(k)+1 \\ x_1(k)+2 \end{pmatrix}.$$

Für $k = 0$ erhält man damit

$$\begin{pmatrix} x_1(1) \\ x_2(1) \\ x_3(1) \\ x_4(1) \end{pmatrix} = \begin{pmatrix} \max\{x_1(0)+3,\ x_1(0)+4\} \\ x_1(0)+1 \\ x_1(0)+1 \\ x_1(0)+2 \end{pmatrix} = \begin{pmatrix} \max\{3,\ 4\} \\ 1 \\ 1 \\ 2 \end{pmatrix} = \begin{pmatrix} 4 \\ 1 \\ 1 \\ 2 \end{pmatrix},$$

was bedeutet, dass die Stellen p_1 bis p_4 zu den Zeitpunkten 4, 1, 1 bzw. 2 zum ersten Mal markiert werden. Für $k = 1$ erhält man

$$\begin{pmatrix} x_1(2) \\ x_2(2) \\ x_3(2) \\ x_4(2) \end{pmatrix} = \begin{pmatrix} \max\{x_1(1)+3,\ x_1(1)+4\} \\ x_1(1)+1 \\ x_1(1)+1 \\ x_1(1)+2 \end{pmatrix} = \begin{pmatrix} \max\{4+3,\ 4+4\} \\ 4+1 \\ 4+1 \\ 4+2 \end{pmatrix} = \begin{pmatrix} 8 \\ 5 \\ 5 \\ 6 \end{pmatrix}.$$

Die Stellen werden also zu den Zeitpunkten 8, 5, 5 bzw. 6 zum zweiten Mal markiert. □

Auf eine übersichtlichere Darstellung zeitbewerteter Synchronisationsgrafen kommt man, wenn man die in diesen Gleichungen auftretenden arithmetischen Operationen der Additionen und Maximumbildungen mit Hilfe von Operatoren darstellt, die in der Max-plus-Algebra definiert sind. Als Vorbereitung dafür werden im nächsten Abschnitt die Grundbegriffe dieser Algebra eingeführt.

8.3.2 Grundlagen der Max-plus-Algebra

Die Max-plus-Algebra ist über die Menge $\mathbb{R}$ aller reellen Zahlen zuzüglich der beiden Symbole ∞ und $-\infty$ definiert, so dass alle im Folgenden betrachteten Variablen Werte der Menge

$$\mathbb{R}_{\max} = \mathbb{R} \cup \{+\infty, -\infty\}$$

annehmen. Es werden zwei Operationen definiert, wobei die Addition $\oplus$ der Max-plus-Algebra der Maximumbildung zweier reeller Zahlen und die Multiplikation $\otimes$ der Addition von reellen Zahlen entspricht:

$$
\boxed{
\begin{aligned}
&\text{Operationen der Max-plus-Algebra:}\\
&x \oplus y = \max\{x, y\}\\
&x \otimes y = x + y.
\end{aligned}
}
\tag{8.5}
$$

In diesen beiden Definitionsgleichungen steht auf den linken Seiten die Operation $\oplus$ bzw. $\otimes$ der Max-plus-Algebra und auf den rechten Seiten die für reelle Zahlen $x, y \in \mathbb{R}$ geläufigen Operationen max und +. Wenn man darauf hinweisen will, dass man die Operationen der Max-plus-Algebra meint, spricht man beim Lesen einer Gleichung die Operationen $\oplus$ als Addition der Max-plus-Algebra oder kürzer O-plus aus und verfährt mit der Multiplikation $\otimes$ in ähnlicher Weise.

Zu definieren ist noch, auf welchen Wert diese Operationen führen, wenn einer oder beide Operanden den Wert $+\infty$ oder $-\infty$ haben:

$$
\begin{aligned}
x \oplus +\infty &= +\infty\\
x \oplus -\infty &= x\\
x \otimes +\infty &= +\infty\\
x \otimes -\infty &= -\infty\\
+\infty \otimes +\infty &= +\infty\\
-\infty \otimes -\infty &= -\infty\\
+\infty \otimes -\infty &= -\infty.
\end{aligned}
$$

„Überraschend" ist nur die letzte Zeile, während die anderen Zeilen sofort plausibel erscheinen. Da beide Operationen kommutativ sind, gelten die angegebenen Definitionen auch für die umgekehrte Reihenfolge der Operanden. Die angegebenen Ausdrücke können ohne Klammern geschrieben werden, weil das Pluszeichen und das Minuszeichen vor ∞ keine Operationszeichen der Max-plus-Algebra sind.

Die Operation $\oplus$ ist kommutativ, assoziativ und idempotent:

$$
\begin{aligned}
\text{Kommutativität:} &\quad x \oplus y = y \oplus x\\
\text{Assoziativität:} &\quad x \oplus (y \oplus z) = (x \oplus y) \oplus z \quad .\\
\text{Idempotenz:} &\quad x \oplus x = x.
\end{aligned}
$$

Das neutrale Element ist $-\infty$, so dass gilt

$$x \oplus -\infty = -\infty \oplus x = x.$$

Es gibt zu $\oplus$ keine Umkehroperation, weil man aus der Beziehung $z = x \oplus y = \max\{x, y\}$ für gegebenes z und y nicht auf x schließen kann.

Die Operation $\otimes$ ist kommutativ, assoziativ und distributiv über $\oplus$:

Kommutativität:	$x \otimes y = y \otimes x$
Assoziativität:	$x \otimes (y \otimes z) = (x \otimes y) \otimes z$
Distributivität:	$(x \oplus y) \otimes z = (x \otimes z) \oplus (y \otimes z).$

Die Null ist das neutrale Element:

$$x \otimes 0 = 0 \otimes x = x.$$

Das zu x inverse Element ist $-x$, denn es gilt

$$x \otimes (-x) = 0.$$

Diese Eigenschaften entsprechen genau denen, die für die Addition und Multiplikation reeller Zahlen geläufig sind. Diese Analogie ist der Grund dafür, dass man die Addition der reellen Zahlen als Multiplikation der Max-plus-Algebra (und nicht etwa als deren Addition) definiert. Mit den beiden eingeführten Operationen $\oplus$ und $\otimes$ ist die Menge $\mathbb{R}_{\max}$ ein Körper im Sinne der Algebra.

Wie bei reellen Zahlen wird das Multiplikationszeichen häufig weggelassen:

$$x \otimes y = xy.$$

Die Multiplikation $\otimes$ hat eine höherer Priorität als die Addition $\oplus$:

$$x \oplus (y \otimes z) = x \oplus y \otimes z = x \oplus yz.$$

Die Operationen $\oplus$ und $\otimes$ kann man auf Vektoren und Matrizen anwenden, wenn diese die entsprechenden Dimensionen haben. Die Matrix $\boldsymbol{C} = \boldsymbol{A} \oplus \boldsymbol{B}$ entsteht durch elementweise Maxiumumbildung:

$$c_{ij} = \max(a_{ij}, b_{ij}).$$

Bei der Multiplikation $\boldsymbol{C} = \boldsymbol{A} \otimes \boldsymbol{B}$ wendet man dieselben Regeln wie bei reellen Matrizen an:

$$c_{ij} = \bigoplus_k a_{ik} \otimes b_{kj} = \max_k \{a_{ik} + b_{kj}\}.$$

Dementsprechend sind die Nullmatrix und die Einheitsmatrix folgendermaßen aufgebaut:

$$\boldsymbol{O} = \begin{pmatrix} -\infty & -\infty & \cdots & -\infty \\ -\infty & -\infty & \cdots & -\infty \\ \vdots & \vdots & & \vdots \\ -\infty & -\infty & -\infty & -\infty \end{pmatrix}, \quad \boldsymbol{I} = \begin{pmatrix} 0 & -\infty & \cdots & -\infty \\ -\infty & 0 & \cdots & -\infty \\ \vdots & \vdots & & \vdots \\ -\infty & -\infty & -\infty & 0 \end{pmatrix}.$$

Grafentheoretische Interpretation. Eine (n, n)-Matrix A mit Elementen aus $\mathbb{R}_{max}$ kann man als Adjazenzmatrix eines gerichteten Grafen mit n Knoten interpretieren. Es existiert eine gerichtete Kante vom Knoten j zum Knoten i, wenn für das ij-te Matrixelement die Beziehung

$$a_{ij} > -\infty$$

gilt. Da $-\infty$ das neutrale Element der Addition $\oplus$ ist, hat ein Element mit dem Wert $-\infty$ keinen Einfluss auf eine Summe oder ein Produkt mit einer anderen Matrix. Deshalb hat der Graf für derartige Elemente keine Kanten. Abbildung 8.3 zeigt den Grafen mit der Adjazenzmatrix

$$A = \begin{pmatrix} -\infty & -\infty & 2 & -\infty & -\infty \\ 1 & -\infty & 1 & 1 & 2 \\ 1 & 3 & -\infty & -\infty & -\infty \\ -\infty & -\infty & 4 & -\infty & -\infty \\ -\infty & -\infty & -\infty & 1 & -\infty \end{pmatrix}. \tag{8.6}$$

Das Element $a_{13} = 2$ entspricht der Kante $3 \xrightarrow{2} 1$ mit dem Kantengewicht 2. Alle Hauptdiagonalelemente sind gleich $-\infty$, weil kein Knoten eine Schlinge besitzt.

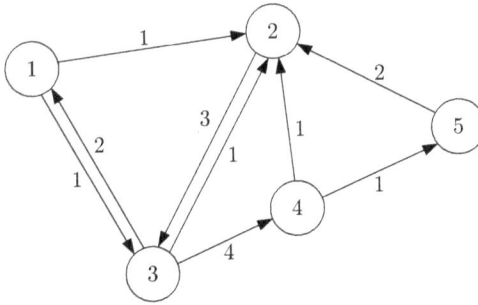

Abb. 8.3: Gerichteter Graf zur Matrix A aus Gl. (8.6)

Die k-te Potenz der Matrix A beschreibt die Pfade der Länge k des zugehörigen Grafen. Dementsprechend charakterisiert das ij-te Element von $A \otimes A$ die Pfade der Länge 2 vom Knoten j zum Knoten i. Gibt es einen solchen Pfad, so ist dieses Element gleich der Summe der Kantenbewertungen dieses Pfades. Gibt es mehrere Kanten, so beschreibt es die größte Summe aller Pfade. Wenn es keinen Pfad der Länge 2 gibt, hat das ij-tes Element den Wert $-\infty$.

Für den Grafen aus Abb. 8.3 gilt

$$A \otimes A = \begin{pmatrix} 3 & 5 & -\infty & -\infty & -\infty \\ 2 & 4 & 5 & 3 & -\infty \\ 4 & -\infty & 4 & 4 & 5 \\ 5 & 7 & -\infty & -\infty & -\infty \\ -\infty & -\infty & 5 & -\infty & -\infty \end{pmatrix}.$$

Das Element $(\boldsymbol{A} \otimes \boldsymbol{A})_{24}$ in der zweiten Zeile und vierten Spalte hat den Wert 3, denn es gibt vom Knoten 4 zum Knoten 2 einen Pfad mit dem Kantengewicht $1 \otimes 2 = 3$. Vom Knoten 3 zum Knoten 2 gibt es zwei Pfade, von denen der über den Knoten 4 führende das Gesamtkantengewicht 5 und der über den Knoten 1 führende das Kantengewicht 3 hat. Das Element

$$(\boldsymbol{A} \otimes \boldsymbol{A})_{23} = a_{21}a_{13} \oplus a_{22}a_{23} \oplus a_{23}a_{33} \oplus a_{24}a_{34} \oplus a_{25}a_{54} = 2 \otimes 2 \oplus 1 \otimes 4 = 5$$

ist gleich dem größeren beider Kantengewichte.

In der Matrix $\boldsymbol{A}^n$ beschreibt das ij-te Element das maximale Gewicht aller Pfade der Länge n vom Knoten j zum Knoten i. Wenn dieses Element gleich $-\infty$ ist, gibt es keinen solchen Pfad. Wenn der Graf zyklenfrei ist, so gilt

$$\boldsymbol{A}^n = \boldsymbol{O}, \tag{8.7}$$

denn der längste Pfad kann dann nur die Länge $n-1$ haben.

Eigenwerte und Eigenvektoren. Das von reellen Matrizen bekannte Eigenwertproblem kann in Max-plus-Algebra folgendermaßen formuliert werden: Für eine (n, n)-Matrix $\boldsymbol{A}$ sind ein Wert $\lambda \in \mathbb{R}_{\max}$ und ein n-dimensionaler Vektor $\boldsymbol{v}$ gesucht, für die die Beziehung

$$\boldsymbol{A} \otimes \boldsymbol{v} = \lambda \otimes \boldsymbol{v} \tag{8.8}$$

gilt. $\boldsymbol{v}$ heißt dann Eigenvektor und λ Eigenwert der Matrix $\boldsymbol{A}$.

Anders als in der gewöhnlichen Algebra kann es zu einem einfachen Eigenwert mehrere linear unabhängige Eigenvektoren geben, wobei in der Max-plus-Algebra zwei Vektoren $\boldsymbol{v}_1$ und $\boldsymbol{v}_2$ linear abhängig genannt werden, wenn es eine Zahl $a \in \mathbb{R}_{\max}$ gibt, für die die Gleichung $\boldsymbol{v}_1 = a \otimes \boldsymbol{v}_2$ gilt. Auch ist nicht gesichert, dass es zu jeder Matrix $\boldsymbol{A}$ überhaupt Eigenwerte gibt.

Wenn die Matrix $\boldsymbol{A}$ irreduzibel ist, was bedeutet, dass der zu ihr gehörende gerichtete Graf stark zusammenhängend ist, dann hat $\boldsymbol{A}$ genau einen Eigenwert und mindestens einen Eigenvektor. Der Eigenwert ist gleich dem maximalen Durchschnittsgewicht der Zyklen des Grafen, wobei man unter dem Durchschnittsgewicht eines Zyklus den Quotienten aus der Summe der Kantengewichte und der Anzahl der Kanten versteht. Diese Tatsache wird im folgenden Abschnitt genutzt, um das zeitliche Verhalten synchronisierter Prozesse zu charakterisieren. Der Zyklus, der dieses maximale Durchschnittsgewicht besitzt, heißt *kritischer Zyklus*.

Es gibt mehrere Methoden, um den Eigenwert λ der Matrix $\boldsymbol{A}$ zu bestimmen. Für kleine Matrizen schreibt man das Eigenwertproblem (8.8) zeilenweise auf und löst das so erhaltene Gleichungssystem nach λ auf. Für größere Matrizen beruht die Berechnung des Eigenwertes auf einer Methode zur Bestimmung des maximalen Durchschnittsgewichtes aller Zyklen des zu $\boldsymbol{A}$ gehörenden Grafen, die hier ohne Beweis angegeben wird. Das ij-te Element der Matrix $\boldsymbol{A}^k$ wird mit $(\boldsymbol{A}^k)_{ij}$ bezeichnet. Es beschreibt das Gewicht eines Pfades der Länge k vom Knoten j zum Knoten i. Das Durchschnittsgewicht aller Zyklen, die auf dem Pfad vom Knoten j zum Knoten i liegen, erhält man aus der Beziehung

$$\min_{k=0,\ldots,n-1} \frac{(\boldsymbol{A}^n)_{ij} - (\boldsymbol{A}^k)_{ij}}{n-k}.$$

Der Eigenwert λ ist gleich dem maximalen Durchschnittsgewicht:

$$\lambda = \max_{i=1,..,n} \min_{k=0,...,n-1} \frac{(A^n)_{ij} - (A^k)_{ij}}{n - k}. \tag{8.9}$$

Gleichung (8.9), bei der die Subtraktion und die Division entsprechend der üblichen Algebra auszuführen sind, führt für alle j auf dasselbe Ergebnis λ. Man muss die rechte Seite der Gleichung deshalb nur für ein beliebig gewähltes j berechnen. Der Eigenwert ist genau dann endlich (also nicht gleich $+\infty$ oder $-\infty$), wenn die Matrix A in jeder Zeile und jeder Spalte mindestens ein endliches Element besitzt und in der Matrix kein Element $+\infty$ auftaucht.

Die Eigenvektoren erhält man für kleine Matrizen durch Auswertung des Eigenwertproblems (8.8) und für größere Matrizen nach folgender Rechenvorschrift:

Algorithmus 8.1 *Bestimmung der Eigenvektoren einer Matrix in Max-plus-Algebra*

Gegeben:	(n,n)-Matrix A
	Eigenwert λ

   1.   Berechnung von $A_\lambda = (-\lambda) \otimes A$

   2.   Berechnung von $S = A_\lambda \oplus A_\lambda^2 \oplus ... \oplus A_\lambda^n$

   3.   Auslesen der Spalten von S, deren Hauptdiagonalelement verschwindet. Dies sind die Eigenvektoren von A zum Eigenwert λ.

Ergebnis:	Eigenvektoren.

Die linear unabhängigen Vektoren, die mit Hilfe dieses Algorithmus gefunden wurden, bilden den Eigenraum der Matrix A. Vielfache $a \otimes v$ der Eigenvektoren v sind ebenfalls Eigenvektoren zu λ, wie es aus der gewöhnlichen Algebra bekannt ist.

Beispiel 8.3 *Eigenwert und Eigenvektor einer Matrix in Max-plus-Algebra*

Für die Matrix A aus Gl. (8.6) soll der Eigenwert mit der Berechnungsvorschrift (8.9) bestimmt werden. Die Matrix ist irreduzibel, weil in jeder Zeile und jeder Spalte mindestens ein von $-\infty$ verschiedenes Element steht (was man auch an dem zugehörigen Grafen ablesen kann, der stark zusammenhängend ist). Für die Anwendung von Gl. (8.9) werden die folgenden Matrizen berechnet:

$$A^0 = I = \begin{pmatrix} 0 & -\infty & \cdots & -\infty \\ -\infty & 0 & \cdots & -\infty \\ \vdots & \vdots & & \vdots \\ -\infty & -\infty & -\infty & 0 \end{pmatrix} \qquad A = \begin{pmatrix} -\infty & -\infty & 2 & -\infty & -\infty \\ 1 & -\infty & 1 & 1 & 2 \\ 1 & 3 & -\infty & -\infty & -\infty \\ -\infty & -\infty & 4 & -\infty & -\infty \\ -\infty & -\infty & -\infty & 1 & -\infty \end{pmatrix}$$

$$A^2 = \begin{pmatrix} 3 & 5 & -\infty & -\infty & -\infty \\ 2 & 4 & 5 & 3 & -\infty \\ 4 & -\infty & 4 & 4 & 5 \\ 5 & 7 & -\infty & -\infty & -\infty \\ -\infty & -\infty & 5 & -\infty & -\infty \end{pmatrix} \qquad A^3 = \begin{pmatrix} 6 & -\infty & 6 & 6 & 7 \\ 6 & 8 & 7 & 5 & 6 \\ 5 & 7 & 8 & 6 & -\infty \\ 8 & -\infty & 8 & 8 & 9 \\ 6 & 8 & -\infty & -\infty & -\infty \end{pmatrix}$$

$$A^4 = \begin{pmatrix} 7 & 9 & 10 & 8 & -\infty \\ 9 & 10 & 9 & 9 & 10 \\ 9 & 11 & 10 & 8 & 9 \\ 9 & 11 & 12 & 10 & -\infty \\ 9 & -\infty & 9 & 9 & 10 \end{pmatrix} \qquad A^5 = \begin{pmatrix} 11 & 13 & 12 & 10 & 11 \\ 11 & 12 & 13 & 11 & 12 \\ 12 & 13 & 12 & 12 & 13 \\ 13 & 15 & 14 & 12 & 13 \\ 10 & 12 & 13 & 11 & -\infty \end{pmatrix}.$$

Gleichung (8.9) wird jetzt für $j = 2$ angewendet (und liefert bei jeder anderen Wahl von j dasselbe Endergebnis):

ij	$k = 0$	$k = 1$	$\frac{(A^n)_{ij}-(A^k)_{ij}}{n-k}$ $k = 2$	$k = 3$	$k = 4$	$\min_k$
12	$\frac{13+\infty}{5} = \infty$	$\frac{13-1}{4} = 3$	$\frac{13-2}{3} = \frac{11}{3}$	$\frac{13-6}{2} = \frac{7}{2}$	$\frac{13-9}{1} = 4$	3
22	$\frac{12-0}{5} = \frac{12}{5}$	$\frac{12+\infty}{4} = \infty$	$\frac{12-4}{3} = \frac{8}{3}$	$\frac{12-8}{2} = 2$	$\frac{12-10}{1} = 2$	2
32	$\frac{13+\infty}{5} = \infty$	$\frac{13-1}{4} = 3$	$\frac{13-5}{3} = \frac{8}{3}$	$\frac{13-7}{2} = 3$	$\frac{13-9}{1} = 4$	$\frac{8}{3}$
42	$\frac{15+\infty}{5} = \infty$	$\frac{15-1}{4} = \frac{7}{2}$	$\frac{15-3}{3} = 4$	$\frac{15-5}{2} = 5$	$\frac{15-9}{1} = 6$	$\frac{7}{2}$
52	$\frac{12+\infty}{5} = \infty$	$\frac{12-2}{4} = \frac{5}{2}$	$\frac{12-6}{3} = 3$	$\frac{12-6}{2} = 3$	$\frac{12-10}{1} = 2$	2
					$\max_{i=1,2,\dots,5}$	$\frac{8}{3}$

Der Eigenwert der Matrix A hat folglich den Wert

$$\lambda = \frac{8}{3}.$$

Dieser Wert ist gleich dem größen Durchschnittsgewicht der Zyklen des in Abb. 8.3 gezeigten Grafen. Der zugehörige kritische Zyklus heißt $2 \to 3 \to 4 \to 2$. Er hat die Länge $n - k = 5 - 2 = 3$, wobei der Wert für k aus der Spalte der Tabelle abgelesen werden kann, in der der Wert von λ steht.

Der zugehörige Eigenvektor wird mit Hilfe des Algorithmus 8.1 in folgenden Schritten berechnet.

1. Es gilt

$$A_\lambda = \left(-\frac{8}{3}\right) \otimes \begin{pmatrix} -\infty & -\infty & 2 & -\infty & -\infty \\ 1 & -\infty & 1 & 1 & 2 \\ 1 & 3 & -\infty & -\infty & -\infty \\ -\infty & -\infty & 4 & -\infty & -\infty \\ -\infty & -\infty & -\infty & 1 & -\infty \end{pmatrix} = \begin{pmatrix} -\infty & -\infty & -\frac{2}{3} & -\infty & -\infty \\ -\frac{5}{3} & -\infty & -\frac{5}{3} & -\frac{5}{3} & -\frac{2}{3} \\ -\frac{5}{3} & \frac{1}{3} & -\infty & -\infty & -\infty \\ -\infty & -\infty & \frac{4}{3} & -\infty & -\infty \\ -\infty & -\infty & -\infty & -\frac{5}{3} & -\infty \end{pmatrix}$$

2. Die Matrix $S = A_\lambda \oplus A_\lambda^2 \oplus A_\lambda^3 \oplus A_\lambda^4 \oplus A_\lambda^5$ erhält man aus den Matrizen

$$
A_\lambda = \begin{pmatrix}
-\infty & -\infty & -\frac{2}{3} & -\infty & -\infty \\
-\frac{5}{3} & -\infty & -\frac{5}{3} & -\frac{5}{3} & -\frac{2}{3} \\
-\frac{5}{3} & \frac{1}{3} & -\infty & -\infty & -\infty \\
-\infty & -\infty & \frac{4}{3} & -\infty & -\infty \\
-\infty & -\infty & -\infty & -\frac{5}{3} & -\infty
\end{pmatrix}
\quad
A_\lambda^2 = \begin{pmatrix}
-\frac{7}{3} & -\frac{1}{3} & -\infty & -\infty & -\infty \\
-\frac{10}{3} & -\frac{4}{3} & -\frac{1}{3} & -\frac{7}{3} & -\infty \\
-\frac{4}{3} & -\infty & -\frac{4}{3} & -\frac{4}{3} & -\frac{1}{3} \\
-\frac{1}{3} & \frac{5}{3} & -\infty & -\infty & -\infty \\
-\infty & -\infty & -\frac{1}{3} & -\infty & -\infty
\end{pmatrix}
$$

$$
A_\lambda^3 = \begin{pmatrix}
-\frac{6}{3} & -\infty & -\frac{6}{3} & -\frac{6}{3} & -\frac{3}{3} \\
-\frac{6}{3} & 0 & -\frac{3}{3} & -\frac{9}{3} & -\frac{6}{3} \\
-\frac{9}{3} & -\frac{3}{3} & 0 & -\frac{6}{3} & -\infty \\
0 & -\infty & 0 & 0 & \frac{3}{3} \\
-\frac{6}{3} & 0 & -\infty & -\infty & -\infty
\end{pmatrix}
\quad
A_\lambda^4 = \begin{pmatrix}
-\frac{11}{3} & -\frac{5}{3} & -\frac{2}{3} & -\frac{8}{3} & -\infty \\
-\frac{5}{3} & -\frac{2}{3} & -\frac{5}{3} & -\frac{5}{3} & -\frac{2}{3} \\
-\frac{5}{3} & \frac{1}{3} & -\frac{2}{3} & -\frac{8}{3} & -\frac{5}{3} \\
-\frac{5}{3} & \frac{1}{3} & \frac{4}{3} & -\frac{2}{3} & -\infty \\
-\frac{5}{3} & -\infty & -\frac{5}{3} & -\frac{5}{3} & -\frac{2}{3}
\end{pmatrix}
$$

$$
A_\lambda^5 = \begin{pmatrix}
-\frac{7}{3} & -\frac{1}{3} & -\frac{4}{3} & -\frac{10}{3} & -\frac{7}{3} \\
-\frac{7}{3} & -\frac{4}{3} & -\frac{1}{3} & -\frac{7}{3} & -\frac{4}{3} \\
-\frac{4}{3} & -\frac{1}{3} & -\frac{4}{3} & -\frac{4}{3} & -\frac{1}{3} \\
-\frac{1}{3} & \frac{5}{3} & \frac{2}{3} & -\frac{4}{3} & -\frac{1}{3} \\
-\frac{10}{3} & -\frac{4}{3} & -\frac{1}{3} & -\frac{7}{3} & -\infty
\end{pmatrix}
$$

durch elementeweise Maximierung:

$$
S = \begin{pmatrix}
-\frac{6}{3} & -\frac{1}{3} & -\frac{2}{3} & -\frac{6}{3} & -\frac{3}{3} \\
-\frac{5}{3} & 0 & -\frac{1}{3} & -\frac{5}{3} & -\frac{2}{3} \\
-\frac{4}{3} & \frac{1}{3} & 0 & -\frac{4}{3} & -\frac{1}{3} \\
0 & \frac{5}{3} & \frac{4}{3} & 0 & \frac{3}{3} \\
-\frac{5}{3} & 0 & -\frac{1}{3} & -\frac{5}{3} & -\frac{2}{3}
\end{pmatrix} .
$$

3. Der Eigenvektor

$$
v = \begin{pmatrix}
-\frac{1}{3} \\
0 \\
\frac{1}{3} \\
\frac{5}{3} \\
0
\end{pmatrix}
$$

kann aus der zweiten Spalte abgelesen werden, weil das dortige Diagonalelement verschwindet. Bei den beiden daneben stehenden Spalten steht ebenfalls in der Hauptdiagonale eine Null. Es handelt sich hierbei ebenso um Eigenvektoren, die jedoch mit dem angegebenen Vektor v linear abhängig sind, denn eine Multiplikation mit $-\frac{1}{3}$ bzw. $-\frac{5}{3}$ überführt den Vektor v in die dritte bzw. vierte Spalte:

$$-\frac{1}{3} \otimes \begin{pmatrix} -\frac{1}{3} \\ 0 \\ \frac{1}{3} \\ \frac{5}{3} \\ 0 \end{pmatrix} = \begin{pmatrix} -\frac{2}{3} \\ -\frac{1}{3} \\ 0 \\ \frac{4}{3} \\ -\frac{1}{3} \end{pmatrix}.$$

Dass der erhaltene Eigenwert und der Eigenvektor $\boldsymbol{v}$ wie gefordert das Eigenwertproblem (8.8) lösen, sieht man an folgender Rechnung:

$$\boldsymbol{A} \otimes \boldsymbol{v} = \begin{pmatrix} -\infty & -\infty & 2 & -\infty & -\infty \\ 1 & -\infty & 1 & 1 & 2 \\ 1 & 3 & -\infty & -\infty & -\infty \\ -\infty & -\infty & 4 & -\infty & -\infty \\ -\infty & -\infty & -\infty & 1 & -\infty \end{pmatrix} \otimes \begin{pmatrix} -\frac{1}{3} \\ 0 \\ \frac{1}{3} \\ \frac{5}{3} \\ 0 \end{pmatrix} = \begin{pmatrix} \frac{7}{3} \\ \frac{8}{3} \\ \frac{9}{3} \\ \frac{13}{3} \\ \frac{8}{3} \end{pmatrix}$$

$$= \lambda \otimes \boldsymbol{v} = \frac{8}{3} \otimes \begin{pmatrix} -\frac{1}{3} \\ 0 \\ \frac{1}{3} \\ \frac{5}{3} \\ 0 \end{pmatrix} = \begin{pmatrix} \frac{7}{3} \\ \frac{8}{3} \\ \frac{9}{3} \\ \frac{13}{3} \\ \frac{8}{3} \end{pmatrix}. \ \square$$

Periodische Matrizen. Die quadratische Matrix $\boldsymbol{A}$ heißt n-periodisch, wenn für hinreichend große Zahl k die Beziehung

$$\boldsymbol{A}^{k+n} = \boldsymbol{A}^k \tag{8.10}$$

gilt. Wenn die Matrix $\boldsymbol{A}$ einen eindeutigen kritischen Zyklus besitzt, so ist die Matrix

$$\boldsymbol{A}_\lambda = (-\lambda) \otimes \boldsymbol{A}$$

m-periodisch, wobei λ das Durchschnittsgewicht und m die Länge des kritischen Zyklus ist.

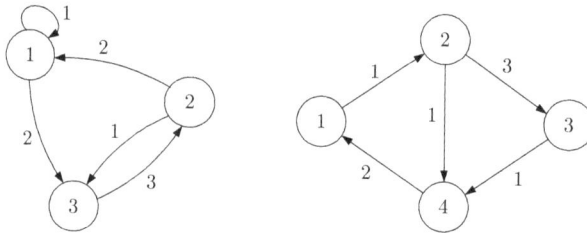

Abb. 8.4: Zwei gerichtete Grafen

Aufgabe 8.1* *Berechnung des Eigenwertes von Matrizen in Max-plus-Algebra*

Bilden Sie die zu den beiden Grafen in Abb. 8.4 gehörenden Adjazenzmatrizen und berechnen Sie deren Eigenwerte und Eigenvektoren bezüglich der Max-plus-Algebra. Welche Zyklen innerhalb des Grafen bestimmen die Eigenwerte? □

8.3.3 Darstellung zeitbewerteter Synchronisationsgrafen mit Hilfe der Max-plus-Algebra

Mit den Operationen $\oplus$ und $\otimes$ kann Gl. (8.4) in folgende Form überführt werden:

$$\begin{pmatrix} x_1(k+1) \\ x_2(k+1) \\ x_3(k+1) \\ x_4(k+1) \end{pmatrix} = \begin{pmatrix} x_1(k) \otimes \tau_1 \otimes \tau_2 \ \oplus \ x_1(k) \otimes \tau_1 \otimes \tau_3 \otimes \tau_4 \\ x_1(k) \otimes \tau_1 \\ x_1(k) \otimes \tau_1 \\ x_1(k) \otimes \tau_1 \otimes \tau_3 \end{pmatrix}.$$

Man kann die in den einzelnen Zeilen nicht vorkommenden Variablen x_j dadurch ergänzen, dass man Terme der Form $\oplus - \infty \otimes x_j$ hinzufügt, die nach den Rechenregeln der Max-plus-Algebra den Wert der betreffenden Zeile nicht verändern

$$\begin{pmatrix} x_1(k+1) \\ x_2(k+1) \\ x_3(k+1) \\ x_4(k+1) \end{pmatrix} = \begin{pmatrix} \tau \otimes x_1(k) \ \oplus \ -\infty \otimes x_2(k) \ \oplus \ -\infty \otimes x_3(k) \ \oplus \ -\infty \otimes x_4(k) \\ \tau_1 \otimes x_1(k) \ \oplus \ -\infty \otimes x_2(k) \ \oplus \ -\infty \otimes x_3(k) \ \oplus \ -\infty \otimes x_4(k) \\ \tau_1 \otimes x_1(k) \ \oplus \ -\infty \otimes x_2(k) \ \oplus \ -\infty \otimes x_3(k) \ \oplus \ -\infty \otimes x_4(k) \\ \tau_1 \otimes \tau_3 \otimes x_1(k) \ \oplus \ -\infty \otimes x_2(k) \ \oplus \ -\infty \otimes x_3(k) \ \oplus \ -\infty \otimes x_4(k) \end{pmatrix},$$

wobei die Abkürzung

$$\tau = \tau_1 \otimes \tau_2 \ \oplus \ \tau_1 \otimes \tau_3 \otimes \tau_4 = \tau_1\tau_2 \ \oplus \ \tau_1\tau_3\tau_4$$

eingeführt wurde. Diese Darstellung kann in

$$\begin{pmatrix} x_1(k+1) \\ x_2(k+1) \\ x_3(k+1) \\ x_4(k+1) \end{pmatrix} = \underbrace{\begin{pmatrix} \tau & -\infty & -\infty & -\infty \\ \tau_1 & -\infty & -\infty & -\infty \\ \tau_1 & -\infty & -\infty & -\infty \\ \tau_1 \otimes \tau_3 & -\infty & -\infty & -\infty \end{pmatrix}}_{\boldsymbol{A}} \otimes \begin{pmatrix} x_1(k) \\ x_2(k) \\ x_3(k) \\ x_4(k) \end{pmatrix}$$

umgeformt werden, woraus die allgemeine Beschreibungsform für zeitbewertete Synchronisationsgrafen ohne Eingang abgelesen werden kann:

> Zustandsraumdarstellung zeitbewerteter Synchronisationsgrafen ohne Eingang:
> (explizite Form)
>
> $$\boldsymbol{x}(k+1) = \boldsymbol{A} \otimes \boldsymbol{x}(k), \quad \boldsymbol{x}(0) = \boldsymbol{x}_0.$$

(8.11)

Für einen Synchronisationsgrafen mit N Stellen hat der Vektor $\boldsymbol{x}$ N Elemente, wobei das i-te Element $x_i(k)$ den Zeitpunkt beschreibt, an dem die Stelle i zum k-ten Mal markiert wird.

Die Elemente der Matrix $\boldsymbol{A}$ beschreiben Zeiten, die zwischen der k-ten und der $(k+1)$-ten Markierung der Stellen vergehen. Dabei stellt das Element a_{ij} die Zeit dar, die zwischen der k-ten Markierung der Stelle j und der $(k+1)$-ten Markierung der Stelle i mindestens vergehen muss.

Entsprechend den Rechenregeln der Max-plus-Algebra heißt die i-te Zeile der Gl. (8.11)

$$x_i(k+1) = \bigoplus_{j=1}^{N} a_{ij} \otimes x_j(k).$$

Wenn $a_{ij} = -\infty$ gilt, so hat x_j in dieser Gleichung keinen Einfluss auf x_i, denn der Term $-\infty \otimes x_j$ ist für die Maximumbildung $\oplus$ belanglos. Jedes positive Element a_{ij} beschreibt eine Zeit, die zwischen der k-ten Markierung der j-ten Stelle und der $(k+1)$-ten Markierung der i-ten Stelle *mindestens* vergeht. Es gilt

$$x_i(k+1) - x_j(k) \geq a_{ij}.$$

Wenn man annimmt, dass jede aktivierte Transition sofort schaltet, gilt für mindestens einen Index j in dieser Beziehung das Gleichheitszeichen. Für welches j dies der Fall ist, hängt nicht nur von den Werten a_{ij}, sondern auch von den Markierungszeitpunkten $x_j(k)$ ab.

Max-plus-Systeme. Ein System der Form (8.11) wird als Max-plus-System bezeichnet. Man kann sich vorstellen, dass man – auch ohne Synchronisationsgrafen zu betrachten – dynamische Systeme in dieser Form beschreiben kann. Die hier betrachteten zeitbewerteten Synchronisationsgrafen gehören also zu dieser Klasse der Max-plus-Systeme.

Gleichung (8.11) hat aufgrund ihrer Form Ähnlichkeiten sowohl mit linearen Gleichungssystemen, die man üblicherweise in der Form $\boldsymbol{Ax} = \boldsymbol{b}$ schreibt, als auch mit linearen kontinuierlichen Systemen, deren zeitdiskretes Zustandsraummodell die Form

$$\boldsymbol{x}(k+1) = \boldsymbol{Ax}(k)$$

hat. Der Unterschied zwischen diesen Gleichungen und der hier betrachteten Beziehung (8.11) besteht lediglich in der verwendeten Algebra.

Viele von zeitdiskreten Systemen bekannte Eigenschaften lassen sich auf Max-plus-Systeme übertragen. So sind Max-plus-Systeme *linear* im Sinne der Max-plus-Algebra. Um dies zu verstehen, setzt man für $\boldsymbol{x}(k)$ die Linearkombination

$$\boldsymbol{x}(k) = (a \otimes \boldsymbol{x}_1(k)) \oplus (b \otimes \boldsymbol{x}_2(k))$$

ein und erhält mit

$$\begin{aligned} \boldsymbol{x}(k+1) &= \boldsymbol{A} \otimes (a \otimes \boldsymbol{x}_1(k) \oplus b \otimes \boldsymbol{x}_2(k)) \\ &= a \otimes \underbrace{\boldsymbol{A} \otimes \boldsymbol{x}_1(k)}_{\boldsymbol{x}_1(k+1)} \oplus b \otimes \underbrace{\boldsymbol{A} \otimes \boldsymbol{x}_2(k)}_{\boldsymbol{x}_2(k+1)} \end{aligned}$$

eine Darstellung für $\boldsymbol{x}(k+1)$ als Linearkombination der beiden Vektoren $\boldsymbol{x}_1(k+1)$ und $\boldsymbol{x}_2(k+1)$, die man bei getrennter Anwendung von Gl. (8.11) für $\boldsymbol{x}_1(k)$ bzw. $\boldsymbol{x}_2(k)$ erhält.

Diese Linearitätseigenschaft hat zur Folge, dass das dynamische Verhalten von Max-plus-Systemen beispielsweise durch den Eigenwert der Matrix $\boldsymbol{A}$ charakterisiert ist und dass man ähnlich wie bei kontinuierlichen Systemen ein Einschwingen des Max-plus-Systems in das stationäre Verhalten feststellen kann.

Modellbildung. Wie im Abschn. 8.3.1 für den Synchronisationsgrafen aus Abb. 8.2 gezeigt wurde, kann man die Beschreibung eines Synchronisationsgrafen direkt aus der grafischen Darstellung ablesen. Für jede Stelle $p_i \in \mathcal{P}$ wird eine Gleichung der Form

$$x_i(k+1) = \bigoplus_{i=1}^{N} a_{0ij} \otimes x_j(k) + \bigoplus_{i=1}^{N} a_{1ij} \otimes x_j(k+1)$$

aufgeschrieben, wobei man die Elemente a_{0ij} und a_{1ij} aus dem Synchronisationsgrafen als Zeitbewertung der Stelle $p_j \in \mathcal{P}$ abliest. Wenn es keine direkte Verbindung zwischen der Stelle p_j zur Stelle p_i gibt, gilt

$$a_{0ij} = a_{1ij} = -\infty.$$

Dann können die Terme $a_{0ij} \otimes x_j(k)$ und $a_{1ij} \otimes x_j(k+1)$ in der Gleichung für $x_i(k+1)$ weggelassen werden. Wenn die Stelle p_j über eine Transition direkt mit der Stelle p_i verbunden ist, so gilt

$$a_{0ij} = \tau_j \quad \text{und} \quad a_{1ij} = -\infty \qquad \text{wenn } M_0(p_j) = 1$$
$$\text{oder}$$
$$a_{0ij} = -\infty \quad \text{und} \quad a_{1ij} = \tau_j \qquad \text{wenn } M_0(p_j) = 0,$$

wobei τ_j die Zeitbewertung der Stelle p_j ist. Ob die erste oder die zweite Zeile zutrifft, hängt davon ab, ob die Stelle p_j zum Zeitpunkt $t = 0$ markiert ist ($M_0(p_j) = 1$) oder nicht ($M_0(p_j) = 0$). Da die Terme mit $-\infty$ weggelassen werden können, kommt in der aufzustellenden Gleichung jeder Index j höchstens in einem $\oplus$-Summanden vor. Meistens haben die Gleichungen viel weniger Summanden als der Graf Stellen besitzt. Alle Gleichungen zusammengefasst ergeben ein Modell der Form

Zustandsraumdarstellung zeitbewerteter Synchronisationsgrafen ohne Eingang:
(implizite Form)   (8.12)

$$\boldsymbol{x}(k+1) = \boldsymbol{A}_0\boldsymbol{x}(k) + \boldsymbol{A}_1\boldsymbol{x}(k+1), \quad \boldsymbol{x}(0) = \boldsymbol{x}_0$$

das als implizite Form des Synchronisationsgrafen bezeichnet wird. Bei dieser Form steht $\boldsymbol{x}(k+1)$ auf beiden Seiten der Gleichung.

Beispiel 8.4   *Algebraische Darstellung eines zeitbewerteten Synchronisationsgrafen*

Die im Abschn. 8.3.1 angegebenen Gleichungen für den Synchronisationsgrafen aus Abb. 8.2 kann man folgendermaßen in Max-plus-Algebra schreiben:

$$x_1(k+1) = \max\{x_2(k+1) + \tau_2,\ x_4(k+1) + \tau_4\} = \tau_2 x_2(k+1) \oplus \tau_4 x_4(k+1) \quad (8.13)$$

$$x_2(k+1) = x_1(k) + \tau_1 = \tau_1 x_1(k) \quad\quad\quad\quad\quad\quad\quad\quad (8.14)$$

$$x_3(k+1) = x_1(k) + \tau_1 = \tau_1 x_1(k) \quad\quad\quad\quad\quad\quad\quad\quad (8.15)$$

$$x_4(k+1) = x_3(k+1) + \tau_3 = \tau_3 x_3(k+1). \quad\quad\quad\quad\quad\quad (8.16)$$

Die erste Gleichung liest man an der Transition t_3 ab, die die Stellen p_2 und p_4 mit p_1 verbindet. Die beiden Terme $\tau_2 x_2(k+1)$ und $\tau_4 x_4(k+1)$ werden addiert. Bei x_2 und x_4 steht der Zeitindex $k+1$, weil die Stellen p_2 und p_4 nicht initial markiert sind. Die zweite Zeile erhält man bei der Betrachtung der Transition t_1, die die Stellen p_1 und p_2 miteinander verbindet. Da diese Transition nur eine Stelle im Vorbereich besitzt, steht auf der rechten Seite nur ein Summand. Der Zeitindex k für x_1 ist dadurch begründet, dass die Stelle p_1 initial markiert ist.

Die angegebenen vier Gleichungen ergeben folgendes Modell der Form (8.12):

$$\begin{pmatrix} x_1(k+1) \\ x_2(k+1) \\ x_3(k+1) \\ x_4(k+1) \end{pmatrix} = \underbrace{\begin{pmatrix} -\infty & -\infty & -\infty & -\infty \\ \tau_1 & -\infty & -\infty & -\infty \\ \tau_1 & -\infty & -\infty & -\infty \\ -\infty & -\infty & -\infty & -\infty \end{pmatrix}}_{\boldsymbol{A}_0} \otimes \begin{pmatrix} x_1(k) \\ x_2(k) \\ x_3(k) \\ x_4(k) \end{pmatrix}$$

$$\oplus \underbrace{\begin{pmatrix} -\infty & \tau_2 & -\infty & \tau_4 \\ -\infty & -\infty & -\infty & -\infty \\ -\infty & -\infty & -\infty & -\infty \\ -\infty & -\infty & \tau_3 & -\infty \end{pmatrix}}_{\boldsymbol{A}_1} \otimes \begin{pmatrix} x_1(k+1) \\ x_2(k+1) \\ x_3(k+1) \\ x_4(k+1) \end{pmatrix}.$$

Die Matrizen $\boldsymbol{A}_0$ und $\boldsymbol{A}_1$ können – nach einiger Übung – direkt aus dem Synchronisationsgrafen abgelesen werden. Die Zeitbewertungen der Stellen erscheinen als Matrixelemente an den durch den Grafen bestimmten Positionen. Alle anderen Elemente erhalten den Wert $-\infty$.

Die Überführung des impliziten Modells in die explizite Form (8.11) erfolgt durch Einsetzen der Gleichung in sich selbst. Dies entspricht in verallgemeinerter Form den im Abschn. 8.3.1 für dieses Beispiel durchgeführten Rechenschritten von Gl. (8.3) zu Gl. (8.4). Setzt man für $\boldsymbol{x}(k+1)$ auf der rechten Seite der Gleichung den Ausdruck $\boldsymbol{A}_0 \boldsymbol{x}(k) + \boldsymbol{A}_1 \boldsymbol{x}(k+1)$ ein, so erhält man

$$\begin{pmatrix} x_1(k+1) \\ x_2(k+1) \\ x_3(k+1) \\ x_4(k+1) \end{pmatrix}$$

$$= \begin{pmatrix} -\infty & -\infty & -\infty & -\infty \\ \tau_1 & -\infty & -\infty & -\infty \\ \tau_1 & -\infty & -\infty & -\infty \\ -\infty & -\infty & -\infty & -\infty \end{pmatrix} \otimes \begin{pmatrix} x_1(k) \\ x_2(k) \\ x_3(k) \\ x_4(k) \end{pmatrix} \oplus \begin{pmatrix} -\infty & \tau_2 & -\infty & \tau_4 \\ -\infty & -\infty & -\infty & -\infty \\ -\infty & -\infty & -\infty & -\infty \\ -\infty & -\infty & \tau_3 & -\infty \end{pmatrix} \otimes \begin{pmatrix} x_1(k+1) \\ x_2(k+1) \\ x_3(k+1) \\ x_4(k+1) \end{pmatrix}$$

$$= \begin{pmatrix} -\infty & -\infty & -\infty & -\infty \\ \tau_1 & -\infty & -\infty & -\infty \\ \tau_1 & -\infty & -\infty & -\infty \\ -\infty & -\infty & -\infty & -\infty \end{pmatrix} \otimes \begin{pmatrix} x_1(k) \\ x_2(k) \\ x_3(k) \\ x_4(k) \end{pmatrix}$$

$$
\oplus
\begin{pmatrix}
-\infty & \tau_2 & -\infty & \tau_4 \\
-\infty & -\infty & -\infty & -\infty \\
-\infty & -\infty & -\infty & -\infty \\
-\infty & -\infty & \tau_3 & -\infty
\end{pmatrix}
\otimes
\begin{pmatrix}
-\infty & -\infty & -\infty & -\infty \\
\tau_1 & -\infty & -\infty & -\infty \\
\tau_1 & -\infty & -\infty & -\infty \\
-\infty & -\infty & -\infty & -\infty
\end{pmatrix}
\otimes
\begin{pmatrix}
x_1(k) \\ x_2(k) \\ x_3(k) \\ x_4(k)
\end{pmatrix}
$$

$$
\oplus
\begin{pmatrix}
-\infty & \tau_2 & -\infty & \tau_4 \\
-\infty & -\infty & -\infty & -\infty \\
-\infty & -\infty & -\infty & -\infty \\
-\infty & -\infty & \tau_3 & -\infty
\end{pmatrix}
\otimes
\begin{pmatrix}
-\infty & \tau_2 & -\infty & \tau_4 \\
-\infty & -\infty & -\infty & -\infty \\
-\infty & -\infty & -\infty & -\infty \\
-\infty & -\infty & \tau_3 & -\infty
\end{pmatrix}
\otimes
\begin{pmatrix}
x_1(k+1) \\ x_2(k+1) \\ x_3(k+1) \\ x_4(k+1)
\end{pmatrix}
$$

$$
=
\left(
\begin{pmatrix}
-\infty & -\infty & -\infty & -\infty \\
\tau_1 & -\infty & -\infty & -\infty \\
\tau_1 & -\infty & -\infty & -\infty \\
-\infty & -\infty & -\infty & -\infty
\end{pmatrix}
\oplus
\begin{pmatrix}
\tau_1\tau_2 & -\infty & -\infty & -\infty \\
-\infty & -\infty & -\infty & -\infty \\
-\infty & -\infty & -\infty & -\infty \\
\tau_1\tau_3 & -\infty & -\infty & -\infty
\end{pmatrix}
\right)
\otimes
\begin{pmatrix}
x_1(k) \\ x_2(k) \\ x_3(k) \\ x_4(k)
\end{pmatrix}
$$

$$
\oplus
\begin{pmatrix}
-\infty & -\infty & \tau_3\tau_4 & -\infty \\
-\infty & -\infty & -\infty & -\infty \\
-\infty & -\infty & -\infty & -\infty \\
-\infty & -\infty & -\infty & -\infty
\end{pmatrix}
\otimes
\begin{pmatrix}
x_1(k+1) \\ x_2(k+1) \\ x_3(k+1) \\ x_4(k+1)
\end{pmatrix}
$$

$$
=
\begin{pmatrix}
\tau_1\tau_2 & -\infty & -\infty & -\infty \\
\tau_1 & -\infty & -\infty & -\infty \\
\tau_1 & -\infty & -\infty & -\infty \\
\tau_1\tau_3 & -\infty & -\infty & -\infty
\end{pmatrix}
\otimes
\begin{pmatrix}
x_1(k) \\ x_2(k) \\ x_3(k) \\ x_4(k)
\end{pmatrix}
\oplus
\begin{pmatrix}
-\infty & -\infty & \tau_3\tau_4 & -\infty \\
-\infty & -\infty & -\infty & -\infty \\
-\infty & -\infty & -\infty & -\infty \\
-\infty & -\infty & -\infty & -\infty
\end{pmatrix}
\otimes
\begin{pmatrix}
x_1(k+1) \\ x_2(k+1) \\ x_3(k+1) \\ x_4(k+1)
\end{pmatrix}.
$$

Wird in der letzten Zeile erneut der Ausdruck $\boldsymbol{A}_0\boldsymbol{x}(k) + \boldsymbol{A}_1\boldsymbol{x}(k+1)$ für $\boldsymbol{x}(k+1)$ eingesetzt, so entsteht

$$
\begin{pmatrix}
x_1(k+1) \\ x_2(k+1) \\ x_3(k+1) \\ x_4(k+1)
\end{pmatrix}
=
\begin{pmatrix}
\tau_1\tau_2 & -\infty & -\infty & -\infty \\
\tau_1 & -\infty & -\infty & -\infty \\
\tau_1 & -\infty & -\infty & -\infty \\
\tau_1\tau_3 & -\infty & -\infty & -\infty
\end{pmatrix}
\otimes
\begin{pmatrix}
x_1(k) \\ x_2(k) \\ x_3(k) \\ x_4(k)
\end{pmatrix}
$$

$$
\oplus
\begin{pmatrix}
-\infty & -\infty & \tau_3\tau_4 & -\infty \\
-\infty & -\infty & -\infty & -\infty \\
-\infty & -\infty & -\infty & -\infty \\
-\infty & -\infty & -\infty & -\infty
\end{pmatrix}
\otimes
\begin{pmatrix}
-\infty & -\infty & -\infty & -\infty \\
\tau_1 & -\infty & -\infty & -\infty \\
\tau_1 & -\infty & -\infty & -\infty \\
-\infty & -\infty & -\infty & -\infty
\end{pmatrix}
\otimes
\begin{pmatrix}
x_1(k) \\ x_2(k) \\ x_3(k) \\ x_4(k)
\end{pmatrix}
$$

$$
\oplus
\begin{pmatrix}
-\infty & -\infty & \tau_3\tau_4 & -\infty \\
-\infty & -\infty & -\infty & -\infty \\
-\infty & -\infty & -\infty & -\infty \\
-\infty & -\infty & -\infty & -\infty
\end{pmatrix}
\otimes
\begin{pmatrix}
-\infty & \tau_2 & -\infty & \tau_4 \\
-\infty & -\infty & -\infty & -\infty \\
-\infty & -\infty & -\infty & -\infty \\
-\infty & -\infty & \tau_3 & -\infty
\end{pmatrix}
\otimes
\begin{pmatrix}
x_1(k+1) \\ x_2(k+1) \\ x_3(k+1) \\ x_4(k+1)
\end{pmatrix}
$$

$$
=
\left(
\begin{pmatrix}
\tau_1\tau_2 & -\infty & -\infty & -\infty \\
\tau_1 & -\infty & -\infty & -\infty \\
\tau_1 & -\infty & -\infty & -\infty \\
\tau_1\tau_3 & -\infty & -\infty & -\infty
\end{pmatrix}
\oplus
\begin{pmatrix}
\tau_1\tau_3\tau_4 & -\infty & -\infty & -\infty \\
-\infty & -\infty & -\infty & -\infty \\
-\infty & -\infty & -\infty & -\infty \\
-\infty & -\infty & -\infty & -\infty
\end{pmatrix}
\right)
\otimes
\begin{pmatrix}
x_1(k) \\ x_2(k) \\ x_3(k) \\ x_4(k)
\end{pmatrix}
$$

$$= \underbrace{\begin{pmatrix} \tau_1\tau_2 \oplus \tau_1\tau_3\tau_4 & -\infty & -\infty & -\infty \\ \tau_1 & -\infty & -\infty & -\infty \\ \tau_1 & -\infty & -\infty & -\infty \\ \tau_1\tau_3 & -\infty & -\infty & -\infty \end{pmatrix}}_{A} \otimes \begin{pmatrix} x_1(k) \\ x_2(k) \\ x_3(k) \\ x_4(k) \end{pmatrix}. \tag{8.17}$$

In dieser Gleichung kommt auf der rechten Seite $x(k+1)$ nicht mehr vor. Die erhaltene Beziehung ist identisch zu Gl. (8.4). □

Überführung der impliziten in die explizite Modellform. Für das Beispiel erhielt man durch zweimaliges Einsetzen der impliziten Modellform in sich selbst das explizite Modell (8.11). Es stellt sich die Frage, ob man für beliebige Synchronisationsgrafen die explizite Modellform auf diese Weise erhalten kann. Dies wird im Folgenden untersucht.

Das erste Einsetzen der impliziten Modellgleichung in sich selbst ergibt

$$\begin{aligned} x(k+1) &= A_0 x(k) + A_1 x(k+1) \\ &= A_0 x(k) + A_1 \left(A_0 x(k) + A_1 x(k+1) \right) \\ &= \left(I + A_1 \right) A_0 x(k) + A_1^2 x(k+1). \end{aligned}$$

k-maliges Einsetzen führt auf

$$x(k+1) = \left(I + A_1 + \dots + A_1^k \right) A_0 x(k) + A_1^{k+1} x(k+1).$$

Der Term mit $x(k+1)$ verschwindet auf der rechten Seite, wenn k genügend groß gewählt wird. Wie oft man die Gleichung dafür in sich selbst einsetzen muss, hängt von dem betrachteten System ab. Es ist jedoch garantiert, dass nach höchstens $n-1$-maligem Einsetzen das explizite Modell erhalten wird, weil

$$A_1^n = O$$

gilt und man folglich die Beziehung

$$\begin{aligned} x(k+1) &= \left(I + A_1 + \dots + A_1^{n-1} \right) A_0 x(k) + A_1^n x(k+1) \\ &= \underbrace{\left(I + A_1 + \dots + A_1^{n-1} \right)}_{A_1^*} A_0 x(k) \end{aligned}$$

erhält. Der Grund dafür liegt in der Tatsache, dass der zur Matrix A_1 gehörige Graf keine Zyklen enthält, denn die Markierungszeitpunkte $x_i(k+1)$ hängen nicht von sich selbst, sondern nur von den Markierungszeitpunkten $x_j(k+1)$ anderer Stellen ($j \neq i$) ab. Für derartige Matrizen gilt die Beziehung (8.7). Mit der Abkürzung A_1^* für die in der Klammer stehende Summe der ersten n Potenzen von A_1 erhält das Modell die explizite Form (8.11)

$$x(k+1) = A_1^* A_0 x(k),$$

wobei

$$A = A_1^* A_0$$

gilt. Diese Berechnungen zeigen, dass zu jeder impliziten Modellform eine äquivalente explizite Modellform gehört.

Beide Formen eigenen sich in unterschiedlicher Weise für die Modellbildung und Analyse. Wie das Beispiel 8.4 gezeigt hat, ist die implizite Form für die Aufstellung des Gleichungssystems zweckmäßig, weil die Elemente der Matrizen A_0 und A_1 die Verweildauern in den einzelnen Stellen wiedergeben. Die implizite Modellform ist deshalb auch dann zweckmäßig, wenn diese Zeitangaben anhand von Messwerten einer Anlage bestimmt werden sollen. Andererseits eignet sich die explizite Form besser für die Lösung von Analyseaufgaben. In dieser Modellform ist allerdings die Struktur des Grafen nicht mehr erkennbar und aus den Elementen der Matrix A lassen sich nicht die Verweilzeiten in den einzelnen Stellen berechnen.

8.3.4 Verhalten zeitbewerteter Synchronisationsgrafen

Das Verhalten von zeitbewerteten Synchronisationsgrafen ist die Menge aller Folgen von Zuständen $x(k)$ ($k = 0, 1, ...$), also aller Folgen von Zeitpunkten, an denen die Stellen markiert werden. In diesem Abschnitt wird gezeigt, dass wichtige Eigenschaften des Verhaltens aus einer Analyse der Matrix A abgeleitet werden können.

Azyklische Prozesse. Wenn der Prozess azyklisch ist, endet die Markierungsfolge des Synchronisationsgrafen nach spätestens $N - 1$ Zeitschritten, wobei N die Anzahl der Stellen des Grafen bezeichnet. Ausgehend von der Anfangsmarkierung $x(0) = x_0$ erhält man die Folgemarkierungen aus Gl. (8.11) folgendermaßen:

$$x(k + 1) = A^{k+1} x_0.$$

Aufgrund der Voraussetzungen gilt Gl. (8.7), so dass die Markierungsfolge endlich ist. Ob diese Folge tatsächlich N Elemente umfasst oder früher abbricht, hängt von der Struktur des Synchronisationsgrafen ab. Es ist aber gesichert, dass diese Folge nicht mehr als N Elemente besitzt.

Zyklische Prozesse. Wenn der zur Matrix A gehörende Graf stark zusammenhängend ist, so ist der durch den Synchronisationsgrafen beschriebene Prozess zyklisch. Das heißt, dass sich die Markierungsvektoren des Petrinetzes nach einer bestimmten Zeit wiederholen. Dabei ist der zeitliche Abstand, mit dem die Stellen markiert werden, für alle Stellen derselbe. Wenn er mit λ bezeichnet wird, so gilt (in reeller Algebra)

$$x_i(k + 1) = x_i(k) + \lambda$$

und in Vektorschreibweise der Max-plus-Algebra

$$x(k + 1) = \lambda \otimes x(k).$$

Setzt man diese Beziehung in die Modellgleichung ein, so erhält man

$$x(k + 1) = A x(k) = \lambda x(k).$$

λ ist also ein Eigenwert der Matrix A.

Entsprechend den Erläuterungen des Abschn. 8.3.2 existiert der Eigenwert λ, weil der zur Matrix $\boldsymbol{A}$ gehörende Graf stark zusammenhängend ist. Der Eigenwert λ und ein zugehöriger Eigenvektor $\boldsymbol{v}$ erfüllen dann die Eigenwertgleichung

$$\boldsymbol{A} \otimes \boldsymbol{v} = \lambda \otimes \boldsymbol{v}.$$

Setzt man $\boldsymbol{x}(k) = \boldsymbol{v}$, so erhält man aus der Modellgleichung (8.11) die Beziehung

$$\boldsymbol{x}(k+1) = \lambda \otimes \boldsymbol{v},$$

die die folgende Interpretation hat: Der Vektor $\boldsymbol{v}$ gibt eine Folge von Markierungszeitpunkten für die N Stellen des Synchronisationsgrafen an. Die nächste Markierung der Stellen erfolgt nach für alle Stellen einheitlichen λ Zeitschritten, denn die $\otimes$-Multiplikation des Vektors $\boldsymbol{v}$ bedeutet die Addition des Wertes λ zu allen im Vektor $\boldsymbol{v}$ enthaltenen Markierungszeitpunkten. Folglich führt das System eine zyklische Bewegung aus, bei dem sich die Teilprozesse nach λ Zeiteinheiten wiederholen.

Wenn die Stellen des Netzes bereits im ersten Durchlauf zu Zeitpunkten markiert werden, die durch den Vektor $\boldsymbol{v}$ bzw. einem davon linear abhängigen Vektor $a \otimes \boldsymbol{v}$ beschrieben werden, so verhält sich das System von Beginn an zyklisch in der durch den Eigenwert λ und den Eigenvektor $a \otimes \boldsymbol{v}$ beschriebenen Weise. Da die $\otimes$-Multiplikation des Vektors $\boldsymbol{v}$ nur die Startzeitpunkte der Teilprozesse um den Wert a auf der Zeitachse verschiebt und damit das zyklische Verhalten nur auf einen späteren Zeitraum legt, kann man im Folgenden vereinfachend mit $a = 0$ rechnen.

Wenn das System mit einer anderen als der durch $\boldsymbol{v}$ beschriebenen Anfangsfolge für die Markierungszeitpunkte der Stellen beginnt, nimmt es nach einigen Durchläufen das durch den Eigenwert und den Eigenvektor festgelegte Verhalten ein. Dies entspricht einer Verhaltensweise, die man bei kontinuierlichen Systemen als Abklingen des Übergangsverhaltens kennt. Das folgende Beispiel zeigt dieses Phänomen.

Beispiel 8.5 *Berechnung des Verhaltens eines Synchronisationsgrafen mit der Max-plus-Algebra*

Wenn bei dem in Abb. 8.2 gezeigten Synchronsationsgrafen zum Zeitpunkt $t = 0$ die Stelle p_1 markiert wird, verhält sich das System sofort wie durch den Eigenvektor vorgeschrieben. Um dies zu sehen, wird zunächst der Eigenwert λ der Matrix

$$A = \begin{pmatrix} \tau_1\tau_2 \oplus \tau_1\tau_3\tau_4 & -\infty & -\infty & -\infty \\ \tau_1 & -\infty & -\infty & -\infty \\ \tau_1 & -\infty & -\infty & -\infty \\ \tau_1\tau_3 & -\infty & -\infty & -\infty \end{pmatrix}$$

aus Gl. (8.17) bestimmt. Die Eigenwertgleichung führt auf die Beziehungen

$$\begin{pmatrix} \tau_1\tau_2 \oplus \tau_1\tau_3\tau_4 & -\infty & -\infty & -\infty \\ \tau_1 & -\infty & -\infty & -\infty \\ \tau_1 & -\infty & -\infty & -\infty \\ \tau_1\tau_3 & -\infty & -\infty & -\infty \end{pmatrix} \otimes \begin{pmatrix} v_1 \\ v_2 \\ v_3 \\ v_4 \end{pmatrix} = \lambda \otimes \begin{pmatrix} v_1 \\ v_2 \\ v_3 \\ v_4 \end{pmatrix}$$

und

$$(\tau_1\tau_2 \oplus \tau_1\tau_3\tau_4) \otimes v_1 = \lambda \otimes v_1$$
$$\tau_1 \otimes v_1 = \lambda \otimes v_2$$
$$\tau_1 \otimes v_1 = \lambda \otimes v_3$$
$$\tau_1\tau_3 \otimes v_1 = \lambda \otimes v_4,$$

von denen die erste Gleichung den Eigenwert liefert:

$$\lambda = \tau_1\tau_2 \oplus \tau_1\tau_3\tau_4.$$

Dieser Eigenwert beschreibt die längere der beiden Zeiten $\tau_1 + \tau_2$ und $\tau_1 + \tau_3 + \tau_4$, die die Marken auf den beiden Pfaden $p_1 \to p_2 \to p_1$ und $p_1 \to p_3 \to p_4 \to p_1$ bei einem Umlauf im Petrinetz benötigten (vgl. Abb. 8.2). Da die beiden angegebenen Prozessketten durch die Transition t_3 synchronisiert werden, wird im zyklischen Verhalten jede Stelle nach Ablauf der Zeit λ erneut markiert. Beispielsweise erhält man für

$$\tau_1 = 1, \quad \tau_2 = 3, \quad \tau_3 = 2, \quad \tau_4 = 2$$

den Eigenwert $\lambda = 5$, der durch die Prozesskette $p_1 \to p_3 \to p_4 \to p_1$ bestimmt wird.

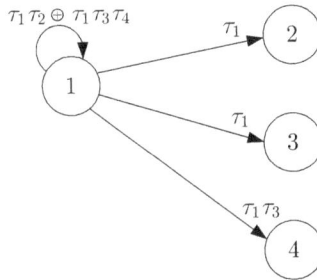

Abb. 8.5: Gerichteter Graf mit der Adjazenzmatrix $\boldsymbol{A}$

Alternativ dazu hätte man den Eigenwert direkt aus dem gerichteten Grafen in Abb. 8.5 mit der Adjazenzmatrix $\boldsymbol{A}$ ablesen können. Dieser Graf hat als einzigen Zyklus die Schlinge um den Knoten 1 mit dem Gewicht $\tau_1\tau_2 \oplus \tau_1\tau_3\tau_4$, das demzufolge den Eigenwert bestimmt.

Der in Abb. 8.5 gezeigte Graf unterscheidet sich grundlegend von dem Synchronisationsgrafen in Abb. 8.2, in dessen Zustandsraummodell die Matrix $\boldsymbol{A}$ steht. Der Grund dafür liegt in der Tatsache, dass das hier betrachtete Zustandsraummodell eine explizite Darstellung des Synchronisationsgrafen ist. Bei der Aufstellung dieser Modellform wurden Umformungen durchgeführt, die auf die genannten Unterschiede zwischen dem Petrinetz und dem gerichteten Grafen zur Matrix $\boldsymbol{A}$ führten.

Den zum Eigenwert λ gehörigen Eigenvektor erhält man für die angegebenen Beispieldaten entsprechend dem Algorithmus 8.1 in folgenden Schritten:

1. Es gilt

$$\boldsymbol{A}_\lambda = (-\lambda) \otimes \boldsymbol{A} = \begin{pmatrix} 0 & -\infty & -\infty & -\infty \\ -\tau_2 \oplus (-\tau_3)(-\tau_4) & -\infty & -\infty & -\infty \\ -\tau_2 \oplus (-\tau_3)(-\tau_4) & -\infty & -\infty & -\infty \\ (-\tau_2)\tau_3 \oplus \tau_4 & -\infty & -\infty & -\infty \end{pmatrix} = \begin{pmatrix} 0 & -\infty & -\infty & -\infty \\ -4 & -\infty & -\infty & -\infty \\ -4 & -\infty & -\infty & -\infty \\ -2 & -\infty & -\infty & -\infty \end{pmatrix}.$$

Für die Matrizen $\boldsymbol{A}_\lambda^k$ gilt $\boldsymbol{A}_\lambda^k = \boldsymbol{A}_\lambda$ und folglich

$$\boldsymbol{S} = \boldsymbol{A}_\lambda.$$

2. Den Eigenvektor liest man aus der ersten Spalte von A_λ ab:

$$v = \begin{pmatrix} 0 \\ -4 \\ -4 \\ -2 \end{pmatrix}.$$

Der Eigenvektor beschreibt das stationäre Systemverhalten. Wenn

$$x(k) = v = \begin{pmatrix} 0 \\ -4 \\ -4 \\ -2 \end{pmatrix}$$

gilt, so erhält man

$$x(k+1) = Ax(k) = Av = \lambda v = 5 \otimes \begin{pmatrix} 0 \\ -4 \\ -4 \\ -2 \end{pmatrix} = \begin{pmatrix} 5 \\ 1 \\ 1 \\ 3 \end{pmatrix},$$

das heißt, alle Stellen werden nach 5 Zeiteinheiten zum $(k+1)$-ten Mal markiert.

Anhand des Petrinetzes aus Abb. 8.2 kann man erklären, warum der Eigenvektor v so wie angegeben aufgebaut sein muss. Damit die Stelle p_1 zur Zeit $t = 0$ zum k-ten Mal markiert wird, muss die Stelle p_4 zur Zeit $t = -2$ zum k-ten Mal markiert werden, denn die Zählung der Markierungen beginnt in Bewegungsrichtung des Petrinetzes bei den Stellen p_2 und p_3, weil die Stelle p_1 initial markiert ist. Wenn die Stelle p_4 zur Zeit $t = -2$ markiert wird, verbleibt die Marke für die Zeitdauer $\tau_4 = 2$ auf dieser Stelle und zur Zeit $t = 0$ schaltet, wie gefordert, die Transition t_3 und markiert die Stelle p_1.

Dieselben Überlegungen führen dazu, dass die Stelle p_2 spätestens zur Zeit $t = -3$ markiert werden muss, weil die Marke dort mindestens die Verweilzeit $\tau_2 = 3$ warten muss, bevor die Transition t_3 aktiviert ist. Andererseits muss die Stelle p_2 zur Zeit $t = -4$ markiert werden, damit die Marke dort für die Zeitdauer $\tau_2 = 2$ verweilen und dann über die Transition t_2 zur Stelle p_4 wandern kann, um diese wie gefordert zur Zeit $t = -2$ zu markieren. Da die Stellen p_2 und p_3 gleichzeitig markiert werden, wird auch die Stelle p_2 bereits zur Zeit $t = -4$ markiert.

Diskussion. Die Kopplung der Prozesse, die im Petrinetz durch synchronisierende Transitionen dargestellt sind, führen dazu, dass der langsamste aller Teilprozesse den Fortgang des Gesamtprozesses bestimmt. Die Zykluszeit wird durch den Eigenwert der Matrix A aus der expliziten Zustandsraumdarstellung des Netzes repräsentiert. Der zugehörige Eigenvektor beschreibt die zeitlichen Abstände, in denen die Stellen des Gesamtprozesses nacheinander markiert werden. Diese Abstände ändern sich im stationären Verhalten nicht.

Die Tatsache, dass jedes Produkt $a \otimes v$ eines Eigenvektors v ebenfalls ein Eigenvektor zum Eigenwert λ ist, heißt für die Analyse, dass die stationären Vorgänge auch um die Zeit a auf der Zeitachse verschoben auftreten können. Anstelle des hier verwendeten Eigenvektors hätte man auch den Eigenvektor

$$\tilde{v} = 202 \otimes v = 202 \otimes \begin{pmatrix} 0 \\ -4 \\ -4 \\ -2 \end{pmatrix} = \begin{pmatrix} 202 \\ 198 \\ 198 \\ 200 \end{pmatrix}$$

einsetzen können. Die $(k+1)$-ste Markierung $x(k+1) = \lambda \otimes \tilde{v}$ folgt dann wiederum im Zeitabstand $\lambda = 5$ der k-ten Markierung $x(k) = \tilde{v}$. $\square$

Aufgabe 8.2[*]   *Modellierung eines Batchprozesses als zeitbewertetes Petrinetz*

Im Beispiel 4.1 auf S. 147 wurde ein Batchprozess untersucht, dessen nichtdeterministisches Verhalten aus den nicht genau bekannten Zeiten für das Füllen der drei Behälter entsteht. Wenn die Füllzeiten genau bekannt sind, kann man ein zeitbewertetes Petrinetz als Modell des Batchprozesses angeben, das ein deterministisches Verhalten hat. Zeichnen Sie dieses Modell. Unter welchen Bedingungen verhält sich das System selbst dann deterministisch, wenn die Füllzeiten nicht genau bekannt sind? □

Aufgabe 8.3[*]   *Fahrplan für die Bochumer Straßenbahn*

Wenn Sie in Hattingen wohnen und zur Ruhr-Universität Bochum fahren wollen, müssen Sie mit der Straßenbahn 308 zum Bochumer Hauptbahnhof fahren und dort in die U 35 umsteigen. Abbildung 8.6 zeigt diesen Streckenabschnitt vereinfacht. Der Fahrplan soll so gestaltet werden, dass die beiden verwendeten Bahnen am Hauptbahnhof für beide Fahrtrichtungen einen bequemen Anschluss haben, wobei eine Zeit von 3 Minuten für den Gleiswechsel eingeplant ist.

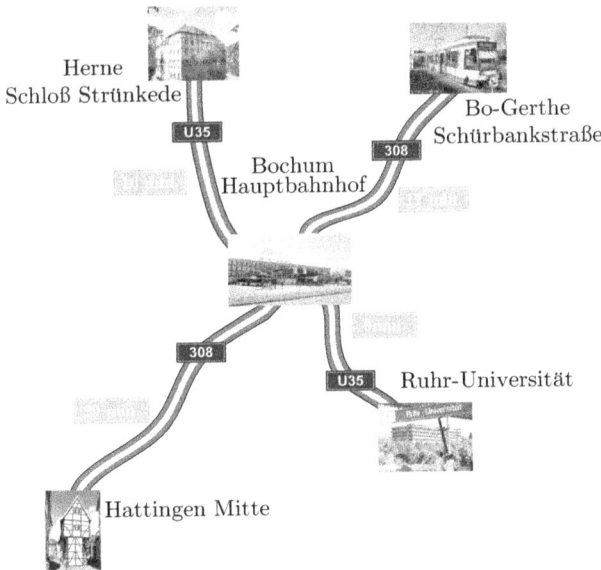

Abb. 8.6: Ausschnitt aus dem Nahverkehrsnetz der Stadt Bochum

1. Zeichnen Sie einen Synchronisationsgrafen, der den Verkehr der beiden Bahnen beschreibt. Nehmen Sie zur Vereinfachung an, dass die Bochumer Verkehrsbetriebe zur Kosteneinsparung auf jeder Strecke nur je eine Bahn fahren lassen. Die Gewerkschaft *ver.di* hat für die Fahrer an jeder Endhaltestelle 10 Minuten Pause erwirkt.

2. Erweitern Sie das Modell zu einem zeitbewerteten Synchronisationsgrafen. Die Fahrtzeiten sind in Abb. 8.6 an den entsprechenden Verbindungen angetragen.

3. Geben Sie das analytische Modell an.

4. Ermitteln Sie den zeitlichen Abstand, in dem Sie von Hattingen aus mit einer Bahn in Richtung Bochum starten können. Wie viele Bahnen brauchen Sie auf jeder Strecke, wenn alle 20 Minuten eine Bahn fahren soll?

5. Stellen Sie einen Fahrplan auf. □

8.3.5 Synchronisationsgrafen mit Eingang

In diesem Abschnitt werden die bisherigen Betrachtungen auf zeitbewertete Synchronisationsgrafen mit Eingang erweitert. Als Beispiel wird der in Abb. 8.2 gezeigte Graf um zwei Eingänge v_1 und v_2 ergänzt, die je durch eine Transition t_{vi} und eine Stelle p_{vi} dargestellt sind (Abb. 8.7). Diese Eingänge bestimmen die Zeitpunkte $u_1(k)$ und $u_2(k)$, an denen die Transitionen t_{v1} und t_{v2} schalten und die Stellen p_{v1} bzw. p_{v2} markieren. Diese Stellen sind mit der Zeitbewertung τ_{vi} versehen.

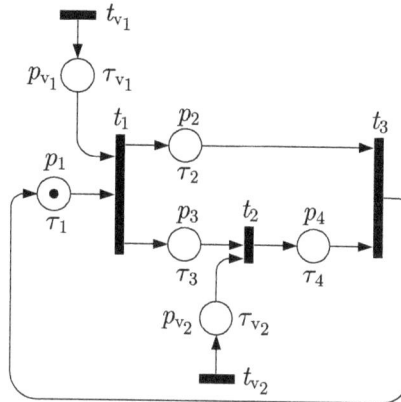

Abb. 8.7: Synchronisationsgraf mit Eingang

Zur Berücksichtigung der Eingänge müssen die Modellgleichungen $(8.13) - (8.16)$ erweitert werden. Mit $u_i(k)$ wird der Zeitpunkt bezeichnet, an dem die Stelle p_{vi} zum k-ten Mal durch den Eingang v_i markiert wird. In dem betrachteten Beispiel kann die Transition t_1 erst τ_{v1} Zeiteinheiten nach der Markierung der Stelle p_{v1} schalten. Deshalb muss man die Gln. (8.14) und (8.15) erweitern:

$$x_2(k+1) = \tau_1 x_1(k) \oplus \tau_{v1} u_1(k)$$
$$x_3(k+1) = \tau_1 x_1(k) \oplus \tau_{v1} u_1(k).$$

In ähnlicher Weise muss das Modell den Eingang v_2 berücksichtigen. Dieser wirkt auf das Schalten der Transition t_2, so dass Gl. (8.16) in

$$x_4(k+1) = \tau_3 x_3(k+1) \oplus \tau_{v2} u_2(k).$$

verändert wird.

Das Beispiel zeigt, dass das Vorhandensein von Eingängen eine Erweiterung des Modells notwendig macht. Die Terme für die Eingänge erscheinen als zusätzliche Summanden, so dass die beiden Modellformen jetzt folgende Gestalt haben:

Zustandsraumdarstellung zeitbewerteter Synchronisationsgrafen mit Eingang:

$$\boldsymbol{x}(k+1) = \boldsymbol{A}\boldsymbol{x}(k) \oplus \boldsymbol{B}\boldsymbol{u}(k) = \boldsymbol{A}_0\boldsymbol{x}(k) \oplus \boldsymbol{A}_1\boldsymbol{x}(k+1) \oplus \boldsymbol{B}_0\boldsymbol{u}(k), \quad \boldsymbol{x}(0) = \boldsymbol{x}_0.$$

(8.18)

Beide Modellformen lassen sich wie beim Synchronisationsgrafen ohne Eingang ineinander umrechnen.

Aufgabe 8.4 *Warteschlange in Max-plus-Algebra*

Stellen Sie ein analytisches Modell einer Warteschlange mit 5 Plätzen in Max-plus-Algebra auf, wobei die Ankunft eines neuen Kunden und der Abschluss der Bedienung durch je eine Eingangsgröße beschrieben wird. □

8.3.6 Zusammenfassung

Zeitbewertete Synchronisationsgrafen stellen eine interessante Klasse zeitbewerteter ereignisdiskreter Systeme dar, denn man kann ihr Verhalten analytisch beschreiben und deshalb sehr gut analysieren. Das Werkzeug dafür, die Max-plus-Algebra, zeigt, dass man für diese Systeme lediglich zwei Operationen benötigt:

- die Addition, um Zeiten aufeinander folgender Prozesse zu summieren und damit die Uhren entsprechend vorzustellen,

- die Maximierung, um Zeiten paralleler Prozesse zu vergleichen.

Allerdings ist die Klasse der auf diese Weise darstellbaren und analysierbaren Systeme im Wesentlichen auf zyklische Prozesse begrenzt, deren Ereignisfolgen bekannt sind. Synchronisationsgrafen lassen keinen Spielraum für nichtdeterministisches Verhalten in Bezug zur Ereignisfolge und zu den zeitlichen Abständen der Ereignisse. Autonome Synchronisationsgrafen nehmen nach kurzer Zeit ein stationäres Verhalten an, bei dem sich die Ereignisse periodisch wiederholen und dabei in gleichbleibenden zeitlichen Abständen auftreten. Lediglich beim Übergangsverhalten von der Anfangsmarkierung in das stationäre Verhalten können sich die Ereignisfolgen von Zyklus zu Zyklus unterscheiden.

Für den Entwurf derartiger Systeme macht die Tatsache, dass die Maximumbildung keine Umkehroperation hat, einige Schwierigkeiten. Bei parallelen Prozessen bestimmt der langsamste Teilprozess den Zeitpunkt, bei dem der Nachfolgeprozess aktiviert wird, so dass sich dieser Zeitpunkt als Maximum der Endzeitpunkte der Teilprozesse ergibt. Wenn man beim Systementwurf den Teilprozessen Zeitdauern zuweisen will, muss man deshalb den langsamsten Teilprozess beschleunigen, um eine schnellere Bewegung des Gesamtsystems zu erreichen. Welcher Teilprozess dies im konkreten Fall ist, erkennt man aus einer genauen Analyse der Teilprozesse einschließlich deren Aktivierungszeitpunkte.

Literaturhinweise

Zeitbewertete Petrinetze wurden vor etwa 30 Jahren als Erweiterung der klassischen Petrinetze eingeführt, wobei [37] im deutschsprachigen Raum als die erste ausführliche Beschreibung dieser Erweiterung gilt. Diese Petrinetze werden in der Literatur auch unter dem Namen zeitkontinuierliche Petrinetze behandelt [35], [81].

Erweiterungen gegenüber der hier eingeführten Zeitbewertung betreffen Verweilzeiten, die vom Zähler k abhängen, der das Schalten der betreffenden Transition zählt [14] und damit auf eine Beschreibungsform führt, die dem im Abschn. 9.2.4 eingeführten zeitbewerteten Automaten ähnelt. Stochastische Verweilzeiten werden beispielsweise in [35] zur Lösung von Steuerungsaufgaben behandelt.

Die im Abschn. 8.3.2 eingeführte Max-plus-Algebra wurde von BELLMAN[1] eingeführt und in der Grafen- und Netzwerktheorie als *path algebra* bzw. *dioids* weiterentwickelt. Diese Algebra wurde von R. CUNINGHAME-GREEN unter dem Namen Minimax-Algebra in der Operationsforschung eingesetzt. In der Automatisierungstechnik wird sie als Max-plus-Algebra verwendet, um ereignisdiskrete Systeme als lineare Systeme darstellen zu können. Die Grundlagen sind ausführlich in [6] dargestellt. Eine kürzere Einführung gibt z. B. [56].

Den Algorithmus zur Bestimmung der Max-plus-Eigenwerte von Matrizen beruht auf einem Vorschlag aus [34] zur Bestimmung des kleinsten Schleifengewichtes in gerichteten Grafen. Für einen Beweis dieses Algorithmus wird auf die Originalquelle und auf [6] verwiesen.

Die Verwendung zeitbewerteter Petrinetze für den Steuerungsentwurf wird in [53] behandelt.

---

[1] RICHARD E. BELLMAN (1920–1984), amerikanischer Mathematiker, entwickelte mit der dynamischen Programmierung eine grundlegende Optimierungsmethode für sequenzielle Prozesse

9

Zeitbewertete Automaten

Dieses Kapitel erweitert Automaten so, dass sie die zeitbewerteten Zustands- und Ereignisfolgen diskreter Systeme darstellen können. Es werden sowohl deterministische als auch stochastische Verweilzeiten betrachtet. Bei der Erläuterung des Poissonprozesses wird gezeigt, dass zeitbewertete Automaten nur dann die Markoveigenschaft besitzen, wenn die Verweilzeit in jedem Zustand exponentialverteilt ist. Ein wichtiges Anwendungsgebiet zeitbewerteter Automaten sind Wartesysteme, die im zweiten Teil des Kapitels ausführlich behandelt werden.

9.1 Modellierungsziel

Durch die hier behandelten Erweiterungen von Automaten soll es möglich sein, die Bewegung diskreter Systeme in kontinuierlicher Zeit darzustellen. Der Zustand zum Zeitpunkt t wird mit $z(t)$ bezeichnet, wobei gegenüber den bisherigen Betrachtungen der Zähler k durch die kontinuierliche Zeit t ersetzt wird. Die Modelle sollen jetzt nicht nur die nacheinander durchlaufene Zustandsfolge wiedergeben, sondern für jeden Zeitpunkt t den aktuellen Zustand $z(t)$ beschreiben. z ist also eine Funktion der Form

$$z : \mathsf{IR}^+ \to \mathcal{Z}. \tag{9.1}$$

Nach wie vor kann man natürlich die vom System nacheinander durchlaufenen Zustände mit dem Zähler k zählen und mit $z(k)$ den Zustand nach dem k-ten Zustandsübergang bezeichnen. Mathematisch ist dies nicht exakt, weil z jetzt das Symbol für die Abbildung (9.1) der reellwertigen Zeit in die Zustandsmenge ist. Wo es nicht zu Verwechslungen führen kann, sollen der Einfachheit halber dennoch die Zustände über der kontinuierlichen Zeit t und über der diskreten Zeit k mit demselben Symbol z belegt werden, beispielsweise in der Darstellung der zeitbehafteten Zustandsfolge

$$Z_t(0...t_e) = (z(0), t(0); \ z(1), t(1); \ ..., z(k_e), t(k_e)).$$

Wenn Verwechslungen möglich sind, wird der Zähler als Index geschrieben, so dass z_k den nach dem k-ten Zustandswechsel angenommenen Systemzustand bezeichnet.

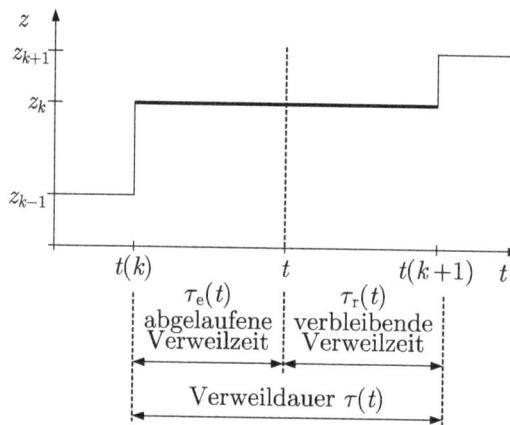

Abb. 9.1: Verweildauer im Zustand $z(k)$

Verweilzeit. Abbildung 9.1 enthält die bei der Beschreibung des Zeitverhaltens verwendeten Begriffe. Der gezeigte Ausschnitt aus der Trajektorie betrifft den Zeitabschnitt, in dem sich das System zunächst im Zustand z_{k-1} befindet, dann in den Zustand z_k und später in den Zustand z_{k+1} wechselt. Die Zeitpunkte des k-ten und $(k+1)$-ten Zustandswechsels werden mit $t(k)$ und $t(k+1)$ bezeichnet. Die zwischen diesen beiden Zustandsübergängen vergehende Zeit $\tau(k)$ ist die *Verweilzeit* oder Verweildauer im Zustand z_k. Für den Zustand $z(t)$ gilt also

$$z(t) = z_k \quad \text{für} \ t(k) \leq t < t(k+1).$$

Wenn man das System zu einem Zeitpunkt t innerhalb des angegebenen Intervalls betrachtet, so ist von der Verweilzeit bereits die Zeitspanne $t - t(k)$ vergangen, die als abgelaufene Verweilzeit $\tau_e(t)$ bezeichnet wird:

$$\tau_e(t) = t - t(k).$$

Das System wird noch die Zeitspanne

$$\tau_r(t) = t(k+1) - t$$

im Zustand z_k verbleiben. Diese Zeit heißt verbleibende Verweilzeit oder restliche Verweilzeit. Offenbar gilt für jeden Zeitpunkt $t \in [t(k), t(k+1))$ die Beziehung

$$\tau(k) = \tau_e(t) + \tau_r(t), \quad t(k) \le t < t(k+1).$$

Der Begriff der Verweilzeit geht von der Vorstellung aus, dass ein ereignisdiskretes System für diese Zeitspanne in einem Zustand verweilt. In Anwendungen wie der Zuverlässigkeitstheorie wird anstelle dessen der Begriff der *Lebensdauer* verwendet, weil die Verweilzeit dort das Verharren eines Systems im funktionsfähigen Zustand kennzeichnet. Die verbleibende Verweilzeit τ_r wird dann als Restlebensdauer bezeichnet.

Es gibt mehrere Möglichkeiten, die Verweilzeit als Verzögerung in Modellen zu interpretieren. Bei autonomen Systemen beschreibt sie häufig die Zeit, die zwischen den spontanen Zustandswechseln vergeht bzw. gibt für diese Zeit eine untere oder obere Schranke an. Bei Systemen mit Eingang kann man die Verweilzeit verwenden, um einen minimalen zeitlichen Abstand zwischen Zustandsübergängen darzustellen. Der Beginn der Verweildauer in einem Zustand kann auch durch das Eintreffen des nächsten Eingangsereignisses festgelegt werden., so dass die entsprechende Uhr erst zu laufen beginnt, wenn das nächste Eingabesymbol erschienen ist.

Abschnitt 9.2 untersucht Systeme mit deterministischer Verweilzeit, während sich die Abschnitte 9.3 und 9.4 auf Systeme mit stochastischer Verweilzeit beziehen. Für die zweite Systemklasse kann man den genauen Zeitpunkt des Zustandsüberganges nicht vorherbestimmen, sondern nur eine statistische Aussage über die Ereigniszeitpunkte machen. Trotz dieser Unsicherheit behält das System jedoch seine Eigenschaft, dass die Zustandsübergänge abrupt, also in einer auf der Zeitachse nicht sichtbaren, unendlich kleinen Zeitspanne erfolgen. Die Unsicherheit, mit der die Übergangszeitpunkte vorhergesagt werden können, darf also nicht verwechselt werden mit einem kontinuierlichen Übergang zwischen zwei Zuständen, wie er von wertkontinuierlichen Systemen bekannt ist.

9.2 Zeitbewertete Automaten mit deterministischen Verweilzeiten

9.2.1 Autonome zeitbewertete Automaten

Autonome ereignisdiskrete Systeme bewegen sich aufgrund interner Ereignisse. Die Ursache für Zustandswechsel sind interne Prozesse, die nach einer bestimmten Zeitdauer abgelaufen sind und einen spontanen Zustandsübergang auslösen. Um die Ereigniszeitpunkte beschreiben zu können, muss der Automat eine oder mehrere Uhren besitzen, mit denen die Dauer der internen Prozesse gemessen und der Zeitpunkt des nächsten Zustandswechsels erkannt wird.

Im einfachsten Fall hat der Automat eine Uhr, die bei jedem Zustandswechsel auf null zurückgesetzt wird. Wenn die an den Kanten des Automatengrafen angetragene Zeit τ_{ij} abgelaufen ist, führt der Automat den Zustandsübergang $j \to i$ aus.

Abbildung 9.2 zeigt ein Beispiel. Der Automat ist nichtdeterministisch, denn er kann von den Zuständen 1 und 3 einen von mehreren Nachfolgezustände annehmen. Vom Zustand 1 geht er entweder nach Ablauf der Zeit τ_{21} in den Zustand 2 oder nach Ablauf der Zeit τ_{31} in den

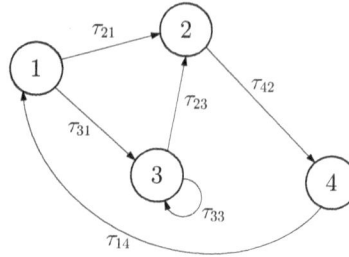

Abb. 9.2: Automat mit zeitbewerteten Zustandsübergängen

Zustand 3 über. Das Zeitintervall beginnt in dem Moment, in dem der Automat den Zustand 1 annimmt und dabei die interne Uhr zurücksetzt.

Ein autonomer zeitbewerteter Automat (in der hier eingeführten einfachsten Form) ist folglich durch

$$\boxed{\text{Autonomer zeitbewerteter nichtdeterministischer Automat:} \quad \mathcal{N}_t = (\mathcal{Z}, L_t, \mathcal{Z}_0).} \quad (9.2)$$

mit

- $\mathcal{Z}$ – Zustandsmenge
- L_t – Verhaltensrelation
- $\mathcal{Z}_0$ – Menge der möglichen Anfangszustände

beschrieben. Im Unterschied zum nicht zeitbewerteten Automaten ist die Verhaltensrelation L_t eine Funktion der Form

$$L_t : \mathcal{Z} \times \mathcal{Z} \times \mathbb{R} \to \{0, 1\}.$$

Sie hat für das Tripel (z', z, τ) den Wert eins

$$L_t(z', z, \tau) = 1, \quad (9.3)$$

wenn der Automat den Zustand $z(k) = z$ nach der Verweilzeit τ verlassen und den Nachfolgezustand $z(k+1) = z'$ annehmen kann. Die Verhaltensrelation beschreibt also nicht nur, welcher Zustand z' dem Zustand z folgen kann, sondern auch, nach welcher Verweilzeit $\tau_{z'z} = \tau$ der Zustandsübergang stattfindet.

Verhalten zeitbewerteter Automaten. Das Verhalten des zeitbewerteten Automaten $\mathcal{N}_t$ ist die Menge aller zeitbewerteten Zustandsfolgen

$$Z_t(0...t_e) = (z(0), t(0); \ z(1), t(1); \ ..., z(k_e), t(k_e)),$$

die der Automat durchlaufen kann. In der Zustandsfolge bezeichnet $z(k)$ den Zustand nach dem k-ten Zustandswechsel und $t(k)$ den Zeitpunkt des k-ten Zustandswechsels. k_e ist die Anzahl von Zustandswechseln, die bei der betrachteten Zustandsfolge im Zeitintervall $[0, t_e]$ auftreten.

Da es sich hier um nichtdeterministische Automaten handelt, die mehr als eine Zustandsfolge durchlaufen können, unterscheiden sich die Zustandsfolgen auch in der Anzahl der Zustandsübergänge, selbst wenn man die Zustandsfolgen über demselben Zeitintervall $[0, t_e]$ betrachtet.

Da die möglichen Zustandsübergänge entsprechend Gl. (9.3) durch die Verhaltensrelation festgelegt sind, kann der zeitbewertete Automat alle Zustandsfolgen durchlaufen, für die die Beziehung

$$L_t(z(k+1), z(k), t(k+1) - t(k)) = 1 \quad \text{für} \ k = 0, 1, ..., k_e \tag{9.4}$$

gilt. Die Anzahl k_e der Zustandswechsel ist durch die Bedingung

$$t(k_e) \leq t_e \quad \text{und} \quad t(k_e + 1) > t_e \tag{9.5}$$

festgelegt.

Das Verhalten $\mathcal{B}$ des zeitbewerteten Automaten ist die Menge aller derartiger Zustandsfolgen

$$\mathcal{B} = \{(z(0), t(0); \ z(1), t(1); \ ...; z(k_e), t(k_e)) \mid z(0) \in \mathcal{Z}_0, t(0) = 0,$$
$$L_t(z(k+1), z(k), t(k+1) - t(k)) = 1 \ \text{für} \ k = 0, 1, ..., k_e - 1\}, \tag{9.6}$$

wobei für jede Zustandsfolge die Zahl k_e die Bedingung (9.5) erfüllt.

Beispiel 9.1 *Zeitbewertete Beschreibung einer Fertigungszelle*

Es wird die in Abb. 9.3 gezeigte Fertigungszelle betrachtet, durch die Werkstücke nacheinander von zwei Maschinen bearbeitet werden. Wenn die Maschine M_1 die Bearbeitung eines Werkstücks abgeschlossen hat, wird sie von der Transporteinrichtung entladen und gleichzeitig vom Transportband neu beladen. Die Bearbeitungszeit in der Maschine M_1 beträgt 75 Sekunden. Gegenüber dieser Zeit kann die Be- und Entladezeit vernachlässigt werden. Die Transporteinrichtung benötigt 10 Sekunden für ihre Bewegung zur Maschine M_2 und 5 Sekunden für die Beladung der Maschine M_2. Anschließend fährt sie in weiteren 10 Sekunden in die Ausgangsposition zurück. Die Maschine M_2 braucht 65 Sekunden für die Bearbeitung einschließlich des Transports des fertigen Werkstücks in ein Lager, das in der Abbildung nicht dargestellt ist.

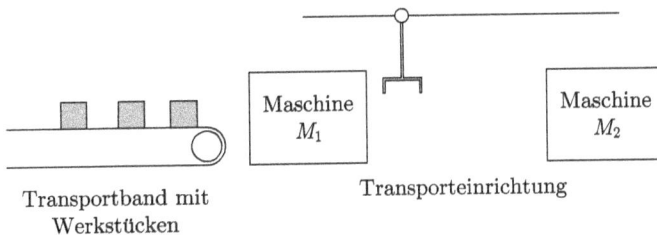

Abb. 9.3: Zwei Werkzeugmaschinen, zwischen denen Werkstücke durch einen Roboter transportiert werden

Abbildung 9.4 zeigt den zeitbewerteten Automaten, der das Verhalten der Fertigungszelle beschreibt. Der Zustandsvektor

$$z = \begin{pmatrix} z_{M1} \\ z_{M2} \\ z_T \end{pmatrix}$$

enthält die Zustände der drei Komponenten mit folgender Bedeutung:

$$\mathcal{Z} =$$

z	Bedeutung
	Maschine M_1 bzw. M_2
0	Die Maschine hat die Bearbeitung beendet.
1	Die Maschine bearbeitet ein Werkstück.
	Transporteinrichtung
1	Die Transporteinrichtung befindet sich an der Maschine M_1.
12	Die Transporteinrichtung bewegt sich von der Maschine M_1 zur Maschine M_2
2	Die Transporteinrichtung befindet sich an der Maschine M_2.
21	Die Transporteinrichtung bewegt sich von der Maschine M_2 zur Maschine M_1

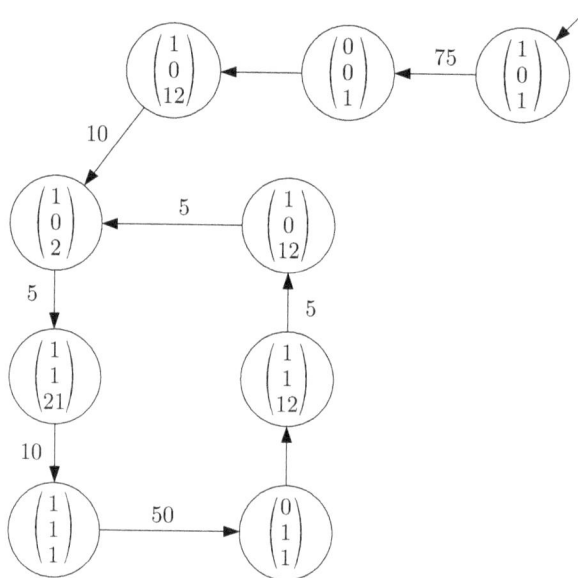

Abb. 9.4: Darstellung der Arbeit der Fertigungszelle durch einen
zeitbewerteten Automaten

Es wird angenommen, dass zur Zeit $t = 0$ die Maschine M_1 mit der Bearbeitung eines Werkstücks beginnt.

Das Verhalten des zeitbewerteten Automaten ist im unteren Teil von Abb. 9.5 dargestellt. Ab der Zeit $t = 2 : 30$ min wiederholt sich die Zustandsfolge, die der Zyklus des Automatengrafen in Abb. 9.4 erzeugt.

Um die Bedeutung der Zustandswechsel für die Komponenten darzustellen, werden die folgenden Ereignisse definiert:

σ	Bedeutung
M_1	Die Maschine M_1 beginnt die Bearbeitung eines Werkstücks.
M_2	Die Maschine M_2 beginnt die Bearbeitung eines Werkstücks.
$\bar{M}_2$	Die Maschine M_2 beendet die Bearbeitung eines Werkstücks.
T_{12}	Die Transporteinrichtung beginnt die Bewegung von der Maschine M_1 zur Maschine M_2.
T_{21}	Die Transporteinrichtung beginnt die Bewegung von der Maschine M_2 zur Maschine M_1.
T_1	Die Transporteinrichtung erreicht die Position der Maschine M_1.
T_2	Die Transporteinrichtung erreicht die Position der Maschine M_2.

$\Sigma =$ (the brace spans the above table) .

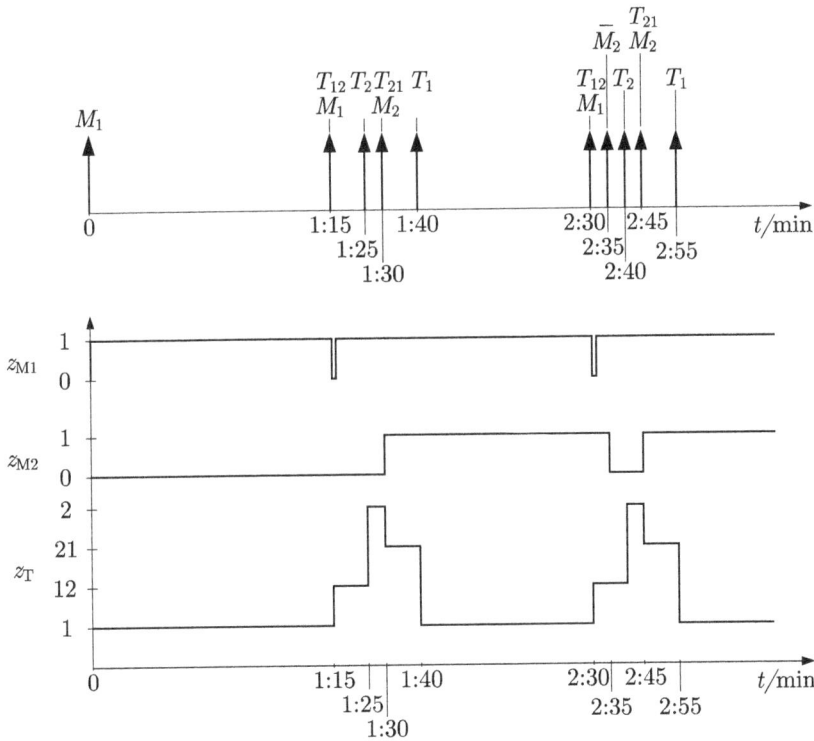

Abb. 9.5: Ereignisse, die bei der Arbeit der in Abb. 9.3 gezeigten
Werkzeugmaschinen auftreten

Während bei nicht zeitbewerteten Modellen zu jedem Zeitpunkt k nur ein Ereignis auftritt und gleichzeitige Ereignisse ohne Weiteres als Ereignisfolge dargestellt werden können, sind die Ereignisse hier auch an die Zeitpunkte der Zustandswechsel gebunden. Da es Zustandswechsel gibt, die ohne Verweilzeit aufeinander folgen, fallen Ereigniszeitpunkte zusammen, wie es im oberen Teil von Abb. 9.5 zu sehen ist. Aus demselben Grund ist das Zeitintervall, in dem sich die Maschine M_1 im Zustand $z_{M1} = 0$ befindet, verschwindend klein. □

Semi-Markoveigenschaft zeitbewerteter Automaten. Durch die Zeitbewertung der Zustandsübergänge verliert der Automat seine Markoveigenschaft und besitzt nur noch die Semi-Markoveigenschaft. Man muss außer dem aktuellen Zustand auch die abgelaufene Verweilzeit kennen, um die zukünftige Bewegung des Automaten bestimmen zu können.

Bei den hier betrachteten Automaten sind nichtdeterministische Zustandsübergänge zugelassen. Die Markoveigenschaft bezüglich des „Ortes" im Zustandsraum gilt also in der für nichtdeterministische Automaten behandelten Erweiterung, nach der die Menge der Nachfolgezustände eindeutig aus der Kenntnis des aktuellen Zustands ermittelt werden kann.

Eingebetteter nichtdeterministischer Automat. Wenn man die Zeitinformation des zeitbewerteten Automaten ignoriert, kommt man zu einem nicht zeitbewerteten nichtdeterministischen Automaten $\mathcal{N} = (\mathcal{Z}, L, \mathcal{Z}_0)$, der dieselben nicht zeitbewerteten Zustandsfolgen erzeugen kann. Die Verhaltensrelation L steht mit der Verhaltensrelation L_t des zeitbewerteten Automaten in folgendem Zusammenhang:

$$L(z', z) = 1 \quad \Longleftrightarrow \quad \exists \tau : L_\mathrm{t}(z', z, \tau) = 1.$$

Dieser Automat besitzt die Markoveigenschaft nichtdeterministischer Systeme (vgl. S. 154).

Analyse zeitbewerteter Automaten. Die für deterministische und nichtdeterministische Automaten in den Abschnitten 3.5 und 4.4 beschriebenen Analyseverfahren können für zeitbewertete Automaten mit einer kleinen Erweiterung übernommen werden. Bei der Erreichbarkeitsanalyse erhalten die Kanten des Erreichbarkeitsbaumes die Zeitbewertungen der entsprechenden Kanten des Automatengrafen.

Wenn man sich für die Zeitspanne interessiert, in der ein Zustand vom Anfangszustand aus erreichbar ist, reicht es bei der Bildung des Erreichbarkeitsgrafen nicht aus, einen von möglicherweise mehreren Pfaden vom Anfangszustand zu dem betrachteten Zustand zu untersuchen, sondern man muss alle Pfade bestimmen und aus deren Bewertungen die minimale bzw. maximale Übergangszeit ermitteln.

Bei der Lösung des im Abschn. 3.5.3 für deterministische Automaten beschriebenen Verifikationsproblems kann man jetzt auch zeitliche Bedingungen an das Verhalten des Automaten stellen, beispielsweise die Forderung, dass ein Zustand z vom Anfangszustand z_0 aus nach einer Maximalzeit angenommen werden muss. Die Verifikation beruht dann ebenfalls auf der Bildung und Analyse des Erreichbarkeitsgrafen.

Aufgabe 9.1   *Erweiterung des Modells der Fertigungszelle*

Erweitern Sie das im Beispiel 9.1 angegebene zeitbewertete Modell für den Fall, dass der Be- und Entladevorgang der Maschine M_1 nicht vernachlässigbar ist, sondern 5 Zeiteinheiten benötigt. Berechnen Sie mit Ihrem erweiterten Modell die zeitbewertete Ereignisfolge und überprüfen Sie, dass die zeitlichen Abstände der Ereignisse mit den vorgegebenen Bearbeitungs- bzw. Bewegungszeiten übereinstimmen. Warum hat diese kleine Änderung der Zeitinformationen so große Änderungen des Modells zur Folge?
□

9.2.2 Erweiterung auf Σ-Automaten und E/A-Automaten

Dieser Abschnitt zeigt, dass die für zeitbewertete autonome Automaten behandelte Erweiterung von Automaten um eine Zeitbewertung ohne Probleme auf Σ-Automaten und E/A-Automaten übertragen werden kann und dass weitere Formen der Zeitbewertung möglich sind.

Zeitbewertete Σ-Automaten. Die Erweiterung nichtdeterministischer Automaten um eine Zeitbewertung kann direkt auf Σ-Automaten übertragen werden, indem man den Zustandsübergängen Ereignisse zuordnet. Bei der Modellbildung kann man dann die Zeitbewertung wie bisher als Verweilzeit in einem Zustand vor dem Auftreten eines Ereignisses oder als Lebensdauer eines Ereignisses interpretieren.

$$\text{Zeitbewerteter } \Sigma\text{-Automat:} \quad \mathcal{N}_{\mathrm{t}} = (\mathcal{Z}, \Sigma, L_{\mathrm{t}}, \mathcal{Z}_0, \mathcal{Z}_{\mathrm{F}}) \tag{9.7}$$

mit

- $\mathcal{Z}$ – Zustandsmenge
- Σ – Ereignismenge
- L_{t} – Verhaltensrelation
- $\mathcal{Z}_0$ – Menge der möglichen Anfangszustände
- $\mathcal{Z}_{\mathrm{F}}$ – Menge von Endzuständen.

Die Verhaltensrelation L_{t} ist jetzt eine Funktion der Form

$$L_{\mathrm{t}} : \mathcal{Z} \times \mathcal{Z} \times \Sigma \times \mathbb{R} \to \{0, 1\},$$

die für das Quantupel (z', z, σ, τ) den Wert eins hat

$$L_{\mathrm{t}}(z', z, \sigma, \tau) = 1, \tag{9.8}$$

wenn der Automat nach der Verweilzeit τ im Zustand z das Ereignis σ generiert bzw. akzeptiert und dabei in den Nachfolgezustand z' übergeht. Alternativ dazu kann man die Dynamik von zeitbewerteten Σ-Automaten durch die Zustandsübergangsfunktion

$$\delta : \mathcal{Z} \times \Sigma \times \mathbb{R}^+ \to 2^{\mathcal{Z}}$$

beschreiben, die jedem Tripel (z', σ, τ) die Menge $\mathcal{Z}'$ der nach der Verweilzeit τ im Zustand z beim Auftreten des Ereignisses σ möglichen Folgezustände z' zuordnet:

$$\mathcal{Z}' = \delta(z, \sigma, \tau).$$

Die Menge Σ_{akt} der aktivierten Transitionen kann ähnlich bestimmt werden wie für deterministische und nichtdeterministische Automaten (vgl. Gl. (3.15) auf S. 71):

$$\Sigma_{\mathrm{akt}}(z) = \{\sigma \mid \exists \tau : \; \delta(z, \sigma, \tau)!\}. \tag{9.9}$$

Sie ist die Menge aller Ereignisse σ, die auftreten können, wenn sich der Automat im Zustand z befindet. Da der Zustandsübergang jetzt mit einer Verweilzeit gekoppelt ist, sagt diese Menge jedoch weniger aus als bei nicht zeitbewerteten Automaten. Der Automat kann nicht ein beliebiges Ereignis aus dieser Menge auswählen, sondern die Aktivierung jedes Ereignisses σ ist jetzt nur zusammen mit einer bestimmten Verweilzeit $\tau_{z'z}$ gültig, wobei z' der Zustand ist, den der Automat beim Auftreten des Ereignisses σ annimmt. Es ist deshalb zweckmäßig, anstelle der Menge Σ_{akt} mit der Menge

$$\Sigma_{\text{akt t}}(z) = \{(\sigma, \tau) \mid \exists z' : L_{\text{t}}(z', z, \sigma, \tau) = 1\} \tag{9.10}$$

zu arbeiten, die Ereignisse zusammen mit den Aktivierungszeiten enthält.

Das Verhalten zeitbewerteter Σ-Automaten kann in Analogie zu Gl. (9.6) dargestellt werden, wobei jetzt zu jedem Zustandswechsel das entsprechende Ereignis gehört und man die zeitbewertete Zustandsfolge in eine zeitbewertete Ereignisfolge

$$E_{\text{t}}(0...t_{\text{e}}) = (e(0), t(0);\ e(1), t(1);\ ..., e(k_{\text{e}}), t(k_{\text{e}}))$$

umrechnen kann.

Beispiel 9.1 (Forts.) *Zeitbewertete Beschreibung einer Fertigungszelle*

Den in Abb. 9.4 gezeigten zeitbewerteten Automaten kann man zu einem zeitbewerteten Σ-Automaten erweitern, wenn man den Kanten des Automatengrafen die in der Fertigungszelle vorkommenden Ereignisse zuordnet, wodurch der Graf in Abb. 9.6 entsteht.

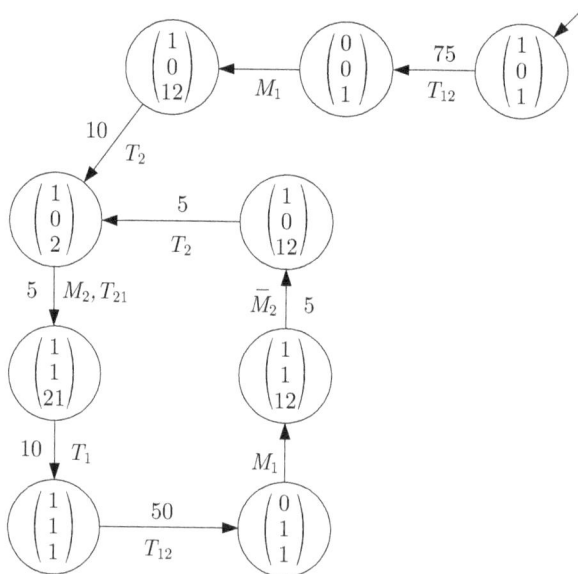

Abb. 9.6: Erweiterung des Modells der Fertigungszelle zum zeitbewerteten Σ-Automaten

Da die an den Kanten stehenden Verweilzeiten abgelaufen sein müssen, bevor der Automaten den entsprechenden Zustandswechsel ausführt, tritt das Ereignis nach Ablauf dieser Zeit ein. Der Startzustand wird also für 75 Sekunden angenommen, bevor der Automat zum Nachfolgezustand übergeht und das Ereignis T_{12} erzeugt, das den Beginn der Bewegung der Transporteinrichtung von der Maschine M_1 zur Maschine M_2 kennzeichnet, was bei der hier verwendeten Darstellung das Ende der Bearbeitung eines Werkstücks durch die Maschine M_1 und das Entladen der Maschine M_1 durch die Transporteinrichtung einschließt.

Der Übergang zum dritten Zustand erfolgt ohne Verweilzeit und kennzeichnet den Beginn der Bearbeitung eines Werkstücks durch die Maschine M_1. Die Ereignisse T_{12} und M_1 treten deshalb zum selben Zeitpunkt auf.

An einem der Zustandsübergänge stehen zwei Ereignisse, weil diese Ereignisse stets gleichzeitig aktiviert sind. Man könnte sie deshalb durch ein beide Tatsachen gemeinsam darstellendes Ereignis ersetzen, wenn man, wie üblich, jedem Zustandsübergang genau ein Ereignis zuordnen will. $\square$

Zeitbewertete Sprachen. Fasst man alle Ereignisfolgen, für die der Automat in einen markierten Endzustand übergeht, in einer Menge zusammen, so erhält man die Sprache des zeitbewerteten Σ-Automaten. Die Wörter dieser Sprache bestehen nicht nur aus Zeichenfolgen, sondern enthalten darüber hinaus Angaben über den zeitlichen Abstand, in dem die Zeichen auftreten. Man bezeichnet die Sprache deshalb als zeitbewertete Sprache.

Ein wichtiges Anwendungsgebiet haben derartige Sprachen in der Automatisierungstechnik, wo man die Forderungen an das Verhalten gesteuerter Systeme mit derartigen Sprachen formuliert. Für die Prozessdiagnose beschreibt man das Nominalverhalten eines Systems durch zeitbewertete Automaten und überprüft die Fehlerfreiheit dadurch, dass man die gemessene Ereignisfolge mit den Elementen der Sprache des zeitbewerteten Σ-Automaten vergleicht. Ein Anwendungsgebiet der Informatik ist die Protokollverifikation, bei der das Zeitverhalten von Übertragungsprotokollen überprüft wird.

Zeitbewertete E/A-Automaten. Die Erweiterung von E/A-Automaten um eine Zeitbewertung führt auf das Quintupel

$$\text{Zeitbewerteter E/A-Automat:} \quad \mathcal{N}_\mathrm{t} = (\mathcal{Z}, \mathcal{V}, \mathcal{W}, L_\mathrm{t}, \mathcal{Z}_0) \tag{9.11}$$

mit

- $\mathcal{Z}$ – Zustandsmenge
- $\mathcal{V}$ – Menge der Eingangssymbole (Eingangsalphabet)
- $\mathcal{W}$ – Menge der Ausgangssymbole (Ausgangsalphabet)
- L_t – Verhaltensrelation
- $\mathcal{Z}_0$ – Menge der möglichen Anfangszustände.

Die Verhaltensrelation
$$L_\mathrm{t} : \mathcal{Z} \times \mathcal{W} \times \mathcal{Z} \times \mathcal{V} \times \mathbb{R} \to \{0,1\}$$

hat für das Quintupel (z', w, z, v, τ) den Wert eins

$$L_\mathrm{t}(z', w, z, v, \tau) = 1,$$

wenn der Automat im Zustand z, den er zur Zeit t angenommen hat, die Eingabe v erhält, den Nachfolgezustand z' zum Zeitpunkt $t + \tau$ annimmt und dabei die Ausgabe w erzeugt. Dies bedeutet, dass der Automat die Verweilzeit $\tau_{z'z} = \tau$ im Zustand z verbringt, bevor er zum Zustand z' wechselt. Dadurch kann man bei der Modellbildung sowohl die Richtung $z \to z'$ des Zustandswechsels als auch die Verweilzeit τ im Zustand z von der Eingangsgröße abhängig machen.

Erweiterungen. Die Definition (9.2) zeitbewerteter Automaten stellt nur eine Möglichkeit von vielen dar, nichtdeterministische Automaten um eine Zeitbewertung zu erweitern. Bei dieser Definition wird die Verweilzeit $\tau_{z'z}$ im Zustand z vor dem Übergang zum Zustand z' exakt angegeben.

In Abhängigkeit vom Anwendungsfall ist es jedoch auch wünschenswert oder notwendig, anstelle einer exakten Vorgabe andere Beschreibungen der Verweilzeit einzusetzen, beispielsweise

- eine obere oder untere Schranke,

- ein Intervall,

- eine Menge mit mehreren möglichen Werten.

In diesen Fällen ist jedem Zustandsübergang $z \to z'$ nicht ein eindeutiger Wert $\tau_{z'z}$ zugeordnet, sondern das Ereignis, das diesen Zustandsübergang beschreibt, ist für ein bestimmtes Zeitintervall oder für eine Menge von Zeitpunkten aktiviert. Ob er in diesem Zeitraum auftritt, kann man nicht vorhersagen. Diese Modellvorstellung ist ähnlich der von Petrinetzen, bei denen Transitionen entsprechend der Schaltregel aktiviert sind und schalten können, aber nicht schalten müssen. Auch dort kann die Aktivierung einer Transition durch das Schalten anderer Transitionen wieder rückgängig gemacht werden. Der Unterschied zwischen beiden Modellen liegt in der Tatsache, dass beim zeitbewerteten Automaten die Aktivierung auch zeitlich begrenzt ist und nicht nur durch das Auftreten anderer Ereignisse rückgängig gemacht werden kann.

Aufgabe 9.2   *Modellierung eines einfachen Kommunikationsprotokolls*

Betrachten Sie das Protokoll, nach dem ein Sender eine zu versendende Nachricht verarbeitet. In Kurzform kann dieses Protokoll folgendermaßen beschrieben werden:

- Wenn der Sender eine zu versendende Nachricht erhält, passiert Folgendes: Nur wenn der Sender im Wartezustand ist, verarbeitet er diese Nachricht. Andernfalls geht die Nachricht verloren.

- Wenn der Sender die Nachricht verarbeitet, speichert er sie und wartet dann auf eine Anforderung, dass die Nachricht versendet werden soll.

- Wenn die Nachricht angefordert wird, wird sie verschickt, wobei anschließend eine Uhr gestartet wird.

- Wenn der Sender eine Bestätigung für den ordnungsgemäßen Empfang der Nachricht erhält, löscht er die Nachricht und schaltet die Uhr ab.

- Wenn die Uhr abgelaufen ist, wird die Nachricht erneut übertragen.

Beschreiben Sie die Arbeitsweise durch einen zeitbewerteten Automaten. Welche Zustandsübergänge sind zeitbewertet? □

Aufgabe 9.3   *Zeitbewertete Beschreibung der Parkuhr*

Erweitern Sie das Modell aus Aufg. 3.15 um Zeitbewertungen für die Zustandsübergänge (für ein nicht zeitbewertetes Modell der Parkuhr siehe S. 550). □

Aufgabe 9.4   *Zeitbewertete Beschreibung einer Waschmaschine*

Erweitern Sie das in Abb. 3.25 auf S. 110 gezeigte Modell einer Waschmaschine um Zeitbewertungen, die die Steuerung einhalten muss, damit Wasch- und Spülprozesse eine vorgegebene Zeitdauer haben. Welche Zustandsübergänge müssen nicht zeitbewertet werden, weil die Zeitdauer durch den Teilprozess selbst vorgegeben wird und die Steuerung nach dem Abschluss des betreffenden Teilprozesses sofort weiterschalten soll? □

9.2.3 Zeitbewertete Beschreibung paralleler Prozesse

Für parallele Prozesse braucht man eine Modellform, bei der es möglich ist, die Prozesse unabhängig voneinander mit einer Zeitbewertung zu versehen. Die Notwendigkeit dafür hat das Beispiel 9.1 deutlich gemacht. Das dort aufgestellte Modell betraf mit der parallelen Bearbeitung von Werkstücken durch zwei Maschinen und dem parallel dazu ablaufenden Werkstücktransport drei parallele Prozesse. Da beim autonomen zeitbewerteten Automaten nur eine Uhr zur Bestimmung der Verweilzeiten in den einzelnen Zuständen zur Verfügung stand, musste die Verweilzeit in allen Zuständen aus einem Vergleich der restlichen Aktivierungszeiten der drei Prozesse ermittelt werden, was schwierig war und bei Systemen mit einer größeren Anzahl paralleler Prozesse kompliziert und fehleranfällig ist.

Die Grundidee des in diesem Abschnitt eingeführten verallgemeinerten zeitbewerteten Automaten besteht darin, für jeden Prozess eine eigene Uhr zu verwenden. Der Prozess mit der kürzesten verbleibenden Verweilzeit löst den nächsten Zustandswechsel aus, wobei gleichzeitig die zu diesem Prozess gehörende Uhr zurückgesetzt werden kann. Wenn die anderen Prozesse auch im neuen Automatenzustand aktiviert sind, läuft deren Uhr weiter.

Um diese Idee zu formalisieren, wird für jeden Prozess i eine Zeitvariable $x_i(t)$ eingeführt, die die Lebensdauer des Prozesses beschreibt. Wenn der Prozess i im Automatenzustand z aktiviert ist, läuft die Zeit, was durch die Differenzialgleichung

$$\dot{x}_i(t) = 1$$

beschrieben ist, wobei der Punkt die zeitliche Ableitung kennzeichnet:

$$\dot{x}_i(t) = \frac{\mathrm{d}x_i(t)}{\mathrm{d}t}.$$

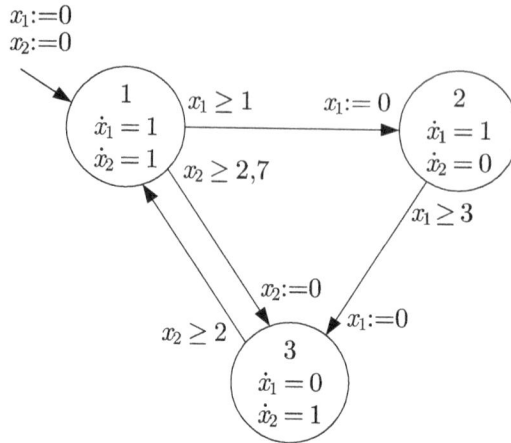

Abb. 9.7: Zeitbewerteter Automat mit zwei Uhren

Zustandswechsel treten zu den Zeitpunkten t auf, an denen eine Uhr einen vorgegebenen Grenzwert überschritten hat, also die Ungleichung

$$x_i(t) \geq \bar{x}_i \tag{9.12}$$

für eine vorgegebene Schranke $\bar{x}_i$ erfüllt. Diese Ungleichung schreibt man an die entsprechende Kante des Automatengrafen, wie es Abb. 9.7 für ein Beispiel zeigt. Da sie wie ein Wächter das Fortschreiten der Uhren überwacht, um im richtigen Augenblick einen Zustandsübergang auszulösen, wird sie in der englischsprachigen Literatur als *guard*, in der deutschen Literatur als Übergangsbedingung bezeichnet. Beim Zustandsübergang kann eine oder mehrere Zeitvariable zurückgesetzt werden, was am Ende der entsprechenden Kante durch eine Anweisung der Form

$$x_i := 0 \tag{9.13}$$

gekennzeichnet wird.

Die folgende Definition zeigt die Verallgemeinerung des autonomen zeitbewerteten Automaten auf einen Automaten mit mehreren Uhren. In dieser Definition kommen die Prozesse nicht explizit, sondern nur als die ihnen zugeordneten Uhren vor.

Der verallgemeinerte zeitbewertete Automat ist durch folgende Komponenten beschrieben:

$$\boxed{\text{Verallgemeinerter zeitbewerteter Automat:} \quad \mathcal{N}_\text{t} = (\mathcal{Z}, \mathcal{X}, X_\text{akt}, L, \mathcal{G}, R, \mathcal{Z}_0)} \tag{9.14}$$

mit

- $\mathcal{Z}$ – Zustandsmenge
- $\mathcal{X}$ – Menge von Zeitvariablen (Uhren)
- X_akt – Aktivierungsfunktion für die Uhren
- L – Verhaltensrelation

- $\mathcal{G}$ – Menge von Übergangsbedingungen
- R – Rücksetzfunktion
- $\mathcal{Z}_0$ – Menge der möglichen Anfangszustände.

Ein zeitbewerteter Automat mit q Uhren besitzt die Menge von Zeitvariablen

$$\mathcal{X} = \{x_1, x_2, ..., x_q\}.$$

Jedem Zustand $z \in \mathcal{Z}$ ist durch die Funktion

$$X_{\text{akt}} : \mathcal{Z} \to 2^{\mathcal{X}}$$

die Menge von Zeitvariablen zugeordnet, die im Zustand z aktiviert sind und folglich solange weiterlaufen, wie der Automat den Zustand z annimmt. In Abb. 9.7 ist diese Funktion dadurch angegeben, dass für die aktivierten Zeitvariablen die Gleichungen $\dot{x}_i = 1$ in den entsprechenden Knoten geschrieben wurden, während für die anderen Variablen dort die Gleichung $\dot{x}_i = 0$ gilt.

Der Automat befindet sich zu Beginn in einem der durch die Menge $\mathcal{Z}_0$ bestimmten Anfangszustände, wobei alle Uhren auf den Wert null gesetzt sind.

Die Zustandsübergänge werden durch die Verhaltensrelation L und die Übergangsbedingungen festgelegt. Wie bei nicht zeitbewerteten Automaten gibt es im Automatengrafen vom Zustand z zum Zustand z' genau dann eine Kante, wenn für die Verhaltensrelation $L(z', z) = 1$ gilt. Die Menge $\mathcal{G}$ ordnet diesen Kanten (möglicherweise) Ungleichungen der Form (9.12) für eine oder mehrere Zeitvariable x_i zu. Man kann sie deshalb am einfachsten als eine Menge von Tripeln $(z', z, x_i \geq \bar{x}_i)$ schreiben, von denen mehrere zu demselben Zustandsübergang $z \to z'$ gehören können.

Außerdem sind den Zustandsübergängen Rücksetzanweisungen für bestimmte Zeitvariable zugeordnet. Die Funktion

$$R : \mathcal{Z} \times \mathcal{Z} \to 2^{\mathcal{X}}$$

ordnet jedem Zustandspaar (z, z'), für das die Beziehung $L(z', z) = 1$ gilt, die Teilmenge der Zeitvariablen zu, die bei dem betreffenden Zustandsübergang zurückgesetzt werden. Im Automatengrafen werden die Übergangsbedingungen an den Beginn des Pfeiles und die Rücksetzanweisungen an das Ende des Pfeiles geschrieben, der den betreffenden Zustandsübergang kennzeichnet. Die formale Darstellung (9.14) kann man am besten anhand des Automatengrafen verstehen.

Beispiel 9.2 *Verallgemeinerter zeitbewerteter Automat*

Der zeitbewertete Automat, dessen Graf in Abb. 9.7 zu sehen ist, wird durch folgende Komponenten beschrieben:

$$\mathcal{Z} = \{1, 2, 3\}, \qquad \mathcal{X} = \{x_1, x_2\}, \qquad \mathcal{Z}_0 = \{1\}$$

$$X_{\text{akt}} = \begin{array}{|c|c|} \hline z & X_{\text{akt}}(z) \\ \hline 1 & \{x_1, x_2\} \\ 2 & \{x_1\} \\ 3 & \{x_2\} \\ \hline \end{array},$$

$$L = \begin{array}{|c|c|} \hline z' & z \\ \hline 2 & 1 \\ 3 & 1 \\ 3 & 2 \\ 1 & 3 \\ \hline \end{array},$$

$$\mathcal{G} = \begin{array}{|c|c|c|} \hline z' & z & x_i \geq \bar{x} \\ \hline 2 & 1 & x_1 \geq 1 \\ 3 & 1 & x_2 \geq 2{,}7 \\ 3 & 2 & x_1 \geq 3 \\ 1 & 3 & x_2 \geq 2 \\ \hline \end{array},$$

$$R = \begin{array}{|c|c|c|} \hline z' & z & R(z', z) \\ \hline 2 & 1 & \{x_1\} \\ 3 & 1 & \{x_2\} \\ 3 & 2 & \{x_1\} \\ 1 & 3 & \emptyset \\ \hline \end{array}.$$

Für dieses kleine Beispiel ist der Automatengraf die wesentlich besser interpretierbare Darstellung des verallgemeinerten zeitbewerteten Automaten. Für eine rechnergestützte Analyse, um die man bei etwas größeren Beispielen nicht herumkommt, muss man den Automaten jedoch durch die in Gl. (9.14) angegebenen Elemente definieren. □

Beispiel 9.3 *Modellierung der Fertigungszelle als verallgemeinerter zeitbewerteter Automat*

In der in Aufgabe 9.1 beschriebenen Fertigungszelle laufen mehrere Prozesse parallel ab:

- die Bearbeitung eines Werkstücks durch die Maschine M_1,
- die Bearbeitung eines Werkstücks durch die Maschine M_2 und
- der Werkstücktransport durch die Transporteinrichtung.

Jeder dieser Prozesse kann in mehrere Teilprozesse unterteilt werden (z. B. in die Bewegungen der Transporteinrichtung von rechts nach links bzw. von links nach rechts). Alle Prozesse sind nicht nur dadurch miteinander verknüpft, dass jedes Werkstück nacheinander durch die Maschine M_1 bearbeitet, durch die Transporteinrichtung zur nächsten Maschine bewegt und dann durch die Maschine M_2 weiter bearbeitet wird, sondern auch dadurch, dass der Beginn bzw. das Ende von Teilprozessen bestimmte Zustände mehrerer Komponenten voraussetzen. So fällt bei der hier verwendeten Modellierung der Beginn der Bearbeitung eines Werkstücks durch die Maschine M_1 mit dem Entladen der Maschine durch die Transporteinrichtung und dem Beginn der Bewegung der Transporteinrichtung zur Maschine M_2 zusammen, setzt also voraus, dass sich die Transporteinrichtung an der Maschine M_1 befindet.

Um das in Abb. 9.4 gezeigte Modell der Fertigungszelle aufzustellen, mussten diese parallelen Prozesse gemeinsam betrachtet und die in der Verhaltensbeschreibung der drei Komponenten genannten Zeiten so miteinander verrechnet werden, dass man die den Beginn bzw. das Ende von Teilprozessen kennzeichnenden Ereignisse in der richtigen Reihenfolge und mit den richtigen zeitlichen Abständen durch das Modell repräsentieren konnte. Dafür benötigte man gedanklich drei Uhren, je eine für jede Komponente, und man musste überprüfen, welche der Uhren als nächstes den einen Zustandsübergang auslösenden Wert erreichte.

Diese gedanklichen Uhren kann man sich sparen, wenn man einen zeitbewerteten Automaten mit mehreren Uhren verwendet, weil diese Uhren dann explizit im Automaten vorkommen. Die Zeitvariablen für die beiden Maschinen und die Transporteinrichtung werden mit x_1, x_2 bzw. x_T bezeichnet.

Für die Aufstellung des Automaten überführt man die Beschreibung der Werkzeugmaschinen am besten in die folgenden Regeln:

R1: Die Maschine M_1 führt den Zustandsübergang $0 \rightarrow 1$ aus, wenn die Transporteinrichtung im Zustand 1 ist. Gleichzeitig führt die Transporteinrichtung den Zustandsübergang $1 \rightarrow 12$ aus (keine Verweilzeit).

R2: Die Maschine M_1 führt den Zustandsübergang $1 \rightarrow 0$ aus, nachdem sie 75 Sekunden gearbeitet hat ($x_1 \geq 75$).

R3: Die Maschine M_2 führt den Zustandsübergang $0 \rightarrow 1$ aus, wenn sich die Transporteinrichtung im Zustand 2 befindet und dieser gemeinsame Zustand 5 Sekunden gedauert hat ($x_T \geq 5$).

R4: Die Maschine M_2 führt den Zustandsübergang $1 \rightarrow 0$ aus, nachdem sie 65 Sekunden gearbeitet hat ($x_2 \geq 65$).

R5: Die Transporteinrichtung führt den Zustandsübergang $12 \rightarrow 2$ nach 10 Sekunden aus ($x_T \geq 10$).

R6: Die Transporteinrichtung führt den Zustandsübergang $21 \rightarrow 1$ nach 10 Sekunden aus ($x_T \geq 10$).

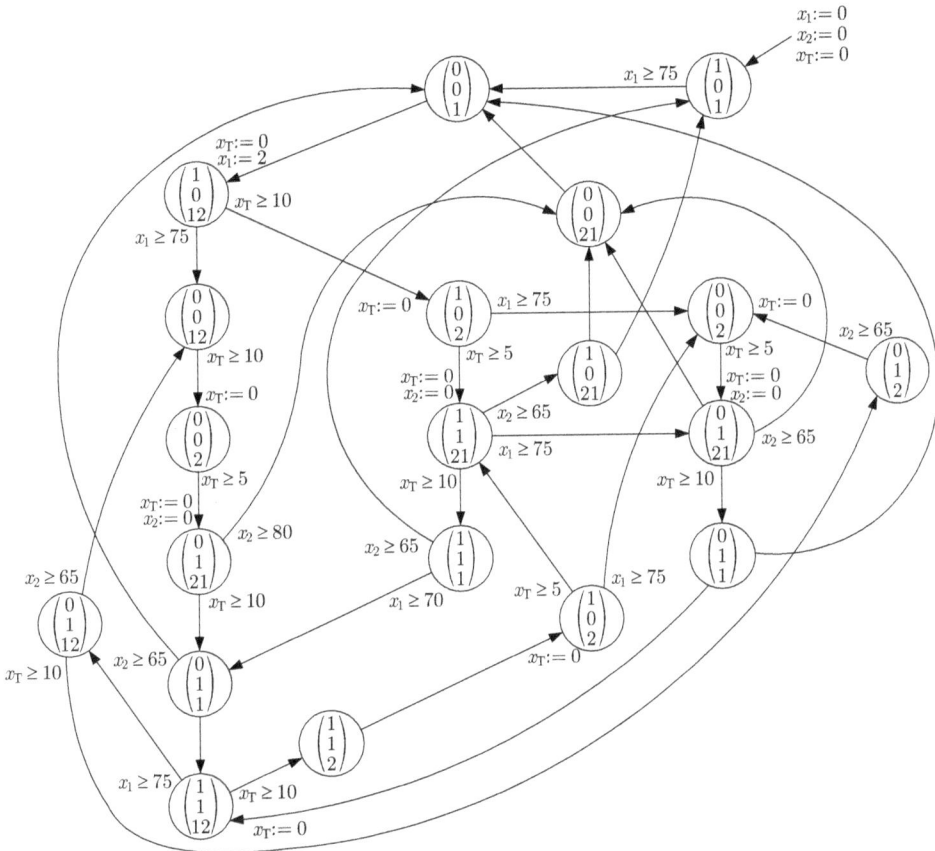

Abb. 9.8: Darstellung der Fertigungszelle durch einen zeitbewerteten
Automaten mit drei Uhren

Mit diesen Regeln kann man den in Abb. 9.8 gezeigten Automaten aufstellen. Im Anfangszustand werden die drei Uhren zurückgesetzt. Da in diesem Zustand nur die Maschine M_1 arbeitet, kann als nächstes nur der Zustandsübergang nach Regel R2 und dann der nach Regel R1 folgen. Beim zweiten Übergang werden die Uhren der Maschine 1 und der Transporteinrichtung zurückgesetzt, weil der nächste Zustandsübergang entweder durch den Ablauf der Bewegungszeit nach Regel R5 oder durch die Bearbeitungszeit nach Regel R2 bestimmt wird. Beide Zustandswechsel müssen im Modell berücksichtigt werden, weil ohne den Stand der Uhren zu kennen nicht entschieden werden kann, welchen Zustandswechsel von diesen beiden die Fertigungszelle ausführt. Wenn zuerst die Uhr der Transporteinrichtung den Wert 10 erreicht hat, führt die Transporteinrichtung den Zustandswechsel nach Regel R5 aus. Andernfalls bleibt die Fertigungszelle bis zum Erreichen des Wertes 75 durch die Uhr von Maschine M_1 in diesem Zustand und es folgt der Zustandswechsel nach Regel R2.

Durch schrittweise Betrachtung aller möglichen Zustandsübergänge erhält man den vollständigen Automaten.

Vergleich der Modelle mit einer bzw. drei Uhren. Dieses Beispiel zeigt, dass zeitbewertete Automaten selbst bei sehr einfachen Anwendungen schon sehr komplex werden können. Bei der hier untersuchten einfachen Fertigungszelle braucht man nur drei Uhren, um die Zustandsübergänge festzulegen. Dennoch entsteht ein Automat mit 20 Zuständen.

Dieses Modell berücksichtigt jedoch alle möglichen Zustände und Zustandsübergänge unabhängig davon, ob diese Elemente für die Arbeit der Fertigungszelle relevant sind. Für die hier angegebenen Bearbeitungszeiten und den verwendeten Anfangszustand lässt sich das Verhalten der Fertigungszelle viel einfacher durch den in Abb. 9.4 gezeigten Automaten mit einer Uhr darstellen. Dieser Automat hat nur neun Zustände.

Dieser Vergleich der beiden Modelle weist auf zwei Dinge hin. Erstens kann man durch eine Erreichbarkeitsanalyse den zeitbewerteten Automaten aus Abb. 9.8 reduzieren, wobei nicht nur Zustände wegfallen, sondern auch die Uhren zusammengefasst werden können. Zweitens ist das Modell mit den drei Uhren wesentlich flexibler, denn es kann auch für eine Synthese eingesetzt werden, die der Auslegung der Fertigungszelle dient. Dieses Modell gilt nämlich mit veränderten Werten für die Bearbeitungs- und Transportzeiten. Wenn man beispielsweise die Bewegung der Transporteinrichtung beschleunigt, so dass nur noch 5 anstelle bisher 10 Sekunden für die Bewegung zwischen den beiden Maschinen erforderlich sind, so muss man im Modell lediglich die Schranken $x_\mathrm{T} \geq 10$ in $x_\mathrm{T} \geq 5$ verändern. Damit wird natürlich die Zustandsfolge verändert, die der Automat durchläuft. Eine vergleichbar einfache Anpassung des Automaten mit einer Uhr ist nicht möglich, weil dort die verwendeten Parameter nicht explizit in den Verweilzeiten erkennbar sind und Parameteränderungen i. Allg. auch Veränderungen der Zustandsübergänge nach sich ziehen. $\square$

Verhalten. Die Dynamik des verallgemeinerten zeitbewerteten Automaten wird sowohl durch die Verhaltensrelation L als auch durch die Übergangsbedingungen und Rücksetzanweisungen festgelegt. Die Zustandsfolge beginnt in einem Anfangszustand der Menge $\mathcal{Z}_0$ mit zurückgesetzten Zeitvariablen. Ein Zustandswechsel tritt ein, wenn eine Zeitvariable die Übergangsbedingung erfüllt, wobei aus der Zuordnung der Übergangsbedingung zu den Zustandsübergängen hervorgeht, welcher Nachfolgezustand angenommen wird. Beim Zustandswechsel werden die zugehörigen Rücksetzanweisungen ausgeführt. Besitzt der Automat Zustandsübergänge, für die keine Übergangsbedingungen gegeben sind, so findet dieser Zustandsübergang ohne Verweilzeit statt.

Der Zustand des Automaten im systemtheoretischen Sinne wird nicht nur durch den Zustand z, sondern auch durch die Werte aller Zeitvariablen festgelegt. Die Semi-Markoveigenschaft des Automaten kommt dadurch zum Ausdruck, dass sich die Übergangsbedingungen nicht nur auf den Zustand z, sondern auf die Werte aller Zeitvariablen beziehen.

Beispiel 9.2 (Forts.) *Verallgemeinerter zeitbewerteter Automat*

Für den Automaten in Abb. 9.7 beginnt die Zustandsfolge zur Zeit $t = 0$ im Zustand 1 mit verschwindenden Werten für beide Uhren (Abb. 9.9).

1. Da die Übergangsbedingung an der Kante $1 \rightarrow 2$ zuerst erreicht wird, geht der Automat zur Zeit $t = 1$ in den Zustand 2 über, wobei die Uhr x_1 zurückgesetzt wird, während die Uhr x_2 auf dem Wert 1 bleibt.

2. Im Zustand 2 läuft nur die Uhr x_1 und der Zustandsübergang zum Zustand 3 erfolgt, wenn diese Uhr den Wert 3 erreicht hat. Diese Bedingung ist im Zeitpunkt $t = 4$ erfüllt. Es gilt weiterhin $x_2 = 1$. Beim Zustandswechsel wird die Zeitvariable x_1 zurückgesetzt.

3. Im Zustand 3 läuft nur die Uhr x_2. Der Zustandsübergang wird ausgelöst, wenn $x_2 \geq 2$ ist, also zum Zeitpunkt $t = 5$. Es wird keine Uhr zurückgesetzt, so dass jetzt $x_1 = 0$ und $x_2 = 2$ gilt.

4. Im Zustand 1 laufen beide Uhren. Die Zeitvariable x_2 erfüllt als erstes die zugehörige Übergangsbedingung $x_2 \geq 2{,}7$, so dass der Automat in den Zustand 3 übergeht und die Zeitvariable x_2 zurücksetzt. Dies geschieht zur Zeit $t = 5{,}7$.

5. Im Zustand 3 läuft die Uhr x_2 bis zu dem von der Übergangsbedingung vorgegebenen Wert usw.

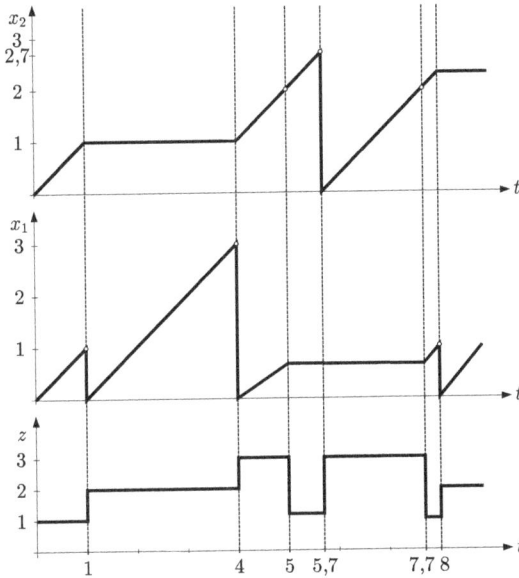

Abb. 9.9: Verhalten des zeitbewerteten Automaten aus Abb. 9.7

Bis hierher erhält man die folgende zeitbewertete Zustandsfolge

$$Z(0...7{,}5) = (1,0;\ 2,1;\ 3,4;\ 1,5;\ 3,5{,}7;\ 1,7{,}7;\ 2,8).$$

Das Beispiel zeigt, wie das Verhalten des Automaten entscheidend durch das Vorwärtslaufen und Rücksetzen der Uhren bestimmt wird. Die erhaltene Zustandsfolge kann man – auch als nicht zeitbewertete Folge – nicht aus dem Automatengrafen ablesen. Sie gehört natürlich zu der Menge von Zustandsfolgen, die der eingebettete nichtdeterministische Automat durchlaufen kann, den man durch Streichen aller die Zeitbewertung betreffenden Komponenten erhält und der folglich durch $\mathcal{N} = (\mathcal{Z}, L, \mathcal{Z}_0)$ beschrieben ist. Es ist aber gerade der Vorteil der zusätzlichen Zeitinformationen, dass man aus der Menge aller Zustandsfolgen des nichtdeterministischen Automaten die tatsächlich durchlaufene Zustandsfolge heraussortieren kann. Diesen Vorteil erkauft man sich durch eine wesentlich aufwändigere Analyse. □

Analyse verallgemeinerter zeitbewerteter Automaten. Verallgemeinerte zeitbewertete Automaten sind ein sehr vielseitig einsetzbares Mittel, um ereignisdiskrete Systeme zu beschreiben. Parallele Prozesse können dargestellt werden, ohne dass man sich zum Zeitpunkt der Modellaufstellung Klarheit darüber schaffen muss, in welcher Reihenfolge bzw. mit welchem zeitlichen Abstand die Prozesse beginnen und enden und welche Zustandsübergänge daraus resultieren.

Diesem Komfort bei der Modellbildung steht ein wesentlich erhöhter Aufwand bei der Analyse gegenüber. Eine wichtige Frage betrifft die Erreichbarkeit der Zustände, die jetzt nicht mehr nur anhand des eingebetteten nichtdeterministischen Automaten untersucht werden kann, sondern die Bewegung der Uhren im Zusammenhang mit den Übergangsbedingungen beachten muss. In jedem Zustand muss die Aktivierung der Ereignisse überprüft werden. Die Uhrenstände müssen gespeichert und bezüglich der Übergangsbedingungen bewertet werden.

Es gibt deshalb wenige Analyseverfahren für diese Automaten. Die wichtigste Methode ist die Berechnung des Automatenverhaltens für allen möglichen Anfangszustände und Anfangswerte der Uhren. Viele Analyseaufgaben sind NP-vollständig, so dass sie nur unter Nutzung spezifischer Eigenschaften gelöst werden können, die verallgemeinerte zeitbewertete Automaten für bestimmte Anwendungsfelder besitzen.

Verallgemeinerte zeitbewertete Σ-Automaten. Wenn man den Zustandsübergängen Ereignisse zuordnet, kann man mit dem Automaten (9.14) auch eine zeitbewertete Ereignisfolge generieren. Die Definition erweitert sich dann um die Ereignismenge Σ und die Verhaltensrelation

$$L : \mathcal{Z} \times \mathcal{Z} \times \Sigma \to \{0, 1\}$$

ordnet dem Paar (z, σ) keinen, einen oder mehrere Nachfolgezustände z' zu. Der verallgemeinerte zeitbewertete Σ-Automat ist folglich durch das Tupel

$$\mathcal{N}_t = (\mathcal{Z}, \Sigma, \mathcal{X}, X_{\mathrm{akt}}, L, \mathcal{G}, R, \mathcal{Z}_0)$$

beschrieben. Die Verweilzeit eines Automaten in einem Zustand vor dem Eintritt des Ereignisses σ wird als Lebensdauer von σ bezeichnet.

Aufgabe 9.5　*Verhalten einer Fertigungszelle*

Bestimmen Sie die Zustandstrajektorie des in Abb. 9.8 gezeigten zeitbewerteten Automaten und überprüfen Sie, ob Sie dabei dasselbe Ergebnis erhalten wie bei dem in Abb. 9.4 gezeigten Automaten. Wie verändert sich die Zustandstrajektorie, wenn der Transport nur noch fünf Zeiteinheiten beansprucht $(\bar{x}_\mathrm{T} = 5)$? □

Aufgabe 9.6*　*Zeitbewertete Beschreibung eines Parallelrechners*

Auf einem Parallelrechner können zwei Rechenprozesse gleichzeitig ablaufen, wobei ein Prozess nach zwei Zeiteinheiten und der andere nach einer Zeiteinheit beendet ist. Wenn beide Prozesse abgeschlossen sind, werden nach einer Zusammenfassung der Ergebnisse, die eine näherungsweise verschwindende Zeit beansprucht, beide Prozesse mit veränderten Daten neu gestartet.

1. Beschreiben Sie das Verhalten des Parallelrechners durch einen verallgemeinerten zeitbewerteten Automaten und zeigen Sie durch die Berechnung der zeitbewerteten Zustandsfolge $Z_\mathrm{t}(0...5)$, dass das Modell die gegebenen Sachverhalte richtig wiedergibt.

2. Wie verhält sich der Automat, wenn man die Zeitvariablen im Anfangszustand nicht auf null setzt, sondern auf Werte, die die Zeitvariablen haben können, wenn zum Zeitpunkt $t = 0$ die Prozesse bereits eine gewissen Zeitspanne aktiviert sind. Verändert sich dadurch die Zustandsfolge?

3. Wie verändert sich das Systemverhalten, wenn die Rechenprozesse nicht nach einer bzw. zwei Zeiteinheiten abgeschlossen sind, sondern andere Zeitspannen erfordern? □

9.2.4 Ereignisse mit veränderlicher Lebensdauer

Bei dem zeitbewerteten Automaten (9.2) wird jedem Zustandsübergang – und bei der Erweiterung auf zeitbewertete Σ-Automaten – jedem Ereignis eine feste Verweildauer bzw. Lebensdauer zugeordnet. Jedesmal, wenn sich der Automat im Zustand z befindet und anschließend den Zustand z' annimmt, vergeht die Verweilzeit $\tau_{z'z}$ im Zustand z. Ähnliche Festlegungen wurden beim verallgemeinerten zeitbewerteten Automaten (9.14) getroffen, nur dass sie dort nicht die Verweilzeiten in den Zuständen, sondern die Schranken $\bar{x}_i$ betrafen, die in den Übergangsbedingungen stehen. Diese Schranken sind feste Parameter des Modells.

Bei vielen Anwendungen hat die Verweilzeit jedoch von Mal zu Mal, die der Automat den Zustand z annimmt, einen anderen Wert, weil die durch diese Zustände dargestellten Prozesse eine veränderliche Dauer aufweisen. So hängt bei dem später betrachteten Wartesystem die Verweilzeit des Automaten in dem durch die aktuelle Kundenanzahl bestimmten Zustand von der Bedienzeit eines Kunden und der Ankunftszeit des nächsten Kunden ab, wobei nur in sehr wenigen Anwendungsfällen beide Größen konstant sind. Das bedeutet, dass die Verweilzeit im aktuellen Zustand als Eingangsgröße des Automaten vorgegeben werden muss. Die Schranken, die in den Übergangsbedingungen für die Zeitvariablen stehen, sind vom Zähler k, der das Auftreten des betreffenden Ereignisses zählt, abhängig:

$$x_i \geq \bar{x}_i(k).$$

Für die Aktivierungszeit des Prozesses i bzw. die Lebensdauer des Ereignisses σ_i muss dann eine Folge der Form

$$\bar{X}_i(0...k_{\mathrm{e}}) = (\bar{x}_i(0), \bar{x}_i(2), ..., \bar{x}_i(k_{\mathrm{e}}))$$

vorgegeben werden.

Beispiel 9.4   *Zeitbewertetes Modell eines Wartesystems*

Es wird das in Abb. 9.10 dargestellte Wartesystem mit einer Warteschlange und einer Bedieneinheit betrachtet. Für die Beschreibung werden zwei Ereignisse eingeführt:

$$\Sigma = \begin{array}{|c|l|} \hline & \text{Bedeutung} \\ \hline \sigma_{\mathrm{A}} & \text{Ein Kunde kommt an und nimmt einen Platz in der Warteschlange ein.} \\ \hline \sigma_{\mathrm{B}} & \text{Die Bedienung eines Kunden ist abgeschlossen.} \\ \hline \end{array} \;.$$

$$(T_{\mathrm{B}}(0), T_{\mathrm{B}}(1), T_{\mathrm{B}}(2), ...)$$

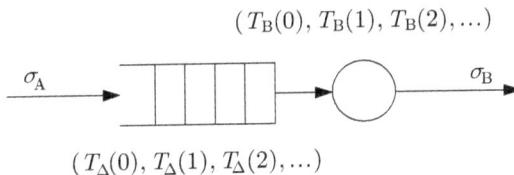

$$(T_{\mathrm{A}}(0), T_{\mathrm{A}}(1), T_{\mathrm{A}}(2), ...)$$

Abb. 9.10: Wartesystem mit zeitlichen Informationen über die Ankunft und
die Bedienung von Kunden

Wenn ein Kunde das Wartesystem zu einem Zeitpunkt erreicht, an dem in der Warteschlange kein Platz mehr frei ist, wird er abgewiesen, so dass in diesem Fall kein Ereignis σ_A auftritt. Das Ereignis σ_B umfasst auch den Wechsel des nächsten Kunden von der Warteschlange zur Bedieneinheit, sofern die Warteschlange nicht leer ist.

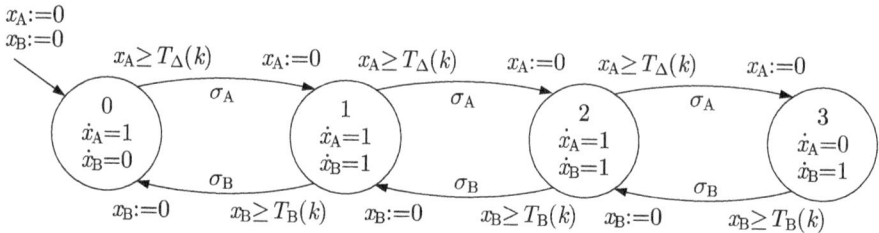

Abb. 9.11: Automatengraf des zeitbewerteten Automaten, der ein Wartesystem beschreibt

Das Wartesystem mit drei Warteplätzen wird durch den Automaten aus Abb. 9.11 beschrieben, bei dem der Zustand z die Anzahl der sich im Wartesystem befindenden Kunden bezeichnet. In den Zuständen 1 und 2 sind beide Ereignisse aktiviert, so dass in diesen Zuständen die zu beiden Ereignissen gehörenden Uhren laufen, im Zustand 0 nur das Ereignis σ_A und im Zustand 3 nur das Ereignis σ_B.

Die Lebensdauer des Ereignisses σ_A ist der zeitliche Abstand

$$T_\Delta(k) = T_A(k+1) - T_A(k),$$

mit dem der $(k+1)$-te Kunden dem k-ten Kunden folgt, und folglich gleich der Differenz der Ankunftszeiten beider Kunden. An den Kanten des Automatengrafen steht deshalb an den zum Ereignis σ_A gehörenden Zustandsübergängen die Übergangsbedingung

$$x_A \geq T_\Delta(k).$$

Für die Lebensdauer des Ereignisses σ_B ist die Bedienzeit $T_B(k)$ des k-ten Kunden maßgebend, so dass an den entsprechenden Kanten die Übergangsbedingung

$$x_B \geq T_B(k)$$

steht. Wenn ein Ereignis auftritt, wird die zugehörige Uhr zurückgesetzt.

Die Übergangsbedingungen sind jetzt von den Folgen

$$(T_\Delta(0), T_\Delta(1), ..., T_\Delta(k_e)) \quad \text{und} \quad (T_B(0), T_B(1), ..., T_B(k_e))$$

abhängig, was man an der Abhängigkeit dieser Größen vom Zählindex k erkennt.

Das Verhalten des Wartesystems kann man mit dem Automaten folgendermaßen bestimmen:

1. Im Anfangszustand 0 ist nur das Ereignis σ_A aktiviert. Dieses Ereignis tritt nach der Lebensdauer $T_\Delta(0)$ auf und löst einen Zustandsübergang in den Zustand 1 aus. Die zugehörige Uhr wird dabei zurückgesetzt.

2. Im Zustand 1 laufen beide Uhren. Welcher Zustandsübergang als nächstes ausgeführt wird, hängt von den Größen $T_\Delta(1)$ (also der Ankunftszeit des zweiten Kunden) und $T_B(0)$ (also der Bedienzeit des ersten Kunden) ab.

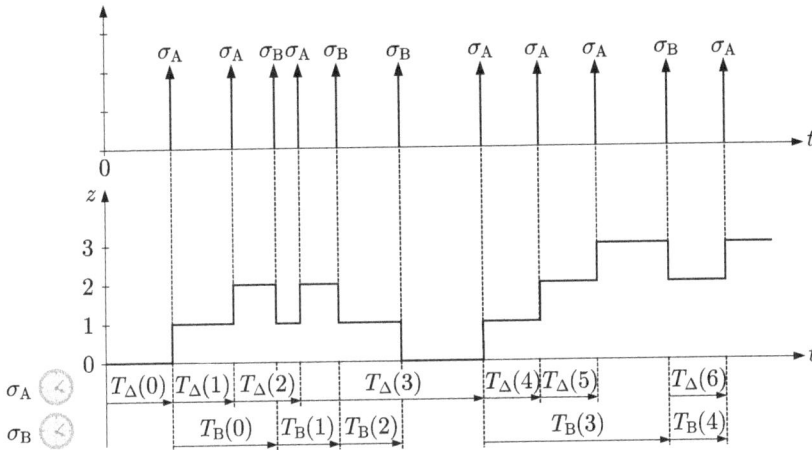

Abb. 9.12: Verhalten des Wartesystems

- Für $T_B(0) < T_\Delta(1)$ wird die Übergangsbedingung für den Zustandswechsel $1 \rightarrow 0$ zuerst erreicht. Der Automat geht in den Zustand 0 über, wobei die Uhr x_B zurückgesetzt wird. Im Zustand 0 läuft dann nur die Uhr x_A weiter, bis sie den Wert $T_\Delta(1)$ erreicht hat und den Zustandswechsel zurück zum Zustand 1 auslöst.

- Für $T_B(0) > T_\Delta(1)$ wird die Übergangsbedingung für den Zustandswechsel $1 \rightarrow 2$ zuerst erreicht und das Ereignis σ_A tritt auf. Nach diesem Zustandswechsel ist die Uhr x_A zurückgesetzt und beide Uhren laufen. Dieser Fall ist in Abb. 9.12 dargestellt. Das Ereignis σ_A tritt zweimal hintereinander auf und das Wartesystem nimmt den Zustand 2 an.

3. Für den Zustand 2 muss dieselbe Fallunterscheidung vorgenommen werden. In Abb. 9.12 ist das Verhalten für den Fall dargestellt, dass die Restlebensdauer $T_B(1) - T_\Delta(1)$ des Ereignisses σ_B kleiner als $T_\Delta(2)$ ist. Die Übergangsbedingung $x_B \geq T_B(1)$ wird also früher erreicht als die Bedingung $x_A \geq T_\Delta(2)$ und der Automat geht in den Zustand 1 über.

Für vorgegebene Folgen für die Lebensdauer der beiden Ereignisse erzeugt der zeitbewertete Automat die in Abb. 9.12 oben dargestellte zeitbewertete Ereignisfolge. Die Zeitpunkte für das Auftreten der Ereignisse, die man auf der Zeitachse t ablesen kann, sind die Werte einer globalen Uhr, bei denen diese Ereignisse auftreten. Wie sich diese Werte aus den beiden Uhren für die Ereignisse σ_A und σ_B ergeben, zeigt der untere Teil der Abbildung. □

Einsatzgebiet von Modellen mit veränderlicher Lebensdauer der Ereignisse. Das Beispiel macht deutlich, dass es einerseits möglich ist, zeitbewertete Automaten für Prozesse einzusetzen, bei denen sich die Lebensdauer der Ereignisse in Abhängigkeit vom Zähler der Ereignisse ändert. Andererseits zeigt das Beispiel, dass zur Bestimmung des Systemverhaltens die Lebensdauer aller Ereignisse im Voraus bekannt sein muss. Wenn sich das Wartesystem beispielsweise auf die Mautstation einer Privatautobahn oder ein Telefonnetz bezieht, so muss der zeitliche Abstand der Ankunft von Fahrzeugen bzw. Telefongesprächen sowie die Dauer der Bedienung der Fahrzeuge bzw. die Gesprächsdauer für alle Telefonate im Voraus bekannt sein, was sicherlich eine i. Allg. nicht erfüllbare Voraussetzung ist.

Dies ist der Grund dafür, dass man von dem hier beschriebenen Modell zu Modellen mit stochastischer Verweilzeit übergeht, bei der mittlere statistische Aussagen über die Lebensdauer der Ereignisse ausreichen, um das im Mittel zu erwartende Verhalten des Systems zu berechnen. Derartige Modelle werden im nächsten Abschnitt eingeführt.

Aufgabe 9.7 *Zeitbewertetes Verhalten des Wartesystems*

An dem in Abb. 9.10 dargestellten Wartesystem kommen Kunden mit folgenden zeitlichen Abständen an:

$$T_\Delta(0...4) = (1,\ 1{,}5,\ 1,\ 2,\ 1{,}5).$$

Sie werden in der einzigen vorhandenen Bedieneinrichtung bedient, wobei folgende Zeiten notwendig sind:

$$T_B(0...4) = (0{,}5,\ 1{,}5,\ 2,\ 0{,}5,\ 1{,}5).$$

Zu Beginn ist das Wartesystem leer. Ermitteln Sie die zeitbewertete Zustands- und Ereignisfolge des Wartesystems. □

9.3 Zeitbewertete Automaten mit stochastischen Verweilzeiten

9.3.1 Punktprozesse

In diesem Abschnitt werden deterministische Automaten mit stochastischer Verweilzeit behandelt. Das Attribut deterministisch bezieht sich auf die Tatsache, dass der Automat für jedes Zustands-Ereignispaar einen eindeutig bestimmten Nachfolgezustand besitzt. Jedoch ist die Zeit, die der Automat vor dem Zustandswechsel im aktuellen Zustand verweilt, nicht genau bekannt. Diese Zeit wird deshalb als stochastische Variable aufgefasst und das Verhalten des Systems durch die zeitabhängige Verteilung der Aufenthaltswahrscheinlichkeit in den einzelnen Zuständen beschrieben.

In der einfachsten Form hat ein zeitbewerteter Automat mit stochastischer Verweilzeit nur einen Zustand, den der Automat nach jedem Ereignis erneut annimmt. Der Automatengraf in Abb. 9.13 besteht deshalb nur aus einem Knoten mit einer Schlinge. Derartige Automaten beschreiben einen Prozess, bei dem nach dem Ablauf einer Verweilzeit

$$\tau(k) = t(k+1) - t(k)$$

ein internes Ereignis auftritt und der deshalb als *Ereignisprozess* bezeichnet wird. Die wichtigste Information, die von dem Automaten geliefert wird, ist die Folge der Ereigniszeitpunkte $t(k)$, ($k = 0, 1, 2, ...$), die in Abb. 9.13 durch die Position der Pfeile auf der Zeitachse gekennzeichnet sind.

In der Statistik werden derartige Prozesse als *Erneuerungsprozesse* bezeichnet, weil die Verweilzeiten als stochastisch unabhängige Größen betrachtet werden, was für den Prozess bedeutet, dass er sich nach jedem Zustandsübergang in dem Sinne erneuert hat, dass die nächste Verweilzeit nicht von den vorherigen abhängt. Wenn die Ereigniszeitpunkte (Erneuerungszeitpunkte) beispielsweise die Ausfallzeitpunkte eines Gerätes markieren, so soll das Gerät nach dem Ausfall und der anschließenden Reparatur insoweit erneuert sein, als dass seine Gebrauchseigenschaften durch den Austausch des fehlerhaften Elementes vollständig wiederhergestellt

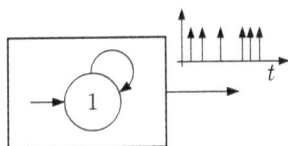

Abb. 9.13: Automatengraf eines Punktprozesses

sind und deshalb ein Ausfall nicht auf eine Verkürzung oder Verlängerung der Zeit bis zum nächsten Ausfall führt. Bei dieser Anwendung von Punktprozessen in der Zuverlässigkeitstheorie entspricht die Verweilzeit $\tau(k)$ der Lebensdauer des betrachteten Gerätes nach dem k-ten Ausfall und die verbleibende Verweilzeit der Restlebensdauer (vgl. Abb. 9.1).

Da der Zustand von Punktprozessen keinerlei Informationen über das Systemverhalten liefert, wird das Verhalten von Punktprozessen allein durch die Folge der Ereigniszeitpunkte $t(k)$ beschrieben

$$T(0...t_e) = (t(0), t(1), ..., t(k_e)),$$

wobei k_e die Anzahl der Zustandswechsel im Zeitintervall $[0, t_e]$ bezeichnet. Die Ereigniszeitpunkte sind nicht genau bestimmbar und werden durch die stochastische Variable $T(k)$ dargestellt:

$$T(0...t_e) = (T(0), T(1), ..., T(k_e)).$$

Für die Realisierung eines stochastischen Prozesses wird auch die Notation $\{T(k), k \geq 0\}$ verwendet.

Damit müssen auch die Verweilzeiten $\tau(k)$ durch stochastische Variablen $\tau_p(k)$ beschrieben werden, womit die Folge der Verweilzeiten

$$\tau(0...t_e) = (\tau(0), \tau(1), ..., \tau(k_e - 1))$$

durch die Folge von stochastischen Variablen

$$\tau_p(0...t_e) = (\tau_p(0), \tau_p(1), ..., \tau_p(k_e - 1))$$

repräsentiert wird. Auch die Verweilzeiten beschreiben einen stochastischen Prozess, der als $\{\tau_p(k), k \geq 0\}$ geschrieben wird. Der Zusammenhang mit dem stochastischen Prozess, der die Ereigniszeitpunkte erzeugt, ist durch die Beziehung

$$T(k) = \sum_{i=0}^{k_e - 1} \tau_p(i) \tag{9.15}$$

beschrieben.

Zählprozesse. Zu einer für die weiteren Betrachtungen zweckmäßigen Darstellung von Punktprozessen kommt man, wenn man diese Prozesse als Zählprozesse interpretiert, die nach dem k-ten Zustandsübergang den Zustand $z = k$ annehmen. Man kann damit vom stochastischen Prozess der Ereigniszeitpunkte $\{T(k), k \geq 0\}$ zum Zählprozess $\{Z(t), t \geq 0\}$ übergehen. Zum Zeitpunkt t befindet sich der Zählprozess mit der Wahrscheinlichkeit $\mathrm{Prob}(Z(t) = k)$ im

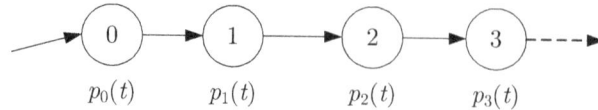

Abb. 9.14: Automatengraf eines Zählprozesses

Zustand k. $Z(t)$ gibt an, wie viele Ereignisse des Punktprozesses im Zeitintervall $[0, t]$ stattgefunden haben.

Die Wahrscheinlichkeitsverteilung über alle Zustände kann in der bereits mehrfach verwendeten Weise als Vektor $p(t)$ geschrieben werden, dessen k-tes Element die Aufenthaltswahrscheinlichkeit $\mathrm{Prob}\,(Z(t) = k)$ im Zustand k repräsentiert:

$$p_k(t) = \mathrm{Prob}\,(Z(t) = k).$$

Um den Zählprozess für ein beliebig großes Zeitintervall darstellen zu können, muss man einen hinreichend langen Vektor p verwenden.

Der Zusammenhang der stochastischen Prozesse $\{T(k), k \geq 0\}$ und $\{Z(t), t \geq 0\}$ wird durch die folgende Beziehung beschrieben:

$$\mathrm{Prob}\,(Z(t) = k) = \mathrm{Prob}\,(T(k) < t,\, T(k+1) > t). \tag{9.16}$$

In den folgenden Abschnitten wird untersucht, wie man aus Annahmen über die Verteilung der Verweilzeit τ_p das durch $p_k(t)$ beschriebene Verhalten des Punktprozesses bestimmen kann.

9.3.2 Definition und Verhalten des Poissonprozesses

Mit dem Poissonprozess wird jetzt ein spezieller Punktprozess genauer untersucht, bei dem die Verweilzeiten exponentialverteilt sind. Zunächst werden die Annahmen angegeben, unter denen ein Punktprozess ein Poissonprozess ist.

Annahmen. Wie die folgenden Untersuchungen zeigen werden, erhält man die Exponentialverteilung der Verweilzeiten unter den folgenden drei Annahmen:

1. Die Wahrscheinlichkeit für einen Zustandswechsel im Zeitintervall $[t, t+h]$ ist gleich $\lambda h + o(h)$, wobei $o(h)$ eine für kleine Werte der reellen Variablen h vernachlässigbare Größe ist:[1]

$$\lim_{h \to 0} \frac{o(h)}{h} = 0.$$

Diese Annahme wird durch die Gleichung

$$\mathrm{Prob}\,(Z(t + h) = k + 1 \mid Z(t) = k) = \lambda h + o(h) \tag{9.17}$$

ausgedrückt.

---

[1] $o(h)$ (gesprochen: „ein klein Oh von Ha") darf nicht mit dem LANDAUsches Symbol $O(h)$ verwechselt werden, das eine Funktion mit der Eigenschaft (A2.4) beschreibt.

2. In einem hinreichend kurzen Zeitintervall kann nur ein Zustandswechsel eintreten:

$$\text{Prob}\,(Z(t+h) = k+l \mid Z(t) = k) = o(h) \qquad \text{für alle ganzzahligen } l > 1. \quad (9.18)$$

3. Die Verweilzeiten aufeinander folgender Zustandswechsel sind stochastisch unabhängig.

Dieser Prozess wird Poissonprozess genannt, weil seine Zustände – wie sich noch herausstellen wird – poissonverteilt sind. Die Annahmen zeigen, dass er die unendliche Zustandsmenge

$$\mathcal{Z} = \{0, 1, 2, \ldots\}$$

mit dem Anfangszustand

$$z_0 = 0$$

hat und seine Dynamik durch den Parameter λ bestimmt wird, der die Intensität der Exponentialverteilung der Verweilzeit angibt:

$$\boxed{\text{Poissonprozess:} \qquad \mathcal{P} = (\mathcal{Z}, \lambda, z_0)} \qquad (9.19)$$

mit

- $\mathcal{Z}$ – Zustandsmenge
- λ – Intensität der Exponentialverteilung
- z_0 – Anfangszustand.

Beschreibung des Poissonprozesses. Unter den genannten Annahmen werden jetzt Bedingungen für die Zustandswahrscheinlichkeitsverteilung

$$p_k(t) = \text{Prob}\,(Z(t) = k)$$

abgeleitet. Es wird zunächst die Wahrscheinlichkeit $p_k(t+h)$ betrachtet, mit der der Zählprozess zur Zeit $t+h$ im Zustand $Z(t) = k$ ist. Dafür gilt

$$
\begin{aligned}
p_k(t+h) &= \text{Prob}\,(Z(t+h) = k) \\
&= \text{Prob}\,(Z(t+h) = k \mid Z(t) = k) \cdot \text{Prob}\,(Z(t) = k) \\
&\quad + \text{Prob}\,(Z(t+h) = k \mid Z(t) = k-1) \cdot \text{Prob}\,(Z(t) = k-1) \\
&\quad + \text{Prob}\,(Z(t+h) = k \mid Z(t) = k-2) \cdot \text{Prob}\,(Z(t) = k-2) \\
&\quad + \text{Prob}\,(Z(t+h) = k \mid Z(t) = k-3) \cdot \text{Prob}\,(Z(t) = k-3) + \ldots \\
&= (1 - \lambda h - o(h)) p_k(t) + (\lambda h + o(h)) p_{k-1}(t) \\
&\quad + o(h) p_{k-2}(t) + o(h) p_{k-3}(t) + \ldots,
\end{aligned}
$$

wobei bei der Umformung der ersten beiden Summanden die Annahme (9.17) und bei den anderen Summanden die Annahme (9.18) verwendet wurde. Nach Zusammenfassung aller für kleine Werte von h verschwindenden Summanden zu $o(h)$ erhält man

$$p_k(t+h) - p_k(t) = -\lambda h p_k(t) + \lambda h p_{k-1}(t) + o(h),$$

nach Division durch h den Grenzwert

$$\lim_{h \to 0} \frac{p_k(t+h) - p_k(t)}{h} = -\lambda p_k(t) + \lambda p_{k-1}(t) + \lim_{h \to 0} \frac{o(h)}{h}$$

und daraus schließlich die Differenzialgleichung

$$\dot{p}_k(t) = -\lambda p_k(t) + \lambda p_{k-1}(t), \quad p_k(0) = 0, \qquad \text{für } k = 1, 2, \dots . \tag{9.20}$$

Der Punkt über p_k symbolisiert die zeitliche Ableitung:

$$\dot{p}_k(t) = \frac{\mathrm{d}p_k(t)}{\mathrm{d}t}.$$

Auf demselben Wege bekommt man für $k = 0$ die Beziehung

$$\dot{p}_0(t) = -\lambda p_0(t), \quad p_0(0) = 1, \tag{9.21}$$

die gemeinsam mit Gl. (9.20) den Poissonprozess beschreibt:

$$
\boxed{
\begin{array}{ll}
\multicolumn{2}{c}{\text{Zustandsraumdarstellung von Poissonprozessen:}} \\
\dot{p}_0(t) = -\lambda p_0(t), & p_0(0) = 1 \\
\dot{p}_k(t) = -\lambda p_k(t) + \lambda p_{k-1}(t), & p_k(0) = 0, \quad k = 1, 2, \dots
\end{array}
}
\tag{9.22}
$$

Die Anfangsbedingungen aller Differenzialgleichungen ergeben sich aus dem Anfangszustand $z_0 = 0$ des Zählprozesses.

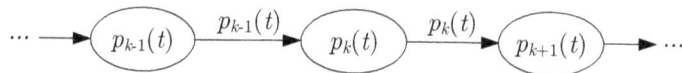

Abb. 9.15: Interpretation der Modellgleichungen des Poissonprozesses

Die Gleichungen für den Poissonprozess haben eine intuitiv eingängige Interpretation, die sich auf die schon verwendete Vorstellung von einem Wahrscheinlichkeitsfluss bezieht. Entsprechend Gl. (9.22) verändert sich die Aufenthaltswahrscheinlichkeit $p_k(t)$ im Zustand k durch einen Zufluss vom Zustand $k-1$ und einen Abfluss zum Zustand $k+1$. Diese Flüsse sind beim Poissonprozess proportional zur Aufenthaltswahrscheinlichkeit in den Zuständen, von denen die Flüsse ausgehen. Den Zufluss $v_k(t)$ zum Zustand k erhält man deshalb aus der Beziehung

$$v_k(t) = \lambda p_{k-1}(t), \quad k = 1, 2, \dots .$$

Dementsprechend beschreibt der Summand $-\lambda p_k(t)$ auf der rechten Seite von Gl. (9.20) den Abfluss $-v_{k+1}(t)$ an Wahrscheinlichkeit zum Nachfolgezustand $k+1$, der umso größer ist, je größer $p_k(t)$ ist. Durch den zweiten Summanden $\lambda p_{k-1}(t)$ wird der Zufluss $v_k(t)$ an

Wahrscheinlichkeit vom Vorgängerzustand $k-1$ beschrieben, der proportional zur dortigen Aufenthaltswahrscheinlichkeit $p_{k-1}(t)$ ist:

$$\dot{p}_k(t) = \underbrace{-\lambda p_k(t)}_{v_{k+1}(t)} + \underbrace{\lambda p_{k-1}(t)}_{v_k(t)}.$$

Lediglich im Zustand 0 gibt es nur einen Abfluss und keinen Zufluss an Wahrscheinlichkeit, weswegen die dortige Aufenthaltswahrscheinlichkeit vom Anfangswert $p_0(0) = 1$ monoton abnimmt.

Die Zustandsraumdarstellung (9.22) gilt für einen Poissonprozess mit unendlich vielen Zuständen. Wenn man diesen Prozess mit den N Zuständen $\{0, 1, ..., N-1\}$ betrachtet, so muss man in der Gleichung für den letzten Zustand den Wahrscheinlichkeitsabfluss gleich null setzen, woraus man folgende Beziehung erhält:

$$\dot{p}_{N-1}(t) = \lambda p_{N-2}(t), \quad p_{N-1}(0) = 0. \tag{9.23}$$

Für den Vergleich mit späteren Modellen sollen die Gleichungen für den Poissonprozess noch in Vektorform geschrieben werden

$$\dot{\boldsymbol{p}}(t) = \boldsymbol{Q}\boldsymbol{p}(t), \quad \boldsymbol{p}(0) = \begin{pmatrix} 1 \\ 0 \\ \vdots \\ 0 \end{pmatrix}, \tag{9.24}$$

in der die (N, N)-Matrix $\boldsymbol{Q}$ folgendes Aussehen hat:

$$\boldsymbol{Q} = \begin{pmatrix} -\lambda & 0 & 0 & ... & 0 & 0 \\ \lambda & -\lambda & 0 & ... & 0 & 0 \\ 0 & \lambda & -\lambda & ... & 0 & 0 \\ & & \ddots & \ddots & & \\ 0 & 0 & 0 & ... & -\lambda & 0 \\ 0 & 0 & 0 & ... & \lambda & 0 \end{pmatrix}. \tag{9.25}$$

Der Vektor $\dot{\boldsymbol{p}}(t)$ enthält die zeitlichen Ableitungen $\dot{p}_k(t)$ aller Aufenthaltswahrscheinlichkeiten $p_k(t)$, ($k = 0, 1, ...N-1$). Die Null im letzten Element der Hauptdiagonale entsteht durch die Verwendung der Gl. (9.23).

Verhalten des Poissonprozesses. Die Lösung der Differenzialgleichung (9.21) heißt

$$p_0(t) = \mathrm{e}^{-\lambda t}. \tag{9.26}$$

Sie ist in Abb. 9.16 als die mit $k = 0$ gekennzeichnete Kurve dargestellt. Die Wahrscheinlichkeit, dass sich der Zählprozess im Zustand $z = 0$ befindet, nimmt exponentiell mit der Zeit t ab.

Für $k \geq 0$ erhält man folgende Lösungen der Gl. (9.20)

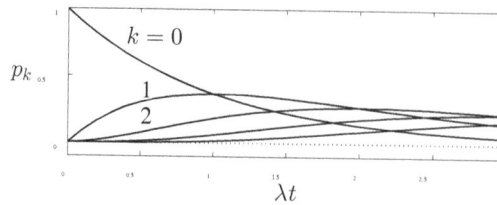

Abb. 9.16: Aufenthaltswahrscheinlichkeit $p_k(t)$, $(k = 0, 1, 2, 3, 4)$ für einen Poissonprozess mit $\lambda = 1$

$$\text{Verhalten des Poissonprozesses:} \qquad p_k(t) = \frac{(\lambda t)^k}{k!} \mathrm{e}^{-\lambda t}, \quad k = 0, 1, \ldots, \qquad (9.27)$$

die ebenfalls in Abb. 9.16 zu sehen sind. Auf der rechten Seite von Gl. (9.27) steht eine Poissonverteilung[2], die für die stochastische Variable X durch

$$\mathrm{Prob}\,(X = k) \;=\; \frac{\lambda^k}{k!}\mathrm{e}^{-\lambda} \qquad (9.28)$$

definiert ist und die dem hier betrachteten Prozess seinen Namen gegeben hat.

Es ist einsichtig, dass die Aufenthaltswahrscheinlichkeit des Zählprozesses im Zustand $z(t) = k > 0$ beginnend im Wert null zunächst zunimmt, weil der Prozess vor dem Zustand k erst die Zustände 1, 2,..., $k - 1$ annehmen muss, und später wieder abnimmt, weil der Zählprozess in die Nachfolgezustände $k + 1, k + 2,...$ übergeht. Wie Abb. 9.16 zeigt, steigen die Kurven für zunehmendes k immer flacher an und erreichen immer später ihr Maximum.

Man kann schnell nachrechnen, dass bei diesem Modell die Eigenschaft der Wahrscheinlichkeitsverteilung

$$\sum_{k=0}^{\infty} \mathrm{Prob}\,(Z(t) = k) \;=\; \sum_{k=0}^{\infty} p_k(t) = 1$$

für alle Zeiten t eingehalten wird, denn diese Beziehung gilt für den Anfangswert $p_k(0)$ und die Gesamtänderung der Aufenthaltswahrscheinlichkeiten verschwindet:

$$\sum_{k=0}^{\infty} \dot{p}_k(t) = -\lambda p_0(t) + \sum_{k=1}^{\infty} (-\lambda p_k(t) + \lambda p_{k-1}(t)) = 0.$$

Diese Eigenschaften gelten auch, wenn man den Poissonprozess mit N Zuständen betrachtet und dabei mit dem Zustandsraummodell (9.22) und Gl. (9.23) arbeitet.

Eine wichtige Größe, die das Verhalten des Poissonprozesses beschreibt, ist der Erwartungswert $E(Z(t))$, der aussagt, wie sich der Zustand im Mittel zeitlich ändert. Es ist klar, dass sich der Wert des Zustands monoton erhöht. Außerdem kann man erwarten, dass diese Erhöhung im Mittel gleichmäßig ausfällt, denn aufgrund des stochastischen Einflusses unterscheiden sich die Verweilzeiten zwar untereinander, aber die Schwankungen liegen um einen Mittelwert. Deshalb ist es naheliegend, für den Erwartungswert eine Beziehung der Form

---

[2] benannt nach SIMEON DENIS POISSON (1781–1840), französischer Mathematiker

$$E(Z(t)) = c\,t$$

zu vermuten, bei der c eine noch zu bestimmtende Konstante darstellt.

Wie die folgende Rechnung ergibt, ist diese Vermutung richtig. Aus dem Verhalten (9.27) des Poissonprozesses erhält man

$$
\begin{aligned}
E(Z(t)) &= \sum_{k=0}^{\infty} k \cdot \mathrm{Prob}\,(Z(t) = k) \\
&= \sum_{k=0}^{\infty} k p_k(t) \\
&= \sum_{k=0}^{\infty} k \frac{(\lambda t)^k}{k!} \mathrm{e}^{-\lambda t} \\
&= \lambda t \sum_{k=1}^{\infty} \frac{(\lambda t)^k}{k!} \mathrm{e}^{-\lambda t}
\end{aligned}
$$

und schließlich

$$E(Z(t)) = \lambda t. \tag{9.29}$$

Im Mittel steigt der Zustand linear mit der Zeit an, wobei λ als Proportionalitätsfaktor auftritt.

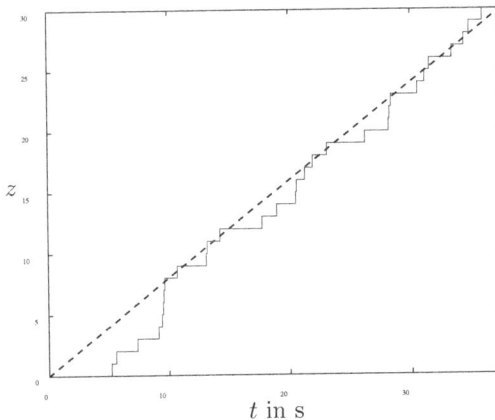

Abb. 9.17: Realisierung eines Poissonprozesses

Abbildung 9.17 zeigt eine Realisierung eines Poissonprozesses für $\lambda = 0{,}8\,\frac{1}{\mathrm{s}}$. Der Zustand z ist über der Zeit t aufgetragen. Die gestrichelte Linie kennzeichnet den Mittelwert λt. Da es sich um einen stochastischen Prozess handelt, sind die Übergangszeiten von einem Zustand zum nächsten stochastisch verteilt, so dass der Mittelwert nur eine Approximation des Zustandsverlaufes über der Zeit angibt. Wären die Übergangszeiten deterministisch, so würde sich der Zustand alle 1,25 s ändern und der Mittelwert wäre eine sehr genaue Beschreibung des Prozessverhaltens.

Konsequenzen für die Verweilzeit. Ausführlich geschrieben lautet Gl. (9.26)

$$\mathrm{Prob}\,(Z(t) = 0) \;=\; \mathrm{e}^{-\lambda t}.$$

Für die Verweilzeit $\tau(0)$ im Zustand 0 erhält man entsprechend Gln. (9.15) und (9.16) daraus die Beziehungen

$$\mathrm{Prob}\,(\tau_{\mathrm{p}}(0) > t) \;=\; \mathrm{e}^{-\lambda t}$$

und die Verteilungsfunktion $F_{\tau 0}(t)$

$$F_{\tau 0}(t) = \mathrm{Prob}\,(\tau_{\mathrm{p}}(0) \le t) = 1 - \mathrm{e}^{-\lambda t}. \tag{9.30}$$

Dies führt auf die Wahrscheinlichkeitsdichtefunktion $f_{\tau 0}(t)$ der Verweilzeit $\tau_{\mathrm{p}}(0)$

$$f_{\tau 0}(t) \;=\; \lim_{h \to 0} \frac{\mathrm{Prob}\,(\tau_{\mathrm{p}}(0) \le t + h) - \mathrm{Prob}\,(\tau_{\mathrm{p}}(0) \le t)}{h} = \frac{\mathrm{d}}{\mathrm{d}t}\left(1 - \mathrm{e}^{-\lambda t}\right)$$

und

$$f_{\tau 0}(t) = \lambda \mathrm{e}^{-\lambda t}. \tag{9.31}$$

Die letzte Gleichung beschreibt die Wahrscheinlichkeitsdichte einer Exponentialverteilung mit der Intensität λ. Unter den am Beginn dieses Abschnitts angegebenen drei Annahmen ist also die Verweilzeit im Zustand $z = 0$ exponentialverteilt.

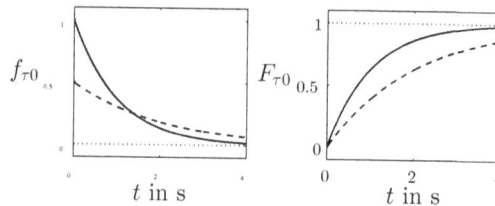

Abb. 9.18: Wahrscheinlichkeitsdichte (links) und Verteilungsfunktion (rechts) einer Exponentialverteilung für $\lambda = 1$ (durchgezogene Linie) und $\lambda = 0{,}5$ (gestrichelte Linie)

Wie sich bald herausstellen wird, ist die Verweilzeit in allen Zuständen exponentialverteilt, so dass allgemein geschrieben werden kann:

$$\boxed{\begin{array}{l} \text{Exponentialverteilung der Verweilzeit } \tau_{\mathrm{p}}(k): \\[4pt] \qquad f_\tau(\tau) = \lambda \mathrm{e}^{-\lambda\tau}. \end{array}} \tag{9.32}$$

Da dies für alle Zustände gilt, wurde bei der Bezeichnung der Dichtefunktion der Index 0 weggelassen. Als Argument wird jetzt τ geschrieben, weil die Dichtefunktion die Verweilzeit betrifft und nicht die Absolutzeit t des nächsten Zustandsüberganges. Für den ersten Zustandswechsel stimmen die Verweilzeit $\tau(0)$ und die Absolutzeit t überein, wie es das Argument t der Funktion $f_{\tau 0}(t)$ verdeutlicht. Gleichung (9.30) stellt die zugehörige Verteilungsfunktion dar. Zwei Beispiele für diese Funktionen sind in Abb. 9.18 dargestellt.

Es ist aus der Definition der Verweilzeit $\tau(k)$ klar, dass es keine negativen Verweilzeiten geben kann und folglich die Dichtefunktion $f_\tau(\tau)$ für $\tau < 0$ verschwindet, so dass man Gl. (9.32) genauer als

$$f_\tau(\tau) = \begin{cases} \lambda e^{-\lambda \tau} & \text{für } \tau \geq 0 \\ 0 & \text{sonst} \end{cases}$$

schreiben kann. Im Folgenden wird jedoch mit der vereinfachten Schreibweise (9.32) gearbeitet.

Interpretation der Gln. (9.20) und (9.21). Die Gln. (9.20), (9.21) sind Differenzialgleichungen erster Ordnung für die Aufenthaltswahrscheinlichkeiten $p_k(t)$ des Zählprozesses in den Zuständen $k = 0, 1, 2, \ldots$. Dabei hängt die Wahrscheinlichkeit $p_k(t)$ für den k-ten Zustand nur von der Wahrscheinlichkeit $p_{k-1}(t)$ des $(k-1)$-ten Zustands ab, nicht von weiter zurückliegenden Zuständen $k - l$, $(l = 2, 3, \ldots)$. Diese Tatsache ist ein Ausdruck für die Markoveigenschaft des Zählprozesses, die aus der Annahme 3 resultiert, derzufolge die Zustandsübergänge in nicht überlappenden Zeitintervallen unabhängig voneinander sind und folglich die Teilfolge $T(0 \ldots t_e)$ der Ereigniszeitpunkte keinen Einfluss auf die anschließende Teilfolge $T(t_e \ldots t_{e2})$ hat.

Bemerkenswert ist ferner, dass mit diesen Gleichungen das Verhalten eines ereignisdiskreten Systems durch ein Modell beschrieben wird, das für wertkontinuierliche Systeme typisch ist. Es kann als das Modell einer Reihenschaltung von Teilsystemen erster Ordnung interpretiert werden, deren Ausgangsgrößen die Aufenthaltswahrscheinlichkeiten $p_k(t)$ sind (Abb. 9.19).

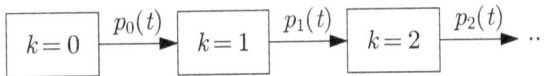

Abb. 9.19: Interpretation der Gln. (9.20), (9.21) als Modell einer Reihenschaltung von Teilsystemen erster Ordnung

Diese Interpretation klärt, warum sich in den Lösungen der Differenzialgleichungen (9.20) für $k \geq 1$ die Exponentialverteilung der Verweilzeit nicht unmittelbar widerspiegelt. Während der Zustand $z = 0$ zur Zeit $t = 0$ mit der Wahrscheinlichkeit eins angenommen ist und sich die Aufenthaltswahrscheinlichkeit in diesem Zustand nur durch den Abfluss an Wahrscheinlichkeit zum Zustand 1 verkleinert, verändert sich die Aufenthaltswahrscheinlichkeit des Zählprozesses in allen anderen Zuständen k unter zwei Einflüssen, nämlich dem Zufluss von Wahrscheinlichkeit durch den Zustandsübergang $k - 1 \rightarrow k$ und durch den Abfluss von Wahrscheinlichkeit durch den Zustandsübergang $k \rightarrow k + 1$. Da die Aufenthaltswahrscheinlichkeit in allen Zuständen $z \geq 1$ zur Zeit $t = 0$ gleich null ist, muss diese Wahrscheinlichkeit zunächst ansteigen.

Dennoch erkennt man die Exponentialverteilung der Verweilzeit, wenn man die Modellgleichungen umschreibt. Die in Abb. 9.19 gezeigten Teilsysteme lassen sich nämlich in einer zur Differenzialgleichung (9.20) äquivalenten Weise als Faltungsintegral

Faltungsdarstellung von Possionprozessen:

$$p_0(t) = 1 - \int_0^t f_\tau(\tau) \, d\tau = e^{-\lambda t}$$

$$p_k(t) = f_\tau * p_{k-1} = \int_0^t f_\tau(\tau) \, p_{k-1}(t - \tau) \, d\tau, \quad k \geq 1 \left.\right\} \quad \text{mit } f_\tau(\tau) = \lambda e^{-\lambda \tau}, \tag{9.33}$$

schreiben, wobei $f_\tau(\tau)$ wieder die Dichtefunktion der Exponentialverteilung aus Gl. (9.32) ist. Diese Umformung ist in der Theorie kontinuierlicher Systeme geläufig, wobei dort die Funktion $f_\tau(\tau)$ als Gewichtsfunktion (oder Impulsantwort) des betreffenden Teilsystems bezeichnet wird (vgl. Anhang 3). In der in Abb. 9.19 gezeigten Reihenschaltung hat jedes Teilsystem dieselbe Gewichtsfunktion. Auch $p_0(t)$ kann in Abhängigkeit von $f_\tau(\tau)$ dargestellt werden. Von der Richtigkeit der Umformung kann man sich überzeugen, indem man die Gl. (9.33) für $k = 0, 1, \ldots$ löst, wobei man die Beziehung (9.27) erhält (Aufgabe 9.9).

Der Stern im mittleren Teil der Gl. (9.33) bezeichnet die Faltung der Funktionen $f_\tau(\tau)$ und $p_{k-1}(t)$, deren Bedeutung durch das rechts stehende Integral definiert wird. Der Integrand ist das Produkt aus der Wahrscheinlichkeit, dass sich der Prozess zur Zeit $t - \tau$ im Zustand $k - 1$ befunden hat, und der Dichte der Wahrscheinlichkeit, dass der Prozess die Verweilzeit τ in diesem Zustand hat und folglich zum Zeitpunkt t in den Zustand k gewechselt hat.

Dieses Integral zeigt, dass der Wert der Faltungsoperation $f_\tau * p_{k-1}$ zur Zeit t vom Verlauf der beiden Funktionen $f_\tau(\tau)$ und $p_{k-1}(t)$ im Intervall $[0, t]$ abhängt und nicht etwa nur von den Funktionswerten zur Zeit t. Die Faltung wird deshalb in der Form $f_\tau * p_{k-1}$ geschrieben und nicht als $f_\tau(t) * p_{k-1}(t)$, weil die zweite Darstellung den Trugschluss zulässt, dass der Wert der Faltung aus den Funktionswerten zur Zeit t entstünde.

Gleichung (9.33) zeigt, dass die Verweilzeit in allen Zuständen exponentialverteilt ist, denn die Dichtefunktion $f_\tau(\tau)$ der Exponentialverteilung (9.32) tritt einheitlich in der Beschreibung aller Aufenthaltswahrscheinlichkeiten auf.

Übergangsrate. Eine wichtige Kenngröße für das Zeitverhalten ereignisdiskreter Systeme ist die Übergangsrate, die die „Geschwindigkeit" beschreibt, mit der die Wahrscheinlichkeit vom Zustand k in den Zustand $k + 1$ abfließt. Dafür betrachtet man ein kurzes Zeitintervall $[t, t + h]$, wobei sich der Prozess bereits seit der Zeit $t(k) = t - \tau_e$ im Zustand k befinden soll, und untersucht die Wahrscheinlichkeit, dass der Prozess zum Zeitpunkt $t + h$ in den Zustand $k + 1$ übergegangen ist. Die Übergangsrate $q_{k+1,k}$ ist der Grenzwert für $h \to 0$:

$$q_{k+1,k} = \lim_{h \to 0} \frac{\text{Prob}\,(Z(t + h) = k + 1 \mid Z(t) = k)}{h}. \tag{9.34}$$

Für den Poissonprozess erhält man aus der Annahme (9.17) die Beziehung

Übergangsrate des Poissonprozesses:

$$q_{k+1,k} = \lambda, \quad k = 0, 1, 2, \ldots \tag{9.35}$$

Im Vergleich zu den später betrachteten Prozessen ist bemerkenswert, dass der Poissonprozess eine konstante Übergangsrate besitzt, die gleich der Intensität λ der Exponentialverteilung der Verweilzeit ist.

Die Übergangsrate besagt, dass pro Zeiteinheit der konstante Anteil λ der Aufenthaltswahrscheinlichkeit im Zustand k an den Zustand $k+1$ abfließt. Dies entspricht dem Betrag $\lambda p_k(t)$ des in Abb. 9.15 vom Zustand k zum Zustand $k+1$ eingetragenen Wahrscheinlichkeitsflusses. Dabei muss man beachten, dass die Änderungen $\dot{p}_k(t)$ und $\dot{p}_{k+1}(t)$ der Wahrscheinlichkeiten der Zustände k und $k+1$ außer von diesem Wahrscheinlichkeitsfluss auch noch vom Zufluss $\lambda p_{k-1}(t)$ zum Zustand k und vom Abfluss $\lambda p_{k+1}(t)$ zum Zustand $k+2$ beeinflusst und deshalb nicht allein durch $\lambda p_k(t)$ bestimmt werden.

Analyse der Folge der Verweilzeiten. Die Eigenschaft des Poissonprozesses, dass die Verweilzeiten exponentialverteilt sind, betrifft die lokale Betrachtungsweise, bei der ein einzelner Zustandsübergang untersucht wird und Aussagen über die Verweilzeit im aktuellen Zustand gemacht werden. Der Poissonprozess hat noch eine weitere Eigenschaft, die man bei einer globalen Sicht auf einen Punktprozess erkennt, bei der man die Folge

$$T(0...t_e) = (T(0), T(1), T(2), ..., T(k_e))$$

von Ereigniszeitpunkten untersucht. Man kann zeigen, dass die Zufallsvariablen $T(0)$, $T(1)$, $T(2)$,..., $T(k_e)$ über dem Zeitintervall $[0, t_e]$ gleichverteilt sind, wobei in diesem Intervall entsprechend Gl. (9.29) im Mittel

$$k_e = \frac{t_e}{\lambda}$$

Ereigniszeitpunkte betrachtet. Eine Realisierung eines Poissonprozesses kann man also auch dadurch erhalten, dass man über dem betrachteten Zeitintervall gleichverteilte Zufallsvariablen erzeugt, diese der Größe nach sortiert und dann als eine Realisierung der Folge $T(0...t_e)$ interpretiert.

Der Poissonprozess ist damit ein gutes Modell für viele technische Anwendungen, bei denen man – zumindest über ein begrenztes Zeitintervall – von einer zwar stochastisch verteilten, jedoch im Wesentlichen gleichmäßigen Folge von Anforderungen bzw. Aufträgen ausgehen kann. So kann der Poissonprozess als Modell für die Auslastung eines Servers verwendet werden, der auf einen im Mittel gleichmäßigen Strom von Anfragen zu reagieren hat. Die Anzahl der beantworteten Anfragen steigt im Mittel linear mit der Zeit, weicht aber durch stochastische Einflüsse von diesem Mittelwert ab, wie es in Abb. 9.17 für ein Beispiel gezeigt ist.

Aufgabe 9.8 *Verhalten eines digitalen Übertragungsnetzes*

Über ein digitales Kommunikationsnetz werden Datenpakete übertragen, wobei das Netzwerkprotokoll die Datenrate, mit der die Knoten senden, der Netzbelastung anpasst. Nehmen Sie an, dass die Ankunft der Pakete am Empfängerknoten über längere Zeit als Poissonprozess mit der Übergangsrate $\lambda = 100\frac{1}{s}$ beschrieben werden kann. Wie lange dauert es, bis 1000 Datenpakete mit einer Wahrscheinlichkeit von mehr als 95 Prozent übertragen wurden? □

Aufgabe 9.9 *Modelle des Poissonprozesses*

Zeigen Sie, dass die beiden Modelle (9.20) und (9.33) äquivalent sind. □

Aufgabe 9.10*   *Erzeugung einer Exponentialverteilung*

Um das Verhalten von Poissonprozessen durch Simulationsrechnungen veranschaulichen zu können, braucht man ein Programm zur Erzeugung exponentialverteilter Zeiten. Programmsysteme wie MAT-LAB enthalten jedoch nur Zufallsgeneratoren, die gleichverteilte Zahlen in einem angegebenen Intervall, beispielsweise im Intervall $[0, 1]$ liefern. Man kann sich dann so helfen, dass man mit diesem Zufallsgenerator gleichverteilte Werte für die Zufallsvariable X erzeugt und die erhaltenen Werte in die Zufallszahl

$$Y = -\frac{1}{\lambda} \cdot \ln X$$

umrechnet, wobei λ die Intensität der Exponentialverteilung bezeichnet.

Zeigen Sie durch Berechnung der Verteilungsfunktion F_Y, dass dabei tatsächlich exponentialverteilte Zufallszahlen Y entstehen. □

9.3.3 Markoveigenschaft des Poissonprozesses

Im Folgenden wird die Frage behandelt, wie bei der entsprechend Gl. (9.32) exponentialverteilten Verweilzeit $\tau(0)$ die verbleibende Verweilzeit $\tau_r(0)$ des Zählprozesses im Zustand 0 von der bereits abgelaufenen Verweilzeit $\tau_e(0)$ abhängt. Dafür wird die Wahrscheinlichkeit $\mathrm{Prob}\,(\tau_p(0) \leq \Delta t)$, dass der Zustandswechsel $0 \rightarrow 1$ im Zeitintervall $[0, \Delta t]$ erfolgt, mit der Wahrscheinlichkeit

$$\mathrm{Prob}\,(t_0 \leq \tau_p(0) \leq t_0 + \Delta t \mid \tau_p(0) \geq t_0)$$

verglichen, dass derselbe Zustandswechsel im Zeitintervall $[t_0, t_0 + \Delta t]$ mit $t_0 \geq 0$ eintritt. Die beiden betrachteten Zeitintervalle sind gleich groß (Abb. 9.20). Die zweite Wahrscheinlichkeit wird unter der Bedingung berechnet, dass sich der Prozess zum Zeitpunkt t_0 noch im Zustand 0 befindet.

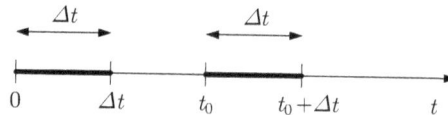

Abb. 9.20: Zeitintervalle, die beim Nachweis der Markoveigenschaft der Exponentialverteilung betrachtet werden

Für die erste Wahrscheinlichkeit gilt entsprechend Gl. (9.30)

$$\mathrm{Prob}\,(\tau_p(0) \leq \Delta t) = 1 - e^{-\lambda \Delta t}.$$

Die zweite Wahrscheinlichkeit kann in der Form

$$\mathrm{Prob}\,(t_0 \leq \tau_p(0) \leq t_0 + \Delta t \mid \tau_p(0) \geq t_0) = \frac{\mathrm{Prob}\,(t_0 \leq \tau_p(0) \leq t_0 + \Delta t,\ \tau_p(0) \geq t_0)}{\mathrm{Prob}\,(\tau_p(0) \geq t_0)}$$

$$= \frac{\mathrm{Prob}\,(t_0 \leq \tau_p(0) \leq t_0 + \Delta t)}{\mathrm{Prob}\,(\tau_p(0) \geq t_0)} \tag{9.36}$$

$$= \frac{\int_{t_0}^{t_0+\Delta t} f_{\tau 0}(t)\,dt}{\int_{t_0}^{\infty} f_{\tau 0}(t)\,dt} \tag{9.37}$$

dargestellt werden, wobei die Verbundwahrscheinlichkeit im Zähler wie in der zweiten Zeile geschrieben werden kann, weil die zusätzliche zweite Bedingung in der ersten Ungleichung enthalten ist. Mit Hilfe von Gl. (9.32) erhält man daraus

$$\text{Prob}\,(t_0 \le \tau_{\mathrm{p}}(0) \le t_0 + \Delta t \mid \tau_{\mathrm{p}}(0) \ge t_0) = \frac{\int_{t_0}^{t_0+\Delta t} \lambda e^{-\lambda t}\,dt}{\int_{t_0}^{\infty} \lambda e^{-\lambda t}\,dt}$$

$$= \frac{e^{-\lambda t_0} - e^{-\lambda(t_0+\Delta t)}}{e^{-\lambda t_0}}$$

$$= 1 - e^{-\lambda \Delta t}.$$

Die zu vergleichenden Wahrscheinlichkeiten sind also gleich groß. Das heißt, dass es genauso wahrscheinlich ist, dass der Zählprozess im Zeitintervall $[0, \Delta t]$ in den Zustand 1 übergeht bzw. dass dieser Zustandswechsel in einem um t_0 verschobenen Zeitintervall stattfindet (Abb. 9.20), wobei im zweiten Fall vorausgesetzt wird, dass der Zustandsübergang $0 \to 1$ nicht bereits vor der Zeit t_0 erfolgt ist.

Da die Exponentialverteilung $f_\tau(\tau)$ der Verweilzeit nicht nur den ersten, sondern alle Zustandsübergänge bestimmt, gilt die hier abgeleitete Eigenschaft für alle Zustandsübergänge und kann deshalb in folgender Form zusammengefasst werden:

Markoveigenschaft des Poissonprozesses: Die Wahrscheinlichkeit dafür, dass der Poissonprozess innerhalb eines Zeitintervalls der Länge Δt vom Zustand k in den Zustand $k+1$ übergeht, ist unabhängig davon, wie lange er sich bereits im Zustand k befindet:

$$\text{Prob}\,(\tau_{\mathrm{p}}(k) \le \Delta t) = \text{Prob}\,(t_0 \le \tau_{\mathrm{p}}(k) \le t_0 + \Delta t \mid \tau_{\mathrm{p}}(k) \ge t_0), \qquad t_0 \ge 0. \tag{9.38}$$

Diese Aussage ist auf den ersten Blick möglicherweise etwas schwer zu verstehen, denn man vergleicht intuitiv die Wahrscheinlichkeiten, mit der der Zählprozess den Zustandswechsel $k \to k+1$ in einem Zeitintervall der Länge Δt unmittelbar nach dem Zustandswechsel $k-1 \to k$ ausführt, mit der Wahrscheinlichkeit, dass derselbe Zustandswechsel t_0 Zeiteinheiten später stattfindet, und erwartet dabei richtigerweise, dass die zweite Wahrscheinlichkeit kleiner ist als die erste. Dies ist aber nicht der bei der Markoveigenschaft durchgeführte Vergleich. Auf der rechten Seite von Gl. (9.38) steht nämlich nicht die Wahrscheinlichkeit, mit der der Zählprozess im Zeitintervall $[t_0, t_0 + \Delta t]$ den Zustandswechsel $k \to k+1$ ausführt, sondern die bedingte Wahrscheinlichkeit (9.36).

Interpretation. Was dies bedeutet, kann man sich am besten dadurch veranschaulichen, dass man nicht einen, sondern N parallele Zählprozesse betrachtet und die betrachteten Wahrscheinlichkeiten durch die entsprechenden relativen Häufigkeiten annähert, was für eine große Zahl N sinnvoll ist.

Zunächst wird untersucht, wie viele Zählprozesse im Zeitintervall $[0, \Delta t]$ in den Zustand 1 wechseln. Die Anzahl dieser Zählprozesse beträgt

$$N \cdot \mathrm{Prob}\,(\tau(0) \le \Delta t) = N \cdot (1 - \mathrm{e}^{-\lambda \Delta t}).$$

Bezogen auf die Anzahl N der Zählprozesse, die zum Zeitpunkt $t = 0$ im Zustand 0 waren, ist dies der $(1 - \mathrm{e}^{-\lambda \Delta t})$-te Teil.

Jetzt wird das Zeitintervall $[t_0, t_0 + \Delta t]$ betrachtet. Zu Beginn dieses Intervalls befinden sich noch

$$N \cdot \mathrm{Prob}\,(\tau(0) > t_0) = N - N \cdot \mathrm{Prob}\,(\tau(0) \le t_0) = N - N \cdot (1 - \mathrm{e}^{-\lambda t_0}) = N\mathrm{e}^{-\lambda t_0}$$

Zählprozesse im Zustand 0, nach Ablauf des Zeitintervalls sind es noch

$$N \cdot \mathrm{Prob}\,(\tau(0) > t_0 + \Delta t) = N \cdot \mathrm{e}^{-\lambda(t_0 + \Delta t)}$$

Zählprozesse. Der Anteil derjenigen Prozesse, die innerhalb des betrachteten Zeitintervalls den Zustandswechsel ausgeführt haben, an der Gesamtzahl der Prozesse, die sich zur Zeit $t = t_0$ noch im Zustand 0 befunden haben, beträgt also

$$\frac{N \cdot \mathrm{e}^{-\lambda t_0} - N \cdot \mathrm{e}^{-\lambda(t_0 + \Delta t)}}{N \cdot \mathrm{e}^{-\lambda t_0}} = (1 - \mathrm{e}^{-\lambda \Delta t}).$$

Er ist genauso groß wie der Anteil der Prozesse, die im ersten Zeitintervall den Zustand gewechselt haben. Die Markoveigenschaft besagt also, dass in jedem Zeitintervall einer vorgegebenen Länge derselbe *Anteil* von Zählprozessen seinen Zustand wechselt.

Die Markoveigenschaft hat die wichtige Konsequenz, dass man keine Uhr benötigt, um zu entscheiden, bei wie vielen Zählprozessen in einem bestimmten Zeitintervall der Zustandswechsel auftritt bzw. – um auf die ursprüngliche Überlegung zurückzukommen – mit welcher Wahrscheinlichkeit ein Zählprozess den Zustand wechselt, denn für die Beantwortung dieser Frage ist es gleichgültig, wie lange sich der Zählprozess schon im aktuellen Zustand befinden. In dieser Beziehung unterscheiden sich die im Abschn. 9.3.5 behandelten Punktprozesse mit anderer Verteilung der Verweilzeit grundlegend von Poissonprozessen. Dort hängt die Übergangsrate von der abgelaufenen Verweilzeit τ_e ab.

Markoveigenschaft und Exponentialverteilung. Die Markoveigenschaft resultiert aus der Exponentialverteilung der Verweilzeit. Warum dies so ist, soll jetzt diskutiert werden, wobei eine grafische Veranschaulichung einem Beweis vorgezogen wird.

Die Markoveigenschaft wurde aus der Faltungsdarstellung (9.33) des Poissonprozesses hergeleitet, die fordert, dass die Funktion $f_\tau(\tau)$ die in Gl. (9.33) rechts angegebene Exponentialfunktion ist. Man kann dieselben Modellgleichungen auch für andere Dichtefunktionen $f_\tau(\tau)$ verwenden, wie Abschn. 9.3.5 zeigen wird. Dass man dabei aber die Markoveigenschaft des Prozesses verliert, weil es keine andere Funktion als die Exponentialfunktion

$$f_\tau(\tau) = \lambda \mathrm{e}^{-\lambda \tau} \tag{9.39}$$

gibt, für die der durch Gl. (9.33) beschriebene Prozess ebenfalls die Markoveigenschaft hat, kann man aus der folgenden Analyse erkennen.

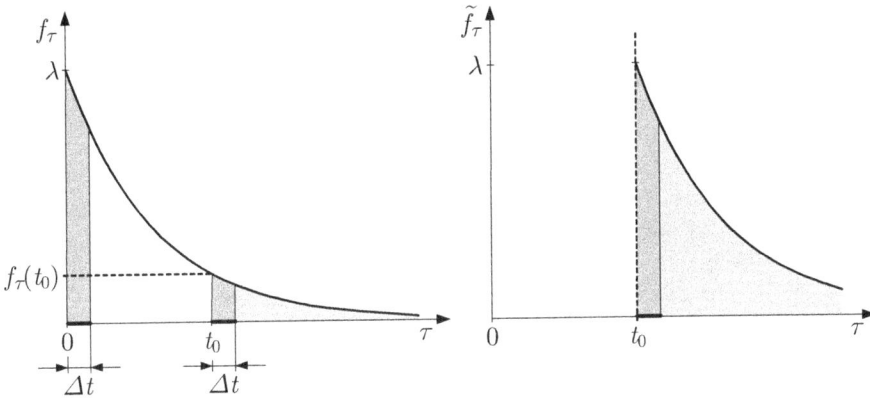

Abb. 9.21: Markoveigenschaft der Exponentialverteilung der Verweilzeit

Die in Gl. (9.38) für die Markoveigenschaft rechts stehende bedingte Wahrscheinlichkeit kann entsprechend Gl. (9.37) in der Form

$$\text{Prob}\left(t_0 \leq \tau_{\mathrm{p}}(k) \leq t_0 + \Delta t \mid \tau_{\mathrm{p}}(k) \geq t_0\right) = \frac{\int_{t_0}^{t_0+\Delta t} f_\tau(\tau)\,\mathrm{d}\tau}{\int_{t_0}^{\infty} f_\tau(\tau)\,\mathrm{d}\tau} \qquad (9.40)$$

geschrieben werden, woraus man für $t_0 = 0$ die Beziehung

$$\text{Prob}\left(0 \leq \tau_{\mathrm{p}}(k) \leq \Delta t\right) = \text{Prob}\left(0 \leq \tau_{\mathrm{p}}(k) \leq \Delta t \mid \tau_{\mathrm{p}}(k) \geq 0\right) = \frac{\int_0^{\Delta t} f_\tau(\tau)\,\mathrm{d}\tau}{\int_0^{\infty} f_\tau(\tau)\,\mathrm{d}\tau} \qquad (9.41)$$

für die linke Seite von Gl. (9.38) erhält. Die Wahrscheinlichkeit $\text{Prob}\left(0 \leq \tau_{\mathrm{p}}(k) \leq \Delta t\right)$ wird entsprechend Gl. (9.41) durch die im linken Teil von Abb. 9.21 gezeigte dunkle Fläche dargestellt, die durch das Zeitintervall $[0, \Delta t]$ und die Exponentialfunktion in diesem Zeitintervall begrenzt ist. Diese Fläche wird auf die Gesamtfläche unter der gezeigten Exponentialfunktion bezogen, die den Wert eins hat. Die Wahrscheinlichkeit $\text{Prob}\left(t_0 \leq \tau_{\mathrm{p}}(k) \leq t_0 + \Delta t \mid \tau_{\mathrm{p}}(k) \geq t_0\right)$ wird durch die zweite dunkle Fläche, die über dem Zeitintervall $[t_0, t_0 + \Delta t]$ liegt, bestimmt, wobei diese auf die hell gekennzeichnete Fläche unter der Exponentialfunktion bezogen wird. Die Markoveigenschaft besagt, dass beide Quotienten gleich groß sind und dass diese Aussage für beliebige Zeit t_0 und Intervallbreite Δt gilt.

Diese Interpretation lässt erkennen, dass die Markoveigenschaft sehr strenge Forderungen an den Verlauf der Funktion $f_\tau(\tau)$ stellt. Der betrachtete Quotient

$$\frac{\int_{t_0}^{t_0+\Delta t} f_\tau(\tau)\,\mathrm{d}\tau}{\int_{t_0}^{\infty} f_\tau(\tau)\,\mathrm{d}\tau} = \frac{\int_0^{\Delta t} f_\tau(\tau)\,\mathrm{d}\tau}{\int_0^{\infty} f_\tau(\tau)\,\mathrm{d}\tau} = \text{konst.}$$

muss von t_0 unabhängig sein, was durch die Angabe „konst." in der letzten Gleichung zum Ausdruck gebracht wird. Bezieht man die Dichtefunktion $f_\tau(\tau)$ für das Zeitintervall $[t_0, \infty)$ auf die Fläche $\int_{t_0}^{\infty} f_\tau(\tau)\,\mathrm{d}\tau$ unter der Kurve für $f_\tau(\tau)$, so erhält man eine neue Funktion

$$\tilde{f}_\tau(\tau) = \frac{f_\tau(\tau)}{\int_{t_0}^{\infty} f_\tau(\tau)\, d\tau},$$

die für das betrachtete Intervall genau denselben Verlauf wie die Originalfunktion $f_\tau(\tau)$ für das Zeitintervall $[0, \infty)$ haben muss. Im rechten Teil von Abb. 9.21 ist die Funktion $\tilde{f}_\tau$ dargestellt, die die Verteilungsdichte der verbleibenden Verweilzeit beschreibt. Der Verlauf der Funktion muss mit dem des linken Teils übereinstimmen, wenn man die Kurve auf der Zeitachse um $-t_0$ verschiebt. Dies ist offensichtlich eine sehr einschränkende Forderung an f_τ. Tatsächlich kann man nachweisen, dass die Exponentialfunktion (9.39) die einzige Funktion ist, die diese Bedingung erfüllt. Deshalb besitzen nur Prozesse mit exponentialverteilter Verweildauer die Markoveigenschaft.

Erweiterung der Markoveigenschaft auf alle Zustandsübergänge. Die bisherigen Betrachtungen bezogen sich ausschließlich auf den Zustandsübergang $0 \to 1$, für den die Exponentialverteilung der Verweilzeit direkt aus der Lösung (9.26) der ersten Modellgleichung des Poissonprozesses abgelesen werden konnte. Für die anderen Zustände sind die Verhältnisse nicht so offensichtlich, weil sich die dortige Aufenthaltswahrscheinlichkeit entsprechend Abb. 9.15 unter dem Einfluss zu- und abfließender Wahrscheinlichkeiten verändert. Wie der erste Summand $-\lambda p_k(t)$ auf der rechten Seite von Gl. (9.22) zeigt, ist aber auch für diese Zustände der Abfluss an Wahrscheinlichkeit zum Nachfolgezustand proportional zur Aufenthaltswahrscheinlichkeit $p_k(t)$, wobei der Proportionalitätsfaktor auch hier gleich λ ist. Alles für den Zustandsübergang $0 \to 1$ Gesagte gilt deshalb auch für alle anderen Zustandsübergänge $k \to k+1$, $(k = 1, 2, ...)$. Insbesondere ist auch für diese Zustandsübergänge die Übergangsrate konstant und gleich λ.

9.3.4 Punktprozesse mit zustandsabhängigen Übergangsraten

Die Markoveigenschaft und damit die einfache Beschreibung (9.22) von Poissonprozessen bleiben erhalten, wenn die Übergangsrate $q_{k+1,k}$ nicht für alle Zustandsübergänge gleich, sondern vom Zustand k abhängig ist. Sie wird dann mit $q_{k+1,k} = \lambda_k$ bezeichnet. Wichtig ist, dass der Punktprozess weiterhin konstante Übergangsraten besitzt. Die Differenzialgleichungen erhalten damit die Form

---

Zustandsraumdarstellung von Punktprozessen mit zustandsabhängigen Übergangsraten:

$$\dot{p}_0(t) = -\lambda_0 p_0(t), \qquad\qquad p_0(0) = 1$$
$$\dot{p}_k(t) = -\lambda_k p_k(t) + \lambda_{k-1} p_{k-1}(t), \quad p_k(0) = 0, \quad k = 1, 2, ...$$

$$(9.42)$$

In der Zusammenfassung dieser Gleichungen als Vektordifferenzialgleichung

$$\dot{p}(t) = Q p(t), \quad p(0) = \begin{pmatrix} 1 \\ 0 \\ \vdots \\ 0 \end{pmatrix}$$

steht für einen Prozess mit N Zuständen die Matrix

$$Q = \begin{pmatrix} -\lambda_0 & 0 & 0 & \dots & 0 \\ \lambda_0 & -\lambda_1 & 0 & \dots & 0 \\ 0 & \lambda_1 & -\lambda_2 & \dots & 0 \\ & & \ddots & \ddots & \\ 0 & 0 & 0 & \dots & 0 \end{pmatrix},$$ (9.43)

in der die Null im letzten Hauptdiagonalelement wiederum aus der Betrachtung einer endlichen Anzahl von Zuständen resultiert.

Den Verlauf der Aufenthaltswahrscheinlichkeiten erhält man durch sukzessive Lösung der Differenzialgleichungen (9.42):

$$p_0(t) = e^{-\lambda_0 t}$$

$$p_1(t) = \frac{\lambda_0}{\lambda_1 - \lambda_0} e^{-\lambda_0 t} + \frac{\lambda_0}{\lambda_0 - \lambda_1} e^{-\lambda_1 t}$$

$$p_2(t) = \frac{\lambda_0 \lambda_1}{(\lambda_1 - \lambda_0)(\lambda_2 - \lambda_0)} e^{-\lambda_0 t} + \frac{\lambda_0 \lambda_1}{(\lambda_0 - \lambda_1)(\lambda_2 - \lambda_1)} e^{-\lambda_1 t}$$
$$+ \frac{\lambda_0 \lambda_1}{(\lambda_2 - \lambda_0)(\lambda_2 - \lambda_1)} e^{-\lambda_2 t}$$

$$\vdots$$

Dies sind keine Poissonprozesse, weshalb hier allgemeiner von einem Punktprozess mit zustandsabhängiger Übergangsrate gesprochen wird.

Beispiel 9.5   *Verhalten eines Punktprozesses mit zustandsabhängiger Übergangsrate*

Es wird ein Punktprozess mit sechs Zuständen betrachtet, der die Zustandsübergänge $0 \to 1$ und $1 \to 2$ sehr schnell ausführt ($q_{10} = 1\frac{1}{s}$, $q_{21} = 3\frac{1}{s}$), aber wesentlich langsamer vom Zustand 2 in den Zustand 3 wechselt ($q_{32} = 0{,}1\frac{1}{s}$). Das Zustandsraummodell (9.42), das für die in Sekunden gemessene Zeit gilt, hat folgende Parameter:

$$
\begin{aligned}
q_{10} &= \lambda_0 = 1\tfrac{1}{s} \\
q_{21} &= \lambda_1 = 3\tfrac{1}{s} \\
q_{32} &= \lambda_2 = 0{,}1\tfrac{1}{s} \\
q_{43} &= \lambda_3 = 2\tfrac{1}{s} \\
q_{54} &= \lambda_4 = 2\tfrac{1}{s}
\end{aligned}
\qquad
Q = \begin{pmatrix} -1 & 0 & 0 & 0 & 0 & 0 \\ 1 & -3 & 0 & 0 & 0 & 0 \\ 0 & 3 & -0{,}1 & 0 & 0 & 0 \\ 0 & 0 & 0{,}1 & -2 & 0 & 0 \\ 0 & 0 & 0 & 2 & -2 & 0 \\ 0 & 0 & 0 & 0 & 2 & 0 \end{pmatrix}.
$$

Abbildung 9.22 (oben) zeigt für den Zustand 0 den bekannten exponentiellen Abfall der Aufenthaltswahrscheinlichkeit. Der maximale Wert der Aufenthaltswahrscheinlichkeit $p_1(t)$ ist sehr klein, weil der Prozess schnell vom Zustand 1 in den Zustand 2 wechselt. Dort steigt die Aufenthaltswahrscheinlichkeit bis auf etwa 0,8, bevor sie wieder abnimmt, weil der Übergang zum Zustand 3 aufgrund der kleinen Übergangsrate $q_{32} = 0{,}1\frac{1}{s}$ erst nach einer langen Verweilzeit erfolgt. Es gibt deshalb ein langes Zeitintervall, in dem man den Prozess mit sehr hoher Wahrscheinlichkeit im Zustand 2 antrifft.

Ändert man die Parameter auf die Werte

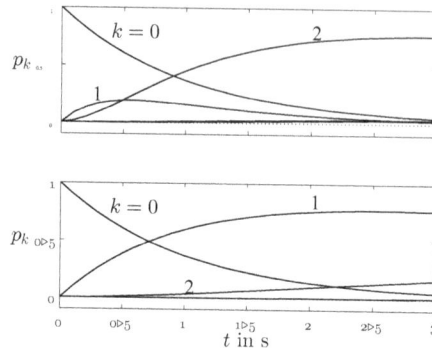

Abb. 9.22: Aufenthaltswahrscheinlichkeit $p_k(t)$, $(k = 0, 1, 2, 3)$ für
Punktprozesse mit zustandsabhängiger Übergangsrate

$$
\begin{aligned}
q_{10} &= \lambda_0 = 1\,\tfrac{1}{s} \\
q_{21} &= \lambda_1 = 0{,}1\,\tfrac{1}{s} \\
q_{32} &= \lambda_2 = 0{,}1\,\tfrac{1}{s} \\
q_{43} &= \lambda_3 = 3\,\tfrac{1}{s} \\
q_{54} &= \lambda_4 = 2\,\tfrac{1}{s}
\end{aligned}
\qquad
\boldsymbol{Q} =
\begin{pmatrix}
-1 & 0 & 0 & 0 & 0 & 0 \\
1 & -0{,}1 & 0 & 0 & 0 & 0 \\
0 & 0{,}1 & -0{,}1 & 0 & 0 & 0 \\
0 & 0 & 0{,}1 & -3 & 0 & 0 \\
0 & 0 & 0 & 3 & -2 & 0 \\
0 & 0 & 0 & 0 & 2 & 0
\end{pmatrix},
$$

so verändert sich das Verhalten grundlegend, weil jetzt der Zustandsübergang $1 \to 2$ viel langsamer als die davor und danach liegenden Übergänge abläuft und sich der Prozess deshalb über ein großes Zeitintervall mit sehr hoher Wahrscheinlichkeit im Zustand 1 aufhält (unterer Teil von Abb. 9.22).

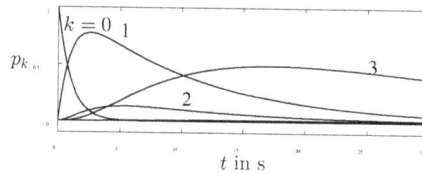

Abb. 9.23: Langzeitverhalten des Punktprozesses mit zustandsabhängiger
Übergangsrate

Dieses Verhalten von Punktprozessen mit zustandsabhängiger Übergangsrate kann man auch an der in Abb. 9.23 gezeigten Darstellung über eine längere Zeitachse erkennen. Die Abbildung gilt für die Parameter

$$
\begin{aligned}
q_{10} &= \lambda_0 = 1\,\tfrac{1}{s} \\
q_{21} &= \lambda_1 = 0{,}1\,\tfrac{1}{s} \\
q_{32} &= \lambda_2 = 0{,}5\,\tfrac{1}{s} \\
q_{43} &= \lambda_3 = 0{,}05\,\tfrac{1}{s} \\
q_{54} &= \lambda_4 = 2\,\tfrac{1}{s}
\end{aligned}
\qquad
\boldsymbol{Q} =
\begin{pmatrix}
-1 & 0 & 0 & 0 & 0 & 0 \\
1 & -0{,}1 & 0 & 0 & 0 & 0 \\
0 & 0{,}1 & -0{,}5 & 0 & 0 & 0 \\
0 & 0 & 0{,}5 & -0{,}05 & 0 & 0 \\
0 & 0 & 0 & 0{,}05 & -2 & 0 \\
0 & 0 & 0 & 0 & 2 & 0
\end{pmatrix},
$$

bei denen der Zustandsübergang $3 \rightarrow 4$ sehr langsam erfolgt. Die Wahrscheinlichkeit fließt vom Zustand 2 schnell zum Zustand 3 ab und sammelt sich dort, weil der Abfluss zum Zustand 4 sehr langsam ist ($q_{43} = 0{,}05 \frac{1}{s}$). Deshalb durchläuft die Aufenthaltswahrscheinlichkeit ein Maximum von etwa 0,5 und bleibt längere Zeit auf Werten dieser Größenordnung □

9.3.5 Punktprozesse mit beliebigen Wahrscheinlichkeitsverteilungen der Verweilzeiten

Dieser Abschnitt behandelt Punktprozesse, bei denen die Verweilzeit nicht wie beim Poissonprozess exponentialverteilt ist, sondern eine beliebige Verteilung f_τ haben kann. Er zeigt, welche zusätzlichen Schwierigkeiten aus der Tatsache entstehen, dass diese Prozesse die Markoveigenschaft nicht besitzen.

Die Verwendung einer anderen Verteilung als der Exponentialverteilung ist bei vielen technischen Anwendungen notwendig, um mit dem Modell die wichtigsten Eigenschaften des betrachteten Systems ausreichend genau ausdrücken zu können. Werden Punktprozesse beispielsweise für Zuverlässigkeitsbetrachtungen eingesetzt, wobei ein Zustandsübergang den Ausfall eines Gerätes beschreibt, so ist eine Exponentialverteilung der Übergangswahrscheinlichkeit dem Betrachtungsgegenstand nicht adäquat, denn diese Verteilung würde bedeuten, dass das Gerät mit gleichbleibender Wahrscheinlichkeit ausfällt und folglich die bis zum nächsten Ausfall verbleibende Zeit nicht von der bereits vergangenen Gebrauchszeit abhängig ist. Das Gerät wäre dann stets wie neu, ein Gebrauchtwagen genausoviel wert wie ein Neuwagen!

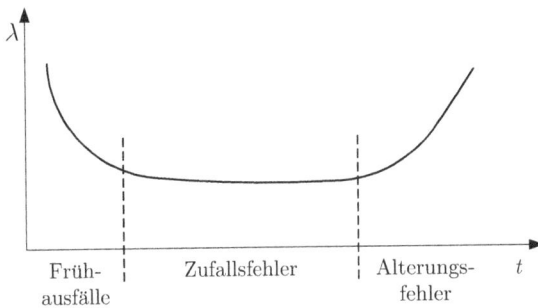

Abb. 9.24: „Badewannenkurve" der Übergangsrate $\lambda(t)$ in Zuverlässigkeitsmodellen

Stattdessen arbeitet man in der Zuverlässigkeitstheorie mit einer sogenannten Badewannenkurve für die Übergangsrate λ, die dann zeitabhängig ist (Abb. 9.24): Frühausfälle bewirken eine hohe Ausfallwahrscheinlichkeit zu Beginn der Nutzung eines Gerätes und Verschleißausfälle eine hohe Ausfallwahrscheinlichkeit nach einer langen Nutzungszeit. Dazwischen liegt eine (hoffentlich lange) Zeitspanne mit geringer Ausfallwahrscheinlichkeit. Dieser Verlauf der Übergangsrate des für Zuverlässigkeitsbetrachtungen eingesetzten Punktprozesses kann nicht als Exponentialverteilung dargestellt werden und macht es notwendig, Modelle mit anderen Wahrscheinlichkeitsverteilungen zu betrachten.

Allgemeiner Punktprozess. Der allgemeine Punktprozess ist durch ein Modell mit der Zustandsmenge

$$\mathcal{Z} = \{0, 1, 2, \ldots\}$$

beschrieben, bei dem wie bisher nur Zustandsübergänge der Form $k \rightarrow k+1$ auftreten können
und bei dem die Verweilzeit $\tau(k)$ im Zustand k durch die Verteilungsdichte $f_k(\tau)$ beschrieben
wird. Somit ist der allgemeine Punktprozess durch das Tripel

$$\text{Allgemeiner Punktprozess:} \quad \mathcal{P} = (\mathcal{Z}, \mathcal{F}, p_0(z)) \tag{9.44}$$

mit

- $\mathcal{Z}$ – Zustandsmenge
- $\mathcal{F}$ – Menge der Wahrscheinlichkeitedichtsfunktionen $f_k(\tau)$ der Verweilzeiten
- $p_0(z)$ – Wahrscheinlichkeitsverteilung des Anfangszustands

beschrieben.

Punktprozesse werden üblicherweise mit dem Anfangszustand 0 betrachtet, was durch

$$p_0(z) = \begin{cases} 1 & \text{für } k = 0 \\ 0 & \text{sonst} \end{cases} \tag{9.45}$$

ausgedrückt wird. Im Folgenden wird von dieser Information über den Anfangszustand ausgegangen, obwohl sämtliche Betrachtungen auch auf beliebige Wahrscheinlichkeitsverteilungen
des Anfangszustands verallgemeinert werden können.

Die Funktionen $f_k(\tau)$, $(k = 0, 1, 2, \ldots)$ sind Dichtefunktionen für die stochastische Variablen $\tau_\mathrm{p}(k)$, $(k = 0, 1, 2, \ldots)$, die die Verweilzeit im Zuständen $k = 0, 1, \ldots$ beschreiben. Sie
besitzen folglich die Eigenschaften

$$f_k(\tau) \geq 0 \quad \text{für} \quad \tau \geq 0$$
$$f_k(\tau) = 0 \quad \text{für} \quad \tau < 0$$
$$\int_0^\infty f_k(\tau)\mathrm{d}\tau = 1.$$

Das Produkt $f_k(\tau)\mathrm{d}\tau$ gibt an, mit welcher Wahrscheinlichkeit der Prozess, der zur Zeit $t - \tau$ in
den Zustand k übergegangen ist, im Zeitintervall $[t, t + \mathrm{d}\tau]$ den Zustand k wieder verlässt und
den Zustand $k + 1$ annimmt. Die dazu gehörige Verteilungsfunktion

$$F_k(\tau) = \int_0^\tau f_k(\sigma)\,\mathrm{d}\sigma \tag{9.46}$$

beschreibt die Wahrscheinlichkeit dafür, dass der Zustandsübergang $k \rightarrow k+1$ spätestens nach
der Verweilzeit τ erfolgt:

$$F_k(\tau) = \text{Prob}(\tau_\mathrm{p}(k) \leq \tau) = \text{Prob}(T(k+1) \leq t + \tau \mid T(k) = t).$$

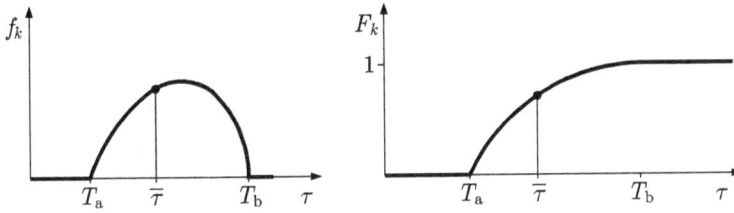

Abb. 9.25: Dichtefunktion (links) und Verteilungsfunktion (rechts) eines
allgemeinen Punktprozesses

Dementsprechend erhält man für die Wahrscheinlichkeit, dass die Verweilzeit größer als τ ist
und sich der Prozess demzufolge noch im Zustand k befindet, die Beziehung

$$\text{Prob}\,(T(k+1) \geq t + \tau \mid T(k) = t) \;=\; \text{Prob}\,(\tau_\text{p}(k) \geq \tau) \;=\; 1 - F_k(\tau).$$

Die Verteilungsdichtefunktion der Verweilzeit kann sehr flexibel dem zu beschreibenden
ereignisdiskreten System angepasst werden. So kann man Systeme beschreiben, die eine Mindestverweilzeit in jedem Zustand haben. Die Funktion $f_k(\tau)$ hat dann einen Verlauf wie in
Abb. 9.25, bei dem

$$f_k(\tau) = 0 \quad \text{für } \tau \leq T_\text{a}$$

gilt. Die Verweilzeit im Zustand k hat deshalb mindestens den Wert T_a:

$$\tau_\text{p}(k) \geq T_\text{a}.$$

Aus der abgebildeten Dichtefunktion kann man wegen

$$f_k(\tau) = 0 \quad \text{für } \tau \geq T_\text{b}$$

außerdem ablesen, dass die Verweilzeit im Zustand k nicht größer als T_b ist

$$\tau_\text{p}(k) \leq T_\text{b}.$$

Das Integral (9.46) bis zum Zeitpunkt $\bar{\tau}$ über f_k beschreibt die Wahrscheinlichkeit $F_\tau(\bar{\tau})$, mit
der die Verweilzeit $\tau_\text{p}(k)$ im Zustand k höchstens den Wert $\bar{\tau}$ hat. Dieser Wert entspricht der
im linken Teil der Abbildung grau gekennzeichneten Fläche unter der Kurve von $f_k(\tau)$.

Beispiel 9.6 *Verteilungsdichtefunktionen für allgemeine Punktprozesse*

Abbildung 9.26 zeigt drei Beispiele für Verteilungsdichtefunktionen $f_k(\tau)$ und die dazugehörigen Verteilungsfunktionen $F_k(\tau)$, die die Bedeutung dieser Funktionen für die Dynamik allgemeiner Punktprozesse illustrieren. Im linken Teil der Abbildung sind die Dichtefunktion

$$f_k(\tau) = \delta(\tau - T)$$

und die zugehörige Verteilungsfunktion

$$F_k(\tau) = \sigma(\tau - T),$$

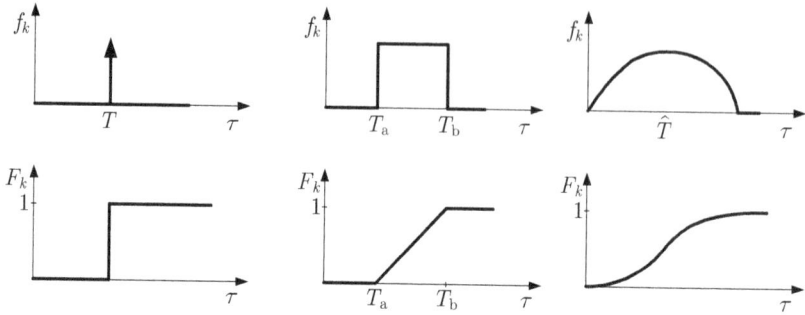

Abb. 9.26: Beispiele für Verteilungsdichtefunktionen $f_k(\tau)$ und
Verteilungsfunktionen $F_k(\tau)$

zu sehen, für die die Verweilzeit des Punktprozesses im Zustand k genau T Zeiteinheiten beträgt und der Punktprozess anschließend mit der Wahrscheinlichkeit 1 in den Zustand $k + 1$ wechselt (für die Definition von $\delta(t)$ und $\sigma(t)$ siehe Gln. (A3.7) und (A3.8)).

Der Punktprozess mit der Dichtefunktion

$$f_k(\tau) = \begin{cases} 0 & \text{für } \tau < T_\text{a} \\ \dfrac{1}{T_\text{b} - T_\text{a}} & \text{für } T_\text{a} \leq \tau \leq T_\text{b} \\ 0 & \text{für } \tau > T_\text{b} \end{cases}$$

hat im Zustand k eine Verweilzeit im Intervall $\tau \in [T_\text{a}, T_\text{b}]$. Die Wahrscheinlichkeit für den Zustandswechsel steigt in diesem Intervall linear an, weil durch $f_k(\tau)$ eine Gleichverteilung der Verweilzeit im angegebenen Intervall ausgedrückt wird.

Die rechte Verteilungsdichtefunktion beschreibt einen Prozess, der nach einer mittleren Verweilzeit $\hat{T}$ im Zustand k zum Nachfolgezustand übergeht. Die Wahrscheinlichkeit dafür, dass die Verweilzeit den Wert τ hat, ist umso kleiner, je weiter der Wert τ vom Mittelwert $\hat{T}$ entfernt ist. Spätestens nach einer Verweilzeit von $2\hat{T}$ ist der Zustandswechsel mit der Wahrscheinlichkeit 1 eingetreten. $\square$

Übergangsrate. Die in Gl. (9.34) eingeführte Übergangsrate kann aus der Dichtefunktion $f_k(\tau)$ berechnet werden. Es gilt

$$\begin{aligned}
q_{k+1,k}(t) &= \lim_{h \to 0} \frac{\text{Prob}\,(Z(t+h) = k+1 \mid Z(t) = k)}{h} \\[2mm]
&= \lim_{h \to 0} \frac{1}{h} \frac{\text{Prob}\,(Z(t+h) = k+1,\, Z(t) = k)}{\text{Prob}\,(Z(t) = k)} \\[2mm]
&= \lim_{h \to 0} \frac{1}{h} \frac{\text{Prob}\,(T(k) \geq t+h,\, T(k-1) < t)}{\text{Prob}\,(T(k-1) < t)} \\[2mm]
&= \frac{1}{1 - F_k(\tau)} \lim_{h \to 0} \frac{F_k(\tau + h) - F_k(\tau)}{h} \\[2mm]
&= \frac{1}{1 - F_k(\tau)} \frac{\text{d}}{\text{d}\tau} F_k(\tau)
\end{aligned}$$

$$= \frac{f_k(\tau)}{1 - F_k(\tau)},$$

wobei die Übergangsrate nur für Verweilzeiten τ definiert ist, für die der Zustandswechsel nicht mit Sicherheit eingetreten ist und folglich

$$F_k(\tau) < 1$$

gilt. Die Übergangsrate ist von der Verweilzeit abhängig. Man braucht also eine Uhr, um die aktuelle Übergangsrate anhand der aktuellen Verweilzeit bestimmen zu können. Wenn der Zählprozess in den Zustand k übergeht, beginnt diese Uhr zu laufen und misst die Verweilzeit τ, von der die Übergangsrate zum Zustand $k + 1$ abhängig ist.

Hat der Prozess beispielsweise eine konstante Übergangswahrscheinlichkeit, so steigt die Übergangsrate, denn der Wahrscheinlichkeitsfluss $q_{k+1,k}(\tau)p_k(t)$ ist konstant trotz abnehmender Aufenthaltswahrscheinlichkeit $p_k(t)$.

Nur für die Exponentialverteilung (9.32) ist die Übergangsrate unabhängig von der Verweilzeit τ, wovon man sich durch Einsetzen in die Beziehung (9.34) überzeugen kann.

Ableitung der Modellgleichungen aus einer Betrachtung der Zustandsübergänge. Im Folgenden werden die Differenzialgleichungen für die Aufenthaltswahrscheinlichkeiten in den Zuständen $k \in \mathcal{Z}$ des Zählprozesses abgeleitet. Es wird sich dabei zeigen, dass diese Gleichungen eine wesentlich andere Form als das Zustandsraummodell (9.22) des Poissonprozesses haben, weil die Übergangswahrscheinlichkeit vom Zustand k zum Zustand $k + 1$ jetzt nicht mehr nur von der aktuellen Aufenthaltswahrscheinlichkeit $p_k(t)$ im Zustand k, sondern vom Verlauf des Zuflusses $v_k(t)$ an Wahrscheinlichkeit zum Zustand k abhängt.

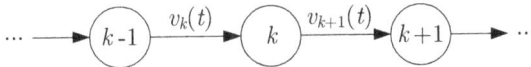

Abb. 9.27: Wahrscheinlichkeitsfluss beim allgemeinen Punktprozess

Die Vorgehensweise schließt an die in Abb. 9.15 für den Poissonprozess veranschaulichten Betrachtungen an. Dort wurde gezeigt, dass die Änderung $\dot{p}_k(t)$ der Aufenthaltswahrscheinlichkeit im Zustand k durch den Wahrscheinlichkeitszufluss $v_k(t)$ zum Zustand k und den Abfluss $v_{k+1}(t)$ bestimmt wird:

$$\dot{p}_k(t) = v_k(t) - v_{k+1}(t). \tag{9.47}$$

Im Unterschied zum Poissonprozess, bei dem diese Flüsse entsprechend der Beziehung $v_k(t) = \lambda p_k(t)$ proportional zur aktuellen Aufenthaltswahrscheinlichkeit $p_k(t)$ waren, müssen diese Flüsse beim allgemeinen Punktprozess aus den Verteilungsdichtefunktionen $f_k(\tau)$ der Verweilzeiten $\tau_\mathrm{p}(k)$ bestimmt werden. Dieser Schritt wird jetzt bei $k = 0$ beginnend erläutert.

Es wird wiederum angenommen, dass der Punktprozess zur Zeit $t = 0$ den Zustand $k = 0$ angenommen hat. Für die Aufenthaltswahrscheinlichkeit im Zustand $k = 0$ gilt dann

$$\mathrm{Prob}\,(Z(t) = 0) \,=\, \mathrm{Prob}\,(T(1) > t)$$

$$= \text{Prob}\,(\tau_{\text{p}}(0) > t)$$
$$= 1 - \text{Prob}\,(\tau_{\text{p}}(0) \le t)$$
$$= 1 - \int_0^t f_0(\tau)\,\mathrm{d}\tau$$

und mit der üblichen Bezeichnung

$$p_0(t) = 1 - \int_0^t f_0(\tau)\,\mathrm{d}\tau.$$

Als Differenzialgleichung erhält man daraus

$$\dot{p}(0) = \delta(t) - f_0(t), \quad p_0(0) = 0, \tag{9.48}$$

was man im Sinne von Gl. (9.47) als

$$\dot{p}_0(t) = v_0(t) - v_1(t)$$

mit

$$v_0(t) = \delta(t) \tag{9.49}$$

und

$$v_1(t) = f_0(t)$$

schreiben kann. Der Zufluss an Wahrscheinlichkeit in den Zustand 0 ist ein Diracimpuls, der die Wahrscheinlichkeit zum Zeitpunkt $t = 0$ auf den Wert 1 setzt. Der Abfluss ist durch die Verteilungsdichtefunktion $f_0(t)$ gegeben.

Man kann Gl. (9.48) übrigens auch durch die Beziehung

$$\dot{p}(0) = -f_0(t), \quad p_0(0) = 1 \tag{9.50}$$

ausdrücken, bei der der Anfangswert $p_0(0)$ durch die Anfangsbedingung der Differenzialgleichung ausgedrückt und die Veränderungsgeschwindigkeit $\dot{p}_0(t)$ der Aufenthaltswahrscheinlichkeit nur durch den Wahrscheinlichkeitsabfluss zum Zustand 1 bestimmt wird (vgl. Anhang 3). Dann unterscheidet sich die Differenzialgleichung für $p_0(t)$ von den nachfolgend aufgestellten Differenzialgleichungen der anderen Zuständswahrscheinlichkeiten dadurch, dass in ihr nur ein Abfluss, aber keine Zufluss an Wahrscheinlichkeit vorkommt.

Für den Zustand 1 kann auf ähnlichem Wege der in der Gleichung

$$\dot{p}_1(t) = v_1(t) - v_2(t)$$

vorkommende Wahrscheinlichkeitsabfluss $v_2(t)$ bestimmt werden. Es gilt

$$\text{Prob}\,(Z(t) = 1) = \text{Prob}\,(T(2) > t,\ T(1) \le t)$$
$$= \text{Prob}\,(\tau_{\text{p}}(0) + \tau_{\text{p}}(1) > t,\ \tau_{\text{p}}(0) \le t)$$
$$= \text{Prob}\,(\tau_{\text{p}}(0) \le t) - \text{Prob}\,(\tau_{\text{p}}(0) + \tau_{\text{p}}(1) \le t)$$

Da die beiden Verweilzeiten $\tau_p(0)$ und $\tau_p(1)$ unabhängige Zufallsgrößen sind, erhält man die Verteilungsdichtefunktion $f_{01}(\tau)$ ihrer Summe durch Faltung der Verteilungsdichtefunktionen $f_0(\tau)$ und $f_1(\tau)$ der beiden Summanden:

$$f_{01}(\tau) = \int_0^\tau f_0(\tau - \sigma) f_1(\sigma)\, \mathrm{d}\sigma = f_0 * f_1.$$

Die Aufenthaltswahrscheinlichkeit im Zustand 1 lässt sich deshalb in der Form

$$\mathrm{Prob}\,(Z(t) = 1) = \int_0^t f_0(\tau)\, \mathrm{d}\tau - \int_0^t f_{01}(\tau)\, \mathrm{d}\tau$$

angeben, was auf die Differenzialgleichung

$$\dot{p}_1(t) = f_0(t) - f_0 * f_1, \quad p_1(0) = 0 \tag{9.51}$$

führt. Der erste Summand ist der bereits bekannte Wahrscheinlichkeitsfluss $v_1(t) = f_0(t)$ vom Zustand 0 zum Zustand 1, der zweite Summand der Wahrscheinlichkeitsfluss $v_2(t) = f_0 * f_1$ vom Zustand 1 zum Zustand 2.

Für die Ableitung ähnlicher Beziehungen der nächsten Zustände ist wichtig zu erkennen, dass sich der Wahrscheinlichkeitsfluss $v_2(t)$ aus der Faltung des Wahrscheinlichkeitsflusses $v_1(t)$ zum Zustand 1 und der Dichtsfunktion $f_1(\tau)$ für die Verweildauer im Zustand 1 ergibt:

$$v_2(t) = f_1 * v_1.$$

Diese Beziehung gilt auch für die nächsten Zustände

$$v_{k+1}(t) = f_k * v_k, \quad k = 1, 2, \ldots, \tag{9.52}$$

so dass die gesuchten Differenzialgleichungen die Form

$$\dot{p}_k(t) = f_{k-1} * v_{k-1} - f_k * v_k, \quad k = 1, 2, \ldots \tag{9.53}$$

haben. Für den allgemeinen Punktprozess ist es also nicht mehr möglich, die Änderung der Aufenthaltswahrscheinlichkeit p_k im Zustand k in Abhängigkeit von den Aufenthaltswahrscheinlichkeiten dieses und benachbarter Zustände anzugeben, sondern man muss zunächst die Wahrscheinlichkeitsflüsse $v_k(t)$ berechnen. Diese lassen sich rekursiv entsprechend Gl. (9.52) mit der Anfangslösung (9.49) berechnen. Die Zustandswahrscheinlichkeiten erhält man dann aus Gl. (9.47):

$$
\boxed{
\begin{array}{ll}
\text{Zustandsraumdarstellung des allgemeinen Punktprozesses:} \\[4pt]
v_0(t) = \delta(t) \\[4pt]
v_{k+1}(t) = f_k * v_k, & k = 0, 1, 2, \ldots \\[4pt]
\dot{p}_k(t) = v_k(t) - v_{k+1}(t), \quad p_k(0) = 0, & k = 0, 1, 2, \ldots
\end{array}
}
\tag{9.54}
$$

Beispiel 9.7 *Punktprozess mit gleichverteilter Verweilzeit*

Es wird ein Punktprozess betrachtet, bei dem die in Sekunden gemessene Verweildauer im Intervall $[0, 1]$ gleichverteilt ist. Die Dichtefunktionen und die Verteilungsfunktionen sind für alle Zustände dieselben

$$f_k(\tau) = f_\tau(\tau), \quad F_k(\tau) = F_\tau(\tau), \quad k = 0, 1, 2, \ldots$$

und in Abb. 9.28 zu sehen.

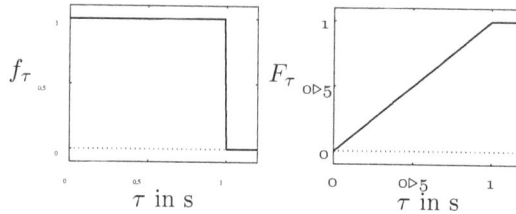

Abb. 9.28: Dichtefunktion (links) und Verteilungsfunktion (rechts) der Verweilzeit

Abbildung 9.29 zeigt den Verlauf der Zustandswahrscheinlichkeiten, die man als Lösung des Zustandsraummodells (9.54) erhält. Entsprechend der Gleichverteilung der Verweildauer im Zustand $k = 0$ nimmt die Aufenthaltswahrscheinlichkeit für diesen Zustand im Interval $[0, 1]$ linear ab. Dass daraus keine lineare Zunahme der Aufenthaltswahrscheinlichkeit im Zustand $k = 1$ resultiert, liegt an der Tatsache, dass der Zufluss an Wahrscheinlichkeit im Zustand $k = 1$ auch einen sofortigen Beginn des Abflusses nach sich zieht und demzufolge auch für kleine Zeit t bereits eine positive, wenn auch kleine Aufenthaltswahrscheinlichkeit für die weiteren Zustände resultiert.

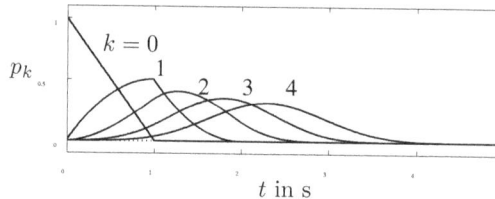

Abb. 9.29: Zustandswahrscheinlichkeit des Punktprozesses für die Zustände $k = 0, 1, 2, 3, 4$

Für die späteren Zustände wird der Wahrscheinlichkeitsverlauf immer flacher und nähert sich einer Glockenkurve.[3]

Die Dichtefunktion $f_\tau(\tau)$ wird jetzt so verändert, dass der Prozess eine Mindestverweilzeit T_a hat. Für die in Abb. 9.30 links gezeigte Dichtefunktion gilt $T_a = 0{,}6\,\mathrm{s}$. Anschließend ist die Verweilzeit über das Intervall $[0{,}6,\ 1]$ gleichverteilt.

Abbildung 9.31 zeigt, dass die Aufenthaltswahrscheinlichkeit für den Zustand $k = 0$ über dem Intervall $[0,\ 0{,}6]$ erwartungsgemäß bei eins bleibt, bevor sie im Intervall $[0{,}6,\ 1]$ linear abnimmt. Der

---

[3] Aufgrund des zentralen Grenzwertsatzes der Wahrscheinlichkeitsverteilung entsteht für $k \to \infty$ eine Normalverteilung [8].

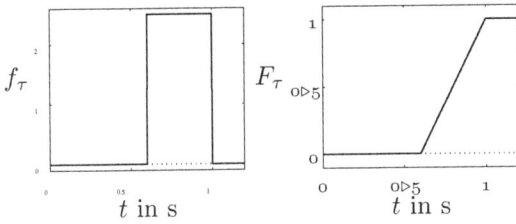

Abb. 9.30: Modifizierte Dichtefunktion (links) und Verteilungsfunktion
(rechts) der Verweilzeit

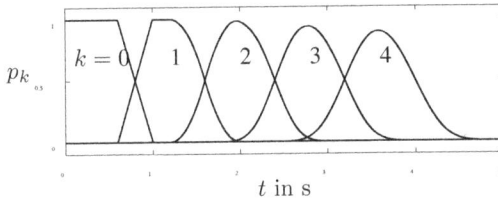

Abb. 9.31: Zustandswahrscheinlichkeit des Punktprozesses mit modifizierter
Dichtefunktion für die Zustände $k = 0, 1, 2, 3, 4$

Zustand $k = 1$ wird für das Zeitintervall $[1, \ 1{,}2]$ mit der Wahrscheinlichkeit eins angenommen. Anschließend nimmt die Aufenthaltswahrscheinlichkeit monoton ab. Aufgrund dessen kann der Zustand $k = 2$ erst ab dem Zeitpunkt $1{,}2\,$s mit einer positiven Wahrscheinlichkeit angenommen werden.

Obwohl aufgrund der vorgegebenen Dichtefunktion jeder Zustand mindestens für die Zeitspanne von $0{,}6\,$s angenommen wird, erreicht die Aufenthaltswahrscheinlichkeit für die folgenden Zustände den Wert eins nicht und der Verlauf wird dem einer Glockenkurve immer ähnlicher. Die Tatsache, dass man die Mindestverweilzeit in dieser Darstellung nicht sehen kann, liegt an der Überlagerung zweier Vorgänge. Einerseits erhöht der Zufluss von Wahrscheinlichkeit die Aufenthaltswahrscheinlichkeit in jedem Zustand. Gleichzeitig trägt der Zufluss zur Zeit t ab dem Zeitpunkt $t + T_\mathrm{a}$ zum Abfluss von Wahrscheinlichkeit bei. Da das Zeitintervall, über dem die Aufenthaltswahrscheinlichkeit im Zustand k ansteigt, mit steigendem k immer größer wird, überlagern sich diese Vorgänge immer stärker, was die beschriebene Wirkung hervorbringt.

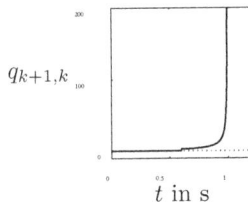

Abb. 9.32: Übergangsrate $q_{k+1,k}$ des Punktprozesses mit den
Aufenthaltswahrscheinlichkeiten aus Abb. 9.31

Die Übergangsrate des Prozesses ist in Abb. 9.32 aufgezeichnet. Ab der deterministischen Verweil-
zeit $T_a = 0{,}6\,\mathrm{s}$ steigt die Übergangsrate exponentiell an. Für $\tau \geq 1$ ist sie nicht definiert, weil so große
Verweilzeiten nicht auftreten können. $\square$

Interpretation des Zustandsraummodells des allgemeinen Punktprozesses. Der Wahrscheinlichkeitsfluss $v_{k+1}(t)$ vom Zustand k zum Zustand $k + 1$ wird durch die Faltung des
Wahrscheinlichkeitsflusses $v_k(t)$ vom Zustand $k - 1$ zum Zustand k und der Verteilungsdichtefunktion $f_k(\tau)$ der Verweilzeit im Zustand k bestimmt:

$$v_{k+1}(t) = \int_0^t v_k(\tau) f_k(t - \tau)\, \mathrm{d}\tau.$$

Diese Faltungsoperation ist in Abb. 9.33 für eine Dichtfunktion f_k dargestellt, die eine Gleichverteilung der Verweilzeit im Intervall $[T_a, T_b]$ repräsentiert. Die folgende Interpretation gilt
jedoch auch für jede andere Dichtefunktion.

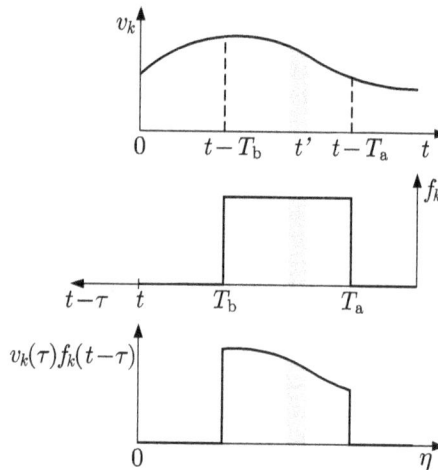

Abb. 9.33: Interpretation der Faltung $v_k * f_k$

Die Funktion f_k ist von rechts nach links aufgetragen, damit die Werte $f_k(t - \tau)$ unter
den Werten $v_k(\tau)$ stehen. Das Produkt beider Werte ist in Abhängigkeit von τ im unter Teil der
Abbildung aufgetragen. Das Integral unter dieser Kurve ist gleich dem gesuchten Wert $v_{k+1}(t)$.

Da der Verlauf von f_k nur Verweilzeiten im Intervall $[T_a, T_b]$ zulässt, liefern nur diejenigen
Werte von v_k einen Beitrag zu $v_{k+1}(t)$, die mindestens T_a und höchstens T_b Zeiteinheiten zu-
rückliegen. Da f_k eine Gleichverteilung im angegebenen Intervall beschreibt, gehen alle diese
Werte von v_k mit gleichem Gewicht in $v_{k+1}(t)$ ein.

Vergrößert man die aktuelle Zeit t, für die der Wert von v_{k+1} berechnet werden soll, so verschiebt sich die Kurve für f_k in der Abbildung nach rechts. Damit verschiebt sich das Gewicht,
mit dem die Werte von v_k multipliziert werden, um die im unteren Teil der Abbildung gezeigte
Kurve zu bilden und folglich den Wert von $v_{k+1}(t)$ zu bestimmen.

Der schraffierte Bereich unter der Kurve von v_k, der zur Zeit t' beginnt und die Breite Δt hat, hat für kleine Δt (näherungsweise) die Fläche $v_k(t') \cdot \Delta t$. Diese Fläche beschreibt die Wahrscheinlichkeit, mit dem der Punktprozess im Zeitintervall $[t', \ t' + \Delta t]$ vom Zustand $k - 1$ in den Zustand k übergeht. Die darunter gezeigte Fläche unter der Kurve von f_k hat die Größe $f_k(t - t') \cdot \Delta t$. Sie beschreibt die Wahrscheinlichkeit dafür, dass der Punktprozess, der zur Zeit t' den Zustand $k - 1$ angenommen hat, zur Zeit t in den Zustand k übergeht. Das Produkt aus beiden Größen ist durch die schraffierte Fläche im unteren Abbildungsteil dargestellt. Sie beschreibt die Wahrscheinlichkeit, dass der Punktprozess im Intervall $[t', \ t' + \Delta t]$ in den Zustand $k - 1$ übergeht und zur Zeit t in den Zustand k weiterschaltet.

Mit dieser Darstellung wird offensichtlich, dass nicht die Aufenthaltswahrscheinlichkeit $p_k(t)$ als Ganzes, sondern der Verlauf des Wahrscheinlichkeitsflusses $v_k(t)$ im Intervall $[t - T_\mathrm{b}, \ t]$ den aktuellen Wert $v_{k+1}(t)$ des Wahrscheinlichkeitsflusses vom Zustand k zum Zustand $k + 1$ bestimmt. Eine wichtige Konsequenz besteht darin, dass man sich den Verlauf von $v_k(t)$ merken muss, um die Aufenthaltswahrscheinlichkeit im Nachfolgezustand $k + 1$ berechnen zu können. Der Wert v_{k+1} des Wahrscheinlichkeitsflusses vom Zustand k zum Zustand $k + 1$ zum Zeitpunkt t ist eben nicht mehr nur von der Aufenthaltswahrscheinlichkeit $p_k(t)$ zum selben Zeitpunkt t abhängig, sondern vom Verlauf des Wahrscheinlichkeitsflusses v_k zum Zustand k über ein Zeitintervall, das von der Dichtefunktion $f_k(\tau)$ bestimmt wird. Für die in Abb. 9.33 gezeigte Funktion f_k muss man sich den Verlauf von $v_k(t)$ für das Zeitintervall $[t - T_\mathrm{b}, \ t]$ merken. Dies ist eine Konsequenz aus der Tatsache, dass allgemeine Punktprozesse die Markoveigenschaft nicht besitzen.

Vergleich von Poissonprozessen mit allgemeinen Zählprozessen. Da der Unterschied zwischen einem Poissonprozess, der die Markoveigenschaft besitzt, und einem allgemeinen Punktprozess, der diese Eigenschaft nicht besitzt, sehr wichtig ist, soll er abschließend noch an dem in Abb. 9.34 gezeigten einfachen physikalischen Vorgang veranschaulicht werden. In beiden Teilen der Abbildung wird der Wahrscheinlichkeitsfluss durch einen Flüssigkeitsstrom nachgebildet. Die Aufenthaltswahrscheinlichkeit $p_k(t)$ im Zustand k wird durch die sich zur Zeit t im Behälter k befindende Flüssigkeitsmenge beschrieben.

Das im linken Teil der Abbildung dargestellte Behältersystem verhält sich wie ein Poissonprozess. Der Wahrscheinlichkeitsfluss v_{k+1} aus dem Behälter k in den Nachfolgebehälter ist proportional zum Füllstand[4]. Um das Verhalten des Behältersystems zu ermitteln, muss man nur die Füllhöhen aller Behälter berechnen. Der Zustand des betrachteten Systems (im Sinne von Definition 2.1 auf S. 45) ist also durch alle aktuellen Füllhöhen $p_k(t)$, $(k = 0, 1, 2, ...)$ beschrieben.

Im rechten Teil der Abbildung fließt die Flüssigkeit in jedem Behälter durch einen porösen Füllstoff, der dem Flüssigkeitsstrom einen Widerstand entgegensetzt. Die Flüssigkeit kann an der schrägen rechten Kante aus dem Behälter heraustreten, wobei die über den gesamten Boden des Behälters k abfließende Menge den Flüssigkeitsstrom v_{k+1} zum Nachfolgebehälter bildet.

Die veränderten Eigenschaften der Behälter haben zur Folge, dass es für die Berechnung des Flüssigkeitsstromes zwischen den Behältern und folglich für das Verhalten des Systems

---

[4] Dass der Flüssigkeitsstrom aus dem Behälter nicht proportional zur Füllhöhe, sondern nach dem Gesetz von *Torricelli* proportional zur Quadratwurzel der Füllhöhe ist, soll bei dieser Betrachtung außer Acht gelassen werden.

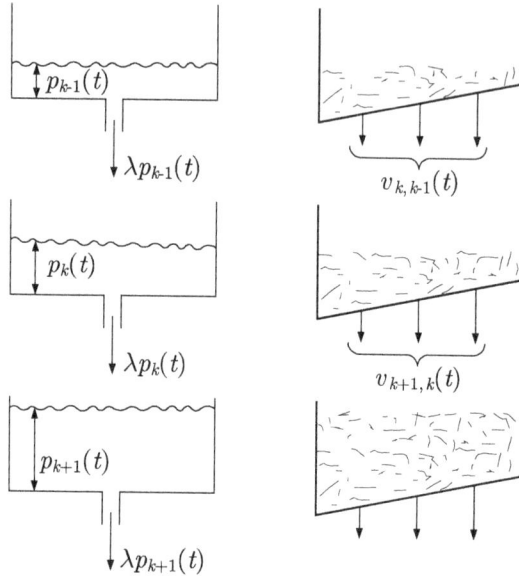

Abb. 9.34: Interpretation von Punktprozessen mit und ohne
Markoveigenschaft

nicht mehr ausreicht, die aktuellen Füllstände in den Behältern zu kennen. Man muss wissen,
wie viel Flüssigkeit in einem vergangenen Zeitintervall in die Behälter geflossen ist, damit man
weiß, wie viel Flüssigkeit sich in den einzelnen Schichten des Füllstoffes der Behälter befindet
und folglich berechnen kann, wie viel Flüssigkeit an den einzelnen Punkten der Behälterböden
austritt. Aufgrund des Füllstoffes ist es bedeutsam geworden, wann wie viel Flüssigkeit in den
Behälter gelaufen ist. Dies zeigt einen physikalischen Prozess, der die Markoveigenschaft nicht
erfüllt.

Matrixdarstellung des allgemeinen Punktprozesses. Fasst man die Wahrscheinlichkeitsflüsse $v_i(t)$ im Vektor

$$v(t) = \begin{pmatrix} v_0(t) \\ v_1(t) \\ \vdots \\ v_N(t) \end{pmatrix}$$

und die Wahrscheinlichkeitsverteilung (9.45) des Anfangszustands im Vektor

$$e_1 = \begin{pmatrix} 1 \\ 0 \\ \vdots \\ 0 \end{pmatrix}$$

zusammen, so kann man die Modellgleichungen in

> **Matrixdarstellung allgemeiner Punktprozesse:**
>
> $$v(t) = Q_\Delta * v(t) + e_1 \delta(t)$$
>
> $$\dot{p}(t) = P v(t), \qquad p(0) = 0.$$

(9.55)

mit

$$Q_\Delta = \begin{pmatrix} 0 & 0 & 0 & \dots & 0 & 0 \\ f_0 & 0 & 0 & \dots & 0 & 0 \\ 0 & f_1 & 0 & \dots & 0 & 0 \\ & & \ddots & & & \\ 0 & 0 & 0 & \dots & f_{N-2} & 0 \end{pmatrix}, \quad P = \begin{pmatrix} 1 & -1 & 0 & \dots & 0 & 0 \\ 0 & 1 & -1 & \dots & 0 & 0 \\ 0 & 0 & 1 & \dots & 0 & 0 \\ & & & \ddots & \ddots & \\ 0 & 0 & 0 & \dots & 0 & 1 \end{pmatrix}$$

zusammenfassen.

Allgemeiner Punktprozess mit identischen Verteilungsdichten für alle Zustände. Für Punktprozesse, bei denen die Verweilzeit in allen Zuständen dieselbe Verteilung aufweist

$$f_k(\tau) = f_\tau(\tau), \qquad k = 0, 1, 2, \dots$$

$$F_k(\tau) = F_\tau(\tau) = \int_0^\tau f_\tau(\sigma) \, d\sigma$$

kann man das Zustandsraummodell (9.54) des allgemeinen Punktprozesses in einer etwas einfacheren Form schreiben. Aus den Gleichungen

$$v_0(t) = \delta(t)$$

$$v_1(t) = f_\tau * v_0 = f_\tau(t)$$

$$\dot{p}_0(t) = v_0(t) - v_1(t), \quad p_0(0) = 0$$

und

$$\left. \begin{aligned} v_{k+1}(t) &= f_\tau * v_k, \\ \dot{p}_k(t) &= v_k(t) - v_{k+1}(t), \quad p_k(0) = 0 \end{aligned} \right\} k = 1, 2, \dots,$$

die man aus dem Zustandsraummodell erhält, folgen die Beziehungen

$$p_0(t) = \int_0^t (\delta(\tau) - f_\tau(\tau)) d\tau = 1 - F_\tau(t)$$

$$\begin{aligned} p_1(t) &= \int_0^t (\delta(\tau) - f_\tau(\tau)) * f_\tau \, d\tau \\ &= \int_0^t (\delta(\tau) - f_\tau(\tau)) d\tau * f_\tau \\ &= p_0 * f_\tau \end{aligned}$$

$$p_k(t) = f_\tau * p_{k-1}, \quad k = 1, 2, \dots.$$

Damit vereinfacht sich das Modell zu

Faltungsdarstellung allgemeiner Punktprozesse mit identischen Verteilungsdichten:

$$p_0(t) = 1 - \int_0^t f_\tau(\tau)\,\mathrm{d}\tau$$

$$p_k(t) = f_\tau * p_{k-1} = \int_0^t f_\tau(\tau)\,p_{k-1}(t-\tau)\,\mathrm{d}\tau, \qquad k \geq 1$$

(9.56)

Diese Gleichung ist sehr ähnlich der Gl. (9.33) von Poissonprozessen, bei denen die Dichtefunktion $f_\tau(\tau)$ eine Exponentialverteilung beschreibt. Hier darf $f_\tau(\tau)$ eine beliebige Verteilungsfunktion sein. Gegenüber der Darstellung (9.54) ist diese Repräsentation insofern einfacher, als dass man sich nicht die Wahrscheinlichkeitszuflüsse $v_k(t)$ zu den Zuständen, sondern nur die Aufenthaltswahrscheinlichkeiten $p_k(t)$ der Zustände des Zählprozesses merken muss. Es genügt jedoch auch hier nicht, die aktuellen Werte von p_k zu speichern, sondern man braucht für die Auswertung der in Gl. (9.56) vorkommenden Faltungsintegrale für den Zeitpunkt t den Verlauf dieser Wahrscheinlichkeiten für das gesamte vergangene Zeitintervall $[0, t]$.

Aufgabe 9.11 *Verkehrszählung*

An einer verkehrsreichen Straße werden die vorbeifahrenden Fahrzeuge gezählt. Das Verhalten des Zählprozesses soll als allgemeiner Punktprozess modelliert werden.

Die Fahrzeugkolonne fährt mit einer Geschwindigkeit von $50\,\frac{\mathrm{km}}{\mathrm{h}}$, wobei die Fahrzeuge einen vorschriftsmäßigen Abstand von 25 m („halber Tachoabstand") haben. 70% der Fahrzeuge sind Personenwagen mit einer Länge von 6 m, 20% Lastkraftwagen mit einer Länge von 15 m und 10% Lastkraftwagen mit einer Länge von 30 m.

1. Welche Wahrscheinlichkeitsdichtefunktion hat der Zählprozess, wenn die gegebenen Angaben exakt zutreffen?

2. Zeichnen Sie den Verlauf der Dichtefunktionen auf.

3. Wie verändert sich diese Funktion, wenn die Geschwindigkeit im Bereich zwischen $45\,\frac{\mathrm{km}}{\mathrm{h}}$ und $55\,\frac{\mathrm{km}}{\mathrm{h}}$ liegt und der Fahrzeugabstand zwischen 20 m und 30 m schwankt, wobei eine Gleichverteilung in den angegebenen Intervallen angenommen werden kann. □

Aufgabe 9.12 *Beziehungen zwischen dem Poissonprozess und dem allgemeinen Punktprozess*

Zeigen Sie, dass man das Zustandsraummodell (9.54) des allgemeinen Punktprozesses in das Modell (9.22) überführen kann, wenn die Verweilzeit für alle Zustände exponentialverteilt ist. □

9.4 Wartesysteme

9.4.1 Grundgleichungen

Wartesysteme wurden in den vorhergehenden Kapiteln durch logische Modelle beschrieben, die keine Angaben über die Ankunfts- und die Bedienzeiten der Kunden enthielten und deshalb nicht geeignet waren, um die Warteschlangenlänge vorherzusagen. Im Folgenden soll die Beschreibung und Analyse von Wartesystemen um zeitliche Angaben erweitert werden, so dass Aussagen über die Warteschlangenlänge möglich werden. Es werden zunächst die Grundgleichungen für Wartesysteme hergeleitet. Da alle neu eingeführten Größen Zufallsvariable darstellen, werden sie durch einen großen Buchstaben symbolisiert.

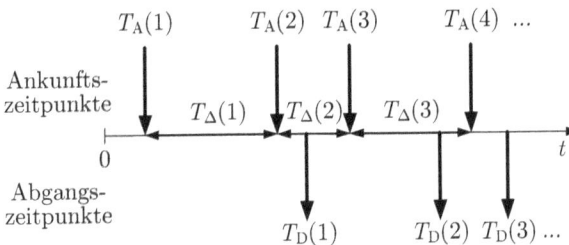

Abb. 9.35: Zeiten zur Beschreibung eines Wartesystems

Die für die Ankunft und den Abgang von Kunden maßgebenden Zeiten sind in Abb. 9.35 auf der Zeitachse markiert. Pfeile oberhalb der Zeitachse bezeichnen die Zeitpunkte $T_A(k)$, an denen die Kunden eintreffen, Pfeile unterhalb der Zeitachse geben die Zeitpunkte $T_D(k)$ an, an denen die Kunden das Wartesystem verlassen (Abgangszeitpunkte). Der Zähler k beschreibt die laufende Nummer des betreffenden Kunden. Der zeitliche Abstand, mit dem der $(k+1)$-te Kunde dem k-ten Kunden folgt, wird *Ankunftsabstand* $T_\Delta(k)$ genannt:

$$T_A(k+1) = T_A(k) + T_\Delta(k). \tag{9.57}$$

Die Abbildung verdeutlicht, dass dieser Abstand i. Allg. von Kunde zu Kunde unterschiedlich groß ist. Für das Verständnis der folgenden Untersuchungen ist wichtig zu wissen, dass es sich bei T_A und T_D um Zeitpunkte handelt, während T_Δ die Größe eines Zeitintervalls beschreibt.

Für die Bewertung eines Wartesystems sind sowohl die *Wartezeit* $T_W(k)$, die die Kunden in der Warteschlange verbringen, als auch die *Durchlaufzeit* $T(k)$, die für die Kunden zwischen dem Eintreffen und dem Verlassen des Wartesystems vergeht, maßgebend. Es werden zunächst die für das Verhalten des k-ten Kunden wichtigen Zeiten untereinander in Beziehung gesetzt.

Die Gesamtzeit $T(k)$, die der k-te Kunde in einem Wartesystem verbringt, setzt sich aus der Wartezeit $T_W(k)$ und der *Bedienzeit* $T_B(k)$ zusammen:

$$T(k) = T_W(k) + T_B(k). \tag{9.58}$$

Der Zeitpunkt $T_D(k)$, an dem der Kunde das Wartesystem verlässt, ergibt sich als Summe der Ankunftszeit $T_A(k)$ und der im Wartesystem verbrachten Zeit $T(k)$:

$$T_D(k) = T_A(k) + T(k).$$

Im oberen Teil von Abb. 9.36 ist dieser Zusammenhang veranschaulicht. Der k-te Kunde erreicht das Wartesystem zur Zeit $T_A(k)$, wechselt zur Zeit $T_A(k) + T_W(k)$ von der Warteschlange zur Bedieneinheit und verlässt das Wartesystem zur Zeit $T_D(k)$.

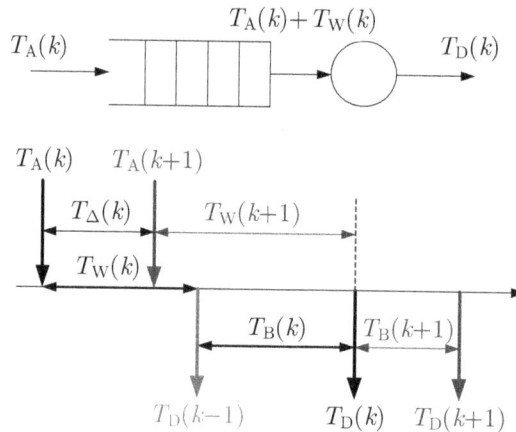

Abb. 9.36: Zeiten für den k-ten und den $(k + 1)$-ten Kunden

Die Wartezeit kann man nur dann bestimmen, wenn man auch das Verhalten anderer Kunden in die Betrachtungen einbezieht. Wie im unteren Teil von Abb. 9.36 dargestellt ist, wird die Wartezeit $T_W(k)$ des k-ten Kunden durch die Ankunftszeit $T_A(k)$ des k-ten Kunden und den Abgangszeitpunkt $T_D(k-1)$ des vorherigen Kunden bestimmt, bei dem die Bedienung des k-ten Kunden beginnt:

$$T_W(k) = T_D(k - 1) - T_A(k).$$

Dasselbe gilt für die Wartezeit des $(k + 1)$-ten Kunden:

$$T_W(k + 1) = T_D(k) - T_A(k + 1).$$

Die Differenz der beiden Abgangszeiten $T_D(k)$ und $T_D(k - 1)$ entspricht der Bedienzeit $T_B(k)$ des k-ten Kunden:

$$T_B(k) = T_D(k) - T_D(k - 1).$$

Da der $(k + 1)$-te Kunde entsprechend Gl. (9.57) um die Zeitspanne $T_\Delta(k)$ später als der k-te Kunde eintrifft und seine Bedienung zum Abgangszeitpunkt $T_D(k)$ des k-ten Kunden beginnt, gilt

$$T_\Delta(k) + T_W(k + 1) = T_W(k) + T_B(k)$$

(vgl. Abb. 9.36). Durch Umstellung dieser Gleichung erhält man für die Wartezeit des $(k + 1)$-ten Kunden die Beziehung

$$T_W(k + 1) = T_W(k) + T_B(k) - T_\Delta(k).$$

Voraussetzung für die Gültigkeit dieser Gleichung ist allerdings, dass der $(k+1)$-te Kunde nicht später eintrifft als der k-te Kunde das Wartesystem verlässt, was durch die Ungleichung

$$T_\Delta(k) < T_W(k) + T_B(k)$$

ausgedrückt wird. Andernfalls ist die Bedieneinheit frei und es entsteht gar keine Wartezeit. Diese Voraussetzung kann man in die Gleichung für die Wartezeit $T_W(k+1)$ in der folgenden Form unterbringen:

Zustandsraumdarstellung von Wartesystemen :

$$T_W(k+1) = \begin{cases} T_W(k) + T_B(k) - T_\Delta(k) & \text{wenn } T_\Delta(k) < T_W(k) + T_B(k) \\ 0 & \text{sonst} \end{cases} \qquad (9.59)$$

$$= \max\{T_W(k) + T_B(k) - T_\Delta(k),\, 0\}.$$

Diese Beziehung gilt auch dann, wenn zwischen den Zeitpunkten $T_A(k+1)$ und $T_D(k)$ weitere Kunden eintreffen.

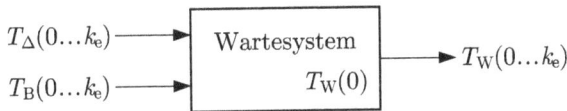

Abb. 9.37: E/A-Darstellung des Wartesystems

Mit Gl. (9.59) kann man für eine gegebene Wartezeit $T_W(0)$ des ersten Kunden aus den Folgen der Ankunftsabstände und Bedienzeiten

$$T_\Delta(0...k_e) = (T_\Delta(0), T_\Delta(1), ..., T_\Delta(k_e))$$
$$T_B(0...k_e) = (T_B(0), T_B(1), ..., T_B(k_e))$$

die Folgen der Wartezeiten

$$T_W(0...k_e) = (T_W(0), T_W(1), ..., T_W(k_e))$$

bestimmen. Wenn die Warteschlange zu Beginn leer ist, gilt $T_W(0) = 0$. $T_W(k)$ beschreibt den Zustand des Wartesystems und die Folgen $T_\Delta(0...k_e)$ und $T_B(0...k_e)$ zwei Eingangsgrößen (Abb. 9.37). Gleichung (9.59) ist also eine Zustandsraumdarstellung, mit der bei bekannten Eingangsgrößen die Folge $T_W(0...k_e)$ der Zustände rekursiv berechnet werden kann.

Warteschlangenlänge. Die Gesamtzahl der sich zur Zeit t im System befindenden Kunden wird mit $N(t)$ bezeichnet. Sie setzt sich aus der Anzahl $N_W(t)$ der Kunden im Warteraum (*Warteschlangenlänge*) und der Anzahl $N_B(t)$ der Kunden, die sich in einer Bedieneinrichtung befinden, zusammen:

$$N(t) = N_W(t) + N_B(t). \qquad (9.60)$$

$N(t)$ ist eine stückweise konstante Funktion der Zeit, die sich nur zu den Ankunfts- und Abgangszeitpunkten von Kunden ändert. Zu ihrer Bestimmung muss man die Folge der Ankunftszeiten

$$T_A(0...t_e) = (T_A(0), T_A(1), ..., T_A(k_{Ae}))$$

entsprechend

$$T_A(k+1) = T_A(k) + T_\Delta(k), \quad T_A(0) = T_{A0}$$

aus der Ankunftszeit T_{A0} des ersten Kunden und der Folge der Ankunftsabstände $T_\Delta(k)$ bestimmen. Dabei bezeichnet k_{Ae} die Anzahl der im Zeitintervall $[0, t_e]$ eintreffenden Kunden. Die Folge der Abgangszeitpunkte

$$T_D(0...t_e) = (T_D(0), T_D(1), ..., T_D(k_{De}))$$

erhält man aus der Beziehung

$$T_D(k) = T_A(k) + T_W(k) + T_B(k).$$

Nun muss man die Folgen $T_A(0...t_e)$ und $T_D(0...t_e)$ so zu einer Folge verknüpfen, dass die Elemente eine monoton steigende Folge von Ereigniszeitpunkten bilden. Dann erhöht sich die Anzahl $N(t)$ bei Ankunft eines Kunden und verkleinert sich beim Abgang eines Kunden um eins, wobei sie zum Anfangszeitpunkt $t = 0$ bei einem gegebenen Wert $N(0) = N_0$ beginnt:

$$N(t) = \begin{cases} N(t^-) + 1 & \text{für } t = T_A(k) \text{ für ein } k \\ N(t^-) - 1 & \text{für } t = T_D(k) \text{ für ein } k. \end{cases} \tag{9.61}$$

Die Anzahl bleibt zwischen den Zeitpunkten $T_A(k)$ und $T_D(k)$ konstant. Mit $N(t^-)$ wird der Wert von N zu einem infinitesimal kleinen Zeitpunkt vor der Zeit t bezeichnet.

Ankunfts- und Bedienrate. Wichtige Kenngrößen der Folgen $T_\Delta(0...k_e)$ und $T_B(0...k_e)$ sind die mittlere Anzahl λ der pro Zeiteinheit eintreffenden Kunden, die als *Ankunftsrate* bezeichnet wird, sowie die mittlere Anzahl μ der pro Zeiteinheit abgefertigten Kunden, die *Bedienrate* genannt wird. Den Quotienten beider Größen

$$\rho = \frac{\lambda}{\mu} \tag{9.62}$$

nennt man *Verkehrsrate*. Damit sich in einem Wartesystem mit einer Bedieneinheit im Mittel eine endliche Warteschlangenlänge einstellt, muss er kleiner als eins sein:

$$\rho < 1. \tag{9.63}$$

Andernfalls steigt die Warteschlangenlänge über alle Grenzen an.

Wartesysteme mit mehreren Bedieneinheiten. Alle bisherigen Betrachtungen können für Wartesysteme mit c Bedieneinheiten erweitert werden (Abb. 9.38). Wenn alle c Bedieneinheiten gleichzeitig besetzt sind, ist dies gleichbedeutend damit, dass sich die Bedienrate von μ auf $c\mu$ erhöht. Dementsprechend berechnet sich die Verkehrsrate des Wartesystems mit c Bedieneinheiten aus

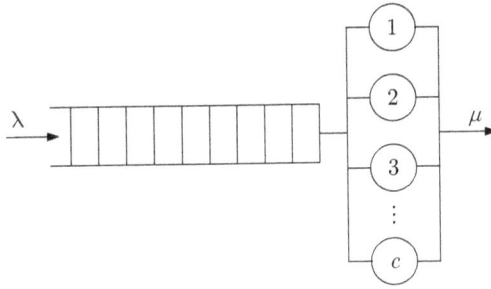

Abb. 9.38: Warteschlange vor c Bedieneinheiten

$$\rho = \frac{\lambda}{c\mu}. \tag{9.64}$$

Die Verkehrsrate ρ beschreibt die Intensität des Kundenstroms, also die Arbeitsbelastung der Bedieneinheiten, denn jeder Kunde erfordert im Mittel $\frac{1}{\mu}$ Zeiteinheiten für die Bedienung und λ Kunden kommen pro Zeiteinheit im Wartesystem an. Deshalb ist $\lambda \cdot \frac{1}{\mu}$ der pro Zeiteinheit eintreffende „Arbeitsaufwand", der auf die c Bedieneinheiten verteilt wird.

9.4.2 Wartesysteme mit deterministischen Ankunfts- und Bedienzeiten

Bei Wartesystemen mit deterministischen Ankunfts- und Bedienzeiten sind die Zeiten $T_\Delta(k)$ und $T_B(k)$ für alle Kunden gleich groß und stehen mit den Raten λ und μ in direktem Zusammenhang:

$$T_\Delta(k) = \frac{1}{\lambda}, \quad T_B(k) = \frac{1}{\mu} \qquad \text{für alle } k.$$

Damit erhält man für die Folgen $T_\Delta(0...k_e)$ und $T_B(0...k_e)$ die Beziehungen

$$T_\Delta(0...k_e) = \left(\frac{1}{\lambda}, \frac{1}{\lambda}, ..., \frac{1}{\lambda} \right)$$

$$T_B(0...k_e) = \left(\frac{1}{\mu}, \frac{1}{\mu}, ..., \frac{1}{\mu} \right).$$

Das Verhalten des Wartesystems hängt vom Anfangszustand $T_W(0)$ ab. Wenn das Wartesystem zur Zeit $t = 0$ leer ist, stellt sich für $\rho \leq 1$ sofort ein stationäres Verhalten mit endlicher mittlerer Warteschlangenlänge ein. Bei $\rho > 1$ steigt die Warteschlangenlänge bis zu dem durch den Warteraum begrenzten Wert, von dem ab die hier angegebenen Gleichungen nicht mehr gelten, weil sie das Abweisen von Kunden nicht berücksichtigen.

Beispiel 9.8   *Wartesystem mit deterministischen Ankunfts- und Bedienzeiten*

Das Verhalten eines Wartesystems für deterministische Ankunfts- und Bedienzeiten ist in Abb. 9.39 veranschaulicht. Der oberste Teil stellt durch die Pfeile oberhalb der Linie die ankommenden Kunden und durch die Pfeile unterhalb der Linie die abgehenden Kunden dar, wobei die Pfeilspitze bzw. der Pfeilanfang auf der Zeitachse den Zeitpunkt T_A bzw. T_D markiert. Im mittleren Teil wird die Anzahl $N(t)$ der sich im Wartesystem befindenden Kunden gezeigt. Der unterste Teil beschreibt die Wartezeiten $T_W(k)$. Es ist zu beachten, dass sich die oberen beiden Darstellungen auf die Zeitachse t und das untere Diagramm auf die Nummerierung k der Kunden beziehen.

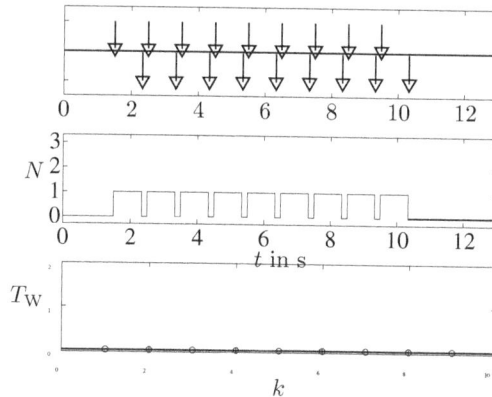

Abb. 9.39: Verhalten eines Wartesystems mit $\lambda = 1\,\frac{1}{s}$, $\mu = 1{,}2\,\frac{1}{s}$

Abbildung 9.39 zeigt das Verhalten eines Wartesystems, bei dem die Ankunftsrate kleiner ist als die Bedienrate ($\lambda < \mu$). Da die Kunden in einem kürzeren Zeitabstand bedient werden als sie ankommen, befindet sich immer nur höchstens ein Kunde im Wartesystem. Der Kundenstrom hört nach 9 Kunden auf, so dass das Wartesystem ab etwa der elften Zeiteinheit leer ist. Kein Kunde muss auf seine Bedienung warten, weil angenommen wurde, dass das Wartesystem zur Zeit $t = 0$ leer ist.

Wenn die Ankunftsrate größer als die Bedienrate ist ($\lambda > \mu$), wächst die Warteschlange an, solange Kunden in dem durch λ bestimmten Zeitabstand eintreffen. Die Wartezeit steigt umso schneller, je größer das Verhältnis $\rho = \frac{\lambda}{\mu}$ ist. Die Wartezeit verlängert sich von Kunde zu Kunde. In dem in Abb. 9.40 gezeigten Fall verkleinert sich die Anzahl N der sich im Wartesystem befindenden Kunden erst, nachdem der Kundenstrom nach dem neunten Kunden aufhört. □

Stationäres Verhalten. Für Wartesysteme mit $\rho < 1$ stellt sich ein stationäres Verhalten ein, bei dem jeder neu ankommende Kunde sofort bedient wird

$$T_W(k) = 0 \quad \text{für hinreichend großes } k$$

und die Aufenthaltszeit im Wartesystem deshalb nur von der Bedienzeit abhängig ist:

$$T(k) = T_B(k) = \frac{1}{\mu} \quad \text{für hinreichend großes } k.$$

Es befindet sich kein Kunde in der Warteschlange

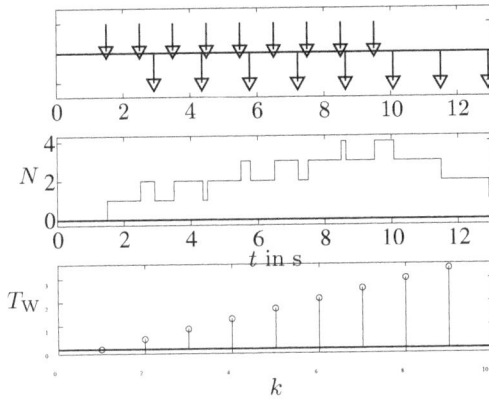

Abb. 9.40: Verhalten eines Wartesystems mit $\lambda = 1\,\frac{1}{s}$, $\mu = 0{,}7\,\frac{1}{s}$

$$N_{\mathrm{W}}(k) = 0 \quad \text{für hinreichend großes } k.$$

Diese Größen stellen sich auch ein, wenn sich zur Zeit $t = 0$ eine beliebige Zahl $N(0) = N_0$ von Kunden im Wartesystem befinden, was beispielsweise dann passiert, wenn durch eine Störung des Betriebes die Bedienung über ein bestimmtes, vor der Zeit $t = 0$ liegendes Zeitintervall ausgefallen ist. In diesem Fall baut sich die Warteschlange ab, was umso schneller geschieht, je kleiner die Verkehrsdichte ρ ist.

Beispiel 9.8 (Forts.) *Wartesystem mit deterministischen Ankunfts- und Bedienzeiten*

Abbildung 9.41 zeigt das Verhalten des Wartesystems, wenn sich zur Zeit $t = 0$ vier Kunden im Wartesystem befinden, von denen einer bedient wird. Ab der Zeit $t = 0{,}7\,\mathrm{s}$ kommen neue Kunden mit der Ankunftsrate $\lambda = 1\,\frac{1}{s}$ an.

Da die Verkehrsrate

$$\rho = \frac{\lambda}{\mu} = \frac{1\,\frac{1}{s}}{1{,}4\,\frac{1}{s}} = 0{,}71$$

kleiner als eins ist, baut sich die Warteschlange ab, bis im stationären Zustand jeder neu ankommende Kunde sofort bedient wird. Die Wartezeit der ersten vier Kunden ergibt sich aus ihrer Ankunftszeit, die vor dem Zeitpunkt $t = 0$ liegt, und dem Ende ihrer Bedienung. Die Abbildung zeigt das Verhalten für den Fall, dass die Bedienung des ersten Kundens zur Zeit $t = 0$ beginnt. $\square$

Aufgabe 9.13 *Verhalten eines Wartesystems*

Betrachten Sie ein Wartesystem mit einer Bedieneinrichtung und einer Warteschlange mit fünf Plätzen. Zu Beginn befinden sich drei Kunden in der Warteschlange und kein Kunde in der Bedieneinrichtung. Für die Ankunfts- und Bedienrate gilt

$$\lambda = \frac{1}{\min}, \quad \mu = \frac{1{,}2}{\min}.$$

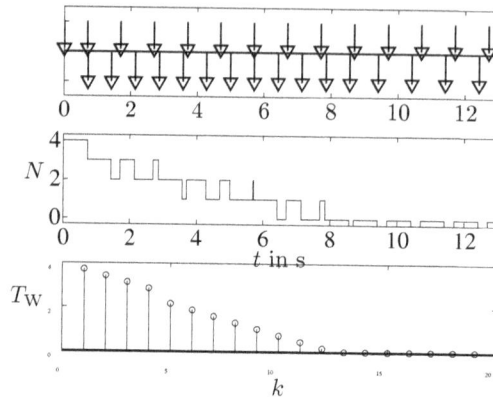

Abb. 9.41: Verhalten eines Wartesystems mit $\lambda = 1\,\frac{1}{s}, \mu = 1{,}4\,\frac{1}{s}$, wenn sich zur Zeit $t = 0$ vier Kunden im Wartesystem befinden

Berechnen Sie die Anzahl $N(t)$ der Kunden im Wartesystem und die Wartezeiten $T_W(k)$ und stellen Sie Ihr Ergebnis in den in Abb. 9.41 gezeigten Diagrammen dar. Werden Kunden abgewiesen, weil bei ihrer Ankunft der Warteraum gefüllt ist? □

9.4.3 Wartesysteme mit stochastischen Ankunfts- und Bedienzeiten

Bei der im Folgenden verwendeten Beschreibung von Wartesystemen mit stochastischem Ankunftsabstand und stochastischen Bedienzeiten werden die Folgen $T_\Delta(0...k_e)$ und $T_B(0...k_e)$ von zwei stochastischen Prozessen erzeugt, die als *Ankunftsprozess* und *Bedienprozess* bezeichnet werden. Die Raten λ und μ beschreiben Mittelwerte, die nichts darüber aussagen, wie viele Kunden in einem bestimmten Zeitintervall eintreffen oder abgefertigt werden. Deshalb kann man mit diesen Größen auch keine Aussage über die maximale Warteschlangenlänge treffen. Es wird im Folgenden angenommen, dass die Warteschlange beliebig lang werden kann, ohne dass ein Kunde wegen Überfüllung abgewiesen wird.

Für den mittleren Ankunftsabstand $\bar{T}_\Delta$ gilt

$$\bar{T}_\Delta = E(T_\Delta(k)) = \frac{1}{\lambda},$$

für die mittlere Bedienzeit $\bar{T}_B$

$$\bar{T}_B = E(T_B(k)) = \frac{1}{\mu}$$

und für die Verkehrsrate

$$\rho = \frac{\lambda}{\mu} = \frac{\bar{T}_B}{\bar{T}_\Delta}.$$

Die folgenden Betrachtungen gelten für Wartesysteme mit c Bedieneinheiten (Abb. 9.38). Aufgrund des stochastischen Charakters der Ankunfs- und Bedienzeiten sind die Kundenanzahl

$N(t)$ im Wartesystem, die Kundenanzahl $N_{\mathrm{W}}(t)$ in der Warteschlange und die Kundenanzahl $N_{\mathrm{B}}(t)$ in der Bedieneinheit Zufallsvariablen. Die Wahrscheinlichkeit, dass $N(t) = n$ gilt, wird mit $p_n(t)$ bezeichnet:

$$p_n(t) = \mathrm{Prob}\,(N(t) = n).$$

Für den Erwartungswert gilt entsprechend Gl. (7.4) die Beziehung

$$\bar{N}(t) = E(N(t)) = \sum_{n=0}^{\infty} n \cdot p_n(t). \tag{9.65}$$

Für $t \to \infty$ stellt sich ein stationärer Wert ein, der $\bar{N}$ genannt wird

$$\bar{N} = \lim_{t \to \infty} E(N(t)),$$

wobei im Folgenden vorausgesetzt wird, dass dieser Grenzwert existiert. Von den $\bar{N}$ Kunden befinden sich $\bar{N}_{\mathrm{W}}$ in der Warteschlange:

$$\bar{N}_{\mathrm{W}} = \lim_{t \to \infty} E(N_{\mathrm{W}}(t)) = \lim_{t \to \infty} \sum_{n=c+1}^{\infty} p_n(t).$$

In der letzten Gleichung beginnt die Summation über n erst bei $c + 1$, weil sich bei weniger als $c + 1$ Kunden im Wartesystem alle Kunden in den Bedieneinheiten befinden.

Die mittlere Aufenthaltszeit $\bar{T}(t_{\mathrm{e}})$ für das Zeitintervall $[0...t_{\mathrm{e}}]$ erhält man aus den Aufenthaltszeiten $T(k)$ der Kunden $k = 1, 2, ... N_{\mathrm{e}}$ entsprechend der Beziehung

$$\bar{T}(t_{\mathrm{e}}) = E(T, t_{\mathrm{e}}) = \frac{1}{N_{\mathrm{e}}} \sum_{k=1}^{N_{\mathrm{e}}} T(k), \tag{9.66}$$

in der N_{e} die Anzahl der in dem betrachteten Zeitintervall eintreffenden und abgefertigten Kunden bezeichnet. Für $t_{\mathrm{e}} \to \infty$ ergibt sich der stationäre Wert

$$\bar{T} = \lim_{t_{\mathrm{e}} \to \infty} E(T, t_{\mathrm{e}}),$$

der die mittlere Aufenthaltszeit der Kunden im Wartesystem angibt. Von dieser Zeit verbringt der Kunde im Mittel die Zeit $\bar{T}_{\mathrm{W}}$ in der Warteschlange. Gleichung (9.58) gilt für Wartesysteme mit stochastischen Ankunfts- und Bedienzeiten im Mittel, denn aus dieser Gleichung erhält man durch eine Mittelwertbildung die Beziehung

$$E(T(k)) = E(T_{\mathrm{W}}(k)) + E(T_{\mathrm{B}}(k)),$$

die mit den jetzt eingeführten Bezeichnungen als

$$\bar{T} = \bar{T}_{\mathrm{W}} + \bar{T}_{\mathrm{B}}$$

geschrieben wird. Wegen

$$\bar{T}_{\mathrm{B}} = \frac{1}{\mu}$$

lässt sich daraus der für $t \to \infty$ geltende Zusammenhang zwischen den mittleren Aufenthaltszeiten im Wartesystem und in der Warteschlange herleiten:

$$\bar{T} = \bar{T}_{\mathrm{W}} + \frac{1}{\mu}. \tag{9.67}$$

Beispiel 9.9 *Wartesystem mit stochastischen Ankunfts- und Bedienzeiten*

Das im Beispiel 9.8 betrachtete Wartesystem wird jetzt für stochastische Ankunftszeiten untersucht. Abbildung 9.42 unterscheidet sich von Abb. 9.39 nur dadurch, dass jetzt die Ankunftszeitpunkte nicht mehr einen konstanten Abstand haben, sondern stochastisch verteilt sind. Im Mittel kommt wie vorher ein Kunde pro Zeiteinheit im Wartesystem an ($\lambda = 1\,\frac{1}{\mathrm{s}}$). Um Abb. 9.42 zu erzeugen, wurde angenommen, dass die Bedienzeit aller Kunden deterministisch ist und den Wert

$$T_{\mathrm{B}}(k) = \frac{1}{\mu} = 0{,}833\,\frac{1}{\mathrm{s}}$$

hat. Trotz der deterministischen Bedienzeit ist jetzt auch die Wartezeit eine stochastische Größe.

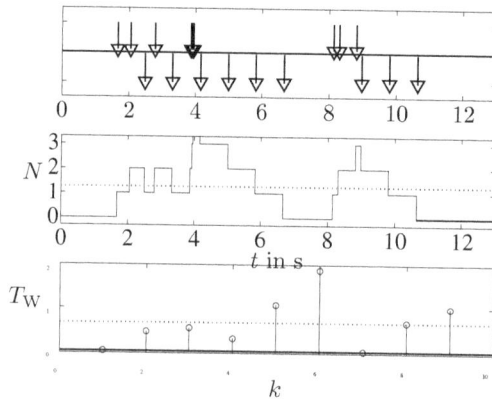

Abb. 9.42: Wartesystem mit stochastischen Ankunftszeiten
($\lambda = 1\,\frac{1}{\mathrm{s}},\mu = 1{,}2\,\frac{1}{\mathrm{s}}$)

Aus dem Vergleich der beiden genannten Abbildungen, die mit denselben Maßstäben gezeichnet sind, sieht man die Wirkung der stochastischen Ankunftszeit. Es bildet sich zeitweise eine Warteschlange aus, während bei einer deterministischen Ankunftszeit keine Wartezeit auftritt.

Abbildung 9.43 zeigt das Wartesystem mit denselben Parametern λ und μ für 100 Kunden. Die Warteschlange weist zeitweise eine erhebliche Länge auf und die Wartezeit ist für einige Kunden dementsprechend groß. Die weiteren Untersuchungen werden dazu dienen, Aussagen über die durch die gepunktete Linie eingetragene mittlere Länge der Warteschlange und die mittlere Wartezeit zu erhalten.
□

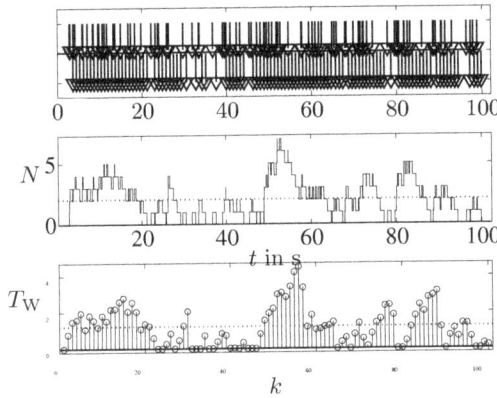

Abb. 9.43: Verhalten des Wartesystems bei 100 Kunden
$$\left(\lambda = 1\,\tfrac{1}{s},\ \mu = 1{,}2\,\tfrac{1}{s}\right)$$

9.4.4 Gesetz von LITTLE

Einen Zusammenhang zwischen der mittleren Anzahl $\bar{N}$ von Kunden im Wartesystem und der mittleren Aufenthaltszeit $\bar{T}$ dieser Kunden beschreibt das Gesetz von LITTLE:

$$\boxed{\begin{aligned} \text{Gesetz von Little :}\quad & \bar{N} = \lambda\bar{T} \\ & \bar{N}_{\mathrm{W}} = \lambda\bar{T}_{\mathrm{W}} \end{aligned}} \tag{9.68}$$

Es besagt, dass die durchschnittliche Kundenzahl $\bar{N}$ im Wartesystem proportional zur durchschnittlichen Verweildauer $\bar{T}$ ist, wobei die Ankunftsrate λ den Proportionalitätsfaktor darstellt. Dies trifft sowohl für die Angaben $\bar{N}$ und $\bar{T}$ für das gesamte System als auch für die Werte $\bar{N}_{\mathrm{W}}$ und $\bar{T}_{\mathrm{W}}$ der Warteschlange zu.

Durch Subtraktion der zweiten von der ersten Zeile erhält man die Beziehung

$$\bar{N} - \bar{N}_{\mathrm{W}} = \lambda(\bar{T} - \bar{T}_{\mathrm{W}})$$

und aus Gl. (9.60)

$$\bar{N} - \bar{N}_{\mathrm{W}} = \lim_{t\to\infty} E(N_{\mathrm{B}}) = \bar{N}_{\mathrm{B}},$$

wobei $\bar{N}_{\mathrm{B}}$ die mittlere Kundenanzahl in den Bedieneinheiten darstellt. Mit Gl. (9.67) ergibt sich daraus für die Anzahl der sich im Mittel in den Bedieneinrichtungen befindenden Kunden der Wert

$$\bar{N}_{\mathrm{B}} = \frac{\lambda}{\mu} = \rho c, \tag{9.69}$$

der durch die Verkehrsrate ρ und die Anzahl c der Bedieneinheiten bestimmt wird. Aufgrund dieses Ergebnisses gilt

$$\bar{N} = \bar{N}_{\mathrm{W}} + \rho c.$$

Erläuterung des Gesetzes von Little. Gleichung (9.68) soll anhand des in Abb. 9.44 gezeigten Verlaufes der Anzahl von Kunden im System erläutert werden. Der angegebene Verlauf gilt für ein Zeitintervall der Länge t_e, wobei sich zu Beginn und am Ende des betrachteten Zeitintervalls kein Kunde im System befindet. Zu den Zeiten $T_A(1)$, $T_A(2)$ usw. kommt jeweils ein Kunde an; zu den Zeiten $T_D(1)$, $T_D(2)$ usw. verlässt ein Kunde das System. Die Verweilzeiten $T(k)$, die sich aus diesen Zeiten für die einzelnen Kunden ergeben, sind im unteren Teil der Abbildung durch graue Flächen markiert.

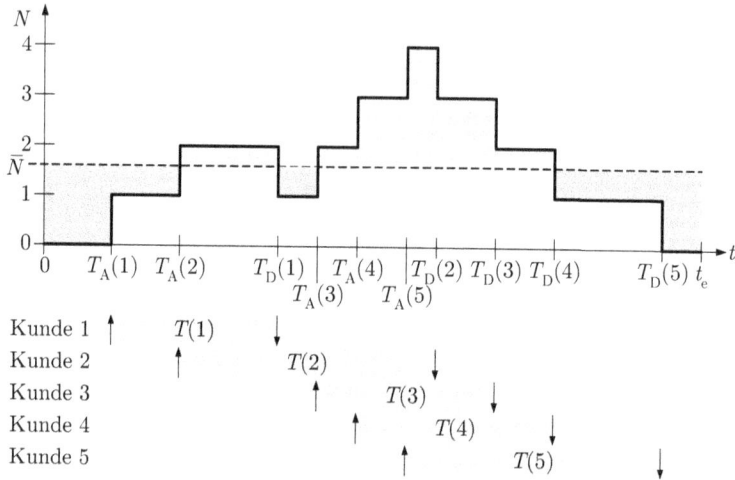

Abb. 9.44: Veranschaulichung des Gesetzes von Little

Die mittlere Anzahl $\bar{N}(t_e)$ von Kunden im System kann man entsprechend Gl. (9.65) folgendermaßen berechnen. Ein Kunde ($n = 1$) befindet sich in den Zeitintervallen $[T_A(1), T_A(2)]$, $[T_D(1), T_A(3)]$ und $[T_D(4), T_D(5)]$ im System. Die Wahrscheinlichkeit beträgt deshalb (angenähert durch die relative Häufigkeit)

$$p_1(t_e) = \frac{(T_A(2) - T_A(1)) + (T_A(3) - T_D(1)) + (T_D(5) - T_D(4))}{t_e}.$$

Zwei Kunden ($n = 2$) sind in den Zeitintervallen $[T_A(2), T_D(1)]$, $[T_A(3), T_A(4)]$ und $[T_D(3), T_D(4)]$ vorhanden, so dass

$$p_2(t_e) = \frac{(T_D(1) - T_A(2)) + (T_A(4) - T_A(3)) + (T_D(4) - T_D(3))}{t_e}$$

gilt. Ähnliche Ausdrücke erhält man für $p_3(t_e)$ und $p_4(t_e)$. Gleichung (9.65) führt damit auf

$$\bar{N}(t_e) = 1 \cdot p_1(t_e) + 2 \cdot p_2(t_e) + 3 \cdot p_3(t_e) + 4 \cdot p_4(t_e)$$

$$= ((T_A(2) - T_A(1) + T_A(3) - T_D(1) + T_D(5) - T_D(4))$$

$$+ 2(T_D(1) - T_A(2) + T_A(4) - T_A(3) + T_D(4) - T_D(3))$$

$$+ 3(T_A(5) - T_A(4) + T_D(3) - T_D(2)) + 4(T_D(2) - T_A(5)) \frac{1}{t_e}$$

$$= \frac{\text{Fläche zwischen der Kurve } N(t) \text{ und der Zeitachse}}{t_e}.$$

Für $\bar{T}_e$ erhält man entsprechend Gl. (9.66)

$$\bar{T}_e = ((T_D(1) - T_A(1)) + (T_D(2) - T_A(2)) + (T_D(3) - T_A(3)) + (T_D(4) - t_A(4))$$

$$+ (T_D(5) - T_A(5))) \frac{1}{5}$$

$$= \frac{\text{Fläche zwischen der Kurve } N(t) \text{ und der Zeitachse}}{\text{Anzahl } N_e \text{ der abgefertigten Kunden}}$$

Durch Umstellen der beiden Gleichungen nach der Fläche zwischen der Kurve und der Zeitachse erhält man die Beziehungen

$$\bar{N}(t_e) \cdot t_e = \bar{T}_e \cdot N_e$$

und

$$\bar{N}(t_e) = \frac{N_e}{t_e} \cdot \bar{T}_e.$$

Da der rechts stehende Quotient die für den betrachteten Zeitabschnitt geltende Ankunftsrate beschreibt, erhält man schließlich

$$\bar{N}(t_e) = \lambda \cdot \bar{T}_e.$$

Diese Aussage stimmt mit dem Gesetz von Little für das Zeitintervall $0...t_e$ überein. Es ist kein Beweis für dieses Gesetz, denn dafür müsste man nachweisen, dass die abgeleitete Beziehung auch für $t_e \to \infty$ gilt. Aber es zeigt, wieso man ohne die zeitlichen Abstände der Ankunfts- und Bedienereignisse zu kennen etwas über die Mittelwerte der Kundenanzahl und der Aufenthaltszeit sagen kann. $\square$

Beispiel 9.9 (Forts.) *Wartesystem mit stochastischen Ankunfts- und Bedienzeiten*

In den Abbildungen 9.42 und 9.43 auf S. 493 sind durch gepunktete Linien die mittlere Anzahl $\bar{N}$ der Kunden im Wartesystem und die mittlere Wartezeit $\bar{T}_W$ eingetragen. Die Abbildung zeigt, dass die tatsächlichen Werte zeitweise deutlich von diesen Mittelwerten abweichen.

Für das Gesetz von Little ist die mittlere Warteschlangenlänge wichtig, die für dieses Beispiel den Wert

$$\bar{N}_W = 1{,}15$$

hat, womit Gl. (9.68) (näherungsweise) erfüllt ist. $\square$

Wartesysteme mit einer Bedieneinheit. Wenn das betrachtete System nur eine Bedieneinheit hat ($c = 1$), kann man die Wahrscheinlichkeit $p_0 = \text{Prob}\,(N(t) = 0)$ dafür, dass sich kein Kunde im System befindet und folglich niemand bedient wird, folgendermaßen berechnen. Aus

$$\bar{N}_B = \bar{N} - \bar{N}_W = \frac{\lambda}{\mu}$$

(vgl. Gl. (9.69)) und

$$\bar{N} - \bar{N}_W = \sum_{n=1}^{\infty} n \cdot p_n - \sum_{n=1}^{\infty} (n-1) \cdot p_n$$

$$= \sum_{n=1}^{\infty} p_n = 1 - p_0$$

folgt

$$p_0 = 1 - \frac{\lambda}{\mu} = 1 - \rho. \tag{9.70}$$

Die Wahrscheinlichkeit dafür, dass niemand bedient wird, hängt also von der Verkehrsrate ρ ab. Je näher ρ an seiner oberen Schranke 1 liegt, desto kleiner ist diese Wahrscheinlichkeit. Daraus ergibt sich für die Wahrscheinlichkeit p_B, dass ein Kunde bedient wird, die Beziehung

$$p_B = 1 - p_0 = \rho.$$

Die Auslastung des Systems ist also umso besser, je besser die Bedienrate μ mit der Ankunftsrate λ übereinstimmt.

Wartesysteme mit c Bedieneinheiten. Hat das System c Bedieneinheiten, so soll wieder mit p_B die Wahrscheinlichkeit bezeichnet werden, dass alle Bedieneinheiten einen Kunden abfertigen. Aus der Beziehung $\bar{N}_B = \rho$ folgt aufgrund der gleichmäßigen Auslastung aller c Einheiten, dass die mittlere Anzahl von Kunden in jeder der Bedieneinheiten gleich $\frac{r}{c}$ ist. Daraus erhält man

$$p_B = \frac{\rho}{c},$$

also wie beim Wartesystem mit nur einer Bedieneinheit

$$p_B = \rho.$$

Aufgabe 9.14* *Friseurbesuch*

Wenn man ohne Vorbestellung zum Friseur geht, muss man sich auf möglicherweise längeres Warten einstellen. Angenommen, es kommen durchschnittlich 7 Kunden pro Stunde in den Friseursalon, die im Mittel auf drei bereits wartende Kunden treffen. Wie viel Zeit vergeht durchschnittlich, bis ein Kunde den Friseursalon wieder verlässt, wenn nur eine Bedienung den Kunden die Haare schneidet? □

9.4.5 Klassifikation von Wartesystemen

Die bisherigen Betrachtungen bezogen sich auf ein Wartesystem mit einer Warteschlange und c Bedieneinheiten, wobei die stochastischen Ankunfts- und Bedienprozesse nicht genauer spezifiziert werden mussten. Alle abgeleiteten Beziehungen betrafen das stationäre Verhalten und sie gelten für beliebige Verteilungsdichten dieser Prozesse.

Eine genauere Analyse der Wartesystem setzt voraus, dass man die Verteilungsdichten der Ankunfts- und Bedienprozesse kennt. Von besonderer Bedeutung sind dabei Prozesse mit exponentialverteilten Verweilzeiten (Poissonprozesse), weil man für diese aufgrund ihrer Markoveigenschaft weitergehende Aussagen machen kann (vgl. Abschn. 9.3.2). Es wird deshalb bei Wartesystemen häufig mit der Voraussetzung gearbeitet, dass der Ankunftsabstand und die Bedienzeiten exponentialverteilt sind.

Wartesysteme werden in Abhängigkeit vom Typ der Verteilungen, von der Anzahl der Bedieneinheiten und von der Kapazität der Warteschlange klassifiziert, wobei sich die Notation

$$A/B/c/K - \text{Wartesystem}$$

eingebürgert hat. Dabei gelten folgende Bezeichnungen:

- A – Typ der Verteilungsdichte des Ankunftsprozesses
- B – Typ der Verteilungsdichte des Bedienprozesses
- c – Anzahl der Bedieneinheiten
- K – Kapazität der Warteschlange (maximale Warteschlangenlänge).

Während man für c und K jede beliebige natürliche Zahl einsetzen kann, werden die Typen A und B der stochastischen Prozesse durch folgende Abkürzungen beschrieben:

A, B	Typ der Verteilungsdichte
D	deterministische Ankunfts- bzw. Bedienzeiten
M	exponentialverteilte Ankunfts- bzw. Bedienprozesse (Markovprozesse)
G	Ankunfts- und Bedienprozesse mit beliebiger Verteilungsdichte

Ein D/D/1/∞-Wartesystem ist also ein Wartesystem mit einer Bedieneinheit, deterministischen Ankunfts- und Bedienzeiten und einer unbeschränkten Warteschlange. Die Poissonschen Wartesysteme, die im nächsten Abschnitt behandelt werden, heißen dementsprechend M/M/1/∞-Wartesysteme, denn bei ihnen sind Ankunfts- und Bedienprozess exponentialverteilt.

9.4.6 Poissonsche Wartesysteme

Dieser Abschnitt behandelt Wartesysteme mit exponentialverteilten Ankunfts- und Bedienzeiten, die als poissonsche Wartesysteme oder als M/M/1/∞-Wartesysteme bezeichnet werden. Die Zeitabstände $T_\Delta(k)$ zwischen den Ankunftszeitpunkten der Kunden sind exponentialverteilt mit der Verteilungsfunktion (9.30)

$$F_{T_\Delta}(t) = \mathrm{Prob}\,(T_\Delta(k) \leq t) = 1 - \mathrm{e}^{-\lambda t} \quad \text{für alle } k \tag{9.71}$$

und der Verteilungsdichtefunktion (9.32)

$$f_{T_\Delta}(t) = \lambda \mathrm{e}^{-\lambda t}. \tag{9.72}$$

Diese Verteilung hat den Mittelwert $\frac{1}{\lambda}$, d. h., neue Kunden kommen im Mittel mit dem zeitlichen Abstand $\bar{T}_\Delta = \frac{1}{\lambda}$, wie es bei den bisherigen Betrachtungen bereits vorausgesetzt wurde. Im Unterschied zur deterministischen Ankunft, bei der der zeitliche Abstand zwischen allen Kunden denselben Wert $\frac{1}{\lambda}$ hat, wird hier eine stochastische Ankunft betrachtet, bei der $\frac{1}{\lambda}$ als Mittelwert auftritt.

Dieselbe Annahme wird für die Bedienzeiten $T_B(k)$ getroffen:

$$F_{T_B}(t) = \mathrm{Prob}\,(T_B(k) \leq t) = 1 - \mathrm{e}^{-\mu t} \quad \text{für alle } k \tag{9.73}$$

$$f_{T_B}(t) = \mu \mathrm{e}^{-\mu t} \tag{9.74}$$

$$\bar{T}_B = \frac{1}{\mu}.$$

Dies bedeutet, dass der Ankunfts- und der Bedienprozess die drei auf S. 452 angegebenen Annahmen des Poissonprozesses erfüllen.

Das poissonsche Wartesystem ist also durch die Zustandsmenge

$$\mathcal{Z} = \{0, 1, 2, ..., \infty\},$$

die beiden Intensitäten λ und μ der Exponentialverteilungen sowie den Anfangszustand $z_0 = 0$ beschrieben, also durch das Quantupel

> Poissonsches Wartesystem (M/M/1/∞-Wartesystem): $\mathcal{W} = (\mathcal{Z}, \lambda, \mu, z_0)$

mit

- $\mathcal{Z}$ – Zustandsmenge
- λ – Intensität der Exponentialverteilung der Ankunftszeiten
- μ – Intensität der Exponentialverteilung der Bedienzeiten
- z_0 – Anfangszustand.

Das Verhalten des Wartesystems soll jetzt durch die Wahrscheinlichkeitsverteilung

$$p_k(t) = \text{Prob}\,(N(t) = k), \quad k = 0, 1, 2, ...$$

beschrieben werden, wobei $p_k(t)$ die Wahrscheinlichkeit beschreibt, mit der sich zur Zeit t N Kunden im Wartesystem befinden. Wie es für den Poissonprozess ausführlich erläutert wurde, kann man für alle sich zeitlich ändernden Wahrscheinlichkeiten $p_k(t)$ eine Differenzialgleichung angeben, wobei man in Erweiterung der Gl. (9.22) auf die folgenden Beziehungen kommt:

> Zustandsraumdarstellung von M/M/1/∞-Wartesystemen:
>
> $$\dot{p}_0(t) = -\lambda p_0(t) + \mu p_1(t), \qquad\qquad\qquad p_0(0) = 1$$
> $$\dot{p}_k(t) = -(\lambda + \mu)p_k(t) + \mu p_{k+1}(t) + \lambda p_{k-1}(t), \quad p_k(0) = 0, \quad k = 1, 2, ...$$

(9.75)

Wenn es eine Kapazitätsbegrenzung K für die Warteschlange gibt, so lautet die Gleichung für den sich in der Bedieneinheit befindenden $(K+1)$-ten Kunden

$$\dot{p}_{K+1}(t) = -\lambda p_{K+1}(t) + \lambda p_K(t), \quad p_{K+1}(0) = 0.$$

Die abgegebenen Anfangsbedingungen aller Gleichungen beziehen sich auf ein Wartesystem, dass zur Zeit $t = 0$ leer ist.

Wie beim Poissonprozess beschreiben diese Gleichungen den Wahrscheinlichkeitsfluss, dessen Bilanzgleichungen für die Zustände $k-1$, k und $k+1$ in Abb. 9.45 veranschaulicht werden (vgl. Abb. 9.15 auf S. 454). Im oberen Teil der Abbildung ist zu erkennen, dass die Aufenthaltswahrscheinlichkeit im Zustand k durch die Wahrscheinlichkeitszuflüsse $\lambda p_{k-1}(t)$ und $\mu p_{k+1}(t)$ sowie die Abflüsse $\lambda p_k(t)$ und $\mu p_k(t)$ verändert wird. Dieses Bild wird in der Literatur häufig in vereinfachter Form angegeben, wie es im unteren Teil der Abbildung gezeigt ist. Dabei ist zu beachten, dass die Kanten hier nicht mit den Ereignissen, sondern mit den *Flussraten* gewichtet sind. Der Wahrscheinlichkeitsfluss ergibt sich aus dem Produkt der an der Kante stehenden Flussrate mit der Aufenthaltswahrscheinlichkeit des Knotens, von dem die Kante abgeht.

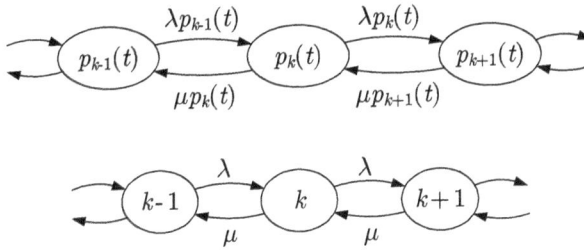

Abb. 9.45: Darstellung des Wartesystems als Balance von Wahrscheinlichkeitsverteilungen

In der Vektordarstellung führt Gl. (9.75) auf

$$\dot{p}(t) = Qp(t), \quad p(0) = \begin{pmatrix} 1 \\ 0 \\ \vdots \\ 0 \end{pmatrix} \tag{9.76}$$

mit der Matrix

$$Q = \begin{pmatrix} -\lambda & \mu & 0 & 0 & \dots & 0 \\ \lambda & -(\lambda+\mu) & \mu & 0 & \dots & 0 \\ 0 & \lambda & -(\lambda+\mu) & \mu & \dots & 0 \\ & & & \ddots & \\ 0 & 0 & 0 & 0 & \dots & -\lambda \end{pmatrix}. \tag{9.77}$$

Der Vektor $p(t)$ enthält die Wahrscheinlichkeiten für alle Zustände k, $(k = 0, 1, ..., K + 1)$. Seine Länge wird durch die Kapazitätsbeschränkung K des Warteraumes bestimmt.

Stationäres Verhalten. Das stationäre Verhalten stellt sich ein, wenn die Wahrscheinlichkeitszuflüsse in allen Zuständen gleich den Abflüssen sind, also $\dot{p}_k(t) = 0$ für alle k gilt. Aus Gl. (9.75) erhält man die Beziehungen

$$0 = -\lambda\bar{p}_0 + \mu\bar{p}_1$$
$$0 = -(\lambda+\mu)\bar{p}_k + \mu\bar{p}_{k+1} + \lambda\bar{p}_{k-1}, \quad k = 1, 2, ...,$$

in der $\bar{p}_k$ den stationären Wahrscheinlichkeitswert für die Kundenanzahl $\bar{N} = k$ symbolisiert. Dieses lineare Gleichungssystem, das für ein System mit großer Warteraumkapazität sehr groß ist, ist nicht einfach zu lösen. Die Lösung wird hier deshalb ohne Beweis angegeben:

> Stationäre Wahrscheinlichkeitsverteilung für $\rho = \frac{\lambda}{\mu} < 1$:
>
> $$\bar{p}_k = (1 - \rho)\rho^k, \quad k = 0, 1, 2, ...$$

(9.78)

$\bar{p}_k$ ist also eine geometrische Wahrscheinlichkeitsverteilung.

Aus dieser Lösung kann man die mittlere Anzahl von Kunden im Wartesystem berechnen. Die Definition (7.4) des Erwartungswertes führt zunächst auf die Beziehung

$$\bar{N} = E(N) = \sum_{k=0}^{\infty} k p_k = (1 - \rho) \sum_{k=0}^{\infty} k \rho^k.$$

Die darin vorkommende Summe kann man folgendermaßen umformen

$$\sum_{k=0}^{\infty} k \rho^k = \rho \sum_{k=0}^{\infty} k \rho^{k-1} = \rho \frac{\mathrm{d}}{\mathrm{d}\rho} \sum_{k=0}^{\infty} \rho^k = \rho \frac{\mathrm{d}}{\mathrm{d}\rho} \left(\frac{1}{1-\rho} \right) = \frac{\rho}{(1-\rho)^2},$$

wobei im vorletzten Schritt die Summenformen für geometrische Reihen angewendet wurde. Folglich gilt

$$\bar{N} = \frac{(1-\rho)\rho}{(1-\rho)^2} = \frac{\rho}{1-\rho}$$

und

Mittlere Anzahl von Kunden in M/M/1/∞-Wartesystemen:

$$\bar{N} = \frac{\rho}{1-\rho} = \frac{\lambda}{\mu - \lambda}. \tag{9.79}$$

Für die mittlere Anzahl von Kunden in der Warteschlange erhält man auf ähnlichem Wege

$$\bar{N}_{\mathrm{W}} = \sum_{k=1}^{\infty} (k-1) p_k = \sum_{k=1}^{\infty} k p_k - \sum_{k=1}^{\infty} p_k$$

$$= \bar{N} - (1 - p_0) = \frac{\rho}{1-\rho} - \rho = \frac{\rho^2}{1-\rho}$$

und folglich

$$\bar{N}_{\mathrm{W}} = \frac{\rho^2}{1-\rho} = \frac{\lambda^2}{\mu(\mu - \lambda)}. \tag{9.80}$$

Die mittlere Wartezeiten kann man damit nach dem Gesetz von Little berechnen:

$$\bar{T} = \frac{\bar{N}}{\lambda} = \frac{\rho}{\lambda(1-\rho)} = \frac{1}{\mu - \lambda}. \tag{9.81}$$

$$\bar{T}_{\mathrm{W}} = \frac{\bar{N}_{\mathrm{W}}}{\lambda} = \frac{\rho^2}{\lambda(1-\rho)} = \frac{\rho}{\mu - \lambda} \tag{9.82}$$

Verteilung der Wartezeit. Zwei weitere wichtige Kenngrößen beschreiben die Wahrscheinlichkeiten

$$\mathrm{Prob}\,(T_{\mathrm{W}} \le t) \qquad \text{und} \qquad \mathrm{Prob}\,(T \le t),$$

dass die Wartezeit des Kunden in der Warteschlange bzw. die Aufenthaltszeit im Wartesystem höchstens den Wert t hat. Da die Ableitung der entsprechenden Ausdrücke langwierig ist, werden die Ergebnisse hier ohne Beweis angegeben:

$$\text{Prob}\,(T_W \leq t) = 1 - \rho e^{-\mu(1-\rho)t} \tag{9.83}$$

$$\text{Prob}\,(T \leq t) = 1 - e^{-(\mu-\lambda)t}. \tag{9.84}$$

Ein Kunde findet mit der Wahrscheinlichkeit

$$\text{Prob}\,(T_W \leq 0) = 1 - \rho \tag{9.85}$$

bei seiner Ankunft eine leere Warteschlange vor und wird sofort bedient. Dies stimmt mit der stationären Wahrscheinlichkeit $\bar{p}_0$ überein, mit der sich das Wartesystem im Zustand $N = 0$ befindet und für die man aus Gl. (9.78) und aus Gl. (9.70) auf S. 496 denselben Wert erhält.

Beispiel 9.10 *Auslegung einer Mautstation*

Es wird eine Mautstation mit einer Abfertigungseinrichtung untersucht, an der die Fahrzeuge mit exponentialverteilten Ankunftszeiten ankommen und mit exponentialverteilten Bedienzeiten abgefertigt werden. Mit den angegebenen Beziehungen lassen sich wichtige Kenngrößen der Mautstelle angeben, die zunächst unter der Annahme berechnet werden, dass im Mittel 6 Fahrzeuge pro Minute ankommen und 8 Fahrzeuge pro Minute abgefertigt werden.

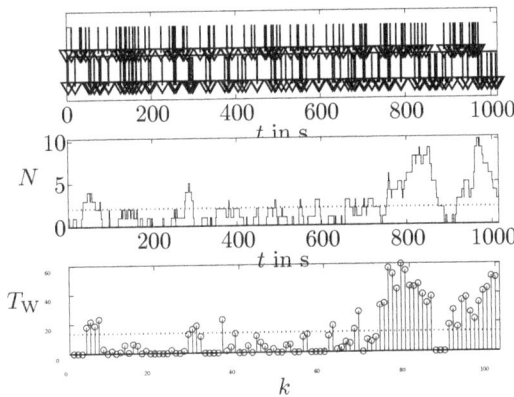

Abb. 9.46: Verhalten der Mautstation

Das Verhalten der Mautstation ist in Abb. 9.46 für einen Zeitraum von etwa 16 Minuten (100 Fahrzeuge) dargestellt. Wie man an der unteren Kurve sieht, kann es zu Wartezeiten bis ca. 1 Minute kommen, obwohl die Abfertigungszeit im Mittel nur 7,5 Sekunden beträgt und die Fahrzeuge im Mittel aller 10 Sekunden eintreffen.

Für die angegebenen Raten

$$\lambda = \frac{6}{60\,\text{s}} = 0{,}100\,\frac{1}{\text{s}} \qquad \text{und} \qquad \mu = \frac{8}{60\,\text{s}} = 0{,}133\,\frac{1}{\text{s}}$$

erhält man die Verkehrsrate

$$\rho = \frac{\lambda}{\mu} = \frac{0{,}100\,\frac{1}{\text{s}}}{0{,}133\,\frac{1}{\text{s}}} = 0{,}75,$$

aus Gl. (9.82) die mittlere Wartezeit

$$\bar{T}_W = \frac{\rho}{\mu - \lambda} = \frac{0{,}75}{0{,}133\frac{1}{s} - 0{,}100\frac{1}{s}} = 22{,}73\,\text{s}$$

und aus Gl. (9.80) die mittlere Warteschlangenlänge

$$\bar{N}_W = \frac{\lambda^2}{\mu(\mu - \lambda)} = \frac{(0{,}100\frac{1}{s})^2}{0{,}133\frac{1}{s}(0{,}133\frac{1}{s} - 0{,}100\frac{1}{s})} = 2{,}25.$$

Die Wahrscheinlichkeit, an der Mautstation sofort bedient zu werden, beträgt nach Gl. (9.85)

$$\text{Prob}\,(T_W \le 0) = 1 - \rho = 0{,}25.$$

Dies entspricht im mittleren Teil von Abb. 9.46 dem Anteil des gezeigten Zeitintervalls, für den die Kurve $N(t)$ auf der Zeitachse verläuft. $\square$

Aufgabe 9.15 *Fastfood-Restaurant RUBfood*

Um während der mehrjährigen Renovierungszeit der Mensa den Kommilitonen ein Mittagessen anzubieten zu können, planen drei Studenten, das Fastfood-Restaurant *RUBfood* auf dem Campus zu eröffnen. Nach Ende einer Vorlesung erwarten Sie im Mittel 7 hungrige Studenten pro Minute. Eine Bedienkraft kann etwa 2 Studenten pro Minute mit köstlichem Fastfood versorgen. Wie viele Bedienkräfte muss man einstellen, damit die Warteschlange im Mittel nicht größer als 4 wird? Wie groß ist dann die mittlere Wartezeit? Mit welcher Wahrscheinlichkeit wird man in der Mittagszeit sofort bedient? Ist es für den „Durchsatz" an Studenten wichtig, ob sich alle Studenten in einer Warteschlange oder in getrennten Warteschlangen vor den einzelnen Bedienstellen anstellen?

Hinweis: Aufgrund ihres Studiums ereignisdiskreter Systeme gehen die Jungunternehmer von einer Poisson-Ankunft und Poisson-Bedienung aus. $\square$

Literaturhinweise

Eine umfassende Theorie zeitbewerteter Automaten wurde erstmals 1994 in [4] vorgestellt. Dass es für diese Modelle wenige Analyseverfahren gibt, hängt auch mit der Tatsache zusammen, dass viele Analyseprobleme NP-vollständig bzw. nicht entscheidbar sind.

Punkt- bzw. Erneuerungsprozesse werden in der Zuverlässigkeitstheorie ausführlich behandelt, beispielsweise in [68]. Ein Beweis für die Tatsache, dass nur die Exponentialverteilung die Markoveigenschaft besitzt, ist in [14] angegeben.

Die Theorie der Wartesysteme, die in der Nachrichtentechnik als Verkehrstheorie und in der Logistik als Bedientheorie bezeichnet wird, ist beispielsweise in [25] in sehr gut lesbarer Form dargestellt. In [38] ist die asymptotische Lösung für Wartesysteme mit c Bedieneinheiten behandelt. Die Lösung (9.78) steht in [25]. Dort wird das Wartesystem als ein Spezialfall von Geburt-Sterbeprozessen behandelt.

10

Kontinuierliche Markovketten und
Semi-Markovprozesse

Die Kombination der Beschreibung nichtdeterministischer Zustandsübergänge durch Übergangswahrscheinlichkeiten mit der Zeitbewertung von Zustandsübergängen führt auf Semi-Markovprozesse, deren Dynamik durch die Verteilungsdichten der Verweilzeit in allen Zuständen beschrieben wird. Wenn man für diese Modelle die Markoveigenschaft fordert, so müssen die Verweilzeiten exponentialverteilt sein, was auf kontinuierliche Markovketten führt, die zu Beginn dieses Kapitels behandelt werden. Anschließend werden die Semi-Markovprozesse eingeführt, bei denen die Verweilzeiten beliebig verteilt sein können.

10.1 Modellierungsziel

Dieses Kapitel kombiniert die im Kapitel 7 eingeführte wahrscheinlichkeitstheoretische Bewertung nichtdeterministischer Zustandsübergänge mit der im Kapitel 9 behandelten Zeitbewertungen der Zustandsübergänge, so dass die hier vorgestellten Modelle sowohl die zeitlichen Abstände beschreiben, in denen die Ereignisse aufeinander folgen, als auch den Nichtdeterminismus der Zustandsübergänge charakterisieren.

Die Vorgehensweise wird an dem in Abb. 10.1 gezeigten nichtdeterministischen Zustandsübergang erläutert, bei dem das System vom Zustand 1 entweder in den Zustand 2 oder in den Zustand 3 wechseln kann. Die Aufenthaltswahrscheinlichkeiten in diesen Zuständen zum Zeitpunkt t werden mit $p_1(t)$, $p_2(t)$ bzw. $p_3(t)$ bezeichnet.

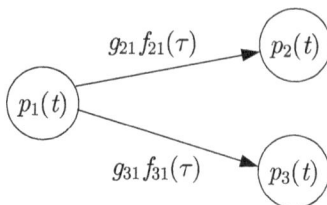

Abb. 10.1: Grundprinzip der Modellierung nichtdeterministischer
Zustandsübergänge

- Beim stochastischen Automaten werden nichtdeterministische Zustandsübergänge $z \to z'$ durch Übergangswahrscheinlichkeiten $g_{z'z} = \mathrm{Prob}\,(Z(k+1) = z' \mid Z(k) = z)$ dargestellt, so dass sich die Aufenthaltswahrscheinlichkeit $p_{z'}(k+1) = \mathrm{Prob}\,(Z(k+1) = z')$ im Zustand z' entsprechend der Beziehung (7.26)

$$p_{z'}(k+1) = \sum_{z \in \mathcal{Z}} g_{z'z} \cdot p_z(k)$$

aus dem Produkt der Aufenthaltswahrscheinlichkeiten $p_z(k) = \mathrm{Prob}\,(Z(k) = k)$ in allen möglichen Vorgängerzuständen $z \in \mathcal{Z}$ und den Wahrscheinlichkeiten $g_{z'z}$ für die Zustandsübergänge $z \to z'$ ergibt. Bei diesem Modell sind die zwei in Abb. 10.1 gezeigten Zustandsübergänge durch die Wahrscheinlichkeiten g_{21} bzw. g_{31} beschrieben. Diese Informationen beziehen sich nur auf die Reihenfolge k, in denen die Zustände angenommen werden, nicht jedoch auf die kontinuierliche Zeit t.

- Beim allgemeinen Punktprozess wird die Verweilzeit im Zustand z vor dem Übergang zum Nachfolgezustand z' durch eine Verteilungsdichte $f_{z'z}(\tau)$ beschrieben, so dass sich der Wahrscheinlichkeitsfluss $v_{z'}(t)$ vom Zustand z zum Nachfolgezustand z' entsprechend Gl. (9.55) aus der Faltung dieser Verteilungsdichte und dem Wahrscheinlichkeitsfluss $v_z(t)$ vom Vorgängerzustand ergibt:

$$v_{z'}(t) = f_{z'z} * v_z.$$

Dabei hat bei Punktprozessen jeder Zustand z einen eindeutig bestimmten Nachfolgezustand z'. Für das Modell in Abb. 10.1 bedeutet dies, dass beim allgemeinen Punktprozess nur einer der beiden Zustandsübergänge $1 \to 2$ oder $1 \to 3$ auftreten darf und dass dieser wie in der Abbildung angegeben durch die zugehörige Verteilungsdichte $f_{21}(\tau)$ bzw. $f_{31}(\tau)$ beschrieben wird.

Die Kombination beider Methoden führt auf Modelle, bei denen die Wahrscheinlichkeitsflüsse zwischen den Zuständen durch die Übergangswahrscheinlichkeiten $g_{z'z}$ und die Verteilungsdichten $f_{z'z}(\tau)$ der Verweilzeiten bestimmt werden. Der Wahrscheinlichkeitsfluss zum Zustand z' entsteht durch die Faltung der Dichtefunktion $f_{z'z}(\tau)$ der Verweilzeit τ im Zustand z mit dem Wahrscheinlichkeitsfluss $v_z(t)$ in den Zustand z, wobei bei mehreren Vorgängerzuständen über sämtliche Flüsse summiert wird:

$$v_{z'}(t) = \sum_{z \in \mathcal{Z}} g_{z'z} f_{z'z} * v_z. \tag{10.1}$$

Alle Kanten des Automatengrafen sind also einheitlich durch das Produkt der Übergangswahrscheinlichkeiten $g_{z'z}$ und die Verteilungsdichtefunktion $f_{z'z}$ für der Verweilzeit im Zustand z vor dem Übergang zum Nachfolgezustand z' bewertet, wie es in Abb. 10.1 für die beiden Zustandswechsel $1 \rightarrow 2$ und $1 \rightarrow 3$ gezeigt ist.

Im Abschn. 10.2 werden kontinuierliche Markovketten behandelt. Diese Modellform erweitert die stochastischen Automaten zu einem Modell, das die Markoveigenschaft besitzt und deshalb zu einer im Vergleich zu Gl. (10.1) einfacheren Beschreibung führt. Es wird sich dabei zeigen, dass die im Abschn. 9.3.2 angegebenen Annahmen für die hier betrachteten nichtdeterministischen Zustandsübergänge so erweitert werden können, dass das entstehende Modell aus gewöhnlichen Differenzialgleichungen für die Aufenthaltswahrscheinlichkeiten $p_z(t)$, $(z \in \mathcal{Z})$ besteht.

Wenn man diese Annahmen aufweicht, verschwindet die Markoveigenschaft und man erhält Semi-Markovprozesse, die durch Gleichungen der Form (10.1) dargestellt werden. Die Eigenschaften dieser Modelle werden im Abschn. 10.3 behandelt.

Der Zusammenhang zwischen den hier behandelten Modellen, die das Systemverhalten über der kontinuierlichen Zeitachse t beschreiben, und den früher eingeführten stochastischen Automaten, die nur die Aufeinanderfolge der Zustände über der Zeitachse k darstellen, erkennt man anhand des Integrals über die Verteilungsdichte

$$\int_0^\infty g_{z'z} f_{z'z}(\tau)\, \mathrm{d}\tau = g_{z'z} = \mathrm{Prob}\left(Z(k+1) = z' \mid Z(k) = z\right). \tag{10.2}$$

Es gibt die Zustandsübergangswahrscheinlichkeit an, mit der der Zustandsübergang $z \rightarrow z'$ irgendwann eintritt. Der stochastische Automat mit der auf der rechten Seite von Gl. (10.2) stehenden Zustandsübergangswahrscheinlichkeit beschreibt die Zustandsfolge, die der Semi-Markovprozess mit der auf der linken Seite von Gl. (10.2) stehenden Verteilungsdichte über der kontinuierlichen Zeit t repräsentiert. Man sagt, dass der stochastische Automat in dem Semi-Markovprozess eingebettet ist. Andersherum gelesen zeigt dieser Zusammenhang, dass man den stochastischen Automaten um die in der Funktion $f_{z'z}(\tau)$ steckenden statistischen Informationen über die Verweilzeit erweitern muss, um zu einer kontinuierlichen Markovkette zu kommen.

Beschränkung auf autonome Systeme. Kontinuierliche Markovketten und Semi-Markovprozesse sind in der Literatur fast ausschließlich als Modelle für autonome Systeme eingeführt worden. Der wichtigste Grund liegt in der Tatsache, dass diese Modelle sehr viele Informationen über das System enthalten und man deshalb bei Anwendungen sehr viele Informationen über das zu beschreibende System ermitteln muss, um diese Modelle anwenden zu können. Diese Informationen vervielfachen sich, wenn sie von einer Eingangsgröße abhängen. Um die Grundidee dieser Modelle zu erläutern, ist dieses Kapitel auf autonome Systeme beschränkt.

10.2 Kontinuierliche Markovketten

10.2.1 Definition

Modellierungsziel. In diesem Abschnitt wird eine Modellform eingeführt, die das Verhalten nichtdeterministischer Systeme in kontinuierlicher Zeit t darstellt, wobei die Voraussetzungen an das Systemverhalten so gefasst werden, dass die hier betrachteten Modelle die Markoveigenschaft besitzen. Der Zustand zum Zeitpunkt $t + h$ soll also für eine genügend kleine Zeitdifferenz h unter alleiniger Verwendung des Zustands zum Zeitpunkt t darstellbar sein. Diese Modellform heißt *kontinuierliche Markovkette* oder Markovprozess, wobei die Bezeichnung Prozess im Gegensatz zur Bezeichnung Kette auf die kontinuierliche Zeit hinweist.

Kontinuierliche Markovketten vereinen zwei in den vorhergehenden Kapiteln behandelte Ideen. Erstens ist von den Poissonprozessen bekannt, dass Zählprozesse nur dann die Markoveigenschaft besitzen, wenn die Verweilzeit in jedem Zustand exponentialverteilt ist. Dies ist gleichbedeutend damit, dass die Übergangsrate q_{ij} konstant ist. Diese Ergebnisse aus dem Abschn. 9.3.2 werden hier übernommen, indem der Abfluss von Wahrscheinlichkeit von jedem Zustand i durch eine Exponentialverteilung (9.32)

$$f_i(\tau) = \lambda_i e^{-\lambda_i \tau}, \quad i \in \mathcal{Z} \tag{10.3}$$

bestimmt wird, wobei jetzt jedoch im Unterschied zum Poissonprozess die Intensität λ_i der Exponentialverteilung vom Zustand abhängen darf und deshalb den Index i besitzt.

Die zweite Idee stammt von den diskreten Markovketten, bei denen nichtdeterministische Zustandsübergänge durch die Zustandsübergangswahrscheinlichkeiten

$$g_{ij} = \text{Prob}\,(Z(k+1) = j \,|\, Z(k) = i), \quad i, j \in \mathcal{Z} \tag{10.4}$$

beschrieben werden. Diese Modellform besitzt die Markoveigenschaft, weil die Wahrscheinlichkeit für den Zustandsübergang $Z(k) \rightarrow Z(k+1)$ nicht von den früheren Zuständen $Z(k-1)$, $Z(k-2)$ usw. abhängt.

Definition kontinuierlicher Markovketten. Wie bei diskreten Markovketten wird zur Beschreibung von Markovprozessen die Wahrscheinlichkeit

$$p_i(t) = \text{Prob}\,(Z(t) = i)$$

betrachtet, mit der sich der Prozess im Zustand

$$i \in \mathcal{Z} = \{1, 2, ..., N\}$$

befindet. Im Unterschied zu diskreten Markovketten wird jetzt aber mit der kontinuierlichen Zeitvariablen t gearbeitet.

Um die Differenzialgleichung für die Aufenthaltswahrscheinlichkeit $p_i(t)$ abzuleiten, wird das Zustandsraummodell (9.22) des Poissonprozesses betrachtet, wobei der Index k durch den Index i ersetzt wird:

$$\dot{p}_i(t) = - \underbrace{\lambda p_i(t)}_{\text{Abfluss } y_i(t)} + \underbrace{\lambda p_j(t)}_{\text{Zufluss } v_i(t)} .$$

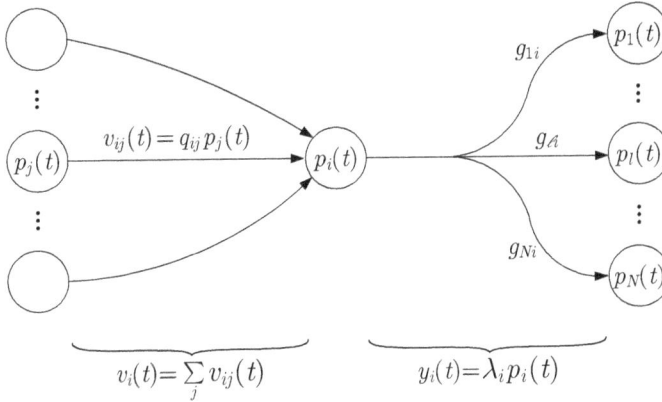

Abb. 10.2: Veranschaulichung Grundgleichung kontinuierlicher Markovketten

Die Änderung $\dot{p}_i(t)$ der Wahrscheinlichkeit resultiert aus dem Abfluss $y_i(t)$ und dem Zufluss $v_i(t)$ an Wahrscheinlichkeit.

Die erste Erweiterung dieser Gleichung im Hinblick auf kontinuierliche Markovketten betrifft den Abfluss an Wahrscheinlichkeit, der weiterhin proportional zur aktuellen Aufenthaltswahrscheinlichkeit $p_i(t)$ ist, jedoch für jeden Zustand i einen anderen Proportionalitätsfaktor λ_i haben kann, so dass

$$y_i(t) = \lambda_i p_i(t)$$

gilt. Als zweite Erweiterung wird die Möglichkeit eingeräumt, dass die „Wahrscheinlichkeitsmasse" nicht nur zu einem, sondern i. Allg. zu allen anderen Zuständen $l \neq i$ abfließen kann (Abb. 10.2), so dass die Beziehung

$$y_i(t) = \sum_{l=1, l \neq i}^{N} q_{li} p_i(t)$$

gilt, in der $q_{li} \geq 0$ die Übergangsrate vom Zustand i zum Zustand l bezeichnet ($l \neq i$). Der gesamte Abfluss $\lambda_i p_i(t)$ vom Zustand i wird also folgendermaßen in Abflüsse zu den Zuständen l aufgeteilt

$$\lambda_i p_i(t) = \sum_{l=1, l \neq i}^{N} q_{li} p_i(t),$$

woraus der Zusammenhang

$$\lambda_i = \sum_{l=1, l \neq i}^{N} q_{li} \tag{10.5}$$

zwischen der Intensität λ_i der Exponentialverteilung der Verweilzeit im Zustand i und den Übergangsraten vom Zustand i zu allen anderen Zuständen $l \neq i$ folgt.

Die angegebene Aufteilung des Wahrscheinlichkeitsabflusses hat zur Folge, dass sich der Wahrscheinlichkeitszufluss v_i zum Zustand i aus Zuflüssen

$$v_{ij}(t) = q_{ij}p_j(t) \quad \text{für alle } j \in \mathcal{Z} \tag{10.6}$$

von allen anderen Zuständen $j \neq i$ zusammensetzt, so dass mit den bisher eingeführten Größen die Gleichung

$$v_i(t) = \sum_{j=1, j \neq i}^{N} q_{ij}p_j(t)$$

gilt. Bildet man die Differenz $\dot{p}_i(t) = -y_i(t) + v_i(t)$ zwischen Zu- und Abfluss, so erhält man die Beziehung

$$\dot{p}_i(t) = -\lambda_i p_i(t) + \sum_{j=1, j \neq i}^{N} q_{ij}p_j(t),$$

die man unter Verwendung der Bezeichnung

$$q_{ii} = -\lambda_i \tag{10.7}$$

in die kompakte Form

> Zustandsraumdarstellung kontinuierlicher Markovketten:
> $$\dot{p}_i(t) = \sum_{j=1}^{N} q_{ij}\,p_j(t), \quad p_i(0) = p_{i0}$$
$\tag{10.8}$

bringen kann. Diese Differenzialgleichung beschreibt die Änderungsgeschwindigkeit $\dot{p}_i(t) = \frac{dp_i}{dt}$ der Aufenthaltswahrscheinlichkeit $p_i(t)$ im i-ten Zustand zur Zeit t in Abhängigkeit von den Aufenthaltswahrscheinlichkeiten $p_j(t)$ aller Zustände $j \in \mathcal{Z}$. p_{i0} ist die Wahrscheinlichkeit, dass sich der Markovprozess zur Zeit $t = 0$ im Zustand i befindet.

Zusammenfassend ergibt sich aus diesen Überlegungen, dass kontinuierliche Markovketten durch das folgende Tripel definiert sind

> Kontinuierliche Markovkette: $\quad \mathcal{M} = (\mathcal{Z}, \mathcal{Q}, p_0(z))$
$\tag{10.9}$

mit

- $\mathcal{Z}$ – Zustandsmenge
- $\mathcal{Q}$ – Menge der Übergangsraten
- $p_0(z)$ – Wahrscheinlichkeitsverteilung des Anfangszustands.

Die Übergangsraten werden hier zur Menge $\mathcal{Q}$ der in Gl. (10.8) auftretenden Faktoren q_{ij} zusammengefasst. Man könnte sie aber auch wie die Zustandsübergangswahrscheinlichkeit diskreter Markovketten als eine Funktion

$$Q : \mathcal{Z} \times \mathcal{Z} \to \mathbb{R}$$

aufschreiben, deren Bezug zu den hier verwendeten Faktoren durch

$$q_{ij} = Q(i, j)$$

gegeben ist.

Dass sich die kontinuierliche Markovkette zu jedem Zeitpunkt t in genau einem Zustand befindet, wird durch die Beziehung

$$\sum_{i=1}^{N} p_i(t) = 1, \quad t \geq 0$$

ausgedrückt. Durch Differenziation erhält man daraus

$$\sum_{i=1}^{N} \dot{p}_i(t) = 0$$

und unter Nutzung der Differenzialgleichung (10.8)

$$\sum_{i=1}^{N} \sum_{j=1}^{N} q_{ij} p_j(t) = \sum_{j=1}^{N} \left(\sum_{i=1}^{N} q_{ij} \right) p_j(t) = 0.$$

Diese Beziehung muss für beliebige $p_j(t)$ erfüllt sein. Folglich gilt

$$\sum_{i=1}^{N} q_{ij} = 0, \tag{10.10}$$

was aufgrund der Umbenennung von λ_i mit Gl. (10.5) übereinstimmt. Da

$$q_{ij} \geq 0 \quad \text{für alle } i \neq j$$

gilt, ergibt sich aus

$$q_{ii} = - \sum_{i=1, i \neq j}^{N} q_{ij}$$

die Vorzeichenbedingung

$$q_{ii} \leq 0.$$

Matrixdarstellung kontinuierlicher Markovketten. Wird die Differenzialgleichung (10.8) für alle Zustände i untereinander geschrieben, so erhält das Modell die Form

> Matrixform der Zustandsraumdarstellung kontinuierlicher Markovketten:
> $$\dot{p}(t) = Q p(t), \quad p(0) = p_0,$$

(10.11)

in der sich die (N, N)-Matrix Q aus den Übergangsraten q_{ij} zusammensetzt.

Um die Intensitäten der Exponentialverteilungen der Verweildauern direkt ablesen zu können, wird die Matrix Q häufig in der Form

$$Q = \begin{pmatrix} -\lambda_1 & g_{12}\lambda_2 & \cdots & g_{1N}\lambda_N \\ g_{21}\lambda_1 & -\lambda_2 & \cdots & g_{2N}\lambda_N \\ \vdots & \vdots & \ddots & \vdots \\ g_{N1}\lambda_1 & g_{N2}\lambda_2 & \cdots & -\lambda_N \end{pmatrix} \tag{10.12}$$

geschrieben, bei der die Hauptdiagonalelemente q_{ii} entsprechend Gl. (10.7) durch $-\lambda_i$ ersetzt und alle anderen Elemente

$$q_{ij} = g_{ij}\lambda_i, \quad i \neq j \tag{10.13}$$

in zwei Faktoren zerlegt sind.

Die Bedeutung der in dieser Darstellung eingeführten Faktoren g_{ij} erkennt man, wenn man Gl. (10.6) mit den im rechten Teil von Abb. 10.2 verwendeten Indizes schreibt:

$$v_{li}(t) = g_{li}y_i(t). \tag{10.14}$$

Diese Beziehung zeigt, dass der Abfluss $y_i(t) = \lambda_i p_i(t)$ an Wahrscheinlichkeit vom Zustand i entsprechend den Faktoren g_{li} als Wahrscheinlichkeitszufluss auf die Nachfolgezustände $l \neq i$ aufgeteilt wird. Die Summe dieser Faktoren ist gleich eins, denn die Beziehung (10.10) schreibt vor, dass

$$\sum_{i=1}^{N} q_{ij} = -\lambda_i + \sum_{i=1, i \neq j}^{N} g_{ij}\lambda_i = 0$$

und folglich

$$\sum_{i=1, i \neq j}^{N} g_{ij} = 1 \tag{10.15}$$

gelten muss. Es wird sich später zeigen, dass die Größen g_{ij} außerdem identisch mit den von diskreten Markovketten bekannten Zustandsübergangswahrscheinlichkeiten sind.

Automatengraf kontinuierlicher Markovketten. Der Automatengraf kontinuierlicher Markovketten soll – wie bei allen bisher eingeführten Modellen – die möglichen Zustandsübergänge beschreiben. Zwischen dem Knoten j und dem Knoten i existiert eine gerichtete Kante, wenn $q_{ij} \neq 0$ ist. Da für alle Zustände i, von denen mindestens ein Zustandsübergang ausgehen kann, aus der Bedingung (10.10) die Beziehung $q_{ii} < 0$ folgt, lässt man die dazugehörige Schlinge am Knoten i weg. Dies entspricht auch der Tatsache, dass eine kontinuierliche Markovkette keinen Zustandsübergang von einem Zustand i in denselben Zustand ausführen kann, wie es bei diskreten Markovketten möglich war. Über der kontinuierlichen Zeit t betrachtet bleibt das System einfach im Zustand i, was auch durch den so gebildeten Automatengrafen wiedergegeben wird.

Beispiel 10.1 *Modellierung eines Systems durch eine kontinuierliche und eine diskrete Markovkette*

Wenn man ein ereignisdiskretes System sowohl durch eine diskrete als auch durch eine kontinuierliche Markovkette beschreibt, erhält man möglicherweise unterschiedliche Automatengrafen. Abbildung 10.3 zeigt diesen Unterschied für ein System mit zwei Zuständen. Wenn sich das System zu Beginn im Zustand 1 befindet, dann in den Zustand 2 übergeht und dort verbleibt, so hat die kontinuierliche Markovkette die Matrix der Übergangsraten

$$Q = \begin{pmatrix} -\lambda_1 & 0 \\ \lambda_1 & 0 \end{pmatrix}$$

und den rechts gezeigten Automatengrafen. Die diskrete Markovkette hat die Matrix der Übergangswahrscheinlichkeiten

$$G = \begin{pmatrix} 0 & 0 \\ 1 & 0 \end{pmatrix},$$

die auf denselben Automantengrafen führt.

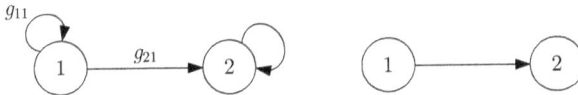

Abb. 10.3: Vergleich der Automatengrafen einer diskreten und einer
kontinuierlichen Markovkette

Ob das diskrete Modell für den betrachteten Anwendungsfall zweckmäßig und aussagekräftig genug ist, ist jedoch fraglich. Erstens fordert man bei diskreten Markovketten, dass G eine stochastische
Matrix ist, um die Lebendigkeit des Modells zu sichern. Diese Forderung ist hier verletzt, weil die Summe der zweiten Spalte nicht gleich eins ist. Zweitens sollen Modelle häufig das Verhalten eines Systems
im Vergleich zu seiner Umgebung und gegebenenfalls zu anderen Systemen beschreiben. Dann soll beispielsweise dargestellt werden, dass das hier betrachtete System im Zustand 1 verbleiben kann, wenn
ein anderes System einen Zustandsübergang ausführt. Dabei betrachtet man nicht nur den einen Zeitpunkt, der durch den Zustandsübergang dieses Systems bestimmt wird, sondern mehrere Zeitpunkte,
wobei nur bei einem Zeitpunkt der einzig mögliche Zustandsübergang des hier betrachteten Systems
auftritt und bei allen anderen Zeitpunkten das System unverändert im Zustand 1 oder 2 verbleibt, während sich möglicherweise der Zustand anderer Teilsysteme ändert. Um dies darzustellen verwendet man
die Übergangswahrscheinlichkeitsmatrix

$$G = \begin{pmatrix} g_{11} & 0 \\ g_{21} & 1 \end{pmatrix},$$

die auf den in der Abbildung links dargestellten Automatengrafen führt. Die Schlingen an beiden Zuständen zeigen, dass das System zu den betrachteten Zeitpunkten in seinem Zustand verbleiben kann.
□

10.2.2 Verhalten

Das Verhalten kontinuierlicher Markovketten erhält man aus der Zustandsraumdarstellung (10.8)
durch Lösung der Differenzialgleichung für die gegebene Wahrscheinlichkeitsverteilung des
Anfangszustands. Eine kompakte Darstellung entsteht, wenn man die Lösung aus der Matrixdarstellung (10.11) ableitet:

$$\boxed{\text{Bewegungsgleichung kontinuierlicher Markovketten}: \boldsymbol{p}(t) = \mathrm{e}^{\boldsymbol{Q}t}\boldsymbol{p}_0.} \qquad (10.16)$$

Dabei stellt e^{Qt} die Matrixexponentialfunktion dar (vgl. Gl. (A3.4) im Anhang 3). Das Verhalten $\mathcal{B}$ der kontinuierlichen Markovkette ist die Menge aller Funktionen $p(t)$, die man für alle möglichen Wahrscheinlichkeitsverteilungen des Anfangszustands aus Gl. (10.11) erhält:

$$\mathcal{B} = \left\{ p(t) = e^{Qt} p_0 \ \Big| \ p_{0i} \geq 0, \ \sum_{i=1}^{N} p_{0i} = 1 \right\}.$$

Die Lösung (10.16) besitzt alle die von homogenen linearen Differenzialgleichungen bekannten Eigenschaften. Insbesondere kann $p(t)$ als eine Summe von N e-Funktionen $e^{-\lambda_i t}$ geschrieben werden, in deren Exponenten die Eigenwerte der Matrix Q vorkommen (vgl. Gl. (A3.9)). Markovprozesse haben deshalb Exponentialverteilungen der Aufenthaltszeit in jedem ihrer Zustände, wie im folgenden Abschnitt noch ausführlicher erläutert wird.

Beispiel 10.2 *Verhalten einer kontinuierlichen Markovkette*

Es wird eine kontinuierliche Markovkette betrachtet, deren Automatengraf in Abb. 10.4 gezeigt ist. Vom Anfangszustand 1 geht die Markovkette in einen der beiden Nachfolgezustände 2 oder 3 über und wechselt dann zwischen diesen beiden Zuständen.

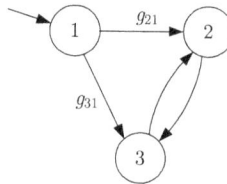

Abb. 10.4: Kontinuierliche Markovkette mit drei Zuständen

Es wird mit folgenden Intensitäten für die Exponentialverteilung der Verweilzeiten in den drei Zuständen gearbeitet:

$$\lambda_1 = 1\,\frac{1}{s}, \quad \lambda_2 = 2\,\frac{1}{s}, \quad \lambda_3 = 0{,}2\,\frac{1}{s}. \tag{10.17}$$

Für die Übergangswahrscheinlichkeiten zwischen den Zuständen 1 und 2 bzw. 1 und 3 gelten folgende Parameter:

$$g_{21} = 0{,}95, \quad g_{31} = 0{,}05.$$

Daraus ergibt sich die Matrix Q für die Zustandsraumdarstellung der kontinuierlichen Markovkette

$$Q = \begin{pmatrix} -\lambda_1 & 0 & 0 \\ g_{21}\lambda_1 & -\lambda_2 & \lambda_3 \\ g_{31}\lambda_1 & \lambda_2 & -\lambda_3 \end{pmatrix} = \begin{pmatrix} -1 & 0 & 0 \\ 0{,}95 & -2 & 0{,}2 \\ 0{,}05 & 2 & -0{,}2 \end{pmatrix},$$

wobei die Zeit in Sekunden gemessen wird.

Das Verhalten der Markovkette ist in Abb. 10.5 (oben) zu sehen. Die Aufenthaltswahrscheinlichkeit $p_1(t)$ im Zustand 1 nimmt entsprechend der e-Funktion

$$p_1(t) = e^{-\lambda_1 t} = e^{-t}$$

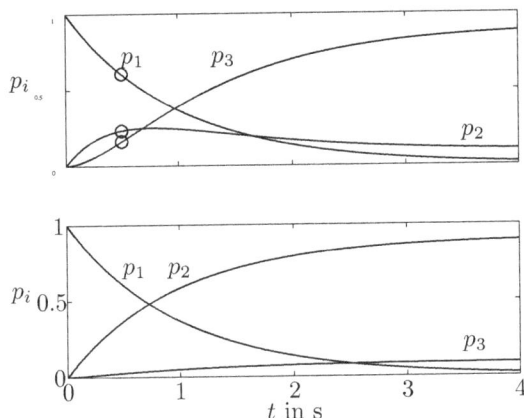

Abb. 10.5: Verhalten einer kontinuierlichen Markovkette mit den Parametern
aus Gl. (10.17) (oben) und (10.18) (unten)

ab. Die Wahrscheinlichkeit $p_2(t)$ wird durch zwei Vorgänge beeinflusst. Einerseits wird diese Wahrscheinlichkeit durch 95% der vom Zustand 1 abfließenden Wahrscheinlichkeit erhöht. Andererseits fließt der durch λ_2 bestimmte Teil dieser Wahrscheinlichkeit zum Zustand 3 ab. Auf dem anderen Weg wird die Aufenthaltswahrscheinlichkeit im Zustand 2 durch Zufluss vom Zustand 3 erhöht. Dies geschieht jedoch sehr langsam, weil die Verteilungsdichte der Verweilzeit im Zustand 3 die Intensität $\lambda_3 = 0,2\frac{1}{s}$ besitzt, die einen sehr langsamen Abfluss an Wahrscheinlichkeit bewirkt. Als Folge dieser Vorgänge entsteht eine Funktion $p_2(t)$, die etwa zur Zeit $t = 0,5\,\text{s}$ ein Maximum durchläuft, um dann wieder abzufallen.

Wenn man die Parameter auf die Werte

$$\lambda_1 = 1\,\frac{1}{s}, \quad \lambda_2 = 0,2\,\frac{1}{s}, \quad \lambda_3 = 2\,\frac{1}{s} \tag{10.18}$$

verändert, erhält man den im unteren Teil der Abbildung dargestellten Verlauf der Wahrscheinlichkeiten $p_i(t)$. Der Übergang erfolgt jetzt sehr schnell in den Zustand 2, während die Aufenthaltswahrscheinlichkeit im Zustand 3 sehr langsam ansteigt. Maßgebend dafür sind die große Übergangswahrscheinlichkeit g_{21} vom Zustand 1 in den Zustand 2 und der sehr langsame Abfluss aus dem Zustand 2 in den Zustand 3. Der Zustand 3 erhält auf direktem Weg vom Zustand 1 nur 5% der dort abfließenden Wahrscheinlichkeit und gibt diese auch noch sehr schnell an den Zustand 2 ab.

Interpretation. Die gezeigten Kurven geben die Wahrscheinlichkeit an, mit der sich die kontinuierliche Markovkette zur Zeit t in den drei Zuständen befindet. Im oberen Teil der Abbildung sind diese Werte für die Zeit $t = 0,5\,\text{s}$

$$p_1(0,5) = 0,606, \quad p_2(0,5) = 0,232, \quad p_3(0,5) = 0,162$$

durch Kreise markiert. Diese Werte besagen das Folgende: Wenn man mit dem ereignisdiskreten System, das durch die gegebene kontinuierliche Markovkette beschrieben wird, sehr viele „Experimente" durchführt, bei denen man das System in den Zustand 1 bringt und nach einer Zeitdauer von 0,5 Sekunden feststellt, in welchem Zustand sich das System befindet, so wird man das System mit der Wahrscheinlichkeit $p_1(0,5) = 0,606$ im Zustand 1, mit der Wahrscheinlichkeit $p_2(0,5) = 0,232$ im Zustand 2 und mit der Wahrscheinlichkeit $p_3(0,5) = 0,162$ im Zustand 3 antreffen. $\square$

Stationäres Verhalten. Das stationäre Verhalten kontinuierlicher Markovketten erhält man aus der Differenzialgleichung (10.11) für $\dot{p} = 0$, also als Lösung der Gleichung

$$Q\bar{p} = 0 \quad \text{mit} \quad \sum_{i=1}^{N} \bar{p}_i = 1. \tag{10.19}$$

Die Existenz der stationären Wahrscheinlichkeitsverteilung ist – im Unterschied zu diskreten Markovketten – an keine Bedingungen an die Markovkette gebunden ist. Die Gleichung besagt, dass der Vektor $\bar{p}$ der Eigenvektor der Matrix Q zum Eigenwert $\lambda\{Q\} = 0$ ist. Aufgrund der Eigenschaft (10.10) hat die Matrix Q stets einen verschwindenden Eigenwert.

Beispiel 10.2 (Forts.)   *Verhalten einer kontinuierlichen Markovkette*

Für die Matrix

$$Q = \begin{pmatrix} -1 & 0 & 0 \\ 0{,}95 & -2 & 0{,}2 \\ 0{,}05 & 2 & -0{,}2 \end{pmatrix}$$

erhält man aus Gl. (10.19) den Vektor

$$\bar{p} = \begin{pmatrix} 0 \\ 0{,}091 \\ 0{,}909 \end{pmatrix}, \tag{10.20}$$

der besagt, dass sich die Markovkette für $t \to \infty$ mit der Wahrscheinlichkeit 1 in einem der beiden Zustände 2 oder 3 befindet, und zwar mit der Wahrscheinlichkeit $\bar{p}_2 = 0{,}091$ im Zustand 2 und mit der Wahrscheinlichkeit $\bar{p}_3 = 0{,}909$ im Zustand 3. Diese stationären Werte kommen durch den Umstand zustande, dass der Wahrscheinlichkeitsfluss vom Anfangszustand wegführt, so dass sich das System nach dem ersten Zustandsübergang nur noch in den Zuständen 2 und 3 aufhalten kann. Die Verteilung der „Wahrscheinlichkeitsmasse" unter diesen beiden Zuständen wird durch die Parameter λ_2 und λ_3 bestimmt. Da $\lambda_2 = 10 \cdot \lambda_3$ gilt, also der Markovprozess zehnmal so schnell vom Zustand 2 in den Zustand 3 wechselt als umgekehrt, befindet er sich stationär mit der zehnfachen Wahrscheinlichkeit im Zustand 3 als im Zustand 2.

In diesem Zusammenhang sei darauf hingewiesen, dass sich das Attribut stationär auf die Werte der Wahrscheinlichkeiten $p_i(t)$ bezieht, die sich für große Zeit t nicht mehr verändern. Die stationären Werte sind die Endwerte der Kurven im oberen Teil von Abb. 10.5. Das betrachtete ereignisdiskrete System wechselt dennoch unaufhörlich seinen Zustand!

Vertauscht man die Werte von λ_2 und λ_3, so erhält man die stationäre Verteilung

$$\bar{p} = \begin{pmatrix} 0 \\ 0{,}909 \\ 0{,}091 \end{pmatrix},$$

bei der erwartungsgemäß die Aufenthaltswahrscheinlichkeiten der Zustände 2 und 3 vertauscht sind. □

Aufgabe 10.1*   *Zuverlässigkeit eines Gerätes*

Ein einfaches Zuverlässigkeitsmodell hat zwei Zustände, die die Arbeitsfähigkeit (Zustand 1) und den Ausfall des Gerätes (Zustand 2) wiedergeben. Die Übergangsrate vom Zustand 1 in den Zustand 2 heißt dann Ausfallrate, die Übergangsrate für den umgekehrten Zustandswechsel Erneuerung.

1. Beschreiben Sie das Ausfallverhalten durch eine kontinuierliche Markovkette

2. Berechnen Sie die Aufenthaltswahrscheinlichkeiten in den beiden Zuständen für den Fall, dass sich das Gerät zum Zeitpunkt $t = 0$ im arbeitsfähigen Zustand befindet. Zeichnen Sie den Verlauf qualitativ auf.

3. Ermitteln Sie die stationären Zustandswahrscheinlichkeiten und interpretieren Sie sie in Bezug zur Zuverlässigkeit des Gerätes. □

Aufgabe 10.2*   *Ausfallverhalten eines Rechners*

Ein Hacker arbeitet 100 Stunden wöchentlich an seinem Rechner, um einen neuen Kryptocode zu knacken. Dabei stürzt ihm hin und wieder sein Rechner ab, wonach ein erheblicher Aufwand zur Wiederherstellung seiner Daten und Programme notwendig ist. Erfahrungsgemäß passiert ein solcher Rechnerabsturz einmal wöchentlich und die dadurch erforderlichen Nacharbeiten dauern eine Stunde.

Es soll die Frage beantwortet werden, mit welcher Wahrscheinlichkeit die Polizei den Hacker auf frischer Tat (und nicht etwa bei Aufräumungsarbeiten nach einem Rechnerabsturz) antrifft, wenn sie ihn zu einem zufälligen Zeitpunkt während seiner Arbeitszeit besucht. Lösen Sie dazu folgende Aufgaben:

1. Der mittlere Abstand $MTBF$ zwischen zwei Ausfällen wird in der Zuverlässigkeitstheorie als *mean time before failure* (Lebenserwartung) bezeichnet. Untersuchen Sie, in welchem Zusammenhang diese Zeit zur Intensität λ der Exponentialverteilung steht, wenn man voraussetzt, dass die Zeit zwischen zwei Ausfällen exponentialverteilt ist. Hinweis: Den Erwartungswert einer stetigen Zufallsgröße X mit der Wahrscheinlichkeitsdichte f_X, die über dem Intervall $[0, \infty)$ definiert ist, erhält man aus der Beziehung

$$E(X) = \int_0^\infty x \cdot f_X(x) \, \mathrm{d}x.$$

2. Beschreiben Sie das Ausfallverhalten des Rechners durch eine kontinuierliche Markovkette.

3. Beantworten Sie die gestellte Frage durch Berechnung der stationären Wahrscheinlichkeitsverteilung der Markovkette. □

10.2.3 Markoveigenschaft

Um zu beschreiben, was bei einem stochastischen Prozess mit kontinuierlicher Zeit t unter der Markoveigenschaft verstanden wird, werden m Zeitpunkte t_k gewählt, für die die Relation

$$t_0 < t_1 < \ldots < t_m$$

gilt. Zu diesen Zeitpunkten befindet sich der Prozess in den Zuständen $Z(t_0) = z_0$, $Z(t_1) = z_1, \ldots, Z(t_m) = z_m$. Die Markoveigenschaft besagt nun, dass die Bedingung

Markoveigenschaft zeitkontinuierlicher Prozesse:

$$\mathrm{Prob}\left(Z(t_m) = z_m \mid Z(t_{m-1}) = z_{m-1}, \ldots, Z(t_0) = z_0\right)$$
$$= \mathrm{Prob}\left(Z(t_m) = z_m \mid Z(t_{m-1}) = z_{m-1}\right)$$

(10.21)

für eine beliebige Anzahl m derartiger Zeitpunkte, für beliebige Zeitpunkte $t_0, ..., t_m$, sowie für beliebige Zustände $z_0, z_1, ..., z_m$ erfüllt ist. Wie bei der diskreten Markovkette ist also der aktuelle Zustand einer kontinuierlichen Markovkette nur vom Zustand *eines* vorhergehenden Zeitpunktes abhängig.

10.2.4 Eingebettete diskrete Markovkette

Interessiert man sich nur dafür, mit welcher Wahrscheinlichkeit eine kontinuierliche Markovkette vom Zustand j in einen Nachfolgezustand i übergeht unabhängig davon, wann dies geschieht, so reduziert man die kontinuierliche auf eine diskrete Markovkette, in der der Zähler k wieder die Zustandsübergänge nummeriert. Das dabei entstehende Modell nennt man die in einer kontinuierlichen Markovkette eingebettete diskrete Markovkette.

Die im Markovprozess

$$\dot{p} = Qp, \quad p(0) = p_0$$

eingebettete Markovkette ist durch die Beziehung

$$p(k+1) = Gp(k), \quad p(0) = p_0$$

mit

$$G = \begin{pmatrix} 0 & g_{12} & \cdots & g_{1N} \\ g_{21} & 0 & \cdots & g_{2N} \\ \vdots & \vdots & \ddots & \vdots \\ g_{N1} & g_{N2} & \cdots & 0 \end{pmatrix}$$

beschrieben, wobei man die Elemente g_{ij} direkt aus der Matrix Q ablesen kann, wenn man diese in der Form (10.12)

$$Q = \begin{pmatrix} -\lambda_1 & g_{12}\lambda_2 & \cdots & g_{1N}\lambda_N \\ g_{21}\lambda_1 & -\lambda_2 & \cdots & g_{2N}\lambda_N \\ \vdots & \vdots & \ddots & \vdots \\ g_{N1}\lambda_1 & g_{N2}\lambda_2 & \cdots & -\lambda_N \end{pmatrix}$$

schreibt. Die Wahrscheinlichkeitsverteilung p_0 für den Anfangszustand ist in beiden Modellen dieselbe.

Der Automatengraf der eingebetteten Markovkette stimmt mit dem der kontinuierlichen Markovkette überein. Es kann an keinem Knoten eine Schlinge auftreten. Dies ist eine Einschränkung im Vergleich zur diskreten Markovkette, bei der i. Allg. auch Zustandsübergänge der Form $i \rightarrow i$ und folglich Schlingen im Automatengrafen zugelassen sind.

Interpretation. Wie im Abschn. 7.3.1 erläutert wurde, beschreibt g_{ij} die Zustandsübergangswahrscheinlichkeit der diskreten Markovkette vom Zustand j in den Zustand i

$$g_{ij} = \text{Prob}\,(Z(k+1)\!=\!i \mid Z(k)\!=\!j).$$

Für die kontinuierliche Markovkette gibt dieser Wert die Wahrscheinlichkeit an, mit der die Markovkette, die sich zur Zeit t im Zustand j befindet, den Zustand i irgendwann im Zeitintervall $[t, \infty)$ als direkten Nachfolgezustand des Zustands j annimmt. Dass diese Wahrscheinlichkeit tatsächlich mit dem Wert von g_{ij} aus der Matrix Q in der oben gezeigten Darstellung übereinstimmt, erkennt man, wenn man in der Zustandsraumdarstellung (10.8) der kontinuierlichen Markovkette nur den Wahrscheinlichkeitsfluss vom Zustand j zum Zustand i betrachtet:

$$\dot{p}_j(t) = -\lambda_j p_j(t), \quad p_j(0) = 1$$
$$\dot{p}_i(t) = g_{ij}\lambda_j p_j(t), \quad p_i(0) = 0.$$

Die erste Gleichung beschreibt die Aufenthaltswahrscheinlichkeit im Zustand j, wobei aus dem Zustandsraummodell alle einen Zufluss von Wahrscheinlichkeit beschreibenden Terme weggelassen wurden. Die zweite Gleichung stellt die Aufenthaltswahrscheinlichkeit im Zustand i dar, wobei nur der Zufluss vom Zustand j berücksichtigt wird. Die Gleichungen haben die Lösungen

$$p_j(t) = e^{-\lambda_j t}$$
$$p_i(t) = \frac{g_{ij}\lambda_j}{-\lambda_j}\left(e^{-\lambda_j t} - 1\right).$$

Die gesuchte Übergangswahrscheinlichkeit wird für $t \to \infty$ erreicht

$$\lim_{t \to \infty} p_i(t) = -\frac{g_{ij}\lambda_j}{-\lambda_j} = g_{ij},$$

was auf den erwarteten Wert g_{ij} führt.

Beispiel 10.3 *Eingebettete Markovkette*

Für die im Beispiel 10.2 angegebene kontinuierliche Markovkette mit der Matrix

$$Q = \begin{pmatrix} -1 & 0 & 0 \\ 0{,}95 & -2 & 0{,}2 \\ 0{,}05 & 2 & -0{,}2 \end{pmatrix}$$

besitzt die eingebettete Markovkette die Matrix

$$G = \begin{pmatrix} 0 & 0 & 0 \\ 0{,}95 & 0 & 1 \\ 0{,}05 & 1 & 0 \end{pmatrix}. \tag{10.22}$$

Die Elemente
$$g_{21} = 0{,}95 \quad \text{und} \quad g_{31} = 0{,}05$$

zeigen, dass die kontinuierliche Markovkette vom Zustand 1 mit 95%-iger Wahrscheinlichkeit in den Zustand 2 übergeht. Wie im oberen Teil von Abb. 10.5 zu sehen ist, kann dieser Zustandsübergang irgendwann im gesamten Zeitintervall $[0, \infty)$ stattfinden. Die Elemente

$$g_{23} = 1 \quad \text{und} \quad g_{32} = 1$$

besagen, dass die kontinuierliche Markovkette ständig zwischen den Zuständen 2 und 3 hin- und herschaltet, sobald sie einen dieser beiden Zustände erreicht hat.

Da die eingebettete Markovkette von den zeitlichen Aussagen der kontinuierlichen Beschreibung
abstrahiert, gibt sie nur die logische Folge der Zustandsübergänge wieder. Deshalb kann sich beim Übergang von einem kontinuierlichen Markovprozess zu der darin eingebetteten Markovkette im Verhalten
des Modells die Reihenfolge der Zustandsübergänge scheinbar vertauschen. Bei diesem Beispiel kann
die kontinuierliche Markovkette vom Anfangszustand 1 aus der Zustand 2 nach kurzer Zeit annehmen
und schnell zum Zustand 3 wieder verlassen, so dass sie sich nach kurzer Zeit nach zwei Übergängen
im Zustand 3 befindet. Sie kann aber auch nach langer Verweilzeit im Anfangszustand direkt in den
Zustand 3 übergehen und diesen dabei später als im ersten Fall erreichen.

In der Darstellung dieser Übergänge durch die eingebettete Markovkette finden die Übergänge von
1 nach 2 bzw. 1 nach 3 beim selben Zählerstand $k = 0$ statt, während der Übergang von 2 nach 3
zum nachfolgenden Zählerstand $k = 1$ auftritt. Dies darf nicht so interpretiert werden, dass die ersten
beiden Zustandsübergänge alternativ zum selben Zeitpunkt stattfinden und der Übergang von 2 nach 3
später als der Übergang von 1 nach 3 erfolgt, denn es gibt keine Aussagen darüber, welche Punkte der
diskreten und der kontinuierlichen Zeitachse zusammengehören.

Der unterschiedliche Charakter der beiden Modelle wird auch bei der Analyse des stationären Verhaltens offensichtlich. Die kontinuierliche Markovkette hat die in Gl. (10.20) angegebene stationäre
Verteilung, während für die eingebettete Markovkette keine stationäre Verteilung existiert, denn der
Zustandswechsel $2 \rightarrow 3 \rightarrow 2$ ist periodisch. Dieser Unterschied ist durch die verschiedenen Betrachtungsweisen des ereignisdiskreten Systems begründet. Die kontinuierliche Markovkette beschreibt, in
welchen zeitlichen Abständen das System zwischen den Zuständen 2 und 3 hin- und herschaltet. Die
stationären Werte geben deshalb die Wahrscheinlichkeit an, mit der man das System bei einer sehr
großen Zeit t in einem der beiden Zustände vorfindet. Demgegenüber stellt die eingebettete Markovkette die Zustandsfolge unabhängig von der Verweilzeit in den einzelnen Zuständen dar. Sie besagt deshalb
korrekterweise, dass das System nach dem Zustand 2 mit Wahrscheinlichkeit 1 den Zustand 3 annimmt
und umgekehrt, wobei jeweils der Zeitzähler k um eins erhöht wird. Deshalb gibt es keine stationäre
Verteilung. □

Zeitdiskrete Darstellung kontinuierlicher Markovketten. Wendet man kontinuierliche Markovketten für Berechnungen unter Echtzeitanforderungen an, so muss man sie in eine zeitdiskrete Form überführen. Die Markovkette wird zu den diskreten Zeitpunkten

$$t_k = k \cdot T, \quad k = 0, 1, \ldots \tag{10.23}$$

betrachtet, wobei T eine geeignet gewählte Abtastzeit ist. Die Wahrscheinlichkeitsverteilungen
$\boldsymbol{p}(t_k)$ für diese Zeitpunkte t_k erhält man entsprechend Gl. (10.16) aus der Beziehung

$$\boldsymbol{p}(t_k) = \mathrm{e}^{\boldsymbol{Q}t_k}\boldsymbol{p}_0, \quad k = 0, 1, \ldots$$

Auf eine einfachere Berechnung, bei der man die Matrixexponentialfunktion $\mathrm{e}^{\boldsymbol{Q}t_k}$ nicht
für alle Zeitpunkte t_k einzeln berechnen muss, kommt man durch die Umformung der kontinuierlichen Markovkette

$$\dot{\boldsymbol{p}}(t) = \boldsymbol{Q}\boldsymbol{p}(t), \quad \boldsymbol{p}(0) = \boldsymbol{p}_0$$

in die diskrete Markovkette

$$\boldsymbol{p}(t_{k+1}) = \boldsymbol{G}\boldsymbol{p}(t_k), \quad \boldsymbol{p}(0) = \boldsymbol{p}_0, \tag{10.24}$$

wobei die Matrix $\boldsymbol{G}$ entsprechend der Beziehung

$$G = e^{QT}$$

gebildet wird (vgl. Gl. (A3.12)).

Die zeitdiskrete Darstellung (10.24) der kontinuierlichen Markovkette hat dieselbe Form wie die Matrixdarstellung diskreter Markovketten. Man muss jedoch den Unterschied in der Aussage der beiden Modelle beachten. Gleichung (10.24) gibt die Aufenthaltswahrscheinlichkeit zu diskreten Abtastzeitpunkten wieder und stimmt für die durch Gl. (10.23) bestimmten Zeitpunkte mit dem kontinuierlichen Verlauf $p(t)$ überein. Diskrete Markovketten beschreiben die Aufeinanderfolge der Zustände ohne einen Bezug zur kontinuierlichen Zeit t.

Außerdem darf die diskrete Darstellung der kontinuierlichen Markovkette nicht mit der eingebetteten Markovkette verwechselt werden, für deren Übergangswahrscheinlichkeitsmatrix andere Bildungsvorschriften gelten.

Beispiel 10.4 *Zeitdiskrete Darstellung einer kontinuierlichen Markovkette*

Die im Beispiel 10.2 angegebene kontinuierliche Markovkette hat die Matrix

$$Q = \begin{pmatrix} -1 & 0 & 0 \\ 0{,}95 & -2 & 0{,}2 \\ 0{,}05 & 2 & -0{,}2 \end{pmatrix}.$$

Für die Abtastzeit $T = 0{,}25$ s erhält man die Matrix

$$G = e^{QT} = \begin{pmatrix} 0{,}779 & 0 & 0 \\ 0{,}165 & 0{,}615 & 0{,}039 \\ 0{,}056 & 0{,}385 & 0{,}961 \end{pmatrix} \qquad (10.25)$$

für die zeitdiskrete Darstellung. Durch Anwendung von Gl. (10.24) für $k = 0, 1, \ldots$ entsteht die Folge

$$p(0) = \begin{pmatrix} 1 \\ 0 \\ 0 \end{pmatrix}, \quad p(0{,}5) = \begin{pmatrix} 0{,}779 \\ 0{,}165 \\ 0{,}056 \end{pmatrix}, \quad p(1) = \begin{pmatrix} 0{,}606 \\ 0{,}232 \\ 0{,}162 \end{pmatrix}, \quad p(1{,}5) = \begin{pmatrix} 0{,}472 \\ 0{,}249 \\ 0{,}279 \end{pmatrix}, \ldots,$$

die im oberen Teil von Abb. 10.6 durch Kreise dargestellt ist. Die gestrichelten Linien markieren den kontinuierlichen Verlauf der Aufenthaltswahrscheinlichkeiten. Erwartungsgemäß geben die mit dem zeitdiskreten Modell berechneten Werte die Aufenthaltswahrscheinlichkeit zu den Abtastzeitpunkten exakt wieder.

Wenn man nur die Werte zu den Abtastzeitpunkten kennt, verbindet man häufig diese Punkte als eine Treppenfunktion, wie es im unteren Abbildungsteil gezeigt ist. Je kleiner die Abtastzeit gewählt wird, desto genauer geben die Treppenkurven den wahren Verlauf der Aufenthaltswahrscheinlichkeit wieder. In jedem Fall ist der Verlauf der Wahrscheinlichkeit zwischen den Abtastzeitpunkten unbekannt und die Treppenfunktion nur eine von mehreren möglichen Approximationen des wahren Verlaufes.

Den Unterschied zwischen der zeitdiskreten Darstellung der kontinuierlichen Markovkette und der eingebetteten Markovkette erkennt man aus einem Vergleich der Matrizen G in den Gln. (10.22) und (10.25). Die eingebettete Markovkette hat keine Zustandsübergänge von einem Zustand in denselben Zustand, während dies bei der zeitdiskreten Darstellung möglich ist. Die dafür im Automatengrafen auftretenden Schlingen zeigen, dass die kontinuierliche Markovkette über eine Abtastzeit hinaus in jedem seiner Zustände verbleiben kann. □

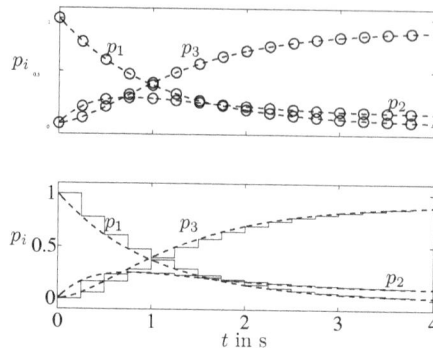

Abb. 10.6: Diskrete Darstellung einer kontinuierlichen Markovkette

---

Aufgabe 10.3*   *Zeitdiskrete Darstellung einer Markovkette*

Zeigen Sie, dass die kontinuierliche Markovkette, deren Automatengraf in Abb. 10.3 auf S. 511 rechts dargestellt ist, auf eine zeitdiskrete Darstellung führt, die den in der Abbildung links gezeigten Automatengrafen hat. Wie groß sind die Zustandsübergangswahrscheinlichkeiten g_{11} und g_{21}? □

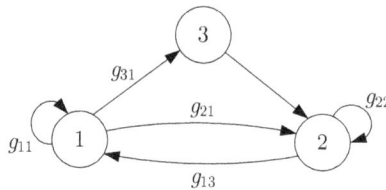

Abb. 10.7: Graf einer diskreten Markovkette

Aufgabe 10.4*   *Kontinuierliche Beschreibung einer diskreten Markovkette*

Ein ereignisdiskretes System ist durch eine diskrete Markovkette beschrieben, deren Automatengraf in Abb. 10.7 zu sehen ist. Um das Zeitverhalten genauer analysieren zu können, soll für dasselbe System eine kontinuierliche Markovkette aufgestellt werden. Wie sehen die Matrix Q und der Automatengraf des kontinuierlichen Modells aus? □

10.3 Semi-Markovprozesse

10.3.1 Definition

Im Folgenden soll die Beschreibung dynamischer Systeme durch Markovprozesse so erweitert werden, dass die im letzten Abschnitt beschriebenen Beschränkungen für die Modellierung ereignisdiskreter Systeme aufgeweicht werden können. Diese Erweiterungen betreffen

- die Verwendung einer beliebigen Verteilung anstelle der Exponentialverteilung für die Verweildauer in jedem Zustand und

- die Tatsache, dass die Verteilung der Verweildauer jetzt nicht nur vom aktuellen Zustand j, sondern auch vom Nachfolgezustand i abhängt.

Die Verweilzeit τ im Zustand j vor dem Übergang zum Zustand i wird bei Semi-Markovprozessen durch die Verteilungsdichtefunktion $f_{ij}(\tau)$ und die dazugehörende Verteilungsfunktion

$$F_{ij}(\tau) = \int_0^\tau f_{ij}(\sigma) \, \mathrm{d}\sigma$$

beschrieben. $F_{ij}(\tau)$ beschreibt die Wahrscheinlichkeit, mit der der Zustandsübergang $j \to i$ nach der Verweilzeit τ im Zustand j eingetreten ist:

$$F_{ij}(\tau) = \mathrm{Prob}\,(T(k+1) - T(k) \le \tau \,|\, Z(k+1) = i, Z(k) = j). \qquad (10.26)$$

Da hier wie bei allen vorherigen Modellen vorausgesetzt wird, dass sich die statistischen Eigenschaften des betrachteten Systems nicht mit der Zeit t verändern, gilt die angegebene Beziehung für beliebiges k und $T(k)$ und insbesondere auch für $k = 0$:

$$\begin{aligned} F_{ij}(\tau) &= \mathrm{Prob}\,(T(1) - T(0) \le \tau \,|\, Z(1) = i, Z(0) = j) \\ &= \mathrm{Prob}\,(T(1) \le \tau \,|\, Z(1) = i, Z(0) = j, T(0) = 0). \end{aligned}$$

Die zweite Bestimmungsgröße für den Semi-Markovprozess ist die Übergangswahrscheinlichkeit g_{ij}, die wie beim Markovprozess und der Markovkette die Wahrscheinlichkeit dafür angibt, dass der Zustand i dem Zustand j folgt

$$g_{ij} = \mathrm{Prob}\,(Z(k+1) = i \,|\, Z(k) = j).$$

Damit wird jeder Semi-Markovprozess durch das Quantupel

$$\boxed{\text{Semi-Markovprozess:} \qquad \mathcal{SMP} = (\mathcal{Z}, G, \mathcal{F}, p_0(z))} \qquad (10.27)$$

mit

- $\mathcal{Z}$ – Zustandsmenge
- G – Zustandsübergangswahrscheinlichkeitsverteilung
- $\mathcal{F}$ – Menge der Wahrscheinlichkeitsdichtefunktionen $f_{ij}(\tau)$ der Verweilzeiten
- $p_0(z)$ – Wahrscheinlichkeitsverteilung des Anfangszustands

beschrieben. Die Übergangswahrscheinlichkeit (7.18) für den Zustandswechsel $j \to i$ wird mit g_{ij} bezeichnet:

$$g_{ij} = \mathrm{Prob}\,(Z(k+1)\!=\!i \mid Z(k)\!=\!j).$$

Die Funktionen $f_{ij}(\tau)$ sind Wahrscheinlichkeitsdichtefunktionen, die beliebig gewählt werden können, aber die Eigenschaften von Dichtefunktionen besitzen müssen:

$$f_{ij}(\tau) \geq 0 \quad \text{für} \quad \tau \geq 0$$
$$f_{ij}(\tau) = 0 \quad \text{für} \quad \tau < 0$$

$$\int_0^\infty f_{ij}(\tau)\mathrm{d}\tau \;=\; 1.$$

10.3.2 Zustandsraumdarstellung

Die Zustandsraumdarstellung von Semi-Markovprozessen entsteht wie die gleichartige Darstellung allgemeiner Punktprozesse aus einer Betrachtung der Wahrscheinlichkeitsflüsse zwischen den Zuständen, wobei die Differenz

$$\dot{p}_i(t) = v_i(t) - y_i(t)$$

zwischen dem Wahrscheinlichkeitszufluss v_i zum Zustand i und dem Abfluss y_i vom Zustand i die Änderung $\dot{p}_i$ der Aufenthaltswahrscheinlichkeit im Zustand i

$$p_i(t) = \mathrm{Prob}\,(Z(t) = i)$$

bestimmt.

Die Ableitung des Zustandsraummodells allgemeiner Punktprozesse im Abschn. 9.3.5 hat gezeigt, dass der Wahrscheinlichkeitsfluss vom Zustand j zum Zustand i durch die Faltung des Zuflusses v_i zum Zustand i und die Verteilungsdichtefunktion der Verweilzeit im Zustand j vor dem Wechsel zum Zustand i bestimmt wird. Diese Betrachtungen müssen hier aus zwei Gründen verallgemeinert werden. Erstens kann ein Semi-Markovprozess von jedem Zustand j in jeden Zustand i übergehen, wenn $g_{ij} \neq 0$ gilt. Zweitens hängt die Verweilzeit im Zustand j auch vom Nachfolgezustand i ab. Der Wahrscheinlichkeitsabfluss y_i setzt sich deshalb aus Abflüssen y_{li} zu allen Nachfolgezuständen l ($l \neq i$) zusammen

$$y_i(t) = \sum_{l=1, l \neq i}^N y_{li}(t)$$

und der Zufluss v_i zum Zustand i ist die Summe der Zuflüsse v_{ij} von allen Vorgängerzuständen j ($j \neq i$)

$$v_i(t) = \sum_{j=1, j \neq i}^N v_{ij}(t).$$

Dabei gilt für den Fluss vom Zustand i zum Zustand l die Beziehung $y_{li}(t) = g_{li}f_{li} * v_i$ und folglich für den gesamten Abfluss

$$y_i(t) = \sum_{l=1, l\neq i}^{N} g_{li}f_{li} * v_i.$$

Dementsprechend ergibt sich der Zufluss zum Zustand i aus

$$v_i(t) = \sum_{j=1, j\neq i}^{N} g_{ij}f_{ij} * v_i.$$

Für die Zustandswahrscheinlichkeit $p_i(t)$ folgt daraus die Differenzialgleichung

$$\dot{p}_i(t) = \sum_{j=1, j\neq i}^{N} g_{ij}f_{ij} * v_i - \sum_{l=1, l\neq i}^{N} g_{li}f_{li} * v_i$$

und mit der Darstellung der rechts stehenden Summe durch

$$g_{ii}f_{ii}(t) = -\sum_{l\neq i}^{N} g_{li}f_{li}(t) \qquad (10.28)$$

die Beziehung

$$y_i(t) = -g_{ii}f_{ii}(t) * v_i(t)$$

und folglich

$$\dot{p}_i(t) = \sum_{j=1}^{N} g_{ij}f_{ij} * v_j, \quad p_i(0) = p_{i0},$$

wobei die gegebene Wahrscheinlichkeitsverteilung $\mathrm{Prob}\,(Z(0) = i) = p_{i0}$, $i = 1, ..., N$ die Anfangsbedingung für die angegebene Differenzialgleichung vorschreibt. Dies führt zum Zeitpunkt $t = 0$ auf den Wahrscheinlichkeitszufluss

$$v_i(0) = p_i(0)\delta(t).$$

Damit erhält man folgendes Modell

$$
\begin{array}{|ll|}
\hline
\text{Zustandsraumdarstellung von Semi-Markovprozessen:} & \\
v_i(t) = \sum_{j=1, j\neq i}^{N} g_{ij}f_{ij} * v_i + p_{i0}\delta(t) & i \in \mathcal{Z} \\
\dot{p}_i(t) = \sum_{j=1}^{N} g_{ij}f_{ij} * v_j, \qquad p_i(0) = p_{i0}, & i \in \mathcal{Z}. \\
\hline
\end{array} \qquad (10.29)
$$

Matrixdarstellung von Semi-Markovprozessen. Zu einer kompakten Darstellung von Semi-Markovprozessen kommt man, wenn man die Größen v_i und p_i, $(i = 1, 2, ..., N)$ wieder in Vektoren zusammenfasst und aus den Funktionen

$$q_{ij}(t) = g_{ij} f_{ij}(t)$$

die Matrix $\boldsymbol{Q}(t)$ bildet. Bezeichnet man dann die Matrix, die man aus $\boldsymbol{Q}$ durch Nullsetzen der Diagonalelemente erhält, mit $\boldsymbol{Q}_\Delta(t)$, so erhält man das Gleichungssystem

> Matrixform der Zustandsraumdarstellung von Semi-Markovprozessen:
>
> $$\boldsymbol{v}(t) = \boldsymbol{Q}_\Delta * \boldsymbol{v}(t) + \boldsymbol{p}_0 \delta(t)$$
>
> $$\dot{\boldsymbol{p}}(t) = \boldsymbol{Q} * \boldsymbol{v}(t), \quad \boldsymbol{p}(0) = \boldsymbol{p}_0.$$

(10.30)

Vergleich mit kontinuierlichen Markovketten. Semi-Markovprozesse erweitern die Modellvorstellung für ereignisdiskrete Systeme gegenüber kontinuierlichen Markovketten. Der wichtigste Unterschied wird durch Abb. 10.8 veranschaulicht.

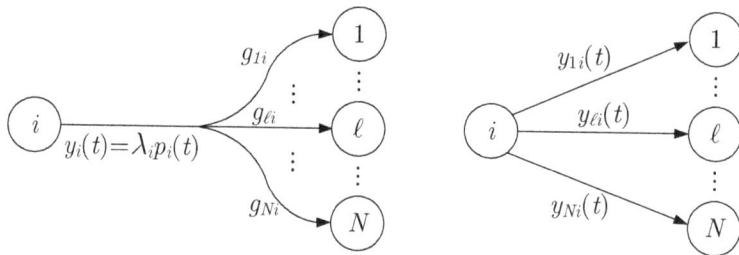

Abb. 10.8: Vergleich von kontinuierlicher Markovkette und Semi-Markovprozess

Bei kontinuierlichen Markovketten hängt der Wahrscheinlichkeitsabfluss vom Zustand i nur von der aktuellen Wahrscheinlichkeit $p_i(t)$ im Zustand i, nicht jedoch von der Flussrichtung $i \rightarrow l$ ab. Wie der linke Teil der Abbildung zeigt, wird der Gesamtfluss $y_i(t) = \lambda_i p_i(t)$ unabhängig von der Fließrichtung berechnet und dann entsprechend den Zustandsübergangswahrscheinlichkeiten g_{li} auf die Nachfolgezustände l $(l \neq i)$ aufgeteilt. Diese Eigenschaft besitzen auch allgemeine Punktprozesse, bei denen die Verteilungsdichtefunktionen $f_i(\tau)$ nicht auf Exponentialverteilungen beschränkt sind, jedoch für die Verweilzeit im Zustand i unabhängig vom Nachfolgezustand gelten.

Beim Semi-Markovprozess hängt die Verweilzeit im Zustand i auch vom Nachfolgezustand l ab, weshalb die Verteilungsdichtefunktionen $f_{ij}(\tau)$ nicht nur vom aktuellen Zustand i, sondern auch vom Nachfolgezustand j abhängen. Dies ist im rechten Teil der Abbildung durch die direkten Kanten für die Flüsse $y_{li}(t)$ vom Zustand i zu seinen Nachfolgezuständen dargestellt.

Beispiel 10.5 *Beschreibung eines Batchprozesses als Semi-Markovprozess*

Abbildung 10.9 zeigt einen Ausschnitt aus einem Batchprozess. Zwei Behälter können durch Öffnen und Schließen der vier Ventile gefüllt oder entleert werden.

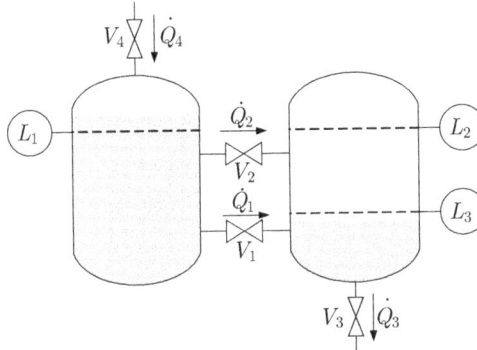

Abb. 10.9: Ausschnitt aus einem Batchprozess

Aus einer Massenbilanz kann man zwei Differenzialgleichungen für die Füllstände h_1 und h_2 angeben:

$$\dot{h}_1(t) = \frac{1}{A_1}\left(\dot{Q}_4(t) - \dot{Q}_1(t) - \dot{Q}_2(t)\right) \tag{10.31}$$

$$\dot{h}_2(t) = \frac{1}{A_2}\left(\dot{Q}_1(t) + \dot{Q}_2(t) - \dot{Q}_3(t)\right). \tag{10.32}$$

Die in diesen Gleichungen auftretenden Volumenströme $\dot{Q}_1,...,\dot{Q}_4$ durch die Ventile hängen bei geöffneten Ventilen folgendermaßen von den Füllständen ab und verschwinden bei geschlossenem Ventil:

$$\dot{Q}_1(t) = S_v \, \mathrm{sgn}(h_1(t) - h_2(t)) \sqrt{2g|h_1(t) - h_2(t)|} \tag{10.33}$$

$$\dot{Q}_2(t) = \begin{cases} S_v \, \mathrm{sgn}(h_1(t) - h_2(t)) \sqrt{2g|h_1(t) - h_2(t)|} & \text{wenn } h_1(t), h_2(t) > h_v \\ S_v \sqrt{2g|h_1(t) - h_v|} & \text{wenn } h_1(t) > h_v, h_2(t) \leq h_v \\ S_v \sqrt{2g|h_2(t) - h_v|} & \text{wenn } h_2(t) > h_v, h_1(t) \leq h_v \\ 0 & \text{wenn } h_1(t), h_2(t) \leq h_v \end{cases} \tag{10.34}$$

$$\dot{Q}_3(t) = S_v \sqrt{2g|h_2(t)|} \tag{10.35}$$

$$\dot{Q}_4(t) = \dot{Q}_{40}. \tag{10.36}$$

Dieses Modell enthält folgende Parameter:

Parameter	Physikalische Bedeutung
$A_1, A_2 = 0{,}0154\mathrm{m}^2$	Querschnitt der zylindrischen Behälter
$h_v = 0{,}3\mathrm{m}$	Höhe des oberen Verbindungsrohres über dem Behälterboden
$S_v = 0{,}00002\mathrm{m}^2$	Querschnitte der Ventile
$\dot{Q}_{40} = 6\frac{1}{\mathrm{min}}$	Volumenstrom durch das geöffnete Ventil V_4
$g = 9{,}81\frac{\mathrm{m}}{\mathrm{s}^2}$	Erdbeschleunigung

Das kontinuierliche Verhalten des Behältersystems kann man durch Linien im h_1/h_2-Raum darstellen (Abb. 10.10). Die äußere Umrandung ist durch die Behälterhöhen vorgegeben.

Wenn die Behälter als Teil eines Batchprozesses betrieben werden, ist nur ihr ereignisdiskretes Verhalten für die Modellbildung, die Analyse und die Steuerung von Interesse. Die in der Abbildung angegebenen Füllstandssensoren L_1, L_2 und L_3 stellen fest, ob die Behälter gefüllt oder leer sind, geben aber keine genaue Füllhöhe an. Auf einen Wechsel der Anzeige dieser Sensoren reagiert die Steuerung. Für das Verhalten ist also nicht der genaue Füllstand $h_1(t)$ bzw. $h_2(t)$, sondern lediglich wichtig, ob die Behälter „voll" oder „leer" sind, wobei sich diese qualitative Bewertung auf die diskreten Sensorsignale beziehen.

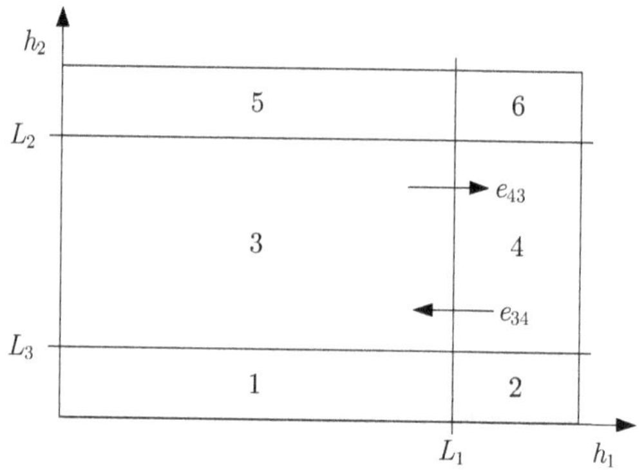

Abb. 10.10: Partitionierter h_1/h_2-Signalraum

Im Batchprozess werden die beiden Behälter also in dem in Abb. 10.10 gezeigten partitionierten Signalraum betrachtet. Die in Abb. 10.9 gezeigte Situation, bei der der linke Behälter bis über die Höhe des Sensors L_1 gefüllt und der rechte Behälter leer ist, ist durch die in Abb. 10.10 hervorgehobene Fläche repräsentiert. Wenn man nur die Werte der diskreten Füllstandssensoren kennt, kommt jeder Wert innerhalb der Fläche als Füllstandsvektor $\boldsymbol{h} = (h_1 \quad h_2)^\mathsf{T}$ in Frage.

Bei der ereignisdiskreten Modellierung wird nur die Folge der durch das Behältersystem erzeugten Ereignisse betrachtet, wobei ein Ereignis den Wechsel eines Sensorsignalwertes anzeigt. Dies bedeutet, dass die Bewegung des Systems im h_1/h_2-Raum eine der eingetragenen Linien kreuzt. Wird beispielsweise die in Abb. 10.10 mit L_1 gekennzeichnete Linie geschnitten, so verändert der Sensor L_1 seinen Wert, wobei er bei dem in der Abbildung eingetragenen Ereignis e_{43} den Wertwechsel $0 \to 1$ ausführt, weil der Füllstand im linken Behälter die Höhe des Sensors L_1 überschreitet. In analoger Weise sind alle anderen Ereignisse e_{ij} definiert, wobei mit i und j die Partitionen im h_1/h_2-Raum nummeriert sind.

Im Folgenden wird die Situation betrachtet, dass der linke Behälter gefüllt und der rechte Behälter leer ist. Zum Zeitpunkt $t = 0$ werden die Ventile V_1, V_2 und V_4 geöffnet und das Ventil V_3 geschlossen. Abbildung 10.11 zeigt die Bewegung des Batchprozesses nach Öffnen bzw. Schließen der vier Ventile. Die im oberen Teil dargestellte kontinuierliche Trajektorie zeigt, dass sich die beiden Füllstände schnell angleichen und anschließend gleichzeitig ansteigen. Die dabei erzeugten Ereignisse sind im unteren Teil dargestellt. Das Erreichen der Höhe des oberen Verbindungsrohres ist ein internes Ereignis, bei dem sich die kontinuierliche Dynamik des Prozesses ändert, der jedoch nicht durch die Messgrößen sichtbar ist.

Auf der ereignisdiskreten Betrachtungsebene kann man für das Behältersystem keine eindeutige Ereignisfolge und keine genauen Angaben über die zeitlichen Abstände der Ereignisse machen, weil man dort nicht die genauen Füllstände, sondern nur die erzeugten Ereignisse kennt. Wenn das Ereignis

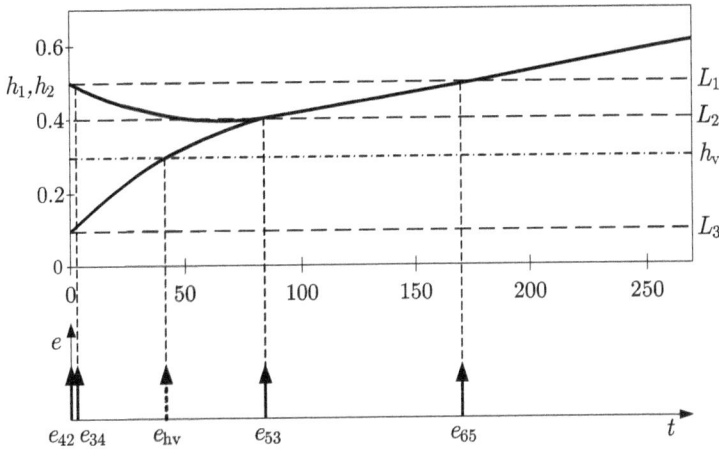

Abb. 10.11: Kontinuierliche und ereignisdiskrete Trajektorie des Batchprozesses

e_{42} auftritt, so weiß man lediglich, dass sich die Füllstände h_1, h_2 irgendwo auf der Grenzlinie der Gebiete 2 und 4 in Abb. 10.10 befinden. Für das weitere Verhalten müssen also alle Trajektorien betrachtet werden, die auf dieser Linie beginnen und in Abb. 10.12 dargestellt sind. Für diese Füllhöhen zur Zeit $t = 0$ ergeben sich ähnliche Zeitverläufe für die beiden Füllstände wie in Abb. 10.11, aber eben nicht genau dieselben. Deshalb ist das ereignisdiskrete Verhalten des Prozesses nichtdeterministisch.

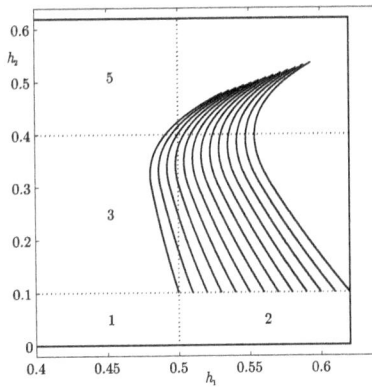

Abb. 10.12: Trajektorienbündel nach dem Ereignis e_{42}

Die Abbildung zeigt, dass das betrachtete Trajektorienbündel sogar unterschiedliche Ereignisfolgen erzeugt, nämlich

$$e_{42}, e_{64}$$
$$e_{42}, e_{34}, e_{43}, e_{64}$$
$$e_{42}, e_{34}, e_{53}, e_{65},$$

was man aus den Schnitten der Trajektorien mit den eingetragenen Parititionsgrenzen ablesen kann. Auch der zeitliche Abstand der Ereignisse ist unterschiedlich, je nachdem, welche Trajektorie man betrachtet. Dies ist nicht direkt aus der Abbildung zu sehen, ergibt sich jedoch aus der Tatsache, dass in Abhängigkeit vom Anfangsfüllstand unterschiedliche Flüssigkeitsmengen durch die Ventile strömen müssen, bevor die angegebenen Ereignisse eintreten.

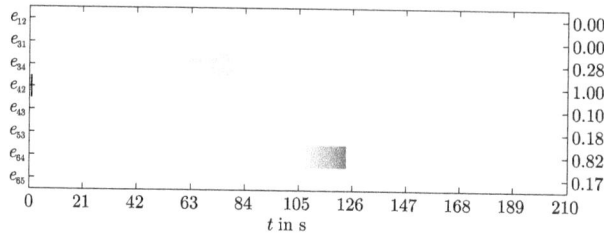

Abb. 10.13: Grafische Darstellung der statistischen Eigenschaften des
Behältersystems nach dem Ereignis e_{42}

Man kann mit Hilfe des kontinuierlichen Modells (10.31) – (10.36) die Wahrscheinlichkeit Prob $(E(t) = e_{ij})$ ausrechnen, mit denen die Ereignisse e_{ij} zur Zeit t auftreten. Abbildung 10.13 gibt dafür eine grafische Darstellung. Die Ereignisse können in den grau gekennzeichneten Zeitintervallen eintreten, wobei der Grauton umso dunkler ist, je größer die Wahrscheinlichkeit dafür ist, dass das betreffende Ereignis bis zu dem betrachteten Zeitpunkt eingetreten ist. Die Grauflächen enden zu den Zeitpunkten, nach denen die Ereignisse nicht mehr auftreten können. Folglich geben die Grauflächen als Ganzes ein Zeitintervall an, in dem das betreffende Ereignis eintreten kann.

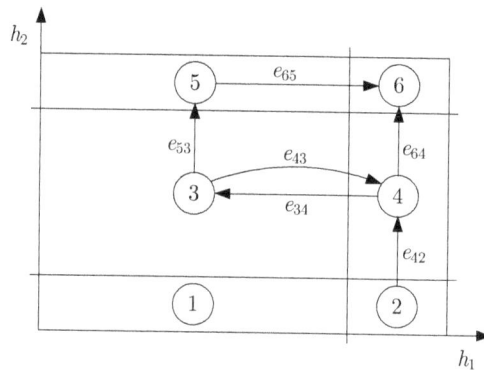

Abb. 10.14: Automatengraf des Semi-Markovprozesses

Es soll jetzt ein Semi-Markovprozess verwendet werden, um dieses Verhalten des Behältersystems ereignisdiskret darzustellen. Wie Abb. 10.14 zeigt, entsprechen die Modellzustände Füllständen im partitionierten h_1/h_2-Signalraum. So wird der Zustand 2 vom Modell angenommen, solange sich die Füllstände in der in Abb. 10.10 grau hervorgehobenen Partition befinden. Die Zustandsänderungen beschreiben Ereignisse. Im Automatengrafen sind nur die Ereignisse eingetragen, die bei den hier betrachteten Ventilstellungen auftreten können. In anderen Situationen sind weitere Zustandsübergänge möglich.

Für die ereignisdiskrete Beschreibung des Batchprozesses müssen jetzt die Verteilungsdichten der Verweilzeit in allen Zuständen vor dem Übergang in die Nachfolgezustände berechnet werden. Man kann dies mit Hilfe des kontinuierlichen Modells tun, was hier nicht im Einzelnen beschrieben werden soll. Die Berechnung kann man sich so vorstellen, dass man eine große Anzahl von „Experimenten" macht, bei dem der Batchprozess in einen Füllstand $h = (h_1 \quad h_2)^\mathrm{T}$ gebracht wird, der einem Ereignis entspricht, also beispielsweise auf die in Abb. 10.12 gezeigte „Startlinie" für das Trajektorienbündel. Man simuliert das Systemverhalten, bis das nächste Ereignis auftritt und misst die Zeit bis zum Auftreten dieses Ereignisses. Aus diesen Experimenten kann man die gesuchten Verteilungsdichten für die Verweilzeiten in allen Zuständen ermitteln.

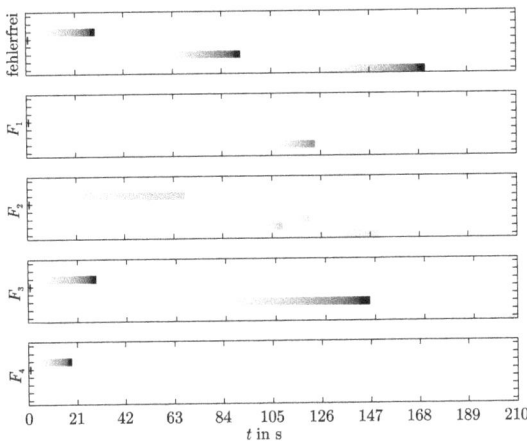

Abb. 10.15: Vergleich des Verhaltens des fehlerfreien und fehlerbehafteten
Systems

Abbildung 10.15 zeigt einen Vergleich des Verhaltens des fehlerfreien Systems mit dem Verhalten, dass sich beim Blockieren eines der vier Ventile einstellt, wobei der Fehler F_i dem Blockieren des Ventils V_i entspricht. Es ist offensichtlich, dass sich die vom Batchprozess erzeugten Ereignisfolgen sowohl bezüglich der auftretenden Ereignisse unterscheiden, deren Namen sich aus der Position der grauen Streifen ergeben und hier aus Platzgründen weggelassen wurden. Außerdem unterscheiden sich die zeitlichen Abstände, in denen die Ereignisse auftreten. Beide Aspekte werden bei der ereignisdiskreten Beschreibung durch einen Semi-Markovprozess berücksichtigt und können beispielsweise für die Fehlerdiagnose eingesetzt werden. $\square$

10.3.3 Interpretation von Semi-Markovprozessen

Semi-Markovprozesse besitzen die Markoveigenschaft (10.21) nicht, denn der Zustandsübergang hängt nicht nur von der aktuellen Aufenthaltswahrscheinlichkeit des Prozesses in einem Zustand ab, sondern auch davon, wie lange der Prozess diesen Zustand bereits eingenommen hat. Während die Markoveigenschaft im Wesentlichen eine Unabhängigkeit des zukünftigen Verhaltens vom vergangenen Verhalten beschreibt, kann man die Eigenschaften des Semi-Markovprozesses folgendermaßen charakterisieren:

- Der Semi-Markovprozess besitzt die Markoveigenschaft in dem Sinne, dass das Verhalten nur bis zum letzten Zustandswechsel zurückverfolgt werden muss, wenn das zukünftige Verhalten berechnet werden soll. Dabei ist für die Berechnung des Überganges zum $(k+1)$-ten Zustand uninteressant, von welchen Zuständen $Z(k-1)$, $Z(k-2)$,..., $Z(0)$ das System den Zustand $Z(k)$ erreicht hat.

- Der $(k+1)$-te Zustandswechsel hängt vom zeitlichen Abstand vom k-ten Zustandswechsel ab. Insofern müssen bei der Berechnung des Verhaltens Trajektorienabschnitte berücksichtigt werden (wie aus den Faltungsintegralen zu erkennen ist).

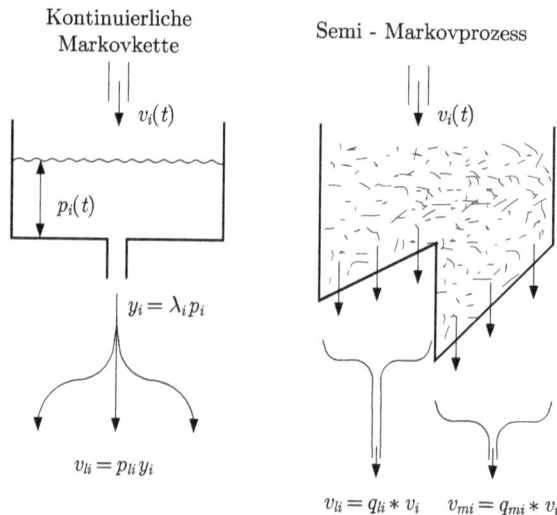

Abb. 10.16: Vergleich von kontinuierlicher Markovkette und Semi-Markovprozess

Den Vergleich von Markovkette und Semi-Markovprozess ermöglicht das in Abb. 10.16 gezeigte physikalische Modell, dass eine Erweiterung des in Abb. 9.34 auf S. 480 dargestellten Modells für allgemeine Punktprozesse ist. Bei diesem Modell wird die Wahrscheinlichkeit $p_i(t)$ für das Eintreten des Zustands i durch die Menge der im i-ten Behälter angesammelten Flüssigkeit veranschaulicht.

Beim Markovprozess (linker Teil der Abbildung) bestimmt die Gesamtmenge der Flüssigkeit die Menge der pro Zeiteinheit abfließenden Flüssigkeit

$$y_i(t) = \lambda_i p_i(t).$$

Diese Menge teilt sich entsprechend der Parameter p_{li}, $(l \neq i)$ auf die Nachfolgezustände (Nachfolgebehälter) l auf, so dass man für den Fluss vom Behälter i zum Behälter l die Beziehung

$$v_{li}(t) = g_{li} y_i(t)$$

erhält. Summiert über alle Vorgängerbehälter i, ergeben diese Flüsse den Zufluss zum Behälter l:

$$v_l(t) = \sum_{i=1,i\neq l}^{N} v_{li}(t). \tag{10.37}$$

Wie man erkennt, ist der Ausfluss jedes Behälters von der aktuellen Flüssigkeitsmenge im Behälter abhängig. Dabei ist es unbedeutend, wann und von welchem Vorgängerbehälter die Flüssigkeit in den Behälter i gelaufen ist. Maßgebend ist nur der aktuelle Füllstand $p_i(t)$.

Beim Semi-Markovprozess (rechter Teil der Abbildung) wird die auslaufende Menge sowohl von der Verweilzeit der Flüssigkeit im Behälter i als auch von der Fließrichtung bestimmt. Um den Ausfluss von der Verweilzeit abhängig zu machen, wurde der Behälter mit einem Füllstoff versehen, so dass die Flüssigkeit langsam versickert und erst nach einiger Zeit am Behälterboden auslaufen kann. Die Abhängigkeit des Flusses vom Zielzustand wird durch die Teilung des Behälterbodens erreicht. In der Abbildung läuft im linken Teil die zum Behälter l fließende Flüssigkeit und im rechten Teil die zum Behälter m fließende Flüssigkeit aus. Da der Behälterboden abgeschrägt ist, kann der rechte Teil des jeweiligen Flüssigkeitsstromes eher aus dem Behälter austreten als der linke.

Der Fluss vom Behälter i zum Behälter l wird durch die Flüssigkeit bestimmt, die gleichzeitig aus dem schrägen Behälterboden austritt. Die einzelnen Tropfen dieses Flüssigkeitsstromes haben den Behälter i zu unterschiedlichen Zeitpunkten erreicht, wenn man annimmt, dass sich die Tropfen in der Sandfüllung nicht überholen. Damit ergibt sich diese Menge aus der Faltung der Funktion $q_{li}(t)$ mit der Funktion $v_i(t)$, die den zeitlichen Verlauf des Zulaufes zum Behälter i beschreibt

$$v_{li}(t) = q_{li} * v_i.$$

Der Zulauf zu einem Behälter setzt sich entsprechend Gl. (10.37) wieder aus der Summe über die Zuläufe von allen Vorgängerbehältern zusammen.

Das Modell zeigt, dass es unbedeutend ist, aus welchem vorherigen Behälter die Flüssigkeit in den i-ten Behälter geflossen ist. Es ist jedoch für den Ausfluss maßgebend, wie lange sich die einzelnen Tropfen schon im Behälter befinden.

Aufgabe 10.5 *Erweiterung des Würfelspieles*

Zur Beschreibung eines Würfelspieles wird als Zustand einer Person die Anzahl der seit Spielbeginn gewürfelten ⚅ interpretiert. Bei dem Würfelspiel gilt die Spielregel, dass Personen, die eine Sechs gewürfelt haben, einmal aussetzen müssen. Interpretieren Sie diese Spielregel im Sinne der Semi-Markoveigenschaft und bestimmen Sie den Semi-Markovprozess, der das Würfelspiel beschreibt. □

Aufgabe 10.6 *Beschreibung eines Prozesses durch einen Semi-Markovprozess*

Es wird ein Prozess mit den drei Zuständen 1, 2 und 3 betrachtet. Beschreiben Sie diesen Prozess durch einen Semi-Markovprozess, wenn folgende Eigenschaften gegeben sind:

- Der Prozess verweilt eine Zeiteinheit im Zustand 1 vor dem Übergang zum Zustand 2 und drei Zeiteinheiten vor dem Übergang zum Zustand 3.

- Die Verweilzeit des Prozesses im Zustand 2 vor dem Übergang zum Zustand 3 ist gleichverteilt im Intervall $\tau \in [0,5, 0,8]$.

- Die Verweilzeit im Zustand 3 vor dem Übergang in den Zustand 1 liegt zwischen 2 und 3 Zeiteinheiten, wobei mangels genauer Angaben von einer Gleichverteilung ausgegangen wird.

- Wenn der Prozess vom Zustand 3 in den Zustand 2 übergeht, war er entweder 2,5 oder 4 Zeiteinheiten im Zustand 3.

- Vom Zustand 1 geht der Prozess mit je 50% Wahrscheinlichkeit in die beiden Nachfolgezustände.

Sollten Angaben über den ereignisdiskreten Prozess fehlen, die für die Modellierung notwendig sind, so füllen Sie diese mit sinnvollen Annahmen. □

Aufgabe 10.7   *Zeitverhalten einer Stanze*

Eine Stanze führt folgende Arbeitsgänge aus:

Zustandsübergang	Beschreibung
$1 \to 2$	Einführen des Bleches
$2 \to 3$	Erster Stanzvorgang (Abtrennen des Bleches)
$3 \to 4$	Öffnen der Stanze
$4 \to 5$	Drehen des Werkstücks
$5 \to 6$	Zweiter Stanzvorgang (Umformen des Bleches)
$6 \to 7$	Öffnen der Stanze
$7 \to 1$	Ordnungsgemäßer Transport des Werkstücks aus der Stanze in das Lager
$7 \to 8$	Stanze geht in Ruhestellung, da Blechrolle aufgebraucht ist
$7 \to 9$	Fehlerhafter Transport des Werkstücks aus der Stanze in das Lager

Sie braucht für jeden Arbeitsgang 2 Sekunden. Für den Wechsel der Blechrolle braucht man 5 bis 7 Minuten, für die Korrektur der falschen Ablage des Werkstücks 8 Sekunden. Nach welcher Zeit sind 500 Werkstücke fertig? (Arbeiten Sie bei nicht bekannten Verteilungsdichten mit der Gleichverteilung). □

Aufgabe 10.8   *Wann müssen Sie tanken?*

Sie fahren wöchentlich mit Ihrem Auto zwischen 150 und 200 km und verbrauchen 8 Liter Benzin pro 100 km. Ihrer Tankanzeige entsprechend fahren Sie zur Tankstelle, wenn noch 5–7 Liter Benzin im Tank sind, der ein Fassungsvermögen von 40 Litern hat. Mit welcher Wahrscheinlichkeit müssen Sie in der letzten Septemberwoche (wenn möglicherweise das Geld knapp ist) tanken? □

Aufgabe 10.9   *Zeitverhalten der Zuverlässigkeit eines Gerätes*

Um die Zuverlässigkeit eines Gerätes entsprechend der „Badewannenkurve" (Abb. 9.24) darstellen zu können, wird das in Abb. 10.17 gezeigte Modell verwendet, bei dem der Zustand 1 den funktionsfähigen Zustand des Gerätes und der Zustand 0 den Ausfall repräsentiert. Dementsprechend ist $f_{01}(\tau)$ die Verteilungsdichtefunktion für die Zeit bis zum nächsten Ausfall des Gerätes und $f_{10}(\tau)$ die Dichtefunktion für die Reparaturzeit.

Wie lautet die Zustandsraumdarstellung für das Zuverlässigkeitsmodell des Gerätes? Welche Funktionen $f_{01}(\tau)$ und $f_{10}(\tau)$ halten Sie für sinnvoll bei diesem Modell? □

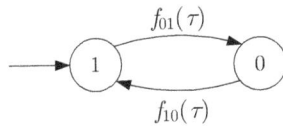

Abb. 10.17: Semi-Markovprozess zur Beschreibung der Zuverlässigkeit

10.4 Strukturelle Eigenschaften von Markov- und Semi-Markovprozessen

Kontinuierliche Markovprozesse und Semi-Markovprozesse können anhand ihres Automatengrafen analysiert werden, wenn es darum geht, die von einem Anfangszustand erreichbaren Zustände zu ermitteln bzw. Zerlegungsmöglichkeiten für die Zustandsmenge zu untersuchen. Der Automatengraf beschreibt bei beiden Modellformen, welche Zustandsübergänge möglich sind, denn wenn $g_{ij} \neq 0$ gilt, gibt es im Automatengrafen eine Kante vom Zustand j zum Zustand i.

In Bezug auf diese grafentheoretische Interpretation der in diesem Kapitel eingeführten Modelle unterscheiden sich kontinuierliche Markovketten und Semi-Markovprozesse nicht von diskreten Markovketten und stochastischen Automaten. Deshalb können alle im Abschn. 7.3 beschriebenen Methoden und Begriffe hier angewendet werden. Dies gilt insbesondere für die Erreichbarkeitsanalyse und die Zerlegung der Zustandsmenge in Teilmengen stark zusammenhängender Zustände einschließlich der daraus ableitbaren Konsequenzen für das Verhalten der Prozesse.

Literaturhinweise

Es gibt wenig Literatur zu Semi-Markovprozessen mit einem Bezug zu ingenieurtechnischen Anwendungen. [80] ist eine von sehr wenigen für Ingenieure lesbaren Einführungen in diese Thematik. Die dort beschriebene Analyse bezieht sich vor allem auf das stationäre Verhalten. In [67] werden Markovprozesse in der Zuverlässigkeitstheorie betrachtet und es wird ein Ausblick auf Semi-Markovprozesse gegeben. [83] enthält eine Einführung in Semi-Markovprozesse, die allerdings einschränkender definiert sind als in diesem Buch.

[7] und [68] erläutern die Nutzung von Markovketten in der Zuverlässigkeitstheorie, die in Aufgaben 10.1 und 10.2 angesprochen wird.

Literaturverzeichnis

1. Abel, D.: *Petri-Netze für Ingenieure*, Springer-Verlag, Berlin 1990.
2. Abel, D.; Lemmer, K. (Hrsg.): *Theorie ereignisdiskreter Systeme*, Oldenbourg-Verlag, München 1998.
3. Albert, J.; Ottmann, T.: *Automaten, Sprachen und Maschinen für Anwender*, Bibliographisches Institut, Mannheim 1983.
4. Alur, R.; Dill, D. L.: A theory of timed automata, *Theoretical Computer Science* **126** (1994), pp. 183–235.
5. Aufenkamp, D. D.; Kohn, F. S.: Analysis of sequential machines. *IRE Trans. Electr. Comp.* **EC-6** (1957), pp. 276–285.
6. Baccelli, F.; Cohen,G.; Olsder, G. J.; Quadrat, J.-P.: *Synchronization and Linearity*, Wiley & Sons, 1992.
7. Beyer, O.; Girlich, H.-J.; Zschiesche, H.-U.: *Stochastische Prozesse und Modelle*, B. G. Teubner Verlagsgesellschaft, Leipzig 1978.
8. Beyer, O.; Hackel, H.; Pieper, V.; Tiedge, J.: *Wahrscheinlichkeitsrechnung und mathematische Statistik*, B. G. Teubner, Stuttgart 1999.
9. Blanke, M.; Kinnaert, M.; Lunze, J.; Staroswiecki, M.: *Diagnosis and Fault-Tolerant Control*, Springer-Verlag, Heidelberg 2006.
10. Bochmann, D.: *Einführung in die strukturelle Automatentheorie*, Verlag Technik, Berlin 1975.
11. Bochmann, D.; Posthoff, C.: *Binäre dynamische Systeme*, Oldenbourg-Verlag, München 1981.
12. Bukharaev, R. G.: *Theorie der stochastischen Automaten*, B.G. Teubner, Stuttgart 1995.
13. Carlyle, J. W.: State-calculable stochastic sequential machines, equivalences and events. Switching circuit theory and logic. *Design IEEE Conf. Re4c.* 16C13, New York 1965.
14. Cassandras, C. G.; Lafortune, S.: *Introduction to Discrete Event Systems*, Kluwer Academic Publishers, Boston 1999.
15. Claus, V.: *Stochastische Automaten*, B.G. Teubner, Stuttgart 1971.
16. Engell, S.; Frehse, G.; Schnieder, E. (Eds.): *Modelling, Analysis and Synthesis of Hybrid Dynamical Systems*, Springer-Verlag, Heidelberg 2002.
17. Erlang, A. K.: The theory of probabilities and telephone conversation, *Nyt Tidsskrift Mat. B* **20** (1909), 33–39.
18. Even, S.: *Graph Algorithms*, London 1979.
19. Fengler, W.; Philippow, I.: *Entwurf industrieller Mikrocomputersysteme*, Hanser 1991.
20. Franksen, O. I., Falster, P.; Evens, F. J.: *Qualitative aspects of large-scale systems*, Springer-Verlag, New York 1979.
21. Gill, A.: Cascaded finite-state machines, *IRE Trans. on Electronic Computers* **EC-10** (1961), 366–370.
22. Gill, A.: *Introduction to the Theory of Finite-State Machines*, McGraw-Hill, New York 1962.
23. Gluschkow, W. M.: *Theorie der abstrakten Automaten*, Deutscher Verlag der Wissenschaften, Berlin 1963; Übersetzung des russischen Originals aus *Uspechi matematicheskich nauk* **5** (1961), S. 3–62.
24. Gössel, M.: *Angewandte Automatentheorie*, Akademie-Verlag, Berlin 1972.
25. Gross, D.; Harris, C. H.: *Fundamentals of Queueing Theory*, J. Wiley & Sons, New York 1998.

26. Haenelt, K.: *Endliche Automaten in der Sprachtechnologie*, Vorlesungsskript, Universität Heidelberg 2004.

27. Hanisch, H.-M.: *Petri-Netze in der Verfahrenstechnik*, Oldenbourg-Verlag, München 1992.

28. Heymann, M.: Concurrency and discrete event control, *Control Systems Magazine* (1990), pp. 103–112.

29. Holloway, L. E.; Krogh, B. H.: Synthesis of feedback control logic for a class of conrolled petri nets. *IEEE Trans.* **AC-35** (1990), 514–523.

30. Hopcroft, J. E.; Ullman, J. D.: *Einführung in die Automatentheorie, Formale Sprachen und Komplexitätstheorie*, Addison-Wesley, Bonn 1988.

31. Jörns, C.; Litz, L.; Bergold, S.: Automatische Erzeugung von SPS-Programmen auf der Basis von Petri-Netzen, *Automatisierungstechnische Praxis* **37** (1995), S. 10–14.

32. Jünemann, R.; Beyer, A.: *Steuerung von Materialfluss- und Logistiksystemen*, Springer-Verlag, Berlin 1998.

33. Kalman, R. E.: Contributions to the theory of optimal control, *Boletin de la Sociedad Matematica Mexicana*, **5** (1960), 102–119.

34. Karp, R. M.: A characterization of the minimum cycle mean in a digraph. *Discrete Mathematics* **23** (1978), 309–311.

35. Kiencke, U.: *Ereignisdiskrete Systeme: Modellierung und Steuerung verteilter Systeme*, Oldenbourg-Verlag, München 2006.

36. Kiencke, U.; Nielsen, L.: *Automotive Control Systems*, Springer-Verlag, Berlin 2000.

37. König, R.; Quäck, L.: *Petri-Netze in der Steuerungstechnik*, Verlag Technik, Berlin 1988.

38. Kolmogoroff, A.: Sur le problème d'attente, *Matematicheskii sbornik* **8** (1931), 101–106.

39. Kowalewski, S.: Modulare diskrete Modellierung verfahrenstechnischer Anlagen zum systematischen Steuerungsentwurf. Dissertation, Universität Dortmund, Schriftenreihe des Lehrstuhls für Anlagensteuerungstechnik, Band 1, Shaker-Verlag 1996.

40. Krapp, M.: *Digitale Automaten*, Verlag Technik, Berlin 1988.

41. Lautenbach, K.; Ridder, H.: Liveness in bounded Petri nets which are covered by T-invariants. in Valette, R. (Ed.): *Application and Theory of Petri Nets*, Springer-Verlag, Berlin 1994, pp. 358–375.

42. Le Boudec, J.-Y.; Thiran, P.: *Network Calculus*, Springer-Verlag, Berlin 2001.

43. Lee, E. A.; Varaiya, P.: *Structure and Interpretation of Signals and Systems*, Addison Wesley, Boston 2003.

44. Lin, F.; Wonham W. M.: On observability of discrete-event systems, *Information Sciences* **44** (1988), pp. 173–198.

45. Little, J. D. C.: A proof for the queuing formula: $L = \lambda W$. *Oper. Res* **9** (1961), 383–387.

46. Litz, L.: *Automatisierungstechnik*, Oldenbourg-Verlag, München 2004.

47. Litz, L.; Frey, G.: Methoden und Werkzeuge zum industriellen Steuerungsentwurf – Historie, Stand, Ausblick. *Automatisierungstechnik* **47** (1999), S. 145–156.

48. McNaughton, R.; Yamada, H.: Regular expressions and state graphs for automata, *IRE Trans. on Electronic Computers* **9** (1960), 39–47.

49. Lunze, J.: *Regelungstechnik*, (2 Bände) Springer-Verlag, Berlin 2012.

50. Lunze, J.: *Automatisierungstechnik*, Oldenbourg-Verlag, Berlin 2012.

51. Lunze, J.: Relations between networks of standard automata and networks of I/O automata, *Workshop on Discrete-Event Systems*, Göteborg 2008, pp. 425–430.

52. Mealy, G. H.: A method for synthesizing sequential circuits. *Bell System Technical Journal* **34** (1955), 1045–1079.

53. Moody, J. O.; Antsaklis, P.: *Supervisory Control of Discrete Event Systems Using Petri Nets*, Kluwer Academic Publishers, Boston 1998.

54. Moore, E. F.: Gedanken-Experiments on sequential machines. In Shannon, C. E.; McCarthy, J. (Eds.): *Automata Studies*, Princeton Univ. Press 1956, pp. 129–153.

55. Moore, E. F.: Bibliographic comments on sequential machines, in: Moore, E. F. (Ed.): *Sequential Machines - Selected Papers*, Addison-Wesley, 1964.

56. Moßig, K.; Rehkopf, A.: Einführung in die „Max-Plus"-Algebra zur Beschreibung ereignisdiskreter dynamischer Prozesse, *Automatisierungstechnik* **44** (1996), 3–9.

57. Müller, P. H.: *Lexikon der Stochastik*, Akademie-Verlag, Berlin 1983.

58. Nke, Y.; Drüppel, S.; Lunze, J.: Direct feedback in asynchronous networks of input-output automata, *Proc. 10th European Control Conference*, Budapest 2009, pp. 2608–2613.

59. Nollau, V.; Partzsch, L.; Storm, R.; Lange, C.: *Wahrscheinlichkeitsrechnung und Statistik in Beispielen und Aufgaben*, B. G. Teubner Verlagsgesellschaft, Stuttgart 1997.

60. Özveren, C. M.; Willsky, A. S.: Observability of discrete-event dynamic systems, *IEEE Trans.* **AC-35** (1990), pp. 797–806.

61. Pearl, J.: *Causality: Models, Reasoning, ans Inference*, Cambridge University Press, Cambridge 2000.

62. Peterson, J. L.: *Petri-Net Theory and the Modeling of Systems*, Prentice-Hall, 1981.

63. Petri, C. A.: *Kommunikation mit Automaten*, Dissertation, TH Darmstadt 1962.

64. Philippow, E. (Hrsg.): *Taschenbuch Elektrotechnik*, Band 2, Verlag Technik, Berlin 1987.

65. Poldermann, J. W.; Willems, J. C.: *Introduction to Mathematical Systems Theory – A Behavioral Approach*, Springer-Verlag, New York 1998.

66. Ramadge, P.; Wonham, W. M.: Supervisory control of a class of discrete event systems, *SIAM J. Control and Optimization* **8** (1987), 206–230.

67. Reinschke, K.: *Zuverlässigkeit von Systemen*, Band 1: Systeme mit endlich vielen Zuständen, Verlag Technik, Berlin 1973.

68. Reinschke, K.; Usakov, I. A.: *Zuverlässigkeitsstrukturen: Modellbildung, Modellauswertung*, Verlag Technik, Berlin 1987.

69. Russell, S.; Norvig, P.: *Künstliche Intelligenz: Ein moderner Ansatz*, Pearson Education, München 2004.

70. Sander, P.; Stucky, W.; Herschel, R.: *Automaten, Sprachen, Berechenbarkeit*, B.G. Teubner, Stuttgart 1995.

71. Schadach, D. J.: *Biomathematik II: Graphen, Halbgruppen und Automaten*, Akademie-Verlag, Berlin 1971.

72. Schmidt, G.; Ströhlein, T.: *Relationen und Graphen*, Springer-Verlag, Berlin 1989.

73. Schnieder, E.: *Prozessinformatik*, Friedr. Vieweg & Sohn Verlagsgesellschaft, Braunschweig 1993.

74. Schnieder, E.: *Methoden der Automatisierung*, Vieweg, Braunschweig 1999

75. Schöning, U.: *Theoretische Informatik – kurzgefaßt*, Spektrum Akademischer Verlag, Heidelberg 1999.

76. Shannon, C. E.: A symbolic analysis of relay and switching circuits, *Trans. of the AIEE* **57** (1938), pp. 713–723.

77. Starke, P. H.: *Abstrakte Automaten*, Deutscher Verlag der Wissenschaften, Berlin 1969.

78. Starke, P. H.: *Petri-Netze*, Deutscher Verlag der Wissenschaften, Berlin 1980.

79. Stengel, H.: *Annasusanna - ein Pendelbuch für Rechts- und Linksleser*, Eulenspiegel-Verlag, Berlin 1989.

80. Störmer, H.: *Semi-Markoff-Prozesse mit endlich vielen Zuständen*, Springer-Verlag, Berlin 1970.

81. Stremersch, G.: *Supervision of Petri Nets*, Kluwer Acad. Publ., Boston 2001.

82. Tanenbaum, A. S.: *Computer Networks*, Prentice-Hall, Englewood Cliffs 1988.

83. Tichonov, W. I.; Mironov, M. A.: *Markov-Prozesse* (russisch), Sovjetskie Radio, Moskau 1977.

84. Tüchelmann, Y.: *Computernetze I*, Vorlesung an der Ruhr-Universität Bochum, 2005.

85. Viterbi, A. J.: Error bounds for convolutional codes and an asymptotically optimum decoding algorithm. *IEEE Trans.* **IT-13** (1967), 1260–1269.

86. Wagner, K. W.: *Einführung in die theoretische Informatik: Grundlagen und Modelle*, Springer-Verlag, Berlin 1994.

87. Walther, H.; Nägler, G.: *Graphen, Algorithmen, Programme*, Fachbuchverlag, Leipzig 1987.

88. Wend, H.-D.: *Strukturelle Analyse linearer Regelungssysteme*, Oldenbourg-Verlag, München 1993.

89. Wendt, S.: Die Modelle von Moore und Mealy – Klärung einer begrifflichen Konfusion. Preprint der Universität Kaiserslautern 1998.

90. Wonham, W. M.: *Supervisory Control of Discrete-Event Systems*, Technical report, University of Toronto, Systems Control Group, 2005.

Anhang 1

Lösungen der Übungsaufgaben

Dieser Anhang enthält die Lösungen der mit einem Stern gekennzeichneten Übungsaufgaben.

Aufgabe 1.2   *Ereignisdiskrete Systeme?*

Sinn dieser Übungsaufgabe ist es, den Zusammenhang zwischen kontinuierlicher und diskreter Betrachtungsweise herzustellen. Es hängt von der Aufgabenstellung und somit vom Modellierungsziel ab, ob Prozesse kontinuierlich oder ereignisdiskret behandelt werden.

Stadtbeleuchtung. Die Lampen der Stadtbeleuchtung werden entweder vollkommen ein- bzw. ausgeschaltet.

Heizung. Der Hauptgrund für eine ereignisdiskrete Modellierung ist bei diesem System mit dem Wirkungsgrad verbunden, der bei großen Temperaturdifferenzen (Wasser-Brennerflamme) am besten ist. Die Brenner werden diskret in 2 oder 3 Stufen (Aus/Mittel/Volllast) betrieben, so dass eine ereignisdiskrete Modellierung des Systemverhaltens zweckmäßig ist. Betrachtet man jedoch die Wirkung der Heizung auf die Zimmertemperatur, so ist eine kontinuierliche Betrachtungsweise sinnvoll. Um die kontinuierlichen Temperaturänderungen nicht mit der diskreten Brennersteuerung in einem gemischt diskret-kontinuierlichen Modell kombinieren zu müssen, wird bei Langzeitbetrachtungen die diskret geschaltete Brennerleistung durch die mittlere Brennerleistung ersetzt, so dass ein einheitlich kontinuierliches Modell entsteht.

Scheibenwaschanlage eines Fahrzeugs. Eine gute Sicht kann nur gewährleistet werden, wenn man die Waschanlage kurzzeitig betreibt. Im Zeitmaßstab der Fahrzeugnutzung ist dies ein ereignisdiskreter Vorgang.

Straßenkreuzung. Im Unterschied zum Kreisverkehr, bei dem der Verkehrsfluss kontinuierlich gesteuert wird, beruht die Verkehrsführung durch eine Ampel auf einer diskreten Steuerung.

Batchprozess. Gründe für die ereignisdiskrete Betrachtung eines Batchprozesses liegen im Wirkprinzip. Komplexe Prozesse der Verfahrenstechnik sind in mehrere Zwischenschritte unterteilt, die auf der Abstraktionsebene der Steuerung durch diskrete Zustände beschrieben werden.

Rechner mit Multitasking. Der Hauptgrund der ereignisdiskreten Betrachtung ist durch die Aufgabe begründet, die unterschiedlichen Tasks in einer zweckmäßigen Folge abzuarbeiten.

Flugverkehr. Eine ereignisdiskrete Betrachtung wird beim Flugverkehr eingeführt, damit die Fluglotsen eine Überwachung des Flugverkehrs überhaupt handhaben können (Reduzierung der Komplexität).

Vorlesung. Die Unterteilung des Lernstoffes in einzelne Einheiten ist aus Zeitgründen unvermeidbar und hilft zudem bei der Organisation und dem Nacharbeiten des Gelernten.

Weitere Beispiele für Systeme, die ereignisdiskret betrachtet werden:

System	wichtige kontinuierliche Signale	diskrete Eingangs- und Ausgangssignale
Getriebe	Drehzahl	Gangwahl/Gänge
Uhr	Zeitfortschritt	Anzeige der Zeit (digital oder analog)
Kühlschrank	Temperatur	Ein-/Ausschalten der Kühlung
Mensch	Hungergefühl	Nahrungsaufnahme/Mahlzeiten
Montageprozess	Fortschritt der Montage	Zustand des zu montierenden Produktes

---

Aufgabe 1.3   *Fahrgastinformationssystem*

Um Fahrgäste automatisch über die als nächstes angefahrene Haltestelle zu informieren, müssen kontinuierliche Signale (Entfernung, Geschwindigkeit) und diskrete Signale (Tür auf/zu) gemessen werden. Mittels eines Ereignisgenerators müssen aus den kontinuierlichen Signalen Eingangsereignisse für das Informationssystem generiert werden (Abb. A.1). Die aufgetretenen Ereignisse werden dabei nicht separat, sondern verkoppelt unter Beachtung der Reihenfolge ihres Auftretens ausgewertet.

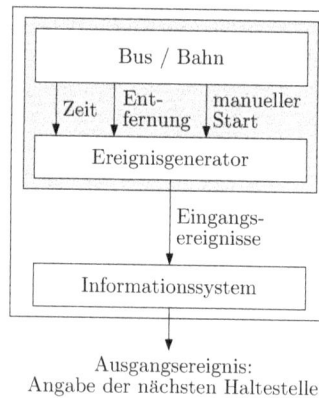

Abb. A.1: Blockschaltbild eines Fahrgastinformationssystems

Straßenbahn. Bei Straßenbahnen ist es für eine automatisierte Haltestellenansage ausreichend, die seit dem letzten Halt zurückgelegte Entfernung zu messen, da die Straßenbahn immer den gleichen Weg zwischen den Haltestellen fährt und an allen Haltestellen stoppt.

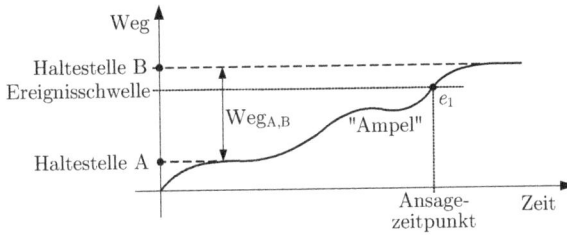

Abb. A.2: Weg-Zeit-Diagramm einer Straßenbahn

Die automatische Ansage der nächsten Haltestelle erfolgt z. B. immer ca. 200 m vor der Haltestelle (Abb. A.2). Überschreitet die gemessene Wegstrecke eine obere Schranke $s_0 = \text{Weg}_{A,B} - 300\,\text{m}$ so erzeugt der in Abb. A.1 enthaltene Ereignisgenerator ein Ereignis e_1. $\text{Weg}_{A,B}$ bezeichnet dabei die bekannte Distanz zwischen den Haltestellen A und B.

Fehler bei der Wegmessung, welche sich über einen langen Zeitraum zu einer großen Abweichung akkumulieren und so zu einer fehlerhaften Angabe der nächsten Haltestelle führen können, sind leicht zu korrigieren. Es ist bekannt, dass die Bahn für ein gewisses minimales Zeitintervall (von ca. 30 s) an jeder Haltestelle stoppt. Dieses Ereignis (Stopp > 30 s) kann in Kombination mit der gemessenen Wegstrecke genutzt werden, um eindeutig das Erreichen einer Haltestelle zu erkennen und die Streckenmessung zu initialisieren.

Bus. Im Gegensatz zur Bahn kann beim Bus die Strecke zwischen zwei bestimmten Haltestellen variieren, z. B. wenn eine Straßensperrung vorliegt und der Bus eine Umleitung fahren muss. Neben der Entfernung können die Ereignisse „Fahrzeug steht" und „Tür öffnet" vom Informationssystem ausgewertet werden, um eindeutig zu erkennen, dass eine Haltestelle angefahren wurde und um damit den Zustand des Informationssystems zu aktualisieren.

Ein zusätzliches Problem bei der Automatisierung der Haltestellenansage entsteht, weil Busse nur dann an einer Haltestelle anhalten, wenn ein Fahrgast aus- oder einsteigen will. Um zu erkennen, dass ein Haltestelle übersprungen wurde, wird ein bestimmtes Entfernungsintervall vorgegeben, innerhalb dessen ein Stopp des Busses erfolgen muss (Abb. A.3).

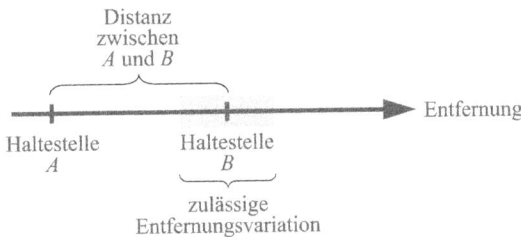

Abb. A.3: Auswertung des Entfernungssignals durch das Informationssystem

---

Aufgabe 1.4   *Handhabung eines Kartentelefons*

In der folgenden Tabelle sind die Eingaben und die darauf folgenden Ausgaben angegeben. Die Zeit beschreibt den Abstand, in dem die Ausgabe der Eingabe folgt:

Eingabe v		Ausgabe w	Dauer
Benutzer nimmt den Hörer ab	→	Telefon fordert den Benutzer auf, die Karte einzuführen	zeitgleich
Benutzer führt die Telefonkarte ein	→	Telefon gibt Freizeichen aus	ca. 2 Sekunden
Benutzer wählt die gewünschte Nummer	→	Telefon stellt eine Verbindung her und gibt das Wartezeichen oder das Besetztzeichen aus	>2 Sekunden ca. 2 Sekunden
Benutzer legt den Hörer auf	→	Telefon beendet die Verbindung, bucht die Gesprächsgebühren von der Karte ab und gibt die Karte aus	ca. 2 Sekunden

Eingaben und Ausgaben treten, bezogen auf die zeitliche Dauer des gesamten Telefoniervorgangs, näherungsweise gleichzeitig auf. Will man allerdings erkennen, dass ein Benutzer nichts tut und in diesem Fall das Gespräch beenden, dann spielt die zeitliche Information eine wichtige Rolle bei der Beschreibung. Nachdem eine gewisse Zeit ohne eine Aktion des Benutzers verstrichen ist, beendet das Telefon dann nämlich seinen Dienst und gibt die Karte aus. In diesem Fall sind die zeitlichen Abstände zwischen den Aktionen im Modell zu erfassen.

Aufgabe 3.2   *Automatisches Garagentor*

1. Abbildung A.4 zeigt links ein Modell des Garagentors, bei dem zwischen vier verschiedenen Zuständen des Tors unterschieden wird. Wenn die Vorgänge des Öffens und Schließens nicht als Systemzustand, sondern als Ereignis interpretiert werden, besitzt der Automat nur noch die beiden Zustände „Tor offen" und „Tor geschlossen".

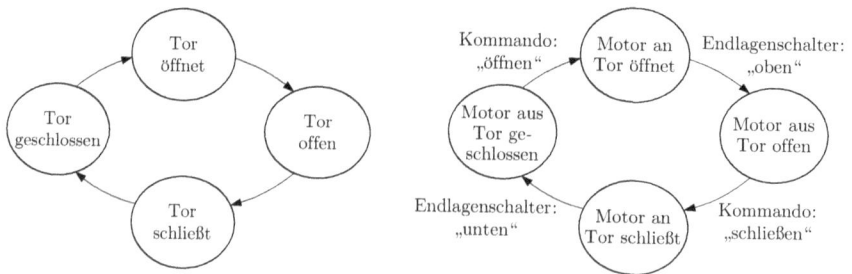

Abb. A.4: Modell des Garagentors

2. Im rechten Teil von Abb. A.4 wurde der Zustand um eine Angabe über den Motor erweitert. Dabei wurde nur zwischen „Motor angeschaltet" und „Motor ausgeschaltet" unterschieden, also die Drehrichtung nicht in den Zustand aufgenommen. Dennoch ist der Zustand des Automaten ein Zustand im

systemtheoretischen Sinne, weil die Drehrichtung aus der Ausgabe über die Bewegungsrichtung des Tors hervorgeht.

Die für die Steuerung wichtigen Ereignisse betreffen die Kommandos der Signalgeber, die das heranfahrende Fahrzeug bzw. die Durchfahrt des Fahrzeugs durch das Garagentor signalisieren. Die Endlagenschalter zeigen, wann der Motor ausgeschaltet werden muss, weil das Tor vollständig geöffnet oder vollständig geschlossen ist.

Aufgabe 3.3   *Bestimmung des Restes bei der Division durch drei*

Die Zustände und Zustandsübergänge ermittelt man aus folgender Überlegung: Angenommen die bisher eingelesene Zahl N führt bei der Division durch drei auf den Rest z, der durch den aktuellen Automatenzustand repräsentiert wird. Nach dem Einlesen der nächsten Ziffer v muss die Zahl $10N + v$ untersucht werden. Der neue Zustand z' ergibt sich aus dem aktuellen Zustand z und dem Rest r der Division von v durch 3

$$r = v \bmod 3$$

nach folgenden Regeln:

- $z = 0$: Es muss nur die neue Ziffer v untersucht werden und es gilt $z' = v; \bmod 3$.
- $z = 1$: Es muss die Zahl $10 + v$ untersucht werden und es gilt $z' = v + 1; \bmod 3$.
- $z = 2$: Es muss die Zahl $20 + v$ untersucht werden und es gilt $z' = v + 2; \bmod 3$.

Diese Regeln lassen sich kompakt in der Gleichung

$$z' = (10\,z + v) \bmod 3 \tag{A.1}$$

zusammenfassen.

Der Automat muss also mit folgenden Mengen definiert werden:

$$\mathcal{V} = \{0, 1, 2, 3, 4, 5, 6, 7, 8, 9\}$$
$$\mathcal{Z} = \{0, 1, 2\}.$$

Ein Zustandsübergang wird durch das Einlesen der nächsten Ziffer v der zu dividierenden Zahl ausgelöst. Abbildung A.5 zeigt den Automatengrafen.

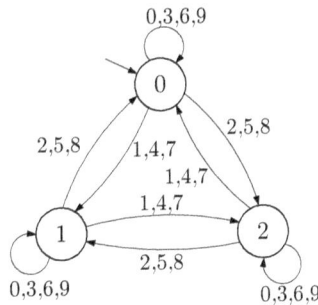

Abb. A.5: Automat, dessen Zustand den Rest einer Zahl bei der Division durch drei angibt

Da die Zahlen 1, 4 und 7 denselben Rest bei der Division durch drei ergeben, stehen sie als alternative Eingaben an denselben Zustandsübergängen. Dasselbe gilt für die Zahlen 0, 3, 6, 9 bzw. 2, 5, 8.

Diskussion. Die angegebenen Regeln sind diejenigen, die man bei der schriftlichen Division einer Zahl befolgt. Sie können sehr einfach für die Division durch andere Zahlen als 3 erweitert werden.

Für die Division durch 3 kann der Rest einfacher bestimmt werden als mit der in Gl. (A.1) gegebenen Beziehung. Die Teilbarkeit einer Zahl durch 3 kann nämlich durch Division der Quersumme des Dividenden durch 3 berechnet werden, so dass sich der Folgezustand aus

$$z' = (z + v) \bmod 3 \text{ für alle } z \in \mathcal{Z}$$

ergibt.

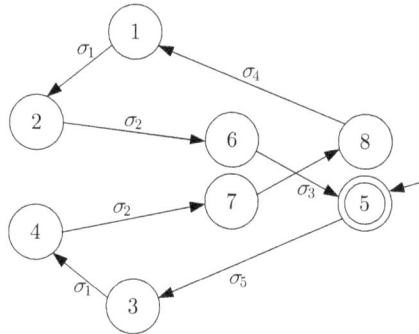

Abb. A.6: Erweitertes Modell des Roboters

Aufgabe 3.4   *Erweiterung des Robotermodells*

Der Zustand des Automaten muss so erweitert werden, dass sich das Automat merkt, ob der Roboter zuletzt ein Teil vom Band 1 oder vom Band 2 gegriffen hat. Beim dem in Abb. 3.8 auf S. 74 dargestellten Modell vergisst der Automat im Zustand 6, ob er zuvor den Zustand 2 oder den Zustand 4 angenommen hatte. Dieses Vergessen muss durch eine Erweiterung des Automatenzustands beseitigt werden.

Wenn man die Zustände 5 und 6 in je zwei neue Zustände aufteilt, erhält man das gewünschte Modell. Die neuen Zustände haben folgende Bedeutung:

z	Position des Roboterarms	Position des Greifers
5	über dem Ablageband	geöffnet, nachdem ein Werkstück A abgelegt wurde
6	über dem Ablageband	Werkstück A gegriffen
7	über dem Ablageband	Werkstück B gegriffen
8	über dem Ablageband	geöffnet, nachdem ein Werkstück B abgelegt wurde

Das erweiterte Modell ist in Abb. A.6 dargestellt.

Aufgabe 3.5   *Beschreibung von Verwaltungsvorgängen durch einen Σ-Automaten*

Die Zustandsmenge muss so gewählt werden, dass bei Kenntnis des aktuellen Zustands der Fortgang der Bearbeitung der Bestellung ohne Kenntnis der vorherigen Eingangsereignisse vorhergesagt werden kann. Der Automat besitzt nur einen Endzustand, nämlich „Bestellvorgang abgeschlossen".

Das System wird durch zehn Zustände beschrieben (was eine radikale Vereinfachung der Realität bedeutet!). Beobachtbar sind bei diesem Prozess lediglich die Ereignisse, die eine direkte Kommunikation zwischen der Verwaltung und dem Auftraggeber beinhalten (gestrichelte Pfeile). Alle Vorgänge, die innerhalb der Verwaltung ablaufen, bleiben dem Auftraggeber verborgen (Abb. A.7).

Aus Sicht der ereignisdiskreten Modellierung entstehen Probleme mit der Verwaltung immer dann, wenn Ereignisse nicht spontan erzeugt werden (reguläre Beabeitung der Bestellung), sondern vom Besteller erzwungen werden müssen (Telefonate, dringende Bitte, Überredungskunst). Gravierender ist jedoch die Situation, wenn ein nicht beobachtbares Ereignis auftritt, welches einen Zustandsübergang in einen blockierenden Zustand hervorruft, der nicht dem Endzustand entspricht. In diesem Fall ist die Bearbeitung ausgesetzt und es besteht keine Möglichkeit, die Bearbeitung fortzusetzen und in den Endzustand des Automaten überzugehen (natürlich fällt es der Verwaltung nicht ein, den Verlust eines Bestellscheins bzw. den Erhalt eines Bestellscheins dem Auftraggeber zu melden).

Diskussion. Verwaltungsvorgänge und allgemeine Geschäftsprozesse sind diskrete Prozesse, denn der Denk- und Handlungsprozess der Einzelpersonen ist so kurz, dass der dafür benötigte Zeitraum vernachlässigbar ist. Wo sich ein Dokument befindet, wie es entstanden ist, wer es verändert (z. B. unterschrieben) hat, wann es wohin abgeschickt wurde, ist wichtig.

Aufgabe 3.7   *Fließkommaakzeptor*

Der Akzeptor muss auf einem Pfad vom Anfangs- zum Endzustand nacheinander Folgendes akzeptieren:

1. höchstens ein Vorzeichen
2. beliebig viele Ziffern
3. möglicherweise einen Punkt, der von beliebig vielen, mindestens jedoch von einer Ziffer gefolgt wird.
4. „e" oder „E"
5. höchstens ein Minuszeichen
6. beliebig viele Ziffern.

Abbildung A.8 zeigt den Grafen eines Automaten, der derartige Zahlen akzeptiert.

Die Zustände haben eine klar definierte Bedeutung für den Analyseprozess der eingegebenen Zahl, so dass auch die Endzustände dementsprechend festgelegt wurden. Der Zustand 1 ist erreicht, wenn eine ganze Zahl akzeptiert wurde, der Zustand 5 bei einer Fließkommazahl, der Zustand 7 bei einer Fließkommazahl mit Exponenten. Demgegenüber ist der Zustand 4 kein Endzustand, weil nach dem Einlesen von „e" oder „E" eine Ziffer erscheinen muss.

Aufgabe 3.8   *Sprache des ungesteuerten Roboters*

Abbildung A.9 zeigt die Bewegungsmöglichkeiten des ungesteuerten Roboters, wobei nicht beachtet wird, ob die einzelnen Bewegungen zur Funktion des Roboters bei der Verteilung der Werkstücke gehören oder nicht. Entsprechend vielfältig sind die Bewegungsmöglichkeiten.

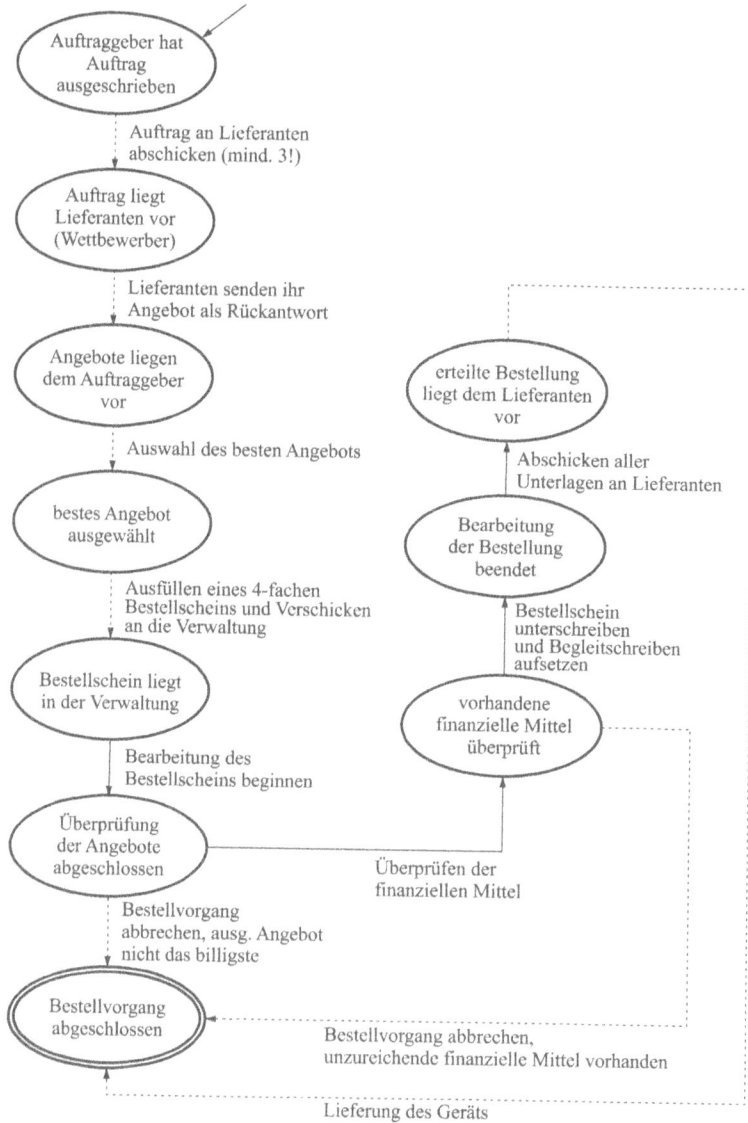

Abb. A.7: Ereignisdiskrete Beschreibung eines Bestellvorgangs

Nur sehr wenige Wörter der Sprache entsprechen der Funktion des Roboters, die darin besteht, Werkstücke von den beiden Bändern auf das dritte Band zu legen. Um diese Aufgabe zu erfüllen, soll der Roboter die Bewegungsfolge

$$\sigma_4\sigma_1\sigma_2\sigma_3\sigma_5\sigma_1\sigma_2\sigma_3\sigma_4\sigma_1...$$

zyklisch ausführen. Die Sprache $\bar{\mathcal{L}}$, die durch die Funktion des Roboters definiert ist, enthält diese Zeichenkette sowie alle weiteren Ketten, die durch Weglassen der ersten Buchstaben entstehen:

$$\bar{\mathcal{L}} = \{ \; \sigma_1\sigma_2\sigma_3\sigma_5\sigma_1\sigma_2\sigma_3\sigma_4\sigma_1...$$

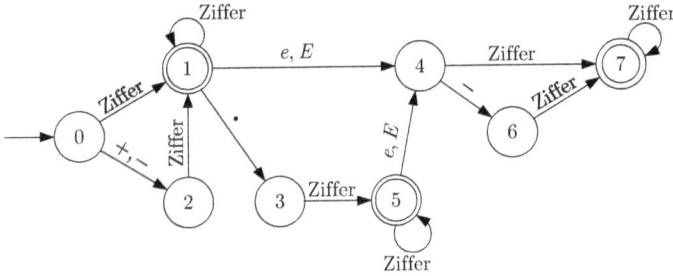

Abb. A.8: Fließkommaakzeptor

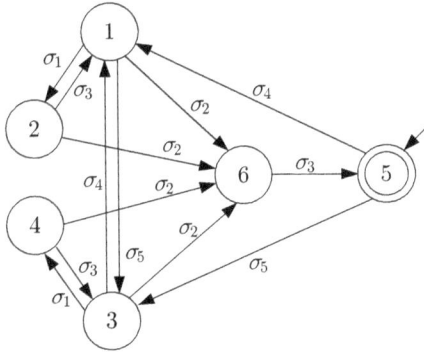

Abb. A.9: Bewegungsmöglichkeiten des Roboters

$$\sigma_2\sigma_3\sigma_5\sigma_1\sigma_2\sigma_3\sigma_4\sigma_1\sigma_2\ldots$$

$$\sigma_5\sigma_1\sigma_2\sigma_3\sigma_4\sigma_1\sigma_2\sigma_3\sigma_5\ldots \text{usw.}\}.$$

Dies ist die Sprache des in Abb. 3.8 auf S. 74 dargestellten Automaten. Der Roboter kann jedoch auch Ereignisketten durchlaufen, die nicht zu dieser Sprache gehören, beispielsweise

$$\sigma_5\sigma_2\sigma_3\sigma_5\sigma_2\sigma_3.$$

Die Aufgabe der Robotersteuerung besteht darin, die Sprache $\mathcal{L}$ des Roboters auf die den Spezifikationen entsprechende Sprache $\bar{\mathcal{L}}$ zu reduzieren. Wie man aus dem Vergleich der in den Abb. A.9 und 3.8 dargestellten Automaten sehen kann, muss die Steuerung dafür die Bewegungsvielfalt des Roboters reduzieren und beispielsweise im Zustand 4 das Ereignis σ_3 blockieren.

Man kann deshalb die Entwurfsaufgabe für Steuerungen so formulieren, dass man das zu steuernde System durch seine Sprache $\mathcal{L}$ bzw. den dazugehörigen Automaten beschreibt und die Spezifikationen für das gesteuerte System als eine Sprache $\bar{\mathcal{L}} \subset \mathcal{L}$ vorgibt. Die Aufgabe der Steuerung besteht dann darin, die Sprache $\mathcal{L}$ auf die Sprache $\bar{\mathcal{L}}$ zu reduzieren, wofür die Steuereinrichtung im Wesentlichen Ereignisse blockieren muss.

Aufgabe 3.9   *Sperrung der Telefonnummer 0190*

Der Akzeptor soll Zeichenfolgen der Form 0190... mit beliebiger Länge erkennen. Er hat die beiden Endzustände

$$\mathcal{Z}_F = \left\{ \begin{array}{l} 4 - \text{Die Telefonnummer beginnt mit 0190.} \\ 5 - \text{Die Telefonnummer beginnt nicht mit 0190.} \end{array} \right\}.$$

Um zum Endzustand 4 zu gelangen, muss der Automat nacheinander die vier Ziffern 0, 1, 9 und 0 als Eingabe erhalten. Dafür führt er die Zustandsübergänge $0 \xrightarrow{0} 1$, $1 \xrightarrow{1} 2$, $2 \xrightarrow{9} 3$ und $3 \xrightarrow{0} 4$ aus (Abb. A.10).

Wenn die angegebenen Ziffern nicht in der geforderten Reihenfolge auftreten, nimmt der Automat den Zustand 5 an. Die Kanten sind vereinfachend mit $\neg 0$, $\neg 1$ bzw. $\neg 9$ beschriftet, was bedeutet, dass bei dem jeweiligen Übergang eine beliebige Ziffer außer 0, außer 1 bzw. außer 9 aufgetreten ist. Die Schleifen an den beiden Endzuständen werden bei jeder beliebigen Ziffer durchlaufen.

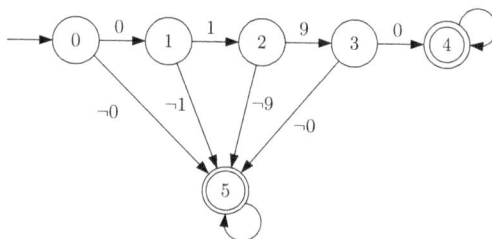

Abb. A.10: Graf eines Automaten, der erkennt, dass eine Ziffernfolge mit
0190 beginnt

Aufgabe 3.10   *Überprüfung der Rechtschreibung*

Der zu beschreibende Algorithmus erhält als Eingaben zwei Wörter, die zweckmäßigerweise bereits vorher darauf hin überprüft wurden, dass sie die gleiche Länge haben. Das Ergebnis ist durch die Angabe „richtig" bzw. „falsch" beschrieben (Abb. A.11).

Abb. A.11: Blockschaltbild der Rechtschreibüberprüfung

Der Algorithmus vergleicht die Buchstaben v_1 und v_2 der beiden Wörter und bildet das Eingangsereignis $v_1 = v_2$ bzw. $v_1 \neq v_2$. Solange das Ereignis $v_1 = v_2$ auftritt, bleibt der Algorithmus im Zustand 0, andernfalls wechselt er in den Zustand 1 und verbleibt dort, bis alle Buchstaben abgearbeitet sind. Der Automatengraf ist in Abb. A.12 dargestellt.

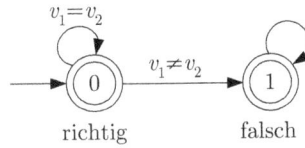

Abb. A.12: Automat zur Rechtschreibüberprüfung

Aufgabe 3.11   *Sprache eines Fahrstuhls*

---

1. Der Automat, der alle betrachteten Bewegungsmöglichkeiten des Fahrstuhls beschreibt, ist in Abb. A.13 gezeigt.

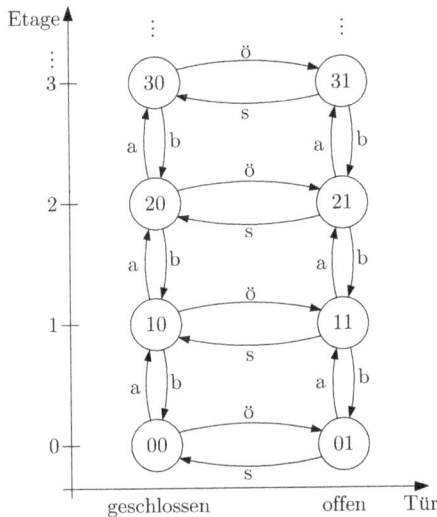

Abb. A.13: Automat, der die Bewegungsmöglichkeiten des Fahrstuhls beschreibt

2. Die Sprache umfasst alle Wörter, in denen die vier Buchstaben „ö" (öffnen), „s" (schließen), „a" (eine Etage aufwärts fahren) und „b" (eine Etage abwärts fahren) in beliebiger Reihenfolge auftreten, wobei sich jedoch „ö" und „s" abwechseln müssen und nicht mehrfach hintereinander auftreten können:

$$\mathcal{L} = \{\text{ösösös, saösbö, ababös, sbbö, sbabaö, ...}\}$$

Die Anzahl der aufeinander folgenden „a" und „b" ist durch die Gebäudehöhe beschränkt, was hier jedoch außer Acht gelassen wird.

3. Die Sicherheitsbestimmungen besagen, dass die im rechten Teil des Automatengrafen dargestellten Bewegungen „a" und „b" verboten sind. Der Automat aus Abb. A.13 muss dementsprechend vereinfacht werden, wodurch man Abb. A.14 erhält.

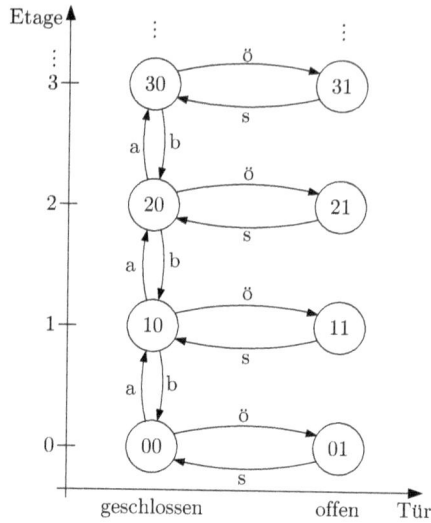

Abb. A.14: Bewegungsmöglichkeiten des Fahrstuhls, die den
Sicherheitsanforderungen entsprechen

4. Wenn der Fahrstuhl im Anfangszustand mit geöffneter Tür in einer Etage steht, so muss den Buchstaben „a" und „b" jetzt der Buchstabe „s" vorausgehen und der Buchstabe „ö" folgen:

$$\bar{\mathcal{L}} = \{\text{sösösös, saösbö, sbbö, sbabaö, ...}\}$$

5. Um nur noch funktionsgerechte Bewegungen zuzulassen, müssen überflüssige Bewegungen wie beispielsweise „sösösös" oder „sbabaö" ausgeschlossen werden. Die Sprache $\bar{\mathcal{L}}$ enthält derartige nicht funktionsgerechte Ereignisfolgen.

| **Aufgabe 3.15** | *Beschreibung einer Parkuhr* |

1. Bei der Modellbildung wird das Einwerfen einer Münze und das Aufziehen der Parkuhr als ein zusammengehöriger Schritt betrachtet, mit dem eine Parkzeit von genau 10, 20, 50 oder 100 Minuten eingestellt werden kann. Die Zustände der Parkuhr beschreiben die verbleibende Parkzeit, die auch die Ausgabe beschreibt.

$$\mathcal{Z} =$$

Zustand z	Beschreibung
0	Parkuhr steht im Ausgangszustand: Parkzeit abgelaufen
1	Verbleibende Parkzeit: 1 Minute
2	Verbleibende Parkzeit: 2 Minuten
$\vdots$	$\vdots$
100	Verbleibende Parkzeit: 100 Minuten

Die Eingabe beschreibt den Wert der eingeworfenen Münze. Außerdem wird das Signal der Uhr, dass 1 Minute abgelaufen ist, als Eingabe interpretiert:

$$\mathcal{V} = \begin{array}{|c|l|} \hline \text{Eingabe } v & \text{Beschreibung} \\ \hline 10 & \text{Einwurf eines 10 Cent-Stücks} \\ 20 & \text{Einwurf eines 20 Cent-Stücks} \\ 50 & \text{Einwurf eines 50 Cent-Stücks} \\ 100 & \text{Einwurf eines 1 Euro-Stücks} \\ -1 & \text{Uhr löst Ereignis aus} \\ \hline \end{array}$$

Die Ausgabe stimmt mit dem Zustand überein ($z = w$).

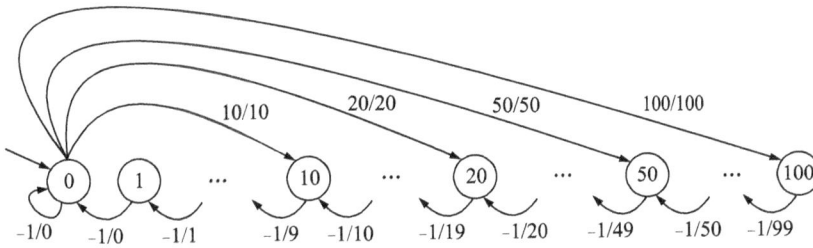

Abb. A.15: Automatengraf der Parkuhr

2. Abbildung A.15 zeigt den Automatengrafen. Die Automatentabelle besteht aus insgesamt 105 Einträgen.

$$L = \begin{array}{|c|c|c|c|} \hline z' & w & z & v \\ \hline 10 & 10 & 0 & 10 \\ 20 & 20 & 0 & 20 \\ 50 & 50 & 0 & 50 \\ 100 & 100 & 0 & 100 \\ 0 & 0 & 0 & -1 \\ 0 & 0 & 1 & -1 \\ 1 & 0 & 2 & -1 \\ \vdots & \vdots & \vdots & \vdots \\ 99 & 99 & 100 & -1 \\ \hline \end{array}$$

3. Die Zustände und Eingaben wurden so definiert, dass die Funktionen G und H als analytische Ausdrücke notiert werden können:

$$z' = \max(z + v, 0) \tag{A.2}$$

$$w = z' = \max(z + v, 0). \tag{A.3}$$

Aufgabe 3.16   *Beschreibung eines Addierers als deterministischer Automat*

Der zu modellierende Addierer ist ein System mit zwei Eingängen und einem Ausgang, der die Summe der beiden eingegebenen Zahlen darstellt (Abb. A.16). Für die Beschreibung werden die beiden Eingänge zu einem binären Vektor zusammengefasst. Falls einer der beiden Summanden weniger Stellen als der andere besitzt, so wird der kürzere Summand am Ende mit Sternen aufgefüllt. Die Eingabefolge wird durch Sterne in beiden Komponenten abgeschlossen.

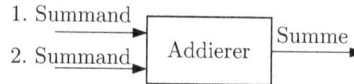

Abb. A.16: Blockschaltbild des Addierers

Der Automatengraf, der das Verhalten des Addierers beschreibt, ist in Abb. A.17 dargestellt. Er besitzt drei Zustände, von denen die Zustände 0 und 1 den Übertrag aus dem letzten Berechnungsschritt anzeigen. Der Zustand 2 ist der Endzustand, der angenommen wird, sobald beide Eingänge Sterne sind. Zur Vereinfachung der Darstellung wurde bei den Zustandsübergängen, die zu Eingaben mit einem Stern gehören, davon ausgegangen, dass der obere Summand kürzer als der untere ist. Andernfalls müssen an den entsprechenden Kanten die Eingaben mit Stern in umgekehrter Reihenfolge der Elemente ergänzt werden.

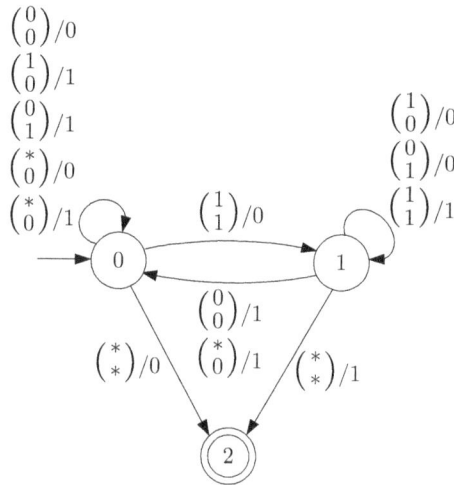

Abb. A.17: Darstellung eines Addierers als deterministischer Automat

Für das beschriebene Verhalten können die Zustandsübergangsfunktion und die Ausgabefunktion zusammen als ein arithmetischer Ausdruck notiert werden. Dabei werden die beiden in der Summe entstehenden Ziffern als $z'w$ geschrieben:

$$z'w = z + v_1 + v_2.$$

Die Zahl $z'w$ repräsentiert die Summe in Binärdarstellung.

Aufgabe 3.17 *Beschreibung eines Neuronennetzes*

Der entstehende Automat ist ein Moore-Automat, weil die Ausgabe $w(k)$ allein aus den Zuständen $z(k)$ gebildet wird, wie Abb. 3.22 zeigt. Die Ausgabe $w(k) = 1$ wird nur für $s_2(k) = s_3(k) = 1$ erzeugt.

Das Neuronennetz hat acht Zustände z, die der Einfachheit halber durch die hintereinander geschriebenen Werte von s_1, s_2 und s_3 gekennzeichnet werden (z. B. $z = 011$ für $s_1 = 0$, $s_2 = 1$ und $s_3 = 1$).

Automatengraf und Automatentabelle werden folgendermaßen ermittelt: Erhält das Neuronennetz im Zustand 000 die Eingabe $v = 0$, so verändern sich die Ausgaben der Neuronen nicht. Für $v = 1$ hat das Neuron 1 nur eine anregende Synapse mit 1-Eingabe, was aufgrund seiner Wertigkeit 2 zu wenig für einen Zustandswechsel ist. Das Neuron 2 hat keine anregende Synapse mit 1-Eingabe. Das Neuron 3 gibt eine Eins aus ($s_3 = 1$), weil es eine anregende und keine dämpfende Synapse mit 1-Eingabe hat und weil das Neuron die Wertigkeit 1 besitzt. Nach dem Umschalten des Neurons 3 verändern sich die Eingaben der Neuronen 2 und 3. Das Neuron 2 hat jetzt je eine anregende und dämpfende Synapse mit 1-Eingabe, was nichts am Zustand verändert. Das Neuron 3 hat nunmehr zwei anregende Synapsen mit 1-Eingabe, so dass sein Zustand bei $s_2 = 1$ bleibt. Der neue Zustand des Netzes heißt 001.

$$\mathcal{L} = \begin{array}{|c|c|c|c|}
z' & w & z & v \\
\hline
000 & 0 & 000 & 0 \\
001 & 0 & 000 & 1 \\
011 & 0 & 001 & 0 \\
001 & 0 & 001 & 1 \\
010 & 0 & 010 & 0 \\
101 & 0 & 010 & 1 \\
011 & 1 & 011 & 0 \\
111 & 1 & 011 & 1 \\
000 & 0 & 100 & 0 \\
100 & 0 & 100 & 1 \\
010 & 0 & 101 & 0 \\
101 & 0 & 101 & 1 \\
110 & 0 & 110 & 0 \\
100 & 0 & 110 & 1 \\
110 & 1 & 111 & 0 \\
111 & 1 & 111 & 1 \\
\end{array} .$$

Durch ähnliche Betrachtungen erhält man alle in Abb. A.18 und in der Automatentabelle gezeigten Zustandsübergänge. Die Zustände 010 und 101 sind vom Anfangszustand 000 aus nicht erreichbar und können weggelassen werden, wodurch ein reduzierter Automat mit sechs Zuständen entsteht.

Aufgabe 3.18 *Beschreibung eines RS-Flipflops*

Die beiden Eingaben werden zur vektoriellen Eingabe $v = (v_1, \ v_2)^{\mathrm{T}}$ zusammengefasst. Aus der in der Aufgabenstellung gegebenen Bedeutung der vier möglichen Eingaben erhält man den in Abb. A.19 gezeigten Automatengrafen.

Die Zustandsübergangsfunktion G und die Ausgabefunktion H kann man aus dem Automatengrafen ablesen:

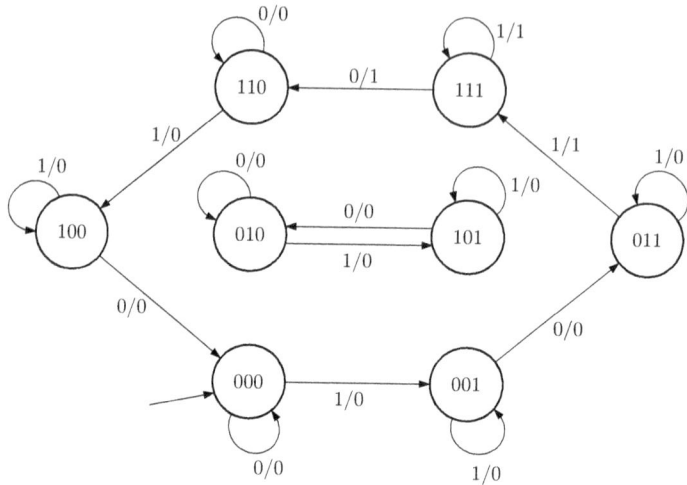

Abb. A.18: Deterministischer Automat, der das Neuronennetz beschreibt

$$
G = \begin{array}{|c|c|c|}
\hline
z' & z & v \\
\hline
0 & 0 & (0,0)^{\mathrm{T}} \\
0 & 0 & (0,1)^{\mathrm{T}} \\
1 & 0 & (1,0)^{\mathrm{T}} \\
1 & 0 & (1,1)^{\mathrm{T}} \\
1 & 1 & (0,0)^{\mathrm{T}} \\
0 & 1 & (0,1)^{\mathrm{T}} \\
1 & 1 & (1,0)^{\mathrm{T}} \\
0 & 1 & (1,1)^{\mathrm{T}} \\
\hline
\end{array}
\quad, \quad
H = \begin{array}{|c|c|c|}
\hline
w & z & v \\
\hline
0 & 0 & (0,0)^{\mathrm{T}} \\
0 & 0 & (0,1)^{\mathrm{T}} \\
1 & 0 & (1,0)^{\mathrm{T}} \\
1 & 0 & (1,1)^{\mathrm{T}} \\
1 & 1 & (0,0)^{\mathrm{T}} \\
0 & 1 & (0,1)^{\mathrm{T}} \\
1 & 1 & (1,0)^{\mathrm{T}} \\
0 & 1 & (1,1)^{\mathrm{T}} \\
\hline
\end{array}
\quad .
$$

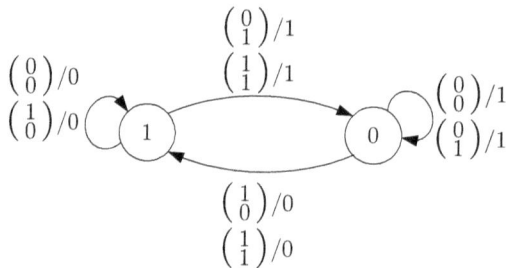

Abb. A.19: Automatengraf zur Beschreibung eines RS-Flipflops

Es handelt sich um einen Mealy-Automaten, denn die Ausgabe ist identisch mit dem Nachfolgezustand des betrachteten Zustandsüberganges und folglich nicht dem aktuellen Zustand zugeordnet. Das kann man beispielsweise daran sehen, dass sich die zweite und dritte Zeile in der H-Tabelle voneinander unterscheiden, so dass die Ausgabe direkt von der aktuellen Eingabe abhängt.

Aufgabe 3.19   *Beschreibung eines JK-Flipflops durch einen Automaten*

Der JK-Flipflop hat außer dem Takt zwei binäre Eingänge J und K und einen binären Ausgang, der üblicherweise Q heißt (Abb. A.20). Die vier möglichen Kombinationen der Signalwerte an den beiden Eingängen werden zu vier Eingabesymbolen 00, 01, 10 und 11 des aufzustellenden Automaten zusammengefasst. Die beiden möglichen Ausgangswerte beschreiben den Zustand des Flipflops nach dem Zustandsübergang.

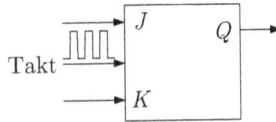

Abb. A.20: JK-Flipflop

Die Funktionsweise des Flipflop wird durch folgende Tabelle wiedergegeben:

J	K	Q_{k+1}	Bedeutung
0	0	Q_k	Wert erhalten
0	1	0	Rücksetzen
1	0	1	Setzen
1	1	$\neg Q_k$	Wert umkehren

Dabei bezeichnet Q_{k+1} den Wert am Ausgang nach dem k-ten Takt, bei dem die in der Tabelle links angegebenen Werte an den Eingängen J und K angelegen haben. $\neg Q$ ist der negierte binäre Wert von Q.

Die Funktionstabelle kann unmittelbar in eine Automatentabelle überführt werden, wenn man die oben eingeführten Bezeichnungen für die Wertekombinationen der Eingänge J und K als Eingabe v verwendet:

z'	w	z	v
0	0	0	00
1	1	1	00
0	0	0	01
0	0	1	01
1	1	0	10
1	1	1	10
1	1	0	11
0	0	1	11

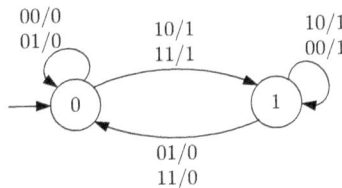

Abb. A.21: Automat, der den JK-Flipflop beschreibt

Da sich die Ausgaben beim Zustand $z = 0$ für die Eingaben $v = 00$ und $v = 10$ voneinander unterscheiden, handelt es sich hier um einen Mealy-Automaten. Mit dieser Tabelle kann der Automatengraf aufgestellt werden (Abb. A.21).

Für die vier verschiedenen Eingaben müssen bei der Matrixdarstellung des Automaten je eine Matrix G und H angegeben werden:

$$G\,(00) = \begin{pmatrix} 1 & 0 \\ 0 & 1 \end{pmatrix}, \quad H\,(00) = \begin{pmatrix} 1 & 0 \\ 0 & 1 \end{pmatrix}$$

$$G\,(01) = \begin{pmatrix} 1 & 1 \\ 0 & 0 \end{pmatrix}, \quad H\,(01) = \begin{pmatrix} 1 & 1 \\ 0 & 0 \end{pmatrix}$$

$$G\,(10) = \begin{pmatrix} 0 & 0 \\ 1 & 1 \end{pmatrix}, \quad H\,(10) = \begin{pmatrix} 0 & 0 \\ 1 & 1 \end{pmatrix}$$

$$G\,(11) = \begin{pmatrix} 0 & 1 \\ 1 & 0 \end{pmatrix}, \quad H\,(11) = \begin{pmatrix} 0 & 1 \\ 1 & 0 \end{pmatrix}.$$

Es ist zu erkennen, dass G und H für alle Eingaben identisch sind ($G(v) = H(v)$). Hieraus ergibt sich, dass der Automat ein Mealy-Automat ist.

Eine geeignete Ereignisfolge, mit der sich nachweisen lässt, dass sich der Automat wie ein JK-Flipflop verhält, muss gewährleisten, dass alle möglichen Eingangs-Zustandskombinationen durchlaufen werden (Länge 8), beispielsweise:

$$V = (00, 01, 10, 10, 00, 01, 11, 11) \,. \tag{A.4}$$

Die dazugehörige Ausgangsfolge des Automaten ist

$$W = (0, 0, 1, 1, 1, 0, 1, 0) \,. \tag{A.5}$$

Sie beschreibt wie gefordert das Verhalten eines JK-Flipflops.

Für den JK-Flipflop ist es möglich, die Zustandsgleichung als geschlossenen Ausdruck anzugeben:

$$z(k+1) = (1 - z(k))v_1(k) + z(k)(1 - v_2(k))$$
$$w(k) = (1 - z(k))v_1(k) + z(k)(1 - v_2(k)).$$

Auch an dieser Darstellung sieht man, dass das Modell des JK-Flipflops ein Mealy-Automat ist.

Aufgabe 3.20   *Darstellung von E/A-Automaten*

1. Die Tabellen für G und H erhält man durch Streichen der w- bzw. z'-Spalten der L-Tabelle.

2. Da es sich bei dem in der Aufgabe gegebenen Automaten um einen deterministischen Automaten handelt, existiert für die beiden Zustands-Eingangs-Paare ($z = 1$, $v = 1$) und ($z = 4$, $v = 2$) jeweils genau ein Nachfolgezustand und ein Ausgabewert, die beide aus den Tabellen abgelesen werden können:

$$G\,(z = 1,\, v = 1) = 2$$
$$G\,(z = 4,\, v = 2) = 2$$
$$H\,(z = 1,\, v = 1) = 1$$
$$H\,(z = 4,\, v = 2) = 1.$$

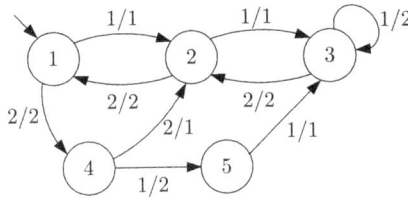

Abb. A.22: Automatengraf des in der Aufgabenstellung durch eine
Automatentabelle beschriebenen Automaten

3. Der Automatengraf lässt sich aus den Informationen der Automatentabelle aufstellen (Abb. A.22).

4. Der Automat ist nicht vollständig definiert, weil die Verhaltensrelation L für den Zustand $z = 5$ und die Eingabe $v = 2$ keinen Zustandsübergang festlegt. Dies sieht man im Automatengrafen an einer fehlenden abgehenden Kante vom Zustand 5.

5. Die Matrizen G und H sind vom Eingang $v(k)$ abhängig. Da es für den gegebenen Automaten zwei mögliche Eingangswerte $v \in \{1, 2\}$ gibt, sind dementsprechend je zwei Matrizen für G und H anzugeben:

$$G(1) = \begin{pmatrix} 0 & 0 & 0 & 0 & 0 \\ 1 & 0 & 0 & 0 & 0 \\ 0 & 1 & 1 & 0 & 1 \\ 0 & 0 & 0 & 0 & 0 \\ 0 & 0 & 0 & 1 & 0 \end{pmatrix}, \quad H(1) = \begin{pmatrix} 1 & 1 & 0 & 0 & 1 \\ 0 & 0 & 1 & 1 & 0 \end{pmatrix}$$

$$G(2) = \begin{pmatrix} 0 & 1 & 0 & 0 & 0 \\ 0 & 0 & 1 & 1 & 0 \\ 0 & 0 & 0 & 0 & 0 \\ 1 & 0 & 0 & 0 & 0 \\ 0 & 0 & 0 & 0 & 0 \end{pmatrix}, \quad H(2) = \begin{pmatrix} 0 & 0 & 0 & 1 & 0 \\ 1 & 1 & 1 & 0 & 0 \end{pmatrix}.$$

Es ist zu erkennen, dass die vier Matrizen nur schwach besetzt sind.

6. Aus der Automatentabelle kann man ablesen, dass der angegebene Automat ein Mealy-Automat ist. Die Ausgabe des Automaten hängt nicht nur vom aktuellen Zustand sondern auch von der Eingabe ab (vgl. Zeile 2 und Zeile 5).

Aufgabe 3.21 *Warteschlange vor einer Werkzeugmaschine*

Die Zustände des Automaten beschreiben die Anzahl der im Puffer eingelagerten Werkstücke, die Eingabe das Eintreffen eines neuen Werkstücks bzw. den Abtransport eines Werkstücks vom Puffer zur Werkzeugmaschine:

$$\mathcal{Z} = $$

Zustand	Beschreibung
0	Der Puffer ist leer.
1	Es befindet sich 1 Werkstück im Puffer.
2	Es befinden sich 2 Werkstücke im Puffer.
3	Es befinden sich 3 Werkstücke im Puffer.

$\mathcal{V} =$	Eingabe	Beschreibung
	1	Ein Werkstück wird in den Puffer eingelagert.
	-1	Ein Werkstück wird vom Puffer zur Werkzeugmaschine transportiert.

Der Automat ist deterministisch (Abb. A.23). Eine für die praktische Anwendung wichtige Ausgabe beschreibt die Anzahl der im Puffer eingelagerten Werkstücke. Damit gilt $w = z'$, d. h. der Automat ist ein Mealy-Automat.

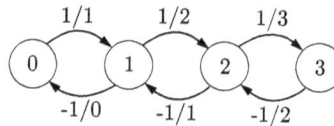

Abb. A.23: Automat zur Beschreibung des Puffers

| **Aufgabe 3.22** | *Erreichbarkeitsanalyse deterministischer Automaten* |

Für die hier betrachteten Beispiele sind die Llösungen sofort aus dem Automatengrafen abzulesen, aber es ist wichtig zu verstehen, dass man diese Lösung auch für große Grafen auf analytische Weise erhalten kann.

Die Matrixdarstellungen der Automaten lauten folgendermaßen:

- **Automat 1:** $p(k+1) = \begin{pmatrix} 0 & 0 & 0 & 0 \\ 1 & 0 & 0 & 1 \\ 0 & 1 & 0 & 0 \\ 0 & 0 & 1 & 0 \end{pmatrix} p(k), \quad p(0) = \begin{pmatrix} 1 \\ 0 \\ 0 \\ 0 \end{pmatrix}$

- **Automat 2:** $p(k+1) = \begin{pmatrix} 0 & 0 & 0 \\ 1 & 0 & 0 \\ 0 & 1 & 1 \end{pmatrix} p(k), \quad p(0) = \begin{pmatrix} 0 \\ 1 \\ 0 \end{pmatrix}$

- **Automat 3:** $p(k+1) = \begin{pmatrix} 0 & 0 & 0 & 0 \\ 0 & 0 & 0 & 0 \\ 1 & 1 & 0 & 1 \\ 0 & 0 & 1 & 0 \end{pmatrix} p(k), \quad p(0) = \text{nicht definiert.}$

Zur Durchführung der Erreichbarkeitsanalyse ist die Summe

$$\bar{G} = \sum_{k=0}^{N-1} G^k$$

zu bilden und dann der Vektor $\bar{p} = \bar{G} p(0)$ zu berechnen. Die von null verschiedenen Elemente des Vektors $\bar{p}$ repräsentieren die Zustände, die von dem gegebenen Anfangszustand aus erreichbar sind.

- **Automat 1:** $\bar{G} = \begin{pmatrix} 1 & 0 & 0 & 0 \\ 1 & 1 & 1 & 1 \\ 1 & 1 & 1 & 1 \\ 1 & 1 & 1 & 1 \end{pmatrix} \implies \bar{p} = \bar{G} p_0 = \begin{pmatrix} 1 \\ 1 \\ 1 \\ 1 \end{pmatrix}$

Alle Zustände sind vom Anfangszustand aus erreichbar. Der Zustand 1 kann allerdings nicht mehr angenommen werden, wenn er einmal verlassen wurde, und ist ein transienter Zustand. Die Zerlegung des Automaten in stark zusammenhängende Zustandsmengen ergibt die zwei Mengen $\mathcal{Z}_1 = \{1\}$ und $\mathcal{Z}_2 = \{2, 3, 4\}$.

- **Automat 2:** $\quad \bar{G} = \begin{pmatrix} 1 & 0 & 0 \\ 1 & 1 & 0 \\ 1 & 1 & 1 \end{pmatrix} \Longrightarrow \bar{p} = \bar{G}p_0 = \begin{pmatrix} 0 \\ 1 \\ 1 \end{pmatrix}$

Der Zustand 1 ist vom gegebenen Anfangszustand nicht erreichbar, so dass der Automat reduziert werden kann. Zudem kann der Zustand 2 nicht erneut angenommen werden, wenn er einmal verlassen wurde, und ist ein transienter Zustand. Der Automat besitzt drei stark zusammenhängende Zustandsmengen: $\mathcal{Z}_1 = \{1\}$, $\mathcal{Z}_2 = \{2\}$, $\mathcal{Z}_3 = \{3\}$.

- **Automat 3:** $\quad \bar{G} = \begin{pmatrix} 1 & 0 & 0 & 0 \\ 0 & 1 & 0 & 0 \\ 1 & 1 & 1 & 1 \\ 1 & 1 & 1 & 1 \end{pmatrix}$

Aufgrund der Struktur der Matrix $\bar{G}$ gibt es keinen Anfangszustand, von dem aus alle Zustände erreichbar wären. Hierfür müsste die Matrix $\bar{G}$ eine Spalte voller Einsen aufweisen. Der Automat besitzt drei stark zusammenhängende Zustandsmengen: $\mathcal{Z}_1 = \{1\}$, $\mathcal{Z}_2 = \{2\}$, $\mathcal{Z}_3 = \{3, 4\}$.

Aufgabe 3.23 *Analyse eines deterministischen Automaten mit Eingang*

1. Von den Zuständen 1 und 9 gehen für $v = 1$ bzw. $v = 2$ keine Kanten aus. Also ist die Zustandsübergangsfunktion nicht vollständig definiert.

2. Vom Zustand 5 aus sind alle Zustände erreichbar. Dies gilt allerdings nicht für konstante Eingabe, da z. B. der Zustand $z = 3$ nicht unter der Eingabe $v = 1$ erreichbar ist und der Zustand $z = 1$ nicht unter der Eingabe $v = 2$.

3. Die Zerlegung des Automaten in Mengen stark zusammenhängender Zustände ist in Abb. A.24 dargestellt. Neben den grau unterlegten Zustandsmengen bilden die Zustände 5, 6, 8 und 9 stark zusammenhängende Zustandsmengen mit je einem Element. Zwischen je zwei dieser Mengen gibt es nur noch Kanten in einer Richtung. Deshalb ist beispielsweise der Zustand 1 von den Zuständen $\{2, 3, 4, 9, 10, 11\}$ nicht erreichbar.

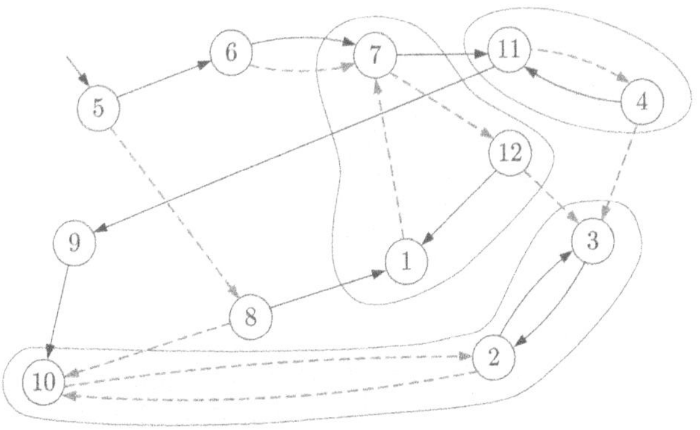

Abb. A.24: Zerlegung des Automatengrafen

Aufgabe 3.26   *Äquivalenz zweier Automaten*

Die beiden Automaten sind äquivalent, weil man sie beide auf den in Abb. A.25 gezeigten minimalen Automaten zurückführen kann.

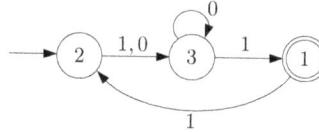

Abb. A.25: Minimaler Automat der beiden in Abb. 3.41 gezeigten Automaten

Die Automatentabelle des ersten Automaten lautet

σ \\ z	1	2	3	4	5
0	3	2	3	3	-
1	2	5	5	2	4

Mit der Zerlegung

$$\mathcal{Z}_1^0 = \{5\}, \quad \mathcal{Z}_2^0 = \{1, 2, 3, 4\}$$

erhält man die neue Tabelle

	$\mathcal{Z}_1^0$	$\mathcal{Z}_2^0$			
σ \\ z	5	1	2	3	4
0	-	$\mathcal{Z}_2^0$	$\mathcal{Z}_2^0$	$\mathcal{Z}_2^0$	$\mathcal{Z}_2^0$
1	$\mathcal{Z}_2^0$	$\mathcal{Z}_2^0$	$\mathcal{Z}_1^0$	$\mathcal{Z}_1^0$	$\mathcal{Z}_2^0$

in der die Zustände 1 und 4 sowie 2 und 3 gleiche Spalten haben und deshalb auf die neue Zerlegung

$$\mathcal{Z}_1^1 = \{5\}, \quad \mathcal{Z}_2^1 = \{1, 4\}, \quad \mathcal{Z}_3^1 = \{2, 3\}$$

führen. Die Tabelle

	$\mathcal{Z}_1^1$	$\mathcal{Z}_2^1$		$\mathcal{Z}_3^1$	
σ \\ z	5	1	4	2	3
0	-	$\mathcal{Z}_3^1$	$\mathcal{Z}_3^1$	$\mathcal{Z}_3^1$	$\mathcal{Z}_3^1$
1	$\mathcal{Z}_2^1$	$\mathcal{Z}_3^1$	$\mathcal{Z}_3^1$	$\mathcal{Z}_1^1$	$\mathcal{Z}_1^1$

lässt sich nicht weiter vereinfachen und führt, wenn man die Mengen durch ihren Index ersetzt und überflüssige Spalten streicht, auf die Automatentabelle des in Abb. A.25 gezeigten Automaten:

$$\begin{array}{c|c|c|c}
\sigma \backslash z_{\min} & 1 & 2 & 3 \\\hline
0 & - & 3 & 3 \\
1 & 2 & 3 & 1
\end{array} \qquad (A.6)$$

Für den zweiten Automaten

σ \ z	6	7	8	9	10	11
0	7	8	9	8	9	-
1	10	11	11	11	11	6

führt die Zerlegung

$$\mathcal{Z}_1^0 = \{11\}, \quad \mathcal{Z}_2^0 = \{6, 7, 8, 9, 10\}$$

auf die Automatentabelle

	$\mathcal{Z}_1^0$	$\mathcal{Z}_2^0$				
σ \ z	11	6	7	8	9	10
0	-	$\mathcal{Z}_2^0$	$\mathcal{Z}_2^0$	$\mathcal{Z}_2^0$	$\mathcal{Z}_2^0$	$\mathcal{Z}_2^0$
1	$\mathcal{Z}_2^0$	$\mathcal{Z}_2^0$	$\mathcal{Z}_1^0$	$\mathcal{Z}_1^0$	$\mathcal{Z}_1^0$	$\mathcal{Z}_1^0$

in der die Spalten für die Zustände 7, 8, 9 und 10 übereinstimmen und sich von der Spalte für den Zustand 6 unterscheiden. Wenn man dementsprechend die neue Zerlegung

$$\mathcal{Z}_1^1 = \{11\}, \quad \mathcal{Z}_2^1 = \{6\}, \quad \mathcal{Z}_3^1 = \{7, 8, 9, 10\}$$

einführt, erhält man die Tabelle

	$\mathcal{Z}_1^1$	$\mathcal{Z}_2^1$	$\mathcal{Z}_3^1$			
σ \ z	11	6	7	8	9	10
0	-	$\mathcal{Z}_3^1$	$\mathcal{Z}_3^1$	$\mathcal{Z}_3^1$	$\mathcal{Z}_3^1$	$\mathcal{Z}_3^1$
1	$\mathcal{Z}_2^1$	$\mathcal{Z}_3^1$	$\mathcal{Z}_1^1$	$\mathcal{Z}_1^1$	$\mathcal{Z}_1^1$	$\mathcal{Z}_1^1$

die sich zur Tabelle (A.6) vereinfachen lässt und dann den Automaten aus Abb. A.25 beschreibt.
Die beiden in Abb. 3.41 gezeigten Automaten sind folglich äquivalent.

Aufgabe 4.2   *Mautstation RUBCollect*

Der nichtdeterministische Automat ist in Abb. A.26 zu sehen. Die durchgezogenen Zustandsübergänge beschreiben das Eintreffen eines Fahrzeugs, ohne dass gleichzeitig ein Fahrzeug abgefertigt wird. Die gepunkteten Zustandsübergänge treten ein, wenn ein Fahrzeug abgefertigt ist und die Mautstation verlässt. Die gestrichelten Kanten beschreiben Zustandsübergänge, bei denen gleichzeitig Fahrzeuge eintreffen und abfahren.

Die Knoten sind so angeordnet, dass Zustände, für die sich dieselbe Anzahl von Fahrzeugen in der Mautstation befinden, untereinander gezeichnet sind. Die Knoten sind umso weiter von der Mitte des Grafen entfernt, je größer der Längenunterschied der Warteschlangen ist. Aufgrund des in der Aufgabenstellung beschriebenen Verhaltens der Fahrzeugführer können bestimmte Zustände nicht durch die Ankunft eines zusätzlichen Fahrzeugs, sondern nur durch das Wegfahren von einem oder mehreren Fahrzeugen entstehen (z. B. der Zustand $\binom{4}{0}$).

Wenn man auch bei längeren Warteschlangen annimmt, dass sich die Längen beider Schlangen um höchstens vier Fahrzeuge unterscheiden, so erweitert sich der Automat nach rechts, indem anstelle der ganz rechts gezeigten Spalte mit drei Zuständen eine Spalte mit fünf Zuständen und danach wieder eine

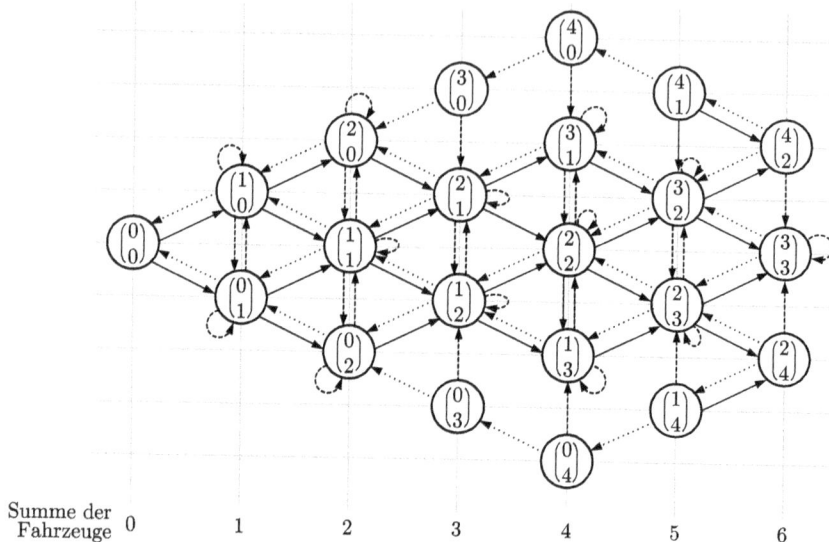

Abb. A.26: Nichtdeterministischer Automat, der die Warteschlangen an der Mautstation beschreibt

mit vier Zuständen erscheint usw. Wenn vor beiden Kassen bis zu 10 Fahrzeuge warten, erhält man dabei einen Automaten mit folgender Zustandsanzahl:

$$|\mathcal{Z}| = \underbrace{1+2+3+4}_{\text{Summe der Fahrzeuge: 0...3}} + \underbrace{5+4}_{4,\,5} + \underbrace{5+4}_{6,\,7} + ... + \underbrace{4+3+2+1}_{17...20} = 65.$$

Aufgabe 4.3   *Operationen mit Sprachen*

1. Für ein gegebenes Alphabet Σ lassen sich Sprachen dadurch bilden, dass die Menge Σ^* bestimmt wird, in der beliebige Zeichenketten mit den Symbolen des Alphabets sowie dem leeren Symbol ε stehen. Jede Teilmenge von Σ^* ist eine Sprache, also auch $\mathcal{L}_1$ und $\mathcal{L}_2$. Da beide Sprachen endlich viele Zeichenketten enthalten, sind sie regulär.

2. Die Kleeneschen Hüllen entstehen durch eine beliebig häufige Verkettung beliebiger Elemente der betrachteten Sprache:

$$\mathcal{L}_1^* = \{\varepsilon, \text{a}, \text{abb}, \text{aa}, \text{aabb}, \text{abba}, \text{abbabb}, ...\}$$
$$\mathcal{L}_2^* = \{\varepsilon, \text{c}, \text{cc}, \text{ccc}, \text{cccc}, ...\}.$$

3.

$$\mathcal{L}_1 \cup \mathcal{L}_2 = \{\varepsilon, \text{a}, \text{abb}, \text{c}\}$$
$$\mathcal{L}_1 \mathcal{L}_2 = \{\text{c}, \text{ac}, \text{abbc}\}$$

Bei der Verkettung wurde das Element εc, das aus der Verkettung von $\varepsilon \in \mathcal{L}_1$ und $\text{c} \in \mathcal{L}_2$ entsteht, als „c" geschrieben.

Aufgabe 4.5   *Reguläre Ausdrücke*

1. Die Menge aller Folgen mit beliebig vielen Nullen oder Einsen wird durch $(0 + 1)^*$ beschrieben. Fügt man die geforderte Endung an, so erhält man $(0 + 1)^*001$ als Beschreibung der angegebenen Zeichenketten.

2. Nach „0049" dürfen beliebige Ziffern in beliebiger Anzahl stehen. Also heißt der gesuchte reguläre Ausdruck

$$0049(0 + 1 + 2 + 3 + 4 + 5 + 6 + 7 + 8 + 9)^*.$$

3. Bei dieser Aufgabe muss man zwischen dem Pluszeichen vor der Zahl und der Verwendung des Pluszeichens als reguläre Operation unterscheiden, weshalb die Vorzeichen jetzt mit $\oplus$ und $\ominus$ bezeichnet werden. Der Dezimalpunkt muss ein Buchstabe des Alphabets sein. Der reguläre Ausdruck, der die beschriebenen Zahlen beschreibt, lautet

$$(\oplus + \ominus + \varepsilon)(1 + 2 + 3 + 4 + 5 + 6 + 7 + 8 + 9 + 0)^*.(1 + 2 + 3 + 4 + 5 + 6 + 7 + 8 + 9 + 0)^*$$

4. Wenn die Wörter mit einem Kleinbuchstaben beginnen, so sind sie durch $(a + b + c + ... + z)^*$heit beschrieben. Wird ein großer Anfangsbuchstabe zugelassen, so heißt der reguläre Ausdruck

$$(A + B + C + ... + Z + a + b + c + ...z)(a + b + c + ... + z)^*heit,$$

wobei die angegebenen Alphabete die Umlaute einschließen.

Die durch 0^* beschriebenen Zeichenketten haben eine beliebige Anzahl von Nullen und schließen die leere Zeichenkette ε ein. Der reguläre Ausdruck $(00)^*$ fordert, dass eine gerade Anzahl von Nullen auftritt. Auch diese Sprache schließt die leere Zeichenkette ein. Die durch $0(0)^*$ beschriebene Sprache enthält alle Ketten von beliebig vielen Nullen, allerdings nicht die leere Zeichenkette.

Aufgabe 4.6   *UNIX-Kommando für die Suche von Zeichenketten*

Die Zeichenketten werden mit folgenden Kommandos gesucht:

```
egrep -i 'reguläre(r|n) Ausdruc(k|ks)'
egrep -i 'M(o|o-$)del(l|l-$)bi(l|l-$)dung'
egrep -i ' (1|2|3|4|5|6|7|8|9|0)* '
egrep -i 'Automat (1|2|3|4|5|6|7|8|9)',
```

wobei beim zweiten Ausdruck durch die Leerzeichen vor und hinter den Ziffern dafür gesorgt wird, dass keine Dezimalzahlen angezeigt werden.

Aufgabe 4.7   *Reguläre Sprachen*

1. Wahr, denn die Sternnotation lässt zu, dass das entsprechende Element in Worten der Sprache gar nicht auftritt.

2. Wahr, denn auf der linken Seite stehen die Mengen mit den Zeichenketten der Form bb...baa...a und aa...abb...b, deren Durchschnitt nur Zeichenketten der Formen aa...a und bb...b enthält.

3. Falsch, da das Zeichen ε zu $\mathcal{L}(x^*y^*)$ und $\mathcal{L}(z^*)$ gehört:

$$\mathcal{L}(x^*y^*) \cap \mathcal{L}(z^*) = \{\varepsilon\}.$$

4. Falsch, denn die Wörter q, qq, qqq gehören zur linken Sprache, aber nicht zur rechten, denn bei der rechten Sprache muss jedem „q" ein „p" folgen.

5. Falsch, denn zwei Buchstabenfolgen „anna" können nicht durch „sus" getrennt auftreten.

6. Das Folgende sind Lösungsbeispiele, weil für die angegebenen Bedingungen viele Sprache definiert werden können:

$$\mathcal{L}_1 = \mathcal{L}((a+b+c)^*b(a+b+c)^*)$$
$$\mathcal{L}_2 = \mathcal{L}((a+c)^*b(a+c)^*b(a+c)^*)$$
$$\mathcal{L}_3 = \mathcal{L}((a+b+c)^*b(a+b+c)^*b(a+b+c)^*)$$
$$\mathcal{L}_4 = \mathcal{L}((a+b+c)^*abba(a+b+c)^*).$$

Aufgabe 4.8   *Reguläre Ausdrücke als Sprache*

Die regulären Sprachen, die durch die regulären Ausdrücke definiert sind, haben das Alphabet Σ. Außerdem sind im Alphabet $\Sigma_{\mathrm{regAusdr}}$ der regulären Ausdrücke die Zeichen ε und $\emptyset$, die Klammern sowie die Operatoren $\cup$ und $*$ erlaubt. Das Alphabet, über das die regulären Ausdrücke definiert sind, heißt demzufolge

$$\Sigma_{\mathrm{regAusdr}} = \Sigma \cup \{(,), +, *\}.$$

Nach den Regeln, die die Bildung regulärer Ausdrücke beschreiben, ist die Sprache der regulären Ausdrücke folgendermaßen definiert

$$\mathcal{L}\left(\varepsilon + \emptyset + ((\mathcal{T}_1 + \mathcal{T}_2)^*\mathcal{T}_3)^*\right),$$

wobei $\mathcal{T}_1$, $\mathcal{T}_2$ und $\mathcal{T}_3$ beliebige endliche Ketten mit Zeichen aus Σ sind.

Aufgabe 4.10   *Spezifikation der Roboterbewegung durch einen regulären Ausdruck*

Die beiden Ereignisfolgen für das Aufnehmen eines Teiles von einem der beiden Bänder und das Ablegen auf dem dritten Band heißen

$$\sigma_4\sigma_1\sigma_2\sigma_3 \quad \text{und} \quad \sigma_5\sigma_1\sigma_2\sigma_3.$$

Diese Folgen müssen alternativ durchlaufen werden, was auf den regulären Ausdruck

$$(\sigma_4\sigma_1\sigma_2\sigma_3\sigma_5\sigma_1\sigma_2\sigma_3)^* \tag{A.7}$$

führt, wenn die Bewegung des Roboters mit dem Aufnehmen eines Werkstücks vom Band 1 beginnen soll.

Entsprechend der letzten Zeile in Abb. 4.12 erhält man aus diesem Ausdruck den in Abb. A.27 oben gezeigten Akzeptor mit ε-Übergängen, der wesentlich vereinfacht werden kann, wie es im unteren Teil der Abbildung gezeigt ist.

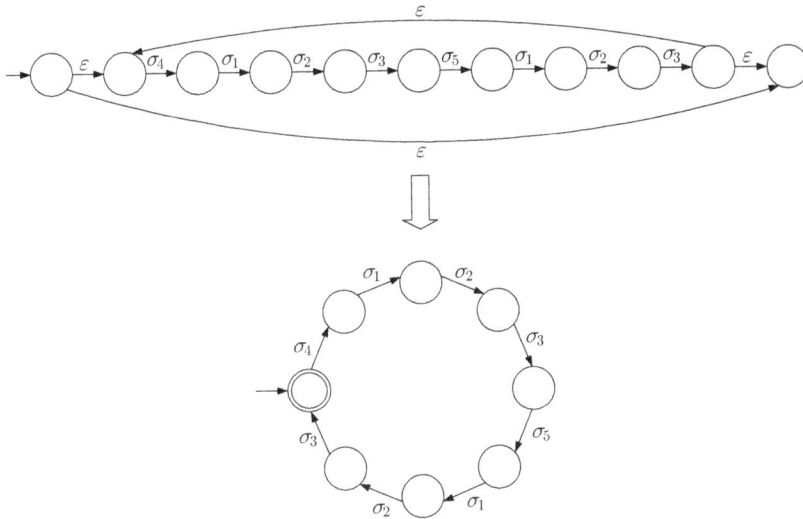

Abb. A.27: Akzeptor für die Sprache (A.7)

Aufgabe 4.14 *Automaten und deren Sprachen*

1. Die Sprache ist durch den regulären Ausdruck

$$11^*00^*111 + 11^*110 = 11^*(00^*111 + 110)$$
$$= 100^*111 + 1100^*111 + 1110 + 1111^*0 + 1111^*00^*111$$

beschrieben. In der linken Darstellung werden die Fälle, in denen die Zeichenkette im Mittelteil mindestens eine Null besitzt bzw. dort keine Nullen auftreten, getrennt behandelt. Da der Ausdruck 0^* auch zulässt, dass die Null gar nicht vorkommt, muss das Auftreten von mindestens einer Null durch den Ausdruck 00^* festgelegt werden. Man kann die ersten beiden Elemente 11^* ausklammern.

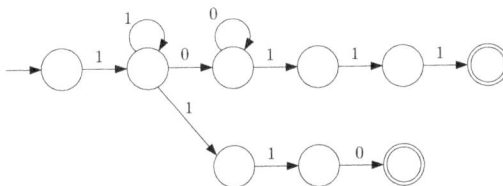

Abb. A.28: Automat, der die Sprache $11^*(00^*111 + 110)$ akzeptiert

Der Graf des Akzeptors dieser Sprache ist in Abb. A.28 dargestellt. Man kann diesen Automaten direkt aus dem angegebenen regulären Ausdruck ablesen. Der Automat ist nub bezüglich der Zustandsübergänge des zweiten Knotens nichtdeterministisch, sonst deterministisch. Demgegenüber würde ein Automat mit ε-Übergängen, den man mit dem im Abschn. 4.2.4 angegebenen Verfahren erhält, wesentlich mehr nichtdeterministische Zustandsübergänge enthalten.

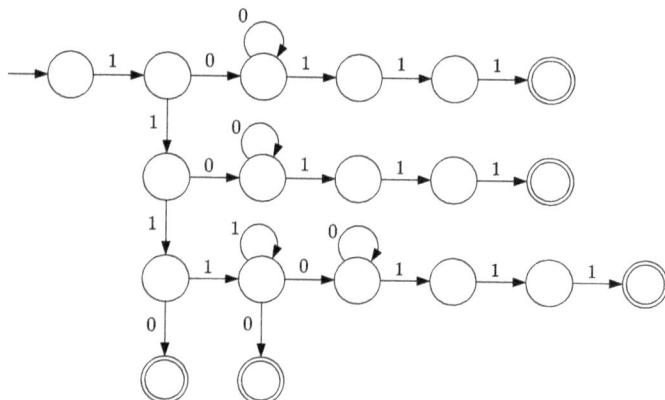

Abb. A.29: Deterministischer Automat, der die Sprache $11^*(00^*111 + 110)$ akzeptiert

Um zu einem deterministischen Automaten zu kommen, müssen die ersten „1" durch einzelne Zustandsübergänge festgelegt werden, wie die zweite Zerlegung des o. a. regulären Ausdrucks zeigt (Abb. A.29).

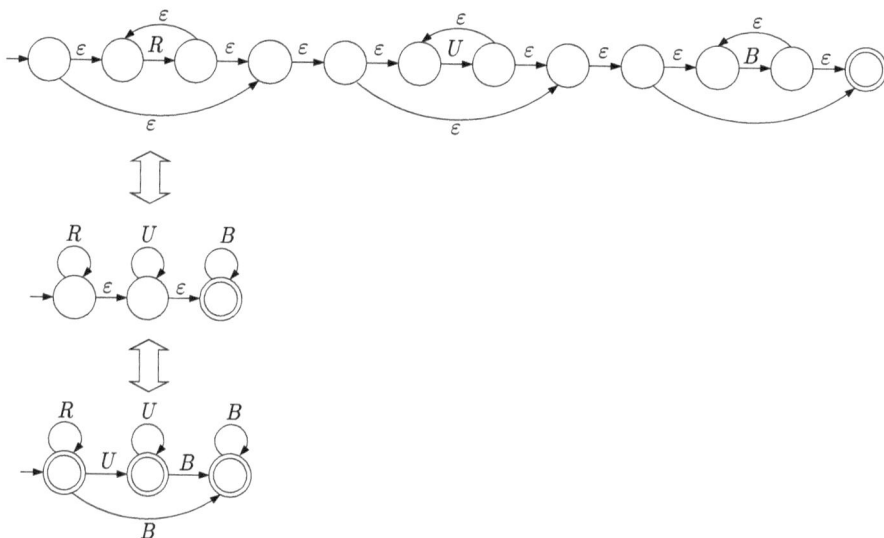

Abb. A.30: Akzeptoren der Sprache $R^*U^*B^*$

2. Der im oberen Teil von Abb. A.30 gezeigte Automat entsteht durch die Verkopplung von drei in Abb. 4.12 unten dargestellten Elementen für die Buchstaben R, U und B. Jedes der drei Elemente kann einfacher durch einen Zustand mit einer Schlinge dargestellt werden, womit der zweite Automatengraf entsteht. Dieser Automat ist deterministisch, enthält aber ε-Übergänge. Der unterste Automat enthält keine ε-Übergänge.

Aufgabe 4.15 *Beschreibung der Roboterbewegung durch einen regulären Ausdruck*

Die Anwendung im Abschn. 4.2.7 erläuterte Methode führt auf die Umformung des gegebenen Automatengrafen in Abb. A.31. Als Ergebnis erhält man den regulären Ausdruck

$$(\sigma_4\sigma_1\sigma_2 + \sigma_5\sigma_1\sigma_2)(\sigma_3\sigma_5\sigma_1\sigma_2 + \sigma_3\sigma_4\sigma_1\sigma_2)^*\sigma_3,$$

der wesentlich vereinfacht werden kann:

$$(\sigma_4\sigma_1\sigma_2 + \sigma_5\sigma_1\sigma_2)(\sigma_3\sigma_5\sigma_1\sigma_2 + \sigma_3\sigma_4\sigma_1\sigma_2)^*\sigma_3 = ((\sigma_4 + \sigma_5)\sigma_1\sigma_2\sigma_3)^*.$$

Der vereinfachte Ausdruck kann direkt aus dem Automaten aus Abb. A.31 abgelesen werden. Dies zeigt, dass man mit dem angegebenen Verfahren zwar auf systematische Weise den regulären Ausdruck aus dem Automatengrafen erhält, dieser Ausdruck aber nicht der einfachste sein muss.

Aufgabe 4.16 *Ereignisdiskrete Beschreibung eines Gleichspannungswandlers*

Da im Automatenzustand die Information stecken muss, ob der Wandler im letzten Takt den Schalterzustand gewechselt hat oder nicht, reicht die Kenntnis des aktuellen Schalterzustands nicht als Zustand des aufzustellenden Automaten aus. Außer den Zuständen 0 und 1, die die aktuellen Schalterzustände beschreiben, muss man Zustände für die Fälle definieren, in denen der Schalter über einen Takt hinaus im Zustand $q = 1$ bzw. $q = 0$ verbleibt. Der Zustand des Automaten stimmt deshalb nicht mit dem Schalterzustand überein, sondern enthält mehr Informationen.

Abbildung A.32 zeigt den gesuchten Automaten. Der Automat hat keinen Eingang, so dass die Kanten des Automatengrafen nur mit der aktuellen Ausgabe beschriftet sind. Der mittlere Teil des Automatengrafen zeigt das ständige Umschalten des Schalters. Wenn das Umschalten ausbleibt, schaltet der Automat in den Zustand 00 bzw. 11, wobei die aktuelle Schalterposition ausgegeben wird. Anschließend schaltet der Automat in den Zustand 1 bzw. 0, weil gesichert ist, dass der Wandler spätestens im nächsten Takt seinen Rhythmus wiederfindet. In der Ausgabefolge ist diese Situation durch das zweimalige Auftreten von 0 bzw. 1 erkennbar.

Dieses Beispiel zeigt, dass offensichtliche diskrete Zustände eines zu modellierenden Systems nicht ausreichen müssen, um den Modellzustand zu definieren. Aufgrund der Markoveigenschaft des Modells, derzufolge der Nachfolgezustand nur vom aktuellen Zustand abhängen darf, müssen gegebenenfalls weitere Zustände eingeführt werden, in denen – wie in diesem Beispiel in den Zuständen 00 und 11 – zusätzliche Informationen über das Systemverhalten gespeichert sind.

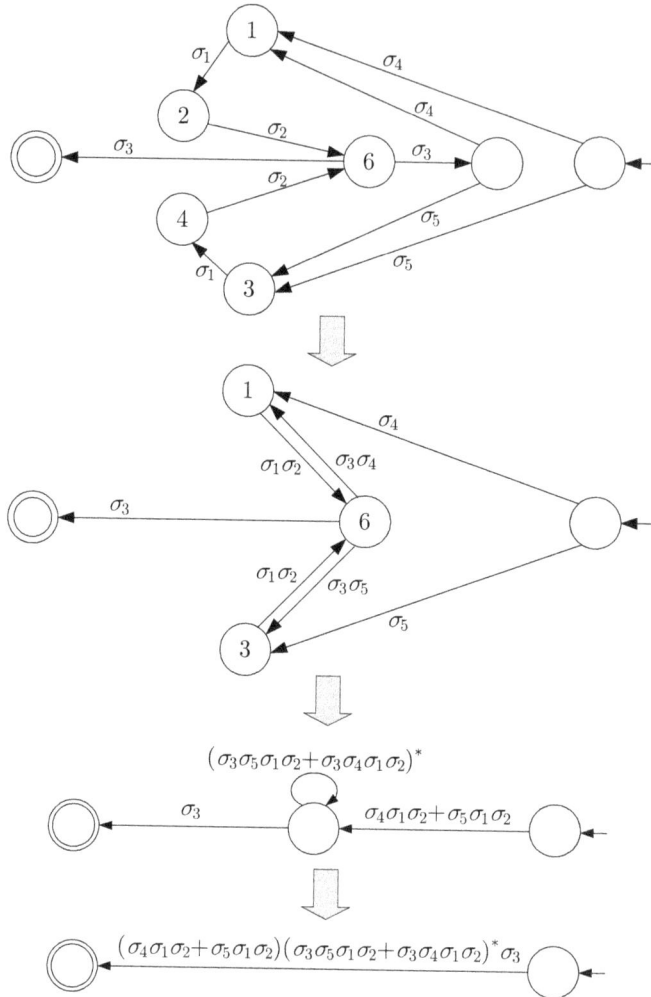

Abb. A.31: Schrittweise Ableitung der Sprache des Roboters

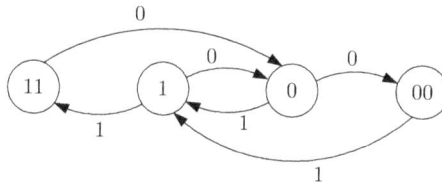

Abb. A.32: Ereignisdiskrete Beschreibung des Gleichspannungswandlers

Aufgabe 5.4   *Spezifikation eines Batchprozesses*

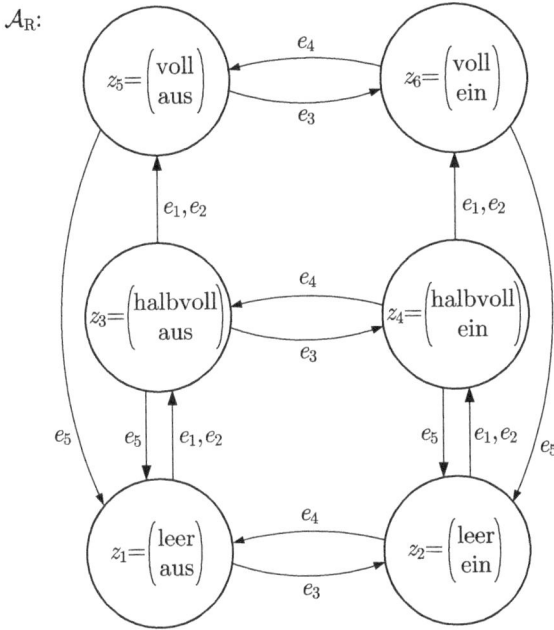

Abb. A.33: Verhalten des Batchprozesses

1. Abbildung A.33 zeigt den Grafen des Automaten $\mathcal{A}_R$, der alle technisch möglichen Bewegungen der betrachteten Anlage beschreibt. Den Anfangszustand z_0 und die Menge der Endzustände $\mathcal{Z}_F$ kann man entsprechend der Aufgabe des Batchprozesses wählen, was hier weggelassen wurde.

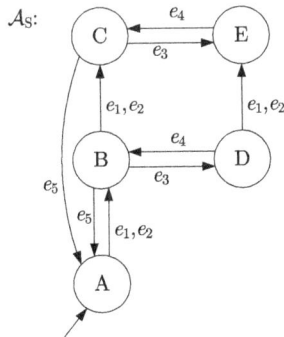

Abb. A.34: Automat $\mathcal{A}_R$, der das sichere Verhalten des Batchprozesses beschreibt

$\mathcal{A}_R \times \mathcal{A}_S$:

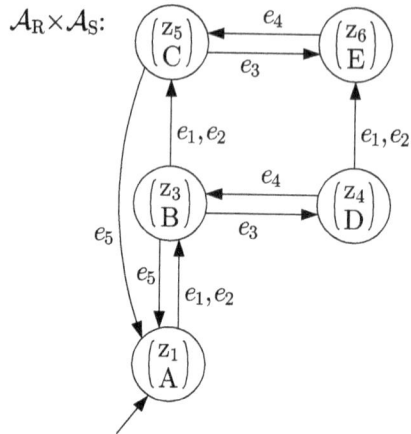

Abb. A.35: Produktautomat $\mathcal{A}_R \times \mathcal{A}_S$

2. Der Automat $\mathcal{A}_S$ entsteht aus $\mathcal{A}_R$ durch das Streichen der der Sicherheitsvorschrift widersprechenden Ereignisse (Abb. A.34).

3. Der Produktautomat $\mathcal{A}_R \times \mathcal{A}_S$ in Abb. A.35 stimmt bis auf die Zustandsbezeichnung mit dem Spezifikationsautomaten aus Abb. A.34 überein.

$\mathcal{A}_B$:

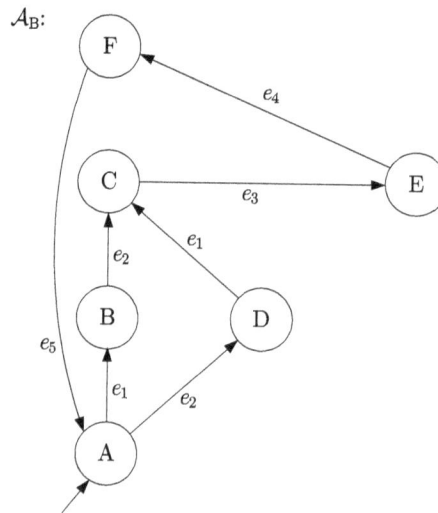

Abb. A.36: Gefordertes Verhalten des Batchprozesses

4. Die Spezifikation der zyklisch zu durchlaufenden Prozesse ist in Abb. A.36 zu sehen.

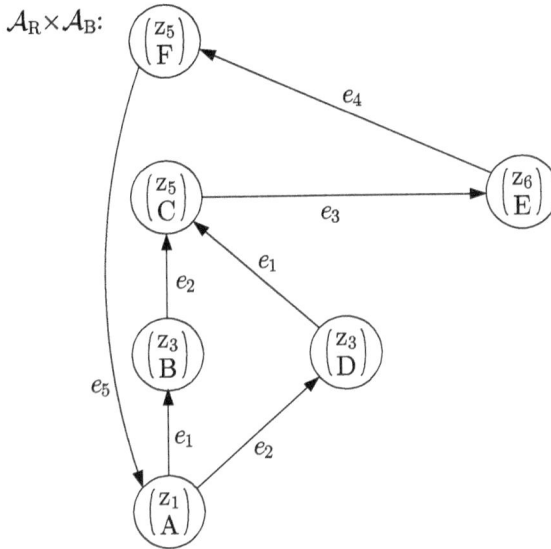

$\mathcal{A}_R \times \mathcal{A}_B$:

Abb. A.37: Produktautomat, der das geforderte Verhalten des Batchprozesses beschreibt

5. Das Produkt $\mathcal{A}_R \times \mathcal{A}_B$ ist in Abb. A.37 gezeigt. Dieser Automat lässt erkennen, dass wie gefordert der Steuerkreis einen der beiden gegebenen Ereignisfolgen durchläuft.

Aufgabe 5.5   *Akzeptor für Zeichenketten mit der Endung 11*

Die Akzeptoren $\mathcal{A}_1$ und $\mathcal{A}_2$ für die Sprachen

$$\mathcal{L}_1 = \{V \mid |V| \text{ ist geradzahlig}\}$$
$$\mathcal{L}_2 = \{V \mid V \text{ hat die Endung } 11\}$$

sind in Abb. A.38 gezeigt. Die Sprache $\mathcal{L}$, deren Akzeptor gesucht ist, bildet den Durchschnitt dieser beiden Sprachen

$$\mathcal{L} = \mathcal{L}_1 \cap \mathcal{L}_2.$$

Folglich erhält man deren Akzeptor $\mathcal{A}$ als Produkt von $\mathcal{A}_1$ und $\mathcal{A}_2$.

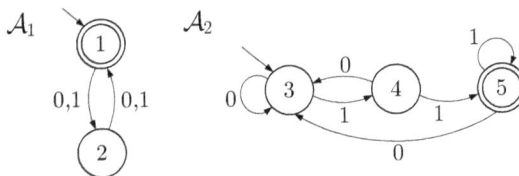

Abb. A.38: Akzeptoren der Sprachen $\mathcal{L}_1$ und $\mathcal{L}_2$

Die Zustandsbezeichnungen in Abb. A.39 lassen den Zusammenhang mit den Zuständen der beiden Teilautomaten erkennen. Beim Einlesen eines Symbols ändert sich die Länge der Zeichenkette von „geradzahlig" auf „ungeradzahlig" bzw. umgekehrt, was einer Bewegung nach oben und unten im Automatengrafen entspricht. Eine Bewegung nach rechts bedeutet eine Veränderung der Endung der Zeichenkette in der angegebenen Weise. Die eingelesene Zeichenkette gehört zur Sprache $\mathcal{L}$, wenn sich der Automat im Zustand 1, 5 befindet, denn dann hat die Zeichenkette eine geradzahlige Länge und die Endung 11.

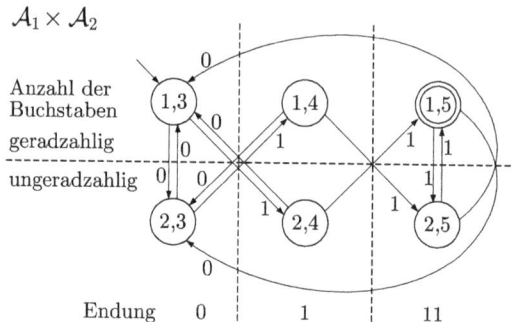

Abb. A.39: Akzeptor $\mathcal{A}_1 \times \mathcal{A}_2$ der Sprache $\mathcal{L}_1 \cap \mathcal{L}_2$

Aus der angegebenen Interpretation der Zustände des Produktautomaten geht auch hervor, wie man einen Akzeptor für die Sprache $\mathcal{L}_1 \cup \mathcal{L}_2$ erhält. Dafür muss man im Produktautomaten alle Zustände als Endzustände kennzeichnen, bei denen die eingelesenen Zeichenketten entweder aus einer geradzahligen Buchstabenzahl bestehen (Zustände $(1, 3)$, $(1, 4)$ und $(1, 5)$) oder die Endung 11 besitzen (Zustände $(1, 5)$ und $(2, 5)$).

Aufgabe 5.7   *Verhalten zweier Werkzeugmaschinen mit Warteschlangen*

Es werden folgende Ereignisse eingeführt:

	Ereignis	Bedeutung
	σ_A	Ankunft eines Werkstücks in der Warteschlange der Maschine M_1
$\Sigma =$	σ_B	Transport eines Werkstücks von der Maschine M_1 in die Warteschlange der Maschine M_2
	σ_C	Ende der Bearbeitung eines Werkstücks durch die Maschine M_2

Die Automatenzustände beschreiben die Anzahl von Werkstücken in den Warteschlangen. Abbildung A.40 zeigt die Modelle der beiden Wartesysteme. Es wird angenommen, dass kein Werkstück von der Maschine M_1 abgewiesen wird. Eine Endzustandsmenge $\mathcal{Z}_F$ ist nicht definiert, weil die Werkzeugmaschinen beliebig lange laufen sollen.

Das Ereignis σ_B beeinflusst beide Teilsysteme, weil es nicht nur den Transport eines Werkstücks von der Maschine M_1 in die Warteschlange der Maschine M_2, sondern auch den Transport eines Werkstücks aus der Warteschlange zur Bearbeitung in der Maschine M_1 erfasst. Es verändert also gleichzeitig die Warteschlangenlängen beider Maschinen.

Da sich einerseits die Wartesysteme beider Maschinen bei den Ereignissen σ_A und σ_C unabhängig voneinander bewegen können und andererseits das Ereignis σ_B beide Wartesysteme zu einer synchronen

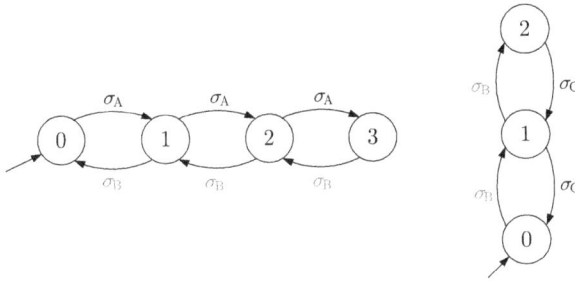

Abb. A.40: Automaten, die die beiden Werkzeugmaschinen mit
Warteschlange getrennt voneinander beschreiben

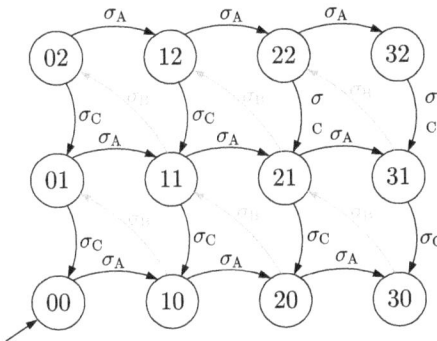

Abb. A.41: Automat, der die verkoppelten Werkzeugmaschinen beschreibt

Bewegung veranlasst, ist die parallele Komposition die geeignete Kompositionsoperation. Der Kompositionsautomat ist in Abb. A.41 zu sehen. Die Zustände dieses Automaten beschreiben die Warteschlangenlängen des linken und des rechten Wartesystems, so dass der Zustand 32 bedeutet, dass sich in der Warteschlange vor der Maschine M_1 drei und in der Warteschlange vor der Maschine M_2 zwei Werkstücke befinden.

Die Bewegungen nach rechts bzw. unten, die einem Anwachsen der Warteschlange vor der Maschine M_1 bzw. einem Abnehmen der Warteschlangenlänge vor der Maschine M_2 entsprechen, können unabhängig voneinander ausgeführt werden. Synchronisierend wirkt das Ereignis σ_B, das zu einer Verkürzung der Warteschlangenlänge vor der Maschine M_1 und gleichzeitige Verlängerung der Warteschlange vor der Maschine M_2 führt und im Automatengrafen durch die schräg gezeichneten Kanten dargestellt ist.

Aufgabe 5.9 *Berechnung zweier Rückführautomaten*

Ein Rückführautomat ist genau dann wohldefiniert, wenn im Automatengrafen des rückgekoppelten Automaten von jedem Zustand genau eine Kante mit einem E/A-Paar der Form w/w ausgeht. Diese Bedingung ist nur für den Automaten $\mathcal{A}_1$ aus Abb. 5.29 erfüllt, denn beim Automaten $\mathcal{A}_2$ gehen vom Zustand 3 drei Kanten aus, bei denen die Eingabe mit der Ausgabe übereinstimmt. Die Funktion H hat für den Automaten $\mathcal{A}_1$ die Wertetabelle

$$H = \begin{array}{c|c|c} & w & z \\ \hline & 2 & 1 \\ & 1 & 2 \\ & 3 & 3 \end{array} \quad .$$

Der Graf des Rückführautomaten entsteht aus dem Grafen des Automaten $\mathcal{A}_1$ durch Streichen aller Kanten, an denen E/A-Paare v/w mit $v \neq w$ stehen. Dabei entsteht der in Abb. A.42 gezeigte Automat. Seine Zustandsübergangsfunktion G kann man aus dem Automatengrafen ablesen oder mit Hilfe von Gl. (5.23) bestimmen. Gleichung (5.23) führt beispielsweise auf den folgenden Funktionswert:

$$G(1) = G_1(1, H(1)) = G_1(1, 2) = 2.$$

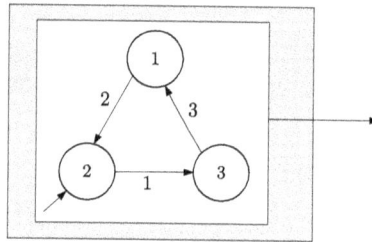

Abb. A.42: Rückführautomat

Der Rückführautomat ist ein autonomer Automat mit dem Anfangszustand $z_0 = 2$. Er erzeugt die Zustandsfolge

$$Z(0...4) = (2, 3, 1, 2, 3).$$

Wenn man die Ausgabefolge ermitteln will, muss man die zu den Zustandsübergängen gehörenden Ausgaben des Automaten $\mathcal{A}_1$ bestimmen. Diese sind in Abb. A.42 an die Kanten geschrieben. Zu der angegebenen Zustandsfolge gehört also die Ausgabefolge

$$W(0...3) = (1, 3, 2, 1).$$

Aufgabe 6.1	*Eisenbahnverkehr auf der Strecke Dortmund-Köln*

Bei der ereignisdiskreten Beschreibung des Eisenbahnverkehrs springt der Zug von einem Bahnhof zum nächsten. Die Stellen des Petrinetzes entsprechen den Bahnhöfen und die Transitionen beschreiben die Fahrt von einem Bahnhof zum nächsten. Markierte Stellen des Petrinetzes geben den aktuellen Ort der Züge an. Die Startmarkierung des Netzes besteht aus je einer Marke in den Stellen „Münster" und „Hamm". In Abb. A.43 ist das Petrinetz dargestellt, das das Verhalten des Bahnnetzes für eine Fahrtrichtung beschreibt, wobei zunächst eine direkte Kante von der Stelle „Mü" zur Stelle „Do" einzuzeichnen und der grau unterlegte Teil wegzulassen ist.

Da sich die Züge zwischen den Synchronisationspunkten unabhängig von einander bewegen, gibt das Petrinetz zwischen den synchronisierenden Transitionen t_3 und t_{11} zwei parallele Prozesse wieder. In welcher Reihenfolge die Transitionen dieser nebenläufigen Prozesse schalten, wird durch die Fahrzeit zwischen den einzelnen Haltestellen bestimmt, die bei dem hier angegebenen Modell unberücksichtigt bleibt.

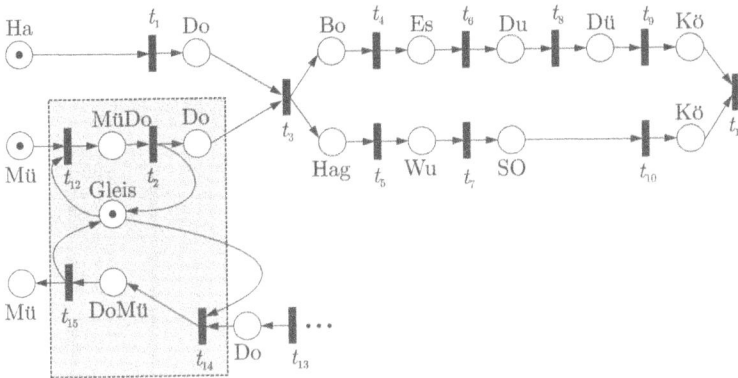

Abb. A.43: Petrinetz für die Beschreibung des Bahnverkehrs für beide
Fahrtrichtungen

In den Haltestellen Dortmund und Köln warten die Züge üblicherweise aufeinander. Nach diesen Stellen erfolgt eine Synchronisation der beiden Prozesse mittels der Transitionen t_3, t_{11}.

Wenn das Verhalten des Bahnnetzes unter Berücksichtigung des Gegenverkehrs beschrieben werden soll, muss das Petrinetz durch den gezeigten grauen Teil erweitert werden. An den Stellen, wo für jede Fahrtrichtung ein separates Gleis vorhanden ist, laufen die Prozesse vollkommen unabhängig und man kann den gezeigten Teil des Petrinetzes kopiert mit entgegengesetzter Pfeilrichtung als Beschreibung des Gegenverkehrs verwenden. Die Strecke zwischen Dortmund und Münster ist jedoch teilweise eingleisig. An dieser Stelle muss der Verkehr so synchronisiert werden, dass jeweils nur ein Zug in diesen Streckenabschnitt einfahren kann. Zwischen den Marken „Münster" und „Dortmund" müssen deshalb weitere Stellen und Transition eingefügt werden. Der grau unterlegte Teil von Abb. A.43 zeigt die dafür notwendige Erweiterung.

Die Transition t_{12} kann nur feuern, wenn zusätzlich zur Marke in der Vorstelle „Mü" eine Marke in der Vorstelle „Gleis" vorhanden ist, die anzeigt, dass der eingleisige Abschnitt frei ist. Dieselbe Stelle ist ebenfalls eine Vorstelle der Transition t_{14}, die das Einfahren des Zuges aus der Gegenrichtung in den kritischen Streckenabschnitt beschreibt. Somit kann jeweils nur ein Zug in den kritischen Streckenabschnitt einfahren. Wenn ein Zug den kritischen Streckenabschnitt wieder verlässt, wodurch t_{15} oder t_{12} schaltet, so wird der Streckenabschnitt wieder freigegeben (die Stelle „Gleis" ist markiert).

Aufgabe 6.2   *Innenausbau eines Hauses*

Die angegebenen Arbeiten werden durch jeweils zwei Stellen und eine diese Stellen verbindende Transition dargestellt, wobei die erste Stelle anzeigt, dass die Arbeiten begonnen wurden, und die zweite, dass die Arbeiten abgeschlossen sind.

Abbildung A.44 zeigt das gesuchte Petrinetz. Es ist ein Synchronisationsgraf, weil die angegebenen Arbeiten entweder sequenziell oder parallel ablaufen können und parallel arbeitende Gewerke ihre Arbeiten abgeschlossen haben müssen, bevor die nächsten Arbeiten beginnen können. Die Transitionen t_4 und t_{15} synchronisieren die vorherigen Arbeiten, während die Transitionen t_7 und t_{11} den gemeinsamen Beginn mehrerer Gewerke symbolisieren.

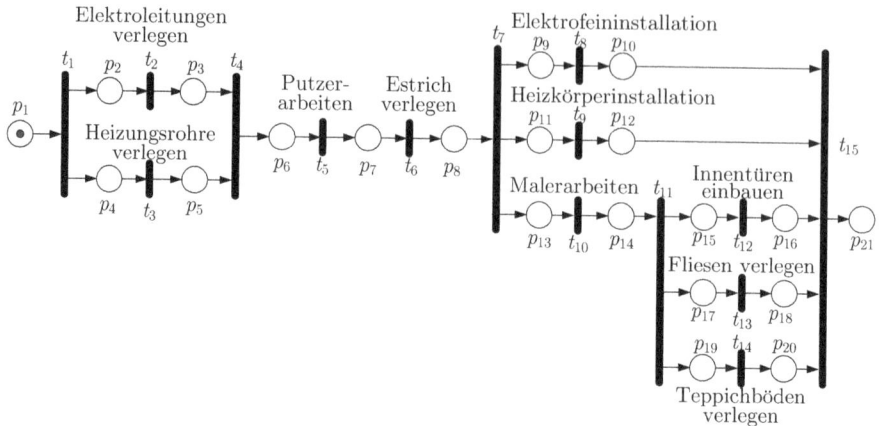

Abb. A.44: Petrinetz, das die Gewerkefolge beim Innenausbau eines Hauses beschreibt

---

Aufgabe 6.6   *Erreichbarkeitsanalyse des Parallelrechners*

Der Erreichbarkeitsgraf des Parallelrechners ist in Abb. A.45 dargestellt. Die Zustände sind durch die Menge der markierten Stellen bezeichnet, die hier als Vektoren notiert sind. Der Graf ist homomorph zu dem in Abb. 3.12 auf S. 82 gezeigten Automaten.

Aufgabe 6.8   *Buszuteilung bei der Übertragung von Messwerten*

1. In Abb. A.46 ist der Erreichbarkeitsgraf des Petrinetzes dargestellt. Er besteht aus einer einzigen stark zusammenhängenden Zustandsmenge. Damit ist das Petrinetz verklemmungsfrei und lebendig.

2. Der Graf des gesuchten Automaten ist der Erreichbarkeitsgraf.

3. Die Netzmatrix des Petrinetzes heißt

$$
N = \begin{pmatrix}
-1 & 1 & 0 & 0 \\
1 & -1 & 0 & 0 \\
-1 & 1 & -1 & 1 \\
0 & 0 & -1 & 1 \\
0 & 0 & -1 & 1 \\
0 & 0 & 1 & -1
\end{pmatrix} .
$$

4. Die T-Invarianten erhält man aus dem Gleichungssystem

$$
\begin{pmatrix}
-1 & 1 & 0 & 0 \\
1 & -1 & 0 & 0 \\
-1 & 1 & -1 & 1 \\
0 & 0 & -1 & 1 \\
0 & 0 & -1 & 1 \\
0 & 0 & 1 & -1
\end{pmatrix}
\begin{pmatrix}
t_1 \\
t_2 \\
t_3 \\
t_4
\end{pmatrix}
=
\begin{pmatrix}
0 \\
0 \\
0 \\
0
\end{pmatrix} ,
$$

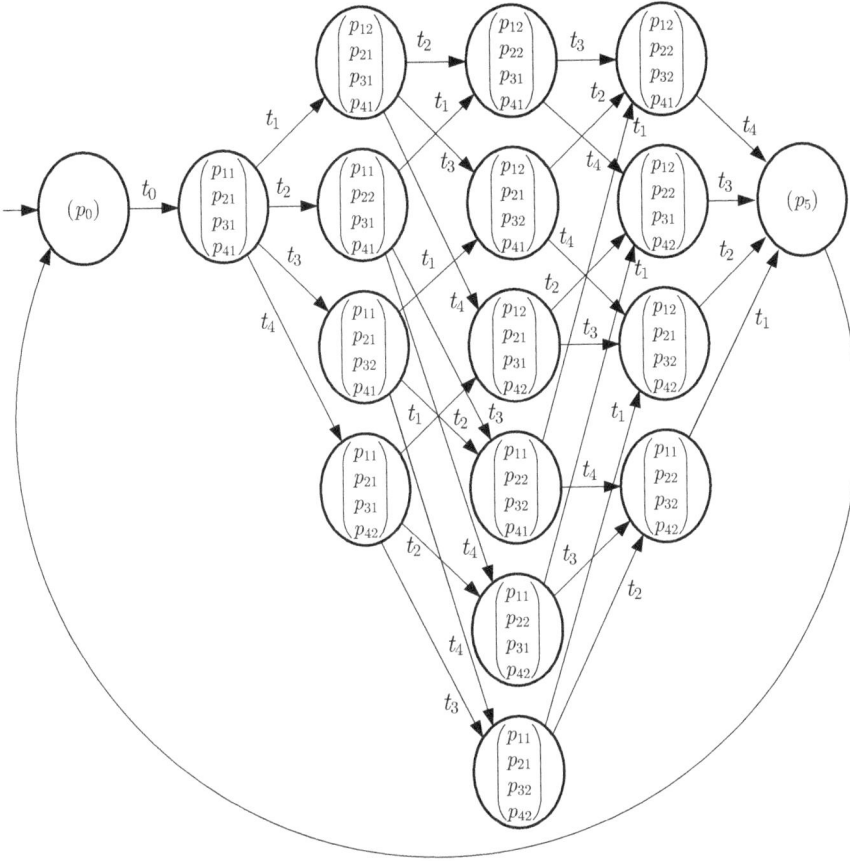

Abb. A.45: Erreichbarkeitsgraf des Petrinetzes aus Abb. 6.2

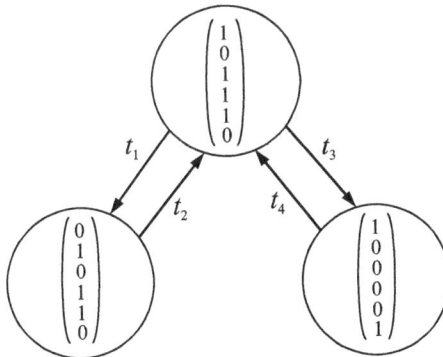

Abb. A.46: Erreichbarkeitsgraf des dargestellten Petrinetzes

das auf die Vektoren $t = (1\ 1\ 0\ 0)^{\mathrm{T}}$ und $t = (0\ 0\ 1\ 1)^{\mathrm{T}}$ führt.

Die Interpretation des Ergebnisses besagt, dass der Datenbus nach Belegung und anschließender Freigabe durch eine Komponente wieder für beide Komponenten zu Verfügung steht. Natürlich führt auch die Nutzung des Datenbusses zunächst durch die Datenübertragungskomponente und anschließend durch das Messgerät zurück auf die Ausgangsmarkierung, was der Vektor $t = (1\ 1\ 1\ 1)^{\mathrm{T}}$ aussagt. Für jede der berechneten T-Invarianten ist eine Schleife im Petrinetz zu erkennen.

Die S-Invarianten erhält man aus der Gleichung

$$
\begin{pmatrix} s_1 & s_2 & s_3 & s_4 & s_5 & s_6 \end{pmatrix}
\begin{pmatrix}
-1 & 1 & 0 & 0 \\
1 & -1 & 0 & 0 \\
-1 & 1 & -1 & 1 \\
0 & 0 & -1 & 1 \\
0 & 0 & -1 & 1 \\
0 & 0 & 1 & -1
\end{pmatrix}
= \begin{pmatrix} 0 & 0 & 0 & 0 & 0 & 0 \end{pmatrix},
$$

für die eine Gauss-Elimination

$$
\begin{pmatrix}
-1 & 1 & -1 & 0 & 0 & 0 \\
0 & 0 & 0 & 0 & 0 & 0 \\
0 & 0 & -1 & -1 & -1 & 1 \\
0 & 0 & 0 & 0 & 0 & 0
\end{pmatrix}
\begin{pmatrix} s_1 \\ s_2 \\ s_3 \\ s_4 \\ s_5 \\ s_6 \end{pmatrix}
= \begin{pmatrix} 0 \\ 0 \\ 0 \\ 0 \\ 0 \\ 0 \end{pmatrix}
$$

ergibt. Der Rang der Matrix N ist gleich 2. Dementsprechend ist der Nullraum der Netzmatrix 4-dimensional. Die vier Vektoren, die diesen Raum aufspannen, sind

$$s_1^{\mathrm{T}} = (1\ 1\ 0\ 0\ 0\ 0), \quad s_2^{\mathrm{T}} = (0\ 0\ 0\ 0\ 1\ 1), \quad s_3^{\mathrm{T}} = (0\ 0\ 0\ 1\ 0\ 1), \quad s_4^{\mathrm{T}} = (0\ 1\ 1\ 0\ 0\ 1).$$

Für das gegebene Petrinetz haben die S-Invarianten die folgenden Bedeutungen:

s_1^{T}: Der Bus kann immer nur in einem Zustand sein und entweder Daten übertragen oder inaktiv sein.

s_2^{T}: Das Messgerät kann immer nur in einem Zustand sein und entweder Daten übertragen oder inaktiv sein.

s_3^{T}: Das Messgerät ist immer für die Übertragung eines weiteren Messwertes bereit, wenn es nicht gerade im Zustand übertragen ist.

s_4^{T}: Der Bus kann zu jedem Zeitpunkt nur von einem Gerät belegt werden. Diese S-Invariante zeigt, dass die Steuerung des Übertragungskanals richtig entworfen wurde.

Aufgabe 6.9   *Kollisionsverhütung bei Kränen*

Das in der Aufgabenstellung gegebene Petrinetz hat die Netzmatrix

$$
N =
\begin{array}{c}
\\
p_{\mathrm{A}1} \\
p_{\mathrm{A}2} \\
p_{\mathrm{B}1} \\
p_{\mathrm{B}2} \\
p_{\mathrm{B}3} \\
p_{\mathrm{C}1} \\
p_{\mathrm{C}2} \\
p_{\mathrm{S}1} \\
p_{\mathrm{S}2}
\end{array}
\begin{array}{c}
\begin{array}{cccccccccc}
t_{\mathrm{A}1} & t_{\mathrm{A}2} & t_{\mathrm{B}1} & t_{\mathrm{B}2} & t_{\mathrm{B}3} & t_{\mathrm{B}4} & t_{\mathrm{B}5} & t_{\mathrm{B}6} & t_{\mathrm{C}1} & t_{\mathrm{C}2}
\end{array} \\
\left(
\begin{array}{cccccccccc}
-1 & 1 & 0 & 0 & 0 & 0 & 0 & 0 & 0 & 0 \\
1 & -1 & 0 & 0 & 0 & 0 & 0 & 0 & 0 & 0 \\
0 & 0 & -1 & 1 & -1 & 1 & 0 & 0 & 0 & 0 \\
0 & 0 & 1 & -1 & 0 & 0 & -1 & 1 & 0 & 0 \\
0 & 0 & 0 & 0 & 1 & -1 & 1 & -1 & 0 & 0 \\
0 & 0 & 0 & 0 & 0 & 0 & 0 & 0 & -1 & 1 \\
0 & 0 & 0 & 0 & 0 & 0 & 0 & 0 & 1 & -1 \\
-1 & 1 & 0 & 0 & -1 & 1 & -1 & 1 & 0 & 0 \\
0 & 0 & -1 & 1 & 0 & 0 & 1 & -1 & -1 & 1
\end{array}
\right)
\end{array}.
$$

Als T-Invarianten erhält man aus der Beziehung

$$\begin{pmatrix} -1 & 1 & 0 & 0 & 0 & 0 & 0 & 0 & 0 & 0 \\ 1 & -1 & 0 & 0 & 0 & 0 & 0 & 0 & 0 & 0 \\ 0 & 0 & -1 & 1 & -1 & 1 & 0 & 0 & 0 & 0 \\ 0 & 0 & 1 & -1 & 0 & 0 & -1 & 1 & 0 & 0 \\ 0 & 0 & 0 & 0 & 1 & -1 & 1 & -1 & 0 & 0 \\ 0 & 0 & 0 & 0 & 0 & 0 & 0 & 0 & -1 & 1 \\ 0 & 0 & 0 & 0 & 0 & 0 & 0 & 0 & 1 & -1 \\ -1 & 1 & 0 & 0 & -1 & 1 & -1 & 1 & 0 & 0 \\ 0 & 0 & -1 & 1 & 0 & 0 & 1 & -1 & -1 & 1 \end{pmatrix} \begin{pmatrix} t_{A1} \\ t_{A2} \\ t_{B1} \\ t_{B2} \\ t_{B3} \\ t_{B4} \\ t_{B5} \\ t_{B6} \\ t_{C1} \\ t_{C2} \end{pmatrix} = \begin{pmatrix} 0 \\ 0 \\ 0 \\ 0 \\ 0 \\ 0 \\ 0 \\ 0 \\ 0 \\ 0 \end{pmatrix}$$

die folgenden Vektoren

$$\boldsymbol{t}_1 = (1\,1\,0\,0\,0\,0\,0\,0\,0\,0)^{\mathrm{T}}, \quad \boldsymbol{t}_2 = (0\,0\,1\,1\,0\,0\,0\,0\,0\,0)^{\mathrm{T}}$$
$$\boldsymbol{t}_3 = (0\,0\,0\,0\,1\,1\,0\,0\,0\,0)^{\mathrm{T}}, \quad \boldsymbol{t}_4 = (0\,0\,0\,0\,0\,0\,1\,1\,0\,0)^{\mathrm{T}}$$
$$\boldsymbol{t}_5 = (0\,0\,0\,0\,0\,0\,0\,0\,1\,1)^{\mathrm{T}}.$$

Es ist für jeden der angegebenen Vektoren eine Schleife im Petrinetz zu finden.

Die S-Invarianten werden aus der Gl. (6.25) bestimmt. Da jeweils zwei benachbarte Spalten der Netzmatrix $\boldsymbol{N}$ voneinander linear abhängig sind, kann jede zweite Spalte gestrichen werden. In der üblichen Notation eines linearen Gleichungssystems erhält die Bestimmungsgleichung für die S-Invarianten dann die folgende Form:

$$\begin{pmatrix} -1 & 1 & 0 & 0 & 0 & 0 & 0 & -1 & 0 \\ 0 & 0 & -1 & 1 & 0 & 0 & 0 & 0 & -1 \\ 0 & 0 & -1 & 0 & 1 & 0 & 0 & -1 & 0 \\ 0 & 0 & 0 & -1 & 1 & 0 & 0 & -1 & 1 \\ 0 & 0 & 0 & 0 & 0 & 1 & -1 & 0 & 1 \end{pmatrix} \begin{pmatrix} p_{A1} \\ p_{A2} \\ p_{B1} \\ p_{B2} \\ p_{B3} \\ p_{C1} \\ p_{C2} \\ p_{S1} \\ p_{S2} \end{pmatrix} = \begin{pmatrix} 0 \\ 0 \\ 0 \\ 0 \\ 0 \end{pmatrix}.$$

Subtrahiert man in der Matrix die vierte von der dritten Zeile, so erhält man die zweite Zeile, was auf die lineare Abhängigkeit dieser Zeilen hinweist. Durch das Streichen der dritten Zeile vereinfacht sich das Problem auf

$$\begin{pmatrix} -1 & 1 & 0 & 0 & 0 & 0 & 0 & -1 & 0 \\ 0 & 0 & -1 & 1 & 0 & 0 & 0 & 0 & -1 \\ 0 & 0 & 0 & -1 & 1 & 0 & 0 & -1 & 1 \\ 0 & 0 & 0 & 0 & 0 & 1 & -1 & 0 & 1 \end{pmatrix} \begin{pmatrix} p_{A1} \\ p_{A2} \\ p_{B1} \\ p_{B2} \\ p_{B3} \\ p_{C1} \\ p_{C2} \\ p_{S1} \\ p_{S2} \end{pmatrix} = \begin{pmatrix} 0 \\ 0 \\ 0 \\ 0 \\ 0 \end{pmatrix}.$$

Die verbliebende Matrix hat den Rang 4. Es gibt also einen fünfdimensionalen Lösungsraum. Gesucht sind linear unabhängige Vektoren, die diesen Lösungsraum aufspannen. Minimale Lösungen sind

$$s_1^T = (1\ 1\ 0\ 0\ 0\ 0\ 0\ 0), \quad s_2^T = (0\ 0\ 1\ 1\ 1\ 0\ 0\ 0), \quad s_3^T = (0\ 0\ 0\ 0\ 0\ 1\ 1\ 0\ 0)$$
$$s_4^T = (0\ 1\ 0\ 0\ 1\ 0\ 0\ 1\ 0), \quad s_5^T = (0\ 0\ 0\ 1\ 0\ 0\ 1\ 0\ 1).$$

Die ersten drei Vektoren liest man aus der ersten, zweiten und dritten sowie vierten Zeile des Gleichungssystems unter Beachtung der Forderung ab, dass die Elemente von s positiv sein sollen. Die beiden anderen Vektoren erfordern eine eingehendere Analyse.

Das Ergebnis lässt sich folgendermaßen interpretieren. Aufgrund der Anfangsbedingung

$$p_0^T = (1\ 0\ 1\ 0\ 0\ 1\ 0\ 1\ 1)$$

gilt $s_i^T p_0 = 1$ für alle $i = 1, ..., 5$. Folglich muss auf allen Stellen, die in den S-Invarianten gemeinsam durch eine Eins markiert sind, genau eine Marke sein:

- Die S-Invariante s_1^T besagt, dass sich der Kran A stets in einem Bereich seines Bewegungsraums aufhält (A1 oder A2).
- s_2^T zeigt, dass sich der Kran B stets in einem Bereich seines Bewegungsraums aufhält (B1, B2 oder B3).
- s_3^T zeigt, dass sich der Kran C stets in einem Bereich seines Bewegungsraums aufhält (C1 oder C2).
- s_4^T zeigt, dass sich die Kräne A und B nicht gleichzeitig in den Bewegungsräumen A2 und B3 aufhalten können, so dass eine Kollision hier durch die Steuerung verhindert wird.
- s_5^T zeigt, dass sich die Kräne B und C nicht gleichzeitig in den Bewegungsräumen B2 und C2 aufhalten können und die Steuerung folglich auch diese Kollision verhindert.

Aufgabe 6.11 *Beschreibung des Datenflusses in einem Programm durch ein Petrinetz*

Jede markierte Stelle des Petrinetzes beschreibt die Tatsache, dass ein bestimmtes Datum vorhanden ist. Das Schalten der Transitionen beschreibt den Fluss von Daten bzw. die Durchführung arithmetischer Operationen. Die Markierung des Petrinetzes in Abb. A.47 zeigt den Beginn der Berechnung, bei dem den Variablen x, y und z Werte zugewiesen sind und dementsprechend die Stellen x, y und z des Petrinetzes markiert sind.

Die Stelle „$y = 0$" ist markiert, wenn $y = 0$ gilt. Inhibitorkanten sperren dann das Ausführen der Division.

Aufgabe 6.13 *Modellierung einer Autowaschanlage*

Auf der oberen Beschreibungsebene wird der Waschvorgang als eine Folge der vier in der Aufgabenstellung genannten Schritte dargestellt (Abb. A.48). Die einzelnen Waschvorgänge sind durch die Stellen repräsentiert. Die Transitionen bezeichnen das Umschalten von einem zum nächsten Schritt. Zu Beginn ist die Stelle markiert, die den Ruhezustand darstellt.

Auf der detaillierteren Beschreibungsebene werden die einzelnen Waschvorgänge in einzelne Prozesse zerlegt. Dies ist für den dritten Schritt in Abb. A.49 gezeigt. Der Ausgangszustand dieses Petrinetzes wird markiert, wenn die in Abb. A.48 grau markierte Stelle eine Marke erhält. Diese Marke muss das in Abb. A.49 gezeigte Petrinetz vollständig durchlaufen, bevor im Petrinetz aus Abb. A.48 die nachfolgende Transition schalten kann.

Der dritte Waschschritt wird in mehrere Schritte unterteilt, weil das Waschgestell zunächst bis zu den ersten Rädern fährt, während die Karosserie gesäubert wird. Die für die Reinigung der Räder vorgesehenen Bürsten werden an die Räder gefahren, dort für eine bestimmte Zeitspanne eingeschaltet und später

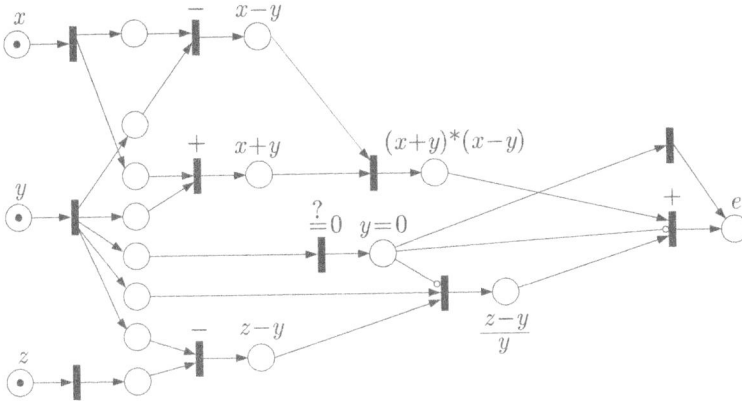

Abb. A.47: Darstellung des Datenflusses für die gegebene arithmetische Aufgabe

seitliche Bürsten:	aus	aus	ein	ein	aus	aus
Bürsten für die Räder:	aus	aus	aus	zeitweise ein	aus	aus
Waschvorgang:	–	einseifen	waschen	waschen	fönen	–
Waschgestell:	Ruhe-zustand	→	←	→	←	Ruhe-zustand

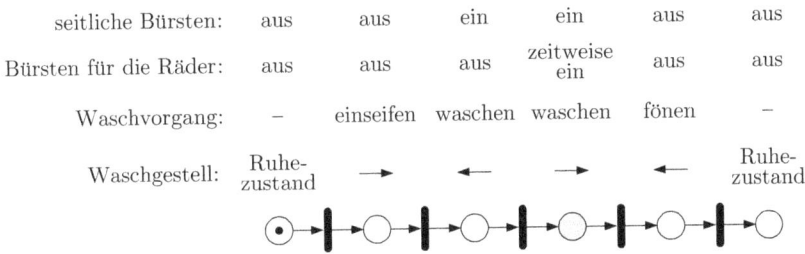

Abb. A.48: Beschreibung des gesamten Waschvorgangs

seitliche Bürsten:	ein	ein	ein	ein	ein
Bürsten für die Räder:	aus	↓↑	ein	↑↓	aus
Waschvorgang:	Karosserie	–	Räder	–	Karosserie
Waschgestell:	→	–	–	–	→

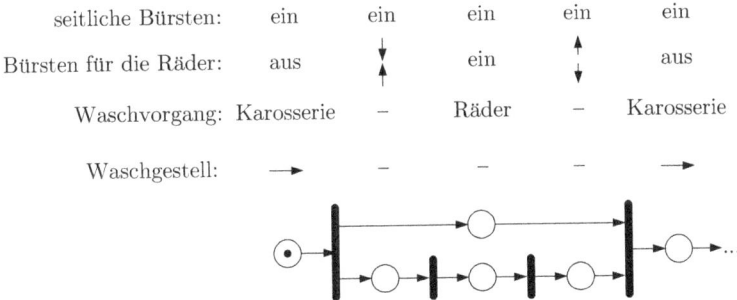

Abb. A.49: Detaillierte Beschreibung des dritten Schrittes

wieder zurückgezogen. Dann fährt das Waschgestell zu den anderen Rädern und der Vorgang wiederholt sich.

Diskussion. Ein Vergleich beider Petrinetze zeigt, dass bei der oberen Beschreibungsebene eines hierarchischen Modells jede Stelle einen globalen Zustand repräsentiert, der auf der unteren Beschreibungsebene in mehrere Teilzustände (Stellen) zerlegt wird. So zeigt eine Markierung der in Abb. A.48 grau markierten Stelle an, dass sich das Waschgestell von links nach rechts bewegt, dabei das Fahrzeug gewaschen wird und hierzu die seitlichen Bürsten rotieren. Im detaillierten Petrinetz wird diese kompakte Zustandsbeschreibung zerlegt, so dass Stellen sich jetzt auf die Bewegung des Waschgestells beziehen, während andere Stellen die Bewegung der Räderbürsten beschreiben. Der auf der oberen Beschreibungsebene mit „zeitweise eingeschaltet" bezeichnete Zustand der Bürsten für die Räder wird jetzt genau beschrieben, so dass man erkennen kann, wie diese Bürsten schrittweise bewegt werden.

Aufgabe 7.2   *Erweiterte Qualitätskontrolle der Leiterkartenfertigung*

1. Die erweiterte Fehleranalyse spiegelt sich in veränderten Verbundwahrscheinlichkeiten wieder. Es wird die Annahme gemacht, dass der Einbau kleiner Kondensatoren wesentlich fehleranfälliger ist als der Einbau großer. Dementsprechend werden die Verbundwahrscheinlichkeiten der Fehler „Lötstelle" und „Bestückung" für das Bauteil Kondensator aus Beispiel 7.1 asymmetrisch auf kleine und große Kondensatoren aufgeteilt. Die verfeinerte Unterscheidung für das Bauteil Kondensator hat keinen Einfluss auf die Verbundwahrscheinlichkeiten für das Bauteil Widerstand:

X \ Y	y_1	y_2	y_3	Σ
x_1	0,37	0,24	0,19	0,80
x_2	0,12	0,04	0,04	0,20
Σ	0,49	0,28	0,23	

Die Summe aller Elemente der Tabelle ist gleich eins.

2. In der Tabelle sind die Randwahrscheinlichkeiten angegeben. Aus dem Vergleich dieser Werte mit denen aus Beispiel 7.1 ist zu erkennen, dass sich die Randwahrscheinlichkeiten nicht verändert haben. Dieses Ergebnis ist zu erwarten, da die Randwahrscheinlichkeiten unabhängig von einer differenzierten Betrachtung der Bauteile sind. Die differenzierte Fehleranalyse führt allerdings zu einer Aufteilung der Randwahrscheinlichkeit für das Bauteil Kondensator aus Beispiel 7.1 auf zwei Bauteile.

$$\text{Prob } (Y = y_2) + \text{Prob } (Y = y_3) = 0{,}51 \,.$$

3. Aus der Tabelle ist anhand der Randwahrscheinlichkeiten abzulesen, dass die beiden untersuchten Fehler häufiger für kleinere als für größere Kondensatoren auftreten

$$\text{Prob } (Y = y_3) = 0{,}28 > \text{Prob } (Y = y_2) = 0{,}23. \tag{A.8}$$

Dies spiegelt die in Aufgabenteil 1 gemachte Annahme zur Fehlerhäufigkeit wieder.

4. Die Tabelle erfüllt bereits die Forderung, dass der wesentliche Fehler beim Löten auftritt. Somit sind keine Änderungen an der Verbundwahrscheinlichkeitstabelle auszuführen.

5. Bei stochastisch unabhängigen Größen ergibt sich die in der Tabelle stehende Verbundwahrscheinlichkeit als Produkt der in derselben Zeile und derselben Spalte stehenden Randwahrscheinlichkeiten. Man muss den Inhalt der hier betrachteten Tabelle dementsprechend ändern.

Aufgabe 7.3   *Ladegerät eines Laptops*

1. Die Grundmengen der beiden Zufallsvariablen dieses Prozesses sind die folgenden:

$$\mathcal{X} = \{x_1 = \text{Ladestrom fließt}, x_2 = \text{Ladestrom fließt nicht}\}$$

$$\mathcal{Y} = \{y_1 = \text{Kontrolllampe leuchtet}, y_2 = \text{Kontrolllampe blinkt}\}.$$

Für den fehlerfreien Betrieb der Ladevorrichtung gilt:

X \ Y	y_1	y_2	Σ
x_1	0,9	0	0,9
x_2	0	0,1	0,1
Σ	0,9	0,1	

.

2. Unter der Berücksichtigung, dass in 0,05 Prozent aller Ladevorgänge die Lampe defekt ist (Universitäten müssen immer vom billigsten Anbieter kaufen), muss die Verbundwahrscheinlichkeitstabelle erweitert werden. Die Zufallsvariable Y besitzt drei mögliche Werte:

$$\mathcal{Y} = \{y_1 = \text{Kontrolllampe leuchtet}, y_2 = \text{Kontrolllampe blinkt}, y_3 = \text{Kontrolllampe ist defekt}\}.$$

Die angegebene Wahrscheinlichkeit bezieht sich auf die Anzahl aller ausgeführten Ladevorgänge

$$\sum_{i=1}^{2} \text{Prob}\left(X = x_i, Y = y_3\right) = 0.0005.$$

Die Aufteilung dieser Wahrscheinlichkeit muss im Verhältnis 9:1 erfolgen. Die sich daraus ergebenden Wahrscheinlichkeiten müssen von denen des fehlerfreien Falls subtrahiert werden, so dass die Summe über alle Wahrscheinlichkeiten der Tabelle wieder eins ergibt. Damit erhält man als veränderte Verbundwahrscheinlichkeitstabelle unter Berücksichtigung des Fehlerfalls

X \ Y	y_1	y_2	y_3	Σ
x_1	0,89955	0	0,00045	0,9
x_2	0	0,09995	0,00005	0,1
Σ	0,89955	0,09995	0,0005	

.

3. Es wäre sehr schlecht, wenn die beiden Zufallsvariablen X und Y stochastisch unabhängig wären, denn dann würde die Kontrolllampe keine Aussage über den Ladevorgang machen. In der angegebenen Tabelle ist die Bedingung für stochastische Unabhängigkeit tatsächlich verletzt, denn es gilt beispielsweise $0,89955 \cdot 0,1 \neq 0$ und $0,099995 \cdot 0,9 \neq 0$.

Aufgabe 7.4   *Auswertung einer Bibliotheksdatenbank*

Es werden folgende Zufallsgrößen eingeführt:

- X bezeichnet das Thema mit $\mathcal{X} = \{x_1 = \text{Automatentheorie}, x_2 = \text{alle anderen Themen}\}$
- Y bezeichnet das Medium mit $\mathcal{Y} = \{y_1 = \text{Buch}, y_2 = \text{CD}\}$.

Aufgestellt werden muss die Tabelle mit der Verbundwahrscheinlichkeitsverteilung:

X \ Y	y_1	y_2	Σ
x_1	Suche nach Büchern zur Automatentheorie	Suche nach CDs zur Automatentheorie	Zeilensumme
x_2	Suche nach Büchern zu allen anderen Themen	Suche nach CDs zu allen anderen Themen	Zeilensumme
Σ	Spaltensumme	Spaltensumme	

Die Suche nach „allen anderen Themen" ist gegebenenfalls dadurch durchzuführen, dass man nach allen CDs oder allen Büchern sucht und vom Ergebnis die Anzahl der gefundenen Quellen für „Automatentheorie" subtrahiert. Aus den Suchergebnissen müssen die relativen Häufigkeiten berechnet und in die Tabelle eingetragen werden. Dann kann die stochastische Unabhängigkeit geprüft werden.

Aufgabe 7.6 *Verbesserung des Warteschlangenmodells aus dem Beispiel 7.4*

Das erweiterte Modell ist in Abb. A.50 dargestellt.

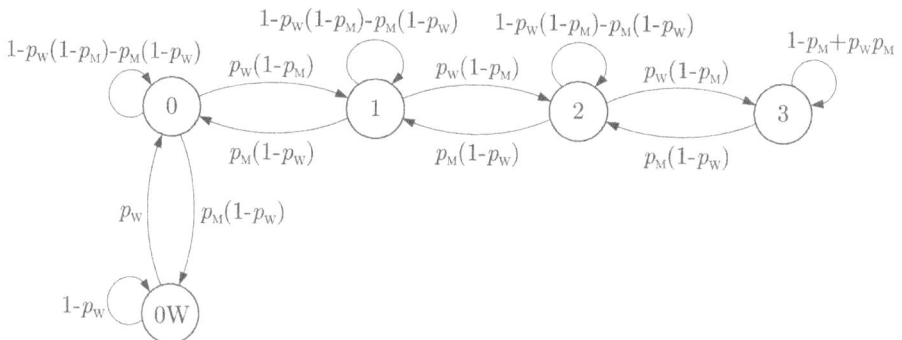

Abb. A.50: Erweitertes Warteschlangenmodell

Zusätzlich zum Zustand $z = 0$ wurde ein weiterer Zustand eingeführt, der mit $0W$ bezeichnet ist (Puffer leer und Werkzeugmaschine wartet). Die von $z = 0W$ abgehenden und ankommenden Kanten besitzen genau die Übergangswahrscheinlichkeiten des Zustands $z = 0$ des ursprünglichen Modells. Der Zustand $z = 0$ beschreibt in dem erweiterten Modell einen Zwischenzustand: der Puffer ist leer, aber die Maschine arbeitet noch. Die Wahrscheinlichkeit, aus dem Zustand $z = 0$ in den Zustand $z = 1$ überzugehen, entspricht der Wahrscheinlichkeit, dass ein neues Werkstück angeliefert wird und dass die Werkzeugmaschine im selben Zeitraum die Bearbeitung des letzten Werkstücks nicht beendet. Andersherum entspricht die Wahrscheinlichkeit, aus dem Zustand $z = 1$ in den Zustand $z = 0$ überzugehen, der Wahrscheinlichkeit, dass kein neues Werkstück angeliefert wird und dass die Werkzeugmaschine im selben Zeitraum die Bearbeitung des letzten Werkstücks beendet. Somit ändert sich die Kantengewichtung zwischen diesen Zuständen, wie sie in Abb. A.50 zu sehen ist.

Im zweiten Schritt soll das Modell so erweitert werden, dass es den folgenden Aufbau der Anlage beschreibt:

- Der Puffer bedient abwechselnd zwei Werkzeugmaschinen.
- Zwischen zwei Taktzeitpunkten kommt höchstens ein neues Werkstück zur Warteschlange hinzu.
- Jede Maschine beendet jeweils höchstens den Bearbeitungsvorgang eines Werkstücks zwischen zwei Taktzeitpunkten. Somit können höchstens zwei Werkstücke zwischen zwei Taktzeitpunkten aus der Warteschlange entfernt werden.
- Der Wert der Wahrscheinlichkeit der Ankunft eines neuen Werkstücks in den Puffer beträgt p_W.
- Der Wert der Wahrscheinlichkeit der Beendigung eines Bearbeitungsvorgangs von jeweils einer Maschine beträgt p_{M1} bzw. p_{M2}.

Die Änderung des Pufferzustands ist für diesen Aufbau des Systems für beide Transportrichtungen nicht mehr symmetrisch. Die Anzahl der Werkstücke im Puffer kann sich maximal um 1 pro Takt vergrößern, aber um 2 pro Takt verringern. Um diese Gegebenheit im Automaten auszudrücken, müssen in das Modell aus Abb. A.50 Kanten $3 \to 1$, $2 \to 0$ und $1 \to OW$ hinzugefügt werden.

Durch die Bedienung von zwei Werkzeugmaschinen durch den Puffer müssen alle Kantengewichte des Graphen A.50 neu berechnet werden. Dabei bleibt die Symmetrie der Kantengewichte zwischen den Zuständen $z = 0$ bis $z = 3$, wie sie in Abb. A.50 zu erkennen ist, erhalten.

Die Gewichte der Zustandsübergänge für diese Zustandsteilmenge haben folgende Bedeutung:

- $i \to i + 1$: Verknüpfung der Wahrscheinlichkeiten, dass „ein neues Werkstück ankommt" und dass „keine der beiden Werkzeugmaschinen ihren Bearbeitungsprozess beendet":

$$p_{i,i+1} = p_W \left(1 - p_{M1}\right) \left(1 - p_{M2}\right).$$

- $i \to i - 1$: Verknüpfung der Wahrscheinlichkeiten, dass entweder „kein neues Werkstück ankommt" und dass „genau eine der beiden Werkzeugmaschinen ihren Bearbeitungsprozess beendet" oder dass „ein neues Werkstück ankommt" und dass „beide Werkzeugmaschinen ihren Bearbeitungsprozess beenden":

$$p_{i,i-1} = (1 - p_W)\left(\left(1 - p_{M1}\right) p_{M2} + \left(1 - p_{M2}\right) p_{M1}\right) + p_W p_{M1} p_{M2}.$$

- $i \to i - 2$: Verknüpfung der Wahrscheinlichkeiten, dass „kein neues Werkstück ankommt" und dass „beide Werkzeugmaschinen ihren Bearbeitungsprozess beenden":

$$p_{i,i-2} = (1 - p_W) p_{M1} p_{M2}.$$

- $i \to i$: Restwahrscheinlichkeit $p_{ii} = 1 - p_{i,i+1} - p_{i,i-1} - p_{i,i-2}$.

Die oben angegebenen Verbundwahrscheinlichkeiten p_{ii}, $p_{i,i+1}$, $p_{i,i-1}$ und $p_{i,i-2}$ berechnen sich aus der Multiplikation und Addition der Wahrscheinlichkeiten für die einzelnen stochastisch unabhängigen Zufallsvariablen „Werkstück kommt an", „Werkzeugmaschine 1 beendet Bearbeitungsvorgang" und „Werkzeugmaschine 2 beendet Bearbeitungsvorgang". Die Übergangswahrscheinlichkeiten von $0WW \to 0WW$ und $0WW \to OW$ verändern sich durch die Hinzunahme einer zweiten Werkzeugmaschine nicht (vgl. mit Abb. A.51). Die Übergangswahrscheinlichkeit der Schlinge am Zustand $z = 3$ ändert sich allerdings (Restwahrscheinlichkeit).

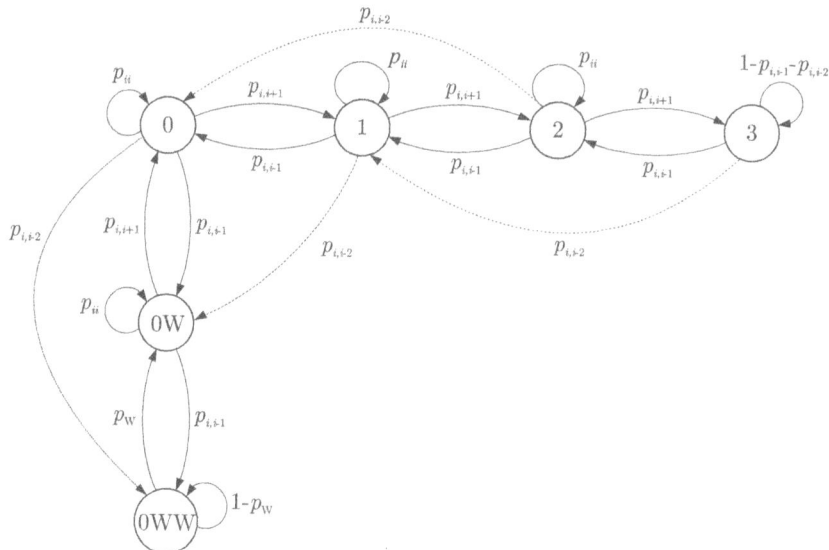

Abb. A.51: Warteschlangenmodell mit zwei Werkzeugmaschinen

Aufgabe 7.8 *Analyse einer Markovkette*

1. Für die Markovkette $\mathcal{S} = (\mathcal{Z}, \boldsymbol{G}, p_0(z))$ gilt:

$$\mathcal{Z} = \{1, 2, 3, 4, 5, 6\}, \quad \boldsymbol{G} = \begin{pmatrix} 0,7 & 0 & 0,3 & 0 & 0 & 0 \\ 0,1 & 0 & 0,7 & 0,2 & 0 & 0 \\ 0,2 & 0 & 0 & 0 & 0 & 0 \\ 0 & 1 & 0 & 0 & 0 & 0,4 \\ 0 & 0 & 0 & 0,2 & 1 & 0 \\ 0 & 0 & 0 & 0,4 & 0 & 1 \end{pmatrix}, \quad \mathrm{Prob}\,(Z(0) = z) = \begin{cases} 1 & \text{für } z = 3 \\ 0 & \text{sonst.} \end{cases}$$

2. Die Bedingung, dass die Summe der Kantengewichte für alle von einem Knoten ausgehenden Kanten gleich eins sein muss, ist für die Knoten 4 und 6 verletzt. Eine mögliche Korrektur ist in Abb. A.52 zu sehen.

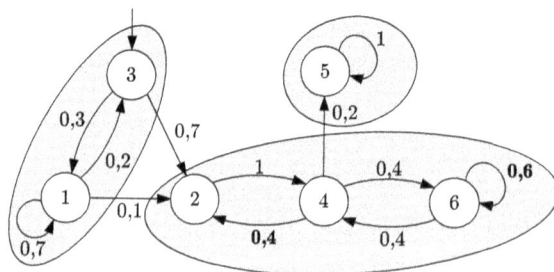

Abb. A.52: Eine Markovkette!

3. In Abb. A.52 sind die Mengen stark zusammenhängender Zustände markiert:

$$\mathcal{Z} = \underbrace{\{1,3\}}_{\mathcal{Z}_1} \cup \underbrace{\{2,4,6\}}_{\mathcal{Z}_2} \cup \underbrace{\{5\}}_{\mathcal{Z}_3} .$$

Die Markovkette ist reduzierbar. Durch Vertauschen der Zeilen und Spalten erhält die Matrix G eine Blockdreiecksform, über deren Spalten die neue Reihenfolge angegeben ist:

$$\tilde{G} = \left(\begin{array}{cc|ccc|c}
0{,}7 & 0{,}3 & 0 & 0 & 0 & 0 \\
0{,}2 & 0 & 0 & 0 & 0 & 0 \\
\hline
0{,}1 & 0{,}7 & 0 & 0{,}4 & 0 & 0 \\
0 & 0 & 1 & 0 & 0{,}4 & 0 \\
0 & 0 & 0 & 0{,}4 & 0{,}6 & 0 \\
\hline
0 & 0 & 0 & 0{,}2 & 0 & 1
\end{array}\right) .$$

Dabei gehört der $(2,2)$-Block in der oberen linken Ecke zur Teilmenge $\mathcal{Z}_1$, der darauffolgende $(3,3)$-Block zur Teilmenge $\mathcal{Z}_2$ und das Diagonalelement in der unteren rechten Ecke zur Teilmenge $\mathcal{Z}_3$.
  Der Zustand 5 ist absorbierend, alle anderen sind transient.

Aufgabe 7.9	*Vereinfachung der Einkommensteuererklärung*

Das Verhalten des Wahlvolks wird durch eine Markovkette mit folgenden Zuständen modelliert:

	z	Bedeutung: Anteil der Steuererklärungen, die folgende Bedingung erfüllen:
	1	Steuererklärung ist in Ordnung.
	2	Steuererklärung enthält falsche Angaben.
$\mathcal{Z} =$	3	Betrug wurde aufgedeckt.
	4	Betrug wurde vor einem Jahr aufgedeckt.
	5	Betrug wurde vor zwei Jahren aufgedeckt.
	6	Betrug wurde vor drei Jahren aufgedeckt.
	7	Betrug wurde vor vier Jahren aufgedeckt.

Dabei wurde angenommen, dass die Bearbeitungszeit der Steuererklärung durch das Finanzamt wie bisher ein Jahr dauert. Nach den angegebenen Regeln des neuen Steuergesetzes ergeben sich folgende Übergangswahrscheinlichkeiten:

z'	z	$\mathrm{Prob}\,(Z(k+1) = z' \mid Z(k) = z)$
1	1	$1 - \alpha$
2	1	α
2	2	$1 - \beta$
3	2	β
4	3	1
5	4	1
6	5	1
7	6	1
1	7	$1 - \alpha$
2	7	α

Hierbei wird angenommen, dass α Prozent der erwischten Antragsteller sofort nach Ablauf der Strafzeit von fünf Jahren wieder betrügen.

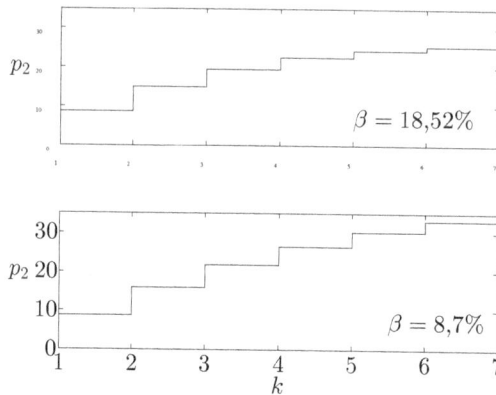

Abb. A.53: Anteil der fehlerhaften Steuererklärungen im k-ten Jahr in Prozent

AbbildungA.53 zeigt den Anstieg des Anteils der fehlerhaften Steuererklärungen für die ersten sieben Jahre. Während sich bei der höheren Kontrollrate $\beta = 18,52$ stationär ein Wert von $\bar{p}_2 = 0,287$ ergibt, führt die kleinere Kontrollrate auf den Wert $\bar{p}_2 = 0,459$, bei dem also nahezu jeder zweite betrügt. Im Sinne ausgeglichener Staatsfinanzen kann man also nur auf eine große Koalition hoffen. Nach diesem Beispiel sieht es so aus, als lohne sich Bürokratieabbau nicht. Übrigens ist dieses Prinzip heute in den Niederlanden in ähnlicher Form im Einsatz.

Aufgabe 7.10 *Analyse einer einfachen Markovkette*

1. Aus dem Automatengrafen liest man folgende Matrix ab:

$$G = \begin{pmatrix} 0,4 & 0 \\ 0,6 & 1 \end{pmatrix}.$$

2. Beginnend beim Anfangszustand $p(0) = (1,0)^{\mathrm{T}}$ erhält man folgende Wahrscheinlichkeitsverteilungen:

$$p(0) = \begin{pmatrix} 1 \\ 0 \end{pmatrix}$$

$$p(1) = G \begin{pmatrix} 1 \\ 0 \end{pmatrix} = \begin{pmatrix} 0,4 \\ 0,6 \end{pmatrix}$$

$$p(2) = G \begin{pmatrix} 0,4 \\ 0,6 \end{pmatrix} = \begin{pmatrix} 0,16 \\ 0,84 \end{pmatrix}$$

$$p(3) = G \begin{pmatrix} 0{,}16 \\ 0{,}84 \end{pmatrix} = \begin{pmatrix} 0{,}064 \\ 0{,}936 \end{pmatrix}$$

$$p(4) = G \begin{pmatrix} 0{,}064 \\ 0{,}936 \end{pmatrix} = \begin{pmatrix} 0{,}0256 \\ 0{,}9744 \end{pmatrix}$$

$$p(5) = G \begin{pmatrix} 0{,}0256 \\ 0{,}9744 \end{pmatrix} = \begin{pmatrix} 0{,}01 \\ 0{,}99 \end{pmatrix}.$$

Die Wahrscheinlichkeit dafür, dass sich die Markovkette im Zustand 1 befindet, nimmt exponentiell ab:

$$\mathrm{Prob}\,(Z(0) = 1) = 1$$
$$\mathrm{Prob}\,(Z(1) = 1) = 0{,}4$$
$$\mathrm{Prob}\,(Z(2) = 1) = 0{,}16$$
$$\mathrm{Prob}\,(Z(3) = 1) = 0{,}064$$
$$\mathrm{Prob}\,(Z(4) = 1) = 0{,}0256$$
$$\mathrm{Prob}\,(Z(5) = 1) = 0{,}01.$$

3. Aus dem vorherigen Aufgabenteil kann man vermuten, dass die stationäre Verteilung durch $\bar{p} = (0, 1)^{\mathrm{T}}$ beschrieben ist. Dieses Ergebnis erhält man tatsächlich aus Gl. (7.37):

$$(G - I)\,\bar{p} = \begin{pmatrix} -0{,}6 & 0 \\ 0{,}6 & 0 \end{pmatrix} \begin{pmatrix} \bar{p}_1 \\ \bar{p}_2 \end{pmatrix} = \begin{pmatrix} 0 \\ 0 \end{pmatrix}, \quad \bar{p}_1 + \bar{p}_2 = 1.$$

Das heißt, dass die Markovkette mit der Wahrscheinlichkeit 1 in den Zustand 2 übergeht.

4. Die Wahrscheinlichkeit für die gegebene Zustandsfolge erhält man aus

$$\mathrm{Prob}\,(Z(0) = 1, Z(1) = 1, Z(2) = 1, Z(3) = 2, Z(4) = 2))$$
$$= G(2\,|\,2) \cdot G(2\,|\,1) \cdot G(1\,|\,1) \cdot G(1\,|\,1) \cdot \mathrm{Prob}\,(Z(0) = 1)$$
$$= 1 \cdot 0{,}6 \cdot 0{,}4 \cdot 0{,}4 \cdot 1$$
$$= 0{,}096.$$

Für die zweite gegebene Folge erhält man

$$\mathrm{Prob}\,(Z(0) = 1, Z(1) = 1, Z(2) = 2, Z(3) = 2, Z(4) = 2))$$
$$= G(2\,|\,2) \cdot G(2\,|\,2) \cdot G(2\,|\,1) \cdot G(1\,|\,1) \cdot \mathrm{Prob}\,(Z(0) = 1)$$
$$= 1 \cdot 1 \cdot 0{,}6 \cdot 0{,}4 \cdot 1$$
$$= 0{,}24.$$

Diese Wahrscheinlichkeit ist größer, weil die Markovkette jetzt dem Zustandsübergang $1 \rightarrow 2$ früher folgt als bei der ersten Zustandsfolge und weil dieser Zustandübergang eine größere Wahrscheinlichkeit hat als das Verbleiben im Zustand 1 (Zustandsübergang $1 \rightarrow 1$).

Aufgabe 7.11   *Analyse des Durchsatzes einer Werkzeugmaschine*

---

1. Die Warteschlange stellt eine nicht reduzierbare Markovkette dar, denn alle Knoten sind untereinander stark verkoppelt. Deshalb existiert eine stationäre Verteilung der Zustände.

2. Die Lösung der Gleichung $(G - I)\,\bar{p} = 0$ ergibt den normierten Vektor

$$\bar{p} = \begin{pmatrix} 0{,}354 \\ 0{,}393 \\ 0{,}175 \\ 0{,}078 \end{pmatrix}.$$

Das erste Element $\bar{p}_1 = 0{,}354$ besagt, dass nur bei einem Anteil von 35,4% aller Zeittakte die Warteschlange leer ist. Die Werkzeugmaschine ist also gut ausgelastet. Da die Bedienung schneller erfolgt, als neue Werkstücke ankommen, ist die Warteschlange nur in 8% der Fälle voll, so dass neue Werkstücke an andere Werkzeugmaschinen weitergeleitet werden ($\bar{p}_4 = 0{,}078$).

3. Bei Verwendung von zwei Maschinen verändert sich die Warteschlange nicht strukturell, sondern nur bezüglich des Parameters p_M, der jetzt gleich eins ist. Damit wechselt die Warteschlage nur noch zwischen den Zuständen 0 und 1, wobei die stationäre Verteilung $\bar{p} = (0{,}60,\ 0{,}40,\ 0,\ 0)^T$ zeigt, dass sich die Warteschlange etwa gleich häufig in beiden Zuständen aufhält.

4. Bei einer Veränderung der Warteschlangenlänge von drei auf vier muss in der Markovkette ein neuer Zustand eingeführt werden. Dem neuen Zustand 4 werden die Übergangswahrscheinlichkeiten zugeordnet, die bisher der Zustand 3 hatte, und der Zustand 3 wird mit dem neuen Zustand 4 in derselben Weise verbunden wie mit dem Zustand 2.

   Als stationäre Verteilung erhält man

$$\bar{p} = \begin{pmatrix} 0{,}342 \\ 0{,}380 \\ 0{,}169 \\ 0{,}075 \\ 0{,}034 \end{pmatrix}.$$

Es verändert sich im Wesentlichen nur die stationäre Wahrscheinlichkeit für den Zustand 3, der sich jetzt nicht mehr am Ende der Warteschlange befindet. Der Grund dafür ist, dass jetzt die ankommenden Werkstücke erst dann abgewiesen werden, wenn sich vier Werkstücke in der Warteschlange befinden.

Aufgabe 7.13   *Vermittlung von Telefongesprächen*

---

1. Die Telefonleitung kann die beiden Zustände „frei" und „besetzt" annehmen, die in der Markovkette mit 1 und 0 bezeichnet sind. Mit den angegebenen Wahrscheinlichkeiten α und β lässt sich der Graf in Abb. A.54 angeben:

2. Die in Abb. A.54 dargestellte Markovkette hat für $\alpha, \beta > 0$ folgende Eigenschaften:
   - Die Markovkette ist irreduzibel.
   - Die Markovkette ist nicht periodisch.
   - Die Zustände der Markovkette sind rekurrent.

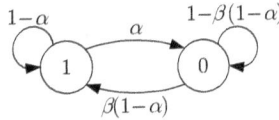

Abb. A.54: Markovkette zur Beschreibung des Telefonapparates

3. Da die Markovkette irreduzibel und aperiodisch ist, gibt es eine stationäre Wahrscheinlichkeitsverteilung $\bar{p}$ nach Gl. (7.37). Die Übergangsmatrix G der Markovkette kann aus dem Grafen abgelesen werden:

$$G = \begin{pmatrix} 1 - \beta\,(1-\alpha) & \alpha \\ \beta\,(1-\alpha) & 1-\alpha \end{pmatrix}.$$

Daraus erhält man

$$\begin{pmatrix} \bar{p}_1 \\ \bar{p}_2 \end{pmatrix} = \begin{pmatrix} \frac{\alpha}{\alpha+\beta\,(1-\alpha)} \\ \frac{\beta\,(1-\alpha)}{\alpha+\beta\,(1-\alpha)} \end{pmatrix}.$$

4. Für $\alpha \to 1$ entfällt der Zustandsübergang $0 \to 1$ und der Telefonapparat ist im stationären Zustand mit der Wahrscheinlichkeit 1 besetzt: $\bar{p} = (1 \;\; 0)^{\mathrm{T}}$. Für $\beta \to 1$ werden die Telefonate mit der Wahrscheinlichkeit 1 im nächsten Zeitabschnitt beendet und es gilt $\bar{p} = (\alpha \;\; 1-\alpha)^{\mathrm{T}}$. Die Wahrscheinlichkeit, einen besetzten Telefonapparat vorzufinden, ist gleich der Wahrscheinlichkeit für die Ankunft eines Gespräches.

Aufgabe 7.18   *Schreiben eines SMS-Textes*

1. Die Zustände des Hintergrundprozesses entsprechen den 26 Buchstaben des Alphabets, wobei Leerzeichen hier zur Vereinfachung im Text ignoriert werden. Da in deutschsprachigen Texten jeder Buchstabe jedem anderen folgen kann, gibt es Übergänge von allen Zuständen der Markovkette zu allen anderen Zuständen. Die Übergangswahrscheinlichkeiten müssen aus der deutschen Rechtschreibung unter Berücksichtigung der Häufigkeit, mit der alle betrachteten Wörter verwendet werden, bestimmt werden. Angaben hierzu findet man in der sprachwissenschaftlichen Literatur. Es soll im Folgenden jedoch angenommen werden, dass alle Zustandsübergänge gleich wahrscheinlich sind $(G(i\,|\,j) = \frac{1}{26})$.

   Für das Sensormodell wird die Annahme getroffen, dass Fehler nur in der Häufigkeit des Drückens einer Taste auftreten, die für den entsprechenden Buchstaben richtige Taste aber immer getroffen wird. Damit kann das Sensormodell durch Angabe der Ausgabewahrscheinlichkeiten für die zwei vorliegenden Tastenklassen eines Mobiltelefons (Tasten mit drei Buchstaben und Tasten mit vier Buchstaben) beschrieben werden. In Abb. A.55 sind Ausschnitte der Markovkette für die beiden Tastenklassen gezeigt.

   Die Wahrscheinlichkeiten des Sensormodells wurden entsprechend der Annahme festgelegt, dass sich der Verfasser höchsten um einen Tastendruck pro Buchstabe irrt.

2. Es soll ermittelt werden, wie groß die Wahrscheinlichkeit ist, dass anstelle der Buchstabenfolge

$$Z(0...15) = \text{KLAUSUR BESTANDEN}$$

   die Folge

$$W(0...15) = \text{KKBTSTQ BESTANDEN}$$

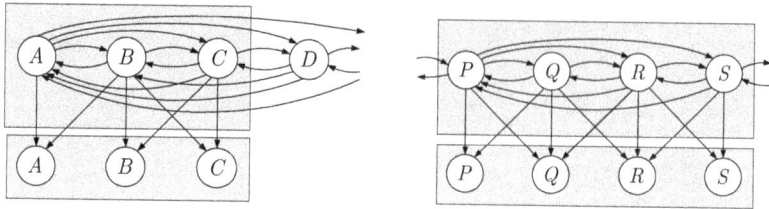

Abb. A.55: Ausschnitt der verdeckten Markovkette für die Tasten „1" (links) und „7" (rechts)

eingetippt wird. Hierfür sind die bedingten Wahrscheinlichkeiten des Sensormodells zu multiplizieren:

$$\text{Prob}\,(W(0...15)\,|\,Z(0...15)) = H(N\,|\,N) \cdot H(E\,|\,E) \cdot H(D\,|\,D) \cdot H(N\,|\,N) \cdot$$
$$H(A\,|\,A) \cdot H(T\,|\,T) \cdot H(S\,|\,S) \cdot H(E\,|\,E) \cdot H(B\,|\,B) \cdot$$
$$H(Q\,|\,R) \cdot H(T\,|\,U) \cdot H(S\,|\,S) \cdot H(T\,|\,U) \cdot H(B\,|\,A) \cdot$$
$$H(K\,|\,L) \cdot H(K\,|\,K).$$

Nimmt man für einen geübten SMS-Schreiber an, dass er mit 90% Wahrscheinlichkeit den richtigen Buchstaben erzeugt, so erhält man

$$\text{Prob}\,(W(0...15)\,|\,Z(0...15)) = 0{,}9 \cdot 0{,}05 \cdot 0{,}03 \cdot 0{,}05 \cdot 0{,}97 \cdot 0{,}05 \cdot 0{,}05 \cdot 0{,}9 \cdot 0{,}9 \cdot 0{,}97 \cdot$$
$$0{,}97 \cdot 0{,}97 \cdot 0{,}9 \cdot 0{,}9 \cdot 0{,}97 \cdot 0{,}9 \cdot 0{,}9 = 8{,}55687 \cdot 10^{-8}$$

Um bewerten zu können, ob diese Wahrscheinlichkeit groß ist, wird die Rechnung mit $(W(0...15) = Z(0...15))$ wiederholt. Dabei ergibt sich, dass der richtige Text mit der Wahrscheinlichkeit

$$(0{,}9)^{15} = 0{,}206,$$

also mit einer um den Faktor 10^6 größeren Wahrscheinlichkeit als die angegebene fehlerhafte Zeichenkette erhalten wird.

Aufgabe 7.21   *Dekodierung einer über einen gestörten Kanal übertragenen Zeichenkette*

Aus dem deterministischen Automaten aus Abb. 7.51 erhält man die in Abb. A.56 gezeigte Markovkette, bei der sämtliche Zustandsübergangswahrscheinlichkeiten gleich 0,5 gesetzt wurden, weil in der zu kodierenden Zeichenfolge die Zeichen 0 und 1 in beliebiger Reihenfolge vorkommen.

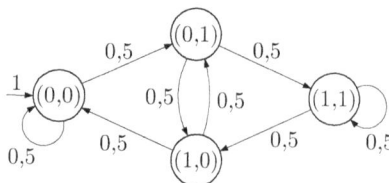

Abb. A.56: Markovkette, die aus dem deterministischen Automaten in Abb. 7.51 abgeleitet wurde

Die Markovkette kann jede Zustandsfolge durchlaufen, die in Abb. A.57 durch einen Pfad vom bekannten Anfangszustand $z_0 = (0, 0)$ dargestellt ist.

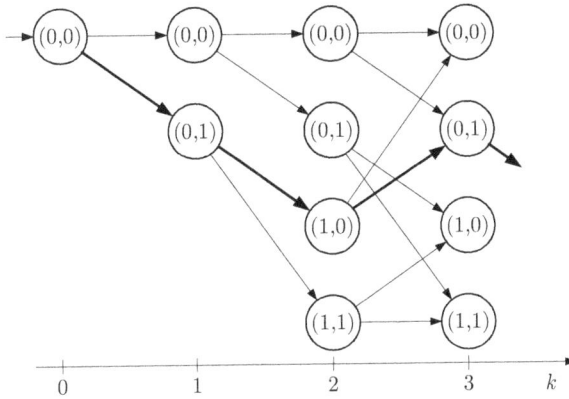

Abb. A.57: Zustandsfolgen der Markovkette aus Abb. A.56

Die in der Aufgabenstellung gegebenen Informationen über die Störung führen zu folgendem Sensormodell, mit dem die Markovkette aus Abb. A.56 eine verdeckte Markovkette bildet:

w	$H(w \mid (0, 0))$
$(0, 0)$	0,5
$(0, 1)$	0,2
$(1, 0)$	0,2
$(1, 1)$	0,1

w	$H(w \mid (0, 1))$
$(0, 0)$	0,2
$(0, 1)$	0,5
$(1, 0)$	0,1
$(1, 1)$	0,2

w	$H(w \mid (1, 0))$
$(0, 0)$	0,2
$(0, 1)$	0,1
$(1, 0)$	0,5
$(1, 1)$	0,2

w	$H(w \mid (1, 1))$
$(0, 0)$	0,1
$(0, 1)$	0,2
$(1, 0)$	0,2
$(1, 1)$	0,5

Die Anwendung des Viterbi-Algorithmus für die empfangene Zeichenfolge W_1 aus Gl. (7.21) führt auf folgende Ergebnisse:

1. **Initialisierung:** Da der Anfangszustand $z_0 = (0, 0)$ bekannt ist und als erstes das Zeichen $w_1(0) = (0, 0)$ empfangen wurde, gilt für den einzigen möglichen Zustand

$$J_0((0, 0)) = H((0, 0) \mid (0, 0)) \cdot p_0((0, 0)) = 0,5 \cdot 1 = 0,5.$$

2. **Rekursion:**
   - Für $k = 0$ erhält man aufgrund des empfangenen Zeichens $w_1(1) = (1, 0)$ für die zwei möglichen Zustände der Markovkette aus Gl. (7.66) folgende Gütewerte:

$$J_1((0, 0)) = H((1, 0) \mid (0, 0)) \cdot J_0((0, 0)) \cdot G((0, 0) \mid (0, 0)) = 0,2 \cdot 0,5 \cdot 0,5 = 0,05$$
$$J_1((0, 1)) = H((1, 0) \mid (0, 1)) \cdot J_0((0, 0)) \cdot G((0, 1) \mid (0, 0)) = 0,1 \cdot 0,5 \cdot 0,5 = 0,025.$$

- Für $k = 1$ haben die vier möglichen Zustände der Markovkette für das empfangene Zeichen $w(2) = (1, 0)$ folgende Gütewerte:

$$
\begin{aligned}
J_2((0, 0)) &= H((1, 0) \mid (0, 0)) \cdot J_1((0, 0)) \cdot G((0, 0) \mid (0, 0)) \\
&= 0{,}2 \cdot 0{,}05 \cdot 0{,}5 = 0{,}005 \\
J_2((0, 1)) &= H((1, 0) \mid (0, 1)) \cdot J_1((0, 0)) \cdot G((0, 1) \mid (0, 0)) \\
&= 0{,}1 \cdot 0{,}05 \cdot 0{,}5 = 0{,}0025 \\
J_2((1, 0)) &= H((1, 0) \mid (1, 0)) \cdot J_1((0, 1)) \cdot G((1, 0) \mid (0, 1)) \\
&= 0{,}5 \cdot 0{,}025 \cdot 0{,}5 = 0{,}00625 \\
J_2((1, 1)) &= H((1, 0) \mid (1, 1)) \cdot J_1((0, 1)) \cdot G((1, 1) \mid (0, 1)) \\
&= 0{,}2 \cdot 0{,}025 \cdot 0{,}5 = 0{,}0025.
\end{aligned}
$$

- Für $k = 2$ und die empfangene Zeichenkette $w(3) = (0, 1)$ führt Gl. (7.66) auf folgende Gütewerte:

$$
\begin{aligned}
J_3((0, 0)) &= H((0, 1) \mid (0, 0)) \cdot \\
&\quad \max \left(J_2((0, 0)) \cdot G((0, 0) \mid (0, 0)), J_2((1, 0)) \cdot G((0, 0) \mid (0, 0)) \right) \\
&= 0{,}2 \cdot \max(0{,}005 \cdot 0{,}5, 0{,}00625 \cdot 0{,}5) = 0{,}2 \cdot 0{,}003125 = 0{,}000625 \\[6pt]
J_3((0, 1)) &= H((0, 1) \mid (0, 1)) \cdot \\
&\quad \max \left(J_2((0, 0)) \cdot G((0, 1) \mid (0, 0)), J_2((1, 0)) \cdot G((0, 1) \mid (0, 1)) \right) \\
&= 0{,}5 \cdot \max(0{,}005 \cdot 0{,}5, 0{,}00625 \cdot 0{,}5) = 0{,}5 \cdot 0{,}003125 = 0{,}0015625 \\[6pt]
J_3((1, 0)) &= H((0, 1) \mid (1, 0)) \cdot \\
&\quad \max \left(J_2((0, 1)) \cdot G((1, 0) \mid (0, 1)), J_2((1, 1)) \cdot G((1, 0) \mid (1, 1)) \right) \\
&= 0{,}1 \cdot \max(0{,}0025 \cdot 0{,}5, 0{,}0025 \cdot 0{,}5) = 0{,}1 \cdot 0{,}00125 = 0{,}000125 \\[6pt]
J_3((1, 1)) &= H((0, 1) \mid (1, 1)) \cdot \\
&\quad \max \left(J_2((0, 1)) \cdot G((1, 1) \mid (0, 1)), J_2((1, 1)) \cdot G((1, 1) \mid (1, 1)) \right) \\
&= 0{,}2 \cdot \max(0{,}0025 \cdot 0{,}5, 0{,}0025 \cdot 0{,}5) = 0{,}2 \cdot 0{,}00125 = 0{,}00025
\end{aligned}
$$

3. **Pfadende**: Der beste Pfad endet im Zustand $z(3) = (0, 1)$ und hat den Gütewert $0{,}0015625$:

$$
J^* = 0{,}0015625, \quad z(3)^* = (0, 1).
$$

4. **Pfad**: Das Zurückverfolgen des Pfades vom Endzustand $z(3)^* = (0, 1)$ führt auf folgende Zustandsfolge

$$
Z^* = ((0, 0), (0, 1), (1, 0), (0, 1))
$$

Das Ergebnis stimmt mit der Folge von Zuständen überein, die der deterministische Automat, der den Kodierungsalgorithmus beschreibt, durchlaufen hat. Trotz der Störungen des Übertragungskanals kann also die gesendete Zeichenkette rekonstruiert werden.

Ein ähnliches Ergebnis erhält man bei der Anwendung des Viterbi-Algorithmus auf die Folge W_2.

Diskussion. Das Ergebnis zeigt, dass aus der gesendeten Zeichenkette W, die die doppelte Anzahl von Zeichen umfasst als die zu sendende Zeichenfolge V und folglich redundant ist, die originale Zeichenkette rekonstruiert werden kann, obwohl von vier gesendeten Zeichen eines vollkommen gestört bzw. zwei Zeichen zur Hälfte gestört am Empfänger ankamen.

Für dieses Beispiel wäre die Darstellung des Kodierungsalgorithmus als Mealy-Automat zweckmä-
ßiger gewesen, weil dann das erste gesendete Zeichenpaar $w(0) = (0, 0)$ entfallen wäre. Der Viterbi-
Algorithmus lässt sich auf verdeckte Markovketten erweitern, bei denen wie beim Mealy-Automat die
Ausgabe auch von der aktuellen Eingabe abhängt. Hier wurde für die Anwendung des Viterbi-Algorithmus
in der für Moore-Automaten behandelten Form auf eine Darstellung des Kodierungsalgorithmus als
Moore-Automat zurückgegriffen.

Aufgabe 8.1   *Berechnung des Eigenwertes von Matrizen in Max-plus-Algebra*

Es wird hier die Lösung für den rechten Grafen aus Abb. 8.4 angegeben. Aus dem Grafen liest man die
Matrix

$$A = \begin{pmatrix} -\infty & -\infty & -\infty & 2 \\ 1 & -\infty & -\infty & -\infty \\ -\infty & 3 & -\infty & -\infty \\ -\infty & 1 & 1 & -\infty \end{pmatrix}$$

ab. Der Graf ist stark zusammenhängend und die Matrix folglich irreduzibel. Da die Matrix außerdem
kein Element ∞ enthält, existiert ein Eigenwert und der Eigenwert kann mit Gl. (8.9) berechnet werden.
Dafür werden die folgenden Matrizen gebildet:

$$A^0 = \begin{pmatrix} 0 & -\infty & -\infty & -\infty \\ -\infty & 0 & -\infty & -\infty \\ -\infty & -\infty & 0 & -\infty \\ -\infty & -\infty & -\infty & 0 \end{pmatrix} \qquad A = \begin{pmatrix} -\infty & -\infty & -\infty & 2 \\ 1 & -\infty & -\infty & -\infty \\ -\infty & 3 & -\infty & -\infty \\ -\infty & 1 & 1 & -\infty \end{pmatrix}$$

$$A^2 = \begin{pmatrix} -\infty & 3 & 3 & -\infty \\ -\infty & -\infty & -\infty & 3 \\ 4 & -\infty & -\infty & -\infty \\ 2 & 4 & -\infty & -\infty \end{pmatrix} \qquad A^3 = \begin{pmatrix} 4 & 6 & -\infty & -\infty \\ -\infty & 4 & 4 & -\infty \\ -\infty & -\infty & -\infty & 6 \\ 5 & -\infty & -\infty & 4 \end{pmatrix} \ .$$

$$A^4 = \begin{pmatrix} 7 & -\infty & -\infty & 6 \\ 5 & 7 & -\infty & -\infty \\ -\infty & 7 & 7 & -\infty \\ -\infty & 5 & 5 & 7 \end{pmatrix} \ .$$

Die Gl. (8.9) wird für $j = 3$ angewendet, wofür die in der Matrix A^4 grau gekennzeichneten Matrixelemente betrachtet werden. Für die oberen beiden Elemente erhält man in den Zeilen der folgenden Tabelle
den Wert $-\infty$, der nicht in das Gesamtergebnis eingeht.

	$\dfrac{(\boldsymbol{A}^n)_{ij}-(\boldsymbol{A}^k)_{ij}}{n-k}$				
ij	$k=0$	$k=1$	$k=2$	$k=3$	$\min\limits_{k}$
13	$\dfrac{-\infty-0}{4}=-\infty$	$-\infty$	$-\infty$	$-\infty$	$-\infty$
23	$\dfrac{-\infty-0}{4}=-\infty$	$-\infty$	$-\infty$	$-\infty$	$-\infty$
33	$\dfrac{7-0}{4}=\dfrac{7}{4}$	$\dfrac{7+\infty}{3}=\infty$	$\dfrac{7+\infty}{2}=\infty$	$\dfrac{7+\infty}{1}=\infty$	$\dfrac{7}{4}$
43	$\dfrac{5+\infty}{4}=\infty$	$\dfrac{5-1}{3}=\dfrac{5}{3}$	$\dfrac{5+\infty}{2}=\infty$	$\dfrac{5+\infty}{1}=\infty$	$\dfrac{5}{3}$
				$\max_{i=1,2,3,4}$	$\dfrac{7}{4}$

Das Ergebnis $\lambda = \frac{7}{4}$ kann man natürlich für dieses einfache Beispiel direkt aus dem Grafen als das größte Durchschnittsgewicht der beiden vorhandenen Zyklen $1 \to 2 \to 4 \to 1$ und $1 \to 2 \to 4 \to 4 \to 1$ ablesen.

Die Berechnung des Eigenvektors erfolgt entsprechend dem Algorithmus 8.1 in folgenden Schritten:

1. Berechnung von

$$\boldsymbol{A}_\lambda = \left(-\frac{7}{4}\right) \otimes \begin{pmatrix} -\infty & -\infty & -\infty & 2 \\ 1 & -\infty & -\infty & -\infty \\ -\infty & 3 & -\infty & -\infty \\ -\infty & 1 & 1 & -\infty \end{pmatrix} = \begin{pmatrix} -\infty & -\infty & -\infty & \frac{1}{4} \\ -\frac{3}{4} & -\infty & -\infty & -\infty \\ -\infty & \frac{5}{4} & -\infty & -\infty \\ -\infty & -\frac{3}{4} & -\frac{3}{4} & -\infty \end{pmatrix}.$$

2. Die Matrix $\boldsymbol{S} = \boldsymbol{A}_\lambda \oplus \boldsymbol{A}_\lambda^2 \oplus \boldsymbol{A}_\lambda^3 \oplus \boldsymbol{A}_\lambda^4$ erhält man aus folgenden Matrizen

$$\boldsymbol{A}_\lambda = \begin{pmatrix} -\infty & -\infty & -\infty & \frac{1}{4} \\ -\frac{3}{4} & -\infty & -\infty & -\infty \\ -\infty & \frac{5}{4} & -\infty & -\infty \\ -\infty & -\frac{3}{4} & -\frac{3}{4} & -\infty \end{pmatrix} \qquad \boldsymbol{A}_\lambda^2 = \begin{pmatrix} -\infty & -\frac{2}{4} & -\frac{2}{4} & -\infty \\ -\infty & -\infty & -\infty & \frac{2}{4} \\ \frac{2}{4} & -\infty & -\infty & -\infty \\ -\frac{6}{4} & -\frac{2}{4} & -\infty & -\infty \end{pmatrix}$$

$$\boldsymbol{A}_\lambda^3 = \begin{pmatrix} -\frac{5}{4} & \frac{3}{4} & -\infty & -\infty \\ -\infty & -\frac{5}{4} & -\frac{5}{4} & -\infty \\ -\infty & -\infty & -\infty & -\frac{1}{4} \\ -\frac{1}{4} & -\infty & -\infty & -\frac{1}{4} \end{pmatrix} \qquad \boldsymbol{A}_\lambda^4 = \begin{pmatrix} 0 & -\infty & -\infty & 0 \\ -\frac{8}{4} & 0 & -\infty & -\infty \\ -\infty & 0 & 0 & -\infty \\ -\infty & -\frac{8}{4} & -\frac{8}{4} & -\frac{4}{4} \end{pmatrix}$$

durch elementeweise Maximierung:

$$\boldsymbol{S} = \begin{pmatrix} 0 & \frac{3}{4} & -\frac{2}{4} & \frac{1}{4} \\ -\frac{3}{4} & 0 & -\frac{5}{4} & \frac{2}{4} \\ \frac{2}{4} & \frac{5}{4} & 0 & -\frac{1}{4} \\ -\frac{1}{4} & \frac{2}{4} & -\frac{3}{4} & -\frac{1}{4} \end{pmatrix}.$$

3. Der Eigenvektor wird als Spalte der Matrix $\boldsymbol{S}$ ausgelesen, deren Hauptdiagonalelement verschwindet. Die hier erhaltene Matrix hat drei derartige Spalten. Die erste, grau gekennzeichnete Spalte liefert

$$\boldsymbol{v} = \begin{pmatrix} 0 \\ -\frac{3}{4} \\ \frac{2}{4} \\ -\frac{1}{4} \end{pmatrix}.$$

Die beiden anderen Spalten sind von diesem Vektor linear abhängig, denn man erhält sie durch Multiplikation von v mit $\frac{3}{4}$ bzw. $-\frac{2}{4}$ (im Sinne der Max-plus-Algebra!).

Wie man sich leicht überzeugen kann, erfüllt das Ergebnis λ, v die Eigenwertgleichung, denn es gilt

$$A \otimes v = \begin{pmatrix} -\infty & -\infty & -\infty & 2 \\ 1 & -\infty & -\infty & -\infty \\ -\infty & 3 & -\infty & -\infty \\ -\infty & 1 & 1 & -\infty \end{pmatrix} \otimes \begin{pmatrix} 0 \\ -\frac{3}{4} \\ \frac{2}{4} \\ -\frac{1}{4} \end{pmatrix} = \begin{pmatrix} \frac{7}{4} \\ \frac{4}{4} \\ \frac{9}{4} \\ \frac{6}{4} \end{pmatrix}$$

$$= \lambda \otimes v = \frac{7}{4} \otimes \begin{pmatrix} 0 \\ -\frac{3}{4} \\ \frac{2}{4} \\ -\frac{1}{4} \end{pmatrix} = \begin{pmatrix} \frac{7}{4} \\ \frac{4}{4} \\ \frac{9}{4} \\ \frac{6}{4} \end{pmatrix}.$$

Aufgabe 8.2   *Modellierung eines Batchprozesses als zeitbewertetes Petrinetz*

In dem in Abb. A.58 gezeigten Petrinetz sind die drei Teilprozesse des Batchprozesses zu erkennen:

- Entleeren und Befüllen des Behälters B_1
- Entleeren und Befüllen des Behälters B_2
- Entleeren, Befüllen und Erhitzen des Behälters B_3

Eine Synchronisation der Teilprozesse erfolgt während des Befüllens des Behälters B_3.

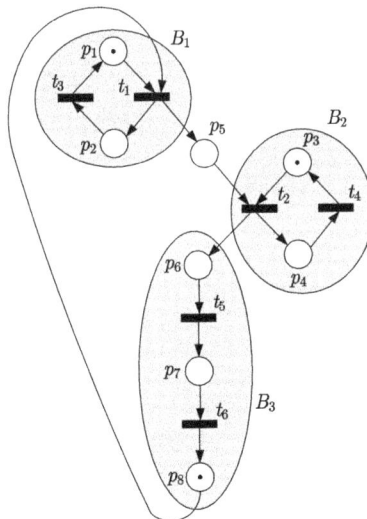

Abb. A.58: Zeitbewertetes Petrinetz für die Beschreibung des Batchprozesses

Jeder Stelle ist eine minimale Verweildauer zugewiesen.

$$
\mathcal{P} = \begin{array}{|c|l|c|}
\hline
\text{Stelle} & \text{Bedeutung} & \text{Verweildauer} \\
\hline
p_1 & \text{Behälter } B_1 \text{ ist voll.} & \tau_1 \\
p_2 & \text{Behälter } B_1 \text{ ist leer.} & \tau_2 \\
p_3 & \text{Behälter } B_2 \text{ ist voll.} & \tau_3 \\
p_4 & \text{Behälter } B_2 \text{ ist leer.} & \tau_4 \\
p_5 & \text{Das Leeren von Behälter } B_1 \text{ ist beendet.} & \tau_5 \\
p_6 & \text{Behälter } B_3 \text{ ist voll.} & \tau_6 \\
p_7 & \text{Der Inhalt von Behälter } B_3 \text{ ist aufgeheizt.} & \tau_7 \\
p_8 & \text{Behälter } B_8 \text{ ist leer.} & \tau_8 \\
\hline
\end{array} \ .
$$

Durch diese zeitlichen Informationen verschwindet der Nichtdeterminismus des nichtdeterministischen Automaten und es kann zu jedem Zeitpunkt vorhergesagt werden, welchen Zustand die Gesamtanlage annehmen wird.

Das zeitbewertete Petrinetz hat folgendes analytisches Modell:

$$
x(k+1) = \begin{pmatrix}
-\infty & -\infty & -\infty & -\infty & -\infty & -\infty & -\infty & -\infty \\
\tau_1 & -\infty & -\infty & -\infty & -\infty & -\infty & -\infty & \tau_8 \\
-\infty & -\infty & -\infty & -\infty & -\infty & -\infty & -\infty & -\infty \\
-\infty & -\infty & \tau_3 & -\infty & -\infty & -\infty & -\infty & -\infty \\
\tau_1 & -\infty & -\infty & -\infty & -\infty & -\infty & -\infty & \tau_8 \\
-\infty & -\infty & \tau_3 & -\infty & -\infty & -\infty & -\infty & -\infty \\
-\infty & -\infty & -\infty & -\infty & -\infty & -\infty & -\infty & -\infty \\
-\infty & -\infty & -\infty & -\infty & -\infty & -\infty & -\infty & -\infty
\end{pmatrix} \otimes x(k) \oplus
$$

$$
\begin{pmatrix}
-\infty & \tau_2 & -\infty & -\infty & -\infty & -\infty & -\infty & -\infty \\
-\infty & -\infty & -\infty & -\infty & -\infty & -\infty & -\infty & -\infty \\
-\infty & -\infty & -\infty & \tau_4 & -\infty & -\infty & -\infty & -\infty \\
-\infty & -\infty & -\infty & -\infty & \tau_5 & -\infty & -\infty & -\infty \\
-\infty & -\infty & -\infty & -\infty & -\infty & -\infty & -\infty & -\infty \\
-\infty & -\infty & -\infty & -\infty & \tau_5 & -\infty & -\infty & -\infty \\
-\infty & -\infty & -\infty & -\infty & -\infty & \tau_6 & -\infty & -\infty \\
-\infty & -\infty & -\infty & -\infty & -\infty & -\infty & \tau_7 & -\infty
\end{pmatrix} \otimes x(k+1) \ .
$$

Durch dreimaliges Einsetzen von $x(k+1)$ auf der rechten Seite entsteht die explizite Gleichung

$$
x(k+1) =
$$
$$
\begin{pmatrix}
\tau_1 \otimes \tau_2 & -\infty & -\infty & -\infty & -\infty & -\infty & -\infty & \tau_2 \otimes \tau_8 \\
\tau_1 & -\infty & -\infty & -\infty & -\infty & -\infty & -\infty & \tau_8 \\
\tau_1 \otimes \tau_4 \otimes \tau_5 & -\infty & \tau_3 \otimes \tau_4 & -\infty & -\infty & -\infty & -\infty & \tau_4 \otimes \tau_5 \otimes \tau_8 \\
\tau_1 \otimes \tau_5 & -\infty & \tau_3 & -\infty & -\infty & -\infty & -\infty & \tau_5 \otimes \tau_8 \\
\tau_1 & -\infty & -\infty & -\infty & -\infty & -\infty & -\infty & \tau_8 \\
\tau_1 \otimes \tau_5 & -\infty & \tau_3 & -\infty & -\infty & -\infty & -\infty & \tau_5 \otimes \tau_8 \\
\tau_1 \otimes \tau_5 \otimes \tau_6 & -\infty & \tau_3 \otimes \tau_6 & -\infty & -\infty & -\infty & -\infty & \tau_5 \otimes \tau_6 \otimes \tau_8 \\
\tau_1 \otimes \tau_5 \otimes \tau_6 \otimes \tau_7 & -\infty & \tau_3 \otimes \tau_6 \otimes \tau_7 & -\infty & -\infty & -\infty & -\infty & \tau_5 \otimes \tau_6 \otimes \tau_7 \otimes \tau_8
\end{pmatrix} \otimes x(k) \ .
$$

Auch wenn die Füllzeiten der Behälter B_1, B_2 und B_3 nicht genau bekannt sind, kann das modellierte Verhalten deterministisch bleiben, solange die Unbestimmtheiten nicht so groß sind, dass sich dadurch die Reihenfolge der einzelnen Markierungen des Petrinetzes verändern kann.

| **Aufgabe 8.3** | *Fahrplan für die Bochumer Straßenbahn* |

1. Die Stellen des Synchronisationsgrafens entsprechen den Haltestellen der Bahnen unter Berücksichtigung der Fahrtrichtung. Für die Ankunft und die Abfahrt sind separate Stellen vorgesehen.

$$\mathcal{P} =$$

Stelle	Bedeutung
p_1	S308 ist in Hattingen losgefahren.
p_2	U35 ist in Herne losgefahren.
p_3	S308 ist im Hbf eingetroffen, warten.
p_4	U35 ist im Hbf eingetroffen, warten.
p_5	Beide Bahnen sind im Hbf eingetroffen, umsteigen.
p_6	S308 ist in Richtung Gerthe losgefahren.
p_7	U35 ist in Richtung Ruhr-Uni losgefahren.
p_8	S308 ist in Gerthe eingetroffen, 10 min Pause.
p_9	U35 ist in der Station Ruhr-Uni eingetroffen, 10 min Pause.
p_{10}	U35 ist von der Station Ruhr-Uni losgefahren.
p_{11}	S308 ist in Gerthe losgefahren.
p_{12}	U35 ist im Hbf eingetroffen, warten auf S308.
p_{13}	S308 ist im Hbf eingetroffen, warten auf U35.
p_{14}	Beide Bahnen sind im Hbf eingetroffen, umsteigen.
p_{15}	U35 ist in Richtung Herne losgefahren.
p_{16}	S308 ist in Richtung Hattingen losgefahren.
p_{17}	U35 ist in Herne eingetroffen, 10 min Pause.
p_{18}	S308 ist in Hattingen eingetroffen, 10 min Pause.

Vor dem Hauptbahnhof erfolgt eine Synchronisation der beiden Teilprozesse. Nach den Stellen „Hbf umsteigen" verzweigt sich das Modell, um die Nebenläufigkeit der beiden Teilprozesse darzustellen.

2. In Abb. A.59 sind die zeitlichen Informationen in Minuten an die Stellen des Petrinetzes angetragen. Da die Verweilzeit in den Stellen p_3, p_4, p_{12} und p_{13} verschwindet, können diese Stellen aus dem Modell entfernt werden, ohne das zeitliche Verhalten zu verändern. Abbildung A.60 zeigt das reduzierte Petrinetz.

3. In der analytischen Darstellung der Form (8.12) treten folgende Matrizen auf:

$$
\boldsymbol{A}_0 =
\begin{pmatrix}
-\infty & -\infty & -\infty & -\infty & -\infty & -\infty & -\infty & -\infty & -\infty & -\infty & -\infty & -\infty & -\infty & -\infty \\
-\infty & -\infty & -\infty & -\infty & -\infty & -\infty & -\infty & -\infty & -\infty & -\infty & -\infty & -\infty & -\infty & -\infty \\
\tau_1 & \tau_2 & -\infty & -\infty & -\infty & -\infty & -\infty & -\infty & -\infty & -\infty & -\infty & -\infty & -\infty & -\infty \\
-\infty & -\infty & -\infty & -\infty & -\infty & -\infty & -\infty & -\infty & -\infty & -\infty & -\infty & -\infty & -\infty & -\infty \\
-\infty & -\infty & -\infty & -\infty & -\infty & -\infty & -\infty & -\infty & -\infty & -\infty & -\infty & -\infty & -\infty & -\infty \\
-\infty & -\infty & -\infty & -\infty & -\infty & -\infty & -\infty & -\infty & -\infty & -\infty & -\infty & -\infty & -\infty & -\infty \\
-\infty & -\infty & -\infty & -\infty & -\infty & -\infty & -\infty & -\infty & -\infty & -\infty & -\infty & -\infty & -\infty & -\infty \\
-\infty & -\infty & -\infty & -\infty & -\infty & -\infty & -\infty & -\infty & -\infty & -\infty & -\infty & -\infty & -\infty & -\infty \\
-\infty & -\infty & -\infty & -\infty & -\infty & -\infty & -\infty & -\infty & -\infty & -\infty & -\infty & -\infty & -\infty & -\infty \\
-\infty & -\infty & -\infty & -\infty & -\infty & -\infty & -\infty & -\infty & -\infty & -\infty & -\infty & -\infty & -\infty & -\infty \\
-\infty & -\infty & -\infty & -\infty & -\infty & -\infty & -\infty & -\infty & -\infty & -\infty & -\infty & -\infty & -\infty & -\infty \\
-\infty & -\infty & -\infty & -\infty & -\infty & -\infty & -\infty & -\infty & -\infty & -\infty & -\infty & -\infty & -\infty & -\infty \\
-\infty & -\infty & -\infty & -\infty & -\infty & -\infty & -\infty & -\infty & -\infty & -\infty & -\infty & -\infty & -\infty & -\infty \\
-\infty & -\infty & -\infty & -\infty & -\infty & -\infty & -\infty & -\infty & -\infty & -\infty & -\infty & -\infty & -\infty & -\infty
\end{pmatrix}
$$

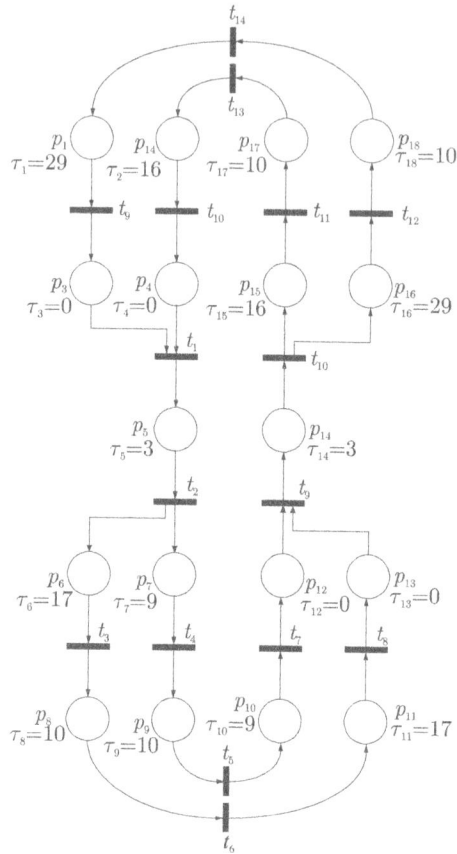

Abb. A.59: Zeitbewertetes Petrinetz für die Beschreibung des öffentlichen Verkehrsnetzes

$$
A_1 = \begin{pmatrix}
-\infty & -\infty & -\infty & -\infty & -\infty & -\infty & -\infty & -\infty & -\infty & -\infty & -\infty & -\infty & -\infty & \tau_{14} \\
-\infty & -\infty & -\infty & -\infty & -\infty & -\infty & -\infty & -\infty & -\infty & -\infty & -\infty & -\infty & \tau_{13} & -\infty \\
-\infty & -\infty & -\infty & -\infty & -\infty & -\infty & -\infty & -\infty & -\infty & -\infty & -\infty & -\infty & -\infty & -\infty \\
-\infty & -\infty & \tau_3 & -\infty & -\infty & -\infty & -\infty & -\infty & -\infty & -\infty & -\infty & -\infty & -\infty & -\infty \\
-\infty & -\infty & \tau_3 & -\infty & -\infty & -\infty & -\infty & -\infty & -\infty & -\infty & -\infty & -\infty & -\infty & -\infty \\
-\infty & -\infty & -\infty & \tau_4 & -\infty & -\infty & -\infty & -\infty & -\infty & -\infty & -\infty & -\infty & -\infty & -\infty \\
-\infty & -\infty & -\infty & -\infty & \tau_5 & -\infty & -\infty & -\infty & -\infty & -\infty & -\infty & -\infty & -\infty & -\infty \\
-\infty & -\infty & -\infty & -\infty & -\infty & -\infty & \tau_7 & -\infty & -\infty & -\infty & -\infty & -\infty & -\infty & -\infty \\
-\infty & -\infty & -\infty & -\infty & -\infty & \tau_6 & -\infty & -\infty & -\infty & -\infty & -\infty & -\infty & -\infty & -\infty \\
-\infty & -\infty & -\infty & -\infty & -\infty & -\infty & -\infty & \tau_8 & \tau_9 & -\infty & -\infty & -\infty & -\infty & -\infty \\
-\infty & -\infty & -\infty & -\infty & -\infty & -\infty & -\infty & -\infty & -\infty & \tau_{10} & -\infty & -\infty & -\infty & -\infty \\
-\infty & -\infty & -\infty & -\infty & -\infty & -\infty & -\infty & -\infty & -\infty & \tau_{10} & -\infty & -\infty & -\infty & -\infty \\
-\infty & -\infty & -\infty & -\infty & -\infty & -\infty & -\infty & -\infty & -\infty & -\infty & \tau_{11} & -\infty & -\infty & -\infty \\
-\infty & -\infty & -\infty & -\infty & -\infty & -\infty & -\infty & -\infty & -\infty & -\infty & -\infty & \tau_{12} & -\infty & -\infty
\end{pmatrix}
$$

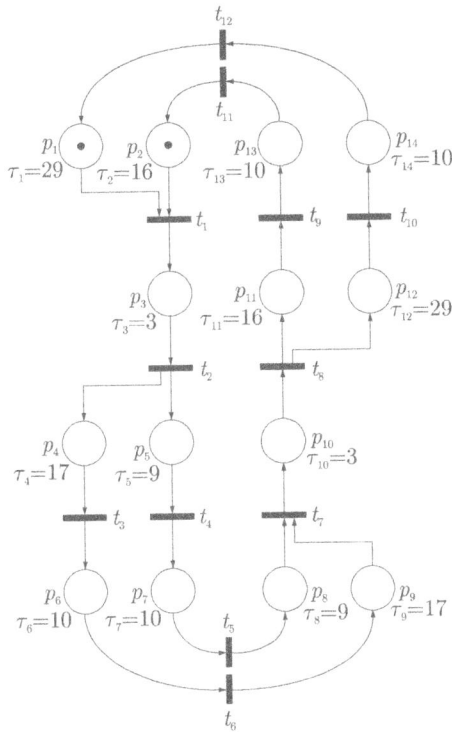

Abb. A.60: Reduziertes zeitbewertetes Petrinetz für die Beschreibung des
Straßenbahnnetzes

Durch sechsmaliges Einsetzen von $x(k+1)$ in die rechte Seite der Gleichung ergibt sich die äquivalente, explizite Gleichung des zeitbewerteten Synchronisationsgrafen (s. S. 602). In dieser Gleichung sind nur die ersten beiden Spalten der Matrix A mit Elementen ungleich $-\infty$ besetzt. Diese spezielle Struktur von A wird durch die gegebene Anfangsmarkierung hervorgerufen.

$$\boldsymbol{x}(k+1) = \begin{pmatrix}
(\tau_{14}\tau_{12}\tau_{10}\tau_9\tau_6\tau_4\tau_3 \oplus \tau_{14}\tau_{12}\tau_{10}\tau_8\tau_7\tau_5\tau_3)\,\tau_1 & \cdots & (\tau_{14}\tau_{12}\tau_{10}\tau_9\tau_6\tau_4\tau_3 \oplus \tau_{14}\tau_{12}\tau_{10}\tau_8\tau_7\tau_5\tau_3)\,\tau_2 & \cdots & -\infty \\
(\tau_{13}\tau_{11}\tau_{10}\tau_9\tau_6\tau_4\tau_3 \oplus \tau_{13}\tau_{11}\tau_{10}\tau_8\tau_7\tau_5\tau_3)\,\tau_1 & \cdots & (\tau_{13}\tau_{11}\tau_{10}\tau_9\tau_6\tau_4\tau_3 \oplus \tau_{13}\tau_{11}\tau_{10}\tau_8\tau_7\tau_5\tau_3)\,\tau_2 & \cdots & -\infty \\
\tau_1 & \cdots & \tau_2 & \cdots & -\infty \\
\tau_3\tau_1 & \cdots & \tau_3\tau_2 & \cdots & -\infty \\
\tau_3\tau_1 & \cdots & \tau_3\tau_2 & \cdots & -\infty \\
\tau_4\tau_3\tau_1 & \cdots & \tau_4\tau_3\tau_2 & \cdots & -\infty \\
\tau_5\tau_3\tau_1 & \cdots & \tau_5\tau_3\tau_2 & \cdots & -\infty \\
\tau_7\tau_5\tau_3\tau_1 & \cdots & \tau_7\tau_5\tau_3\tau_2 & \cdots & -\infty \\
\tau_6\tau_4\tau_3\tau_1 & \cdots & \tau_6\tau_4\tau_3\tau_2 & \cdots & -\infty \\
(\tau_9\tau_6\tau_4\tau_3 \oplus \tau_8\tau_7\tau_5\tau_3)\,\tau_1 & \cdots & (\tau_9\tau_6\tau_4\tau_3 \oplus \tau_8\tau_7\tau_5\tau_3)\,\tau_2 & \cdots & -\infty \\
(\tau_{10}\tau_9\tau_6\tau_4\tau_3 \oplus \tau_{10}\tau_8\tau_7\tau_5\tau_3)\,\tau_1 & \cdots & (\tau_{10}\tau_9\tau_6\tau_4\tau_3 \oplus \tau_{10}\tau_8\tau_7\tau_5\tau_3)\,\tau_2 & \cdots & -\infty \\
(\tau_{10}\tau_9\tau_6\tau_4\tau_3 \oplus \tau_{10}\tau_8\tau_7\tau_5\tau_3)\,\tau_1 & \cdots & (\tau_{10}\tau_9\tau_6\tau_4\tau_3 \oplus \tau_{10}\tau_8\tau_7\tau_5\tau_3)\,\tau_2 & \cdots & -\infty \\
(\tau_{11}\tau_{10}\tau_9\tau_6\tau_4\tau_3 \oplus \tau_{11}\tau_{10}\tau_8\tau_7\tau_5\tau_3)\,\tau_1 & \cdots & (\tau_{11}\tau_{10}\tau_9\tau_6\tau_4\tau_3 \oplus \tau_{11}\tau_{10}\tau_8\tau_7\tau_5\tau_3)\,\tau_2 & \cdots & -\infty \\
(\tau_{12}\tau_{10}\tau_9\tau_6\tau_4\tau_3 \oplus \tau_{12}\tau_{10}\tau_8\tau_7\tau_5\tau_3)\,\tau_1 & \cdots & (\tau_{12}\tau_{10}\tau_9\tau_6\tau_4\tau_3 \oplus \tau_{12}\tau_{10}\tau_8\tau_7\tau_5\tau_3)\,\tau_2 & \cdots & -\infty
\end{pmatrix} \otimes \boldsymbol{x}(k)$$

$$= \begin{pmatrix}
118 & 105 & -\infty & \cdots & -\infty \\
105 & 92 & -\infty & \cdots & -\infty \\
29 & 16 & -\infty & \cdots & -\infty \\
32 & 19 & -\infty & \cdots & -\infty \\
32 & 19 & -\infty & \cdots & -\infty \\
49 & 36 & -\infty & \cdots & -\infty \\
41 & 28 & -\infty & \cdots & -\infty \\
51 & 38 & -\infty & \cdots & -\infty \\
59 & 46 & -\infty & \cdots & -\infty \\
76 & 63 & -\infty & \cdots & -\infty \\
79 & 66 & -\infty & \cdots & -\infty \\
79 & 66 & -\infty & \cdots & -\infty \\
95 & 82 & -\infty & \cdots & -\infty \\
108 & 95 & -\infty & \cdots & -\infty
\end{pmatrix} \otimes \boldsymbol{x}(k)$$

4. Da der Graf nur einen Zyklus enthält, kann die Zykluszeit direkt aus den Elementen der Matrix abgelesen werden. Das Element a_{11} gibt die Zeit an, die ausgehend von der Startmarkierung vergeht, bevor die Stelle p_1 erneut markiert ist. Diese Zeit ist gleichbedeutend mit der Dauer, welche eine S308-Bahn braucht, um von Hattingen nach Gerthe und wieder zurück zu fahren (unter Berücksichtigung des Umsteigens am Hbf und der Einhaltung der vorgeschriebenen Pausen). Man kann also alle 118 Minuten von Hattingen aus mit derselben Bahn in Richtung Bochum Hbf abfahren. Das Element a_{21} besagt, dass die U35 alle 105 Minuten von Herne aus losfährt, also etwas häufiger als die S308. Dementsprechend werden 6 Bahnen auf beiden Strecken benötigt, damit mindestens alle 20 Minuten eine Bahn in Richtung Bochum Hbf abfährt und die geforderte Umsteigemöglichkeit eingehalten wird.

5. Der Fahrplan kann aus dem Eigenvektor zum Eigenwert der Matrix A aufgestellt werden, der aus der ersten Spalte der Matrix A abgelesen wird:

$$v = \begin{pmatrix} 118 & 105 & 29 & 32 & 32 & 49 & 41 & 51 & 59 & 76 & 79 & 79 & 95 & 108 \end{pmatrix}^{\mathrm{T}} .$$

Die folgenden Tabellen zeigen die mit diesen Informationen aufgestellten Fahrpläne für die beiden Linien unter der Annahme, dass beide Bahnen um 7:00 Uhr morgens gleichzeitig in ihren Endhaltestellen abfahren:

Fahrplan S308				
Richtung	Haltestelle	Ankunft	Abfahrt	Wiederholung
Hattingen → Gerthe	Hattingen	6:50	7:00	alle 118 Minuten
Hattingen → Gerthe	Bochum Hbf	7:29	7:32	alle 118 Minuten
Hattingen → Gerthe	Gerthe	7:49	7:59	alle 118 Minuten
Gerthe → Hattingen	Bochum Bbf	8:16	8:19	alle 118 Minuten
Gerthe → Hattingen	Hattingen	8:48	8:58	alle 118 Minuten

Fahrplan U35				
Richtung	Haltestelle	Ankunft	Abfahrt	Wiederholung
Herne → Ruhr-Uni	Herne	6:37	7:00	alle 105 Minuten
Herne → Ruhr-Uni	Bochum Hbf	7:16	7:32	alle 105 Minuten
Herne → Ruhr-Uni	Ruhr-Uni	7:41	7:51	alle 105 Minuten
Ruhr-Uni → Herne	Bochum Hbf	8:00	8:19	alle 105 Minuten
Ruhr-Uni → Herne	Herne	8:35	8:58	alle 105 Minuten

Im Hinblick auf die Angabe von Ankunft und Abfahrtszeit wäre eine Beschreibung des Verhaltens durch den Synchronisationsgrafen aus Abb. A.59 zweckmäßiger, weil dort die Wartezeit der Bahnen im Hauptbahnhof explizit angegeben ist.

Aufgabe 9.6   *Zeitbewertete Beschreibung eines Parallelrechners*

1. Für die beiden parallelen Rechenprozesse werden je eine Uhr eingeführt (x_1 für den ersten und x_2 für den zweiten Rechenprozess). Die Uhren laufen, wenn in dem betreffenden Zustand des aufzustellenden Automaten der zugehörige Rechenprozess aktiviert ist. Es werden folgende Automatenzustände eingeführt:

$$\mathcal{Z} = \begin{array}{c|l|c} z & \text{Bedeutung} & \mathcal{X}_{\text{akt}} \\ \hline 1 & \text{Beide Rechenprozesse laufen.} & \{x_1 x_2\} \\ 2 & \text{Es läuft nur der erste Rechenprozess.} & \{x_1\} \\ 3 & \text{Es läuft nur der zweite Rechenprozess.} & \{x_2\} \\ 4 & \text{Beide Rechenprozesse sind abgeschlossen und die Ergebnisse} & \emptyset \\ & \text{werden zusammengefasst.} & \end{array}.$$

Der Zustandsübergang $1 \rightarrow 2$ ist an die Bedingung $x_2 \geq 1$ geknüpft, denn der zweite Rechenprozess ist nach einer Zeiteinheit beendet. Mit derselben Überlegung erhält man die Übergangsbedingungen für die anderen Zustandswechsel, die im Automatengrafen in Abb. A.61 dargestellt sind.

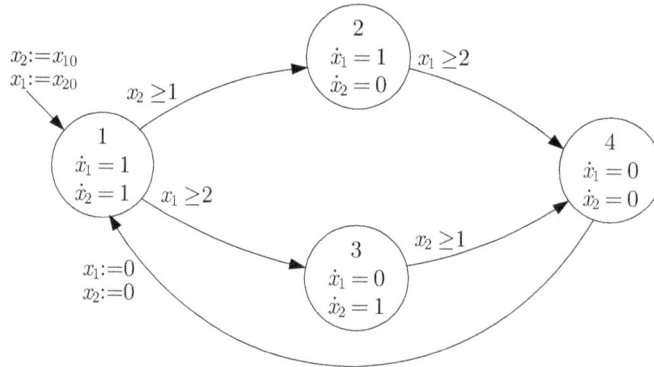

Abb. A.61: Zeitbewerteter Automat, der zwei parallele Rechenprozesse beschreibt

Vom angegebenen Anfangszustand aus bewegt sich der Automat zyklisch

$$1 \rightarrow 2 \rightarrow 4 \rightarrow 1 \rightarrow 2 \dots .$$

Die zeitbewertete Zustandsfolge heißt

$$Z_t(0 \dots 5) = (1, 0; \ 2, 1; \ 4, 2; \ 1, 2; \ 2, 3; \ 4, 4; \ 1, 4; \ 2, 5).$$

Sie beschreibt das Systemverhalten korrekt.

2. Wenn man entsprechend der Aufgabenstellung annimmt, dass beide Rechenprozesse stets gemeinsam gestartet werden, so gilt für den Anfangszustand $z_0 = 1$ stets $x_1 = x_2 < 1$. Setzt man dementsprechende Anfangswerte für die Zeitvariablen fest, so verändert sich nur die Zeitbewertung der Zustandsfolge, nicht jedoch die Folge, in denen die Zustände angenommen werden. Der Automat erreicht niemals den Zustand 3.

3. Wenn sich die Rechenzeiten ändern, muss man im Modell die Übergangsbedingungen verändern. Braucht der erste Rechenprozess beispielsweise nur 0,5 Zeiteinheiten, dann muss man die Übergangsbedingung $x_1 \geq 2$ durch $x_1 \geq 0,5$ ersetzen. Das Modell gilt dann mit den veränderten Übergangsbedingungen in ansonsten unveränderter Weise. Das Verhalten verändert sich, weil jetzt im Zustand 1 stets die Übergangsbedingung $x_1 \geq 0,5$ vor der Übergangsbedingung $x_2 \geq 1$ erfüllt wird, womit sich der Automat vom Zustand 1 nicht mehr in den Zustand 2, sondern in den Zustand 3 bewegt.

Aufgabe 9.10   *Erzeugung einer Exponentialverteilung*

Für die Zufallszahl Y entsteht die Verteilungsfunktion einer exponentialverteilten Größe, wie die folgende Rechnung zeigt:

$$
\begin{aligned}
F_Y(y) &= \mathrm{Prob}\,(Y \le y) \\
&= \mathrm{Prob}\left(-\frac{1}{\lambda} \cdot \ln X \le y\right) \\
&= \mathrm{Prob}\,(\ln X \ge -\lambda y) \\
&= \mathrm{Prob}\,(X \ge \mathrm{e}^{-\lambda y}) \\
&= \int_{\mathrm{e}^{-\lambda y}}^{1} \mathrm{d}t = 1 - \mathrm{e}^{-\lambda y} \quad \text{für } 0 \le y \le 1.
\end{aligned}
$$

Aufgabe 9.14   *Friseurbesuch*

Die betrachtete Ankunftsrate beträgt

$$
\lambda_{\mathrm{A}} = \frac{7}{60\,\mathrm{min}} = 0{,}117\,\frac{1}{\mathrm{min}}
$$

und die durchschnittliche Anzahl wartender Kunden

$$
\bar{N}_{\mathrm{W}} = 3,
$$

so dass bei einer Bedienung die durchschnittliche Kundenzahl im Friseursalon gleich

$$
\bar{N} = 4
$$

ist. Nach dem Gesetz von Little kann man damit die durchschnittliche Aufenthaltsdauer $\bar{T}$ im Friseursalon berechnen:

$$
\bar{T} = \frac{\bar{N}}{\lambda} = \frac{4}{0{,}117}\,\mathrm{min} = 34\,\mathrm{min}.
$$

Aufgabe 10.1   *Zuverlässigkeit eines Gerätes*

1. Die Zuverlässigkeit des Gerätes wird durch die kontinuierliche Markovkette mit der Matrix

$$
\boldsymbol{Q} = \begin{pmatrix} -\lambda & \mu \\ \lambda & -\mu \end{pmatrix}
$$

beschrieben, in der die in der Zuverlässigkeitstheorie üblichen Bezeichnungen λ für die Ausfallrate und μ für die Erneuerung verwendet werden.

2. Die Differenzialgleichung

$$\dot{p}_1(t) = -\lambda p_1(t) + \mu p_2(t), \quad p_1(0) = 1$$
$$\dot{p}_2(t) = \lambda p_1(t) - \mu p_2(t), \quad p_2(0) = 0$$

löst man zweckmäßigerweise unter Nutzung der Bedingung

$$p_1(t) + p_2(t) = 1$$

für die Aufenthaltswahrscheinlichkeiten. Damit erhält man aus der ersten Differenzialgleichung die Beziehung

$$\dot{p}_1(t) = -(\lambda + \mu)p_1(t) + \mu,$$

die die Lösung

$$p_1(t) = \frac{\mu}{\lambda + \mu} + \frac{\lambda}{\lambda + \mu}e^{-(\lambda + \mu)t}$$

hat und auf

$$p_2(t) = 1 - p_1(t) = \frac{\lambda}{\lambda + \mu}\left(1 - e^{-(\lambda + \mu)t}\right)$$

führt.

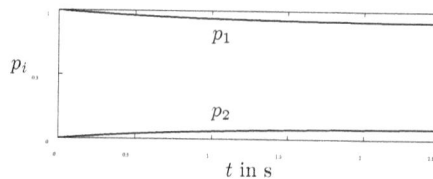

Abb. A.62: Zuverlässigkeit des Gerätes

Die angegebenen Lösungen zeigen, dass sich die Wahrscheinlichkeit für die Arbeitsfähigkeit des Gerätes vom Wert 1 bis auf einen stationären Wert verkleinert, während die Ausfallwahrscheinlichkeit dementsprechend ansteigt. Abbildung A.62 zeigt das Verhalten für die Parameter

$$\lambda = 0,1\ \frac{1}{s}, \quad \mu = 1\ \frac{1}{s},$$

die ein für die Zuverlässigkeit des Gerätes sehr ungünstiges Verhältnis von Ausfallrate und Erneuerung wiedergeben und hier so gewählt wurden, damit man in der Abbildung den charakteristischen Verlauf sehen kann.

3. Die stationären Endwerte, die man aus der Lösung für $t \to \infty$ erhält,

$$\bar{p}_1 = \lim_{t \to \infty} p_1(t) = \frac{\mu}{\lambda + \mu}$$

$$\bar{p}_2 = \lim_{t \to \infty} p_2(t) = \frac{\lambda}{\lambda + \mu}$$

haben für die hier verwendeten Parameter die Werte

$$\bar{p}_1 = 0,909 \quad \text{und} \quad \bar{p}_2 = 0,091,$$

so dass sich das Gerät nach hinreichend langer Zeit mit 9% Wahrscheinlichkeit im Fehlerzustand befindet. Für ein Geräte mit besserer Zuverlässigkeit gilt beispielsweise

$$\lambda = 0,0001 \, \frac{1}{\text{s}}, \quad \mu = 1 \, \frac{1}{\text{s}},$$

und

$$\bar{p}_1 = 0,9999 \quad \text{und} \quad \bar{p}_2 = 0,0001.$$

Aufgabe 10.2   *Ausfallverhalten eines Rechners*

1. $MTBF$ ist der Erwartungswert der Überlebenszeit des Rechners. Die Zeit τ, die nach dem Einschalten bzw. Reparieren bis zum nächsten Ausfall vergeht, ist exponentialverteilt mit der Verteilungsdichtefunktion

$$f_\tau(\tau) = \lambda e^{-\lambda t}.$$

Die Verteilungsfunktion

$$F(\tau) = \int_0^t f_\tau(\tau) \mathrm{d}\tau = 1 - e^{-\lambda t} = \text{Prob}\,(\tau \le t)$$

beschreibt die Wahrscheinlichkeit, dass der Rechner weniger als die Zeit t bis zum nächsten Ausfall arbeitet. Folglich „überlebt" der Rechner die Zeitdauer t mit der Wahrscheinlichkeit

$$\text{Prob}\,(\tau > t) = 1 - \text{Prob}\,(\tau \le t) = e^{-\lambda t}.$$

Den Erwartungswert der Überlebenszeit erhält man folglich aus

$$
\begin{aligned}
MTBF &= \int_0^\infty t \cdot \text{Prob}\,(\tau \ge t) \mathrm{d}t \\
&= \int_0^\infty t \cdot e^{-\lambda t} \mathrm{d}t.
\end{aligned}
$$

Das Integral kann man durch partielle Integration lösen:

$$
\begin{aligned}
MTBF &= \int_0^\infty t \cdot e^{-\lambda t} \mathrm{d}t \\
&= t \left(-\frac{1}{\lambda}\right) e^{-\lambda t} \Big|_0^\infty - \int_0^\infty \left(-\frac{1}{\lambda}\right) e^{-\lambda t} \mathrm{d}t \\
&= \left(-\frac{1}{\lambda}\right)^2 e^{-\lambda t} \Big|_0^\infty \tag{A.9} \\
&= \frac{1}{\lambda^2}. \tag{A.10}
\end{aligned}
$$

2. Die gesuchte kontinuierliche Markovkette hat zwei Zustände, wenn man annimmt, dass der Hacker sofort nach dem Rechnerabsturz mit den Reparaturarbeiten beginnt:

$$\mathcal{Z} = $$

z	Bedeutung
1	Rechner ist funktionsfähig.
2	Rechner wird nach einem Ausfall repariert.

Das Modell (10.16) gilt mit

$$Q = \begin{pmatrix} -\lambda_1 & \lambda_2 \\ \lambda_1 & -\lambda_2 \end{pmatrix}.$$

Entsprechend Gl. (A.10) erhält man

$$\lambda_1 = \frac{1}{\sqrt{MTBF}} = \frac{1}{\sqrt{100}} = 0{,}1.$$

Die Intensität λ_2 hat wegen der mittleren Reparaturzeit von 1 Stunde den Wert

$$\lambda_2 = \frac{1}{\sqrt{1}} = 1.$$

Damit gilt

$$Q = \begin{pmatrix} -10 & 1 \\ 10 & -1 \end{pmatrix}.$$

3. Die stationäre Wahrscheinlichkeitsverteilung folgt aus Gl. (10.19)

$$\begin{pmatrix} -0{,}1 & 1 \\ 0{,}1 & -1 \end{pmatrix} \begin{pmatrix} \bar{p}_1 \\ \bar{p}_2 \end{pmatrix} = \begin{pmatrix} 0 \\ 0 \end{pmatrix}, \quad \bar{p}_1 + \bar{p}_2 = 1.$$

Daraus erhält man

$$\bar{p}_1 = 0{,}909$$
$$\bar{p}_2 = 0{,}091.$$

Das heißt, die Polizei erwischt den Hacker mit der Wahrscheinlichkeit von etwa 91% auf frischer Tat.

Aufgabe 10.3   *Zeitdiskrete Darstellung einer Markovkette*

Die kontinuierliche Markovkette hat die Matrix der Übergangsraten

$$Q = \begin{pmatrix} -\lambda_1 & 0 \\ \lambda_1 & 0 \end{pmatrix},$$

was auf das Zustandsraummodell

$$\dot{p}_1(t) = -\lambda_1 p_1(t)$$
$$\dot{p}_2(t) = \lambda_1 p_1(t)$$

führt. Für die zeitdiskrete Darstellung muss man die Matrixexponentialfunktion $G = e^{QT}$ berechnen (deren Elemente g_{ij} *nicht* durch Anwendung der Exponentialfunktion für die Elemente q_{ij} der Matrix Q einzeln entstehen!). Um diese Berechnung zu umgehen, wird die zeitdiskrete Darstellung

$$p(t_{k+1}) = Gp(t_k)$$

aus der Lösung der beiden Differenzialgleichungen ermittelt.

Mit den Aufenthaltswahrscheinlichkeiten $p_1(0) = p_{10}$ und $p_2(0) = p_{20}$ zum Zeitpunkt $t = 0$ erhält man aus den Differenzialgleichungen

$$p_1(t) = e^{-\lambda_1 t} p_{10}$$
$$p_2(t) = p_{20} + (1 - e^{-\lambda_1 t}) p_{10}.$$

Für den Abtastzeitpunkt $t_1 = T$ folgt daraus

$$p_1(T) = e^{-\lambda_1 T} p_{10}$$
$$p_2(T) = p_{20} + (1 - e^{-\lambda_1 T}) p_{10},$$

was man in der Form

$$\begin{pmatrix} p_1(T) \\ p_2(T) \end{pmatrix} = \begin{pmatrix} e^{-\lambda_1 T} & 0 \\ 1 - e^{-\lambda_1 T} & 1 \end{pmatrix} \begin{pmatrix} p_1(0) \\ p_2(0) \end{pmatrix}$$

schreiben kann. Daraus kann man die Matrix

$$\boldsymbol{G} = \begin{pmatrix} e^{-\lambda_1 T} & 0 \\ 1 - e^{-\lambda_1 T} & 1 \end{pmatrix}$$

ablesen.

Der Automatengraf, der zu dieser diskreten Markovkette gehört, stimmt mit dem in Abb. 10.3 links gezeigten Grafen überein. Für die Übergangswahrscheinlichkeiten erhält man

$$g_{11} = e^{-\lambda_1 T} \qquad \text{und} \qquad g_{21} = 1 - e^{-\lambda_1 T}.$$

Je größer die Abtastzeit gewählt wird, umso kleiner ist die Wahrscheinlichkeit, dass das System im Zustand 1 verbleibt.

Aufgabe 10.4 *Kontinuierliche Beschreibung einer diskreten Markovkette*

Der Automatengraf der diskreten Markovkette zeigt, dass folgende Zustandsübergänge möglich sind:

$$1 \to 2, \quad 1 \to 3, \quad 2 \to 1, \quad 3 \to 2.$$

Die Matrix $\boldsymbol{Q}$ des kontinuierlichen Modells hat deshalb folgendes Aussehen:

$$\boldsymbol{Q} = \begin{pmatrix} -\lambda_1 & \lambda_2 & 0 \\ g_{21}\lambda_1 & -\lambda_2 & \lambda_3 \\ g_{31}\lambda_1 & 0 & -\lambda_3 \end{pmatrix}.$$

Der zugehörige Automatengraf ist in Abb. A.63 zu sehen.

Die Zustandsübergangswahrscheinlichkeiten g_{11} und g_{22} kommen in der Matrix $\boldsymbol{Q}$ nicht vor, weil das kontinuierliche Modell einen kontinuierlichen Abfluss an Wahrscheinlichkeit beschreibt, bei der das System auch über eine längere Zeit in den Zuständen 1 und 2 verbleiben kann. Die Parameter g_{21} und g_{31} in der Matrix $\boldsymbol{Q}$ stimmen nicht mit denen der diskreten Markovkette überein, weil sie die Übergangswahrscheinlichkeit für $t \to \infty$ beschreiben, während die gleichnamigen Elemente der Matrix $\boldsymbol{G}$ die Übergangswahrscheinlichkeiten über einen Zeitschritt k darstellen. Deshalb unterliegen diese Elemente auch unterschiedlichen Randbedingungen: Für die Elemente der Matrix $\boldsymbol{G}$ gilt $g_{11} + g_{21} + g_{31} = 1$, während für die Parameter aus der Matrix $\boldsymbol{Q}$ die Beziehung $g_{21} + g_{31} = 1$ erfüllt sein muss.

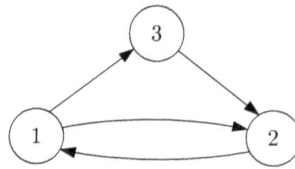

Abb. A.63: Automatengraf des kontinuierlichen Modells

Mengen, Relationen, Grafen

Dieser Anhang stellt wichtige Begriffe und Methoden der Mengenlehre und der Grafentheorie zusammen. Grundlage dafür sind Monografien und Lehrbücher der Grafentheorie wie z. B. [18], [87] sowie Bücher der Systemtheorie, die sich mit der strukturellen Systemanalyse beschäftigen [9], [88].

A1.1 Mengen

Definition. Eine Menge ist eine Zusammenfassung bestimmter, wohlunterschiedener Objekte unserer Anschauung oder unseres Denkens zu einem Ganzen[1]. Mengen werden dargestellt durch die Aufzählung aller Elemente wie beispielsweise in

$$\mathcal{M} = \{1, 2, 3, 4, 5\},$$

durch Prädikate $p_i(x)$, die von den Elementen erfüllt werden

$$\mathcal{M} = \{x \mid p_1(x) \wedge p_2(x)\}$$

wie in

$$\mathcal{M} = \{x \mid p_1(x) \wedge p_2(x)\} \quad \text{mit} \quad
\begin{aligned}
p_1(x) &= \begin{cases} \text{true} & \text{für } x \geq 1 \\ \text{false} & \text{sonst} \end{cases} \\
p_2(x) &= \begin{cases} \text{true} & \text{für } x \leq 5 \\ \text{false} & \text{sonst,} \end{cases}
\end{aligned}$$

oder durch die zur Menge $\mathcal{M}$ gehörende *charakteristische Funktion*

$$\chi_{\mathcal{M}} : \mathcal{X} \to \{0, 1\},$$

die genau für die Elemente der Menge den Wert 1 hat und für alle anderen Argumente verschwindet

$$\mathcal{M} = \{x \mid \chi_{\mathcal{M}}(x) = 1\}$$

und die für das Beispiel durch

---

[1] GEORG CANTOR (1845–1918), deutscher Mathematiker, begründete die Mengenlehre.

$$\chi_{\mathcal{M}}(x) = \begin{cases} 1 & \text{für } 1 \leq x \leq 5 \\ 0 & \text{sonst} \end{cases}$$

dargestellt ist. Die leere Menge wird durch $\emptyset$ symbolisiert. Sie enthält kein Element.

Eine *Teilmenge* $\tilde{\mathcal{M}}$ von $\mathcal{M}$ ist eine Menge, die nur Elemente aus $\mathcal{M}$ enthält. Man schreibt dafür

$$\tilde{\mathcal{M}} \subseteq \mathcal{M}.$$

Die *Potenzmenge* $2^{\mathcal{M}}$ ist die Menge aller Teilmengen von $\mathcal{M}$:

$$2^{\mathcal{M}} = \{\tilde{\mathcal{M}} \,|\, \tilde{\mathcal{M}} \subseteq \mathcal{M}\}.$$

Sie ist also eine Menge, deren Elemente wiederum Mengen darstellen. Für das o. a. Beispiel gilt

$$2^{\mathcal{M}} = \{\emptyset, \, \{1\}, \, \{2\}, ..., \, \{5\}, \, \{1,2\}, \, \{1,3\}, ..., \, \{4,5\}, \, \{1,2,3\}, ..., \, \{\mathcal{M}\}\}.$$

Mengenoperationen. Die wichtigsten Mengenoperationen sind

Vereinigung: $\mathcal{A} \cup \mathcal{B} = \{x \,|\, x \in \mathcal{A} \lor x \in \mathcal{B}\}$
Durchschnitt: $\mathcal{A} \cap \mathcal{B} = \{x \,|\, x \in \mathcal{A} \land x \in \mathcal{B}\}$
Differenz: $\mathcal{A} \backslash \mathcal{B} = \{x \,|\, x \in \mathcal{A} \land x \notin \mathcal{B}\}.$

Mit diesen Operationen können weitere Mengen definiert werden, beispielsweise das Komplement $\bar{\mathcal{M}}$ von $\mathcal{M}$ bezüglich einer Obermenge $\mathcal{C} \supseteq \mathcal{M}$:

$$\bar{\mathcal{M}} = \mathcal{C} \backslash \mathcal{M}.$$

Zwei Mengen $\mathcal{A}$ und $\mathcal{B}$ heißen disjunkt, wenn sie kein gemeinsames Element besitzen:

$$\mathcal{A} \cap \mathcal{B} = \emptyset.$$

Unter einer *Partitionierung* versteht man die Zerlegung einer Menge $\mathcal{M}$ in disjunkte Teilmengen $\mathcal{M}_i$, ($i = 1, 2, ..., n$), deren Vereinigung die Menge $\mathcal{M}$ ergibt:

$$\mathcal{M} = \cup_i^n \mathcal{M}_i \quad \text{mit} \quad \mathcal{M}_i \cap \mathcal{M}_j = \emptyset, \quad i \neq j.$$

Jede Teilmenge $\mathcal{M}_i$ wird als eine Partition von $\mathcal{M}$ bezeichnet.

A1.2 Relationen

Betrachtet werden die Mengen $\mathcal{A}_1, \mathcal{A}_2, ..., \mathcal{A}_n$. Für $a_1 \in \mathcal{A}_1, a_2 \in \mathcal{A}_2, ..., a_n \in \mathcal{A}_n$ heißt $(a_1, a_2, ..., a_n)$ ein geordnetes n-Tupel. Die Menge aller n-Tupel wird kartesisches Produkt genannt:

$$\mathcal{A}_1 \times \mathcal{A}_2 \times ... \times \mathcal{A}_n = \{(a_1, a_2, ..., a_n) \,|\, a_1 \in \mathcal{A}_1, ..., a_n \in \mathcal{A}_n\}$$

Die Teilmengen von $\mathcal{A}_1 \times \mathcal{A}_2 \times ... \times \mathcal{A}_n$ heißen n-stellige Relationen.

Eine binäre Relation ist eine Teilmenge eines kartesischen Produktes zweier Mengen. Bei der Relation

$$\mathcal{R} \subseteq \mathcal{A}_1 \times \mathcal{A}_2$$

heißt die Menge $\mathcal{A}_1$ der Vorbereich und die Menge $\mathcal{A}_2$ der Nachbereich.

Eigenschaften von Relationen. Es wird die binäre Relation $\mathcal{R} \subseteq \mathcal{A} \times \mathcal{A}$ betrachtet.

- $\mathcal{R}$ heißt *reflexiv*, wenn $(a, a) \in \mathcal{R}$ für alle $a \in \mathcal{A}$ gilt.
- $\mathcal{R}$ heißt *symmetrisch*, wenn mit dem Element $(a, b) \in \mathcal{R}$ auch das Element (b, a) zu $\mathcal{R}$ gehört.
- $\mathcal{R}$ heißt *transitiv*, wenn aus $(a, b) \in \mathcal{R}$ und $(b, c) \in \mathcal{R}$ die Beziehung $(a, c) \in \mathcal{R}$ folgt.

Eine binäre Relation, die reflexiv, symmetrisch und transitiv ist, heißt *Äquivalenzrelation*. Man sagt dann, dass zwei Elemente a und b der Menge $\mathcal{A}$ äquivalent sind, wenn sie zur Relation $\mathcal{R}$ gehören.

Jede Äquivalenzrelation $\mathcal{R}$ kann verwendet werden, um die Menge $\mathcal{A}$, über die sie definiert ist, zu partitionieren. Dann gilt

$$\mathcal{A} = \cup_i^n \mathcal{A}_i \quad \text{mit} \quad \mathcal{A}_i \cap \mathcal{A}_j = \emptyset, \quad i \neq j,$$

wobei die Mengen $\mathcal{A}_i$ genau diejenigen Elemente der Menge $\mathcal{A}$ enthalten, die untereinander äquivalent sind. Um die Paritionierung durchzuführen, wird die Menge $[a]$ der zum Element $a \in \mathcal{A}$ äquivalenten Elemente gebildet:

$$[a] = \{b \mid (a, b) \in \mathcal{R}\}.$$

Man bezeichnet diese Menge als eine Äquivalenzklasse oder Zusammenhangskomponente und a als einen Repräsentanten dieser Äquivalenzklasse. Offensichtlich sind die Mengen $[a]$ und $[b]$ genau dann gleich, wenn a und b äquivalent sind. Die unterschiedlichen Äquivalenzklassen $[a]$ sind die Mengen $\mathcal{A}_i$ der gesuchten Partitionierung von $\mathcal{A}$.

Eine wichtige Eigenschaft ist die Anzahl n von Äquivalenzklassen, in die die Menge $\mathcal{A}$ unter Verwendung der Relation $\mathcal{R}$ zerlegt wird. Diese Zahl wird Index der Äquivalenzrelation genannt. Sie ist gleich der größten Anzahl von Elementen, die man aus der Menge $\mathcal{A}$ auswählen kann, so dass diese Elemente untereinander nicht äquivalent sind.

Funktionen. Eine Funktion

$$f : \mathcal{A} \to \mathcal{B}$$

ist eine Abbildungsvorschrift, die jedem Elemente $a \in \mathcal{A}$ ein $b \in \mathcal{B}$ zuordnet. Dabei heißt $\mathcal{A}$ der Definitionsbereich und $\mathcal{B}$ der Wertevorrat.

Bei der Darstellung von Automaten wird häufig mit partiellen Funktionen gearbeitet. Dies sind Abbildungsvorschriften f, die jedem $a \in \mathcal{A}$ höchstens ein $b \in \mathcal{B}$ zuordnen. Wenn man betonen will, dass *jedem* Wert des Definitionsbereiches genau ein Wert des Wertevorrates zugeordnet wird, so spricht man von einer *totalen Funktion*.

A1.3 Grafen

A1.3.1 Gerichtete Grafen

Ein *gerichteter Graf*

$$\mathcal{G} = (\mathcal{V}, \mathcal{E})$$

ist eine mathematische Struktur, die durch eine Menge $\mathcal{V}$ von Knoten und eine Menge $\mathcal{E}$ von Kanten beschrieben wird. Dabei ist jeder Kante $e_i \in \mathcal{E}$ eindeutig ein geordnetes Paar (j, k) von Knoten aus der Menge $\mathcal{V}$ zugeordnet, wobei j den Anfangsknoten der Kante und k den Endknoten der Kante bezeichnet. Der Graf heißt endlich, wenn die beiden Mengen $\mathcal{V}$ und $\mathcal{E}$ endlich viele Elemente umfassen. Außer der Bezeichnung Kante sind in der Literatur auch die Begriffe Linie, Bogen oder Pfeil gebräuchlich, außer Knoten auch Punkte oder Knotenpunkte.

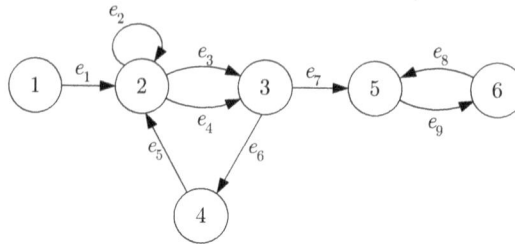

Abb. A2.1: Gerichteter Graf

Die vielfältige Verwendung gerichteter Grafen beruht auf der einprägsamen grafischen Darstellung. Wie bei dem in Abb. A2.1 gezeigten Grafen werden die Knoten als Kreise und die Kanten als Pfeile gezeichnet, wobei der Kante

$$e_i = (j, k)$$

ein Pfeil vom Knoten j zum Knoten k entspricht. Bei dieser Kante ist j der Anfangs- oder Startknoten und k der End- oder Zielknoten. Kanten werden der bildhaften Darstellung entsprechend auch durch das Symbol $j \xrightarrow{e_i} k$ repräsentiert. Im Folgenden wird nicht mehr zwischen dem Grafen als Paar von zwei Mengen $\mathcal{V}$ und $\mathcal{E}$ und dessen grafischer Repräsentation unterschieden. Der Begriff Graf bezieht sich in vielen Erläuterungen auf die zeichnerische Darstellung.

Abbildung A2.1 zeigt den Grafen

$$\mathcal{G} = (\{1, 2, 3, 4, 5\}, \{e_1, e_2, e_3, e_4, e_5, e_6, e_7, e_8, e_9\}),$$

dessen Knoten und Kanten durchnummeriert sind. In der oben eingeführten Darstellung heißt die Kante e_1

$$\text{entweder} \quad e_1 = (1, 2) \quad \text{oder} \quad 1 \xrightarrow{e_1} 2.$$

Die Kanten e_3 und e_4 verbinden dieselben Knoten in derselben Richtung. Sie werden deshalb als parallele Kanten bezeichnet. Alternativ zu den hier verwendeten Bezeichnungen kann man den Kanten und Knoten beliebige Namen geben, so dass man mit den Namen direkt auf bestimmte Objekte oder Sachverhalte einer Anwendung hinweisen kann.

Gerichtete Grafen und binäre Relationen. Jede binäre Relation $\mathcal{R} \subseteq \mathcal{A} \times \mathcal{A}$ kann man durch einen gerichteten Grafen $\mathcal{G} = (\mathcal{A}, \mathcal{E})$ darstellen, bei dem es zwischen den Knoten i und j genau dann eine gerichtete Kante $i \rightarrow j$ gibt, wenn das Paar (i, j) zur Relation $\mathcal{R}$ gehört.

Pfade. Für die Analyse gerichteter Grafen sind *Pfade* (Wege) von besonderem Interesse. Darunter versteht man eine Folge von Kanten, bei denen der Endknoten jeder Kante mit dem Anfangsknoten der nachfolgenden Kante übereinstimmt. Pfade können entweder in der Form

$$(e_1, e_2, ..., e_l) = ((i_1, i_2), (i_2, i_3), (i_3, i_4), ..., (i_l, i_{l+1}))$$
$$(e_1, e_2, ..., e_l) = (i_1 \xrightarrow{e_1} i_2, i_2 \xrightarrow{e_2} i_3, i_3 \xrightarrow{e_3} i_4, ..., i_l \xrightarrow{e_l} i_{l+1})$$
$$(e_1, e_2, ..., e_l) = (i_1, i_2, i_3, i_4, ..., i_l, i_{l+1})$$

geschrieben werden, wobei die letzte Darstellung eine Aufzählung der im Pfad enthaltenen Knoten ist.

Ein *einfacher Pfad* ist ein Pfad, in dem jeder Knoten nur einmal vorkommt. Das heißt, dass ein Knoten entweder als Anfangsknoten i_1 der Folge oder als Anfangs- und Endknoten i_j von zwei benachbarten

Kanten oder als Endknoten i_{l+1} der Folge auftritt[2]. Die Anzahl l der Kanten, aus denen ein Pfad besteht, wird Länge des Pfades genannt.

Das gezeigte Beispiel enthält den Pfad

$$(e_1, e_2, e_3, e_7) = (1 \xrightarrow{e_1} 2,\ 2 \xrightarrow{e_2} 2,\ 2 \xrightarrow{e_3} 3,\ 3 \xrightarrow{e_7} 5),$$

bei dem der Knoten 2 zweimal als Anfangs- und Endknoten von Kanten auftritt. Dieser Pfad ist deshalb kein einfacher Pfad. Ein Beispiel für einen einfachen Pfad ist die Kantenfolge

$$(e_1, e_3, e_7) = (1 \xrightarrow{e_1} 2,\ 2 \xrightarrow{e_3} 3,\ 3 \xrightarrow{e_7} 5).$$

Führt der Pfad vom Knoten i_1 wieder auf den Knoten $i_{l+1} = i_1$ zurück, so spricht man von einem *Zyklus*, einer Schleife oder einem Kreis. Die Kanten e_3, e_6 und e_5 bilden einen Zyklus der Länge drei. Besteht der Zyklus nur aus einer einzigen Kante, so heißt er *Schlinge* oder Schleife. In Abb. A2.1 stellt die Kante e_2 eine Schlinge dar.

Ein Graf heißt *schlicht*, wenn er keine isolierten Knoten, keine Schlingen und keine parallelen Kanten enthält. Die zur Darstellung ereignisdiskreter Systeme verwendeten Grafen sind i. Allg. nicht schlicht. Dass in den Beispielen zwischen allen Knoten in jeder Richtung höchstens eine Kante auftritt, liegt daran, dass parallele Kanten zu einer Kante mit mehreren Kantenbewertungen zusammengefasst werden, um die grafische Darstellung zu vereinfachen.

Bäume. Ein Baum ist ein gerichteter Graf mit einem ausgezeichneten Knoten, dem Wurzelknoten, in dem es vom Wurzelknoten aus zu jedem anderen Knoten genau einen Pfad gibt. Ein Baum mit n Knoten hat $n - 1$ Kanten.

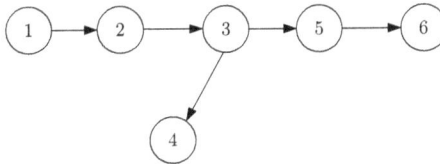

Abb. A2.2: Baum

Bei Analyseaufgaben will man häufig Bäume bilden, die alle zu einem Grafen gehörenden Knoten enthalten. Abbildung A2.2 zeigt einen Baum mit dem Wurzelknoten 1 und allen anderen Knoten des Grafen aus Abb. A2.1. In diesem Grafen gibt es vom Knoten 1 zu jedem anderen Knoten genau einen Pfad.

Matrixdarstellung von Grafen. Die hier genutzte Form der Matrixdarstellung von Grafen verwendet die *Adjazenzmatrix*, die auf einer Nummerierung der Knoten basiert. Für die Knotenmenge

$$\mathcal{V} = \{1, 2, 3, ..., n\}$$

ist die Adjazenzmatrix $\boldsymbol{A}$ folgendermaßen definiert:

$$\boldsymbol{A} = (a_{ij}) \quad \text{mit } a_{ij} = \begin{cases} 1 & \text{wenn es eine Kante } j \to i \text{ gibt} \\ 0 & \text{sonst.} \end{cases}$$

---

[2] Die Begriffe werden in der Literatur nicht einheitlich gebraucht. Anstelle des Begriffes Pfad wird auch der Begriff Kantenfolge verwendet, wobei dann unter Pfaden die hier als einfache Pfade bezeichneten Kantenfolgen verstanden werden.

Diese Definition beruht auf der Tatsache, dass zwei Knoten adjazent (benachbart) heißen, wenn sie der Anfangs- und Endknoten derselben Kante sind. Mit der Adjazenzmatrix wird die Knotenadjazenz beschrieben. Analog dazu nennt man zwei Kanten adjazent, wenn sie einen gemeinsamen Knoten besitzen.

Für den in Abb. A2.1 gezeigten Grafen erhält man die folgende (6, 6)-Matrix:

$$A = \begin{pmatrix} 0 & 0 & 0 & 0 & 0 & 0 \\ 1 & 1 & 0 & 1 & 0 & 0 \\ 0 & 1 & 0 & 0 & 0 & 0 \\ 0 & 0 & 1 & 0 & 0 & 0 \\ 0 & 0 & 1 & 0 & 0 & 1 \\ 0 & 0 & 0 & 0 & 1 & 0 \end{pmatrix}.$$

Dass die Knoten 2 und 3 durch zwei parallele Kanten verbunden sind, kann durch die Adjazenzmatrix nicht ausgedrückt werden.

Bei einer Umkehrung der Kantenrichtungen in einem Grafen wird die Adjazenzmatrix transponiert.

A1.3.2 Erreichbarkeitanalyse

Eine für die strukturelle Analyse ereignisdiskreter Systeme wichtige Eigenschaft ist die Erreichbarkeit eines Knotens $i \in \mathcal{V}$ von einem Startknoten $j \in \mathcal{V}$. Der Knoten i heißt *vom Knoten j erreichbar*, wenn es einen Pfad von j nach i gibt. Ein Graf heißt *stark zusammenhängend*, wenn alle Knoten von allen anderen Knoten erreichbar sind. Dann gibt es für jedes Knotenpaar (i, j) sowohl einen Pfad von i nach j als auch einen Pfad von j nach i.

Die Erreichbarkeit kann anhand der Adjazenzmatrix überprüft werden. Der Knoten i ist vom Knoten j genau dann erreichbar, wenn es eine Zahl k gibt, so dass das ij-te Element der Matrix A^k verschieden von null ist. Dann stellt k die Länge eines Pfades von j nach i dar. Dementsprechend gibt es einen Zyklus der Länge k, der den Knoten i einschließt, wenn das i-te Diagonalelement von A^k verschieden von null ist. Für alle in diesem Zyklus vorkommenden Knoten ist das entsprechende Diagonalelement ebenfalls von null verschieden. Jeder Knoten ist von sich selbst über einen Pfad der Länge 0 erreichbar, wie auch die Matrix A^0 erkennen lässt.

Für den Beispielgrafen kann man aus der Matrix

$$A^2 = \begin{pmatrix} 0 & 0 & 0 & 0 & 0 & 0 \\ ① & 1 & 1 & 1 & 0 & 0 \\ 1 & 1 & 0 & 1 & 0 & 0 \\ 0 & 1 & 0 & 0 & 0 & 0 \\ 0 & 1 & 0 & 0 & 1 & 0 \\ 0 & 0 & 1 & 0 & 0 & 1 \end{pmatrix}$$

die Pfade der Länge 2 (vom Knoten j über einen Zwischenknoten zum Knoten i) ablesen:

$$\begin{array}{cccccc} 1 \to 2 & 2 \to 2 & 3 \to 2 & 4 \to 2 & 1 \to 3 & 2 \to 3 \\ 4 \to 3 & 2 \to 4 & 2 \to 5 & 5 \to 5 & 3 \to 6 & 6 \to 6. \end{array}$$

Dass es einen Pfad vom Knoten 1 zum Knoten 2 gibt, sieht man an der in der Matrix A^2 eingekreisten Eins. Da das zweite, fünfte und sechste Diagonalelement von A^2 nicht verschwindet, gibt es Zyklen der Länge 2 um diese Knoten, die man in Abb. A2.1 erkennen kann. Das Beispiel zeigt auch, dass die mit der Adjazenzmatrix ermittelten Zyklen einzelne Knoten mehrfach enthalten können (hier den Knoten 2), der Begriff des Pfades also wie oben angegeben die mehrfache Verwendung desselben Knotens zulässt. Den kürzesten, den Knoten i nur einmal enthaltenden Zyklus erhält man, wenn man nach dem kleinsten Wert der Zahl k sucht, für den das i-te Diagonalelement von $\boldsymbol{A}^k$ nicht verschwindet.

Erreichbarkeitsbaum.   Für einen gegebenen Grafen und einen Wurzelknoten beschreibt der Erreichbarkeitsbaum, welche Knoten des Grafen vom Wurzelknoten aus erreichbar sind.

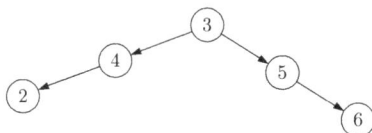

Abb. A2.3: Erreichbarkeitsbaum mit dem Wurzelknoten 3

Abbildung A2.2 zeigt den Erreichbarkeitsbaum, den man für den Grafen aus Abb. A2.1 und den Wurzelknoten 1 erhält. Dieser Baum enthält alle Knoten des gegebenen Grafen. Anders sieht es aus, wenn man den Erreichbarkeitsbaum mit dem Knoten 3 als Wurzelknoten bildet. Abbildung A2.3 zeigt, dass in diesem Baum der Knoten 1 fehlt, weil er nicht vom Knoten 3 aus erreichbar ist.

In einem Grafen mit n Knoten hat der längste einfache Pfad zwischen zwei Knoten höchstens die Länge $n-1$. Deshalb sind in der Matrix

$$\bar{\boldsymbol{A}} = \sum_{i=0}^{n-1} \boldsymbol{A}^i$$

alle Elemente $\bar{a}_{ij}$ von null verschieden, wenn der Knoten i vom Knoten j aus erreichbar ist.

Stark zusammenhängende Knoten.   Die Eigenschaft „stark zusammenhängend" kann man auf beliebige Knotenmengen anwenden. Sie führt auf eine binäre Relation, die durch das Symbol S dargestellt werden soll. Die Relation iSj gilt, wenn die Knoten i und j stark zusammenhängend sind, d. h., dass es einen Pfad vom Knoten i zum Knoten j und einen Pfad vom Knoten j zum Knoten i gibt. Offenbar gelten folgende Beziehungen:

Reflexivität: iSi gilt für alle i
Symmetrie: wenn iSj gilt, so gilt auch jSi
Transitivität: wenn iSj und jSk gelten, so gilt iSk.

Die Relation S ist folglich eine Äquivalenzrelation. Das heißt, man kann die Knotenmenge $\mathcal{V}$ so in disjunkte Teilmengen $\mathcal{V}_i$ zerlegen, dass die zur selben Teilmenge gehörenden Knoten untereinander stark zusammenhängend sind und die zu unterschiedlichen Teilmengen gehörenden Knoten diese Eigenschaft nicht besitzen. Die Mengen $\mathcal{V}_i$ sind dann die zur Äquivalenzrelation „stark zusammenhängend" gehörenden Äquivalenzklassen.

Der in Abb. A2.1 gezeigte Graf hat drei Teilmengen stark zusammenhängender Knoten:

$$\mathcal{V}_1 = \{1\}, \quad \mathcal{V}_2 = \{2, 3, 4\}, \quad \mathcal{V}_3 = \{5, 6\}.$$

Diese Teilmengen sind in Abb. A2.4 grau unterlegt. Man erkennt an dieser Abbildung die wichtige Eigenschaft, dass Knoten aus unterschiedlichen Teilmengen nur in einer Richtung über einen Pfad in Verbindung stehen können, während innerhalb dieser Mengen jeder Knoten mit jedem anderen durch Pfade in beide Richtungen verbunden ist.

Die zu nicht stark zusammenhängenden Grafen gehörenden Adjazenzmatrizen kann man durch gleichartiges Vertauschen von Zeilen und Spalten in eine Blockdiagonalform bringen, wobei die Diagonalblöcke zu Mengen stark zusammenhängender Knoten gehören. Die Adjazenzmatrix heißt dann reduzierbar. Adjazenzmatrizen stark zusammenhängender Grafen sind also irreduzibel.

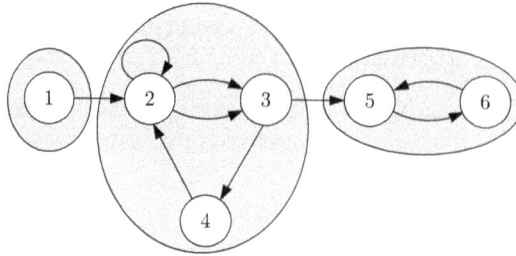

Abb. A2.4: Zerlegung des Grafen aus Abb. A2.1 in drei Mengen stark
zusammenhängender Knoten

Unter einer *Kondensation* eines Grafen $\mathcal{G}$ versteht man einen Grafen, dessen Knoten je eine Menge stark zusammenhängender Komponenten von $\mathcal{G}$ darstellen. Für den Grafen aus Abb. A2.4 besteht die Kondensation also aus drei Knoten, von denen jeder eine der drei Teilmengen $\mathcal{V}_1$, $\mathcal{V}_2$ bzw. $\mathcal{V}_3$ repräsentiert und die entsprechend dem gegebenen Grafen „von links nach rechts" über zwei Kanten verbunden sind.

Isomorphe Grafen. Zwei Grafen heißen *isomorph*, wenn sie durch Umbenennung ihrer Knoten und Kanten ineinander übergehen. Isomorphe Grafen haben also denselben Aufbau und unterscheiden sich nur durch die Knoten- und Kantennamen. Wenn zwei Grafen $\mathcal{G}_1 = (\mathcal{V}_1, \mathcal{E}_1)$ und $\mathcal{G}_2 = (\mathcal{V}_2, \mathcal{E}_2)$ isomorph sind, so gibt es zwei umkehrbar eindeutige Abbildungen $P : \mathcal{V}_1 \to \mathcal{V}_2$ und $Q : \mathcal{E}_1 \to \mathcal{E}_2$, die als Isomorphismus bezeichnet werden.

Suchalgorithmen. In der Grafentheorie ist eine Vielzahl von Suchalgorithmen entwickelt worden, mit denen man die in diesem Anhang zusammengestellten Eigeschaften gerichteter Grafen überprüfen kann. Ein Grundproblem ist dabei die Erreichbarkeitsanalyse. Für einen gegebenen Wurzelknoten sind alle diejenigen Knoten des Grafen zu bestimmen, die von diesem Wurzelknoten aus erreichbar sind. Die Lösung kann beispielsweise mit einer Breite-zuerst-Suche gefunden werden, bei der man im Wurzelknoten beginnend alle erreichbaren Knoten markiert. Der Algorithmus fängt mit der Markierung des Wurzelknotens an. Im zweiten Schritt werden alle auf einer gerichteten Kante vom Wurzelknoten aus erreichbaren Knoten markiert. Im dritten Schritt werden die im zweiten Schritt markierten Knoten nacheinander daraufhin untersucht, ob man von ihnen unmarkierte Knoten über eine Kante erreichen kann, wobei alle dabei gefundenen Knoten markiert werden. Diesen Vorgang setzt man solange fort, bis man alle markierten Knoten in der beschriebenen Weise untersucht hat.

Dieses und viele andere Suchverfahren zeigen, dass man die in diesem Buch für die Analyse diskreter Systeme eingesetzten grafentheoretischen Methoden rechnergestützt anwenden kann, so dass die beschriebenen Analysemethoden auch für umfangreiche Modelle einsetzbar sind. Da es für das Verständnis der Methoden und für die Lösung der Übungsaufgaben aufgrund der überschaubaren Modellgröße nicht notwendig ist, auf diese Suchverfahren zurückzugreifen, wird in diesem Anhang nicht weiter auf die Suchverfahren eingegangen.

Gewichtete Grafen. Grafen heißen *gewichtet* (markiert oder bewertet), wenn den Kanten ein Kantengewicht (Name, Label) zugeordnet ist. Dieses Gewicht kann eine reelle Zahl oder ein Symbol sein. Die Gewichtung eines Pfades besteht aus der Folge der Kantengewichte. In vielen Anwendungen, bei denen die Kantengewichte reelle Zahlen sind, werden diese Zahlen zu einem Gewicht des Pfades zusammengefasst, beispielsweise durch Multiplikation oder Addition.

Bei symbolischen Kantengewichten ist das Gewicht des Pfades eine Symbolfolge. Man sagt dann auch, dass der Pfad mit dieser Symbolfolge *beschriftet* ist. Diese Tatsache wird bei der Überprüfung der Akzeptanz einer Zeichenkette durch einen Automaten ausgenutzt. Die Zeichenkette wird akzeptiert, wenn es einen Pfad von einem Anfangszustand zu einem Endzustand des Automaten gibt, der mit der Zeichenfolge beschriftet ist.

Bei numerisch gewichteten Grafen versteht man unter dem Durchschnittsgewicht eines Pfades den Quotienten aus der Summe der Kantengewichte und der Anzahl der Kanten. Den Zyklus mit dem maximalen Durchschnittsgewicht aller Zyklen des Grafen nennt man den kritischen Zyklus. Bei zeitbewerteten Automaten und Synchronisationsgrafen ist dies der Zyklus mit der langsamsten Bewegung, der typischerweise das Gesamtverhalten prägt. Es kann in einem Grafen mehrere kritische Zyklen geben. Der Graf, der nur aus den Knoten und Kanten aller kritischen Zyklen besteht, heißt kritischer Graf.

A1.3.3 Bipartite Grafen

Ein Graf

$$\mathcal{G} = (\mathcal{S}, \mathcal{T}, \mathcal{E})$$

heißt paarer oder *bipartiter Graf*, wenn er zwei disjunkte Knotenmengen $\mathcal{S}$ und $\mathcal{T}$ besitzt und die Kanten einen Knoten der einen Menge mit einem Knoten der anderen Menge verbinden:

$$\mathcal{E} \subseteq (\mathcal{S} \times \mathcal{T}) \cup (\mathcal{T} \times \mathcal{S}).$$

Diese Form gerichteter Grafen tritt bei Petrinetzen auf, bei denen die eine Knotenmenge die Stellen und die andere Knotenmenge die Transitionen umfassen und gerichtete Kanten nur jeweils zwischen einer Transition und einer Stelle oder einer Stelle und einer Transition auftreten können.

Die *Inzidenzmatrix* G des Grafen wird folgendermaßen definiert:

$$G = (g_{ij}) \quad \text{mit } g_{ij} = \begin{cases} +1 & \text{wenn es eine Kante } i \to j \text{ gibt} \\ 0 & \text{wenn keine Kante } i \to j \text{ und keine Kante } j \to i \text{ gibt} \\ -1 & \text{wenn es eine Kante } j \to i \text{ gibt.} \end{cases} \quad (A2.1)$$

Ein Knoten $s \in \mathcal{S}$ ist mit einem Knoten $t \in \mathcal{T}$ inzident, wenn das Element g_{st} nicht verschwindet, beide Knoten also durch eine Kante verbunden sind.

A1.4 Stochastische Matrizen

Eine (n, n)-Matrix G heißt stochastisch, wenn wenn alle Elemente im Intervall $[0, 1]$ liegen und sämtliche Zeilensummen gleich eins sind. In diesem Buch treten Matrizen auf, deren sämtliche Spaltensummen gleich eins sind

$$\sum_{i=1}^{n} g_{ij} = 1, \quad j = 1, 2, ..., n. \quad (A2.2)$$

und die deshalb auch als stochastische Matrix bezeichnet werden (vgl. Fußnote auf S. 329).

Stochastische Matrizen haben einen Eigenwert $\lambda = 1$. Bei den hier betrachteten Matrizen erhält man aus Gl. (A2.2) als zugehörigen Linkseigenvektor $\boldsymbol{w}^{\mathrm{T}} = (1, 1, ..., 1)$. Um die stationäre Wahrscheinlichkeitsverteilung entsprechend Gl. (7.37) berechnen zu können, benötigt man den zugehörigen Rechtseigenvektor $\boldsymbol{v}$, für den gilt

$$G\boldsymbol{v} = \boldsymbol{v}.$$

Diesen Vektor muss man normieren, so dass die Summe aller Elemente gleich eins ist.

A1.5 Grundbegriffe der Komplexitätstheorie

Algorithmische Komplexität. Bei der Untersuchung von Entscheidungsproblemen, deren Lösung in der Antwort „ja" oder „nein" besteht, unterscheidet man zwischen entscheidbaren und nicht entscheidbaren Problemen. Ein Problem heißt *nicht entscheidbar*, wenn es keinen Algorithmus gibt, der nach einer endlichen Anzahl von Schritten das Problem löst.

Bei entscheidbaren Problemen versteht man unter der (algorithmischen) Komplexität die größte Anzahl von Rechenoperationen, die für die Lösung eines Problems der Größe n erforderlich ist (Worst-case-Analyse). Für die Komplexitätsabschätzung wird die Groß-O-Notation (LANDAUsches Symbol) verwendet. Um diese Notation einzuführen, werden zwei Funktionen $f, g : \mathbb{N}^+ \to \mathbb{R}$ betrachtet, wobei $\mathbb{N}^+$ die Menge der positiven ganzen Zahlen symbolisiert. Es gilt

$$f(n) = O(g(n)), \tag{A2.3}$$

wenn es zwei reelle Konstanten c_1 und c_2 gibt, so dass für ein genügend groß gewähltes n_0 die Ungleichung

$$f(n) \leq c_1 g(n) + c_2, \quad n \geq n_0 \tag{A2.4}$$

gilt. Um die Komplexitätsabschätzung zu vereinfachen, werden häufig nur die zeit- oder speicherplatzintensiven Operationen betrachtet.

Man sagt, dass ein Algorithmus lineare Komplexität besitzt, wenn sein Aufwand $O(n)$ ist. Auch die Sprechweise: „Der Algorithmus hat den Aufwand $O(n)$." ist gebräuchlich.

Komplexitätsklassen. Ein Algorithmus gehört zur *Klasse P*, wenn er eine polynomiale Komplexität besitzt. Das heißt, dass es ein Polynom $p(n)$ gibt, so dass $O(n) \leq |p(n)|$ gilt.

Die Aufteilung der Algorithmen mit einer nichtpolynomialen Komplexität beruht auf der Vorstellung von einem nichtdeterministischen Rechner, der eine Lösung rät und überprüft, ob das Geratene tatsächlich eine Lösung ist (z.B.: Wähle zufällig einen Pfad und überprüfe, ob dessen Länge gleich m ist). Bei der Klasse NP der nichtdeterministisch polynomialen Algorithmen ist die Komplexität des zweiten Schrittes (Überprüfung der Lösung) polynomial. Andernfalls spricht man von einem NP-harten Problem.

Es sei angemerkt, dass Probleme aller hier angegebenen Klassen gelöst werden können, wenn ihre durch n ausgedrückte Größe hinreichend klein ist. Bei ereignisdiskreten Systemen, bei denen die Problemgröße häufig durch die Anzahl der Zustände oder Zustandsübergänge bestimmt wird, ist n in vielen Anwendungen sehr groß ($n > 1000$). Dann kann bereits eine polynomiale Komplexität dazu führen, dass das Problem nicht mehr mit vertretbarem Aufwand an Zeit oder Speicherplatz lösbar ist. Dennoch wird die Einteilung der Probleme bzw. deren Lösungsalgorithmen in die hier angegebenen Klassen als Kennzeichen für die Komplexität des Problems verwendet. In der Informatik bezeichnet man ein Problem als *effizient lösbar*, wenn es polynomiale Komplexität besitzt.

Anhang 3

Beschreibung kontinuierlicher Systeme

Die Methoden zur Behandlung kontinuierlicher Systeme werden in der Theorie ereignisdiskreter Systeme vor allem bei Markovketten eingesetzt, weil diskrete Markovketten als lineare zeitdiskrete Systeme und kontinuierliche Markovketten als lineare kontinuierliche Systeme interpretiert werden können. Dieser Anhang gibt eine kurze Einführung der in diesem Buch dafür eingesetzten Modellformen und Analysemethoden. Für eine ausführlichere Einführung wird auf das Lehrbuch [49] verwiesen.

A1.1 Zeitkontinuierliche Systeme

In diesem Abschnitt sind Modelle und Analysemethoden für wertkontinuierliche Systeme zusammengestellt, die über der kontinuierlichen Zeit t betrachtet werden. Die Systeme haben die Eingangsgröße $u(t)$ und die Ausgangsgröße $y(t)$ (Abb. A3.1).

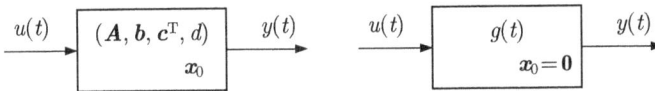

Abb. A3.1: Zwei Darstellungsformen kontinuierlicher Systeme

Zustandsraummodell. Eine Standardform der Beschreibung kontinuierlicher Systeme ist das Zustandsraummodell, das aus einer Vektordifferenzialgleichung und einer algebraischen Gleichung besteht:

$$S : \begin{cases} \dot{x}(t) = Ax(t) + bu(t), & x(0) = x_0 \\ y(t) = c^{\mathrm{T}}x(t) + du(t). \end{cases} \tag{A3.1}$$

Dabei ist x ein n-dimensionaler Vektor mit den Zustandsvariablen x_i, $(i = 1, 2, ..., n)$. Er beschreibt den Zustand des kontinuierlichen Systems (vgl. Definition 2.1 auf S. 45) und wird seiner Form entsprechend als Zustandsvektor bezeichnet. Die algebraische Gleichung zeigt, wie die Ausgangsgröße $y(t)$ aus dem Systemzustand $x(t)$ berechnet wird. In diesem Modell ist A eine (n, n)-Matrix, b ein n-dimensionaler

Vektor, c^{T} ein n-dimensionaler Zeilenvektor und d ein Skalar (der häufig verschwindet). Diese Systemdarstellung ist im linken Teil von Abb. A3.1 durch ein Blockschaltbild symbolisiert. Zum Zeitpunkt $t = 0$
befindet sich das System im Zustand x_0.

Für jeden Anfangszustand x_0 und jeden Verlauf der Eingangsgröße $u(t)$ besitzt das Modell S die
eindeutige Lösung

$$x(t) = \mathrm{e}^{\boldsymbol{A}t}x_0 + \int_0^t \mathrm{e}^{\boldsymbol{A}(t-\tau)}\boldsymbol{b}u(\tau)\,\mathrm{d}\tau, \tag{A3.2}$$

$$y(t) = c^{\mathrm{T}}\mathrm{e}^{\boldsymbol{A}t}x_0 + \int_0^t c^{\mathrm{T}}\mathrm{e}^{\boldsymbol{A}(t-\tau)}\boldsymbol{b}u(\tau)\,\mathrm{d}\tau + du(t), \tag{A3.3}$$

in der $\mathrm{e}^{\boldsymbol{A}t}$ die Matrixexponentialfunktion

$$\mathrm{e}^{\boldsymbol{A}t} = \boldsymbol{I} + \frac{\boldsymbol{A}t}{1!} + \frac{\boldsymbol{A}^2 t^2}{2!} + \dots \tag{A3.4}$$

bezeichnet.

Befindet sich das System zur Zeit $t = 0$ im Zustand $x_0 = \mathbf{0}$, so vereinfacht sich die Lösung zu

$$y(t) = \int_0^t c^{\mathrm{T}}\mathrm{e}^{\boldsymbol{A}(t-\tau)}\boldsymbol{b}u(\tau)\,\mathrm{d}\tau.$$

Diese Beziehung kann man als Faltung

$$y(t) = \int_0^t g(t-\tau)u(\tau)\,\mathrm{d}\tau = g * u \tag{A3.5}$$

der *Gewichtsfunktion* (Impulsantwort)

$$g(t) = c^{\mathrm{T}}\mathrm{e}^{\boldsymbol{A}t}\boldsymbol{b} \tag{A3.6}$$

mit der Eingangsgröße $u(t)$ schreiben. Der Stern ist eine Abkürzung für die Faltungsoperation, die durch
das davor stehende Integral dargestellt ist. Die Faltung wird hier nicht als $g(t) * u(t)$ geschrieben, weil
in das Faltungsintegral nicht nur die aktuellen Werte $g(t)$ und $u(t)$, sondern der gesamte Verlauf der
Gewichtsfunktion g und der Eingangsgröße u im Intervall $[0, t]$ eingeht. Gleichung (A3.5) bezeichnet man
auch als Eingang-Ausgangsbeschreibung (E/A-Beschreibung) eines kontinuierlichen Systems. Sie ist im
rechten Teil der Abb. A3.1 durch einen Block symbolisiert. Diese Systemdarstellung ist vergleichbar mit
der E/A-Beschreibung (2.2) ereignisdiskreter Systeme.

Einheitssprung und Diracimpuls. Zwei wichtige Signalformen sind der Einheitssprung

$$\sigma(t) = \begin{cases} 0 & \text{für } t < 0 \\ 1 & \text{für } t \geq 0 \end{cases} \tag{A3.7}$$

und der Diracimpuls, der durch die beiden Gleichungen

$$\delta(t) = 0 \quad \text{für } t \neq 0$$

$$\int_{-\infty}^{\infty} \delta(t)\mathrm{d}t = 1 \tag{A3.8}$$

definiert ist. Der Diracimpuls ist keine Funktion, sondern eine Distribution, die man sich als unendlich
kurzen und unendlich hohen Impuls vorstellen kann. Dennoch wird er in der Systemtheorie sehr häufig
verwendet, weil das Rechnen mit dem Diracimpuls keine größeren Schwierigkeiten bereitet und in vielen
Situationen zweckmäßig ist. Eine wichtige Rechenregel wird durch die Gleichung

$$\int_0^t g(t - \sigma)\delta(\sigma - \tau)d\sigma = g(t - \tau)$$

wiedergegeben. Die Faltung einer Funktion mit $\delta(t - \tau)$ liefert den Funktionswert zum Argument $t - \tau$. Dieser Sachverhalt wird als Ausblendeigenschaft des Diracimpulses bezeichnet.

Bei Punktprozessen, kontinuierlichen Markovketten und Semi-Markovprozessen wird die Tatsache ausgenutzt, dass die Erregung eines Systems mit dem Diracimpuls den Zustand des Systems sprungartig verändert. Das heißt, dass eine derartige Erregung mit einer Veränderung des Anfangszustands gleichgesetzt werden kann. Wendet man die Eingangsgröße

$$u(t) = \bar{u}\delta(t)$$

auf das System (A3.1) mit dem Anfangszustand $x_0 = 0$ an, so erhält man aus Gl. (A3.2) die Lösung

$$x(t) = \int_0^t e^{A(t - \tau)}b\bar{u}\delta(\tau)\,d\tau = e^{At}b\bar{u}.$$

Auf dieselbe Lösung kommt man, wenn man das ungestörte System betrachtet ($u(t) = 0$) und den Anfangszustand auf den Wert

$$x_0 = b\bar{u}$$

setzt, denn dann liefert die Gl. (A3.2) die Lösung

$$x(t) = e^{At}x_0 = e^{At}b\bar{u}.$$

Dies wird beispielsweise bei der Darstellung von Punktprozessen für die Darstellung der Aufenthaltswahrscheinlichkeit $p(t)$ genutzt, wobei Gl. (9.48)

$$\dot{p}(0) = \delta(t) - f_0(t), \quad p_0(0) = 0,$$

in Gl. (9.50)

$$\dot{p}(0) = -f_0(t), \quad p_0(0) = 1$$

umgeformt wird.

Kanonische Darstellung. Die Matrixexponentialfunktion kann für alle diagonalähnlichen Matrizen A als eine Summe von e-Funktionen geschrieben werden

$$e^{At} = \sum_{i=1}^n v_i e^{\lambda_i t}, \tag{A3.9}$$

wobei λ_i, ($i = 1, 2, ..., n$) die Eigenwerte der Matrix A und v_i die zu diesen Eigenwerten gehörenden Eigenvektoren sind. Daran sieht man, dass die Bewegung jedes linearen kontinuierlichen Systems durch n e-Funktionen bestimmt wird. Dies trifft insbesondere auf die Eigenbewegung des Systems zu, die man im autonomen Fall ($u(t) = 0$) in der Form

$$y(t) = c^T \sum_{i=1}^n v_i e^{\lambda_i t}\tilde{x}_{0i} \tag{A3.10}$$

schreiben kann, wenn man den Anfangszustand x_0 entsprechend

$$\tilde{x}_0 = V^{-1}x_0$$

in den Anfangszustand $\tilde{x}_0$ der kanonischen Darstellung transformiert. Die in Gl. (A3.10) vorkommenden Größen $\tilde{x}_{0i}$ sind die Komponenten des so transformierten Anfangszustands.

Systeme erster Ordnung. Für Systeme erster Ordnung ($n = 1$) enthält das Zustandsraummodell keine Vektordifferenzialgleichung, sondern nur eine Differenzialgleichung erster Ordnung, die typischerweise als

$$\dot{x}(t) = -\lambda x(t) + \lambda u(t), \quad x(0) = x_0$$
$$y(t) = x(t)$$

mit $\lambda > 0$ geschrieben wird. Der Systemzustand x ist jetzt ein Skalar. Eine direkte Kopplung zwischen der Eingangsgröße $u(t)$ und der Ausgangsgröße $y(t)$ tritt i. Allg. nicht auf ($d = 0$).

Für $u(t) = 0$ erhält man die Eigenbewegung

$$y(t) = e^{-\lambda t} x_0,$$

die beispielsweise bei Poissonprozessen die Aufenthaltswahrscheinlichkeit im Zustand 0 beschreibt (vgl. Gl. (9.26)).

Das System hat die Gewichtsfunktion

$$g(t) = \lambda e^{-\lambda t},$$

mit der man für $x_0 = 0$ und $u(t) = \sigma(t)$ die Lösung

$$y(t) = 1 - e^{-\lambda t}$$

erhält, die *Übergangsfunktion* (oder Sprungantwort) des Systems erster Ordnung genannt wird.

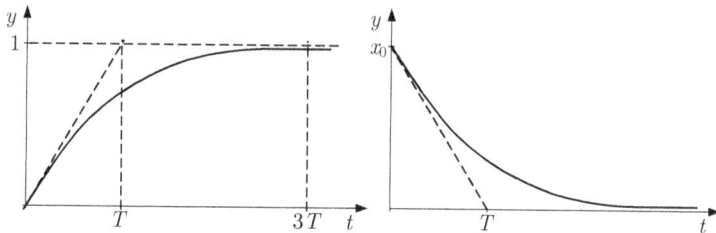

Abb. A3.2: Verhalten eines Systems erster Ordnung

Das Verhalten eines Systems erster Ordnung ist in Abb. A3.2 dargestellt. Der linke Teil zeigt die Übergangsfunktion, deren wichtigstes Charakteristikum durch die Zeitkonstante

$$T = \frac{1}{\lambda}$$

beschrieben ist. Zur Zeit $t = T$ erreicht die Tangente an die Übergangsfunktion zur Zeit $t = 0$ den Endwert der Übergangsfunktion und zur Zeit $t = 3T$ erreicht die Übergangsfunktion etwa 95% ihres Endwertes. Der rechte Teil der Abbildung zeigt die Gewichtsfunktion. Auch hier kann man erkennen, wie die Zeitkonstante T das Systemverhalten bestimmt.

A1.2 Zeitdiskrete Systeme

Betrachtet man wertkontinuierliche Systeme zu diskreten Abtastzeitpunkten

$$t_k = kT,$$

wobei T die Abtastzeit bezeichnet, so kann man den Zusammenhang zwischen den Folgen der zu diesen Zeitpunkten auftretenden Eingangsgrößen, Zuständen und Ausgangsgrößen

$$U(0...k_{\mathrm{h}}) = (u(0), u(1), ..., u(k_{\mathrm{h}}))$$
$$X(0...k_{\mathrm{h}}) = (\boldsymbol{x}(0), \boldsymbol{x}(1), ..., \boldsymbol{x}(k_{\mathrm{h}}))$$
$$Y(0...k_{\mathrm{h}}) = (y(0), y(1), ..., y(k_{\mathrm{h}}))$$

durch ein Modell der Form

$$S_{\mathrm{d}} : \begin{cases} \boldsymbol{x}(k+1) = \boldsymbol{A}_{\mathrm{d}}\boldsymbol{x}(k) + \boldsymbol{b}_{\mathrm{d}}u(k), \quad \boldsymbol{x}(0) = \boldsymbol{x}_0 \\ y(k) = \boldsymbol{c}^{\mathrm{T}}\boldsymbol{x}(k) + du(k) \end{cases} \tag{A3.11}$$

darstellen. Hierbei bezeichnen $u(k)$ und $y(k)$ den Wert der Eingangsgröße u bzw. den Wert der Ausgangsgröße y zum Abtastpunkt t_k. Entsprechendes gilt für den Zustand $\boldsymbol{x}(k)$.

Die Matrix $\boldsymbol{A}_{\mathrm{d}}$ und den Vektor $\boldsymbol{b}_{\mathrm{d}}$ erhält man aus dem Zustandsraummodell (A3.1) des kontinuierlichen Systems entsprechend

$$\boldsymbol{A}_{\mathrm{d}} = \mathrm{e}^{\boldsymbol{A}T} \tag{A3.12}$$
$$\boldsymbol{b}_{\mathrm{d}} = \int_0^T \mathrm{e}^{\boldsymbol{A}\sigma}\mathrm{d}\sigma\,\boldsymbol{b}.$$

Das zeitdiskrete System hat die Eigenbewegung

$$\boldsymbol{x}(k) = \boldsymbol{A}_{\mathrm{d}}^k \boldsymbol{x}_0 \tag{A3.13}$$

und

$$y(k) = \boldsymbol{c}^{\mathrm{T}} \boldsymbol{A}_{\mathrm{d}}^k \boldsymbol{x}_0,$$

die man für $u(k) = 0$ aus dem Zustandsraummodell ablesen kann. Dieses Verhalten beschreibt beispielsweise die Wahrscheinlichkeitsverteilung diskreter Markovketten, bei denen jedoch die zeitdiskrete Betrachtung nicht aus einer Abtastung, sondern aus der diskreten Natur der Zustandübergänge hervorgeht.

Anhang 4

Fachwörter deutsch – englisch

In diesem Anhang sind die wichtigsten englischen und deutschen Begriffe der Systemtheorie einander gegenübergestellt, wobei gleichzeitig auf die Seite verwiesen wird, auf der der deutsche Begriff eingeführt wird. Damit soll dem Leser der Zugriff auf die umfangreiche englischsprachige Literatur erleichtert werden.

Adjazenzmatrix, 615	*adjacency matrix*
aktivierte Transition, 259	*enabled transition*
Akzeptor, 84	*acceptor, recogniser*
Anfangszustand, 43	*initial state, starting state*
Ankunftsrate, 486	*arrival rate*
Ausgabealphabet, 34	*output alphabet*
Ausgabefunktion, 94	*output function*
Ausgang, 27	*output*
Ausgangsfolge, 25	*output sequence*
Automat, 57	*automaton*
Automatengraf, 60	*automaton graph, transition diagram, state diagram*
Automatennetz, 213	*automata network*
Automatentabelle, 59	*automaton table, state table*
Baum, 615	*tree*
Bedieneinheit, 15	*server*
Bedienrate, 486	*service rate*
Bedingungs-Ereignis-Netz, 264	*condition-event net*
bipartiter Graf, 619	*bipartite graph*
bewertetes Petrinetz, 296	*labelled Petri net*
Blockschaltbild, 27	*block diagram*
Computerlinguistik, 6	*computational linguistics*
deterministischer Automat, 57	*deterministic automaton*
Eingabealphabet, 34	*input alphabet*
Eingang, 27	*input*
Eingangsfolge, 25	*input sequence*
eingebettetes System, 6	*embedded system*
endlicher Automat, 58	*finite automaton, finite state machine*
Entfaltung, 386	*unfolding*
Ereignis, 35	*event*
Ereignisfolge, 37	*event sequence*
Ereignisraum, 70	*event space*
Erneuerungsprozess, 450	*renewal process*
erreichbarer Zustand, 111	*reachable state, accessible state*
Erreichbarkeit, 616	*reachability*

Erreichbarkeitsbaum, 617	*reachability tree*	nebenläufige Prozesse, 48	*concurrent processes*
Erreichbarkeitsgraf, 617	*reachability graph*	nichtdeterministischer Automat, 145	*nondeterministic automaton*
Erwartungswert, 320	*mean, average*	Petrinetz, 255	*Petri net*
Experiment, 51	*experiment*	Pfad, 614	*path*
externes Ereignis, 36	*exogenous event*	Platz, 256	*place*
Fehler, 12	*fault*	Poststelle, 258	*output place of a transition*
gerichteter Graf, 613	*directed graph, digraph*	Prästelle, 258	*input place of a transition*
gewichteter Graf, 618	*weighted graph*	Produktautomat, 216	*product automaton*
Gitter, 387	*trellis*	Projektion, 228	*projection*
Graf, 611	*graph*	reaktives System, 7	*reactive system*
hybrider Automat, 41	*hybrid automaton*	reguläre Sprache, 159	*regular language*
internes Ereignis, 36	*endogenous event*	regulärer Ausdruck, 162	*regular expression*
Invariante, 290	*invariant*	Reihenschaltung, 29	*series connection, cascade combination*
Kante, 613	*edge, arc*		
kausal, 42	*non-anticipating, causal*	Ressourcenzuteilung, 230	*ressource allocation*
Kleenesche Hülle, 161	*Kleene closure*	sequenzielle Schaltung, 8	*sequential circuit*
Knoten, 613	*vertex, node*	Schaltvektor, 264	*firing vector*
kombinatorische Schaltung, 8	*combinational switching circuit*	schlichter Graf, 615	*simple graph*
Kommunikation, 49	*communication*	Schlinge, 615	*self-cycle, self-loop*
komponentenorientierte Modellbildung, 20	*compositional modelling*	Signal, 24	*signal*
Konflikt, 273	*conflict*	stark zusammenhängende Komponenten, 618	*strongly connected components*
Kontakt, 260	*contact*	Stelle, 256	*place*
Kunde, 15	*customer, entity*	Stellen-Transitionen-Netz, 305	*place-transition net*
Lebendigkeit, 49	*liveliness*	stochastischer Automat, 313	*stochastic automaton*
Marke, 256	*token*		
Markoveigenschaft, 67	*Markov property*	Synchronisation, 49	*synchronisation*
Markovkette, 328	*Markov chain*	Synchronisationsgraf, 275	*event graph, marked graph*
maschinelle Sprachverarbeitung, 6	*natural language processing*		
Modellbildung, 313	*modelling*	Takt, 65	*clock*

Trajektorie, 46	*trajectory*	Zählprozess, 451	*counting process*
Transition, 256	*transition*	Zeit, 23	*time*
Übergangsbedingung, 440	*guard*	zeitbewertete Sprache, 437	*timed language*
unvollständig definiert, 66	*partially defined*	zeitbewerteter Synchronisationsgraf, 402	*timed event graph*
Vorhersage, 51	*prediction*	Zustand, 39	*state*
Verhalten, 26	*behaviour, input-output behaviour*	Zustandsalphabet, 34	*state alphabet, state space*
Verhaltensrelation, 367	*behavioural relation*	Zustandsfolge, 46	*state sequence*
Verifikation, 118	*verification*	Zustandsgleichung, 43	*state equation*
Verkettung, 85	*concatenation*	Zustandsmaschine, 143	*state machine*
Verklemmung, 284	*deadlock*	Zustandsmenge, 34	*state set*
Verweilzeit, 428	*sojourn time*	Zustandsraum, 45	*state space*
Wahrscheinlichkeit, 314	*probability*	Zustandsraummodell, 43	*state space model*
Warteraum, 15	*queue*	Zustandsübergangsfunktion, 57	*state transition function, next-state function*
Warteschlange, 15	*queue*		
Warteschlangentheorie, 22	*queueing theory*	Zustandsübergangsrelation, 145	*state transition relation*
Wort, 86	*word*	Zyklus, 615	*cycle, loop*
Wurzelknoten, 615	*root*		

Sachwortverzeichnis

Oldenbourg
Verlag

Ein Wissenschaftsverlag der
Oldenbourg Gruppe

Jan Lunze

Automatisierungstechnik
*Methoden für die Überwachung und Steuerung
kontinuierlicher und ereignisdiskreter Systeme*

3., überarbeitete Auflage 2012
XXVI, 667 Seiten, 90 Anwendungsbeispiele
und 86 Übungsaufgaben
gebunden
ISBN 978-3-486-71266-7
€ 54,80

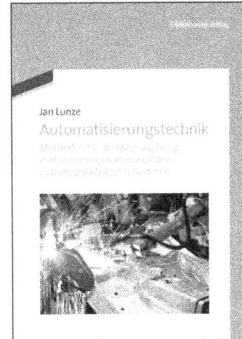

Dem Autor ist es gelungen, didaktisch brillant die beiden Klassen der kontinuierlichen und ereignisdiskreten Systeme in maximaler Kohärenz zu behandeln.

Mit diesem Lehrbuch bekommt der Lernende durch Analogiebildung und
In-Bezug-Stellung ein ganz zwangloses, übergreifendes Verständnis des bis-
lang stets in getrennten Lehrbüchern unabhängig behandelten Lernwissens.
Faszinierenderweise findet man so nicht nur einen leichteren und eleganteren
Zugang zu den ereignisdiskreten Systemen, auch der vorangestellte, klassisch-
kontinuierliche Teil erhält – bei aller notwendigen stofflichen Beschränkung –
einen ganz eigenen Charakter, der dem besseren Verständnis des Lehrstoffes
dient.

> *Ein gelungenes Werk, das lineare und nichtlineare, robuste, zeitkontinuier-
> liche und diskrete Systeme in einem Buch behandelt. Alles ist mit Beispielen
> unterlegt, wobei der Autor mit modernen technischen Anlagen arbeitet. Die
> Diagnostik ist vielleicht zum ersten Mal in einem deutschen Buch der Auto-
> matisierungstechnik vorgestellt.*
> ***Prof. Dr.-Ing. J. Suchy, TU Chemnitz***

**Für Studenten ingenieurwissenschaftlicher Studiengänge und Ingenieure in
der Praxis.**

Bestellen Sie in Ihrer Fachbuchhandlung
oder direkt bei uns: Tel: +49 89/45051-248
Fax: +49 89/45051-333 | verkauf@oldenbourg.de   **www.oldenbourg-verlag.de**

Oldenbourg
Verlag

Ein Wissenschaftsverlag der
Oldenbourg Gruppe

Jürgen Detlefsen, Uwe Siart

Grundlagen der Hochfrequenztechnik

4., aktualisierte Auflage 2012
XVI, 382 Seiten
broschiert
ISBN 978-3-486-70891-2
€ 39,80
Oldenbourg Lehrbücher für Ingenieure

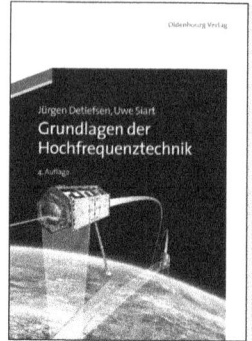

Hochfrequenztechnische Grundlagen und praxisrelevante Zusammenhänge werden vor dem Hintergrund einer schlanken mathematischen Grundausbildung vermittelt. Das Lehrbuch beinhaltet einen umfangreichen Überblick über die Grundlagen der Hochfrequenztechnik und vermittelt diese in einer vereinfachten und zugleich wissenschaftlich korrekten Darstellung.

Es thematisiert Erscheinungen und Effekte bei der Ausbreitung elektromagnetischer Signale auf Leitungen und im freien Raum, das Verhalten und die Realisierung konzentrierter Bauelemente bei hohen Frequenzen sowie die Grundelemente hochfrequenter Schaltungstechnik zum Aufbau von Sendern und Empfängern. Dazu gehören Leitungstheorie, Antennen, Ausbreitung in der Atmosphäre, moderne Empfängerkonzepte sowie die Grundzüge klassischer und digitaler Modulationstechniken.

Das Buch ist mit seinen zahlreichen Abbildungen und Übungsaufgaben ideal für das Selbststudium geeignet. Im Beruf stehenden Technikern, Lehrkräften und Ingenieuren ist es ein hilfreiches Repetitorium und Nachschlagewerk.

Für Studierende der Elektro- und Informationstechnik sowie Ingenieure in der Praxis.

Bestellen Sie in Ihrer Fachbuchhandlung
oder direkt bei uns: Tel: +49 89/45051-248
Fax: +49 89/45051-333 | verkauf@oldenbourg.de   **www.oldenbourg-verlag.de**

www.ingramcontent.com/pod-product-compliance
Lightning Source LLC
Chambersburg PA
CBHW081521190326
41458CB00015B/5425